普通高等教育“十一五”国家级规划教材

普通高等教育“十四五”规划教材
普通高等学校动物医学类专业系列

兽医外科与外科手术学

第2版

彭广能　钟志军　主　编

中国农业大学出版社
·北京·

内容简介

本书为第2版。第2版教材在编写上仍以注重兽医外科基本理论、基本技术和基本实践为根本原则；以实用为主，兼顾理论；以小动物(犬、猫)为主，兼顾大动物；以同行专家认可的理论和技术为主，兼顾专业前沿知识的介绍。删除了第1版部分老旧外科方法和临床上少见和罕见的内容，增添了部分新技术；将一些典型外科病例或手术治疗方法和过程拍摄成视频并制作成二维码(60个)放在教材中对应的位置，供同学们在学习时扫码观看；还增加了部分病例彩图照片，方便同学们更好地理解和掌握。本教材适用于动物医学、动植物检疫、宠物医学等专业的外科与外科手术学的课程教学，也可作为临床外科医师的参考书籍。

图书在版编目(CIP)数据

兽医外科与外科手术学/彭广能，钟志军主编. --2版. --北京：中国农业大学出版社，2022.3(2024.8重印)

ISBN 978-7-5655-2736-4

Ⅰ.兽… Ⅱ.①彭…②钟… Ⅲ.①动物疾病-外科手术 Ⅳ.①S857.12

中国版本图书馆CIP数据核字(2022)第035175号

书　　名 兽医外科与外科手术学　第2版
Shouyi Waike yu Waike Shoushuxue

作　　者 彭广能　钟志军　主编

策划编辑 张　程　　**责任编辑** 韩元凤

封面设计 郑　川　李尘工作室

出版发行 中国农业大学出版社

社　　址 北京市海淀区圆明园西路2号　　**邮政编码** 100193

电　　话 发行部 010-62733489,1190　　读者服务部 010-62732336
编辑部 010-62732617,2618　　出　版　部 010-62733440

网　　址 http://www.caupress.cn　　**e-mail** cbsszs@cau.edu.cn

经　　销 新华书店

印　　刷 北京时代华都印刷有限公司

版　　次 2022年7月第2版　　2024年8月第2次印刷

规　　格 185 mm×260 mm　16开本　30.75印张　765千字　彩插2

定　　价 89.00元

第2版　编审人员

主　编　彭广能（四川农业大学）　钟志军（四川农业大学）

副主编　杨晓农（西南民族大学）　徐在品（贵州大学）

金东航（河北农业大学）　周紫峣（四川农业大学）

参　编　陈金山（河南科技学院）　郭庆勇（新疆农业大学）

韩春杨（安徽农业大学）　封海波（西南民族大学）

董海聚（河南农业大学）　李　林（沈阳农业大学）

罗碧平（金陵科技学院）　马晓平（四川农业大学）

孙延鸣（石河子大学）　谢光洪（吉林大学）

白永平（乌兰察布职业学院）　刘海峰（四川农业大学）

皇甫和平（河南牧业经济学院）　黄　坚（西南民族大学）

丁明星（华中农业大学）　沈留红（四川农业大学）

绘　图　尹　鹏（四川农业大学）

主　审　王洪斌（东北农业大学）　林德贵（中国农业大学）

第1版　编 审 人 员

主　编　彭广能(四川农业大学)

副主编　杨晓农(西南民族大学)

　　　　徐在品(贵州大学)

　　　　金东航(河北农业大学)

参　编　周庆国(佛山科技大学)

　　　　邓立新(河南农业大学)

　　　　丁明星(华中农业大学)

　　　　李　麟(江西农业大学)

　　　　郑小波(西南大学)

　　　　董海聚(河南农业大学)

　　　　马晓平(四川农业大学)

　　　　封海波(西南大学)

　　　　罗碧平(金陵科技学院)

　　　　何子双(四川农业大学)

　　　　白永平(乌兰察布职业学院)

主　审　方尚文(四川农业大学)

　　　　王文仕(四川农业大学)

　　　　王洪斌(东北农业大学)

　　　　林德贵(中国农业大学)

第 2 版前言

《兽医外科与外科手术学》(第 1 版)作为普通高等教育“十一五”国家级规划教材已经使用 12 年了。十多年来,这部首次将《兽医外科手术学》和《兽医外科学》合编在一起的教材被众多高校动物医学专业师生使用,得到了认可和好评。党的二十大报告指出“实践没有止境,理论创新也没有止境”。的确,这十多年来,兽医外科与外科手术学又有许多实践技术和外科理论的创新发展,这是我们对本教材进行第 2 版修订和编写并力争把它做成精品教材的动力所在。

第 2 版教材仍包括 19 章:概论,保定技术,无菌技术,麻醉,手术基本操作,输液、输血与供氧,显微外科与微创外科,外科感染,软组织损伤,外科休克,肿瘤,眼病,头颈部疾病与手术,胸部疾病与手术,腹部疾病与手术,直肠、肛门和泌尿生殖器官疾病与手术,跛行诊断,四肢疾病与手术,蹄病。教材在编写中仍然坚持强调“三基原则”(兽医外科基本理论、基本技术和基本实践为根本原则),同时突出“三主三兼”特点[以实用为主,兼顾理论;以小动物疾病(犬、猫)为主,兼顾大动物;以同行专家公认的理论和技术为主,兼顾专业前沿知识]。在每章后保留“本章小结”和“复习思考题”,以便于学生更好地学习和掌握各章重要知识点。

第 2 版教材中,我们特邀四川农业大学艺术与传媒学院的尹鹏老师为全书精心手绘了插图,图片简洁、美观。同时对典型病例和操作性较强的内容增设了数字资源,同学们可以通过扫描二维码或登录平台进行图文并茂的学习和提高临床操作技能。

参加第 2 版教材编写的人员从原来的 12 所高校老师增加至 16 所高校老师,而且全体编者均来自教学第一线,是具有多年教学经验的骨干教师,他们十分了解兽医外科及外科手术学当前教学改革对编写新教材内容的要求。在教材的修订过程中,各位主审对教材的编写大纲、编写要求等提出了宝贵的意见和建议;各位参编人员分章节对教材进行了认真、细致的审阅、编写和修订;主编和副主编分工对各章内容进行审定,最后由主编再次对各章节逐一进行统稿、定稿。在此对为本书付出辛勤劳动的全体编者和审稿人员表示衷心的感谢!感谢中国农业大学出版社一直以来对本书出版的大力支持!

由于编者水平有限,再加上时间仓促,书中的不妥和错漏之处在所难免,恳请各位同行专家和师生批评指正,恳请读者提出宝贵意见,并及时反馈给我们,以便再版时修正,在此致以衷心的感谢!

编　者

2024 年 8 月

第1版前言

当《兽医外科与外科手术学》被评为普通高等教育“十一五”国家级规划教材时，我们既感到兴奋又感到责任的重大，因为有关兽医外科及外科手术学方面的教材已有很多，这部教材既继承了以往教材的精华又反映出当前的时代特点，而且是首次将《兽医外科手术学》和《兽医外科学》合编在一起。编写出版这部教材的目的是适应我国兽医教育体制改革的不断深入和发展，满足将“兽医外科手术学”和“兽医外科学”合为一门课程的动物医学专业本科生、专科生学习和教师教学的需要，它不仅可以作为普通高等院校、职业技术学院、成人教育学院、函授教育学院动物医学学科的专业教材，而且也可以作为各种动物医学技术培训尤其是小动物医学技术培训的选用教材。

全书共19章，包括概论，动物保定技术，无菌技术，麻醉，手术基本操作，输液输血与供氧，显微外科与微创外科，外科感染，软组织损伤，外科休克，肿瘤，眼病，头颈部疾病与手术，胸部疾病与手术，腹部疾病与手术，直肠、肛门和泌尿生殖器官疾病与手术，跛行诊断，四肢疾病与手术，蹄病等内容。教材在编写上以注重兽医外科基本理论、基本技术和基本实践为根本原则；以实用为主，兼顾理论；以小动物(犬、猫)为主，兼顾大动物；以同行专家公认的理论和技术为主，兼顾专业前沿知识的介绍。在每章后附有“本章小结”和“复习思考题”，以便学生更好地学习和掌握各章知识点。

参加本教材的编写人员来自全国12所高等院校，而且全体编者均是来自教学第一线的具有多年教学经验的骨干教师，他们十分了解兽医外科及外科手术学当前教学改革对编写新教材内容的要求。在教材的酝酿和编写过程中，各位主审对教材的编写大纲、编写要求提出了宝贵的意见和建议，对初稿进行了认真的审阅，提出诸多建设性意见；各位参编人员分章节进行认真、细致的编写。教材初稿完成后，首先由主编和副主编分工对各章进行了初审，并于2008年7月在贵州大学再次组织了由主审、各位编者和出版社编辑参加的审稿会，会上吸收和采纳了许多中肯的修改意见和建议，之后由主编再次对各章节逐一进行审定，最后定稿。在此对为本书付出辛勤劳动的全体编写和审稿人员表示衷心的感谢！也感谢中国农业大学出版社一直以来对本书组稿、出版的支持！最后特别感谢贵州大学徐在品教授为本书审稿付出了辛勤劳动和提供了大力资助！

由于编者水平有限，再加上时间仓促，书中的不妥和错漏之处在所难免，恳请同行专家和各位师生批评指正，恳请读者提出宝贵意见，并及时反馈给我们，以便再版时修正。

编　者

2009年5月

目　　录

第一章　概　　论 …………………………………………………………………… 1
第一节　兽医外科与外科手术学的发展简史…………………………………… 1
第二节　外科手术的概念与分类…………………………………………………… 2
一、外科手术的概念 ……………………………………………………………… 2
二、外科手术的分类 ……………………………………………………………… 2
三、施行外科手术的内容 ………………………………………………………… 3
第三节　外科手术的素养与施行手术的基本原则……………………………… 4
一、外科手术人员必备的素养 …………………………………………………… 4
二、施行外科手术应遵循的基本原则 …………………………………………… 5
第四节　手术工作的组织与分工…………………………………………………… 7
第五节　学习兽医外科与外科手术学的方法…………………………………… 8
本章小结 ……………………………………………………………………………… 10
复习思考题 …………………………………………………………………………… 10
第二章　保定技术 …………………………………………………………………… 11
第一节　中小动物的保定技术 …………………………………………………… 11
一、犬的保定技术…………………………………………………………………… 11
二、猫的保定技术…………………………………………………………………… 12
三、猪的保定技术…………………………………………………………………… 13
四、羊的保定技术…………………………………………………………………… 14
第二节　大家畜的保定技术 ……………………………………………………… 14
一、马的保定技术…………………………………………………………………… 14
二、牛的保定技术…………………………………………………………………… 22
第三节　灵长类动物的捕捉与保定技术 ………………………………………… 25
一、灵长类的捕捉方法……………………………………………………………… 25
二、灵长类的保定方法……………………………………………………………… 26
第四节　鸟的保定技术 …………………………………………………………… 27
一、小型鸟的保定方法……………………………………………………………… 27
二、中型鸟的保定方法……………………………………………………………… 27
三、大型鸟的保定方法……………………………………………………………… 27
四、特大型鸟类的保定方法………………………………………………………… 28
本章小结 ……………………………………………………………………………… 28
复习思考题 …………………………………………………………………………… 28
第三章　无菌技术 …………………………………………………………………… 29
第一节　灭菌和消毒 ……………………………………………………………… 29
一、灭菌和消毒的概念……………………………………………………………… 29

二、常用灭菌和消毒的方法…… 29
第二节 器械物品的无菌处理 …… 34
一、常用器械物品的认识…… 34
二、器械物品的无菌处理…… 41
第三节 手术人员的无菌处理 …… 42
一、常规处理…… 42
二、手术人员的无菌准备过程…… 42
第四节 手术动物的术前准备及术部的无菌处理 …… 46
一、手术动物的术前准备…… 46
二、术部的除毛、消毒和隔离 …… 46
第五节 手术场地及手术设施的要求 …… 48
一、手术室的基本设施…… 48
二、手术室的要求及无菌处理…… 48
三、手术进行中的无菌原则…… 51
四、野外手术场地的选择…… 53
本章小结 …… 53
复习思考题 …… 54
第四章 麻 醉 …… 55
第一节 麻醉的概念与分类 …… 55
一、麻醉的概念…… 55
二、麻醉的分类…… 55
第二节 麻醉前准备和麻醉前用药 …… 56
一、动物麻醉前的评估…… 56
二、麻醉前准备事项…… 57
三、麻醉前用药…… 57
第三节 全身麻醉 …… 58
一、全身麻醉药物…… 58
二、吸入性麻醉…… 63
三、非吸入性麻醉…… 65
四、全身麻醉的影响因素及麻醉深度的控制…… 69
五、麻醉动物的监护…… 71
六、全身麻醉的并发症及其处理…… 72
七、非药物麻醉…… 74
第四节 局部麻醉 …… 79
一、常用局部麻醉药…… 79
二、局部麻醉方法…… 80
本章小结 …… 83
复习思考题 …… 84
第五章 手术基本操作 …… 85
第一节 切 开 …… 85

一、组织切开与切除的概念……………………………………………………………………85
二、组织合理切开的原则……………………………………………………………………85
三、各种组织切开和分离的方法……………………………………………………………86
四、手术野的显露……………………………………………………………………………88
第二节　止　血 ………………………………………………………………………………90
一、出血的种类 ……………………………………………………………………………90
二、常用的止血方法…………………………………………………………………………91
第三节　缝　合 ………………………………………………………………………………94
一、缝合的原则………………………………………………………………………………94
二、缝合材料和组织黏合剂…………………………………………………………………94
三、缝合的种类和方法………………………………………………………………………98
第四节　打结与拆线…………………………………………………………………………106
一、打结 ……………………………………………………………………………………106
二、拆线 ……………………………………………………………………………………108
第五节　引　流………………………………………………………………………………109
一、引流的适应症 …………………………………………………………………………109
二、引流的种类及应用 ……………………………………………………………………109
三、引流的注意事项 ………………………………………………………………………111
第六节　包　扎………………………………………………………………………………111
一、包扎的概念 ……………………………………………………………………………111
二、绷带的种类和使用 ……………………………………………………………………112
三、包扎的注意事项 ………………………………………………………………………118
本章小结………………………………………………………………………………………119
复习思考题……………………………………………………………………………………120
第六章　输液、输血与供氧 ………………………………………………………………121
第一节　输　液………………………………………………………………………………121
一、手术动物的体液失衡 …………………………………………………………………121
二、手术动物的酸碱平衡失调 ……………………………………………………………122
三、临床处置的基本原则与方法 …………………………………………………………124
第二节　输　血………………………………………………………………………………125
一、输血的适应症及注意事项 ……………………………………………………………125
二、输血方法 ………………………………………………………………………………125
三、血浆代用品 ……………………………………………………………………………127
四、输血反应、并发症及其防治……………………………………………………………128
五、成分输血 ………………………………………………………………………………129
第三节　供　氧 ………………………………………………………………………………129
一、供氧的适应症 …………………………………………………………………………129
二、供氧的方法及注意事项 ………………………………………………………………130
本章小结………………………………………………………………………………………130
复习思考题……………………………………………………………………………………131

第七章 显微外科与微创外科 …… 132
第一节 显微外科 …… 132
一、显微外科的应用范围 …… 132
二、显微外科的设备与器材 …… 133
三、显微外科手术基本技术 …… 135
第二节 微创外科 …… 138
一、微创外科的应用范围 …… 138
二、微创外科的设备与器材 …… 139
三、微创外科手术基本技术 …… 142
本章小结 …… 145
复习思考题 …… 146
第八章 外科感染 …… 147
第一节 概 述 …… 147
一、外科感染的概念和特点 …… 147
二、外科感染的来源 …… 147
三、外科感染发生发展的基本因素及其病理机制 …… 148
四、外科感染的诊断和治疗 …… 151
第二节 外科局部感染 …… 152
一、疖、痈和脓皮病 …… 152
二、脓肿 …… 154
三、蜂窝织炎 …… 157
四、淋巴管炎和淋巴结炎 …… 159
第三节 全身化脓性感染 …… 159
一、病因病理 …… 160
二、症状 …… 161
三、诊断 …… 161
四、治疗和预防 …… 162
第四节 厌气性感染和腐败性感染 …… 162
一、厌气性感染 …… 162
二、腐败性感染 …… 164
本章小结 …… 165
复习思考题 …… 166
第九章 软组织损伤 …… 167
第一节 开放性损伤——创伤 …… 167
一、创伤的概念与分类 …… 167
二、创伤的愈合过程 …… 169
三、创伤的检查 …… 173
四、创伤的治疗 …… 174
第二节 闭合性损伤 …… 177
一、挫伤 …… 177

二、血肿 …… 178
三、淋巴外渗 …… 178
第三节　物理化学损伤 …… 179
一、热力烧伤 …… 179
二、化学性烧伤 …… 183
三、冻伤 …… 184
四、放射性损伤 …… 185
五、电击性损伤 …… 187
第四节　损伤并发症 …… 187
一、溃疡 …… 187
二、窦道和瘘 …… 189
三、坏死与坏疽 …… 190
本章小结 …… 191
复习思考题 …… 192
第十章　外科休克 …… 193
第一节　休克概论 …… 193
一、外科休克常见的原因 …… 193
二、休克的发生机理 …… 194
第二节　低血容量性休克 …… 196
一、失血性休克 …… 196
二、创伤性休克 …… 197
第三节　感染性休克 …… 200
本章小结 …… 201
复习思考题 …… 202
第十一章　肿　瘤 …… 203
第一节　肿瘤概论 …… 203
一、流行病学 …… 203
二、分类与命名 …… 204
三、病因 …… 205
四、症状 …… 206
五、诊断 …… 206
六、治疗 …… 208
第二节　动物常见的肿瘤 …… 210
一、上皮性肿瘤 …… 210
二、间叶性肿瘤 …… 212
三、淋巴造血组织肿瘤 …… 214
四、其他肿瘤 …… 215
本章小结 …… 216
复习思考题 …… 216

第十二章 眼 病 …… 217
第一节 眼病概论 …… 217
一、眼的解剖生理 …… 217
二、眼科检查技术 …… 225
三、眼科常用药与治疗技术 …… 230
第二节 眼睑疾病 …… 233
一、睑腺炎 …… 233
二、眼睑内翻 …… 233
三、眼睑外翻 …… 234
第三节 结膜和角膜疾病 …… 235
一、结膜炎 …… 235
二、角膜炎 …… 237
三、瞬膜腺突出 …… 238
四、牛传染性角膜结膜炎 …… 239
五、鼻泪管阻塞 …… 241
六、犬结膜吸吮线虫病 …… 242
七、犬干眼症 …… 243
第四节 色素膜与视网膜疾病 …… 244
一、前色素层炎 …… 244
二、视网膜炎 …… 244
三、视神经炎 …… 245
第五节 晶状体和眼房疾病 …… 245
一、白内障 …… 245
二、青光眼 …… 248
三、浑睛虫病 …… 250
第六节 眼外伤 …… 251
一、眼挫伤 …… 251
二、眼球脱出及整复 …… 252
三、眼球摘除术 …… 252
本章小结 …… 253
复习思考题 …… 254
第十三章 头颈部疾病与手术 …… 255
第一节 角折及去角术 …… 255
一、角折 …… 255
二、去角术 …… 256
第二节 耳病及手术 …… 258
一、耳血肿 …… 258
二、外耳炎 …… 258
三、中耳炎 …… 259
四、犬耳整容成形术 …… 260

五、犬外耳道外侧壁切除术 …… 262
第三节　鼻面部疾病与手术…… 264
一、豁鼻及豁鼻修补术 …… 264
二、副鼻窦蓄脓 …… 265
三、鼻切开术 …… 266
四、马鼻旁窦圆锯术 …… 267
五、面神经麻痹 …… 268
第四节　舌、牙齿与颌骨疾病 …… 269
一、舌损伤 …… 269
二、牙齿异常 …… 270
三、龋齿 …… 272
四、齿槽骨膜炎 …… 273
五、锉牙术 …… 273
六、牙截断术 …… 274
七、拔牙术 …… 274
八、下颌骨骨折 …… 275
第五节　枕及颈部疾病与手术…… 277
一、枕部黏液囊炎 …… 277
二、腮腺炎(包括唾液腺瘘管) …… 278
三、颈静脉炎 …… 279
四、颈椎损伤 …… 280
五、气管切开术 …… 284
六、食管切开术 …… 286
七、消声术 …… 288
本章小结…… 290
复习思考题…… 291
第十四章　胸部疾病与手术…… 292
第一节　胸部手术…… 292
一、肋骨切除术 …… 292
二、犬的开胸术 …… 293
三、大家畜的开胸术 …… 296
四、牛的心包切开术 …… 299
五、胸部食管切开术 …… 301
六、胸腔导液 …… 302
第二节　胸壁透创…… 303
一、概念 …… 303
二、症状 …… 304
三、急救 …… 306
四、治疗 …… 307
本章小结…… 308

复习思考题…… 309
第十五章　腹部疾病与手术…… 310
第一节　腹部内脏手术…… 310
一、剖腹探查术 …… 310
二、肠梗阻解除术 …… 312
三、肠部分切除与吻合术 …… 315
四、瘤胃切开术 …… 318
五、牛皱胃切开术 …… 321
六、牛皱胃(真胃)变位整复术 …… 322
七、犬胃切开术 …… 325
八、犬幽门肌切开术 …… 327
九、犬幽门肌成形术 …… 328
十、胆囊手术 …… 328
十一、人工培植牛黄手术 …… 330
第二节　疝…… 334
一、概述 …… 334
二、脐疝 …… 336
三、腹股沟(阴囊)疝 …… 337
四、损伤性腹壁疝 …… 340
五、会阴疝 …… 342
六、膈疝 …… 343
第三节　椎间盘突出症…… 344
第四节　动物急腹症…… 346
一、急腹症的概念 …… 346
二、急腹症的分类 …… 347
三、急腹症的病因 …… 347
四、急腹症的诊断原则 …… 348
五、急腹症的治疗原则 …… 349
本章小结…… 350
复习思考题…… 351
第十六章　直肠、肛门和泌尿生殖器官疾病与手术 …… 352
第一节　直肠及肛门疾病与手术…… 352
一、锁肛 …… 352
二、巨结肠 …… 353
三、肛门囊炎 …… 354
四、肛周瘘 …… 355
五、直肠阴道瘘 …… 357
六、肛门直肠狭窄 …… 357
七、直肠憩室 …… 358
八、直肠脱(肠管从肛门脱出) …… 358

九、直肠破裂 …… 361
第二节　泌尿器官疾病与手术 …… 364
一、犬肾摘除术 …… 364
二、犬肾切开术 …… 365
三、输尿管吻合术 …… 365
四、犬、猫膀胱切开术 …… 366
五、公犬的尿道切开术和尿道造口术 …… 367
六、公猫的尿道切开术和尿道造口术 …… 368
七、膀胱破裂 …… 368
八、尿结石 …… 371
第三节　生殖器官疾病与手术 …… 375
一、阉割术 …… 375
二、犬、猫乳腺切除术 …… 384
三、睾丸炎与附睾炎 …… 385
四、隐睾 …… 386
五、前列腺增大与前列腺炎 …… 389
六、阴茎损伤 …… 390
七、精索炎 …… 391
八、包皮炎 …… 392
九、包茎 …… 392
本章小结 …… 393
复习思考题 …… 395
第十七章　跛行诊断 …… 396
第一节　跛行概论 …… 396
一、跛行的概念 …… 396
二、跛行的原因 …… 396
三、跛行的种类和程度 …… 396
第二节　跛行诊断基本程序 …… 399
一、患肢判定 …… 399
二、患部判定 …… 401
三、病性判定 …… 402
四、跛行诊断中应考虑的几个问题 …… 402
第三节　不同动物跛行诊断的特点 …… 403
一、犬跛行诊断的特点 …… 403
二、牛跛行诊断的特殊性 …… 404
本章小结 …… 406
复习思考题 …… 407
第十八章　四肢疾病与手术 …… 408
第一节　骨的疾病与手术 …… 408
一、骨裂与骨折 …… 408

二、骨髓炎 …… 418
第二节　关节疾病 …… 419
一、关节扭伤 …… 419
二、关节挫伤 …… 421
三、关节创伤 …… 421
四、关节脱位 …… 423
五、关节周围炎 …… 427
六、骨关节炎及骨关节病 …… 427
七、髋部发育不良 …… 430
八、股骨头坏死 …… 431
九、类风湿关节炎 …… 432
十、猫慢性进行性多发性关节炎 …… 432
第三节　肌肉疾病 …… 433
一、肌炎 …… 433
二、肌肉断裂 …… 434
三、肌肉脱位 …… 435
第四节　腱和腱鞘疾病 …… 435
一、腱炎和腱鞘炎 …… 436
二、腱断裂 …… 439
三、幼畜屈腱挛缩 …… 440
四、腱切断术 …… 441
第五节　黏液囊疾病 …… 441
一、腕前皮下黏液囊炎 …… 441
二、肘头皮下黏液囊炎 …… 442
三、跟骨头皮下黏液囊炎 …… 443
第六节　截肢术 …… 444
第七节　猫去爪术 …… 444
第八节　神经疾病 …… 445
一、外周神经损伤 …… 445
二、急性多神经根神经炎 …… 448
三、远端失神经支配病 …… 449
第九节　其他疾病 …… 449
一、系部皮炎 …… 449
二、母牛爬卧综合征 …… 450
本章小结 …… 450
复习思考题 …… 452
第十九章　蹄　病 …… 454
一、蹄部损伤 …… 454
二、蹄冠蜂窝织炎 …… 458
三、蹄叉腐烂 …… 459

四、蹄叶炎 …… 459
五、指(趾)间皮炎 …… 461
六、蹄变形 …… 462
七、腐蹄病 …… 463
八、指(趾)间皮肤增殖 …… 464
九、白线裂和“白线”病 …… 465
十、蹄糜烂 …… 466
十一、蹄深部组织化脓性炎症 …… 467
十二、犬爪周炎 …… 467
十三、犬指(趾)部新生物 …… 468
十四、护蹄 …… 468
本章小结 …… 468
复习思考题 …… 470
参考文献 …… 471

第一章　概　论

第一节　兽医外科与外科手术学的发展简史

兽医外科学发展至今，日臻完善，业已形成既相对独立又密切联系的两门兽医学分支学科——兽医外科手术学与兽医外科疾病学。

兽医外科手术学(veterinary surgical operation)是研究与动物外科手术有关的医疗措施、局部解剖、手术通路与方法、适应症、并发症、继发症以及术后护理的一门兽医临床基础学科；兽医外科疾病学(veterinary surgical disease)是研究使用外科手段(手术和手法，特殊外科器械及装置、手术刀和缝合等)，以诊断和防治动物外科疾病，提高畜牧业生产水平，为实验科学和兽医临床服务的一门兽医临床学科，也称为兽医外科学(veterinary surgery)。

我国兽医学是集传统的中兽医学与现代西方兽医学之精华，中西合璧，古为今用，历经长期的分离、融合、吸收、发展而成为今天系统完善的兽医学科。兽医外科学作为兽医学科系统的重要组成部分，其发展历程必须是也只能是与整体兽医学的发展同步。中兽医外科学的发展无法脱离中兽医学的整体完善；西方兽医外科学在我国的诞生亦无法脱离整体西方兽医学的引进、消化和吸收。为此，纵观我国中兽医学的发展历史及西方兽医学的引进历程便可见我国兽医外科学沿革之一斑。

中兽医学源远流长，萌芽于原始社会，发展于秦汉、隋唐时期，明代《元亨疗马集》标志着其长足进展，新中国成立以后日臻完善。

西方兽医学系统传入我国，当以创办兽医教育为发端。1898 年湖北武昌创办“农务学堂”开设牧科，讲授部分兽医课程；1904 年河北保定创办“北洋马医学堂”，山东兖州初级农业学校设兽医；1906 年济南开办山东高等农业学堂，设兽医本科。至此，我国便有了中西兽医之分。兽医外科疾病学及兽医外科手术学的相关课程体系涉及蹄铁法、外科手术实习、外科学、蹄病学、外科诊断法、皮肤病学、眼科学等。其时，西兽医为官方所办，中兽医为民间所养，两者各行其道。但因国情所限，发展一度较为缓慢。

新中国成立伊始至改革开放前夕，真正实现了由百废待兴到百业俱兴的根本性转变。我国兽医学实现了中兽医学和西方兽医学同步协调发展，兽医外科学实现了中兽医外科学与西方兽医外科学相互融合，取长补短，进而形成了现代较为完善的具有中国特色的适合我国国情和畜牧业发展需求的兽医外科学理论体系，进而发展成为两个完整的以大动物为研究重点的兽医外科学分支学科——兽医外科手术学与兽医外科疾病学。

改革开放以来，伴随农业机械化的普及和国民消费水平的逐步提升，兽医外科学的研究对象和手段已发生了根本性扩展——由猪、马、耕牛等一般家畜扩展到奶牛和肉牛；由大动物扩展到小动物和宠物；由普通动物扩展到经济动物；由家畜疾病防治扩展到野生动物资源保护；由食品动物扩展向实验动物；由宏观外科扩展到显微外科和微创外科；由组织、器官研究扩展到细胞、分子水平的研究；由单一学科扩展到交叉学科和边缘学科。现代医学新技术在兽医临床领域的逐步推广和应用，必然给兽医外科手术学和兽医外科疾病学的发展带来新的飞跃。

21 世纪的到来，我国畜牧业的发展必将迈向一个新的台阶，兽医外科学为畜牧业，特别是宠物业保驾护航的同时，必将给人类带来无量福祉。

第二节　外科手术的概念与分类

一、外科手术的概念

外科手术(surgical operation)是指用手或器械在动物体上观血或非观血地对组织或器官进行分离、改建、矫正、移植、除去异物或病理组织、整形、缝合与固定的技术。外科手术是兽医外科与外科手术学的重要组成部分。兽医外科手术的主要任务有以下几个方面：

(1)借助手术和器械治疗动物疾病。

(2)作为诊断动物疾病的手段，如肿物的穿刺术、剖腹探查术等。

(3)驯化动物或便于管理等，如牛的断角术，狮虎的犬齿截断术、指(趾)甲截断术等。

(4)改善和提高肉品的质量(如阉割术)，限制劣种繁殖(如去势术)。

(5)以经济为目的，利用手术创造财富，满足人类生活需要，如人工培植牛黄手术、取茸术等。

(6)美容或矫形，如给宠物进行断耳术、竖耳术、断尾术、奶牛削蹄术等。

(7)作为医学和生物学的实验手段，如各种人工瘘管安装手术。

外科手术学与其他学科关系密切。外科手术学以解剖学、生理学、病理学、药理学和微生物学等众多学科为基础。解剖学和局部解剖学与手术通路的选择，除去病变组织关系密切，手术时只有熟悉病变部位的结构，合理地切除病变组织，保护健康组织，才能使手术成功；生理学是保证全身机能正常运转和对不同组织再生能力的认识，离开生理学就失去对生命的了解，就不能正确认识疾病，更谈不上手术的成功；病理学是对疾病病理发生、发展过程的认识，如变质、渗出、增生等炎症过程构成了外科疾病的重要基础理论；无菌术是外科手术成功的关键，它是建立在微生物学的基础上的；麻醉和无痛是外科手术的基本组成，显然它需要药物学和药理学的知识。无菌术和麻醉技术的发展和成就不断推动手术的前进与发展，没有无菌术和镇痛就没有现代外科手术学，当然手术的进步同样推动医学和其他学科的发展。(视频 1-1)

视频 1-1　概论

所以说，外科手术学和其他相关学科是密不可分的，它们相互依存，共同推动现代兽医学的发展。

二、外科手术的分类

动物机体发病的过程是比较复杂的，手术治疗这些疾病的最佳时机要根据动物机体的抵抗力、疾病的性质和手术条件等来选择。此外，手术作为一种手段不仅仅用于治疗疾病，有时根据生产实际的需要可以有其他的目的，总的来说手术有以下 3 种分类方法。

(一)按手术的紧迫性分

(1)紧急手术　一般临床上对于大的创伤、大量出血性疾病、胃肠穿孔、肠梗阻、内脏脱出等，需要在最短的时间内进行手术，不能延误手术时机，否则危及生命或留下后遗症。

(2)择期手术　在不影响治疗效果的前提下可以允许在一定时期内选择最佳手术时间所进行的手术称为择期手术。也称为延期手术。这样的手术在手术前可以对疾病的性质、发展情况及可能出现的后果进行充分的评估,达到更好地治疗疾病的目的。如放线菌肿、可复性疝、膀胱结石等疾病的治疗手术。

(3)限期手术　有些疾病虽然可以选择择期手术,但是不能将时间拖得太长,确诊后应尽早手术。否则会延误最佳治疗时机,影响疗效和预后。所以这类手术一般都是有时间期限的,如恶性肿瘤切除术。

(二)按手术的目的分

(1)诊断手术　临床实践中,有的疾病很难通过常规的诊断手段进行确诊或定性。必须借助手术对机体内部进行直观的观察或获取机体的部分组织进行病理性诊断。如剖腹探查术,以抽取胸腔液或腹腔液供化验用的胸、腹腔穿刺术,以采取少量活体组织供化验用的肝脏穿刺术。

(2)治疗手术　临床上以治疗为目的的手术叫治疗手术,这是临床上最常用的手术。如疝修补术、肿瘤切除术等。

(3)矫形手术和美容手术　对于一部分病例,可能不是由于病理性的因素引起的,而恰恰是解剖上的不合理、品种因素或先天性因素所引起的,如眼睑内翻和外翻的矫正术等;还有一部分是为了视觉效果而人为进行的手术,如皮肤移植术,犬的裁耳手术、断尾手术等。

(4)实验手术　为了拯救生命或进行科学研究而进行的某些特殊手术。如器官移植术、胃肠造瘘术等。

(5)经济手术　在畜牧业中,以经济效益和生产需要为目的而进行的一些手术。如公畜去势术、牛胆囊培植牛黄术等。

(三)按手术有无污染或感染分

(1)无菌手术　在无菌条件下做的手术,而且整个手术过程都是无菌的。如在无菌条件下施行的腹腔探查术。

(2)污染手术　外界条件不是完全无菌的,或手术过程会出现污染的手术。如空腔器官的切开术、膀胱结石取出术和尿道结石取出术等。

(3)感染手术　手术过程不可避免出现感染阶段或术后继发感染的手术。如脓肿切开术。

三、施行外科手术的内容

施行外科手术的内容包括打开手术通路、进行主手术和闭合手术通路 3 个方面的内容。例如,做一个膀胱结石的取出手术,打开手术通路应包含腹壁和膀胱壁的切开;将结石取出后并进行充分的膀胱冲洗为进行主手术的内容;闭合手术通路应包含膀胱壁的闭合和腹壁的缝合。

1.打开手术通路

手术通路是指由动物体表的某一术部到达目的组织或器官所经历的解剖通路。在打开手术通路过程中要充分利用各种组织切开、分离技术和组织显露技术。打开手术通路的目的在于显露发病器官和组织,以便施行主手术。合理的手术通路是使手术顺利进行和取得成功的重要条件。所谓合理的手术通路是指在通路组织上的切口定位、切口的方向和长度应该是最合理和最理想的。切口的定位一般应该选择在最接近目的组织和器官的体表位置上,以求通过最短的手术通路到达目的器官或病灶;切口的长度和方向以及手术通路的选择应该以最小程度的组织损伤和足够显露目的组织和器官为原则。打开手术通路的过程中应尽可能避免损伤大血管、神经干和腺体导管,避免损伤一些具有重要功能的组织的完整性。但是“最小损伤”的概念不应理解为“切口越小越好”,

切口太小不仅影响目的组织和器官的显露，不利于进行有效的手术处理，而且由于勉强显露或拉出要处理的组织器官，往往造成手术通路组织的强力牵拉、压迫或挫灭，其害处远远大于因延长切口所造成的组织损害。

2.进行主手术

进行主手术是指通过手术通路到达目的组织或器官后，根据疾病的性质和要求对其进行位置的矫正或切除、对合、切开、冲洗、排液、排气、排脓、引流、固定等操作，以尽快恢复目的组织器官的功能或切除病变组织，根治疾病，挽救动物生命。主手术可有各种不同的方式、方法，不仅是施行外科手术的核心内容，而且也往往决定整个手术的成败。对空腔器官或污染、感染病灶进行主手术时，一定要防止空腔器官内容物和病灶污染物对术野的污染。

3.闭合手术通路

关闭手术通路是利用各种缝合技术将切开、切断或因外伤而分离的组织、器官分层进行对合，或重建其通道（如肠管缝合），以创造愈合条件和促使功能恢复。闭合手术通路的顺序刚好与手术通路的切开顺序相反。最后切开的组织或器官应最先闭合。闭合时原则上各层组织应单独对接缝合，但有时为了缩短手术时间或减少缝合的次数和缝线的用量（以减少污染的概率），在不影响局部组织生理功能和切口愈合的前提下，也可以将相邻的组织缝合在一起，比如，在闭合腹侧壁手术通路时，可将腹膜和腹横肌缝一层，腹内外斜肌缝一层，皮下筋膜、皮肌和皮肤缝一层，但这样做的前提条件必须是这些相邻组织的切口方向、长度和位置都应一致或相对应，否则只能单独缝合。

第三节　外科手术的素养与施行手术的基本原则

一、外科手术人员必备的素养

（一）无菌素养

无菌素养是指在做外科手术时把无菌操作作为一种习惯来加以重视和培养的素养。主要包括手术器械、用品、动物术部、手术人员和手术场地的无菌准备以及手术进行中严格执行无菌操作规程等方面的素养。

（1）手术人员平时就应养成良好的个人卫生习惯，做到勤洗手、勤换衣裤、勤剪指甲等。

（2）术前必须严格遵守洗手的各项程序，按要求穿戴好灭菌的手术衣、帽、口罩和手套（详见第三章第三节）。

（3）在手术过程，手术人员必须严格遵守无菌操作规程（详见第三章第四节）。

（4）缺乏无菌素养的主要表现有以下几个方面：

①洗手过快，消毒时间不够，洗手后不用清水冲净肥皂泡沫就用新洁尔灭消毒液浸泡或不消毒就戴手套，认为戴手套就不用洗手消毒等。

②手术时不戴帽子、口罩，或手术人员正患感冒、支气管炎、肺炎等上呼吸道感染性疾病也参加手术。

③在手术过程中无助手擦汗，汗液滴入术部而污染手术区或手术人员自己一边擦汗一边做手术。

④手术室管理不严，没有严格遵守参观制度；甚至让畜主及参观者随意进入手术室；参观者穿戴衣帽不规范，四处走动或者站得过近、过高，影响手术的正常进行。

⑤大型手术时术者、第一助手、第二助手、器械护士和巡回护士的分工不明确或概念不清晰。缝合线不消毒就使用。

⑥不能明确区分无菌手术和污染手术，在无菌手术转为污染手术之前不采取隔离措施或在污染手术转为无菌手术后不除去污染的创巾和敷料，污染的器械物品继续使用。做连台手术时，不重新洗手，不更换衣服、帽子、口罩和手套，不更换消毒液等。

⑦手术室消毒制度不健全，不能定期清洁和消毒。

（二）正确使用和爱护器械物品的素养

手术人员一定要爱护和珍惜与手术相关的器械与物品。良好的器械保养是保证手术顺利进行和完成的前提条件。学会正确的手术器械灭菌、消毒方法与操作方法，手术过程中严禁手术器械的不规范使用。

金属器械应该保证清洁、干燥，放在专用的器械柜内。如果长时间不用，要松开关节与锁扣，以防失去弹性和生锈。对于有刃的手术器械，在消毒和灭菌时要拆开并单独包裹以防造成刃部的破坏，如手术剪、刀片和缝针等物品。随时检查器械的性能，确保手术的需要。有弹性锁扣的器械（如止血钳、持针钳、巾钳等），应松开锁扣后再灭菌，针和针头要放在针盒内，以便灭菌和使用。

玻璃和搪瓷类器皿，单包后消毒。玻璃注射器内栓和外管分开后包在一起；大搪瓷盘用火焰或浸泡消毒，采用高压蒸汽或煮沸灭菌。内装玻璃等易碎物品时，放气速度宜慢，防破裂。

橡胶、尼龙、塑料类用品，如插管、导管、手套等应单包，常采用浸泡或熏蒸法消毒（环氧乙烷、甲醛等）。

临床常见的不爱护器械物品的情况主要有滥用手术剪，如用来剪钢丝、骨骼、螺钉等使刀刃受损使用寿命缩短；手术器械清洗后不擦干就放入器械柜内；止血钳等不松开螺丝与锁扣，时间长会使弹性下降；橡胶类用品采用腐蚀性大的消毒药物消毒或高温灭菌等。

（三）正确对待活体组织的素养

爱护活体组织的素养就是在对机体正常生理机能干扰最小的情况下，以最小的创伤去除疾病的一种技术素养。要做到这一点并不容易，外科医师除应对患病动物整体状况进行仔细评价、对疾病进行深刻了解、对局部解剖特别熟悉外，还应在手术操作过程中遵循微创原则。

二、施行外科手术应遵循的基本原则

（一）要有经济的观点

兽医临床中给一般家畜做手术应有经济的观点是指对动物疾病的治疗要充分考虑动物的经济价值与治疗投入之间的关系；但对极为名贵的家畜品种的保存，珍稀野生动物的救治以及与主人有深厚感情的宠物的处置等，则不受此观点的约束。

（二）要以适应症为前提

外科手术是临床外科治疗疾病常用的方法和手段，虽然强调要以最大的努力去挽救动物的生命，但是有一些疾病在采取外科手术治疗以前要充分考虑疾病的严重程度和手术治疗的可能性与后果，即临床适应症。在决定对一种疾病进行手术治疗的过程中，首先要考虑到这种疾病本身是否适宜手术，在不采取手术治疗而采用保守疗法的情况下会不会完全康复，其次要考虑动物机体的状况能否耐受手术的刺激，如果机体的各方面指标不适应手术时，可以先采取保守疗法，经过一段时间的治疗后机体恢复到可以耐受手术时择机手术。

总之，只有在手术疗法是唯一疗法或在各种疗法中以手术疗法最佳的情况下才选择手术。

(三)要有局部手术与全身机能相互影响的整体观念

有些病例虽然手术是针对局部的，但作为临床兽医，必须明白任何疾病的发生、发展过程都会影响到机体的整体。必须从动物的整体状况去评估疾病的发展情况，机体整体的耐受性，局部疾病是否影响到全身其他器官的机能，局部疾病是否会扩展到其他部位等一系列情况。只有这样在术前的全面考虑和辩证分析才不会导致意外医疗事故的发生。

(四)要以抢救或稳定动物的生命为重

对于有些手术在紧急情况下，必须以抢救或稳定动物的生命为重。如严重创伤的大出血、严重感染及内脏器官的破裂等威胁到动物生命的情况，必须及时抢救动物的生命或进行紧急处理，暂时稳定动物的生命体征，为随后的诊断、手术的准备及采取相关治疗赢得时间。

(五)严格执行术后饲养和护理的措施

俗话说“三分治疗、七分护理”，对于这一点，不仅医护人员应有明确的认识，而且饲养人员也应有正确的理解。否则一时的疏忽都可造成严重的后果和不应有的损失。术后饲养和护理包括下列内容。

1. 一般护理

(1)麻醉苏醒　全身麻醉的动物，手术后宜尽快苏醒，过多拖长时间，会招致某些并发症，特别是小型的犬、猫等。在全身麻醉未苏醒之前，设专人看管，苏醒后辅助站立，避免撞碰和摔伤。在吞咽功能未完全恢复之前，绝对禁止饮水、喂饲，以防止误咽。

(2)保温　全身麻醉后的动物体温降低，注意保温，防止感冒，一般要给犬、猫盖上毛巾等，尤其在冬天及夜晚。

(3)监护　术后 24 h 内严密观察动物的体温、呼吸和心血管的变化，若发现异常，要尽快找出原因。对较大的手术也要注意评价患病动物的水和电解质变化，若有失调，及时给予纠正。

(4)术后并发症　手术后注意早期休克、出血、窒息等严重并发症，应针对性地给予处理。

(5)安静和活动　术后要保持安静。能活动的动物，2～3 d 后就可以户外活动，开始活动时间宜短，而后逐步增多，借以改善血液循环，促进功能恢复，并可促进代谢，增加食欲。虚弱的动物不得过早、过量运动，以免招致术后出血，缝线断裂，反而影响愈合。四肢骨折、腱和韧带的手术，开始宜限制活动，以后要根据情况适度增加活动。犬和猫的关节手术，在术后一定时期内进行强制人工他动关节活动。

2. 预防和控制感染

手术创的感染决定于无菌技术的执行和动物对感染的抵抗能力，而术后的护理不当也是继发感染的重要原因。为此要保持病舍干燥，勤换垫草，清除粪尿，尽一切努力保持清洁，减少继发感染；对蚊蝇滋生季节和多发地区，要杀蝇灭蚊；对大面积创伤或深创也要预防破伤风感染；防止动物自伤、咬、啃、舔、摩擦，采用颈环、颈帘、侧杆等保定方法施行保护。必要时全身预防性给予抗菌药物，对预防和控制术后感染，提高手术的治愈率，有良好效果。

3. 术后的饲养管理

手术后的动物需要充足的营养，所以不论在术前或术后都应注意食物的摄取。而在实际临床中，食物的摄取量在患病期间往往是减少的。当损伤、感染、应激和疼痛时对营养的需求将会增加，严重的感染和大外伤需要程度就更高，所以必须保证比平时更多的营养供应才能使获得量和丢失量保持平衡。

动物为了生存，营养要求有 5 大范畴：水、能量、蛋白质、维生素和矿物质(电解质)，不论健康动物还是患病动物，要求每天提供适当的营养，才能使获得量和丢失量保持平衡。

水是最为重要的营养物质之一，大体型哺乳动物的水需要量为每天 25～40 mL/kg bw，犬猫为 40～60 mL/kg bw。临床上的给水量根据血比容测定，而实际操作时，我们一般按下式供水：供水量(mL)＝30×千克体重。如 450 kg 的健康马日需水为 13～15 L，4 kg 犬或猫日需水为 160～

240 mL。健康动物可饮足够量的新鲜水，由于体弱不能摄取的，要强迫给水，其中包括人工饲喂或其他非消化道途径进行补给。犬、猫在手术后的脱水较为严重，必须及时补充水与电解质。

蛋白质是动物组织损伤修补、免疫球蛋白产生和酶的合成的来源。蛋白质供应不足，削弱了免疫功能，愈合减慢，肌肉张力降低，所以蛋白质是临床重要营养物质。其来源是肉类、鱼类、蛋类、乳制品和豆类植物。对于犬、猫必须在术后给予高蛋白饲料，特别是动物性饲料，必要时给予功能性饲料和处方性食品，这样不但补充营养物质，还可以针对具体病因达到治疗疾病的目的。

能量是从摄入的营养物质如糖、脂肪和蛋白质中获得的。葡萄糖是一种基本能源。术后由于食欲下降必须补充一段时间的能量合剂。此外，维生素和矿物质对动物机体的调整都是不可缺少的，维生素 C 和维生素 B 在手术后都常常应用。

大动物的消化道手术，术后 1～3 d 禁止饲喂草料。可静脉内输入葡萄糖，也可根据情况给半流体或流体食物。犬和猫的消化道手术，一般 24～48 h 禁食后，给半流体食物，再逐步转变为日常饲喂。但牛羊的瘤胃手术一般不需要禁食，可适当减量。对非消化道手术，术后食欲良好者，一般适当限制喂饮，防止暴饮暴食，根据病情愈合情况逐步恢复到日常食量。

第四节 手术工作的组织与分工

手术是一个复杂的操作过程，更是一项集体性工作，所以在手术前不仅要对整个手术有明确的了解和充分的准备，而且必须对手术参与人员进行科学合理的组织与分工。只有在手术期间各尽其职，默契配合，有条不紊地工作，才不至于在手术过程中出现意外情况。术者和参术人员在手术时要了解每个人的职责，切实做好准备工作。一般可做如下分工。

1. 术者

术者又叫主刀手，是手术的核心，是整个手术过程中的关键人物，也是手术班子的组织者。

术者在术前的准备工作非常关键。术者准备最为重要的是建立信心，手术能否成功取决于自身的能力和信心。为了树立信心，术者要在以往检查的基础上，再进行一次复查，核实病情，做到心中有数，对初学者更应如此。精神上有了准备能给战胜困难增加力量。当择期手术时能有时间去查阅资料和复习局部解剖等，借以认识患病区域的微细情况，加深了解或增强记忆。手术的信心往往来自科学的知识及对其理解的深度。紧急手术需要马上进行，没有更多的准备时间，手术知识的准备只能靠平时积累和认识。其次是术者的体力对顺利完成手术也十分重要，当作大型或复杂手术时，术者在术前充分休息，精力充沛，头脑清醒，技术才能充分发挥，顺利达到预期效果。为了防止术中污染术部，除按常规无菌操作外，要求术者在大手术的前一天，不得作直肠检查、剥离胎衣或腐蹄的处理等操作，以减少污染机会。

手术计划的拟订也是术前的必备工作，根据全身检查的结果，订出手术实施方案。手术计划是外科医生判断力的综合体现，也是检查判断力的依据。在手术进行中，有计划和有秩序地工作，可以减少手术中的失误，即或出现某些意外，也能从容应对，不致出现忙乱，造成贻误，对初学者尤为重要。手术计划一般应包括以下内容：

(1)手术人员的分工。

(2)术前应做的事项，如禁食、导尿、胃肠减压等。

(3)保定方法和麻醉药物及麻醉方法的选择(包括麻醉前给药)。

(4)手术通路及手术进程。

(5)手术方法及术中注意事项。

(6)对可能发生的手术并发症的预防和急救考虑,如虚脱、大出血、休克和窒息等。

(7)特殊药品和器械的准备。

(8)术后护理、治疗和饲养管理方案。

2. 手术助手

手术助手主要是协助术者进行手术。视具体情况可设1～3人。第1助手负责局部麻醉、术部消毒,手术术部隔离及配合术者进行切开、止血、结扎、缝合、清理术部和显露术部等。助手必须经常留意,不断给术者创造操作条件并及时给予配合。当术者因故不能继续进行手术时,第1助手将顶替术者把手术完成。第1助手的位置一般设在术者的对面。第2助手、第3助手的职责,主要是补充第1助手的不足,如牵拉创钩、显露深部组织、清理术部或协助器械助手准备缝线、传递器械等工作。其位置可根据手术需要设在术者的对面或近旁。

3. 器械助手

器械助手又叫器械师,负责器械及敷料的准备并在术中进行传递。因此,器械助手事先必须熟悉手术操作进程,能敏捷地配合手术的需要,默契地传递各种器械物品。还要利用手术的空闲时间经常维持器械台的整齐和清洁,随时清除剩余线头、血迹,归类放置器械物品,使手术工作完全处于有条不紊的状态。在闭合胸、腹腔之前,要清点敷料和器械的种类和数目。术后负责器械物品的清洗和整理。

4. 麻醉助手

麻醉助手又叫麻醉师,负责麻醉前给药,在手术过程中正确掌握并根据手术的需要调整麻醉深度,确保手术的顺利进行,同时在动物麻醉过程中,连续监视患病动物的呼吸、循环、体温以及动物各种反射变化;评价动物供氧和二氧化碳排除的状态及水和电解质的稳定情况,发现异常要尽快找出原因并加以纠正,使动物能在相对正常的生理范围内接受手术。

5. 保定助手

保定助手负责手术过程中动物的保定。人数要根据手术的性质、麻醉的方法等确定。如果在野外给一般家畜做手术,可请饲养员协助保定动物;如果在无菌的手术室进行手术,则应由具备医学常识特别是手术常识的人担当。

6. 巡回助手

巡回助手主要的任务就是在手术过程中对每一个手术环节进行监视和评估,同时协调各位手术人员之间的工作,根据手术需要准备额外的药品和器械等工作。

7. 记录员

记录员的主要职责是在手术过程中负责记录以下几方面的情况:如实记录手术进程和在手术过程中动物的生理指标,如呼吸频率、心率、麻醉指标等。记录器械使用情况,清点并记录器械的数量,纱布使用的数量和手术后回收数量,防止将器械及纱布遗留在体腔内。记录手术过程中使用药物的种类和剂量。

上述的分工,不同的手术是不相同的,要根据手术的大小和繁简、动物的种类、疾病的程度等决定。原则是既不浪费人力,又要有利于手术的顺利进行。

第五节 学习兽医外科与外科手术学的方法

1. 必须注意基本功的训练

学习手术应注意"基本功"的训练,即基本知识、基本理论和基本技能。基本知识包括涉及外科手术和外科疾病的基本概念、基本判断和重要知识点；基本理论包括重要的外科疾病的发生原因、发病机制及防控原则；基本技能包括临床常规检查和诊断技术，手术基本操作的熟练程度，对手术技巧的精通程度，术前和术后处理措施等各个方面。俗话说“台上几分钟，台下十年功”，也可以用来说明手术基本功对完成手术的重要意义。只有具备了丰富的理论知识和扎实、娴熟的操作技巧，才能提高术者的自信心和应变能力，在遇到疑难问题时才不致慌乱，才能灵活地运用理论知识和操作技巧来找到合适的解决难题的方法。才能逐步地独立工作，熟练地开展各种外科疾病的诊断和治疗。练好基本功的基本条件是术者必须有良好的体力和健康的体魄。一个执意追求外科“一把刀”的人，必定具备一往直前、艰苦奋斗的钻研和拼搏精神，敢于在多种外科困难环境中锻炼自己。“熟能生巧”反映了反复操作与精通之间的关系，通过多次反复手术操作，不仅提高对疾病的认识，也不断增加动手的臂力、耐力、速度和灵活性，使手臂肌肉的协同作用加强，手指对外界的敏感性增加，达到“眼精、手巧、脑灵”，这些是完成精美手术的重要基础。此外，作为外科医生，除了身体条件和医疗技能之外，医德更为重要。一个置动物的健康于不顾，一心只追求经济利益的人是不可能成为一名合格的兽医师的。

外科手术的实施需要全体参术人员的协同工作才能完成，所有参术人员都是手术团队中不可或缺的分子，必须具有团队合作精神。术者是手术的主要组织者和实施者，但也不能唯我独尊，不能过分强调术者的核心作用，也应尊重其他参术人员的意见，以身作则，带头工作与交流，在言行中给别人做表率，用自己的实际行动培养一支具有高尚医德和技术过硬的团队。

2.必须注意理论联系实际

兽医外科与外科手术学是一门实践性和技术性都非常强的学科，仅靠书本知识不能真正掌握。所以要求学习者多接触患病动物，不断参加实践方能学有所获。熟练的操作技术是进行临床诊疗实践的关键。如手术后的缝合操作，要求迅速和正确。大型手术的缝合可以有几十针甚至几百针，如果操作不熟练会大大延长手术的时间，降低成功率。但在实践时绝不能仅靠单纯“经验”。如果简单地参加实践，仅能成为一名熟练的技匠，或技术上有能力而在科学上是贫乏者。因为不同手术的操作过程并不是一成不变的，这就要求在意外情况下能够运用基本知识来解决突如其来的实际问题。正确的学习方法应该是结合实际学习书本知识，使理论与实践紧密结合，在理论的指导下去实践，在实际中运用理论知识，这样才能逐步地提高自己的理论水平和实际操作技能，才能不断培养出外科手术技术和外科医生的综合判断力，只有这样，对临床上遇到的问题才会做出较可靠的判断，并能提出合理的手术方法，创造条件付诸行动。即或出现解决不了的难题，也能提出探索途径，设法推动学科前进，从而更好地为动物诊疗服务。

3.必须注意整体观念

动物体是有机的整体，动物不仅受到外界环境的影响，自身的各部分之间也是相互作用的。外科疾病的发生和发展是综合因素作用于机体的结果，任何一个疾病都是全身因素和致病因素相互斗争的结果。例如皮肤的烧伤不仅要处理创面，防止感染，更重要的是要防止休克，保持水和电解质及酸碱平衡。任何一例疾病的顺利诊断和治疗，都是建立在对机体整体状况的正确认识基础之上的。我们不能“头痛医头，脚痛医脚”，更不能认为外科医生的工作就是做手术，这些都是学习中需要注意的问题。

4.必须树立正确的态度

首先，兽医外科与外科手术学的目的应该是为畜牧业生产服务。兽医学区别于人类医学的关键是前者是为生产部门服务的，所有的诊疗活动都是为了获得更多的经济效益。不计成本地进行手术或者非手术的治疗都是不应该的。当然珍稀动物和宠物的诊疗活动另当别论。另外，必须要对动物有爱心，所有的手术都应当进行麻醉以减少痛苦。不麻醉进行手术是一种犯罪行为。党的二十大报告指出，“实施科教兴国战略，强化现代化建设人才支撑，全面贯彻党的教育方针，落实立德树人根本任务，培养德智体美劳全面发展的社会主义建设者和接班人”。作为兽医外科人才或接班人的培养，还必须要有良好的医德、健康的体魄、默契的手术团队合作精神以及对疑难外科病例和手术的不断创新和探寻精神。最后，还应有谦虚谨慎、不怕脏累和吃苦耐劳的精神。基层兽医工作的条件都是比较艰苦的，甚至待遇也是非常微薄的，同学们应该具有到艰苦的条件下开展工作的心理准备。条件越艰苦的地方越能够考验我们的技术水平和精神，实践证明，在不具备手术室条件的地方，甚至是在野外也能够进行手术。只要具有为畜牧业生产服务的态度，加上对基本知识和基本技能的熟练掌握，在基层同样能够顺利开展外科疾病的诊疗工作。

本章小结

本章主要讲述了兽医外科学的发展简史、外科手术的概念和分类、外科手术的素养和原则、外科手术的组织与分工和学习兽医外科学的方法等内容。外科手术是指用手或器械在动物体上观血或非观血地对组织或器官进行分离、改建、矫正、移植、除去异物或病理组织、整形、缝合与固定的技术。可以根据手术的紧迫性、手术目的和有无感染等进行分类。施行外科手术的内容包括打开手术通路、进行主手术和闭合手术通路。外科手术人员必须具备无菌素养、正确使用和爱护器械物品的素养、正确对待活体组织的素养等。施行外科手术应遵循的基本原则：要有经济的观点，要以适应症为前提，要有局部手术与全身机能相互影响的整体观念，要以抢救或稳定动物的生命为重，严格执行术后饲养和护理的措施。手术是一个团队在一个活的动物体上进行的动刀操作过程，需要术者和多个助手（手术助手、器械助手、麻醉师等）的默契配合。只有掌握了这些素养和基本原则，应用于外科实践中，才能更好地服务于外科临床。此外，在学习兽医外科与外科手术学时，必须注意基本功的训练、理论联系实际、注意整体观念、树立正确的态度、具备高尚的医德和团队精神，只有这样才能领会外科手术学的精神实质。

复习思考题

1. 兽医外科学的主要任务是什么？
2. 外科手术的种类有哪些？
3. 施行外科手术的内容包括哪些？
4. 一个合格的外科手术人员必备的素养有哪些？
5. 施行外科手术应遵循哪些基本原则？
6. 要想顺利地完成一个手术，手术有关人员是如何进行手术的组织与分工的？手术计划一般包括哪些内容？
7. 学习兽医外科与外科手术学的基本方法是什么？
8. 名词解释

兽医外科学、兽医外科手术学、外科手术、紧急手术、择期手术、限期手术、无菌手术、感染手术、污染手术、术者、根治手术、姑息手术

（彭广能）

第二章　保定技术

动物保定(restraint of animal)是指根据人的意愿和诊疗目的对动物实行控制的方法。从简单地用缰绳牵引动物到对动物实施捆绑和倒卧都是保定的内容。近几十年采用药物方法控制动物，称为化学保定，是传统机械保定的发展。

兽医临床工作要与多种动物接触，为了更有效地对动物实行控制，首先应懂得各类动物的习性和与动物相处的有关知识。动物与不熟悉的人接近，往往会产生不安、戒备、逃跑或攻击等行为，是动物自身防御的本能。基于这个基本认识，当与动物靠近时，既要表现出善意和耐心，消除其紧张和不安，争取它的合作，又要加强戒备防止动物攻击自己。粗暴的动作或不适当的控制手段，不仅完不成保定任务，还容易出现意外事故。因此，了解各种动物的习性、行为、驾驭手段和合理的保定方法等，应成为临床保定工作的重要组成部分。

兽医临床的保定有两个基本要求：一是方便诊疗或手术的进行，二是确保人和动物的安全。其内容应包括下列几点：

(1)对动物实行有效的控制(包括机械的或化学的方法)，能为诊断或治疗动物疾病提供安定条件，有利于外科手术技术的发挥。

(2)手术部位的显露有赖于保定技术和保定方法。有的手术要求体位变化，有的手术需要肢体的转位，没有这些保定方法，手术将无法进行。

(3)防止动物的自我损伤(咬、舔、抓)也是保定的内容。自身损伤往往破坏机体组织和医疗措施，使手术创变得复杂。临床用的犬、猫颈圈，马的侧杆等，是为了预防患病动物咬断缝线，撕碎绷带，损伤局部组织，保证创伤愈合，以提高医疗效果。

(4)对动物的束缚本身包含对手术人员安全的保障。术者或参术成员在手术过程中负伤，小则直接影响手术进程，大则造成伤残等严重后果。

保定的最终目的，是在保证顺利完成诊疗的同时，保护人和动物的健康。每种手术都有常规的保定方法；不合理的保定技术或对保定技术中的某些细节的疏忽，都可能给动物或医护人员造成伤害，如骨折、腱和韧带撕裂、脱臼、神经麻痹甚至内脏损伤等。

临床兽医除了要通晓各种动物的习性和攻击的手段之外，在兽医临床实践中还要确实遵循各种手术保定技术的规定。

第一节　中小动物的保定技术

一、犬的保定技术

犬的品系多，体型差异大，从不到一千克的伴侣犬到几十千克甚至上百千克的大型犬都有。又由于生长环境的不同，犬的气质也不尽相同，所以每个犬的表现有极大的差异。故在临床中不管犬的教养程度如何都要保持警惕，对极端驯教不良的犬，也要有耐心，不得给犬以粗暴的感觉。

对犬的保定，首先是防止犬咬人、伤人。常用绷带扎口法（图2-1）或嘴套保定。

绷带扎口法最常应用，取一段绷带，先以半结做成套，置于犬的上、下颌，迅速扎紧，另一个半结在下颌腹侧，接着将游离端顺下颌骨后缘，绕到颈部打结（图2-1）。

短口吻的犬，捆嘴有困难，极易滑脱。可在前述扎口法的基础上，再将两绳的游离端经额鼻自上向下，与扎口的半结环相交并打结，有固定加强的效果。也可以选择合适的伊丽莎白项圈戴在颈上防止犬咬人。

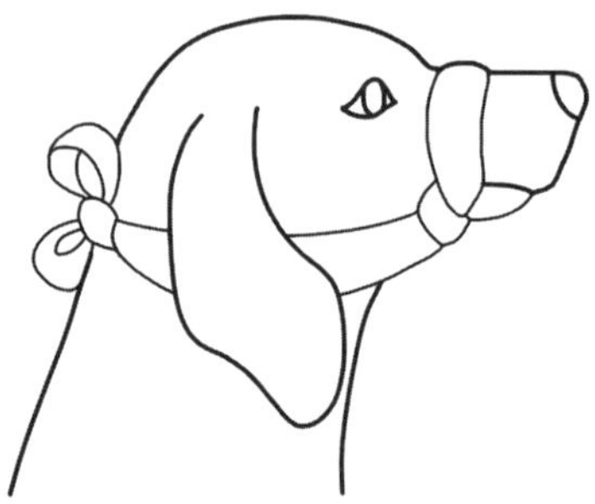

图 2-1 绷带扎口法

（中国农业大学，1999）

另外，市场上有口套出售，口套由各种材料制成，保定时应选择大小合适的口套将嘴套住，防止咬人，也是常用的犬的头部保定方法。

犬的自身损伤比大动物严重，宜设法防止。犬自身损伤的预防技术分为化学性保定和机械性保定两种。在化学保定中，除了常用的安定剂之外，也可用厌恶气味（包括苦味、辣味等）物质涂抹于患部，给犬留下记忆。

犬的其他机械性保定器具有颈环、体架和侧杆等。

（1）颈环　颈环有商品出售，也可自己制造，硬纸板、塑料板、X光胶片或破旧桶、篮等皆可以利用（图2-2）。目前临床上最常用的是伊丽莎白圈戴在颈脖上，市面有售各种型号。有时候可合用大小两个不同型号的伊丽莎白圈进行头部保定。

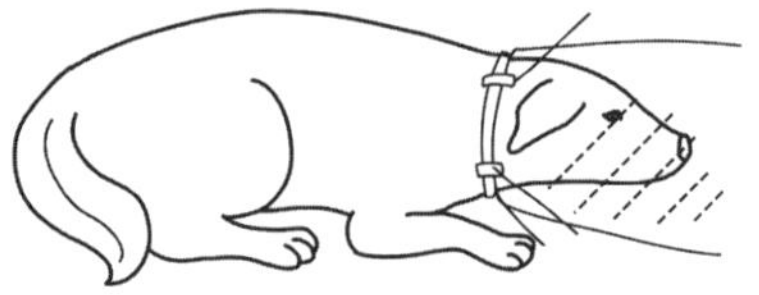

图 2-2 颈环保定法

（中国农业大学，1999）

颈环在临床上应用广泛，并发症不多，主要用于防止舔、咬、抓患部。不是所有犬对颈环都能适应，初安装颈环时应注意对呼吸的影响。使用时在颈环内周围用纱布垫好，颈间留出能插入一指的空隙。注意在全身麻醉尚未完全苏醒时不宜使用。

（2）体架　由垫圈、侧杆、缠带和杆端垫组成。适合保护体躯（包括腹、胸、肛门区）和后肢的跗关节以上区域。特别适用于对颈环不能忍受的动物。也可用于尾固定，如会阴瘘、会阴肿等治疗，尾提高有助于通气、排液或药物处理（图2-3）。本法对犬的头、颈和前肢不产生效果，更不能应用于猫。

（3）侧杆　由革制的颈环固定于颈部，又由类似革制带放在跗关节。在两环之间用金属杆连接。侧杆适于防止舔、咬同侧后肢和跗关节，但不能保护对侧。

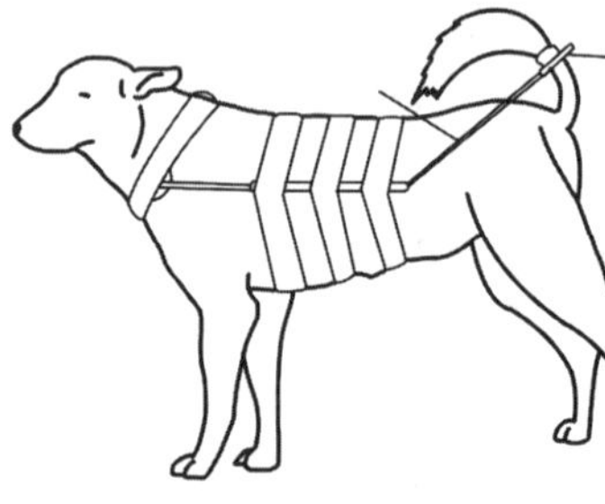

图 2-3 体架保定法

（中国农业大学，1999）

二、猫的保定技术

猫在陌生环境下常比犬更胆怯、惊慌，故当人伸手接触时，猫会愤怒，耳向后伸展，并发出嘶嘶的声音或抓咬。保定者应戴上厚革制长筒手套，抓住猫颈、肩、背部皮肤，提起，另一手快速抓住两后肢伸展，将其稳住，以达到保定的目的。但是，个别猫反应敏捷、灵活，用手套抓猫难奏效时，可借助颈绳套或捕猫网将其捕捉。

对于兴奋型猫，如做头部检查、测量直肠温度及灌肠等，要施大毛巾包裹保定或猫袋保定。前者根据猫体长，选择适宜的革制保定布或厚的大块毛巾铺在保定台上，保定者将猫按放于保定布近端;提起近端保定布覆盖猫体,并顺势连同布、猫向前翻滚,将猫紧紧地裹住呈“直筒”状,使其四肢丧失活动能力。后者用适宜的猫袋(帆布或厚布缝制,两端均开口,系上可抽动的带子)将猫装入,猫头和两后肢从两端露出,收紧袋口;颈部不能收得过紧,防止发生窒息。

扎口保定法与短嘴犬一样,猫也可用扎口保定法,其方法见图 2-4。

颈圈保定法也与犬的保定法相似,其方法见图 2-5。

猫的头静脉和颈静脉穿刺保定方法基本上与犬一样。由于猫胆小、易惊恐,静脉穿刺又会引起疼痛,故保定时应防止被猫抓咬致伤。首先要控制住头,其次防止前、后肢搔抓。保定者一手抓住头部,其拇指和中指、无名指或小指握紧两侧颌部或颧弓。

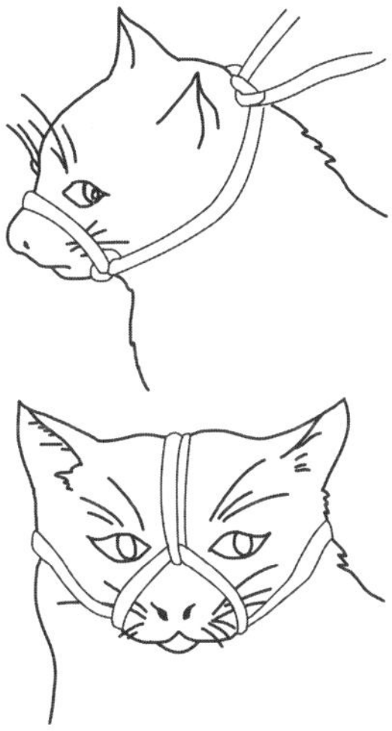

图 2-4　猫扎口保定法

(林德贵,2004)

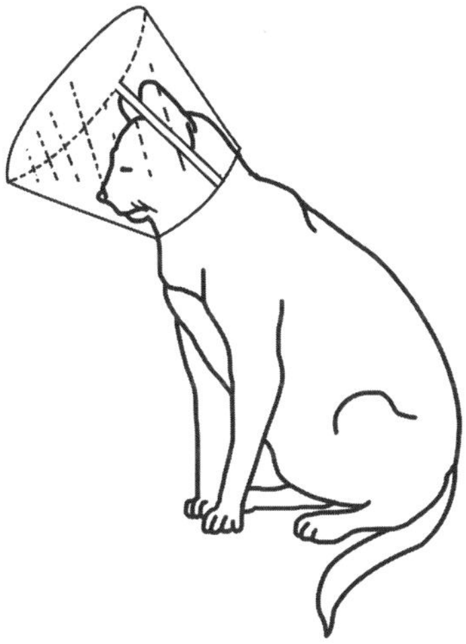

图 2-5　伊丽莎白颈圈保定

(林德贵,2004)

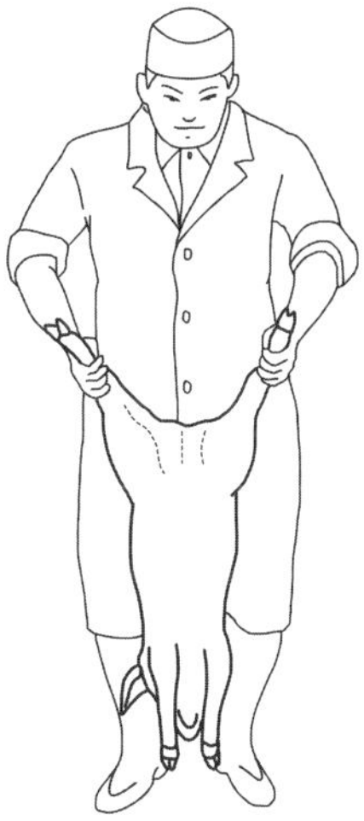

图 2-6　猪的倒立保定

(中国农业大学,1999)

三、猪的保定技术

初生仔猪的断齿、断脐或打耳号都需要保定,抓住小猪的后肢是一种较为方便的方法。有人喜欢抓尾巴,虽然能达到目的,但时间不宜过长。

仔猪保定时,握住两后肢的小腿部,用双手提举是最为常用的方法(图 2-6)。仔猪也可侧卧、半仰卧,其技术操作详见猪的阉割术。“V”形手术架能很好地做仰卧保定和肢的固定(图 2-7)。

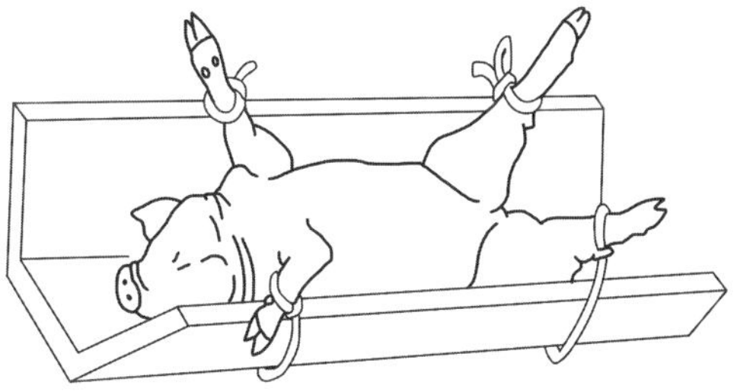

图 2-7　猪的仰卧保定

(中国农业大学,1999)

公猪或成年猪,浑身溜圆,气力又大,缺少控制部位,加上猪本能的尖叫,令保定者心烦急躁。公猪有犬齿,很容易给人造成伤害,要注意预防。

大猪的控制选用口吻绳和鼻捻棒,对控制猪的头颈可起到良好效果。其方法是将一绳套装置于猪的上颌,位置在犬齿的后方,拉紧之后能起到好的保定作用[图 2-8(1)]。长柄捉猪钳,是抓大猪的保定器械,将钳夹在猪耳后颈部或跗关节上方,效果都很好[图 2-8(2)]。

猪的卧倒可用双抽筋倒马法或足枷倒马法(见“马的保定”),使用安定剂或化学保定剂之后,给机械倒猪带来很大方便。猪也可以利用翻板式手术台保定。

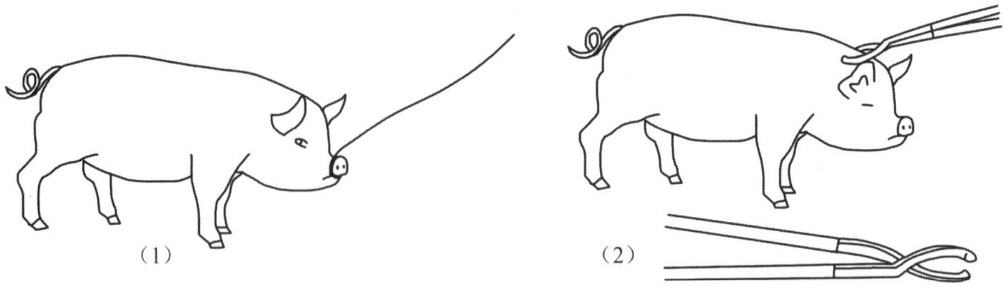

图 2-8　口吻绳和捉猪钳保定

（中国农业大学，1999）

（1）口吻绳保定　（2）捉猪钳保定

四、羊的保定技术

羊的性情温顺，保定也很容易，很少对人造成伤害。在草场和牧场抓羊也应了解羊的习性，才能方便工作。羊有“聚堆”的习性，为捉捕羊的后肢造成有利的条件。在羊群中捉羊时，可抓住一后肢的跗关节或跗前部，羊即被控制。

保定者抓住羊的角或双耳或护住羊的头颈部，骑在羊背上，作为静脉注射或采血等操作时的保定。又可面向尾侧骑在羊身上，抓紧两侧后肢膝褶，将羊倒提起，然后再将手移到跗前部并保持之。

对体格较大的羊进行卧倒保定时，右手提起羊的右后肢，左手抓在羊的右侧膝皱襞，保定者用膝抵在羊的臀部。左手用力提拉羊的膝褶，在右手的配合下将羊放倒，然后捆住四肢（图 2-9）。

图 2-9　倒羊法

（中国农业大学，1999）

第二节　大家畜的保定技术

一、马的保定技术

（一）马行为的有关注意事项

一般认为有笼头的马比较容易控制，而想要抓住自由活动的马，则往往比较困难。马不愿意与生人接近，莽撞行事，马将会逃跑，甚至对来人进行伤害。向马靠近之前，要先给信号，让马意识到人的存在，使其不感到突然或吃惊，如说话、打口哨等。再用草或饲料引诱，使其主动向人靠近。根据实际观察，马出现躲避、逃跑的距离为 6～15 m，超出这个距离，躲避行为将会变弱。

接近马时，禁止或避免从马的后躯方向靠近，马有向后方踢的防御能力，故要求从前面或两侧面接近。当从旁侧临近时，也得警惕马后躯的“急转弯”之后踢的动作。据测算，马的上述转动，需 1.5 s，可利用这段时间迅速躲开。

马向后踢的距离为 1.8～2.5 m，其伸出最远距离是马的蹄踵部，可对人的头部构成潜在性的威胁。为了防止马向后踢伤人,当人需要在马后侧检查时,应与马后躯保持一定安全区,距离应在 3.0～3.5 m 之外。

有的马后肢除了有后踢的功能之外,还有向前、外侧"弹"的能力,"弹"的动作与后踢不同,是单肢的活动,伤害的半径为几十厘米。

临床实践中,事先揪住马尾末端,并将尾高举,能使马失去后踢的信心,操作者可以利用这一状态进行后躯的观察。这种技术不是对任何马匹都有可行性,若举尾的高度低于人的体高,还会有危险。

正确地与马接近,应从前侧或左前侧开始,在马的直视下,从容走向马的头部。(左侧在骑手或驭手称作"里手",传统的牵马位置在马的左侧,骑手面向前方,用右手牵马。相反的一侧称为"外手",在左侧牵马便于左转弯(向里手转),对马和人都很习惯。)接近马头部后迅速抓住笼头,然后用左手牵马,右手抚摸马的颈侧,表示安慰。轻拍对马是禁忌,这样能使马受惊。马出现竖耳、响鼻时,是马紧张吃惊的表现,此时要格外谨慎小心。

马的体格大,又有气力,动作敏捷,具有一定潜在危险性。保定者不宜单靠力气去强行控制,而应利用其自身的特点,有策略地施行。

(二)马的头部保定

笼头、缰绳和水勒在日常对马的训练或使役中都广泛应用,而鼻捻子和耳夹子主要用于兽医临床。鼻捻子是古老的有转移疼痛作用的一种保定方法。尽管鼻捻子种类很多,样式各异,其组成都是由一木制(或金属制)杆和一绳制(或金属链)的环形套组成。将环绳套装在马的上唇,捻动棒杆,使绳套勒紧。由于刺激感觉神经,引起疼痛转移。

图 2-10　鼻捻子及其使用

(中国农业大学,1999)

装鼻捻子时,操作者先将左手的 4 个手指放入套内,只留食指在套外,绳环夹在第 2 指和第 3 指之间,以防止绳套下滑到腕部。然后将左手放在马前额,边抚摸边向下滑动,当手移至鼻端时,一次抓住马唇,把绳套装在上唇,右手捻动棒杆,使绳套勒紧,再用手保持之(图 2-10)。

耳夹子是长形夹,夹在马的耳根部,其作用与鼻捻子类似。操作时,拇指和食指控制夹的闭合,中指和无名指使夹张开。左手在马颈侧抚摸和逐次向上,将至耳根时,突然将耳抓住,右手持夹将夹张开,把夹装在耳根部并夹紧,左手把耳松开,协助右手保持耳夹在紧闭状态(图 2-11)。

图 2-11　耳夹子及其使用

(中国农业大学,1999)

使用鼻捻子和耳夹子操作时,时间不能过长,长时间压迫能使神经敏感性降低,因而也就失去疼痛转移的效果。

开口器是口腔保定用具,用于口腔和牙齿疾病治疗时的保定。常用的开口器有扇式、单手式、英式和楔状开口器(图 2-12)。

颈圈和侧杆是为了防止动物自身伤害,能限制头颈等部位的活动范围。

吊马器是用吊带将马吊起的一种装置。因为大动物体重大,长期倒卧易发生褥疮,对呼吸系统、循环系统都有不良影响，将马吊起后可减轻四肢负担(图 2-13)。

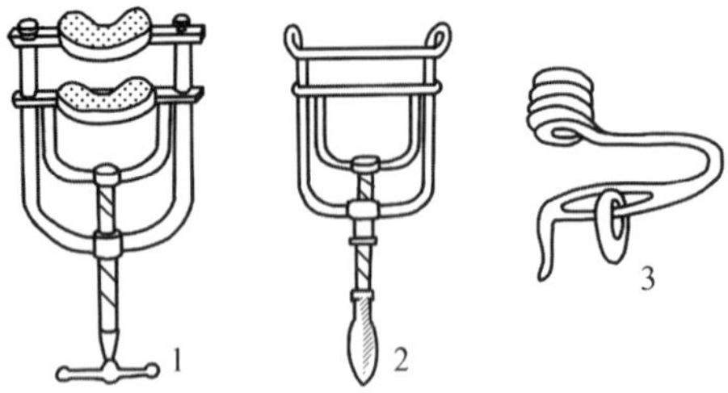

图 2-12　开口器

(中国农业大学，1999)

1.扇式开口器　2.英式开口器　3.单手开口器

图 2-13　吊马器及其应用

(中国农业大学，1999)

(三)马的四肢保定

马四肢的保定分为徒手提举、单绳提举和后肢固定 3 种方法。

(1)徒手提举　主要应用于四肢的检查和治疗，装蹄时也要进行肢的提举或固定。前肢提举时，保定者由马头开始逐步抚摸至前肢，面向后以一手抵鬐甲或肩部作为支点，另一手沿马前臂向下抚摸直达系部。以支点手推动马躯体，使马体重心移向对侧肢，另一手握住系部并提腿，使关节屈曲。保定者的内侧腿向前跨半步，将马腕关节放在保定者内侧的膝部，再以双手固定系部(图 2-14)。

后肢提举时，保定者从马头部开始。经颈、胸、腰靠近后肢，面向后以内侧手于髋关节作为支点，另一手顺小腿向下抚摸，直达系部。作支点的手用力推动躯体，使马体重心外移，另一手用力将肢向前牵拉，使各关节屈曲。之后保定者向前迈一步，并将后肢托起，把球节放置在保定者内侧的膝部，用双手固定系部并保持之(图 2-15)。

图 2-14　前肢徒手提举

(中国农业大学，1999)

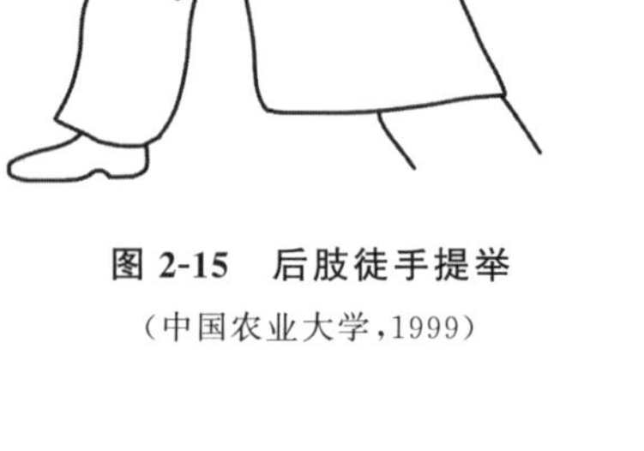

图 2-15　后肢徒手提举

(中国农业大学，1999)

(2)单绳提举　用绳代替徒手,可增加机械力,节省人力。一前肢提举时,将绳的一端拴在肢的系部,游离端绕过鬐甲,将前肢拉起,令助手保持(图 2-16)。后肢的提举与前肢基本相同,先拴好系部的保定绳,游离端向前通过胸下两前肢之间,伸延到颈部,做环打结和固定(图 2-17)。

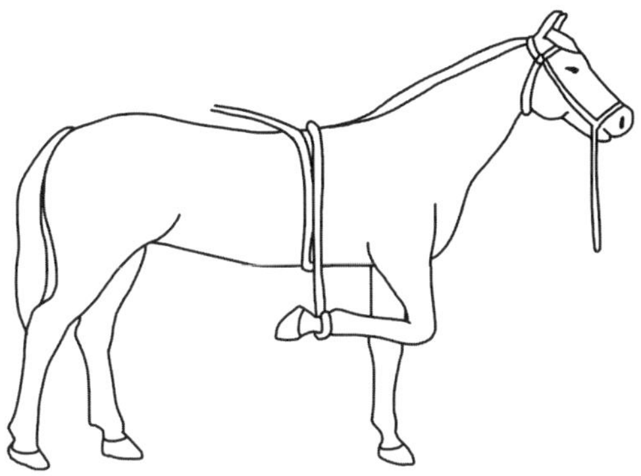

图 2-16　前肢单绳提举

(中国农业大学,1999)

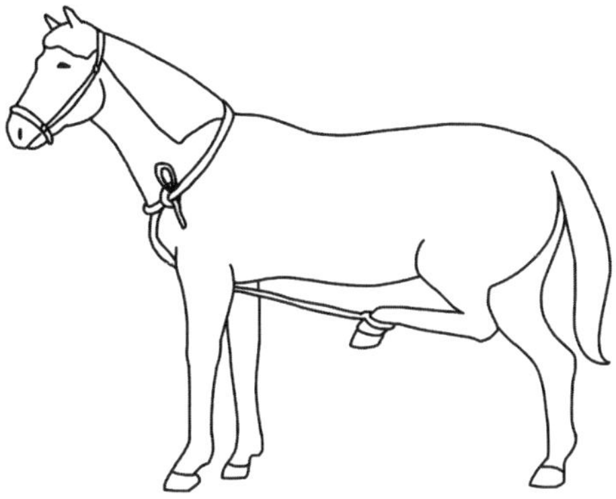

图 2-17　后肢单绳提举

(中国农业大学,1999)

(3)两后肢固定　主要是机械地控制马的后肢,防止后踢。其方法分为系部固定(图 2-18)和胫部固定(图 2-19)两种。配种时母马的后肢固定多采用胫部固定。

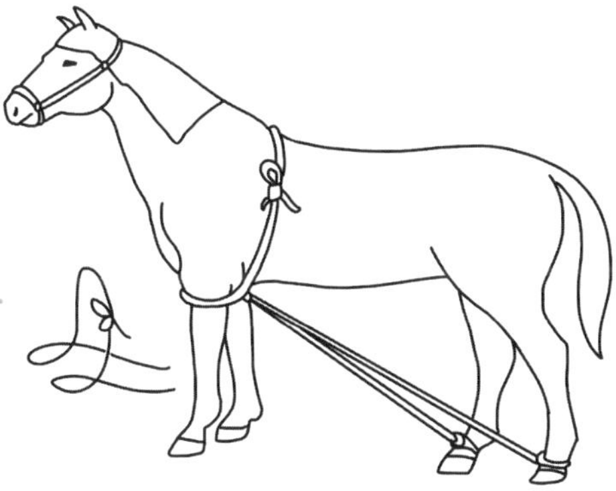

图 2-18　两后肢系部固定

(中国农业大学,1999)

图 2-19　两后肢胫部固定

(中国农业大学,1999)

(四)马的柱栏保定

柱栏保定能控制动物向前、后、左、右的活动,安全性高。马常用的柱栏保定有六柱栏、四柱栏、二柱栏和单柱保定。

(1)六柱栏保定　六柱栏基本结构为 6 个柱子,有木制的和铁制的两种。两个门柱用于固定头颈部,前柱和后柱中间有横梁相连,用于固定体躯和四肢,同侧前后柱间的上梁和下梁,用于装吊胸、腹带。

保定时先将柱栏的胸带(前带)装好,由后柱间将马牵入,立刻装上尾带(后带),并把缰绳拴在门柱的金属环上。这样马既不能前进,也不能后退。为了防止马跳起,可装扁绳压在鬐甲前部。防止动物卧倒可加上腹带。有时在尾柱间的横梁上装有铁环,是固定马尾、拴尾绳的地方(图 2-20)。

保定完毕，解除背带和腹带，解开缰绳和胸带，马自前柱间向前离开。

(2)四柱栏保定　与六柱栏相比，四柱栏从结构上少了两个门柱，从两侧前柱各向前伸出两个臂，臂上备有铁环，供拴马缰绳用(图 2-21)。保定方法同六柱栏。

图 2-20　六柱栏保定

(中国农业大学，1999)

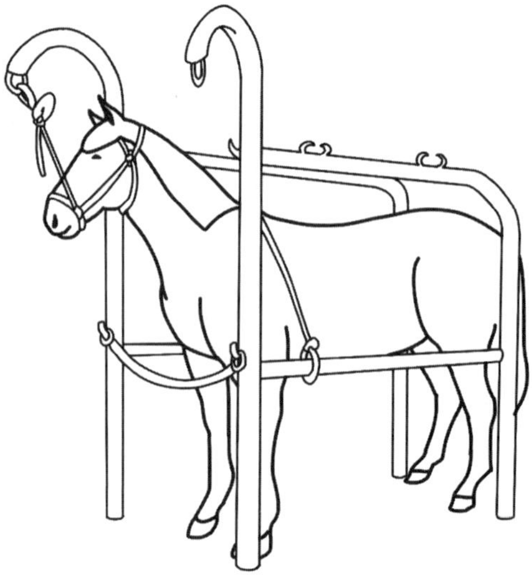

图 2-21　四柱栏保定

(中国农业大学，1999)

(3)二柱栏保定　是我国民间传统的保定法，用于装蹄和治疗。两柱间设有横梁，另有颈绳、围绳和吊带等辅助用具。

保定时将马牵近二柱栏前柱，缰绳拴在横梁前环上，用单柱保定法，将颈部固定在前柱的左侧。

取长约 9 m 的围绳，将马围在柱间。其方法是，把围绳一端的铁环挂在后柱钩上，游离端的绳从右向左绕两柱一周，将马围在两侧绳之间，在后柱挂钩上绕半周，并将绳夹在后柱和所绕围绳之间，然后再装吊带。

吊带是两条特制的扁绳，有胸吊带和腹吊带两条，每条带的一端装有一铁钩。装吊带时先装胸吊带，再装腹吊带。其装法是保定者站在动物的左侧，先将吊带的铁钩端从横梁上方传到对侧，在对侧助手的协助下，从马胸下到左侧，将铁钩挂在原扁绳上。再把绳的游离端从横梁上送到对侧，由助手拉紧并保持。此时保定者抓住铁钩向下拉，使吊带绷紧，接着助手将绳的游离端从胸下递给保定者，保定者将绳在鬐甲直上打结固定。本法使用绳与钩连接，易将吊带拉紧，又便于吊带的解除。同样的方法装置腹吊带(图 2-22 和图 2-23)。

二柱栏保定之后，可将后肢转位保定，便于检查后肢下部和蹄底。其方法是，用围绳的游离端从马两后肢间向前穿过，再从前肢的前外方转向后方，然后收紧绳子，后肢将被拉起，呈现后方转位。此时将绳的游离端在后柱钩上绕一周，将游离绳夹在后柱与围绳之间。后肢的转位用于蹄病的治疗和装蹄(图 2-24)。

二柱栏保定的解除顺序与装绳的顺序相反，即先解除转位的后肢，再解除腹吊带、胸吊带、围绳和颈绳。围绳和吊带的解除，不是装绳顺序的逆行，只将铁钩与绳套分离即可。

(4)单柱保定　只是一单柱，没有栏，用一条绳将马的颈部捆在单柱或树上，能限制马的活动，方法简单，非常实用。颈部的保定绳必须打活结，以便在马异常骚动时能迅速将绳解开(图 2-25)。本法可与两后肢固定配合应用。

图 2-22　二柱栏保定

（中国农业大学，1999）

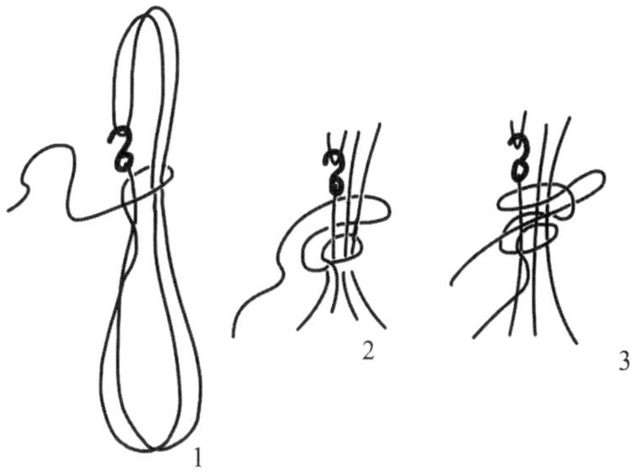

图 2-23　吊带操作技术

（中国农业大学，1999）

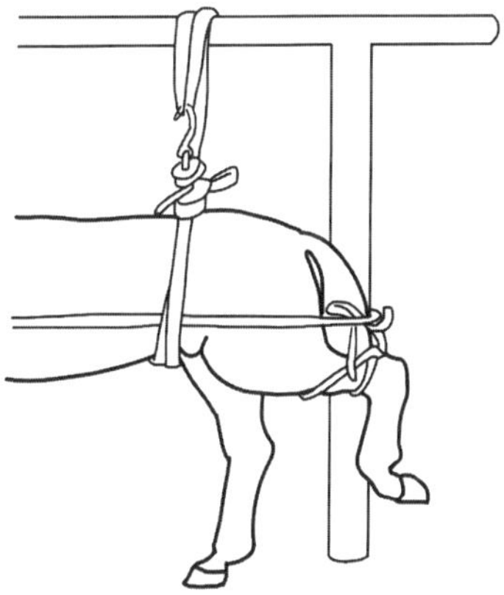

图 2-24　后肢转位

（中国农业大学，1999）

图 2-25　单柱保定

（中国农业大学，1999）

(五)倒马法

许多手术和外科处置要求把马放倒，行侧卧、半仰卧和仰卧保定，能得到需要和宽敞的手术通路。为了方便手术，在倒马之后还要做肢的转位。倒马的方法很多，现介绍如下。

1. 双抽筋倒马

这是我国民间使用最多的一种倒马方法。取长而柔软的圆绳，长 15 m，将绳双折在中间做一双套结，形成一长一短的两个绳套，每个套各穿上一直径 10 cm 的铁环(图 2-26)。将绳套用木棒固定在马的颈基部，放在倒卧的对侧。由两名助手向后牵引，通过两前肢间和两后肢间，分别从两后肢跗关节上方，由内向外反折向前，与前绳作一交叉(目的是防止绳套滑落)。两游离端分别穿入前面放置的铁环内，再反折向后拉紧。把跗关节的绳套移到后肢系部，两助手向后牵引两游离端(图 2-26)。与此同时，牵马的助手向前拉马，在马运步过程中，拉绳的助手迅速收紧绳索，最后由于动物身体失衡而倒卧在地。马一般倒向绳索力量大的一侧，牵马助手积极配合，将马头摆向倒卧的对侧。

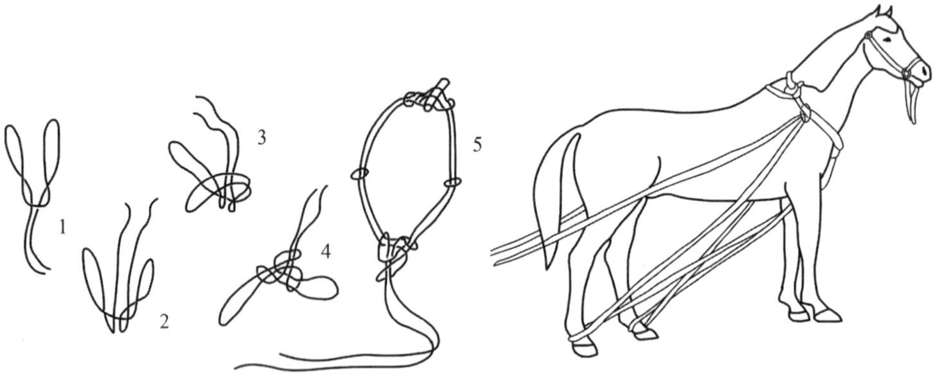

图 2-26　双抽筋倒马法(1～5 为颈部绳套的制作顺序)

(中国农业大学,1999)

卧倒后,头部助手用膝部压在马的颈背部,双手握住笼头,使马枕部着地,口端斜向上方保持之。头颈部的固定和保定者的姿势,对控制马的挣扎起到重要作用,其后进行肢的捆绑和转位。也可以转为仰卧保定(图 2-27)。

2. 足枷倒马

足枷是革制的,共有 4 个,分别装在四肢的系部。其中有一主足枷附带链索和长绳,装在倒卧的对侧前肢。将主足枷链索游离端按顺序穿过另外 3 个足枷上的金属环,最后回到主足枷的环(图 2-28)。倒马时强拉链索,使马的四肢集中于腹下,同时牵拉放置在前肢拉向鬐甲的背带,马迅速侧卧倒下。足枷倒马要求有厚的垫子或铺上厚的褥草,以防摔伤。主足枷上备有锁的装置,链索拉紧后,不会自动松开,不要用绳捆绑。

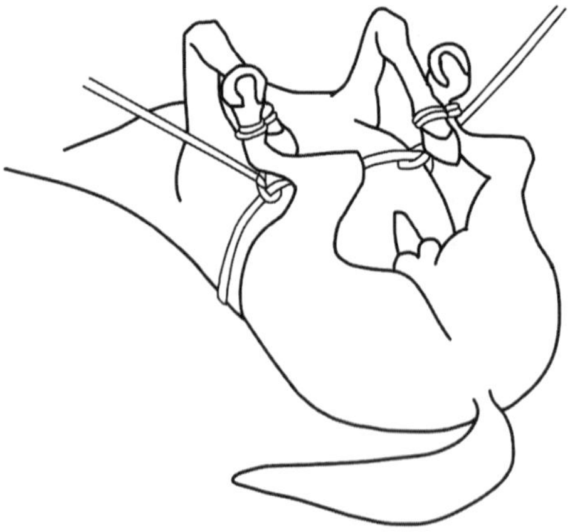

图 2-27　马的仰卧保定

(中国农业大学,1999)

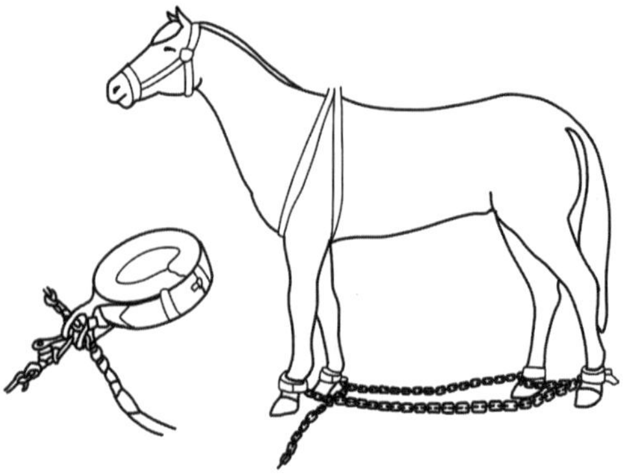

图 2-28　足枷倒马

(中国农业大学,1999)

3. 后肢转位

在倒马的基础上,进行后肢转位。取 6～7 m 的长绳,一端拴在后肢的系部,绳的游离端斜向走向肩部,从鬐甲反转绕到颈下部,再转到上侧的肘头水平,持续向后伸延,绕过胫骨的远端转向前。助手解开该肢的足枷，紧收绳索，将蹄拉到肘部水平(图 2-29)。用一绳套将蹄固定，再在蹄与跗关节之间做多个“8”字形缠绕，最后做一绳套将蹄固定，绳的游离端由套内穿过拉向背侧，则腹股沟部被充分显露(图 2-29)。

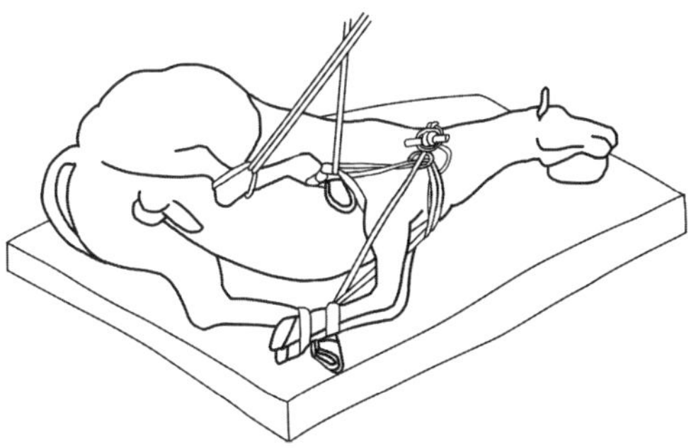

图 2-29 马侧卧保定及后肢转位

(中国农业大学，1999)

4.手术台倒马

大动物用的手术台种类很多，通常分为翻板式和升降式两类。

(1)翻板式手术台　因使用的动力不同，分为人力、机械力和电力翻板式手术台，其基本运动形式是：垂直—水平—垂直。使用之前将台面置于与地平面垂直的位置，牵马立于台面前，用备好的胸带和腹带使马体与台面固定，再固定头和四肢(图 2-30)。然后把台面变为水平位置，动物随台面的变动，平躺在水平的台面上。为了减少动物在台面运动过程中的挣扎，可在台面未翻动之前，注射化学保定药，当动物出现肌肉松弛时，即可转动台面，动物较平稳地倒在台面上。

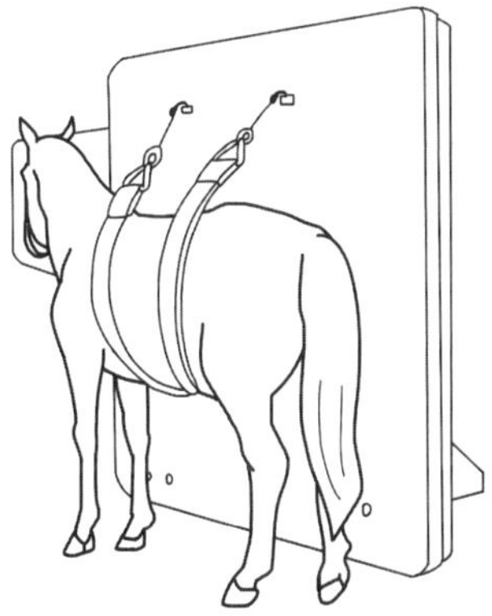

图 2-30 翻板式手术台倒马

(中国农业大学，1999)

图 2-31 升降式手术台

(中国农业大学，1999)

(2)升降式手术台　台面能水平升降，使用时将台面下降至地平面。用倒马药如硫喷妥钠、愈创木酚甘油醚等使动物自行卧倒，然后把马移动到手术台面上。气管内插管，接吸入麻醉机，进行吸入麻醉，并将手术台面和马提升到需要的高度。升降式手术台除具有升降功能之外，还能向不同方向倾斜，方便手术操作(图 2-31)。手术结束后将手术台面下降至与地面同高，马复苏后可自行站立。

(六)倒马的并发症及预防

不正确的倒马能引起各种各样的并发症，如皮肤破损、骨折和脱臼、肌腱剧伸、神经麻痹、脊髓损伤、内脏破裂和窒息等，要注意预防。

倒马前要禁食，防止由于胃肠充满而引起破裂。选择倒马场地，熟练倒马技术，不应强力将马摔倒，而应是在人造失衡的状态下自行卧倒，否则易造成骨折、肌肉剧伸等事故。长时期倒卧应垫上软垫或褥草，防止压迫性神经麻痹或皮肤损伤。

在手术台上保定时也应注意卧倒后的姿势，建议将下侧的前肢向前拖拉，使体重落到臂三头肌上，或加垫气垫，对预防皮肤水肿或神经麻痹都能起到良好的作用。在后肢将上侧肢抬高，减少对隐静脉的压迫，可改善后肢的血液循环。

据实验研究表明，马侧卧或仰卧都会减少通气量、每分钟潮气量、功能残气量和摄氧量。倒卧保定时，马体的后躯高于前躯或四肢集中捆绑，都会影响氧的供给。卧倒的马不宜压迫胸廓，否则有碍呼吸。对有呼吸困难的病马，禁止倒马。

二、牛的保定技术

(一) 牛行为的有关注意事项

抓牛的困难比马小，但也不是件容易的事。牛是群体性动物，若有头牛带领则容易控制。根据牛的这一特点，在草原上或长途运输中，常利用狭栏控制牛群和捕捉牛只。这种方法对多数牛有效，比较安全。当用狭栏驱赶牛群时，要防止牛跌倒，狭栏不宜设弯曲，不得高声喊叫，否则易造成牛群的拥挤或混乱。

牛有惊人的听力，当驱赶牛群时，如后方大声催逼，会致使牛爬到前方牛背上，增加相互受伤的机会。因为牛的识别力不如马，容易碰撞或践踏致伤。

乳牛在自然培育中，有时变得令人很难理解，在野外或运动场，见到有人来时，牛站立不动或贪婪地注视，并逐步向前靠近。当与人距离 9～12 m 时，突然出现逃避行为，摇头并快跑。而当牛站立在饲槽旁，则变得顺从。

牛对陌生环境的反应比马小，但当被牵进房门时，会出现畏缩不前，或挣绳反抗，特别是小牛更为明显。

公牛十分强悍，随时都带有挑衅的隐患。任何时候对公牛过于信赖都是错误的，对公牛的保定要分外小心。对于难以控制的公牛，应用化学保定剂或镇静剂效果较好。

(二)牛的头部保定

笼头主要用于控制牛头，对温顺的牛只用笼头或鼻钳，就能完成静脉注射的保定。鼻钳是一个钳形器械(图 2-32)，将鼻钳装在鼻中隔的两侧，能转移牛的注意力(图 2-33)。在没有鼻钳的情况下，用拇指和食指代替鼻钳，抓住牛鼻中隔，抬高和转动牛头，牛将变得驯服。

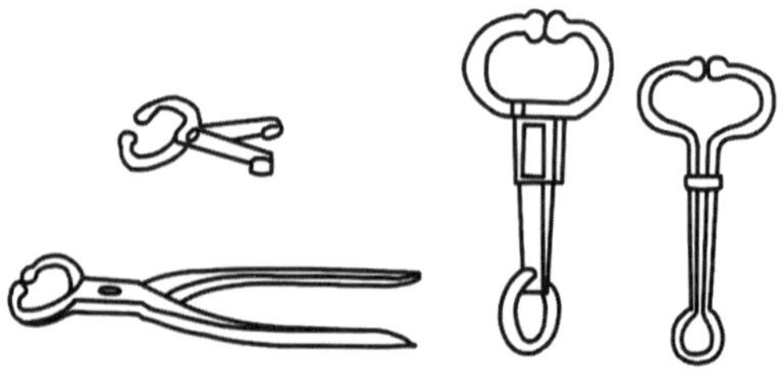

图 2-32 牛鼻钳及其类型

(中国农业大学，1999)

(三)牛的肢蹄保定

检查乳房或治疗乳房疾病时，为了防止牛的骚动和不安，需将两后肢固定。方法是选柔软的小绳在跗关节上方做“8”字形固定或用绳套固定(图 2-34 和图 2-35)，该方法被挤奶工人和临床广泛使用。

图 2-33　牛鼻钳的使用
（中国农业大学，1999）

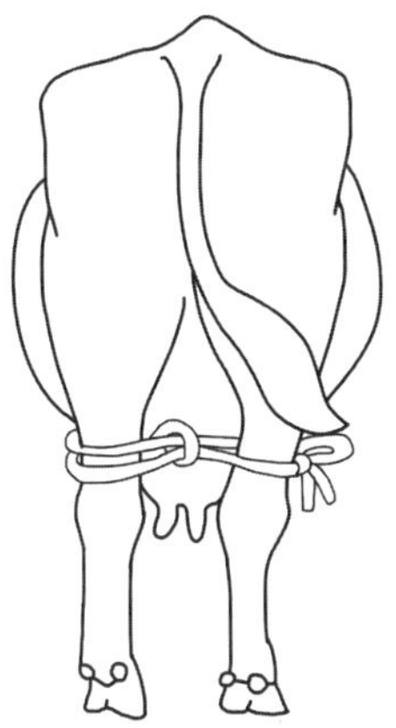

图 2-34　两后肢绳套固定
（中国农业大学，1999）

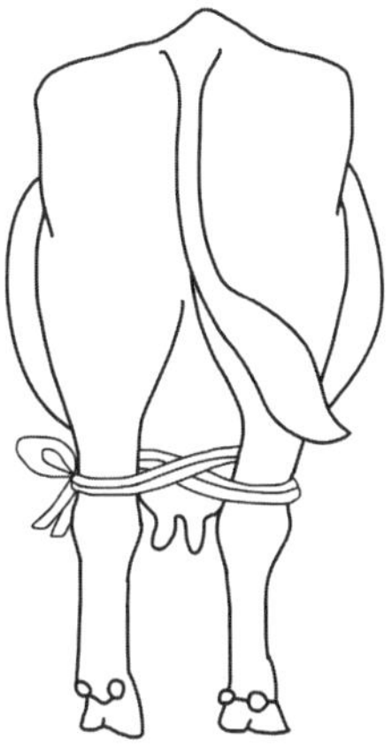

图 2-35　两后肢“8”字形缠绕固定
（中国农业大学，1999）

徒手或机械提举牛的一前肢或一后肢，其方法与马基本相同，只是牛要比马困难得多。牛三肢站立的稳定性极差，除非特殊情况，一般应借助于柱栏。（视频 2-1）

视频 2-1　牛的六柱栏保定和后肢转位保定

（1）前肢的提举和固定　将牛放在柱栏内，绳的一端绑在牛的前肢系部，游离端从前柱由外向内绕过保定架的横梁，向前下兜住牛的掌部，收紧绳索，把前肢拉到前柱的外侧。再将绳的游离端绕过牛的掌部，与立柱一起缠两圈，则提起的前肢被牢固地固定于前柱之上（图 2-36）。

（2）后肢的提举和固定　将牛放在柱栏内，绳的一端绑在牛的后肢系部，游离端从后肢的外侧面，由外向内绕过横梁，再从后柱外侧兜住后肢跖部，用力收紧绳索，使跖背侧面靠近后柱，将跖部与后柱多缠几圈，则后肢被固定在后柱上（图 2-37）。

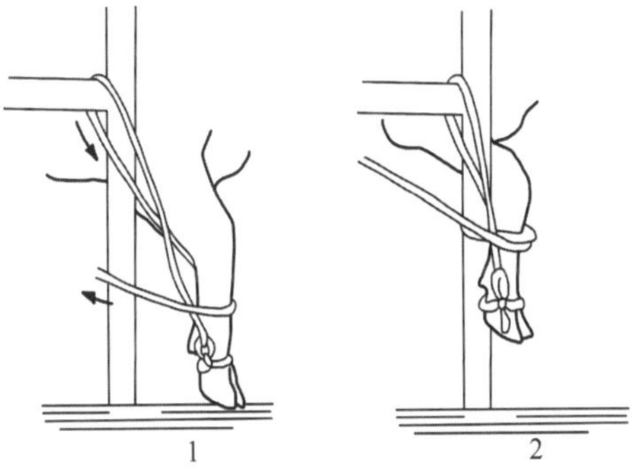

图 2-36　牛前肢提举（1、2 为操作顺序）
（中国农业大学，1999）

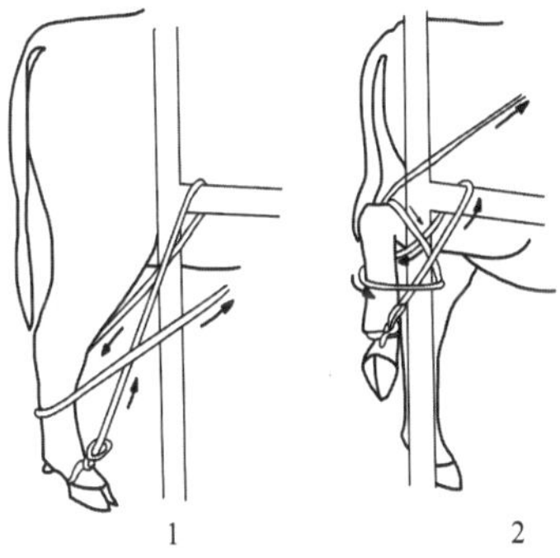

图 2-37　牛后肢提举（1、2 为操作顺序）
（中国农业大学，1999）

（四）牛的尾保定

将牛尾直向前上背曲，是转移牛注意力的简单而又有效的方法，能避免牛体前后左右摇晃。如果与牛鼻钳结合，可作为各种小手术的保定方法。但牛尾不如马尾坚固，用力背曲，有可能造成尾椎骨折（图 2-38）。

(五)牛的柱栏保定

牛的柱栏保定分四柱栏、五柱栏和六柱栏保定。四柱栏和六柱栏的结构与马的相同。五柱栏的结构是在四柱栏的正前方设一单柱,用于牛头的固定。柱栏保定方法同马。

当没有保定栏或狭栏时,用一单绳将牛围在栅栏旁边,牛头绑在坚固的柱子上,做一不滑动的绳套装在牛的颈基部,绳的游离端沿牛体向后,绕过后肢,绑在后方的另一柱上(图2-39)。为了防止牛摆动,还可在髋结节前做一围绳,把牛体和栅栏的横梁捆在一起。

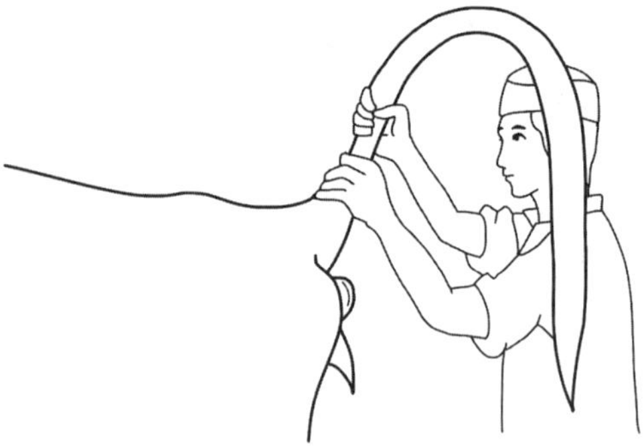

图2-38 尾固定

(中国农业大学,1999)

图2-39 栅栏旁保定

(中国农业大学,1999)

(六)倒牛法

牛比马容易放倒,用机械方法也很少挣扎。倒牛的方法很多,主要介绍两种。

(1)一条绳倒牛法　比较常用,操作省力、安全。其方法是:选一长麻绳,一端拴在牛的角根或做一死套放在颈基部,绳的另端向后牵引。在肩胛骨的后角,以半结做一胸环,将胸围缠一周。再在髋结节前做一与胸环相同的绳环,围缠后腹部一周,绳的游离端向后牵引,并沉稳用力。同时牵牛者向前拉牛,要坚持2～3 min,牛极少挣扎,之后平稳地卧倒(图2-40)。

牛倒卧后将两前肢和两后肢分别捆绑,向前向后牵引和固定。

大公牛或贵重的乳牛,用一条绳倒牛时,要注意绳的腹环对阴茎或乳房、乳静脉的压迫和损伤,也可用其他方法代替。常用的方法是,取一长绳双折,将绳的中间部分横置于牛肩峰位置,两游离端向下通过两前肢之间,在胸下交叉后返回到背上,再一次交叉,两游离端向下,在两后肢内侧和阴囊或乳房之间向后穿过。两绳保持平稳的拉力向后,直至牛倒下。这种方法倒牛,后肢的固定比一条绳倒牛法略有困难(图2-41)。

小牛的卧倒比较容易,把牛缰绳的游离端向后牵引,在跗关节绕过,反折向前。保定者站在牛的一侧握住绳索,拉转牛头,牵动后肢,牛由于失去平衡而自然卧倒。

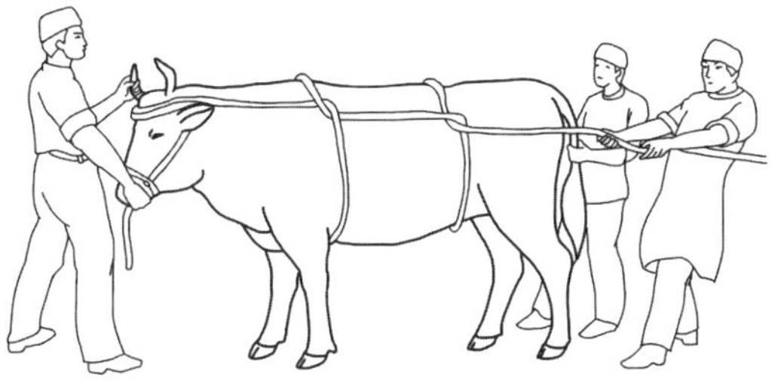

图 2-40　一条绳倒牛法

（中国农业大学，1999）

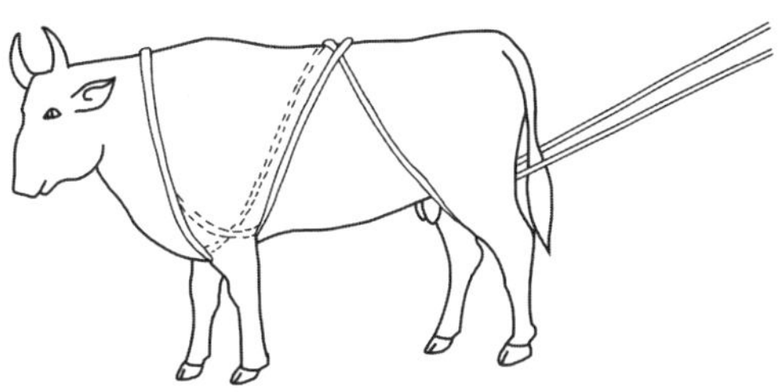

图 2-41　一条绳倒牛的变法

（中国农业大学，1999）

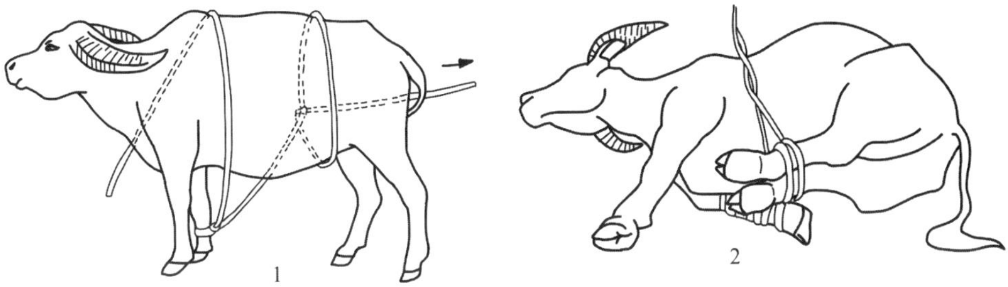

图 2-42　二龙戏珠倒牛法(1、2 为操作顺序)

（中国农业大学，1999）

(2)提肢倒牛法　又称为二龙戏珠倒牛法(图 2-42)。用一条长而柔软的圆绳，把绳折成一长一短，在折转处做一套结，套在倒卧侧的前肢系部，将短绳从胸下由对侧向上绕过肩峰部，长绳由倒卧侧绕腹部一周，扭一结而向后拉。倒牛时，一人牵住牛缰绳并按住牛角，一人拉短绳，两人拉长绳，将牛向前牵，当系绳的倒卧侧的前肢抬起来时，立即抽紧短绳并向下压，牵牛头的用力向倒卧对侧弯头，使牛的重心向倒卧对侧转移，拉长绳的两人一并用力向后牵引，并稍向倒卧对侧拉，此时牛即跪下，而后向右侧卧倒。牛卧倒后注意保护头部，用力按牛角，拉短绳的用力抽紧短绳，并压住肩峰部，拉长绳的一人压住臀部，另一人将腰部的绳套放松并通过臀、尾部拉至跖部收紧，并与前肢绑在一起。

视频 2-2　外科保定台保定奶牛

(3)手术台倒牛　其方法与手术台倒马基本相同。先将台面与地面垂直放置，牵牛立于台面前，先将头保定，再用备好的胸带和腹带使牛体与台面固定。然后倾斜台面变为水平位置，动物随台面变动平躺于台面上，最后进行四肢保定。(视频 2-2)

第三节　灵长类动物的捕捉与保定技术

灵长类无论是临床治疗还是进行科研实验时必须捉拿和固定，动作既要仔细不粗暴，又要大胆敏捷，做到既不被咬伤，又不使其逃脱。

一、灵长类的捕捉方法

灵长类动物有很多种类，下面以猕猴为例进行介绍。包括捕网、固定项圈和麻醉捕捉等方法。

1. 捕网捕捉方法

在房内或露天大笼内采用捕猴网进行捕捉，捕猴网是用尼龙绳编织成的网袋，捕猴网连有 1.5～2.0 m 长的木柄，类似捕鱼网。捕捉时动作要迅速准确，不要损伤其头部和其他要害部位。猴入网后，将网圈按在地上，紧紧压住猴头或抓住后颈部(以防回头咬人)，再将猴两上肢反背于猴的身后(图 2-43),捉住后将猴由网中取出。在捕捉凶猛的雄猴时应戴上防护皮手套,应有 2～3 个人默契配合。

2. 固定项圈法

在笼养之前预先给猴戴上有链条的项圈(链条与项圈的结合处设有活动环,能转动自如)。捕捉时,只要抽紧铁链使猴固定后,推开笼门,将猴两上臂反背于身后,即可捉出笼外,此法方便安全,但长期戴项圈,容易损伤颈部皮肤。

3. 麻醉捕捉法

为了避免捕捉时过分的情绪刺激,也可以采用麻醉的方法,即将猴夹在前后笼壁之间,拉出一后肢,常规消毒后肌内注射氯胺酮,剂量为每千克体重 10 mg,3～5 min 进入麻醉状态后,再将猴捉出笼外。

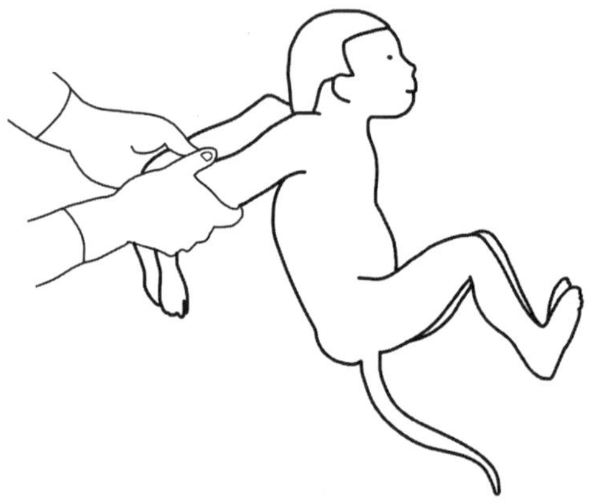

图 2-43 猕猴捉拿法

(林德贵,2004)

4. 其他捕捉法

也可用短柄捕猴网从笼门间隙伸入笼内,将猴盖住并翻转网罩使猴裹在网内,提出笼外,然后同样将两上肢反背捕捉之。

二、灵长类的保定方法

要根据其大小、性情、厩舍类型等因素采用不同的方法。但应注意的是,必须要小心,因为灵长类动物隐藏着威胁,它们常咬人,且有与它们的个体大小不协调的反抗能力。如果畜主能做到的话,让他们先把动物捆上,在确保不会出现危险的情况下可考虑下面的保定方法。

一般用皮手套和面盔甲进行保护,对于 5 kg 以上的动物不要用单手提,尤其雄性动物有大的犬齿,可以咬透厚手套。

对于特别小的猴,可用手的拇指与中指握住它的胸,即使把拇指放在动物的下颌下面,也咬不到手(图 2-44)。

对于松鼠猴或小短尾猿等中小猴,可用一只手将它们的前肢背在后面,另一只手抓住它们的后肢和尾来保定(图 2-45)。

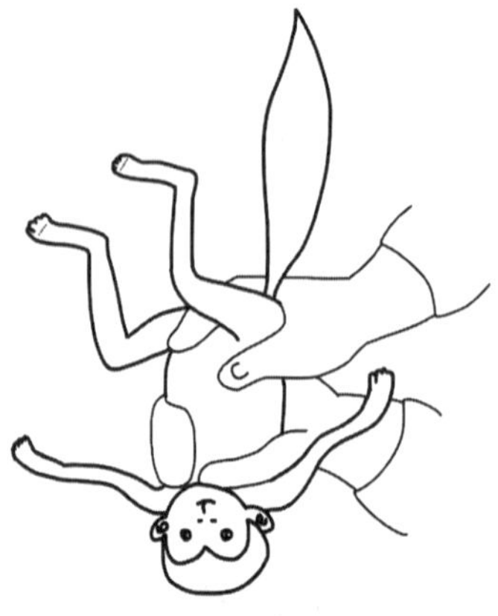

图 2-44 特小猴的保定

(林德贵,2004)

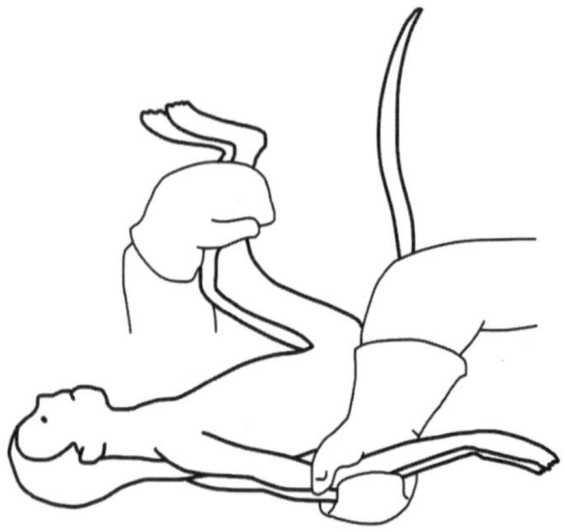

图 2-45 中小猴的保定

(林德贵,2004)

第四节　鸟的保定技术

世界上鸟的种类繁多，习性各异。有性情温顺的，有性情暴烈的；有体型特小的，体重小到几十克，有体型特大的，体重大到上百千克。体型大的鸟一旦受惊，其横冲直撞之势非人力所能抵挡，极易造成人、鸟伤害；性情暴烈的鸟由于其动作迅速且其爪和喙具有极强的攻击性，易对工作人员的安全产生威胁。鸟的保定是鸟的疾病诊断和治疗、鸟的运输以及饲养管理过程中的重要环节。因此，在现场操作时，一定要了解鸟的习性，针对不同情况，采用稳妥而又果断的方法，才能安全、迅速地完成鸟的保定任务。鸟种类、大小不同，有不同的控制方式，下面简述不同体型鸟的保定。

一、小型鸟的保定方法

可以单手握持，以食指、拇指及中指圈成三角，固定其头部，避免鸟乱啄及挣扎，并以无名指、小指将鸟的身躯环握在掌中（图 2-46），一般 100 g 以下的鸟都可采用这种保定方法。

二、中型鸟的保定方法

对 100～500 g 的鸟类，如鹧鸪类等，可以单手环握其身躯包含双翅，将双脚自食指与中指间，或中指、无名指间穿出夹握，可有效操作。如为有攻击性的鸟，则可用左手控制其头部，另一只手协助抓住其双翅和双脚保定（图 2-47）。

图 2-46　小型鸟的保定

（林德贵，2004）

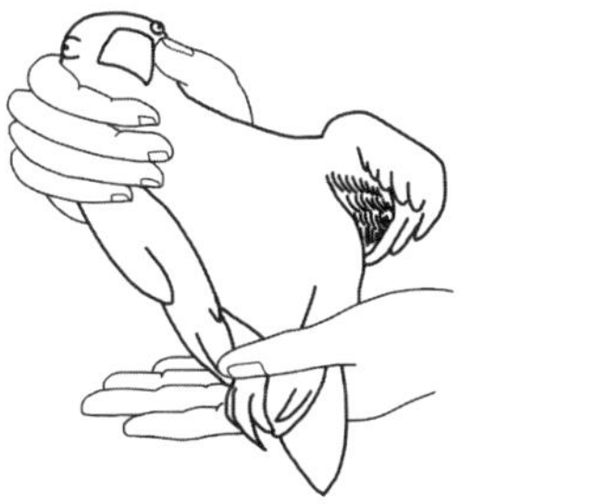

图 2-47　中型鸟的保定

（林德贵，2004）

对于中小型鸟，抓鸟时一般不主张戴手套。鹦鹉有时啄伤人很厉害，所以在保定时要抓紧。不管是多么听话的鸟，在检查之前也不要让鸟离开笼子。在抓取鸟时，切记不要把鸟抓得太紧，因为中小型鸟的肺脏很小，鸟呼吸主要靠气囊的辅助作用。如果把鸟的身体抓得太紧，鸟的气囊不能充气，鸟挣扎时就容易出现因窒息而死亡的现象。

三、大型鸟的保定方法

一般超过 500 g 以上的鸟类不易以徒手保定。由于无法同时固定头颈、双翅及双脚，因此可用大毛巾或布环绕其身躯，将双脚和翅膀同时包住，或整个将鸟包覆后，再将欲检查或操作的部分移出，可减少因操作保定不当引起伤害。但此法对长颈长脚的鸟儿要注意，应使其肢体收回到正常蹲踞的位置。但包覆的操作时间如果太久，容易造成肢端血液循环不良，发生坏死。若包覆不当，在挣扎时可能引发骨折。也可以给鸟戴上眼罩或头罩，可以改善恐慌，减少挣扎的发生。同时以塑胶软管套住长喙，可防止攻击操作人员。眼罩、头罩可以用小布袋剪出口鼻的位置后代用，然后右手夹持鸟胸部躯体和双翅，左手握住其双脚保定（图 2-48）。

四、特大型鸟类的保定方法

特大型鸟如鸵鸟，可用圆木制成“A”形保定栏，保定时除一人在前举头外，只需一个人顶住后躯即可。对体躯庞大，挣扎较剧的鸵鸟，可在栏后部横插一根圆木，由两人在栏外向前推圆木将鸟挤住。如无保定栏，可由4人保定。2人一左一右架住鸟翼，并用身体挤住鸟体，一高大保定者，单手握住鸟嘴下喙，伸直手臂将鸟头尽可能高高托起，同时用身体挤住鸟体侧前部，另一个人用双手和身体托住鸵鸟的后躯。

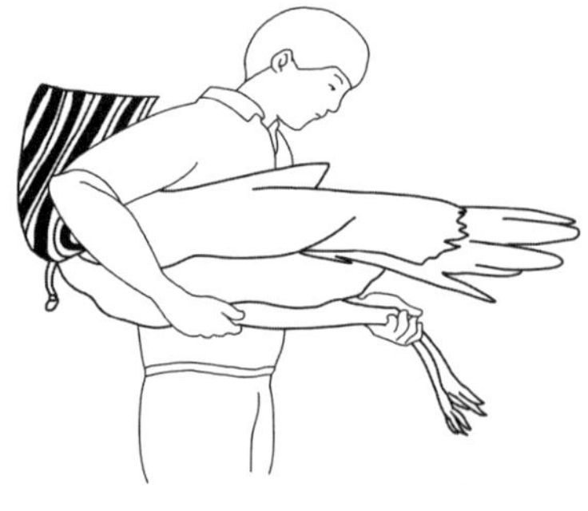

图 2-48 大型鸟的保定

（林德贵，2004）

本章小结

动物保定是指根据人的意愿和诊疗目的对动物实行控制的方法，包括用缰绳牵引动物、对动物的捆绑、倒卧等机械方法。利用药物对动物进行控制的方法，称为化学保定，是传统机械保定的发展。兽医临床的保定有两个基本要求：一是方便诊疗或手术的进行，二是确保人和动物的安全。

犬、猫的保定常用扎口法、颈环、体架和侧杆等，佩戴伊丽莎白项圈或用猫袋也可进行保定。猪的保定，常抓其后肢或握住仔猪两后肢的小腿部，大猪的控制可选用口吻绳和鼻捻棒，猪的卧倒可用双抽筋倒马法或足枷倒马法，可行侧卧、半仰卧或用“V”字形手术架进行倒卧保定。在羊群中捉羊时，可抓住一后肢的跗关节或跗前部，保定者抓住羊的角，骑在羊背上。

马、牛均可采用二柱栏、四柱栏、五柱栏和六柱栏等进行确实保定。马常用鼻捻子和耳夹子进行头部保定，用双抽筋倒马法、足枷倒马法和手术台倒马法进行倒卧保定；牛常用鼻钳和抓住鼻中隔进行头部保定，用一条绳倒牛法和二龙戏珠倒牛法进行倒卧保定。

灵长类动物特别敏捷，而且又有与它们的个体大小不协调的反抗能力，所以要特别注意防范。可用捕网、固定项圈和麻醉等方法进行捕捉。抓住后将两前肢背在后面，另一只手抓住其后肢和尾即可进行诊疗。

鸟的保定应根据其体型大小选择不同的方法进行。

无论对何种动物的保定，在保定过程中都要注意预防如皮肤破损、骨折和脱臼、肌腱剧伸、神经麻痹、脊髓损伤、内脏破裂和窒息等并发症的发生。

复习思考题

1. 什么是保定法？它的基本要求和目的是什么？
2. 为了防止犬咬人、猫抓人和咬人，常用哪些方法进行保定？
3. 马、牛头部保定常用哪些方法？
4. 马、牛四肢的保定方法有哪些？
5. 马、牛柱栏保定方法常用哪些？
6. 试述马、牛的倒卧保定方法及注意事项。
7. 灵长类动物的捕捉和保定方法有哪些？
8. 鸟类动物的保定方法有哪些？
9. 常见的保定并发症有哪些？应如何预防？

（孙延鸣）

第三章　无菌技术

无菌技术即无菌术(asepsis)，是指在外科范围内防止创口(包括手术创)感染的综合技术措施。它包括消毒法、灭菌法和严格的无菌操作管理规程等。

第一节　灭菌和消毒

一、灭菌和消毒的概念

在手术过程中，手术器械、敷料以及其他物品均有可能对手术创伤造成直接或间接的接触感染。手术中所使用的器械和其他物品种类繁多，性质各异，有金属制品、玻璃制品、搪瓷制品、敷料制品和塑料制品等。而灭菌和消毒的方法也很多，各种方法都有其特点。所以，在手术前应根据手术的性质和病情的缓急、物品的特性(是否耐受高压、高温等)以及当时的具体条件等，合理地选用灭菌或消毒的方法。

(1)灭菌(法)(sterilization)　是指用物理的方法杀灭微生物。所用的物理方法有高温、高压、紫外线、电离辐射等，而以高温高压的应用最为普遍。手术器械和应用物品如手术衣、手术巾、纱布和盆、罐等都可用高温高压来灭菌。电离辐射主要用于药物如抗生素、激素、类固醇、维生素等以及塑料注射器和缝线等的灭菌。紫外线可以杀灭悬浮在空气中、水中和附于物体表面的细菌、真菌、支原体和病毒等，但它不能射入食物和衣料、被服等纺织物，故一般常用于室内空气的灭菌。

(2)消毒(法)(disinfection)　又称抗菌法(antisepsis)，是指用化学方法杀灭病原微生物和其他有害微生物的方法，不一定能杀灭所有微生物(如芽孢等)。常用于手术器械、手术室空气、手术人员的手和臂的消毒以及动物的皮肤消毒。消毒法所用化学制剂的种类很多。理想的消毒药物应能杀灭细菌、芽孢、真菌等一切能引起感染的微生物而不损害正常组织。但目前尚无能够达到上述要求的药物。一般可根据要消毒的器械、物品等的性质，来选用不同的药物，以发挥药物的作用和减少其不良反应。

二、常用灭菌和消毒的方法

常用灭菌和消毒法有物理灭菌法和化学药品消毒法。

(一)灭菌法

高温能使微生物的蛋白质和酶变性或凝固，新陈代谢受到障碍而死亡。它包括湿热灭菌法和干热灭菌法(如火焰或干热空气)等方法。对于耐湿、耐热的诊疗器械、器具和物品，应首选压力蒸汽灭菌。对不耐热、不耐湿的物品，宜采用低温灭菌方法，如环氧乙烷灭菌、等离子体灭菌或电离辐射灭菌等方法。

1. 湿热灭菌法

是由空气和水蒸气导热，传热快，穿透力强。包括煮沸灭菌法、高压蒸汽灭菌法。

（1）煮沸灭菌法　是较常用的灭菌方法，简便易行，除要求速干的物品（如棉花、纱布、敷料等）外，可广泛应用于多种物品的灭菌。因为煮沸灭菌法不一定需要特别的灭菌器，可用一般铝锅、铁锅、不锈钢锅等代替，但用前应洗刷干净，除去油垢并加密闭盖子即可。一般用清洁的常水加热，水沸 3～5 min 后将器械放到煮锅内，待第 2 次水沸时计算时间，15～20 min 可将一般细菌杀灭，但被芽孢细菌（破伤风杆菌、炭疽杆菌、坏死杆菌等）污染的器械和物品至少需煮沸 1 h。常水中加入碳酸氢钠使之成为 2%碱性溶液，其沸点可提高到 102～105 ℃，灭菌时间可缩短至 10 min，并可防止金属器械生锈。煮沸灭菌时，器械或物品应浸没在水面以下，煮沸器盖子应关闭严密，以保持沸水的温度。有些地区水的硬度较大，水垢较多，可以先将水煮沸，去除沉淀后再进行煮沸灭菌，这样可防止有较多的沉淀物附着在器械表面而影响其使用。

（2）高压蒸汽灭菌法　根据排放冷空气的方式和程度不同，分为下排气式压力蒸汽灭菌器和预真空压力蒸汽灭菌器两大类。这里只介绍下排气式压力蒸汽灭菌器（图 3-1）。这种方法应用普遍，灭菌效果可靠。高压蒸汽灭菌器式样很多，有手提式、立式、卧式等，其容积大小各异，但灭菌的原理相同，均是利用蒸汽在灭菌器内积聚而产生压力。蒸汽的压力增高，温度也增高。不同物品所需压力、温度和时间的对应关系见表 3-1。

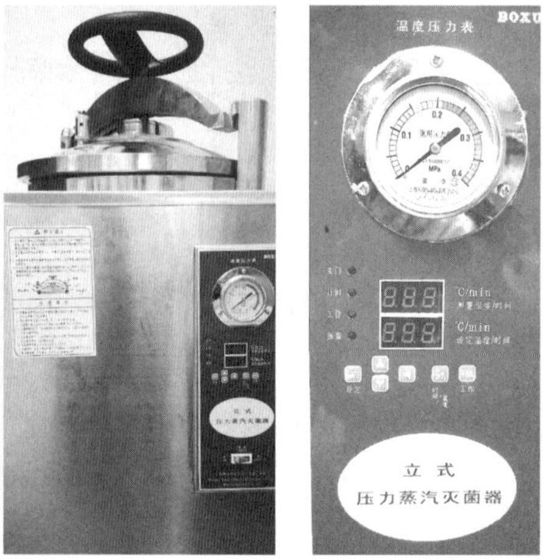

图 3-1　高压蒸汽灭菌器

表 3-1　高压蒸汽灭菌物品与蒸汽压力、温度和时间的对应关系

物品	蒸汽压力/MPa	温度/℃	时间/min
橡胶类	0.1～0.11	121	15
敷料类	0.1～0.137	121～126	30～45
器皿类	0.1～0.137	121～126	15
器械类	0.1～0.137	121～126	10
瓶装溶液类	0.1～0.137	121～126	20～40

常用蒸汽压力为 0.103～0.137 MPa（15～20 lbf/in^2），温度可达 121.6～126.6 ℃，维持 30 min 左右，能杀灭所有的细菌，包括具有顽强抵抗力的细菌芽孢，因此是比较可靠的灭菌方法。更高压力或更长时间的灭菌，没有必要，相反，有可能影响物品的质量，尤其橡胶制品和锐利器械等。

为确保安全，目前生产的高压蒸汽灭菌器均装置安全放气阀，当锅内蒸汽压超过 0.137 MPa 时会自动放气。

高压蒸汽灭菌的使用方法简述如下（以立式高压蒸汽灭菌器为例）：首先将内层灭菌桶取出，再向外层锅内加入适量的水，使水面与三角搁架相平为宜，将需灭菌的物品放入灭菌桶内，注意待灭菌物品不要装得太挤，填装量不得超过锅内容量的 80%，难以灭菌的大包放在上层，较易灭菌的小包放在下层，加盖，并将盖上的排气软管插入内层灭菌桶的排气槽内。再以两两对称的方式同时旋紧相对的两个螺栓，使螺栓松紧一致，勿使漏气。接通电源。当蒸汽压达到 0.034 3 MPa(5 lbf/in^2)时，打开放气阀门，去除灭菌桶内残留的冷空气，确保彻底灭菌。放完冷空气后关闭放气阀，继续加热，待蒸汽压达到 0.102 9 MPa(15 lbf/in^2)，即安全放气阀第 1 次自动放气时开始计算灭菌时间。根据灭菌物品的种类不同，到了规定时间关闭电源，慢慢放气，待压力恢复到零位后旋松螺栓，开盖取物，及时取出灭菌物品。

使用高压灭菌器的注意事项如下：

①高压灭菌器的压力表必须准确，以保证使用安全。要定期进行计量检测，不合格者不宜使用，以免造成人身伤害和财产损失。

②高压灭菌器内所加的水不宜过多，尤其是手提式高压灭菌器，以免沸腾后水向内桶溢流，使消毒物品被水浸泡。也不能过少，否则不能形成一定的蒸汽压力，影响灭菌效果，还可能损坏压力锅。

③手提式和立式压力蒸汽灭菌器主体与顶盖必须无裂缝和变形；放气阀门连接的金属软管必须保留，不得折损，否则放气不充分，冷空气滞留在桶内会影响温度的上升，影响灭菌质量。

④灭菌后可缓慢放气或自然冷却降压，待气压表指针指至零处，打开盖子取出内容物即可使用或放入干燥箱烘干使用。

2. 干热灭菌法

是指在干燥环境（如火焰或干热空气）进行灭菌的技术。一般有火焰灭菌法和干热空气灭菌法。

(1)火焰灭菌法 是指用火焰直接烧灼的灭菌方法。该法灭菌迅速、可靠、简便，适合于耐火焰材料（如金属、玻璃及瓷器等）物品与用具的灭菌，不适合药品的灭菌。

(2)干热空气灭菌法 是指用高温干热空气灭菌的方法。该法适用于耐高温的玻璃和金属制品以及不允许湿热气体穿透的油脂（如油性软膏、注射用油等）和耐高温的粉末化学药品的灭菌，不适合橡胶、塑料及大部分药品的灭菌。

3. 低温灭菌技术

是指用来处理不耐受湿热的医疗器械与物品的一类灭菌方式的总称。目前世界主流的医院使用的低温消毒灭菌技术有环氧乙烷灭菌、等离子体灭菌和电离辐射灭菌等方法。

(1)环氧乙烷灭菌 环氧乙烷(ethylene oxide，EtO)的沸点为 10.8 ℃，在室温条件下很容易挥发成易燃、易爆的有毒气体。它是通过烷基化微生物的蛋白质、DNA 和 RNA 来改变细菌的细胞代谢及增殖，从而杀灭微生物。

其优点是：EtO 是一种广谱灭菌剂，在常温下可杀灭各种微生物，包括芽孢、结核杆菌、细菌、病毒和真菌等；可以对那些不能用消毒剂浸泡以及不能用干热、压力、蒸汽及其他化学气体灭菌的物品进行灭菌；相对而言，EtO 不腐蚀塑料、金属和橡胶，不会使物品发生变黄变脆。目前医疗器械广泛采用 EtO 来灭菌。其缺点是：灭菌时间周期长、成本高，以及对病人及医务人员的潜在危害。

EtO 的气体浓度、温度、相对湿度（水分子可携带 EtO 到达作用点）和反应时间这 4 个因素直接影响灭菌效果。适宜的浓度、温度和湿度可加强灭菌效果。最佳条件为：气体浓度是 450～1 200 mg/L，温度范围是 49～60 ℃，湿度在 20%～40%。灭菌时间取决于环氧乙烷浓度、湿度水平、温度、灭菌材料的密度和类型。使用时，建议遵照 EtO 灭菌器（柜）生产厂家推荐参数进行操作。常用灭菌条件为在 54.4 ℃下作用约 2.5 h，对温度敏感的物品可在 37.8 ℃下灭菌 5 h。EtO 灭菌前，物品必须清洁、干燥，因水分及有机物易与 EtO 结合导致有毒残留。灭菌效力受物品管腔长度和直径、无机盐及有机物的影响。

灭菌后的物品需通风处理以消除化学残留。通常可以在通风良好的环境中放置至少 7 d,或置于机械通风装置中在 50～60 ℃条件下处理 8～12 h,消除有毒的环氧乙烷在灭菌材料上的吸附。

(2)等离子体灭菌　等离子体灭菌法(plasma sterilization)是一种低温灭菌技术,已成为对热敏感物品进行灭菌的可选方法。与其他灭菌方法相比,过氧化氢低温等离子灭菌系统具有快速、清洁、无毒的优越性,正逐渐被医疗部门所采纳。

低温等离子体灭菌基本过程和原理:若含氧的等离子体物质被充填或汽化扩散至容器内整个空间后,当容器壁与位于容器中心轴线上的金属冷却电极之间加上高频电压后,在高频电场的作用下,其中一部分被电离为带电粒子,形成等离子体、羟自由基以及紫外线,与细菌或病毒产生强烈的相互作用,特别是羟自由基可以同几乎所有能形成有生命细胞的分子起反应,并由此构成了全方位对细菌或病毒的灭杀环境。

过氧化氢蒸汽通过与等离子体结合,可对医用器械和材料安全、迅速灭菌(45 min),没有任何毒性残余。灭菌过程的各阶段都是在干燥的低温(50 ℃)环境下运行,因此不会损坏对热或水汽敏感的器械,对金属和非金属器械都适用,并能对诸如止血钳铰链等难以到达(不易扩散)的器械部位进行灭菌。

优点:快速杀菌作用;H_2O_2 易分解,没有排气时间,物品周转快;最后的分解产物无毒,无需通风管道。

缺点:穿透性差。

不能使用等离子体灭菌的物品:带盲端、半盲端管腔的器械;由纤维材料制造的物品(如棉布、纸、纱布等);液体;不能满足管腔长度和细度限制的器械(管和导管长于 30 cm,或直径小于 1～3 mm);植物性纤维材质制造的器械或器材;含有木浆材质(纤维素)的物品等。

(3)电离辐射灭菌　电离辐射(ionizing radiation)是利用了 γ 射线、X 射线或电子辐射能穿透物品,杀死其中的微生物的低温灭菌方法。放射性同位素钴-60 为主要辐照装置,也可用高能电子加速器。电离辐射是低温灭菌,不发生热的交换、压力差别和扩散层干扰,所以,适用于怕热的物品灭菌,具有优于化学消毒、热力灭菌等其他消毒灭菌方法的许多优点,也是在医疗、制药、卫生、食品、养殖业应用广泛的消毒灭菌方法。

目前常利用其杀灭微生物的能力对一次性医疗用品进行消毒处理。适用于此灭菌方法的材料包括金属(针头、刀片等)、塑料(针筒、导管等)、橡胶(手套等)、棉纤维(纱布、绷带等)、玻璃制品(试剂瓶等)、粉末以及一些石油产品等。

①γ 射线辐射　放射性同位素钴-60 能产生 γ 射线,这种射线有极强的穿透性。国际通用辐射剂量为 25 kGy(Gray"戈瑞",记号为 Gy),有些国家则倾向于规定更高些(如 30～50 kGy)。器物表面及内部的微生物受到射线照射后被杀灭。由于 γ 射线的能量很低,不会造成放射污染。

②远红外线辐射和微波辐射　是利用高科技产生高温源杀虫灭菌的一种新方法。利用辐射产生的热效应,进行能量转换,使物质内部分子产生激烈的共振现象,分子运动加剧,达到灭菌效果。它的辐照温度在 60℃左右,时间也不宜过长。常用于粉状物品的灭菌。

(二)消毒法

利用化学药物渗透入细菌体内,使菌体蛋白凝固变性,达到杀灭病原微生物的目的。常用杀菌谱广、腐蚀性弱的水溶性消毒剂。将物品浸没于消毒剂内,在标准的浓度和时间内达到消毒效果。

化学药品消毒法作为灭菌的手段并不理想,尤其对细菌的芽孢往往难以杀灭。化学药物因浓度、温度和作用时间等不同会影响其消毒能力。但化学药品消毒法不需特殊设备,使用方便,尤其对某些不适于热力灭菌的器械,也不失为一个有用的补充消毒手段。器械在浸泡消毒之前,应将物品洗净，尤其是被油脂覆盖的器械，会妨碍化学药品对其的消毒作用，所以应该完全将油脂去除。有些化学消毒药液对活组织有害，故在使用前应将器械表面附着的消毒药液用灭菌生理盐水冲洗干净。临床上所用的化学药品很多，常用的有下列几种。

1. 新洁尔灭

是应用最多最普遍的一种消毒剂，其毒性低，刺激性小，消毒能力较强，有一种芳香气味。使用时一般配制成 0.1％的溶液，常用于浸泡消毒手臂、器械或其他可浸湿用品等。其原药一般为 2％～5％的水溶液，使用时稀释成 0.1％的浓度。新洁尔灭溶液易取得，配制、使用均很方便，其主要特点如下：

(1)浸泡器械或消毒手臂及其他物品后，不必用灭菌生理盐水冲洗，直接应用对组织无刺激，使用方便。

(2)稀释后的水溶液比较稳定，可较长时间贮存。实验结果提示，贮存一般不宜超过 4 个月。

(3)可以长期浸泡器械，即贮存又灭菌，但浸泡器械时必须按比例加入 0.5％亚硝酸钠，即每 1 000 mL 的 0.1％新洁尔灭溶液中加入医用亚硝酸钠 5 g，配成防锈新洁尔灭溶液。

(4)环境中有机物的存在会使新洁尔灭的消毒能力显著下降，故在应用时须注意不可带入血污或其他有机物。器械上的血污必须清洗干净，然后才能泡入药液中，否则很快使药液变为灰绿色而降低其杀菌能力。

(5)在浸泡保存消毒器械的容器中，不能混有杂物、毛发和沉淀性杂质。须及时用纱布过滤后用其澄清的液体。

(6)忌与碘酊、升汞、高锰酸钾和碱类药物混合应用。

新洁尔灭属于阳离子表面活性剂，这类药物还有洗必泰、度米芬和消毒净等。其用法基本相同，只是浓度稍有差异：度米芬，溶液浓度为 0.05％～0.1％，用于浸泡或擦拭；消毒净，用 0.1％～0.5％水溶液，浸泡或擦拭消毒；洗必泰，可用 0.02％水溶液，消毒手臂，浸泡 3 min。术野用 70％乙醇溶液消毒；器械消毒用 0.1％新洁尔灭水溶液；外伤冲洗用 0.05％的新洁尔灭水溶液。

这类阳离子表面活性剂在水溶液中离解成阳离子活性基团，此点与肥皂恰相反，后者在水溶液中离解成阴离子活性基团，所以这两种消毒剂若混在一起会降低消毒效果。因此，在使用新洁而灭之前，皮肤上的肥皂必须冲洗干净，用肥皂清洗的器械物品在用新洁而灭消毒之前也必须用清水清洗干净。

2. 乙醇

最常用的消毒剂。一般采用 70％～75％的水溶液。可用于浸泡器械，特别适用于有刃的器械。浸泡不少于 30 min，可达理想的消毒效果。70％乙醇也可作为手臂的消毒液，但消毒之后需用灭菌生理盐水冲洗，其他可浸湿物品的消毒也可使用 70％乙醇。但大件器物不宜使用，因其需要的乙醇太多，价格昂贵而不宜采用。

3. 煤酚皂溶液

煤酚皂溶液即来苏儿，是常用的消毒药，多用于环境的消毒。在没有好的消毒药情况下，也可选用本药进行器物消毒。5％来苏儿溶液浸泡器械 30 min，因其具有较强的刺激性，故在使用前应将黏附于器械表面的药液冲洗干净后方可应用于手术区内。在手术方面，它并不是理想的消毒药品，也不可以使用其粗制产品，因为粗酚会使器械表面不洁，且对活组织的损害较重。

4. 甲醛溶液

10％甲醛溶液用作金属器械、塑料薄膜、橡胶制品及各种导管的消毒液，一般浸泡 30 min。40％的甲醛溶液(福尔马林)可以作为熏蒸消毒剂。在任何抗腐蚀的密闭大容器里都可以进行熏蒸消毒，较大的玻璃制干燥器即可用作熏蒸器具。但采用甲醛熏蒸消毒的器物，在使用前需用灭菌生理盐水充分清洗，以除去其刺激性。

5. 聚乙烯酮碘

又名聚维酮碘(povidone-iodine)。该药呈棕黄色粉末状,可溶于水和乙醇,着色浅,易洗脱,对皮肤、黏膜刺激性小,不需乙醇脱碘,腐蚀作用很小,且毒性低。本品是聚乙烯吡咯酮与碘的复合物,含有效碘 9%~12%。当接触到皮肤或黏膜时,能逐渐缓释出碘而起到消毒及杀灭微生物的作用。刺激性较碘酊低,对细菌、真菌和病毒均有很强的杀灭作用,而对细菌芽孢作用较弱。本品是一种新型的外科消毒药,人医临床上用于手臂消毒,常用 7.5%溶液(有效碘 7.5%)消毒皮肤,1%~2%溶液用于阴道消毒,0.55%溶液以喷雾方式用于鼻腔、口腔、阴道黏膜防腐。我国兽医临床尤其是小动物临床已经应用。

第二节 器械物品的无菌处理

一、常用器械物品的认识

在兽医临床上有许多疾病必须依赖手术才能得到治疗,无论手术大小或难易,熟练地使用手术器械,是一个兽医工作者必须要掌握的。

外科手术器械的种类繁多,样式各异。兽医学常用的基本器械有:刀类(普通手术刀、高频电刀、CO_2 激光手术刀)、剪类(剪毛剪、剪线剪、手术剪)、钳类(持针钳、止血钳、舌钳、肠钳、巾钳)、拉钩、手术镊、探针、缝针、缝线等。

(一)手术刀

1. 普通手术刀

主要用于软组织的切开和分离。有固定刀柄和活动刀柄两种(图 3-2)。前者多用于小动物的解剖,后者由刀柄和刀片两部分构成。在兽医临床上,由于动物的种类、手术部位和性质的不同,所用刀柄和刀片的规格、型号也不同。常用的刀柄规格为 4、6、8 号,与之配套的刀片为 19~24 号大刀片;3、5、7 号刀柄安装 10~12、15 号小刀片。不能混装于不同型号的刀柄上。刀片按形状分为圆刃、尖刃、弯刃等。

(1)装刀的方法 左手持刀柄,右手用持针钳夹持刀片前部,将刀片安装槽套在刀柄前端,前后推拉,装配而成,拆下时,只需用持针钳夹住刀片尾背角,轻抬前推即可(图 3-3)。

(2)正确的执刀方法(图 3-4)

①指压式 较常用的执刀法,手压刀背 1/3 处。用力较大,切割范围广,多用于皮肤的切开。

②全握式 其特点与姿势和抓持式相似,力量在手腕。执刀姿势为“满把抓”,二者区别在于掌握刀柄时掌心虚实与否,虚则称为抓持式,实则称为全握式。

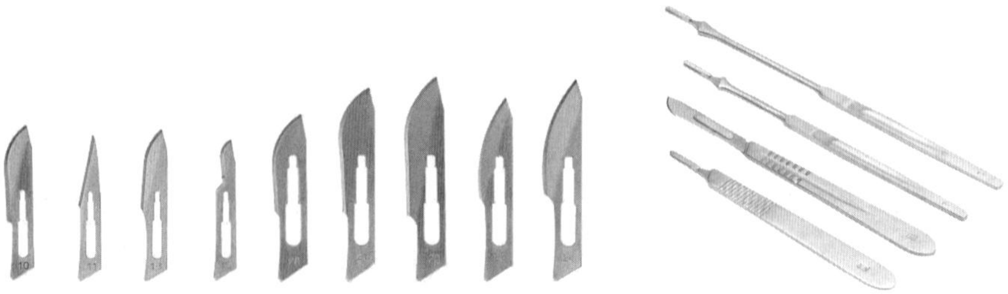

图 3-2 不同类型的手术刀片及刀柄

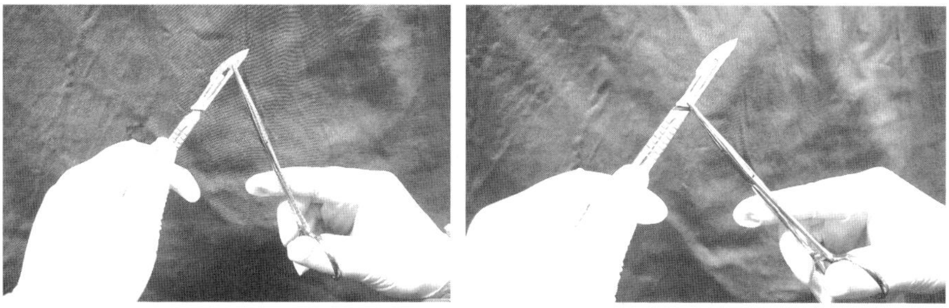

图 3-3　手术刀片装、拆方法

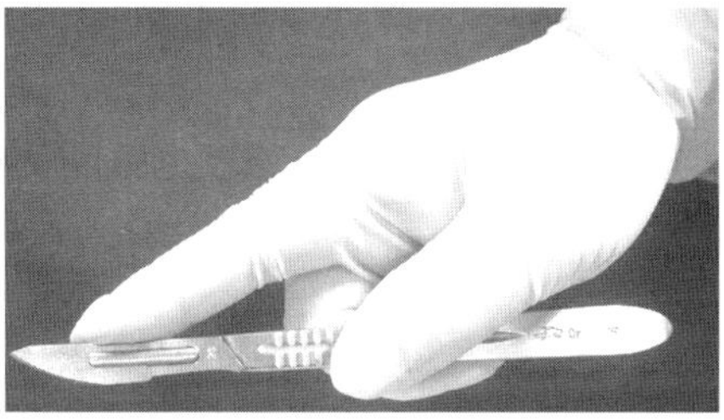

指压式

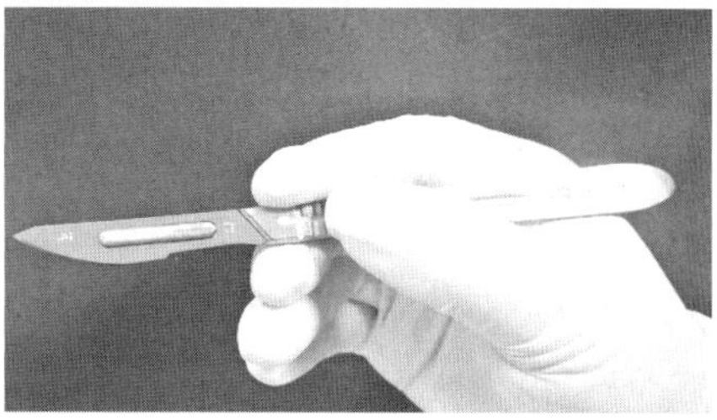

执笔式

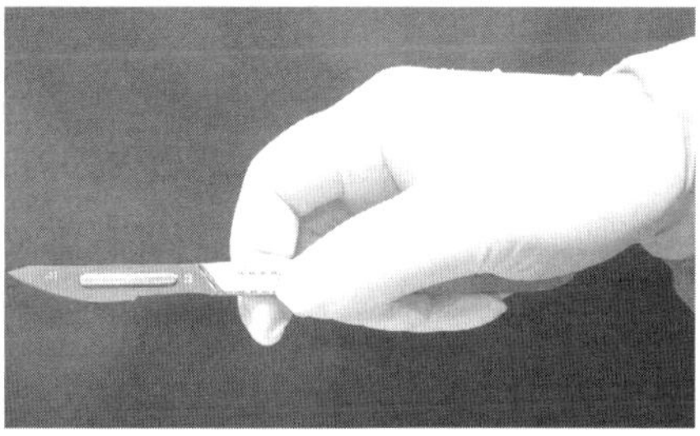

全握式

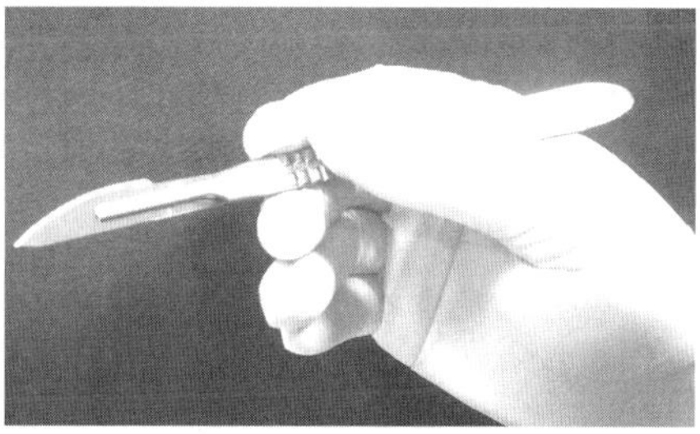

反挑式

图 3-4　执刀方法

③执笔式　动作轻巧精细，适用于短小切口，血管、神经等重要组织的分离以及一些精细手术的操作。

④反挑式　用于切开管道器官、浅表组织脓肿的切开引流，能避免邻近组织的损伤。执刀姿势与执笔式相似，区别在于刀刃向上，运刀时刀尖先刺入组织，再向上反挑。

手术刀的其他用法还有手术中切断缝线，可以用刀柄做肌肉组织的钝性分离，代替骨膜分离器剥离骨膜，对较大的创囊可用做探针等。手术刀使用得熟练、准确与否是手术能否成功的关键，这需要长期的练习和临床的实际操作。

(3)手术刀的传递　传递手术刀时，传递者应握住刀柄与刀片衔接处的背部，将刀柄尾端送至术者的手里(图 3-5)，不可将刀刃指着术者传递以免造成手术人员的损伤。

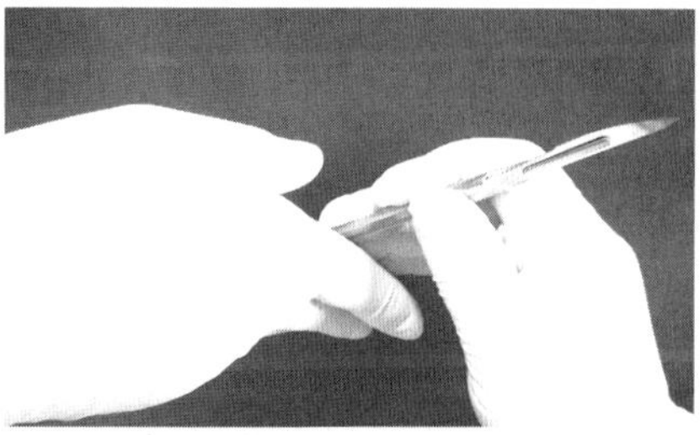

图 3-5　手术刀的传递

2. 高频电刀

借助高频电流在机体局部产生高热来切开组织。优点是能够减少手术中出血，缩短手术时间。缺点是电流不易精确控制，容易造成组织烧焦，产生异物而影响创口愈合。目前国内兽医临床中使用较广泛。

现代外科中电子外科手术已广泛普及，电子外科手术是利用高频电流来切开组织，达到止血的效果。电刀是外科常用的设备，其融切割、分离、止血为一体，使这些分开的操作同时完成，减少结扎或缝合止血的频度，可大大缩短手术时间。

(1)电刀在手术中可达到的几种功能　①干燥：低功率凝结不需要电光；②切割：释放电光，对组织有切割效果；③凝固：电光对组织不会割伤，可用于止血和烧焦组织；④混切：同时起切割及止血作用。

(2)高频电刀的优点　手术操作中不需要很多的结扎，切割和止血一气呵成，切口内不留异物，术野干净清晰，操作迅速，特别是长电极有利于深部(如盆腔)的操作。

(3)高频电刀的缺点　由于电刀的热散射作用，往往造成切口周围组织小血管的损伤，特别是切割操作缓慢时造成的损伤更大，手术切口很容易液化，造成愈合延迟。另外在开放式气管内麻醉时应用高频电刀，由于发生器的放电火花，可以造成爆炸事件，致使人员伤亡；高频电刀阴极板应与患病动物紧密接触，否则会造成患病动物烧灼伤；在电凝和电切时可产生组织气化烟雾污染空气环境，术中应注意用吸引器将烟雾吸净。

3. 激光手术刀

近年来，医学上应用激光手术刀进行外科手术越来越多，所用的激光刀有 CO_2 激光、Ar 离子激光、YAG 激光等，其中以 CO_2 激光应用最为广泛。

激光手术刀的应用原理是把激光管所产生的激光束聚焦，使激光能量高度集中于一点，形成所谓“光刀”，进行组织的切割，这种切割是非接触性的。无论软硬组织均能切割，一般厚 0.5～1.0 cm，宽 1.5～2.0 cm 的肋骨，仅需 20 s 就能切断，而且切口平整无锐缘，较常规手术省时，省力，又不伤及邻近组织。手术中由于激光能够凝结封闭术部的小血管，故出血较少，省去结扎止血用的缝线，减少了异物的污染。据观察手术切口的愈合时间较常规手术略长，疤痕平整细小。但由于仪器设备投资大，目前在兽医医学领域仍未普及使用。

(二)手术剪

手术剪有组织剪(图 3-6)和线剪(图 3-7)两大类。组织剪刃薄、锋利，可用于组织间隙的分离和剪断组织；线剪用于剪断缝线。为了适应不同性质和部位的手术，组织剪分大小、长短和弯直几种，可根据手术部位、剪割组织的不同来选用。直剪用于浅部手术操作，弯剪用于深部组织的分离，使手和剪柄不妨碍视线，以便手术的安全操作。线剪也称为剪线剪或拆线剪，用于剪断缝线、敷料或拆线。

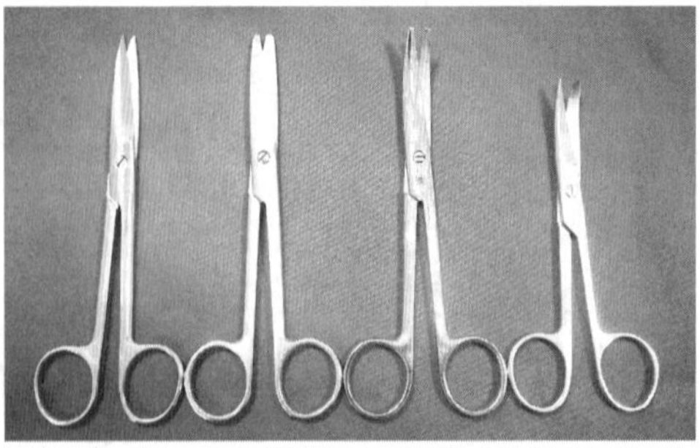

图 3-6　手术剪(组织剪)

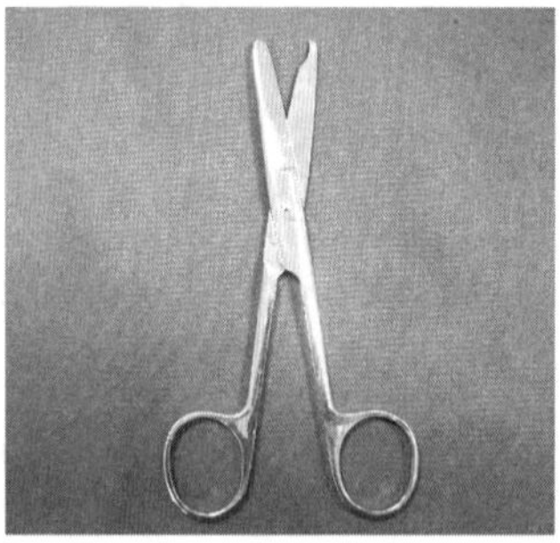

图 3-7　手术剪(线剪)

正确的持剪法是以拇指和无名指伸入两柄环内，但不宜过深；食指轻压在剪柄和剪刃交界处的关节处，中指放在无名指的前外方柄上，这样具有三角形的稳定性，能够准确控制剪的方向和剪开的长度(图 3-8)。手术中常用的执剪法有正剪法、反剪法、扶剪法等(图 3-8)。

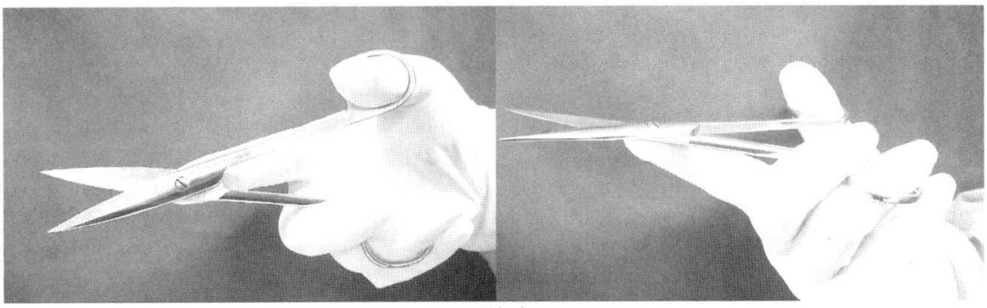

正剪法

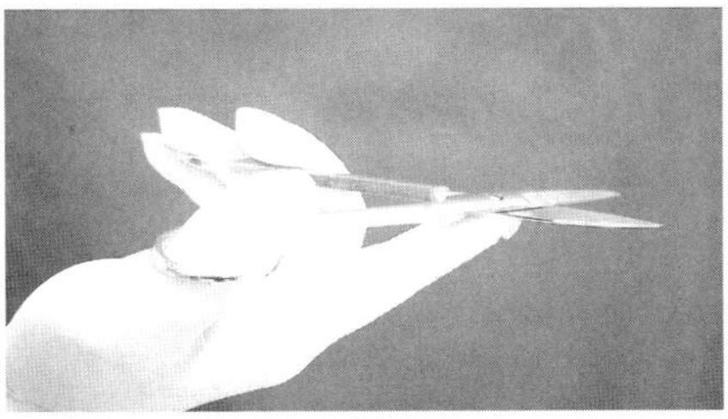

反剪法

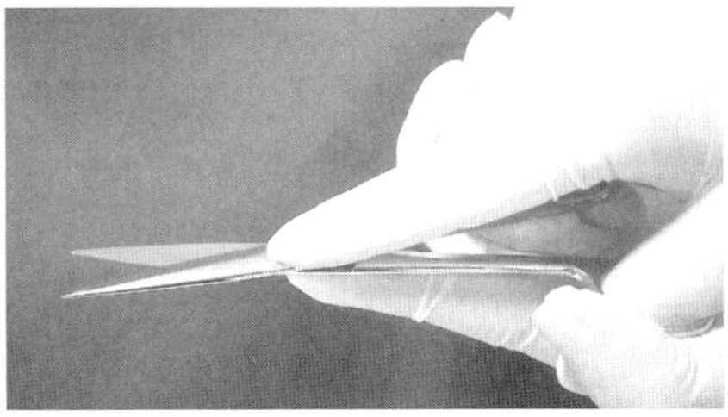

扶剪法

图 3-8　常用的持剪法

(三)手术镊

用于夹持缝针、敷料等物品,也可用来提起组织以利切开和缝合。手术镊既有有齿、无齿之分,又有长短、粗细,尖头、钝头之别(图 3-9)。有齿镊用于夹持较硬的组织,如筋膜、软骨。无齿镊损伤性小,用于夹持较脆弱的组织,如肠管、血管、神经、黏膜。长镊(16 cm 以上)、短镊(14 cm 以内)则分别用于深部和浅部手术操作。正确执镊方法是对于长柄手术镊采用拇指对食指和中指执拿(图 3-10,拳握式),短柄手术镊以握笔式拿持,夹持力量应轻重适中,避免引起组织损伤。

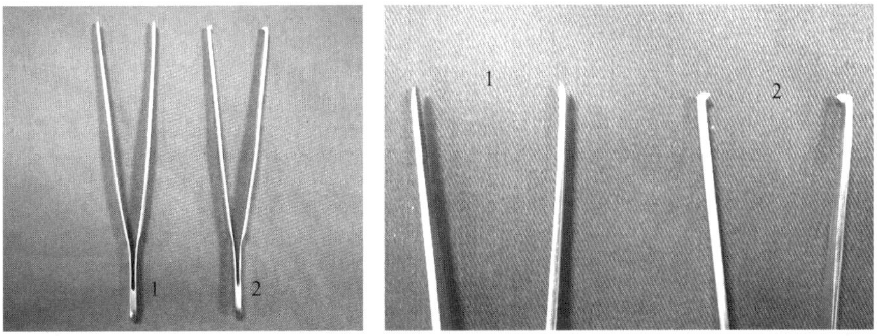

图 3-9　手术镊

1.无齿　2.有齿

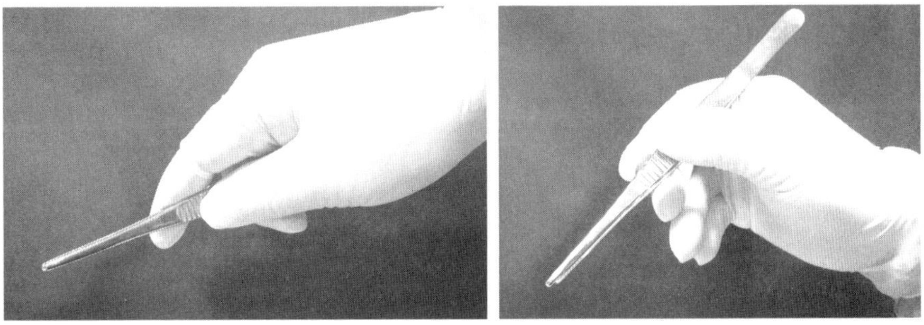

图 3-10　手术镊的拿持姿势(左:拳握式;右:执笔式)

(四)止血钳

止血钳又叫血管钳(图 3-11)。蚊式血管钳(mosquito clamp)分弯、直两种,为细小精巧的血管钳,可作微细解剖或钳夹小血管,用于脏器、面部及整形等手术的止血,不宜用于大块组织的钳夹。直血管钳(straight clamp)用以夹持皮下及浅层组织出血点,协助拔针等。弯血管钳(kelly clamp)用以夹持深部组织或内脏血管出血点,有长、中、短 3 种型号。有齿血管钳(kocher clamp)用以夹持较厚组织及易滑脱组织内的血管出血点,如肠系膜、大网膜等,也可用于切除组织的夹持牵引。注意前端钩齿可防止滑脱,对组织的损伤较大,不能用作一般的止血。

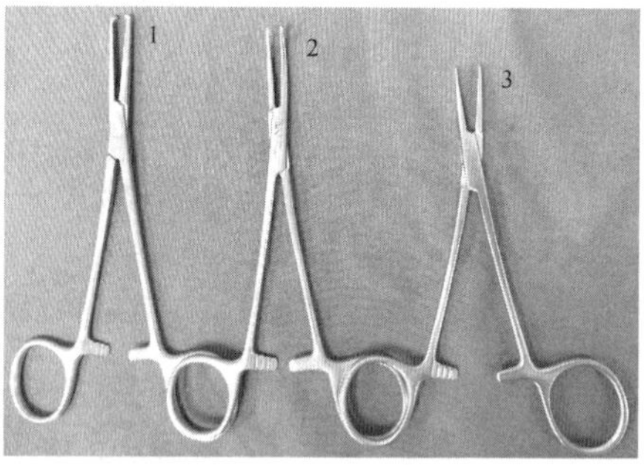

图 3-11 止血钳

1. 有齿止血钳 2. 弯止血钳 3. 直止血钳

血管钳的正确执法与手术剪基本相同(图 3-12)。血管钳的传递:术者掌心向上,拇指外展,其余 4 指并拢伸直,传递者握血管钳前端,以柄环端轻敲术者手掌,传递至术者手中(图 3-13)。

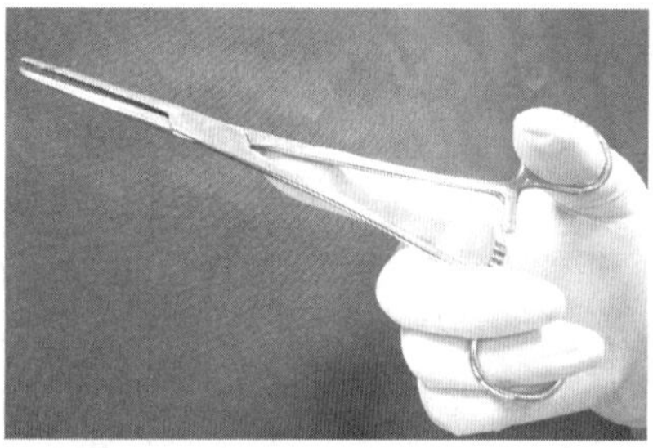
图 3-12 止血钳的拿持方法

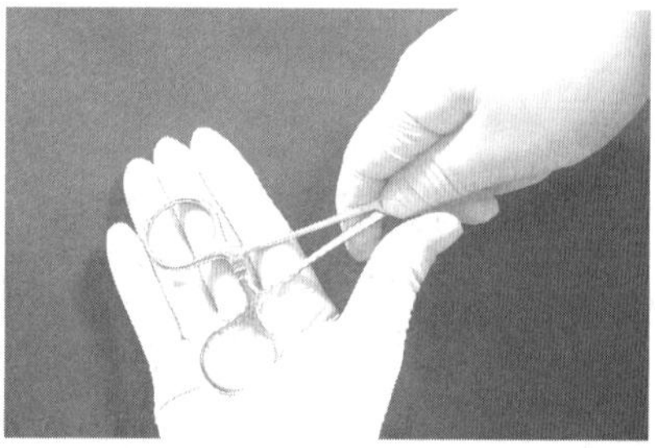
图 3-13 止血钳的传递

(五)持针钳

或称持针器,用于夹持缝针缝合组织,也可用作器械打结,其外形和结构与止血钳相似,唯前端较粗,钳尖的齿呈方格状。普通有两种形式,即握式持针钳和钳式持针钳,目前兽医临床常用的是钳式持针钳(图 3-14)。使用持针钳夹持缝针时,缝针应夹在持针钳的近尖端,若夹在齿槽床中间,易将缝针折弯或折断。一般应夹在缝针的中后 1/3 处或后 2/5 处,缝线重叠 1/3,以便手术操作。

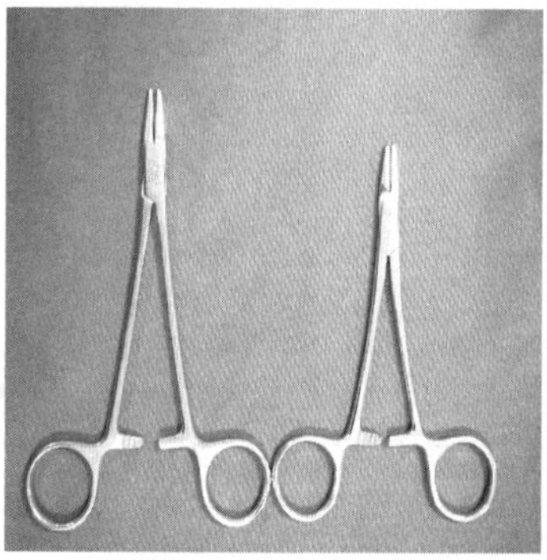
图 3-14 钳式持针钳

持针钳的执握方法(图 3-15):

(1)把抓式 也叫掌握法,即用手掌握拿持针钳,钳环紧贴大鱼际肌上,拇指、中指、无名指及小指分别压在钳柄上,食指压在持针钳中部近轴节处。利用拇指及大鱼际肌和掌指关节活动维持、张开持针钳柄环上的齿扣。

(2)指扣式 为传统执法,用拇指、无名指套入钳环内,以手指活动力量来控制持针钳关闭,并控制其张开与合拢时的动作范围。

(3)单扣式 也叫掌指法,拇指套入钳环内,食指压在钳的前半部作支撑引导,其余 3 指压钳环固定手掌中,拇指可上下开闭活动,控制持针钳的张开与合拢。

(4)掌拇式 即食指压在钳的前半部,拇指及其余 3 指压住一柄环固定手掌中。此法关闭、松钳较容易,进针稳妥。

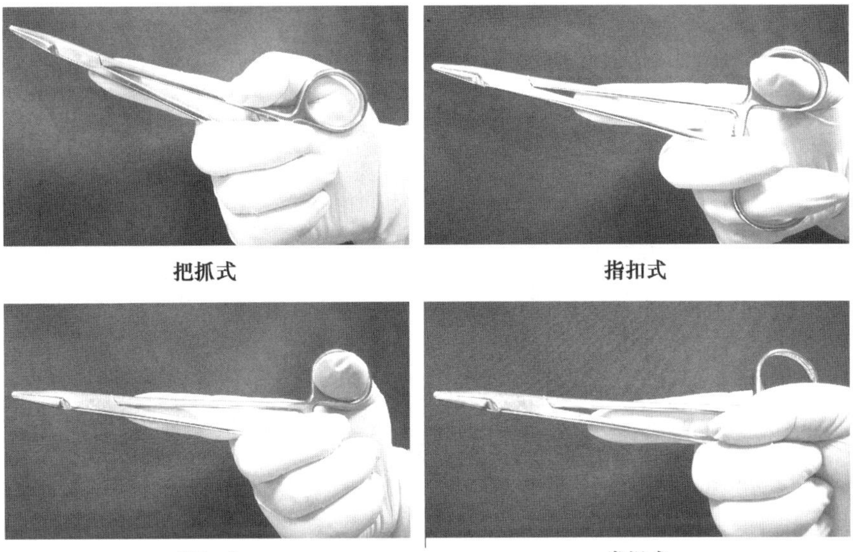

把抓式　指扣式

单扣式　掌拇式

图 3-15　持针钳的执握方法

(六)缝合针

用于闭合组织或贯穿结扎。分直针、半弯针及弯针或圆针和三棱针等(图 3-16)。针尾的针眼是供引线所用的孔,分普通孔和弹机孔。每一类缝合针根据长短、粗细不同,又有多种不同的规格。直针较长,缝合时直来直去,操作方便费时少,而所需的空间大,适于表面组织以及游离性较大的器官的缝合。弯针则与之相反,适合深部组织的缝合,如腹膜的缝合。圆针用于缝合质地较软的组织,如黏膜、筋膜等,对组织的损伤也较小。三棱针前半部为三棱形,较锋利,用于缝合质地较韧的组织,如皮肤、软骨、韧带以及瘢痕较多的坚韧组织,对组织损伤较大。目前,设备较好的医院多采用针线一体的缝合针(无针眼),这种针线对组织所造成的损伤小(针和线的粗细一致),可防止缝合时脱针并免去引线的麻烦。无损伤缝针属于针线一体类,可用于血管神经的吻合等。根据针尖与针眼两点间有无弧度可分直针和弯针。

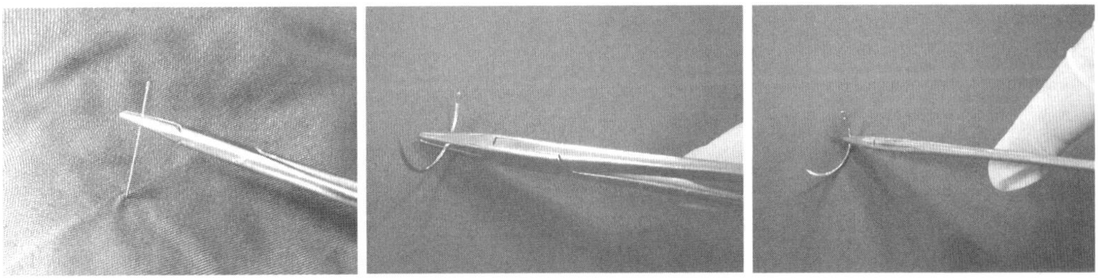

直针　圆针　三棱针

图 3-16　缝合针

(七)缝线

从严格意义上来讲,缝线不属于手术器械,而是手术中的一种辅助材料(详见第五章第三节)。

(八)拉钩

拉钩又称牵开器,用于拉开术部表面组织,显露术野,方便术者的操作。临床常用手持拉钩(图 3-17)和固定拉钩(又名固定牵开器)(图 3-18)两大类。使用拉钩时,拉力一定要均匀轻缓,避免刺激术部,引起动物骚动而损伤组织或影响手术的正常进行。若手术时间过长,可以用纱布隔开拉钩与组织。固定拉钩,省力,在人员缺少的情况下亦可进行手术。不足之处是固定拉钩体积大,有时会影响手术的操作。

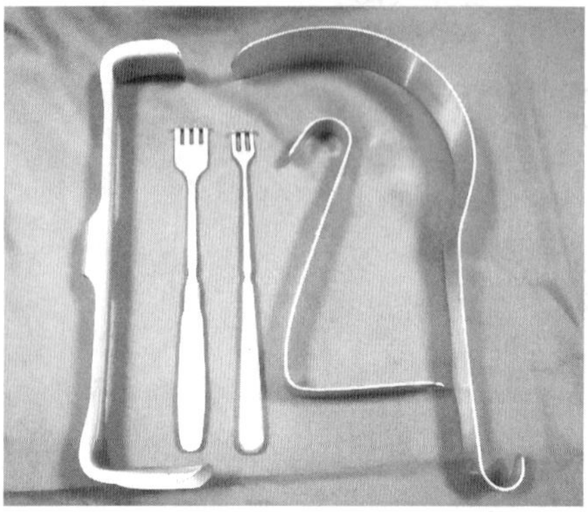

图 3-17 手持拉钩

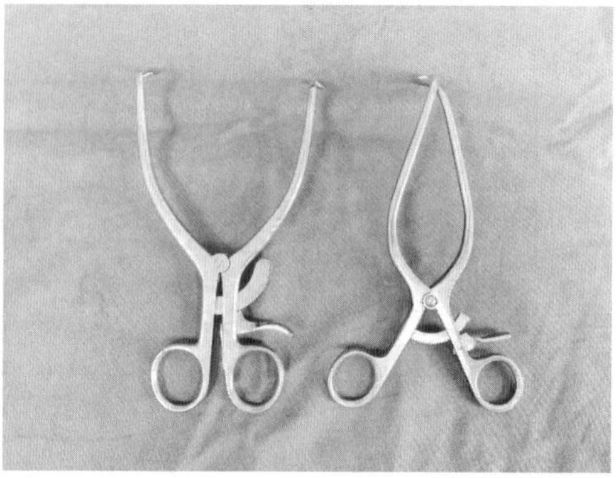

图 3-18 固定拉钩

(九)巾钳

巾钳又名帕布钳、布巾钳、创巾钳,亦有数种样式,其头端为弯曲的相互重叠的两个尖齿。常用的巾钳见图 3-19,主要用于夹持固定手术单、手术巾,并同手术巾一起夹住皮肤,防止手术巾移动,避免在手术过程中手或器械与术部接触。

(十)肠钳

用于肠管手术,以阻断肠内容物的移动、溢出或肠壁出血。肠钳结构上的特点是齿槽薄,弹性好,对组织损伤小,使用时一般在外各套一乳胶管,以减少对组织的损伤(图 3-20)。

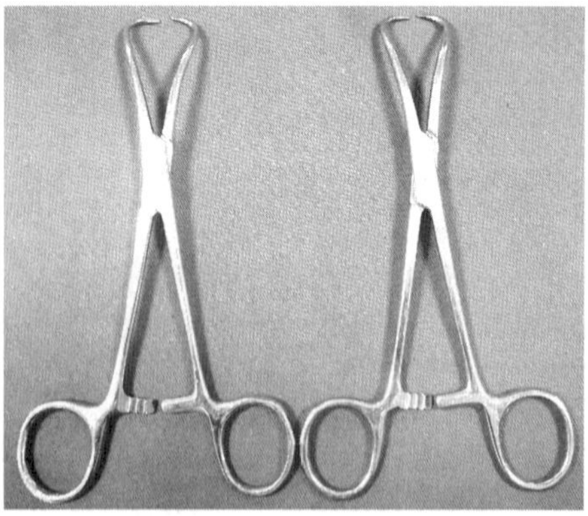

图 3-19 巾钳

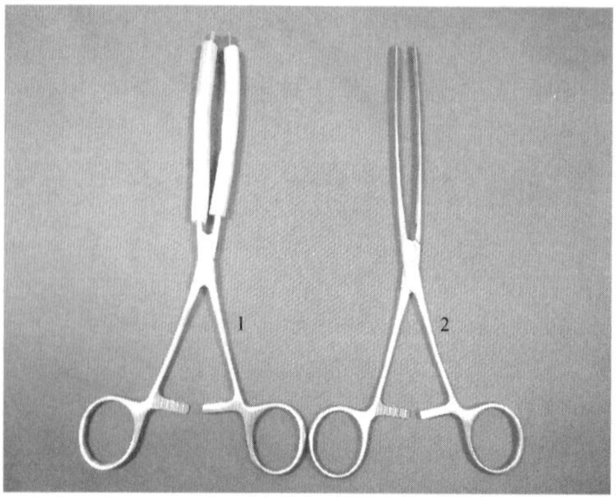

图 3-20 肠钳

1. 套上乳胶管 2. 未套乳胶管

(十一)探针

探针又称探子或探条。根据用途不同,有多种形状,一般临床多用球头探针、有沟探针和特殊探针 3 种。球头探针主要用于探查组织异物,器官管腔深浅,瘘管或窦道深浅、走向;有沟探针用于引导切开腹膜或腔内采样等;特殊探针则多用于人医。

(十二)骨科常用器械

见第五章第一节中骨组织的分割。

二、器械物品的无菌处理

手术器械是兽医外科工作者的武器,除了能正确、合理地使用外,还必须有爱护手术器械的素养和无菌的意识。手术物品包括金属器械、敷料、手术巾、手术衣帽及口罩、缝合材料、橡胶、乳胶和塑料类用品,玻璃、瓷和搪瓷类器皿等。

(一)金属器械

金属器械先应清洁,不得沾有污物和灰尘等,还要检查所准备的器械是否有足够的数量,以保证全手术过程的需求,更应注意每件器械的性能,以保障正常使用。不常用的器械或新启用的器械,要用温热的清洁剂溶液除去其表面的保护性油脂或其他保护剂,然后再用大量清水冲去残存的洗涤剂,烘干备用。结构比较复杂的器械,最好拆开或半拆开,以利于充分灭菌。对有弹性锁扣的止血钳和持针钳等,应将锁扣松开,以免影响弹性。锐利的器械用纱布包裹其锋利部,以免变钝。注射针头、缝针需放在一定的容器内,或整齐有序地插在纱布块上,防止散落而造成使用上的不便。每次所用的手术器械,可以包在一个较大的布质包单内,这样便于灭菌和使用。

(二)敷料、手术巾、手术衣帽及口罩

随着现代科学的发展以及经济水平的提高,一次性使用的止血布、手术巾、手术衣帽及口罩等均被广泛使用。多次重复使用的这类物品均为纯棉材料制成,临床使用后可清洗、回收再经灭菌后重复利用。敷料在手术中主要指止血纱布。止血纱布通常用医用脱脂纱布。根据具体手术要求,先将纱布裁剪成大小不同的方块,似手帕样,然后以对折方法折叠,并将其断缘毛边完全折在内面。折叠的纱布块整齐地放入贮槽内。如无贮槽可用大块纱布包扎成小包,以便灭菌和使用。贮槽是用金属材料制成的特殊容器。灭菌前,将贮槽底窗和侧窗完全打开。灭菌后从高压锅内取出,立即将底窗和侧窗关闭。贮槽在封闭的情况下,可以保证1周内无菌。目前,临床和教学实验用手术巾、手术衣帽及口罩主要为纯棉制品。事先按一定的规格分别将手术巾、手术衣整理,折叠,并将帽、口罩放入已折叠的手术衣内,再用大的布单将手术巾、手术衣帽及口罩包好,准备灭菌。这些物品一般均采用高压蒸汽灭菌法,也可用流动蒸汽灭菌法(可选用普通蒸锅)。由于这种容器密闭性能差,故灭菌所需时间应适当延长,一般需1～2 h(从水沸腾并蒸发大量蒸汽时开始计算)。

(三)缝合材料

缝线直接接触组织,有些还永久置留于组织中,如不注意严格的灭菌处理和无菌操作技术,易成为创口感染的来源。缝线种类很多,包括可吸收缝线和不可吸收缝线。目前,国内外兽医临床多用一次性缝线,灭菌可靠,使用方便,但费用高,浪费也大;我国大动物兽医临床也常用不可吸收缝线——丝线,因这种缝线成本低,拉力及韧性均较强,耐高压蒸汽灭菌。丝线多次灭菌后易变脆,用时易断裂。因此,最好使用只经一次灭菌的丝线。灭菌前将丝线缠在线轴或玻璃上,松紧适度。丝线可放在贮槽内或手术巾、器械包内进行高压蒸汽灭菌。

(四)橡胶、乳胶和塑料类用品

临床常用的橡胶、乳胶和塑料类用品有各种插管和导管、手套、橡胶布、围裙及各种塑料制品等。橡胶类用品可用高压蒸汽灭菌,但长期多次高压灭菌易影响橡胶的质量,故也可采用化学消毒或煮沸灭菌。乳胶类用品可用高压蒸汽灭菌,一般仅用一次,也可用化学消毒液浸泡消毒,但有些消毒液易引起化学反应,如新洁尔灭可使乳胶手套表面发生一定的黏性(不影响手术)。橡胶、乳胶

手套采用高压蒸汽灭菌时，为防止手套粘连，可预先将手套内外撒上滑石粉，并用纱布或手套合页将每只手套隔开并包在一起，以免错乱。目前，这类用品很多都是一次性的，这就减少了消毒工作中的许多环节，但其费用较高。

塑料类用品如塑料管、塑料薄膜等一般用化学消毒法处理。有些医疗单位使用环氧乙烷气体灭菌等低温灭菌方法灭菌，对细菌、芽孢、立克次氏体和病毒等都有杀灭作用；环氧乙烷也可用于器械、仪器、敷料、橡胶等的灭菌。

(五)玻璃、瓷和搪瓷类器皿

所有这类用品均应充分清洗干净，易损易碎者用纱布适当包裹保护。一般均采用高压蒸汽灭菌法，也可使用煮沸法和消毒药物浸泡法。玻璃器皿、玻璃注射器如用煮沸法，应在加热前放入，否则玻璃易因骤热而破损。现在普遍使用一次性注射器，若手术需要玻璃注射器，应将洗净的注射器内栓、套筒分别用纱布包好，以免错乱或相互碰撞。较大的搪瓷器皿可使用乙醇火焰烧灼灭菌法，即在干净的大型器皿内倒入适量的95%乙醇，使其遍布盆底，然后点燃烧尽。

手术人员必须有爱护手术器械的素养，具备爱护和保养手术器械的基本知识。刀、剪、缝针等属于利刃器械，使用时需要的是锋利，保管时一定要与普通器械分开，以免相互碰撞使利刃变钝而影响手术或在取放器械时伤及器械助手；每次手术后要及时将所用器械用清水洗净，擦干保存。不常用或库存器械要定期检查涂油，置于干燥处保存。胶制品应晾干，敷以适量滑石粉，防止粘连老化。止血钳的清洗，要注意洗净齿槽内的凝血块、组织碎片和油脂；不允许用止血钳夹持坚、厚物品，以免钳头过度开张而无法使用；也不能用止血钳夹持碘酊棉球等消毒药棉。金属器械，在非紧急情况下，禁止用火焰烧灼灭菌，以免高温退火，失去必要的强度而影响使用寿命。

第三节 手术人员的无菌处理

一、常规处理

手术人员本身，尤其是手臂的准备与消毒，对防止手术创的感染具有很重要的意义，决不可忽视。虽然兽医工作的性质、环境和条件有其自身的特点，但对执行无菌术的要求却不可放松。手术人员在任何情况下都应该遵循共同的无菌术的基本原则，努力创造条件去完成手术任务。在做无菌处理前首先要做到手术人员穿戴整齐，帽子须完全遮住头发，口罩须遮住口鼻(图3-21)，指甲剪短并磨平甲缘，剔除甲缘下的污垢，有逆刺的也应事先磨平。

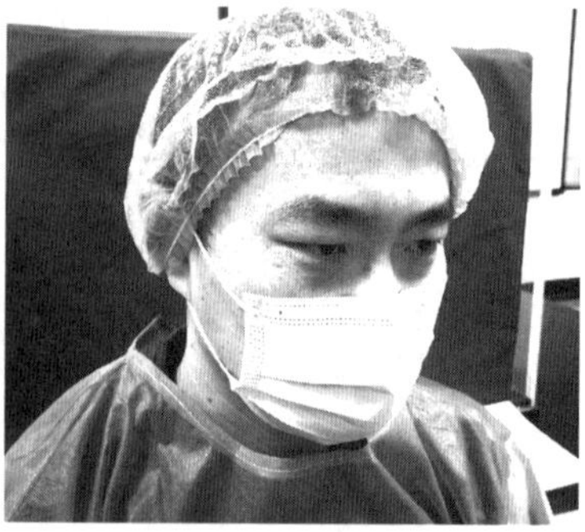

图3-21 手术帽、口罩的戴法

二、手术人员的无菌准备过程

手术人员除了平时应该养成讲清洁、爱卫生的良好习惯外，在术前还应做好以下准备。

(一)更衣、戴手术帽和口罩

(1)更衣 手术人员在术前应换穿手术室准备的清洁衣裤(又称为刷手服)和鞋子。衣裤以白色为佳，上衣最好是短袖衫以充分裸露手、臂；没有清洁鞋，可穿上一次性鞋套。

(2)戴手术帽和口罩 目前多用一次性手术帽和口罩。手术帽应把头发全部遮住，帽的下缘应到达眉毛之上和耳根顶端，并遮盖双耳。手术口罩应完全遮住口和鼻，对防止手术创发生飞沫感染和滴入感染极为有效。如戴的是纱布制口罩，为避免戴眼镜的手术人员因呼吸水气使镜片模糊，可将口罩的上缘用胶布贴在口罩上缘与面部交界处，或是在镜片上涂抹薄层肥皂（用干布擦干净）。在上述准备之后就可以进行手和臂的准备与消毒。

（二）手、臂的清洁与消毒

手术人员的手和臂上的皮脂腺、汗腺和毛囊等构造里藏匿着许多微生物。此外，皮脂腺和汗腺在分泌皮脂和汗液的同时，也会将深在的微生物不断排到皮肤表面，可能成为创伤感染的来源。皮脂虽然对皮肤有保护作用，但可黏附微生物，不使其脱落，以及隔断消毒药与皮肤的直接接触等，故皮脂也可起到保护微生物的作用。这些原因都构成对皮肤消毒的不利因素。加之皮肤的消毒（不同于其他手术器材的灭菌）只能采用皮肤所能经受得起的各种消毒方法，这些方法通常仅能减少微生物的数量，不可能做到绝对的无菌。由此可知，手和臂的消毒是执行无菌技术中的一个薄弱环节。因此，对术前手和臂的消毒就必须给予足够的重视。经验证明，只要手术人员严格地执行抗菌和无菌准备，是完全可以达到手术所需要的无菌要求的。

手部有小的新鲜伤口的手术人员如果必须参加手术，应先用碘酊消毒伤口，暂时用胶布封闭，再进行手的消毒。手术时应戴上手套。

手和臂的抗菌和无菌准备方法很多，常用较简便而有效的方法如下：

1. 手、臂的洗刷

用肥皂反复擦刷和用流水充分冲洗以对手、臂进行初步的机械性清洁处理。如果这个步骤执行得仔细和严格，手、臂上大部分污物和微生物得以清除，为以后手、臂的消毒打下基础。反之，如果潦草从事，则在很大程度上影响下一步手、臂的消毒效果。因此，这一步骤不应忽视。

手、臂刷洗时，用指刷蘸上肥皂液并按一定顺序擦刷。为了避免擦刷部位的遗漏，保证清洁的重点，一般先对甲缝、指端进行仔细地擦刷，然后按手指、指间、手掌、掌背、腕部、前臂、肘部的顺序擦刷，通常用时 5～10 min。然后用流水（温水或自来水）将肥皂泡沫充分洗去。冲洗时手指尖应朝上，使水自指尖部向肘部方向流去，然后用灭菌巾（或纱布）按上述顺序拭干，最好是每只手用一块灭菌巾擦干。如果不具备流水条件，则至少要在 2～3 个盆内逐盆清洗。

2. 手、臂的消毒

手、臂经上述初步的机械性清洗后，还必须经过化学药品的消毒。手、臂的化学药品消毒最好是用浸泡法，以保证化学药品均匀而有足够的时间作用于手、臂的各个部位。专用的泡手桶可节省药液和保证浸泡的高度。如用普通脸盆浸泡则必须不时地用纱布块浸蘸消毒液，轻轻擦洗，以保证整个手、臂部的湿润和消毒。用于手、臂的化学药品消毒法有多种，可选用如下任一种方法。

（1）乙醇浸泡法　用 70％乙醇溶液浸泡或拭洗 5 min，浸泡前应将手、臂上的水分拭干，以免降低乙醇浓度，影响乙醇的消毒能力。

（2）新洁尔灭浸泡法　用 0.1％的新洁尔灭溶液浸泡和擦洗 5 min。这种方法在临床上使用最为广泛。也可以采用一定浓度的洗必泰或度米芬溶液进行手、臂的消毒。

（3）聚乙烯酮碘涂刷法　有皮肤消毒液和消毒刷（其消毒液吸附在消毒刷背面的海绵内）两种。用 7.5％聚乙烯酮碘消毒液拭擦皮肤或用消毒刷拭刷手、臂。先拭刷手、臂 5 min，再刷 3 min。综上所述，手、臂的清洁与消毒顺序总结如图 3-22 所示。

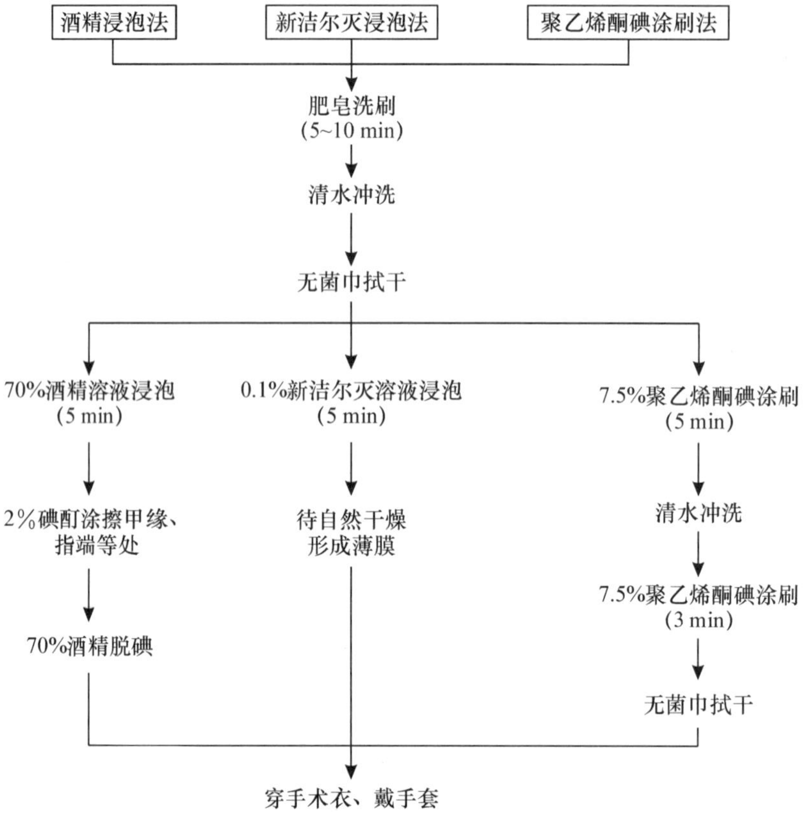

图 3-22 手、臂的清洁与消毒顺序

如果情况紧急,必要时可缩短洗手时间,简化手的消毒方法。为此,可以用肥皂及水初步清洗手、臂上污垢,擦干,并用3%~5%碘酊充分涂布手、臂,待干后,用大量乙醇洗去碘酊,即可施行手术。也可选用新洁尔灭、洗必泰等消毒液先擦双手(注意甲缘、指端和甲沟等处的洗擦),洗后不必用消毒的纱布擦干,以免破坏药液在手臂上形成的薄膜。

对于简单的小手术,在充分洗手之后,再戴上灭菌的手套施术,显得更为方便。

如果手术时间较长,为了保持手、臂良好的无菌状态,在手术中可根据需要再次清洗和用消毒溶液浸泡手、臂。

已经消毒好的手、臂,绝对不可与任何未经消毒的物品接触。为了保护已消毒过的手、臂不被污染,应弯曲两臂,两手放在穿好灭菌手术衣的胸前或手术衣的胸前口袋里。

(三)穿无菌手术衣

手术衣以后开身系带的长罩衫为好,长袖紧口;分为一次性手术衣和用纯棉材料制成的手术衣。由于动物不习惯白色,白色也影响视力,故手术衣以采用浅蓝或浅绿色较为合理。纯棉手术衣应清洁干净后经过高压灭菌才能使用。由助手打开手术衣包,手术人员根据无菌要求穿无菌手术衣:将手术衣轻轻抖开,提起衣领两角,将两手插入衣袖内,两臂前伸,让助手协助穿上和系紧其背后的衣带或腰带。穿灭菌手术衣时应避免衣服外面朝向自己或碰到其他未消毒、灭菌物品和地面。为保护手术衣前胸部分免受污染,必要时可加穿消毒过的橡胶或塑料围裙(图 3-23)。

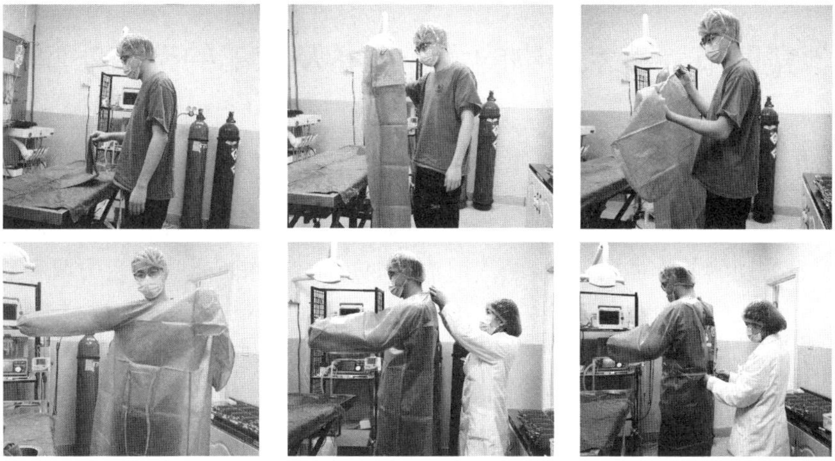

图 3-23 无菌手术衣的穿戴过程

(四)戴手套

过去兽医外科临床并不严格要求戴无菌手套。但是鉴于任何一种消毒方法均不能使手部皮肤达到绝对无菌,为防止手术人员被感染和减轻对组织的损伤,所以戴灭菌手套进行手术是非常必要的。

临床上常采用高压灭菌的干手套(或市售一次性灭菌手套)和用消毒液浸泡(常用 0.1%新洁尔灭溶液浸泡 30 min)的湿手套两种。如用干手套,应先穿手术衣,后戴手套;如用湿手套,应先戴手套,后穿手术衣。

戴无菌手套时,没有戴无菌手套的手,只允许接触手套套口的向外翻折部分,不应碰到手套外面。如果只戴干手套,取出手套内无菌滑石粉包,轻轻敷擦双手,使手干燥光滑。用左手捏住左右两手套套口翻折部,先右手插入右手手套内,注意勿触及手套外面,再用戴好手套的右手指插入左手手套的翻折部,帮助左手插入手套内。已戴手套的右手不可触及左手皮肤,将手套翻折部翻回盖住手术衣袖口。用灭菌生理盐水冲净手套外面的滑石粉。如果戴湿手套,手套内应灌入适量的消毒液(0.1%新洁尔灭溶液),使手套撑开,便于戴上。戴好手套后,将手腕部向上举起,使水顺前臂沿肘流下,再穿无菌手术衣。

目前,兽医临床上多采用干戴法,此法既方便,又经济。值得提出的是,长时间在液体内浸泡的医用手套会膨胀,弹性降低,易撕裂破损,必须注意及时更换以确保使用。如果条件允许,可以先用一次性手套,这种手套在生产时已经灭菌处理,打开包装即可使用,只是经济代价较高(图 3-24)。(视频 3-1)

视频 3-1 手术着装

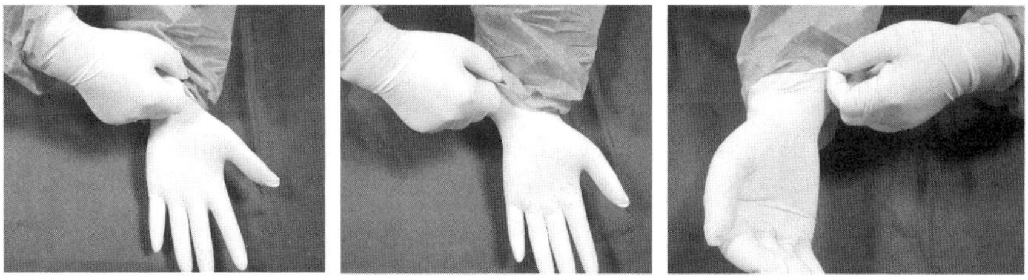

图 3-24 戴无菌手套

第四节 手术动物的术前准备及术部的无菌处理

一、手术动物的术前准备

首先应对患病动物进行全面的检查，在确定实施手术之后，则需做进一步的必要准备。非紧急手术时，应根据患病动物的具体病情，给予术前治疗如抗休克、纠正水盐代谢失调和酸碱平衡紊乱，以及抗菌治疗等，以使病情缓和稳定，给手术创造一个较好的基础条件。

手术前应对动物体进行清洁、揩拭或洗刷，以减少切口感染的机会。注意术前应停止给食。若手术在臀部、肛门、外生殖器、会阴以及尾部等后躯部位，为防止施术时粪尿污染术部，对某些动物术前要进行导尿。但要注意绝不可在手术前进行灌肠，否则将会在手术时频频排便，反而造成污染。有些易继发胃肠臌气的疾病，可先内服制酵剂，或采取胃肠减压措施。而有些病例，则需考虑膀胱穿刺。口腔、食管的疾病有时会导致大量分泌物的产生，可应用抗胆碱药。四肢末端或蹄部手术时，应充分冲洗局部，必要时施行局部的药浴。若预测手术中出血较多，可采用一些预防性止血药物。对破伤风发病率较高的一些农场或养殖场动物，术前应做破伤风的免疫注射。

总之，应该积极主动采取一些措施，使手术更顺利，成功率更高。

二、术部的除毛、消毒和隔离

(一)术部除毛

目前，兽医临床大多使用专用电动除毛刀进行术部除毛。此法简便，省时，被毛剃除干净，也避免皮肤的损伤。术部除毛范围要超出切口周围 20～25 cm，小动物可超出 10～15 cm。如果没有电动除毛刀，可用剪毛剪逆毛流方向剪短术部被毛，再用温肥皂水涂布剪毛区，再用剃刀或手术刀顺毛流方向剃净。除毛时用力不要太大，避免造成微细创伤或过度刺激皮肤而引起充血。对幼龄犬、猫除毛时不要损伤乳头。除毛完毕，清水洗净，再用灭菌纱布拭干。除毛时间最好在手术前夕，以便有时间缓解因剃毛引起的皮肤刺激。

在兽医临床上也可使用脱毛剂脱毛代替剃毛。脱毛剂的药物配方为：硫化钠 6.0～8.0 g，蒸馏水 100.0 mL(可另加 10.0 g 甘油，滋润皮肤)，配制成溶液。使用时如果局部被毛过长可以适当剪短，然后将上述溶液以棉球在术部涂擦，约经 5 min，当被毛呈糊状时，用纱布轻轻擦去，再用清水洗净即可。根据动物被毛的稀密程度可适当增加或减少硫化钠用量和浓度。为了避免脱毛剂四处流散影响美观，也可以配制成糊状，配方为：硫化钡 50.0 g、氧化锌 100.0 g、淀粉 100.0 g，用温水调制均匀，把配制好的糊状药涂抹在需要脱毛处，等 10 min 左右，擦去药糊，用水洗净。脱毛剂使用方便，脱毛干净，对皮肤刺激性小，不影响创伤愈合，不破坏毛囊，术后毛可再生。缺点是有臭味，有时有个体敏感，而且使用浓度过大或作用时间过长时，可损害皮肤角质层，皮肤增厚，使切皮时出血增多，给手术带来不便，因此，脱毛剂最好也在手术前 1 d 使用。

上述机械除毛和化学除毛各有其优缺点，在临床中选择应用。术部除毛不宜在手术室操作，最好在准备室或处置室进行。术部除毛并洗净擦干后进行消毒。

(二)术部消毒

术部的消毒，最常用 2%～5%碘酊和 70%乙醇。也可用 10%聚乙烯酮碘溶液消毒皮肤，它不需要乙醇脱碘。

在涂擦术部消毒药时要注意：如是无菌手术，应由手术区的中心部位向四周涂擦，如是已感染的创口，则应由较清洁的外围向患处中心涂擦(图 3-25)；已经接触污染部位的棉球或纱布，不要再返回清洁处涂擦。涂擦所及的范围应达整个除毛区。碘酊涂擦后，必须稍待片刻，待完全干后(此时碘已浸入皮肤和毛囊，灭菌作用好)，再用涂擦碘酊的方法用 70％乙醇脱碘，以免碘污及手和器械，带入创内造成不必要的刺激。

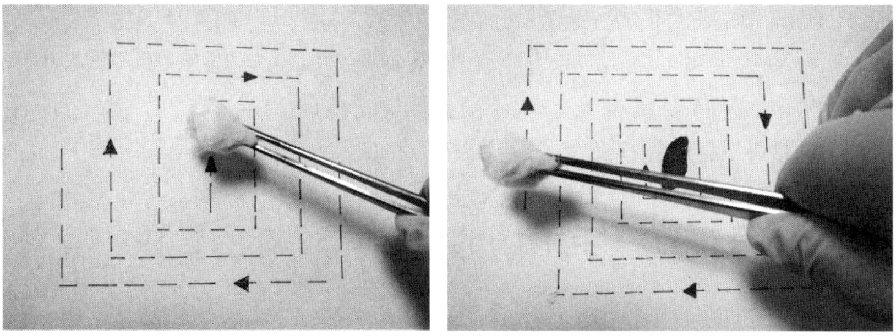

清洁手术的皮肤消毒　　感染伤口的皮肤消毒

图 3-25　术部皮肤消毒

有少数动物的皮肤对碘酊敏感，往往涂碘酊后，皮肤变厚，不便手术操作。可改用其他皮肤消毒药，如聚乙烯酮碘、0.1％新洁尔灭溶液、0.05％洗必泰溶液、0.1％消毒净醇溶液等涂擦术部。注意在使用新洁尔灭之前，皮肤上的肥皂必须冲洗干净，否则会影响新洁尔灭的消毒效果。

对于鼻腔、口腔、眼结膜、肛门和阴道等处黏膜的消毒不可使用碘酊，以免灼伤。一般先以水洗去黏液及污物后，可用 0.1％的新洁尔灭、高锰酸钾、利凡诺溶液洗涤消毒。眼结膜多用 2％～4％硼酸溶液消毒。蹄部手术应在手术前用温热的 2％煤酚皂溶液蹄浴。

术部消毒后，应尽快进行手术，如暴露过长，术前需再次进行消毒。

(三)术部隔离

术部虽经消毒，而术区周围未经严格消毒的被毛，对手术创容易造成污染，加上动物在手术时出现挣扎、骚动，易使尘土、毛屑等落入切口中。因此，必须进行术部周围隔离。

术部隔离的方法：采用四块灭菌棉(纱)布或一次性检查单在术部的左、右、上、下四个方向铺设(图 3-26)，每块大小根据术部大小和动物个体大小选择，一般要求把整个动物身体全部遮盖，四个角用巾钳固定在术部皮肤上。露出切口范围一般为矩形或正方形。条件许可，可先在消毒的术部皮肤上先贴一张一次性自粘手术薄膜，再铺设创巾。

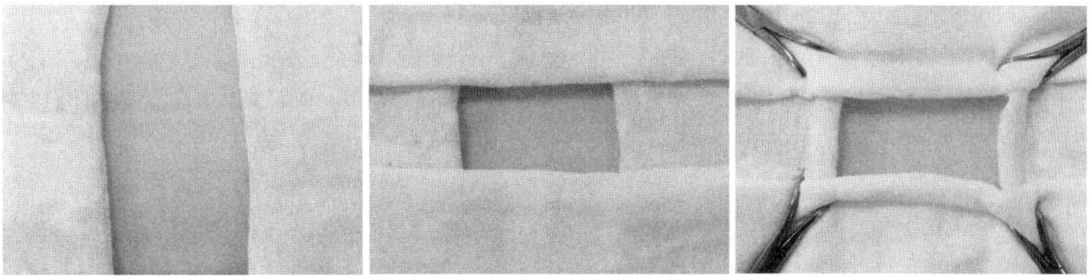

1　　2　　3

图 3-26　术野隔离示意图

(1、2、3 表示术部纱布块隔离放置顺序)

术部隔离也可用大块有孔创巾覆盖于术区，仅在中央露出切口部位，使术部与周围完全隔离。有些创巾中央有预先做好的切口(不得有毛边)。为了使创巾上的开口与手术切口大小适合，可预先将创巾上开口从两端做若干结节缝合，手术时根据所需切口长度，剪开几个结。用巾钳固定创巾(视手术区大小确定巾钳数量)，也可用数针缝合代替巾钳。创巾要有足够的大小遮蔽非手术区。

棉布创巾和纱布在潮湿或吸收创液后即降低其隔离作用，最好在其下面再加一层非吸湿性的创巾（如一次性塑料自粘薄膜或胶布）。创巾一旦铺上，原则上只许自手术区由内向外移动，不宜向手术区内移动。此外，在切开皮肤后，还要再用无菌巾沿着切口两侧覆盖皮肤。在切开空腔脏器前，应用纱布垫保护四周组织。在手术中被污染的手术隔离巾，应及时更换。

视频 3-2 术部除毛、消毒和隔离

某些大动物需要在站立保定下施术时，隔离难度大，建议使用特制的大幅有孔洞巾，它们多系棉布、塑料、尼龙类或橡胶制品（有的一次性使用），或采用一次性自粘手术薄膜隔离术部。（视频 3-2）

第五节 手术场地及手术设施的要求

一、手术室的基本设施

手术室的条件与预防手术创的空气尘埃感染关系极为密切。良好的手术室有利于手术人员完成手术任务。

在经济条件允许时，最好分别设置无菌手术室和染菌手术室。如果没有条件设置两种手术室，则一般化脓感染手术最好安排在其他的地方进行，以防交叉感染。如果在室内做过化脓感染手术，必须在术后及时严格消毒。

手术室设施的最低配置及其数量：

手术台 1 张、器械台 1 张、呼吸麻醉机 1 台、监护仪 1 台、无影灯 1 套、紫外灯 1 盏、医用气源装置（供氧）1 套、吸引器 1 台、气管插管 2～3 套、计时器 1 具、急救药品柜（嵌入式）1 个、器械柜（嵌入式）1 个、麻醉柜（嵌入式）1 个、输液导轨或吊钩 2～5 个、记录板 1 套、废物桶 1 个。

二、手术室的要求及无菌处理

根据客观条件，建立一个良好的手术室，也应视为预防手术创外科感染的重要内容之一。手术室的建立需要基本建设和设备投资，应因地制宜，尽可能创造一个比较完美的手术环境。手术室的一般要求如下。

（一）手术室应有一定的面积和空间

一般小动物手术室应不小于 25 m^2（图 3-27），大动物手术室应不小于 40 m^2（图 3-28），房间的高度为 2.8～3.0 m 较为合适，否则活动的空间将受到限制。天花板和墙壁应平整光滑，以便清洁和消毒。地面应防滑，并有利于排水，墙最好砌有釉面砖，固定的顶灯应设在天花板上，外表应平整，所有转角处应为弧形，便于清扫。

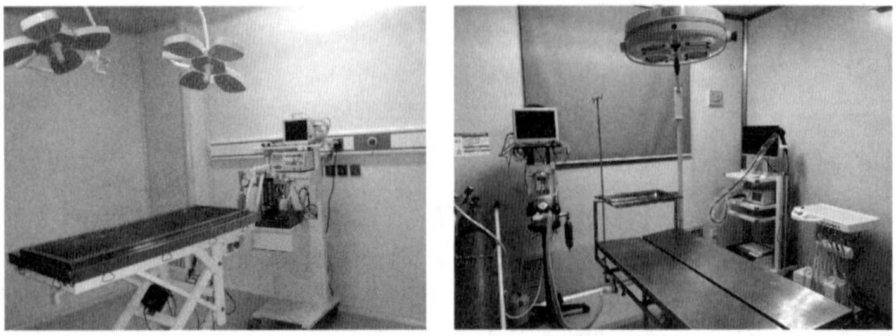

图 3-27 小动物手术室

图 3-28 大动物手术室

（图片由美国普渡大学 Jeff C. Ko 提供）

(二)手术室应有良好的供排水系统

排水系统的管道应较粗,便于疏通,在地面应设有排水良好的地漏和排水沉淀池(便于清除污物、被毛等)。如排水不通畅,会给手术的清洁消毒工作带来很大的不便,这点必须充分注意。

(三)手术室内要有足够的照明设备

洁净手术室不应设外窗,应采用人工照明和手术无影灯照明(图 3-29)。Ⅲ、Ⅳ级洁净辅助用房可设外窗,但必须是双层密闭窗,同时也应设充足的人工照明。

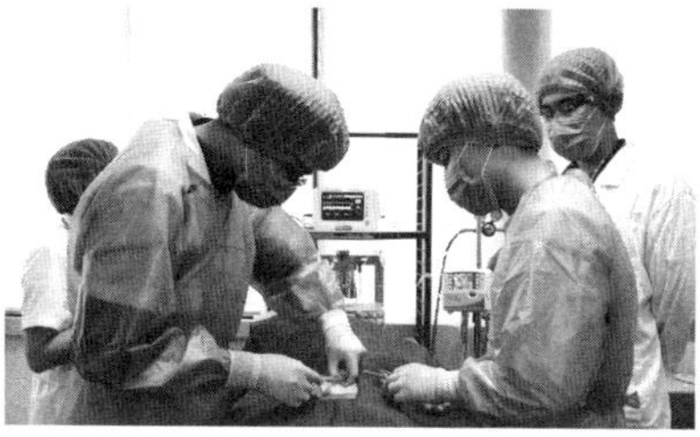

图 3-29　手术进行中

(四)手术室应有较好的通风系统

在建筑时可考虑设计自然通风或是强制通风,在设计上要合理,使用方便,有条件时可以装恒温换气机。门窗应密封,防尘良好。

(五)手术室内应保持适当的温、湿度

手术室内温度以 20～25 ℃,湿度为 50%左右为宜。有条件时可以安装空调机,最好是冷暖两用机,冬季保温,夏季防暑。

(六)洁净手术部必须分为洁净区与非洁净区

洁净区与非洁净区之间必须设缓冲室或传递窗(图 3-30)。洁净区内宜按对空气洁净度级别的不同要求分区,不同区之间宜设置分区隔断门。

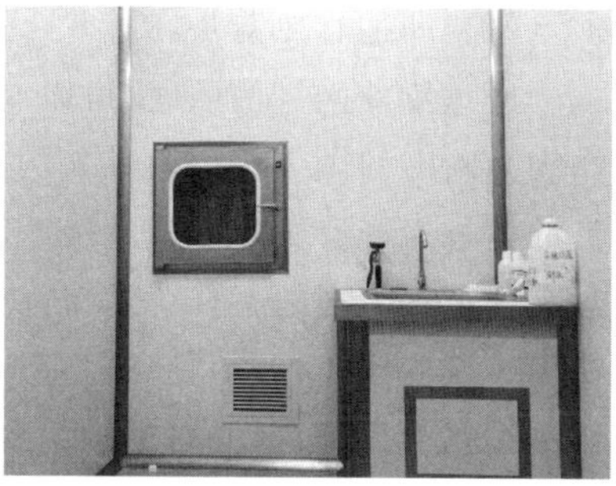

图 3-30　洗手间及传递窗

(七)手术室内仅放置重要的器具

手术室内除放置手术台、器械台、麻醉及监护设施等重要器具外,一切不必要的或与手术无关的用具,都不得摆放在手术室里。

(八)附属用房

手术室还需设立必要的附属用房。为了使用上的方便,房间的安排既应毗邻,又要合理。附属用房包括 X 线室、消毒室、准备室(可以洗手、着衣)、洗刷室(清洗手术用品)。最好能有一个单独的器械室(保存器械),当然厕所和沐浴室也是必要的。有条件时还可以考虑设置一个更衣室。

(九)存贮间

比较完美的手术室,可再设置仪器设备的存贮间,用以存放麻醉机、呼吸机以及常用检测仪器、麻醉药品和急救药品。现代化的仪器设备很多用电脑控制,因此仪器存贮间应防潮,不设上、下排水系统。

(十)洁净手术部的内部平面和通道形式

它应符合便于疏散、功能流程短捷和洁污分明的原则,根据医院具体平面,在尽端布置、中心布置、侧向布置及环状布置等形式中选取洁净手术部的适宜布局;在单通道、双通道和多通道等形式中按以下原则选取合适的通道形式。

(1)单通道布置应具备污物就地消毒和包装的条件。

(2)多通道布置是对人和物分多个通道进出,相互不干扰。

(3)洁污双通道布置可不受上述条件的限制。

(4)中间通道宜为洁净走廊,外廊宜为清洁走廊。

(十一)洁净手术部的建筑装饰

应遵循不产尘、不积尘、耐腐蚀、防潮防霉、容易清洁和符合防火要求的总原则。

洁净手术部内地面应平整,采用耐磨、防滑、耐腐蚀、易清洗、不易起尘与不开裂的材料制作。可采用现浇嵌铜条的水磨石地面,以浅底色为宜;有特殊要求的,可采用有特殊性能的涂料。洁净手术部内墙面应使用不易开裂、阻燃、易清洗和耐碰撞的材料。墙面必须平整、防潮防霉。Ⅰ、Ⅱ级洁净室墙面可用整体或装配式壁板;Ⅲ、Ⅳ级洁净室墙面也可用大块瓷砖或涂料。缝隙均应抹平。

(十二)手术室的无菌处理

在消毒手术室之前,应先对手术室进行清洁卫生扫除,再进行消毒。常用的消毒方法有以下几种。

1.药物喷洒消毒法

即用5%石炭酸或3%来苏儿溶液喷洒到手术台面、地面以及室内空气中,可以收到一定的消毒效果,这是最简单和最常用的方法。但这些药液都有刺激性,故密闭消毒后必须通风换气,以排除刺激性气味。

2.紫外光灯照射法

通过紫外光灯的照射,可以有效地净化空气,明显减少空气中细菌的数量,同时也可以杀灭物体表面附着的微生物。紫外光的杀菌范围广,可以杀死一切微生物(细菌、病毒、芽孢和真菌)。市售的紫外光灯有 15 W、30 W 和 40 W 三种;既可以悬吊,也可以安装在可移动的落地灯架上,使用起来很方便。一般在非手术时间开灯照射 2 h,有明显的杀菌作用,但光线照射不到之处则无杀菌作用。实验证实,照射距离以 1 m 以内最好,超过 1 m 则效果减弱。活动支架的消毒灯有很大的优越性,它可以改变照射的方位和照射距离,能发挥最好的杀菌效果。紫外光灯是一种人工光源,在使用时应该注意下列事项:

(1)开通电源之后 20～30 min 发出的紫外光最多。灯管的使用寿命一般为 2 500 h。

(2)要求直接照射,因为紫外光的穿透力很差,只能杀灭物体表面的微生物。

(3)可以用紫外线强度仪来测定杀菌效果。

(4)灯管要保持干净,要经常擦拭,否则杀菌能力下降。

(5)尽量减少频繁地开关,以免影响灯管使用寿命。

(6)人员不可长时间处于紫外光的照射下,否则可以损害眼睛和皮肤,形成一种轻度灼伤。必要时戴黑色眼镜,以保护眼睛,且照射不宜过近。

3.化学药物熏蒸消毒法

这类方法效果可靠,消毒彻底。手术室清洁扫除后,门窗关闭,做到较好的密封,然后再施以消毒的蒸气熏蒸。

(1)甲醛熏蒸法　甲醛是一种古老消毒剂,虽然有不少缺点,但因其杀菌效果好,价格便宜,使用方便,所以至今仍然采用。

①福尔马林加热法　在一个抗腐蚀的容器中(多用陶瓷皿)加入适量的福尔马林(40%甲醛溶液),在容器的下方直接用热源加热,使其产生蒸气,持续熏蒸 4 h 可杀灭细菌芽孢、细菌繁殖体、病毒和真菌等。因为是蒸发的气体消毒,故消毒彻底可靠。使用时按每立方米的空间用 2 mL 40%甲醛溶液,再加入等量的常水,就可以加热蒸发。一般在非手术期间进行熏蒸。消毒后,应使手术室通风排气。

②福尔马林加氧化剂法　方法基本同福尔马林加热法，只是不再用热源加热，而是加入氧化剂使其形成甲醛蒸汽。按照每立方米的空间用高锰酸钾粉 1 g、福尔马林 2 mL 计算好药量。使用时，将高锰酸钾粉直接小心地加入甲醛溶液中，然后人员立刻退出手术室，数秒钟之后便可产生大量烟雾状的甲醛蒸汽，消毒持续 4 h。

除了福尔马林之外，还有一种多聚甲醛，它是白色固体，粉末状或颗粒、片状，含甲醛 91%～99%。多聚甲醛直接加热会产生大量甲醛蒸汽，在运输、贮存和使用上都较方便。

(2)乳酸熏蒸法　乳酸用于消毒室内的空气早已被人们所知。使用乳酸原液 10～20 mL/100 m^3，加入等量的常水加热蒸发，持续 60 min，效果可靠。乳酸的沸点为 122 ℃，实验证明，乳酸在空气中的浓度为 0.004 mg/L 时，持续 40 s，可以杀死唾液飞沫中的链球菌，有效率达 99%。但若浓度偏低，小于 0.003 mg/L 时，其杀菌的效果显著降低。若浓度偏高，则会有明显的刺激性。此外，空气中的湿度也应注意，以相对湿度为 60%～80%时为佳，低于 60%，则效果不会太好。

三、手术进行中的无菌原则

手术进行中的无菌原则是指为了防止已经灭菌和消毒的物品、已行无菌准备的手术人员或手术区再被污染，使手术室和术部在整个手术过程中一直维持无菌的状态，以免引起伤口感染所制订的操作规则和管理制度。

(一)无菌台的使用

手术器械台要求结构简单、轻便灵活、易于清洁。一般分为大、小两种。准备无菌台时，应根据手术需要，选择不同规格的器械台，用于放置各种无菌物品及手术器械。器械托盘为高低可调之长方形托盘，横置于患病动物适当部位之上，可按手术需要放置 1～2 个，用于手术时放置即用器械。

1. 铺无菌台

步骤可分为以下 5 步：

(1)将手术包放于器械台上，用手打开包布第 1 层，只接触包布的外面，由里向外展开。

(2)用持物钳打开内层包布，然后打开中央，先开对侧，后开近侧，桌面上的无菌巾共分 6 层，无菌单应下垂 30 cm，四周距离要均匀。

(3)铺无菌台时身体与其保持 10 cm 的距离，未穿戴无菌手术衣及手套时，手臂不可跨越无菌区。

(4)洗手后第 1 助手穿戴好无菌手术衣及无菌手套后，将器械按使用先后次序分类排列在无菌桌上。

(5)若为备用无菌台应用无菌单覆盖。(视频 3-3)

视频 3-3　器械包打开

2. 使用无菌台注意事项

共包括以下 7 项：

(1)无菌台应为手术前准备，备用的无菌台超过 4 h 不能再使用。

(2)手术人员双手不能扶持无菌台的边缘，台缘下应视为有菌区。

(3)凡坠落台缘平面以下的物品均视为有菌，必须重新消毒或更换。

(4)术中污染的器械、用物不能放回原处，应置于弯盘等容器内，勿与无菌器械接触。

(5)台面如被水或血液浸湿时应视为被污染，应及时加盖无菌巾以保持无菌效果。

(6)手术开始后，该无菌台仅对此手术动物是无菌的，而对其他患病动物使用无菌物品，则属于污染的。

(7)第2助手应及时清理无菌台上器械及用物，以保持无菌桌清洁、整齐、有序，并及时供应手术人员所需的器械及物品。

(二)手术进行中的无菌原则

外科手术治疗的成败和手术中的无菌操作有着密切关系。参加手术的人员在手术过程中，必须严格遵守无菌操作规程，否则已建立的无菌环境、已灭菌的无菌物品，仍有受到污染和引起伤口感染的可能，有时可因此而导致手术失败，甚至危及患病动物生命。手术台上的无菌原则，是整个手术过程的无菌术，术中如有违反，必须立即纠正。在整个手术进程中，必须按以下规则进行：

(1)严格区分无菌区和非无菌区　穿戴手术衣和手套后，脐平面以上、乳腺平面以下、两侧腋前线至胸前区为无菌区；背部、腰以下和肩以上都应视为非无菌区(有菌区)，不能接触。

(2)手术过程只允许在无菌区操作　接触非无菌区即认为被污染，不可在手术人员背后传递器械及手术用品，手术人员也不可伸手自取。坠落到手术台平面以下的器械物品均视为有菌。如器械越过有菌区，应重新灭菌。

(3)术部皮肤的保护　戴灭菌手套的手，不要随意触摸患病动物未经消毒的术部皮肤，必须要接触时应垫灭菌纱布，用完丢掉。切口边缘要以灭菌干纱布垫或无菌巾覆盖，并用巾钳或缝线固定于皮下；切开皮肤所用的刀、镊，不能再用于深部组织切割，应更换（但术前皮肤加贴无菌薄膜者例外)。

(4)术中手术人员的位置调换　术中同侧手术人员如需调换位置，一人应先退后一步，转过身背对背地进行交换，以防触及对方背部有菌区。但绕过器械台时，应面对器械台以减少污染。

(5)创巾、手术衣和手套的更换　创巾因水、脓、血等浸透，已失去无菌隔离作用，应更换或加盖无菌单覆盖。衣袖被浸湿或污染时应更换手术衣或加戴无菌袖套。手套破损或被污染，应立即更换。

(6)空腔脏器(子宫、胃肠、胆道和膀胱)手术的无菌措施　切开空腔器官前应以纱布保护好周围组织，被污染的器械、纱布应另放一弯盘内，以防止或减少污染。相关部分操作完毕后，所用器械不能再用于处理其他组织。

(7)术中暂停的无菌要求　术中若需X射线拍片、造影、患病动物躁动或待病理冰冻切片报告需要暂停手术时，应注意保护无菌区不被污染，此时切口应用无菌巾覆盖。

(8)术中保持安静　术中不可闲谈或大声喧哗，必要的谈话或偶有咳嗽时，不要对向手术区，以防飞沫污染。口罩潮湿后要更换，出汗较多时，应将头偏向于一侧，由其他人代为擦去，以免汗液落于手术区内。

(9)多台手术同时进行　如果多台手术同时进行，不应互相拿用器械、用品。

(10)术中器械增加　手术中如需增加器械、物品，应由巡回助手用灭菌钳夹持，传送时手不能靠近器械台。

(11)器械、敷料的清点　手术开始前要清点器械、敷料；手术结束时，检查胸、腹等体腔，待核对器械、敷料数无误后，才能关闭切口，以免异物遗留体腔内，产生严重后果。

(12)切开皮肤及缝合皮肤前的消毒　切开皮肤及缝合皮肤前应用70%乙醇涂擦消毒皮肤一次。缝合皮肤后再用70%乙醇涂擦。

四、野外手术场地的选择

由于客观条件限制，也鉴于兽医工作的特殊性，特别是一些大动物的手术，手术人员往往不得不在野外或在没有手术室的情况下施行外科手术。为此，兽医工作者必须积极创造条件，选择一个临时性的手术场地。

实践证明，只要事先做好充分准备，努力创造可能有的条件，施术时严格遵守无菌操作规程，即使在临时的一般房舍里，甚至在室外场地，同样可以成功地施行较大的手术。

在房舍内进行手术，可以避风雨、烈日，尤其是空气感染的机会，尤其在北方风雪严寒的冬季，更是必要。

在普通房舍进行手术时，也要尽可能创造手术应备的条件。例如，首先腾出足够的空间，最好没有杂物。地面、墙壁尽可能洗刷干净，亦可用消毒药液充分喷洒，避免尘土飞扬。

为了防止屋顶灰尘跌落，必要时可在适当高度张挂布单、油布或塑料薄膜等，一般能遮蔽患病动物及器械即可。在刮风的天气，还应注意严闭门窗，室内可根据保定的数量装置临时柱栏或设置简易倒马褥垫。

有时对于不能起立的危重患病动物，不得不在厩舍内就地进行手术，此时更应注意环境的清洁、消毒。首先将邻近动物尽量移开。水泥或地板地面可用水打扫，干燥泥地注意勿扬起尘土，小心铲除积粪后，充分洒喷消毒药液。

在晴朗无风的天气，手术也可在室外进行。场地的选择原则上应远离大路，避免尘土飞扬，也应远离动物舍、牲畜场和积肥地点等蚊蝇较易滋生、土壤中细菌芽孢含量较多的场地。

为了减少空气感染的机会，最好选择能避风的空地或草地，事先打扫并清除地面上的石块，玻璃等易使患病动物致伤的杂物。尘土多的地面应洒水或消毒药液。需要侧卧保定的手术，应设简易倒马褥垫或铺柔软干草，其上盖以油布或塑料布。站立保定的手术，可在两树干间，扎成临时的柱栏，使用也很方便。

在无自来水供应的地点，可利用河水或井水。事先在每 100 kg 水中加明矾 2 g 及漂白粉 2 g 充分搅拌，待澄清后使用。此外，最简易的办法是将水煮沸后，既可以消毒，又可除去很多杂质。这种方法在农牧场和养殖场并不难做到。

本章小结

无菌技术的落实与完善是外科手术成败的关键。无菌技术包括消毒和灭菌的方法、器械物品的无菌处理、手术人员的无菌处理、手术动物的术前准备及术部的无菌处理、手术场地及手术设施的无菌处理等各个方面。灭菌法是指用物理的方法杀灭微生物。消毒法又称抗菌法，是指用化学方法杀灭病原微生物和其他有害微生物的方法。常用的灭菌和消毒法有：物理灭菌法和化学药品消毒法。高压蒸汽灭菌法是比较可靠的灭菌方法，常用蒸汽压力为 0.103～0.137 MPa（15～20 lbf/in^2），温度可达 121.6～126.6 ℃，维持 30 min 左右，能杀灭所有的细菌，包括具有顽强抵抗力的细菌芽孢。常用的低温消毒灭菌技术有环氧乙烷灭菌、等离子体灭菌或电离辐射灭菌等方法。常用的消毒剂有新洁尔灭、乙醇、碘酊、碘伏、煤酚皂、甲醛、聚乙烯酮碘、洗必泰、消毒净等。

常用的外科手术器械有刀、剪、钳、镊、拉钩、探针、缝针、缝线以及特殊用途的器械如骨科、眼科、耳科器械、显微器械等。手术室的无菌处理包括药物喷洒消毒法、紫外光灯照射法、化学药物熏蒸消毒法等。器械物品的无菌处理，常用高压蒸汽灭菌、煮沸灭菌和化学药品浸泡消毒法，同时强调手术器械的使用和保养。手术人员的无菌处理包括指甲剪短磨光、戴灭菌的帽子和口罩、洗手、穿灭菌的手术衣和戴无菌的手套等过程。动物术部的无菌处理包括除毛、消毒和隔离等措施。此外结合动物手术的特点，详细地阐述了手术人员和动物术前准备、术中注意事项的各个方面以及手术场地和手术设施的要求，提出了建立动物洁净手术室的各项指标，同时给野外手术场地的选择提出了要求。

复习思考题

1. 常用的灭菌和消毒方法有哪些？
2. 药物浸泡消毒法适用于哪些器械？其注意事项是什么？
3. 患病动物手术区的准备目的是什么？若腹部手术区曾用胶布粘贴过，应如何进行消毒？
4. 各种消毒灭菌方法的作用机制是什么？
5. 怎样使用高压蒸汽灭菌器？应注意哪些问题？
6. 干热灭菌应注意哪些问题？
7. 术前准备应包含哪4个大的方面？
8. 什么是手术进行中的无菌原则？应注意哪些问题？
9. 名词解释

无菌技术、灭菌、消毒、高压蒸汽灭菌、煮沸灭菌、熏蒸消毒法

（杨晓农）

第四章　麻　　醉

第一节　麻醉的概念与分类

一、麻醉的概念

麻醉(anesthesia)是用人为的方法(包括化学的或物理的方法)改变机体全身或局部的神经、体液活动,使整个机体或机体的一部分暂时失去知觉,直至意识丧失、肌肉松弛,能够安静地接受手术或诊疗的一种状态或技术。"麻"为麻木与感觉不灵,也就是麻木不痛,痛觉消失;"醉"是饮酒过度或药物作用使神志不清或暂时失去知觉,也就是大脑皮质功能受到抑制,脑神经细胞运动功能受到深度抑制后,出现意识不清、全身知觉消失的状态。"麻"和"醉"是机体的不同状态,有"麻"不一定有"醉",但有"醉"一定有"麻",麻醉被运用到医学上,主要研究手术时的麻醉、临床重症监测治疗、急救复苏、镇静镇痛的理论和技术。手术时的麻醉主要是消除手术中的疼痛,避免人、动物的意外损伤,其次是便于手术操作,为外科治疗创造有利条件。

二、麻醉的分类

兽医麻醉的方法较多,分类方法也有多种,目前在外科临床上主要分为全身麻醉和局部麻醉两类。

(一)局部麻醉

局部麻醉(local anesthesia)是利用某些药物有选择性地暂时阻断神经末梢、神经纤维以及神经干的冲动传导,从而使其分布或支配的相应局部组织暂时丧失痛觉的一种麻醉方法。

(二)全身麻醉

全身麻醉(general anesthesia)是利用某些药物对中枢神经系统产生广泛的抑制作用,从而暂时地使机体的意识、感觉、反射和肌肉张力部分或全部丧失的一种麻醉方法。

全身麻醉时,如果仅单纯采用一种麻醉剂施行麻醉的,称为单纯麻醉;如果为了增强麻醉药的作用,降低其毒性和副作用,扩大麻醉药的应用范围而选用几种麻醉药联合使用的,称为复合麻醉。在复合麻醉中,如果同时注入两种或数种麻醉剂的混合物以达到麻醉的方法,称为混合麻醉(如水合氯醛-硫酸镁、水合氯醛-乙醇等);在采用全身麻醉的同时配合应用局部麻醉,称为配合麻醉;间隔一定时间,先后应用两种或两种以上麻醉剂的麻醉方法,称为合并麻醉。在进行合并麻醉时,于使用麻醉剂之前,先用一种中枢神经抑制药使动物达到浅麻醉,再用另一种麻醉剂以加深或维持麻醉深度,前者被称为基础麻醉(如为了减少水合氯醛的有害作用并增强其麻醉强度,可在注入之前先用氯丙嗪做基础麻醉),其后注入的麻醉药物(如水合氯醛)作为维持麻醉或强化麻醉以达到所需麻醉的深度。

根据麻醉强度，又可将全身麻醉分为浅麻醉(light anesthesia)和深麻醉(deep anesthesia)。前者是给予较少量的麻醉剂使动物入睡、反射活动降低或部分消失，肌肉轻微松弛；后者使动物大部分处于反射消失和肌肉松弛的深睡状态。

根据麻醉剂引入体内的方法不同，可将全身麻醉分为吸入麻醉(inhalation anesthesia)和非吸入麻醉(non-inhalation anesthesia)两大类，后者又可分为静脉内麻醉(intravenous anesthesia)、肌肉内麻醉(intramuscular anesthesia)、内服麻醉(oral anesthesia)、直肠内麻醉(rectal anesthesia)和腹腔内麻醉(intraperitoneal anesthesia)等。

根据使用药物与否，麻醉可分为药物麻醉和非药物麻醉。药物麻醉是指应用西药或中药麻醉剂对动物施行的全身或局部麻醉。非药物麻醉主要有电针麻醉(electro-acupuncture anesthesia)和激光麻醉(laser anesthesia)，此类麻醉的优点是不使用药物，故而不产生药物的毒副作用，缺点是肌肉松弛差。电针麻醉是从祖国医学针灸疗法发展起来的一种独特的麻醉技术，是在动物体的两个或两个以上的穴位上，通以一定频率和强度的脉冲电流，使动物机体获得一定程度上的镇痛效应的一种无痛麻醉方法。激光麻醉是使用激光照射动物的外周神经径路，借以阻断或减弱神经的冲动传导而引起的全身镇痛作用。

由于麻醉方法的发展，有人提出分离麻醉(dissociate anesthesia)和神经安定镇痛麻醉(neurolept anesthesia)。分离麻醉原先认为其作用原理可能是和边缘系统与丘脑-新皮质系统分离有关，故被称为“分离麻醉”。分离麻醉阻断大脑联络径路和丘脑向新皮层的投射，仅短暂和轻微地抑制网状激活系统、边缘系统，所以一些保护性反射依然存在，麻醉的安全度较高，氯胺酮是临床上常用的分离麻醉剂。神经安定镇痛麻醉是以神经安定药(如丁酰苯类)和强效镇痛药为主的一种复合麻醉方法。其特点是意识不完全消失，反射活动轻度抑制，内环境稳定，且有相当的镇痛作用，称为神经安定镇痛术(neuroleptanalgesia)；再加少量全麻药物和肌松药，使意识消失，肌肉松弛，即可实施外科手术，称为神经安定镇痛麻醉。

第二节 麻醉前准备和麻醉前用药

为了保障患病动物在麻醉期间的安全，增强其对手术和麻醉的耐受能力，避免或减少围手术期的并发症，应认真做好麻醉前的准备工作。

一、动物麻醉前的评估

麻醉前评估必须包括相关病史，还应注意既往麻醉史、麻醉并发症、麻醉用药以及其他麻醉有关情况。依据手术类别、大小评估患病动物对手术的耐受程度，确定麻醉方法和麻醉用药，以及术后恢复的处理原则。所有医务人员必须了解术前的各种治疗用药与术中应用的各种麻醉药、催眠药和镇痛药等之间的相互作用，特别是配伍禁忌。另外，术前必须做出计划，包括手术中和手术以后短期内药物的使用。

病史调查、常规检查以及必要的实验室检查结果是诊断和评估疾病的重要信息，然后依据异常发现和具体情况判断是否再做进一步的检查，以弄清病情，评判患病动物围手术期的安危。

手术引起的创伤和失血可使患病动物的生理功能处于应激状态；各种麻醉方法和药物对动物生理功能都有一定的影响；外科疾病本身所引起的病理生理改变，也是围手术期潜在的危险因素。麻醉的风险与手术大小并非完全一致，复杂手术可使麻醉的风险性增加，而有时手术并不复杂，但患病动物的病情却为麻醉带来许多困难。

目前，人医麻醉师对病人麻醉前评估主要参照美国麻醉医师协会(American Society of Anesthesiologists，ASA)制订的病人分组表，评估病人对麻醉和手术的耐受性。兽医麻醉风险可根据以下检查做出评价：

(1)神经系统功能　包括脑神经、外周神经反射和神经系统症状。如神情呆滞，反应迟钝，或神经功能高度抑制者应给予重视。

(2)呼吸道功能　必须注意有无影响气道通畅的因素，有无长期慢性咳嗽，有无胸廓异常或呼吸困难。有条件时可作血气分析和肺功能检查。

(3)心血管功能　注意检查有无心脏疾病，以及心脏功能和外周血管的状态。

(4)肾功能　是否有慢性肾脏疾病或急性肾功能衰竭。对于怀疑有肾功能不全的患病动物，除检查血浆肌酐和尿素氮外，应测肌酐清除率和进行肾泌尿功能检查，以明确肾功能受损程度。

(5)肝脏功能　若肝脏功能受损严重，动物对麻醉药物的耐受性大大降低。

(6)营养/代谢　营养不良者可增加手术风险和延迟伤口愈合。麻醉前应注意内分泌疾病，因为所有麻醉过程均有应激反应存在。

(7)用药史　应列出患病动物近期用药和所有过敏药物。

二、麻醉前准备事项

1. 纠正或改善病理生理状态

营养不良可导致血浆清蛋白降低、贫血、血容量不足以及某些维生素缺乏，使患病动物耐受麻醉、手术创伤及失血的能力降低。术前应改善营养不良状态，纠正脱水、电解质紊乱和酸碱平衡失调。对合并患有心脏疾病的动物，应重视改善心脏功能。并发呼吸系统疾病者，术前应检查肺功能、动脉血气分析和肺 X 射线片；应用有效抗生素以控制急、慢性肺部感染。

2. 禁饲

择期手术前应禁饲，特别在反刍动物，以避免围手术期间发生胃内容物的返流、呕吐或误吸，胃肠道膨胀和臌气。反刍动物可禁饲 12 h 以上。

3. 麻醉设备、用具及药品的准备

为了使麻醉和手术能安全顺利进行，防止任何意外事件的发生，麻醉前必须对麻醉和监测设备、麻醉药品进行准备和检查。实施吸入麻醉时，必须准备麻醉机、急救设备和药品。麻醉期间除监测患病动物的血压、呼吸、脉搏、体温外，还应根据病情和条件，选择适当的监测项目，如脉搏、血氧饱和度、呼气末 CO_2 分压、直接动脉压、中心静脉压等。在麻醉实施前对已准备好的设备、用具和药品等，应再一次检查和核对。主要检查麻醉机密闭程度、气源及其压力、麻醉喉镜、气管导管等，术中所用药品，必须经过核对后方可使用。

三、麻醉前用药

麻醉前用药(premedication)有利于动物保定，保障人畜安全；增强全身麻醉效果，减少全麻药物用量及其副作用；提高患病动物痛阈，缓和或解除原发疾病或麻醉前有创操作引起的疼痛；抑制呼吸道腺体的分泌，减少唾液分泌；消除因手术或麻醉引起的不良反射，抑制因疼痛引起的交感神经兴奋，以维持血液动力学稳定。

常用的麻醉前用药：

(1)阿托品　马、牛、羊、猪、犬、猫 0.02～0.05 mg/kg，肌内注射、皮下注射或静脉注射。

(2)安定注射液　牛、羊、猪 0.5～1.0 mg/kg，肌内注射。马 0.1～0.6 mg/kg，肌内注射。

(3)氯丙嗪　牛 1.0～2.0 mg/kg,肌内注射;0.2～1.0 mg/kg,静脉注射。马 1.0～4.0 mg/kg,肌内注射;0.2 mg/kg,静脉注射。羊、犬、猫、猪 2.0 mg/kg,肌内注射;1.0 mg/kg,静脉注射。

(4)乙酰丙嗪　马、牛 0.05～0.1 mg/kg,肌内注射。猪、羊 0.5～1.0 mg/kg,肌内注射。犬、猫 0.5～1.0 mg/kg,肌内注射或静脉注射。

(5)吗啡　对马、犬和兔有较好的镇痛作用,但对反刍动物、猪和猫慎用。马 10～20 mg/kg,静脉注射。犬 2～4 mg/kg,腹腔注射或肌内注射。兔 3～5 mg/kg,肌内注射。

(6)杜冷丁　作为麻醉前用药,有镇痛效果,能减少全身麻醉所需的用药量和减轻术后疼痛。马 1～4 mg/kg,肌内注射。犬 2～10 mg/kg,皮下或肌内注射;10～15 mg/kg,腹腔注射。

(7)隆朋　是一种强效镇静剂和镇痛剂。马 0.5～1.0 mg/kg,静脉注射;1～2 mg/kg,肌内注射。牛 0.03～0.10 mg/kg,静脉注射;0.1～0.2 mg/kg,肌内注射。绵羊 0.05～0.10 mg/kg,静脉注射;0.1～0.3 mg/kg,肌内注射。山羊 0.01～0.50 mg/kg,静脉注射;0.05～0.50 mg/kg,肌内注射。猪 2～3 mg/kg,肌内注射。犬和猫 0.5～1.0 mg/kg,静脉注射;1～2 mg/kg,肌内注射。鸟 5～10 mg/kg,肌内注射。

第三节　全身麻醉

一、全身麻醉药物

(一)吸入性麻醉药

吸入性麻醉药(inhalation anesthetics)是指经呼吸道吸入体内而产生全身麻醉作用的药物。一般用于全身麻醉的维持,有时也用于诱导麻醉。吸入性麻醉药具有全麻效能强和易于控制的优点。

在吸入性麻醉药的发展过程中,从乙醚和氯仿发展到氟烷和甲氧氟烷,克服了吸入性麻醉药易燃和易爆的缺点,又发展到安氟醚和异氟醚,更减少了吸入麻醉药的肝、肾毒性。现已逐步用于临床的七氟烷和地氟烷,更强调了吸入性麻醉药的可控性。

(1)乙醚(ether)　乙醚能被空气、光和热分解为醋酸、醛和过氧化物,这些物质具有一定的毒性。因此,麻醉时宜采用新开瓶的乙醚。乙醚对呼吸道黏膜有强烈刺激性,使分泌增多;麻醉过程中心率增加,支气管和冠状动脉扩张,肠蠕动减弱。循环麻醉所需剂量为呼吸麻痹的 2.6 倍,安全范围比较广,肌松良好。对心脏、肝、肾功能影响轻微。但麻醉性能弱,气味难闻、易燃易爆、麻醉诱导和术后复苏时间均较长。主要用于小动物开放式麻醉。

(2)氧化亚氮(笑气,nitrous oxide,N_2O)　为麻醉性能较弱的气体麻醉药。氧化亚氮对心肌有直接抑制作用,但对心排出量、心率和血压都无明显影响,可能与其可兴奋交感神经系统有关。对肺血管平滑肌有收缩作用,使肺血管阻力增加而导致右心房压力升高,但对外周血管阻力无明显影响。对呼吸有轻微的抑制作用,使潮气量降低和呼吸频率加快,但对呼吸道黏膜无刺激,对肺组织无损害。可引起脑血流量增加而使颅内压轻度升高。N_2O 几乎全部以原型由呼吸道排出,对肝肾功能无明显影响。因 N_2O 的麻醉作用弱,仅与其他吸入性全麻药复合应用于麻醉维持。麻醉时有发生低氧血症及在麻醉恢复期有发生弥散性缺氧的可能。麻醉结束由吸入 N_2O-O_2 改为吸入空气时,血液中的 N_2O 迅速弥散到肺泡,使肺泡氧浓度降低而导致缺氧。因此,停止使用 N_2O 后应吸纯氧 5～10min。N_2O 在动物较少使用。

(3)安氟醚(恩氟烷,enflurane)　麻醉性能较强,诱导和苏醒平稳。对呼吸道黏膜无刺激,不引起唾液和气道分泌物的增加。对中枢神经系统有抑制作用，但可使脑血流量和颅内压增加。对心肌收缩力有抑制作用，引起血压、心排出量和心肌耗氧量降低。对外周血管有轻度舒张作用，导致血压下降和反射性心率增快。对呼吸的抑制作用较强，表现为潮气量降低和呼吸增快。增强非去极化肌松药的作用。可使眼压降低，对眼内手术有利。有2%～5%安氟醚在体内代谢，主要代谢产物F^-有肾毒性，但一般临床麻醉后，血F^-浓度低于肾毒性阈值。

(4)异氟醚(异氟烷，isoflurane) 麻醉性能强。低浓度时对脑血流无影响，高浓度时(>1MAC)可使脑血管扩张、脑血流增加和颅内压升高，但其颅内压升高作用较安氟醚轻。对心肌收缩力抑制作用较轻，对心排出量影响较小，但可明显降低外周血管阻力而降低动脉压。对冠状血管有扩张作用，对呼吸有轻度抑制作用，对支气管平滑肌有舒张作用，对呼吸道黏膜有刺激作用。可增强非去极化肌松药的作用。异氟醚代谢率低，约2%最终代谢产物为三氟乙酸。临床麻醉时血F^-浓度低，对肝肾功能无明显影响。

(5)七氟烷(sevoflurane)和地氟烷(desflurane) 具有诱导迅速、苏醒快、对机体循环功能影响小等特点，目前开始用于人医和兽医临床。

(二)非吸入性麻醉药

非吸入性麻醉药较多，大致可分为巴比妥类和非巴比妥类麻醉药。

1.巴比妥类

巴比妥类药物是巴比妥酸(丙二酰脲)衍生物的钠盐。根据作用的时效可分成四大类，即长、中、短和超短时效作用型巴比妥类药。长效和中效多作为催眠剂或抗痉药使用，如苯巴比妥属于长效巴比妥类；戊巴比妥、异戊巴比妥钠属于中效巴比妥类。作为临床麻醉剂的多属于短效或超短效巴比妥类药。短效巴比妥类，如司可巴比妥；超短效巴比妥类，如硫喷妥钠、硫戊巴比妥钠、环己丙烯硫戊巴比妥钠等。

巴比妥类药依剂量不同而产生镇静、催眠及麻醉作用，通过增加脑内抑制性递质γ-氨基丁酸(gamma-aminobutyric acid，GABA)的抑制作用，影响突触的传递，抑制网状结构的上行激活系统。巴比妥类药很容易从胃、小肠、直肠及肌肉途径吸收，吸收后药物存在于体内所有组织和体液中，可透过胎盘屏障，并广泛分布于胎儿组织中。巴比妥类与蛋白结合力的强弱与其脂溶性的大小相平行，在尿毒症及肝硬化时其蛋白结合减少，表现为药物的敏感性增加。催眠剂量很少影响呼吸和心血管系统，但麻醉剂量可降低脑代谢率及耗氧量，降低脑血流量和颅内压。有直接抑制心肌及扩张血管作用而使血压下降。血压下降程度与所用剂量及注射速度有关。在合并低血容量或心功能障碍者，血压降低则更加显著。有较强的中枢性呼吸抑制作用，表现为潮气量降低和呼吸频率减慢，甚至暂停。降低基础代谢，导致体温下降。

巴比妥类药物能产生“葡萄糖效应”，即给正在从巴比妥类药物麻醉中苏醒的动物注射葡萄糖后，动物会再次进入麻醉状态。用硫喷妥钠麻醉的犬，除葡萄糖外，肾上腺素、乳酸钠也可能出现这种现象。用药前一个月内使用过有机磷驱虫药，能降低动物对巴比妥类药物的耐受量。

巴比妥类药物如少量和反复的给药可作为维持麻醉之用，但因其具有高度抑制呼吸中枢和心肌作用，为了避免过量，必须小心计算药量。超短效巴比妥类药物对于反刍动物、马及猪也可有效地作基础麻醉之用，尤其作为吸入麻醉的麻醉前用药更为可取。超短效巴比妥类药物可在动物有觉醒表现时追加麻醉，并密切观察反应，使其达到麻醉深度时，立即停止注入。反刍动物对巴比妥类药物的代谢明显不如马属动物迅速，为了缩短此类药较长的苏醒期，在反刍动物应使用最小剂量。此外，为了减少反刍动物唾液及支气管腺的分泌，在麻醉前常先注入阿托品。

2.非巴比妥类

(1)水合氯醛(chloral hydrate) 水合氯醛是一种较古老的全身麻醉药,无色透明或白色结晶,味微苦,有特殊臭味,易潮解,在空气中缓慢挥发,易溶于水、醇、氯仿和乙醚。本品在日光照射下缓慢分解,不耐高热,故宜密封避光保存于阴凉处。因为它容易获得,价格便宜,至今仍被广泛应用。

水合氯醛是一种良好的催眠剂,但作为麻醉剂其镇痛效力较差。应用催眠剂量,能产生数小时的睡眠。本品对呼吸有一定抑制作用,大剂量则抑制延髓的呼吸中枢和血管运动中枢,因而会出现呼吸抑制,血压下降。其麻醉剂量(马 10~12 g/100 kg)与中毒致死剂量(20~30 g/100 kg)较为接近,故进行深麻醉时,其安全范围较窄。水合氯醛首先抑制大脑皮质的运动区,使运动失调,但对感觉区(尤其痛觉)影响较迟,因而镇痛效果较差。本品对心脏的影响,在对非迷走神经的影响方面表现为抑制心肌代谢,对迷走神经的影响方面表现为心动徐缓。

水合氯醛静脉注射常配成 5%~10%的溶液,高浓度对局部组织刺激性很强,应避免漏于皮下,3%~5%足以引起剧烈炎症。用本品内服或灌肠时,应配成加有黏糊剂(淀粉或粥汤等)的1%~3%溶液,以免刺激黏膜。水合氯醛的迷走效应之一是引起大量流涎(在牛、羊特别显著),采用阿托品作为麻醉前用药可以减轻流涎现象。本品进行全麻时苏醒期常延至数小时,因此临床上常采用浅麻醉配合局部麻醉进行手术。采用安定药作为麻前用药可减少水合氯醛用量,使诱导期平静,并能减少苏醒期的挣扎。麻醉前先注入氯丙嗪,效果也很好。如果手术时间长,患病动物有苏醒表现时,可追加注射水合氯醛。动物苏醒时的表现颇不一致,一般如无外界干扰可安静睡眠至自行起立为止,但苏醒期出现挣扎的也不少见。如果采用水合氯醛-硫酸镁-戊巴比妥钠合剂(其比例依次为 3%、1.5%及 0.64%),不但可使苏醒情况平稳,并能免除兴奋期,扩大安全范围。水合氯醛因能降低新陈代谢,抑制体温中枢,在深麻醉时,尤其与氯丙嗪合并应用可显著降低体温,因此麻醉中与麻醉后都要注意保温。

目前,市售水合氯醛制剂有水合氯醛乙醇注射液(含水合氯醛 5%、乙醇 12.5%)和水合氯醛硫酸镁注射液(含水合氯醛 8%、硫酸镁 5%),使用时可参照其含量分别计算各种动物的需要量。

水合氯醛制剂也可临时配制。将灭菌的生理盐水加热,冷却至 70 ℃左右时,混入用清洁操作方法称量好的水合氯醛结晶,摇匀,使充分溶解即可应用。

(2)隆朋(rompum,xylazine) 化学名为 2,6-二甲苯胺噻嗪,其盐酸盐的商品名叫隆朋。1962年由拜耳公司合成,之后广泛应用于兽医临床。依剂量不同,此药具有镇静、镇痛和肌松或麻醉作用。反刍动物对其敏感,用量小,作用迅速。已广泛用于牛、马等多种动物手术,同时也有效地用于各种动物临床检查、保定和运输等。

隆朋分子式为 $C_{12}H_{16}N_2S$,为白色结晶体,易溶于氯仿、乙醚和苯,难溶于水。临床上常以其盐酸盐配成 2%~10%水溶液供肌肉、皮下或静脉注射。隆朋用作麻醉药物,在一般使用剂量下,仅能使动物精神沉郁、嗜睡或呈熟睡状态。动物对外界刺激虽然反应迟钝,但仍能保持防卫能力和清醒的意识。若增加剂量其镇静作用的加深往往不如镇静时间的延长显著。但在大剂量时,也能使动物进入深麻醉状态,此时则往往会出现不良反应。本品用药后通常出现心跳和呼吸次数减少,静脉注射时常出现短暂的血压升高,随即下降至较正常稍低的水平。静脉注射后出现一过性房室传导阻滞,但可于用药前注射阿托品。

隆朋肌内注射(0.2~0.4 mg/kg)后在 10~15 min 或静脉注射(0.1~0.2 mg/kg)后在 3~5 min 起效,通常镇静可维持 1~2 h,镇痛作用持续 15~30 min。由于用药后动物一般仍处于清醒状态,而且其镇静作用较肌肉松弛作用出现得早,消失得迟,因此在动物卧倒与恢复站立期间不至有挣扎、摔伤的危险。给幼驹使用大剂量能使其产生窒息,这是由于软腭或咽肌松弛所致,此时必须给气管内插管建立畅通的呼吸道。本品禁止在反刍动物妊娠后期使用，否则可引起流产。

本品对中枢神经的抑制作用，有较明显的种属差异。一般反刍动物（包括鹿）较敏感，使用马、犬的镇静、镇痛剂量的1/10即能引起牛较深的镇静、镇痛作用。此外，也存在个体差异。

隆朋的安全范围较大，毒性低，无蓄积作用。可以作为麻醉前给药，再施以吸入麻醉，对牛、马等均可用。本品是 α_2 肾上腺受体激动剂，它作用于 α_2 受体。而 α_2 受体拮抗剂，如1%苯噁唑溶液（回苏3号）以及育亨宾等均有逆转隆朋药效的作用。

（3）静松灵（2,4-二甲苯胺噻唑）　本品的分子式为 $C_{13}H_{14}N_2S$，是白色的结晶，易溶于氯仿、乙醚等有机溶媒，难溶于水。它是我国自行合成的产品。药理实验和临床实践表明，本品与隆朋有相同的作用和特点。

临床上，静脉注射时出现呼吸增数，心搏减缓，血压先上升、后逐渐下降到低于注射前值。中心静脉压上升，用药时能看到房室阻滞，心排量降低。红细胞压积及血红蛋白减少。血容量和血浆容量有一定程度的增加。

本品的使用方法和剂量与隆朋基本相同。

（4）氯胺酮（ketamine）　为苯环己哌啶的衍生物，主要选择性抑制大脑联络径路和丘脑新皮质系统，兴奋边缘系统，而对脑干网状结构的影响较轻，镇痛作用较强。注射后虽然有镇静作用，但受惊扰仍能醒觉并表现有意识反应。这种意识与感觉的分离现象被称作“分离麻醉”。本品根据使用剂量大小不同，可产生镇静、催眠、麻醉作用，在兽医临床上已用于马、猪、羊、犬、猫及多种野生动物的化学保定、基础麻醉和全身麻醉药。

由于氯胺酮对循环系统具有兴奋作用，可使心率增快，心排出量增加，血压升高，中心静脉压升高，外周阻力降低。因此，静脉注射时速度要缓慢。本品对呼吸只有轻微抑制，对肝、肾功能未见不良影响；对唾液分泌有增强现象，可事先注入少量阿托品而加以抑制。

猪应用本品时易出现苏醒期兴奋，如与硫喷妥钠合并使用可以消除；灵长类如猴和猩猩对本品比较敏感，用药后性情即变温顺。

根据国内资料，以本品肌内注射与芬太尼（0.02～0.04 mg/kg）配伍应用，可收到良好的保定和麻醉效果。

应用本品于麻醉前停食0.5～1 d，可防止瘤胃容积过大影响呼吸或因返流造成异物性肺炎。为了防止支气管分泌，宜于麻醉前应用小量的阿托品。

本品对鹿科动物效果较好，对牛、马则安全性都较低，常和隆朋配合使用。在给鹿注射有效剂量至出现药效时间为5～20 min。此时可见动物停步伫立，迟疑不动，神态呆滞，全身骨骼肌（以臀肌群最明显）发生由弱至强的震颤，个别有排粪、排尿动作，经1～3 min，呈现站立不稳而卧地。肌肉松弛期可维持20 min以上，但恢复期出现得仓促，如见鹿的头、颈突然有抬起的表示，即是将要起立的信号。

（5）依托咪酯（乙咪酯，etomidate）　为短效催眠性全身麻醉药，其催眠效应较硫喷妥钠强12倍，抑制大脑皮层和脑干网状结构。起效快，维持时间短。对心率、血压及心排出量的影响均较小，对呼吸的影响明显轻于硫喷妥钠，主要在肝内水解，对肝肾功能无明显影响。在临床剂量范围（0.1～0.4 mg/kg，静脉注射），麻醉10 min左右，可用于全麻诱导，或小手术的麻醉。注射后有时可出现肌痉挛，对静脉有刺激性，注射局部可能有疼痛，反复用药或持续静脉滴注后可能抑制肾上腺皮质功能。

3. 镇痛性麻醉药（narcotic analgetics）

主要为阿片类药物如吗啡（morphine）、哌替啶（杜冷丁，pethidine）、芬太尼（fentanyl）以及人工合成的类似物等。吗啡对呼吸有明显抑制作用,可引起组胺释放使支气管痉挛,能使小动脉和静脉扩张、外周阻力下降及回心血量减少,引起血压降低,但对心肌无明显抑制作用。哌替啶对呼吸有轻度抑制作用,对心脏收缩力有抑制作用,可引起血压下降和心排出量降低。芬太尼镇痛作用为吗啡的100倍左右,对呼吸有抑制作用,但很少引起血压下降。镇痛性麻醉药可用作麻醉前给药和麻醉辅助药,并可与催眠药和肌松药等配伍施行全身麻醉。

4. 复合麻醉剂

尽管化学工业和医药工业发展迅速,很多新药相继问世,但目前几乎还没有一种麻醉药物单独使用能够很好地满足动物临床麻醉需要。兽医临床上,科学家通过研究把药理作用不同或相近的两种或两种以上的麻醉药按照一定比例进行筛选后配制而成的混合物称为复合麻醉剂。它能对中枢神经系统产生广泛的抑制作用,各组分的用量较单一麻醉药物的用量减少,安全性增加,恢复期缩短。

(1)舒泰(zoletil) 是国外生产的麻醉药物。由苯二氮(benzodiazepine)的衍生物唑拉西泮(zolazepam,起镇静和肌松作用)和分离麻醉剂替来他明(tiletamine,起镇痛作用)组成。舒泰对肝肾无显著影响,现已广泛用于犬、猫、猪、猴等多种家养和野生动物的诱导麻醉或维持麻醉。

舒泰有3种规格:50 mg/mL、100 mg/mL和200 mg/mL。犬、猫使用前可先皮下注射阿托品,15 min后再应用舒泰。犬,5～10 mg/kg肌内注射或静脉注射,用于诱导麻醉和一般手术。猫,5 mg/kg肌内注射,产生制动作用;7～10 mg/kg肌内注射用于小手术;10～15 mg/kg肌内注射可用于大手术。

使用舒泰后30～120 min内动物苏醒,苏醒后动物的肌肉协调性恢复快。但氯霉素可延迟舒泰的排出,临床上应注意。

(2)新保灵 化学合成药,化学名称为1-噻吩乙基-4-甲氧羟基芬太尼,又称噻芬太尼(thiofentanil)。其复合麻醉剂有保定1号注射液和保定2号注射液。

保定1号:含噻芬太尼草酸盐15 mg/mL和盐酸氯丙嗪15～25 mg/mL,保定1号可以作为大动物的制动药、麻醉前给药或基础麻醉。用于羊效果较好(0.075～0.1 mL/10 kg),牛次之(1.5～2.0 mL/100 kg),在猪和犬也可以使用,但在马、驴效果较差(4～4.4 mL/100 kg)。回苏1号为保定1号的特效解救药,含氢溴酸丙烯吗啡20 mg/mL和亚甲蓝0.001%,使其液体呈淡蓝色,以此与保定1号区别。其用量按容量计算为保定1号用量的4倍,静脉注射。

保定2号:含噻芬太尼1.5 mg/mL和隆朋15 mg/mL。该复合麻醉剂用于反刍动物较为合适,肌松效果较好,给药后动物安稳进入麻醉状态。其用法用量与保定1号相同。回苏2号是保定2号的拮抗剂,含有环丙羟丙吗啡(diprenorphine),也加有亚甲蓝,使用剂量与保定2号等容量,静脉注射。

(3)噻胺酮(复方氯胺酮) 近年来已在临床上被广泛应用。对猪有较好的麻醉效果,对犬、猫等均可应用。其有效成分包括氯胺酮、隆朋,还有苯乙哌酯(类阿托品样药),肌内注射较方便。给药后动物进入麻醉状态时比较平稳,由站立而自行倒卧,在麻醉期间体温下降,肌松良好,对呼吸有一定的抑制作用,大剂量时对循环系统也有一定的影响。该制剂恢复期长,且有复睡现象。猪在恢复期常表现向前冲撞,站立不稳,口鼻干燥等。该制剂用于家畜、家禽、实验动物及野生动物的制动保定和手术麻醉,尤其是猪和野生凶猛食肉兽的麻醉。

(4)速眠新注射液(846合剂) 其组分主要有静松灵、二氢埃托菲和氟哌啶醇。二氢埃托菲为强镇痛药,氟哌啶醇为强镇静药。该制剂有良好的镇静、镇痛和肌松作用。在犬、猫应用已较广泛,还可用于马、牛、熊、羊、猴、兔、鼠等。其使用剂量:马0.01～0.015 mL/kg,牛0.005～0.015 mL/kg,

羊、犬、猴 0.05 mL/kg，猫、兔 0.05～0.1 mL/kg，熊 0.02～0.05 mL/kg，鼠 0.5～1 mL/kg。本品与氯胺酮、巴比妥类药物有明显的协同作用，对动物心血管和呼吸系统有一定的抑制作用（阿托品、东莨菪碱有缓解作用）。特效解救药为苏醒灵 3 号或 4 号，以（1～1.5）∶1（容量比）由肌内注射或静脉注射给药，可以很快逆转速眠新的作用。

5. 肌肉松弛药（muscle relaxants）

又称肌松药，是骨骼肌松弛药的简称。肌松药能使骨骼肌麻痹而失去原有的张力，从而便于手术操作，还便于气管内插管和内窥镜检查。

（1）愈创木酚甘油醚（guaifenesin）　本品以前用于止痛、解热、祛痰，其后用于马属动物麻醉。愈创木酚甘油醚是中枢神经肌松剂，作用于脊髓和脑干，有镇静、催眠和轻微的止痛作用，对心血管系统影响小，注射开始产生心动过速，5 min 后恢复。

本剂用 5%葡萄糖配成 5%溶液，马的剂量 50mg/kg 静脉注射。

（2）氯化琥珀胆碱（司可林，suxemethonium，succinylcholine，scoline）　为去极化肌松药，起效快，肌松完全且短暂。可与全身麻醉药配合应用，也可用作野生动物的肌肉松弛性保定药，如在养鹿场、动物园等用于梅花鹿、马鹿的锯茸、运输、诊疗及各种野生动物的捕捉、驯养、运输及疾病诊治等。

该药应用后肌肉按一定顺序性松弛：先影响头部肌肉，继而颈部、四肢和躯干，最后为肋间肌和膈肌。因此，用药过量可引起呼吸停止，导致窒息死亡。本品有效剂量与致死剂量接近，使用时必须仔细计算体重和剂量。

某些麻醉药（如水合氯醛、普鲁卡因）、镇静药（如氯丙嗪）以及抗生素（如链霉素、卡那霉素、新霉素）都能增强本品的肌松作用和毒性，如与这些药物合并应用时要注意。在使用本品时如出现呼吸抑制或停止，应立即将舌拉出，进行人工呼吸和输氧，同时静脉内或肌内注射尼可刹米。心脏衰弱时也可静脉注射安钠咖，严重者可采用肾上腺素心内注射。

二、吸入性麻醉

（一）吸入麻醉方法

（1）开放式（open method）　优点是简单，只需一个面罩或口筒即可进行麻醉。麻醉时先用凡士林涂于动物口、鼻周围，然后用盖有 4～6 层纱布的口罩将动物口、鼻罩住，周围用纱布或毛巾塞紧，再在口罩上点滴麻醉剂，使动物在吸气时吸入，此法仅适用于小动物。除乙醚外，氟烷也可使用开放点滴法麻醉。开放式滴醚时，大部分乙醚散发在空气中，浪费较多，也不易达到预期麻醉效果。

（2）半密闭式（semiclosed method）　麻醉药蒸气与氧气混合后被动物吸入呼吸道，而后进入动物体内。动物呼出的气体排到大气中。

（3）密闭式（closed method）　利用密闭式循环麻醉机或特制设备使患病动物的呼吸与大气完全隔绝，吸入的氧气由人工供给，呼出的二氧化碳由特备的石灰罐中的钠石灰所吸收。本法可以完全控制呼吸，是目前吸入麻醉比较理想的方法。

（二）麻醉机的结构

主要结构有气源、蒸发器和呼吸环路，如图 4-1 所示。

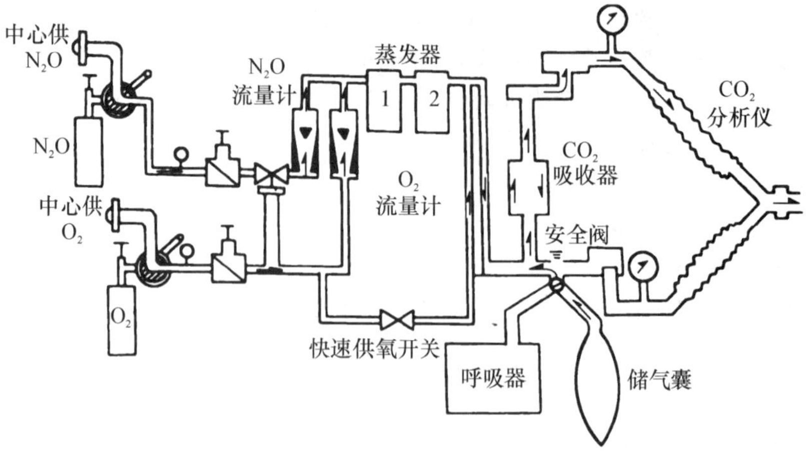

图 4-1　现代麻醉机结构

（赵俊，2000）

(1)气源(gas source)　主要指供氧气或(和)氧化亚氮的储气设备，有钢瓶装压缩氧气和液态氧化亚氮，或中心供气源。经过压力调节器将压力减弱后，供给麻醉机使用。通过气体流量计调节新鲜气流量。

(2)蒸发器(vaporizer)　为能有效地将挥发性麻醉药液蒸发为气体，并能精确地调节麻醉药蒸气输出浓度的装置。蒸发器是麻醉机的核心部件，具有药物专用性，如安氟醚蒸发器、异氟醚蒸发器等。蒸发器多放置在呼吸环路之外，有独立的旁路供气系统。当开启蒸发器时，旁路气流经过蒸发室，并携带麻醉药蒸气与主气流混合后进入环路，使吸入浓度更为稳定。但快速充气时，因其不经过蒸发器，可将环路内麻醉药稀释而使吸入浓度降低。

(3)呼吸环路(breathing circle)　将新鲜气体和麻醉药输送到患病动物的呼吸道内，并将动物呼出的气体排出到体外。根据动物体格对有些部件提出不同要求，如储气囊最少要求潮气量的 3 倍，成年马为 20～30 倍，驹 5～7 倍；钠石灰罐在成年马要求容纳 4.5 kg 容量。

呼出气体通过 CO_2 吸收器将 CO_2 吸收后，部分或全部被再输送至患病动物呼吸道。应用密闭式呼吸环路，便于动物的呼吸管理，可行辅助或控制呼吸；呼出气体中的麻醉药可再利用，不仅显著节省麻醉药，而且减少环境污染；可保持吸入气体的温度和湿度接近生理状态。但结构较复杂，呼吸阻力较大。

呼吸器(ventilator)用于控制患病动物在麻醉期间的呼吸，分为定容型和定压型两种，可设置或调节潮气量中每分通气量或气道压力、呼吸频率、吸呼时间比等呼吸参数。有的还可设置呼气末正压，并可设置吸入氧浓度、每分通气量及气道压力的报警界限，以保证麻醉的安全性。

(三)气管内插管术

气管内插管(endotracheal intubation)是将特制的气管导管，经口腔或鼻腔插入到患病动物的气管内。气管插管操作是吸入麻醉中的重要技术之一。依据动物种类可分为：

(1)直视插管法：多用于小动物。

(2)盲目插管法：用于马属动物。

(3)喉触摸插管法：用于大型反刍动物。

视频 4-1　犬气管插管

气管插管要在麻醉前给药后，咽喉反射基本消失下进行。不正确的插管技术和插管管理不当都可导致各种副作用，如外伤、插管移位等，直接影响到心血管或呼吸系统，甚至使动物死亡。(视频 4-1)

三、非吸入性麻醉

非吸入麻醉(non-inhalation anesthesia)是指麻醉药物经非呼吸道途径进入体内，产生中枢神经系统的抑制，导致痛觉暂时丧失，反射抑制。非吸入麻醉有许多优点，如操作简便，不需要特殊的麻醉装置，不出现兴奋期，是目前兽医临床广泛使用的麻醉方法。但这种麻醉的缺点是不易灵活掌握用药的剂量、麻醉深度和麻醉时间，因而要求更准确地了解药物的特性、动物体的反应情况和个体差异，并在施行麻醉时认真地进行操作。

非吸入麻醉剂给予途径有多种，如静脉注射、皮下注射、肌内注射、腹腔内注射、口服以及直肠灌注等，其中静脉注射麻醉法作用迅速、确实，肌内注射或皮下注射麻醉法方便快捷，在兽医临床上占有重要地位。

(一)马全身麻醉

1. 水合氯醛麻醉

水合氯醛因其使用方便、经济，目前在马属动物仍为较常用的麻醉药。但因其安全范围窄，一般不做深麻醉，仅在浅麻醉或中麻醉时配合其他麻醉方法(如麻醉前用药、混合麻醉或局部麻醉等)进行手术。在某些大手术需要进行较深麻醉时，也应在麻醉过程中严密监视动物的反应。因为根据动物体质和对水合氯醛的敏感性，麻醉需要的剂量也有较大差异，不宜仅凭体重做出用量的估计。

水合氯醛麻醉以静脉注射最为常用。一般用生理盐水或葡萄糖生理盐水配成10%溶液进行静脉注射，注入时要严防药液漏出血管外。注入一定量后，动物开始对外界反应迟钝(一般没有兴奋期)，接着四肢站立不稳，左右摇晃，此时应注意扶持勿使跌伤，待其自然卧倒时，实际上已达到浅麻醉，然后根据麻醉情况(呼吸、眼睑反射、瞳孔大小、舌及肌肉的松弛程度等)，再注入一些药液，使达到所要求的麻醉深度。当到达外科麻醉期时，动物呼吸深而均匀，脉搏整齐有力，口腔干燥，舌垂口外，眼睑反射消失，瞳孔缩小，肌肉松弛。麻醉时间因个体不同，一般为1～3 h。

水合氯醛8～10 g/100 kg口服或直肠灌入，或6～8 g/100 kg静脉注射，可产生浅麻醉；10 g/100 kg口服或直肠灌入，或8～10 g/100 kg静脉注射，可获得中等程度的麻醉；10～12 g/100 kg静脉注射，可产生深度麻醉。静脉注射也可采用混合麻醉法，如8%水合氯醛硫酸镁注射液80～100 mL/100 kg可产生浅麻醉，120～150 mL/100 kg产生深麻醉；5%水合氯醛乙醇注射液80～100 mL/100 kg产生镇静，100～160 mL/100 kg产生深麻醉。

水合氯醛麻醉可通过口服、胃管投入或直肠灌注法给予。虽然消化道对水合氯醛的吸收良好，但易受胃肠内容物影响，麻醉作用发生较迟和不均匀，故临床上不如静脉注射法应用广泛。

口服的剂量应视马匹的种类、营养和健康状况等有所不同，且事先必须禁食停水，应使胃内空虚，否则会直接影响用药的效果。内服的水合氯醛品质不能太差，如潮解、变色等，否则会影响麻醉效果，甚至还有中毒的危险。水合氯醛内服常会导致消化器官功能障碍，故须投予黏浆剂。任何给予量都应在6 h后给其饮水，并给以柔软易消化的饲料。水合氯醛灌肠的方法因直肠吸收功能差异，麻醉效果也不一致，较之口服少用。

2. 硫喷妥钠麻醉

硫喷妥钠属于超短效巴比妥类药，适用于短时手术。本品又适应于静脉注射做诱导麻醉和维持麻醉，常与麻醉前镇静剂及镇痛药(如氯丙嗪、吗啡等)配合应用，也可与肌肉松弛药配合应用。在马，一般以硫喷妥钠7.5～15 mg/kg用生理盐水配成10%溶液，30 s内静脉注射完毕，可获得10 min以上的手术时间。

3. 戊巴比妥钠麻醉

戊巴比妥属于中效巴比妥类，无兴奋期，麻醉期长（平均约为 30 min，有些可达 90 min 或更长），但苏醒期长（一般 4～18 h），并显著抑制呼吸，因此较少单独用作马全身麻醉药。戊巴比妥钠常与氯丙嗪、水合氯醛、硫喷妥钠等对成年马进行复合麻醉。

本品为白色晶状粉末，可用生理盐水配成 5%溶液，灭菌后做静脉内或肌内注射。马镇静时，静脉注射 150 mg/100 kg；作为麻醉剂时，静脉注射 3 g/100 kg，麻醉时间 45 min，苏醒需 4 h。若先静脉注射 6 g/100 kg 的水合氯醛做基础麻醉，再静脉注射 800～1 280 mg/100 kg 的戊巴比妥钠，可保持中等深度麻醉 30～50 min，苏醒时间约 90 min。

4. 隆朋麻醉

对于马虽然不如对于牛的作用显著，但对于马也有很强的镇静、镇痛和肌肉松弛作用，因此也可作为马的麻醉诱导剂或全身麻醉剂应用。

肌内注射隆朋 0.5～0.8 mg/kg，马主要表现安静、头颈下垂、眼半闭、上下唇松弛、阴茎脱出、后肢交替负重或轻靠支持物等轻度中枢神经抑制和肌肉松弛症状，一般还不会失去站立能力。此时痛觉表现稍迟钝但未完全消失，不能进行手术，只可应用于保定和各种临床检查操作。肌内注射剂量提高到 1～2 mg/kg 时，动物一般仍能维持站立，可以作为站立保定下进行手术的麻醉，超过此剂量马则不能站立而卧倒。

马静脉注射 1 mg/kg 以上，动物通常倒卧呈熟睡状态，全身痛觉消失，可进行各种大手术。麻醉虽然可以维持在 1 h 以上，但镇痛作用一般约为 30 min，必要时可在前次给药后 20～30 min 再追加给药。

驴的肌内注射为 3～5 mg/kg，3 mg/kg 时可用于一般手术的镇静麻醉，4 mg/kg 时其麻醉时间可达 20～110 min。

本品肌内注射剂量为 5 mg/kg，静脉注射剂量超过 2 mg/kg 都会出现一定的不良反应，如大量出汗或呼吸不正常等现象。故作为大手术时的全身麻醉剂如能与局部麻醉药（如盐酸普鲁卡因）进行配合麻醉，或与其他麻醉剂（如水合氯醛、巴比妥类药等）进行合并麻醉则效果更好。合并麻醉时应将其他麻醉剂的剂量减少 1/3～1/2。

5. 氯胺酮麻醉

给马单独注射氯胺酮能产生很好的止痛作用，但缺乏肌松，并出现恢复时期的剧烈反应，可能发生惊厥。当与隆朋复合能得到短时外科麻醉，并可作为吸入麻醉气管插管之用。隆朋能掩盖氯胺酮的副作用。

氯胺酮和隆朋复合使用时，先静脉注射隆朋 1.0 mg/kg，在隆朋发挥作用后，再静脉注射氯胺酮 1.5～2.0 mg/kg，可得到 5～18 min 麻醉和 10～20 min 的卧倒时间。

（二）牛全身麻醉

牛作为施行手术的对象有许多有利条件，如牛能在站立保定和施行局部麻醉的情况下进行多种手术（包括瘤胃切开等大手术）。即使需要全身麻醉的手术，一般也可在中、浅麻醉情况下，配合局部麻醉进行。故牛需要深麻醉的情况并不多。

应当指出的是，牛在全身麻醉时，因其解剖、生理上的特点，有其不利的一面。表现在：①牛的肺活量小，腹腔中又有特大的瘤胃，在卧倒时腹压更大，容易压迫膈，造成呼吸困难，这就加重了在麻醉时通常已被抑制的呼吸机能障碍；②多数全身麻醉药都能引起牛大量流涎；③深麻醉时，贲门括约肌松弛导致瘤胃液状内容物从口鼻涌出的可能性增加，有造成吸入性肺炎的危险；④在麻醉时胃肠运动机能受抑制和长时间卧倒不利体位的影响下，大量发酵的瘤胃内容物容易发生臌胀。因此，牛全身麻醉时对可能发生的危险要保持高度的警惕。为了克服这些不利因素，施行全身麻醉的牛应该禁食 24 h；为了减少唾液腺和支气管腺体分泌，常采用小剂量(0.03～0.04 mg/kg)阿托品作为麻醉前用药；为了预防瘤胃臌胀，可在麻醉前 30 min 灌服食醋 0.5～1.0 kg 或适量的鱼石脂乙醇，同时也应备有胃管和瘤胃放气套管针以及预防吸入异物的气管插管；为了减少麻醉剂的副作用和用药量，可以在麻醉前 30 min 肌内注射 1～2 mg/kg 氯丙嗪，也可采用其他复合麻醉的方法。总之，对牛实施全麻绝不可麻醉过深，最好采用复合麻醉，麻醉前停食停水，并给予阿托品。

1. 隆朋麻醉

牛是对隆朋较敏感的动物，即较小剂量可引起较深度的镇静与镇痛。

在牛肌内注射隆朋 0.2～0.5 mg/kg，一般可于 20 min 内显效，可见动物精神沉郁，嗜眠，头颈下垂，眼半闭，唇下垂，大量流涎，少数牛可见舌肌松弛并伸出口腔外，绝大多数牛只站立不稳，俯卧，头部多扭向躯体一侧(呈产后瘫痪姿势)，全身肌肉明显松弛，此时针刺躯干及四肢上部时无痛感，可在侧卧保定下进行各种手术，但前肢末端、鼻镜等处有时仍有镇痛不全表现。此种情况一般可维持 1 h 以上。在整个过程中动物意识一直没有完全消失，个别牛俯卧 20～30 min 后就能自行站起，艰难地行走几步后，再卧下。因此，手术时仍应加以适当保定。

如果肌内注射剂量超过 0.6 mg/kg 时，可观察到呼吸困难、心音减弱、腹部臌胀等不良反应，但一般不会造成严重后果，约在 2 h 后可逐渐恢复正常。由于隆朋对妊娠子宫有一定兴奋性，在截胎术应用本品麻醉有时因子宫收缩而影响手术进行。据报道，水牛对隆朋的反应不如黄牛敏感，故施行大手术时剂量可增至 1～3 mg/kg。如果增至 5 mg/kg 时，有时能引起轻度瘤胃臌胀，少量胃内容物经口鼻流出和短时的呼吸困难等不良反应。

2. 水合氯醛麻醉

由于水合氯醛的安全性较小，并因前述的原因牛容易发生并发症，所以在牛一般不用水合氯醛进行深麻醉。在临床上常配成 5%～10%的水合氯醛溶液使用，也可采用前述的硫酸镁或乙醇的合剂进行混合麻醉。

麻醉剂量因畜体反应不同而有颇大差异，一般常用的静脉注射量如下：

5 g/100 kg	8 g/100 kg	12 g/100 kg
(镇静、浅麻醉)	(中麻醉)	(深麻醉)

注射可分为两次进行：第 1 次静脉注射至牛自行卧倒，略待数分钟，再将剩余药液，按麻醉需要的深度进行第 2 次补充注射。

牛的水合氯醛麻醉，一般采用静脉注射法较多，虽然必要时也可用灌服或灌肠投药，但灌服法因瘤胃内容物量大，影响药物吸收，故效果不甚确实。为了克服水合氯醛所引起的较长时间的嗜眠状态，加快麻醉动物术后苏醒，可于术后注射苯甲酸钠咖啡因。

3. 硫喷妥钠麻醉

成年牛静脉注射 10～15 mg/kg，麻醉时间 5～10 min，苏醒时间 1～2 h，恢复前先有兴奋出现。犊牛静脉注射 15～20 mg/kg，麻醉时间 10～15 min，苏醒时间 30 min，无兴奋出现。

临床应用时，按体重计算剂量，配制成 5%溶液，先以其总量的 1/2～2/3 于 20～30 s 内静脉迅速推注，然后观察 2～3 min，根据麻醉深度决定是否将余药给予，并随时观察反应。注意前一半量的注射速度不宜太慢，否则很难达到预期的效果。在给药的过程中，有的牛会发生短暂的窒息，一般经 15～20 s 后可自行恢复，否则应及时辅以人工呼吸。本品在牛单独使用较少，多用复合方法给药。在吸入麻醉时用本品进行诱导麻醉后进行气管内插管的效果也被兽医工作者所接受。

(三)羊全身麻醉

羊的解剖、生理与牛相似,它们都是反刍动物,所以很多麻醉特点以及全身麻醉的危险性也相似。但似乎呃逆返流现象没有牛那样严重。再者羊的体格较小,麻醉比较容易控制,麻醉时的注意点及所需采用的措施基本相同。各种麻醉药物的使用和剂量如下:

(1)隆朋麻醉　肌内注射 1～2 mg/kg。隆朋与氯胺酮复合应用有较好的效果。

(2)戊巴比妥钠麻醉　静脉注射 20～25 mg/kg,麻醉可持续 30～40 min,苏醒时间为 2～3 h。易引起瘤胃臌胀等并发症,应慎重。

(3)硫喷妥钠麻醉　静脉注射 15～20 mg/kg,麻醉持续时间 10～20 min。应充分注意可能造成的呼吸抑制,可能出现呼吸暂停。一般在 40 s 左右可自行恢复自主呼吸,否则应及时给予人工支持呼吸。

(4)水合氯醛麻醉　静脉注射 0.09～0.12 g/kg。值得注意的是,羊对水合氯醛的耐受性在个体间差异较大,绝对标准的用量难确定,最好是根据麻醉时体征的变化来决定。水合氯醛-乙醇-葡萄糖混合注射液对羊也有满意的效果,剂量参照牛的用量。

(5)复合麻醉剂麻醉　速眠新注射液(0.02～0.03 mL/kg 肌内注射)、鹿眠宝(0.005～0.01 mL/kg 肌内注射)均有较好的麻醉效果。

(四)猪全身麻醉

猪对全身麻醉的耐受性较差。如在肥育猪,心脏疾患较多,肥猪肺活量较小,因而容易缺氧。猪的鼻咽通道容易阻塞,皮肤和黏膜容易发绀。此外,由于饲养不良所致的代谢障碍病也较多见,如蛋白质缺乏症、维生素缺乏症和矿物质代谢障碍等。这些都与耐受全身麻醉的能力有关。但在一般临床实践中,只要严格掌握麻醉剂量,密切注意体征变化,采用麻醉前用药或复合麻醉等措施,则多种麻醉方法都还是安全、有效的。

(1)ZFM 麻醉　ZFM 为东北农业大学兽医外科教研室研制;有效成分为噻环乙胺、隆朋、强痛灵等,肌内注射 0.03 mL/kg,能达到 2 h 左右的麻醉维持时间,镇痛效果理想,镇静肌松效果较好,对呼吸、循环系统影响轻微,恢复平稳;无论是切开皮肤、肌肉、腹膜,还是牵拉内脏和其他常规操作,猪均无疼痛反应,能满足临床手术要求。

(2)戊巴比妥钠麻醉　静脉注射 10～25 mg/kg,麻醉 30～60 min,苏醒时间 4～6 h,此剂量也可采用腹腔注射。一般大猪(50 kg 以上)采用小剂量(10 mg/kg),小猪(20 kg 以下)采用大剂量(25 mg/kg)。

(3)硫喷妥钠麻醉　静脉注射 10～25 mg/kg(小猪用高剂量即 25 mg/kg),麻醉时间 10～25 min,苏醒时间 0.5～2 h。腹腔注射 20 mg/kg,麻醉时间 15 min,苏醒时间约 3 h。限于短小手术,或作为吸入麻醉的诱导。

(五)犬全身麻醉

(1)吗啡麻醉　吗啡对犬有较好的镇痛作用。1 mg/kg 剂量可使犬表现不安、流涎、呕吐及排便、排尿等兴奋现象,然后对外界反应淡漠,卧地不起,痛觉和知觉消失。个体间的差异会使给药剂量有所不同。

(2)硫喷妥钠麻醉　硫喷妥钠通常配成 2.5%溶液,20～30 mg/kg 静脉注射,很快呈现肌松,眼睑反射减弱,呼吸均匀。麻醉可持续 15～25 min,恢复期可达 2～3 h。

(3)戊巴比妥钠麻醉　临用时用生理盐水配制成 5%溶液,静脉注射 25～30 mg/kg,麻醉持续 40～60 min,恢复期长,需数小时。术后应给予保护,并注意有复睡现象。

(4)氯胺酮麻醉 用药前注射阿托品,防止流涎。氯胺酮 10～15 mg/kg 肌内注射,5 min 后产生药效,可持续 30 min。氯胺酮溶于 5%葡萄糖液中配成 0.1%溶液,在肌内注射阿托品(0.04 mg/kg)和乙酰丙嗪(0.1～1 mg/kg)后,以 120～150 滴/min 的速度滴注完成诱导麻醉,再以 15～30 滴/min 的速度维持麻醉。肌内注射隆朋 1～2 mg/kg,10 min 后肌内注射氯胺酮 10 mg/kg,能产生肌松和镇痛 25～50 min。

(5)复合麻醉剂麻醉 临床用于犬的复合麻醉剂很多,如犬眠宝(0.1～0.2 mL/kg 肌内注射)、舒眠宁注射液(0.1～0.2 mL/kg 肌内注射)、速眠新注射液(0.05 mL/kg 肌内注射)、保定 1 号、保定 2 号等。犬眠宝由噻拉唑和氟哌啶等多种成分组成,可肌内注射,也可静脉或皮下注射,其镇静、镇痛、肌松效果较强,安全范围大,基本上可以满足一般手术需要,一旦麻醉过量,可用犬醒宝解救。舒泰 2 mg/kg 静脉注射可作为诱导麻醉,5～10 mg/kg 肌内注射或静脉注射产生镇静、镇痛和麻醉作用。

(六)猫全身麻醉

(1)氯胺酮麻醉 肌内注射 10～30 mg/kg,可使猫麻醉 30 min 左右。给药后,瞳孔扩大,肌松不全,流涎,意识丧失,痛觉消失。

(2)噻胺酮麻醉 肌内注射 3～5 mg/kg,3～5 min 起效,持续 50～60 min,个别猫恢复期较长。

(3)巴比妥类麻醉 硫喷妥钠 20～30 mg/kg,麻醉 20 min 左右;戊巴比妥钠 25～30 mg/kg,持续 60 min。

(4)复合麻醉剂麻醉 静脉注射隆朋 2 mg/kg,10 min 后,静脉注射氯胺酮 10 mg/kg,能达到 100 min 左右的深睡时间。没有禁饲的猫,使用隆朋-氯胺酮后常引起呕吐。

四、全身麻醉的影响因素及麻醉深度的控制

(一)全身麻醉的影响因素

全身麻醉受动物本身机能状态、环境因素及药物的相互作用和使用途径的影响。

(1)动物的神经类型及精神状态 同种动物的神经类型不同对麻醉药物的耐受性也不同。一般来说,凶猛、易激动兴奋的动物,对麻醉药品的耐受性大;温驯、安静或沉郁型动物对麻醉药物的耐受性相对较小。就同一个体而言,神经受到刺激而兴奋时,对麻醉药物的耐受性明显增大。所谓的"久逢知己千杯少"就是这个原因。

(2)机体的肝肾功能 非吸入性麻醉药物,多经肝脏代谢,并从肾脏排出。动物肝、肾功能受损,对麻醉药的耐受性大大降低,使用麻醉药物的剂量也应减少。

(3)年龄与体质 体质、体况良好的动物比身体虚弱的动物对麻醉药的耐受性好。老龄动物机体基础代谢下降,对麻醉药的耐受性较青壮年动物明显变差,年龄越大越明显。

(4)疾病 中枢神经系统受损可导致对麻醉药的耐受性增加或减少。严重全身性疾病,如犬子宫蓄脓,由于脓性产物的吸收,机体代谢机能受到抑制,使用麻醉药物量应适当减少。

(5)环境噪声 在麻醉期间,环境噪声、说话(特别是犬猫主人的说话)、手术台的振动、手术器械或器械盘碰撞发出的声音等,易使浅麻醉或镇静的动物惊醒。因此,手术时应避免噪声,尽可能保持手术室环境安静。

(6)药物的相互作用及使用途径 治疗或手术过程中使用的某些抗菌消炎药物,可能对机体代谢产生影响,或与麻醉药物有相互作用,会影响麻醉效果。若将肌内注射的麻醉药物误注到皮下或皮内,会因药物吸收缓慢导致麻醉药起效时间延长,甚至不能进入麻醉状态。

(二)麻醉深度的控制

麻醉药物对不同部位中枢神经系统抑制时,动物会有一些体征和表现。Guedel(1951)对人的乙醚麻醉的典型经过进行了描述,其麻醉的分期是以意识、痛觉、反射活动、肌肉松弛、呼吸和循环抑制的程度为标准。在动物往往无明显的麻醉分期,且不同品种、不同个体的动物麻醉表现也不同。例如,静脉麻醉时(如水合氯醛),动物常无麻醉诱导期兴奋状态的表现,而是由清醒状态很快直接转入手术麻醉期。尽管如此,人为的分期仍然有助于识别麻醉过程,作为临床麻醉中判断和掌握麻醉深度的参考。麻醉通常分为4期。

(1)第Ⅰ期(镇痛期) 从麻醉给药开始到意识完全消失。此期大脑皮层逐渐被抑制,动物焦躁或静卧,痛觉减退,但仍然存在。各种反射存在,站立的动物平衡逐渐失调。

(2)第Ⅱ期(兴奋期) 从意识完全丧失至深而有节律的呼吸开始。大脑皮层功能完全受抑制,皮层下中枢失去控制。表现为呼吸紊乱,血压升高,脉搏加快,瞳孔散大,眼球可出现震颤。在某些动物(反刍动物和猫科动物)常分泌大量唾液,猫科、犬科动物和山羊可能出现呕吐。

(3)第Ⅲ期(外科麻醉期) 从深而规则的呼吸开始至呼吸停止前的时期。皮层下中枢被抑制,兴奋状态消失,痛觉消失。根据反射、呼吸和循环抑制程度,此期又可分为四级。

第1级:呼吸规律,频率稍快;吞咽反射消失,瞳孔缩小等,可施行一般手术。

第2级:呼吸频率稍慢,眼睑反射迟钝至消失(马可能持续存在),肌张力逐渐减弱。

第3级:因肋间肌麻痹而胸式呼吸受抑制,腹式呼吸代偿性增强;脉搏快而弱,肌肉松弛;第三眼睑脱出,眼球位置偏下方,角膜反射减弱。

第4级:血压开始下降,瞳孔开始散大;呼吸逐渐停止,循环显著抑制,肌肉及括约肌完全松弛,尿失禁(尤其母畜);可视黏膜发绀,创口血液瘀黑;进入此期,应立即停止麻醉,采取急救措施。

(4)第Ⅳ期(延髓麻痹期) 呼吸停止,瞳孔完全散大;脉搏和包括角膜反射在内的各种反射全部消失;血压降到休克血压(30～40 mmHg)以下,心脏因缺氧而逐渐停止跳动。

非吸入性麻醉可根据动物体重和麻醉药物使用的剂量范围,计算麻醉药物的用量。静脉麻醉时,可快速推注计算所得用量的一半,然后再缓慢注射,同时观察动物的麻醉体征表现。由于静脉注入药物时,动物进入麻醉状态较快,要注意观察反应分期的主要指标:呼吸的节律和幅度、肌肉松弛程度、吞咽反射、眼睑反射、角膜反射和眼球位置。若呼吸节律深而规则,吞咽反射由迟钝至消失,说明已进入外科麻醉期第1级;若眼睑反射由迟钝变消失,则已进入第2级;一般进入手术期的1、2级麻醉即可停止注射药物,进行一般手术。若动物在手术没有完成时苏醒,需追加麻醉药物,追加剂量常为原麻醉量的1/3左右,但不应超过1/2。短效麻醉药也可控制静脉点滴以维持麻醉。非静脉给予的非吸入性麻醉仅能根据动物的状态和个人的经验估计麻醉药物的用量,麻醉的深度相对较难控制。

吸入性麻醉深度的控制较静脉麻醉容易,可通过吸入气麻醉药浓度进行调控。

现代吸入麻醉机中,吸入麻醉药多在呼吸回路外的挥发罐挥发,并由新鲜气体带入呼吸回路,再经呼吸回路的吸气支进入肺泡。吸入麻醉药在肺泡被吸收后由血液循环带入中枢神经系统产生麻醉作用。经过一定的平衡时间后,一般认为肺泡气体麻醉药浓度(F_A)可反映吸入麻醉药在脑中的分压,从而在一定程度上反映麻醉深度。若吸入气麻醉药浓度用F_I表示,$F_I > F_A$,F_A将逐渐升高,麻醉加深,反之则麻醉变浅。若忽略呼吸回路的漏气、钠石灰对吸入麻醉药的吸收和降解以及呼吸死腔等因素,F_I主要受下列因素的影响:①挥发罐的开启刻度;②新鲜气体流量;③F_A的大小;④每分通气量。

经流量表的新鲜气体进入挥发罐,并分为两路:一路经挥发室(不是挥发罐)变为携带吸入麻醉药饱和气体。挥发室出口处麻醉药的浓度决定于麻醉药的饱和蒸气压。另一路新鲜气体仅通过挥发罐，在挥发罐出口前与第一路含有饱和麻醉药的气体混合后流出挥发罐。调节挥发罐的刻度实际上是调节挥发罐内新鲜气体的分流量。又因为不同的吸入麻醉药的饱和蒸气压不一样，吸入性麻醉药的挥发罐不宜混用。吸入气麻醉药浓度可通过下列公式粗略估计：

吸入气麻醉药浓度＝新鲜气流量×（挥发罐开启浓度－呼气末麻醉药浓度）÷每分通气量＋呼气末麻醉药浓度

根据公式可用下列方法加深吸入麻醉（使 $F_I > F_A$）：①将吸入麻醉药挥发罐刻度开大；②新鲜气流量和每分通气量之比加大，使其趋于或大于 1。

与加深麻醉相似（但方向相反），减浅麻醉可通过下列两个方法体现：①将挥发罐关小或关闭；②将新鲜气流量加大。

五、麻醉动物的监护

在麻醉期间，疾病种类、麻醉方法和药物作用以及手术创伤及失血，都可对动物生理功能带来不同程度的影响，严重时危及生命。因此，麻醉期间应密切注意患病动物各种生理指标的改变，力求早期发现和及时纠正，避免发生严重并发症。麻醉监护可采用临床观察和仪器（如血气分析仪、心电监护仪）监测。仪器监测可快速客观反映出机体在麻醉下的总体状况，尽管这些设备较昂贵，但目前在小动物临床的应用越来越普遍。（视频 4-2）

视频 4-2　麻醉监护

（一）呼吸监测

呼吸功能是麻醉时最容易和最先受到影响的重要生理功能之一。麻醉可引起各种不同程度的呼吸抑制，甚至引起呼吸肌麻痹。麻醉辅助用药、手术保定及呼吸系统疾病，都是麻醉期间影响呼吸功能的重要因素。因此麻醉期间保持呼吸功能正常是一项十分重要的任务。呼吸功能正常是指能维持动脉血氧分压[$p(O_2)$]、二氧化碳分压[$p(CO_2)$]和血液 pH 在正常范围。在麻醉过程中主要观察动物的呼吸类型（胸式或腹式呼吸）、呼吸幅度、频率和节律，同时观察黏膜、皮肤及术野出血的颜色，以判断是否有呼吸道阻塞、机体缺氧或二氧化碳蓄积等。

若呼吸道发生不同程度的阻塞时，动物会表现呼吸困难，胸廓呼吸动作加强，鼻孔开张度加大，甚至黏膜发绀。听诊胸部或气管发现呼吸音改变，提示已发生气道阻塞、支气管痉挛或麻醉回路与气管导管脱离。

缺氧和二氧化碳蓄积，对呼吸和循环影响很大，临床上很多麻醉意外都与此有关。常用的麻醉药物和麻醉技术均可引起呼吸抑制或通气不足。因此，预防呼吸抑制是提高麻醉安全性的重要环节。无创脉搏血氧饱和度仪能连续监测动脉血氧饱和度[$p(O_2)$]，了解动物氧合状态。但在外周循环差，如低温、低血压、贫血和应用缩血管药物等情况下，往往影响测定数值。此外，无创脉搏血氧饱和度的监测也受外界强光、静脉注射亚甲蓝等因素的干扰。

（二）循环系统监测

循环系统的变化将直接影响麻醉动物的安全和术后的恢复。麻醉期间导致循环障碍的原因包括疾病的病理改变、麻醉方法和麻醉药物的影响及其相互作用，手术对循环系统的影响等。对循环系统的监测主要是观测脉搏、血压、毛细血管再充盈时间（CRT）、心率和强度。血压是心脏功能的一个重要指标，但动物血压测量有一定困难；在马可测量尾动脉，小动物可以用兽用血压仪进行无创监测。有条件者，可应用心电图仪了解心律、房室传导等心脏状态。当发生循环障碍时，应对血容量、心脏代偿功能和外周血管舒缩状态做出正确判断，并进行针对性处理。麻醉的深浅程度对循环系统的影响是多方面的，麻醉过浅可引起机体的应激反应，使血压升高，心率增快。麻醉过深既可抑制心肌收缩功能，又可使外周血管舒张，引起外周血管阻力降低和相对血容量不足，结果使血压下降。

（三）全身状态监测

非全身麻醉的动物应注意神志的变化，严重的低血压和缺氧可使动物表现呆滞。局部麻醉药毒性反应时，可出现精神兴奋症状，严重者可发生惊厥。眼球位置、瞳孔大小、眼睑反射、角膜反射、肌松程度等反映麻醉的深度和全身状态，应避免动物进入深麻醉。多数麻醉药物会降低动物的基础代谢，使体温下降；体温下降到一定程度，动物对麻醉的耐受能力降低，麻醉后苏醒时间也会延长。

（四）麻醉苏醒期的监测

在麻醉苏醒期，手术和麻醉虽然结束，但麻醉药对患病动物的生理影响并未完全消除。在此期间，动物的呼吸及循环功能仍处于不稳定的状态，各种保护性反射未完全恢复，其潜在的危险仍然存在。应对动物的呼吸、脉搏、心率、体温、感觉等定时或非定时监测。对于术后长时间不醒者，若为麻醉或镇痛药物引起，应使用相应的苏醒剂进行苏醒，仍不奏效时，应进一步查明其原因，并针对病因抢救。

六、全身麻醉的并发症及其处理

麻醉事故的发生与患病动物的年龄、体况、麻醉方法与麻药用量、手术内容等因素有关，但麻醉期间监护不力是导致动物死亡的主要原因。因此，及时发现及处理麻醉并发症，是减少麻醉事故的关键。

（一）流涎

流涎是指麻醉时动物唾液分泌过多而流出口角外的一种常见症状，牛、羊、犬较其他动物更易发生流涎。氯胺酮和替来他明较易引起犬、猫等小动物流涎；赛拉唑和赛拉嗪易引起反刍动物大量流涎。因此，在麻醉前 15 min 给动物注射少量的硫酸阿托品，可以预防麻醉期间大量流涎。侧卧保定的动物，需要将头颈部放低，术后尽早使动物苏醒。

（二）呕吐

呕吐容易造成动物误吸而引发异物性肺炎，术后频繁呕吐，还可导致伤口愈合不良、水电解质平衡紊乱等。发生呕吐有以下原因及因素：

（1）呕吐的原因　术前未禁食禁饮，这是麻醉时动物发生呕吐的主要原因。

（2）动物种属及个体因素　在动物中，犬、猫、猪相对于其他动物容易发生呕吐；肥胖、胆小和麻醉前极度紧张的患病动物呕吐发生率较高。

（3）麻醉技术和药物因素　术中应用阿片类镇痛药增加了术后呕吐的发生率；赛拉唑和赛拉嗪极易引起未禁食的犬、猫发生呕吐。

（4）手术因素　一般来说，胃肠道手术、咽喉部手术的呕吐发生率较高；手术时间过长和术后疼痛，也易发生呕吐。

依据易呕吐的因素，实施全身麻醉时应采取如下措施：

（1）根据手术情况进行充分的禁食，反刍动物一般禁食 24～36 h，单胃动物一般在 12～24 h；对于小型啮齿类动物和鸟类不建议长时间禁食。

（2）尽量减轻胃肠胀气和缩短手术时间，做好麻醉管理，术后给予有效的镇痛药物。应用胃复安、氟哌利多等止吐药。胃复安是非特异性的外周和中枢的多巴胺受体阻滞药，其止吐效果良好。

（3）全身麻醉的动物，颈基部垫高；侧卧保定时，头部应稍微垫高，口鼻端朝下；仰卧保定时，头部尽量呈侧卧位；麻醉后将舌拉出口腔外，用湿纱布包裹。

（4）一旦发生呕吐，应尽快使呕吐物排出口腔，并用纱布块清洁口腔。

(5)在麻醉时插入气管导管，将套囊适当充气后堵塞气管，可有效防止异物流入气管。

(三)气管阻塞

气管阻塞可发生于麻醉的各阶段，造成动物呼吸不畅或无法呼吸，引发缺氧或高碳酸血症，严重时可危及动物生命。异物、气管插管变位及舌后坠(舌缩回)等，是发生气管阻塞的常见原因。短口吻犬，麻醉后其软腭的前侧易与舌根接触而影响呼吸。在扁桃体切除术、拔牙术等手术过程中，咽喉部可能因血凝块聚集而阻塞呼吸道。

治疗气管阻塞的关键是及时发现并解除阻塞和输氧。因舌阻塞喉部引起呼吸困难时，发现后立即将舌拉至口腔外。对病理性气管阻塞或无法进行气管插管术时，气管切开术能迅速解除动物呼吸困难，挽救动物的生命。对猫，可选用 14 号注射针或穿刺针经皮肤直接刺入气管，短时间内提供足够的氧气；对小型犬，可选用 14～18 号注射针或穿刺针做气管穿刺给氧；对大型犬，需进行气管切开和植入气管导管术；对马，如果需要一个长期安全的人工气道，可采用气管造口术。

(四)呼吸停止

在麻醉及手术过程中，患病动物受某些因素的作用使呼吸减弱、甚至停止。如不及时纠正，可发生不良后果，甚至心搏骤停。气管阻塞、体温降低、过度换气导致的低碳酸血症、疼痛等均可造成呼吸抑制及停止，但最常见的原因是麻醉药物使用过量。动物表现为呼吸频率减慢、潮气量降低、呼吸强度减弱甚至消失，$p(O_2)$下降、$p(CO_2)$升高，可视黏膜发绀，创内出血呈暗红色。进一步诊断可通过$p(O_2)$来判断呼吸抑制情况。动物的 $p(O_2)$正常值为 95%～99%，低于 95%则为缺氧，90%～95%为轻度缺氧，85%～90%为中度缺氧，低于 85%为高度缺氧。对呼吸停止的一般处理方法如下。

(1)人工通气　立即停止麻醉，拉出舌头。人工通气的效果取决于器械的适合性和患病动物的大小。按压呼吸麻醉回路中的储气囊可以实施人工供气，但在动物有意识时比较困难。间歇正压通气(intermittent positive pressure ventilation，IPPV)也称控制机械通气(controlled medical ventilation，CMV)，装置的储气囊或呼吸囊通过半开放呼吸回路的活瓣连接到面罩或气管导管上，可以满足小动物的通气需要。如果需要可在输送空气的基础上，连接供氧管道。

在缺少仪器时，首选有节奏地按压动物胸壁进行人工呼吸。虽然不能完全满足动物呼吸的需要，但可以在短时间内维持动物的生命。另外，按压胸壁有时也可激发动物的自主呼吸反射，在某些情况下比从鼻孔吹气的方法更有效。

(2)针对不同的病因进行治疗　气管阻塞或呼吸系统功能障碍，一旦病因消除，可恢复自主呼吸。吸入麻醉剂过量的治疗方法是进行人工通气，清除循环中的药物。静脉注射麻醉过深时，可在人工通气的基础上进行补液、利尿，以促进麻醉药的排泄。

有些麻醉药物可以应用特异拮抗剂拮抗。例如，对于阿片类药物引起的呼吸抑制，可用盐酸纳洛酮治疗；埃托啡的特异拮抗剂为二丙诺啡(环丙羟丙吗啡)。使用时可根据麻醉的深度确定拮抗剂的用量，因为纳洛酮的半衰期短，可根据需要多次用药。在应用拮抗剂的同时，需要配合其他急救措施。若麻醉剂轻微过量，使用拮抗药治疗可以恢复呼吸功能，而且一次给药即可消除危险；但当麻醉剂严重过量时拮抗药的效果将很快消失，在动物有明显的意识恢复的前提下，应该一直对动物实施监护，若呼吸变浅或停止，应该多次给药。

盐酸多沙普仑(doxapram hydrochloride)又称吗乙苯吡酮，通过作用于颈动脉化学感受器直接兴奋延髓呼吸中枢与血管运动中枢，增加每分钟呼吸量。静脉注射剂量为 1～2 mg/kg。对于刚出生的动物，可在舌下放置多沙普仑片剂以刺激呼吸。对马属动物，该药常引起处于苏醒期的马属动物异常兴奋和剧烈运动。

另外，注射尼可刹米、安钠咖、樟脑油等，对呼吸中枢也有刺激兴奋作用。

术后的疼痛，尤其是胸腹部的疼痛可能导致通气不足。这时使用少剂量的麻醉性镇痛剂就可以减轻疼痛，增加通气量。

(五)心搏停止

心脏活动停止是最为严重的并发症，通常发生在深麻醉期，其次是可见于血压骤降或突然急骤上升，缺氧和二氧化碳蓄积，高血钾症以及心肌炎、瓣膜性心脏病及肺心病等。手术操作的刺激可反射性地引起心搏骤停，可见于眼球、气管、食道、肺门、腹腔神经丛、盆腔及肛门等部位的粗暴手术。

临床上，一旦发现心搏停止，立即停用麻醉剂；确保呼吸道无异物，并开始间歇正压通气，最好使用纯氧通气。同时外部压迫胸壁，增加静脉回流量；动物尽量保持前(头部)低后高体位(角度为15°～20°)。通过每次压迫时可感觉到颈动脉的波动及瞳孔直径是否缩小来判定按压胸部是否有效。腹腔手术未关腹前，以直接挤压心脏的方式进行苏醒。重建自主循环的时间越长，对动物的康复越不利。脑组织耐受缺氧的能力明显弱于心脏，如果脑部血液循环停止 5 min 以上，动物很难苏醒或不易存活。

用手按压犬、猫和其他小动物的胸壁就足够了；但对成年的马和牛，常用膝盖和脚来按压。犬的压迫速率是 60 次/min，成年马、牛为 30 次/min。如果动物已恢复了规律性呼吸，但这往往不能满足正常的气体交换，需要继续进行间歇正压通气。

当循环停止时心脏可能出现纤维性颤动，也可能因为药物和压迫胸部出现心搏停止，这时可进行电击，并借助心电图诊断心跳情况。可用除颤器进行体外电击，也可做体内打击(电极放到心肌上)。动物用的除颤器大多数都是根据动物大小特殊加工的，也可借用人医临床的除颤器。在大多数病例中，直接电击心脏的效果理想；若在动物休克前充足供氧，可增加电击的成功率。

在胸外部按压无效，无法提供足够的静脉回流血量时，说明心力衰竭的原因可能是低血容量，机体内有效循环血量不足，这时只有通过补液纠正血容量才有效果。对于原因不明的心力衰竭，可用 5%葡萄糖溶液；若是因失血引起的心力衰竭，应选用胶体溶液作为血浆增容剂。

肾上腺素是强心的首选药，也可以配合输注碳酸钙溶液。肾上腺素作用于 α 受体和 β 受体，不仅能兴奋心脏，还可以通过增加外周阻力，而恢复冠状血管灌注，小动物首次用量为 50 μg/kg，由于药效作用时间短，应间隔 3～4 min 再注射一次。临床上肾上腺素常采取静脉给药、气管给药或腹腔给药；但在某些情况，如冠状循环障碍时可进行心室直接给药。在血容量恢复或中心静脉压升高的情况下，若心输出量仍然不足、动脉压较低，可用兴奋心脏多巴胺受体(β 受体)的药物，如异丙肾上腺素。也可以继续应用肾上腺素(1∶50 000)，给药速率为 0.02 mL/(kg·min)，以维持心脏收缩压。此类药物一旦发挥药效，心脏开始收缩，此时不能突然撤换药物，通常经过数小时后逐渐撤去。心肌持续缺氧后，循环恢复时常出现心动徐缓，这时可用硫酸阿托品治疗。

心搏骤停引起大脑皮层水肿和循环障碍时引起的缺氧一样，动物常失去知觉，轻度缺氧的病例会在几小时后逐渐苏醒。为了控制脑水肿，苏醒的动物应该静脉注射肾上腺皮质激素(如地塞米松 0.1 mg/kg，每隔 12 h 注射 1 次，连续应用 3～4 次)。此外，还应选用降低颅内压的药物(如甘露醇溶液)和利尿剂，在动物体液基本平衡时，首选使用速尿(呋塞米)，可以快速改善大脑皮层水肿情况。

七、非药物麻醉

兽医外科临床上较常用的非药物麻醉有电针麻醉和激光麻醉。

(一)电针麻醉

20 世纪 50 年代末，针刺镇痛开始用于预防手术中疼痛，其作用类似于现代医学麻醉，故又称作针刺麻醉(acupuncture anesthesia),简称针麻。针刺麻醉是用针刺入一定的穴位并进行手法捻针所产生的麻醉作用,但在兽医临床实践上,因手法捻针较费力与不便,刺激量也较弱,所以通过一些兽医前辈的研究改用各种不同波型、频率的直流电压进行刺激,以代替手法捻针,称为电针麻醉(electro-acupuncture anesthesia)。针刺麻醉或电针麻醉是通过影响生理性调节机制以提高机体疼痛阈,它并不是真正意义上的麻醉。所以,有人将其称作针刺镇痛(acupuncture analgesia)或电针镇痛(electro-acupuncture analgesia)。

1. 电针麻醉的特点

(1)使用安全,适用范围广。全身麻醉药物大多对动物的呼吸和心血管产生抑制作用,麻醉的深度难以控制,麻醉药过量时一般难以解救。在反刍动物,麻醉稍深会导致贲门松弛,瘤胃内容物返流,引起异物性肺炎甚至窒息。电针麻醉完全避免了全麻药物的不足,对于危重病例电针麻醉比药麻尤其安全。当然,如果任意加大刺激量,粗暴地进针或不按一般倒畜的注意事项行事,鲁莽地利用电针倒畜等,有时也可以引起不良后果,应当注意。电针麻醉一般家畜后,可进行多种手术。

(2)生理干扰少,利于术后恢复。电针麻醉对动物体温、呼吸、脉搏、心率等影响较小,动物在手术过程中始终保持清醒状态(猪的安神组穴例外)。反刍动物在电针麻醉下可在瘤胃手术期间大口大口吃草料,并且在手术结束后行走如常,对术后采食、饮水均无影响,从而也减轻了对麻醉后监护的负担。在电针麻醉过程中可以自由采用强心、输液等措施,不致干扰麻醉过程。电针麻醉可增加机体白细胞数目和吞噬细胞吞噬活性,减少手术应激反应,因而可减少手术创口感染的机会。

(3)简便易行,经济,有利于推广。电针麻醉在我国各地已广泛应用于马、驴、骡、奶牛、黄牛、水牛、山羊、绵羊和猪等多种家畜,近年来已在兽医治疗中发挥着良好的作用。实践证明,麻醉效果相对而言,牛、羊较马属动物好;蒙古马、母马、骟马较杂种马、公马和骡好;绵羊较山羊好等。

但电针或针刺麻醉也有其自身的缺陷:①镇痛不全。对于有些动物或个体手术时仍会出现疼痛反应。②肌松不良。肌肉紧张,特别是腹壁肌肉出现紧张;手术时切开腹壁容易,但有时在缝合腹壁时闭合有困难。③牵张反射较强。不能完全抑制内脏反应,有时牵拉内脏时,动物有反应。

2. 电针麻醉的选穴

电针或针刺麻醉的上述缺陷问题,可通过适当的选穴、熟练的针刺技术和优化的针刺参数加以克服或降低到最小程度。各地选用的电针麻醉有效组穴很多,家畜常用的组穴见表 4-1。

表 4-1 家畜电针麻醉常用组穴

穴位处方		针刺操作方法	适应范围	备注
处方名称	穴名			
三阳络组穴	三阳络透夜眼穴	自三阳络穴刺破皮肤后,针体与前肢皮肤呈 20°～45°角刺入,直至内下侧的夜眼穴正中的皮下,以能触及针尖而不透内侧皮肤为度	马、牛、猪、羊等全身各部手术	牛、羊、猪等家畜三阳络透夜眼按马的解剖部位取穴,术部同侧取穴
	抢风(中脘)穴	垂直刺入 4.5 ～ 6 cm(切勿过深)		
尾三百会组穴	百会(千金)穴	垂直刺入 4.5 ～ 6 cm	马、牛、猪、羊等全身各部手术(当头部、胸腔手术针麻效果欠佳时,可分别加配山根、天门穴和抢风、三台穴)	也可单取尾干穴,此组穴对腹腔、阴部和后肢的针麻效果较好
	尾三穴(即尾根、尾节、尾干穴,一针透三穴)	自尾根穴刺透皮肤后,使针体与皮肤呈 20°角向后下方斜刺,透过尾节至尾干		

续表

穴位处方		针刺操作方法	适应范围	备注
处方名称	穴名			
百会三台组穴	百会(千金)穴	垂直刺入 4.5 ～ 6 cm	马、牛、猪、羊等全身各部手术	
	三台(鬐甲)穴	向前下方斜刺 9～12 cm		
百会天平组穴	百会(千金)穴	垂直刺入 4.5 ～ 6 cm	马、牛、猪、羊等全身各部手术	
	天平(断血)穴	垂直刺入 3.5～6 cm		
耳督组穴	耳根穴透太阳穴	自耳根穴入针，直透太阳穴，以能触及针尖而不穿透皮肤为度	马、牛、猪、羊等全身各部手术	术部同侧取穴，两组穴位(共 4 针)同时应用
	三阳络穴	自三阳络穴刺破皮肤后，针体与前肢皮肤呈 20°～ 45°角刺入，直至内下侧的夜眼穴正中的皮下，以能触及针尖而不透内侧皮肤为度		
	百会(千金)穴	垂直刺入 4.5 ～ 6 cm		
	三台穴	向前下方斜刺 9～12 cm		
岩池组穴	岩池穴	向对侧口角方向斜刺进针 6～7.5 cm	马、牛全身各部手术	术部两侧取穴，两组穴位(共 4 针)同时应用
	下翳风穴	向后下方内侧斜刺入 7.5～9 cm		
抢风组穴	抢风穴	垂直刺入 4.5～6 cm(切勿过深)	马、牛全身各部手术	术部两侧取穴，两组穴位(共 4 针)同时应用
	膊尖穴	向肘突方向刺入 12～15 cm		
两侧眶下孔组穴	眶下孔穴(双侧)	进针时先在穴位部以手指滑动皮肤可触及眶下孔的外口，将针向孔内平刺入 5～8 cm	主要用于牛的豁鼻缝补术	两侧取穴
安神组穴	安神穴(双侧)	向同侧上颌最后臼齿方向斜刺入 4.5～7.5 cm(中猪 4.5～6 cm，大猪 7.5 cm)	猪的颈、胸、腹、阴等部位手术	大猪在进针时常需用绳索保定上腭

选穴的方法大致有以下几种，也可以把几种方法结合采用。

(1)循经取穴　根据经络学说中“经络所过，主治所及”的理论，循经脉的运行走向、手术所涉及的脏腑与经络的关系，先选经，后取穴，再适当配成组穴。例如，三阳络、抢风组穴。

(2)根据中兽医针灸临床治疗经验选穴　例如，在腹部手术时所选百会穴，就是根据中兽医传统治疗腰风湿痛、腹胀、腹痛等多种腰、腹部疼痛性疾患的有效穴位而选择的。

(3)根据神经解剖生理学取穴　例如，腰旁透穴的采用，就是基于对脊髓分节现象以及脊神经分布至相应节的认识，使电针麻醉作用于分布在软腹壁的主要 3 条神经干(最后肋间神经、髂腹下神经和髂腹股沟神经)，从而获得腹壁的镇痛效应。

3. 电针麻醉方法

(1)进针　穴位剪毛，用 75%乙醇消毒皮肤。针具通常采用直径 1～1.5 mm 的不锈钢圆针，长度按穴位要求的深度选用。进针时将针对准穴位，按穴位要求的角度刺入皮肤后，再将针捻转刺入至要求的深度。

(2)脉冲电流刺激　将脉冲式兽用针麻机上的输出电压以及频率的旋钮分别调至“0”位，再将输出导线分别与针柄连接，然后接通电源，将频率及电压逐渐加大至所需强度。目前各地采用的电流刺激方法颇不一致，包括采用不同的波形频率、电压（或电流量）。一般采用的兽用针麻机其波型大都为双向尖峰波，较少采用方波或正弦波；麻醉时采用的频率为 10～100 Hz 不等，有时 200～300 Hz，但比较普遍采用的是 30～60 Hz。临床实践上通常先稍加电压，可见肌肉随刺激频率而收缩，然后加大频率至肌肉刚好表现强直性收缩，再逐渐加大电压，达到患病动物能耐受的足够强的刺激量（不同畜种和个体其耐受量可有很大的差别）。诱导时间为 10～30 min，经针刺检验术部皮肤，如无疼痛反应即可进行手术。在牛、猪，有时为了使其迅速卧倒，也有先将频率、电压调至所需强度，接上导线后，突然接通电源以达到倒畜和保定的效果。应用此法时要特别慎重，以免发生意外事故。在麻醉期间，若固定频率不变，经过一段时间可能会出现电针适应现象，改变频率（增加或减少）又可降低痛阈值。

（3）终止麻醉　一般在手术结束时，将电流刺激的强度和频率逐渐降低，然后断电、拔针，病畜即可恢复行动，但通常在终止针麻后仍需一段时间才能恢复局部感觉，这种现象称为针刺麻醉的后续效应。

20 世纪 80 年代后，更切合临床实际需要的针药复合麻醉（acupuncture balanced anesthesia，ABA）或针刺辅助麻醉（acupuncture assisted anesthesia，AAA）逐渐成为针麻临床和研究的主流。针刺作为一种有效的镇痛方法已成为复合麻醉中的一部分。研究表明，ABA/AAA 具有以下优点：①药物加强针刺镇痛效果。如较小剂量的隆朋（0.1 mg/kg）复合电针，对山羊有较好的镇痛效果，而单纯使用隆朋 0.4 mg/kg，才有相当的镇痛效果。②针药结合不仅减轻药物的副作用，相应地节省同比例药物的费用。③由于减少了麻醉药的使用，加上针刺本身的整体调节作用，手术中的循环、呼吸功能稳定，术后苏醒时间缩短，并发症减少。

影响针刺镇痛效应产生的药物可分为 3 类：一是拮抗针刺镇痛效应的药物，称为针刺麻醉减效药，如氯胺酮；二是能增加针刺镇痛效应的药物，称为针刺麻醉增效药，如隆朋、芬太尼；三是对针刺麻醉不产生影响的药物，称为针刺麻醉无影响药，如舒必利。

（二）激光麻醉

在我国，激光麻醉是在针刺麻醉的基础上开展起来的。早在 1978 年某些高校和医院就将激光麻醉成功地用于马、牛的外科手术并取得了满意的镇痛效果。激光麻醉可分为氦氖激光麻醉和二氧化碳激光麻醉两种。

1. 氦氖激光麻醉

氦氖激光麻醉方法在我国首先由东北农业大学外科教研室提出并在马属动物的外科手术上取得了满意的镇痛效果，之后又用于牛、羊、犬、猪的外科手术麻醉，也都取得了较好的镇痛效果。

（1）马属动物氦氖激光麻醉

照射部位：氦氖激光照射到动物的体表后，其穿透的深度是很浅的。本法镇痛的机理是通过照射家畜的外周神经径路，经神经传导而引起全身性的镇痛作用，因此必须选择浅在、易找、照射方便和较粗大的外周神经的径路。临床上最常见的是后肢胫神经。马的胫神经位于后肢小腿下部内侧沟内，照射部位是距跟结节上方 8～11 cm，沿跟腱前方可摸到较粗壮的胫神经干，在该处剪毛、剃毛，涂 3%的龙胆紫溶液。

保定：手术台侧卧保定。

激光管的功率：为了取得良好的镇痛效果，激光管的输出功率应不低于 10 mW。

激光管激光输出端与照射部的距离：一般为 50～60 cm，照射 20～30 min 后，对术部皮肤做针刺疼痛反应检查，确认无痛后即可进行手术，以后边照射边进行手术。

麻醉效果：据东北农业大学外科教研室的报道，在实验马进行了 65 例各种实验性手术，镇痛效果判定为优者27例、占41.5%，良者30例、占46.1%，可者8例、占12.3%，无失败病例。镇痛效果评定为优良级的总和为57例，占87.7%(57/65)。

该法镇痛效果确实可靠，麻醉中动物意识不消失，术后可立即牵行，无并发症和后遗症，对体温、脉搏、呼吸和血压等均无显著的影响。其缺点是，在腹腔手术和厚层肌肉部位手术时其肌肉震颤和收缩虽较电针麻醉时轻微，但仍存在；对术区较粗大的外周神经干仍存有镇痛不全，在钳夹或切断这些神经干时还可能引起动物的轻度骚动。

镇痛机理：氦氖激光照射马的胫神经等浅表外周神经径路之所以呈现全身性镇痛作用，很可能是经外周神经将激光信息传递到中枢，再通过中枢而产生全身性的镇痛作用。其根据是：照射部位必须准确，激光光斑不能偏离神经径路，且照在激光作用所涉及的表在外周神经径路上，否则不能产生全身性的镇痛作用；若照射到没有较大外周神经通过的部位或穴位均不能出现全身性的镇痛作用；用3%的普鲁卡因溶液做正中神经传导麻醉阻断了神经的向心传递后，再用氦氖激光照射其远心端则不引起全身性的镇痛作用。

进一步研究发现氦氖激光照射外周神经径路后之所以出现全身性的镇痛作用，主要是通过外周神经中的感觉神经纤维作用的。氦氖激光照射马的胫神经径路后，当其进入全身性无痛状态时，其脑电图出现明显的慢波，与此同时脑脊液中5-羟色胺的数量也相应地增高。

但是氦氖激光麻醉动物后还存在着皮肤震颤、腹肌紧张、切断大神经干时镇痛不全以及有与手术刺激无关的动物骚动等不足之处。为了克服这些缺点，有人采用氦氖激光与静松灵合并麻醉，取静松灵的肌松和镇静的作用以弥补激光麻醉的不足。激光照射马胫神经径路20 min后肌内注射静松灵1 mg/kg，于照射30 min后手术。这种麻醉方法消除了皮肌颤动、腹肌紧张，基本上消除了切断大神经干时的镇痛不全，并一定程度地减轻了手术疼痛无关的动物骚动，更好地解决了激光麻醉的不足，成为有临床应用价值的更为完善的一种麻醉方法。

(2)牛、羊、猪、犬的氦氖激光麻醉　氦氖激光照射牛、羊、猪、犬后肢胫神经径路也能取得较好的镇痛效果。其麻醉方法基本上与马属动物氦氖激光麻醉相同。

总的说来，氦氖激光镇痛效果以马属动物为最好，其次是犬，牛、羊等更次之，最差是猪，约有1/3的猪用氦氖激光麻醉不能获得明显的手术镇痛效果。在临床上对犬使用氦氖激光做外科手术麻醉时有的狂暴型犬常在手术台上嚎叫不止，因而使手术无法进行。此时可先给犬注射镇静量的氯丙嗪，而后再进行激光麻醉可取得良好的镇痛效果。

2.二氧化碳激光麻醉

二氧化碳激光麻醉的优点是后续镇痛效应持久，在手术进行前即可麻醉完毕，因此又称为激光手术前麻醉。

(1)照射部位　夹脊穴组，位于牛、羊的脊柱两侧各6穴，总共12穴。确定该穴组的方法是先确定纵线，即沿脊柱两侧背最长肌和髂肋肌肌沟在皮肤上的投影线。第1穴是从最后肋骨的前缘与这条纵线在皮肤上的交点。第2穴是第1腰椎横突的前外缘与这条纵线在皮肤上的交点。沿纵线向后推移，第2、第3、第4、第5腰椎横突的前外缘与这条纵线在皮肤上的交点即分别是第3、第4、第5及第6穴。

(2)照射方法及注意事项　动物侧卧保定。按前述方法确定照射部位。局部剪毛并在各穴位上贴一圆形纸片(直径2 cm左右)。照前先用一纸板遮盖穴位。当位置确定并调准输出功率(牛一般为0.7～1.0 W，山羊为0.5～0.7 W)及光斑(直径小于1 mm)后揭下穴位上的圆形纸片，先从后向前照射脊柱下侧的6个穴位，每个穴位照射2 min。脊柱下侧6个穴位照射完毕后，再照射脊柱上侧的6个穴位，激光管与照射部的距离一般为1 m。

从第1穴照射后的30 min即可开始手术。二氧化碳激光麻醉时，在激光刺激穴位的皮肤表面能产生点状烧伤，该烧伤一般于麻醉后的 5～7 d 即可结痂脱落，并在 15～20 d 后长出新毛。

据有关的研究报道，在黄牛、水牛及山羊等实验动物身上进行的手术试验证明，用二氧化碳激光照射前述的夹脊穴组，可获得良好的麻醉效果，它能产生强而持久的镇痛后续效应，可保证麻醉动物瘤胃切开术的顺利进行。

第四节　局部麻醉

局部麻醉是一种简便易行、安全有效、并发症少的麻醉方法，适用于局部浅表的手术。在牛、羊、猪的许多手术中，常使用麻醉前用药配合局部麻醉的方法施术。但是，在局部麻醉下，由于动物保持意识清醒，手术时应特别注意安全，或在必要时配合应用镇静剂。在实施局部麻醉时，应熟悉局部解剖和局部麻醉药的药理作用，掌握规范的操作技术。

一、常用局部麻醉药

常用的局部麻醉药主要有盐酸普鲁卡因、盐酸利多卡因和盐酸丁卡因，3 种药物的特点见表 4-2。

表 4-2　3 种常用局部麻醉药的特点比较

项目	普鲁卡因	利多卡因	丁卡因
麻醉效能	弱	中等	强
组织渗透性	差	好	中等
作用显效时间	中等	快	慢
作用维持时间	短	中等	长
毒性	低	略高	较高
用途	多用于浸润麻醉	多用于传导麻醉和硬膜外腔麻醉	多用于表面麻醉

(一)普鲁卡因

普鲁卡因(procaine)又名奴佛卡因(novocaine)，是兽医临床上最常用的局部麻醉药，使用安全，药效迅速，注入组织 1～3 min 后即可出现麻醉作用。但药物易被各种组织中的酯酶水解，所以作用时间较短，一次量可维持 0.5～1 h。它的麻醉效能较弱，黏膜穿透力很差，故不用于表面麻醉和硬膜外腔麻醉。由于它毒性小，适用于局部浸润麻醉。浸润麻醉使用药液浓度为 0.5%～1%，传导麻醉一般采用 2%～5%，关节内麻醉可用 4%～5%。普鲁卡因代谢产物对氨苯甲酸有对抗磺胺类药物的作用，使用时应注意。

(二)利多卡因

利多卡因(lidocaine)又名昔罗卡因或赛罗卡因(xylocaine)，是中等效能的局麻药物。它的组织弥散性能和黏膜穿透力都较好，可用于各种局麻方法，作用出现时间快，能持久，一次给药可维持 1 h 以上。毒性较普鲁卡因稍大，但对组织无刺激性。传导麻醉浓度为 2%，浸润麻醉为 0.25%～0.5%，硬膜外腔麻醉为 2%，表面麻醉为 2%～5%。但反复用药可产生耐药性。

(三)丁卡因

丁卡因(地卡因，tetracaine，pontocaine)是一种强效、长时效的局麻药。此药黏膜穿透力强，适用于表面麻醉，一般不用于局部浸润麻醉。本品的毒性较普鲁卡因强 12～13 倍，而麻醉作用则强 10 倍。该药点眼时不散瞳孔，不妨碍角膜愈合。角膜麻醉浓度为 0.5%，鼻、口腔、喉等黏膜表面麻醉，可用 1%～2%溶液。

二、局部麻醉方法

(一)表面麻醉

表面麻醉(topical anesthesia)将穿透力强的局麻药施于黏膜表面,使其透过黏膜而阻滞位于黏膜下的神经末梢,产生麻醉作用。眼、鼻、咽喉、气管、尿道等处的浅表手术或检查时常用此法。常用药物为1%～2%丁卡因或2%～4%利多卡因。滴眼常用0.5%～1%丁卡因。眼部用药液滴于结膜囊内,其他都可将药液涂布、填塞或喷雾于局部。

(二)局部浸润麻醉

局部浸润麻醉(local infiltration anesthesia)将局部麻醉药物注射于手术区的组织内,阻滞神经末梢而达到麻醉作用。一般先将针头插至所需深度,然后边退针头,边注药液。有时在一个刺入点可向相反方向注射药液(图4-2)。局部浸润的方式有多种,如直线浸润、菱形浸润、扇形浸润、基部浸润和分层浸润等(图4-3),可根据手术需要选择。也可用低浓度局麻药(0.25%普鲁卡因)浸润一层随即切开一层的方法将组织逐层切开。常用药物为0.5%普鲁卡因或0.25%～0.5%利多卡因。

局部浸润麻醉时应注意:

(1)注入组织内的药液需有一定容积,在组织内形成张力,借压力作用使药物与神经末梢广泛接触,从而增强麻醉效果。

(2)为避免用药量超过一次限量(大动物使用普鲁卡因时,其总剂量不应超过2 g),可降低药液浓度,如用0.25%普鲁卡因。

(3)每次注药前应回抽注射器,以防误注血管内。

(4)药液中加入肾上腺素0.005‰～0.01‰,可减缓局部麻醉药的吸收,延长作用时间。

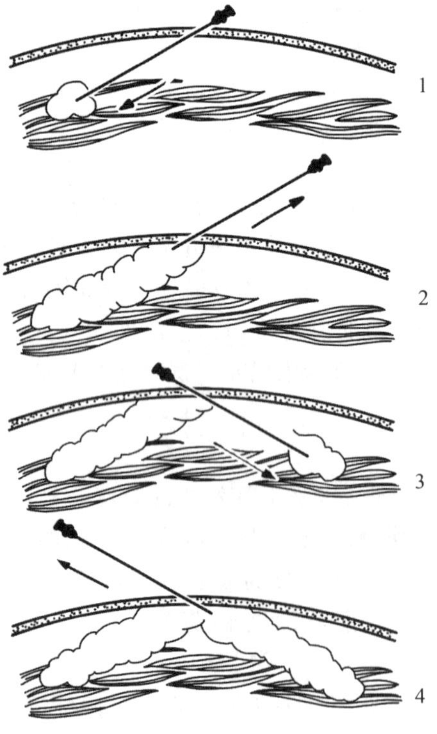

图4-2 浸润麻醉的注入方法

(1～4为操作顺序)

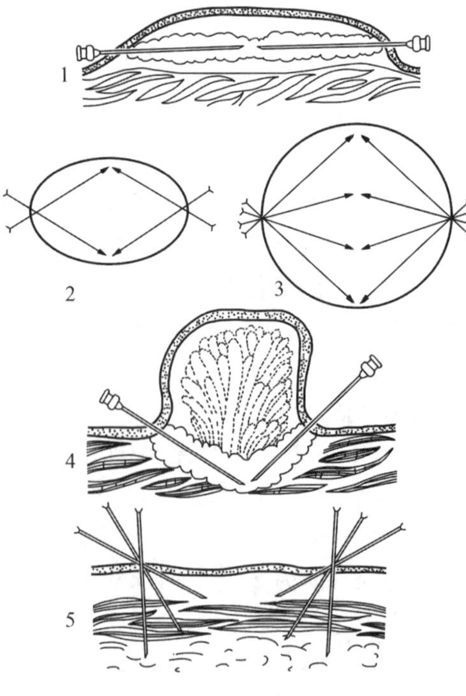

图4-3 浸润麻醉的各种方法

1.直线浸润 2.菱形浸润 3.扇形浸润 4.基部浸润 5.分层浸润

(三)传导麻醉

传导麻醉(conduction anesthesia)又称神经阻滞(nerve block)、区域麻醉或神经干麻醉，是在神经干、丛、节的周围注射局部麻醉药物，阻滞其冲动传导，使其所支配的区域暂时丧失痛觉的一种方法。传导麻醉只需注射少量麻醉药便可产生较大的无痛区域。但操作时必须熟悉局部解剖，了解神经干的位置、穿刺针所要经过的组织以及附近的血管等。常用于跛行诊断、四肢手术及腹部外科手术等。传导麻醉使用药液常为2%利多卡因或2%～5%普鲁卡因，但其浓度及用量常与所麻醉神经的大小成正比。

(四)脊髓麻醉

脊髓麻醉(spinal anesthesia)是将局部麻醉药注射到椎管内，阻滞脊神经的传导，使其所支配的区域无痛的一种方法。根据局部麻醉药液注入椎管内的部位不同，又可分为硬膜外腔麻醉和蛛网膜下腔麻醉两种。在兽医临床上，多采用硬膜外腔麻醉。脊髓麻醉时，动物神志清醒，镇痛效果确切，肌肉松弛良好，但脊髓麻醉对生理功能有一定的扰乱，也不能完全消除内脏牵拉反射。另外需要掌握脊髓麻醉操作技术，熟悉椎管及脊髓的局部解剖。

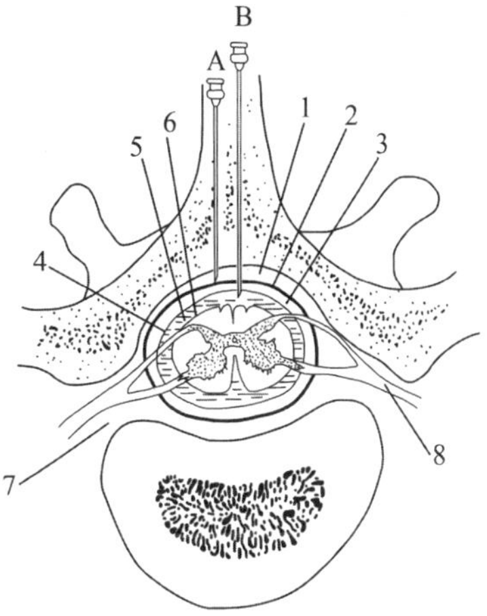

图 4-4　脊髓横断面模式

A. 硬膜外腔　B. 蛛网膜下腔

1. 硬膜外腔　2. 脊硬膜　3. 硬膜下腔　4. 脊蛛网膜　5. 蛛网膜下腔　6. 脊软膜　7. 椎间孔　8. 脊神经

1. 椎管局部解剖

脊柱由很多椎骨连接而成，各个椎骨的椎孔贯穿连接构成椎管，脊髓位于椎管之中。在两个椎骨连接处的两侧各有一孔，称椎间孔，为脊神经进出的通道。脊髓外被3层膜包裹：外层为脊硬膜，厚而坚韧；中层为脊蛛网膜，薄而透明；内层为脊软膜，有丰富的血管。在脊硬膜与椎管的骨膜之间有一较宽的间隙称为硬膜外腔，内含疏松结缔组织、静脉和大量脂肪，两侧脊神经即在此经过；向腔内注入麻醉药物，可阻滞若干对脊神经。脊硬膜与脊蛛网膜之间有一狭窄的腔，称硬膜下腔，此腔往往紧贴一处故不能做脊髓麻醉。脊蛛网膜与脊软膜之间形成一较大腔隙，称蛛网膜下腔，内含脑脊髓液，向前与脑蛛网膜下腔相通，麻醉药注入此腔可向前、后阻滞若干对在此经过的脊神经根(图 4-4)。脊髓在腰荐部较粗大处形成腰膨大，其后则逐渐缩小呈圆锥状，称脊髓圆锥。圆锥周围发出较细长的荐、尾神经，共同形成所谓的马尾(图 4-5)。

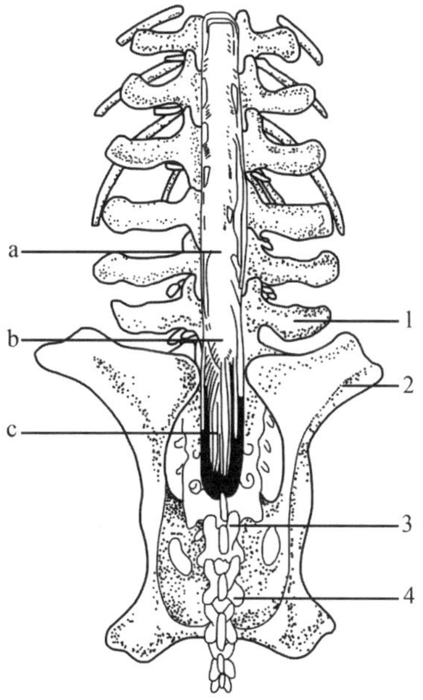

图 4-5　牛脊髓末端构造

a. 脊髓　b. 脊髓圆椎　c. 马尾

1. 最后腰椎横突　2. 髋结节　3. 第1尾椎　4. 第2尾椎

2. 硬膜外腔麻醉(epidural anesthesia，extradural anesthesia)

硬膜外腔麻醉是将局麻药注射到脊硬膜外腔，阻滞部分脊神经的传导功能，使其所支配区域的感觉或(和)运动功能消失的麻醉方法。

(1)荐尾硬膜外腔麻醉　由于牛、马第1尾椎与荐骨往往紧密连接，或与荐骨融合，其间隙较狭窄，不便注射操作，而第1、2尾椎的间隙较宽，位置也较易确定，所以多在第1、2尾椎间隙进行注射。

确定第 1、2 尾椎间隙位置最简便的方法是：用一手举尾，上下晃动，用另一手的指端抵于尾根背部中线上，探知尾根的固定部分与活动部分之间的横沟（即第 1、2 尾椎间隙），横沟与中线的相交点为刺入点（图 4-6 和图 4-7）。

注射方法：最好在保定栏内进行。尾根术部除毛、消毒。将针头垂直刺入皮肤，然后针尖稍向前方做 45°～60°角倾斜，向前下方刺入 3～4 cm 深即刺入硬膜外腔（图 4-6 和图 4-7）。针头刺入时可感到刺穿弓间韧带的感觉，再深入即可触及坚硬的尾椎骨体，此时可稍退针头并接上注射器，如回抽无血即可注入药液。如果位置正确，药液注入应无过大的阻力。用药量依动物体的大小而定。牛：2%～4%普鲁卡因 10～15 mL；2%利多卡因 5～10 mL。马：3%普鲁卡因 5～10 mL；2%利多卡因 5～10 mL。山羊和绵羊：2%～3%普鲁卡因 3～5 mL；1%～2%利多卡因 2～5 mL。

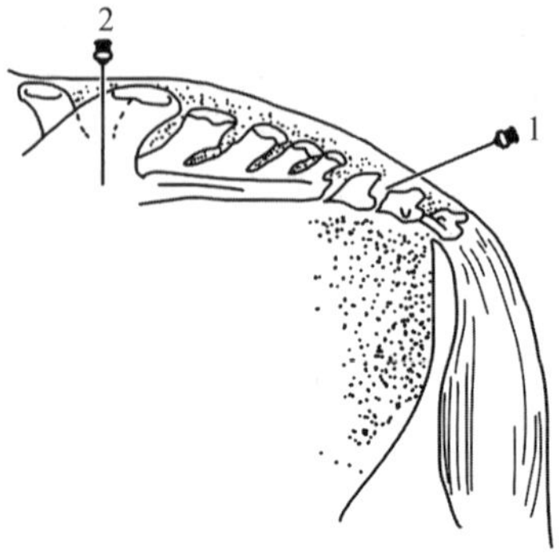

图 4-6 马的脊髓麻醉

1. 第 1、2 尾椎间隙刺入点 2. 腰荐椎间隙刺入点

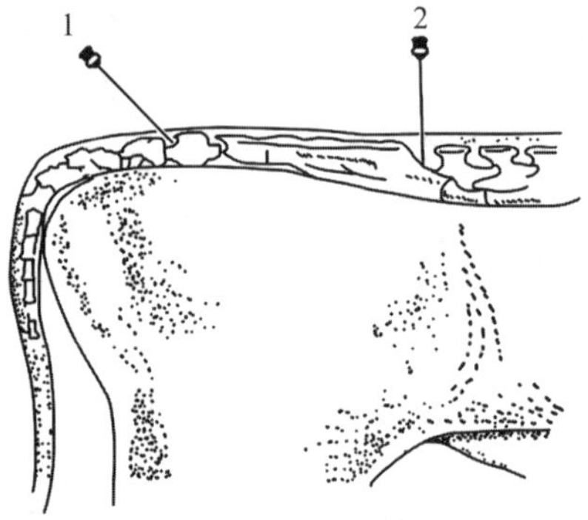

图 4-7 牛的脊髓麻醉部位

1. 第 1、2 尾椎间隙刺入点 2. 腰荐椎间隙刺入点

（2）腰荐硬膜外腔麻醉 犬、猫、猪、反刍动物和马等均可采用此法麻醉。根据动物种类、个体大小选择适合的针头，最好选用短斜面带有管芯针的椎管注射针头，小心谨慎地把针头刺入硬膜外腔内。在背中线进针，进入硬膜外腔前，能感到刺穿弓间韧带的感觉。当针插入硬膜外腔时，针头刺入的阻力突然减小，抽动注射器活塞无液体回流。

马和牛：站立或侧卧保定。马注射部位一般在背正中线与两髂骨内角的连线交点；在牛位于背正中线与两髂骨外结节的连线交点稍后方。一般注入 2%普鲁卡因溶液 50～100 mL。

绵羊和山羊：侧卧保定，向前抓住后肢使背部弯曲。在脊中线与两髂前缘连线交点稍后方，紧靠最后腰椎棘突的后方，针头稍向前缓慢地推进，穿过弓间韧带，置入硬膜外腔内。依羊的大小，注入 4%普鲁卡因或 2%利多卡因 5～12 mL。

猪：以侧卧或站立保定。在两髋骨连线中点后方 2.5～5 cm 处，将针头稍微向前下方刺入，穿过弓间韧带。依猪只大小，深度为 5～10 cm，注入 2%普鲁卡因 0.2 mL/kg 或 2%利多卡因 0.12 mL/kg。

犬：麻醉前宜给镇静剂，有利于硬膜外腔注射时保定。操作者以左手拇指和中指置于两侧髋嵴上，食指紧接在第 7 腰椎棘突结节后方中央触摸腰荐间隙。针头稍倾向前刺入，穿过弓间韧带后，进一步推进，缓慢注入 2%利多卡因 0.2 mL/kg。

猫：呈胸腹卧保定。麻醉前给予镇静剂。在背正中线上触摸腰荐的凹陷，在其前缘正后方垂直刺入。穿过弓间韧带时有一种破裂音的感觉，随后阻力降低。当针准确置位和开始注射时，猫尾常作纤维性颤动。

3. 蛛网膜下腔麻醉（subarachnoid anesthesia）

蛛网膜下腔麻醉是将局麻药注入蛛网膜下腔，阻断部分脊神经的传导功能而引起相应支配区域的麻醉作用。

进针部位与硬膜外腔麻醉相同。注射方法是在针头到达硬膜外腔后，再将针头小心向下推进，在穿过硬膜及蛛网膜时，可感到第 2 次阻力，当阻力突然减小后可试行抽出针芯，若针尖已进入蛛网膜下腔，一般即有脑脊髓液流出。有时不见脑脊髓液流出时，可稍调整针头位置或接上注射器轻轻抽取，直至能抽出脑脊髓液，说明位置正确，即可注入麻醉药液。马注射 3%普鲁卡因溶液 20～30 mL，牛 30～50 mL。

4. 脊髓麻醉的注意事项

脊髓麻醉时要注意注射药液的温度（一般将药液加温至 37 ℃左右）和注射速度。一次快速注入大量的冷药液可引起呼吸紧迫、角弓反张或猝倒等严重反应。

注入大量药液时要保持动物前高后低的体位，防止药液向前扩散，阻滞胸段的交感神经，使血管扩张、血压下降，或阻滞胸部脊神经引起呼吸困难或窒息。

脊髓麻醉，尤其是蛛网膜下腔麻醉，要求严密消毒，严格无菌操作，否则有可能引起脑脊髓的感染。

进针操作要谨慎，防止损伤脊髓，导致尾麻痹或截瘫等后遗症。

本章小结

麻醉是用人为的方法（化学的或物理的方法）全身或局部地改变神经、体液活动，使整个机体或机体的一部分暂时失去知觉，直至意识丧失、肌肉松弛，动物能够安静地接受手术或诊疗的一种状态或技术。麻醉分为全身麻醉和局部麻醉。根据药物是否经呼吸道吸入给予，可分为吸入性麻醉和非吸入性麻醉。吸入性麻醉效果确实，易于控制，但需要特殊麻醉设备。非吸入性麻醉不需要特殊设备，操作简便，但麻醉药量及麻醉深度不易控制。根据使用药物与否，麻醉还可分为药物麻醉和非药物麻醉。非药物麻醉主要有电针麻醉和激光麻醉，两种非药物麻醉方法均具有使用安全、适用范围广、生理干扰少等特点。电针麻醉是我国兽医学中的瑰宝，曾在国内外兽医界产生巨大影响，对牛、羊、猪、马等多种动物有较好的麻醉效果；激光麻醉对马属动物等有良好的镇痛作用。

麻醉前，应根据动物神经系统、呼吸系统、心血管、肾脏、肝脏及营养状况对手术和麻醉风险进行评估，做好充分的麻醉前准备，必要时进行麻醉前用药。

小动物常实施吸入性麻醉。使用的麻醉气体主要为异氟醚或安氟醚，同时应用心电监护仪、血气分析仪等设备对动物的麻醉过程进行监护。

非吸入全身麻醉药物可分为巴比妥类和非巴比妥类。巴比妥类药物根据作用的时间又分为长、中、短和超短时效巴比妥类药物。在兽医临床上多使用短及超短时效巴比妥类，有时也使用中时效巴比妥类麻醉药。巴比妥类依剂量不同而产生镇静、催眠和麻醉作用，其麻醉剂量对心血管功能、呼吸功能和基础代谢均有抑制作用。在非巴比妥类麻醉药物中，水合氯醛是一种良好的催眠剂，作为麻醉剂安全范围太窄，但由于价廉和容易获得，仍在临床上使用，特别是与其他麻醉药复合使用，使其安全性增加。隆朋及其类似药物静松灵用于多种动物的镇静、镇痛或麻醉，尤其是反刍动物。氯胺酮选择性抑制大脑联络径路和丘脑新皮质系统，使动物意识与感觉分离，是常用的分离麻醉剂，该药具有兴奋心血管作用，常与抑制心脏、降低血压的隆朋或静松灵复合使用。镇痛性麻醉药物对犬、熊等动物有较好的镇痛作用，但多属于毒品，控制较严。由于复合麻醉具有增加麻醉效果，减轻毒副作用，因此犬眠宝、舒眠宁、速眠新、舒泰等已在临床上大量使用。

麻醉深度的控制至关重要，受动物本身机能状态、环境因素及药物相互作用和使用途径的影响。全身麻醉的分期可分为镇痛期、兴奋期、外科麻醉期、延髓麻痹期。该分期可用于判断麻醉深度，麻醉绝对不允许进入延髓麻痹期，手术在外科麻醉期进行。非吸入性麻醉可根据动物体重和麻醉药物的剂量范围，计算麻醉药物的用量。静脉麻醉时，可快速推注计算用量的一半，同时观察动物的麻醉体征表现，然后缓慢注射麻醉药物直至进入麻醉状态；非静脉给药时，麻醉剂用量只能根据动物的状态和个人的经验估计，麻醉的深度相对较难控制。吸入性麻醉深度的控制较静脉麻醉容易，可通过吸入气麻醉药浓度进行调控。

在手术麻醉期及恢复期，疾病种类、麻醉方法和药物作用以及手术创伤及失血等，都可对生理功能带来不同程度的影响，严重时危及生命。因此，应采用临床观察和仪器监护结合密切注意患病动物各种生理功能的改变。全身麻醉时要密切注意呼吸、循环及全身状态的变化，及时处理全身麻醉的并发症，避免麻醉事故的发生。

局部麻醉是一种简便易行、安全有效、并发症少的麻醉方法，包括表面麻醉、浸润麻醉、传导麻醉和脊髓麻醉。在牛、羊、猪的许多手术中，常使用麻醉前用药配合局部麻醉的方法或使用局部麻醉配合全身麻醉施术。常用的局部麻醉药物有普鲁卡因、利多卡因和丁卡因。普鲁卡因毒性小，适用于局部浸润麻醉。利多卡因是中等效能的局麻药物，组织弥散性能和黏膜穿透力都较好，可用于各种局麻方法。丁卡因是一种强效、长时效的局麻药，此药黏膜穿透力强，但毒性大，主要用于表面麻醉。

复习思考题

1. 试述麻醉的概念和分类。
2. 什么叫神经安定镇痛麻醉？
3. 动物麻醉前需做哪些准备工作？
4. 麻醉前用药有哪些？有何作用？
5. 常用的复合麻醉剂有哪些？复合麻醉有哪些优点？
6. 为何牛和猪常做浅麻醉？
7. 全身麻醉的药物和方法有哪些？有哪些影响因素？
8. 全身麻醉的分期有哪些？其深度如何控制？
9. 电针麻醉有哪些优点？
10. 依据药物对针刺麻醉效应的影响，临床镇痛、麻醉药可分为哪几类？
11. 电针麻醉的操作方法有哪些要点？
12. 麻醉动物如何监护？
13. 局部浸润麻醉的注意事项有哪些？
14. 试述常用吸入麻醉的药物和方法。
15. 试述全身麻醉的分期和临床特征。
16. 试述全身麻醉的并发症及其解救方法。
17. 名词解释

麻醉、全身麻醉、局部麻醉、药物麻醉、混合麻醉、合并麻醉、配合麻醉、复合麻醉、电针麻醉、吸入麻醉、麻醉前给药、神经安定镇痛麻醉、浅麻醉、中麻醉、深麻醉、诱导期、麻醉期、苏醒期、朦胧期、兴奋期、外科麻醉期、延髓麻痹期、局部浸润麻醉、传导麻醉、表面麻醉、脊髓麻醉、硬膜外腔麻醉、蛛网膜下腔麻醉

（徐在品）

第五章　手术基本操作

兽医外科手术基本操作包括切开、止血、缝合、打结、引流与包扎等基本技术。

第一节　切　开

一、组织切开与切除的概念

组织切开与切除(incision and excision of tissue)，指用机械的方法(刀、钳、剪、锯等)和物理的方法(高频电刀、激光手术刀、等离子手术刀、冷冻超声手术刀等)遵循术部的解剖生理特点，把原先完整的组织切开或分离，以造成手术通路，显露或切除某一器官或病变组织，从而达到治疗疾病的目的。值得注意的是，切开与切除是两个不同的概念：组织切开又叫组织分离，其目的是制作手术通路，显露术野或病变组织器官；切除是指对发病器官或病灶进行外科摘除，以达到治疗疾病的目的，如肿瘤的切除、破裂脾脏的摘除等。

二、组织合理切开的原则

组织切开是外科手术的重要步骤。浅表部位手术切口可直接位于病变部位上或其附近。深部切口，根据局部解剖特点，既要有利于显露发病器官或病灶，又不能过度损伤组织。

(一)组织切开的原则

(1)切口须接近病变部位，最好能直接到达手术区，并能根据手术需要，便于延长扩大。

(2)切口在体侧、颈侧以垂直于地面或斜行的切口为好，切口在体背、颈背和腹下以沿体正中线或靠近正中线的矢状线的纵行切口比较合理。

(3)切口应避免损伤大血管、神经和腺体的输出管，以免影响术部组织或器官的机能。

(4)切口应该有利于创液的排出，特别是脓汁的排出。

(5)二次手术时，应该避免在瘢痕上切开，因为瘢痕组织再生力弱，且易发生弥漫性出血。

(二)组织切开的注意事项

(1)切口大小要适当　切口过小，不能充分显露，强行牵拉会导致组织撕裂，这种损伤比直接切开损伤更大；而做不必要的大切口，会损伤过多组织。

(2)切开时，须按解剖层次逐层进行，注意保持切口从外到内大小相同。切口两侧要用无菌巾覆盖、固定，以免操作过程中把皮肤表面细菌带入切口，造成污染。

(3)切开组织必须整齐，力求一次切开。手术刀与皮肤、肌肉垂直，防止斜切或多次在同一平面上切割，造成不必要的组织损伤。

(4)切开深部筋膜时，为了预防深层血管和神经的误伤，可先切一小口，用止血钳分离张开，然后再剪开。

(5)切开肌肉时，要沿肌纤维方向用刀柄或手指分离，少做切断，以减少肌纤维损伤，影响愈合。

(6)切开腹膜、胸膜时，要做皱襞切开，防止内脏损伤。

(7)切割骨组织时，要先切割分离骨膜，尽可能保存其健康部分，以利于骨组织愈合。

(8)在进行手术时，还需要借助拉钩等帮助显露。

三、各种组织切开和分离的方法

根据组织性质不同，组织的切开和分离包括软组织（皮肤、筋膜、肌肉、腱等）和硬组织（软骨、骨、角质等）的切开与分离。

(一)组织分离

组织分离有锐性切开和钝性分离两种方法，根据局部解剖及病理改变而选择。手术时通常联合运用两种方法达到切开、显露、游离和切除等目的。

(1)锐性切开　锐性切开是用锐利的刀刃或剪刀的切割作用离断组织和分离组织间隙，常用于致密的组织如皮肤、腱膜、鞘膜和瘢痕组织等的分离。用刀分离时，以刀刃沿组织间隙做垂直的、轻巧的、短距离的切开。用剪刀时以剪刀尖端伸入组织间隙内，不宜过深，然后张开剪柄，分离组织，在确定没有重要的血管、神经后，再予以剪断。锐性切开对组织损伤较小，术后反应也少，愈合较快。但必须熟悉解剖，在直视下辨明组织结构时进行。动作要准确、精细。

(2)钝性分离　钝性分离是借助器械和手指对组织的牵张、扩张和推离作用使组织间隙和疏松组织分离的方法，也称为钝性剥离。常用于皮下筋膜、肌肉、肌膜、脂肪和其他解剖间隙等疏松组织的分离；对较致密的组织，可先锐性切开一小口后再钝性剥离；在解剖结构密集或重要解剖结构难以辨明的区域，钝性剥离尤为重要。

钝性分离或剥离常用的器械为刀柄、止血钳、剥离器及手指等。其方法是将这些器械或手指插入组织间隙内，用适当的力量，分离周围组织。钝性剥离时组织损伤较重，往往残留许多失去活性的组织细胞，因此，术后组织反应较重，愈合较慢。在瘢痕较大、粘连过多或血管、神经丰富的部位，不宜采用。

(二)皮肤切开法

皮肤切开分为紧张切开和皱襞切开两种方法。

(1)紧张切开　由术者与助手同时用手在切口两旁或上、下将皮肤展开固定（图 5-1），或由术者用拇指及食指在切口两旁将皮肤撑紧并固定，刀刃与皮肤垂直，用力均匀地一刀切开皮肤及皮下组织所需长度和深度的方法，称为紧张切开。有的皮肤的活动性比较大，切皮时易造成皮肤和皮下组织切口不一致，为了防止上述现象的发生，可采用此法切开。较大的皮肤切口必要时可补充运刀，但要避免多次切割，重复刀痕，以免切口边缘参差不齐，切口出现锯齿状，影响创缘对合和愈合。

(2)皱襞切开　由术者和助手在预定切线的两侧，用手指或镊子提拉皮肤呈垂直皱襞，并进行垂直切开的方法称为皱襞切开（图 5-2）。为了使皮肤切口位置正确且不误伤其下部组织，或在切口下面有大血管、大神经、分泌管和重要器官，而皮下组织甚为疏松的部位，可用此法切开。

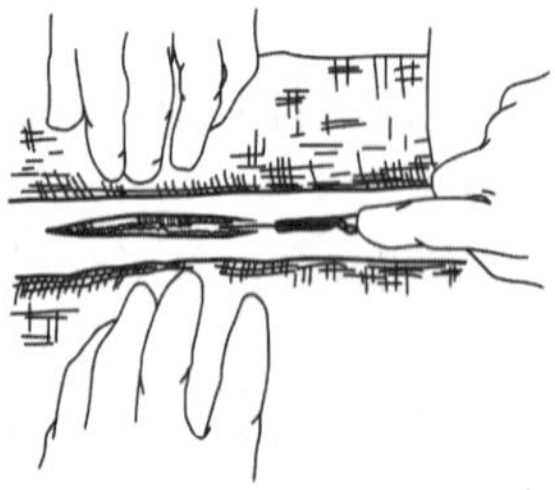

图 5-1　皮肤紧张切开法

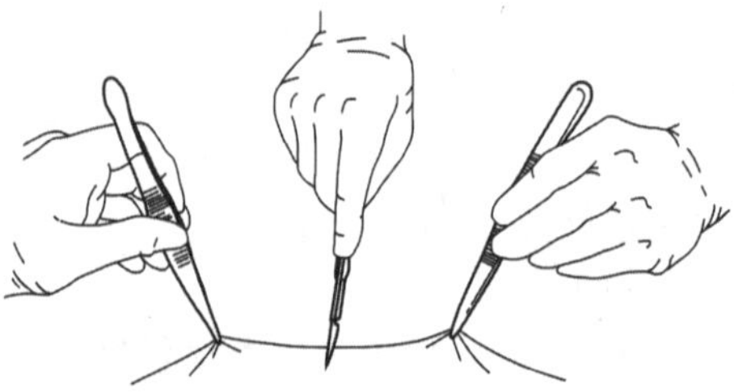

图 5-2　皮肤皱襞切开法

在施行手术时，皮肤切开最常用的是直线切口，既方便操作，又利于愈合。但根据手术的其他特殊要求，也可做下列几种形状的切口：

(1)梭形切口　主要用于切除病理组织（如肿瘤、瘘管、放线菌病灶）或过多的皮肤。

(2)"Π"形或"U"形切口　多用于脑部与副鼻窦手术中的圆锯术。

(3)"丁"字形及"十"字形切口　多用于需要将深部组织充分显露和摘除时。

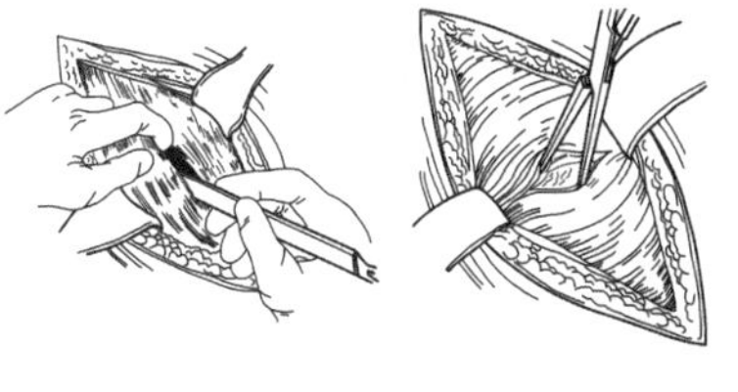

图 5-3　肌肉的钝性分离

(三)皮下组织及其他组织的分离

切开皮肤后，皮下其他组织宜用逐层分离的方法，以便识别组织，避免或减少对大血管、大神经的损伤，只有当切开浅层脓肿时，采用一次切开的方法。

(1)皮下疏松结缔组织的分离　皮下结缔组织内分布有许多小血管，故多用钝性分离：先将组织刺破，再用手术刀柄、止血钳或手指进行剥离。

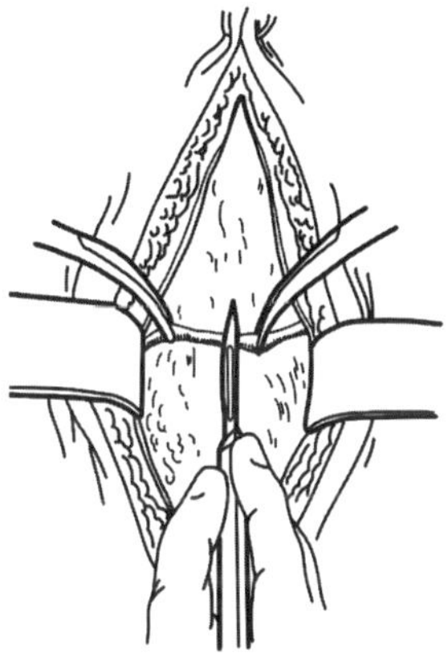

图 5-4　切断横过切口的血管

(2)筋膜和腱膜的分离　用刀在其中央做一小切口，然后用弯止血钳在此切口上、下将筋膜下组织与筋膜分开，沿分开线剪开筋膜。筋膜的切口应与皮肤切口等长。若筋膜下有神经、血管，则用手术镊将筋膜提起，用反挑式执刀法做一小孔，插入有沟探针，沿针沟外向切开。

(3)肌肉的分离　一般是沿肌纤维方向作钝性分离。用刀柄、止血钳或手指顺肌纤维方向剥离，扩大到所需要的长度(图 5-3)。但在个别情况下，或肌肉较厚且含有大量腱质时，为了使手术通路广阔和排液方便也可横断肌纤维。横过切口的血管可用止血钳钳夹，或用细缝线从两端结扎后，从中间将血管切断(图 5-4)。

(4)腹膜的切开　腹膜切开时，为了避免伤及内脏，可用组织钳或止血钳提起腹膜做一小切口，利用食指和中指或有沟探针引导，再用手术刀或剪做锐性切开(图 5-5)。

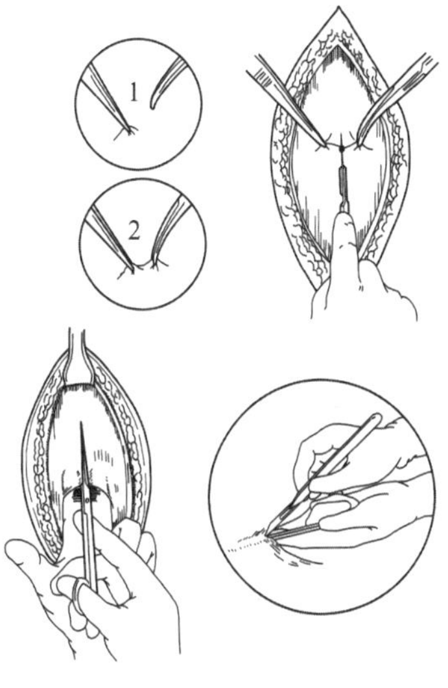

图 5-5　腹膜切开法

(5)肠管的切开　肠管侧壁切开，一般于肠管纵带上或在肠系膜对侧纵行切开，并应避免损伤对侧肠壁(图 5-6)。

(6)索状组织的分离　索状组织（如精索）的分割，除了可应用手术刀（剪）做锐性切割外，尚可用刮断、拧断等方法，以减少出血。

(7)良性肿瘤、放线菌病灶、囊肿及内脏粘连部分的分离　宜用钝性分离。对未机化的粘连可用手指或刀柄直接剥离；对已机化的致密组织，可先用手术刀切一小口，再钝性剥离。剥离时手的主要动作应是前后方向或略施加压力于一侧，使较疏松或粘连最小部分自行分离，然后将手指伸入组织间隙，再逐步深入。在深部非直视下，手指左右大幅度的剥离动作应少用或慎

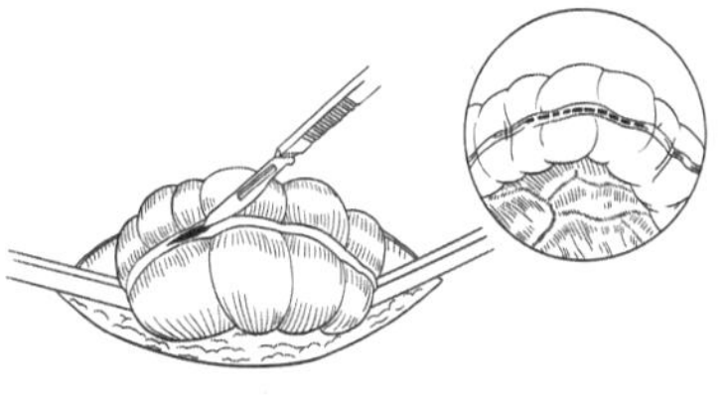

图 5-6　肠管侧壁切开

用,除非确认为稀松的纤维蛋白粘连,否则,易导致组织及脏器的严重撕裂或大出血。对某些不易钝性分离的组织,可将钝性分离与锐性切开结合使用,一般是用弯剪伸入组织间隙,用推剪法,即将剪尖微张,轻轻向前推进,进行剥离。

(四)骨组织的分割

首先应分离骨膜,然后再分离骨组织。要尽可能完善地保存骨膜的健康部分,以利于骨组织的再生和愈合,因为骨膜内层的成纤维细胞在损伤或病理情况下,可变为骨细胞参与骨骼的修复过程。

分离骨膜时,先用手术刀锐性切开骨膜(可为“十”字形或“工”字形),然后用骨膜分离器钝性剥离骨膜。骨组织的分离一般是用骨剪剪断或骨锯锯断,在锯(剪)断骨组织时,不应伤及骨膜。为了防止骨的断端损伤软组织,应使用骨锉锉平断端锐缘,并清除骨片,以免留在手术创内引起不良反应和阻碍愈合。分离骨组织常用的器械有圆锯、线锯、骨钻、骨凿、骨钳、骨剪、骨匙及骨膜剥离器等(图 5-7)。

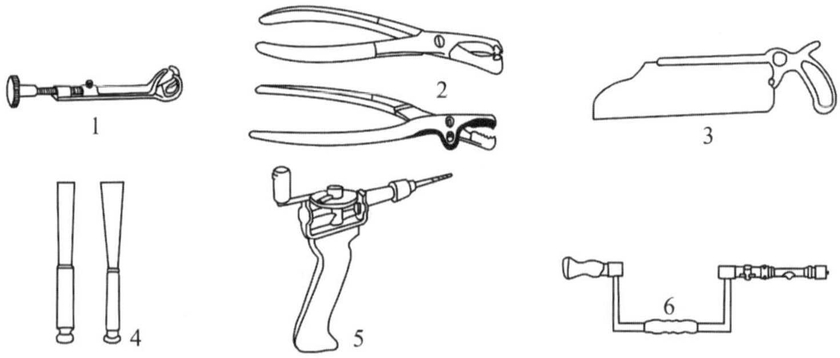

图 5-7 骨科常用手术器械

1.三爪持骨器 2.狮牙持骨器 3.骨锯 4.骨凿 5.骨钻 6.圆锯

(五)蹄和角质的分离

属于硬组织的分离。对蹄角质可用蹄刀、蹄刮挖除,浸软的蹄壁用柳叶刀切削。闭合蹄壁上的裂口可用骨钻、锔子钳和锔子。截断牛羊角时可用骨锯或断角器。

四、手术野的显露

手术野的充分显露不仅能清楚显示病变的性质、范围和局部解剖层次,且便于手术操作和防止手术的副损伤,因而是安全有效地施行手术的关键。深部手术的显露更为重要,显露不佳,不但增加操作难度,延长手术时间,而且还可能误伤重要器官结构、导致大出血或其他严重后果。手术野的良好显露,取决于多方面的因素:选择适宜的麻醉方法,使其肌肉尽量松弛,有利于创口拉开;选择适宜的保定体位,有利于手术野显露;手术时根据切口、手术性质和操作需要,选择理想的保定方法,才能充分显露手术野。牵开,应用拉钩、牵开器帮助显露切口是最常用的方法。良好的照明也是保证手术进行的重要条件,为了增强手术野的可见度,手术照明要采用无影灯和深创照明灯,保证术野明亮。

(一)体位的选择

合适的体位,常有助于深部手术野的良好显露。一般应根据手术路径、病变部位、手术的性质和需要,选择合适的体位。如膈肌破裂修补术要根据破裂部位确定选用侧卧或仰卧位;阴茎切开造口术要选用侧卧位加后肢前方转位。但体位的选择应同时考虑到动物的舒适以及体位对局部或全身的影响，如时间较长的过伸或过屈的体位会影响呼吸运动及气体交换量，侧卧时间过久可影响血液循环或神经压迫等。

（二）麻醉的选择

只有良好的肌肉松弛，才能获得良好的显露，尤其是深部手术应选择肌肉充分松弛的麻醉药物和方法。胸部手术应选择气管插管加吸入麻醉往往可以获得良好的肌肉松弛和增进手术野的显露，而且也便于术中处理各种异常情况。

（三）手术切口和路径的选择

正确选择手术切口及路径也是做好手术的重要环节之一，针对不同部位手术的需要，可采用各种常规的和非常规的切口。

切口的选择应遵守以下原则：

（1）切口应尽量接近病变部位，通过最短的路径显露病灶，且便于在必要时延伸切口完成手术。

（2）手术时需采用足够大的切口充分显露手术区域，小切口手术是在特定条件下实行的，并不与该原则相违背。

（3）切口不应损伤重要的解剖结构，不影响局部的生理功能，不遗留难看的瘢痕。

（四）切口牵开

利用牵开器牵开切口是增加显露的常用方法。切口牵开时应注意：

（1）将附近组织或脏器牵开时拉钩下方应衬以湿盐水纱布垫，以加强拉钩的作用，阻止附近脏器（如肠、胃等）涌入手术区域妨碍手术野的显露及操作，同时也保护周围器官或组织免受损伤。

（2）拉钩的动作要轻柔，尤其是在局麻、针麻或硬膜外阻滞麻醉时，由于内脏神经敏感性仍存在，牵拉或刺激内脏过重时，可引起反射性疼痛、肌肉紧张、恶心、呕吐等，致使内脏涌入手术野妨碍操作。采用1%普鲁卡因在肠系膜根部、肝-十二指肠韧带或内脏神经丛部位封闭，可减轻或消除上述现象，改善显露。

（3）正确把持拉钩的方法一般是手心向上，如果手心向下，则掌握拉钩的助手难以持久在恒定的位置。

（4）助手应了解手术的进程及手术者的意图，及时调整拉钩的位置以主动配合手术，故在术前详细讨论及术中沟通是很重要的。

（五）内脏的移位与减容

移动内脏的位置或减少内脏的体积或容量也是改善显露的一种方法，常用的方法有：

（1）利用实质脏器本身的特点将其托起，使深处的手术部位变浅。例如，肝脏和胆道手术时，可在肝周韧带离断后，在肝上和肝后放置纱布垫，使肝脏和肝外胆道向前下移位。

（2）利用某些组织结构牵拉内脏。例如，利用肝圆韧带将肝脏向上轻轻牵引，可使肝门部结构变浅。

（3）通过减少内脏的体积或内容物，使手术野更加开阔。例如，颅内手术可行脱水使脑容积减少，盆腔手术留置导尿管排空膀胱。

（4）将胃肠推移至手术野外以增加腹内空间。腹腔深部手术时，可用大盐水纱布垫将胃肠推移至手术野之外，也可将小肠置于切口外，以增加腹内空间和显露深部术野，但应妥善保护外置的脏器。

（六）手术野照明

手术尤其是深部手术时需随时调整灯光的照明方向以利于手术野显露。空间狭小的深部手术野可借助术者佩戴的头灯予以充分照明和显露。无论开放手术或腔镜手术均切忌在昏暗的手术野中盲目进行重要操作，以免误伤重要组织或器官。

第二节 止 血

止血(hemostasis)即控制出血，是手术过程中自始至终经常遇到而又必须立即处理的基本操作技术。手术中完善的止血，可以预防失血的危险和保证术部良好的显露，有利于争取手术时间，避免误伤重要器官，直接关系到施术动物的健康、切口的愈合和预防并发症的发生等。因此要求手术中的止血必须迅速而可靠，并在手术前采取积极有效的预防性止血措施，以减少手术中失血。

一、出血的种类

血液自血管中流出的现象，称为出血。在手术过程中或意外损伤血管时，即伴随着出血的发生。出血的种类很多，临床上根据受伤血管的性质、出血后血液流至的部位、出血时间和次数进行划分。

(一)按照受伤血管的不同分类

(1)动脉出血 由于动脉管壁含有大量的弹力纤维，动脉压力大，血液含氧量丰富，所以动脉出血的特征为：血液鲜红，呈喷射状流出，喷射线出现规律性起伏并与心脏搏动一致。动脉出血一般自血管断端的近心端流出，指压动脉管断端的近心端，则搏动性血流立即停止，反之则出血状况无改变。具有吻合支的小动脉管破裂时，近心端及远心端均能出血。大动脉的出血须立即采取有效止血措施，否则可导致出血性休克，甚至引起动物死亡。

(2)静脉出血 血液以较缓慢的速度从血管中呈均匀不断地泉涌状流出，颜色为暗红或紫红。一般血管远心端的出血较近心端多，指压出血静脉管的远心端，则出血停止，反之出血加剧。静脉出血的转归不同，小静脉出血一般能自行停止，或经压迫、填塞后而停止出血，但深部大静脉受损如腔静脉、股静脉、髂静脉、门静脉等出血，则常由于迅速大量失血引起动物死亡。体表大静脉受损，可因大失血或空气栓塞而死亡。

(3)毛细血管出血 其色泽介于动、静脉血液之间，多呈渗出性点状出血。一般可自行止血或稍加压迫即可止血。

(4)实质出血 见于实质器官、骨松质及海绵组织的损伤，为混合性出血，即血液自小动脉与小静脉内流出，血液颜色和静脉血相似。由于实质器官中含有丰富的血窦，而血管的断端又不能自行缩入组织内，因此不易形成断端血栓，易产生大失血威胁动物生命，故应予以高度重视。

(二)按血管出血后血液流至的部位不同分类

(1)外出血 当组织受损后，血液由创伤或天然孔流到体外时称外出血。

(2)内出血 血管受损出血后，血液积聚在组织内或腔体中，如胸腔、腹腔、关节腔等处，称内出血。

(三)按照出血的次数和时间分类

1.初次出血

直接发生在组织受到创伤之后的出血。

2.二次出血

主要发生在动脉；静脉的二次出血极少发生，因为静脉内压力低，血流缓慢且易形成血栓，血栓形成后一般不因为血压的关系而脱落。造成二次出血的原因一般认为有以下几点：

(1)血管断端结扎止血不确实,结扎线松脱。

(2)某种原因使血栓脱落,如血压增高、钳夹止血钳夹的力量和时间不足、手术后过早运动而使血栓脱落。

(3)未结扎的血管中的血栓,由于化脓或使用某些药物而溶解。

(4)粗暴地更换敷料或填塞,将血管扯伤。

3. 重复出血

多次重复出血,可见于破溃的肿瘤。

4. 延期出血

受伤当时并未出血,经若干时间后发生出血,称为延期出血。延期出血的原因是:

(1)手术中使用肾上腺素,当药物作用消失后血管扩张而出血。

(2)骨折固定不良,骨折断端锐缘刺破血管。

(3)血管受到挫伤时,血管的内层及中层受到破坏,血液积聚在血管外膜之下形成血栓,当时虽未出血,但若血栓受到感染,血管壁遭受破坏则可发生延期出血。

(4)在局部感染区,血管受到侵害而发生破裂。

二、常用的止血方法

(一)全身预防性止血法

在手术前给动物注射增高血液凝固性的药物和同类型血液,借以提高机体抗出血的能力,减少手术过程中的出血。常用下列几种方法:

1. 输血

术前输血的目的在于增高施术动物血液的凝固性,刺激血管运动中枢反射性地引起血管的痉挛性收缩,以减少手术中的出血。在术前 30～60 min,输入同种动物同种血型的血液,牛、马 500～1 000 mL;猪、羊 200～300 mL;犬为 5～7 mL/kg。

2. 注射增高血液凝固性以及血管收缩的药物

(1)肌内注射 0.3%凝血质注射液,以促进血液凝固。牛、马每次 10～20 mL;羊、猪、犬每次 2～5 mL。

(2)肌内注射维生素 K 注射液,以促进血液凝固,增加凝血酶原。牛、马每次 100～400 mg,猪、羊 30～50 mg,犬 10～30 mg,猫 1～5 mg。

(3)肌内注射安络血注射液,以增强毛细血管的收缩力,降低毛细血管渗透性。牛、马 30～60 mg,猪、羊、犬 5～10 mg。

(4)肌内注射止血敏注射液,以增强血小板机能及黏合力,减少毛细血管渗透性。每次牛、马 1.25～2.5 g,猪、羊、犬 0.25～0.5 g,猫 0.125～0.25 g。

(5)肌内注射或静脉注射对羧基苄胺(抗血纤溶芳酸),以拮抗血纤维蛋白的溶解,抑制纤维蛋白原的激活因子,使纤维蛋白溶酶原不能转变成纤维蛋白溶解酶,从而减少纤维蛋白的溶解而发挥止血作用。对于手术中的出血及渗血、尿血、消化道出血有较好的止血效果。使用时可加葡萄糖注射液或生理盐水注射液,注射时宜缓慢。牛、马 1 次量 1～2 g,猪、羊 0.2～0.4 g。

(二)局部预防性止血法

(1)肾上腺素止血 应用肾上腺素做局部预防性止血常配合局部麻醉进行。一般是在每 1 000 mL 普鲁卡因溶液中加入 0.1%肾上腺素溶液 2 mL,利用肾上腺素收缩血管的作用,达到减少手术局部出血之目的,其作用可维持 20 min 至 2 h。但手术局部有炎症病灶时,因高度的酸性反应,可减弱肾上腺素的作用。此外，在肾上腺素作用消失后，小动脉管扩张，如若血管内血栓形成不牢固，可能发生二次出血。

(2)止血带止血　适用于四肢、阴茎和尾部手术。可暂时阻断血流，减少手术中的失血，有利于手术操作。用橡皮管止血带或其代用品——绳索、绷带时，局部应垫以纱布或手术巾，以防损伤局部组织、血管及神经(图 5-8)。

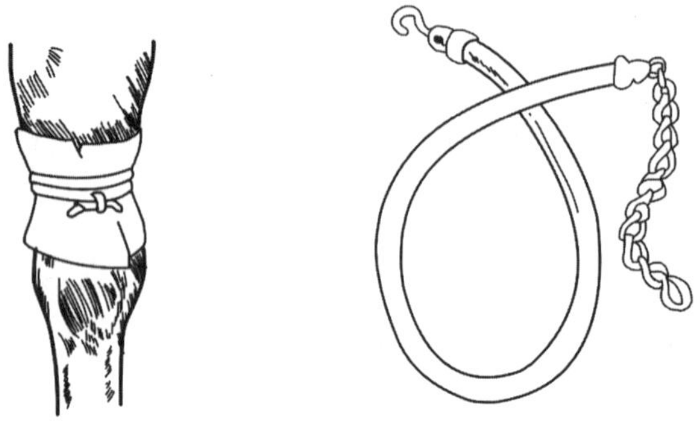

图 5-8　止血带的应用

橡皮管止血带的装置方法是：用足够的压力(以止血带远侧端的脉搏消失为度)，于手术部位上 1/3 处缠绕数周固定之，其保留时间不得超过 2～3 h，冬季不超过 40～60 min，在此时间内如手术尚未完成，可将止血带临时松开 10～30 s，然后重新缠扎。松开止血带时，宜用多次“松、紧、松、紧”的办法，严禁一次松开。

(三)手术过程中止血法

手术过程中的止血方法很多，兹将几种常用的止血方法叙述如下。

1. 机械止血法(视频 5-1)

视频 5-1　止血

(1)压迫止血　用纱布或泡沫塑料压迫出血部位进行止血。在毛细血管渗血和小血管出血时，如机体凝血机能正常，压迫片刻，出血即可自行停止。为了提高压迫止血的效果，可选用温生理盐水、1%～2%麻黄素、0.1%肾上腺素、2%氯化钙溶液浸湿后扭干的纱布块做压迫止血。在止血时，必须是按压，不可用擦拭，以免损伤组织或使血栓脱落。压迫止血可清除术部的血液，辨清组织、出血路径及出血点以便进行其他止血措施。

(2)钳夹止血　利用止血钳最前端夹住血管的断端，钳夹方向应尽量与血管垂直，钳住的组织要少，切不可做大面积钳夹。

(3)钳夹扭转止血　用止血钳夹住血管断端，扭转止血钳 1～2 周，轻轻去钳，则断端闭合止血。如经钳夹扭转不能止血时，则应予以结扎，此法适用于小血管止血。

(4)钳夹结扎止血　是常用而可靠的基本止血法，多用于明显而较大血管出血的止血。其方法有两种：

①单纯结扎止血　用丝线绕过止血钳所夹住的血管及少量组织而结扎(图 5-9)。在结扎第一结扣的同时，由助手放开止血钳，于结扣收紧时，即可完全放松，过早放松，血管可能脱出，过晚放松则结扎住钳头不能收紧。结扎时所用的力量也应大小适中。结扎止血

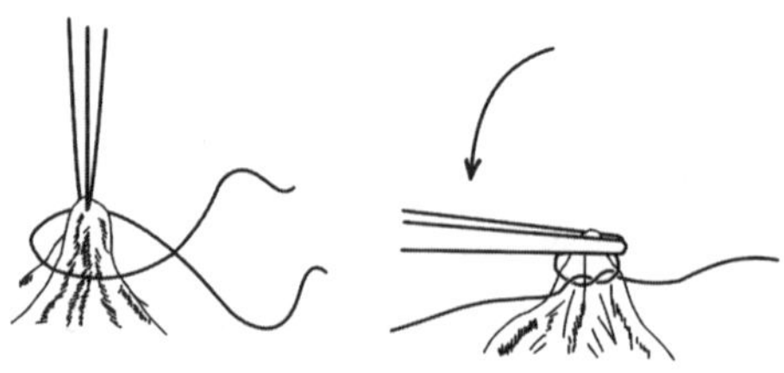

图 5-9　单纯结扎止血

法，适用于一般部位的止血。

②贯穿结扎止血　将结扎线用缝针穿过所钳夹组织（勿穿透血管）后进行结扎。常用的方法有“8”字缝合结扎及单纯贯穿结扎两种（图 5-10）。

贯穿结扎止血的优点是结扎线不易脱落，适用于大血管或重要部分的止血。在不易用止血钳夹住的出血点，不可用单纯结扎止血，而宜采用贯穿结扎止血的方法。

（5）创内留钳止血　用止血钳夹住创伤深部血管断端，并将止血钳留在创伤内 24～48 h。为了防止止血钳移动，可用绷带固定止血钳的柄环部拴在动物的体躯上。创内留钳止血法，多用于大动物去势后继发精索内动脉大出血。

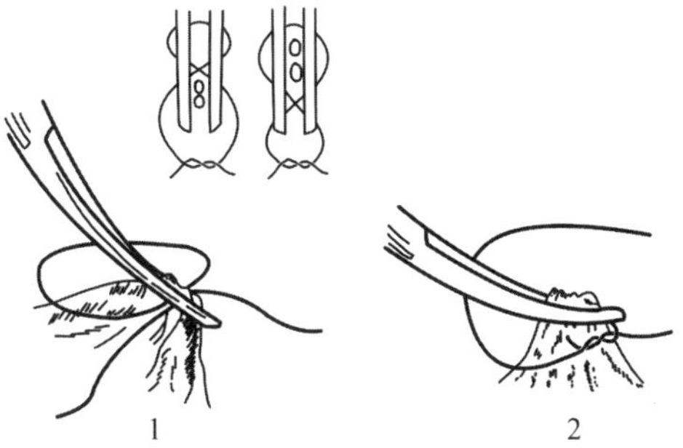

图 5-10　贯穿结扎止血法

1.“8”字缝合结扎法　2. 单纯贯穿结扎法

（6）填塞止血　深部大血管出血，一时找不到血管断端，钳夹或结扎止血困难时，可用灭菌纱布紧塞于出血的创腔或解剖腔内，压迫血管断端以达到止血之目的。在填入纱布时，必须将创腔填满，以便有足够的压力压迫血管断端。填塞止血留置的敷料通常是在 12～48 h 后取出。

2. 电凝及烧烙止血法

（1）电凝止血　利用高频电流凝固组织的作用达到止血目的。使用方法是用止血钳夹住血管断端，向上轻轻提起，擦干血液，将电凝器与止血钳接触，待局部发烟即可。电凝时间不宜过长，否则烧伤范围过大，影响切口愈合。在空腔脏器、大血管附近及皮肤等处不可用电凝止血，以免组织坏死，发生并发症。

电凝止血的优点是止血迅速，不留线结于组织内，但止血效果不完全可靠，凝固的组织易于脱落而再次出血，所以对较大的血管仍应以结扎止血为宜，以免发生继发性出血。

使用电凝止血时，除了与所夹的出血点接触外，止血钳不应与周围组织接触。在使用挥发性麻醉剂（如乙醚）做麻醉时，不宜采用电凝止血，因为容易发生爆炸事故。电凝止血多用于较浅表的小出血点或不易结扎的渗血。

（2）烧烙止血　用电烧烙器或烙铁烧烙作用使血管断端收缩封闭而止血。其缺点是损伤组织较多，兽医临诊上多用于弥漫性出血、羔羊断尾术和某些摘除手术后的止血。使用烧烙止血时，应将电阻丝或烙铁烧得微红，才能达到止血的目的，但也不宜过热，以免组织炭化过多，使血管断端不能牢固堵塞。烧烙时，烙铁在出血处稍加按压后即迅速移开，否则组织黏附在烙铁上，当烙铁移开时而将组织扯离。

3. 局部化学及生物学止血法

（1）麻黄素、肾上腺素止血　用 1%～2%麻黄素溶液或 0.1%肾上腺素溶液浸湿的纱布进行压迫止血（见压迫止血）。临床上也常用上述药品浸湿系有棉线绳的棉包作鼻出血、拔牙后齿槽出血的填塞止血，待止血后拉出棉包。

（2）止血明胶海绵止血　明胶海绵止血多用于一般方法难以止血的创面出血，实质器官、骨松质及海绵质出血。使用时将止血海绵铺在出血面上或填塞在出血的伤口内，即能达到止血的目的；如果在填塞后加以组织缝合，更能发挥优良的止血效果。止血明胶海绵的种类很多，如纤维蛋白海绵、氧化纤维素、白明胶海绵及淀粉海绵等。它们止血的基本原理是促进血液凝固和提供凝血时所需要的支架结构。止血海绵经 4～6 周即能完全被组织吸收和使受伤血管日后保持贯通。

(3)活组织填塞止血　是用自体组织如网膜,填塞于出血部位。通常用于实质器官的止血,如肝脏损伤用网膜填塞止血,或用取自腹部切口的带蒂腹膜、筋膜和肌肉瓣,牢固地缝在损伤的肝脏上。

(4)骨蜡止血　外科临床上常用骨蜡制止骨质渗血,用于骨的手术和断角术。骨蜡配方:蜂蜡5 g、石蜡油5 mL、凡士林1 g,混合后高压灭菌即可应用。

第三节　缝　合

缝合(sutures)是将已切开、切断或因外伤而分离的组织、器官进行对合或重建其通道,保证良好愈合的基本操作技术。缝合可通过用缝线手工缝接、吻合器或钉合器等方法来完成,兽医临床上主要采用手工缝合进行组织对合。

一、缝合的原则

缝合是封闭创伤、修复缺损及吻合重建的外科基本技术。缝合的目的在于:使分离的组织或器官对接,为组织的再生和愈合创造良好条件;保护无菌创免受感染;加速肉芽创的愈合;促进止血。

为了确保愈合,缝合时要遵守下列各项原则:

(1)严格遵守无菌操作。

(2)缝合前必须彻底止血,清除凝血块、异物及无生机的组织。

(3)为了使创缘均匀接近,在两针孔之间要有相当距离,以防拉穿组织。

(4)缝针刺入和穿出部位应彼此相对,针距相等,否则易使创伤形成皱襞和裂隙。

(5)凡无菌手术创或非污染的新鲜创经外科常规处理后,可做密闭缝合;具有化脓腐败过程以及具有深创囊的创伤可不缝合,必要时做部分缝合。

(6)同层组织相缝合,除非特殊需要,不允许把不同类的组织缝合在一起。

(7)缝合、打结应有利于创伤愈合。如打结时既要适当收紧,又要防止拉穿组织,结要打在切口一侧,不能打在切口上。缝合时不宜过紧,否则将造成组织缺血。

(8)创缘、创壁应互相均匀对合,皮肤创缘不得内翻,创伤深部不应留有死腔、积血和积液。在条件允许时,可做多层缝合,正确与不正确的缝合见图5-11。

(9)缝合的创伤,若在手术后出现感染症状,应尽早拆除部分缝线,以便排出创液。

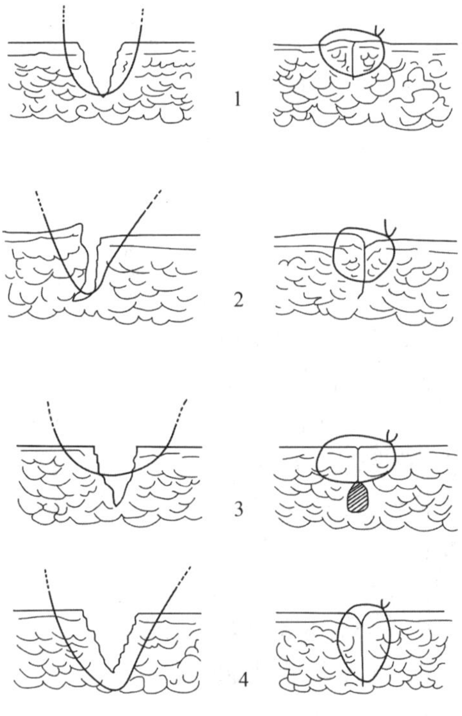

图 5-11　正确与不正确的缝合

1.正确的缝合　2.两皮肤创缘不在同一平面,边缘错位　3.缝合太浅,形成死腔　4.缝合太紧,皮肤内陷

二、缝合材料和组织黏合剂

(一)缝合材料

兽医外科临床上,所用缝合材料种类很多。选择适宜的缝合材料是很重要的,应根据缝线的生

物学和物理学特性、创伤局部的状态以及各种组织创伤的愈合速度来决定。

1.理想的缝合材料

理想的缝合材料应该满足如下要求：①在活组织内具有足够的缝合创伤的张力强度；②对组织刺激性很小；③应该是非电解质、非毛细管性质、非变态反应和非致癌物质；④打结应该确实，不易滑脱；⑤容易灭菌，灭菌时不变性；⑥无毒性，不隐藏细菌；⑦理想的可吸收缝线应该在植入机体后30～60 d内被吸收，被包埋的缝线没有术后并发症。目前虽然没有完全理想的缝合材料，但是当前所使用的缝合材料，各自都具有其本身的优良特性。

2.缝合材料分类

按照缝合材料在动物体内能否被吸收分为两类：吸收性缝合材料和非吸收性缝合材料。缝合材料植入动物体内60 d内发生变性，其张力强度很快丧失的为吸收性缝合材料。缝合材料在动物体内60 d以后仍然保持其张力强度者为非吸收性缝合材料。

缝合材料按照其材料来源分为天然缝合材料和人造缝合材料。

(1)天然吸收性缝合材料　肠线(surgical gut)是使用最多的天然吸收性缝合材料，由羊的肠黏膜下组织或牛的小肠浆膜组织制成，主要为结缔组织和少量弹力纤维。肠线经过铬盐处理，减少被胶原吸收的液体，张力强度增加，变性速度减慢。因此铬制肠线被吸收的时间长，对软组织的反应小。

肠线分为4种：A型为普通型或未经铬盐处理，植入体内后3～7 d被吸收，能引起严重的组织反应，张力强度很快丧失，手术时一般不使用。B型为轻度铬盐处理型，植入体内14 d被吸收。C型为中度铬盐处理型，植入体内20 d被吸收，是手术常用的肠线。D型为超级铬盐处理型，植入体内40 d被吸收。

肠线的吸收：首先在组织内由酸的水解作用和溶胶原作用使分子键离断造成肠线张力强度丧失；其次，肠线植入体内后期，由于蛋白分解酶作用，使肠线被消化和吸收。当用肠线缝合胃壁时，在酸性胃蛋白酶的作用下，吸收速度加快；在被感染的创伤和血管丰富的组织可看到肠线过早地被吸收；蛋白氮缺乏的衰竭动物，肠线吸收也加速。

使用肠线时应注意下列5个问题：

①从无菌包装内取出的肠线质地较硬，须在温生理盐水中浸泡片刻，待柔软后使用，但浸泡时间不宜过长，以免肠线膨胀、易断。

②不可用持针钳、止血钳夹持肠线，也不要将肠线扭折，以致皱裂、易断。

③肠线经浸泡吸水后发生膨胀，较滑，当结扎时，结扎处易松脱，所以须打5～7个单结，剪断后留较长线头，以免滑脱。

④由于肠线是异体蛋白，在吸收过程中可引起较大的组织炎症反应，所以一般多用连续缝合，以免线结太多致使手术后异物反应严重。

⑤在不影响手术效果的前提下，尽量选用细肠线。

肠线的缺点：易诱发组织的炎症反应，张力强度丧失较快，有毛细管现象，偶尔会出现过敏反应。

肠线适用于胃肠、泌尿生殖道等空腔器官的缝合，不能用于胰脏手术，因肠线易被胰液消化吸收。

(2)人造吸收性缝合材料　聚乙醇酸缝线(polyglycolic acid，PGA)是此类缝线的代表，该缝线为一种非成胶质人造吸收性缝线，是羟基乙酸的聚合物。聚乙醇酸缝线的吸收方式是通过脂酶作用被水解而吸收，在碱性环境中水解作用很快，完全吸收为100～120 d，吸收过程中炎症反应很轻微。试管内观察，聚乙醇酸水解产物是很有效的抗菌物质，在尿液里过早被吸收。

聚乙醇酸缝线适用于清洁创和感染创的缝合，不适于缝合愈合较慢的组织（韧带、腱），因为该缝线张力强度丧失较快。

聚乙醇酸缝线的缺点：该缝线穿过组织时摩擦系数高，因此通过组织费力、缓慢，能切断脆弱组织。在使用前要浸湿，减少摩擦系数。该缝线打结不确实，打结时，每道结要注意拉紧，打5～7个单结，防止松脱。

(3)天然非吸收性缝合材料

①丝线(silk) 丝线是蚕茧的连续性蛋白质纤维，是传统的、广泛应用的非吸收性缝线。丝线有型号编制，使用时应根据不同的型号，用于缝合不同的组织。粗线为7～9号，抗张力为2.7～4.5 kg，适用于大血管结扎、筋膜或张力较大的组织缝合；中等线为3～4号，抗张力为1.65 kg，适用于皮肤、肌肉、肌腱等组织缝合；细线为0～1号，抗张力为0.9 kg，适用于皮下、胃肠道组织的缝合；最细线为000～0000号，抗张力为0.5 kg，适用于血管、神经缝合。

丝线刺激组织产生炎症反应，因为丝线具有较大固着γ球蛋白的能力，最后导致产生一种急性炎症反应。

丝线的灭菌：高压蒸汽灭菌一般要求是6.67×10^5 Pa条件下20 min。煮沸灭菌对丝线影响较小，但重复煮沸，或时间过长，丝线膨胀，拉力减弱。

丝线优点：价廉，广泛应用；容易消毒；张力强度高，操作使用方便；打结确实。

丝线缺点：缝合空腔器官时，如果丝线露在腔内，易产生溃疡；缝合膀胱、胆囊时，易形成结石。因此，丝线不能用于空腔器官的黏膜层缝合，不能缝合被污染或感染的创伤。

②不锈钢丝(stainless steel) 金属缝线已使用几个世纪，现在使用的不锈钢丝是唯一被广泛接受的金属缝线。适用于制作不锈钢丝的材料是铬镍不锈钢。有单丝和多丝不锈钢丝。

不锈钢丝生物学特性为惰性，植入组织内不引起炎症反应，能保持其张力强度，适用于愈合缓慢的组织如筋膜、肌腱的缝合以及皮肤减张缝合。该缝线操作困难，特别是打结困难，打结的锐利断端刺激组织，引起局部组织坏死。特别对于易活动的组织，打结断端要细致处理。缝合张力大的组织，应垫橡皮管，以防钢丝割裂皮肤。

③尼龙缝线(nylon) 尼龙是由六次甲基二胺和脂肪酸制成。尼龙缝线分为单丝和多丝两种。其生物学特性为惰性，植入组织内对组织反应很小，张力强度较强。单丝尼龙缝线无毛细管现象，在污染的组织内感染率较低。单丝尼龙缝线可用于血管缝合，多丝尼龙缝线适用于皮肤缝合。但是不能用于浆膜腔和滑膜腔缝合，因为埋植的锐利断端能引起局部摩擦刺激而产生炎症或坏死。缺点是操作使用较困难，打结不确实，要打三叠结。

3.缝合材料的选择

根据缝合材料的生物学、物理学和兽医临床需要来决定。虽然没有理想的缝合材料，但选择缝合材料应遵循下列原则：

(1)缝合材料张力强度丧失应该和被缝合组织获得张力强度相适应 皮肤张力强，愈合慢，缝合材料强度要求较强，植入组织内，其强度要求保持时间较长。非吸收性缝线适用于大动物皮肤缝合。胃、肠、子宫等组织脆弱，愈合快，要求缝线强度较小，植入组织内保持张力强度在14～21 d，吸收性缝线适用于这些组织。

(2)缝线的生物学作用能改变创伤愈合过程 缝线的物理和化学性质，影响缝合组织抵抗创伤感染的能力。同样的缝合材料，单丝缝线耐受污染创比多丝缝线好。人造缝线抵抗创伤感染能力比天然缝线好。聚乙醇酸缝线、单丝尼龙等用于污染组织，感染率很低。膀胱、胆囊的缝合，使用丝线易形成结石。

(3)不同的组织使用不同的缝合材料　皮肤缝合使用丝线、尼龙等非吸收性缝线。皮下组织使用人造可吸收性缝线是适宜的。腹壁和许多其他部位的筋膜张力强度较大,愈合慢,需要缝线强度较强,应用中等规格尼龙等非吸收性缝线是适宜的。对张力较小部位的筋膜,可以应用人造可吸收性缝线。肌肉缝合应用人造可吸收性或非吸收性缝线。空腔器官缝合应用肠线、聚乙醇酸缝线和单丝非吸收性缝线。腱的修补通常应用尼龙、不锈钢丝等。聚丙烯缝线、尼龙缝线用于血管缝合。神经缝合要考虑对缝合组织无反应性,应用尼龙和聚丙烯缝线。

(二)组织黏合剂

组织黏合剂(tissue adhesives)历史悠久,大约在公元前3000年,埃及首次使用了称作医用黏合剂的混合物。近几十年才迅速发展,1909年Bergel报道纤维蛋白粉末具有止血功能,随即应用于肝脏和大脑的止血,1940年Young用于粘接神经和Cronkile用于固定植皮,1945年Katzin用纤维蛋白黏合家兔穿透性角膜移植切口,1949年Ardis首次用α-氰基丙烯酸酯黏合组织,直到1959年美国Fastman 910快速黏合剂(α-氰基丙烯酸甲酯)问世,才实现了外科手术由缝扎到黏合的大革命。

1.组织黏合剂的分类

组织黏合剂按其材料性质可分为化学黏合剂和生物黏合剂。化学黏合剂包括:氰基丙烯酸酯类黏合剂、聚氨酯类黏合剂、有机硅系黏合剂等。其中氰基丙烯酸酯类黏合剂(cyanoacrylates,CA)是发现最早、应用最广泛的化学黏合剂。生物黏合剂包括:纤维蛋白黏合剂(fibrin sealant,FS)、贻贝黏蛋白黏合剂(mussel adhesive protein,MAP)等。其中FS是应用最早、最广泛的生物黏合剂,MAP已在进行基因工程研究和生产。

理想的组织黏合剂应具备的性质:①安全、可靠、无毒性、无三致(致癌、致畸、致突变);②具有良好的生物相容性,不妨碍组织的自身愈合;③无菌且可在一定时期内保持无菌;④在有血液和组织液的条件下可以使用;⑤在常温、常压下可以实现快速黏合;⑥具有良好的黏合强度及持久性,黏合部位具有一定的弹性和韧性;⑦达到使用效果后能够逐渐降解、吸收、代谢;⑧具有良好的使用状态并易于保存。

2.组织黏合剂的作用机理

(1)氰基丙烯酸酯类黏合剂(CA)　氰基丙烯酸酯在弱盐极性物质如水、醇等存在下,迅速发生阴离子聚合,能在瞬间发挥其强粘接作用。因为CA的α-位碳原子上含有电负性极强的基团如—CN和—COOR,产生诱导效应,β-位的碳原子有很强的吸电性,在微量阴离子存在下就能产生瞬间聚合反应,同时使聚合体形成多极性中心,为与黏接对象产生界面黏接力提供了条件。CA在生物体组织上聚合最快,因为蛋白质是生物体中各种细胞的基础物质,是氨基酸的线型聚合物,这类有机胺是CA单体聚合的催化剂,在常温下即可快速固化,而且体内的水分可加速这种固化反应。因此,CA具备了迅速胶接生物组织的特殊结构。

特点:使用方便,是单组分、液态、室温快速固化、黏合力强;使用量少;有良好的生物相容性;有止血作用和抑菌作用,本身无菌,对金黄色和白色葡萄球菌、四联球菌、枯草杆菌均有高度抑菌作用。

(2)纤维蛋白黏合剂(FS)　主要由3种成分组成:①纤维蛋白原,是FS的主要成分;②活性溶液,包括凝血酶、钙离子、Ⅷ因子;③抗纤溶剂,主要为抑肽酶,用以抑制或减缓纤维蛋白溶酶原(纤溶酶)对凝块的降解。在使用过程中这些组分一经混合,在Ca^{2+}存在下会发生血凝的最后阶段反应,以凝血酶激活纤维蛋白原形成不溶性纤维蛋白凝块。该凝块可以把创口牢固地黏合在一起,起到防水、止血和促进愈合的作用。

特点：是利用两次止血原理的止血剂；黏合效果不受血小板减少等血液凝固障碍的影响；是液体，可适用于凹凸不平的或部位较深的伤口；能止血和黏合组织，促进创伤部位的愈合；组织亲和性好；无毒、无“三致”危险。

(3)贻贝黏蛋白黏合剂(MAP)　海洋中蓝贻贝含有一种称为多元酚蛋白的特殊黏性蛋白物质，粘接强度很高，能在水中发挥作用，具有优良的防水性能。故此在医用方面有极大的应用价值。多酚蛋白是一种相对分子质量为 130 000 的碱性蛋白质，富含脯/羟脯氨酸、丝氨酸、苏氨酸、赖氨酸、酪氨酸或 3,4-二羟基苯丙氨酸(多巴)以及丙氨酸。其中，含羟基的氨基酸高达 60%～70%，脯氨酸残基大部分也经翻译后羟化修饰，而以 3-或 4-羟脯氨酸形式存在。羟脯氨酸能稳定多酚蛋白之间及其与胶原分子间的相互作用，而由酪氨酸羟化生成的多巴，对 MAP 的防水性黏合及其内聚力起关键作用，这是因为后者的苯酚基团不但具有很强的金属螯合能力，在材料表面形成不可逆的有机金属络合物，还与蛋白质等极性聚合物间形成很强的氢键结合。此外，在足丝胶固化过程中，部分多巴残基氧化生成邻位二醌，通过 Micheal 加成反应与赖氨酸和半胱氨酸之间产生共价交联，进一步增加了它的内聚力。

三、缝合的种类和方法

视频 5-2　缝合与打结

缝合包括软组织缝合和骨组织缝合。软组织缝合方法过去分为单纯缝合、内翻缝合、外翻缝合 3 类，每一类又包括间断缝合和连续缝合，现在分为对接缝合、内翻缝合、减张缝合。骨组织缝合包括全环扎术和半环扎术。(视频 5-2)

(一)软组织的缝合种类

1. 对接缝合(appositional suture pattern)

(1)单纯间断缝合(simple interrupted suture)　单纯间断缝合又称为结节缝合，是最古老、最常用的缝合方式。缝合时，将缝针引入 15～25 cm 缝线，于创缘一侧垂直进针，于对侧相应的部位垂直出针后打结，即每缝 1 针打 1 个结的缝合方法(图 5-12)。缝合要求：创缘要密切对合；进针或出针点距创缘的距离(边距)应根据缝合的皮肤厚度和动物个体大小决定，小动物 3～5 mm，大动物 0.8～1.2 cm；相邻两个进(出)针点之间的距离(针距)要根据创缘张力来决定，使创缘彼此对合，一般间距 0.5～1.5 cm；结要打在切口一侧，防止压迫切口。该法可用于皮肤、皮下组织、筋膜、黏膜、血管、神经、胃肠道缝合。

优点：操作容易，在愈合过程中，即使个别缝线断裂，其他邻近缝线不受影响，不致整个创面裂开。能够根据各种创缘的伸延张力正确调整每个缝线张力。如果创口有感染可能，可将少数缝线拆除排液。对切口创缘血液循环影响较小，有利于创伤的愈合。

缺点：需要较多时间，使用缝线较多。

(2)单纯连续缝合(simple continuous suture)　单纯连续缝合是用一条长的缝线自始至终连续地缝合一个创口，最后打结的缝合方法，又称为螺旋连续缝合(图 5-13)。第 1 针的缝合和打结操作同结节缝合，以后每缝 1 针以前，对合创缘，避免创口形成皱褶，使用同一缝线以等距离缝合，拉紧缝线，最后留下线尾，在一侧打结。常用于具有弹性、无太大张力的较长创口，如腹膜、皮下组织、筋膜、血管、胃肠道的缝合。

优点：节省缝线和时间，密闭性好。

缺点：一处断裂，全部缝线拉脱，创口裂开。

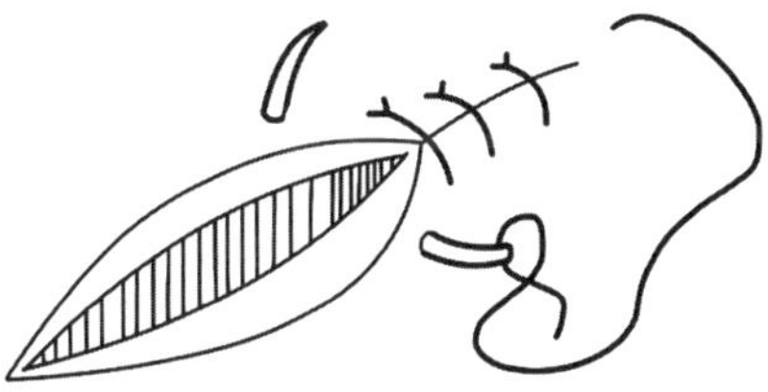

图 5-12　结节缝合

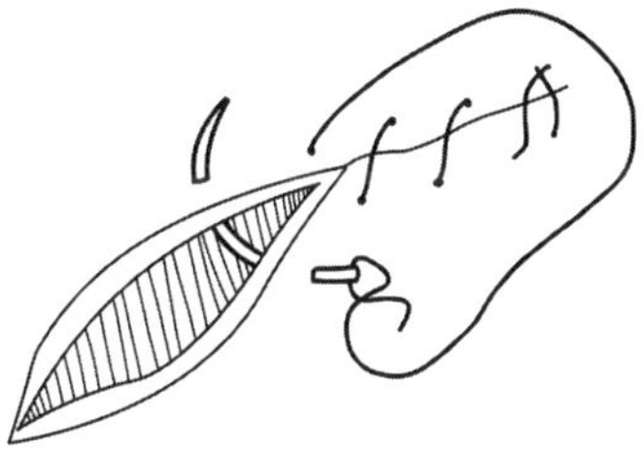

图 5-13　螺旋形连续缝合

(3)表皮下缝合(subcuticular closure)　这种缝合如图 5-14 所示,适用于小动物表皮下缝合。缝合在切口一端开始,缝针刺入真皮下,再翻转缝针刺入另一侧真皮,在组织深处打结。应用连续水平褥式缝合平行切口。最后缝针翻转刺向对侧真皮下打结,结埋置在深部组织内。一般选择可吸收性缝合材料。

优点:能消除普通缝合针孔的小瘢痕。操作快,节省缝线。

缺点:具有连续缝合的缺点。这种缝合方法张力强度较差。

(4)挤压缝合(crushing gambee suture)　挤压缝合用于肠管吻合的单层间断缝合。犬、猫肠管吻合的临床观察认为,该法是很好的吻合缝合法,也用于大动物的肠管吻合。

挤压缝合法如图 5-15 所示。缝针刺入浆膜、肌层、黏膜下层和黏膜层进入肠腔,在越过切口前,从肠腔再刺入黏膜到黏膜下层;越过切口,在对侧从黏膜下层刺入黏膜层进入肠腔,再刺透肠管全层至肠表面;两端缝线拉紧、打结。这种缝合使浆膜、肌层对接,而黏膜、黏膜下层内翻,利用肠管本身组织的相互压挤,防止肠内容物泄漏,且肠管的密切对接能保持正常的肠腔容积而防止肠管狭窄。

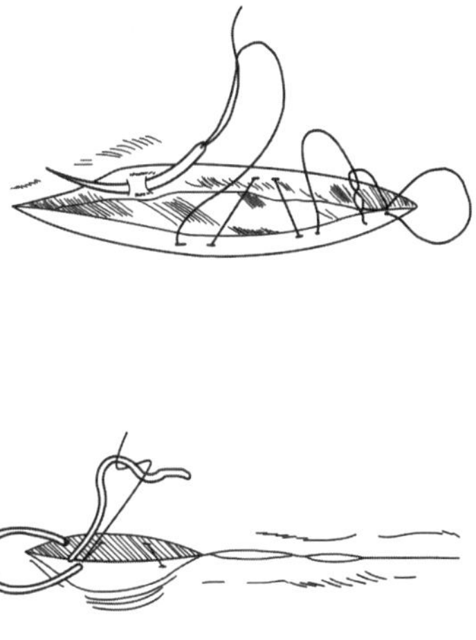

图 5-14　表皮下缝合

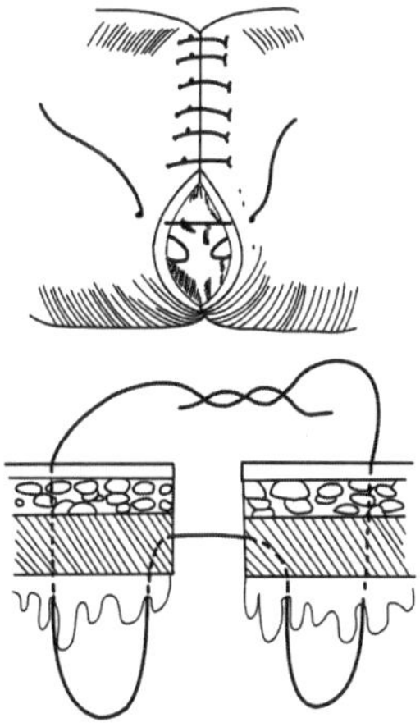

图 5-15　挤压缝合

(5)十字缝合(cross mattress suture)　这种缝合法如图 5-16 所示。第 1 针开始,缝针从一侧到另一侧做结节缝合,第 2 针平行第 1 针从一侧到另一侧穿过切口,缝线的两端在切口上交叉形成“X”形,拉紧打结。用于张力较大的皮肤缝合。

(6)连续锁边缝合(interlocking suture)　这种缝合方法与单纯连续缝合基本相似。在缝合时每次将缝线交锁(图 5-17)。此种缝合能使创缘对合良好,并使每 1 针缝线在进行下 1 次缝合前就得以固定。多用于皮肤直线形切口及薄而活动性较大部位的缝合。

图 5-16 十字缝合

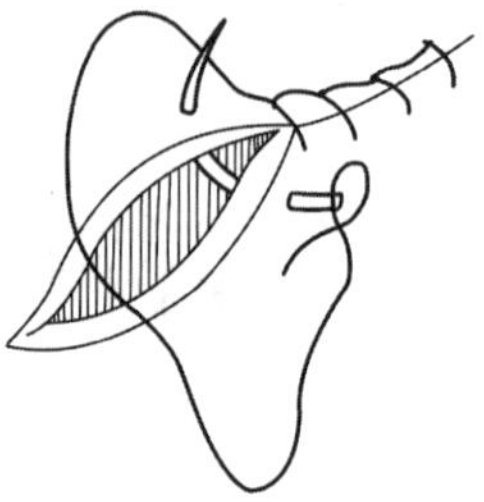

图 5-17 连续锁边缝合

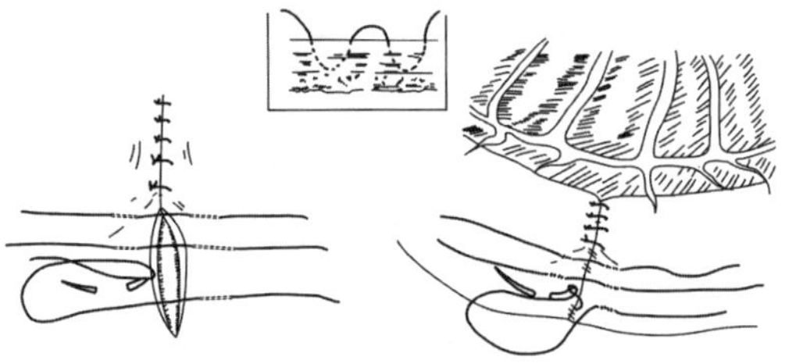

图 5-18 间断伦勃特氏缝合

2. 内翻缝合(inverting suture patterns)

内翻缝合用于胃肠、子宫、膀胱等空腔器官的缝合。

(1)伦勃特氏(Lembert)缝合　伦勃特氏缝合法是胃肠手术的传统缝合方法,又称垂直褥式内翻缝合法。分为间断与连续两种,常用的为间断伦贝特氏缝合法。在胃、肠吻合时,用以缝合浆膜肌层。

①间断伦勃特氏缝合　缝线分别穿过切口两侧浆膜及肌层即行打结,使部分浆膜内翻对合,用于胃肠道的外层缝合(图 5-18)。

②连续伦勃特氏缝合　于切口一端开始,先做一浆膜肌层间断内翻缝合,再用同一缝线做浆膜肌层连续缝合至切口另一端(图 5-19)。其用途与间断内翻缝合相同。

(2)库兴氏(Cushing)缝合　又称连续水平褥式内翻缝合,这种缝合法是从伦贝特氏连续缝合演变来的。缝合方法是于切口一端开始先做一浆膜肌层间断内翻缝合,再用同一缝线平行于切口做浆膜肌层连续缝合至切口另一端(图 5-20)。适用于胃、子宫浆膜肌层缝合。

(3)康乃尔氏(Connel)缝合　这种缝合法与连续水平褥式内翻缝合相同,仅在缝合时缝针要贯穿全层组织,当将缝线拉紧时,则组织内翻(图 5-21)。多用于胃、肠、子宫壁缝合。

(4)荷包缝合　即做环状的浆膜肌层连续缝合。主要用于胃肠壁上小范围的内翻缝合,如缝合小的胃肠穿孔。此外,还用于胃、肠、膀胱造瘘或引流术时固定植入物(图 5-22)。

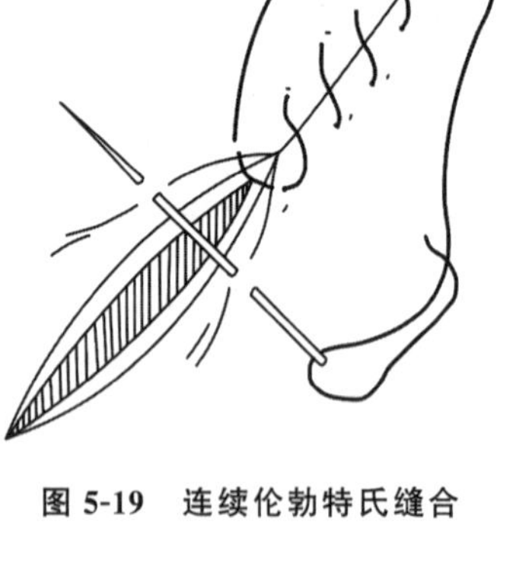

图 5-19 连续伦勃特氏缝合

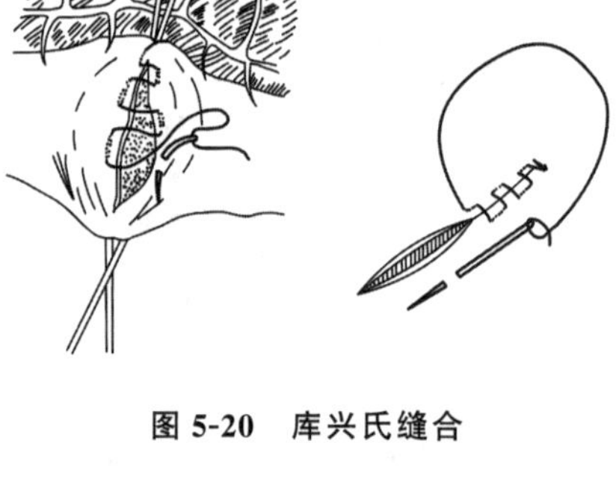

图 5-20 库兴氏缝合

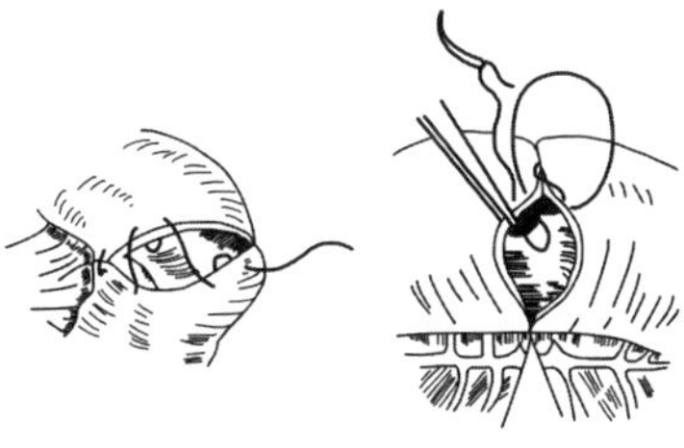

图 5-21　康乃尔氏缝合

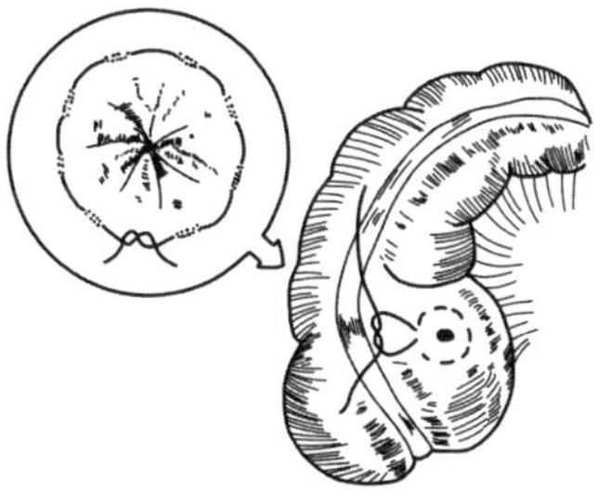

图 5-22　荷包缝合

3.减张缝合(tension suture)

(1)间断垂直褥式缝合　这种缝合如图 5-23 所示。间断垂直褥式缝合是一种减张缝合。针刺入皮肤,距离创缘约 8 mm,创缘相互对合,越过切口到相应对侧刺出皮肤。然后缝针翻转在同侧距切口约 4 mm 刺入皮肤,越过切口到相应对侧距切口约 4 mm 刺出皮肤,与另一端缝线打结。该缝合要求缝针刺入皮肤时,只能刺入真皮下,接近切口的两侧刺入点要求接近切口,这样皮肤创缘对合良好,不能外翻。针距为 5 mm。

优点:该缝合方法比水平褥式缝合具有较强的抗张力强度。对创缘的血液供应影响较小。

缺点:缝合时,需要较多时间和较多缝线。

(2)间断水平褥式缝合(interrupted horizontal mattress suture)　这种缝合如图 5-24 所示。间断水平褥式缝合也是一种减张缝合,特别适用于马、牛和犬的皮肤缝合。针刺入皮肤,距创缘 2～3 mm,创缘相互对合,越过切口到对侧相应部位刺出皮肤,然后缝线与切口平行向前约 8 mm,再刺入皮肤,越过切口到相应对侧刺出皮肤,与另一端缝线打结。该缝合要求缝针刺入皮肤时,要求刺在真皮下,不能刺入皮下组织,这样皮肤创缘对合才能良好,不出现外翻。根据缝合组织的张力,每个水平褥式缝合间距为 4 mm。

优点:使用缝线较节省,操作速度较快。该缝合具有一定抗张力作用,对于张力较大的皮肤,可在缝线上放置胶管或纽扣,增加抗张力强度。

缺点:该缝合方法对初学者操作较困难。根据水平褥式缝合的几何图形,该缝合会减少创缘的血液供应。

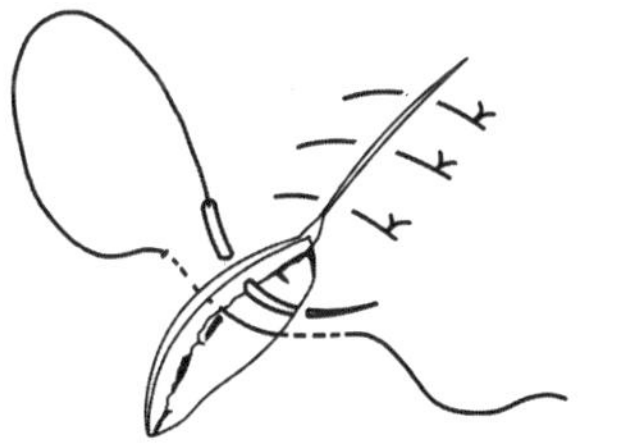

图 5-23　间断垂直褥式缝合

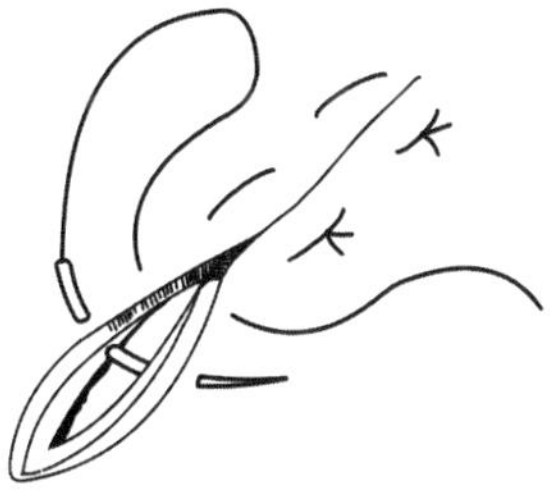

图 5-24　间断水平褥式缝合

(3)近远-远近缝合(near far-far near suture)　这种缝合如图 5-25 所示。第 1 针接近创缘垂直刺入皮肤,越过创底,到对侧距切口较远处垂直刺出皮肤。翻转缝针,越过创口到第 1 针刺入侧,距创缘较远处,垂直刺入皮肤,越过创底,到对侧距创缘近处垂直刺出皮肤,与第 1 针缝线末端拉紧打结。

优点：该缝合方法创缘对合良好，具有一定的抗张力强度。

缺点：切口处有双重缝线，需要缝线数量较多。

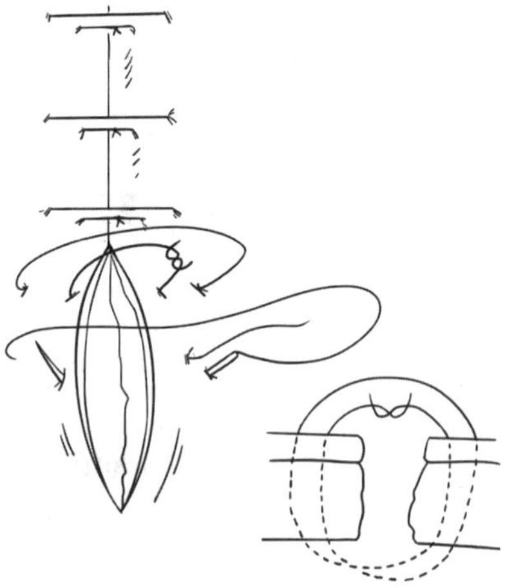

图 5-25　近远-远近缝合

（二）各种软组织的缝合方法

1. 皮肤的缝合

缝合前创缘必须对好，缝线要在同一深度将两侧皮下组织拉拢，以免皮下组织内遗留空隙，容易导致血液或渗出液滞留而引起感染。皮肤缝合采用结节缝合，针距、边距要分别相等。结要打在创缘一侧，不能打在切口中央，缝线不能收得过紧或过松。皮肤缝合完毕后，必须再次将创缘对好，不能内翻或外翻。

2. 皮下组织的缝合

缝合时要使创缘两侧皮下组织相互接触，一定要消除组织空隙。使用可吸收性缝线，打结应埋置在组织内。

3. 筋膜的缝合

筋膜缝合应根据其张力强度。筋膜的切口应该与张力线平行而不能垂直于张力线。所以，筋膜缝合时，要垂直于张力线，使用结节缝合。大量筋膜切除或缺损时，可使用垂直褥式或近远-远近等减张缝合法进行缝合。

4. 肌肉的缝合

肌肉缝合要求将纵行纤维紧密连接，瘢痕组织生成后，不能影响肌肉收缩功能。缝合时，应用结节缝合分别缝合各层肌肉。当小动物手术时，肌肉一般是纵行分离而不切断，因此，肌肉组织经手术细微整复后，可不需要缝合。对于横断肌肉，因其张力大，应该在麻醉或使用肌松剂的情况下连同筋膜进行结节缝合或水平褥式缝合。

5. 腹膜的缝合

马的腹膜薄且不耐受缝合，应连同部分肌肉缝合腹膜。犬的腹膜具有特殊性质，缝合时可以考虑单层腹膜缝合。腹膜缝合必须完全闭合，不能使网膜或肠管漏出或钳闭在缝合切口处。

6. 血管的缝合

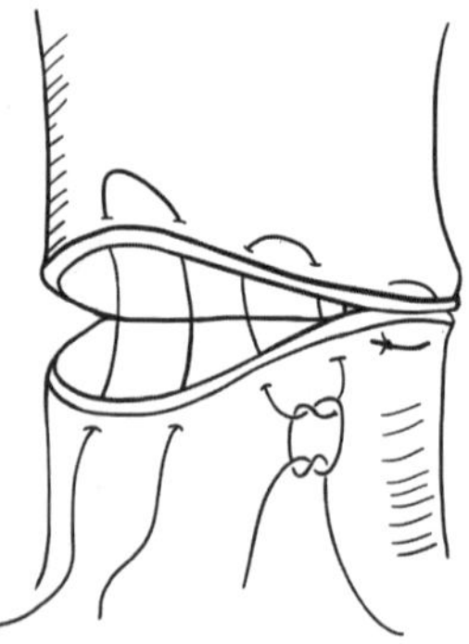

图 5-26　血管水平褥式外翻缝合

血管缝合常见的并发症是出血和血栓形成。操作要轻巧、细致、不得损伤血管壁。血管端端吻合要严格执行无菌操作，防止感染。血管的吻合使用内翻缝合，要求内膜紧密相对，边缘必须外翻，外膜不得进入血管腔内（图 5-26）。血管吻合时，用弹力较低的无损伤血管夹阻断血流，用“弓”字行进行间断或连续缝合。缝合处不宜有张力，血管不能有扭转。缝合处要有软组织覆盖。

7. 神经的缝合

神经缝合应具备的条件：操作要轻柔；有精细的缝合器械；神经横断面要准确对合；避免神经干内和神经周围出血；缝合时，不能损伤神经组织。外周神经损伤断裂后，缝合越早，功能恢复的可能性越大。创口清洁，神经断裂面整齐是缝合效果良好的有利条件。创口感染，有严重的关节僵直，肌肉重度萎缩，神经缺损过大，缝合张力无法解除时不能进行神经缝合。

神经缝合依损伤程度不同，可分为端端缝合和部分端端缝合两种。

(1)端端缝合　用以修复神经干完全断裂。对新鲜损伤，经清创后，用利刃修切神经干两断端使断面整齐，然后在神经两端的内外侧各缝一针，做固定牵引线，按2～3 mm的针距，2 mm左右的边距用细丝线作结节或单纯连续缝合。前侧缝合完毕，调换固定缝线，使神经翻转180°，以同法缝合后侧(图5-27)。缝合后，神经置于健康肌肉或皮下组织内覆盖。

(2)部分端端缝合　用于修复部分断裂的神经干。对新鲜的神经部分切割，断面整齐者可直接作结节缝合；反之，用利刃切除损伤部分，再行部分端端缝合。

对晚期神经部分断裂伤，应将神经充分显露并游离出来，在健康与损伤的交界处，纵切神经外膜，仔细地分开损伤与正常的神经束，切除神经纤维瘤或瘢痕组织，将两断端对合后做结节缝合(图5-28)。缝合时要消除部分张力，以免断端接触不良妨碍神经再生。

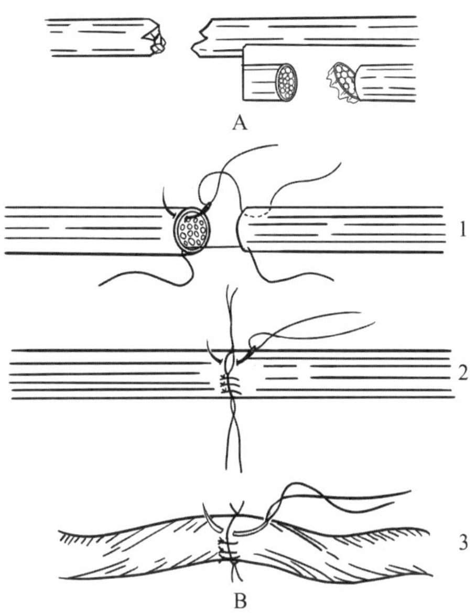

图5-27　神经端端缝合

A.新鲜神经损伤的处理　B.神经端端缝合法
1.定点缝合　2.缝合前侧　3.缝合后侧

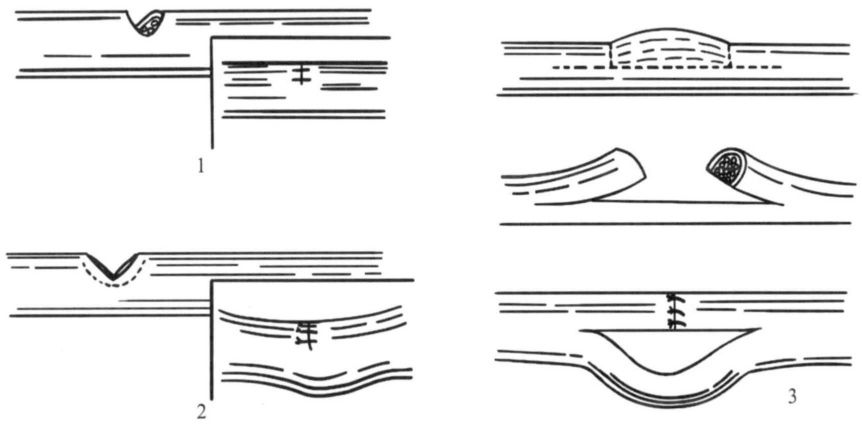

图5-28　神经部分端端缝合

1.损伤断面整齐者可直接缝合　2.断面有挫伤者，经清创并切除损伤部分再缝合
3.对陈旧性神经部分损伤缝合时，先切除神经纤维瘤瘢痕组织，再行部分端端缝合

8.腱的缝合

腱的断端应紧密连结，如果末端间有裂缝被结缔组织填补，将影响腱的功能。操作要轻柔，不能使腱的末端受到挫伤而引起坏死。缝合部位周围粘连，会妨碍腱愈合后的运动。因此腱的缝合要求要保留或重建腱鞘；腱、腱鞘和皮肤缝合部位不要相互重叠，以减少腱周围的粘连，手术必须在无菌操作下进行。腱的缝合使用白奈尔氏(Bunnell)缝合，缝线放置在腱组织内，保持腱的滑动机能(图5-29)。腱鞘缝合使用非吸收性缝合材料，特别是特制的细钢丝进行结节缝合。腱缝合后肢体固定是非常重要的，至少要固定3周，使缝合的腱组织不能有任何张力。

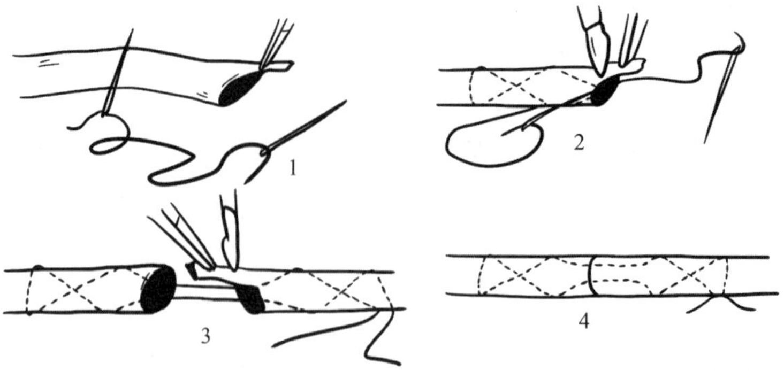

图 5-29 腱缝合(1～4 为操作顺序)

9. 空腔器官的缝合

空腔器官(胃、肠、子宫、膀胱等)缝合,应根据空腔器官的生理学、解剖学和组织学特点进行。缝合要求:良好的密闭性,防止内容物泄漏;保持空腔器官的生理机能,即保持其正常解剖组织学结构和蠕动收缩等机能。

空腔器官缝合材料的选择是很重要的。应该选择吸收性缝合材料,常使用聚乙醇酸缝线,具有一定的张力强度,有特定的吸收速率,不易受蛋白水解酶或感染影响,操作方便。但是不宜暴露到膀胱和尿道内。铬制肠线也常用于胃肠道手术,但是不能暴露到胃肠道内,否则易受到胃、肠酶的作用很快丧失张力强度。丝线常用于空腔器官缝合,操作方便,打结确实,但是易发生感染,因此应该注意无菌操作。丝线用于膀胱和胆囊缝合时,不要暴露到膀胱和胆囊内,以防诱发结石形成。

犬、猫空腔器官缝合时,要求使用小规格缝线,因为大规格缝线,通过组织时,对组织损伤严重。

空腔器官缝合时,最好使用无损伤性缝针,以减少组织损伤。

对于不同动物和不同器官,缝合要求不同。

(1)犬、猫胃缝合　胃内具有高浓度的酸性内容物和消化酶。缝合时要求良好的密闭性,防止污染,缝线要保持一定的张力强度,因为术后动物呕吐或胃扩张对切口产生较强压力;术后胃腔容积减少,对动物影响不大。因此,胃缝合第 1 层采用连续全层缝合或连续水平褥式内翻缝合,第 2 层采用浆膜肌层间断或连续垂直褥式内翻缝合。

(2)小肠缝合　小肠血液供应好,肌肉层发达,其解剖特点是低压力导管,而不是蓄水囊。内容物是液态的,细菌含量少。小肠缝合后 3～4 h,纤维蛋白覆盖密封在缝线上,产生良好的密闭性,术后肠内容物泄漏发生机会较少。由于小肠肠腔较小,缝合时防止肠腔狭窄是重要的。马的小肠缝合可以使用内翻缝合,但是要避免较多组织内翻引起肠腔狭窄。小动物(犬、猫)的小肠缝合使用单层对接缝合。常用挤压缝合法能达到良好对接,不易发生泄漏、狭窄和感染。缝合切口愈合快,有少量纤维结缔组织沉积,反应轻微,愈合后瘢痕较小,肠腔直径变化很小。

(3)大肠缝合　大肠内容物是固态,细菌含量多。大肠缝合并发症是内容物泄漏和感染。内翻缝合采用第 1 层连续全层或连续水平内翻缝合,第 2 层采用间断垂直褥式浆膜肌层内翻缝合。内翻缝合部位血管受到压迫,血流阻断,术后第 3 天黏膜水肿、坏死,第 5 天内翻组织脱落。黏膜下层、肌层和浆膜保持接合强度。术后第 14 天左右瘢痕形成,炎症反应消失。

(4)子宫缝合　剖宫产术后子宫的缝合至关重要,因为子宫缝合不良会导致母畜不孕,术后出血和腹腔内粘连。

如果因为子宫扭转施行剖腹取胎术，怀疑子宫血管有血栓形成，应该做子宫活力试验。子宫活力试验是给动物静脉注射 20～30 IU 催产素，观察子宫是否出现收缩。如果整个子宫出现收缩，证明子宫活力正常，如果局部不出现收缩，证明局部出现血栓，丧失活力。

母牛子宫缝合，首先在子宫浆膜面做斜行刺口，使第一个结埋置在内翻的组织内，然后连续库兴氏缝合，每一针都作斜行刺入，但是不穿透子宫内膜。浆膜与浆膜紧密对合，缝线埋置在内翻的组织内，而连续缝合的最后一个结也要求埋置在组织内，不使其暴露在子宫浆膜表面。这种缝合方法，使缝线不但不能在子宫表面暴露，而且也不在子宫内膜露出。所以，该法能防止缝线和结与内脏器官粘连，不易引起慢性子宫内膜炎，使剖腹产后生育率明显提高。

母马子宫缝合前，应该在子宫切口边缘上，应用肠线全层连续压迫缝合，其目的是为了止血。因为马的子宫内膜很松散地附着在肌层上，大的内膜下静脉不能自然止血。因此需要在子宫缝合前对子宫切口边缘做连续压迫缝合。然后应用双层内翻缝合，与牛子宫缝合相似。

10. 实质器官缝合

实质器官包括肝、肾、脾等组织。由于不同的器官组织结构不同，其缝合方法也不同。

(1)脾脏　脾脏组织非常脆弱，如果脾脏损伤，不能缝合，只能施行脾脏摘除术。

(2)肝脏缝合　肝脏的缝合分为两种情况：浅表裂创，创面无活动性出血，可用 1～0 号肠线做结节缝合修补，每针相距 1～1.5 cm。较深裂创，可作褥式缝合。肝组织小范围缺损，可在创面填塞带蒂大网膜后，再以 1～0 号肠线做创口两侧贯穿缝合，缝线先穿过大网膜，后穿过肝实质。肝组织完全断裂，创面有活动性出血，应该先结扎出血点，将血管从创面钝性分离、结扎，然后以 1～0 号肠线平行创缘做一排褥式缝合，再在上述褥式缝合外方，以 1～0 号肠线做两侧贯穿缝合，使创口对合(图 5-30)。

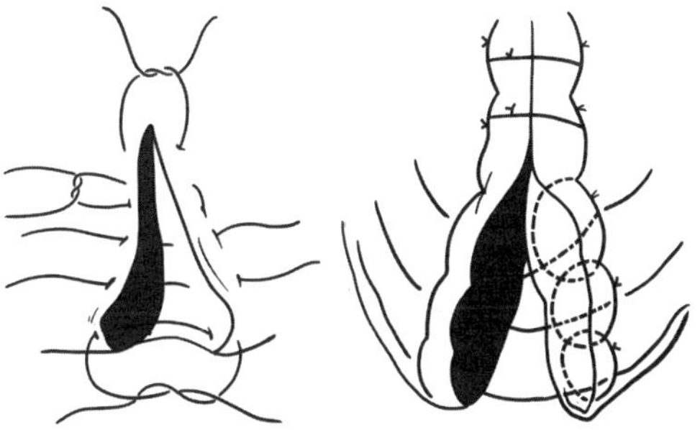

图 5-30　肝破裂缝合法

(3)肾脏缝合　肾组织切开后，对小的出血点，压迫止血即可，然后用手指将切开的两瓣肾组织紧密对合，轻轻压迫，其内纤维蛋白胶接起来，不需要对肾组织进行缝合，只需要连续缝合肾脏被膜，称为无缝合肾切开闭合。

(三)骨缝合

骨缝合是应用不锈钢丝或其他金属丝进行全环扎术和半环扎术。

(1)全环扎术(full-cerclage)　全环扎术是应用不锈钢丝紧密缠绕 360°，固定骨折断端。全环扎术适用于斜骨折长度大于骨直径 2 倍以上，不适用短的斜骨折。骨折断片能充分整复。实用于圆柱形骨，如股骨、肱骨、胫骨，如果用于圆锥形骨，容易滑脱，应该在骨皮质上作成缺口。配合骨髓针内固定，效果最好。不适用于邻近关节和骨骺端的固定。一根金属丝不能同时固定邻近的两块骨，如桡骨和尺骨。全环扎术必须同时由两根金属丝固定，间距不少于 1 cm，距骨折断端不少于 5 mm(图 5-31)。骨折处固定只应用一根金属丝缠绕不确实，容易滑脱。

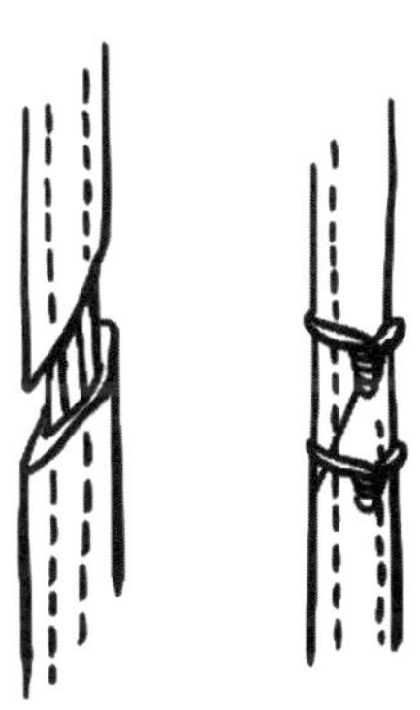

图 5-31　全环扎术

(2)半环扎术(hemicerclage) 金属丝通过每个骨断片钻成小孔,将骨折端连接、固定,称为半环扎术。金属丝从皮质穿入骨髓腔,由对侧骨折断片皮质出口,然后两个金属末端拧紧(图 5-32)。这种方法容易出现骨断片旋转。配合螺钉固定,可以避免骨断片旋转。

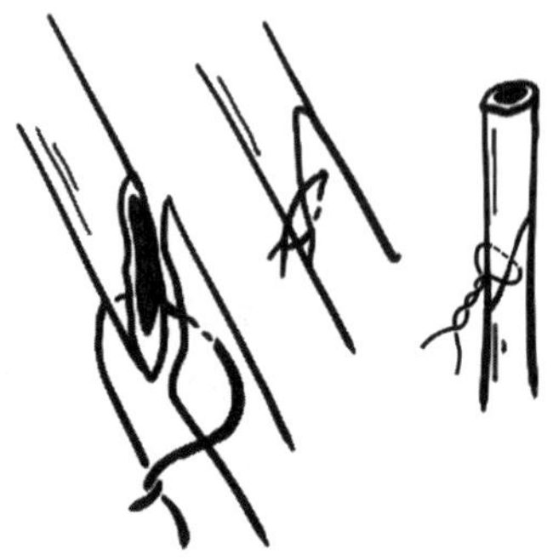

图 5-32 半环扎术

(四)组织缝合注意事项

(1)目前外科临床中所用的缝线(可吸收或不吸收)对机体而言均为异物,因此在缝合过程中要尽可能减少缝线用量。

(2)缝线在缝合后的张力与缝合的密度(即针数)成正比,但为了减少伤口内的异物,缝合的针数不宜过多,一般间隔为 1～1.5 cm,使每针所加于组织的张力近似,以便均匀地分担组织张力。缝合时不可过紧或过松,过紧引起组织缺氧,过松引起对合不良,以致影响组织愈合。皮肤缝合后应将积存的液体排出,以免造成皮下感染和线结脓肿。

(3)组织应按层次进行缝合,较大的创伤要由深而浅逐层缝合,以免影响愈合或裂开。浅而小的伤口,一般只作单层缝合,但缝线必须通过各层组织,缝合时应使缝针与组织呈直角刺入,拔针时要按针的弧度和方向拔出。

(4)根据空腔器官的解剖生理学和组织学特点,缝合时应注意以下问题:要求缝合的闭合性好,不漏气,不透水,更不能让内容物溢入腹腔;保持原有的收缩功能,为此,缝合时应尽量采用小针、细线,缝合组织要少;对于肠管的吻合,除第 1 层做单纯连续缝合外,第 2 层一般不宜做一周性的连续缝合,以免形成一个缺乏弹性的瘢痕环,收缩后发生狭窄,影响功能;空腔器官缝合的基本原则是使浆膜内翻,使浆膜面相贴。浆膜的间皮细胞在缝合时会受损,受损后会析出纤维蛋白原,其在酶的作用下很快转变为纤维蛋白,纤维蛋白黏附在缝合部位达到修补创口的目的。

第四节 打结与拆线

一、打结

打结是外科手术最基本的操作之一,正确而牢固地打结是结扎止血和缝合的重要环节。熟练地打结,不仅可以防止结扎线的松脱而造成的创口裂开和继发性出血,而且可以缩短手术时间。

(一)结的种类

常用的结有方结、三叠结和外科结。

(1)方结 又称平结,要打两个单结。是手术中最常用的一种,用于结扎较小的血管和各种缝合时的打结,不易滑脱。

(2)三叠结 又称加强结,是在方结的基础上再重复打 1 个单结,共 3 个单结。较牢固,常用于张力较大部位的缝合以及大血管或肠线的结扎等。

(3)外科结 打第 1 个单结时绕两次,使摩擦面增大,故打第 2 个结时不易滑脱和松动。此结牢固可靠,多用于大血管、张力较大的组织或皮肤缝合。

假结和滑结是打结过程中常产生的错误结,手术过程中避免使用。各种结如图 5-33 所示。

(1)假结 假结又名斜结,是打结时拉线方向不交叉所致,此结易松脱,要避免。

(2)滑结　打方结时,两手用力不均,只拉紧一根线,虽然两手交叉打结,结果形成滑结而非方结。此结易滑脱,应尽量避免。

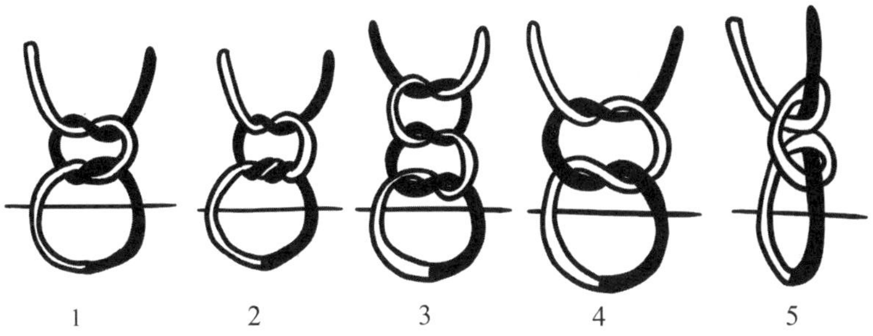

图 5-33　各种线结

1.方结　2.外科结　3.三叠结　4.假结　5.滑结

(二)打结方法

常用的打结方法有 3 种:单手打结、双手打结和器械打结。(视频 5-3)

(1)单手打结　单手打结为常用的一种方法,简便迅速。左右手均可打结。虽各人打结的习惯不同,但基本动作相似(图 5-34)。

(2)双手打结　除了用于一般结扎外,对深部或张力大的组织缝合,结扎较为方便可靠(图 5-35)。

视频 5-3　徒手打结

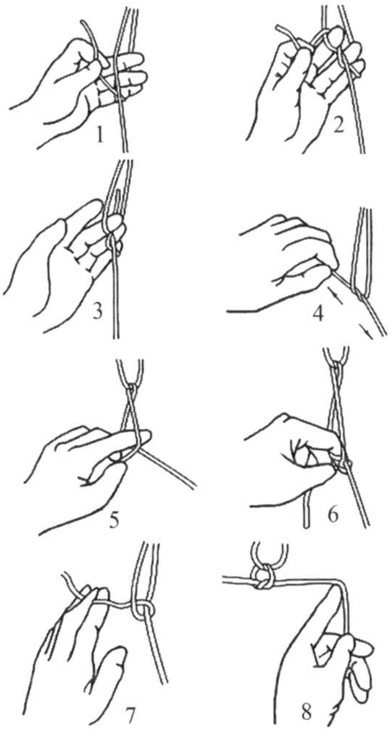

图 5-34　左手单手打结

(1～8 为打结操作顺序)

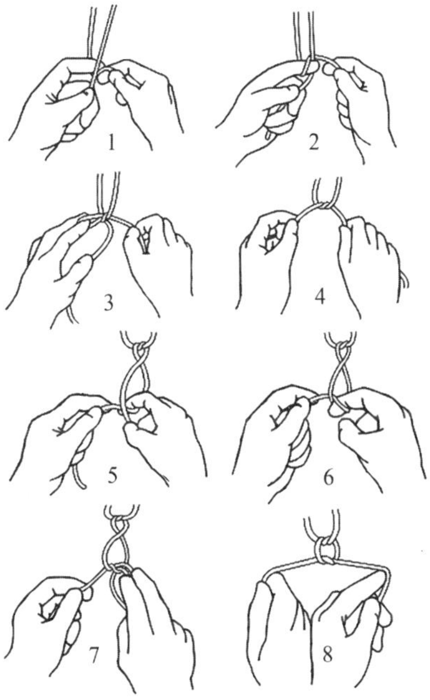

图 5-35　双手打结

(1～8 为打结操作顺序)

(3)器械打结　用持针钳或止血钳打结。适用于结扎线过短、狭窄的术部、创伤深处和某些精细手术的打结。方法是把持针钳或止血钳放在缝线的较长端与结扎物之间,用长线头端缝线环绕持针钳 1 圈后，夹住短线头收紧即完成第 1 结；打第 2 结时环绕方向相反，拉线方向亦相反，收紧缝线即成为方结(图 5-36)。

(三)打结注意事项

(1)三点一线　打结收紧时要求 3 点成一直线，即左、右手的用力点与结扎点成一直线，不可成角向上提起，否则使结扎点容易撕脱或结松脱。

(2)两手交叉　无论用何种方法打结，第 1 结和第 2 结的方向不能相同，即两手需交叉，否则即成假结；如果两手用力不均，可成滑结。

(3)用力均匀　打结时要求两手用力均匀。两手的距离不宜离线太远，特别是深部打结时，最好用两手食指伸到结旁，以指尖顶住双线，两手握住线端，徐徐拉紧，否则易松脱(图 5-37)。埋在组织内的结扎线头，在不引起结松脱的原则下，剪短以减少组织内的异物。丝线、棉线一般留 3～5 mm，较大血管的结扎应略长，以防滑脱，肠线留 4～6 mm，不锈钢丝 5～10 mm，并应将钢丝头扭转埋入组织中。

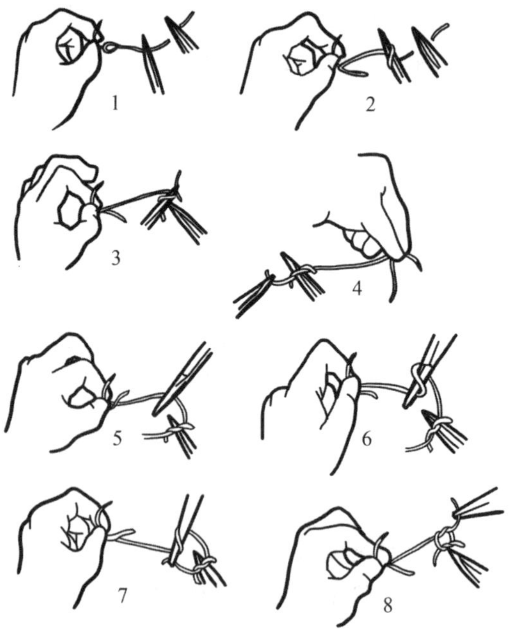

图 5-36　器械打结

(1～8 为打结操作顺序)

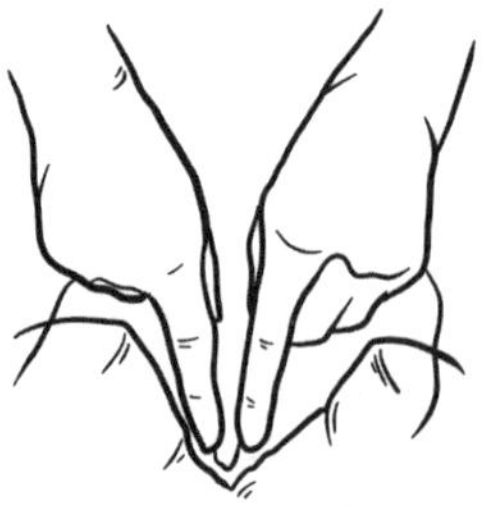

图 5-37　深部打结法

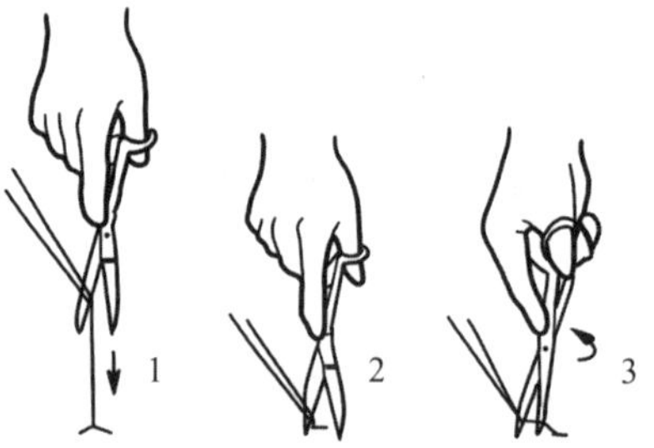

图 5-38　剪线法

(1～3 为操作顺序)

(四)剪线方法

正确的剪线方法是术者结扎完毕后，将双线尾并拢并提起略偏术者左侧，助手用稍张开的剪刀尖沿着拉紧的结扎线滑至结扣处，再将剪刀稍向上倾斜，然后剪断，倾斜的角度取决于要留线头的长短(图 5-38)。如此操作比较迅速准确。

二、拆线

拆线(remove of stitches)是指拆除皮肤缝线。缝线拆除的时间，一般是在手术后 7～10 d 进行。凡营养不良、贫血、老龄动物、缝合部位活动性较大、创缘呈紧张状态等情况下，应适当延长拆线时间，但创伤已化脓或创缘已被缝线撕断不起缝合作用时，可根据创伤治疗需要随时拆除全部或部分缝线。拆线方法如下：

视频 5-4　拆线

(1)用碘酊消毒创口、缝线及创口周围皮肤后，将线结用镊子轻轻提起，剪刀插入线结下，紧贴针眼将线剪断。

(2)拉出缝线，拉线方向应向拆线的一侧，动作要轻巧，如强行向对侧硬拉，则可能将伤口拉开。

(3)再次用碘酊消毒创口及周围皮肤。拆线方法如图 5-39 所示。(视频 5-4)

图 5-39　拆线法

第五节　引　流

引流(drains)是使器官组织腔隙的渗出液或体腔的内容物引出体外的方法。其作用是：排出体内不适当蓄积的炎性渗出液、消化液、血液和坏死组织；促使脓腔或手术野死腔缩小或闭合。但是如果引流不当，也会引起感染和并发症。因此每次手术是否需要引流，应严格掌握适应症。

一、引流的适应症

(一)引流用于治疗的适应症

(1)皮肤和皮下组织切口严重污染，经过清创处理仍不能控制感染时，在切口内放置引流物，使切口内渗出液排出，以免蓄留而发生感染，一般需要引流 24～72 h。

(2)脓肿切开排脓后放置引流物，可使继续形成的脓液或分泌物不断排出，使脓腔逐渐缩小而治愈。

(3)广泛剥离的渗血、渗液创面。

(4)消化道破裂或瘘管。

(二)引流用于预防的适应症

(1)切口内渗血，未能彻底控制，有继续渗血的可能，尤其有形成残腔的可能时，在切口内放置引流物，可排出渗血、渗液，以免形成血肿、积液或继发感染。一般需在术后引流 24～48 h。

需要注意的是：引流不能代替完善手术处理和术中充分止血，而且引流不当可带来许多严重并发症，如压迫肠管或血管而致穿孔和出血，引起逆行感染，加重浆膜腔内纤维粘连甚至肠梗阻及促进切口疝形成等。因此，手术后常规放置引流已很少使用，而术后一律不放引流也是很危险的，故应根据不同脏器的不同病理改变和某些手术的特殊需要，有目的地选择预防性引流。

(2)愈合缓慢的创伤。

(3)手术或吻合部位有内容物漏出的可能。

(4)胆囊、胆管、输尿管等器官手术有漏出刺激性物质的可能。

二、引流的种类及应用

(一)引流物的种类

引流物的材质应柔软以免造成组织的机械损伤，表面应光滑而易于拔出，组织刺激性要小以免加重组织损伤，引流管要有适当硬度以防受压闭塞。常用的有以下几种(图 5-40)。

(1)乳胶片　用于浅表伤口的引流。

(2)管状乳胶片(Penrose 引流)　光滑，柔软，可曲折，富于虹吸管作用，刺激小，常用于腹腔和盆腔引流。

(3)纱条　用纱布或油纱布折卷而成，常用于浅表化脓伤口，特制的碘仿纱条可用于引流慢性脓腔。

(4)引流管　是质韧、多孔的塑料管、硅胶管或橡胶管，其中硅胶管材质较柔软，组织刺激性小，引起感染的可能性也小。多用于深部组织或体腔，根据用途不同制成“Y”形管、“T”形管、双套管、三套管和 Penrose 负压引流管等。

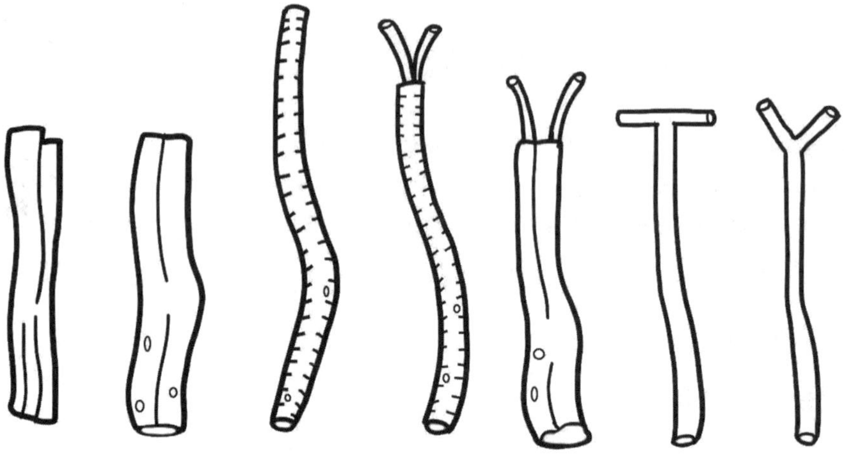

图 5-40　常用引流物

(二)引流方式

1. 被动引流

液体靠重力或虹吸作用通过引流管引出体外，常用的引流方式有管状乳胶片引流(Penrose 引流)、烟卷引流、橡胶管(或乳胶管)引流和水封引流。被动引流多为开放式，外端与敷料接触；也可是密闭式，引流物连接至一密封的消毒容器。开放式引流有增加继发感染的危险。

Penrose 引流是最有效的被动引流方法，常用于体腔内脓液、血液和渗液引流，用于腹腔内引流时不可从手术切口引出，以免引起切口感染和引发切口疝，须通过腹壁另戳孔引出体外并用缝线妥善固定于皮肤以防引流物回缩于伤口内。同时放置两根 Penrose 引流管有利于液体顺两根引流管之间的腔隙流出体外。

水封引流是为防止气体进入体内，引流管的一端没入水封瓶内的水面下，水封瓶位置放低，引流管内的水柱可以阻止空气进入引流管，常用于胸腔手术后的胸腔引流。

2. 主动引流

利用外源的负压吸引能够吸出大量的液体并促进死腔的闭合，可分为闭式负压引流、双套管负压引流和闭式 Penrose 负压引流 3 种方式。

(1)闭式负压引流　闭式负压引流的继发感染率低，但易被阻塞使其在术后早期即会丧失引流作用。此种引流方式对于大块皮瓣(如乳腺癌根治手术)下的引流特别有效。

(2)双套管负压引流　双套管负压引流的有效工作依赖于持续空气内流，套管内有两个通道，分别用于进气或灌洗和负压吸引。由于导管内压始终保持在大气压水平，同时负压吸引和持续液体灌洗能有效清除组织碎片和黏稠物质，因而引流管不易被堵塞。此种引流对于高流量肠漏、坏死组织的引流有显著作用。

(3)闭式 Penrose 负压引流　闭式 Penrose 负压引流是 Penrose 引流与闭式负压引流的结合，由类似 Penrose 引流的外套管头和闭式负压吸引装置相连的多孔导管组成。具有毛细作用的 Penrose 引流管连接于闭式负压引流可避免引流物对伤口的浸染，是一种理想的引流方式，广泛用于体腔内血液、渗液和脓液的引流。

(三)引流物的放置

(1)引流物应放在低垂位置和接近需要引流的部位，即遵循捷径和低位原则。引流物在引流组织内的部分须剪成多个侧孔，以利于引流。引出体外部分应妥善固定，防止滑脱。体表出口不要太紧，不要扭折，以保证引流通畅。

(2)任何引流物不应直接放在吻合口或修补缝合处，而是放于附近，以防刺激缝合口增加破裂的机会。较硬的管状引流物切不可放在大血管、神经或肠管旁，以防压迫损伤，造成严重后果。引流时间较长或外面采用加压包扎者，尤应注意。

(3)负压吸引引流应采用持续低负压吸引，负压过高时周围组织受到强力吸引易堵塞引流管，而且也有可能导致邻近组织坏死。

三、引流的注意事项

(1)使用引流的类型和大小一定要适宜　选择引流类型和大小应该根据适应症、引流管性能和创液排出量来决定。

(2)放置引流管的位置要正确　一般脓腔和体腔内引流出口尽可能放在低位。手术切口内引流应放在创腔的最低位。

(3)引流管要妥善固定　不论深部或浅部引流，都需要在体外固定，防止滑脱、落入体腔或创伤内。

(4)引流管必须保持畅通　注意不要压迫、扭曲引流管。引流管不要被血凝块、坏死组织堵塞。

(5)引流必须详细记录　引流管取出的时候，除根据不同引流适应症外，主要根据引流出液体的数量来决定。引流出的液体减少时，应该及时取出，所以放置引流管后要每天检查和记录引流情况。

第六节　包　扎

一、包扎的概念

包扎(bandaging)是利用敷料、绷带等材料进行包扎止血、保护创面、防止自我损伤、吸收创液、限制活动、保持创伤安静、促进受伤组织愈合的技术。

包扎通常使用两层包扎材料进行。内层为吸收层，外层为固定层。

(一)吸收层

(1)纱布　纱布要求质软、吸水性强，多选用医用脱脂纱布。根据需要剪成不同大小纱布块。纱布块四边要光滑，无棉纱脱落，高压蒸汽灭菌后备用。用以覆盖创口、止血、填充创腔和吸液等。

(2)海绵纱布　是一种多孔皱褶的纺织品(一般是棉制的)。质地柔软，吸水性比纱布好，其用法同纱布。

(3)棉花　选用脱脂棉。棉花不能直接与创面接触，应先放灭菌纱布块，棉花放在纱布外。

(二)固定层

固定层多用卷轴带，也可用其他绷带固定。

二、绷带的种类和使用

绷带多由纱布、棉布等制作成圆筒状的包扎材料，故称为卷轴绷带，用途最广。根据绷带的临床用途及其制作材料的不同，还有其他绷带命名，如复绷带、夹板绷带、支架绷带、石膏绷带等。现将绷带及其临床应用分述于后。

(一)卷轴绷带

卷轴绷带通常称为绷带或卷轴带，是将纱布剪成狭长的带条，用卷轴带机或手卷成。

1.卷轴绷带种类

按其制作材料可分纱布绷带、棉布绷带、弹力绷带和胶带4种。

(1)纱布绷带　是临床上常用的绷带，有多种规格。长度一般是6 m，宽度有3 cm、5 cm、7 cm、10 cm和15 cm不等。根据临床需要选用不同规格。纱布绷带质地柔软，压力均匀，价格便宜，但在使用时易起皱、滑脱。

(2)棉布绷带　用本色棉布按上述规格制作。因其原料厚，坚固耐洗，施加压力不变形或断裂，常用以固定夹板、肢体等。

(3)弹力绷带　是一种弹性网状织品，质地柔软，包扎后有伸缩力，故常用于烧伤、关节损伤等。此绷带不与皮肤、被毛粘连，故拆除时动物无不适感。

(4)胶带　目前多数胶带是多孔的，能让空气进入其下层纱布、创面，免除创口因潮湿不透气而影响蒸发。我国目前多用布制胶带，也称胶布或橡皮膏。胶带使用时难撕开，需用剪刀剪断。胶带是包扎不可缺少的材料。通常在局部剪剃被毛，盖上敷料后，用胶布条粘贴在敷料及皮肤上将其固定。也可在使用纱布或棉布绷带后，再用胶带缠绕固定。

2.基本包扎法

卷轴绷带多用于动物四肢游离部、尾部、角、头部、胸部和腹部等。包扎时，一般以左手持绷带的开端，右手持绷带卷，以绷带的背面紧贴肢体表面，由左向右缠绕。当第1圈缠好之后，将绷带的游离端反转盖在第1圈绷带上，再缠第2圈压住第1圈绷带。然后根据需要进行不同形式的包扎法缠绕。无论用何种包扎法，均应以环形带开始并以环形带终止。包扎结束后将绷带末端剪成两条打个半结，以防撕裂。最后打结于肢体外侧，或以胶布将末端加以固定。卷轴绷带的基本包扎法有以下几种：

(1)环形包扎法　用于其他形式包扎的起始和结尾，以及用于系部、掌部、跖部等较小创口的包扎。方法是在患部把卷轴带呈环形缠数圈，每圈盖住前一圈，最后将绷带末端剪开打结或以胶布加以固定[图5-41A]。

(2)螺旋形包扎法　以螺旋形由远端向近端缠绕，每后一圈遮盖前一圈的1/3～1/2。用于掌部、跖部及尾部等的包扎[图5-41B]。

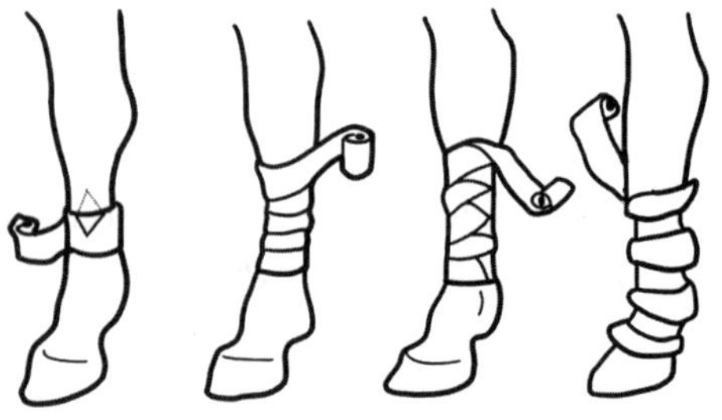

图5-41　卷轴绷带包扎法

A.环形包扎法　B.螺旋形包扎法
C.折转包扎法　D.蛇形包扎法

(3)折转包扎法　又称螺旋回反包扎。用于上粗下细径圈不一致的部位，如前臂和小腿部。方法是由下向上作螺旋形包扎，每一圈均应向下回折，逐圈遮盖上圈的1/3～1/2[图5-41C]。

(4)蛇形包扎法　或称蔓延包扎法。斜行向上延伸，各圈互不遮盖。用于固定夹板绷带的衬垫材料[图5-41D]。

(5)交叉包扎法 又称“8”字形包扎。用于腕、跗、球关节等部位,方便关节屈曲。包扎方法是在关节下方做一环形带,然后在关节前面斜向关节上方,做一圈环形带后再斜行经过关节前面至关节下方。如上操作至患部完全被包扎住,最后以环形带结束(图 5-42)。

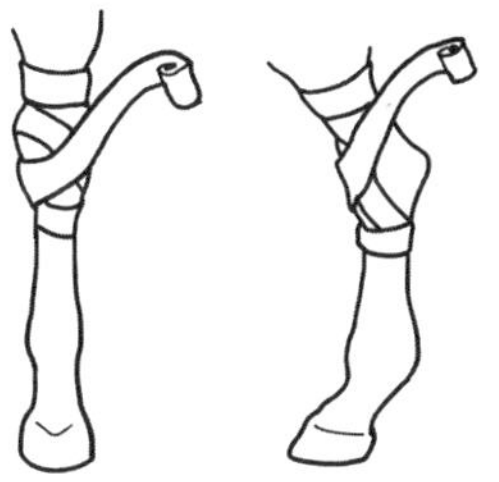

图 5-42 交叉包扎法

3.各部位包扎法

(1)蹄包扎法 将绷带的起始部留出约 20 cm 作为缠绕的支点,在系部做环形包扎数圈后,绷带由一侧斜经蹄前壁向下,折过蹄尖经过蹄底至踵壁时与游离部分扭缠,以反方向由另一侧斜经蹄前壁做经过蹄底的缠绕。同样操作至整个蹄底被包扎,最后与游离部打结,固定于系部(图 5-43)。为防止绷带被玷污,可在外部加上帆布套。

(2)蹄冠包扎法 包扎蹄冠时,将绷带两个游离端分别卷起,并以两头之间背部覆盖于患部,包扎蹄冠,使两头在患部对侧相遇,彼此扭缠,以反方向继续包扎。每次相遇均行相互扭缠,直至蹄冠完全被包扎为止。最后打结于蹄冠创伤的对侧(图 5-44)。

(3)角包扎法 用于角壳脱落和角折。包扎时先用一块纱布盖在断角上,用环形包扎固定纱布,再用另一角作支点,以“8”字形缠绕,最后在健康角根处环形包扎打结(图 5-45)。

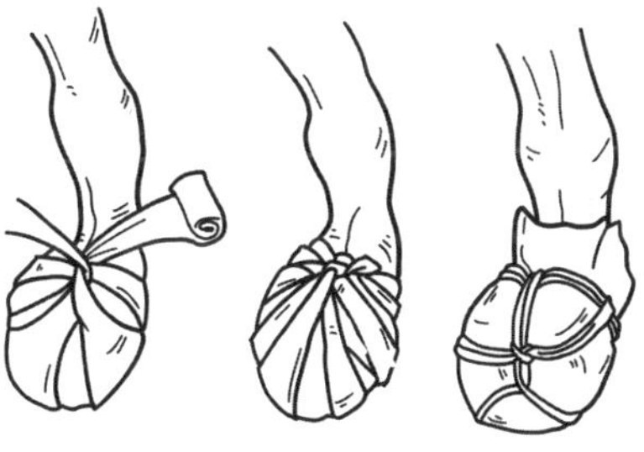

图 5-43 蹄包扎法

(4)尾包扎法 用于尾部创伤,或用于后躯、肛门、会阴部施术前、后固定尾部。先在尾根作环形包扎,然后将部分尾毛折转向上做尾的环形包扎后,将折转的尾毛放下。做环形包扎,目的是防止包扎滑脱,如此反复多次,用绷带做螺旋形缠绕至尾尖时,将尾毛全部折转作数圈环形包扎后,绷带末端通过尾毛折转所形成的圈内(图 5-46)。

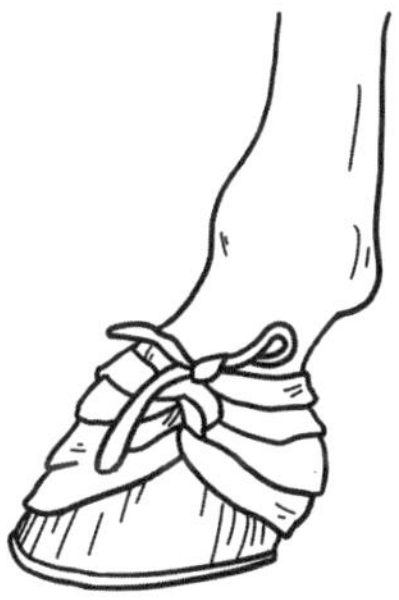

图 5-44 蹄冠包扎法

图 5-45 角包扎法

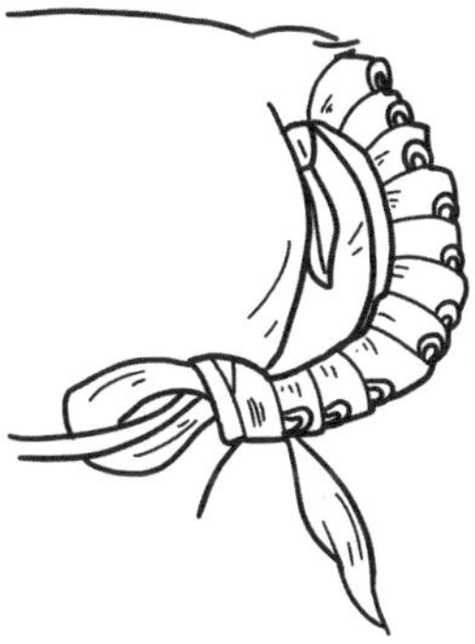

图 5-46 尾包扎法

(5)耳包扎法 用于耳外伤。

①垂耳包扎法 先在患耳背侧安置棉垫,将患耳及棉垫反折使其贴在头顶部,并在患耳耳郭内侧填塞纱布。然后绷带从耳内侧基部向上延伸到健耳后方,并向下绕过颈上方到患耳,再绕到健耳前方。如此缠绕三、四圈将耳包扎(图 5-47A)。

②竖耳包扎法 多用于耳成形术。先用纱布或材料做成圆柱形支撑物填塞于两耳郭内,再分别用短胶布条从耳根背侧向内缠绕,每条胶布断端相交于耳内侧支撑上,依次向上贴紧。最后用胶带“8”字形包扎将两耳拉紧竖直(图 5-47B)。

(二)复绷带和结系绷带

1. 复绷带(many-tailed bandage)

复绷带是按动物体一定部位的形状而缝制,具有一定结构、大小的双层盖布,在盖布上缝合若干布条以便打结固定。复绷带虽然形式多样,但都要求装置简便、固定确实。

装置复绷带时应注意的问题如下:

(1)盖布的大小、形状应适合患部解剖形状和大小的需要,否则外物易进入患部。

(2)包扎固定须牢靠,以免动物运动时松动。

(3)绷带的材料与质地应优良,以便经过处理后反复使用。

2. 结系绷带(ligature bandage)

结系绷带是用缝线代替绷带固定敷料的一种保护手术创口或减轻伤口张力的绷带。结系绷带可装在动物体的任何部位,其方法是在圆枕缝合的基础上,利用游离的线尾,将若干层灭菌纱布固定在圆枕之间和创口上(图 5-48)。

图 5-47 耳包扎法

A. 垂耳包扎法 B. 竖耳包扎法

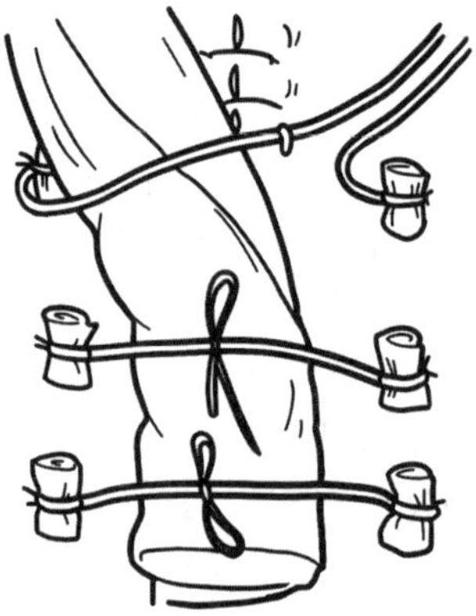

图 5-48 结系绷带

(三)夹板绷带和支架绷带

1. 夹板绷带(splint bandage)

夹板绷带是借助夹板保持患部安静,避免加重损伤、移位和使伤部进一步复杂化,起制动作用的绷带。可分为临时夹板绷带和预制夹板绷带两种。前者通常用于骨折、关节脱位时的紧急救治,后者可作为较长时期的制动。

临时夹板绷带可用胶合板、普通薄木板、竹板、树枝等作为夹板材料。小动物也选用压舌板、硬纸壳、竹筷子作为夹板材料。预制夹板绷带常用金属丝、薄铁板、木料、塑料板等制成适合四肢解剖形状的各种夹板。另外,厚层棉花和绷带的包扎对小动物也可起到夹板作用。无论临时夹板绷带或预制夹板绷带,皆由衬垫的内层、夹板和各种固定材料构成。

夹板绷带的包扎方法是:先将患部皮肤刷净,包上较厚的棉花、纱布棉花垫或毡片等衬垫,并用蛇形或螺旋形包扎法加以固定,尔后再装置夹板。夹板的宽度视需要而定,长度应达到与骨折部相邻的上下两个关节,使上下两个关节同时得到固定,同时又要短于衬垫材料,避免夹板两端损伤皮肤。最后用绷带螺旋包扎或结实的细绳加以捆绑固定。铁制夹板可加皮带固定(图 5-49 和图 5-50)。

2. 支架绷带

支架绷带是在绷带内作为固定敷料的支持装置。这种绷带应用于动物的四肢固定时,用套有橡皮管的软金属或细绳构成的支架，借以牢靠地固定敷料，而不因动物走动失去它的作用。在小动物四肢常用改良托马斯(modified Thomas)支架绷带。其支架多用铝棒根据动物肢体长短和肢上部粗细自制(图5-51)。应用在鬐甲、腰背部的支架绷带为被纱布包住的弓状金属支架，使用时可用布条或细软绳将金属架固定于患部。

支架绷带具有防止摩擦、保护创伤、保持创伤安静和通气作用，因此为创伤的愈合提供了良好的条件。

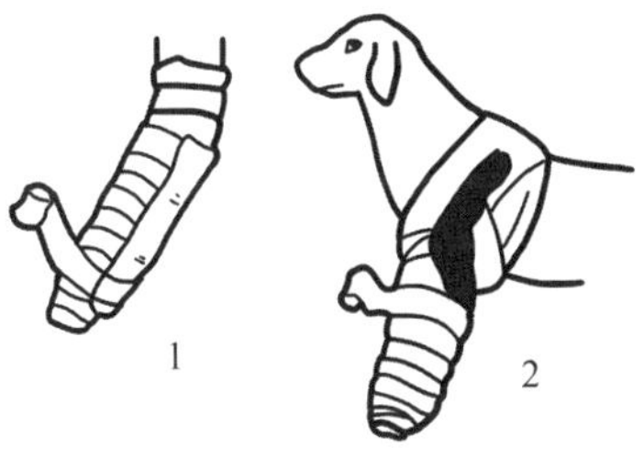

图5-49　夹板绷带(犬)

1.塑料夹板绷带　2.纤维板夹板绷带

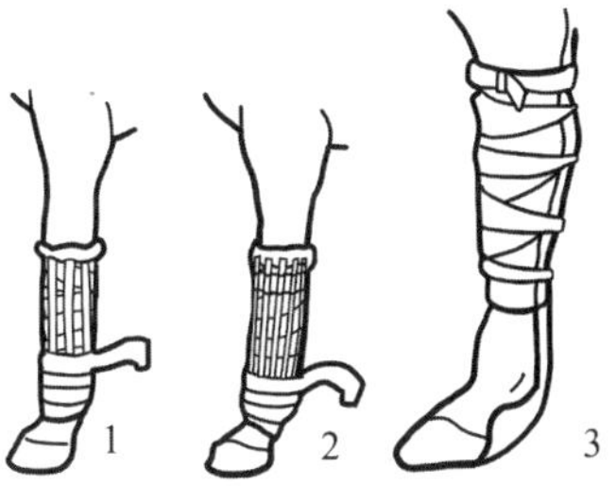

图5-50　夹板绷带(马)

1.胶合板夹板绷带　2.木杆夹板绷带　3.单幅铁夹板绷带

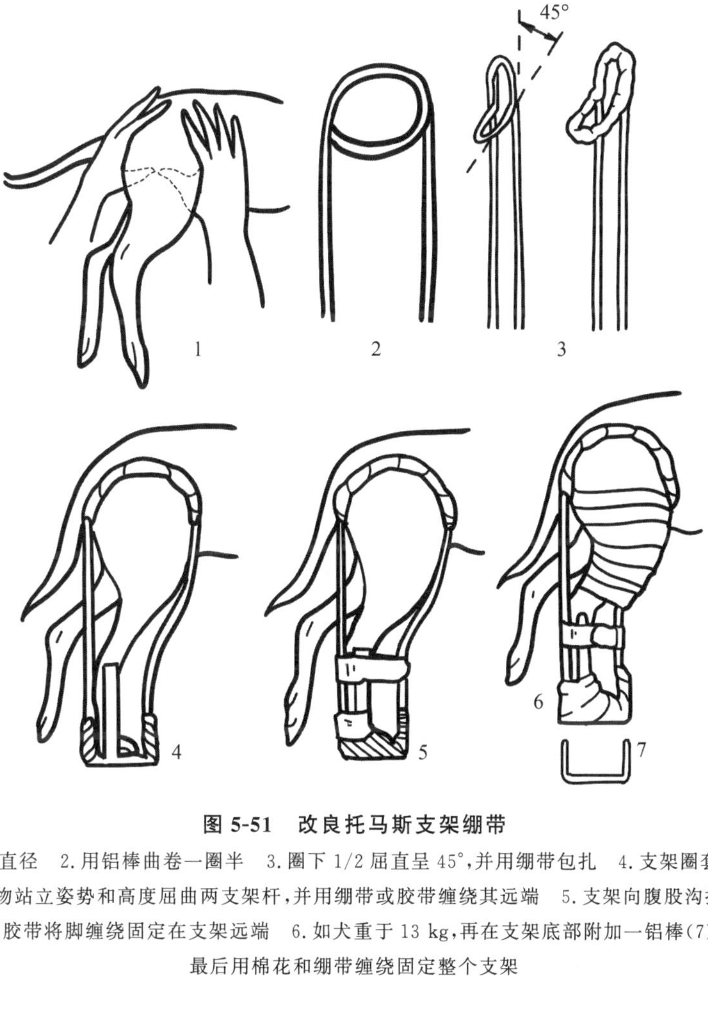

图5-51　改良托马斯支架绷带

1.测大腿直径　2.用铝棒曲卷一圈半　3.圈下1/2屈直呈45°，并用绷带包扎　4.支架圈套入大腿，按动物站立姿势和高度屈曲两支架杆，并用绷带或胶带缠绕其远端　5.支架向腹股沟托紧，用胶带将脚缠绕固定在支架远端　6.如犬重于13 kg，再在支架底部附加一铝棒(7)，最后用棉花和绷带缠绕固定整个支架

(四)硬化绷带

1. 石膏绷带(plaster bandage)

是在淀粉液浆制过的大网眼纱布上加上锻制石膏粉制成的。这种绷带用水浸后质地柔软，可塑制成任何形状敷于伤肢，一般十几分钟后开始硬化，干燥后成为坚固的石膏夹。根据这一特性，石膏绷带应用于整复后的骨折、脱位的外固定或矫形都可收到满意的效果。

(1)石膏绷带的制备　医用石膏是将自然界中的生石膏，即含水硫酸钙($CaSO_4 \cdot 2H_2O$)，加热烘焙，使之失去一半水分而制成的煅石膏($CaSO_4 \cdot H_2O$)。煅石膏及石膏绷带市场上均有出售。自制煅石膏和石膏绷带，是将生石膏研碎、加热(100～120 ℃)，煅成洁白细腻的石膏粉，手拭粉时略带黏性发涩，或手握粉能从指缝漏出，为煅制成功的标志。将干燥的上过浆的纱布卷轴带，放在堆有石膏粉的搪瓷盘中，打开卷轴带的一端，从石膏堆上轻拉过，再用木片刮匀，使石膏粉进入纱布网孔，然后轻轻卷起。根据动物大小，制成长 2～4 m，宽 5～10 cm(四肢用)或 15 cm(躯干用)的石膏绷带卷，置密封箱内贮存备用。

(2)石膏绷带的装置方法　应用石膏绷带治疗骨折时，可分为无衬垫和有衬垫两种：一般认为无衬垫石膏绷带疗效较好。骨折整复后，消除皮肤上泥灰等污物，涂布滑石粉，尔后于肢体上、下端各绕一圈薄纱布棉垫，其范围应超出装置石膏绷带卷的预定范围。根据操作时的速度逐个将石膏绷带卷轻轻地横放到盛有 30～35 ℃的温水桶中，使整个绷带卷被淹没。待气泡出完后，两手握住石膏绷带圈的两端取出，用两手掌轻轻对挤，除去多余水分。从病肢的下端先做环形包扎，后做螺旋包扎向上缠绕，直至预定的部位。每缠一圈绷带，都必须均匀地涂抹石膏泥，使绷带紧密结合。骨的突起部，应放置棉花垫加以保护。石膏绷带上下端不能超过衬垫物，并且松紧要适宜。根据伤肢重力和肌肉牵引力的不同，可缠绕 6～8 层(大动物)或 2～4 层(小动物)。在包扎最后一层时，必须将上下衬垫向外翻转，包住石膏绷带的边缘，最后表面涂石膏泥，待数分钟后成型。但为了加速绷带的硬化，可用电吹风机吹干。马、骡四肢装置石膏绷带应从蹄匣部开始，否则易造成蹄冠褥疮。犬、猫石膏绷带应从第 2、4 指(趾)近端开始。

当开放性骨折或有伴发创伤的其他四肢疾病时，为了观察和处理创伤，常应用有窗石膏绷带。“开窗”的方法，是在创口上覆盖灭菌创巾，将大于创口的杯子或其他器皿放于创巾上，杯子固定后，绕过杯子按前法缠绕石膏绷带，在石膏未硬固之前用刀做窗，取下杯子即成窗口，窗口边缘用石膏泥涂抹平。有窗石膏绷带虽然有便于观察和处理创伤之优点，但其缺点是可引起静脉淤血和创伤肿胀。若窗孔过大，往往影响绷带的坚固性。为了满足治疗上的需要和不影响绷带的坚固性，可采用桥形石膏绷带。其制作方法是用 5～6 层卷轴石膏绷带缠绕于创伤的上、下部，作为窗孔的基础，待石膏硬化后于无石膏绷带部分的前后左右各放置一条弓形金属板即“桥”，代替一段石膏绷带的支持作用，金属板的两端放置在患部上、下方绷带上，然后再缠绕 3～4 层卷轴石膏绷带加以固定(图 5-52)。

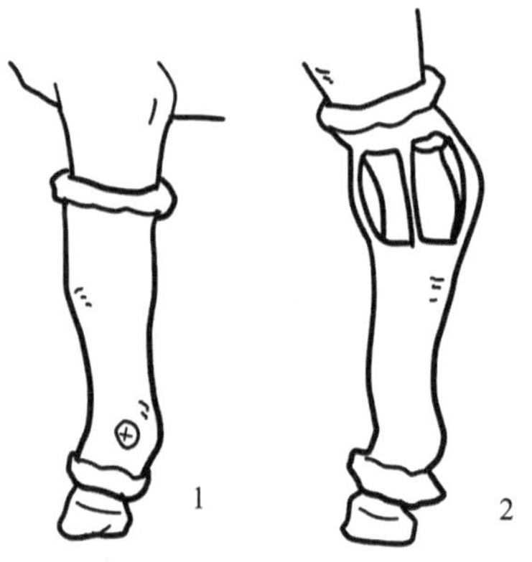

图 5-52　石膏绷带(犬)

1. 开窗石膏绷带　2. 跗关节桥形石膏绷带

为了便于固定和拆除，外科临床上也有使用长压布石膏绷带。其制作和使用方法是：取纱布宽度为拟固定部位圆周的一半，长度视需要而定。将纱布均匀地布满煅石膏粉后，逐层重叠，再浸以温水，挤去多余水分后放在患肢前面。同法做成另一半长压布，放在患肢后面。待干燥之后再用卷轴绷带将两页固定于患部。

在兽医临床上有时为了加强石膏绷带的硬度和固定作用，可在卷轴石膏绷带缠绕后的第3、4层（大动物）或第1、2层（小动物）暂停缠绕，修整平滑并置入夹板材料，使之成为石膏夹板绷带。

（3）包扎石膏绷带时应注意的事项

①将一切物品备齐，然后开始操作，以免临时出现问题延误时间。由于水的温度直接影响着石膏硬化时间（水温降低会延缓硬化过程），应予以注意。

②患病动物必须保定确实，必要时可做全身或局部麻醉。

③骨折的患肢在装置前必须将骨折断端整复到解剖位置，使病肢的主要力线和肢轴尽量一致。为此，在装置前最好应用X射线摄片检查。

④长骨骨折时，为了达到制动目的，一般应固定与骨折部位相邻的上下两个关节，才能达到制动的作用。

⑤骨折发生后，使用石膏绷带作外固定时，必须尽早进行。若在局部出现肿胀后包扎，则在肿胀消退后，皮肤与绷带间出现空隙，达不到固定作用。此时，可施以临时石膏绷带，待炎性肿胀消退后将其拆除，重新包扎石膏绷带。

⑥缠绕时要松紧适宜，过紧会影响血流循环，过松会失去固定作用。一般在石膏绷带两端以插入一手指为宜。缠绕的基本方法是把石膏绷带“贴上去”，而不是拉紧“缠上去”，每层力求平整，为此，应一边缠绕一边用手将石膏泥抹平，使其厚薄均匀一致。

⑦未硬化的石膏绷带不要指压，以免向下凹陷压迫组织，影响血液循环或发生溃疡、坏死。

⑧石膏绷带敷缠完毕后，为了使石膏绷带表面光滑美观，有时用干石膏粉少许加水调成糊，涂在表面，使之光滑整齐。石膏夹两端的边缘应修理光滑并将石膏绷带两端的衬垫翻到外面，以免摩擦皮肤。

⑨最后用变色铅笔或毛笔在石膏夹表面写明装置和拆除石膏绷带的日期，并尽可能标记出骨折线。

（4）石膏绷带的拆除　石膏绷带拆除的时间，应根据不同的病患或病理过程而定。一般大动物为6～8周，小动物3～4周，但遇下列情况，应提前拆除或拆开另行处理。

①石膏夹内有大出血或严重感染。

②患病动物出现原因不明的高热。

③包扎过紧，肢体受压，影响血液循环。表现为动物不安，食欲减少，末梢部肿胀，蹄（指）温变冷。

④肢体萎缩，石膏夹过大或严重损坏失去作用。

由于石膏绷带干燥后十分坚硬，拆除时多用专门工具，包括锯、刀、剪、石膏分开器等（图5-53）。

拆除的方法是：先用热醋、双氧水或饱和食盐水在石膏夹表面划好拆除线，使之软化，然后沿拆除线用石膏刀切开或石膏锯锯开，也可用石膏剪逐层剪开。为了减少拆除时可能发生的组织损伤，拆除线应选择在较平整和软组织较多处。外科临床上也常直接用长柄石膏剪沿石膏绷带近端外侧缘纵行剪开，尔后用石膏分开器将其分开。石膏剪向前推进时，剪的两叶应与肢体的长轴平行（图5-54），以免损伤皮肤。

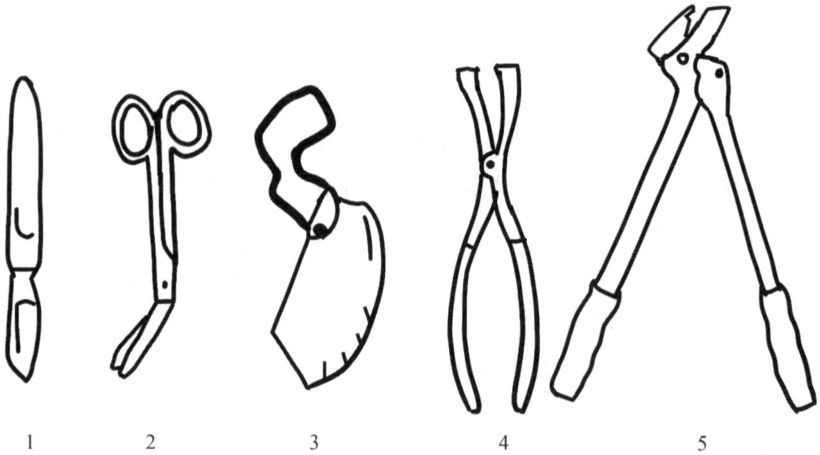

图 5-53　拆除石膏绷带的工具

1.石膏刀　2.石膏剪　3.石膏手锯　4.石膏分开器　5.长柄石膏剪刀

2.其他硬化绷带

这类绷带有 Vet-Lite 和纤维玻璃(fiberglass)绷带。Vet-Lite 是一种热熔可塑型的塑料,浸满在网孔的纺织物上。如将其放在水中加热至 71～77 ℃则变得很软,并可产生黏性。然后置室温冷却,几分钟后可硬化。Vet-Lite 多用作小动物的硬化夹板。纤维玻璃绷带是一种树脂黏合材料。绷带浸泡冷水中 10～15 s 就起化学反应,随后在室温条件下几分钟则开始热化和硬固。纤维玻璃绷带主要用于四肢的圆筒铸型,也可用作夹板。具有重量轻、硬度强、多孔及防水等特性。

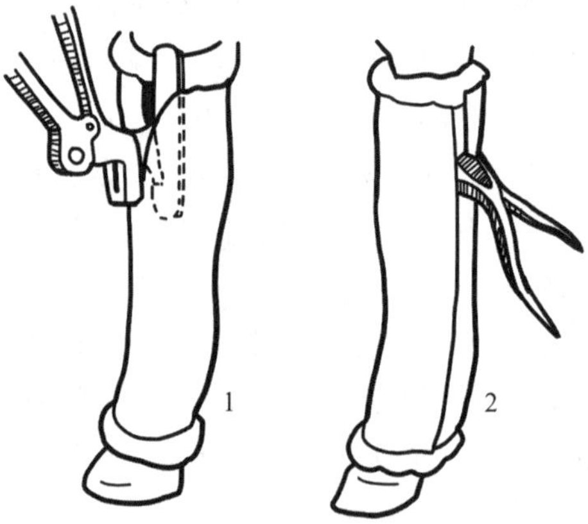

图 5-54　石膏绷带拆除方法

1.用长柄石膏剪从石膏绷带近端外侧缘纵行剪开

2.用石膏分开器分开石膏绷带,使裂缝扩大后即可拆除

三、包扎的注意事项

(1)按包扎部位的大小、形状选择宽度适宜的绷带。过宽使用不便,包扎不平;过窄难以固定,包扎不牢固。

(2)包扎要求迅速确实,用力均匀,松紧适宜,避免一圈松一圈紧。压力不可过大,避免发生循环障碍,但也不宜过松,以防脱落或固定不牢。在操作时绷带不得脱落污染。

(3)在临床治疗中不宜使用湿绷带进行包扎,因为湿布不仅会刺激皮肤,而且容易造成感染。

(4)对四肢部的包扎须按静脉血流方向,即从四肢的远端开始向近端包扎,以免静脉淤血。

(5)包扎至最后末端应妥善固定以免松脱,一般用胶布贴住比打结更为光滑、平整、舒适。如果采用末端撕开系结,则结扣不可置于隆突处或结面上。结的位置也应避免啃咬而松结。

(6)包扎应美观,绷带应平整无折皱,以免发生不均匀的压迫。交叉或折转应成一线,每圈遮盖多少要一致,并除去绷带边上活动的线头。

(7)解除绷带时,先将末端的固定结松开,再朝缠绕反方向以双手相互传递松解。解下的部分应握在手中,不要拉得很长或拖在地上。紧急时可用剪刀剪开。

(8)对破伤风等厌氧菌感染的创口,即使做过较彻底的外科处理,也不宜用绷带包扎。

本章小结

手术基本操作是手术过程中的重要环节。无论手术的大小、复杂程度如何，手术基本操作包括切开、止血、缝合、打结、引流与包扎等。

组织切开与切除，是指利用机械方法，根据手术部位解剖生理特点，把原来完整的组织切开和分离，以制作手术通路，或切除病理组织的方法。皮肤的切开法有紧张切开和皱襞切开；软组织的分离分为锐性切开和钝性分离两种。临床上根据需要灵活运用。骨组织的分割应注意保存骨膜的健康部分。

止血即控制出血，是手术过程中自始至终经常遇到而又必须立即处理的基本操作技术。按受伤血管的不同，出血分为动脉出血、静脉出血、毛细血管出血和实质出血。止血方法有全身预防性止血、局部预防性止血和手术过程中的止血。术中止血方法又分为机械止血(压迫止血、钳夹止血、钳夹扭转止血、钳夹结扎止血、创内留钳止血、填塞止血)、电凝及烧烙止血、局部化学及生物学止血等。

手术野的充分显露不仅能清楚显示病变的性质、范围和局部解剖层次，且便于手术操作和防止手术的副损伤，因而是安全有效地施行手术的关键。开放手术术野是否显露良好，取决于体位、麻醉、手术路径、切口牵开、内脏的移位与减容、术野照明等。

缝合是封闭创伤、修复缺损及吻合重建的基本外科技术。缝合材料可分为天然缝合材料和人造缝合材料，每一种缝合材料又包括可吸收缝合材料和非吸收缝合材料。丝线为最常用的非吸收缝合材料，但要注意丝线用于缝合空腔器官时，如果丝线露在腔内，易产生溃疡；缝合膀胱、胆囊时，易形成结石。组织黏合剂历史悠久，有化学黏合剂和生物黏合剂两种，常用的化学黏合剂为氰基丙烯酸酯类黏合剂。缝合包括软组织缝合和骨组织缝合。软组织缝合方法分为对接缝合、内翻缝合、减张缝合 3 类，每一类又包括间断缝合和连续缝合；皮肤、肌肉、腹膜等采用对接缝合；空腔器官如胃、肠、子宫、膀胱采用内翻缝合；血管采用外翻缝合。骨组织缝合包括全环扎术和半环扎术。

打结也是外科手术最基本的操作之一。正确而牢固地打结是结扎止血和缝合的重要环节。熟练地打结，不仅可以防止结扎线松脱而造成创伤裂开和继发性出血，而且可以缩短手术时间。结分为方结、三叠结和外科结，手术过程中切忌打成假结和滑结。常用的打结方法有单手打结、双手打结和器械打结，每一种打结方法都应该熟练掌握。打结注意事项可归结为三点一线、两手交叉、用力均匀，打结过程中如果两手不交叉即成假结，两手用力不均即成滑结。剪线和拆线也是手术基本操作之一。

引流是将器官组织腔隙的渗出液或体腔的内容物引出体外的方法。其作用是：排出体内不适当蓄积的炎性渗出液、消化液、血液和坏死组织；促使脓腔或手术野死腔缩小或闭合。引流方式有主动引流和被动引流。

包扎法是利用敷料、绷带等材料进行包扎止血、保护创面、防止自我损伤、吸收创液、限制活动、保持创伤安静、促进受伤组织愈合的方法。包扎通常使用两层包扎材料进行，内层为吸收层，外层为固定层。基本包扎法有环形包扎、螺旋形包扎、折转包扎、蛇形包扎和交叉包扎。复绷带是按动物体一定部位的形状而缝制，具有一定结构、大小的双层盖布，在盖布上缝合若干布条以便打结固定。结系绷带是用缝线代替绷带固定敷料的一种保护手术创口或减轻伤口张力的绷带。夹板绷带是借助夹板保持患部安静，避免加重损伤、移位和使伤部进一步复杂化，起制动作用的绷带。支架绷带是在绷带内作为固定敷料的支持装置。硬化绷带有石膏绷带、Vet-Lite 和纤维玻璃绷带。

复习思考题

1. 组织切开应该遵循哪些原则？有哪些注意事项？

2. 组织分离方法有哪两种？皮肤的紧张切开和皱襞切开如何进行？肌肉如何分离？

3. 骨组织的分割应注意什么？腹膜和肠管的切开如何进行？

4. 按照受伤血管的不同，出血可分为哪几类？每类出血有何特征？

5. 造成二次出血的原因有哪些？

6. 简述手术过程中常用的机械止血法。

7. 局部预防性止血法主要有哪两种？

8. 开放手术术部的显露要考虑哪些因素？

9. 缝合时要遵循哪些原则？

10. 理想的组织黏合剂应具备哪些性质？

11. 肠线的使用过程中应该注意哪五个问题？其缺点是什么？特别注意的是肠线不能用于什么器官的缝合？

12. 结节缝合和连续缝合各有哪些优缺点？如何进行？

13. 内翻缝合适用于哪些器官的缝合？具体的缝合方法有哪几种？

14. 缝合的注意事项有哪些？

15. 手术过程中常用的结有哪些？单手打结、双手打结和器械打结如何进行？

16. 引流有哪些适应症？引流方式有哪些？

17. 基本包扎法如何进行？包扎的注意事项有哪些？

18. 名词解释

切开、紧张切开、皱襞切开、出血、内出血、二次出血、止血、压迫止血、结扎止血、贯穿结扎、钳夹结扎止血、填塞止血、缝合、结节缝合、连续缝合、内翻缝合、外翻缝合、单纯缝合、复合缝合、引流、开放式引流、闭式引流、包扎

（彭广能、丁明星）

第六章　输液、输血与供氧

第一节　输　液

输液(liquid transfusion)就是根据动物的体液失衡状况，经由静脉或者其他途径向动物体内输入纠正机体失衡的一些液体的常用治疗方法，对动物的康复有积极意义。(视频 6-1)

视频 6-1　输液

一、手术动物的体液失衡

体液(水分和电解质)在不同种类动物体内所占的比例并不一致，新生动物可能超过 70%，甚至接近 80%，而出生后逐渐稳定在 60%左右。小动物的体液约占体重的 60%，其中约 2/3 分布在细胞内，为细胞内液(约占体重的 40%)；其余为细胞外液(约占体重的 20%)。细胞外液中有约 3/4 存在于组织间隙，另外 1/4 在循环系统内。

体液平衡包括两个方面：一方面体内各部分液体的渗透压均是相等的，水和电解质通过半透膜渗透，以维持各部分体液的等渗状态；另一方面各部分体液中保留的水量与其所含有的溶质(渗透性颗粒)多少有关。健康动物每日水分的维持需要量与丢失量(包括可见和不可见丢失，如排泄和挥发散失等)有关，成年犬为 40～60 mL/kg，其中大型犬约为 40 mL/kg，而幼年犬为 60～100 mL/kg。

脱水是指体液的丢失量超过摄入量，可分为单纯性脱水(不常见)和伴有不同程度电解质丢失的脱水(较为多见)。根据电解质丢失后导致的体液渗透压变化，又可将后者分为高渗性脱水、等渗性脱水和低渗性脱水。

等渗性脱水指水分和盐(电解质)成比例的丢失，血浆渗透压和钠离子浓度无变化，红细胞比容(HCT)和血浆总蛋白(TP)均正常。

高渗性脱水指失水多于失盐。血浆渗透压和钠浓度升高，细胞内水分移向细胞外，以重新建立细胞内外的等渗状态。虽然补充了细胞外流失的水分，但会导致细胞脱水。因此，细胞外液容量变化不大，而 HCT 和 TP 变化也不明显。

低渗性脱水指盐的丢失多于水分的丢失，出现低钠血症和血浆渗透压降低。为了平衡细胞内、外液的渗透压，细胞外水分进入细胞内，引起细胞内水过多而细胞外脱水。此时 HCT 和 TP 升高，有效血容量减少，可能继发出现低血容量性休克。

对动物脱水程度的判断有一定的标准，可参照皮肤弹性(正常为 1～3 s)和毛细血管再充盈时间(CRT，正常不大于 2 s)的检查结果进行判定，并根据体重和脱水状态计算失水量。脱水程度小于 5%时动物无明显症状；5%～7%为轻度脱水；7%～10%为中度脱水；10%～12%为高度脱水。其相应临床症状见表 6-1。

表 6-1 脱水程度及其症状

脱水程度(按体重计算)	症状
0~5%	无明显症状(如出现烦渴、精神沉郁等)
5%~7%	皮肤弹性下降(眼睑皮肤松弛)、眼窝轻度凹陷、鼻部发凉
7%~10%	皮肤弹性丧失、CRT 延长、眼窝凹陷、黏膜干燥、四肢末端发凉
10%~12%	渐进性休克(黏膜苍白、脉搏虚弱及心搏过速等)

此外,了解病史及病况也是评价脱水情况的重要参考。临床病例多同时出现水分和电解质的紊乱。如急性机械性肠梗阻的动物可能会出现饮水废绝,并且由于疼痛、出汗导致经皮肤及呼吸散失的水分增加。在阻塞形成的 12 h 内,胃肠道内液体蓄积(分泌和渗出的液体量多于吸收量),结果造成血容量降低、血液浓缩,继而出现循环衰竭和休克。由于组织血液灌注量减少,导致组织缺氧,代谢产物积聚,并进一步加重循环衰竭。当然,要想确切了解动物的水合状态以及电解质失衡情况,最可靠的方法是监测尿量、测量中心静脉压(CPV)和测定各离子的含量,为临床治疗提供进一步的依据。

二、手术动物的酸碱平衡失调

体液必须保持一定的酸碱度才能够维持机体的正常运作,并且通过酸碱平衡系统(如细胞内外液的离子缓冲系统、肺脏的 $CO_2/p(CO_2)$ 调节系统和肾脏的 HCO_3^- 排泄系统)调节体液的 pH 实现酸碱的恒定。通常将酸碱失衡分为呼吸性(呼吸性酸/碱中毒)和代谢性(代谢性酸/碱中毒)两大类,临床上出现酸中毒的情况更为多见,而且随病情变化也变得复杂,如呼吸性酸中毒合并代谢性酸中毒、呼吸性酸中毒合并代谢性碱中毒等。

1. 呼吸性酸中毒

呼吸性酸中毒(respiratory acidosis)指肺泡通气不良或肺换气功能障碍,不能充分排出肺内的 CO_2,使 CO_2 浓度增加,二氧化碳分压 $p(CO_2)$ 升高,引起高碳酸血症。常见于呼吸器官疾病(如肺水肿、呼吸道阻塞、肺间质性纤维化等)、神经障碍和用药导致的呼吸抑制(如呼吸中枢神经系统疾病、麻醉过深、镇痛镇静用药过量等)、胸腔疾病导致的呼吸受限(膈肌麻痹、胸膜炎、气胸及胸腔积液等)等病况。

动物的临床表现因病因不同而异。呼吸器官疾病可引起呼吸性酸中毒,出现呼吸困难,换气不足等症状;因麻醉药过量者则表现为呼吸次数减少或不规则;发生急性高碳酸血症时,动物可能会表现神经肌肉功能失调、惊厥、僵硬或昏迷。严重病例,还可出现心输出量增加、血管扩张(血压正常)和室性节律失常等症状。

2. 呼吸性碱中毒

呼吸性碱中毒(respiratory alkalosis)系指肺泡换气过度,CO_2 排出过多,使血液原发性 CO_2 浓度降低,$p(CO_2)$ 降低。常见病因有恐惧、发热、疼痛、创伤、败血症、呼吸中枢神经系统疾病、低氧血症、低钠血症、妊娠及机械性通气过度等。

临床症状比呼吸性酸中毒轻。急性低碳酸血症可引起脑血管收缩,继发脑血流减少,表现为感觉异常,肌痉挛、强直和肌腱深反射剧烈;心跳加快、S-T 波下降、节律失常;严重者则出现惊厥或昏厥、恶心呕吐等症状。

3. 代谢性酸中毒

代谢性酸中毒(metabolic acidosis)是一种最常见的酸碱平衡紊乱,由体内 HCO_3^- 减少所引起。根据阴离子间隙(anion gap)等于阳离子 Na^+ 和 K^+ 之和与阴离子 Cl^- 和 HCO_3^- 之和的差值的变化，将代谢性酸中毒的原因区分为两类：即阴离子间隙正常和阴离子间隙增大。前者多见于腹泻、肾小管性酸中毒及稀释性酸中毒（快速静脉输注生理盐水）等情况；后者常由尿毒症、酮体酸中毒（糖尿病、长期不进食）、乳酸酸中毒（组织缺血、缺氧）等引起。

在小动物临床，多见于剧烈腹泻（出血性肠炎）。由于腹泻，大量 HCO_3^- 从粪便中排出，使体内 HCO_3^- 减少，同时由于脱水（Na^+ 和水丢失），酸性产物聚积，导致酸中毒程度加剧。在急性期由于酸血症的影响，细胞内碳酸酐酶活性降低，动物出现精神沉郁、嗜睡与昏迷等症状；呼吸次数减少，呼吸加深延长，但血液 pH 下降不显著。此外，还出现外周血管扩张，血压下降，心律失常和心跳加快等症状。在慢性期时由于骨盐脱钙用以缓冲体内过多的 H^+，导致幼年动物生长停滞。

4. 代谢性碱中毒

代谢性碱中毒（metabolic alkalosis）指碱性物质摄入太多或固定酸大量丢失而引起血浆 HCO_3^- 浓度原发性增高，同时伴随 Cl^- 浓度的下降。病因包括剧烈呕吐（含有盐酸的胃液丢失过多）、胃扩张与扭转（胃液大量积于胃中）、过多使用利尿剂（如氯噻嗪等）、静脉注射碱性物质或摄入碱性物质过多（如碳酸氢钠），醛固酮过多症（排酸排 K^+ 增多）、慢性高碳酸血症及严重的 K^+ 丢失等。此外，原发性肾上腺皮质机能亢进也可引起本病。

动物一般无明显表现或有低血钾和低血钙的症状（如惊厥、感觉异常、骨骼肌震颤等），呼吸浅而慢。严重病例可出现神经症状，如抽搐、麻痹和昏迷等。

5. 酸碱平衡失调的诊断

要正确诊断动物酸碱平衡失调，必须首先收集有关临床病史和症状，尤其要了解呼吸系统和肾脏等器官是否异常、有无呕吐或腹泻等症状。发生严重的呕吐、腹泻时，不仅会出现水、电解质平衡的失调，也常伴发酸碱平衡紊乱，若存在呼吸器官和肾脏疾病还会影响机体的代偿作用。为了准确掌握是何种类型的酸碱失衡，必须进行血气分析，获取动脉血 pH、$p(CO_2)$、HCO_3^- 浓度等参数值，为正确诊断提供依据。不同类型酸碱失衡的血气分析结果及机体代偿变化见表 6-2。

表 6-2 单纯性酸碱失衡的血气及机体代偿变化

类型	血气变化	机体代偿变化
呼吸性酸中毒	急性期，血液 pH 下降，$p(CO_2)$ 升高，HCO_3^- 浓度变化不大 慢性期，血液 pH 下降不明显，$p(CO_2)$ 升高，HCO_3^- 浓度增大	$p(CO_2)$ 每增加 1.33 kPa(10 mmHg)，HCO_3^- 浓度增加 1 mmol/L $p(CO_2)$ 每增加 1.33 kPa(10 mmHg)，HCO_3^- 浓度增加 3.5 mmol/L
呼吸性碱中毒	pH 升高，$p(CO_2)$ 和 HCO_3^- 浓度下降	急性期，$p(CO_2)$ 每下降 1.33 kPa(10 mmHg)，HCO_3^- 浓度下降 2 mmol/L 慢性期，$p(CO_2)$ 每下降 1.33 kPa(10 mmHg)，HCO_3^- 浓度下降 5 mmol/L
代谢性酸中毒	急性期，血液 pH、HCO_3^- 浓度明显下降，$p(CO_2)$ 正常 慢性期，血液 pH、HCO_3^- 浓度明显下降，$p(CO_2)$ 降低	HCO_3^- 浓度每下降 1 mmol/L，其 $p(CO_2)$ 下降 0.16 kPa
代谢性碱中毒	血液 pH 和 HCO_3^- 浓度均明显升高，$p(CO_2)$ 正常另外，血钾及血磷均下降。	HCO_3^- 浓度每增加 1 mmol/L，其 $p(CO_2)$ 增加 0.07～0.13 kPa(0.5～1.0 mmHg)

三、临床处置的基本原则与方法

(一)体液平衡失调的处置

首先应积极治疗原发病,再给予支持性输液治疗。但对于病情严重或原发病不能及时消除的病例,可酌情给予一定的支持治疗。

需要根据脱水类型和程度、心肺状况确定输液的种类、输液量及输液速度。对于手术病例,应考虑术前水、电解质丢失以及酸碱失衡的情况,以及术中和术后水、电解质以及蛋白质的需要量和丢失量等,以便输注适合的液体种类和补充量。

输注液体的种类有晶体液和胶体液两种。前者包括等渗盐水(如0.9% 生理盐水、5% 葡萄糖生理盐水、复方生理盐水及乳酸林格氏液等)、低渗盐水(如0.45%氯化钠)和高渗盐水(如7.5%氯化钠);后者有全血、血浆或血浆代用品(如右旋糖苷、羟乙基淀粉)、蛋白补充液等。高渗性脱水时,可以输注5%~10%的葡萄糖溶液或低渗盐水;等渗性脱水时补充等渗盐水;低渗性脱水可以输入等渗或高渗盐水。

输液时,一般先扩充血容量和维持血浆正常的渗透压,然后再纠正血液电解质酸碱的失衡,以此恢复体液的平衡。对于手术出血导致的低血容量,应补充胶体溶液或输血。

输液量可按水分的丢失量进行计算,公式如下:

水分丢失量(mL)=(正常 HCT-测量 HCT)/正常 HCT×体重(kg)×0.3(细胞外液容量比例)×1 000

补液的途径有多种,包括口服、静脉注射、皮下注射和腹腔注射等。动物轻度脱水,有饮欲且消化道功能正常时,可口服补液;如脱水严重,食欲废绝,需快速纠正,则可经静脉补液。若因脱水导致血管塌陷或因动物体型较小难以静脉注射时,可行腹腔注射或皮下注射补液。

输液速度应根据动物体型大小、体况、输液途径、液体性质和治疗目的而定。若动物处于低血容量休克状态,则需要最快速输液(犬 90 mL/(kg·h),猫 60 mL/(kg·h)),而非休克状态下的常规输液速度约为6~10 mL/(kg·h)。在脱水状况下,可以快速地补充一半的脱水量,剩余的脱水量可以在接下来的12~24 h内匀速输注。病危和心肺功能障碍的动物以慢速滴注为好,若有突发状况可及时停止。适当输液后,动物一般会表现为精神好转、脱水减轻、呼吸逐渐正常及排尿量增加。

输液的种类与输液并发症的发生有密切的关系,需要严格监护。对于存在心脏、肺脏、肝脏、肾脏等重要器官功能衰竭的病例,更应慎重选择,并仔细考虑所用药物的配伍禁忌,如溶液出现混浊、沉淀、絮状物等均不应使用。若液体过冷(如冬季未加温),则输注后动物可出现寒战不安等,可暂停注射或加温后再输。此外,静脉注射添加氯化钾(不超过0.5 mEq/(kg·h))、碳酸氢钠(1~2 mEq/(kg·h))、氯化钙或葡萄糖酸钙(2~10 mL/min)的液体时,必须慢速输注,每分钟40~80滴,并注意观察动物的心率和呼吸变化,避免溢漏到血管外。若出现异常则随时停止输液,必要时可使用安钠咖等中枢兴奋剂进行抢救。若因输注抗生素(如青霉素)产生过敏反应,则应进行紧急抢救。对于出现呼吸突然停止的情况,需要进行人工复苏或尽快打开气道进行机械性通氧,同时立即使用兴奋呼吸中枢的药物(如尼可刹米)全力抢救。

(二)酸碱平衡失调的处置

应根据动物酸碱失衡的类型和机体的代偿情况选择治疗。

(1)呼吸性酸中毒　多由呼吸器官病变和麻醉过深引起。主要治疗原发性病因和改善通气功能(如运用辅助呼吸技术、呼气终末正压通气等改善换气),有些病例需要改善通气功能后再进行潜在病因的治疗。

(2)呼吸性碱中毒　多继发于肺部疾病,应积极治疗原发病。常因换气过度,引起低氧血症,可通过输氧进行纠正。如中枢神经系统疾病引起呼吸性碱中毒,动物表现疼痛和兴奋,可给予适量的镇静药。

(3)代谢性酸中毒　首先应消除病因，减少酸性产物的产生和促进排出。对于轻度酸中毒的情况，可辅助补液，一般可自行纠正，无需用碱制剂治疗。如血液 pH 降至 7.2 或更低，应立即输液(常用复方生理盐水)和用碱制剂治疗，如 5%碳酸氢钠溶液。补碱量可按下列公式计算：

补碱量=(正常[HCO_3^-]-测量[HCO_3^-])(mmol/L) ×0.3(细胞外液容量比例)×体重(kg)

如酸中毒很严重，其系数可校正为 0.6；输液速度不宜太快，否则会因脑组织中的药物浓度过高而损伤大脑。此外，还要避免因过快纠正酸中毒导致大量的 K^+ 转移到细胞内，引起低钾血症。

(4)代谢性碱中毒　在积极治疗原发病的同时，可输注生理盐水补充体液和纠正因碱中毒消耗的 Cl^-，同时也可减轻因醛固酮增加导致的碱中毒。另外，碱中毒常伴发低钾血症，故要考虑补充氯化钾，加快纠正碱中毒。

若未能解除引起严重碱中毒的病因，可使用乙酰唑胺(acetazolamide，一种利尿剂)促进 HCO_3^- 的排泄。

第二节　输　血

输血(blood transfusion，BT)是指将血液或血液制品通过静脉输注给患病动物的一种治疗方法。如发生创伤性大失血时，就需要给动物进行输血，扩充循环血容量和补充红细胞及血红蛋白，同时也增加了血液的携氧能力。当然，这不是主要治疗出血的方法，但对于一些失血严重并且需要接受后续手术治疗的危重病例十分必要。输入血液制品存在一定的风险(如输血反应)，因此输血需要特别谨慎。

一、输血的适应症及注意事项

1. 适应症

(1)急性失血　由于严重创伤或手术过程中出血过多。当急性失血达全血量的 1/5 时，则出现血压下降，心跳加快，甚至发生凝血不良。当失血量达 1/3 时，则会危及生命。在这种情况下，需要给动物紧急输全血，维持循环血容量，增加血液携氧能力，改善心肌功能和全身的血液灌注。

(2)血浆大量缺失　因大面积烧伤、严重消化道疾病等引起大量体液丧失，输血不仅能补充血浆成分，还可补充各种凝血因子和免疫球蛋白，恢复凝血功能和增强机体的抗病能力。

(3)贫血　血液原虫病、中毒、自身免疫性疾病所致的溶血及造血机能不良等均可引起严重贫血。输血不仅可以补充血浆和白蛋白，还能刺激造血器官的功能，促进血细胞再生。

(4)凝血异常　动物因患粒细胞减少症、血小板减少症及纤维蛋白减少症等可发生凝血不良，通过输血液制品(如补充凝血因子、血小板和纤维蛋白原)可改善凝血功能，增强骨髓的造血作用，纠正失衡。

2. 注意事项

输血时必须严格按无菌要求操作，所用血液和血液制品不能产生凝集沉淀，不能有溶血现象，包装完整无泄露。输血前一定要做交叉配血试验和生物学试验。若输注贮存的全血，使用前需轻柔倒置，将血浆与红细胞充分混匀并复温。输血过程中要严密观察动物的反应(如发热、过敏等)。当受血动物存在严重的心脏、肾脏和肺脏疾病以及血栓性疾病时避免输血。

二、输血方法

(一) 供血动物的选择与采血

1. 供血动物的选择

供血动物应符合成年、健壮、未曾接受过输血、未怀孕或已绝育的基本条件。同时，免疫和驱虫史完整，无传染病和血液寄生虫病(如犬未感染布鲁氏菌病、埃利希氏体病、恶丝虫病及巴贝斯虫病等；猫未感染猫白血病病毒、猫传染性腹膜炎及血巴尔通氏体病等)，各项临床检查指标(如血常规、生化检查、凝血时间等)正常。动物医院可饲养这类供血犬、猫，便于管理和采血，确保血源的质量。

2.供血动物的血型

目前已知犬有8个血型系列，用犬红细胞表面抗原(dog erythrocyte antigen，DEA)进行区分，其中DEA1.1(—)、DEA1.2(—)和DEA 7(—)为理想的供血血型，不会在DEA阴性受血犬体内产生同种抗体导致溶血。猫有A、B、AB型3种血型，但异型输血时会产生天然抗体，因此需要严格配型。由于家畜(马、牛、羊、猪)血液中存在的天然同种抗体并不常见，而且EA的抗原性也较弱，故家畜初次输血时发生输血反应的情况并不多见，但第2次输注同一供血动物的血液时发生输血反应的概率大大增加。因此动物输血前，最好做相合血检查，正确选择供血源。

3.采血方法

常从颈静脉采血。如果供血犬、猫经科学饲养管理后营养状况理想，一次采血量犬20～25 mL/kg、猫10～15 mL/kg，可每隔2～3周采一次，两次间隔时间犬至少7 d、猫至少10 d。

4.血液的保存

血液离开动物体后会迅速凝固。血液保存的目的是防止血液凝固和溶血，延长红细胞的体外保存期限。常用保存液有如下几种：

(1)ACD保存液　枸橼酸(A)0.48 g、枸橼酸钠(C)1.32 g、葡萄糖(D)1.47g，用注射用水溶解定容至100 mL，灭菌。此保存液25 mL可保存血液100 mL，放置在4 ℃冰箱内保存，保存期为21 d。红细胞在此保存液内每日平均破坏1%，白细胞和血小板的保存效果不佳，白细胞的吞噬作用在6 h内丧失，血小板24 h内大部分被破坏。

(2)CPD保存液　枸橼酸(A)0.327 g、枸橼酸钠(C)2.63 g、磷酸二氢钠(P)0.222 g、葡萄糖(D)2.55 g，加注射用水加至100 mL，灭菌。其pH较ACD低，更有利于红细胞内2,3-DPG(二磷酸甘油酸)的保存。每14 mL保存液可保存血液100 mL，置于4 ℃冰箱内可保存21 d。

(3)CPDA-1保存液　枸橼酸钠(C)2.63 g、磷酸二氢钠(P)0.222 g、葡萄糖(D)3.19 g、枸橼酸(A)0.327 g、腺嘌呤(A)0.027 5 g，用注射用水溶解定容至100 mL，灭菌，可促进红细胞ATP的合成。每14 mL保存液可保存血液100 mL，置于4 ℃冰箱内保存期可达35 d。

(二)相合血的检查

输血应以输同型血为原则，但在实际临床应用时仍考虑以输相合血为主。目前相合血的检查方法主要有以下几种：

(1)交叉凝集(配血)试验　首先分别采取供体和受体动物的静脉血各5 mL，离心分离出供、受体血清(或血浆)，分别制备供、受体红细胞悬液(将抗凝血离心去除上清后，加入生理盐水反复重悬离心浸洗3次以上)。主侧交叉反应：吸取供体红细胞悬液2滴(100 μL)加入离心管中，再加入受体血清1滴(50 μL)；次侧交叉反应：取受体红细胞悬液2滴(100 μL)于另一离心管中，再加入供体血清1滴(50 μL)。将上述2支离心管置于室温30 min或37 ℃水浴5～8 min，然后以1 000 r/min离心1 min，取出离心管进行振荡后仔细观察结果。

交叉配血的两侧均无凝集反应，为相合血。主侧出现凝集反应，为配血不合；主侧无凝集反应，次侧出现凝集反应，为配血基本相合。上述交叉凝集试验也可在玻片上进行。

(2)溶血试验　用经生理盐水洗涤过的供体红细胞(抗原)、受体动物的血清(抗体)和补体三者混合在一试管内，然后在37 ℃下水浴30 min，若出现溶血反应，即为不相合血液。

(3)生物学试验　上述两种试验鉴定血液是否相合有参考价值，但均是在体外进行的，不能代表体内反应。因此，需要观察动物在接受输血后的全身反应，如是否出现发热、过敏、溶血等反应以及出现反应的时间和表现，称为生物学试验。具体方法如下：

在输血前检查受血动物的体温、呼吸、心跳及黏膜色泽等。检查完后先输少量的血液（大动物马、牛 50～100 mL，小动物犬 10～30 mL），在输血过程中和输血后 10 min 检查上述指标。如果受血动物出现不安、肌肉震颤、呼吸和心跳增加、胃肠蠕动亢进、频频排尿和排粪、可视黏膜发绀、黄染或休克等，应立即停止输血或采取急救措施。

（三）输血的途径、总量与速度

（1）途径　可采取静脉内、动脉内、腹腔内、骨骼内、肌肉或皮下等途径输血。犬、猫输血最常用的是前、后肢静脉内输血，大型犬也可选颈静脉输血。

（2）总量　输血量的多少应根据病情、失血程度和体重等综合决定。在病理情况下，当犬 HCT 为 12%～15%或猫 HCT 小于 10%时需考虑输血。此外，手术过程中的失血量可根据具体的手术做粗略估计，如犬子宫摘除术失血量为 2.3 g/kg，犬肿瘤摘除术为 6.9 g/kg，猫子宫摘除术 2.1 g/kg，猫膈疝修补术 6.4 g/kg，猫整形外科手术为 7.1 g/kg。

一般输血量可按动物体重的 1%～2%（或 10～20 mL/kg）估算。也可按下列公式计算输血量：

输血量＝2.2×受血者体重（kg）×40（犬）[或 30（猫）]

×（期望 HCT－受血动物 HCT）/供血动物 HCT

如供血动物犬的血型 DEA1.1、DEA1.2 和 DEA7 为非阴性者，应尽量避免重复输血；必须重复输血者，最好在输血 3 d 内重复一次。

（3）输血速度　犬开始 30 min 内输血应缓慢（如 0.25 mL/（kg・h）），稳定后可逐渐加快。血容量正常的情况下，建议的犬、猫输血速度为 10 mL/（kg・h）。若存在心血管功能异常，则不超过 4 mL/（kg・h）。而当发生低血容量休克时，则可增速为 60 mL/（kg・h）。

三、血浆代用品

目前市售的血浆代用品溶液的组分、各成分含量及其理化性质各具特点，但尚没有哪一种能够完全代替血浆。血浆代用品并不提供血细胞、凝血因子、血小板等组分，其所含胶体成分可产生胶体渗透压发挥扩张循环血容量和维持血压的作用。

（一）右旋糖酐

右旋糖酐（dextran）是一种由葡萄糖聚合成的多糖高分子物。根据右旋糖酐分子量的不同将其分为 4 类：高分子量（相对分子质量 10 万）、中分子量（相对分子质量 7 万）、低分子量（相对分子质量 4 万）和小分子量（相对分子质量 2 万）。其中，中、低分子量的右旋糖酐（Dextran 70 和 Dextran 40）在临床上应用较多，主要通过肾脏排泄，血浆半衰期与分子量大小有关。

1. 中分子量右旋糖酐的作用

中分子量右旋糖酐胶体渗透压高，输入后可维持血容量 6～12 h，但 24 h 内的用量应适当控制，比如 60 kg 的动物在 24 h 内用量不能超过 1 500 mL。

（1）防治各种类型的休克　如出血、创伤、烧伤、冻伤、中毒和感染，以及麻醉期低血压和手术控制性低血压等。

（2）失血性休克　抢救急性大出血，可根据动物体重快速输注中分子量右旋糖酐 50～500 mL，但不宜输注过多，以免增加出血倾向。

（3）肾脏疾病　每天 50～500 mL，连续滴注 7～10 d。

2. 低分子量右旋糖酐作用

(1)扩充血容量,稀释血液,降低血液黏滞性,改善微循环。

(2)抑制血小板的黏附和聚集,减少血小板第3凝血因子的释放,造成出血时间延长。禁用于存在凝血障碍的动物。但对于手术动物,若合理使用,一般不会对凝血功能产生明显影响。

(3)使红细胞表面覆盖一层右旋糖酐,增加表面电荷,使红细胞相互排斥,避免发生聚集。

(4)增加红细胞变形能力,易于通过狭窄的毛细血管。

(5)在循环中停留时间短,易于排出,故多作为微循环灌流的辅助治疗。常用6%右旋糖酐等渗盐溶液。中分子量右旋糖酐在体内维持作用6~12 h,低分子量右旋糖酐维持1.5 h。

(二)羟乙基淀粉

羟乙基淀粉(hetastarch,HES)为葡萄糖聚合物(支链淀粉),其电解质与血浆相近,含有钠、钾、氯和镁离子,并含有 HCO_3^-,能提供碱储备,是一种较好的电解质平衡血浆增量剂,可用于预防及纠正大量失血和血液稀释后可能产生的酸中毒。临床上以6%的羟乙基淀粉应用较多,其扩血容能力强,且持续时间更长。

羟乙基淀粉输入体内后,在血中存留4 h概率为80%,24 h为60%,24 h后血中浓度逐渐降低,并很快从尿中排出。由于其提供的高渗透压,有可能会造成心血管的容量过负荷,禁用于存在严重心力衰竭、无尿或少尿的肾衰竭的动物。此外,当提高用量时也会导致出血时间延长和凝血障碍。犬的推荐使用剂量为10~20 mL/kg,猫为10~15 mL/kg。

(三)明胶类代血浆

明胶是一种从动物皮胶、骨骼、肌腱中的胶原经水解后提取的蛋白,其中含有大量羟脯氨酸。其扩容作用较右旋糖酐和羟乙基淀粉弱,但对凝血作用的影响较小。临床上常用的有尿联明胶和琥珀明胶两种溶液。输入后能增加动物的血容量,防止组织水肿,稀释血液,改善微循环和加快血液流速。

四、输血反应、并发症及其防治

1. 输血反应

给动物静脉输血或血液制品时,要注意动物是否会出现不良反应和异常行为变化。

在临床实践中,常见的输血反应有以下几种:

(1)发热反应　发热反应是输血时较常出现的一种反应。主要原因由致热原引起,这可能是血液保存液和采血时血液被污染或因免疫反应引起。免疫反应是因多次输血后产生白细胞凝集抗体和血小板凝集抗体等,再次输血时对所输入的白细胞和血小板发生作用,产生凝集而引起的。

动物表现体温升高、寒战,常在输血后15~60 min出现。此时应放慢输血速度,并在每100 mL血中加2%普鲁卡因5 mL或氢化可的松50 mg。如果症状得不到缓解,甚至加剧,应立即停止输血。

(2)过敏反应　主要是抗原抗体反应、活化补体和血管活性物质释放所致。临床表现为呼吸急促、痉挛、皮肤瘙痒、浮肿和荨麻疹等,应立即停止输血。

治疗过敏反应主要用抗组织胺药物,如盐酸苯海拉明、扑尔敏,也可静脉注射地塞米松等药物。如果喉水肿严重,影响呼吸时,立即行气管切开术。

(3)溶血反应　当配血不当和输血技术不良,在输血过程中或输血后出现红细胞大量破坏。溶血反应是比较严重的输血反应。动物出现肌无力、眼球震颤、流涎、瞬膜突出、眼和口腔黏膜肿胀等,甚或出现发热、血样下痢、全身痉挛、血红蛋白尿、黄疸及呕吐等。

首先停止输血,改输生理盐水和葡萄糖,加5%碳酸氢钠、肾上腺素或地塞米松。为维持血压,可用多巴胺或间羟胺,但不能用去甲肾上腺素。

2. 输血并发症

在输血过程中常出现以下并发症：

(1)心力衰竭或呼吸衰竭 受血动物老弱或有心脏病，在输血过程中输血速度快，输血量大等都会引起心脏负荷过重，而造成心力衰竭。心脏负荷过重的早期症状是呼吸次数的增加，脉搏增数，颈静脉怒张，严重时可视黏膜出现紫绀，呼吸困难及血痰等。

(2)出血倾向 表现术野异常渗血、静脉穿刺处出血、皮肤有出血点或牙龈出血和血尿等。引起出血倾向的原因有血小板减少，特别是输贮存久的血液；血浆各种凝血因子减少；散在性血管内凝血；毛细血管张力降低；患病动物肝功能不良。

(3)酸碱平衡失调 大量输血时，特别输保存时间过长的库血，很容易发生酸中毒。

(4)疾病的传播 供血动物不健康，常发生传染性肝炎、布鲁氏菌病、梨形虫病、血孢子虫病、微丝蚴等疾病的传播。

五、成分输血

根据输入的血液成分的不同可分为输全血、输红细胞、输血小板、输粒细胞、输血浆等。这些方法都有它的功能和优缺点，应根据临床需要选用。如果仅用红细胞成分输血，可在提取红细胞后，将剩余的血浆再输回给供血动物；如只需输血小板成分，可从血液将富含血小板的血浆分离出来，其红、白细胞成分可输回给供血动物。小动物临床常用以下几种：

(1)输全血 输全血指输入新鲜血液或加有抗凝剂的贮存血液，包含红白细胞、凝血因子、蛋白质和血小板等。适用于大失血、休克、血液变质、血液凝固性障碍、大手术等。输全血可维持血容量，补充具携氧能力的红细胞以及补充血液各种成分。起始使用剂量为 10～22 mL/kg。

(2)输红细胞 输红细胞指输入用生理盐水按比例稀释后的浓缩红细胞悬液。适用于溶血性疾病、营养性贫血或发育不全性贫血。起始使用剂量为 6～10 mL/kg，持续使用至贫血的临床症状缓解。

(3)输血浆 输血浆指输入从抗凝全血中分离获得的血浆组分，主要含有水分、蛋白质和盐类等，以纠正水、电解质、酸碱平衡失调和蛋白质的丧失。适用于大面积烧伤、严重下痢等导致凝血功能异常的治疗。

(4)输血小板 输血小板指输入富含血小板的血浆。适用于血小板减少症、恶性肿瘤和再生障碍性贫血等。尤其对手术前动物血小板缺乏者，输入血小板至正常值，以减少术中出血。

第三节 供 氧

供氧治疗的目的是增加动脉血氧的张力，使脑部及其他组织的氧张力恢复到正常水平。适用于因通气不足的低氧血症。在小动物临床上，多用于呼吸衰竭动物的抢救或各种类型的缺氧。

一、供氧的适应症

(1)各种原因造成中枢、外周神经和神经肌肉接头处的抑制，如脑脊髓损伤、重症肌无力、破伤风、电解质紊乱及麻醉药过量等引起的急性呼吸衰竭。

(2)呼吸道和肺部病变，如肺水肿、肺气肿、呼吸道狭窄或阻塞等引起的呼吸面积减少或通气不足。

(3)循环系统衰竭，如休克、心力衰竭、急性失血及急性贫血等引起的血容量减少，供氧不足。

(4)胸部损伤或胸腔手术引起的一侧性气胸，发生呼吸困难。

(5)组织中毒性缺氧，如亚硝酸盐、某些镇痛药和磺胺药等引起的中毒。

(6)贫血性缺氧。

二、供氧的方法及注意事项

视频 6-2 高压氧舱

氧治疗有常压氧治疗和高压氧治疗两种方法。

高压氧治疗是指在高于一个大气压的环境里吸入氧气。由于体内的氧气泡在压力升高时，其体积将缩小，更利于氧气泡溶解在血液中，以增加血液和组织中的氧含量。另外，由于高压氧对一些厌氧菌有抑制作用，高压氧治疗也适用于某些抗菌治疗。(视频 6-2)

常压氧治疗的装置包括氧气筒(或氧气袋)、减压表、流量表、潮化瓶等，也可用呼吸回路和自动呼吸机调节给氧。一般氧治疗用 30%～40%浓度(但循环衰竭者可用高浓度氧)。开始氧流量需 10 L/min，3～5 min 后，维持其流量 5 L/min。氧湿度需保持在 40%～60%，CO_2 含量不少于 1.5%，室内温度控制在 18～21 ℃。给氧的方法有面罩法、鼻导管法、气管内插管法、气管穿刺法和氧帐给氧等。

(1)面罩给氧　该方法操作方便、安全，临床最为常用。面罩需大小适宜，套上后动物可自由呼吸。避免将面罩套入过紧，让动物产生不适感，或因挣扎导致进一步缺氧。

(2)鼻导管给氧　鼻导管需要质地柔软，管端侧壁多个开孔，也可用软硅胶导尿管临时替代。导管前端应经鼻孔插至鼻咽部。氧流量控制为 5～8 L/min，其吸入浓度可达 30%～50%。本方法适用于性格温顺、配合度高的动物。

(3)气管内插管给氧　在将气管插管安置入气管后，连接供氧装置或麻醉机呼吸回路给氧。本方法耗氧少，易控制吸入浓度。适用于昏迷、诱导麻醉或深度镇静的动物。

(4)气管穿刺给氧　选一粗的套管针经皮肤刺透环甲状软骨韧带或在两气管环间刺入气管，将一长 20～30 cm 的柔软导管经套管针插入气管至气管的中段，并拔出套管针。导管前端侧壁多孔，后端接给氧装置，按 2～4 L/min 输氧。此方法适用于喉颈部气管阻塞和各种原因导致的下呼吸道分泌物阻塞的情况。危急动物可行气管切开术，插入导管给氧。

(5)氧帐或氧气头罩给氧　此方法适用于清醒的幼犬或猫、患慢性肺部疾病或各种原因所致的低氧血症且需长期氧治疗的动物。可控制罩内气体的温度、湿度、浓度和流速。因环境封闭，可能罩内会出现 CO_2 的潴留，故需随时调整氧浓度(至少为 5～10 mL/min)。此外，高浓度氧可能沉在底部，应进行持续或间断性的氧浓度监测。

本章小结

本章主要讲述了输液、输血、供氧的常见操作技术方法及其适应症和注意事项等内容，而这些技术是兽医外科临床的常用治疗手段，临床应用时要参考其他诊断结果进行综合判断，合理选择输液、输血或供氧。

动物体液平衡首先是水分的平衡。液体疗法就是对手术动物的体液失衡的状况进行纠正。处理原则是首先积极治疗原发病，再进行辅助输液治疗。若病情严重或原发病因不能及时消除时，可先给予支持治疗。根据脱水类型、严重程度、心肺状况确定输液种类、输液量及输液速度。手术病例应在术前考虑水、电解质的缺失情况，以及术中和术后的水、电解质需求量和丢失量等，以便补充适当的输液种类和输液量。同时，根据脱水类型（高渗性脱水、等渗性脱水和低渗性脱水）和血容量选择晶体液或胶体液。输液时，视情况可先给予一定的胶体溶液扩充血容量，然后再输晶体溶液以恢复体液的平衡。对于手术失血引起的低血容量，应以补充胶体溶液为主。此外，体液失衡中可能伴随出现的酸碱失调应根据酸碱失衡的类型（呼吸性和代谢性的酸碱中毒）进行针对治疗。呼吸性酸中毒多由呼吸器官病变和麻醉过深引起，因此主要是治疗原发性病因和改善通气功能，如运用辅助呼吸技术、呼气终末正压通气等改善换气。在某些紧急情况下，需要先改善通气功能，再做潜在的病因治疗。呼吸性碱中毒多继发于肺部疾病，应积极治疗原发病。由于存在通气过度引起低氧血症，可通过输氧加以纠正。代谢性酸中毒首先应消除病因。轻度的酸中毒可经短期输液治疗后得到纠正，一般不需用碱制剂治疗，而严重的代谢性酸中毒需要解除病因的同时进行持续的输液调整并进行监测。代谢性碱中毒时，在积极治疗原发病因的同时，可输生理盐水以纠正因碱中毒所耗去的体液和补充 Cl^-，也可减轻因醛固酮增加所致的碱中毒。由于碱中毒常伴发低钾血症，故需考虑同时补充 KCl，以促进碱中毒的纠正。如发生严重碱中毒或未能解除病因时，可应用乙酰唑胺或稀释过的盐酸，进而迅速排除过量的 HCO_3^-。

输血是治疗动物血液学疾病和严重外科失血时的有效措施，特别是对一些危重病例的紧急抢救。原则上，动物输血应输同型血，但不同种类动物的血型比较复杂，标准血型的鉴定以及稳定的血源供应在国内大多数地区暂无法实现，因此常替代性使用相合血进行输血治疗。输血前根据相合血的检查（交叉凝集/配血试验、溶血试验和生物学试验）结果来确定是否相合，再根据综合诊断结果确定输全血或成分血。在输血过程中，如果发现有输血反应及其并发症，应立即根据实际情况采取急救措施。如果情况特殊且无血源的情况下，也可以使用血浆代用品。

氧治疗的目的是增加动脉血氧的张力，使脑及其他组织氧张力恢复到正常水平，适用于因通气不足的低氧血症。相较于高压氧治疗，常压氧治疗更为常用，可通过自然换气、麻醉机或呼吸机回路给氧。一般治疗的氧浓度为 30%～40%，湿度需保持在 40%～60%，室内温度控制在 18～21 ℃。根据动物病情和实际情况，选择适合的给氧方法，如面罩、鼻导管、气管内插管、气管穿刺和氧帐给氧等。同时要严格控制和监测氧流量和氧浓度变化，避免 CO_2 的蓄积。

复习思考题

1. 手术动物的脱水分为哪几种？其治疗措施分别是什么？
2. 手术动物体液平衡失调的治疗措施是什么？
3. 手术动物酸碱平衡失调的治疗方法是什么？
4. 动物输血的方法是什么？相合血的检查方法有哪些？
5. 动物输血的适应症、并发症及救治措施是什么？
6. 供氧的方法及适应症是什么？
7. 名词解释

输液、脱水、高渗性脱水、等渗性脱水、低渗性脱水、呼吸性酸中毒、呼吸性碱中毒、代谢性碱中毒、代谢性酸中毒、输血、成分输血、交叉凝集（配血）试验、生物学试验、供氧

（黄坚）

第七章　显微外科与微创外科

显微外科与微创外科是当代医学临床广泛应用并不断发展的技术，也是动物医学领域进行临床实验研究的热点。在当前我国小动物医学迅速发展的时期，无论是显微外科还是微创外科，均已引起人们的高度重视和积极探索。

第一节　显微外科

显微外科(microsurgery)是20世纪60年代发展起来的新兴学科，指外科医生需要在手术放大镜或手术显微镜下，使用精细的显微器械和材料进行手术操作的一种外科技术。通过使用手术放大镜或显微镜，可以清楚地看到肉眼看不见或看不清楚的细小组织如微血管、神经、眼和耳的内部构造等，大大提高了手术操作(如切割、分离或缝合等)的质量，同时避免和减少了对正常组织的损伤，使以往不敢做、不能做或在一般肉眼直视条件下做不了的一些手术能够获得成功。

一、显微外科的应用范围

显微外科最初应用于人类医学的眼科和耳鼻喉科。1921年瑞典耳科医生Nylen和Holmgren首先使用手术显微镜施行内耳手术，1946年美国医生Peritt应用此技术缝合角膜。后来，国内外学者在直径为1.6～3.2 mm的细小血管的缝合、断肢再植、器官移植等方面应用了显微外科技术。

1. 眼科显微手术

显微外科技术最初用于缝合角膜，目前已经广泛应用于角膜、青光眼、白内障、玻璃体切割、视网膜剥离等许多眼科手术中，保证了眼科手术能够获得较高的成功率。

2. 吻合血管的组织移植

吻合血管是以吻合直径小于3 mm的小血管为核心的技术手段，来达到治疗目的的外科手术。吻合血管的组织移植是显微外科应用最多、最广的领域，主要包括吻合血管的皮瓣和肌皮瓣移植、吻合血管神经的肌肉移植、吻合血管的大网膜移植、吻合血管的骨和骨膜移植等，适用于治疗大面积的创伤、烧伤、溃疡、肿瘤切除后的大块软组织缺损(或伴有肌腱、骨、关节外露时)、粉碎性骨折或骨肿瘤切除后大块的骨缺损等。这些移植物包含有完整的动、静脉血管系统，当与受区相应的动、静脉吻合后，可迅速恢复其血液供应。而带有神经支配的肌瓣与受区神经缝接后，可为受区提供一定的肌肉动力，重建肌肉的功能。

3. 显微神经外科技术

显微外科技术使神经外膜或神经束膜的缝合更加准确，提高了手术效果。尤其是带有动、静脉血管的神经移植，对长段神经缺损的修复及血液供应不良的受区更为有利。目前，显微神经外科技术已成为现代神经外科的标准技术，使中枢神经系统的手术疗效大幅度提高。

4. 小管道显微外科

人类计划生育结扎的输精管或输卵管需要再通时,采用显微外科技术进行吻合,能够明显提高术后管道的通畅率。人或动物的癌变膀胱切除后,也须采用显微外科技术将输尿管与肠代膀胱进行吻合。

5. 器官移植

随着显微外科技术的发展,人和动物一些器官(肾、肝、心、肺、卵巢、睾丸、肠、胰)的自体或异体移植研究已经或正趋成熟。作为动物实验模型的小动物(大鼠、小鼠或兔)自体或异体脏器移植,更是要求高超的显微外科技术。

6. 断肢(指)再植

断肢(指)再植是显微外科技术临床应用的重要内容,断肢(指)再植后早期的存活率取决于血管吻合技术,而晚期的功能则取决于神经、肌腱及骨的良好修复。断肢(指)再植的一般程序如下:

(1)彻底清创　彻底清除创面内的异物和无生机组织,寻找重要的神经、动脉、静脉、肌肉及肌腱的断端。

(2)修复断骨　对离断的骨骼适当缩短以适应软组织缺损,选择适宜的内固定材料进行对接固定。

(3)修复肌腹、肌腱　一般采用"8"字或褥式缝合法缝接离断的肌腹,采用双十字缝合法缝接离断的肌腱。

(4)修复血管　大多采用直接缝合法或套接法缝接血管,修复前先用肝素普鲁卡因溶液灌洗血管,使断面及回流静脉流出清亮液体为止。

(5)修复神经　采用神经外膜缝合法或外膜束膜联合缝合法缝接周围神经,应尽可能一期修复,避免晚期神经被包埋入瘢痕组织中。

(6)闭合创面　皮肤皮下组织做全层缝合即可。为防止环形创面愈合后引起的瘢痕挛缩性缩窄,可对环形皮肤切口做数个"Z"字形切口后交叉缝合皮肤。

当前,随着医学显微外科解剖学和基础理论的研究以及手术方法的不断创新,显微外科技术的临床应用范围正在不断地扩大,尤其应用显微外科技术开展实验外科、微创外科、胎儿外科、移植外科并与高新技术紧密结合,必将推动整个医学进入新的发展阶段。

二、显微外科的设备与器材

进行显微外科操作需要与之相配套的显微外科设备与器材,包括手术放大镜或手术显微镜、显微外科器械与缝合材料。此外,一些辅助设备的应用有利于提高显微外科手术的成功率。

(一)手术放大镜或手术显微镜

(1)手术放大镜　手术放大镜体积小,分镜筒式与镜片式,使用时佩戴在头上(图 7-1)。其放大倍数多在 2～5 倍,不如显微镜精确,适用于直径在 1～2 mm 以上的血管、神经手术。各种手术放大镜的共同缺点是:放大倍数小,不适用于直径 1 mm 以下血管的吻合,而且视野较小;自身有一定的重量,且依靠移动头部调节焦距,长时间使用后,头颈部易疲劳。

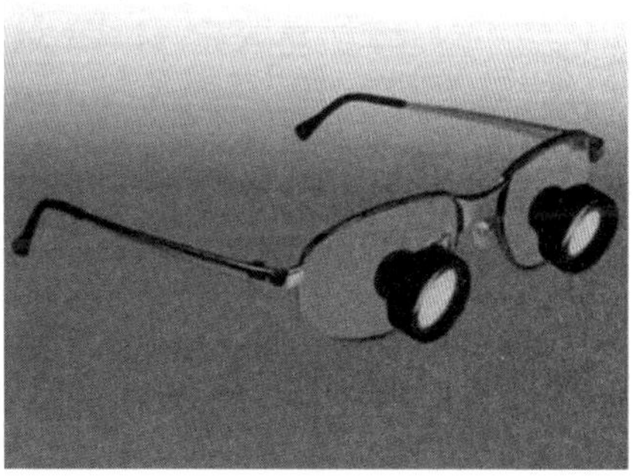

图 7-1　手术放大镜

(2)手术显微镜　手术显微镜是显微外科必不可少的设备(图 7-2),是通过光学放大的原理,将物象放大,提高视觉的分辨能力。通常包括主刀镜、助手镜、示教镜、照明冷光源、照相、摄像等部分,放大倍数可达 5～

30 倍，并可连续变倍。在选择和使用手术显微镜时，必须根据各专科手术对显微镜的不同要求，如照明光源、放大倍率、工作距离、视场大小、照相、摄像以及示教等，选择适合于各专科的手术显微镜及专用附件。

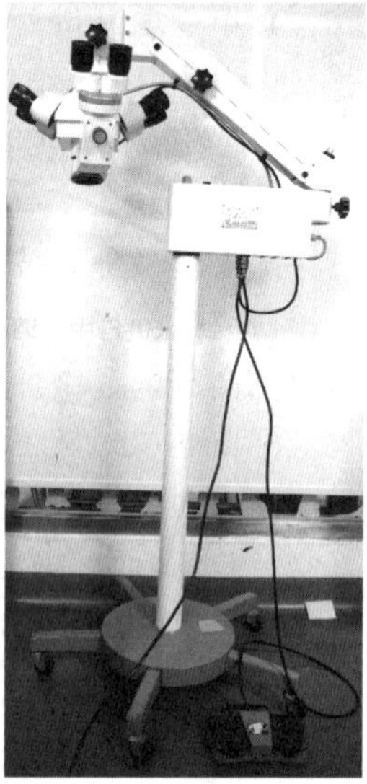

图 7-2　手术显微镜

手术显微镜为精密仪器，是医生的“第三只眼睛”，必须熟悉其特点及性能，了解其使用方法，以得到最佳视觉效果，防止盲目操作造成显微镜损坏。平时注意防尘、防震与防潮，透镜表面不可用手指或其他物品直接接触，更不可用棉布擦拭；若有油污或积尘，可用驼毛笔轻拂或用吸耳球将灰尘吹去，然后用脱脂棉蘸乙醇乙醚混合液（乙醚 95%＋无水乙醇 5%）轻轻擦拭干净。如长期不用，应将整套光学系统拆卸下来，做防潮储存。

（二）显微外科手术器械

显微外科手术是对组织进行细致的解剖分离或精细清创、修复，而医生需要使用特殊的、适合于显微镜下操作的精细工具。常用的显微手术器械有：显微手术剪、显微组织镊、显微血管钳、显微持针钳（器）、显微血管夹、冲洗针头等（图 7-3）。显微外科手术器械尖细而又稳妥，圆身而又容易操作，不反光和去磁性。使用及存放这些精密的手术器械时必须妥善保护，尤其是器械头部，应套在塑料套管内或包埋在海绵等软质垫内存放，避免撞击损坏。消毒时应与普通器械分开，放置于特殊的消毒包或消毒器皿内消毒。显微手术器械中的显微镊和显微剪仅可与显微缝线、小血管、神经及其附着的软组织接触，否则极易损坏，尤其初学者更应注意。

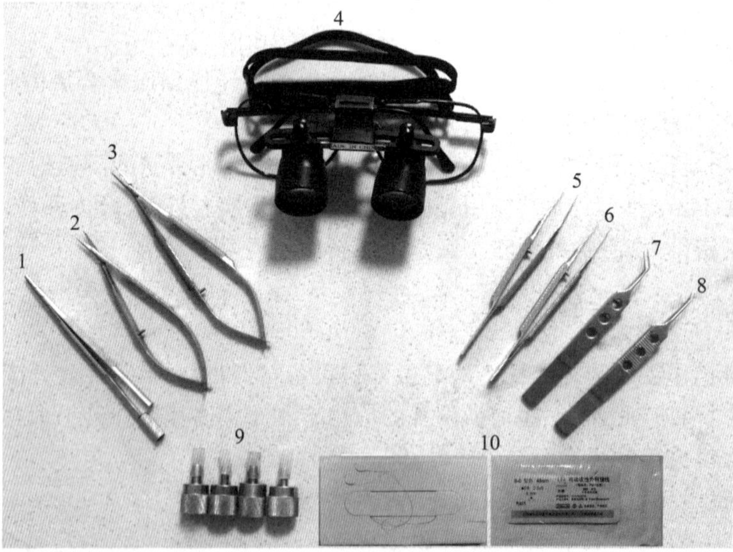

图 7-3　显微外科手术器械

1. 刀片夹持器　2. 显微持针器　3. 显微手术剪　4. 手术放大镜（6 倍镜筒式）
5. 显微组织镊（无钩）　6. 显微组织镊（有钩）　7. 显微线结镊（弯头）
8. 显微线结镊（直头）　9. 各种规格的角膜环钻　10. 无损伤缝线包

（三）显微外科缝合针线

显微外科针线为显微外科手术不可缺少，其基本要求是针线细而光滑（包括针与线连接部），针尖锐利，针体硬度高，能穿过坚韧的组织，经得起持针器夹持而不变形。缝针的截面有圆形、三角形、梯形、铲形、针尖 V 形而后部圆形等，针的弧度有 1/2、3/8、1/4、5/8 等多种。缝线材料以尼龙为主，可拉成不同口径，圆而光滑，具有较强的拉力。在眼科显微手术中，角膜移植多使用带铲形针的 10/0 单丝尼龙线。

（四）显微外科辅助设备

显微外科辅助设备是指借助于这些设备，可进一步提高或能够检测显微外科手术的成功率。常用的有以下几种：

（1）微型双极电凝器 其产生的热量仅限于两瓣镊子尖端之间的小空间，对组织损伤范围很小，适用于显微外科手术中不易结扎的毛细血管出血。

（2）低压吸引器 吸引力小，不易将组织吸入造成损伤，适用于在显微外科的小术野范围内清除渗血及冲洗液。

（3）超声多普勒血流计 灵敏度很高，其较小的工作头可以探测到较小的血管，有利于清楚地听到指（趾）部血流声。

（4）电磁血流测定仪 利用导电流体在磁场经过时能够形成一个与流体速度成正比的电动势，从而间接测量出微血管的血流量。

（5）半导体测温计 用于测定组织移植后皮肤表面的温度，以作为血管吻合术后检测组织成活的指标之一。

三、显微外科手术基本技术

在手术显微镜下做手术，因组织被放大而看得更清楚，并且有立体感，可以达到精确地解剖、游离、切开和缝合各种组织的目的。但要熟练地在手术显微镜下做手术，必须训练显微外科手术基本技术。显微外科手术操作技术包括空间定位操作技术（手眼分离操作）、指间旋转操作技术、无损伤操作技术、无张力打结技术、创面湿润操作技术。下面介绍血管吻合技术、神经吻合技术和淋巴管吻合技术。

（一）血管吻合技术

血管吻合过程中要严格掌握以下几个基本原则。

（1）无损伤操作原则 或称微损伤操作，由于血管组织娇嫩，尤其是血管的内膜，因此，在血管吻合的整个操作过程中，都应时刻保持警惕，避免对血管组织的人为损伤。

（2）张力适当原则 吻合后的吻合张力要求既不可过大，也不可过松，过大易拉裂血管，过松又使血管迂曲，均易导致吻合口血栓形成。

（3）管径近似原则 要求吻合血管的两断端口径近似，否则吻合困难，并因在吻合口形成涡流而易导致血栓形成。

（4）外膜平整对合或外翻的原则 直径＞1 mm 的血管应保证血管管壁的外翻缝合，而＜1 mm 的小血管最好能做到管壁的平整对合缝合，二者的基本要求都是不可使管壁内翻。

（5）边距、针距的均匀对称原则 在这一原则下，无论是大血管还是小血管的吻合，都应尽可能地用较少的缝针数来完成。因为缝合的针数越多，对血管的伤害就越大，从而增加了吻合口血栓形成的机会。

血管缝接方法有端端吻合、端侧吻合、盘侧吻合、盘端吻合和镶嵌吻合等 5 种。这里介绍比较常用的前 3 种方法。

1. 端端吻合

端端吻合是最常用的血管吻合方法，基本步骤如下：

（1）剥离外膜 用显微镊子将血管外膜向断端方向牵引，用显微剪剪去拉出的外膜，使其自然回缩而显出光滑的血管壁。剥离外膜的范围以距离断端 0.5 cm 为宜(图 7-4)。

(2)扩张血管　先扩张血管腔,使两端血管的口径相等。如有血管痉挛而影响血管吻合时,可用液压扩张法和机械扩张法进行操作。注意操作时必须轻柔,以免损伤血管内膜。

(3)修整断端　用显微直剪剪去少许血管断端,保证断面整齐,内膜光滑完整。外径 1 mm 以内的静脉壁菲薄,难以辨认外膜,剥离时容易损伤其肌层,故不一定剥离外膜,仅修整血管断端,即切断端口漂浮的纤维样组织,并仔细检查和清除常存在于断面或断端表面上散在的纤维组织或脂肪颗粒(图 7-5)。

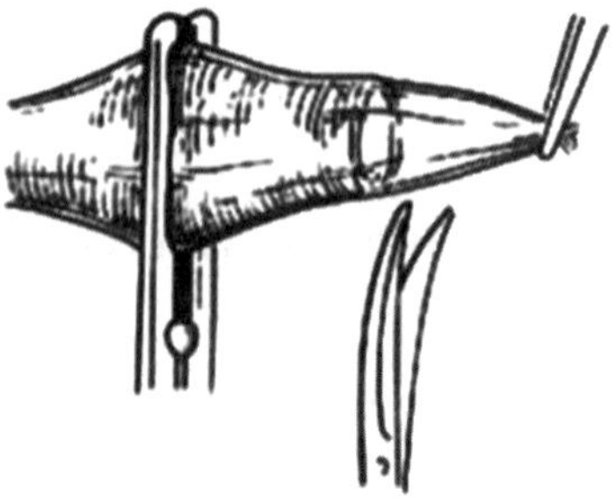

图 7-4　血管端端吻合—剥离外膜

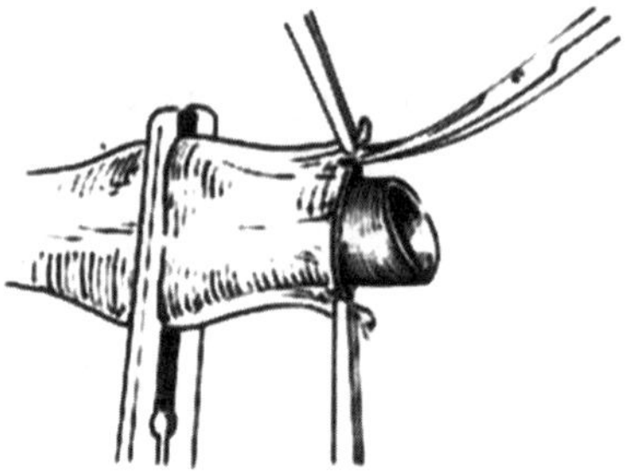

图 7-5　血管端端吻合—修整断端

(4)进针技术　进针前检查两血管是否有扭曲,确定针在两断端管壁上的位置,要严格按两定点间断缝合法进行,然后开始进针。用 7/0 或 11/0 带线缝合针进行缝合,针自血管壁外侧刺入,与血管壁垂直穿过血管壁全层。缝针刺入后,助手用镊子将针旁管壁轻轻阻挡加压,如此即可固定进针位置,使针易于垂直穿过管壁(注意:缝针如果斜行穿过管壁,打结后将使血管断端内翻)。

(5)出针和拉线　顺缝针的弧度将针拔出,钳针时要稳,避免抖动。将缝线拉过管壁时,用镊子阻挡线旁管壁,以免将其撕破。拉线过程中如遇阻力,表示有外膜或其他组织带入,此时可将缝线退回少许,去除原因,缝线便顺利通过。

(6)打结技术　首先打一双结,但不抽紧,将线轻轻提起,助手用显微镊子协助对合两血管断端,使血管内膜能够外翻,然后抽紧缝线再打一结。打结要松紧适宜,线结过紧,可使血管内壁出现皱褶,管腔狭窄,甚至损伤血管内膜而引起血栓;过松则容易出血。

(7)检查缝接质量　用血管夹阻断一端血管,从另一端注入生理盐水,检查吻合口是否漏液。如有漏液,则补针缝合。要求每一针都要与血管纵轴平行,血管壁要平整对合,内膜正对内膜,允许轻度的外翻,不允许内翻。

大鼠尾动脉是进行血管端端吻合训练的良好动物模型。将大鼠全身麻醉并仰卧保定于软木板上,常规消毒尾部皮肤,尾腹面正中做一长方形切口约 2 cm,向正中沟分离,显露尾动脉并将其游离一段;相距 0.6～0.8 cm 装置两只血管夹,于两血管夹中间切断血管,用 0.5%～2%普鲁卡因肝素溶液冲洗血管断端,在 10～16 倍显微镜下使用 11/0 无创针线对血管行端端吻合;拆除血管夹,检查吻合口通畅情况,用盐水纱布湿敷止血,使用 3/0 丝线常规缝合皮肤创口。大鼠尾较长,可以在不同平面上重复进行血管吻合训练。需要指出,大鼠尾动脉容易痉挛,常常呈节段状,热敷后即可好转。

为提高血管吻合质量,可先在术者对侧两血管断端的管壁上做一针定位缝合,继之在同侧亦缝一针而将管壁对分。然后牵引两条缝线,在两线结之间进行缝合,对 1 mm 直径的血管通常缝合 8 针,对 2 mm 直径的血管通常缝合 12 针,并力求每针间距相等。同时注意保持恰当的缝合边距,缝接动脉的边距为血管壁的1～2倍，内脏动脉和静脉可适当宽一点。边距过大，易使血管断端内翻和管腔狭窄；边距过小，易造成管壁或断端撕裂，导致吻合口漏血。缝合中要经常向血管表面滴注生理盐水，保持血管湿润和防止干燥。

2. 端侧吻合

端侧吻合是指血管一端与另一血管侧壁相吻合，常用于口径相差1～3倍以上两血管的吻合。在特殊情况下，口径相近的血管也可以采用。端侧吻合的原则和端端吻合相同，但有以下几个要点：

(1)对于血流方向一致的端侧吻合，其倾斜角度以30°～60°为宜。

(2)较细血管的断端要按以上角度剪成斜面，较粗血管的侧壁上要做一略大于细血管断端斜面的纵行切口，以免缩窄吻合口。做纵行切口的方法有两种：一种方法是拎起血管壁，先用弯剪刀剪去一点管壁，再用直剪刀伸入管腔纵行剪开管壁至需要的大小；另一种方法是用锐利弯剪刀剪去一片椭圆形管壁，形成一椭圆形缺口。应当注意管壁不能剪去过多，避免形成的缺口太深或呈“V”形，造成管腔狭窄。

(3)若血管较粗，可先做4针定位缝合，然后行连续缝合。若血管很细，则可用间断缝合。

3. 盘侧吻合

盘侧吻合适用于两血管外径相差悬殊者。在组织移植中，供区组织的营养血管很细，而受区仅有很粗的血管时，两者难以做端端或端侧吻合，此时可围绕营养血管的根部从与其相连的大血管上剪下一片椭圆形的管壁，此片管壁称为盘，营养血管开口于盘中央，盘的直径为5 mm左右。取盘后的血管缺口，可用一层静脉壁予以修补。做盘的另一种方法是在发出营养血管的起源血管上下剪下一段，剪开该血管形成一盘。若营养血管与另一不用的小血管相连时，可利用此血管形成一盘，即分支成盘，然后在粗的受区血管上做一纵行切口，并行端侧吻合。

(二)神经吻合技术

周围神经的缝接方法有神经外膜缝接法、神经束膜缝接法和神经外膜与神经束膜联合缝接法3种。在手术显微镜下采用这3种方法缝接神经，具有相似的效果。

1. 神经外膜缝接法

神经外膜缝接法是指神经外膜的对端缝合，是显微外科手术中神经缝合较常采用的方法。具体操作步骤为：

(1)神经两断端的准备　用锋利刀片切断神经或逐渐切断神经瘤，直至断面呈现正常神经束为止。正常神经束呈浅灰色，有光泽，切面有颗粒状突出，束间组织柔软而疏松。

(2)神经两断端的接近对合　用9/0单丝尼龙针线在神经断端两侧各缝一针牵引线，使神经两断端对接准确，避免扭曲。注意神经两断端间隙的长度，要求无张力。

(3)神经两断端的对合排列　在两牵引线之间间断缝合神经外膜，避免缝到神经组织，针距和边距大小以使神经束不外露、外膜不外翻为限。

(4)无张力缝合　前侧缝接完成后，利用牵引线将神经翻转180°，依上法缝合后侧。

2. 神经束膜缝接法

神经束膜缝接法是指将两断端同性质的神经束，按束分别对合，缝合其束膜。

具体操作步骤为：

(1)神经两断端的准备　用锋利刀片切断神经或逐渐切除断端神经瘤，直至断面呈现正常神经束为止。在每束对端缝合时，吻合口也可不在同一个平面，避免瘢痕互相影响。

(2)在镜下观察神经束在断面上的分布及束组分布情况，剪去两神经断端5 mm范围内的外膜，以使神经束外露。

(3)搭配好位于两神经断端上的神经束和束组，用 9/0 单丝尼龙针线缝合，从一侧束膜外进针，从神经束膜下方出针，对合相应功能的神经束。

(4)继之从对侧束膜内进针，穿出束膜外并拔针拉线，徐徐将两神经断端拉拢。需要提示：每根神经束应缝合 1～2 针，神经束组缝合 2～3 针，由深而浅，依次缝合，针不要穿过神经组织。

3. 神经外膜与束膜联合缝接法

神经外膜与束膜联合缝接法是将两神经断端的神经外膜与紧靠神经外膜的神经束膜缝合在一起，以使各神经束对合良好。

(1)用锋利刀片切断神经或逐渐切断神经瘤，直至端面呈现正常神经束为止。

(2)在镜下观察神经束断面上的分布及束组分布情况，用 9/0 单针尼龙针线先在神经断端两侧各缝 1 针外膜，以作牵引固定。

(3)将缝针自外向内穿过外膜后再穿过束膜，从束膜与神经组织之间穿出，拔针拉线后，将缝针再进入对侧相应大小的神经束膜与神经组织之间，穿出束膜并穿过外膜，拔针拉线将两神经断端徐徐靠近打结。

(4)在两牵引固定线之间，分别缝接靠近外膜的神经束或束组。

(5)前侧缝合完成后，对调牵引固定线将神经翻转 180°，依上法缝合后侧的各神经束及临近的外膜。应当注意：首针缝合要靠近外膜最粗、最大的神经束和束组；缝接束组时可只缝其周围的束间外膜，不必缝合束膜；小的和深部的神经束不必缝接；缝合完毕检查有无外露的神经束或内翻的外膜，并作相应处理。

(三)淋巴管吻合技术

在手术显微镜下淋巴管的吻合一般采用端端吻合法。基本操作步骤如下：

(1)将淋巴管游离 0～1 cm 一段，在此段下方可垫以有色硅橡胶片使淋巴管易辨，在游离段中点切断淋巴管后可见淋巴溢出。

(2)用 12/0 单丝尼龙针线做淋巴管端端吻合，术中需不时用 0.5%～2%普鲁卡因肝素溶液冲洗淋巴管断端，使淋巴管腔扩张。

(3)对 1 mm 外径的淋巴管，一般用 12/0 单丝尼龙线缝合 4～6 针。

第二节　微创外科

微创外科(minimally invasive surgery)是近年来发展起来的新兴技术，是以最小的创伤达到外科手术目的的新兴学科，代表着外科未来发展的方向，被誉为 21 世纪最具前途的医学发展领域。微创外科技术以腹腔镜外科(laparoscopic surgery)为主体，还包含内镜外科和介入治疗等内容。应用腹腔镜技术通过体表的微小切口施行手术，较传统的大切口开放手术具有创伤小、术后疼痛轻、恢复快和美容效果好等优点。目前人类医学开展的腹腔镜手术多达百余种，已经成为“微创外科”的重要支柱。

一、微创外科的应用范围

微创外科技术是在腹腔镜外科发展后提出的，腹腔镜外科的发展又归功于腹腔镜胆囊切除术。1987 年 3 月，法国妇科医师 Philipe Mouret 在电视腹腔镜下为一女病人施行盆腔粘连分离、接着又成功地实施了胆囊切除术，标志着腹腔镜临床应用新纪元的开始。目前该项技术已广泛应用于普通外科、泌尿外科、妇产科和心胸外科等多种常见疾病的手术治疗，几乎所有的传统手术术式均可在腹腔镜下完成，并已取代了部分传统手术成为某些外科疾病的首选治疗手段。我国自1991年开展首例人类腹腔镜胆囊切除成功后，10多年来人类腹腔镜下的胃大部分切除、阑尾切除、疝修补、胰-十二指肠切除、结直肠癌切除及肝、脾、肾、卵巢、子宫及多器官联合切除术相继获得成功；在胸腔镜辅助下完成肺叶或全肺切除术、冠状动脉搭桥术等；在内镜下完成消化道息肉摘除术、胃肠道原位癌的大块黏膜切除术等。当前，超声介入、放射介入和内镜介入等各种微创治疗技术，已使许多传统外科无法或难以治疗的疾病得到了治疗。图7-6是人医的医学微创外科中心。

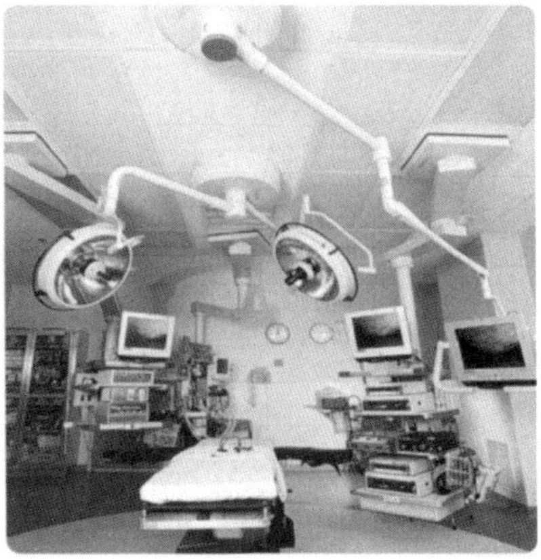

图7-6　医学微创外科中心

兽医领域对腹腔镜的应用研究相对较少，最多用于动物内脏器官疾患的检查和取样、家畜人工授精及胚胎移植研究等。在兽医临床上，腹腔镜一般可用于动物下列病症的诊断和治疗：如发生车祸或坠落后，需要检查腹内脏器有无破裂时；腹腔脏器轻微出血或空腔器官小范围破裂，需要止血或修补时；腹部手术后内脏器官发生粘连，需要施行松解术等。在腹腔镜手术方面，国外近年来以镜下使用超声刀对马属动物和犬、猫施行卵巢摘除术或卵巢子宫切除术最为成熟，不仅止血确实、缩短手术时间和减轻疼痛，而且对动物的应激、免疫等影响小。此外，利用腹腔镜技术对牛的皱胃左方变位进行整复和固定、新生犊牛膀胱破裂修补、马的隐睾摘除及直肠和结肠破裂修补等，也取得了良好的效果。我国李建军于2006年以山羊为实验动物，对腹腔镜手术进行了较系统研究，确定了平均25 kg体重的山羊气腹压值为1.06～1.33 kPa，并成功地实施了山羊腹腔镜卵巢摘除术和膀胱切开与缝合术，填补了腹腔镜手术在我国兽医领域的空白，为进一步研究该项技术及临床应用提供了重要参考。

二、微创外科的设备与器材

(一)微创外科设备

微创外科的设备以腹腔镜外科为代表，主要包括CO_2气腹机、内镜电视摄像系统、冷光源、单(双)极高频电刀与超声刀、冲洗吸引系统等。

1. CO_2气腹机

在腹腔镜外科中，术野的良好显露除了应用手术器械外，CO_2气腹起着非常重要的作用。CO_2为惰性气体，不能燃烧，应用CO_2气腹可以制造良好的手术空间，便于暴露手术视野及操作。目前基本应用全自动型CO_2气腹机(图7-7)，可对CO_2气体消毒、加温，能够设定和显示CO_2注入腹腔的流速、流量和腹腔实际压力，并通过自动调整而使气腹压力达到手术要求，其压力报警系统可在钢瓶内CO_2储量不足时引起报警。连接方式为CO_2钢瓶与气腹机通过高压管连接，经气腹机处理后的CO_2气体通过消毒的CO_2导管，再经气腹针或套管针注入腹腔。

2. 内镜电视摄像系统

由内窥镜(如腹腔镜、胸腔镜、关节镜、宫腔镜等)、摄像头、光导纤维、信号转换器及监视器组成(图7-8)。常用的腹腔镜外径为10 mm，微创型为5 mm，长度多为300～335 mm。根据视野方向不同，有0°、15°、25°、30°、45°角镜等多种；镜视深度为10～100 mm，最佳距离为10～50 mm。腹腔镜有防水功能，可浸泡消毒。监视器分辨率在600线以上，比普通彩色电视机的图像清晰很多，大小以36～54 cm(14～21英寸)为宜。

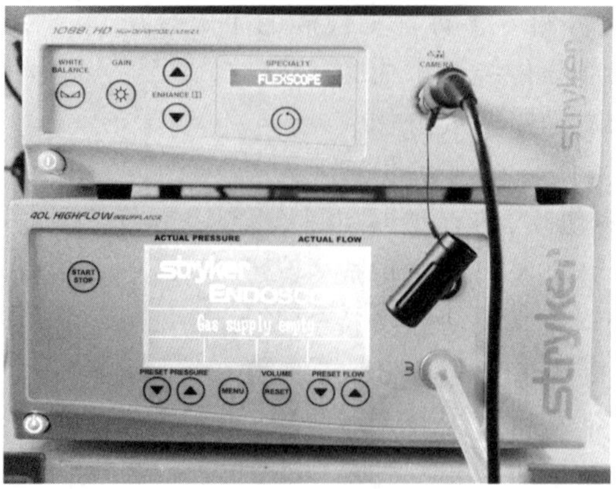

图 7-7　CO_2 气腹机与气腹针

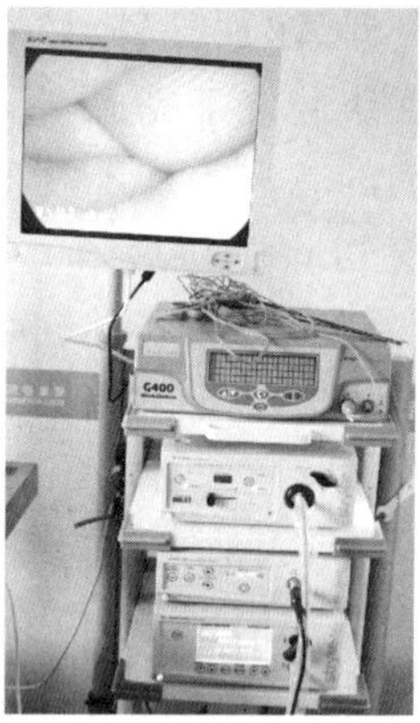

图 7-8　内镜电视摄像系统

3. 冷光源系统

在光源和光导纤维之间用一块隔热玻璃将进入光导纤维的热成分隔离，而将光成分最大限度地传至腹腔，这种光源系统所产生的光称为“冷光”。冷光源分单光源、双光源、氙灯和卤素灯，但最好选择全自动双光源氙灯（图 7-9），能自动调节手术图像光亮度，始终保持最佳状态，当第一只损坏后可立即转用备用灯泡，保证手术顺利进行。

图 7-9　全自动双光源氙灯

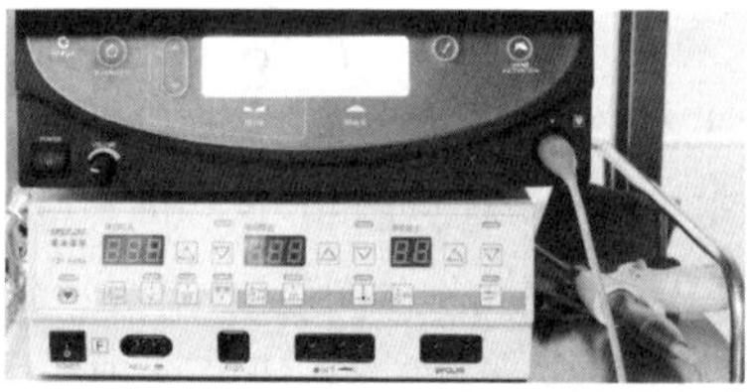

图 7-10　超声刀和高频电刀

4. 单（双）极高频电刀与超声刀

单（双）极高频电刀由电刀主机、负极板、脚踏开关、高频电缆线、单（双）极电刀头组成，在腹腔镜外科中起快速切割组织及电凝止血作用，其刀头一般由部分腹腔镜手术器械代替，如电钩、电铲、电剪和电分离钳等几种。电刀输出功率通常为 150～200 W，手术常用的输出功率为 60～80 W。超声刀比高频电刀具有更大的优越性，无热传导作用，可避免切割组织时引起热损伤；不产生烟雾，对手术视野影响小。见图 7-10。

5. 冲洗、吸引装置

各种品牌的腹腔镜成套设备均带有冲洗、吸引装置，以满足短时间内对腹腔术野快速冲洗和将冲洗液吸出，使术野保持清晰，有利于手术操作，减少并发症的发生。

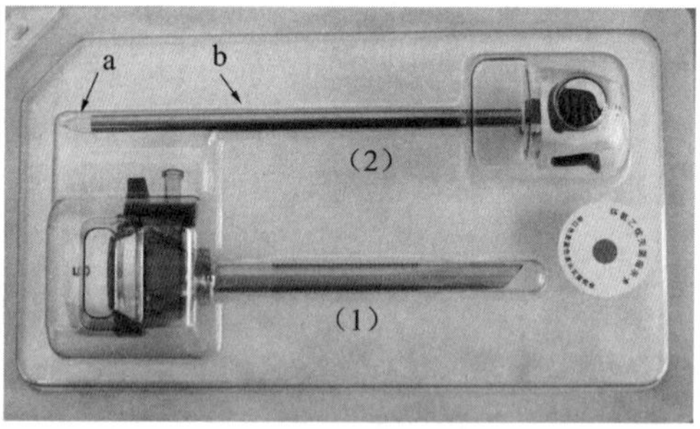

图 7-11　腹腔镜手术套管针

(1)套管针

(2)气腹针　a. 穿刺针　b. 套管

(二)微创手术器械

腹腔镜手术器械种类繁多，与常用外科手术器械有很大不同。常用的腹腔镜手术器械有气腹针、套管针（图 7-11）、电凝钩、分离钳、抓钳、手术剪、钛夹、施夹器、持针器、推结器等。气腹针的作用是在穿刺进入腹腔后连接 CO_2 导管，向腹腔内充入经气腹机处理过的

CO_2 气体。套管针由穿刺套管与针芯(穿刺锥)组成,其中套管是手术器械进入体内的通道,内有单向阀门或小磁性钢球,防止手术器械进入前漏气;套管尾端带有橡皮帽,以防进入手术操作器械后漏气。转换套管用在大口径套管中,以适应不同直径的小口径器械,起防止漏气的效果。电凝钩绝大部分被绝缘材料包裹,仅前端少部分裸露;与高频电刀相接后,在术中起切割分离组织和电凝止血的作用。分离钳也可连接高频电刀,在分离组织的同时进行电凝止血。抓钳主要起固定、牵引组织的作用,有的还在手柄处带棘轮结构扣,可减轻手控的疲劳。手术剪的种类较多,有钩形剪、直头剪、弯头剪等,一般带有绝缘层和电极接头,可在剪切组织时进行电凝止血。金属夹(钛夹)呈"V"形,有大、中、小号,术中替代传统打结法,完成对血管、胆囊管的结扎。施夹器则是夹持金属夹的器械,有单发和连发两种,夹持端分直形和直角形,夹持部位有沟槽,便于放置金属夹。持针器有直头和弯头两种,其夹持面有小螺纹,以保证夹持牢固。推结器是将腔外打的线结推入腹腔的专用器械,其头端有细孔,允许 7 号丝线通过。

随着腹腔镜技术的不断提高,手术器械也在不断地改良和完善,并不断出现各种新型的腹腔镜手术器械(图 7-12),从而将对腹腔镜技术的提高起到极大的促进作用。

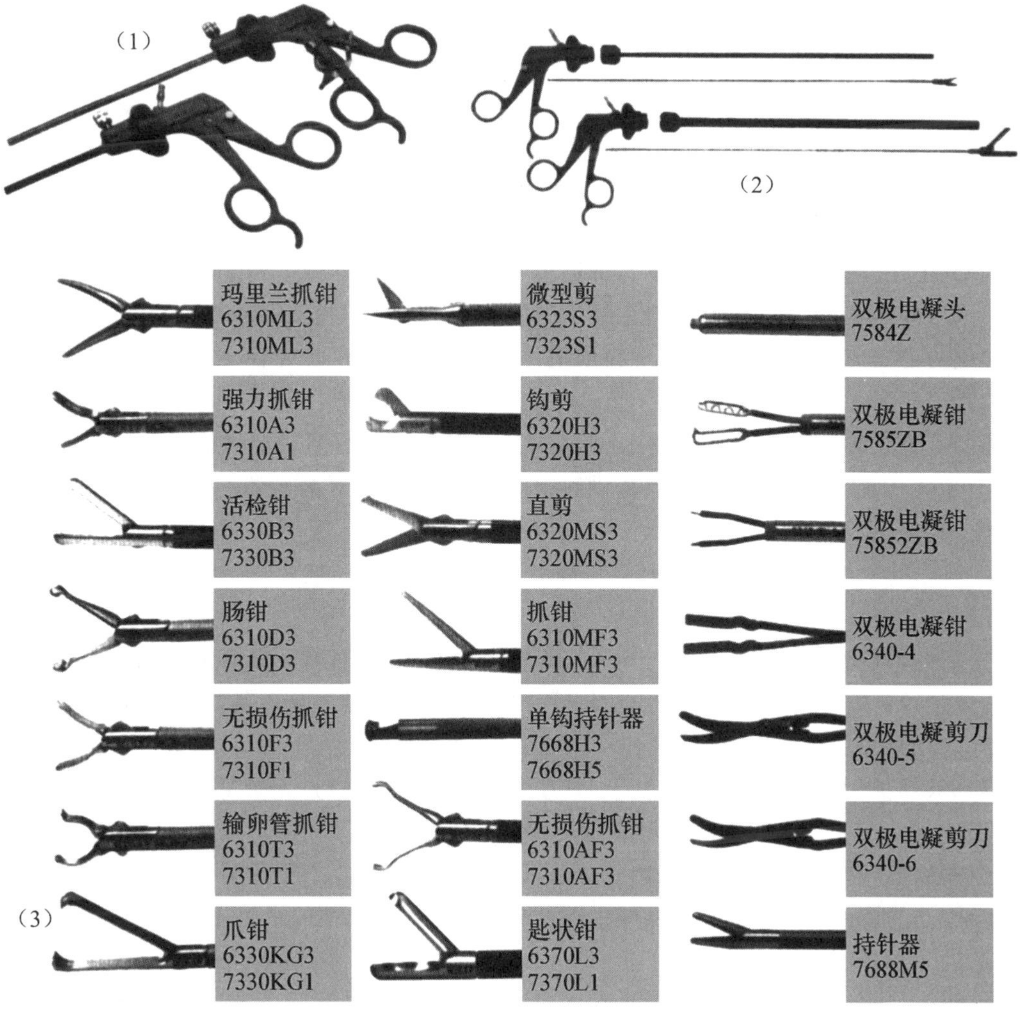

图 7-12　腹腔镜手术器械

(1)腹腔镜手术器械手柄　(2)腹腔镜手术器械分体结构　(3)腹腔镜手术器械的各种钳头

三、微创外科手术基本技术

微创外科手术是直视监视器荧屏进行的操作，比传统手术操作有更高的技术要求，具有更强的技巧性。目前人类的微创外科手术包括了腹腔镜手术、胸腔镜手术、脑立体定向术和神经内窥镜手术、关节镜手术、椎间盘镜手术、泌尿内镜手术、宫腔镜手术等，而国内兽医领域的腹腔镜手术刚刚起步，因此以腹腔镜手术为例，对其基本操作技术作一简单介绍。

(一)人工气腹与置入套管

人工气腹与置入套管是腹腔镜手术的基本技术，人工气腹后可为腹腔内的手术操作提供足够大的空间，而置入套管则为腹腔镜和各种手术器械自由进出腹腔提供通道。

(1)人工气腹　气腹针进入腹腔的部位通常在脐下部，先用尖刀在此处皮肤上做一小弧形切口，然后可用巾钳提起腹壁，经弧形切口垂直穿入气腹针。注意使用腕力稳妥而缓慢地穿刺，当气腹针进入腹腔后，多有突破感或落空感。将气腹针接上气腹机的注气管，打开已经连接好 CO_2 钢瓶的气腹机，按预先设置的充气流量和腹腔压力进行充气。充气时一般先从低流量(1 L/min)开始，以防止腹压骤然升高，影响心肺功能；然后再调节为中流量(3～5 L/min)，使腹压达到预定的压力，此时全自动气腹机便自动停止充气。人工气腹的另一个用途就是作为一种造影手段，应用于腹部放射影像诊断。

(2)置入主套管　主套管又称为内镜套管，腹腔镜经此套管进入腹腔。当人工气腹使腹压恒定后，拔出气腹针，另用巾钳提起腹壁，将套管针经气腹针穿刺孔戳入腹腔，确认其进入腹腔后，抽出套管针芯，套管鞘上的防漏气阀可防止漏气。

(3)置入工作套管　工作套管又称为辅助套管，是各种手术器械进入腹腔的通道。工作套管的数目因手术不同而异，并因手术要求而选择不同的穿刺点。由于此步骤是在置入主套管之后，所以可在腹腔镜监视器荧屏的监视下安全地完成操作过程。置入工作套管后，将套管针芯抽出。

(二)术野显露

良好的术野显露是安全而顺利地实施腹腔镜手术的前提条件。需要做到以下几点：

(1)充足的气腹　充足的气腹能够提供腹壁和脏器之间、脏器与脏器之间足够的空间，清楚地显露术野。虽然手术中在吸引积血、积液的同时也将腹腔内气体吸出，但全自动型 CO_2 气腹机能自动补充气体，使气腹压力达到手术要求。同时良好的麻醉和腹肌松弛，对充足的气腹起到辅助作用。

(2)合适的体位　合适的体位能扩大术区空间，有利于手术操作。所以不同部位的手术，应选择合适的体位。要确定某种动物某一腹腔镜手术的合适体位，需要事先熟悉健康动物在不同体位下腹内各脏器的状态及其相互关系。

(3)斜面镜的使用　腹腔镜镜头有不同角度，要按照手术要求选用带适宜角度镜头的腹腔镜。0°镜的视野中心在正前方，方向单一，对位置较深、隐蔽的脏器显露不好。斜面镜如 30°、45°角镜视野开阔，只需原位旋转镜身即可改变术野方向，可以看到 0°镜窥视不到的区域。

(4)牵引器的使用　腹腔镜外科器械中配套有各种形状及功能的牵引器，在手术中选择适宜的牵引器，有助于术野的良好显露。

(5)空腔脏器的排空　多种腹腔镜手术需在术前行胃肠减压和膀胱导尿，有助于降低腹压，充分显露术野。人类腹腔镜胆囊切除术和阑尾切除术因手术简单，时间较短，目前多不行胃内插管或膀胱插管。

（三）组织分离

腹腔镜手术的组织分离方法与普通外科手术有一定的区别，由于镜下小范围操作的局限性，要求较高的组织分离效率和良好的同步止血。

（1）电分离　电分离是腹腔镜手术分离组织最常采用的方法，能够在分离组织同时可靠地止血，加快手术进程。电分离器械有电钩、电铲、电剪和电分离钳等几种，其中以使用电钩分离最方便、最灵活和容易掌握。通过钩、挑、压、推、拨等动作，即可有效地完成组织分离。应当注意，对结构不清的组织不能使用电分离，以防对血管、重要管道或器官造成意外损伤。

（2）剪刀分离　根据欲剪切组织的具体形态，可采取先电凝、后剪开或先剪开、后电凝的方式。对于条索状组织要仔细辨认，如有管道结构，可在两端上钛夹后再行剪断。

（3）钝性分离　钝性分离方法用在靠近大血管和重要器官的部位，或用于脂肪组织、疏松结缔组织。常用电钩、电铲、抓钳或分离钳等器械，在不通电状态下完成分离。

（4）超声刀分离　使用超声刀分离切割组织精确，对组织无热损伤作用，并且因不产生烟雾而保证术野清晰。

（四）止血技术

止血是腹腔镜手术的重要操作，如有不慎造成大量出血，即可影响手术进程，严重时因镜下无法操作而不得不转为开腹手术。

（1）电凝止血　对于一般渗血和小血管出血，可将电钩、电铲或电分离钳等接触出血点，因产生电热效应，使局部组织变性、干涸而止血。

（2）夹闭止血　对于出血较多的点状出血和小动脉出血，可用施夹器将夹钉夹闭出血点。夹钉有钛夹钉和吸收性夹钉两种，分大、中、小几种型号，应根据血管粗细和组织多少合理地选择。对周围组织无损伤。

（3）结扎止血　对于游离的组织或管道组织残端的出血，常用圈套器结扎止血。止血可靠，组织有切割伤时，可选用缝扎。

（4）缝合器止血　对于欲切断的肠系膜、脾蒂、肾蒂等含有大血管的片状组织，常使用缝合切开器（Endo-GIA），使缝合、止血和切开一次完成。

（5）超声刀止血　对于含有 3 mm 以下血管的组织，使用超声刀切割分离，能获得可靠的同步止血效果。同时无电损伤的可能，具有组织粘连少、焦痂形成少、术后并发症少等优点。

（五）缝合技术

缝合是腹腔镜手术的关键技术，影响着手术的进程和速度，应当通过反复的训练和实践而掌握。

（1）手工缝合　是指使用持针器和缝针进行人工缝合。腹腔镜手术使用一次性连体针线，缝针有直形、雪橇形和弯形，以雪橇形最适合于镜下缝合。缝合时注意不要缝合组织太厚，避免以持针器为主动，用分离钳将组织夹起穿到针上是便利的缝合方式。

（2）缝合器缝合　Endo-Stitch 缝合器是美国外科协会为腹腔镜手术而专门研制的腔内缝合与打结装置，其缝针为双刃尖锥形，容易穿透组织，适用于大多数需要缝合的内窥镜操作。

（六）打结技术

打结是腹腔镜手术中难度较大的技术，基本分为体外打结和体内打结两种方式。

（1）体外打结　体外打结是把缝线拉出体外打结，然后再用推杆将结推入体腔内，这是微创外科在手术部位打结操作受限而发展起来的技术（图 7-13）。体外打结可用于结扎血管、拉拢组织、重建器官、手工吻合等。目前常用的结是路德（Roeder）结，或称渔夫结，有现成产品。传统的方结或外科结也可在体外打好，再用“V”形或“C”形推结杆经套管将结推入体腔内拉紧。采用体外打结方式，由于线的两端均需要拉出体外，增加了组织意外撕裂和感染的机会，仅适用于间断缝合。

(2)体内打结　体内打结是高度依赖器械和技能的双手打结技术，一般使用抓钳在腹腔内完成(图 7-14)。微创外科或腹腔镜手术常采用传统的外科结，具体打结方法与传统的器械打结法基本相同。此外还有一种方便结的打法，即在腹腔内用两把抓钳将缝线一端扭转成一个环，保持夹住线尾的抓钳不松动，而将另一把抓钳穿过刚形成的环抓住缝线的另一端，拉紧便可打成第 1 个结，接着采用同种方法完成第 2 个结或第 3 个结。体内打结最常用于精细结构及连续缝合结束之后。有很多情况下需要使用体内打结，例如胆总管切开术、器械肠道吻合后的加固、胃浆肌层切开术后的关闭。

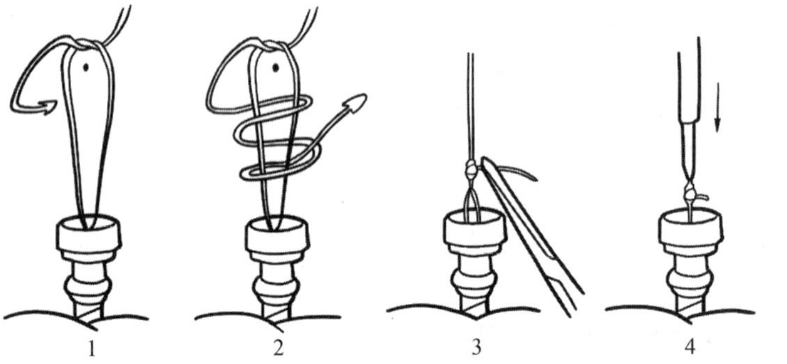

图 7-13　体外打结法

(1～4 为操作顺序)

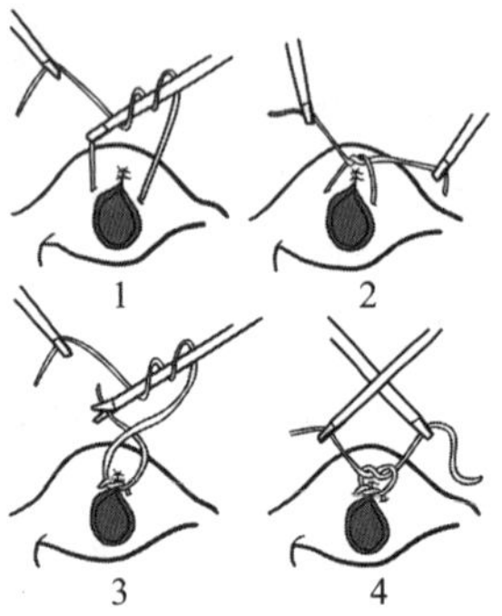

图 7-14　体内打结法

(1～4 为操作顺序)

(七)标本取出

将腹腔镜手术切除的脏器标本从腹腔取出，通常有 4 种方法可以采用：经套管鞘直接取出标本、将套管鞘和标本一起取出、扩大腹壁戳孔取出标本、用标本袋取出标本。一般炎症性标本、被污染标本和肿瘤标本必须放入标本袋内取出，以免炎症扩散或肿瘤种植于戳孔。切除的肝、脾等实质性脏器大标本也应放入标本袋内用电动切除器切碎，再根据其大小采取以上适宜的方法取出。

(八)冲洗和吸引

有效而快速地对术野进行冲洗和吸引，是腹腔镜手术的必备条件。为了提供足够的正压冲力和负压吸力，腹腔镜手术常使用电动冲洗吸引装置。注意不能一次注入大量生理盐水冲洗，否则因冲洗液弥漫至整个腹腔，流藏到腹腔内位置较深的地方，而使冲洗吸引头无法吸引干净，造成腹腔感染。尽量采用少量多次冲洗吸引法，反复冲洗、稀释和吸出积血、积液，力求做到冲洗干净，吸引彻底。必要时可以调整动物体位，在监视器荧屏上观察冲洗液集中到视野内，将冲洗液吸引干净。通过腹腔冲洗、引流，可将腹腔内的积液、积血、积脓、漏胆排出体外，防止腹腔感染，又可观察引流液，及时发现胆瘘出血及腹腔脏器损伤。

(九)腹腔镜探查

术前和术毕全面探查腹腔是腹腔镜手术的必要程序。

(1)术前探查　术前探查是指置入主套管后应立即进行的探查，具体内容包括：行气腹针或套管针穿刺时有无误伤内脏和血管；套管戳孔有无活动性出血；腹内有无粘连、腹水、结节或肿瘤；实质性脏器的色泽、质地、边缘和表面情况；空腔脏器的位置及充盈状态；病变部位的状态；估计手术难度和确定工作套管针的穿刺位置等。

(2)术毕探查　术毕探查是指完成腹腔镜手术后需要进行的全面探查，具体内容包括：手术部位有无继续出血;周围器官有无损伤;腹腔内积血、积液有无全部吸出或切除的脏器标本是否全部取出;拔除工作套管鞘后,戳孔有无出血,有无大网膜或脏器嵌入戳孔等。

(十)腹腔镜手术的显露

(1)正压气腹辅助显露　标准的腹腔镜手术的显露方法是通过创造一个正压气腹来实现的,常用气体是 CO_2,也可用 NO 气体。后者常用于局麻下的诊断性腹腔镜检查,因 NO 气腹可以减轻疼痛。正压气腹[1 333.22～1 599.86 Pa(10～12 mmHg)]下手术野的显露比开放手术更好,特别是横膈下及盆腔。

正压气腹的腹腔镜手术也有一些缺点:①手术视野仅是腔镜头所能达到的区域;② CO_2 气体的流动可引起脱落的肿瘤细胞或细菌的扩散;③腹腔内压力升高可影响呼吸、心血管、内分泌和代谢系统。因此要使用能充分暴露的最低压力。

(2)非气腹腔镜的显露　非气腹腔镜是一个正在发展中的技术,它用机械拉力拉起前腹壁创造需要的手术操作空间,其目的是避免(完全无气腹)或减少(低压气腹)正压气腹的压力,从而避免气腹并发症,增加手术安全性,降低手术费用。目前制造非气腹的装置多种多样,但其基本方法可分为两类:一是在腹正中线用吊带或钩状物将前腹壁提起,正压气腹压力在 533.29 Pa(4 mmHg)时,即可完成标准的腹腔镜手术。这种方法创造的圆锥状的手术空间较小,很难施行大的手术,而且对前腹壁的损伤也较大。另一种方法是将扇形提拉器或伞形提拉器置于腹壁后并提起腹壁成腹腔隆起的空间,这种方法可以基本解决前一种方法存在的缺点。

(3)腹膜外或后腹膜区的显露　在腹膜外或后腹膜区域没有自然的空腔,但可以用器械或球囊在疏松组织内人工造一空腔,一旦创造了这样的空腔,即可导入 CO_2 气体维持扩张的空间。这种操作常用于肾外科手术,但与腹腔内的腔镜手术相比,这种显露方法增加了 CO_2 气体栓塞的危险。

(4)腹腔镜辅助手术的显露　腹腔镜辅助手术可减少开腹手术的切口长度,一般是在常规的腹腔镜手术操作孔之外再加做一个小切口,通过这一切口放入术者的一只手辅助完成腹腔镜下复杂的手术操作,如大块肝切除或结肠部分切除后的消化道重建。

(十一)腹部戳孔的处理

腹腔镜手术完毕,在监视器荧屏监视下逐一拔除各工作套管,最后再拔除主套管。拔除主套管前,要放净腹腔内的 CO_2 气体,然后一只手提起腹壁,另一只手将主套管缓慢地拔除,并注意防止大网膜或脏器随气体而嵌入戳孔。对于 5 mm 以上的腹壁戳孔,可根据具体情况分层或仅对皮肤行数针缝合。

(十二)胸腔镜手术的显露

胸腔镜设备类似腹腔镜,创造胸腔内需要的操作空间有两种方法:

(1)以双腔管阻塞一侧肺脏,该侧肺脏萎陷后出现的胸腔空间即可施行胸腔镜手术。

(2)双侧肺脏仍保持通气,向胸腔内通入 CO_2 气体,气体压力达到 799.92～1 066.58 Pa(6～8 mmHg)时压缩肺脏出现的胸腔空间也可施行胸腔镜手术。

本章小结

显微外科是在手术显微镜或放大镜下,使用显微手术器械、缝合针线和辅助设备,对细小的血管、神经、淋巴等小管道以及眼、鼻、耳的内部构造等进行切除、修整、缝合的技术。当前,眼科和五官科常见病治疗,带血管(神经)的皮瓣、肌肉、骨和骨膜移植,心、肺、肝、肾等实质脏器移植与断肢(指)再植,神经外科和小动物(大鼠、小鼠或兔)自体或异体脏器移植研究等,已成为显微外科技术应用的重要领域。采用间断缝合方法端端吻合血管、神经和淋巴管等小管道,是显微外科手术需要掌握的基本技术。

微创外科以腹腔镜外科为主体,通过直视监视器荧屏的监视进行操作,以最小的创伤达到外科治疗目的。微创外科的设备以腹腔镜外科为代表,主要包括 CO_2 气腹机、内镜电视摄像系统、冷光源、单(双)极高频电刀、冲洗吸引系统等。腹腔镜外科的基本操作技术有:人工气腹与置入套管、术野显露、组织分离、止血技术、缝合技术、打结技术、标本取出、冲洗吸引技术、腹腔镜探查、腹壁戳孔处理等。人类的微创外科还包括胸腔镜手术、脑立体定向术和神经内窥镜手术、关节镜手术、椎间盘镜手术、泌尿内镜手术、宫腔镜手术以及介入放射治疗、介入超声治疗等微创技术。标准的腹腔镜手术的显露方法是通过创造一个正压气腹来实现的,常用气体是 CO_2,也可用 NO。胸腔镜手术术野的显露可通过阻塞一侧肺脏或向胸腔内通入 CO_2 气体压缩肺脏来实现。

复习思考题

1. 简述显微外科的概念及其应用领域。
2. 简述显微外科设备与器械的保养方法。
3. 简述显微外科手术的基本操作技术。
4. 简述微创外科的概念及其主要设备。
5. 简述人工气腹与置入套管的操作要点。
6. 简述腹腔镜手术在兽医临床应用的前景。
7. 名词解释

显微外科、微创外科

(谢光洪)

第八章　外科感染

第一节　概　　述

一、外科感染的概念和特点

感染是致病菌对动物机体的侵入、生长和繁殖并与机体相互作用的一种病理性反应过程。外科感染是指用手术方法（包括切开、引流、异物去除等）治疗感染性疾病以及在创伤或手术后发生感染并发症所引起的病理反应过程。

侵入体内的病原菌根据其致病力的强弱、侵入门户以及机体局部和全身的状态而出现不同的结果。如外科感染是由一种病原菌引起的则称单一感染；由多种病原菌引起的则称为混合感染。在原发性病原微生物感染后，经过若干时间又并发它种病原菌的感染，则称为继发性感染；被原发性病原菌反复感染时则称为再感染。

外科感染不同于其他感染的特点是：绝大部分的外科感染是由外伤所引起；外科感染一般均有明显的局部症状；常为混合感染；损伤的组织或器官常发生化脓和坏死过程，治疗后局部常形成瘢痕组织；在治疗方法上常常采用抗生素疗法和手术疗法。

二、外科感染的来源

外科感染的来源可分为外源性感染和内源性感染。

（一）外源性感染

外源性感染是指动物机体外部的微生物通过各种途径进入皮肤或黏膜的伤口内部而引起的感染。这是外科感染包括手术创感染的主要途径。它包括以下几个方面。

1. 空气中尘埃的感染

细菌往往附着在空气中的尘埃上，然后落入伤口。据统计，一般空气条件下做手术，每小时落入伤口中的细菌2万～4万个，所以空气中的尘埃越多，落入伤口的细菌就会越多，感染机会就越多。因此要求在手术前对空气进行灭菌或消毒，手术过程中避免或少走动，更不能打闹，在野外做手术，要尽量选在远离交通干道和避风沙的地方。

2. 飞沫和滴入感染

手术人员在手术过程中说话、咳嗽、打喷嚏都会产生飞沫。据测算，一个喷嚏有4万个飞沫，每个飞沫中含有1万～2万个细菌。飞沫中含有大量的微生物，特别是患口腔疾病的人，其飞沫中的致病菌含量更高，因此，手术时要保持安静，不要说话，决不能对准手术切口打喷嚏或咳嗽。手术人员出汗时，要请助手将汗滴擦去。

3.接触感染

这是发生外源性感染最主要的途径，包括：

(1)手术人员手、臂污染　没有消毒或消毒不彻底的手、臂，反复多次接触伤口，或接触了污染手术又去接触无菌手术组织均会造成污染，进而发生感染。因此手术前必须彻底洗手，戴好灭菌手套，而且手术要养成无菌习惯，才能在术中有效地进行无菌操作。

(2)术部被毛的污染　创巾的移动会使术部被毛对术野进行污染，少数的情况是通过手术人员的手、臂而传递的。被毛化脓性微生物在冬季可达60%，因此，手术时，要先对术部被毛清除干净，然后对术部皮肤严格消毒，而且除毛范围要比手术区域大2～3倍，整个操作过程中尽量避免创巾的移动，避免手、臂、针线、器械及物品与被毛接触。

(3)手术器械及用品的污染　所有器械及各种用品在手术前必须进行彻底灭菌或消毒才能使用，在手术过程中被污染的器械物品也必须重新灭菌或消毒后再使用。

(4)植入感染　污染的缝线、引流纱布被留在创内均会引起不同程度的污染和感染。羊术后感染见彩图8-1。

(5)术后切口的污染　术后饲草、粪尿以及患病动物舔食伤口等均会使伤口受到污染和感染，因此手术后的创口须加以消毒和保护，最好单独饲养在清洁干燥的笼内或畜舍内。

(二)内源性感染

内源性感染是由动物机体内的细菌所引起的感染。有以下两种情况：

(1)体内的微生物原先是以保菌、共生或隐性感染的方式存在于机体的某个器官或组织内(如口腔、肠道的正常菌群)，后由于手术使动物体的抵抗力下降，细菌重新活跃并开始生长繁殖，甚或发生细菌或内毒素移位而引发明显的局部或全身的感染过程。

(2)由于手术通路切开了已经愈合的创伤瘢痕、脐部的疤痕，深部组织的脓肿、化脓性淋巴结炎、钙化或机化灶而引起细菌的扩散和感染。

(三)外科感染时常见的致病菌

外科感染的致病菌有需氧菌、厌氧菌和兼氧菌。当前外科感染最常见的病原菌是金黄色葡萄球菌、大肠杆菌和铜绿假单胞菌，其他比较常见的病原菌是凝固酶阴性葡萄球菌、变形杆菌、化脓棒状杆菌、克雷白菌属和肠球菌。总的来说，革兰氏阴性杆菌占60%～65%；革兰氏阳性球菌占30%～35%。近年来，厌气性感染、厌氧菌与需氧菌共同感染以及真菌感染已越来越多见。不同种类的外科感染，病原菌构成有所不同。

这些致病菌常存在于动物的皮肤和黏膜表面，也存在于厩舍、用具、手术器械和其他物体上，如皮肤或黏膜损伤或手术时就可能导致感染。

三、外科感染发生发展的基本因素及其病理机制

外科感染应当理解为机体与侵入体内的致病菌相互作用所产生的局部和全身反应，它是机体与致病菌感染与抗感染斗争的结果。在外科感染的发生和发展的过程中，存在着两种相互制约的因素，即机体的防卫机能和促进外科感染发展的因素。此两种过程始终贯穿着感染和抗感染、扩散和反扩散的相互作用。主要表现在以下几个方面。

(一)促进外科感染发展的因素

(1)细菌的致病力　在外科感染的发生和发展过程中，致病菌无疑起着主导作用，其中细菌的数量和毒力尤为重要。致病菌数量越多，毒力越强，发生感染的机会也越大。

细菌侵袭组织的能力主要决定于细菌产生的各种毒素和酶。金黄色葡萄球菌能产生凝固酶、

溶血素、坏死毒素和杀白细胞素；溶血性链球菌能产生溶血素O和S、透明质酸酶、链激酶和脱氧核糖核酸酶，这几种毒素是链球菌感染迅速扩散和脓液稀薄的原因。革兰氏阴性菌所产生的内毒素，具有复杂的生物活性，是引起补体激活和感染性休克的物质基础。厌氧性类杆菌则能产生外毒素。凡是毒力较强的细菌容易引起严重的外科感染。

(2)局部环境条件　外科感染的产生与局部环境条件有很大的关系。局部组织缺血缺氧，局部伤口中存有异物、坏死组织、血肿和渗出液均有利于细菌的生长繁殖。某些代谢障碍(如糖尿病、尿毒症等)、皮质类固醇疗法、免疫抑制疗法等均能引起血管反应缺陷、白细胞趋化和吞噬功能异常，从而有利于外科感染的发生。

(二)机体的防卫机能

在动物的皮肤表面、被毛、皮脂腺和汗腺的排泄管内，在消化道、呼吸道、泌尿生殖器及泪管的黏膜上，经常有各种微生物(包括致病能力很强的病原微生物)存在。在正常情况下，这些微生物并不呈现任何有害作用，这是因为机体具有很好的防卫机能，足以防止其发生感染。如果机体的局部和全身的免疫防卫机能下降，就可能导致外科感染。机体的防卫机能主要体现在以下几个方面。

(1)皮肤、黏膜及淋巴结的屏障作用　皮肤表面被覆角质层及致密的复层鳞状上皮，黏膜上皮也由排列致密的细胞和少量的间质组成，表面常分泌酸性物质(pH 5.2～5.8)。某些黏膜表面还具有排出异物能力的纤毛，因此在正常的情况下皮肤及黏膜不仅具有阻止致病菌侵入机体的能力，而且还分泌溶菌酶、抑菌酶等杀死细菌或抑制细菌生长繁殖的抗菌性物质。淋巴结和淋巴滤泡可固定细菌，阻止它们向深部组织扩散或将其消灭。

(2)血管及血脑屏障作用　血管的屏障是由血管内皮细胞及血管壁的特殊结构所构成。它在一定程度上可以阻止进入血液内的致病菌进入组织中。血脑屏障则由脑内毛细血管壁、软脑膜及脉络丛等构成。该屏障可以阻止致病菌和外毒素等从血液进入脑脊液及脑组织。

(3)体液中的杀菌因素　血液和组织液等体液中含有补体等杀菌物质。它们或单独对致病菌呈现抑菌或杀菌作用，或同吞噬细胞、抗体等联合起来杀死细菌。

(4)吞噬细胞的吞噬作用　网状内皮系统细胞和血液中的嗜中性粒细胞等均属机体内的吞噬细胞，它们可以吞噬侵入体内的致病菌和微小的异物并进行溶解和消化。

(5)炎症反应和肉芽组织　炎症反应是机体与侵入体内的致病因素相互作用而产生的全身反应的局部表现。当致病菌侵入机体后局部很快发生炎症充血以提高局部的防卫机能。充血发展成为淤血后便有血浆成分的渗出和白细胞的游出。炎症区域的网状内皮细胞也明显增生。这些变化都有利于防止致病菌的扩散和毒素的吸收，又有利于消灭致病菌和清除坏死组织。当炎症进入后期或慢性阶段，肉芽组织则逐渐增生，在炎症和周围健康组织之间构成防卫性屏障，从而更好地阻止致病菌的扩散并参与损伤组织的修复，使炎症局限化。肉芽组织是由新生的成纤维细胞和毛细血管所组成的一种幼稚结缔组织。其内常有许多炎性细胞浸润和渗出液并表现明显的充血。渗出的细胞和增生的巨噬细胞主要在肉芽组织的表层。通过它们的吞噬分解和消化作用使肉芽组织具有明显的清除致病菌的作用。

(6)透明质酸　透明质酸是细胞间质的组成成分，而细胞间质由基质和纤维组成。结缔组织的基质是无色透明的胶质物质。基质有黏性，在正常情况下能阻止致病菌沿结缔组织间隙扩散。透明质酸通过抑制许多致病菌所分泌的透明质酸酶而发挥防卫机能。

总之，进入体内的致病菌在条件适宜的情况下，经过一定的时间即可大量生长繁殖以增强其毒害作用，进而突破机体组织的防卫屏障，即表现出感染的临床症状。而感染的发展速度又取决于致病菌的数量和毒力、是单一感染或是混合感染、外伤的部位、外伤组织和器官的特性、创伤是否安静、肉芽组织是否健康和完整、患病动物的神经机能状态等因素。外科感染的促发因素与机体防御机能的相互作用导致不同的结局,有的主要出现局部症状,有的则局部和全身的感染症状都很严重。

(三)外科感染的病理机制

外科感染的病理生理过程主要包括以下两个方面。

1.局部病理生理

首先是局部的血管反应。致病菌通过损伤的皮肤、黏膜或经过淋巴管和血管侵入机体后发生感染时,首先引起局部血管反应,包括血管扩张(充血)和血管壁通透性增加。血管壁扩张使局部发红发热;血管壁通透性增加,使大量富含蛋白质的液体渗出至组织间隙形成炎性渗出,造成组织水肿。以后在炎症病灶的中心由于血液循环停滞而出现被动性充血(淤血),白细胞游出。炎性渗出、白细胞在局部炎症组织内浸润以及炎症局部的网状内皮系统细胞的明显增生,使局部出现肿胀、疼痛和机能障碍。因此,血管反应是炎症的四大特征(红、肿、热、痛)的病理学基础。

当局部感染发展为急性化脓性感染时,机体会形成一系列屏障以阻挡感染的发展。如肉芽组织、脓肿的腔壁,从原发感染病灶扩散途径上的淋巴管和淋巴结等也起这种阻挡作用。急性化脓性感染时,这些淋巴管和淋巴结的炎症变化就是它们抑制致病菌及毒素的标志。当感染由局部病灶向外蔓延时常能直接进入血液循环,在有利条件下能发展成为全身化脓性感染。

2.全身病理生理

机体若发生全身感染就会出现全身的症状,如体温升高、心跳和呼吸加快、患病动物精神沉郁、食欲减退等。

当患病动物机体从原发病灶吸收大量致病菌、毒素及组织分解产物时,则会出现严重的临床症状。此时对感染反应最强烈的器官系统——循环系统、网状内皮系统、神经系统以及毛细血管、肝、肾、脾、肺都将出现严重的机能紊乱,血液的化学性质和黏稠度发生改变,血浆蛋白减少,球蛋白增加,体内氧化作用降低,水和无机盐类代谢紊乱,体内抗坏血酸贮存量显著降低。

若感染和中毒继续发展,骨髓造血机能受到抑制,患病动物可出现贫血,在血液中有时可出现不成熟的幼稚型红细胞;白细胞数量增多,核左移(即嗜酸性粒细胞减少,杆状核白细胞增多,多形核白细胞减少)。中等度的白细胞增多表示轻度感染;白细胞数不见增加,但出现核左移则说明机体反应能力微弱和造血机能受到严重抑制;白细胞数显著减少而临床症状又很严重是预后不良的标志;血沉变快,其出现与恢复均较白细胞增多的改变为慢。

(四)外科感染的病程演变及其结局

外科感染的演变是动态的过程。致病菌、机体抵抗力以及治疗措施3方面的消长决定了在不同时期外科感染可以向不同的方向发展,可有3种结局。

(1)局限化、吸收或形成脓肿　当动物机体的抵抗力占优势,感染局限化,有的形成脓肿。小的脓肿也可自行吸收,较大的脓肿在破溃或经手术切开引流后,转为恢复过程,病灶逐渐形成肉芽组织、瘢痕化而愈合。

(2)转为慢性感染　当动物机体的抵抗力与致病菌致病力处于相持状态,感染病灶局限化,形成溃疡、瘘、窦道或硬结,由瘢痕组织包围,不易愈合。此病灶内仍有致病菌,一旦机体抵抗力降低时,感染可重新发作或扩散。

(3)感染扩散　在致病菌毒力超过机体抵抗力时,感染不能局限化,可迅速向四周扩散,或经淋巴、血液循环引起严重的全身感染。

四、外科感染的诊断和治疗

(一)外科感染的诊断

一般根据临床表现可做出初步诊断,必要时可进行一些辅助检查。

(1)局部症状　红、肿、热、痛和机能障碍是化脓性感染的5个局部典型症状。但这些症状并不一定全部出现,而随着皮肤颜色、病程迟早、病变范围及位置深浅而异。黑色和深色皮肤、病变范围小且位置深的深部感染可仅有疼痛、压痛和表面组织水肿等局部症状。

(2)全身症状　感染轻微的可能无全身症状;感染较重的有发热、心跳和呼吸加快、精神沉郁、食欲减退等症状;感染更为严重者或病程较长时可继发感染(中毒)性休克、器官衰竭等;当发生全身化脓性感染时,会表现出明显的、危重的全身症状。

(3)实验室检查　一般均有白细胞计数增加和核左移,但某些感染,特别是革兰氏阴性杆菌感染时,白细胞计数增加不明显,甚至减少;免疫功能低下的患病动物,也可表现类似情况。B超、X射线检查和CT检查等有助于诊断深部脓肿或体腔内脓肿,如肝脓肿、脑脓肿等。感染部位的脓汁应做细菌培养及药敏试验,有助于正确诊断和选用抗生素。怀疑全身感染,可做血液细菌培养检查,包括需氧培养及厌氧培养,以明确诊断。

(二)外科感染的治疗

外科感染的治疗原则是既要注意局部治疗也必须顾及整个机体,合理选择治疗方法和抗菌类药物,既要消除外源性因素、切断感染源,又要及早预防和注意营养支持,提高机体免疫力等,充分调动机体的防御功能,对控制和预防外科感染具有积极的临床意义。

1.局部治疗

局部治疗的目的是制止渗出,减轻疼痛,使化脓感染局限化,减少坏死,促进毒素和脓汁排出及肉芽再生修复,以利于感染创伤的愈合。

(1)外部用药及物理疗法　在感染初期,当局部软组织肿胀剧痛时,可使用冷敷和封闭疗法,每天1次。但长时间冷敷有可能引起局部贫血而造成坏死,所以在渗出和疼痛减轻,炎症转为亚急性和慢性时,局部涂擦刺激剂(如鱼石脂等)或应用温热疗法使局部发生主动性充血,以利于炎症的吸收消散或脓肿成熟。当脓肿形成后热敷是禁忌的,因为在这种情况下增加充血能使组织内压增加而引起剧烈疼痛更容易造成脓肿的自溃。这些温、热疗法对化脓性感染有较好的疗效,但必须选用得当、应用合理。

(2)手术疗法　是治疗局部化脓感染的主要方法。包括病灶冲洗法、病灶切开法和病灶摘除法,以病灶切开法最常用。

若病灶已破溃,应进行扩创、清洗和引流,促进病灶的愈合。如果局部化脓灶波动已很明显,应该立即进行手术切开后,排除脓汁,冲洗脓腔,保证畅通引流。局部炎症反应剧烈,疼痛和肿胀及其他全身症状(如体温升高、血液改变、结膜黄染等)都已出现时,即使未形成脓肿,也应尽早局部切开减压、引流,以减轻局部和全身症状,阻止感染扩散。脓肿形成后应及时切开引流使脓液排除。深部脓肿可以在超声、CT引导下穿刺引流。脏器组织的炎症病变,应视所在的器官以及病变程度,参考全身情况,先用非手术疗法并密切观察病情变化,必要时手术处理。手术处理方式为切除或切开病变组织、排脓及留置引流物。

(3)患病动物休息和保持局部安静　患病动物充分休息不仅能恢复患病动物的体力和被破坏的代谢机能,还可减少局部感染的活动和疼痛刺激,避免神经组织进一步遭受损伤。对局部感染适当进行固定或限制活动,避免受压和感染范围扩展;或进行细致的局部外科处理后根据情况决定是否包扎，包扎时不能影响局部的血液循环。在冬季还要注意局部保温，可用附有多层棉花的绷带包扎。

2. 全身治疗

局部发生化脓性感染时常有全身反应，因此在治疗感染病灶的同时也必须进行全身治疗。化脓性感染全身治疗的目的在于保护一些重要生命器官和组织，使其不被致病菌、毒素及分解产物所毒害。必须提高机体的防卫机能，改善中枢神经系统的营养状态，调节机体代谢的平衡，要改善造血器官及排泄器官的机能，改变血氧不足和组织乏氧的状态，抑制致病菌的生长繁殖等。

(1)外科感染中抗菌药物的选择　无论是治疗性或预防性应用抗菌药物，都应有明确的适应症，尽量避免滥用或随便应用抗生素，以免引起不良后果。

用药前应明确致病菌，并根据药敏试验结果选择合适的药物。患病动物的血、尿和体液的细菌学检查(包括需氧菌和厌氧菌)对外科感染的诊断有极大的帮助。在获得细菌培养结果之前，可先根据感染的部位、临床特征、脓液涂片革兰氏染色的结果，判断可能的致病菌而选用某种抗生素，以后再根据细菌培养和药敏试验结果调整抗生素的种类和剂量。

严重的外科感染常常是多种细菌的混合感染，在进行抗菌药物治疗时应选择对需氧菌和厌氧菌有效的药物，联合应用。可供选择的药物很多，一般而言，多数情况下选择杀菌类抗生素(如青霉素＋氨基糖苷类抗生素)；严重的绿脓杆菌感染时，联合应用羧苄青霉素和氨基糖苷类抗生素，可获得满意的协同效果；肠道手术或腹内感染(如腹膜炎)等，可联合应用哌拉西林和甲硝唑(也可选用氨基糖苷类＋甲硝唑或克林霉素)。临床上还可选用头孢类、喹诺酮类及磺胺类抗菌药物治疗或预防外科感染。必要时可和其他抗菌药物合理联合应用。应避免不合理的联合用药，以免造成药物的相互拮抗或毒副作用的增加。

抗菌药物的用药剂量应掌握在既能达到血液和组织中的有效浓度(最好 4 倍 MIC 以上)，又不产生毒副反应的范围内。对轻症和比较局限的感染，一般可肌内注射。但对严重感染，最好经静脉给药。一般抗生素可加入葡萄糖溶液中，0.5～1 h 内滴完以保证血液药峰浓度。还可采取分次静脉注射法给药，与静脉滴注相比，它产生的血液和组织内药物浓度较高。

(2)支持疗法　感染后由于水和电解质代谢的紊乱，患病动物常处于脱水状态。特别是重症高热时更为明显。因此必须根据患病动物的具体情况大量补液以补充水和电解质的不足。可应用碳酸氢钠疗法和静脉注射乙醇疗法调节机体的酸碱平衡，后者对神经系统也能产生良好的影响。应用钙制剂可以改善机体无机盐类代谢的紊乱(化脓性感染时出现明显的低钙血症)，并可加强交感神经系统和调节某些内分泌系统的机能活动。应用葡萄糖疗法可补充糖原以增强肝脏的解毒机能和改善循环。注意饲养管理，对患病动物饲喂营养丰富的饲料和补给大量维生素(特别是维生素 A、维生素 B 族和维生素 C 等)以提高机体的抗病能力。

(3)对症疗法　根据患病动物的具体情况进行必要的对症治疗，如强心、利尿、解毒、降温、镇痛及改善胃肠道功能等。

第二节　外科局部感染

一、疖、痈和脓皮病

(一)疖

疖(furuncle)是细菌经毛囊和汗腺侵入引起的单个毛囊及其所属的皮脂腺的急性化脓性感

染。若仅限于毛囊的感染称毛囊炎，同时或连续发生在患畜全身各部位的疖称为疖病。

(1)病因病理　疖的直接病因是由于皮肤受到摩擦、刺激、汗腺的浸渍和污染，多为感染金黄色葡萄球菌或白色葡萄球菌而引起。动物被毛不洁，毛囊及其所属的皮脂腺排泄障碍，维生素缺乏、气候炎热和患病动物对感染的抵抗力下降均能促使疖的发生，常继发为疖病，各类动物均可发生。

动物的毛囊及其所属皮脂腺发生炎性浸润后，不久在病灶中央部有一由坏死的毛囊、皮脂腺及其临近的组织与崩解的白细胞和大量的葡萄球菌构成的疖心，并逐渐形成小脓肿。

(2)临床症状　由于动物种类的不同和皮肤的厚薄不一，所表现的症状各异。发生于皮肤薄的部位，最初局部出现温热而又剧烈疼痛的圆形肿胀结节，界限明显，呈坚实样硬度，继而病灶顶端出现明显的小脓包，中心部有被毛竖立。以后逐步形成小脓肿，波动明显并突出于皮肤的表面。在皮肤厚的部位，病初肿胀不显著，触诊有剧痛，以后逐渐增大，但不突出于皮肤表面；而是在毛囊周围的组织形成炎性浸润，并迅速向周围及深部蔓延，很快亦形成小脓肿。

病程经数日后，病灶区的脓肿可自行破溃，流出乳汁样微黄白色脓汁，局部形成小的溃疡，炎症随之消退，其后表面被覆肉芽组织和脓性痂皮。疖常无全身症状，但发生疖病时，患病动物常出现体温升高、食欲减退、乳牛泌乳量降低等全身症状。动物的疖多发生于四肢(彩图 8-2)，其次见于背部、腰部及臀部等处。

(3)治疗　对浅表的炎症性结节可外涂 2%～5%碘酊、鱼石脂软膏等，已有脓液形成的，局部消毒切开。对浸润期的疖，可用青霉素盐酸普鲁卡因溶液注射于病灶的周围，亦可涂擦鱼石脂软膏、5%碘软膏等或理疗。疖病的治疗必须局部和全身疗法并重，同时全身给予抗生素，加强饲养管理和消除引起疖病发生的各种因素。

(二)痈

痈(carbuncle)是由致病菌同时侵入多个相邻的毛囊、皮脂腺或汗腺所引起的急性化脓性感染。有时痈为许多个疖或疖病发展而来，实际上是疖和疖病的扩大。其发病范围已侵害皮下的深筋膜。

图 8-1　痈感染扩散示意图

(1)病因病理　痈的致病菌主要是葡萄球菌，其次是链球菌，有时则是葡萄球菌和链球菌的混合感染。它们或同时侵及若干并列的皮脂腺，或最初只侵及一个皮脂腺而发生疖，此时感染可向下蔓延至深筋膜，也可形成多头疖。由于感染的继续发展而形成了很大的痈(图 8-1)。

(2)临床症状　痈的初期在患部形成一个迅速增大有剧烈疼痛的化脓性炎性浸润，此时局部皮肤紧张、坚硬、界限不清。继而在病灶中央区出现多个脓点，破溃后呈蜂窝状。以后病灶中央部皮肤、皮下组织坏死脱落，在其自行破溃或手术切开后形成大的脓腔。痈深层的炎症范围超过外表脓灶区。除局部疼痛外，患病动物常有寒战、高热等全身症状。痈常伴有淋巴管炎、淋巴结炎和静脉炎。病情严重者可引起全身化脓性感染，患病动物血常规检查白细胞明显升高。

(3)治疗　应注重局部和全身治疗相结合。痈的初期，全身应用抗菌药物，如青霉素、红霉素类药物。患病动物患部制动、适当休息和补充营养。局部配合使用 50%硫酸镁，也可用金黄膏等外敷。病灶周围普鲁卡因封闭疗法可获得较好的疗效。如局部水肿的范围大，并出现全身症状时，可行局部十字切开(图 8-2)。术后应用开放疗法。

(三)脓皮病

脓皮病(pyoderma)是由化脓细菌引起的皮肤化脓性感染。目前本病以犬最易感。

(1)病因　分为原发性和继发性两种。临床上根据发病情况也可分为浅层脓皮病和深层脓皮病。最常分离到的病原微生物有：葡萄球菌，链球菌，棒状杆菌，假单胞菌和奇异变形杆菌。有时也可检出绿脓杆菌及大肠杆菌等。

外寄生虫感染、代谢性和内分泌性疾病是浅层脓皮病的主要病因；机体营养不良、免疫缺陷，以及皮肤不洁、毛囊炎、皮肤表皮损伤、皮肤受雨水浸渍等因素，都可以导致皮肤感染而发生脓皮病。

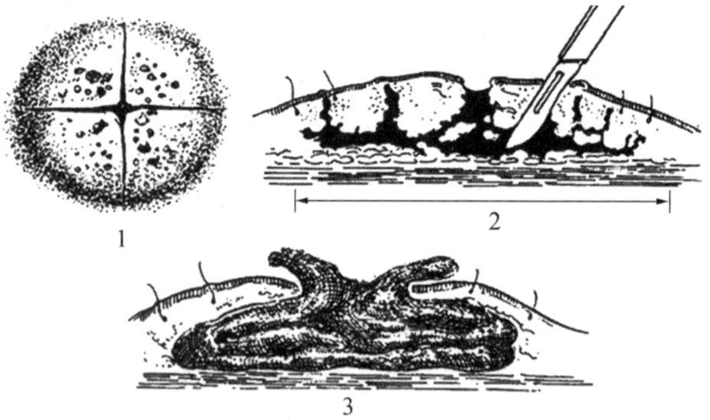

图 8-2　痈的切开引流

1. 十字切开　2. 切口长度要超过炎症范围少许，深达筋膜　3. 伤口内填塞纱布条

(2)症状　临床上脓皮病常见于犬、猫，其他动物偶有发生。

犬的脓皮病以脓疱疹(表皮化脓)(彩图 8-3)、皮肤皲裂、毛囊炎(可形成疖和痈)和干性脓皮病为主要表现。临床上可见到丘疹、毛囊性脓疮、蜀黍样红斑颈、脱毛(彩图 8-4)等浅表性化脓性皮炎症状。深部脓皮病常局限于面部、腿部和指(趾)间等部位，而短毛犬的幼犬则主要发生在无毛部(如腹部)，也有全身性的。德国牧羊犬的病变部位常有化脓性通道。

发病初期在被毛的周围形成圆锥形隆起的硬结，皮肤肿胀，无色素沉着的皮肤上常呈红色，数日后在硬结的中央部、毛囊及皮脂腺有灰白色—黄色的脓栓形成，脓栓周围形成硬结，随后软化自溃排脓。排脓后形成痂皮。经 3～4 d 痂皮即可脱落。

幼年脓皮病(12 周龄或以下的犬易发)，又称幼犬腺疫。常见于拉布拉多猎犬、腊肠犬和西班尼犬等。局部淋巴结肿大，耳、眼和口腔周围水肿、脓肿和脱毛，常伴有发热、厌食、嗜睡等症状。

其他动物也可发生脓皮病。猫常发生于颈、面及肷部；马发生于胸颈部、四肢下部、眼眶等部位；牛有时发生在乳房。

(3)治疗　局部处理结合全身用药是治疗脓皮病的原则。对于继发性脓皮病的治疗，应同时治疗原发病。

患部剪毛，早期用防腐剂如 30%六氯酚或聚乙烯吡咯酮碘溶液清洗和热浴患部；浅表或皮肤皲裂脓皮病可用 2.5%过氧化苯甲酰制剂洗涤或用过氧化苯甲酰凝胶点涂患处，也可除去脓痂，敷以敏感的抗生素软膏，以促进溃疡愈合。

全身选择使用敏感的抗生素。由于多数葡萄球菌能产生青霉素酶，选择抗生素时应使用敏感、有效的药物。常用抗生素包括：苯唑西林(耐酶青霉素类)、红霉素、林可霉素、先锋霉素及喹诺酮类抗生素，还可配合使用抗厌气性感染治疗(如甲硝唑等)。顽固性或复发性脓皮病，可使用免疫刺激剂(如菌苗)。幼年脓皮病的治疗(并非细菌感染)早期应大剂量皮质类固醇如强的松或强的松龙(1 mg/kg，每天 2 次)，以后逐渐减少，连用 1 个月，同时配合应用抗生素。

二、脓肿

在任何组织或器官内形成外有脓肿膜包裹、内有脓汁潴留的局限性脓腔称为脓肿(abscess，图 8-3)。它是致病菌感染后所引起的局限性炎症过程。如果在解剖腔内(胸膜腔、喉囊、关节腔、鼻窦)有脓汁潴留时又可称之为蓄脓。如关节蓄脓、上额窦蓄脓、胸膜腔蓄脓、子宫蓄脓等。

(一)病因

多数脓肿是由细菌感染引起的。引起脓肿的致病菌主要是葡萄球菌,其次是化脓性链球菌、化脓性棒状杆菌、大肠杆菌、绿脓杆菌和腐败性细菌等。犬及猪的脓肿绝大多数是金黄色葡萄球菌感染的结果;在牛有时因结核杆菌、放线菌感染形成冷性脓肿。

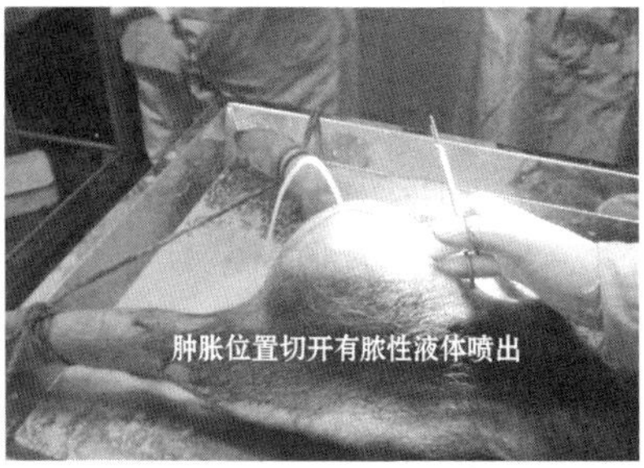

图 8-3　猪腹股沟皮下脓肿

除感染因素外,静脉注射水合氯醛、氯化钙、高渗盐水及砷制剂等刺激性强的化学药品时,如将它们误注或漏注到静脉外也能发生脓肿;其次是注射时不遵守无菌操作规程而引起注射部位脓肿;还有的是由于血液或淋巴将致病菌由原发病灶转移至新的组织或器官内所形成转移性或多发性脓肿。

(二)病理

在化脓感染的初期,局部出现以中性粒细胞为主的炎性细胞浸润。在致病菌的作用下,机体出现一系列的应答性反应,首先是在发炎病灶的局部,酸度增高而出现酸中毒。在酸中毒的影响下,血管壁扩张,血管壁的渗透性增高。因此,白细胞特别是中性粒细胞经毛细血管壁大量渗出而出现局部的炎性细胞浸润。由于局部病灶体液循环障碍和炎性细胞浸润,使局部组织代谢紊乱,从而造成局部组织细胞的大量坏死和有毒分解产物及毒素的积聚,而后者又能加重局部组织细胞的坏死。同时中性粒细胞分泌蛋白分解酶以促进坏死细胞和组织的溶解。最后在炎症病灶的中央形成充满脓汁的腔洞,并于病灶的周围形成脓肿膜。随着脓肿膜的形成,脓肿亦告成熟。

脓肿膜是脓肿与健康组织的分界线,它具有限制脓肿扩散和减少机体从脓肿病灶吸收有毒产物的作用。脓肿膜由两层细胞组成,内层为坏死的组织细胞,外层是具有吞噬能力的间叶细胞。当脓汁排出后脓肿膜就成为肉芽组织,最后逐渐成为瘢痕组织而使脓肿治愈。

脓汁由脓清、脓球、分解的组织及活的和死亡的细菌等组成。脓清一般不含纤维素,故不易凝固。脓球由多种细胞组成,一般以分叶核白细胞为主,其次是淋巴细胞、嗜酸性粒细胞、嗜碱性粒细胞、单核细胞及巨噬细胞,有的还有少量红细胞。组织分解产物包括组织细胞的分解碎片、坏死组织碎块、软骨碎片和骨碎粒等。

(三)分类及症状

(1)浅在性热性脓肿　常发生于皮下结缔组织、筋膜下及表层肌肉组织内。初期局部肿胀无明显的界限而稍高出皮肤表面。触诊时局部温度增高,坚实有剧烈的疼痛反应。以后肿胀的界限逐渐清晰并在局部组织细胞、致病菌和白细胞崩解破坏最严重的地方开始软化并出现波动。由于脓汁溶解表层的脓肿膜和皮肤,脓肿可自溃排脓。但常因皮肤溃口过小,脓汁不易排尽。

(2)浅在性冷性脓肿　一般发生缓慢,局部缺乏急性炎症的主要症状,即虽有明显的肿胀和波动感,但缺乏或仅有非常轻微的温热和疼痛反应。

(3)深在性脓肿　常发生于深层肌肉、肌间、骨膜下、腹膜下及内脏器官。由于脓肿部位深在,局部肿胀增温的症状常见不到。但常出现皮肤及皮下结缔组织的炎性水肿,触诊时有疼痛反应并常有指压痕。深在性脓肿未能及时切开,其脓肿膜在脓汁的作用下容易发生变性坏死,最后在脓汁的压力下可自行破溃。脓汁沿解剖学通路下沉形成流注性脓肿。这时新的流注性脓肿和原发性脓肿之间经常有一个或多个通道互相连通。由于患病动物从局部吸收大量的有毒分解产物而出现明显的全身症状,严重时还可能引发败血症。

(4)内脏器官脓肿　常常是转移性脓肿或败血症的结果。如在牛创伤性心包炎时,心包、膈肌、网胃和膈连接处常见到多发性脓肿。患病动物慢性消瘦，体温升高，食欲和精神不振，血常规检查时白细胞数明显增多，特别是分叶核白细胞显著增多。

(四)诊断

根据上述症状对浅在性脓肿比较容易确诊，深在性脓肿可进行诊断性穿刺和超声波检查后确诊。当脓汁稀薄时可从针孔直接排出脓汁，脓腔内脓汁过于黏稠时常不能排出脓汁，但可见到针孔内常有干涸黏稠的脓汁或脓块附着。

根据脓汁的性状可进一步确定脓肿的病原。由葡萄球菌感染所产生的脓汁一般呈微黄色或黄白色，黏稠，臭味小。链球菌，特别是溶血性链球菌感染所产生的脓汁稀薄微带红色。大肠杆菌感染所产生的脓汁呈暗褐色，稀薄有恶臭。绿脓杆菌感染所产生的脓汁呈苍白绿色或灰绿色，黏稠，而坏死组织呈浅灰绿色。牛结核杆菌感染所产生的脓汁稀薄，有絮状物及乳脂样块。家兔发生脓肿其脓汁呈白色，软膏样且黏稠。鸡的脓汁常呈灰白色，黏稠，有干酪样块。腐败性致病菌感染时脓汁呈污秽绿色或巧克力糖色，稀薄而有恶臭。

脓肿诊断时，必须与其他肿胀性疾病如血肿、淋巴外渗、挫伤以及某些疝、肿瘤等相区别，且不能盲目穿刺，以免损伤重要器官组织。

(五)治疗

1. 消炎、止痛及促进炎症产物消散吸收

当局部肿胀正处于急性炎性细胞浸润阶段可局部涂擦樟脑软膏，或用冷疗法(如复方醋酸铅冷敷，鱼石脂乙醇、栀子乙醇冷敷)，以抑制炎症渗出并具有止痛作用。病灶周围可用 0.25%～0.5% 普鲁卡因青霉素溶液进行封闭。当炎性渗出停止后，可用温热疗法(热敷、红外线、TDP 照射等)、短波透热疗法、超短波疗法以促进炎症产物的消散吸收或促进脓肿的成熟。

2. 促进脓肿的成熟

当局部炎症产物已无消散吸收的可能时，局部可用鱼石脂软膏、鱼石脂樟脑软膏、超短波疗法、温热疗法等以促进脓肿的成熟。待局部出现明显的波动、脓肿成熟时，立即进行手术治疗。

3. 手术疗法

脓肿形成后其脓汁常不能自行消散吸收，脓肿自溃排脓也很难自愈，因此，当脓肿成熟后应及时进行手术排脓，并经过适当的处理才能治愈。常用的手术疗法有 3 种：

(1)脓汁抽出法　适用于病变部位不宜进行脓肿切开、脓肿膜形成良好的小脓肿，如关节部脓肿。其方法是利用灭菌注射器将脓肿腔内的脓汁抽出，然后用生理盐水反复冲洗脓腔，抽净腔中的液体，最后灌注敏感抗生素溶液，每天 1 次，直至治愈。

(2)脓肿切开法　脓肿成熟出现波动后立即切开。切口应选择在波动最明显且容易排脓的部位。按手术常规对局部进行除毛消毒，再根据情况对动物作局部或全身麻醉。切开前为了防止脓肿内压力过大脓汁向外喷射，可先用粗针头将脓汁排出一部分。切开时一定要防止外科刀损伤对侧的脓肿膜。切口要有一定的长度并做纵向切口以保证在治疗过程中脓汁能顺利地排出。深在性脓肿切开时除进行确实麻醉外，最好进行分层切开，并对出血的血管进行仔细的结扎或钳夹止血，以防引起脓肿的致病菌进入血液循环，而被带到其他组织或器官发生转移性脓肿。

脓肿切开后，要尽量排尽脓汁，但切忌用力压挤脓肿壁，或用棉纱等粗暴擦拭脓肿膜里面的肉芽组织，这样就有可能损伤脓肿腔内的肉芽性防卫面而使感染扩散。如果一个切口不能彻底排空脓汁时可根据情况做必要的辅助切口，即反对孔等。对浅在性脓肿可用较温和的防腐液(3%双氧水、0.1%新洁尔灭溶液等)或生理盐水反复清洗脓腔。刺激性大的防腐剂，如碘、汞、黄色素等用于伤口处理时，会破坏细胞，延迟愈合。最后用灭菌脱脂纱布轻轻吸出残留在腔内的液体。切开后的脓肿创口可按化脓创进行外科处理，装置油剂类或高渗引流条，定时（24～48 h）清洗脓腔和更换引流条，直至伤口愈合。（视频 8-1）

（3）脓肿摘除法　常用以治疗脓肿膜完整的浅在性小脓肿。在小脓肿周围的健康组织上完整切除脓肿，留下的手术创腔按新鲜手术创处理，即用生理盐水冲洗干净并消毒后进行密闭缝合。在切除的过程中需注意勿刺破脓肿膜，防止新鲜手术创被脓汁污染。

视频 8-1　猪腹股沟脓肿切开清创术

三、蜂窝织炎

在疏松结缔组织内发生的急性弥漫性化脓性炎症称为蜂窝织炎（phlegmon）。它常发生在皮下、筋膜下及肌间的蜂窝组织内，以在其中形成浆液性、化脓性和腐败性渗出液并伴有明显的全身症状为特征。

（一）病因

引起蜂窝织炎的致病菌主要是葡萄球菌和链球菌等化脓性球菌，也能见到腐败菌或化脓菌和腐败菌的混合感染。疏松结缔组织内误注或漏注刺激性强的化学制剂（如氯化钙、高渗盐水、水合氯醛、松节油等）后也能导致蜂窝织炎的发生。

一般是经皮肤的微细创口而引起的原发性感染，也可继发于邻近组织或器官化脓性感染的直接扩散，或通过血液循环和淋巴管的转移而发生。

（二）病理

蜂窝织炎的初期，在感染的疏松结缔组织内首先发生急性浆液性渗出，由于渗出液大量积聚而出现水肿。渗出液最初透明，以后因白细胞，特别是分叶核白细胞渗出的增加而逐渐变为混浊。白细胞（主要是分叶核白细胞）游走至发炎组织后不断死亡、崩解，释放出蛋白溶解酶；同时致病菌和局部坏死组织细胞崩解时，也释放出组织蛋白酶等溶解酶，它们共同溶解坏死的发炎组织，最后就形成了化脓性浸润。化脓性浸润约经两昼夜即可转变为化脓灶，以后化脓浸润的蜂窝组织即陷于弥漫性化脓性溶解或形成蜂窝织炎性脓肿。此时脓肿膜上的肉芽性防卫面发育得很不均匀，容易破溃。在蜂窝织炎的发生和发展上，致病菌，特别是链球菌产生的透明质酸酶和链激酶能加速结缔组织基质和纤维蛋白的溶解，有助于致病菌和毒素向周围组织扩散。

（三）分类

临床上常见的分类方法有以下 3 种。

（1）按蜂窝织炎发生部位的深浅　可分为浅在性蜂窝织炎（皮下、黏膜下蜂窝织炎）和深在性蜂窝织炎（筋膜下、肌间、软骨周围、腹膜下蜂窝织炎）。

（2）按渗出液的性状和组织的病理学变化　可分为浆液性、化脓性、厌氧性和腐败性蜂窝织炎，如化脓性蜂窝织炎伴发皮肤、筋膜和腱坏死时则称为化脓坏死性蜂窝织炎，在临床上也常见到化脓菌和腐败菌混合感染而引起的化脓腐败性蜂窝织炎。

（3）按蜂窝织炎发生的部位　分为关节周围蜂窝织炎、食管周围蜂窝织炎、淋巴结周围蜂窝织炎、股部蜂窝织炎、直肠周围蜂窝织炎等。

（四）症状

蜂窝织炎病程发展迅速。其局部症状主要表现为大面积肿胀，局部温度增高，疼痛剧烈和机能障碍。其全身症状主要表现为患病动物精神沉郁，体温升高，食欲不振并出现各系统（循环、呼吸及消化系统等）的机能紊乱。由于发病的部位不同其症状亦有差异。

(1)皮下蜂窝织炎　常发生于四肢(特别是后肢),主要是由于外伤感染所引起。病初局部出现弥漫性渐进性肿胀。触诊时热痛反应非常明显,初期呈捏粉状,有指压痕,后变为稍坚实感。局部皮肤紧张。

随着炎症的进展,局部的渗出液由浆液性转变为化脓性浸润。此时患部肿胀更加明显,热痛反应剧烈,患病动物体温显著升高。随着局部坏死组织的化脓性溶解而出现化脓灶,触诊柔软而有波动感。病程经过良好者化脓过程局限化或形成蜂窝织炎性脓肿,脓汁排出后患病动物局部和全身症状减轻;病程恶化时化脓灶继续往周围和深部蔓延使病情加重。

(2)筋膜下蜂窝织炎　常发生于前肢的前臂筋膜下、鬐甲部的深筋膜和棘横筋膜下,以及后肢的小腿筋膜下和阔筋膜下的疏松结缔组织中(彩图 8-5)。其临床特征是患部热痛反应剧烈;机能障碍明显,患部组织呈坚实性炎性浸润。感染根据发病筋膜的局部解剖学特点而向周围蔓延。全身症状严重恶化,甚至发生全身化脓性感染而引起动物的死亡。

当颈静脉注射刺激性强的药物时,如误注和漏入颈部皮下或颈深筋膜下时,都能引起皮下或筋膜下的蜂窝织炎。注漏后经 1～2 d 局部出现明显的渐进性的肿胀,有热痛反应,但无明显的全身症状。如并发化脓性或腐败性感染时,则经过 3～4 d 后局部即出现化脓性浸润,继而出现化脓灶。如未及时切开则可自行破溃而流出微黄白色较稀薄的脓汁。它能继发化脓性血栓性颈静脉炎。当动物采食时由于饲槽对患部的摩擦或其他原因,常造成颈静脉血栓的脱落而引起大出血。

(3)肌间蜂窝织炎　常继发于开放性骨折、化脓性骨髓炎、关节炎及腱鞘炎之后。有些是由于皮下或筋膜下蜂窝织炎蔓延的结果。

感染可沿肌间和肌群间大动脉及大神经干的径路蔓延。首先是肌外膜,然后是肌间组织,最后是肌纤维。先发生炎性水肿,继而形成化脓性浸润并逐渐发展成为化脓性溶解。患部肌肉肿大、肥厚、坚实、界限不清,机能障碍明显,触诊和他动运动时疼痛剧烈。表层筋膜因组织内压增高而高度紧张,皮肤可动性受到很大的限制。肌间蜂窝织炎时全身症状明显,体温升高,精神沉郁,食欲不振。局部已形成脓肿时,切开后可流出灰色、常带血样的脓汁。有时化脓性溶解可引起关节周围炎、血栓性血管炎和神经炎。

(五)治疗

蜂窝织炎治疗的原则:减少炎性渗出、抑制感染扩散、减轻组织内压、改善全身状况、增强机体抗病能力,局部和全身疗法并举。

1. 局部疗法

(1)控制炎症发展,促进炎症产物消散吸收　患病动物停止使役或剧烈活动,注意休息。最初 24～48 h 以内,当炎症继续扩散,组织尚未出现化脓性溶解时,为了减少炎性渗出可用冷敷(50% 硫酸镁溶液、10%鱼石脂乙醇、90%乙醇、0.1%雷佛奴尔、醋酸铅明矾液、栀子浸液等),涂以醋调制的醋酸铅散。用 0.5%盐酸普鲁卡因青霉素溶液作病灶周围封闭。当炎性渗出已基本平息(病后 3～4 d),为了促进炎症产物的消散吸收可用上述溶液温敷,也可用红外线、紫外线、超短波等进行治疗;或外敷雄黄散,内服连翘散。

(2)手术切开　如冷敷后炎性渗出不见减轻,组织出现增进性肿胀,患病动物体温升高和其他症状都有明显恶化的趋向时,不需等待化脓成熟,应立即进行手术切开以减轻组织内压,排出炎性渗出液。局限性蜂窝织炎形成脓肿时可等待其出现波动后再行切开。

手术切开时应根据情况作局部或全身麻醉。浅在性蜂窝织炎应充分切开皮肤、筋膜、腱膜及肌肉组织等。为了保证渗出液的顺利排出,切口必须有足够的长度和深度,做好纱布引流,必要时应造反对孔。四肢应做多处切口，最好是纵切或斜切。组织切开时，应避免损伤大血管、神经、关节囊和腱鞘等。伤口止血后可用中性盐类高渗溶液做引流以利于组织内渗出液的外流。

如经上述治疗后体温暂时下降复而升高，肿胀加剧，全身症状恶化，则说明可能有新的病灶形成，或存有脓窦及异物，或引流纱布干涸堵塞而影响排脓，或引流不当所致。此时应迅速扩大创口，消除脓窦，清除异物，清洗创腔，更换引流纱布，保证渗出液或脓汁能顺利排出。待局部肿胀明显消退，体温恢复正常，局部创口继续按化脓创处理，直至愈合。

2. 全身疗法

早期应用抗生素疗法（青霉素 G、氨苄青霉素、头孢类抗生素等），必要时可联合用药；注意补液，纠正水、电解质及酸碱平衡的紊乱；对患病动物加强饲养管理。

四、淋巴管炎和淋巴结炎

淋巴管炎（lymphangitis）是动物末梢部受病原菌的侵袭，沿淋巴管上行感染，引起淋巴管及其周围组织的急性或慢性炎症。炎症严重者可波及邻近淋巴结，引起淋巴结炎（lymphadenitis）。损伤的皮肤、黏膜或其他感染性病灶是细菌的入侵门户。多发于动物的四肢。

（一）病因病理

淋巴管炎和淋巴结炎的致病菌常为金黄色葡萄球菌和溶血性链球菌，其次是鼻疽杆菌、结核杆菌及放线菌等。致病菌从损伤破裂的皮肤或黏膜侵入，或从其他感染性病灶侵入。动物的踏创、蹄叉腐烂、趾间腐烂、髻甲肿等均能引起本病。腺疫、鼻疽、假性鼻疽的发展过程中，也常发生淋巴管炎。急性淋巴结炎是急性化脓性感染的常见并发症。

病原菌经组织的淋巴间隙进入淋巴管内，引起淋巴管及周围炎症。淋巴管腔内有细菌、凝固的淋巴液和脱落的内皮细胞。如急性淋巴管炎继续扩散到局部淋巴结，或化脓性病灶经淋巴管蔓延到所属区域的淋巴结，就可引起急性淋巴结炎或化脓性淋巴结炎。

（二）症状

（1）淋巴管炎　临床表现为局部创口充血、疼痛、硬结，沿淋巴管有索状肿胀、充血、浮肿。如果局部成熟软化可自溃排脓，当转变为慢性炎症，局部为索状肿胀、淋巴管壁肥厚，伴有皮下蜂窝织炎增生，表现为“橡皮腿”。

（2）淋巴结炎　急性淋巴结炎时，淋巴结迅速肿胀，触诊疼痛；慢性淋巴结炎呈硬固肿胀，活动性小；化脓性淋巴结炎的临床表现有体温升高、精神沉郁、食欲废绝等。

（三）治疗

积极治疗原发病灶，控制感染来源，如用 0.5%高锰酸钾溶液清洗、浸浴患部，或用 50%硫酸镁湿敷。一旦脓肿形成应进行切开引流，按化脓创进行处理。

如有全身症状时，应早期应用抗生素治疗，如青霉素、红霉素及磺胺类药物。急性淋巴结炎时，适当延长抗生素使用时间。

第三节　全身化脓性感染

病原菌由机体的局部感染病灶侵入血液循环，并在其中生长繁殖或产生毒素，引起严重的全身性感染症状或中毒症状，称为全身性感染（general infections）。在众多病原菌中，以化脓菌最常见，故称为全身化脓性感染（general pyogenic/generalizeal purulent infections）。由真菌引起的全身性感染近年来似有增多的趋势。

全身化脓性感染往往都是继发的，可继发于污染或损伤严重的创伤，以及各种化脓性感染过程，如开放性骨折、局部化脓感染、腹膜炎等，也是外科手术后的一种严重并发症；不适当地使用抗生素、激素等，也有导致全身化脓性感染的危险。

全身化脓性感染的分类方法很多。一般分为败血症和脓血症，而以败血症最常见和最重要。败血症(septicemia)是指病原菌侵入血液循环，并在其中迅速生长繁殖，产生大量毒素及组织分解产物而引起严重的全身性感染。一般发生在患病动物全身体况差，病原菌毒力大、数量多的情况下，是一种危重病症。脓血症(pyemia)是指局部化脓性病灶的细菌栓子或脱落的感染血栓间隙性地进入血液循环，在全身其他组织和器官形成转移性和多发性脓肿。而败血症和脓血症也常同时存在，形成脓毒败血症(pyosepticemia)。

严格地讲，毒血症和菌血症并不是全身化脓性感染。毒血症(toximia)虽可引起剧烈的全身反应，但系大量的毒素进入血液循环所致，病原菌一般停留在局部感染处，并不侵入血液循环。毒素可以是病原菌所产生的内毒素和外毒素，也可为感染或损伤所破坏组织的病理分解产物。菌血症(bacteremia)是指病原菌仅在血液循环内短暂停留，迅即被机体防御系统所清除，而不繁殖致病，如在导尿、尿道器械检查时会有细菌进入血液循环，但不产生明显的症状。所以全身化脓性感染仅包括败血症、脓血症和脓毒败血症。

在临床上，发生全身化脓性感染时，血液中的病原菌与毒素、脓栓之间存在相当密切的关系，有时很难区分败血症、脓血症和毒血症。因为病原菌在血中生长繁殖的同时，也可产生大量毒素，所以败血症实际上也包括毒血症在内，而败血症和脓血症也常同时存在(脓毒败血症)。因此，临床将全身化脓性感染统称为败血症。

一、病因病理

引起全身化脓性感染的致病菌主要有金黄色葡萄球菌、溶血性链球菌、大肠杆菌、厌氧菌和腐败菌等。有时是单一感染，有时是混合感染。

当机体内存在有化脓性、厌氧性、腐败性或混合性感染病灶时，则构成发生全身化脓性感染的基础。但并不是所有的感染灶都能引起全身化脓性感染的发生。这一方面决定于患病动物的防卫机能，而另一方面也决定于致病菌的毒力。正常情况下，机体具有功能健全的免疫系统，通过抗原抗体反应和网状内皮系统的吞噬和解毒作用，能将入侵的病原菌迅速杀灭。即使局部感染比较剧烈，常有一些病原菌进入血液循环，机体的免疫系统一般仍能较迅速地将其杀灭。所以，病原菌的单纯入侵，往往并不构成全身化脓性感染，而只有在感染灶局限化不完整，大量毒力强的病原菌不断地侵入血液循环，超过了机体的防御能力，在血液中生长繁殖，产生毒素，就会引起全身化脓性感染。

全身化脓性感染可影响机体各组织器官。毒素一般引起实质脏器细胞的变性和坏死(脏器的混浊肿胀、灶性坏死和脂肪变性等)；毛细血管受损引起出血点和皮疹。病原菌可特别集中于某些组织造成脑膜炎、心内膜炎、肝脓肿、关节炎等。网状内皮系统和骨髓反应增生，引起脾肿大和周围血液中白细胞数量增多。严重而病程长者，内脏器官、皮下组织和肌肉等均可发生转移性脓肿或感染性血栓梗塞。同时，机体代谢的严重紊乱可引起水和电解质代谢失调、酸中毒等。微循环受到影响则导致感染性休克，甚至发生多脏器衰竭。

机体营养不良、贫血、年老以及某些慢性消耗性疾病，都是容易发生全身化脓性感染的诱因；局部病灶处理不当，如脓肿未及时切开引流，清创不够彻底，粗暴的处理创伤使其防卫性肉芽面受到损伤，引流不畅或创内有异物、坏死灶和脓窦等，均有助于病原菌的入侵和繁殖，导致全身化脓性感染的发生。

二、症状

由于临床上有时不易区分败血症、脓血症和毒血症等，且由于病原菌的毒力和机体防卫能力相互消长，各个类型可相互转化或同时存在。因此它们的临床症状有许多相似之处，如患病动物表现病情重剧，寒战，体温高，烦躁，脉搏频数，呼吸急促困难，呕吐，腹泻，出汗，白细胞增多（可达 20 000/mm^3 以上），核左移等。但也有若干不同之处，一般可做出鉴别诊断。

(1)败血症 患病动物全身症状急剧而严重，高热前常有剧烈寒战。由于病原菌持续存在于血液中并产生毒素，患病动物体温升高 2～3 ℃，体温每天波动不大，0.5～1 ℃，呈稽留热型，仅在临死前才下降。动物常躺卧，起立困难，运步时步态蹒跚，肌肉剧烈颤抖，有时出冷汗，食欲废绝，呼吸困难，脉弱而快，结膜黄染，有时有出血点。牛鼻镜发干，龟裂，食欲废绝，口渴少尿，尿中含蛋白，常便秘。白细胞增多，核左移。血液细菌培养常是阳性。一般不出现转移性脓肿。

(2)脓血症 其特征是致病菌栓子或被感染的血栓进入血液循环而被带到各种不同的器官和组织内，在它们遇到生长繁殖的有利条件时，即在这些器官和组织内形成转移性脓肿。最常发生转移性脓肿的器官是肺、肝、肾、脾、脑及肌肉组织内。临床上以牛、犬、家禽、猪及绵羊多发。

最初精神沉郁，恶寒战栗，食欲废绝，喜饮水，呼吸加速，脉弱而频，出汗。在体温显著升高前常发生战栗，体温下降后则出汗。因细菌栓子间隙性进入血液循环，寒战和高热的发作呈间隙性，间隙期体温可降至正常或低于正常，之后体温又明显升高，呈典型的弛张热型，有些则呈间歇热型或类似间歇热型。第 2 周开始，转移性脓肿可陆续出现，病程多呈亚急性或慢性。倘若转移性败血灶不断有热源性物质吸收则可出现稽留热，每次发热都可能与致病菌或毒素进入血液循环有关。在寒战、高热时血液细菌培养常呈阳性。

当肝脏发生转移性脓肿时眼结膜可出现高度黄染；肠壁发生转移性脓肿时可出现剧烈的腹泻；呼气带有腐臭味并有大量脓性鼻漏，是肺内发生转移性脓肿的特征；患病动物出现痉挛可能是脑组织内发生了转移性脓肿。

血液检查时，可见到血沉加快，白细胞数增加，核左移。嗜中性粒细胞中幼稚型白细胞占优势。在血检时如见到淋巴细胞及单核细胞增加时，常为康复的标志。但如红细胞及血红素显著减少，而白细胞中幼稚型的嗜中性粒细胞占优势，此时淋巴细胞增加往往是病情恶化的象征。

在用原发病灶创面的脓汁相做压片镜检时，若见不到巨噬细胞及溶菌现象，但脓汁内却有大量的细菌出现，此乃病情严重的表现；如脓汁相内出现静止游走细胞和巨噬细胞，则表明机体尚有较强的抵抗力和反应能力。

三、诊断

主要根据病史和临床表现进行诊断。由于全身化脓性感染多为继发性，在原发感染灶的基础上出现典型的全身化脓性感染临床表现时，诊断并不困难。但临床表现不典型或原发病灶隐蔽时，可能出现诊断困难或延误诊断。因此对一些不能用原发病来解释的临床表现，如畏寒、发热、贫血、脉搏细速、皮肤黏膜有淤血点、精神状态改变等，应考虑为败血症，并作进一步观察和检查，以免漏诊、误诊。

确诊败血症可通过血液细菌培养。病原菌的检查对确诊和治疗有极大的帮助，但需要一定的时间，而全身化脓性感染的病情往往不允许等待，故不宜对细菌培养结果过分依赖，应在积极治疗的同时进行病原学检查，以免延误治疗。同时，配合开展血液电解质、血气分析，血尿常规检查及重要器官功能的监测，对诊治败血症具有积极的临床意义。

四、治疗和预防

全身化脓性感染是严重的全身性病理过程，预后较差，死亡率高。因此临床上应着重预防，如正确而及时地处理原发病灶，避免粗暴挤压疮疖、脓肿等，及时做切开引流；手术即将开始之前预防性应用抗生素；增强机体的抗病能力等。一旦发生全身性感染，必须早期采取综合性治疗措施。

(1)局部疗法　为消除全身性感染和中毒的来源，应尽可能彻底地清除原发和继发的败血病灶内所有的坏死组织，切开创囊、流注性脓肿和脓窦，除去异物，排除脓汁，畅通引流，用刺激性较小的防腐消毒剂彻底冲洗败血病灶。创围用混有青霉素盐酸普鲁卡因溶液封闭。局部按化脓性感染创进行处理。

(2)抗菌疗法　为了抑制感染的发展应尽早使用抗菌类药。可先根据原发病灶的性质来选用抗菌谱较广的抗菌药物，或两种抗菌药联合应用。根据治疗效果，病情演变和病原菌培养及药敏试验，调整药物种类。一般可选用青霉素类、头孢菌素等抗菌药物。联合用药时，可考虑头孢菌素＋氨基糖苷类，耐青霉素酶半合成青霉素(如苯唑西林)＋头孢菌素或氨基糖苷类，哌拉西林＋氨基糖苷类等用药组合；如果是厌气性感染可联合应用甲硝唑、第三代头孢菌素(如头孢噻肟等)等；如有真菌感染，可应用两性霉素 B、酮康唑等。在兽医临床上使用磺胺增效剂取得了良好的治疗效果(常用三甲氧苄胺嘧啶，TMP)，喹诺酮类抗生素也被广泛应用。抗菌药物的剂量要大，疗程也需较长，临床表现好转和局部病灶控制 1～2 周后停药。

(3)激素疗法　主要是用肾上腺皮质激素。它有改善机体代谢，保护细胞免受缺氧和毒素的危害，稳定溶酶体，维持内环境稳定，扩张周围血管和解毒等作用。重危患病动物早期应用有一定效果。主张短期内大剂量使用，如大动物按 20～40 mg/kg 剂量使用氢化可的松或甲基强的松龙，或地塞米松 1～3 mg/kg，加入 5%葡萄糖溶液中，静脉滴注，一次滴完。每 4～6 h 一次，连用 1～2 d。由于肾上腺皮质激素有免疫抑制作用，使用时必须配合应用抗生素，以免感染扩散。

(4)一般疗法　目的是增强机体的抗病能力。对患病动物须加强饲养管理，喂给营养丰富、易消化的饲草、饲料，预防褥疮的发生。静脉滴注葡萄糖、电解质和氨基酸等，以补充热量、保肝、调整电解质和酸中毒。防治酸中毒还可应用碳酸氢钠疗法。补给各种维生素，特别是维生素 B 和维生素 C。必要时可输血、血浆制品以维持循环血容量，纠正贫血和中和毒素，提高免疫力。高热时，可采取物理降温及药物降温等措施。

第四节　厌气性感染和腐败性感染

一、厌气性感染

厌气性感染(anaerabic infection)是一种迅速发展的严重外科感染。一旦发生，往往表现重剧，预后多不良。因此在临床上应着重预防厌气性感染的发生。

(一)病因

引起厌气性感染的致病菌主要有产气荚膜杆菌(bacillus perfringens)、恶性水肿杆菌(bacillus oedematis maligni)、溶组织杆菌(bacillus histolyticus)、水肿杆菌(bacillus oedematiens)及腐败弧菌(vibrio septicus)等。常与其他需氧化脓性细菌引起混合感染。

这些致病菌均属革兰氏阳性菌，广泛存在于人畜粪便及施肥的土壤中。这些致病菌都能形成芽孢并需在不同程度的缺氧条件下才能生长繁殖，如全身或局部条件适合，细菌就在局部生长繁殖并分泌多种外毒素和酶。在生长繁殖过程中产气荚膜杆菌能产生大量气体，而恶性水肿杆菌能产生少量气体，其他均不产生气体。以下几种情况均有利于厌气性感染的发生。

(1)缺氧的条件 所有的致病菌均在缺氧的条件下容易生长繁殖。因此由弹片及子弹所引起的盲管创、深刺创、有死腔的创伤、创伤切开和坏死组织切除不彻底、紧密的棉纱填塞、污染创伤的密闭缝合等就成为厌气性感染发生的有利条件。在混合感染时，特别是需氧菌和厌氧菌混合感染时，因需氧菌消耗了氧，这就给厌氧菌的生长繁殖创造了有利条件。

(2)软组织尤其是肌肉组织的大量挫灭 主要发生在软组织，特别是肌肉组织内。肌肉组织含有丰富的葡萄糖及蛋白质，当它们严重挫灭坏死、存有死腔和异物而丧失血液供应时，厌氧菌则易于生长繁殖，并容易感染。开放性骨折也易引起厌气感染。

(3)局部解剖学的特点 臂部、肩胛部、颈部肌肉的肌肉层很厚，外面又有致密的深筋膜覆盖，因此当这些部位发生较严重的损伤时，即容易造成缺氧的条件，再加上大量的肌肉组织挫灭，这就给厌氧菌的生长繁殖创造了极为有利的条件。

(4)厌氧菌的污染 某些部位如肛门附近、阴囊周围、后肢发生损伤及创内留有被土壤菌污染的异物时容易发生。

(5)机体防卫机能降低 大失血、过劳、营养不良、维生素缺乏及慢性传染病所致的全身性衰竭是容易发生的内因。

(二)分类

临床上常将厌气性感染分为厌氧性(厌气性)脓肿、厌氧性坏疽、厌氧性蜂窝织炎、恶性水肿及厌氧性败血症。其中常见的是厌氧性坏疽及厌氧性蜂窝织炎。

厌气性感染和急性化脓性感染的主要区别是：前者是以组织坏死为主要特征，而后者则主要是出现炎症反应。厌氧菌感染时局部的典型症状是组织(主要是肌肉组织)的坏死及腐败性分解、水肿和气体的形成(大部分)、血管栓塞造成局部血液循环障碍和淋巴循环障碍。局部肌肉呈煮肉样，切割时无弹性，不收缩，几乎不出血。血管栓塞是厌气性感染的一个重要的病理解剖学症状，血栓是由于毒素对脉管壁的影响(结果可发生脉管壁的坏死)以及血液易于凝固等原因所引起。

(三)症状

感染初期，创伤周围出现水肿和剧痛。水肿的组织开始有热感，疼痛剧烈，但以后局部变凉，疼痛的感觉也降低甚至消失，这可能是由于神经纤维及其末梢发生坏死的结果。水肿是由于腐败性感染的炎症区内大静脉发生栓塞性静脉炎，有时继发腐败性分解，血液循环受到严重破坏的结果。创伤表面分泌液呈红褐色，有时混有气泡，具有坏疽恶臭的腐败液。创内的坏死组织变为绿灰色或黑褐色。肉芽组织发绀且不平整，因毛细血管脆弱，接触肉芽组织时，容易出血。有时因动脉壁受到腐败性溶解而发生大出血。腐败性感染时常伴发筋膜和腱膜的坏死以及腱鞘和关节囊的溶解。

厌氧性(厌气性)坏疽时，初期局部出现疼痛性肿胀，并迅速向外扩散，产气后触诊肿胀部则出现捻发音，从创口流出少量红褐色或不洁带黄灰色的液体，肌肉呈煮肉样，失去其固有的结构，最后由于坏死溶解而呈黑褐色。患病动物出现严重的全身紊乱。犬前肢化脓感染见彩图 8-6。

腐败性感染时，由于患病动物经感染灶吸收大量腐败分解有毒产物和各种毒素，引起严重的毒血症，因而体温显著升高，并出现严重的全身性紊乱。

(四)治疗及预防

由于发展急剧,预后不良,临床上应着重预防。一旦发生感染,早期诊断和及时的治疗非常重要,并应尽早采取综合性的治疗措施。病灶应广泛切开,以利于空气的流通,尽可能地切除坏死组织,用氧化剂、氯制剂及酸性防腐液等处理感染病灶。

(1)手术治疗　手术治疗是最基本的治疗方法。一经确诊为厌气性感染后,对患部应立即进行广泛、多处的纵行切开,包括伤口及其周围水肿或气肿区,一直达到健康组织部分。彻底清除坏死组织、肌肉,除去被污染的异物、碎骨片等。消除脓窦,切开筋膜及腱膜,造成一个不利于厌氧性致病菌生长繁殖的局部环境条件。用大量的3%过氧化氢溶液、0.5%高锰酸钾溶液等氧化剂,高渗中性盐溶液及酸性防腐液冲洗创口或湿敷。创口不缝合,进行开放处理。

如患病动物肢体或其他末梢部位的组织已广泛感染,损毁严重,并有严重的毒血症时,为挽救生命,可考虑作截肢或断尾等手术。残端开放,不予缝合。

(2)全身治疗　必须选择对厌气性感染敏感的抗生素,大剂量使用。手术开始前就肌内注射或静脉滴注。厌氧菌对氨基糖苷类抗生素常有抗药性。大多数厌氧菌对青霉素G敏感。林可霉素(或氯林可霉素)与青霉素G的抗菌谱相似,也可选用。厌氧菌对四环素、红霉素和氯霉素的敏感性有差异,且在治疗过程中迅速产生抗药性。在目前的抗菌药中,对厌气性感染疗效最好的首推甲硝唑,对所有的厌氧菌均有效,即使长期使用也无严重并发症。

厌氧菌和需氧菌之间常有协同作用。临床上混合感染多见,因此在治疗厌气性感染时,需联合使用对需氧菌和厌氧菌敏感的药物,如青霉素+甲硝唑等。目前,第3代头孢菌素如头孢哌酮和头孢噻肟对需氧菌和厌氧菌均有效,且对所有的厌氧菌均有极强的杀菌力。

(3)预防　厌气性感染常能造成严重的后果,因此必须重视该病的预防工作。其要点是手术时必须严格地遵守无菌操作规程。凡有可能被厌氧菌污染的敷料和器械必须严格消毒。术野和手也要做好消毒工作。有人报道甲硝唑的局部应用可降低伤口的厌气性感染和化脓。对深的刺创必须进行细致的外科处理,必要时应扩开创口,通畅引流,尽可能地切除坏死组织并用上述的氧化剂冲洗创口。此外应对患病动物加强饲养管理以提高机体的抗病能力。

二、腐败性感染

腐败性感染(putrid infection)的特点是局部坏死,发生腐败性分解,组织变成粘泥样无构造的恶臭物。

1.病因

引起本病的致病菌主要有变形杆菌(bacillus proteus)、产芽孢杆菌(bacillus sporogenes)、腐败杆菌(bacillus putrificus)、大肠杆菌(bacillus coli)及某些球菌等。葡萄球菌、链球菌及上述的厌氧菌常与之发生混合感染。内源性腐败性感染可见于肠管损伤、直肠炎及肠管陷入疝轮而被嵌闭时。外源性腐败性感染常发生于创内含有坏死组织,深创囊或有可能阻断空气流通的弯曲管道的创伤。

2.症状

感染初期,创伤周围出现水肿和剧痛。水肿是由于腐败性感染的炎症区内大静脉发生栓塞性静脉炎,有时继发腐败性分解,因而血液循环受到严重破坏的结果。创伤表面被浆液性血样污秽物(有时呈褐绿色)所浸润,并流出初呈灰红色后变为巧克力色、恶臭的腐败性渗出物,有时混有气泡。创内的坏死组织变为绿灰色或黑褐色,肉芽组织发绀且不平整。因毛细血管脆弱,接触肉芽组织时容易出血。有时因动脉壁受到腐败性溶解而发生大出血。腐败性感染时常伴发筋膜和腱膜的坏死以及腱鞘和关节囊的溶解。

腐败性感染时，由于机体从感染灶吸收了大量腐败分解的有毒产物和各种毒素，因而体温显著升高，并出现严重的全身性紊乱。

3. 治疗及预防

病灶应广泛切开，以利于厌氧组织的开放，尽可能切除坏死组织，用氧化剂、氯制剂及酸性防腐液处理感染病灶。

腐败性感染的预防在于手术时应注意无菌操作；外科处理时，早期合理扩创，切除坏死组织，切开创囊，通畅引流，保证脓汁和分解产物能顺利排出，并保证空气能自由地进入创内。

全身应用抗菌药物。药物的选择，用药的原则和方法同前述。

本章小结

感染是机体对致病菌的侵入、生长和繁殖所造成的一种反应性病理过程。外科感染的一般定义是指需要用手术方法治疗（包括切开引流、异物去除等）的感染性疾病以及在创伤或手术后发生的感染并发症。外科感染的途径包括外源性感染和内源性感染，以外源性感染为主。化脓性感染的致病菌有需氧菌、厌氧菌和兼氧菌。但常见的化脓性致病菌多为需氧菌，其中金黄色葡萄球菌是外科感染的主要致病菌，链球菌、大肠杆菌、绿脓杆菌等也是重要的致病菌。

在外科感染的发生和发展过程中，存在着两种相互制约的因素：即机体的防卫机能和促进外科感染发展的因素。促进外科感染发展的因素包括：细菌的致病力，局部环境条件。机体的防卫机能包括：皮肤、黏膜及淋巴结的屏障作用，血管及血脑屏障作用，体液中的杀菌因素，吞噬细胞的吞噬作用，炎症反应和肉芽组织，透明质酸酶等。如果机体的局部和全身的免疫防卫机能下降，就可能导致外科感染。

侵入体内的病原菌根据其致病力的强弱、侵入门户以及机体局部和全身的状态而出现不同的结果。主要包括 3 种结局：局限化、吸收或形成脓肿；转为慢性感染；感染扩散。因此，外科感染的治疗原则是既要注意局部治疗也必须顾及整个机体，合理选择治疗方法和抗菌药物，即既要消除外源性因素、切断感染源，又要及早预防和注意营养支持，提高机体免疫力等，充分调动机体的防御功能，对控制和预防外科感染具有积极的临床意义。

外科局部感染主要包括疖、痈、脓皮病、脓肿、蜂窝织炎、淋巴管炎和淋巴结炎等，治疗的重点在于局部处理（如冷疗、热疗、切开、引流等），严重的局部感染（如蜂窝织炎）需配合全身抗菌治疗。

病原菌侵入机体的血液循环，并在其中生长繁殖或产生毒素，引起严重的全身性感染症状或中毒症状，称为全身性化脓感染。全身化脓性感染往往都是继发的，可继发于污染或损伤严重的创伤，以及各种化脓性感染过程，如开放性骨折、局部化脓感染病灶、腹膜炎等，也是外科手术后的一种严重并发症。全身化脓性感染的分类方法很多。一般分为败血症和脓血症，而以败血症最常见和最重要。而败血症和脓血症也常同时存在，形成脓毒败血症。全身化脓性感染是严重的全身性病理过程，表现出严重的全身症状和全身器官功能的紊乱，预后较差，死亡率高。因此临床上应着重预防，如正确处理原发病灶，避免粗暴挤压疮疖、脓肿等，及时做切开引流；术前预防性应用抗生素；增强机体的抗病能力等。一旦发病必须早期采取综合性治疗措施，包括局部疗法（消除感染和中毒的来源）、全身抗菌疗法、激素疗法、一般对症支持疗法等。

厌气性感染和腐败性感染是一种迅速发展的严重外科感染。往往是由各种厌氧菌、腐败菌，或与一些需氧菌合并感染的结果。临床上以组织坏死、发生腐败性分解等为特征，一旦发生，往往表现重剧，因此在临床上应着重预防厌气性感染的发生。手术治疗是最基本的治疗方法。病灶应广泛切开，以利于空气的流通，尽可能地切除坏死组织，用氧化剂、氯制剂及酸性防腐液处理感染病灶。创口不缝合，实行开放处理。全身治疗必须选择对厌气性感染或混合感染敏感的抗生素，大剂量使用。

复习思考题

1. 外科感染的概念和特点是什么？常见外科感染的感染来源和致病菌有哪些？

2. 影响外科感染发生发展的基本因素有哪些？

3. 外科感染的病理机制是什么？

4. 外科感染的治疗原则和方法有哪些？

5. 常见的外科局部感染有哪些？在诊断和治疗上有哪些相同之处和不同之处？

6. 全身化脓性感染的概念是什么？临床上如何分类？

7. 全身化脓性感染的病理机制是什么？

8. 全身化脓性感染有哪些临床表现？治疗方法有哪些侧重点？为什么说毒血症和菌血症不是全身化脓性感染？

9. 厌气性感染的临床特征及治疗方法的侧重点是什么？

10. 名词解释

外科感染、疖、痈、疖病、脓肿、蜂窝织炎、脓皮病、全身性化脓感染、菌血症、毒血症、脓血症、败血症、厌气性感染、腐败性感染、脓毒败血症

（李林）

第九章　软组织损伤

损伤(trauma)是由各种不同外界因素作用于机体,引起机体组织器官产生解剖结构上的破坏或生理功能上的紊乱,并伴有不同程度的局部或全身反应的病理性损害。

损伤的病因包括机械性因素、物理性因素、化学性因素和生物性因素等,常见的如机械外力、异物、烧伤、冻伤、电击、强酸或强碱刺激以及各种细菌和毒素的损害等。

根据损伤组织器官的性质不同,可分为软组织损伤和硬组织损伤。根据皮肤及黏膜的完整性是否受到破坏,又可将软组织损伤分为开放性损伤和非开放性损伤(闭合性损伤)。

第一节　开放性损伤——创伤

一、创伤的概念与分类

(一)创伤的概念

创伤(wound)是因锐性外力或强烈的钝性外力作用于机体组织或器官,使受伤部位皮肤或黏膜出现伤口及深在组织与外界相通的机械性损伤。

创伤一般由创缘、创口、创壁、创底、创腔、创围等部分组成(图 9-1)。创缘为皮肤或黏膜及其下的疏松结缔组织;创缘之间的间隙称为创口;创壁由受伤的肌肉、筋膜及位于其间的疏松结缔组织构成;创底是创伤的最深部分,根据创伤的深浅和局部解剖特点,创底可由各种组织构成;创腔是创壁之间的间隙,管状创腔又称为创道;创围指围绕创缘周围的皮肤或黏膜。

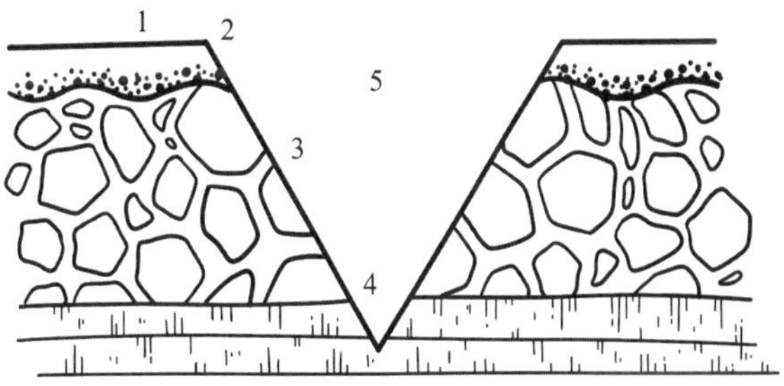

图 9-1　创伤各部位名称

(王洪斌,2002)

1.创围　2.创缘　3.创壁　4.创底　5.创腔

(二)创伤的一般症状

创伤一般表现有出血、创口裂开、疼痛、机能障碍、化脓及肉芽形成等局部症状。重度创伤会出现全身性症状,如体温升高,呼吸、脉搏改变,食欲减退,精神沉郁等,甚至发生创伤性休克。创伤的一般症状有:

(1)出血　出血量的多少取决于受伤的部位、组织损伤的程度、血管损伤状况和血液的凝固性等。出血可分为原发性出血和继发性出血,内出血和外出血,动脉性出血、静脉性出血和毛细血管性出血等。

(2)创口裂开　创口裂开是因受伤组织断离和收缩而引起。创口裂开的程度取决于受伤的部位,创口的方向、长度和深度以及组织的弹性。活动性较大的部位,创口裂开明显;长而深的创伤比短而浅的创口裂开大;肌腱的横创比纵创裂开宽。

(3)疼痛及机能障碍　疼痛是因为感觉神经受损伤或炎性介质刺激。疼痛的程度决定于受伤的部位、组织损伤的性状、动物种属和个体差异。富有感觉神经分布的部位如蹄冠、外生殖器、肛门和骨膜等处发生创伤则疼痛显著。由于疼痛和受伤部位的解剖组织学结构被破坏，常出现局部或全身的机能障碍。

(三)创伤的分类及临床特征

创伤的分类方法很多。一般按照伤后经过的时间、创伤有无感染、致伤因素及创伤的形状进行分类。

1.按伤后经过的时间分类

(1)新鲜创(fresh wound)　伤后的时间较短(一般不超过 8～12 h)，创内尚有血液流出或存有血凝块，且创内各组织的结构和轮廓仍能识别，有的虽被严重污染，但未出现创伤感染症状。

(2)陈旧创(old wound)　伤后经过时间较长(病程在 12～24 h 以上)，创内各组织的轮廓不易识别，出现明显的创伤感染症状，有的排出脓汁，有的出现肉芽组织。犬陈旧性感染创出现肉芽组织(彩图 9-1)。

2.按创伤有无感染分类

(1)无菌创(aseptic wound)　通常将无菌条件下做的手术创称为无菌创。

(2)污染创(contaminated wound)　创伤被细菌和异物所污染，但进入创内的细菌仅与损伤组织发生机械性接触，并未侵入组织深部繁殖，也未呈现致病作用。污染较轻的创伤经过适当的外科处理后，可能取第一期愈合。污染严重的创伤，若未及时而彻底地进行外科处理时，常转为感染创。

(3)感染创(infected wound)　进入创内的致病菌大量繁殖，对机体呈现致病作用，使伤部组织出现明显的创伤感染症状，甚至引起机体的全身性反应。

(4)保菌创(bacteria carrier wound)　晚期化脓创伤表面虽然仍有脓性分泌物，但此时细菌已丧失毒力，并无向健康组织侵害的趋势，细菌只停留在创伤表面的坏死组织及化脓性分泌物中。取第二期愈合的肉芽创均为保菌创。在正常情况下创伤保菌有促进创伤内坏死组织净化和促进组织再生的作用。但需注意感染创和保菌创在临床中可以互相转化。

3.按致伤因素分类

(1)刺创　由尖锐细长物体，如钢丝、铁叉、树枝等刺入组织发生的创伤。刺创创口小，创道狭而长，一般创道较直，有的由于肌肉收缩而使创道弯曲，深部组织常被损伤，并发生内出血或形成组织内血肿。刺入物有时折断，作为异物残留于创道内，再加上致伤物体带入创道的污物，刺创极易感染化脓，甚至形成化脓性窦道或引起厌氧性感染。犬、猫因个体小，各种异物易刺入体内的重要器官，往往成为透创，易导致动物急性死亡。

(2)切创　因锐利的刀、铁片、玻璃片等切割组织发生的创伤。切创的创缘及创壁比较平整，组织受挫轻微，出血量多，疼痛较轻，创口裂开明显，污染较少。一般经适当的外科处理和缝合能较快愈合。

(3)砍创　由柴刀、马刀等砍切组织发生的损伤。因致伤物体重，致伤力量强，故创口裂开大，组织损伤严重，出血量较多，疼痛剧烈。

(4)挫创　由钝性外力的作用(如打击、冲撞、蹴踢等)或动物跌倒在硬地上所致的组织损伤。挫创的创形不整，常存有明显的被血液浸润的挫灭破碎组织，出血量少，创内常存有创囊及血凝块，创伤多被尘土、沙石、粪块、被毛等污染，极易感染化脓。

(5)裂创　由钩、钉等钝性致伤物的作用使组织发生机械性牵张而断裂的损伤。裂创的创形不规则，组织发生撕裂或剥离，创缘呈不正锯齿状，创内深浅不一，创壁及创底凹凸不平，并存有创囊及严重破损组织碎片。出血量较少，创口裂开大，疼痛剧烈。有的皮肤呈瓣状撕裂，有的并发肌肉及腱的断裂，撕裂组织容易发生坏死或感染。

(6)压创　由车轮碾压或重物挤压所致的组织损伤。压创的创形不整，存有大量的挫灭组织、压碎的肌腱碎片或皮肤缺损，有的伴发粉碎性骨折和关节脱位。压创一般出血少，疼痛不剧烈，创伤污染严重，极易感染化脓。

(7)搔创　由动物搔抓致伤。皮肤常被损伤，呈线形，一般比较浅表。如被熊爪抓伤时可形成广泛的组织缺损。

(8)缚创　由于用绳特别是粗糙的新绳缚捆时可引起缚创。如犬、猫颈部常发。缚创易感染。

(9)咬创　由动物殴斗时，齿咬所致的组织损伤。犬、猫极易发生。常见咬伤部位为头、颈及四肢。轻度咬伤出现成对的齿痕；严重者被咬处呈管状创或近似裂创或呈组织缺损创。创内常有挫灭组织，出血少，常被口腔细菌所污染，可继发蜂窝织炎。比格犬咬伤，左肩胛处有一管状创和一近似裂创(彩图 9-2)。

(10)毒创　被毒蛇咬、毒蜂刺蛰等所致的组织创伤。被刺咬部位呈点状损伤，常不易被发现。但毒素进入组织后，患部疼痛剧烈，迅速肿胀，以后出现组织坏死和分解。毒素引起的全身性反应迅速而严重，可导致呼吸中枢和心血管系统的麻痹而死亡。

(11)火器创　由枪弹或弹片致伤所造成的开放性损伤，与一般开放性损伤不同，有其本身的特殊性。火器创按致伤物不同可分为枪弹创、弹片创及高速小弹片创。按创道的不同可分为：①盲管创，只有入口而无出口，创内可能有异物存留。②贯通创，既有入口又有出口，出口和入口往往相通。③切线创，创道在体表，呈沟槽状。

火器创弹道的入口与出口的大小和形状，随着投射物的大小、形状、撞击体表时的接触面积、速度和撞击部位等不同而有很大差异。根据创道是否穿透体腔而分为穿透创和非穿透创。火器创的主要特点是损伤严重、受伤部位多、范围广、污染严重、感染迅速。

(12)坠落创　动物由高处坠落引起的创伤。常发生多处组织损伤。软组织损伤包括擦伤、撕裂或撕脱伤、脑损伤、眼球突出或眼内损伤、气胸、膈破裂、内脏损伤等。硬组织损伤常见骨折和关节脱位。其程度取决于坠落高度和动物个体大小。猫坠落伤比犬多发，但犬死亡率比猫高。

(13)复合创　具备上述两种以上创伤的特征。常伴有挫刺创、挫裂创等。

4.按创伤的形状分类

(1)整形创　组织损伤较少，创缘整齐，如一般的手术创。

(2)不整形创　组织损伤较大，创缘不整齐，如车祸引起小动物的创伤。

(3)瓣状创　皮肤及深在组织向一侧撕裂，形成皮瓣的创伤。

(4)组织缺损创　组织损伤严重，形成较多组织缺损的创伤。

二、创伤的愈合过程

创伤的局部组织缺损由周围健康组织再生来修补、恢复的过程称为创伤的愈合过程。再生是组织损伤后由细胞分裂来完成修复过程，这种再生属病理性再生。可以分为两类：一类为完全再生，即再生组织的结构和功能与原组织相同；另一类为不完全再生，即缺损的组织不是由结构和功能相同的组织来修补，而由肉芽组织代替，形成疤痕组织。

(一)创伤愈合的基本过程

各种组织的创伤愈合情况虽有所不同，但其演变过程基本一致，均经历炎症期和修复期两个阶段。

1. 炎症期

组织损伤后立即出现小血管收缩，停止出血。5～10 min 后，小血管扩张，血浆、酶、蛋白质、抗体和补体等渗入组织间隙，随后血管通透性很快增加（主要是小静脉），后者是以后炎症形成的关键。血管通透性增加是因组织胺类物质所致。5-羟色胺、激肽等也可增加血管的通透性。组织胺主要来自肥大细胞，血小板也可释放组织胺，激肽则由血浆 α-球蛋白释放。这些胺类可使血管内皮细胞肿胀或“变圆”，增加细胞的间隙。由于补体中含有前列腺素，使炎症反应延长。

淋巴管变脆通常比血管损害更严重。小静脉漏出的浆液提供纤维蛋白原和其他凝血成分，形成纤维素凝块。后者很快堵塞破损的淋巴管，防止淋巴液流出。因此，炎症反应就局限于损伤处周围组织。最后，纤维蛋白溶解，消除淋巴管的阻塞，淋巴灌流又恢复。

损伤后不久，局部血管内的白细胞黏附于内皮上。30～60 min 内，整个小静脉内皮均被覆白细胞，并开始从细胞间隙移出血管，集中于受伤部位。这些白细胞多为多形核白细胞（polymorphonuclear leukocyte，PMN），其主要作用是消灭细菌。当 PMN 衰退或死亡时，其细胞外膜破溃，释放出含酶颗粒，后者再将酶释放出来，清除细胞外的组织碎片。在清洁创内，PMN 很快被单核细胞所取代。当组织受损时，单核细胞移入损伤部，变为巨噬细胞，吞噬坏死组织和碎屑。多个单核细胞可积聚在一起，形成多核巨细胞，同样有吞噬作用。如创内持续有单核细胞，表明创内仍有异物。

在创伤愈合期间，巨噬细胞作用发生在纤维组织增生之前，并对愈合起调节作用。巨噬细胞被激活的淋巴细胞产物（淋巴因子）、免疫复合物及一种补体裂解产物所激活，并引起数种特异性反应，即增加溶酶体活性和蛋白酶分泌作用，产生并释放补体复合物、干扰素、内源性热源、组织凝血致活酶和前列腺素等。这些细胞反应非常重要，因数种酶（如蛋白酶）可帮助清除创内异物，而补体可抗感染，组织凝血致活酶有止血作用等。研究进一步证明，巨噬细胞释放的趋化物质不仅能引诱纤维细胞，也可影响它们分化为成纤维细胞。

慢性炎症反应时均有 T、B 淋巴细胞。T、B 淋巴细胞对因细菌引起的炎症反应非常重要，而对损伤性炎症相对不重要。炎症时，淋巴细胞的出现是对异物产生免疫反应的指征。

局部血管扩张，体液漏出细胞外隙及淋巴管闭塞等引起典型的炎症反应，即红、肿、热；而压力或化学刺激则产生疼痛；炎症反应的强度和持续时间取决于损伤的严重程度。

2. 修复期

创伤修复过程几乎在损伤发生后就开始。PMN 是创伤细胞成员中最先出现的细胞。如果创口化脓，PMN 对创伤愈合起重要作用。但是，如创口未感染，其修复则无 PMN 参与。巨噬细胞不仅有吞噬坏死细胞和碎片作用，也可引诱成纤维细胞游入创内，对其成熟及胶原合成产生影响。如果单核细胞被阻碍进入受伤部位，就会延迟成纤维细胞的出现，最终导致不成熟的成纤维细胞增多和胶原沉积量减少。创伤的修复过程可分为 4 期：

（1）成纤维细胞期　组织伤后不久，纤维细胞变成可迁移的成纤维细胞，一旦坏死组织、血凝块及其他碎片被 PMN 和巨噬细胞清除，它们就向受伤部移行。在炎症反应初期，其炎性分泌物含有大量纤维蛋白原，并被多种酶转化成纤维素。后者沉积于创内，充当止血屏障和网架作用。成纤维细胞利用纤维素作支架，并依靠自身有突起的细胞膜（ruffled membrane）移动。当两个相同细胞波动膜相遇时，彼此黏合在一起，移动就停止，这种现象称接触抑制（contact inhibination）。未接触的细胞缘再形成波动膜移行。

当成纤维细胞移入创内时，由内皮幼芽形成的新生毛细血管也跟随而入。新生毛细血管内皮细胞含纤维蛋白溶解酶原激活物，故当新的毛细血管与成纤维细胞增生时，就出现纤维蛋白溶解现象，纤维素网架被分解而消失。创口无感染时，其创内组织碎片一般在伤后 3～4 d 被清除，成纤维细胞和新生毛细血管就进入整个创面，构成典型的肉芽组织。

成纤维细胞进入创内后，分泌多糖蛋白和各种糖蛋白，组成基质。其基质内黏多糖围绕成纤维细胞，影响胶质的结构和定向。伤后 4～5 d，成纤维细胞的羟脯氨酸和羟赖氨酸合成前胶原。在内肽酶作用下，前胶原转变成胶原纤维丝，由多个胶原纤维丝组合成粗的胶原纤维。若干细小的胶原束逐步变粗而形成致密的胶原，进而将创缘连接。

成纤维细胞期持续 2～4 周。随着创口的恢复，黏蛋白、黏多糖的合成和成纤维细胞减少，毛细血管退化、消失，形成瘢痕组织。

(2)上皮形成期　在恢复期初期，上皮组织开始增生、移行。上皮细胞再生主要发生在基底细胞层，借助滚动或滑动游过基底细胞层，并沿纤维素沉积处移行，这种现象称接触导游(contact guidance)。当同类细胞接触时，上皮细胞移行停止(接触抑制)。

研究表明，正常情况下，表皮内存在一种水溶性、不耐热物质——抑素(chalone)，并以去甲肾上腺素-抑素复合物形式存在，控制上皮细胞的分裂。组织损伤时，抑素量减少，使细胞分裂加剧。

缝合创在 24 h 内，内翻的表皮层增厚，创缘基底细胞活动增强，并向创面移行。48 h 上皮细胞在创口上架桥，但此时没有形成结缔组织。表皮主要负责创面的抗张力，一直维持到伤后第 5 天。随着上皮增厚，细胞呈柱状，分裂也增加，创口最表皮层细胞角化。

开放性创伤如同缝合创一样，上皮细胞增生是由创缘开始，但因创内有血凝块和肉芽组织，其上皮细胞移行是在血凝块和肉芽组织之间。因上皮细胞分泌蛋白溶解酶，分解血凝块底部，使上皮通行无阻。凝块和破坏的组织形成结痂，随着上皮的形成，结痂发生脱落。

大的开放性伤口，各期上皮修复均同时发生。最初，上皮移行快，远离创缘后，上皮变为单层，移行变慢，数天或数周才能完成上皮的形成。若创面过大，不可能覆盖新生上皮或创面中央极脆弱而不断受损，最终创面留下肉芽组织。

(3)收缩期　指全层开放性创伤面积缩小的过程，即创口周围皮肤向创口中心逐渐收缩。在肉芽组织形成时(伤后 3～5 d)创口开始收缩，伤后 5～9 d 收缩明显。过去曾认为收缩是肉芽组织内胶原纤维缩短所致。现在认为胶原纤维没有收缩性，而与成肌纤维细胞和神经生长因子有关。电镜观察，成肌纤维细胞具有成纤维细胞和平滑肌细胞收缩的特征。神经生长因子由成纤维细胞分泌，对传递成肌纤维细胞收缩发挥作用。成肌纤维细胞生命周期与创口的收缩一致。收缩开始时，成肌纤维细胞迅速上升；收缩率下降时，成肌纤维细胞减少；收缩停止，成肌纤维细胞也就消失。

(4)塑形期　又称抗张力期。经过增生期创口可以初步愈合，然而修复创口的瘢痕组织(主要是胶原纤维)在数量和硬度上与张力并不一定适应生理的需要。故需通过各种酶和运动应力作用，按张力线定向排列胶原纤维以适应生理功能。在创伤愈合早期，纤维素凝块、上皮组织可能参与一定创口张力强度作用。在增生期 14～16 d，由于胶原含量高，其胶原强度增至最高点。以后，胶原量趋于平稳。当有胶原纤维再生时，就被胶原酶分解清除。但创口张力强度仍不断增加，甚至持续数年之久。不过，随时间延长，其张力强度亦逐渐减弱。

(二)创伤愈合的种类

创伤愈合分为一期愈合、二期愈合、三期愈合和痂皮下愈合。

1. 一期愈合

是一种较为理想的愈合形式。其特点是创口小，创缘、创壁整齐，炎症反应较轻微，创内失活组织较少，没有感染，无异物、坏死灶及血肿，组织仍有活性，创壁吻合良好的创伤可行一期愈合。无菌手术创要求达一期愈合；新鲜污染创如能及时做清创术处理，也可达此期愈合。

一期愈合的过程是从伤口停止出血开始的。创内少量的血液和血浆中的纤维蛋白等将伤口黏合，刺激创壁毛细血管扩张充血，渗出浆液，白细胞等渐渐侵入黏合的创腔内，进行吞噬、溶解和搬运，以清除创腔内的凝血及死亡组织，使创腔净化。经过 1～2 d 后，创内结缔组织细胞及毛细血管内皮细胞分裂增殖，以新生的肉芽组织将创缘连接起来，同时创缘上皮细胞增生，逐渐覆盖创口。新生的肉芽组织逐渐变为纤维性结缔组织，其形态学和生化变化均不显著，仅留下线状疤痕，甚或不留疤痕，整个过程需 6～7 d，所以无菌手术创切口可在术后 7 d 以后拆线，经 2～3 周后完全愈合。

2. 二期愈合

特征是创内增生多量的肉芽组织，填充创腔，然后形成疤痕组织被覆上皮组织而治愈。伤口大，伴有组织缺损，创缘、创壁不整齐，创内有血液凝块、感染、异物、坏死组织等，致使组织丧失一期愈合能力时，只有通过二期愈合而治愈。

取二期愈合的创伤，受伤组织内表现一系列的形态、生物、物理和胶体化学等方面的复杂变化。此过程又分为炎性净化和组织修复两个阶段。此两个阶段不能截然分开，是由一个阶段逐渐过渡到另一个阶段，而在表现形式上各有其侧重点。

(1)炎性净化　炎性净化是通过炎性反应达到创伤的自我净化。临床上主要表现是创伤部发炎、肿胀、增温、疼痛，随后创内坏死组织液化，形成脓汁，从伤口流出。

各种动物创伤净化的特点不尽相同。犬和马以浆液性渗出为主，液化过程完全，胶原膨胀明显，清除坏死组织迅速，但易引起吸收中毒；牛、羊、猪以浆液-纤维素渗出为主，液化过程较弱，通过形成化脓性分离线使坏死组织脱离，净化过程慢，但不易引起吸收性中毒。

(2)组织修复　组织修复阶段的核心是肉芽组织的新生。肉芽组织由新生的成纤维细胞和毛细血管构成。其中成纤维细胞由伤口周围的原始结缔组织细胞分裂增生而来，体积较大，细胞核也较大，呈椭圆形并有核仁。这种细胞在伤后的初期增生快，由伤口边缘及底部逐渐向中心生长。与此同时，有大量毛细血管混杂在成纤维细胞之间，自伤口周围向中心靠拢而产生伤口收缩，使创面缩小，有利于伤口愈合。

肉芽组织除有成纤维细胞和毛细血管外，还有数量不定的嗜中性粒细胞、巨噬细胞及其他炎性细胞，但无神经纤维，故肉芽组织本身并无感觉，触之不痛。

健康肉芽组织呈红色，较坚实，表面湿润，呈颗粒状并附有很少的一层黏稠、灰白色脓性物，对肉芽组织起保护作用。肉芽组织是坚强的创伤防卫面，可防止感染蔓延，所以在诊疗创伤时注意保护肉芽面不受损伤，合理选用促进肉芽生长的药物十分重要。

肉芽组织成熟过程，在伤后 5～6 d，增生的成纤维细胞开始产生胶原纤维，胞体变长，胞核变小变长。到 2 周左右胶原纤维形成最旺盛，以后逐渐减弱，至 3 周以后胶原纤维的增生就很少了。此时成纤维细胞转化为长梭形的纤维细胞。与此同时，肉芽组织中大量毛细血管闭合、退化、消失，只留下部分毛细血管及细小的动脉和静脉营养该处，至此肉芽组织逐渐成熟为纤维组织疤痕。肉眼观察疤痕呈灰白色、硬韧。

在肉芽组织开始生长的同时，创缘的上皮组织增殖自周围向中心逐渐形成新生的上皮，当肉芽组织增生高达皮肤面时，新生的上皮再生完成，覆盖创面而愈合。当创面较大，由创缘生长的上皮不足以覆盖整个创面时，则以上述的疤痕形成，取代而告终。如此可能引起伤部的损伤和功能障碍。愈合的疤痕组织无毛囊、汗腺和皮脂腺。

创伤在愈合过程中，可看到皮肤的缺损面有缩小现象，如在动物背腰部切除一小块皮肤，大多数动物经 2～3 d 后，创面发生迅速缩小过程，称之为创伤收缩。皮下疏松结缔组织多和肌肉比较丰富的部位，创面收缩得多，反之则收缩得少。

3. 三期愈合

感染创口予以敞开和引流后，待感染控制和肉芽组织健康时再进行延期缝合。虽然这种创伤愈合后疤痕组织较多，但比二期愈合时间短，功能也较好，达到近似一期愈合，称三期愈合。用植皮来闭合创口的，也属于三期愈合。由此，三期愈合也可以视为二期愈合的特殊情形。

4. 痂皮下愈合

特征是表皮损伤，创面浅并有少量出血，随后血液或渗出的浆液逐渐干燥而结成痂皮，覆盖在创伤的表面，具有保护作用，痂皮下损伤的边缘再生表皮而治愈。若感染细菌时，于痂皮下化脓则取二期愈合。

（三）影响创伤愈合的因素

创伤愈合的速度常受多种因素的影响，这些因素包括外界条件方面的、人为的和机体方面的。创伤诊疗时，应尽量消除妨碍创伤愈合的因素，创造有利于愈合的良好条件。

(1)创伤感染　创伤感染化脓是创伤愈合延迟的主要因素。由于病原菌的致病作用，一方面使伤部组织遭受更大的破坏，延长愈合时间；另一方面机体吸收细菌毒素和有害的炎性产物，降低机体的抵抗力，影响创伤的修复过程。

(2)创内存有异物或坏死组织　当创内特别是创伤深部存留异物或坏死组织时，炎性净化过程不能结束，化脓不会停止，创伤就不能愈合，甚至形成化脓性窦道。

(3)受伤部血液循环不良　创伤的愈合过程是以炎症为基础的过程，受伤部血液循环不良，既影响炎性净化过程的顺利进行，又影响肉芽组织的生长，从而延长创伤愈合时间。

(4)受伤部不安静　病初，动物未限制休息，受伤部经常进行有害的活动，容易引起继发损伤，并破坏新生肉芽组织的健康生长，从而影响创伤愈合。

(5)创伤处理不合理　如止血不彻底，施行清创术过晚和不彻底，引流不畅，不合理的缝合与包扎，频繁地检查创伤和不必要的换绷带以及不遵守无菌规则、不合理地使用药剂等，都可使创伤愈合延迟。

(6)机体营养缺乏　慢性营养不良，如蛋白质缺乏、锌缺乏等将延迟伤口愈合；维生素 A 缺乏时，上皮细胞的再生作用迟缓，皮肤出现干燥及粗糙；维生素 B 缺乏时，影响神经纤维的再生；维生素 C 缺乏时，由于细胞间质和胶原纤维的形成障碍，毛细血管的脆性增加，致使肉芽组织水肿、易出血；维生素 K 缺乏时，由于凝血酶原的浓度降低，致使血液凝固缓慢，影响创伤愈合时间。

(7)其他因素　如贫血、缺氧、肿瘤、使用皮质类固醇类药物和放射线等均会延缓创伤愈合。

三、创伤的检查

检查创伤的目的在于了解创伤的性质，决定治疗措施和观察愈合情况。

(1)一般检查　先询问病史，了解致伤原因、创伤发生的时间、作用部位等发病当时的情况及伤后出现的症状。然后，检查患病动物的体温、呼吸、脉搏、可视黏膜颜色及精神状态。检查救治情况及四肢的机能障碍等，尤其注意有无窒息、休克等表现。

(2)创伤外部检查　检查前，动物应镇静或全身麻醉，局部除毛、消毒。按由外向内的顺序，仔细对受伤部位进行检查。先视诊创伤的部位、大小、形状、方向、性质，创口裂开的程度，有无出血，创围组织状态和被毛情况，创伤有无感染现象。之后观察创缘及创壁是否整齐、平滑，有无肿胀及血液浸润情况，有无挫灭组织及异物。然后对创围进行柔和而细致的触诊以确定局部温度的高低、疼痛情况、组织硬度、皮肤弹性及移动性等。

(3)创伤内部检查　创伤内部检查应遵守无菌操作规则。首先创围除毛、消毒。检查创壁时，应注意组织的受伤情况、肿胀、出血及污染情况。检查创底时，应注意深部组织的受伤情况，有无异物、血凝块及创囊的存在。必要时可用消毒的探针、硬质胶管等，或用戴有无菌手套的手指进行创底检查，摸清创伤深部的具体情况。

对于有分泌物的创伤，应注意分泌物的颜色、气味、黏稠度、数量和排出情况等。对于出现肉芽组织的创伤，应注意肉芽组织的数量、颜色和生长情况等。

(4)辅助检查　血常规(CBC)和C-反应蛋白(CRP)检查可提示有无贫血、血浓缩、炎症或感染等；尿常规可提示泌尿系统的损伤；生化和电解质检查有利于了解有无肝肾功能损伤和电解质紊乱；X射线和超声检查是小动物损伤的重要辅助诊断方法。严重外伤的犬、猫均应作局部和全身X射线或超声检查，以观察头颅、胸、腹腔器官及脊柱有无损伤。另外，创面可做按压标本的细胞学检查，以了解组织的感染或修复情况。

四、创伤的治疗

(一)创伤治疗的一般原则

(1)抗休克　一般是先抗休克，待休克好转后再进行清创术，但对大出血、胸壁穿透创及肠脱出，则应在积极抗休克的同时进行手术治疗。

(2)防治感染　灾害性创伤，一般不可避免地被细菌或污物所污染，伤后应立即开始使用抗生素，预防化脓性感染，同时进行积极的局部治疗，使污染的伤口转变为清洁伤口并进行缝合，但对战时火器创的处理，原则上只做清创不做缝合。

(3)纠正水与电解质失衡　通过输液调节机体水、电解质和酸碱平衡失调。

(4)消除影响创伤愈合的因素　在创伤治疗过程中，注意消除各种影响创伤愈合的因素，使肉芽组织生长正常，促进创伤早期治愈。

(5)加强饲养管理　给予高蛋白及富有维生素的饲料，增强机体抵抗力，促进伤口愈合。

(二)创伤治疗的基本方法

1. 清洁创围

清洁创围的目的在于防止创伤周围的被毛及污物等进入创内引起创伤感染。清洁创围时，先用数层灭菌纱布块覆盖创面或创腔，防止异物落入创内。后用毛剪或电推刀将创围被毛除去，除毛面积以距创缘周围10 cm为宜。创围被毛如被血液或分泌物黏着时可用3%过氧化氢和氨水(50：1)混合液将其除去，再用70%乙醇棉球反复擦拭紧靠创缘的皮肤直至清洁干净。离创缘较远的皮肤，可用肥皂水和消毒液洗刷干净，但应防止洗刷液落入创内。最后用5%碘酊或5%乙醇福尔马林溶液以5 min的间隔，两次涂擦创围皮肤。

2. 创面清洁

揭去覆盖创面的纱布块，用生理盐水冲洗创面后，持消毒镊子除去创面上的异物、血凝块或脓痂。再用生理盐水或防腐液反复清洗创伤，直至清洁为止。创腔较浅且无明显污物时，可用浸有药液的棉球轻轻地清洗创面；创腔较深或存有污物时，可用洗创器吸取防腐液冲洗创腔，并随时除去附于创面的污物，但应防止过度加压形成的急流冲刷创腔，以免损伤创内组织和扩大感染。清洗创腔后，用灭菌纱布块轻轻地擦拭创面，以便除去创内残存的液体和污物。

3. 清创手术

用外科手术的方法将创内所有的失活组织切除，除去可见的异物、血凝块，消灭创囊、凹壁，扩大创口（或做辅助切口），保证排液畅通，力求使新鲜污染创变为近似手术创，争取创伤的第一期愈合。

根据创伤的性质、部位、组织损伤的程度和伤后经过的时间，对每个创伤施行清创手术的内容也不同。一般于手术前均需进行彻底的消毒和麻醉。

修整创缘时，用外科剪剪除破碎的创缘皮肤和皮下组织，造成平整的创缘以便于缝合；扩创时是沿创口的上角或下角切开组织，扩大创口，消灭创囊、凹壁，充分暴露创底，除去异物和血凝块，以便排液通畅或便于引流。对于创腔深、创底大和创道弯曲不便于从创口排液的创伤，可选择创底最低处且靠近体表的健康部位，尽量于肌间结缔组织处做适当长度的辅助切口一至数个，以利于排液；创伤部分切除时，除修整创缘和扩大创口外，还应切除创内所有失活破碎组织，造成新创壁。失活组织一般呈暗紫色，刺激不收缩，切割时不出血，无明显疼痛反应。为彻底切除失活组织，在开张创口后，除去离断的筋膜，分层切除失活组织，直至有鲜血流出的组织为止。随时止血，除去异物和血凝块。对暴露的神经和健康的血管应注意保护。清创手术完毕，用防腐液清洗创腔，按需要用药、引流、缝合和包扎。（视频 9-1）

视频 9-1　犬腹壁透创清创术

4. 创伤用药

创伤用药的目的在于防止创伤感染，加速炎性净化，促进肉芽组织和上皮新生。药物的选择和应用取决于创伤的性状、感染的性质、创伤愈合过程的阶段等。如创伤污染严重，外科处理不彻底、不及时和因解剖特点不能施行外科处理时，为了杀灭细菌，防止创伤感染，应早期使用广谱抗菌药物；对感染严重的化脓创，为了消灭病原菌和促进炎性净化，应用抗菌性药物和加速炎性净化的药物；对肉芽创应使用保护肉芽组织和促进肉芽组织生长以及加速上皮新生的药物。总之，适用于创伤的药物，应具有既能抗菌，又能抗毒与消炎，且对机体组织细胞损害作用小者为最佳。

5. 创伤缝合法

根据创伤情况可分为初期缝合、延期缝合和肉芽创缝合。

（1）初期缝合和延期缝合　初期缝合是对受伤后数小时的清洁创或经彻底外科处理的新鲜污染创施行密闭缝合，其目的在于保护创伤不受继发感染，有助于止血，消除创口裂开，使两侧创缘和创壁相互对接，为组织再生创造良好的条件。适合于初期缝合的创伤条件是：创伤无严重污染，创缘及创壁完整，且具有活力，创内无较多出血和较大血凝块，缝合时创缘不致因牵引而过分紧张，且不妨碍局部的血液循环等。临床实践中，常根据创伤的不同情况，分别采取不同的缝合措施。有的施行创伤初期密闭缝合；有的做创伤部分缝合，于创口下角留一排液口，便于创液的排出；有的施行创口上下角的数个疏散结节缝合，以减少创口裂开和弥补皮肤的缺损；有的先用药物治疗 3～5 d，无创伤感染后，再施行缝合，称此为延期缝合。经过初期缝合的创伤，如出现剧烈疼痛、肿胀显著，甚至体温升高时，说明已出现创伤感染，应及时部分或全部拆线，施行开放疗法。

（2）肉芽创缝合　肉芽创缝合又称为二次缝合。用以加速创伤愈合，减少疤痕形成。适合于肉芽创缝合的创伤，创内应无坏死组织，肉芽组织呈红色平整颗粒状，肉芽组织上被覆的少量脓汁内无厌氧菌存在。对肉芽创经适当的外科处理后，根据创伤的状况施行部分或密闭缝合。

6. 创伤引流法

当创腔深、创道长、创内有坏死组织或创底潴留渗出物等时，使创内炎性渗出物流出创外为目的，常用引流疗法。以纱布条引流最为常用。多用于深在化脓感染创的炎性净化阶段。纱布条引流具有毛细管引流的特性，只要把纱布条适当地导入创底和弯曲的创道，就能将创内的炎性渗出物引流至创外。作为引流用的纱布条，根据创腔的大小和创道的长短，可做成不同的宽度和长度。纱布条越长，则其条幅也应宽些。将细长的纱布条导入创内时，因其易形成圆球而不起引流作用。引流纱布是将适当长、宽的纱布条浸以药液(如青霉素溶液、中性盐类高渗溶液、奥立夫柯夫氏液、魏斯聂夫斯基氏流膏等)，用长镊子将引流纱布条的两端分别夹住，先将一端疏松地导入创底，另一端游离于创口下角。

临床上除用纱布条作为主动引流外，也常用胶管、塑料管等做被动引流。换引流物的时间，决定于炎性渗出物的数量、患病动物全身性反应和引流物是否起引流作用。炎性渗出物多时应常换。当创伤炎性肿胀和炎性渗出物增加，体温升高、脉搏增数时是引流受阻的标志，应及时取出引流物做创内检查，并更换引流物。引流物也是创伤内的一种异物，长时间使用能刺激组织细胞，妨碍创伤的愈合。因此，当炎性渗出物很少，应停止使用引流物。对于炎性渗出物排出通畅的创伤、已形成肉芽组织坚强防卫面的创伤、创内存有大血管和神经干的创伤以及关节和腱鞘创伤等，均不应使用引流法。

7. 创伤包扎法

创伤包扎，应根据创伤具体情况而定。一般经外科处理后的新鲜创都要包扎。创伤包扎不仅可以保护创伤免于继发损伤和感染，且能保持创伤安静、保温，有利于创伤愈合。创伤绷带用 3 层，从内向外由吸收层(灭菌纱布块)、接受层(灭菌脱脂棉块)和固定层(卷轴带、三角巾、复绷带或胶绷带等)组成。对创伤做外科处理后，根据创伤的解剖部位和创伤的大小，选择适当大小的吸收层和接受层放于创部，固定层则根据解剖部位而定。四肢部用卷轴带或三角巾包扎；躯干部用三角巾、复绷带或胶绷带固定。

创伤绷带的更换时间应按具体情况而定。当绷带已被浸湿而不能吸收炎性渗出物、脓汁流出受阻以及需要处置创伤时，应及时更换创伤绷带，否则可以适当延长包扎时间。更换绷带时应轻柔、仔细、严密消毒，防止继发损伤和感染。更换绷带包括取下旧绷带、处理创伤和包扎新绷带 3 个环节。

但是，当创内有大量脓汁、厌氧性及腐败性感染以及炎性净化后出现良好肉芽组织的创伤，一般不用包扎，采取开放疗法。

8. 全身性疗法

受伤动物是否需要全身性治疗，应按具体情况而定。许多患病动物因组织损伤轻微、无创伤感染及全身症状等，可不进行全身性治疗。但当受伤动物出现体温升高、精神沉郁、食欲减退、白细胞增数等全身症状时则应施行必要的全身性治疗，以防止病情恶化。例如，对污染较轻的新鲜创，经彻底的外科处理后，一般不需要全身性治疗；对伴有大出血和创伤愈合迟缓的动物，应输入血浆代用品或全血；对严重污染而很难避免创伤感染的新鲜创，应使用抗生素或磺胺类药物，并根据伤情的严重程度，进行必要的输液、强心措施，注射破伤风抗毒素或类毒素；对局部化脓性炎症剧烈的动物，为了减少炎性渗出和防止酸中毒，可静脉注射 10%氯化钙溶液 100～150 mL(牛、马)和 5%碳酸氢钠溶液 500～1 000 mL(牛、马)，必要时连续使用抗生素或磺胺类制剂以及进行强心、输液、解毒等措施。

第二节 闭合性损伤

软组织的闭合性损伤是指由于钝性外力的撞击、挤压、跌倒等所致伤部的皮肤和黏膜保持完整，而深部组织有损害的非开放性损伤。常见的有挫伤、血肿和淋巴外渗。非开放性损伤因无伤口，感染机会较少；但有时伤情较为复杂，也不能忽视。

一、挫伤

挫伤(contusion)是机体在钝性外力作用下，引起组织的非开放性损伤。如被马蹴踢、棍棒打击、车辆冲撞、车辕砸压、跌倒或坠落于硬地上都容易发生挫伤。其受伤的组织或器官可能是皮肤、皮下组织、筋膜、肌肉、肌腱、腱鞘、韧带、神经、血管、骨膜、关节、胸腹腔及内脏器官等。机体的各种组织对外力作用具有不同程度的抵抗力。皮下疏松结缔组织、小血管和淋巴管抵抗力最弱；中等血管稍强；肌肉、筋膜、腱和神经抵抗力强；皮肤则具有很大的弹性和韧性，抵抗力最强。

(一)分类与症状

1. 皮下组织挫伤

多由皮下组织的小血管破裂引起。极少量的出血常形成局限性的小出血斑(点状出血)，出血量大时常发生溢血。皮下出血后小部分血液成分被机体吸收，大部分发生凝固，血色素发生溶解，红细胞破裂后被吞噬细胞吞噬，经血液循环和淋巴循环吸收，挫伤部皮肤初期呈黑红色，逐渐变成紫色、黄色后恢复正常。

2. 皮下裂伤

发生皮下裂伤时，皮肤仍完整，但皮下组织与皮肤发生剥离，常有血液和渗出液等积聚皮下。如为肋骨骨折，其断端伤及肺部时，在发生裂创的皮下疏松结缔组织间可形成皮下气肿。

3. 深部组织挫伤

动物发生的挫伤多为深部组织的挫伤，常见的有以下几种。

(1)肌肉的挫伤　常由钝性外力直接作用引起，轻度的肌肉挫伤常发生淤血或出血，重度的肌肉挫伤常发生坏死，挫伤部肌肉软化呈泥样，治愈后形成瘢痕，因瘢痕挛缩常引起局部组织的机能障碍。重症患病动物不能起立，长时间趴卧后压迫挫伤部的皮肤和肌肉，皮肤逐渐发生损伤，进而形成湿性坏疽。

(2)神经的挫伤　神经的挫伤多为末梢性的。末梢神经多为混合性神经，损伤后神经所支配的区域发生感觉和运动麻痹，肌肉呈渐进性萎缩。中枢神经系统和脊髓发生挫伤时，因受挫伤的部位不同可发生呼吸麻痹、后躯麻痹、尿失禁等症状。

(3)腱的挫伤　腱的挫伤多由过度的运动、腱的剧烈伸展使一束腱纤维发生断裂或分离，多见于四肢的屈肌腱。

(4)滑液囊的挫伤　滑液囊挫伤后常形成滑液囊炎，滑液大量渗出，局部显著肿胀，初期热痛明显，形成慢性炎症后，呈无痛的水样潴留。

(5)关节的挫伤　详见第十八章第二节关节疾病。

(6)骨的挫伤　多见于骨膜的局限性损伤。局部肿胀，有压痛，易形成骨赘。

4. 破裂

重度挫伤的同时常伴有内脏器官破裂和筋膜、肌肉、腱的断裂。肝脏、肾脏、脾脏较皮肤和其他组织脆弱，在强烈的钝性外力作用下更易发生破裂。脏器破裂后形成严重的内出血或体腔的污染，常易导致休克的发生。

5.皮下挫伤的感染

严重的挫伤,若发生感染时,全身及局部症状加重,可形成脓肿或蜂窝织炎。有的部位反复发生挫伤,可形成淋巴外渗、黏液囊炎及患部皮肤肥厚、皮下结缔组织硬化。

(二)治疗

治疗原则:制止溢血和渗出,促进炎性产物吸收,镇痛消炎,防止感染,加速组织修复。

注意全身状态变化。注意挫伤动物有无呕吐、昏迷或休克等,特别是脑部和脊柱挫伤。

(1)冷疗和热疗　有热痛时施行冷却疗法,使动物安定,消除急性炎症,缓解疼痛,制止渗出。热痛肿胀特别严重时给予冰袋冷敷或复方醋酸铅散,2～3 d后改用温热疗法、中波超短波疗法、红外线疗法等,以恢复机能。

(2)刺激疗法　炎症慢性化时可行刺激疗法。涂氨擦剂(氨:蓖麻油为1:4),樟脑乙醇或5%鱼石脂软膏,可引起一过性充血,促进炎性产物吸收,对促进肿胀的消退有良好的效果;或用中药山栀子粉加淀粉或面粉,以黄酒调成糊状外敷。

二、血肿

血肿(hematoma)是由于各种外力作用导致血管破裂,溢出的血液分离周围组织,形成充满血液的腔洞。

1.病因及病理

血肿常见于软组织非开放性损伤,但骨折、刺创、火器创也可形成血肿。马的血肿常发生于胸前、鬐甲、股部、腕和跗部。牛的血肿常发生于胸前和腹部。犬、猫血肿可发生于耳部、颈部、胸前和腹部等。血肿可发生于皮下、筋膜下、肌间、骨膜下及浆膜下。根据损伤的血管不同,血肿分为动脉性血肿、静脉性血肿和混合性血肿。

血肿形成的速度较快,其大小取决于受伤血管的种类、粗细和周围组织性状,一般均呈局限性肿胀,且能自然止血。较大的动脉断裂时,血液沿筋膜下或肌间浸润,形成弥漫性血肿。较小的血肿,由于血液凝固而缩小,其血清部分被组织吸收,血凝块在蛋白分解酶的作用下软化、溶解和被组织逐渐吸收。其后由于周围肉芽组织的新生,使血肿腔结缔组织化。较大的血肿周围,可形成较厚的结缔组织囊壁,其中央仍储存未凝的血液,时间较久则变为褐色甚至无色。

2.症状

血肿的临床特点是肿胀迅速增大,肿胀呈明显的波动感或饱满有弹性。4～5 d后肿胀周围坚实,并有捻发音,中央部有波动,局部增温。穿刺时,可排出血液。有时可见局部淋巴结肿大和体温升高等全身症状。血肿感染可形成脓肿,需注意鉴别。犬肩前血肿见彩图9-3。

3.治疗

治疗重点应从制止溢血、防止感染和排除积血着手。初期可于患部涂碘酊,装压迫绷带。经4～5 d后,可穿刺或切开血肿,排除积血或血凝块和挫灭组织。如发现继续出血,可行结扎止血,清理创腔后再行创口缝合或开放疗法。

三、淋巴外渗

淋巴外渗(lympho-extravasation)是指在钝性外力作用下,由于淋巴管破裂,致使淋巴液聚积于组织内的一种非开放性损伤。其原因是钝性外力在动物体上强行滑擦,致使皮肤或筋膜与其下部组织发生分离,淋巴管发生断裂。淋巴外渗常发生于淋巴管较丰富的皮下结缔组织,而筋膜下或肌间则较少。大动物常发生于颈部、胸前部、鬐甲部、腹侧部、臀部和股内侧部等。小动物常发生于颌下、颈部、肩前、腹背部及股内侧部等。

1. 症状

淋巴外渗在临床上发生缓慢，一般于伤后 3～4 d 出现肿胀，并逐渐增大，有明显的界线，呈明显的波动感，皮肤不紧张，炎症反应轻微。穿刺液为橙黄色稍透明的液体，或其内混有少量的血液。时间较久，析出纤维素块，如囊壁有结缔组织增生，则有明显的坚实感。

2. 治疗

首先使动物安静，有利于淋巴管断端的闭塞。较小的淋巴外渗可不必切开，于波动明显处用注射器抽出淋巴液，然后注入 95%乙醇或乙醇福尔马林液（95%乙醇 100 mL，福尔马林 1 mL，碘酊数滴，混合备用），停留片刻后，将其抽出，以使淋巴液凝固堵塞淋巴管断端，而达到制止淋巴液流出的目的。应用 1 次无效时，可行第 2 次注入。

较大的淋巴外渗，可行切开，排出淋巴液及纤维素，用乙醇福尔马林液冲洗，并将浸有上述药液的纱布填塞于腔内做假缝合。当淋巴管完全闭塞后，可按创伤治疗。

治疗时应当注意，长时间的冷敷能使皮肤发生坏死；温热、刺激剂和按摩疗法均可促进淋巴液流出和破坏已形成的淋巴栓塞，都不宜使用。

第三节　物理化学损伤

由物理和化学因素所致的损伤称为物理化学损伤。主要包括由高温、低温、某些化学物质和放射性物质所引起的热力烧伤、冻伤、化学性烧伤、β 射线皮肤损伤和放射性复合伤。

一、热力烧伤

（一）病因和发病机理

烧伤（burns）是由于高温（如火焰、热液、蒸汽等）作用于组织，其温度超过组织细胞所耐受的程度，使细胞内的蛋白质（包括酶）发生变性而引起的热损伤（热液所引起的烧伤又称为烫伤）（彩图 9-4）。热损伤的程度取决于温度和作用的时间，表皮组织的坏死是 70 ℃作用 1 s，或 50 ℃作用 3 min，42 ℃作用 6 h 可引起皮肤全层坏死。

轻度过热可引起不明显的可逆性的细胞损伤；过热的程度加剧时，不可逆的损伤细胞灶遍布活组织中；热损伤超过临界水平，整块组织便发生坏死。作用于机体局部组织的温度高于 58 ℃可发生液化性坏死，高于 65 ℃则发生凝固性坏死。在液化的初期，组织结构看似正常，一段时间后，由于细胞酶的消化作用，核仁和细胞解体，坏死组织液化。凝固性坏死时，由于热损伤因子使细胞内的蛋白质凝固，多肽呈随机排列，蛋白质结构消失，细胞内蛋白质变性失去功能。根据热源的温度和持续时间的长短，不同量的组织被毁坏，毁坏组织的四周和其下方组织虽然存活，但亦受到部分损伤，形成热损伤后厚厚的凝固性痂壳。深部的热损伤，坏死组织与健康组织之间无明显的分界线，但有一条逐渐变宽的中间损伤带。皮肤和其他组织的再生从部分损伤的组织开始，而不是从健康组织开始，这是热损伤的愈合比同样深度的机械创伤愈合慢的原因之一。

热损伤的严重程度取决于损伤的面积、深度、部位和有无感染及机体状况等。小面积或轻度烧伤容易治愈，大面积、重度或伴有并发症的烧伤，预后不良，往往丧失经济和使役价值。

（二）烧伤程度与症状

烧伤程度主要取决于烧伤深度和烧伤面积，但也与烧伤部位、动物的年龄和体质等有关。临床上常按照烧伤深度和烧伤面积来判断烧伤的预后和制订治疗措施。

1.烧伤深度

烧伤深度是指局部组织被烧伤的深浅。烧伤深度越深，伤情越重。根据烧伤的深度，有3度、4度和6度分类法。其中以3度分类法最为常用。

(1)Ⅰ度烧伤　皮肤表皮层损伤。伤部被毛烧焦，留有短毛，动脉性充血，毛细血管扩张，有局限性轻微的热、痛、肿，呈浆液性炎症变化。一般7 d左右自行愈合，不留疤痕。

(2)Ⅱ度烧伤　皮肤表皮层及真皮层的一部分(即浅Ⅱ度烧伤)或大部分(即深Ⅱ度烧伤)损伤。伤部被毛烧光或被毛烧焦，留有短毛，拔毛时能连表皮一起拔下(浅Ⅱ度)或只有被毛易拔掉(深Ⅱ度)。伤部血管通透性显著增加，血浆大量外渗，积聚在表皮与真皮之间，呈明显的疼痛性水肿，并向下沉积。牛及水牛可见水泡，马偶见水泡。浅Ⅱ度者，一般经2～3周而愈合，常遗留轻度的疤痕；深Ⅱ度伤面，常因发生感染而变成Ⅲ度伤面。

(3)Ⅲ度烧伤　为皮肤全层或深层组织(筋膜、肌肉和骨)损伤。此时，组织蛋白凝固，血管栓塞，形成焦痂，成深褐色干性坏死状态，有时出现皱褶。Ⅲ度烧伤因神经末梢和血液循环遭到破坏，伤面疼痛反应不明显或缺乏。伤面温度下降。伤后经1～2周内，失活组织开始溃烂、脱落，露出红色的创面，极易感染化脓。小面积的Ⅲ度烧伤，其创面修复靠创缘上皮细胞向中心生长而愈合。如创面较大时，应进行植皮促进愈合。Ⅲ度烧伤愈合后，遗留疤痕。

较大面积的Ⅱ度和Ⅲ度烧伤，除了局部变化外，常伴发不同程度的全身性紊乱，其程度决定于烧伤面积的大小、烧伤的深度、动物的年龄、体质以及治疗和护理的好坏等。烧伤程度较重的病例，由于剧烈的疼痛，可在烧伤当时或伤后1～2 h之内发生原发性休克(疼痛性休克)。其特点是生理机能显著降低，表现精神高度沉郁，反应迟钝，脉弱小，呼吸快而浅，可视黏膜苍白，瞳孔散大，耳、鼻及四肢末端发凉，股内及腹下出冷汗，拒食，拒饮，反刍停止。若病理过程继续发展，从伤后第6 h开始，由于伤部血管通透性增高，血浆及血液蛋白大量渗出，伤后36～48 h达到高峰，造成微循环障碍，从而引起继发性休克(失液性休克)。此时，血液显著浓稠，红细胞可达1 000万～1 100万个/μL，血沉缓慢，白细胞数增加，少尿或无尿。伤后48 h左右，血浆渗出逐渐停止，并开始吸收，此时，由于坏死组织的分解产物及其毒素等被机体吸收，又可发生中毒性休克。所以在治疗大面积烧伤时，应重视早期防治休克。伤后14 d左右，由于存留在伤面的病原菌发育繁殖，机体抵抗力下降，引起伤面较严重的化脓性感染，渗出物和坏死组织的分解产物被吸收，细菌容易侵入血液并发育繁殖，进而发生败血症(感染性休克)。败血症的先兆是精神状态突然改变(兴奋或沉郁)，饮食欲突然降低或废绝，体温开始升高，脉搏增数，伤口分泌物增多，肉芽组织生长不良，此时应尽早进行防治，一旦症状明显，往往不易救治。此外，重症烧伤于伤后可出现血尿或血红蛋白尿、肝脏解毒功能减退、酸中毒、胃肠机能紊乱、肺水肿、心力衰竭及进行性贫血等，在治疗中应予以注意。当呼吸道烧伤时，引起上呼吸道和肺部的炎症变化。当唇部烧伤时，唇部高度水肿，患病动物不能饮食，出现流涎等。眼部烧伤时，结膜充血，流出浆液性或脓液性分泌物，甚至睑裂不能闭锁，似兔眼。

2.烧伤面积

因为烧伤面积越大，伤情越重，全身反应也越重，所以烧伤面积的确定，不仅和疾病的发展和预后的判定有直接关系，而且对如何正确治疗也有一定的指导意义。临床中计算烧伤面积的方法有多种，一般采用烧伤部位占动物体表总面积的百分比来表示。如马、骡可以用估测法和测量法；犬、猫则以实际测量的烧伤面积和体表总面积进行计算。

(1)估测法　以十分法划分的体表各部面积，部位界限清楚，都是10%或其倍数，容易记忆，应用方便，能较迅速、准确地估计烧伤面积(图9-2)。

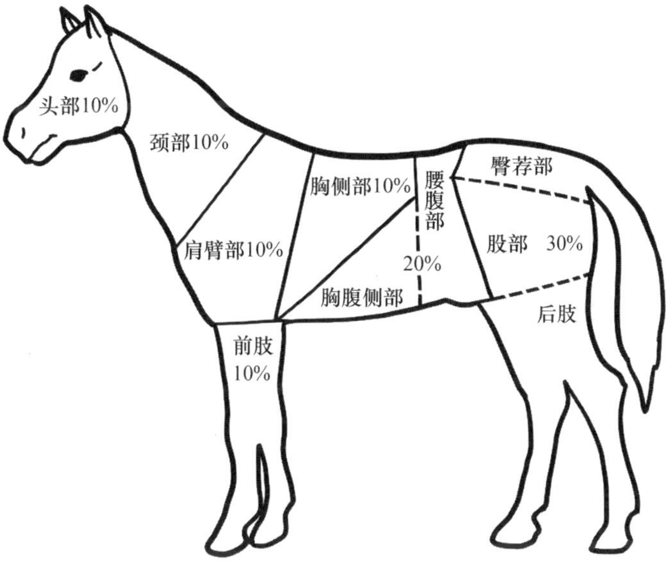

图 9-2　马体表面积划分示意图

（王洪斌，2002）

（2）测量法　测量病马体高，并于表 9-1 中找出每平方厘米占体表总面积的百分比，再测出实际烧伤面积数值，将此两数相乘，即可求出烧伤面积占体表面积的百分数，进而判断其烧伤程度（表 9-2）。（视频 9-2）

视频 9-2　马的烧伤

表 9-1　马、骡体表 1 cm^2 占体表面积百分比　（王洪斌，2002）

型号	马		骡		1 cm^2 占体表总面积的百分比/%
	体高/cm	平均/cm	体高/cm	平均/cm	
1			113～122	117	0.003 3
2	121～127	125	123～130	128	0.002 9
3	128～132	129	131～136	135	0.002 5
4	133～144	139	137～144	140	0.002 2
5	148	148	145～154	146	0.002 0

表 9-2　烧伤程度判定　（王洪斌，2002）

烧伤程度	Ⅰ度Ⅱ度面积	Ⅲ度面积	总面积	其他
轻度烧伤	10%以内	3%以内	10%以内，其中Ⅲ度不超过 2%	—
中度烧伤	11%～30%	4%～5%	11%～20%，其中Ⅲ度不超过 4%	—
重度烧伤	31%～50%	6%～10%	21%～50%，其中Ⅲ度不超过 6%	头部、受鞍部和四肢的关节部为Ⅲ度者，呼吸道烧伤、重度休克及其他并发症者
特重烧伤	—	10%以上	50%以上	—

（三）急救与治疗

1. 现场急救

主要任务是扑灭畜体火焰和消除动物体表的致伤物质，保护伤面，抢救窒息动物，有条件者注射止痛药物等，以防休克。

对火焰烧伤，首先要将患病动物牵离火场，使其安静，防止乱跑助长火势和再次冲入火场。同时也要防止动物啃咬身上的火焰，以免发生口唇、鼻端及眼部烧伤。对动物体上的火焰，可就地取材，用水或某些覆盖物灭火，如凝固汽油的火焰(红色火焰并带有大量黑烟)，可用湿布覆盖或用水来灭火，但不可扑打灭火。

灭火时，要注意保护创面。呼吸道烧伤并伴有呼吸困难者，可进行气管切开术。有条件者，应注射吗啡止痛。

2. 防治休克

中度以上的烧伤，患病动物有发生休克的可能，尤其体质衰弱、幼龄和老龄动物更易发生，应及早防治。伤后使动物安静，注意保温，肌内注射氯丙嗪、皮下注射樟脑磺酸钠。为了稳定血压，维护血容量，改善血循环，应补充液体。如动物能经口饮水，可加适量的食盐，减少静脉补液量；如动物拒饮，可经静脉补以大量的液体，其补液量可根据临床检查和血液化验决定。补液种类为胶体液、血浆代用品及电解质溶液。有酸中毒倾向时，可静脉注射5%碳酸氢钠溶液。

3. 创面处理

在抗休克治疗之后，及时合理处理创面是防治感染、预防败血症和促进烧伤愈合的重要环节。

首先除去烧伤部周围的被毛，创围皮肤可用70%乙醇消毒；用温水洗去玷污的泥土，用温肥皂水清洗伤部，再用生理盐水洗涤、拭干；眼部宜用2%～3%硼酸溶液冲洗。

Ⅰ度烧伤面经清洗后，不必用药，保持干燥，即可自行痊愈。

Ⅱ度烧伤面可用5%～10%高锰酸钾连续涂布3～4次，使伤面形成痂皮，也可用5%鞣酸或3%龙胆紫等涂布，或用紫草膏等油类药剂纱布覆盖伤面，隔1～2 d换药1次；如无感染可持续应用，直至治愈。用药后，一般行开放疗法，对四肢下部的伤面可行绷带包扎。以下是几种油膏处方：

(1)紫草膏处方　紫草、当归、白芷、忍冬藤各50 g，白蜡35 g，冰片10 g，香油或其他植物油500 g。先将香油加热到130 ℃左右，然后加忍冬藤、当归、紫草、白芷，继续加热到150 ℃，持续30 min，当药炸焦(以白芷变焦黄为标准)，滤过去渣后放入白蜡融化。候温加入研细的冰片，搅匀备用。

(2)烧伤膏八号处方　大黄、地榆炭、五倍子、赤石脂、炉甘石(水飞)各250 g，香油或其他植物油2 500 g，蜂蜡250～300 g。先将蜂蜡放在香油内，加热化至沸腾，候温至50～60 ℃时，再将上述研为极细末的各药加入香油内搅匀，装瓶备用。

(3)大黄地榆膏处方　大黄、地榆等量，研为细末，以香油调匀，其中加入少量冰片、黄连更好。

伤面的晚期处理，仍可控制感染，加速创面愈合。为了加速坏死组织脱落，特别是干痂脱落，可用上述油膏。对Ⅲ度烧伤的焦痂，可采用自然脱痂、油剂软化脱痂和手术切痂的方法。焦痂除去后，可用0.1%新洁尔灭液等清洗，干燥后涂布上述油膏。

如有绿脓杆菌感染，可用2%春雷霉素溶液湿敷或2%苯氧乙醇液、烧伤宁、10%磺米隆溶液，或用枯矾冰片溶液(枯矾0.75～1 g，冰片0.25 g，水加至100 mL)、4%硼酸溶液、食醋等湿敷。

Ⅲ度烧伤面积大，伤面自然愈合时间较长，由于疤痕挛缩，使机体变为畸形，影响机体功能。因此对其肉芽创面应早期实行皮肤移植术，以加速创面愈合，减少感染机会和防止疤痕挛缩。

4. 防治败血症

良好的抗休克措施、及时的伤面处理、合理的饲养管理是预防全身性感染的重要措施。对中度以上的烧伤动物，应在伤后2周内，应用大剂量抗生素以控制全身性感染。青霉素和链霉素联合应用，一般能收到良好的效果，必要时也可应用广谱抗生素。

5. 皮肤移植术

在皮肤移植术中，以皮片移植最为常用。皮片按其厚度分为薄层皮片、中厚皮片和全厚皮片，其中以中厚皮片为常用。中厚皮片包含表皮和真皮的一部分，相当于颈部皮肤全厚(2.5～3 mm)的 1/3～2/3。此皮片较易成活，成活后质地较柔软，经得起一般的摩擦和挤压。

(1)创面准备　适用于植皮的伤面，应是肉芽坚实、平坦、色泽红润、分泌物较少及没有水肿。如肉芽面尚有感染倾向，可用生理盐水湿敷，控制感染，促进肉芽生长。如有赘生肉芽或肉芽老化，可行切除，待肉芽伤面合乎要求后才能植皮。

(2)取皮　供皮区一般选在患病动物的颈部或臀股后部和臂、股外侧部等。植皮前一天，对供皮区剃毛、清洗。取皮前，用 0.1%新洁尔灭或 75%乙醇对供皮区消毒，以 0.25%盐酸普鲁卡因液进行皮下浸润麻醉，使供皮区高出皮肤表面。取皮时，术者和助手各持一灭菌木板(8 cm×6 cm×1 cm)，压在供皮区的两侧，或不用木板，术者一手固定皮肤，使供皮区皮肤紧张而平坦，术者持灭菌的取皮刀，与皮肤约成 45°角，切开皮肤达到需要的厚度，然后使刀刃与皮肤平行，以拉锯动作缓慢运刀切下皮片。在运刀中如能隔着皮肤见到刀刃所在的部位，或所取的皮片呈灰色或褐色，或取皮后的创面呈较稀疏的点状出血时，就证明取下的皮片即为中厚皮片。取下的皮片用灭菌的镊子夹入青霉素生理盐水中(含 3 000 IU/mL 以上)。对供皮区创面涂碘酊后，敷以纱布或棉花，包扎绷带，令其自行愈合或无菌缝合。

(3)移植　皮肤移植的方法较多，常用的有小块皮片栽植法和邮票状皮片移植法。小块皮片栽植时，将皮片剪成底为 0.4 cm、高为 0.7 cm 的三角形小块，用灭菌的小宽针或其他尖刃刀，在待植皮的肉芽创面上，以 1 cm 左右的间距，由上向下斜刺成 0.5～1 cm 的创囊。用镊子夹起皮片，使其顶尖向下，表皮层向外，将皮片的 2/3 栽植入肉芽创囊中。邮票状皮片移植时，将取下的皮片剪成大约为 2 cm^2(或更大一些也可)的小方片。以 0.5～1 cm 的间距，平坦地贴敷于植皮的创面上。在贴皮前，必须用灭菌的刀或软膏蓖轻轻地刮植皮创面的肉芽组织表面，刮至见有浆液渗出后，才能贴皮片。栽植和移植后，一律开放，植皮创面每天多次轻轻涂布灭菌石蜡油(石蜡油 500 mL 内混油剂青霉素 10 mL)，或土霉素鱼肝油(土霉素 500 mg，加鱼肝油 100 g)，以防皮片干翘脱落，并预防植皮感染，连续应用 7 d。待皮片成活后(植皮后 7～10 d)，用生理盐水湿敷植皮，清理创面，每天涂布烧伤油膏，直至痊愈。

微粒植皮在我国兽医界也有报道。微粒植皮是将自体中厚皮片制成微粒皮浆，其方法是将皮片用锐利剪刀剪成微小碎粒(无菌操作下)，加入少量自体血浆或自体血清，再加入 Hank 氏生理溶液，使之成为皮浆。植皮时，将此皮浆均匀地涂在健康肉芽创面上，植皮后 7～10 d，即可见到微粒皮岛，1 个月后，白色皮岛上有色素出现，并开始互相融合。用皮面积按植皮区面积的 1∶10 采取。

二、化学性烧伤

化学性烧伤是由于具有烧灼作用的化学物质(强酸、强碱和磷等)，直接作用于动物机体局部组织而发生的损伤。

(1)酸类烧伤　常由硫酸、硝酸和盐酸等引起。酸类可引起蛋白凝固，形成厚痂，呈致密的干性坏死，故可防止酸类向更深层组织侵蚀，所以常局限于皮肤。在临床上可根据焦痂的颜色，大致判断酸的种类，黄色为硝酸烧伤，黑色或棕褐色为硫酸烧伤，白色或灰黄色为盐酸或碳酸烧伤。烧伤程度因酸类强弱、接触时间和面积不同而异，从皮肤肿痛，直至皮肤和肌肉的坏死。

急救时，立即用大量清水冲洗，然后用 5%碳酸氢钠溶液中和。如石炭酸烧伤时，可用乙醇或甘油或蓖麻油涂于伤部，使石炭酸溶于乙醇及甘油中，蓖麻油则能减缓石炭酸的吸收，从而便于除掉石炭酸和保护皮肤及黏膜。

(2)碱类烧伤　常由生石灰、苛性钠或苛性钾引起。碱类对组织破坏力及渗透性强,除立即作用外,还能皂化脂肪组织,吸出细胞内水分,溶解组织蛋白,形成碱性蛋白化合物。碱类烧伤虽然局部疼痛较轻,但可致伤深部组织,所以损伤程度较酸性烧伤重。

急救时,立即用大量水冲洗,或用食醋、6%醋酸溶液中和。如苛性钠烧伤时,可用5%氯化铵溶液冲洗。若生石灰烧伤时,在冲洗前必须扫除伤部的干石灰,以免因冲洗产生热量,加重烧伤的程度。

(3)磷烧伤　常在磷手榴弹、磷炸弹伤时并发磷烧伤。磷有自燃能力,发出白色烟雾,有火柴燃烧味。在氧化时,形成五氧化二磷,并释放出热能,对皮肤有腐蚀和烧灼作用。五氧化二磷吸收组织中水分,形成磷酸酐,再遇较多的水分形成磷酸,溶于水和脂肪,大量吸收进入血液循环时,引起全身性磷中毒。

磷烧伤后,患部沾染的磷微粒,在暗室或夜间发绿色荧光,可用镊子除去,也可用1%硫酸铜溶液涂于患部,磷即变为黑色的磷化铜,此时用镊子仔细除去,以大量水冲洗,再以5%碳酸氢钠溶液湿敷,包扎1～2 h,以中和磷酸,最后按烧伤治疗。对新鲜的磷烧伤,不可应用油脂敷料,以免磷溶于脂内及渗入深层组织。

三、冻伤

冻伤(frostbite)是在一定条件下由低温引起的组织损伤,也称为冷伤。

(一)病因和发病机理

寒冷是冻伤的直接原因。冻伤的程度与寒冷的强度成正比。潮湿可促进寒冷的致伤力,风速、局部血流障碍和抵抗力下降、营养不良是间接引起冻伤的原因。一般而言,温度越低,湿度越高,风速越大,暴露时间越长,发生冻伤的机会越大,程度亦越严重。机体远端的血液循环较差,表面温度低,相对体积而言,散热面积大,故易发生冻伤。

冻伤常发生在寒冷季节,可分为全身性冻伤和局部性冻伤。全身性冷损伤(冻僵)发生机体功能障碍,在临床上较为少见。局部性冷损伤是指局部组织在冰点下发生的损伤。常见于机体末梢、缺乏被毛或被毛发育不良以及皮肤薄的部位。马阴茎发生冻伤最为多见,其次为阴囊、蹄冠及下唇;母牛的乳房,公牛的阴囊底部;猪的尾部和耳壳;鸡的肉冠肉髯和两足;鸭的蹼;犬、猫的四肢和耳尖均易发生冻伤。冷损伤作用于全身可致全身体温过低,导致代谢及需要过低,机体重要器官发生抑制而引起死亡。

(二)分类及症状

目前认为受冻组织的主要损伤是原发性冻融损伤和继发性血液循环障碍。根据冷损伤的范围、程度和临床表现,将冻伤分为3度:

Ⅰ度冻伤　以发生皮肤及皮下组织的疼痛性水肿为特征。数日后局部反应消失,其症状表现轻微,在动物常不易被发现。

Ⅱ度冻伤　皮肤和皮下组织呈弥漫性水肿,并蔓延到周围组织,有时在患部出现水泡,其内充满乳光带血样液体;水泡自溃后,形成愈合迟缓的溃疡。

Ⅲ度冻伤　以血液循环障碍引起不同深度组织的干性坏死为特征。患部冷厥而缺乏感觉,皮肤发生坏死,有的皮肤与皮下组织均发生坏死,或达骨部引起全部组织坏死。通常因静脉血栓形成、周围组织水肿以及继发感染而出现湿性坏疽。坏死组织沿分界线与肉芽组织离断,愈合变得缓慢,易发生化脓性感染,特别易招致破伤风和气性坏疽等厌氧性感染。

(三)急救与治疗

重点在于消除寒冷作用,使冻伤组织复温,恢复组织内的血液和淋巴循环,并采取预防感染的措施。为此,应将患病动物脱离寒冷环境,移入厩舍内,用肥皂水洗净患部,然后用樟脑乙醇擦拭或进行复温治疗。

复温治疗时,开始用 18～20 ℃的水进行温水浴,在 25 min 内不断向其中加热水,使水温逐渐达到 38℃,如在水中加入高锰酸钾(1∶500),并对皮肤无破损的伤部进行按摩更为适宜。当冻伤的组织刚一变软和组织血液循环开始恢复时,即达到复温目的。在不便于温水复温的部位,可用热敷复温,其温度与温水浴时相同。复温后用肥皂水清洗患部,用 75%乙醇涂擦,然后用保暖绷带包扎和覆盖。

近年来有人主张快速复温法,将伤部浸泡于 40～42 ℃温水中,并随时加入热水,保持水温恒定,要求冻伤皮肤温度能在 5～10 min 内迅速越过 15～20 ℃达到正常。

复温时绝不可用火烤,火烤使局部代谢增加,而血管又不能相应地扩张,反而加重局部损害。用雪擦患部也是错误的,因其可加速局部散热与损伤。

(1)Ⅰ度冻伤治疗　必须恢复血管的张力,消除淤血,促进血液循环和水肿的消退。先用樟脑乙醇涂擦患部,然后涂布碘甘油或樟脑油,并用装着棉花的纱布软垫作保温绷带,或用按摩疗法和紫外线照射。

(2)Ⅱ度冻伤治疗　主要任务是促进血液循环、预防感染、提高血管的紧张力、加速疤痕和上皮组织的形成。为解除血管痉挛,改善血液循环,可用盐酸普鲁卡因封闭疗法。根据患部的不同,可选用静脉内封闭、四肢环状封闭疗法。为了减少血管内凝集与栓塞,改善微循环,可于静脉注射低分子右旋糖酐和肝素。广泛的冻伤需早期应用抗生素疗法,局部应用 5%龙胆紫溶液或 5%碘酊涂擦露出的皮肤乳头层,并装以乙醇绷带或行开放疗法。

(3)Ⅲ度冻伤治疗　主要是预防发生湿性坏疽。对已发生的湿性坏疽,应加速坏死组织的断离,促进肉芽组织的生长和上皮的形成,预防全身性感染。为此,在组织坏死时,可行坏死部切开,以利于排出组织分解产物;也可切除、摘除和截断坏死的组织。为预防破伤风,可早期注射破伤风类毒素或破伤风抗毒素,并施行对症疗法。

四、放射性损伤

由于某些物质的原子核不稳定,当其转变为稳定的原子核时,能自发地放出 α、β、γ 射线。由这类物质引起机体的损伤称为放射性损伤(radiation damage)。

放射性损伤主要是由早期核辐射而引起,即在核爆炸时,最初十几秒钟内放出来的 γ 射线和中子流,具有很强的穿透力;当穿透人、动物机体组织而产生电离作用,使其致伤。其次为核裂变碎片、感生放射性物质和未反应的核装料等,也能引起放射性损伤。

放射性落下灰放出的 γ 射线可引起全身外照射,使人、动物发生急性放射病。放射性落下灰若经消化道和呼吸道进入体内时,可使人、动物受到内照射的危险。当皮肤受到严重沾染而又未及时洗消时,可发生皮肤 β 射线损伤。当急性放射病合并光辐射烧伤、冲击伤时,则引起放射性复合伤。外科常见 β 射线皮肤损伤和放射性复合伤。

(一)β 射线皮肤损伤

放射性落下灰在衰变过程中,放出的 β 射线能穿透皮肤数厘米。因很大一部分能量被皮肤吸收,其辐射剂量即使不高,也能引起皮肤严重损伤。

放射性物质落于动物体表时,经数日后,皮肤轻度疼痛,被毛易于拔脱,尤其绵羊出现成块的脱毛，经 20～30 d 光秃部位强烈充血和疼痛，发生放射性皮肤炎。当动物在污染区停留数日后，出现知觉过敏，尤其四肢内部皮肤紧缩，有渗出液出现，干燥后形成痂皮，因剧痒而摩擦和啃咬患部，继发外伤和出血，或形成出血性溃疡，但并不化脓。当大量放射性物质落于动物体表时，由于大剂量β射线的照射，能引起皮肤烧伤，常于背部和头部，出现散在的不正圆形的小溃疡和脱毛，这些损伤部位的被毛需在 2 个月后才能完全恢复生长。若创面混有放射性物质时，愈合缓慢，难以治愈。救治时，应及时对局部和全身洗消，发生的局部损伤按烧伤治疗。

（二）放射性复合伤

核爆炸所引起的动物损伤大多为复合伤。复合伤是由两种以上杀伤因素同时作用而引起，其中合并放射病的复合伤，称为放射性复合伤。

1. 分类

根据动物受照射剂量大小和病情轻重不同，将放射病分为 4 度：轻度、中度、重度和极重度。轻度急性放射病，病程分期不明显，症状轻微，预后良好。中度和重度急性放射病，病程发展有明显的 4 期。

（1）初期反应期　于伤后数小时出现精神沉郁，疲乏无力，呼吸及脉搏增数，结膜潮红，肌肉震颤，体温升高。重度者多于此期（伤后 3～5 d）死亡。

（2）假愈期　初期反应的症状基本消失，病患表面情况良好，但造血功能障碍仍继续发展，白细胞数、淋巴细胞绝对数和血小板数都减少。中度者此期维持 3 周，重度者维持 1～2 周。

（3）极期　病患萎靡不振，食欲明显减退，体重下降，可视黏膜出现不同程度的出血，体温上升，白细胞数显著下降。重度者还出现感染，伴有胃肠机能紊乱，神经功能障碍及代谢失调。中度者维持 10～15 d，如症状不断发展时，病马多于伤后 2～3 周死亡。

（4）恢复期　中度者此期各种症状开始减轻，血象回升，如无并发症则预后良好，经 1.5～2 个月基本恢复健康，如合并肺炎、支气管炎时，多在伤后 6～8 周死亡。

极重度急性放射病，于伤后出现极其严重的神经症状或胃肠功能紊乱，多于伤后 1～3 d 内死亡。

2. 临床特点

放射性复合伤的临床特点是各损伤之间的相互加强作用。烧伤或冲击伤都能使放射病的发展加速，病情加重，而放射病又可使烧伤和冲击伤加重，愈合缓慢，由于放射性复合伤相互加重的特点，致使患病动物容易发生休克、并发感染、出血和组织再生能力降低。

（1）复合烧伤的临床特点　动物常因休克和并发症而早期死亡。在初期反应中，烧伤局部呈现急性炎症反应，周围组织水肿，白细胞数减少。Ⅰ、Ⅱ度烧伤能在假愈期愈合，严重的烧伤创面焦痂因溶解、破溃而继发感染。极期时创面溃烂，炎症反应微弱，坏死组织脱落缓慢，新生的肉芽组织充血、脆弱、易出血，上皮形成缓慢，新生的被毛为白色或灰白色。

（2）复合冲击伤的临床特点　主要取决于放射病的程度，但与放射病经过的时间也有一定的关系。在假愈期以前影响不大，在极期可以观察到炎症反应受到抑制或完全不出现，创伤出血和感染严重，坏死组织净化和肉芽组织生长很慢，上皮形成被抑制，创缘内翻。进入恢复期后，坏死组织逐渐溶解脱落，出现肉芽组织，上皮的形成仍很慢。形成的疤痕不坚固，常破溃，延迟创伤愈合。

3. 治疗

放射性复合伤的治疗主要治疗放射病。加强对感染、出血的防治，注意改善造血功能和纠正水、电解质平衡紊乱。急救冲击伤，防治内出血、心力衰竭以及并发症等。光辐射烧伤按烧伤治疗，冲击伤按创伤治疗。

五、电击性损伤

电击性损伤(lightning lesion)是由雷击、触电等引起的损伤。

1. 原因

动物触电主要是动物与电线破损端接触,仪器或导线漏电以及雷击等。因电压的高低、电流的强弱、通过机体的时间和方向、皮肤干湿程度、动物品种及个体的不同而受损伤的程度不同。牛、马对电最为敏感,100～110 V 的电压即很危险,120 V 的电压对犬也会引起严重的后果。一般电流通过脑、心脏及整个躯干时以及触电部位潮湿,均会增大电损伤的危险性。

2. 症状

电损伤时,损伤部表皮剥离、干燥和炭化。一般在电流入部(有时也在流出部)的附近,有灰白色或红褐色树枝状电纹,也可看到同样颜色的电流斑,大小呈米粒状或豆粒大。如在黏膜下,可见出血和热伤。电击伤可产生灰白色溃疡,因有严重的血液循环障碍而久不愈合。电击伤后,突然倒地,意识丧失,全身痉挛,最后完全麻痹。死于心室纤颤和呼吸中枢麻痹。

3. 治疗

首先要切断电源,随即注射强心剂,并采取人工呼吸。苏醒后,对患病动物采取对症治疗。

第四节　损伤并发症

损伤并发症包括早期并发症休克(详见第十章外科休克)和晚期并发症溃疡、窦道和瘘、坏死和坏疽。

一、溃疡

溃疡(ulcer)是发生在皮肤或黏膜上经久不愈合的病理性肉芽创。从病理学上来看,溃疡是混杂有细胞分解物、细菌或脓样腐败性分泌物的坏死病灶,并常有慢性感染。溃疡与一般创口不同之点是愈合迟缓,上皮和瘢痕组织形成不良。

(一)病因

发生溃疡的原因有多种:血液循环、淋巴循环和物质代谢的紊乱;中枢神经系统和外周神经的损伤或疾病所引起的神经营养紊乱;某些传染病、外科感染和炎症的刺激;维生素不足和内分泌的紊乱;伴有机体抵抗力降低和组织再生能力降低的机体衰竭、严重消瘦及糖尿病等;异物、机械性损伤、分泌物及排泄物的刺激;防腐消毒药的选择和使用不当;急、慢性中毒和某些肿瘤等。如果局部神经营养紊乱和血液循环、物质代谢受到破坏,降低了局部组织的抵抗力和再生能力,此时任何创口都可以变成溃疡。反之如果对溃疡消除病因进行合理治疗,则溃疡可迅速地生长出肉芽组织和上皮组织而治愈。

(二)分类、症状及治疗

临床中常见的溃疡包括以下几种:

(1)单纯性溃疡　溃疡表面被覆蔷薇红色、颗粒均匀的肉芽。肉芽表面覆有少量黏稠黄白色的脓性分泌物,干涸后形成痂皮。溃疡周围皮肤及皮下组织肿胀,缺乏疼痛感。溃疡周围的上皮形成比较缓慢,新形成的幼嫩上皮呈淡红色或淡紫色。上皮有时也在溃疡面的不同部位上增殖而形成上皮突起,然后与边缘上皮带汇合。与此同时肉芽组织则逐渐成熟并形成瘢痕而治愈。当溃疡内的肉芽组织和上皮组织的再生能力恢复时，则任何溃疡都能变成单纯性溃疡。

治疗的着眼点是精心的保护肉芽，防止其损伤，促进其正常发育和上皮形成，因此，在处理溃疡面时必须细致，防止粗暴。禁止使用对细胞有强烈破坏作用的防腐剂。为了加速上皮的形成，可用2%～4%水杨酸锌软膏、鱼肝油软膏等。

(2)炎症性溃疡　炎症性溃疡是由于长期受到机械性、理化性物质的刺激及生理性分泌物和排泄物的作用，以及脓汁和腐败性液体潴留的结果。临床上较常见。溃疡呈明显的炎性浸润。肉芽组织呈鲜红色，有时因脂肪变性而呈微黄色。表面被覆大量脓性分泌物，周围肿胀，触诊疼痛。

治疗时，首先应除去病因，局部禁止使用有刺激性的防腐剂。如有脓汁潴留时应切开创囊排尽脓汁。溃疡周围可用青霉素盐酸普鲁卡因溶液封闭。为了防止从溃疡面吸收毒素亦可用浸有20%硫酸镁或硫酸钠溶液的纱布覆于创面。

(3)坏疽性溃疡　见于冻伤、湿性坏疽及不正确的烧烙之后。组织的进行性坏死和很快地形成溃疡是坏疽性溃疡的特征。溃疡表面被覆软化污秽无构造的组织分解物，并有腐败性液体浸润，常伴发明显的全身症状。

对此溃疡应采取全身和局部并重的治疗措施。全身治疗的目的在于防止中毒和败血症的发生。局部治疗在于早期去除坏死组织，促进肉芽生长。

(4)水肿性溃疡　常发生于心脏衰弱的患病动物及局部静脉血液循环被破坏的部位。肉芽苍白脆弱呈淡灰白色，具有明显的水肿。溃疡周围组织水肿，无上皮形成。

治疗主要应消除病因。局部可涂鱼肝油、植物油或包扎血液绷带、鱼肝油绷带等。禁止使用刺激性较强的防腐剂。应用强心剂调节心脏机能活动并改善患病动物的饲养管理。

(5)蕈状溃疡　常发生于四肢末端有活动肌腱通过部位的创伤。其特征是局部出现高出于皮肤表面、大小不同、凹凸不平的蕈状突起，其外形恰如散布的真菌故称蕈状溃疡。肉芽常呈紫红色，被覆少量脓性分泌物且容易出血。上皮生长缓慢，周围组织呈炎性浸润。

治疗时，如赘生的蕈状肉芽组织超出于皮肤表面很高，可剪除或切除，亦可充分搔刮后进行烧烙止血。亦可用硝酸银棒、苛性钾、苛性钠、20%硝酸银溶液烧灼腐蚀。有人使用盐酸普鲁卡因溶液在溃疡周围封闭，配合紫外线局部照射取得了较好的治疗效果。近年来有人使用 CO_2 激光聚焦烧灼和气化赘生的肉芽取得了较为满意的治疗效果。

(6)褥疮及褥疮性溃疡　褥疮是局部受到较长时间的压迫后引起的因血液循环障碍而发生的皮肤坏疽，常见于动物体的突出部位。褥疮后坏死的皮肤即暴露在空气中，水分被蒸发，腐败细菌不易大量繁殖，最后变得干涸皱缩，呈棕黑色。坏死区与健康组织之间因炎性反应带而出现明显的界限。由于皮下组织的化脓性溶解遂沿褥疮的边缘出现肉芽组织。坏死的组织逐渐剥离最后呈现褥疮性溃疡。表面被覆少量黏稠黄白色的脓汁。上皮组织和瘢痕的形成都很缓慢。

平时应尽量预防褥疮的发生。已形成褥疮时，可每天涂擦3%～5%龙胆紫乙醇或3%煌绿溶液。夏天应当多晒太阳，应用紫外线或红外线照射可明显缩短治愈的时间。

(7)神经营养性溃疡　溃疡愈合非常缓慢，可拖延一年至数年。肉芽苍白或发绀见不到颗粒。溃疡周围轻度肿胀，无疼痛的感觉，不见上皮形成。

条件允许时可进行溃疡切除术，术后按新鲜手术创处理。亦可使用盐酸普鲁卡因于病灶周围封闭，配合使用组织疗法或自家血液疗法。

(8)胼胝性溃疡　不合理使用了能引起肉芽组织和上皮组织坏死的药品，不合理的长期创伤引流，以及患部经常受到摩擦而缺乏必要的安静(如肛门周围的创伤)等，均能引起胼胝性溃疡的发生。其特征是肉芽组织苍白、平滑无颗粒、血管微细，并过早地变为厚而致密的纤维性瘢痕组织，不见上皮组织的形成。

条件许可时，切除胼胝体，以后按新鲜手术创处理。亦可对溃疡面进行搔刮，涂松节油并配合使用组织疗法。

二、窦道和瘘

窦道（sinus）和瘘（fistula）都是狭窄不易愈合的病理管道，其表面被覆病理性上皮或肉芽组织。窦道和瘘的区别在于前者可发生于机体的任何部位，借助病理性管道使深在组织（结缔组织、骨或肌肉组织等）的脓窦与体表相通，其管道一般呈盲管状。而后者可借助管道使体腔与体表相通或使空腔器官互相交通，其管道是两端开口。

（一）窦道

窦道通常为后天性的，见于鬐甲部、颈部、臀部、股部、胫部、肩胛和前臂部等。

1. 病因

引起窦道的病因有：

(1)异物　常随同致伤物体一起进入体内，或手术时将其遗忘于创内的异物如弹片、沙石、木屑、骨芒、钉子、被毛、金属丝、结扎线、棉球及纱布等。

(2)化脓坏死性炎症　发生脓肿、蜂窝织炎、开放性化脓性骨折、腱及韧带的坏死、骨坏疽及化脓性骨髓炎等。

(3)创伤深部脓汁不能顺利排出，而有大量脓汁潴留的脓窦，或长期不正确的引流等都容易形成窦道。

2. 症状

从体表的窦道口不断排出脓汁。往往在动物自动或他动运动时，可因肌肉的压迫而使窦道的脓汁排出量增加，窦道口下方的被毛和皮肤上常附有干涸的脓痂。由于脓汁的长期浸渍而形成皮肤炎，被毛脱落。

窦道内脓汁的性状和数量等因致病菌的种类和坏死组织的多少而定。当深部存在脓窦且有较多的坏死组织并处于急性炎症时，脓汁量大、稀薄并常混有组织碎块或血液。病程延长，窦道壁已形成瘢痕，且窦道深部坏死组织很少时，则脓汁少而黏稠。

窦道壁的构造、方向和长度因病程的长短和致病因素的不同而有差异。新发生的窦道，管壁肉芽组织未形成瘢痕，管口常有肉芽组织赘生。陈旧的窦道因肉芽组织瘢痕化而变得狭窄而平滑。一般因子弹和弹片所引起的窦道细长而弯曲。

窦道在急性炎症期，局部炎症症状明显。当化脓坏死过程严重，窦道深部有大量脓汁潴留时，可出现明显的全身症状。陈旧性窦道一般全身症状不明显。

3. 诊断

除对窦道口的状态、排脓的特点及脓汁的性状进行细致的检查外，还要对窦道的方向、深度、有无异物等进行探查。探查时可用灭菌金属探针、硬质胶管，有时可用消过毒的手指进行。探诊时必须小心细致，如发现异物时应进一步确定其存在的部位，与周围组织的关系，异物的性质、大小和形状等。探诊时必须保定确实，防止动物骚动。严格无菌操作，严防感染的扩散和人为的窦道发生。必要时亦可进行 X 射线诊断。

4. 治疗

治疗的主要着眼点是消除病因和病理性管壁，通畅引流以利于愈合。

对疖、脓肿、蜂窝织炎自溃或切开后形成的窦道，可灌注 10%碘仿醚、3%双氧水等以减少脓汁的分泌和促进组织再生。当窦道内有异物、结扎线和组织坏死块时，必须用手术方法将其除去。在手术前最好向窦道内注入除红色、黄色以外的防腐液，使窦道管壁着色或向窦道内插入探针以利于手术的进行。当窦道口过小、管道弯曲，由于排脓困难而潴留脓汁时，可扩开窦道口，根据情况造反对孔或做辅助切口，导入引流物以利于脓汁的排出。窦道管壁有不良肉芽或形成瘢痕组织者，可用腐蚀剂腐蚀，或用锐匙刮净或用手术方法切除窦道。当窦道内无异物和坏死组织块，脓汁很少且窦道壁的肉芽组织比较良好时，可填塞铋碘蜡泥膏(次硝酸铋 10 g，碘仿 20 g，石蜡 20 g)。

(二)瘘

先天性瘘是由于胚胎时期畸形发育的结果，如脐瘘、膀胱瘘及直肠-阴道瘘等。此时瘘管壁上常被覆上皮组织。后天性瘘较多见，是由于腺体器官及空腔器官的创伤或手术之后发生的。在动物中常见的包括胃瘘、肠瘘、食道瘘、颊瘘、腮腺瘘及乳腺瘘等。

1. 分类及症状

可分为以下两种：

(1)排泄性瘘　特征是经过瘘的管道向外排泄空腔器官的内容物(尿液或饲料、食糜、粪便等)。除创伤外，也见于食道切开、尿道切开、瘤胃切开、肠管切开等手术化脓感染之后。

(2)分泌性瘘　特征是经过瘘的管道分泌腺体器官的分泌物(唾液、乳汁等)。常见于腮腺部及乳房创伤之后。当动物采食或挤乳时，有大量唾液或乳汁呈滴状或线状从瘘管射出时，是腮腺瘘和乳腺瘘的特征。

2. 治疗

(1)对肠瘘、胃瘘、食道瘘、尿道瘘等排泄性瘘管必须采用手术疗法。其要领是用灭菌纱布堵塞瘘管口，剥离粘连的周围组织，找出通向空腔器官的内口，除去堵塞物，检查内口的状态，根据情况对内口进行修补手术、部分切除术或全部切除术，密闭缝合，修整周围组织，缝合。手术中一定要尽可能防止污染新创面，以争取第一期愈合。

(2)对腮腺瘘等分泌性瘘，可向管内灌注 20%碘酊、10%硝酸银溶液等。或先向瘘内滴入甘油数滴，然后撒布高锰酸钾粉少许，用棉球轻轻按摩，利用其烧灼作用以破坏瘘管壁。一次不愈合者可重复应用。上述方法无效时，对腮腺瘘可先向管内用注射器在高压下灌注溶解的石蜡，后装着胶绷带。亦可先注入 5%～10%甲醛溶液或 20%硝酸银溶液 15～20 mL，数日后当腮腺已发生坏死时进行腮腺摘除术。

三、坏死与坏疽

坏死(necrosis)是指生物体局部组织或细胞失去活性。坏疽(gangrene)是组织坏死后受到外界环境影响和不同程度的腐败菌感染而产生的形态学变化。

(一)病因

引起坏死和坏疽的主要原因如下：

(1)外伤　严重的组织挫灭、局部的动脉损伤等。

(2)持续性的压迫　如褥疮、鞍伤、绷带的压迫、嵌顿性疝、肠扭转等。

(3)物理、化学性因素　见于烧伤、冻伤、腐蚀性药品及电击放射线、超声波等引起的损伤。

(4)细菌及毒物性因素　多见于坏死杆菌感染、毒蛇咬伤等。

(5)其他　血管病变引起的栓塞、中毒及神经机能障碍等。

(二)症状及分类

(1)凝固性坏死　坏死部组织发生凝固、硬化，表面上覆盖一层灰白至黄色的蛋白凝固物。见于肌肉的蜡样变性、肾梗死等。

(2)液化性坏死　坏死部肿胀、软化，随后发生溶解。多见于热伤、化脓灶等。

(3)干性坏疽　多见于机械性局部压迫，药品腐蚀等。坏死组织初期表现苍白，水分渐渐失去后，颜色变成褐色至暗黑色，表面干裂，呈皮革样外观。

(4)湿性坏疽　多见于坏死部腐败菌的感染。初期局部组织脱毛、浮肿、暗紫色或暗黑色，表面湿润，覆盖有恶臭的分泌物。

干性坏疽和湿性坏疽的区别见表 9-3。

表 9-3　干性坏疽与湿性坏疽的区别(王洪斌，2002)

项　目	干性坏疽	湿性坏疽
原因	外伤、物理、化学损伤、压迫等	褥疮、细菌感染血管神经疾病等
皮肤颜色变化	初期苍白，继而呈黑褐色	表面污秽不洁，呈灰白、黑褐色
容积	变小	多数为先肿胀后缩小
硬度	初期软，干化后变硬	软而多汁
分界线	与健康部界限明显	与健康组织分界线不明显
周围的皮肤	正常	伴发蜂窝织炎、浮肿
疼痛	疼痛不明显	初期疼痛显著
预后	坏死部组织脱落后，组织渐渐愈合	坏死部易向四周蔓延，预后慎重

(三)治疗

首先要除去病因。

其次对局部除毛、清洗、消毒，防止湿性坏疽进一步恶化。使用蛋白分解酶除去坏死组织，待其长出健康的肉芽。还可以用硝酸银或烧烙阻止坏死恶化，或者用外科手术摘除坏死组织。

而对湿性坏疽应切除其患部(切除尾部、小动物四肢下端)，应用解毒剂进行化学疗法。注意保持营养状态。

本章小结

损伤是由各种不同外界因素作用于机体，引起机体组织器官产生解剖结构上的破坏或生理功能上的紊乱，并伴有不同程度的局部或全身反应的病理损害。常见的致伤因素如机械外力、异物、烧伤、冻伤、电击、强酸或强碱刺激、各种细菌和毒素作用等。临床常见的软组织的开放性损伤如创伤，闭合性损伤为挫伤、血肿、淋巴外渗等，由物理和化学因素所致的损伤如热力烧伤、冻伤、化学性烧伤、β 射线皮肤损伤和放射性复合伤等亦较常见。

创伤愈合的基本过程主要分炎症期和修复期两个阶段。组织胺类物质引起局部小静脉通透性增加，白细胞移出血管，体液漏出及淋巴管闭塞引起炎症反应。损伤的修复过程包括成纤维细胞期、上皮形成期、收缩期和塑行期。临床上根据创伤愈合的特点可以分为一期愈合、二期愈合、三期愈合及痂皮下愈合。创伤感染、创内存有异物或坏死组织、受伤部血液循环不良、受伤部不安静、处理创伤不合理、机体营养如蛋白质和/或维生素缺乏以及贫血、缺氧、肿瘤、使用皮质类固醇类药物和放射线等均会延缓创伤愈合。因此，临床上进行创伤诊疗时，应尽力消除妨碍创伤愈合的因素，创造有利于创伤愈合的良好条件。

创伤治疗的一般原则是抗休克、防治感染、纠正水与电解质失衡、消除影响创伤愈合的因素及加强饲养管理等。基本治疗方法包括清洁创围、清洗创面、清创手术、创伤用药、创伤缝合法、引流法、包扎法及全身性疗法等。

由高温造成的烧(烫)伤，其严重程度主要决定于烧伤深度和烧伤面积，但也与烧伤部位、动物的年龄和体质等有关。烧伤深度常分为Ⅰ度、Ⅱ度、Ⅲ度烧伤。临床上常根据烧伤深度和烧伤面积来判断烧伤的预后和制订治疗措施。烧伤往往发病较急，较大面积的Ⅱ度、Ⅲ度烧伤除了局部变化外，常伴发不同程度的全身性紊乱，因此常常需要采取急救措施。基本治疗方法包括现场急救、防治休克、伤面处理、防治败血症，必要时采用皮肤移植术。

动物发生外伤特别是重大外伤时，由于大量出血和疼痛，很容易并发休克和贫血；临床常见的外科感染、严重组织挫灭产生毒素的吸收、机体抵抗力减弱和营养不良以及治疗不当，往往发生溃疡、瘘管和窦道等晚期并发症。对迟发性损伤并发症如溃疡、瘘管和窦道、坏死和坏疽等在正确诊断的基础上进行外科处理，可以避免损害或感染的进一步发展，促进动物恢复健康。

复习思考题

1. 试述临床中创伤的主要类型。
2. 试述创伤愈合的分期及愈合过程中的临床特征。
3. 试述创伤的临床检查、治疗要点和影响创伤愈合的主要因素。
4. 试述挫伤、血肿、淋巴外渗的诊断与治疗措施。
5. 试述烧伤和冻伤的分类、主要特征和治疗原则。
6. 试述溃疡、窦道、瘘、坏疽的临床特征与治疗措施。
7. 试述窦道和瘘管的临床鉴别诊断要点。
8. 名词解释

损伤、创伤、新鲜创、污染创、肉芽创、感染创、陈旧创、透创、贯通创、化脓创、创伤的愈合、一期愈合、二期愈合、三期愈合、痂皮下愈合、挫伤、血肿、淋巴外渗、溃疡、窦道、瘘、烧伤、冻伤、放射性损伤

(钟志军)

第十章　外科休克

第一节　休克概论

休克(shock)是机体有效循环血容量减少，组织(血流)灌注不足，细胞代谢紊乱和功能受损的病理过程，它是一个由多种病因引起的综合征。动物可能会出现可视黏膜苍白，脉搏呼吸加快但浅弱，严重者意识丧失，体温、血压下降，甚至死亡等。氧供给不足和需求增加是休克的本质，产生炎症介质是休克的特征。因此恢复对组织细胞的供氧，促进其有效的利用，重新建立氧的供需平衡和保持正常的细胞功能是治疗休克的关键。现代的观点将休克视为一个序贯性事件，是一个从亚临床阶段的组织灌注不足向多器官功能障碍(MODS)或衰竭(MOF)发展的连续过程。外科休克是指外科疾病引起的休克，常见的为低血容量性休克(失血失液性休克)、损伤性休克和感染性休克3类，其中损伤性休克又包括创伤性休克和烧伤性休克。

一、外科休克常见的原因

(1)失血与失液　大量失血可引起失血性休克，见于外伤、消化道溃疡、内脏器官破裂引起的大失血等。失血性休克的发生与失血量和出血速度有关。在失血量不大的慢性出血情况下，动物可通过机体代偿维持稳定的血容量，故一般不发生休克。休克往往是在快速、大量(超过总血量20%～30%)失血而又得不到及时补充的情况下发生的。此外，大量的体液丢失可导致严重脱水，引起低血容量性休克。常见于剧烈呕吐、严重腹泻、肠梗阻等引起的严重脱水，其中低渗性脱水更容易引发休克。

(2)创伤　严重创伤可导致创伤性休克，创伤引起的休克与急性出血(有效循环血量锐减)和剧烈疼痛有关。

(3)烧伤　大面积烧伤可导致大量的血浆外渗或者继发感染引起休克。烧伤早期，休克的发生与剧烈疼痛和创面大量血浆渗出所致的血容量减少有关；晚期可因继发感染或毒素吸收而发生感染性休克或中毒性休克。

(4)感染　严重感染特别是革兰氏阴性细菌感染常可引起感染性休克。在革兰氏阴性细菌感染引起的休克中，内毒素起着重要的作用，故又称为内毒素性休克或中毒性休克。感染性休克常伴有败血症，故又称为败血症性休克。感染性休克按其血液动力学特点可分为低动力型休克(心输出量正常或者增加，外周阻力降低)和高动力型休克(心输出量减少，外周阻力增加)。

(5)过敏　具有过敏体质的动物接受某些药物(如青霉素)、血清制剂(如破伤风抗毒素)等治疗时可引起过敏性休克。过敏性休克属Ⅰ型变态反应。当致敏的机体再次接触同一过敏原时，抗原与结合于肥大细胞和嗜碱性粒细胞表面上的IgE结合，并促使细胞合成和释放组织胺等生物活性物质引起血管扩张和微血管通透性增加，从而导致血管容积增加和血容量减少而引起休克。

(6)强烈的神经刺激及损伤　剧烈疼痛、高位脊髓麻醉或损伤，可引起神经源性休克。其发生与血管运动中枢抑制或交感缩血管纤维功能障碍引起血管扩张，以致血管容积增加有关。

二、休克的发生机理

(一)休克发生的始动环节

引起休克的原因很多，引起休克的机理也不尽相同。但组织的有效血液灌流量严重减少是休克发病的共同基础。正常的组织有效血液灌流量取决于有效循环血量，而后者则有赖于足够的血容量、正常的血管容积和心脏泵血功能 3 个基本因素的共同维持。因此，绝大多数休克的发生是由以上 3 个环节的异常变化引起的。

(1)血容量减少　血容量减少引起的休克称为低血容量性休克，见于失血、失液、烧伤或创伤等情况。血容量减少导致回心血量减少，从而使心输出量降低和血压下降，因而出现减压反射抑制，交感神经兴奋，外周血管收缩，从而使组织血液灌流量减少。

(2)血管容积增加　动物体血管全部舒张及充盈所能容纳的血量称为血管容积，其理论值通常很大。但在生理情况下，由于神经体液的调节，血管会保持一定的紧张性。因此大部分毛细血管都处于关闭状态，使血管的实际容积大为减少。而这也是为了保持与全血量的相对平衡状态，以致在心泵的作用下维持一定的血管内压力，促使血液在血管内不断流动和循环，从而保证了有效循环血量。血管容积增加是指正常时的实际血管容量扩大，是由血管扩张引起的。过敏、感染时，由于组胺等生物活性物质释放，使血管扩张，血管容积增加，导致有效循环血量减少，从而引起微循环淤血和灌流量减少。创伤所引起的剧烈疼痛、脊髓麻醉或损伤等使血管运动中枢抑制或交感缩血管纤维功能障碍，导致血管扩张和血管容积增加，因而引起有效循环血量减少，以致组织血液灌流不足。可见，多种原因可通过血管容积增加这一环节引起休克发生。

(3)心脏泵血功能障碍　各种心脏疾患可引起心源性休克，其引起休克发生的始动环节是心脏泵血功能障碍，从而引起心输出量的急剧减少，导致有效循环血量和组织血液灌流量降低。

临床上针对休克发生的始动环节进行治疗，可阻断休克的发生和发展，是休克防治的重要原则之一。

(二) 休克时微循环的变化及其机制

微循环是指微动脉和微静脉之间的血液循环，是循环系统中最基本的结构，其基本功能是向组织和细胞运送氧气和营养物质，运送代谢产物以及调节组织间液、淋巴液和血管内液之间的平衡。可见微循环既是运输物质的管道系统，又是进行血管内外物质交换的场所。流经微循环的血量称为微循环灌流量，是微循环的功能得以实现的先决条件，微循环灌流量取决于微循环血管和毛细血管前括约肌的舒缩状态，它们受神经体液调节。一般把休克的发展过程分为 3 个时期。

1. 微循环缺血期

属休克早期。其特点是微动脉、后微动脉、毛细血管前括约肌和微静脉痉挛，管径缩小，其中以毛细血管前阻力血管(包括微动脉、后微动脉和毛细血管前括约肌)尤为明显。微血管的自律运动增强，进入真毛细血管网的血液减少，血流局限于通过直接通路或开放的动-静脉吻合支回流。此时，微循环中开放的毛细血管减少，血流减少，流速减慢，微循环灌流量显著减少，处于明显缺血状态，故称此期为微循环缺血期。

在这一过程中，各种休克性病因(如失血、失液、创伤、烧伤、疼痛、内毒素等)可引起有效循环血量减少或刺激交感-肾上腺髓质系统兴奋并大量释放儿茶酚胺，导致微循环血管出现持续痉挛性收缩。而休克时机体产生的其他体液因子，如血管紧张素、加压素、血栓素、心肌抑制因子、白三烯等也参与了血管收缩的过程。

该时期休克的临床表现与交感神经兴奋和微循环的变化特点有关。由于皮肤、肾脏的血管收缩，微循环缺血，故动物出现可视黏膜苍白、四肢冰凉、尿量减少；交感神经兴奋可使动物出冷汗和烦躁不安；交感-肾上腺髓质系统兴奋和儿茶酚胺增多，使心跳加快，外周阻力增加，故表现为脉搏快速、血压不低但脉压减少。这些临床表现对休克早期的诊断具有重要意义。需要强调的是，该时期动物的血压一般无明显变化，因此血压下降并不是判断早期休克的指标。

微循环变化特点表明此期尚属代偿期，如能及时诊断，尽早消除休克的病因，控制病情发展的条件和克服有效循环血量不足这一休克发展的主导环节，可阻止休克向失代偿期发展。

2. 微循环淤血期

如果休克在早期未能得到控制，微循环缺血缺氧持续一定时间后，微循环血管的自律运动消失，终末血管床对儿茶酚胺的反应性降低。微动脉、后微动脉、毛细血管前括约肌收缩逐渐减弱，血液不再限于通过直接通路回流，而是经过毛细血管前括约肌大量流入真毛细血管网。此时微静脉也发生扩张，但由于血液流变学的改变（如红细胞和血小板聚集，白细胞贴壁、嵌塞，血液黏度增加），使毛细血管后阻力增高，因此微循环的灌注大于外流，以致大量血液淤滞在微循环血管内，故休克由微循环缺血期发展为微循环淤血期。此时血管因对儿茶酚胺的反应性降低而发生扩张，微循环中血液淤滞，故早期的代偿反应消失，甚至出现回心血量进一步减少，因此又称此期为失代偿期。各组织器官出现微循环淤血的时间并不一致，早期主要见于肝脏、肠道、胰腺等器官；晚期则发生于肺脏、脾脏、肾上腺等器官；而皮肤、肌肉和肾脏则更迟发生或一直处于缺血状态。

该时期机体微循环的改变使休克由代偿进入失代偿状态，导致病情持续恶化。由于微循环血管床的大量开放，大量血液淤滞在微循环中，造成回心血量锐减和心输出量的降低，因而有效循环血量进一步减少。加上此时血管扩张，外周阻力降低，故动脉血压显著下降。动脉血压的降低，一方面使心、脑等重要生命器官的血液供应严重不足，另一方面导致微循环灌流量进一步减少，因而组织缺氧、酸中毒愈加严重，如此反复形成恶性循环，使病情进行性恶化。

基于上述变化，该时期休克的主要临床表现为：血压进行性下降，因脑血流减少而出现神志淡漠；因肾血流量严重不足而出现少尿甚至无尿；因微循环淤血，血容量严重不足而出现皮肤花斑、发绀，静脉塌陷，脉搏细弱而快速。

3. 微循环衰竭期

属休克晚期。在微循环淤血期即失代偿期，休克的发展已形成恶性循环，病情日趋严重，如持续较长时间则可进入微循环衰竭期。此期由于微循环淤血和灌流量减少更加严重，组织器官长时间严重缺氧而发生损伤和功能障碍，即使采取多种抗休克措施也难以逆转，病死率极高，故又称难治期或不可逆期。本期的微循环变化特点可概括如下：

（1）微血管反应性显著下降　该期的微动脉、后微动脉、毛细血管前括约肌、微静脉均出现扩张（弹性下降），甚至麻痹，毛细血管中血流停滞，微循环灌流量严重减少，即微循环衰竭。此时出现的血管反应性降低的机理尚未完全清楚，仅已知严重酸中毒是重要原因之一。

（2）弥散性血管内凝血（DIC）形成　休克晚期由于血液流变学的改变、严重缺氧、酸中毒、内毒素以及某些休克原因的作用，常可发生 DIC。DIC 一旦发生，又加重了微循环的障碍，从而加速微循环衰竭的发生。

（3）毛细血管出现无复流现象　无复流现象是微循环衰竭期微循环变化的另一特点，是难治性休克发生的原因之一。无复流现象的发生是白细胞黏着和嵌塞微血管、血管内皮细胞因缺氧发生肿胀而引起微血管阻塞所致。休克动物发生 DIC 时，微血栓堵塞管腔也是无复流现象发生的原因之一。

由于微循环发生上述改变以及微循环衰竭，使组织灌流量持续性严重减少，引起更为严重的缺氧和酸中毒，加上此时许多体液因子，特别是溶酶体酶、氧自由基、细胞因子释放，可导致组织、细胞及重要生命器官发生不可逆性损伤，甚至发生多系统和器官功能衰竭。本期的临床表现除有淤血期的表现外，还可有 DIC 和重要器官衰竭的表现。

综上所述，休克时微循环变化的 3 个时期，各有其特征又相互联系。微循环灌流量减少是各期变化的共同点，但其发生的机制不尽相同。在微循环缺血期和淤血期，休克是可逆性的，如采取正确的救治措施，休克可被纠正；若微循环变化发展到衰竭期，休克则已从可逆性向不可逆性阶段转化，此时难以治疗。因此，了解休克时各阶段的微循环变化及其机制，对休克的防治具有重要意义。

第二节　低血容量性休克

一、失血性休克

大量失血引起休克称为失血性休克(hemorrhagic shock)，常见于外伤引起的出血、消化道溃疡出血、食管曲张静脉破裂、产科疾病所引起的出血等。失血后是否发生休克不仅取决于失血的量，还取决于失血的速度。失血性休克往往是在快速、大量失血(超过总血量的 30%～35%)而又得不到及时补充的情况下发生的。由于机体对血容量的减少有很强的调节和代偿作用，如果是慢性丢失，即使丢失量相对较大也不一定会引起休克；相反，如果血液快速丢失，而机体来不及代偿，则容易引起休克。

(1)失血性休克的诊断鉴别　在很多情况下，对出血做出诊断并不十分困难。病史和体征都可能提示存在血容量的不足和肾上腺能的补偿性反应，然而实验检测却不一定如此。因为在急性失血后的短时间内，体液向局部转运和再平衡还不是很明显，难以通过血液检测指标反映这一即时变化。若失血的过程稍长，则体液向局部转运会逐步增多，使全身血液呈现浓缩，表现为血红蛋白增高、血细胞比容上升、尿素氮与肌酐的比例增大。如果失血的过程较长，失血量较大，特别是自由水丢失逐步增多，还会发生高钠血症。总之，对休克的失血量应予以充分估计，而临床上往往可能存在估计不足的情况，值得注意。

当失血较大，引起严重的低血容量性休克，而临床上还难以掌握其切实的和规律性变化，特别是复苏补液治疗还难以显示积极效果时，应考虑放置中心静脉导管或肺动脉导管进行有创血流动力学监测。通过中心测压可以观察到中心静脉压(central venous pressure，CVP)、肺动脉压(pulmonary artery pressure，PAP)和肺毛细血管楔压(pulmonary capillary wedge pressure，PCWP)的降低，提示心排出血量降低、静脉血氧饱和度降低和全身血管阻力增高等变化。

(2)失血性休克的治疗　首先要保证气道通畅和止血有效。气道通畅是通气和给氧的基本条件，应予以切实保证。对有严重休克和循环衰竭的患者，还应该进行气管插管，并给予机械通气。止血是制止休克发生和发展的重要措施，压迫止血是可行的有效应急措施，而止血带的应用十分有效。此外，应该尽快建立起多个静脉输液通路。

输液通道成功建立后立即进行大量快速补液。对于出现严重休克的情况，应该快速输注等渗平衡盐溶液扩充血容量，之后适当补充相合血。在应急情况下，为了满足复苏需要，可以输入同型的或不发生凝集反应的红细胞液，恢复血红蛋白含量的正常水平。对于出血后不能很好止血的情况，则不能按上述方法补液输血，应避免因大量输液冲刷破坏血栓，导致进一步失血。在无法通过中心静脉插管或肺动脉插管进行脉管压力监测的情况下，可以参考以下临床指标对治疗进行把握，如尿量、心率和血压是否正常，毛细血管充盈度是否良好，动物是否存在知觉和意识等。

在对失血性休克的动物进行输血复苏后，还需要再补充一定量的平衡溶液，以便适应体液的分布(血管外间质液体潴留)。若此时通过限制补液(或用胶体液代替平衡溶液)和利尿的方式来抑制这种间质间隙容量的扩大，则会加重休克，导致代谢性酸中毒，并诱发多器官功能不全，甚至造成动物死亡。大约在出现休克的 24 h 后，体液从分离相转变为利尿相，机体通过增加利尿排出血管外蓄积的体液，恢复血管和间质间隙的体液平衡。

二、创伤性休克

创伤引起的休克，一般都伴随血容量的减少，如严重创伤时肝脏和脾脏的破裂、血管损伤、挤压伤、大面积撕裂伤等均可引起体内外的大量出血。因此，创伤性休克也通常表现为低血容量性休克，其发生发展规律与失血性休克相似，多为低排高阻型休克。然而，创伤性休克的发生，除了由于失血或失血浆引起的血容量减少外，还涉及其他的原因，故有其自身的特点和规律。

(一)创伤性休克的诊断

创伤可引起剧烈的疼痛，刺激交感神经兴奋致使儿茶酚胺增多，引起血管收缩而导致微循环发生缺血性变化。因此，通常动物在发生创伤时丢失的血液量尚未达到引起休克的常规丢失量时即可出现休克。如果血容量丢失较严重，则上述变化可加速休克的发生和发展。过度的剧烈疼痛可使心血管中枢抑制和血管扩张，使微循环发生血液淤滞。创伤引起组织的严重损伤和组织细胞的破坏使大量组织因子释放入血，加之组织损伤后出现的血小板激活亦使血液处于高凝状态，进而引发微血栓的形成，故创伤性休克时出现弥散性血管内凝血(DIC)的概率很高，并可在微循环淤血期就出现 DIC。而 DIC 一旦发生，又会加重微循环障碍，促进休克的发展。此外，严重创伤或烧伤会导致机体抵抗力降低，而创口或创面也为细菌的生长繁殖提供了良好条件，故常在创部发生感染。若为革兰氏阴性细菌感染，则产生的内毒素可进入血液，并通过多种途径加重休克的程度。当然，严重感染又会继发引起感染性休克。

损伤的部位或器官的不同也会影响休克的发生发展。例如，胸部创伤造成气胸或血胸，使胸内压增高，影响肺的呼吸功能及心脏功能；头部损伤可致脑功能障碍，如果累及脊髓血管运动中枢，可造成血管扩张及血压下降；长骨骨折，骨髓腔内的脂肪颗粒进入血液，引起脂肪栓塞，可累及肺、脑等重要器官；严重挤压伤时，大量血红蛋白和肌红蛋白进入血流，引起急性肾功能障碍等。可见，上述创伤直接引起的病理变化，一方面可促进休克的发展，另一方面也能引起或促进重要生命器官的功能障碍。因此，创伤性休克往往较为严重，其器官衰竭发生率也高于单纯性失血失液性休克，应在治疗时密切观察和及时防治。

总之，严重损伤常因失血或丢失血浆而发生低血容量性休克，具有低血容量性休克的特点。但因它又具有上述发病学特点，所以创伤性休克较单纯性失血失液性休克发病急骤，且发展迅速，死亡率高，预后差。此外，损伤性休克的原因一般难以在短时间内消除，病因的持续存在和作用使休克加剧，给临床治疗带来很大困难，这也是损伤性休克的重要特点之一。

(二)创伤性休克的治疗

1. 病因治疗

及时找出创伤的原因，积极处理创伤，是抗休克的关键环节。创伤性休克最重要的原因是活动性大出血和重要脏器损伤所致的生理功能紊乱，必要时需紧急手术才能控制和治疗休克。如活动性大出血，只有迅速止血，休克才能得到控制。内出血一经确诊后，应在输血补液的同时，择机进行手术止血。如果内出血不严重，原则上可在补足血容量、维持血压和初步纠正休克后进行手术；如出血速度快，伤情波动明显，若不除病因则无法纠正休克时，则应在积极补充血容量的同时即刻紧急手术。紧急情况下采取的手术治疗通常只能根据有限的体征信息和检查数据来制订。

2. 恢复有效血容量

有效血容量减少是休克发生的中心环节，因此补充有效血容量是抗休克的基本措施。

休克时输液的目的有 3 个方面：恢复有效循环血量；改善机体的电解质和酸碱平衡，以及细胞和蛋白成分的组成；补充营养，改善热能代谢，刺激活细胞活性和防止蛋白质崩解。输液方法和输液量应根据动物的受伤情况、临床表现、休克程度、尿量和各项检查数据等进行判断。

对存在贫血和失血的病例，有必要输注全血，因为全血中的红细胞有携氧能力。但要以补充血量达到正常的红细胞比容水平为度，而剩余不足的血容量则可根据情况输注血浆、生理盐水或右旋糖酐等进行补充。如此即可避免血液携氧能力不足，又能降低血液的黏稠度，改善微循环，而新鲜血液中还含有丰富的凝血因子，可补充失血导致的凝血因子不足。

在创伤引起的休克过程中，血浆的大量丢失（如大面积烧伤、出血和腹膜炎等）伴随着白蛋白从血管或消化道内的丢失。因此，临床上使用的各种血浆制品是有效的白蛋白补充来源。右旋糖酐是血浆的良好代替品，它能提高血浆胶体渗透压，并且产生中等程度的利尿作用，但会增加手术切口或其他损伤部位发生毛细血管出血的风险。低分子右旋糖酐在治疗中毒性休克时作用明显，它能降低微循环内的血液黏稠度，使凝集的红细胞分散，从而改善微循环内血液淤滞的状态，有疏通微循环和扩充血容量的效果。

电解质溶液为晶体溶液，输注后不能长期维持血管内的容量，而水分会通过毛细血管壁渗透到组织间隙，引起间质水肿。由于休克动物多存在电解质紊乱，补充电解质还是十分必要的。休克早期以补充乳酸钠和复方氯化钠为首选。因为它们所含的离子浓度与正常体液接近，性质较为稳定。但在严重休克时，会使机体的乳酸浓度升高，故一般不采用。

葡萄糖溶液主要是提供能量，补充消耗。若大量输入不含电解质的葡萄糖溶液，会导致血液呈低渗状态，易使细胞发生水肿，故用量应加以限制。

补充血容量的指标是体内水、电解质和血液渗透压失衡得到改善，表现为病情出现好转，末梢皮肤温度由冷变温，可视黏膜由苍白干燥变得红润，血压回升，心率恢复正常，排尿量逐渐增多等。

3. 血管收缩药与血管舒张药的应用

（1）血管收缩剂　有异丙肾上腺素、肾上腺素、阿拉明（间羟胺）、去甲肾上腺素等。

异丙肾上腺素：为典型的 β 受体兴奋剂，能使心肌收缩力增强，心排血量增加，降低静脉压，改善微循环及组织缺氧状态以纠正休克。由于异丙肾上腺素能使心脏兴奋和外周血管扩张，故可使收缩压升高，舒张压下降，并能解除休克时的小血管痉挛，增加微循环血流量，以改善重要内脏器官的血液供应。用法为 0.4 mg 稀释于 5%葡萄糖 250 mL 内缓慢静滴至起效，滴速 0.04～0.08 mg/(kg · min)。

阿拉明：直接兴奋 α 受体，升压作用较去甲肾上腺素弱，但作用缓慢而持久，可收缩周围血管，增强心肌收缩力，增进脑、肾及冠状动脉血流。用法为 15～100 mg 加于 5%葡萄糖液 500 mL 内静滴，滴速 20～30 滴/min。也可肌肉或皮下注射 2～10 mg，每 2 h 一次。

去甲肾上腺素：主要兴奋 α 受体，对 β 受体兴奋性较弱，具有较强的血管收缩作用。用药后明显增加周围血管阻力，增加冠状动脉血流量，心排血量不变或增加。但可使肾血流量显著减少，导致少尿，时间过久可发生肾衰，故低血容量休克时应用此药有危险。用法为 2～4 mg 溶于 5%葡萄糖液 500 mL 中静滴，维持收缩压在正常范围内即可。休克早期不宜使用，因微血管已处于痉挛状态，如再给予血管收缩剂，可使毛细血管血流更加淤滞，加重组织缺血、缺氧，使休克恶化。只有当血压下降，伴有明显冠状动脉和脑动脉血流不足，又不能及时补充血容量时，可短期适量应用，以保证心、脑血液供应。然后尽快补充血容量。休克晚期，微血管衰竭呈瘫痪性扩张，亦不宜应用，否则必将导致病情进一步恶化。

(2)血管舒张剂　可解除小动脉痉挛，增加微循环的血流量，改善组织缺氧，中断恶性循环。但血管床容量突然加大可导致血压下降，因此在应用扩张药物前一定要先补足血容量。可供选择的有 α 受体阻滞剂(酚妥拉明、苄胺唑啉、苯苄胺等)，β 受体兴奋剂(异丙肾上腺素、甲苯丁胺)及 α 与 β 受体兴奋剂(多巴胺)。

酚妥拉明：是一种 α 受体阻滞剂。有对抗肾上腺素与去甲肾上腺素的作用，能降低血管阻力，增加外周血容量，扩张小动脉及毛细血管，增加组织灌注量，改善微循环，并能改善心肌功能，增加心输出量。将 5 mg 加入 5%葡萄糖液 500 mL 内静滴，滴速 20～30 滴/min，开始可能使血压稍下降，以后持续上升，使血压稳定正常范围内后减速。

多巴胺：有兴奋 β 受体的作用，也有一定的 α 受体兴奋作用。可增强心脏收缩力，增加心排血量，但对心率无显著影响。对周围血管有中、轻度收缩作用，使动脉压升高。可扩张心脏血管增加血流量，有利于改善休克时重要脏器血液供应。可使肾血管扩张，使肾血流及肾小球过滤有所增加，尿量增加，尿钠排泄增加。将 200 mg 加入 250 mL 或 500 mL 生理盐水、林格氏液或葡萄糖液中，使每毫升含多巴胺 0.8 mg 或 0.4 mg。如滴入速度小于 5 μg/(kg · min)，即可增加肾血流量；大于 5 μg/(kg · min)，心肌收缩力增强，心排出量增多；若增大至 20 μg/(kg · min)以上，则兴奋受体的作用更为明显，滴入速度由慢变快，可出现排尿增多及血压上升，如排尿量有减少趋势，则应将滴速减慢，直至尿量变多、血压稳定为止。

目前倾向于以多巴胺为主，配合其他药物联合应用，如多巴胺静滴时，加用东莨菪碱，间断注射。

总之，血管收缩剂可提高血压，保证心、脑血液供应，但又限制了组织灌流。血管舒张剂可使血管扩张，血流进入组织较多，但又引起血压下降，影响心、脑血流供应，两者各有利弊，因此要正确处理血压与组织灌流的关系，针对休克的发展过程，灵活应用。另外，不论血管收缩剂或血管舒张剂，都必须在补足血容量的基础上才可以使用。

4. 纠正酸中毒

休克的缺氧代谢必然导致代谢性酸中毒，酸中毒又可加重休克，酸中毒的存在也易使其治疗难以奏效，故用碱性药物纠正酸血症已成为抗休克的主要措施之一。

(1)5%碳酸氢钠　该药的 pH 为 8.6，可直接供应碳酸氢根增加机体的碱储，为纠正代谢性酸中毒的首选药物，其用量根据动物的体况和碱的缺失量而定。

(2)乳酸钠溶液　弱碱性，本身无直接纠正酸中毒的作用，需经肝脏将乳酸根氧化成重碳酸根后方可起效。但休克时肝功能处于抑制状态，其提供的作用需待肝功能恢复正常后才能实现。一般常用的是 1/6 mol/L 溶液，等渗液每升约含 167 mmol，另外有浓度为 11.2%的，输用时稀释 6 倍，初用量为 100 mL。

其他碱性溶液还有三羟甲基氨甲烷(THAM)和碳酸钠。

在抢救休克时，若无法进行实时血液 pH 测定和血气分析，可根据经验(休克持续时间越久则酸血症越严重)评估休克的严重性来调整用药剂量，平衡机体酸碱度。

5.激素的应用

其机制可能是:①稳定溶酶体膜;②抑制水解酶的排出;③抑制激肽的作用;④防止线粒体嵴及其内部构造的变化;⑤抑制酸性磷酸酯酶对肺泡表面活性物质的分解;⑥对血小板、多核白细胞、溶酶体、肺毛细血管具有保护作用;⑦维持肺泡型细胞功能,防止水分渗出;⑧增强肠壁对内毒素的抵抗力;⑨激活网状内皮系统;⑩改善组织代谢,促进 ATP 形成。常用量为氢化可的松 10～40 mg/kg 或甲基强的松龙 30 mg/kg 或地塞米松 1～3 mg/kg。

6.其他治疗

(1)体位　动物休克时应注意保持合理的体位。若存在心功能不全,可将下肢、头部和躯干分别抬高 30°,有利于下肢静脉回流和改善呼吸。若存在颅脑或胸部损伤,可采取俯卧位。

(2)给氧　保持呼吸道通畅、维持呼吸功能是预防和治疗休克中的基本条件。一般情况下,可用鼻导管或面罩给氧,并适当提高供氧浓度,浓度以 40%为宜。若缺氧严重时,可用面罩加压给氧,必要时采用呼吸机持续正压或呼吸终末正压通气,使氧分压至少达 8.0 kPa(60 mmHg)。

(3)利尿　大量输液后,如尿量不多,且 24 h 内尿量少于输液量的 1/10 时,当休克得到纠正后,则减慢输液速度和减少输液量,并及时用利尿剂。

(4)葡萄糖的应用　休克晚期血糖明显下降,是休克时的乏氧代谢,葡萄糖氧化不全,能量不足导致葡萄糖的消耗增加和低率利用所致。此时将葡萄糖和胰岛素及氯化钾联合应用(GIK 液),即 10%葡萄糖 500 mL+胰岛素 12 IU+10% KCl 10 mL 静滴,可增强葡萄糖的氧化作用,能保护细胞膜,促进细胞功能恢复,血压可明显上升,有利于休克好转。

(5)能量合剂的应用　能量合剂中含 ATP 20 mg,辅酶 A 50U,细胞色素 C 15～30 mg。ATP 减少是休克时导致线粒体机能减低,免疫系统抑制的主要原因。将能量合剂加入 5%～10%葡萄糖 500 mL 中静滴,可使休克存活率升高。

此外,应保持环境安静、镇静、止痛、保暖;高温季节应注意通风、降温等。这些措施对休克的救治均很重要。

第三节　感染性休克

感染性休克亦称脓毒性休克,是由微生物及其毒素等引起的脓毒病综合征(sepsis syndrome)并伴随休克。严重感染特别是革兰氏阴性细菌感染常可引起感染性休克。感染性休克的发病机理极为复杂,目前的研究已深入到细胞、亚微结构及分子水平。当机体抵抗力降低时,侵入机体或体内正常寄居的病原得以大量繁殖,释放其毒性产物,并以其为动因激活人体体液和细胞介导的反应系统,产生各种炎性介质和生物活性物质,从而引起机体一系列病理生理变化,使血液动力学发生急剧变化,导致循环衰竭。

外科感染性休克多见于腹腔内感染和创伤性脓毒血症、泌尿系统和胆道感染、蜂窝织炎、脓肿等并发的菌血症或败血症;有时亦见于手术、导管置入或输液污染引起的严重感染。感染灶中的微生物及其毒素、胞壁产物等侵入血循环,激活宿主的各种细胞和体液系统,产生细胞因子和内源性介质,包括组胺、激肽、5-羟色胺、血栓素 A_2(TXA_2)、血小板活化因子(PAF)、白三烯(LTs)、前列腺素(PG)、补体成分(C_{3A}、C_{5A})、心肌抑制因子(MDF)、溶酶体酶、自由基、一氧化氮、肿瘤坏死因子(TNF)、白介素 1(IL-1)、氨基磷脂等。这些因子作用于机体各器官和系统,影响组织的灌注,导致组织细胞缺血缺氧、代谢紊乱和功能障碍,甚至出现多器官功能衰竭。因此感染性休克是微生物因子和机体防御机制相互作用的结果,微生物的毒力数量以及机体的内环境应答是决定感染性休克发展的重要因素。

(1)病原菌　感染性休克的常见致病菌为革兰氏阴性细菌,如肠杆菌科细菌(大肠杆菌、克雷伯氏菌、肠杆菌等)、不发酵杆菌(假单胞菌属、不动杆菌属等)、脑膜炎球菌、类杆菌等。革兰氏阳性细菌,如葡萄球菌、链球菌、肺炎链球菌、梭状芽孢杆菌等也可引起休克。某些病毒性疾病(如流行性出血热等),也容易发生休克。某些感染,如肺炎、化脓性胆管炎、腹腔感染、菌痢也可并发休克。

(2)宿主因素　慢性疾病(如肝硬化、糖尿病、恶性肿瘤、白血病)、烧伤、长期接受免疫抑制治疗(如肾上腺皮质激素等免疫抑制剂、抗代谢药物和放射治疗)、长期留置导尿管或静脉导管等情况可诱发感染性休克。

(3)特殊类型的感染性休克　中毒性休克综合征(toxic shock syndrome,TSS)是由细菌毒素引起的严重症候群,其中金色葡萄球菌和链球菌感染可引起类似症候群。

(4)感染性休克的治疗　外伤性休克常存在合并感染,因此在休克早期通常会应用广谱抗生素预防治疗。此外,需要加强对休克动物的医疗管理,使动物保持安静,注意保温和通风,给予充分饮水。

本章小结

休克是机体有效循环血容量减少、组织灌注不足,以及细胞代谢紊乱和功能受损的病理过程,它是由多种病因引起的综合征。外科休克是指外科疾病引起的休克,主要有低血容量性休克(失血失液性休克)、损伤性休克(创伤性和烧伤性休克)和感染性休克。引起休克的原因和机理各不相同,但组织的有效血液灌流量严重减少是休克发病的共同基础。正常的组织有效血液灌流量受血容量、血管容积和心脏泵血功能的影响。任何一个环节异常都会引起有效循环血量的减少,从而引起组织有效血液灌流量减少进而导致休克的发生。

微循环是指微动脉和微静脉之间微血管中的血液循环,是循环系统中最基本的结构。其基本功能是向组织和细胞运送氧气和营养物质,运送代谢产物以及调节组织间液、淋巴液和血管内液之间的平衡。微循环灌流量是微循环功能得以实现的先决条件,取决于微循环血管和毛细血管前括约肌的舒缩状态,它们受神经体液调节。休克时微循环变化的3个时期各有其特征而又相互联系。微循环灌流量减少是各期变化的共同点,但其发生的机制不尽相同。在微循环缺血期和淤血期,休克是可逆性的,如采取正确的防治措施,休克可被纠正;若微循环变化发展到衰竭期,则休克向不可逆性阶段发展,临床上难以治疗。

大量失血引起的休克称为失血性休克。失血后是否发生休克不仅取决于失血的量,还取决于失血的速度。休克往往是在快速、大量失血而又得不到及时补充的情况下发生的。治疗时首先要保证气道通畅和止血有效。气道通畅是通气和给氧的基本前提,应予以切实保证。止血是制止失血性休克发生和发展的重要措施。一旦成功建立输液通道,应立即给予大量快速补液。

创伤引起的休克多表现为低血容量性休克,其发生发展规律与失血性休克相似,多为低排高阻型。创伤可引起剧烈的疼痛,刺激交感神经兴奋致使儿茶酚胺增多,引起血管收缩而导致微循环发生缺血性变化,因此创伤时血液或血浆的丢失量常在未达到引起休克的常规丢失量时即可发生休克。创伤引起组织的严重损伤,组织细胞的破坏可使大量组织因子释放入血,加之组织损伤可激活血小板使血液处于高凝状态,因而引发微血栓形成。故损伤性休克时弥散性血管内凝血(DIC)发生率高,且发生早,可在微循环淤血期就出现DIC。严重创伤或烧伤常使机体抵抗力降低,创口或创面也为细菌提供了良好的生长繁殖条件,故常伴有创部的感染。若为革兰氏阴性细菌感染,则产生的内毒素进入血液,并通过多种途径加重休克过程。

创伤部位或器官的不同可影响休克的发生发展。一方面可促进休克的发展,另一方面也能引起或促进重要生命器官的功能障碍。因此,损伤性休克往往较为严重,其器官衰竭发生率也高于单纯性失血失液性休克,应在治疗时密切观察和及时防治。

总之,严重损伤常因失血或丢失血浆而发生低血容量性休克,具有低血容量性休克的特点。但因它又具有上述发病学特点,损伤性休克的原因一般难以在短时间内消除,原因的持续存在和作用,加剧了休克的过程,给临床治疗带来很大困难。

严重感染特别是革兰氏阴性细菌感染常可引起感染性休克,亦称脓毒性休克,是由微生物及其毒素等产物所引起的脓毒病综合征。感染灶中的微生物及其毒素、胞壁产物等侵入血液循环,激活宿主的各种细胞和体液系统,产生细胞因子和内源性介质,作用于机体各种器官、系统,影响其灌注,导致组织细胞缺血缺氧、代谢紊乱、功能障碍,甚至多器官功能衰竭。因此感染性休克是微生物因子和机体防御机制相互作用的结果,微生物的毒力数量以及机体的内环境应答是决定感染性休克发展的重要因素。

复习思考题

1. 试述休克时的微循环变化。
2. 休克的特殊监测有哪些?
3. 休克时如何应用血管活性药物?
4. 低血容量性休克时如何补充血容量?
5. 试述感染性休克的治疗方法。
6. 名词解释

休克、微循环、微循环缺血期、微循环淤血期、微循环衰竭期、低血容量性休克、失血性休克、创伤性休克、感染性休克、DIC

(黄坚)

第十一章　肿　瘤

第一节　肿瘤概论

肿瘤(tumor)是机体细胞在内外致瘤因素长期协同作用下导致其基因水平的突变和功能调控异常,从而促使细胞持续过度增殖与异常分化并导致发生转化而形成的病理性新生物。

它没有生理功能,呈无规律生长,丧失正常细胞功能,破坏原组织器官结构,有的转移到其他部位,甚至危及生命。

肿瘤组织具有特殊的代谢过程,比正常的组织增殖快,耗损动物机体大量的营养,同时还产生某些有害物质、损害机体。特别是恶性肿瘤对机体影响很大,后期多数导致恶病质。肿瘤是机体整体性疾病的一种局部表现。它的生长有赖于机体的血液供应,并且受机体的营养和神经状态的影响。

动物肿瘤已日益引起兽医、医学界的共同重视,国内外已有较多的专著报道和调查研究,各地临床病例及食品卫生检验均证明动物肿瘤的发病率有所上升。现已证明马、牛、羊、猪、犬、猫、兔、鸡、鸭、鹅、火鸡、蛙、鱼类等都可发生肿瘤;狮、虎、豹、熊、熊猫、鹿、猴、鹦鹉、水貂、雉、碧玉鸟、天鹅、鸵鸟等野生动物也有发生肿瘤的报道。

一、流行病学

动物肿瘤的发生有一定的普遍性,涉及多种家畜、家禽和野生动物。几乎遍布于与人类关系密切的各种动物。

(1)品种因素　动物肿瘤的发生,品种间易感性差异很大。如皮肤乳头状瘤多发于牛,尤以短角牛更为多发;皮肤癌大批发生于山羊;黑色素瘤多发于白毛或青毛马;特别在犬,品系不同所发肿瘤各不相同,如肥大细胞瘤和皮肤癌常发于波士顿犬,血管外皮细胞瘤常发于拳师犬。

(2)年龄因素　动物肿瘤发病与年龄有关,一般规律是年龄越大,肿瘤的发病率越高,危害性也越大。这可能与老龄动物受某些致癌物质的多次影响,以及机体免疫功能低下和代谢功能衰退有关,如犬的乳腺肿瘤多发于6岁以上的母犬。然而也有例外,某些动物肿瘤幼年发病率高于成年和老年,如乳头状瘤主要侵害青年牛群,老牛反而较少发生。

(3)性别因素　某些肿瘤的发生与动物性别有关。如猫的白血病(feline leukemia),公猫的发病率高于母猫;乳腺肿瘤以及子宫卵巢肿瘤,雌性动物高于雄性。

(4)条件因素　动物的饲养管理条件与肿瘤发生有一定关系。如喂饲霉败饲料过多,时间过长,癌瘤发病率就高。

(5)环境因素　有的动物肿瘤常呈地方性流行。西藏一些地区曾连续发生大批的山羊皮肤癌,且发病率很高;日本、美国一些地区的牧场大批群发牛的乳头状瘤,受侵小牛发育受阻,成年乳牛减产，皮革破坏；中国某些地区由于地带特殊及地理气候关系，饲料的黄曲霉含量高，成为癌的高发地区。

（6）多原发性易感因素　多原发性肿瘤是动物肿瘤发生的一个特殊性，即在一个患病动物机体上同时发生几种肿瘤。据报道犬的肿瘤，仅就 2 头拳师犬身上分别生长 10 种和 9 种不同的肿瘤。中国近年在猪群肿瘤普查时，曾发现大量多原发性癌瘤病例。如在 800 头母猪群中检出 41 个恶性肿瘤病猪，占病例总数的 26.8%是多原发性癌瘤。这是值得引人重视的实例，它对研究肿瘤的病因、发生和防治具有重要意义。

二、分类与命名

（一）分类

分类的目的在于明确肿瘤性质、组织来源，有助于选择治疗方案并能揭示预后。临床上，根据肿瘤对动物的危害程度不同，通常分为良性肿瘤和恶性肿瘤；在诊断病理学中，根据肿瘤的组织来源、组织形态和性质不同，可分为上皮组织肿瘤、间叶组织肿瘤、神经组织肿瘤和其他类型肿瘤。

（二）命名

（1）良性肿瘤的命名　一般称为"瘤"，通常在发生肿瘤的组织的名称之后加上一个瘤（英文名称-oma）字。如纤维组织发生的肿瘤，称为纤维瘤（fibroma）；脂肪组织发生的肿瘤，称脂肪瘤（lipoma）等。此外，由两种间胚组织构成的良性肿瘤，称为混合瘤。

（2）恶性肿瘤的命名　通常可分为 3 种。来自上皮组织的恶性肿瘤，称为"癌"（carcinoma）。为了表明癌的发生位置，在"癌"字前面可冠以发生的器官或组织的名称，如鳞状细胞癌（squamous cell carcinoma）、食道癌（carcinoma of esophagus）等。

来自间叶组织的恶性肿瘤，统称为"肉瘤"（sarcoma）。在肉瘤前冠以其发生的组织名称，即该组织的肿瘤病名，如淋巴肉瘤（lymphosarcoma）、骨肉瘤（osteosarcoma）等。

来自胚胎细胞未成熟的组织或神经组织的一些恶性肿瘤，通常在发生肿瘤的器官或组织名称前加上一个"成"字，后面加一个"瘤"字（或在组织名称之后加"母细胞瘤"字样），如成肾细胞瘤（nephroblastoma），又称肾母细胞瘤；成神经细胞瘤（neuroblastoma），又称神经母细胞瘤。

有些恶性肿瘤沿用习惯名称，如鸡马立克氏病（Marek's disease）、白血病（leukemia）等；部分恶性肿瘤因组织来源和成分复杂或不能肯定，所以既不能称为癌，也不能称为肉瘤，属混合瘤，一般就在传统的名称前加上"恶性"二字。这些肿瘤的实质成分来自 3 种胚叶，属于特殊类型的肿瘤，如畸胎瘤（teratoma）、恶性黑色素瘤（malignang melanoma）等。

良性肿瘤表面光滑，瘤体生长缓慢，多呈膨胀性生长，外周有结缔组织增生形成的包膜，不发生转移，而瘤细胞分化较好，其细胞形态和组织结构与其起源的组织细胞形态和结构很相似，细胞比较成熟；但位于重要器官的良性肿瘤也可威胁生命；少数肿瘤也可发生恶变。恶性肿瘤表面不光滑，瘤体生长快，多呈侵袭性或浸润性生长，侵入周围的正常组织或器官，肿瘤周围无包膜或不完整，可沿淋巴或血管发生转移，瘤细胞分化程度较低，与其起源组织细胞的形态和结构很少相似，细胞一般较幼稚和不成熟；病程重，发展快，并常有全身症状表现；恶病质是恶性肿瘤的晚期表现；浸润性生长的恶性肿瘤可从其原发部位通过血管、淋巴管或浆膜腔转移到其他部位继续生长，形成新的肿瘤。良性肿瘤和恶性肿瘤的临床病理特征和鉴别要点见表 11-1。

表 11-1　良性肿瘤和恶性肿瘤的鉴别点

项目	良性	恶性
1.生长特性		
(1)生长方式	膨胀性生长居多	侵袭性或浸润性生长为主
(2)生长速度	生长缓慢	生长较快
(3)边界与包膜	边界清楚,大多有包膜	边界不清楚,大多无包膜
(4)质地与色泽	近似正常组织	与正常组织差别较大
(5)侵袭性	一般不侵袭	有侵袭及蔓延现象
(6)转移性	不转移	易转移
(7)复发	完整切除后不复发	不易切除干净,易复发
2.组织学特点		
(1)分化与异型性	分化良好,无明显异型性	分化不良,有异型性
(2)细胞排列	规则	不规则
(3)细胞数量	稀散,较少	丰富,致密
(4)核膜	较薄	增厚
(5)染色质	细腻,少	深染,多
(6)核仁	不增多,不变大	增多,变大
(7)核分裂相	不易见到	多见
3.功能代谢	一般代谢正常	异常代谢
4.对机体影响	一般影响不大	对机体影响大

三、病因

肿瘤的病因和发病机制迄今尚未完全清楚。根据大量实验研究和临床观察初步认为主要与外界环境因素如化学因素、放射线和病毒等有关;同时也与机体内部因素关联。现在已知的病理学说和某些致瘤因子,只能解释不同肿瘤的发生,还不能用一种学说来解释各种肿瘤的病因。

(一)外界因素

(1)化学因子　目前已知的化学致癌物质 100 余种。实验发现 3,4-苯并芘、1,2,5,6-二苯蒽等致癌性都很强,局部涂敷能引起鼠的乳头状瘤直至癌变,注射可引起肉瘤。亚硝胺类的二甲基亚硝胺、二乙基亚硝胺可诱发哺乳动物多种组织的各类肿瘤,如牛皱胃癌、猪胃癌等。黄曲霉毒素 B_1 毒性最强,能诱发大鼠、鸭、猪及猴的肝癌,大鼠的胃癌、支气管癌和肾癌等。用有机农药饲喂小鼠可致癌。其他如芳香胺类的联苯胺、乙萘胺、吖啶化合物、砷、铬、镍、锡、石棉等都具有一定的致癌作用。食用饲喂瘦肉精(盐酸克伦特罗)的猪肉也可导致癌症。已知用煤焦油反复涂擦兔耳皮肤可引起肿瘤。

(2)物理因子　紫外线、电离辐射长期照射可诱发白血病与癌;长期反复的机械刺激可诱发某些肿瘤。

(3)病毒因子　自 Rous(1910)用鸡肉瘤滤液接种健康鸡发生肉瘤后,到目前已证明有数十种动物肿瘤都是病毒所致,如鸡的白血病/肉瘤群,野兔的皮肤乳头状瘤,小鼠、大鼠、豚鼠、猫、犬、牛和猪的白血病等,都是由相应的病毒引起的。

(二)内部因素

在相同外界条件下,有的动物发生肿瘤,有的却不发生,说明外界因素只是致瘤条件,外因必须通过内因起作用。

(1)免疫状态　若免疫功能正常,小的肿瘤可能自行消失或长期保持稳定,尸体剖检其生前无症状的肿瘤可能与此有关。在实验性肿瘤中证实体液免疫和细胞免疫两种机理都存在,但以细胞免疫为主。在抗原的刺激下，体内出现免疫淋巴细胞，它能释放淋巴毒素和游走抑制因子等，破坏相应的瘤细胞或抑制肿瘤生长。因此，肿瘤组织中若含有大量淋巴细胞是预后良好的标志。如有先天性免疫缺陷或各种因素引起的免疫功能低下，则肿瘤组织就有可能逃避免疫细胞监视，冲破机体的防御系统，从而瘤细胞大量增殖和无限制生长。由此可见机体的免疫状态与肿瘤的发生、扩散和转移有重大关系。

(2)内分泌系统　实验证明性激素平衡紊乱，长期使用过量的激素均可引起肿瘤或对其发生有一定的影响。如肾上腺皮质激素、甲状腺素的紊乱对癌的发生起一定的作用。

(3)遗传因子　遗传因子与肿瘤发生已有很多实验证明，如一卵双生子的相同器官的肿瘤相当普遍。动物实验证明乳腺癌鼠族进行交配，其后代常出现同样的肿瘤。

(4)其他因素　神经系统、营养因素、微量元素、年龄等也有很大影响。

四、症状

肿瘤症状决定于其性质、发生组织、部位和发展程度。肿瘤早期多无明显临床症状。但如果发生在特定的组织器官上，可能有明显症状出现。

(一)局部症状

(1)肿块(瘤体)　发生于体表或浅在的肿瘤，肿块是主要症状，常伴有相关静脉扩张、增粗。肿块的硬度、可动性和有无包膜则因肿瘤种类而不同。位于深在或内脏器官时，不易触及，但可表现功能异常。就肿瘤块的生长速度而言，一般良性的生长慢，恶性的生长快且可发生相应的转移。

(2)疼痛　肿块的生长、损伤、破溃或感染时，使神经受刺激或压迫，可有不同程度的疼痛。

视频 11-1　肿瘤的局部症状

(3)溃疡　体表、消化道的肿瘤，若生长过快，引起供血不足继发坏死或因感染常导致溃疡。恶性肿瘤、呈菜花状瘤，肿块表面常有溃疡，并有恶臭和血性分泌物。

(4)出血　体表肿瘤易损伤或发生破溃和出血。消化道肿瘤，可能呕血或便血；泌尿系统肿瘤，可能出现血尿。

(5)功能障碍　消化道肿瘤可引起消化道的运动机能和分泌机能紊乱等。如肠道肿瘤可致肠梗阻；乳头状瘤发生于上部食管，可引起吞咽困难。(视频 11-1)

(二)全身症状

良性和早期恶性肿瘤，一般无明显全身症状，或有贫血、低热、消瘦、无力等非特异性的全身症状。如肿瘤影响营养摄入或并发出血与感染时，可出现明显的全身症状。恶病质是恶性肿瘤晚期全身衰竭的主要表现，肿瘤发生部位不同则恶病质出现迟早各异。有些部位的肿瘤可能出现相应的功能亢进或低下，继发全身性改变。如颅内肿瘤可引起颅内压增高和定位症状等。

五、诊断

诊断的目的在于确定有无肿瘤及明确其性质，以便拟订治疗方案和判断预后。临床诊断方法如下。

1. 病史调查

病史的调查，主要来自动物主人或饲养者。如观察动物体的肿块部位有无外伤，肿胀增长的速度，是最近突然长大还是长得很慢；了解患病动物是否长期厌食、进行性消瘦或有无其他全身性症状等，都有可能提示有关肿瘤发生的线索。同时还要了解患病动物的年龄、品种、饲养管理、病程等。

2. 体格检查

首先做系统的全身检查，再结合病史进行局部检查。全身检查要注意全身症状有无厌食、发热、感染、贫血和消瘦等。局部检查必须注意肿瘤发生的部位、范围，分析肿瘤组织的来源和性质；认识肿瘤的性质，包括肿瘤的大小、形状、质地、表面温度、血管分布、有无包膜及活动度等。这对区分良性、恶性肿瘤，估计预后都有重要的临床意义；区域淋巴结和转移灶的检查对判断肿瘤分期、制订治疗方案均有临床价值。

3. 影像学检查

应用X射线(多用于胸、腹、盆腔器官以及四肢骨、关节等部位的肿瘤)、超声波(常用于诊断肝癌、卵巢癌、乳腺癌、子宫癌以及肺、脑等处的肿瘤)、各种造影(如用于中、小动物消化道肿瘤)、X射线计算机断层扫描(简称CT，多用于诊断实质性脏器肿瘤、颅内肿瘤)、核磁共振(MRI)、远红外热像等各种方法，检查有无肿块及其所在部位，形态及大小，结合病史、症状及体征，为确诊肿瘤及其性质提供依据。

4. 内窥镜检查

应用金属(硬管)或纤维光导(软管)的内窥镜直接观察空腔脏器、胸腔、腹腔以及纵隔内的肿瘤或其他病理状况。内窥镜还可以取细胞或组织做病理检查；能对小的病变如息肉做摘除治疗；能够向输尿管、胆总管、胰腺管插入导管做X射线造影检查等。可使用直肠和乙状结肠镜、胃镜、喉镜、支气管镜、腹腔镜等设备进行。

5. 病理学检查

病理学检查历来是诊断肿瘤最可靠的方法，其方法主要包括如下类型。

(1)病理组织学检查　对于鉴别真性肿瘤和瘤样变、肿瘤的良性和恶性，确定肿瘤的组织学类型与分化程度，以及恶性肿瘤的扩散与转移等起着决定性的作用；并可为临床制订治疗方案和判断预后等提供重要依据。病理活组织检查方法有钳取活检、针吸活检、切取或切除活检等，病理组织学诊断是临床的肯定性诊断或金标准。

(2)临床细胞学检查　是以组织学为基础来观察细胞结构和形态的诊断方法。常用脱落细胞检查法，采取腹水、尿液沉渣或分泌物涂片，或借助穿刺或内窥镜取样涂片，以观察有无肿瘤细胞。

(3)分析和定量细胞学检查法　利用电子计算机分析和诊断细胞是细胞诊断学的一个新领域。应用流式细胞仪和图像分析系统开展DNA分析，结合肿瘤病理类型来判断肿瘤的程度及推测预后。该技术专业性强、速度快，但准确性不高，可作为肿瘤病理学诊断的辅助方法。

6. 免疫学检查

随着肿瘤免疫学的研究，发现在肿瘤细胞或宿主对肿瘤的反应过程中，可异常表达某些物质，如细胞分化抗原、胚性抗原、激素、酶受体等肿瘤标志物。这些肿瘤标志物在肿瘤和血清中的异常表达为肿瘤的诊断奠定了物质基础。针对肿瘤标志物制备多克隆抗体或单克隆抗体，利用放射免疫、酶联免疫吸附和免疫荧光等技术检测肿瘤标志物，目前已应用或试用于医学临床。

7. 酶学检查

近年来，研究揭示肿瘤同工酶的变化趋向胚胎型。当肿瘤组织形态学失去分化时，其胚胎型同工酶活性也随之增加。因此认为胚胎与肿瘤不但在抗原方面具有一致性，而且在酶的生化功能方面也有相似之处。故在肿瘤诊断中采取同工酶和癌胚抗原同时测定，如癌胚抗原(CEA)与γ-谷氨酰转肽酶(γ-GT)、甲胎蛋白(AFP)与乳酸脱氢酶(LDH)等。这样既可提高诊断准确性，又能反映肿瘤损害的部位及恶性程度。

8. 基因诊断

肿瘤的发生发展与正常癌基因的激活和过量表达有密切关系。近年来，细胞癌基因结构与功能的研究取得重大突破，目前已知癌基因是一大类基因族，通常以原癌基因的形式普遍存在于正常动物的基因组内。基因芯片在肿瘤诊断中具有广阔的前景。通过对基因表达的分析可为肿瘤致病基因的发现提供线索;通过对癌基因突变的检测,能够提前确定具有发生肿瘤风险的个体。通过监测肿瘤相关基因的表达,可深入研究肿瘤的诊断和治疗方法。

9.放射性同位素诊断

口服或注射某种能特定积聚于一些脏器或肿瘤的放射性同位素,然后以一定的仪器在体外追踪其分布情况。常用的放射性同位素有^{131}碘、^{198}金、^{32}磷等分别诊断甲状腺癌、肝癌及眼部癌等,有一定价值。此法目前已成为肿瘤诊断的重要手段之一。

六、治疗

在兽医外科肿瘤治疗中,只有严格遵循“无瘤原则”,才能保证最大限度地切除肿瘤,从而使肿瘤局部复发或向远处转移的可能性减少,尽最大努力保护动物机体及其器官功能,从而保证动物的健康和生命。

(一)手术进行过程中的无瘤原则

1.不接触的隔离技术

(1)活检后应更换所有的消毒巾、敷料、手套和器械,然后再进行根治手术。

(2)切口充分,便于显露和操作。

(3)用纱布垫保护切口边缘、创面和正常脏器以免种植性转移。

(4)对伴有溃疡的癌瘤,表面应敷以塑料手术贴。

(5)手术中术者的手套不直接接触肿瘤。

(6)手术中遇到肿瘤破裂时,需彻底将瘤体内容物吸除干净,用纱布垫紧密遮盖或包裹,并更换手套和手术器械。

(7)若不慎切入肿瘤,应用电凝烧灼切面,隔离手术野,并扩大切除范围。

(8)肠袢切开之前,应先用纱布条结扎肿瘤远、近端肠管。

2.严格遵循不切割原则和整块切除的根治原则,禁止将肿瘤分块切除

切缘应与肿瘤边界有一定的距离,正常组织切缘距肿瘤边缘一般不少于 3 cm。肌纤维肉瘤切除时要求将受累肌群从肌肉起点至肌肉止点处完整切除。

3.手术操作顺序

(1)探查由远至近　对内脏肿瘤探查应从远离部位的器官组织开始,最后探查肿瘤及其转移灶,手术操作应从肿瘤的四周向中央剥离。

(2)先结扎肿瘤的出、入血管,再分离肿瘤周围组织。

(3)淋巴结清除术　包括预防性(选择性)淋巴结清除术,即临床上未扪及区域淋巴结时所做的清除术;治疗性淋巴结清除术为临床上已有明显或明确的淋巴结转移而施行的清除术。先处理远处淋巴结,再处理邻近淋巴结,减少癌细胞因手术挤压沿淋巴管向更远的淋巴结转移。

4.尽量锐性切割,少用钝性分离

钝性分离清扫彻底性差,且因挤压易引起肿瘤播散,应避免或少用。尽量使用刀、剪等进行锐性切割。另外,手术时采用高频电刀切割,不仅可以减少出血,而且可以使小血管及淋巴管被封闭,且高频电刀有杀灭癌细胞的功能,因而可以减少血道播散及局部种植。

5.术中化疗药的应用

术中可定时用氟尿嘧啶、顺铂、迨金氏液(0.5%次氯酸钠液用氢氧化钠缓冲至 pH 9,要求与手术创面接触 4 min)等抗癌药物,冲洗创面和手术器械;术毕可用 2%氮芥溶液冲洗创面,减少局部

复发的机会。

6. 胸腹腔关闭之前处理

用 43 ℃灭菌蒸馏水或注射用水 1 000～4 000 mL 冲洗胸腹腔及切口，使脱落的癌细胞肿胀、破碎和溶解。

（二）良性肿瘤的治疗

良性肿瘤的治疗方法是首选手术切除。但手术时间的选择，应根据肿瘤的种类、大小、位置、症状和有无并发症而有所不同。

（1）早期手术　易恶变的、已有恶变倾向的、难以排除恶性的良性肿瘤等应早期手术，连同部分正常组织彻底切除。切除时如弥漫性出血或出血不止，用敷料进行长时间的压迫止血或采用烧烙止血，或撒布高锰酸钾粉。采用上述止血法既可以止血又腐蚀残存的瘤细胞，但创口不能缝合，创口愈合时间较长。

（2）紧急手术　良性肿瘤出现危及生命的并发症时，应做紧急手术。

（3）择期手术　影响使役、肿块大或并发感染的良性肿瘤可择期手术。

（4）不手术　某些生长慢、无症状、不影响使役的较小良性肿瘤可不手术，定期观察。

（5）冷冻疗法　冷冻疗法对良性瘤有良好疗效，适于大小动物，可直接破坏瘤体以及短时间内阻塞血管而破坏细胞。被冷冻的肿瘤日益缩小，乃至消失。对肿瘤冷冻目前多用液氮作制冷剂。冷冻时，可选用接触冷冻、插入冷冻、喷射冷冻、倾注冷冻、浸泡冷冻等方法。一般认为肿瘤细胞比正常细胞对冷冻敏感，上皮肿瘤比中胚层肿瘤细胞敏感，鳞癌细胞比基底癌细胞敏感，黑色素癌细胞对低温最敏感。

（6）其他方法

①结扎法　适用于表在的良性肿瘤，特别是肿瘤体基部细而长时，效果较好。如对皮肤和口腔、阴道黏膜上的乳头状瘤，可用缝合线、粗丝线、细线绳、金属丝、马尾毛或橡皮筋等，结扎在肿瘤基部。

②绞断法　适应症与结扎法相同。用绞断器于肿瘤基部绞断，或用挫切去势钳捻或挫断肿瘤。

③烧烙法　有蒂和无蒂的肿瘤均可应用。用火烙铁或电烧烙器在肿瘤基部进行烙断或挖除。

（三）恶性肿瘤的治疗

恶性肿瘤如能被及早发现与诊断则可望获得临床治愈。

（1）手术治疗　迄今为止，手术疗法仍不失为恶性肿瘤的一种治疗手段。其前提是肿瘤尚未扩散或转移。手术切除病灶、连同部分周围的健康组织及附近的淋巴结。为了避免因手术而带来癌细胞的扩散，应按无瘤原则进行手术操作。（视频 11-2）

视频 11-2　犬大网膜肿瘤摘除术

（2）放射疗法　是利用各种射线，如深部 X 射线、γ 射线或高速电子、中子或质子照射肿瘤，使其生长受到抑制而死亡。分化程度愈低、新陈代谢愈旺盛的细胞，对放射线愈敏感。临床上最敏感的是造血淋巴系统和某些胚胎组织的肿瘤，如恶性淋巴瘤、骨髓瘤、淋巴上皮癌等。中度敏感的有各种来自上皮的癌肿，如皮肤癌、鼻咽癌、肺癌。不敏感的有软组织肉瘤、骨肉瘤等。在兽医实践上对基底细胞瘤、会阴腺瘤、乳头状瘤等疗效较好。但术后立即照射会延缓伤口愈合，术后数天照射可使切口发生裂开，一般选择术后立即或术后 3 周进行照射。

（3）激光治疗　光动力学治疗（PDT）是将光敏药物和激光活化相结合治疗肿瘤疾病的一种新方法。用特定波长照射肿瘤部位，能使选择性聚集在肿瘤组织的光敏药物活化，引发光化学反应破坏肿瘤。新一代光动力疗法（PDT）中的光敏药物会将能量传递给周围的氧，生成活性很强的单态氧。单态氧能与附近的生物大分子发生氧化反应，产生细胞毒性进而杀伤肿瘤细胞。与传统肿瘤疗法相比，PDT 的优势在于能够精确进行有效的治疗，这种疗法的副作用也很小。目前以血卟啉衍生物(HPD)制剂研究最广泛。肿瘤早期诊断是用 Ar^+ 激光器，通过小凹面镜使光线散射均匀，微弱的红色荧光经过滤光片和影像增强剂(放大 30 000 倍)变成明亮的绿光，并显示在 TV 荧光屏上。通过这套荧光支气管镜可发现 1～2 mm 大小的肺癌。治疗是以 Ar^+ 激光泵浦的染料激光器为主。染料多用若丹明 6G，每 100 h 换一次，染料激光波长 6 300 nm 时的输出功率为 1 W。治疗大的肿瘤需要较高的照射，如 2 cm 以上的肿瘤需用多光纤照射，每根光纤输出功率 300～500 mW，光纤头为 1 cm 长的柱型扩散光纤。临床实践方面激光的进展较快，如肺癌、膀胱癌、脑瘤和眼球肿瘤的光敏治疗。

(4)化学疗法　最早是用腐蚀药，如硝酸银、浓硫酸、氢氧化钠或氢氧化钾等，对皮肤肿瘤进行烧灼、腐蚀。目的在于化学烧伤形成痂皮而愈合，但有时刺激肿瘤组织生长或扩散。50%尿素液、鸦胆子油等对乳头状瘤有效。还有烷化剂的氮芥类如马利兰、甘露醇氮芥类如环磷酰胺(癌得星)、噻替哌等药物，植物类抗癌药物如长春新碱和长春花碱等，抗代谢药物如甲氨喋呤、6-硫基嘌呤等均有一定疗效。抗生素药物如平阳霉素、阿霉素、博来霉素等能抑制肿瘤生长。中药如清热解毒药龙葵、半枝莲、山豆根、银花、凤尾草、青黛、草河车、鱼腥草等，活血化瘀药石贝穿、八角莲、莪术、大黄、地鳖虫等，化瘀散结药海藻、夏枯草、猫爪草、黄药子、南星、皂刺、僵蚕、牡蛎等；扶正补虚药薏苡仁、龟板、天冬、沙参、石斛、女贞、黄芪、党参、山楂、谷芽、麦芽、白术、冬虫夏草、桑寄生等也可选择使用。

(5)免疫疗法　近年来随着免疫理论的不断发展，利用免疫学原理对肿瘤防治的研究已取得了明显的成就。免疫疗法已成为肿瘤手术、放射或化学疗法后消灭残癌的综合治疗法之一。目前多采取特异性免疫治疗即采取自身瘤苗治疗、交叉接种和交叉输血治疗方法。非特异性免疫治疗即使用灭活病毒或疫苗以增强机体的抗病力，激活患体的免疫活性细胞，增加和提高对外来有害因子如微生物、化学物质与异物的杀伤与破坏能力。

(6)介入疗法　此法是治疗腹腔癌瘤的一种新方法。是在 X 射线视频监控下，将硅胶管插入到供给癌瘤的动脉内，直接自导管注入抗癌药将癌细胞杀死。此种疗法简便易行，不用开刀，患病动物无痛苦，适合患腹部癌瘤动物的治疗。

第二节　动物常见的肿瘤

各种动物的肿瘤种类不一，日渐被人们所重视。迄今为止，国内报道较多的有上皮性肿瘤、间叶肿瘤、淋巴造血组织肿瘤等。

一、上皮性肿瘤

上皮性肿瘤的组织来源包括复层鳞状上皮、柱状上皮、各种腺上皮和移行上皮。由这些上皮组织所形成的肿瘤，临床常见类型如下。

(一)乳头状瘤

乳头状瘤(papilloma)由皮肤或黏膜的上皮转化而来。它是最常见的表皮良性肿瘤之一，可发生于各种动物的皮肤。该肿瘤可分为传染性和非传染性两种。传染性乳头状瘤多发生于牛，并散播于体表呈疣状分布，所以又称为乳头状瘤病(papillomatosis)。非传染性乳头状瘤多发生于犬。

牛乳头状瘤，发病率最高，病原为牛乳头状瘤病毒(BPV)，具有严格的种属特异性，不易传播给其他动物。传播媒介是吸血昆虫或接触传染。易感性不分品种和性别，其中以 2 岁以下的牛多发。该病潜伏期为 3～4 个月，其好发部位为动物的面部、颈部、肩部和下唇，尤以眼、耳的周围多发；成年母牛的乳头、阴门、阴道有时发生；雄性可发生于包皮、阴茎、龟头部。传染性疣如经口侵入，可见口、咽、舌、食管、胃肠黏膜发生此瘤。

乳头状瘤的外形，上端常呈乳头状或分支的乳头状突起，表面光滑或凹凸不平，可呈结节状与菜花状等。瘤体可呈球形、椭圆形，大小不一，小者米粒大，大者可达几千克。有单个散在，也可多个集中分布。皮肤乳头状瘤的颜色多为灰白色、淡红或黑褐色。瘤体表面无毛，病程较长的病例常有裂隙，摩擦易破裂脱落。其表面常有角化现象。发生于黏膜的乳头状瘤还可呈团块状，但黏膜的乳头状瘤则一般无角化现象。瘤体损伤易出血。病灶范围大和病程过长的动物，可见食欲减退，体重减轻。乳房、乳头的病灶，则造成挤奶困难或引起乳房炎。雄性生殖器瘤常因交配传染雌性动物阴门、阴道。羊多发于唇部；马常发生于唇、鼻、眼睑、耳壳、包皮和阴囊部皮肤；犬多发于唇部、口黏膜和舌部。

治疗本病的主要措施是采用手术切除，或烧烙、冷冻及激光疗法。据报道，自家疫苗接种可预防本病，效果可高达 87%。目前有市售的牛乳头状瘤疫苗供应。

(二)鳞状细胞癌

鳞状细胞癌是由鳞状上皮细胞转化而来的恶性肿瘤，又称鳞状上皮癌，简称鳞癌。最常发生于动物皮肤的鳞状上皮和有此种上皮的黏膜(如口腔、食道、阴道和子宫颈等)，其他不是鳞状上皮的组织(如鼻咽、支气管和子宫的黏膜)在发生了鳞状化生之后，也可出现鳞状细胞癌。

(1)皮肤鳞状细胞癌　多见于动物，对肉用动物，可造成重大的损失。长期暴晒、化学性刺激和机械性损伤是发病原因。好发部位为犬、猫、马的耳、唇、乳腺、鼻孔及中隔等处，牛、马的眼睑周围及生殖器官，犬爪、牛的角基，犬、猫、山羊乳房部等处。一般质地坚硬，常有溃疡，溃疡边缘则呈不规则的突起。

(2)角鳞状细胞癌　多见于印度的老龄公牛及阉牛。其主要症状为一侧角倾斜、摇晃及扭曲。本病发生于角基的生长层上皮组织，并可侵害到角干及额窦。治疗时采用断角术或肿瘤组织制成的自家疫苗注射。

(3)爪鳞状细胞癌　多见于犬，起源于甲床或蹄的生发层组织。此瘤为慢性经过。恶性程度较高，而且早期出现区域淋巴结和内脏(肺)的转移。在诊断上应与好发在此部的指间囊肿、肥大细胞瘤、黑色素瘤以及甲沟炎做仔细的鉴别。治疗可切除患指，摘除区域淋巴结，必要时截肢。

(4)黏膜鳞状细胞癌　质地较脆，多形成结节或不规则的肿块，向表面或深部浸润，癌组织有时发生溃疡，切面颜色灰白，呈粗颗粒状。肿瘤无包膜，与周围组织分界不明显。膀胱鳞状上皮癌据认为是由黏膜上皮化生为复层的扁平上皮癌变而来。临床上膀胱鳞状上皮癌，约占牛膀胱癌的 7.8%，约占犬的 14%，可见这一组织类型的癌在膀胱并不少见。膀胱的鳞状上皮癌一般分化比较好，癌细胞浆及其形成的癌巢中心角化(癌珠)比较明显，细胞间桥比较清楚。

(三)基底细胞瘤

基底细胞瘤(basal cell tumors)发生于皮肤表皮的基底细胞层，是动物中常见的肿瘤。以犬和猫比较多发，特别在 6 岁以上者多见。在马、兔以及其他动物身上也有发生。据资料统计，此癌在犬占皮肤肿瘤的 3%～5%，猫占 13%～18%。

发病部位以口、眼、耳郭、胸及颊部多发，很少在躯干。基底细胞瘤生长速度慢，很少发生转移。较小的肿瘤呈圆形或囊体。中央缺毛，表皮反光；大的瘤体形成溃疡。一般只侵害皮肤，很少侵至筋膜层；个别瘤体含有黑色素，表面呈棕黑色，外观极似黑色素瘤。若发生的为皮肤基底细胞癌，则瘤体表面多呈结节状或乳头状突起，底层多呈浸润性生长，与周围的组织分界不清。

外科切除和冷冻疗法或激光切除均有良效。溃疡面可涂 5-氟尿嘧啶软膏，每天 2 次。用激光刀切除瘤体，疼痛轻，手术不出血，不缝合，手术时间短，愈合创面不留疤痕。

(四)腺瘤与腺癌

腺瘤(adenoma)与腺癌(adenocarcinoma)是动物常见的一种肿瘤,可见于多种动物。

(1)腺瘤　由腺体器官的腺上皮转化而形成的良性肿瘤。发生于黏膜或腺体。以犬、猫乳腺多发。犬的乳腺肿瘤以母犬多见(图 11-1)。据报道,在母犬的所有肿瘤中,本病约占 25%。猫的乳腺肿瘤约占常见猫肿瘤的第 3 位,而且多见于未阉割的老龄母猫。家畜的肠腺瘤,既发生于小肠,也见于大肠(主要是结肠),直肠的腺瘤则以犬多见,某些肠腺瘤特别是结肠的息肉样腺瘤可发生恶变而形成腺癌。

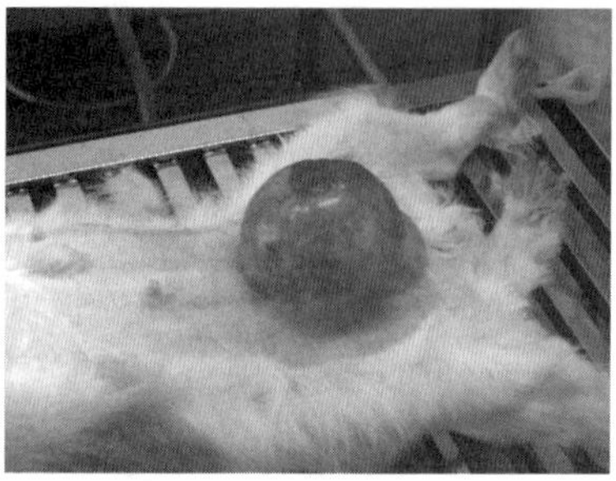

图 11-1　犬乳腺肿瘤

腺体腺瘤多为圆形,外有完整的包膜。腺瘤可为实性或囊性。实性腺瘤切面外翻,其颜色和结构与其正常的腺组织相似,但有时有坏死、液化与出血;囊性腺瘤切面有囊腔,囊内有多量的液体,囊壁上皮呈不同程度的乳头状增生。黏膜腺瘤呈息肉状突起,基部有蒂或无蒂,切面似增厚的黏膜,此称为息肉样腺瘤。

(2)腺癌　通常是由腺上皮发生或由化生的移行上皮发生的恶性肿瘤。多发于动物的胃肠道、支气管、胸腺、甲状腺、卵巢、乳腺和肝脏等器官。腺癌呈不规则的肿块,一般无包膜,与周围健康组织分界不清,癌组织硬而脆,颗粒状,颜色灰白,生长于黏膜上的腺癌,表面常有坏死与溃疡。犬、绵羊、牛常发生肠腺癌。

二、间叶性肿瘤

间叶性肿瘤来自纤维组织、脂肪组织、肌肉组织、血管、淋巴管、间皮、骨和软骨组织、黏液组织等。这些组织形成的常见肿瘤如下。

(一)纤维瘤和纤维肉瘤

纤维瘤(fibroma)和纤维肉瘤(fibrosarcoma)是动物常见间叶性肿瘤,可见于多种动物。

(1)纤维瘤　是由结缔组织发生的一种成熟型良性肿瘤,由胶原纤维和结缔组织细胞构成。多见于头部、胸、腹侧和四肢皮肤及黏膜。生长缓慢,大小不一,呈球形,质硬,有包膜,边界基本清楚,有一定的弹性。肿瘤切面呈半透明灰白色,眼观切面有时可见纤维样纹理错综排列。纤维瘤根据其结构可分为 5 种:硬纤维瘤、软纤维瘤、黏液纤维瘤(黏液瘤)、息肉和瘢痕瘤。

(2)纤维肉瘤　是来源于纤维结缔组织的一种恶性肿瘤。马、骡和猫最为常见,有时也见于犬和牛。发生在皮下、黏膜下、筋膜或肌间等结缔组织以及实质器官。有时瘤体生长迅速,当转移到内脏器官可引起患病动物死亡。纤维肉瘤质地坚实,大小不一,形状不规整,边界不清(图 11-2)。可长期生长而不扩展。临床上常常误诊为感染性损伤,尤其发生于爪部更易引起误诊。纤维肉瘤内血管丰富,因而切除和活检时,易出血是其特征。溃疡、感染和水肿往往是纤维肉瘤进一步发展的后遗症。

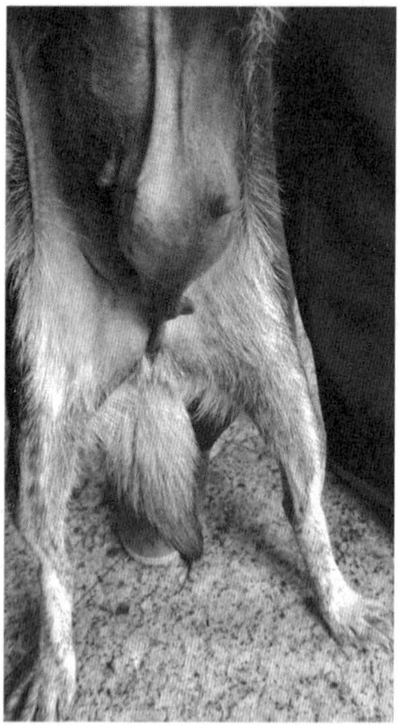

图 11-2　犬的皮下纤维肉瘤

纤维肉瘤与纤维肉样瘤不同,后者多发于马,叫作马纤维肉样瘤,多发于四肢部,属马、骡良性瘤。手术切除后,大约经过几周或 1 个月,又会再发,继而发生转移。因而在治疗上常常采取手术与放射疗法合用。

(二)脂肪瘤

脂肪瘤(lipoma)是由成熟的脂肪组织所构成的一种良性肿瘤,是动物常见的间叶性皮肤肿瘤。以牛和犬最为多见。牛以乳牛最常见,常以多发性出现;犬以老龄母犬多发,常为单发性。其次在马、猪、绵羊都有发生。

一般发生在各种动物的皮下、筋膜下、肌肉、腹腔内或在黏膜下、肠系膜、肠、网膜、胸膜、子宫等,即在任何有脂肪组织处都可发生。牛多见于腹腔和阴道;犬在第3眼睑、胸、肩、肘关节内侧、腹、背、阴门和腹侧壁等处。

皮下组织的脂肪瘤,外表一般呈结节状或息肉状,与周围组织有明显的界线,表面皮肤可自由移动。瘤体大小不一,质地略为坚实。脂肪瘤内如果含丰富的纤维细胞成分,则质地变为硬实,通常将这样的肿瘤称为纤维脂肪瘤,牛比较多见。位于胸、腹腔的脂肪瘤,常与胸膜和肠系膜的脂肪连接在一起。胸内大的脂肪瘤,可引起吞咽、心血管以及呼吸功能异常。脂肪瘤本属良性,但如果肿块过多、过大以至压迫重要器官影响功能时,则会危及生命。少数发生在犬和马的脂肪瘤可能浸润到肌束之间,虽仍属良性,但手术切除有困难。如不切除,将会造成跛行。

对实体性脂肪瘤,采用手术切除比较恰当。对胸内或腹内的脂肪瘤切除,只要在分离时勿伤及重要器官组织,严格遵守无菌操作及术后做好有效的抗感染和防止并发症,都能取得良好的治疗效果。

(三)平滑肌瘤和平滑肌肉瘤

平滑肌瘤(leiomyoma)和平滑肌肉瘤(leiomyosarcima)都可发生于犬、绵羊、马、猪和猫等动物,但以犬最为多发。该肿瘤发源于动物具有平滑肌的消化道或阴道及外阴。

(1)平滑肌瘤　平滑肌瘤是一种良性肿瘤,在各种动物中均可见到。其组织来源主要为平滑肌组织,故凡有此种组织的部位如子宫、胃、肠壁和脉管壁,都能发生平滑肌瘤;在无平滑肌组织的地方,如脉管的周围,还可同幼稚细胞发生这种肿瘤。

瘤体呈实体性,大小不一,一般表面平滑。大的瘤体可发生溃疡、出血和继发感染,常成为后遗症。恶性者,具有范围不大的侵袭性。

(2)平滑肌肉瘤　是一种恶性肿瘤,在动物中它比平滑肌瘤要少见得多。这种肿瘤通常直接从平滑肌组织发生,少数可由平滑肌瘤转变而来,特别是子宫的平滑肌瘤。

外科切除的同时进行活检。发生在前阴道内的肿瘤较难切除,冷冻外科可以发挥较好的治疗作用。

(四)血管瘤

血管瘤(hemangioma)是一种常见的良性肿瘤。可以发生于任何年龄的动物,但幼龄动物比较多发。犬、猫、牛、马和猪等动物都可以发生,并可发生于动物的全身各处,如皮肤、皮下深层软组织;也可见于舌、鼻腔、肝脏和骨骼等部位。血管瘤可单发,也可多发。根据血管瘤的不同结构特点,一般分为几个类型:毛细血管瘤、海绵状血管瘤和混合性血管瘤。

血管瘤虽然是良性肿瘤,但其表面并无完整包膜,可呈浸润性生长。瘤体的大小差异颇大,切面灰红色,质地比较松软。血管处于扩张状态的血管瘤,其中常充满血液,呈海绵状结构。血管瘤的特征为大量内皮细胞呈实性堆聚,或形成数量与体积不同的血管腔,腔内充满红细胞。内皮细胞呈扁平状或梭形,胞浆很少,胞核椭圆形或梭形,无异型性。瘤组织中一般有多少不定的纤维组织将堆积的瘤细胞分隔为巢状。

实体性血管瘤可借手术切除或冷冻疗法治疗。亦可用5～10 mL盐酸普鲁卡因对患病动物进行局部麻醉(在肿瘤周围点状封闭注射),针孔无痛感后,用10～20 mL福尔马林在肿瘤根部环形分层注射,1 周后肿瘤干枯脱落,无不良反应。此疗法利用福尔马林有极强的还原性,与蛋白质发生烷化反应而使蛋白质变性,杀死肿瘤细胞,阻止肿瘤细胞扩散而达到治愈的目的。此法简便,容易操作,治愈效果确实,可推广应用。多发性的或内脏型的则切除困难。体表的、孤立性的小血管瘤最好用 CO_2 激光刀切除,既彻底又不出血。

(五)犬可传播性的性肿瘤

研究证实犬可传播性的性肿瘤(canine transmissible venereal tumors,简称 CTVT)是通过接触而传播的肿瘤。随后有人继续研究,并命名为接触传染性淋巴瘤,又叫接触传染性淋巴肉瘤、犬的湿疣、性病肉芽肿瘤、传染性肉瘤等。

这种肿瘤主要生长在公犬的阴茎和包皮,母犬的外阴和阴道处。要检查公犬阴茎时,先进行麻醉或镇静,避免疼痛而抗拒检查。病初以小的丘疹出现,逐渐增大到直径为 3～6 cm 大的肿块。因为血管形成,肿块颜色变红(图 11-3)。

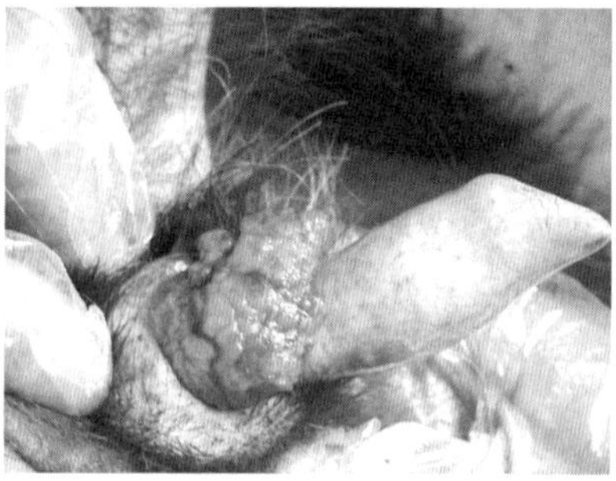

图 11-3 发生于阴茎体的性器官肉瘤

外科手术切除最好用激光刀或高频电刀,以防肿瘤细胞在伤口内移植。手术后 5 个月内很少复发。放射疗法可用 X 射线放射治疗,所用剂量为 1 500～2 000 rad。犬可传播性的性肿瘤对放射疗法敏感,故治愈率较高。化学疗法可单独使用长春新碱、环磷酰胺或配合强的松使用。免疫疗法对泛发性的犬可传播性的性肿瘤可用自家疫苗治疗。其方法是利用患犬自身血液或血浆进行输血,或用犬可传播性的性肿瘤的组织浆进行自家接种。

三、淋巴造血组织肿瘤

动物淋巴造血组织的肿瘤,临床多见是淋巴肉瘤和白血病两种。

1. 淋巴肉瘤

淋巴肉瘤(lymphosarcoma)是淋巴组织的一种不成熟的恶性肿瘤,见于多种动物。淋巴肉瘤发生于淋巴结或其他器官的淋巴滤泡,以后逐渐增生肿大,并且突破包膜,向周围组织浸润生长,在与邻近的淋巴组织的瘤灶彼此汇合之后,可形成体积较大的肿瘤。

临床病理特征,肉眼观察呈大小不等的结节或团块,质地致密,切面颜色灰红,如鱼肉样。较大的淋巴肉瘤常有出血或坏死。镜检,肿瘤细胞的成分主要是异型性的成淋巴细胞(lymphoblast)和淋巴细胞样瘤细胞。

2. 白血病

白血病(leukemia)分为淋巴组织增生性和骨髓组织增生性两大类型。在动物中分布相当广泛,家畜、家禽、野生动物、野禽以及鼠类都可被侵害。淋巴组织增生性白血病包括淋巴细胞性白血病、非白血性淋巴组织增生病和骨髓肉瘤病等。其中淋巴细胞性白血病常见于各种哺乳动物。家畜中以牛最为多见。

临床病理特征:外周血液中幼稚型白细胞大量增数,其中淋巴细胞相对增多;全身淋巴结明显肿大,并且各器官组织可见到肿瘤病灶浸润生长,因此患病动物的脾脏、肝脏肿大,其他器官也出现瘤灶;同时呈全身贫血症状,红细胞可下降为 100 万或几十万,血红蛋白降至 20%～30%以下;发病的牛、马、猪、犬、禽等动物全身淋巴结显著肿大,脾脏肿大。肿大的淋巴结呈一种实体性肿瘤,属恶性,所以称为恶性淋巴瘤。

四、其他肿瘤

1. 黑色素瘤

黑色素瘤(melanoma)是由能制造黑色素的细胞所组成的良性或恶性肿瘤。这种含黑色素的新生物，动物中以马最为多发，尤以老龄青毛马(毛白皮黑的马)更为好发；也可发生于犬、猪、牛。动物的黑色素瘤则为原发性。人的黑色素瘤为高度恶性的肿瘤，也称恶性黑瘤，它可从黑痣恶变而来，也可以自行发生。

马的黑色素瘤多发生在会阴至肛门部位和尾根下面。头部皮肤(包括耳根、颈和眼睑)、阴囊、包皮、乳房及四肢也可发生。在眼内，黑色素瘤可以从含有色素组织的虹膜和脉络膜处发生。肿瘤可能是黑色的、灰白的或无色的，也可能被部分包被形成溃疡和感染。皮肤的黑色素瘤为圆形、椭圆形或具有肉茎的瘤体，不呈弥散或浸润。横断面呈棕色或亮黑色，色素越少反而恶性程度越高。区域淋巴结、肺、脾和肝往往成为远方转移点，转移方式可经血液和淋巴液途径。

根据临床所见和细胞学、组织学的特征不难确诊。虽然无黑色素的黑色素瘤诊断比较困难，但一般见到坏死、溃疡发生在具有黑色素的损伤处，则可引起注意。无黑色素的黑色素瘤常被误诊为癌或其他肿瘤。

马、犬的小而有肉茎的黑色素瘤，可以手术切除。发生在眼睑的小黑色素瘤可以根治，但常不能彻底切除。

有条件时，采用手术切除或冷冻外科与化学疗法及免疫疗法配合治疗，效果较好。化学药物可用氮烯唑胺；免疫疗法可用卡介苗注射在黑色素瘤切除后的伤口处。

预后根据发生部位和种别而不同。在一些青毛马身上的黑色素瘤可多年不增大，也不转移；但在另一些青毛马身上的黑色素瘤，可能迅速转移。在犬，如果有肉茎的黑色素瘤发生在皮肤与黏膜交界处，外科切除或冷冻外科处理都能取得满意的结果。但如果黑色素瘤发生在口腔或爪部，则往往属于恶性。

2. 肥大细胞瘤

肥大细胞瘤(mastocytoma)多发生于皮肤表面或皮下组织。在犬，某些品种最多发。猫、牛、马及其他动物也有发生。本病可能是良性或恶性。恶性的称为肥大细胞肉瘤；发生在血液中者，则称为纯粹肥大细胞性白血病。

该瘤好发于犬的肛周、包皮的表皮或皮下组织，也能出现在内脏(脾、肝、肾、心脏及淋巴结)。肿瘤直径为一至数厘米，常为实体性或多发性。良性肿瘤可长时间局限在一定的部位，数月至数年不变；恶性的生长迅速，而且从原发病灶很快通过淋巴和血液向远处转移和扩散。有时可因切除不彻底，放射治疗或化学药物治疗后，引起急剧恶化。十二指肠溃疡和胃溃疡常属本病的合并症。所以当经常发现患犬粪便带血时，应当注意。胃肠溃疡还可以自发地穿孔而引起急性腹膜炎。如果肿瘤发生在肛周、包皮以及爪趾部时，可能属于恶性。

冷冻、激光疗法有效，并发胃溃疡时，配合支持疗法。

3. 足细胞瘤

足细胞瘤(sertoli cell tumors)发生于犬的输精小管，属于犬的睾丸肿瘤的一种。肿瘤如发生在一侧睾丸，另一侧睾丸可出现萎缩。患足细胞瘤的犬，母性化的超过25%，表现为未患病侧睾丸萎缩、两侧对称性脱毛、乳头膨胀、前列腺肿大、愿意接触其他公犬爬跨。肿瘤为分叶状。在睾丸内呈灰黄色脂样块，可大到整个睾丸。肿瘤发展很快，但很少转移，治疗可摘除睾丸。

本章小结

本章对肿瘤的概念、流行病学、分类和命名、病因、症状、诊断、治疗和动物常见肿瘤进行了较为全面的概述。

肿瘤是动物机体中某部组织细胞，在体内外致瘤因子的作用下，产生的以细胞过度增生与异常分化为特征的病理性新生物。

肿瘤的流行病学可从6个方面认知：即品种因素、年龄因素、性别因素、条件因素、环境因素和多原发性易感因素。

根据肿瘤对动物的危害程度不同，通常分为良性肿瘤和恶性肿瘤；根据肿瘤的组织来源和组织形态不同，可区分为上皮组织肿瘤、间叶组织肿瘤、神经组织肿瘤和其他类型肿瘤。

肿瘤的外界因素有化学因子、物理因子和病毒因子，引起肿瘤的内部因素有免疫状态、内分泌系统、遗传因子和其他因素等。

肿瘤的局部症状即包括肿块(瘤体)、疼痛、溃疡、出血、功能障碍。恶病质是恶性肿瘤的晚期表现。

肿瘤的诊断包括病史调查、体格检查、影像学检查、内窥镜检查、病理学检查、免疫学检查、酶学检查、基因诊断和放射性同位素诊断。

在肿瘤治疗中，只有严格遵循“无瘤原则”，才能保证最大限度地切除肿瘤，从而使肿瘤局部复发或远处转移减少。

良性肿瘤的治疗原则是手术切除，可根据情况进行早期手术、紧急手术、择期手术、观察而不手术、冷冻疗法和其他手术方法(如结扎法、绞断法、烧烙法)。

恶性肿瘤的治疗方法除可用手术疗法外，还可用放射疗法、激光疗法、化学疗法、免疫疗法、介入疗法等。

动物常见肿瘤有上皮性肿瘤(包括乳头状瘤、鳞状细胞癌、基底细胞瘤、腺瘤与腺癌)、间叶性肿瘤(包括纤维瘤和纤维肉瘤、脂肪瘤、平滑肌瘤和平滑肌肉瘤、血管瘤、犬可传播性的性肿瘤)、淋巴造血组织肿瘤(包括淋巴肉瘤、白血病)和其他肿瘤(包括黑色素瘤、肥大细胞瘤、足细胞瘤)。

复习思考题

1.良性肿瘤和恶性肿瘤的主要区别有哪些？

2.肿瘤的流行病学与哪些因素有关？

3.肿瘤发生的外界因素和内部因素各包括哪些内容？在预防肿瘤上有哪些意义？

4.肿瘤的局部症状有哪些？恶性肿瘤晚期全身衰竭的主要表现是什么？

5.肿瘤的诊断方法有哪些(请至少写出4种方法)？历来诊断肿瘤最可靠的方法是什么？

6.肿瘤手术进行过程中的无瘤原则有哪些？

7.良性肿瘤的治疗原则是什么？方法有哪些？手术的时间如何来确定？

8.恶性肿瘤手术治疗中手术应注意的问题有哪些？其他方法有哪些？

9.动物常见肿瘤的种类及其各自的特征是什么？

10.名词解释

肿瘤、良性肿瘤、恶性肿瘤、瘤、癌、肉瘤、淋巴肉瘤、黑色素瘤、白血病

(马晓平)

第十二章　眼　病

第一节　眼病概论

一、眼的解剖生理

眼是动物的视觉器官，由眼球及其附属组织构成。眼球位于眶窝内，占据眼眶的前半部，形似球体，前部稍凸，后部略扁。借筋膜与眶壁、周围脂肪、结缔组织和眼肌等相连以维持其正常位置，减少眼球的震动。前有眼睑和睫毛起保护作用，后端通过视神经与脑相连。外界物体发出或反射的光经眼的折光系统在眼底视网膜上形成物像，视网膜感光细胞将光能转化为神经冲动，经视神经传至视觉中枢，从而引起视觉。眼球由眼球壁与眼球内容物两部分组成(图 12-1)。

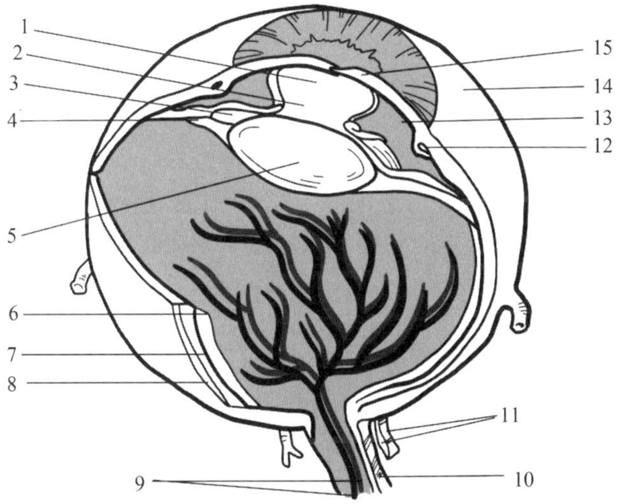

图 12-1　眼球立体剖面图

(汪世昌，陈家璞，1998)

1.眼前房　2.瞳孔　3.眼后房　4.悬韧带　5.晶状体　6.视网膜　7.脉络膜　8.巩膜　9.视网膜中央静脉和动脉　10.视神经　11.睫状后短动脉和神经　12.Schlemm 管　13.虹膜　14.球结膜　15.角膜

(一)眼球壁

眼球壁由外、中、内 3 层膜共同构成，由外向内依此为纤维膜、血管膜和视网膜。

1.外层

外层即纤维膜(fibrous tunic)，厚而坚韧，形成眼球的外壳，主要由致密结缔组织构成。有保护眼球内部柔软组织和维持眼球形状的作用。其前部约 1/5 透明的部分称为角膜，后部 4/5 乳白色不透明的部分为巩膜，角膜和巩膜的移行处为角膜缘。

(1)角膜(cornea) 位于眼球前部，质地透明，是无色透明的外凸内凹透镜，具有折光作用。外来光线都是经角膜、眼前房，再通过瞳孔而射入，如果角膜失去透明性，即使后面的组织都正常，也不能感光。牛角膜中央厚度约为 1.5 mm，外周 1.5～1.8 mm；马角膜中央的厚度约为 0.8 mm，外周 1.5 mm；猪角膜中央厚度约为 1.2 mm，外周 0.8 mm；狗和猫最厚不超过 1.0 mm。

角膜的结构由外向内可分为 5 层。①上皮细胞层。由 5～6 层鳞状上皮细胞组成，无角化，排列特别整齐，易与其内面的前弹力层分离。上皮细胞层再生能力最强，受伤后能很快修复而且不留痕迹；如果损伤累及上皮细胞的基底膜，则损伤修复的时间将延长。角膜缘处的基底细胞含有角膜缘干细胞，在角膜上皮的修复过程中发挥关键作用。②前弹力层。为一层无细胞成分的均质透明膜。前弹力层是胚胎期由基质中角膜细胞分泌形成，损伤后不能再生。③基质层。约占角膜厚度的 90%，由近 200 层排列规则的胶原纤维束薄板组成，其间有角膜细胞和少数游走细胞，并有黏蛋白和糖蛋白填充。④后弹力层。为一层较坚韧的均质透明膜，是一种胶原纤维，富有弹性，抵抗力强，损伤后可再生。⑤内皮细胞层。为一层六角形扁平细胞构成，细胞顶部朝向前房，基底面朝向后弹力层。细胞间紧密连接，阻止房水进入细胞外间隙，具有角膜-房水屏障功能，能主动泵出水分、维持角膜的相对脱水状态。该内皮细胞不进行有丝分裂，损伤后主要依靠临近细胞的扩张和移行来填补缺损区。如角膜内皮细胞损伤较多，则失去部分代偿功能，造成角膜水肿等病变。

角膜的生理特点：①透明性。角膜细胞无色素，无血管，无角化层，胶原纤维排列整齐，屈光率与含水量稳定，此结构能保证外界光线的透入。②屈光性。角膜的屈光指数为 1.337，与空气的屈光指数(为 1)相差大，其前后面有一定的曲率半径，具有一定的屈光力。③营养供应。角膜无血管，其营养主要由角膜缘血管网和眼房水供给。角膜代谢所需的氧 80%来自空气，15%来自角膜缘的血管网，5%来自房水。④感觉神经丰富，由于三叉神经的眼支密布于上皮细胞之间，角膜有丰富的神经末梢，感觉灵敏。轻触角膜可引起闭眼，称为闭眼反射，对保护角膜、眼球具有重要的作用。任何微小刺激或损伤均能引起疼痛、流泪和眼睑痉挛等症状。

(2)巩膜(sclera) 眼球后 4/5 外层为巩膜，呈乳白色，不透明，质地坚韧。主要由弹性纤维和胶原纤维交织而成，内有血管和色素细胞。其外面由眼球筋膜包裹，四周附着有眼外肌肌腱。前缘与角膜相连，其后有视神经穿出，巩膜表面因血管、神经出入而形成多孔的筛板。后部的小孔在视神经周围，为睫状后动脉及睫状神经所通过。巩膜和角膜交界处的内部有一环形的巩膜静脉窦，是眼房水流出的通道。在组织学上，巩膜分为 3 层：表层巩膜、巩膜实质层和棕黑板层。角膜缘后的区域有巩膜内血管丛，又称为房水静脉，此外贯通巩膜全层的有动脉、静脉和神经通过。巩膜表面被眼球筋膜包裹，前面被球结膜覆盖，在角膜缘处，角膜、巩膜、结膜和筋膜相互融合附着。

巩膜的生理特点：①巩膜表层有致密的血管结缔组织，深层血管、神经很少，代谢缓慢，所以发生炎症时也较其他组织发展缓慢，但病程迁延。②巩膜各处厚度不同，视神经周围最厚，但视神经穿过的筛板处最薄弱，以便使神经纤维束通过，发生青光眼时眼压升高此处形成特异性凹陷，称青光眼杯。③由于巩膜致密、坚韧、不透明，故对维持眼球形状、保护眼球不受损伤及遮光等具有重要作用。

(3)角膜缘(limbus of cornea) 角膜缘是指角膜到巩膜之间的移行区。透明的角膜嵌入到不透明的巩膜内并逐渐过渡到巩膜，在组织学上没有一条明显的分界线。角膜缘在结构上是前房角及房水引流系统所在部位。在组织学上是角膜干细胞所在部位，临床上又是许多眼内手术的切口的标志部位，因此十分重要。角膜前弹力层的止端是球结膜的附着缘，后弹力层的止端是小梁网组织的前附着缘。在切面上，此两缘的连线就是角、巩膜的分界线，此区内角膜嵌入巩膜，在内外表面分别形成巩膜内沟和外沟。

(4)前房角(anterior chamber angel) 是房水排出的主要通道，位于周边角膜和虹膜根部的连接处，由角膜缘、睫状体及虹膜根部围绕而成。其前壁为角膜缘，后膜为虹膜根部，两壁在睫状体前面相遇，构成房角隐窝。在前房角内可见到如下结构：Schlemm 管、小梁网、巩膜突、结状带和虹膜根部。

Schlemm 管是围绕前房角一周的房水输出管道，由若干小腔隙相互吻合而成。内壁仅由一层内皮细胞与小梁网相隔；外壁由数条集液管与房水静脉(巩膜内静脉)相通。位于巩膜突稍前的巩膜内沟中，表面由小梁网所覆盖，向外通过巩膜内静脉网或直接经房水静脉将房水运出球外，向内与前房交通。

小梁网(trabecular meshwork)为前房周围的网状结构，是位于巩膜静脉窦内侧、Schwalbe 线和巩膜突之间的结构。小梁网系多层束状或板片状的扁平、交叉网孔状结构，随年龄增加呈黄色或棕色，常附有色素颗粒，是房水排出的主要区域。在组织学上，每一个小梁束由胶原纤维核心和其外被的内皮细胞组成。房水滤过的小梁网可分为葡萄膜部、角巩膜部和近小管组织，近小管组织是房水外流的主要阻力部位。

2. 中层

中层为血管膜(vascular tunic)，又称葡萄膜、色素膜。位于巩膜内面，富含血管和色素细胞，具有营养视网膜外层、晶状体和玻璃体，并形成暗的环境，有利于视网膜对光和色的感觉等作用。由于此层颜色近似紫色葡萄故又称葡萄膜(vascular tunic)，也称色素膜(uvea)。血管膜由相互衔接的三部分组成，自前向后分为虹膜、睫状体和脉络膜三部分。

(1)虹膜(iris) 为一圆盘状膜，位于血管膜最前部，在晶状体之前，可从眼球前方透过角膜看到，虹膜表面不平坦，有凹陷的隐窝和辐射状条纹皱褶称虹膜纹理。虹膜悬在房水中，将眼球前部腔隙隔成前、后房。虹膜的颜色因色素细胞多少和分布不同而有差异，一般呈棕色。虹膜中部有一孔，称为瞳孔(pupilla)，虹膜周边与睫状体连接处为虹膜根部，此处很薄，当眼球受到挫伤时容易从睫状体上离断。光线透过角膜，经过瞳孔才进入眼内。猪和狗的瞳孔呈圆形。草食兽的瞳孔为横椭圆形，马瞳孔上缘有 2～4 个深色乳头，称虹膜粒(iris-granules)，牛、羊也有，但较小。猫的瞳孔为垂直的缝隙状。

虹膜内有两种不同方向排列的平滑肌，一部分环绕瞳孔周围，称瞳孔括约肌(缩瞳肌)。另一种呈放射形排列，称瞳孔散大肌(扩瞳肌)。瞳孔能随光线强弱而收缩或散大，就是由于这些肌肉的作用。瞳孔括约肌受动眼神经的副交感神经支配，收缩时使瞳孔缩小；瞳孔散大肌受交感神经支配，收缩时使瞳孔扩大。瞳孔受光刺激而收缩的功能称瞳孔反射(pupil reflex)或对光反射(response to light)。瞳孔好比照相机上的光圈，可以改变大小。在不同强弱的光照下，这两种肌肉能缩小或开大瞳孔，以调节进入眼球的光线。当激怒、惊恐等引起中枢神经系统的强烈兴奋时或交感神经系统发生兴奋时，瞳孔均可散大；动物窒息或临死前眼神经中枢麻痹，瞳孔可极度散大。

虹膜主要由位于前面的基质层和后面的色素上皮层构成。基质层是由疏松结缔组织和虹膜色素细胞所组成的框架网，神经、血管走行其间。瞳孔括约肌呈环形分布于瞳孔缘部的虹膜基质内。受副交感神经的支配，发挥缩瞳作用。色素上皮层分为前后两层，细胞均含有致密黑色素。前层的扁平细胞前面分化出肌纤维，形成瞳孔开大肌，受交感神经支配发挥散瞳功能。

虹膜的生理特点：①主要为调节进入眼内的光线。②感觉敏锐，由于密布三叉神经纤维网，出现严重炎症反应时有剧烈疼痛。

(2)睫状体(ciliary body) 位于虹膜根部与脉络膜之间，是血管膜的中间增厚部分。其外侧与巩膜相邻，内侧环绕于晶状体周围。睫状体前 1/3 较肥厚称睫状冠(corona ciliaris)，表面有许多向内面的突起并呈放射状排列的皱褶称睫状突(ciliary processes)，睫状突与晶状体之间有纤细的晶状体悬韧带[又叫睫状小带(zonula ciliaris)]相连，主要功能是产生房水。睫状体的后 2/3 薄而平叫睫状环(orbiculus ciliaris)，向后移行于脉络膜内。睫状体外层有平滑肌构成的睫状肌，睫状肌由外侧的纵行、中间的放射状和内侧的环形三组肌纤维构成。肌纤维起于角膜和巩膜的连接处，向后止于睫状环。睫状肌受睫状短神经的副交感神经纤维支配，收缩时向前牵拉睫状体，使晶状体悬韧带松弛，晶状体借其本身的弹性导致凸度增加，从而加强屈光力，起调节视力的作用，同时还可促进房水流通。睫状突一旦遭受病理性破坏，可引起眼球萎缩。

睫状体的生理特点：①睫状突的上皮细胞分泌和睫状突超滤过、弥散形成房水，与眼压及眼球内部组织营养代谢有关。②调节晶状体的屈光力。当睫状肌收缩时(主要是环行肌)，悬韧带松弛，晶体借助于本身的弹性变凸，屈光力增加，可看清近处的物体。③睫状体富有三叉神经末梢，在炎症严重时，疼痛明显。

(3)脉络膜(choroid) 为葡萄膜的后部，前起锯齿缘，后止于视乳头周围，呈棕色，衬于巩膜的内面，介于巩膜与视网膜之间，且与之疏松相连，质薄而软，约占血管膜的后 3/5 部分。脉络膜含有丰富的血管和黑色素细胞，组成小叶状结构。脉络膜由 3 层血管组成：外侧的大血管层，中间的中血管层，内侧的毛细血管层。借玻璃膜(Bruch's membrane)与视网膜色素上皮相连，具有营养视网膜外层的功能。眼球后壁的脉络膜内面有一片青绿色三角区，带有金属光泽，叫作照膜(tapetum lucidum)，是位于视神经乳头上方的半月形区域，反光很强，能加强对视网膜刺激的作用，有助于动物在暗光环境下对光的反射。草食性动物的照膜是纤维性膜，肉食性动物的照膜是细胞性膜。猪无照膜。脉络膜的血液供应，主要来自睫状后短动脉。神经纤维来自睫状后短神经，其纤维末端与色素细胞和平滑肌接触。

脉络膜的生理特点：①富有血管，起着营养视网膜外层、晶状体和玻璃体等的作用，同时起到调节眼部温度的作用。由于流量大、流速较慢、病原体易在此处滞留，造成脉络膜疾病。脉络膜毛细血管壁有许多小孔，荧光血管造影时，荧光素可以从其管壁漏出。而大分子的吲哚菁绿造影剂不易渗漏，能较好地显示脉络膜血管造影。②含有丰富的色素，起到遮光和暗房作用。③炎症时有淋巴细胞、浆细胞渗出。④脉络膜无感觉神经纤维，故无痛觉。

3. 内层

内层即视网膜(retina)，是一层透明的薄膜，位于脉络膜内侧，是眼球壁的最内层，分为视部(固有网膜)和盲部(睫状体和虹膜部)。视网膜的视部大部分是由色素层和固有视网膜构成。固有视网膜在活体呈淡粉红色，死后混浊变成灰白色。在视网膜后的稍下方为视神经通过的部分，呈白色圆盘状隆起，叫作视神经乳头。此处只有神经纤维，无感光细胞，没有感光能力，生理上此处不能成像，故称盲点。有丰富的血管所以呈淡红色。马的视神经乳头呈横卵圆形，宽 4.5～6 mm，高约 2 mm。牛的呈卵圆形，长 4～6 mm，宽 5.5 mm，扁平而没有明显轮廓。犬的视神经乳头恰位于绿毡之下，偏靠鼻侧，略呈肾形或蚕豆形。视网膜的血液供应来自视网膜中央动脉，视网膜中央动脉在盲点进入眼球呈放射状分布于视网膜。

视网膜是眼的感光装置，它是由大量各种各样的感光成分、神经细胞和支持细胞构成。感觉部视网膜由 3 级神经元、神经胶质细胞和血管组成。最外层为第 1 级神经元，是接受、转变光刺激的神经上皮细胞。感光细胞可分为视锥细胞和视杆细胞。视锥细胞有辨色作用，能感受强光，司明视觉和色觉，主要是对强光和颜色辨别的感光部分，是白昼的感光装置，有精细辨别力，形成中心视力。视杆细胞无辨色功能，感受弱光，司暗视觉，是晚间弱光的感觉装置，形成周边视力(视野)。第2级神经元为双极细胞，位于第1、第3级神经元之间，起联络作用。居于其内的为第3级神经元，是传导神经冲动的神经节细胞，其轴突向视神经乳头集中，聚集成一束形成视神经。在眼球后端的视网膜中央区仅有圆锥细胞，是视力(辨色力、分辨力)最敏锐的地方，相当于人眼视网膜黄斑部，此部分的视功能即临床上所指的视力。

组织学上，视网膜由外向内可分10层，依次为：①视网膜色素上皮层。②视杆及视锥层，由光感受器细胞(视杆及视锥细胞)的内、外节组成。③外界膜，为一薄网状膜，由邻近的光感受器和muller细胞的结合处构成。④外核层，由光感受器细胞构成。⑤外丛状层，为疏松的网状结构，为视杆及视锥细胞的终球与双极细胞树突和水平细胞突起相连接的突触部位。⑥内核层，主要由水平细胞、双极细胞、无长突细胞及muller细胞的细胞核组成。⑦内丛状层，主要是由双极细胞、无长突细胞与神经节细胞相互接触形成突触的部位。⑧神经节细胞层，由神经节细胞核构成。⑨神经纤维层，由神经节细胞轴突及神经纤维构成。⑩内界膜，是在视网膜和玻璃体之间的一层薄膜，是muller细胞的基底层。

光感受器(photoreceptors)是由外节、连接绒毛、内节、体部和突触五部分构成。视杆细胞的外节为圆柱形，视锥细胞的外节呈圆锥形。

光感受器细胞接受光线刺激后，其中的视色素发生化学变化产生膜电位改变，并形成神经冲动通过双极细胞传至神经节细胞，最后通过视神经沿视路终达大脑枕叶视觉中枢产生视觉。实际上无论是人还是动物只能感受到电磁波光谱中极小的一部分，波长在380～760 nm之间的光线。

(二)眼球内容物

眼球内容物包括房水、晶状体和玻璃体3种透明物质，是光线进入眼内到达视网膜的通路，它们与角膜一并称为眼的屈光间质。主要作用可使眼球具有一定的张力，以维持眼球的正常形态，具有一定的屈光指数，能保证光线的通过和折射。

1. 房水(aqueous humor)

房水又叫眼房液，是充满前、后房的透明液体。前房(anterior chamber)是指角膜后面、与虹膜和瞳孔区晶状体前面之间的眼球内腔。后房(posterior chamber)为虹膜后面、睫状体内侧、晶状体悬韧带前面和晶状体前侧面的环形间隙。

房水由睫状突上皮细胞以主动分泌的形式生成，主要成分为水，含有少量氯化物、蛋白质、维生素C、尿素及无机盐类等。房水呈弱碱性，比重较水略高。房水中蛋白质少，抗体少，而维生素C、乳酸等含量高于血液，并含有透明质酸。碳酸酐酶抑制剂可减少房水生成。眼房液处于动态循环中，以运送营养及代谢产物。

房水的主要功能：①维持眼内组织(角膜、晶状体、玻璃体和小梁网等)的代谢。②维持和影响眼内压。③是透明的屈光介质之一，具有屈光作用。

房水排出的主要途径：由睫状突上皮产生房水进入后房，越过瞳孔到达前房，再从前房角的小梁网进入Schlemm管，然后通过积液管和房水静脉，汇入巩膜表面的睫状前静脉，回流到全身血液循环。少量房水在虹膜表面隐窝处被吸收，此外尚有少部分房水经脉络膜上腔吸收。当这种正常的循环通路被破坏时，眼房液应积聚于眼内，引起眼内压增高。如前房角阻塞时，可导致眼内压的升高。

2. 晶状体(lens)

晶状体形如双凸透镜，是一个富于弹性的透明体；晶体后表面的凸度大于前表面，前表面的顶点叫前极，后表面的顶点叫后极，前后两面交界处叫晶状体赤道部。晶状体位于虹膜、瞳孔之后，玻璃体前面的碟状凹内，借晶状体悬韧带与睫状体联系以固定其位置。它是屈光间质的重要组成部位，并和睫状体共同完成调节功能。哺乳动物的眼在看不同距离的物体时，能改变眼的折光力。折光是借改变晶状体的曲率半径来完成的。当看近物时，睫状肌收缩，晶状体的曲率和折光力都增大；当看远物时，晶状体的曲率和折光力都减少，使物像恰好落在视网膜上。

晶状体由晶状体囊和晶状体纤维组成。晶状体囊是一层富于弹性无细胞的均质基底膜，完整地包绕在晶体周围。前面的称前囊，后面的称后囊，各部位囊膜厚度不一致，后囊较前囊薄，周边部比中央区厚。晶状体纤维为赤道部上皮细胞向前后极伸展、延伸而成，是构成晶状体的主要成分。一生中晶状体纤维不断生成并将旧的纤维挤向中心，逐渐硬化而形成晶状体核，晶状体核外较新的纤维称为晶状体皮质。

晶状体韧带(suspensory ligament of the lens)是指连接晶状体赤道部和睫状体的组织。从视网膜边缘、睫状体到达晶状体赤道部附近，将晶状体悬挂在其生理位置上，同时协助睫状肌作用于晶状体而起到调节作用。一部分起自睫状突，附着于晶状体赤道部后囊上；另一部分起自睫状环，附着于晶状体赤道部前囊上；还有一部分起自锯齿缘，止于后囊上。

晶状体的生理特点：①晶状体透明、无血管和神经，是重要的屈光间质。其营养主要来自房水和玻璃体，主要通过晶状体囊扩散和渗透作用，吸取营养，排出代谢产物。当晶状体囊受损或房水代谢障碍，晶状体就变混浊，形成白内障而影响视力。②晶状体具有弹性，借助于睫状肌、悬韧带的作用改变其屈光力而具有调节作用。随年龄增长，晶状体核逐渐浓缩、增大，弹性逐渐减弱，从而导致调节作用减退，出现老视。③晶状体将外来的平行光线屈光聚在视网膜上，形成真实的倒像，这种倒像经大脑皮层的整合功能之后就还原成为正立的形象。

3. 玻璃体(vitreous body)

玻璃体为透明的胶质体，充满于玻璃体腔内，占眼球内容积的 4/5，其主要成分是水(约占 99%)和胶质。胶质的主要结构成分是呈细纤维网支架的Ⅱ型胶原、和交织于其间的透明质酸黏多糖。玻璃体呈凝胶状态，代谢缓慢，而且不能再生，具有塑形性、黏弹性和抗压缩性。玻璃体充满在晶状体后面的眼球腔内，其前面有一凹面为碟状凹，以容纳晶状体。其他部分与视网膜和睫状体相贴。玻璃体的外面包有一层很薄的透明膜称为玻璃体膜。

玻璃体的生理特点：①玻璃体无血管、无神经、透明，具有屈光作用。其营养来自脉络膜和房水，本身代谢极低，无再生能力，脱失后留下的空隙由房水填充。当玻璃体周围组织发生病变时，玻璃体代谢也受到影响而发生液化、变性和混浊。②玻璃体占据眼球内容积的 80%，起着支撑视网膜和维持眼内压的作用。如果玻璃体脱失、液化、变性或形成机化条带，不但影响其透明度，而且易导致视网膜脱离。

(三)眼附属器

眼附属器包括眼眶、眼睑、结膜、泪器和眼外肌。

1. 眼眶(orbit)

眼眶(眶窝)是由额骨、泪骨、颧骨及颞骨所构成的骨窝，其额骨的颧突不与颧弓相接，以眼窝韧带相连，具有保护眼球的作用。眼眶有四个壁：上壁、下壁、内侧壁与外侧壁，眼眶 4 壁除外侧壁较坚固外，其他 3 壁骨质薄，并与鼻旁窦相邻。临床上眼眶病变可能损害眼球和视神经，还可引起副鼻窦和颅内病变。同样，各鼻窦及颅内的病变也可波及眶内组织。眼眶内容纳有眼球、眼外肌、泪腺、血管、神经和筋膜组织。其间还有脂肪填充,起软垫作用。眶内无淋巴管和淋巴结。

2. 眼睑(eye lids)

眼睑位于眼眶前部,覆盖于眼球前面,有保护眼球,防止外伤和干燥的功能。眼睑分上眼睑和下眼睑,其游离缘叫作睑缘(palpebral margin)。上下睑缘之间的裂隙叫睑裂(palpebral fissure),其内外连接处分别称内眦(inner canthus)和外眦(outer canthus),内眦钝圆,外眦呈锐角。在眼内眦部有半月状结膜褶,褶内有一弯曲的透明软骨称第三眼睑[通称瞬膜(nictitating membrane)]。眼睑有两种横纹肌,一种是眼轮匝肌,肌纤维的走行与睑裂平行呈环形,由面神经支配,司眼睑闭合;另一种是上睑提肌,由动眼神经支配,司上睑提起,开启睑裂。睑板是由致密结缔组织及弹力纤维构成的半月形结构,两端借内、外眦韧带固定于眼眶内外侧眶缘上,维持眼睑的外形,是眼睑的支架。睑板内有若干与睑缘呈垂直方向排列的睑板腺(meibomian 腺),是全身最大的皮脂腺,开口于睑缘,分泌类脂质,参与泪膜的构成,防止外界液体进入结膜囊,并对眼表面起润滑作用。猫的睑板腺最发达,猪最不发达。

眼睑组织有 5 层结构,由外向内分别为皮肤、皮下疏松结缔组织、肌层、纤维层(睑板层)和睑结膜(结膜层)。

眼睑血液供应丰富,有浅部和深部两个动脉血管丛,一个是来自颈外动脉的分支,包括面动脉、颞浅动脉和眶下动脉;另一个是来自颈内动脉的眼动脉分支。眼睑的浅部组织由这些动脉分支吻合形成的动脉网供应。深部组织则由这些动脉形成的眼睑动脉弓供应。

眼睑的感觉由三叉神经的第一和第二分支分别控制上睑和下睑的感觉。

3. 结膜(conjunctiva)

结膜为一层薄而透明的黏膜组织,柔软光滑且富有弹性,覆盖在眼睑后面(睑结膜 palpebral)和部分眼球表面(球结膜 bulbar),以及睑部到球部的返折部分(结膜穹隆 fornical)。这三部分结膜形成了一个以睑裂为开口的囊状间隙称为结膜囊。①睑结膜:与睑板牢固黏附不能被推动。②球结膜:覆盖于眼球前部巩膜表面,止于角膜缘,是结膜的最薄和最透明部分,可被推动。球结膜与巩膜间有眼球筋膜疏松组织,在角膜缘附近与球筋膜、巩膜融合。③穹窿结膜:这部分的结膜组织疏松,多皱襞,便于眼球活动。上方的穹隆部附着有提上睑肌,下方穹隆部有下直肌鞘纤维融入。

结膜组织学结构:结膜在组织学上由不角化的鳞状上皮和杯状细胞组成,分为上皮层和固有层。①上皮层各部位的厚度和细胞形态不尽相同。角膜缘部渐变为复层鳞状上皮,然后过渡到角膜上皮。②固有层含有血管和淋巴管,分腺样层和纤维层,腺样层较薄,在穹窿部发育较好,该层由纤维结缔组织网构成,其间有大量淋巴细胞,炎症时易形成滤泡。纤维层由胶原纤维和弹力纤维交织而成,睑结膜缺乏纤维层。

结膜的分泌腺有:①副泪腺(Harder 氏腺),结构与泪腺相似,但较小,分泌泪液。不是所有动物都具有副泪腺,只有相当少的家畜才具有。犬、猫均无副泪腺,但有分泌浆液的瞬膜腺。瞬膜腺的分泌物和泪腺的分泌物共同形成泪液,协助保持眼睑和角膜的润滑。②杯状细胞,位于结膜上皮细胞层,以穹隆部结膜最多,分泌黏液,为黏液性分泌物的来源。

结膜的血管来自眼睑动脉弓和睫状前动脉。静脉大致与动脉伴行。眼睑动脉弓穿过睑板分布于睑结膜、结膜穹隆和距角结膜缘 4 mm 以外的球结膜,充血时称结膜充血。睫状前动脉在角膜缘 3～5 mm 处分出细小的巩膜上支组成角膜缘周围血管网,并分布于球结膜,充血时称睫状充血。两种不同充血对眼部病变部位的判断有重要意义。

结膜的感觉主要受三叉神经支配。

4. 泪器(lacrimal apparatus)

泪器包括泪腺和泪道两部分。

泪腺(lacrimal gland)位于眼眶上方的泪腺窝内,为一扁平椭圆形腺体,借结缔组织固定于眶骨膜上,上睑提肌外侧肌腱从中通过,将其分隔成较大的眶部泪腺和较小的睑部泪腺,正常时从眼睑不能触及。泪腺的排泄管有12~16条,很小,开口于外侧上穹隆结膜。泪腺分泌泪液,湿润眼球表面,大量泪液有冲除细小异物的作用,泪液中的溶菌酶有杀菌作用。犬的泪液61.7%由泪腺分泌,35.2%由第三眼睑腺(瞬膜腺)分泌,其余3.1%由睑板腺及黏液细胞产生。泪液的分泌在睡眠状态下基本停止,在疼痛和情绪激动时则大量分泌。泪腺的血液供应来自眼动脉分支的泪腺动脉。支配泪腺的神经有3种:三叉神经眼支的分支为感觉纤维、来自面神经中的副交感神经纤维和颅内动脉丛的交感神经纤维,司泪腺分泌。

泪道(lacrimal passages)是泪液排出的通道,包括上、下眼睑的泪点(lacrimal puncta),泪小管(lacrimal canaliculi),泪囊(lacrimal sac)和鼻泪管(naso-lacrimal duct)。

泪点为泪道的起始部,上下各一,位于上、下睑缘后唇,距内眦约6 mm的乳头状突起上。为一小孔,不同动物直径大小不一,贴附于眼球表面。泪小管连接泪点与泪囊。泪囊呈漏斗状,位于内眦韧带后面、泪骨的泪囊窝内,其上方为一盲端,两泪小管从盲端下方侧面与泪囊相通,泪囊的下端与鼻泪管相通。鼻泪管位于鼻腔外侧壁的额窦内,向下走,开口于鼻腔的下鼻道。鼻泪管下端的开口处有一半月形瓣膜,称Hasner瓣,有阀门作用。鼻腔疾病可引起泪道感染或鼻泪管阻塞而发生溢泪。约有50%的犬有两个鼻泪管开口。长吻犬的鼻泪管较直,短吻犬的鼻泪管有折转,易发生堵塞。

泪液排出到结膜囊后,经眼睑瞬膜运动分布于眼球的前表面,并汇聚于内眦部的泪湖,再由接触眼表面的泪点和泪小管的虹吸作用,进入泪囊、鼻泪管到鼻腔,一部分经黏膜吸收,另一部分随暴露部分而蒸发。正常情况下,如果泪液的分泌超过正常分泌量的100倍时,即使泪道正常,也会出现泪溢。当眼部遭到外来有害物质刺激时,则反射性地分泌大量泪液,以冲洗和稀释有害物质。

5. 眼外肌(extraocular muscles)

眼外肌是司眼球运动的肌肉。眼外肌属于横纹肌,包括眼球直肌(4条)、眼球斜肌(2条)和眼球退缩肌(1条),是带动眼球运动的肌肉,附着在眼球周围。此外,眼睑部尚有眼轮匝肌和上睑提肌。

四条直肌为上直肌、下直肌、内直肌和外直肌,它们均起自眶尖部视神经孔周围的总腱环,向前展开越过眼球赤道部,分别附着于眼球前面的巩膜上。直肌的止点距角膜缘的距离稍有不同,距离角膜缘的距离由内直肌、下直肌、外直肌和上直肌依此变远。内、外直肌的主要功能是使眼球向肌肉收缩的方向转动。上、下直肌走向与视轴呈23°角,收缩时除有使眼球上、下转动的主要功能外,同时还分别有内转内旋、内转外旋的作用。两条斜肌是上斜肌和下斜肌。上斜肌起自眶尖总腱环旁蝶骨体的骨膜,沿眼眶上壁向前至眶内上缘,越过滑车向后转折,经上直肌下面到达眼球赤道部后方,附着于眼球的外上巩膜处。下斜肌起自眼眶下壁前内侧上颌骨眶板泪窝处,经下直肌与眶下壁之间,向后外上伸展,附着于赤道部后外侧的巩膜上。上、下斜肌的作用力方向与视轴呈51°角,收缩时的主要功能是分别使眼球内旋和外旋,次要作用是下斜肌为下转和外转,上斜肌为上转和外转。眼球退缩肌包围在视神经周围,起始于视神经孔周缘,向前固着于巩膜周围,可牵引眼球向后。

除了外直肌受外展神经、上斜肌受滑车神经支配外,其余皆受动眼神经支配。

(四)眼的营养与神经调节

1. 血液供应

眼球的血液供给来自眼动脉。眼动脉自颈内动脉分出后经视神经管入眼眶,分成两个独立的系统:一是视网膜中央血管系统,供应视网膜内数层(第2、第3级神经元和视神经球内部分营养);二是睫状血管系统,按照部位和走行分为睫状后短动脉、睫状后长动脉和睫状前动脉。睫状血管供应除视网膜中央动脉供应外的眼球其他部分,包括色素膜、视网膜外层(第1级神经元)、视神经、巩膜及角膜部分营养。

眼附属器除由来自颈内动脉分支眼动脉供应外,尚有颈外动脉分支面动脉、颞浅动脉、眶下动脉供应。

眼球静脉回流主要有3个途径:

(1)视网膜中央静脉(central retinal vein,CRV) 与同名动脉伴行,经眼上静脉或直接回流到海绵窦(cavernous venous sinus)。

(2)涡静脉(vortex vein) 位于眼球赤道部后方,汇集脉络膜及部分虹膜、睫状体的血液,共4～6条,在直肌之间距角膜缘20 mm左右斜穿出巩膜,经眼上静脉、下静脉回流到海绵窦。

(3)睫状前静脉(anterior ciliary vein) 收集虹膜、睫状体和巩膜的血液,上半部静脉血流入眼上静脉,下半部血流入眼下静脉,大部分经眶上裂注入海绵窦,一部分经眶下裂注入面静脉及翼状静脉丛,进入颈外静脉。

2. 淋巴

眼球有前、后淋巴管,在睫状体境界部相交通。

3. 神经调节

眼部的神经支配丰富,共有6对神经与眼有关。

(1)眼球的神经调节 眼球受睫状神经支配,该神经含有感觉、交感和副交感神经纤维。

(2)眼附属器的神经调节

运动神经:动眼神经(ocular motor nerve)支配上睑提肌、上直肌、下直肌、内直肌、下斜肌、瞳孔括约肌和睫状肌;滑车神经(trochlear nerve)支配上斜肌;外展神经(abducent nerve)支配外直肌;面神经(facial nerve)支配眼轮匝肌。

感觉神经:三叉神经第1支(眼神经 ophthalmic nerve)支配眼球、上睑、结膜、泪腺和泪囊等部感觉;三叉神经第2支(上颌神经 maxillary nerve)支配下睑、泪囊、鼻泪管感觉。

二、眼科检查技术

对动物进行眼科检查,目的是为了诊断眼病和了解眼部的视觉状况。在临床上除了采用问诊、视诊和触诊等一般检查方法外,还可借助一些眼科器械做特殊检查,以便更加准确快捷地判断眼的各部分功能,为下一步的治疗奠定良好的基础。但是在检查时还要按照一定的顺序和方法进行,以免出现误诊和漏诊。

(一)眼的一般检查

眼的一般检查主要包括问诊、视诊和触诊等内容。在检查之前根据具体情况要对动物施行一定的处理措施,以免对检查人员或动物造成一些不必要的伤害和影响检查结果。

1. 问诊

问诊的主要内容是了解眼病发生的原因、时间和病程,既往史以及动物的饲养管理状况等;如果治疗过,治疗的药物、方法和效果如何,以及与该病相关的其他内容,从而为进一步的诊治提供参考。

2.视诊

待患病动物安静后，在自然光线或人工光线下观察患眼的病变情况。若患病动物患眼能自行开张时，则不要触及其头部和眼部，以免引起眼睑反射而紧闭患眼，影响检查。如果眼紧闭，再行人工开睑。视诊一般采用由外部到内部的顺序进行检查。

(1)眼睑　观察有无红肿、淤血、气肿、斑痕或肿物；注意皮肤颜色，有无炎症、水肿、皮疹、包块、压痛或捻发音；睑缘或眦部糜烂，有无内翻、外翻、倒睫、下垂、闭合不全；两侧眼睑和睑裂是否对称，上睑提起及睑裂闭合是否正常；眶缘有无损伤，眶内有无肿块。检查睫毛是否整齐，方向是否正常，有无变色、脱落，根部有无充血、鳞屑脓痂或溃疡。

(2)眼球　有无增大、变小、突出、内陷、偏斜、震颤、各方向转动有无受限制情况。

(3)眼眶　观察两侧眼眶是否对称，眶缘触诊有无缺损、压痛或肿物。

(4)泪道　可采用下列方法检查泪道有无阻塞。

荧光素钠试验：泪道检查法，将1%荧光素溶液滴入结膜囊内，2 min后如溶液在结膜囊内消失，则证明泪小管机能正常。如经过2～5 min，该溶液仍留在结膜囊内，且压迫泪囊部时，上述溶液逆流而出，则证明泪小管闭塞不通。如滴荧光素5 min内，下鼻道处棉片染上颜色，证明泪道通畅，如棉片的染色出现较晚或一直未被染色，则应考虑泪道狭窄或不通。

X射线碘油造影或超声检查：可进一步了解泪道阻塞的部位及泪囊的大小。

干眼症的检查：眼干燥症由泪液分泌减少或其成分异常引起。可用Schirmer试验帮助诊断。Schirmer试验是用一条5 mm×35 mm的滤纸或泪液试纸条，将一端折弯5 mm，置于下睑内侧1/3结膜囊内，其余部分悬垂于皮肤表面，闭眼，5 min后测量滤纸被泪水渗湿的长度。评价泪腺功能，短于10 mm为异常。

(5)结膜　将眼球向上翻转，检查睑结膜及结膜穹隆部结膜，注意其颜色，以及是否透明光滑，有无充血、水肿、乳头肥大、滤泡增生、斑痕、溃疡、睑球粘连，有无异物或分泌物潴积等。球结膜检查主要看有无充血，如充血部分在角膜周围的是睫状充血，充血部位在球结膜周边部的是结膜充血。检查有无疱疹、出血、创伤、异物、色素沉着或新生物等。

(6)巩膜　注意观察巩膜有无黄染、充血、结节、压痛等。

(7)角膜　注意角膜的大小、弯曲度、透明度以及表面是否光滑。检查有无异物、新生血管及有无混浊，如有混浊应观察其厚薄、颜色、部位、大小、形态、深浅及是否浅色，角膜后有无沉着物等。在正常情况下，角膜本身没有可见的血管，一旦在角膜上出现树枝状新生血管，表明为浅层炎症；在角膜周围与巩膜交界处出现向角膜中心呈辐射状(也可称毛刷状)的血管，则为角膜深层炎症。

(8)前房　主要检查前房的深度，将手电灯光或笔灯在外眦处侧照向内眦，如鼻侧虹膜全被照亮，为深前房，如鼻侧虹膜仅被照亮1 mm或更少，则为浅前房。另外需要检查前房的透明度，房水有无混浊、积脓、积血以及有无寄生虫等。

(9)虹膜　观察虹膜的颜色、纹理，有无新生血管、色素脱落、萎缩、结节，有无与角膜前粘连、与晶状体后粘连，有无根部断离及缺损，有无震颤(晶状体脱位)等。

(10)瞳孔　注意观察瞳孔的大小、形状、位置、两侧是否对称，边缘是否整齐，对光反射是否灵敏。正常情况下，瞳孔遇强光缩小，在暗处放大；若瞳孔异常散大，对光反应消失，多见于脑疾病、大失血或患病动物临死时的症状，注意与使用散瞳药后的情况相区别。

(11)晶状体　注意其有无混浊，有无脱位，有无色素斑点存在，如有混浊还要注意部位、形状、颜色、范围及程度。

3. 触诊

在进行问诊和视诊之后，通常还要对动物进行眼部的触诊。主要检查眼睑有无肿胀以及肿胀的程度，有无疼痛，局部温热的程度等，还可通过触诊了解眼部的敏感性，以及眼内压有无增高等。

(二)眼科常用器械检查

1. 光源检查法

检查者手持凹面反光镜，站在被检动物眼的前方，用反光镜收集从被检眼后上方的光源反射于被检动物眼内，然后通过反光镜的中央孔观察眼前部，检查者同时也可使用放大镜以便更清楚地观察，主要观察角膜表面的轻微损伤和混浊，眼前房的微量渗出物，虹膜线纹和色彩变化，晶状体有无混浊或脱位等变化。也可用手电筒光源从侧方直接照射，来检查眼睛的前部以及眼睛的反射状况。

2. 角膜镜检查法

角膜镜又叫 Placido 板，是一个带有手柄直径约 25 cm 的圆盘，圆盘上绘制有黑白相间的同心圆圈，在正中央有一圆形小孔(图 12-2)。通过它主要是观察 Placido 板在角膜上的映像有无扭曲和完整，来检查不容易发现的角膜最小弯曲度与平滑度。检查时，动物的被检眼朝向暗面，检查者一手持角膜镜站在动物前方，另一手将动物的眼睑撑开暴露角膜，并将角膜镜的圆圈面朝向光源并对准被检眼角膜，使角膜镜上的圆圈映在角膜上，然后通过角膜镜中央孔观察角膜映像有无变化。正常角膜的影像为规则而清晰的同心圆。同心圆呈梨状，乃圆锥角膜之征；在角膜上有创伤溃疡及表面不平滑时，反映的图像则成波纹样、锯齿状，不是同心圆，甚至呈现间断残缺图像，这是角膜混浊或有伤痕之特征。

图 12-2　角膜镜

(汪世昌，陈家璞，1998)

3. 烛光成像法

检查场地一般选择在暗室内或夜间，在被检眼的侧面放置一支点燃的蜡烛，将其前后移动，同时注意观察其在眼内的成像。正常情况下，可在眼内出现 3 个深浅明亮不同的烛光映像：第 1 个为清晰而明亮的正像，即角膜面映像；第 2 个为最大最暗淡的正像，即晶状体前囊面映像；第 3 个为最小的倒像，即晶状体后囊面映像(图 12-3)。移动烛光的同时，前两个映像随烛光同向移动，第 3 个映像反向移动。

如果 3 个映像全部不清或没有映像，表明为严重的角膜混浊，角膜透明和反光不良；如第 1 个映像比较清晰，后两个映像不清或无像，表明角膜正常，晶状体反光不良、房水或晶状体透光不良或缺晶状体；若只有第 3 个映像不清或无像，表明角膜、房水和晶状体前囊正常，晶状体透光和反光不良。

图 12-3　烛光映像检查

(王洪斌，2002)

4. 检眼镜检查法

该法是眼科检查常用的方法之一。使用的检眼镜包括直接检眼镜和间接检眼镜两种，都由照明系统和观测系统构成，主要是用以检查眼的屈光间质(角膜、房水、晶状体及玻璃体)和眼底(视盘、视网膜及脉络膜)。检查时一般要求在暗室内操作，通常不必扩瞳，但如果要进行详细检查，可在检查前 30～60 min，使用 1%硫酸阿托品溶液进行 2～3 次点眼扩瞳。检查者手持检眼镜并打开光源开关，将光照射至被检动物的眼底，检查者的眼由镜孔通过瞳孔观察眼内及眼底情况，然后由远而近依次观察被检眼的角膜、前房、晶体及玻璃体。

（1）直接检眼镜　比较常用的直接检眼镜是May氏检眼镜，主要是由一个中央带有小圆孔的反射镜和回转圆盘组成（图12-4）。圆盘上装有一些小透光镜，在旋转该圆盘时，则各透光镜交换对反射镜镜孔。各小透光镜均记有正（＋）负（－）符号，正号用于检查晶状体和玻璃体，负号用于检查眼底，检眼镜本身带有光源。直接检眼镜检查眼底时，能将眼底像放大15～16倍，所见为正像，可看到的眼底范围小。眼底一般很难查清，应注意上、下、左、右移动检眼镜比较观察，尽量全面观察眼底。此外直接检眼镜还可用于检查眼的屈光间质有无混浊，将镜片拨到＋8～＋10D进行检查，如果屈光间质正常，瞳孔区呈橘红色反光；若屈光间质混浊，红色反光中出现黑影，此时如果眼球转动，黑影移动方向与眼球方向一致，表明其混浊位于晶状体前方，反之位于晶状体后，如果黑影不动，则位于晶状体。

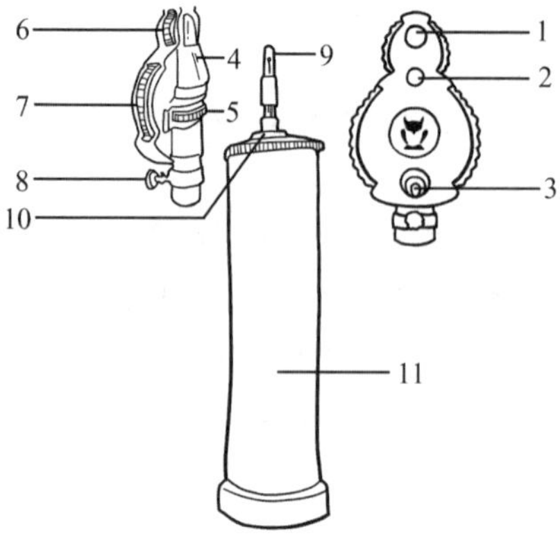

图12-4　直接检眼镜

（王洪斌，2002）

1. 屈光度副盘镜片读数观察孔　2. 窥视孔　3. 屈光度镜片读数观察孔　4. 平面反射　5. 光斑转换盘　6. 屈光镜片副盘　7. 屈光镜片主盘　8. 固定螺丝　9. 光源　10. 开关　11. 镜柄

（2）间接检眼镜　间接检眼镜能将眼底放大4.5倍；所见为倒立的实像，看到的范围大，一次所见可达25°～60°，立体感强，景深宽，对视网膜脱离、皱襞等不在眼底同一平面上的病变，可以同时看清，有时还可弥补直接检眼镜的不足。但一般需要散瞳后再检查。

①马的正常眼底　绿毡（tapetum lucidum）位于眼底的上方，近似半圆形，占据眼底较大的面积，而且颜色比较鲜明，主要以黄色、微黄绿色和微黄蓝色为主。不同马匹的颜色可能稍有不同，有时同一匹马的左右两眼底的绿毡颜色也不尽相同。另外，在绿毡上还散布有大量成星形的斑点（Winslow氏星）（图12-5）。黑毡（tapetum nigrum）位于眼底的下方，呈暗黑色。因上下绿、黑毡的色泽不同，上下两毡好像被一条水平线分开似的。视神经乳头（papilla of optic nerve）多位于眼底的下外方，呈横椭圆形，约6mm×4mm，其表面平坦，中心部有极小的轻度凹陷。可看出外、中、内3层结构。外层是呈淡白色围绕视神经乳头的环状结构；中层呈赤色，但接近内层处的色彩则稍淡，富有很多的毛细血管，比内层稍凸起；内层呈微黄白色，呈星芒状收缩。在视神经乳头上，有20～30条向四周呈放射状分布的小血管，每条血管又有树枝状分枝，在两侧眼内眦与眼外眦方向的血管较长，向上、向下的血管较短，终止在绿毡或黑毡。

②牛的正常眼底　有3条（或4条）颇为明显的小静脉自视盘的中央走向锯齿缘，并与平行的小动脉伴行。在牛上行的小动脉小静脉常相互扭缠，这在绵羊则是偶见现象，其中最大的一对缠绕在一起取纵行方向，最初分出成直角的细支，以后变成锐角并较粗。绿毡的颜色比马浅，呈浅黄绿色或淡青色，边缘有Winslow氏星；黑毡呈深红色、褐色或黑色不一。牛的视神经乳头多为横椭圆形，有的形状不整，在中心部有轻度的凹陷，颜色为灰白色或淡黄色。在视神经乳头上经常可以见到明显的突起，即玻璃体动脉的残余，有3对较大的动、静脉由视神经乳头的中心部突出至锯齿缘（图12-6）。

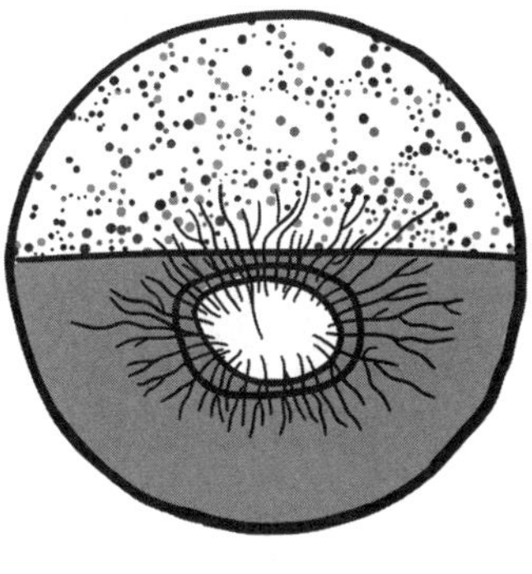

图 12-5　马的眼底
（王洪斌，2002）

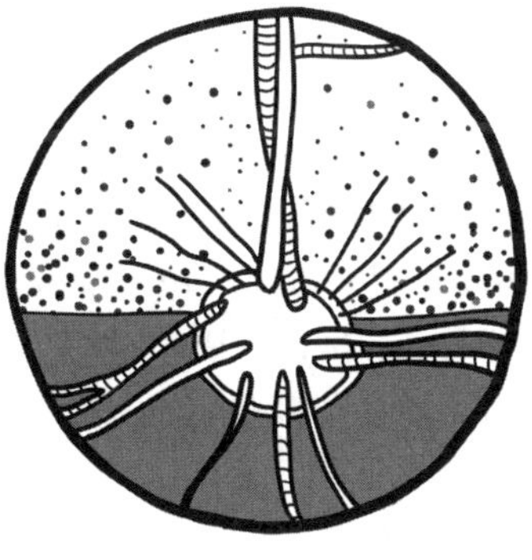

图 12-6　牛的眼底
（王洪斌，2002）

③犬的正常眼底　绿毡是位于眼底上半部的一个半圆形到三角形的具有反射及鲜明色彩的结构，其四周被昏暗的、无反射的黑毡所包围。它的颜色根据动物的年龄、品种和毛色有所不同，毡部鲜明的色彩有橙色、黄色、绿色和蓝色等多种颜色，而且常常超过一种颜色。最常见的颜色主要是黄色的毡部伴有一绿色的边缘，并逐渐过渡到蓝色而止于与黑毡眼底结合处。黑毡的范围更加宽广并且从各方面围绕着整个绿毡。黑毡呈深灰到暗褐色而且没有反射，其颜色与动物的品种和毛色等也有一定的关系。视神经乳头的形状有圆形的、三角形的或卵圆形的，还可能一边或多边凹入的，视盘的颜色由白色到深红色不等。3 束动静脉血管自视盘中央几乎呈 120°角向 3 个不同方向伸延，其中一束向上、向颞侧延伸，其他两束向黑毡部延伸。

④猫的正常眼底　猫的视神经乳头几乎为圆形，颜色多为乳白色或淡粉色，由于毛色不同，绿毡的颜色为黄色、淡黄色、黄绿色或天青色不等。黑毡部面积较小，颜色为蓝色、黑褐色不等。血管分布不像犬那样有规律。较大的血管一般为 3～4 束，视网膜中央区位于视盘的颞侧，周围血管较多。

5. 荧光素检查法

眼科上使用荧光素钠检查法的主要原理在于它的水溶液能滞留在角膜溃疡部，且能在溃疡处着色出现绿色的荧光。因此此法可检查角膜有无溃疡发生以及溃疡的位置和大小，以期为临床用药提供一定的参考。检查方法：大多采用眼球表面麻醉之后将 1% 的荧光素溶液滴入结膜囊内，10～15 min 后用生理盐水冲洗，然后观察角膜表面有无着色出现绿色荧光。另外，荧光素也可用于进行鼻泪管系统通畅性能的检测（见前面眼科检查技术中泪道检查部分）。

6. 裂隙灯活体显微镜检查法

裂隙灯活体显微镜（slit-lamp biomicroscope，简称裂隙灯）由光源投射系统和光学放大系统组成。用它可在强光下放大 10～16 倍检查眼部病变，不仅能使浅表的病变看得十分清楚，而且可以调节焦点和光源宽窄，形成一系列“光学切面”，使屈光间质的不同层次甚至深部组织的微小病变也清楚地显示出来。在双目显微镜的放大下，目标有立体感，增加了检查的精确性。裂隙灯显微镜的操作方法很多，常用的是直接焦点照明法，即将灯光焦点与显微镜焦点联合对在一起，将光线投射在结膜、巩膜或虹膜上。可见一个境界清楚的照亮区，以便细微地观察该区病变。将裂隙灯管线照在透明的角膜或晶状体上，可见一种乳白色的光学切面，借此可以观察其弯曲度、厚度，有无异物或角膜后沉着物，以及浸润、溃疡等的形态。如将光线调成细小光柱摄入前房，可检查其有无房水闪辉，再将焦点向后移动，可观察晶状体有无混浊及混浊所在层次，以及玻璃体前 1/3 内的病变。若观察眼底，可采用前置镜。

7. 眼压测定法

眼内压测定可采用指测法和眼压计测量法两种。指测法主要依据临床经验进行简单判断。准确的眼压测量需要使用眼压计进行。马、牛的正常眼压均为 1 866.51～2 933.08 Pa(14～22 mmHg)，绵羊的眼压为 2 566.45 Pa(19.25 mmHg)，犬的眼压为 1 999.83～3 333.05 Pa(15～25 mmHg)，猫的眼压为 1 866.51～3 466.37 Pa(14～26 mmHg)。眼压的测定对青光眼的诊断具有重要的意义，但要注意结合临床症状与其他疾病进行鉴别诊断。

8. 前房角镜检查法

前房角镜主要通过光线的折射(直接前房角镜)或反射(间接前房角镜配合裂隙灯活体显微镜)来检查前房角的各种结构，是青光眼防治工作中的常用方法。另外，使用前房角镜还可发现前房角的细小异物、新生物及新生血管等病变。

9. 眼底血管造影法

眼底血管造影是将造影剂从静脉注入动物体内，利用特定滤光片的眼底照相机拍摄眼底血管及其灌注的过程，可分为荧光素血管造影及吲哚青绿血管造影两种。前者以荧光素钠为造影剂，主要反映视网膜血管的情况，是常用的眼底血管造影方法；后者以吲哚青绿为造影剂，反映脉络膜的情况，有助于发现早期的脉络膜新生血管、渗漏等。荧光素血管造影出现脉络膜血管影像的时间仅几秒，很快被视网膜血管影像所遮盖。

10. 眼底照相技术

1930 年 Leonardi 首次报道了动物的眼底照片，20 世纪 60 年代以后眼底照相技术才得以较快发展。目前动物的眼底照相及手提式眼底照相机较为适用，其既有照明光源又附有闪光灯，光源可调节，操作方便，易于掌握。

照相前应先对动物进行确实保定，并使用静松灵等镇静剂，同时以 1%阿托品扩瞳，进行眼底观察，最后进行眼底照相。眼底照相可用于正确判断眼底病变以及通过眼底病变来诊断动物的疾病。

除了上述检查方法之外，目前已经将超声检查、电子计算机断层扫描、视网膜电图、磁共振成像以及眼科计算机图像分析等技术应用于眼科疾病的诊断。

11. 眼超声检查

眼科常用的超声扫描仪分为 A 型和 B 型。适应症：眼球活体测量，探查玻璃体视网膜病变的部位、程度和性质；眼内肿瘤；眼球突出的病因诊断；探查和定位眼内异物；眼和眶部血流动力学等。

12. 电子计算机断层扫描

电子计算机断层扫描(computer tomography，CT)利用电离射线和计算机的辅助形成多个横断面的影像。可用于观察软组织和骨性结构。适应症：眼内肿瘤；眼眶病变包括肿瘤、急慢性炎症及血管畸形；眼外伤眶骨骨折，眼内眶内异物；不明原因的视力障碍、视野缺损等。

三、眼科常用药与治疗技术

(一)眼局部的药物动力学

由于眼部存在血眼屏障(blood-ocular barrier)，包括血房水屏障和血视网膜屏障(blood-retinal barrier)等特殊的组织结构，大多数眼病的有效药物是局部给药，所以眼科用药要严格掌握适应症，做到合理用药。

(1)角膜转运　药物由眼球表面进入眼球内组织的主要途径是经角膜转运。影响药物透过角膜的因素如下:溶解度、浓度、黏滞性、脂溶性、表面活性等。药物浓度高,溶解度大,进入角膜的药量增加。药物的黏滞性高,与角膜接触时间较长,增强药物的吸收。药物同时具备脂溶性与水溶性有利于药物的吸收。药物的 pH 和渗透压如果偏离局部生理值太大,容易造成眼部刺激,影响药物吸收。

(2)循环途径　药物可以通过眼表结构中的血管如角膜缘和结膜血管吸收,或经球结膜、筋膜和巩膜直接渗透到眼球内。

(3)眼内分布　药物到达眼内后,相互要通过房水弥散分布到眼前部各组织;少量可经玻璃体扩散到视网膜表面;有些药物可经房水循环途径,进入体循环,再分布到眼内各组织。

(二)眼科常用药

(1)洗眼液(eyes lotions)　2%～4%硼酸溶液、生理盐水(用于结膜炎、角膜炎时冲洗结膜囊)及 0.5%～1%明矾溶液。另外也可使用 0.1%新洁尔灭溶液和 0.2%～0.5%洗必泰溶液等消毒药。

(2)收敛药和腐蚀药(astringents and corrosives)　0.5%～2%硫酸锌溶液、0.5%～2%硝酸银溶液(注意用药后必须用生理盐水冲洗)、2%～10%蛋白银溶液、1%～2%硫酸铜溶液、1%～2%黄降汞眼膏以及硝酸银棒和硫酸铜棒。

(3)抗微生物药　①磺胺类:3%～5%磺胺嘧啶溶液、10%～30%乙酰磺胺钠溶液以及 10%乙酰磺胺钠眼膏。②抗生素类:0.5%氯霉素溶液、0.5%～1%新霉素溶液、0.5%～1%金霉素溶液、0.5%新霉素滴眼液、0.3%～1%庆大霉素滴眼液、1%卡那霉素滴眼液、利福平眼药水(甲哌利福霉素眼药水)、油剂阿莫西林及氯霉素-多黏菌素眼膏、新霉素-多黏菌素眼膏、3%庆大霉素眼膏,1%～2%四环素、红霉素、金霉素眼膏。③抗病毒药:0.1%阿昔洛韦滴眼剂、阿糖胞苷滴眼剂、0.1%碘苷滴眼液以及三氮唑核苷滴眼液等。

(4)激素类药　眼科临床主要应用糖皮质激素。凡属于过敏、非特异性炎症、外伤或手术后的炎症反应均可局部使用和结膜下注射应用,多与抗生素联合使用。0.1%～0.2%氢化可的松溶液或 0.5%～2.5%醋酸可的松的灭菌生理盐水混悬液滴眼,也可用 1.5%可的松眼膏涂眼。还可用 4 mg/mL 的地塞米松,20 mg/mL、40 mg/mL 或 80 mg/mL 的甲强龙(methylprednisolone),25mg/mL 的强的松龙或 10 mg/mL 的去炎松等结膜下注射。

联合应用:新霉素、多黏菌素与 0.1%二氟美松;10%乙酰磺胺钠与 0.2%强的松龙;青霉素和氟美松磷酸钠(地塞米松)合用等。注意角膜有溃疡时禁止使用糖皮质激素类药物。

(5)散瞳药　0.5%～3%硫酸阿托品溶液或 1%硫酸阿托品眼膏、0.5%～2%盐酸环戊通溶液、0.25%东莨菪碱溶液、2%和 5%后马托品溶液引起散瞳和调节麻痹,比阿托品效力快而弱,适用于眼科检查。散瞳药一般要间隔一段时间连用 2～3 次。

(6)缩瞳药　可缩小瞳孔和降低眼压。1%～6%毛果芸香碱溶液或 1%～3%眼膏、0.25%～0.5%毒扁豆碱溶液或眼膏、1%乙酰胆碱溶液、1%～6%毛果芸香碱与 1%肾上腺素溶液等。

(7)麻醉药　眼科主要采用表面麻醉剂。0.5%～2%盐酸可卡因溶液(使用时最好加入 2～3 滴 0.1%肾上腺素溶液,以延缓其吸收)、0.5%盐酸丁卡因溶液、0.5%盐酸丙美卡因溶液以及 0.4%丁氧普鲁卡因溶液等滴眼。进行角膜和眼内手术时,一般采用全身麻醉。

(8)眼病诊断药　2%～10%荧光素钠溶液、2%红汞溶液以及吲哚青绿血管造影剂等。

(三)眼病治疗技术

1. 洗眼

主要目的是使药物能深入到眼组织内部。大动物往往采用站立保定,小动物多采用俯卧或侧卧保定，确实保定好头部，然后用拇指和食指撑开眼睑，用刺激性较小的2%硼酸溶液或生理盐水对患眼进行冲洗，冲洗时可使用洗眼壶、洗球或不带针头的注射器。大动物经鼻泪管冲洗更充分，冲洗后用硼酸棉球吸干。

2.点眼

患眼经冲洗后，立即选用恰当的眼药水和眼药软膏点眼。将眼睑张开后，用点眼管或不带针头的注射器吸取眼药水滴于患眼的结膜囊内，再按摩眼睑。管装的眼膏可直接挤压于结膜囊内，亦可用眼科专用的细玻棒蘸上眼药软膏，涂于结膜囊内。

3.结膜下注射

患眼经表面麻醉后，确实保定好头部，开张患病动物眼睑，针头由眼外角眼睑结膜处平行眼球方向刺入，注药后用手压迫注射点并按摩患眼。也可将药物直接注射到球结膜下，此时要使用小号针头，而且表面麻醉要进行确实。对牛还将药液注射于第三眼睑内。

4.眼神经传导麻醉

主要用于眼球手术(如眼球摘除术)或注射药液治疗眼病。操作要谨慎不要误伤眼球。若注射正确，会出现眼球突出的症状。

(1)马　先用5%盐酸利多卡因溶液点眼，经5～10 min后，将灭菌针头由眼外眦结膜囊处向对侧颌关节的方向刺入，并直抵骨组织，将针头稍后退，回抽活塞，无血液进入注射器后，注射2%～3%盐酸普鲁卡因液15～20mL。

(2)牛　于颞窝口腹侧角、颞突背侧1.5～2 cm处刺入，针头应朝向对侧的角突，为此，应将针头由水平面稍向下倾斜，并使针头抵达蝶骨，深6～10 cm，注射3%盐酸普鲁卡因液20 mL。

5.粉剂吹入

将粉剂药物装入长15 cm左右，粗细适合的玻璃管或者纸筒的一端，另一端接上胶皮球，对准患眼后，手压胶皮球，药粉即吹入眼内。

6.眼睑下灌流法

眼睑下灌流法的主要目的是方便眼部用药以及对眼部的冲洗，还可进行连续用药。目前有专门的眼睑下灌流装置。也可自行制作:将一根聚乙烯管(外径1.7～2.0 mm)放在小火焰上加热，使管头向外卷曲成一凸缘，然后将其浸在冷消毒液内，用一个14号针头插入眼眶上外侧皮下4～8 cm并延伸到结膜穹隆部，将上述的聚乙烯管涂以抗生素眼膏以便易于通过并减少皮下感染。管子经针头到达结膜穹隆后，拔去针头，并将管子固定(图12-7)。马用的聚乙烯管应当有足够的长度，以便能固定在肩部。应将马头固定，并利用市售的微滴静脉注射装置或以电池为动力的小滚轴泵持续供药。

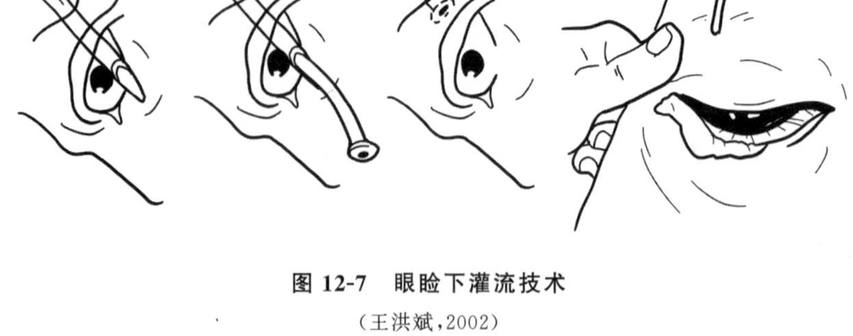

图12-7　眼睑下灌流技术

(王洪斌，2002)

第二节 眼睑疾病

一、睑腺炎

睑腺炎(hordeolum)又称麦粒肿，是由细菌侵入睫毛囊、睑缘腺和睑板腺而引起的急性化脓性炎症，主要由葡萄球菌引起。睫毛囊及所属腺体发生感染的称为外睑腺炎(外麦粒肿)；由睑板腺发生急性化脓性炎症称为内睑腺炎(内麦粒肿)。

1. 病因

多由葡萄球菌引起，睑缘腺炎和睑板腺炎也可引起本病的发生。

2. 症状

临床表现主要为眼睑急性化脓性炎症，局限性红肿、疼痛，触之有硬结，一般在 4～7 d 后脓肿成熟，自溃流脓，严重者可引起眼睑蜂窝织炎。外麦粒肿时，外睑缘一般有隆起和疼痛性脓疱；内麦粒肿隆起比前者小，在睑板腺基部出现小的白色脓疱，病变处有硬结，触之疼痛更明显，睑结膜面充血、肿胀。有些可能在眼睛周围出现瘙痒、脱毛现象。

3. 治疗

初期可采用热敷或抗生素眼药水或眼药膏以减轻肿胀；脓肿尚未形成时不宜切开，待脓肿成熟时可用粗静脉注射针头或刀尖将其刺破，轻轻挤压，排除脓汁后进行冲洗，也可直接切开排脓。术后应用抗金黄色葡萄球菌的抗生素眼药水点眼，全身配合使用抗生素。但在脓肿尚未形成之前，切不可过早切开或任意用力挤压。

二、眼睑内翻

眼睑内翻(entropion)是指眼睑缘向眼球方向翻转，睫毛和睑毛刺激眼球表面的异常状态。眼睑缘可单边或双边内翻，而且可单侧或双侧眼发病，其中下眼睑最常发病。多种动物均可发生，临床上多见于犬，但以面部皮肤皱褶较多的动物多发，如沙皮犬、松狮犬。

(一)病因

该病可分为先天性、后天痉挛性和后天非痉挛性 3 种。

(1)先天性眼睑内翻　可能是一种遗传性缺陷，多见于下眼睑外侧，最常见于羔羊和犬，偶见于幼驹，猫也可发病。

(2)后天痉挛性眼睑内翻　主要是眼睑的撕裂创和愈合不良以及结膜炎与角膜炎刺激等因素引起，多发于一侧性眼睑。

(3)后天非痉挛性眼睑内翻　多由手术或外伤后所导致的眼睑疤痕收缩引起。

(二)症状

临床上多见一侧或两侧眼睑内翻。可见眼睑边缘向内卷起，由于睫毛和眼睑皮肤刺激结膜及角膜，致使结膜充血、潮红、角膜表层有新生血管形成或发生混浊，严重时甚至发生溃疡，患眼疼痛、流泪、羞明、眼睑痉挛。

(三)治疗

先天性眼睑内翻的治疗主要以手术矫正为主，目的是保持眼睑边缘于正常位置。

术部除毛、消毒、隔离、局部麻醉，在离眼睑边缘0.6～0.8 cm 处做圆形或椭圆形皮肤切口，切去皮瓣，然后将切口做水平纽扣缝合，矫正眼睑至正常位置。严重的应施行与眼睑患部同长的横椭圆皮肤切片，剪除一条眼轮匝肌，以肠线做结节缝合或水平纽扣缝合使创缘紧密靠拢，7 d 后拆线。手术中不应损伤结膜(图 12-8)。

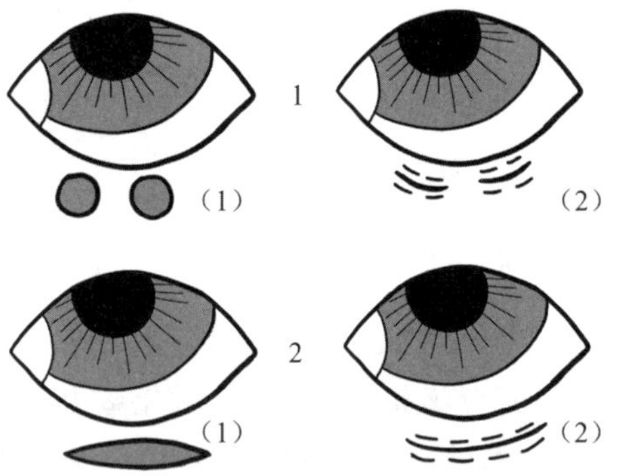

图 12-8　眼睑内翻矫正手术

(王洪斌，2002)

1.圆形皮片切除法　2.椭圆形皮片切除法

(1)切除皮片　(2)水平纽扣缝合切口

后天痉挛性眼睑内翻的治疗主要以治疗原发病为主，多数病例在去除病因后，病情有所好转。

应积极治疗结膜炎和角膜炎，给予镇痛剂，在结膜下注射 0.5% 普鲁卡因青霉素溶液。为减轻睑缘内翻程度和消除睫毛对眼球的持续刺激，可临时施第三眼睑瓣遮盖术或眼裂闭合术，2～3 周后拆线，如无效，可施行眼睑内翻成形术。

视频 12-1　松狮犬眼睑内翻矫正术

后天性非痉挛性眼睑内翻的治疗可采用眼外眦固定术缩短睑裂，以矫正眼睑内翻。根据眼睑内翻矫正程度，在眼外眦上、下眼睑切开同等大小的皮瓣，上眼睑皮瓣切除掉，保留下眼睑皮瓣，并将其缝合到上眼睑皮肤缺损部。(视频 12-1)

三、眼睑外翻

眼睑外翻(ectropion)是眼睑缘离开眼球向外翻转显露的异常状态，以下眼睑多见。

1.病因

多种原因均可导致本病的发生，先天性因素可能与遗传性缺陷（犬）有关。瘢痕性(眼睑损伤或手术、睑炎等)、生理性(疲劳、老年犬眼睑皮肤松弛等)和麻痹性等因素均可引起本病的发生。

2.症状

表现眼睑外翻，结膜因暴露而充血、潮红、肿胀、流泪，结膜内有渗出液积聚。病程长的结膜及角膜粗糙及肥厚，最终因继发色素性角膜炎而影响视力。

3.治疗

多数病例无须手术治疗。但若继发严重的结膜炎、角膜炎保守疗法无效时可施行手术疗法。

手术治疗有两种方法：一是在下眼睑皮肤上做“V”形皮肤切口，然后将其缝成“Y”形，使下睑组织上推以矫正外翻；二是在外眼眦手术，先用两把镊子折叠下睑，估计需要切除多少下睑皮肤组织，然后在外眦将睑板及睑结膜做一三角形切除，尖端朝向穹隆部，分离欲牵引的皮肤瓣，再将三角形的两边对齐口缝合(缝前应剪去皮肤瓣上带睫毛的睑缘)，然后缝合三角形创口，使外翻的眼睑复位(图 12-9)。

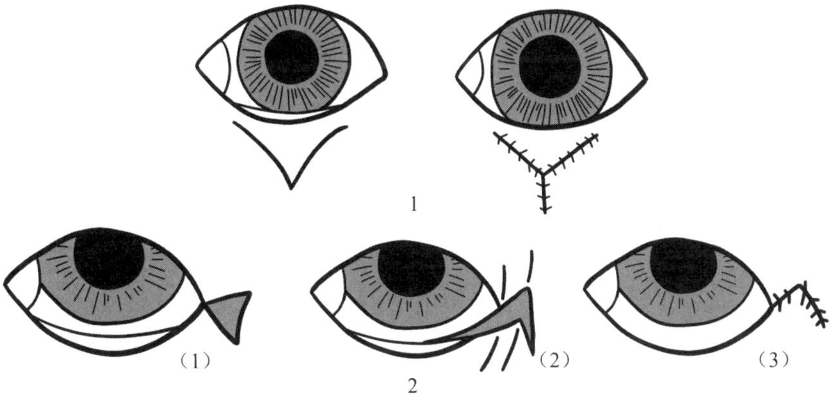

图 12-9 眼睑外翻矫正手术

(王洪斌,2002)

1."V"形切口,"Y"形缝合法 2.三角形切口缝合法

(1)三角形切口,分离皮肤瓣 (2)剪去下方皮肤瓣上带睫毛的睑缘,对齐切口 (3)缝合切口,矫正外翻眼睑

第三节 结膜和角膜疾病

一、结膜炎

结膜炎(conjunctivitis)是指眼结膜受外界刺激和感染而引起的炎症,是最常见的一种眼病,包括卡他性、化脓性、滤泡性、水泡性及伪膜性结膜炎等多种类型。各种动物均可发生,但临床上马、牛、犬更为常见。

(一)病因

结膜炎的发生原因较多,临床常见有以下几种。

(1)机械性因素 结膜外伤、各种异物(如灰尘、谷物芒刺、花粉、烟灰、被毛、昆虫等)落入结膜囊内或粘在结膜面上引起炎症。牛或犬泪管吸吮线虫多出现于结膜囊或第三眼睑内(不但呈机械性刺激,而且还呈化学作用)。眼睑疾病(如眼睑内翻、外翻等)以及笼头不合适。

(2)化学性因素 如石灰粉、熏烟、厩舍空气内有大量氨存在时,以及各种化学药品(包括已分解或过期的眼科药)或农药误入眼内。

(3)温热性因素 如热伤。

(4)光学性因素 眼睛遭受强光长时间直射、紫外线或X射线照射等。

(5)传染性因素 多种微生物经常潜伏在结膜囊内,正常情况下,由于结膜面无损伤、泪液溶菌酶的作用以及泪液的冲洗作用,不可能在结膜囊内发育。但当结膜的完整性遭到破坏时,易引起感染而发病。牛传染性鼻气管炎病毒可引起犊牛群发生结膜炎;衣原体可引起绵羊滤泡性结膜炎;给放线菌病牛以碘化钾治疗时,由于碘中毒,常出现结膜炎。幼猫的双侧性角膜炎大多由猫疱疹病毒引起,多半还伴有呼吸道症状。

(6)免疫介导性因素 如过敏、嗜酸粒细胞性结膜炎等。

(7)继发性因素 邻近组织的疾病(如上颌窦炎、泪囊炎、角膜炎等)、重剧的消化器官疾病常可继发该病,另外某些传染病(如流行性感冒、腺疫、牛恶性卡他热、牛瘟、牛炭疽、犬瘟热等)也常并发所谓症候性结膜炎。

(二)症状

结膜炎的共同症状是羞明、流泪、结膜充血、浮肿、眼睑痉挛、渗出及白细胞浸润。

1. 卡他性结膜炎

临床上最为常见，是多种结膜炎的早期症状，结膜潮红、肿胀、充血，眼内角流浆液、黏液分泌物。可分为急性和慢性两型。

(1)急性型　轻时结膜轻度潮红、肿胀，呈鲜红色，分泌物稀薄，量少，继则变为黏液性。严重者，眼睑肿胀、热痛、羞明、充血明显，甚至见出血斑。炎症还可波及球结膜。分泌物量多，初稀薄，渐次变为黏液脓性，并积蓄在结膜囊内或附于内眼角。有时角膜面也见轻微的混浊。若炎症侵及结膜下时，则结膜高度肿胀，疼痛剧烈。牛结膜炎，可见内眼角内有脓性黏液(彩图 12-1)。

(2)慢性型　常由急性型未及时治疗所致，症状往往不明显，患眼羞明、充血轻微，疼痛常不明显，有少量分泌物。结膜呈暗赤色、黄红色或黄色，经久不愈可引起结膜增厚。

2. 化脓性结膜炎

因感染化脓菌或在某种传染病经过中(特别是犬瘟热)发生，也可以是卡他性结膜炎的并发症。眼部一般症状严重，眼内流出多量脓性分泌物，而且时间越久则越浓，上、下眼睑常被黏在一起而并发角膜混浊甚至溃疡，且常具有一定的传染性。

3. 滤泡性结膜炎

主要见于衣原体感染，也可见于其他因素引起的慢性结膜炎。初期为球结膜水肿、充血和有浆液黏液性分泌物，几天后其分泌物变为黏液脓性。在炎症期，主要表现第三眼睑内出现大小不等的鲜红色或暗红色颗粒(淋巴滤泡)，偶尔在穹隆结膜处见有淋巴滤泡。先是一眼发病，5～7 d 后另一眼也发病。猫滤泡性结膜炎发病急，但 2～3 周后可康复。不过，亦有猫转为慢性或严重结膜炎，甚或发生睑球粘连。

(三)预后

急性卡他性结膜炎，一般容易治愈。若原因不能除去即可转为慢性，或化脓性结膜炎取慢性经过，且致角膜严重损伤并发症，预后慎重。

(四)治疗

1. 除去病因

尽可能除去发病的主要原因。若是症候性结膜炎，则应以治疗原发病为主。若环境不良，就应设法改善环境。

2. 遮避光线

将患病动物放在暗处或包扎眼绷带，避免强光刺激。

3. 清洗患眼

用 3%硼酸或 0.1%利凡诺溶液等清洗结膜囊，禁止使用强刺激性药物。

4. 对症疗法

发病初期充血肿胀严重时，可用冷敷疗法；分泌物变为黏液时，则改为温敷，再用 0.5%～1%硝酸银溶液点眼(每天 1～2 次)。用药后经 30 min，就可将结膜表层的细菌杀灭，同时还能在结膜表面上形成一层很薄的膜，从而对结膜面呈现保护作用。但用过本品后 10 min，要用生理盐水冲洗，避免过剩的硝酸银的分解刺激，且可预防银沉着。若分泌物已减少或将趋于吸收过程时，可用收敛药，其中以 0.5%～2%硫酸锌溶液(每天 2～3 次)较好。此外，还可用 2%～5%蛋白银溶液、0.5%～1%明矾溶液或 2%黄降汞眼膏。疼痛显著时，可用下述配方点眼：硫酸锌 0.5～1.0 g、

2%盐酸普鲁卡因 0.5 mL、硼酸 3.0 g、0.1%肾上腺素 2 滴、蒸馏水 100.0 mL,混匀后分装为 10 小瓶。

球结膜内注射青霉素和氢化可的松。用 0.5%盐酸普鲁卡因溶液 2～3 mL 溶解青霉素 5 万～10 万 IU,再加入氢化可的松 2 mL(10 mg),做球结膜注射或眼睑皮下注射(上下眼睑分别注射),一天或隔天一次。

慢性结膜炎可采用刺激温敷疗法。局部可用较浓的硫酸锌或硝酸银溶液,或用硫酸铜棒轻擦上、下眼睑,擦后立即用硼酸水冲洗,然后再进行温敷。也可用 2%黄降汞眼膏涂于结膜囊内。中药川连 1.5 g、枯矾 6 g、防风 9 g,煎后过滤,洗眼效果良好。

病毒性结膜炎时,可用 5%的磺醋酰胺钠、0.1%碘苷(疱疹净)或 4% 吗啉胍等眼药进行点眼;同时使用抗生素眼药水,以防继发和混合感染。

还可采用中医疗法,如牛的顺气穴插枝疗法等。

(五)预防

保持厩舍和运动场的清洁卫生;注意通风换气与光线,防止风尘的侵袭;严禁在厩舍里调制饲料和刷拭动物体;笼头不合适应加以调整;在麦收季节,可用 0.9%生理盐水经常冲洗眼;治疗眼病时,要特别注意药品的浓度和有无变质情形。

二、角膜炎

角膜炎(keratitis)是指角膜因受微生物、外伤、化学剂或物理性因素影响而发生的炎症,为最常见的眼病之一。临床上常见有外伤性、表层性、深层性(实质性)及溃疡性角膜炎等几种。

(一)病因

最常见病因为外伤(如鞭梢的打击、笼头的压迫、尖锐物体的刺激)或异物误入眼内(如碎玻璃、碎铁片等)而引起;角膜暴露、细菌感染、营养障碍、邻近组织病变的蔓延等均可诱发本病;某些传染病(如腺疫、牛恶性卡他热、牛肺疫、马流行性感冒、犬传染性肝炎)和浑睛虫病时,能并发角膜炎。有些犬种对表层性角膜炎还有一定的家族史,如德国牧羊犬等。

(二)症状

角膜炎的共同症状是羞明、流泪、疼痛、眼睑睁不开、角膜混浊、角膜缺损或溃疡。轻度的角膜炎常不容易直接发现,但可在阳光斜照下见到角膜表面粗糙不平。

外伤性角膜炎常可找到伤痕,透明的表面变为淡蓝色或蓝褐色。根据致伤物的种类和力量不同,角膜表面可出现浅创、深创甚或贯通创。

化学物质引起的热伤,根据其发生程度症状也有所不同。轻的可见角膜上皮被破坏,形成银灰色混浊;深层受伤时角膜可出现溃疡;严重的可出现坏疽,并呈现明显的灰白色。

角膜炎发生后往往先出现角膜周围充血,然后再新生血管。表层性角膜炎的血管来自结膜,呈树枝状分布于角膜面上,可看到其来源。深层性角膜炎的血管来自角膜缘的毛细血管网,呈毛刷状,自角膜缘伸入角膜内,但看不到其来源,如病情发展,角膜浅层也出现增生血管。

当角膜面上形成不透明的白色瘢痕时叫作角膜混浊或角膜翳。它主要是角膜水肿和细胞浸润的结果(如多形核白细胞、单核细胞和浆细胞等),最终导致角膜表层或深层变暗而出现混浊。混浊可能为局限性或弥漫性,也有呈点状或线状的,一般呈乳白色或橙黄色。

新的角膜混浊有炎症症状,界限不明显,表面粗糙稍隆起;陈旧的角膜混浊没有炎症症状,界限明显。深层混浊时,由侧面视诊,可见到在混浊的表面被有薄的透明层;浅层混浊则见不到薄的透明层,多呈淡蓝色云雾状。

溃疡性角膜炎即当角膜外伤或角膜上皮抵抗力降低时，如有致病菌侵入(包括内源性)，角膜的一处或数处呈暗灰色或灰黄色浸润，形成脓肿，破溃后形成溃疡。可用荧光素点眼来确定溃疡的存在及范围，但要注意角膜的后弹力膜处不着色。

严重的角膜损伤还可引起角膜穿孔，房水从眼前房流出，眼前房内压力降低，虹膜因前移或后移容易与角膜或晶状体发生粘连，从而丧失视力。

犬传染性肝炎的恢复期，常见单侧性间质性角膜炎和水肿，有时呈双侧性，呈蓝白色角膜翳，俗称“蓝眼病”。

(三)治疗

角膜炎急性期的冲洗和用药与结膜炎的治疗基本相同。

为了促进角膜混浊的吸收，可向患眼吹入等份的甘汞和乳糖(白糖也可以)；40%葡萄糖溶液或自家血点眼；也可用自家血眼睑皮下或球结膜注射。为防止虹膜粘连或当同时发生前色素层炎时，1%硫酸阿托品点眼有效。

如角膜未出现溃疡或穿孔，可用青霉素、普鲁卡因、氢化可的松做球结膜下或做患眼上、下眼睑皮下注射，或单纯使用醋酸强的松龙或甲强龙进行球结膜注射，对小动物外伤性角膜炎引起的角膜翳效果良好；也可采用醋酸强的松龙点眼。角膜有穿孔或溃疡时，禁止使用糖皮质激素类药物，以免加重病情。用牛成纤维细胞生长因子溶液点眼，有助于角膜表面损伤或溃疡的修复。

角膜穿孔时，应严密消毒防止感染。如保守疗法效果不佳时，可采用结膜瓣或瞬膜瓣遮盖术提高该病的疗效。对新发的虹膜脱出病例，可将虹膜还纳展平；脱出久的病例，可用灭菌的虹膜剪剪去脱出部，涂黄降汞眼膏，装眼绷带。若不能控制感染，可行眼球摘除术。

1%三七液煮沸灭菌后待冷却点眼，对角膜创伤的愈合起促进作用，且能使角膜混浊减退。

中药方如拨云散、光明子散、明目散等对慢性角膜炎有一定疗效。

三、瞬膜腺突出

瞬膜腺突出(protrusion of the nictitating gland)又称樱桃眼(cherry eye)，是指位于瞬膜球面的腺体增生肥大、向外翻转越过瞬膜游离缘，而脱出于眼内侧的一种眼病。犬多发，且多发于小型犬，如北京犬、可卡犬、西施犬、英国斗牛犬等，性别不限，年龄一般为3～12月龄。其他动物发病率较低。

(一)病因

确切的病因不详。可能因腺体基部与眶周组织间或腺体与软骨间结缔组织附着先天性缺陷或发育不良。另外，该病的发生可能与饲喂高蛋白、高能量饲料有一定的关系，尚未查知有明显的生物性、物理性及化学性的病因。

(二)症状

呈散发性，未见明显传染性，单眼或双眼发病。本病多发生于两个部位，多数增生物位于内侧。犬瞬膜腺突出(彩图12-2)。

眼角有薄的纤维膜状蒂与第三眼睑相连。有的发生在下眼睑结膜的正中央，纤维膜状蒂与下眼睑结膜相连。二者均为粉红色椭圆形肿物，外有包膜，呈游离状，大小(0.8～1)cm ×0.8 cm，厚度为0.3～0.4 cm。下眼睑结膜发生的病例多为单侧性。

发病后眼睑结膜潮红，部分球结膜充血，由于长时间暴露在外，腺体充血、肿胀、流泪。病犬不安，常因以眼揉触笼栏或家具，或用前爪搔抓患眼，而引起继发感染，造成不同程度的角膜炎症、损伤，甚至化脓。但一般无全身症状。

(三)治疗

多用手术治疗,有两种手术方法。

(1)瞬膜腺切除术　动物全身麻醉,俯卧保定。用生理盐水冲洗患眼,并滴入含肾上腺素(1∶10万)的局麻药。先用有齿镊提起腺体,再用一弯止血钳夹住脱出物的基部,沿止血钳上缘将脱出物剪除(图12-10)。剪除时注意不要伤及瞬膜"T"形软骨。止血钳夹持5～10 min后松开,防止局部出血。也可用经乙醇灯高温烧灼的刀片紧贴止血钳钳缘进行烧烙止血。如有出血,用灭菌干棉球压迫止血。全切手术简单易行,但当泪腺功能不全时,易引起干性角膜结膜炎。

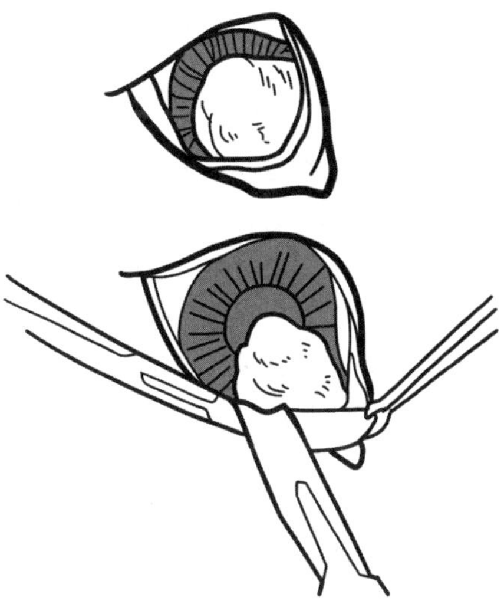

图12-10　瞬膜腺突出全切术

(中国农业大学,1999)

(2)瞬膜腺复位术　适用于泪腺功能不全,不能施行腺体全切手术时施行该复位术(图12-11)。用组织钳夹持瞬膜并向外翻转,椭圆形切开腺体表面结膜,露出腺体(图12-11B)。钝性分离腺体周缘的结膜,暴露深部腺体(球面)和瞬膜缘远端的结缔组织。充分止血后,于腺体一端1/3处,用4/0可吸收线经腺体深部结膜下穿过眼球上的结缔组织和腺体(图12-11C)。将缝线引向腺体对侧,距瞬膜缘附近穿过结膜下结缔组织,缝线暂不打结(图12-11D)。按此缝合法,距腺体另一端1/3位置缝第2根线(图12-11E)。两根线分别抽紧打结,并轻轻向下推压腺体,使其内翻再打结。结应打在结膜下,线头应剪短(图12-11F,G)。由于瞬膜腺已内翻,结膜创缘已完全对合,不需要缝合。如腺体脱出过大,可先切除部分腺体,再进行复位术。术后每天应用抗生素眼药水或眼膏2～3次,连用5～7 d。术后不拆线。

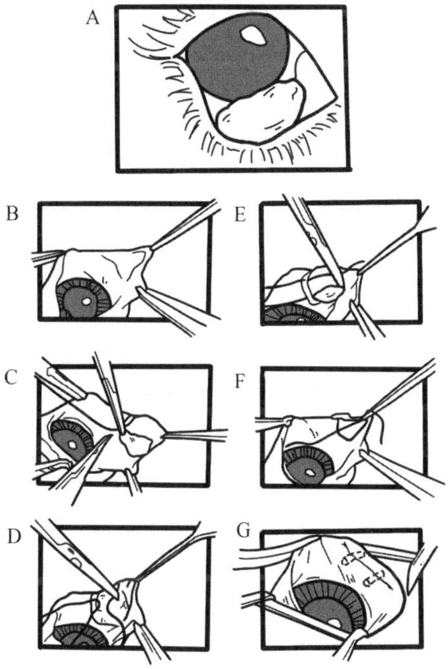

图12-11　瞬膜腺突出复位术

(侯加法,2000)

四、牛传染性角膜结膜炎

牛传染性角膜结膜炎(bovine infectious keratoconjunctivitis),又称红眼病(pink eye),是一种高度接触传染性眼病,分布于世界各地。病因多种,主要病原为牛莫拉氏菌(*Moraxella bovis*)。本病广泛流行于青年牛和犊牛中,未曾感染过的成年牛也可感染,其特征为眼结膜和角膜发生明显的炎症变化,伴有大量流泪,其后发生角膜混浊或呈乳白色。通常多侵害一眼,然后再侵及另一眼,两眼同时发病的较少。

本病可发生于世界任何养牛的地方,虽然不是一种致死性传染病,但由于局部刺激和视觉扰乱,对于养牛业也会造成一定的损失。

(一)病因

本病由多种病原引起,但已经证实主要由牛莫拉氏菌所引起。患牛在强紫外线照射下会出现典型症状,该菌为革兰氏阴性菌,其致病型有毒力,溶血,并有菌毛;菌毛可产生a型或b型菌毛素,其中 b 型与致病力有关;菌毛有助于该菌黏附于角膜上皮,使角膜感染。

任何季节都可发生牛传染性角膜结膜炎,但夏秋季节多发,部分是由于日光(特别是紫外线部分)、灰尘和蝇对眼的刺激所引起。波长在 280～310 nm 之间的紫外线照射会损伤牛眼并增加牛对牛莫拉菌的敏感性。夏季牧场上的放牧牛易于发生,特别是天热和潮湿时症状比较典型。秋季发病者其症状轻微且病期较短,流行期间发病率可达 50%,非流行期间仅个别牛发病。

任何年龄、品种的牛均易感,但以 2 岁以内的牛最易感。另外,某些品种牛(如海福特、短角牛、娟姗牛和荷兰牛)似较其他品种牛(如婆罗门牛和婆罗门杂交牛)易感性强。除年龄、品种和紫外线照射与疾病发生有关外,还有灰尘、长期的维生素 A 缺乏、牧草和植物花粉的直接刺激等。

业已证明,感染牛的泪液和鼻液常含有大量的牛莫拉菌。所以,被该菌污染的牧草可散布本病。秋家蝇(*Musca autumnalis*)是传播牛莫拉菌的主要昆虫媒介。它们将莫拉氏菌强毒菌株从感染牛眼鼻分泌物携带至未感染牛眼中。此外,饲养管理人员或兽医师也是牛莫拉氏菌感染扩散的传播者。

(二)症状

羞明、流泪、眼睑痉挛和闭锁、局部增温,出现角膜炎和结膜炎的临床体征。眼分泌物量多,初为浆液性,后为脓性并粘在患眼睫毛上。发病初期或 48 h 内角膜即出现变化。开始时,角膜中央约 3 mm 宽处出现轻度混浊,用荧光素点眼,稍能着染。角膜(尤其中央)呈微黄色,角膜周边可见新生的血管。根据体征的程度,可将本病分为以下几种。

(1)急性　病变轻微,较轻的结膜炎和角膜炎,患眼受害不严重。

(2)亚急性　角膜面上有溃疡,患眼受害严重。

(3)慢性　角膜溃疡破溃并穿孔(图 12-12),形成葡萄肿。发展为全眼球炎时,因视神经的上行感染导致脑膜炎而死亡。

(4)带菌型　有些病例持久流泪,但大多数不呈现感染症状。

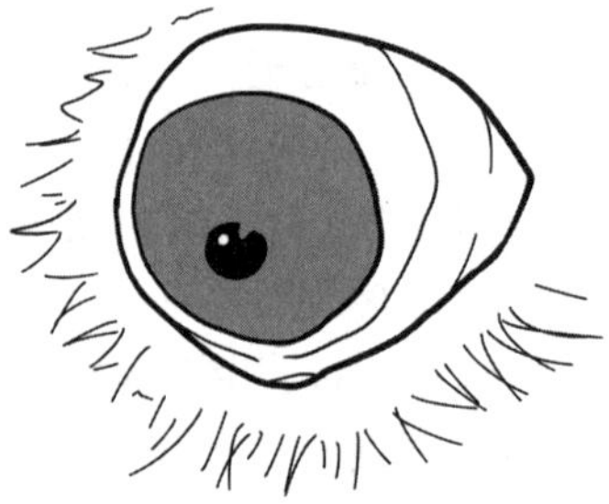

图 12-12　牛传染性角膜炎

(王洪斌,2002)

并非所有的病例都经历上述过程。轻的经 2～3 周便自然吸收。混浊由角膜的边缘开始消散,逐渐扩大到中央。多数病例,特别是犊牛,由于角膜实质突出而成圆锥形角膜。"圆锥形角膜"是本病的特征性病变。在修复过程中,急性期症状虽消退,但忌接触患眼。随着新生血管延至角膜中央,混浊由外向中心逐渐消散。溃疡由肉芽组织填充而愈合,遗留下轻微突出的致密瘢痕。

青年牛的症状比犊牛重。溃疡通常侵及角膜深层组织。出现症状 5 d 内,于角膜中央可见直径 1 cm 或更大的、边缘不整突出的卵圆形溃疡。若病情发展,溃疡可深入,直至后弹力层膨出而形成圆锥形角膜。

潜伏期为 3～12 d。患病牛均出现体温升高、精神沉郁、食欲不振、产奶量下降等症状。急性感染康复后对再感染有免疫力。

本病在冬季有时呈隐蔽型而于次年夏季才以急性型的症状出现。康复牛为带菌者,且在相当长的时期内(一年或更长)带有牛莫拉氏菌。

(三)预后

发病后若及时进行隔离和治疗,预后往往良好;否则,预后慎重。某些被忽视的病例,患牛可死于脑膜炎或菌血症。

(四)治疗

病牛应立即隔离,早期治疗,彻底清除圈舍粪便,消毒牛舍。在牧区流行时,应划定疫区,禁止牛、羊等牲畜出入疫区。在夏秋季尚需注意灭蝇,而且要避免强烈阳光刺激。

往往采用对症治疗，患病牛先用2%～4%硼酸溶液洗眼，然后向患眼滴入硝酸银溶液、蛋白银溶液（5%～10%，羊为1%）、硫酸锌溶液或葡萄糖溶液，也可涂擦3%甘汞软膏、抗生素眼膏。

也可向患眼结膜下注射庆大霉素4万～8万IU或青霉素30万IU，每天1次，连续3 d，效果比较理想。如未出现角膜穿孔或溃疡，可向患眼结膜下注射可的松溶液（每毫升含25 mg）0.25～0.5 mL的效果较佳。30%乙酰磺胺钠液点眼，每天4～6次，有一定的治疗作用。

据报道，按每千克体重静脉内注射磺胺二甲嘧啶100 mg，效果良好。

眼角膜发生穿孔或形成严重的圆锥形角膜并发眼内炎或全眼球炎的病例，如常规治疗无效可施行眼球摘除术。

（五）预防

由于病原在泪液和鼻液内存在，因此首先要避免饲料和饮水遭受泪液和鼻液的污染。还应避免太阳光直射牛的眼睛，并避免灰尘、蝇的侵袭。将患牛放在暗的和无风的地方，就可降低牛群发病率。

可使用1.5%硝酸银溶液作预防剂，即向牛和犊牛的结膜囊内滴入硝酸银液5～10滴，隔4 d后可重复点眼（注意每次点眼后应当用适量生理盐水冲洗患眼）。

该菌有许多免疫性不同的菌株，要用具有菌毛和血凝性的菌株制成多价苗才有预防作用。有人用牛莫拉氏菌制成疫苗，给犊牛注射疫苗后大约经过4周才产生免疫力。证明该菌苗可刺激犊牛产生保护性免疫。

五、鼻泪管阻塞

鼻泪管阻塞（obstruction of nasolacrimal duct）可一侧或两侧发病，常见于犬和马。临床上以溢泪、眼内眦附有脓性分泌物为特征。

（一）病因

由于泪道长期受到炎症刺激，使泪道黏膜上皮细胞肿胀、瘢痕形成，引起泪道狭窄或阻塞。先天性的有泪点缺如、狭小、移位或皱褶覆盖泪点，泪小管或鼻泪管闭锁及眼睑异常等；后天性的多因继发感染所致，如眼部疾病（尤其结膜炎）、上呼吸道感染、上颌牙齿疾病等。泪道外伤，睫毛、灰尘、草籽等落入泪道可直接引起泪道炎症。

（二）症状

可单眼或双眼发生泪道阻塞。临床表现为内眦泪溢、泪点和结膜有黏液脓性分泌物、内眦下方湿性皮炎等。幼畜先天性泪点异常，常在断乳数周或数月出现泪溢，有泪染痕迹，无任何疼痛症状，在眼内眦找不到下泪点或上泪点。除上泪点及其泪小管阻塞，其他部位的阻塞均表现出溢泪，内眼眦有脓性分泌物附着，在淡色被毛的动物，面部被毛可能红染。严重泪道阻塞者，伴有化脓性结膜炎、眼睑脓肿等。

（三）诊断

根据临床症状和病史，做出初步诊断。然后仔细检查上、下泪点，尤其下泪点。将1%荧光素溶液滴于结膜囊内，然后头放低，观察数分钟（正常情况为4 min），染料如不能在鼻孔内出现，证明鼻泪管阻塞，但此法并不十分可靠，因有30%正常犬排入咽后部，可能出现假阴性。为查明狭窄或阻塞的确切部位，可进行鼻泪管冲洗。被检眼表面麻醉后，将4～6号粗细的钝圆针头（小动物可用人医鼻泪管冲洗针头）插入泪点及泪小管，然后用生理盐水缓慢冲洗，若阻力大或完全不能注入，即可确诊。必要时还可经泪点注入造影剂并进行X射线摄影，对证实鼻泪管有无阻塞很有价值。

（四）治疗

对先天性下泪点缺如，可施行泪点重建术。在上泪点插入针头，注入冲洗液，同时压迫上、下泪小管汇合处远端，即可在内眼眦下睑缘内侧出现局限性隆起，隆起最高点处即为泪点位置，在此处切除一小块圆形或卵圆形结膜。术后结膜囊内可滴用抗生素眼药水和糖皮质激素类滴眼液。

先天性鼻泪管闭锁必须手术造口。倒卧保定，浸润麻醉或全身麻醉。在距内眼眦 0.6～0.8 cm（马）的下眼睑游离缘找到下泪点，插入 25 号不锈钢丝，直接朝向内侧 0.6～0.8 cm，然后向下向前朝鼻泪管方向推进，直到鼻前庭。用手可触摸到黏膜下的钢丝前端，将黏膜切开 2～3 cm，用弯止血钳夹住钢丝前端向外牵拉，直至组织内留下 6 cm 长的钢丝为止。剪断钢丝，使切口外留下 3 cm 长，再用肠线将外露的钢丝缝在黏膜组织上，打结固定。当肠线被吸收后，钢丝脱落，从而形成永久性管口。

对继发于其他眼病者，临床以治疗原发病为主。可通过鼻泪管冲洗术以排除鼻泪管内可能存在的异物或炎性产物。具体操作可先在泪点插入冲洗针头，深度在 1 cm 左右，然后用普鲁卡因青霉素溶液反复冲洗至鼻泪管通畅。如患病动物骚动剧烈，应进行全身麻醉或镇静，防止意外损伤。对马可在鼻前庭找到鼻泪管开口，插入针头做逆向冲洗，更为方便。

当泪囊或鼻泪管阻塞冲洗无效时，可施泪道插管术。即从泪点插入 1 根尼龙线穿过泪道，从鼻孔出来。再把管径适宜的聚乙烯管套在尼龙线上，由尼龙线将导管引出泪道。除去尼龙线，其导管置留于泪道内。导管两末端分别固定在泪点和鼻孔周围组织。术后，患眼和泪道滴注抗生素和皮质类固醇等药物，控制感染。2～3 周后，拔除导管。

六、犬结膜吸吮线虫病

犬结膜吸吮线虫病（thelaziosis）是由丽嫩吸吮线虫（*Thelazia callipaeda*）寄生于犬的眼部所致。该虫是一种人兽共患病的病原体，主要寄生于犬、猫和兔等动物的眼部，同时也可寄生于人眼，引起结膜、角膜等眼部的损伤。临床上由于兽医对该病的流行病学、致病机制、临床表现、治疗方法和预防措施等认识不足，容易造成误诊和误治。

（一）病因

结膜吸吮线虫最初在印度的犬眼内发现，犬为本病的主要传染源，其次为猫、兔等动物。经研究证明冈田绕眼果蝇为该病主要的传播媒介。该果蝇对动物眼睛具有明显的趋向性，主要以泪液及分泌物为食，当眼分泌物中的初产蚴被冈田绕眼果蝇食入后，在果蝇体内发育为感染期蚴，果蝇再次吸取泪液时，感染期蚴便从口器中逸出而进入其他动物眼内而导致感染。成虫的寄生部位多在眼结膜囊内，其次为眼前房、泪小管、泪腺、结膜下和皮脂腺管等处。该虫的致病作用与虫体寄生部位、虫体数量及个体反应性等因素有关。由于成虫体表有锐利横纹的摩擦，头端口囊吸附作用以及排泄分泌物的刺激作用可导致眼部炎症反应和肉芽肿的形成。临床上出现不同程度的痒感、充血、流泪及分泌物增多等表现。

（二）症状

结膜吸吮线虫病的症状主要表现为眼炎，眼部羞明、流泪，眼周围附着大量分泌物并有脱毛和皮肤伤痕。使用电筒照射角膜表面时发现，不时有虫体游动或从角膜表面迅速爬过。用生理盐水冲洗得到虫体，并经甘油透明后镜检为结膜吸吮线虫。本病易与细菌及病毒性结膜炎、角膜炎相混淆，引起误诊，导致患犬眼炎反复发作，长久不愈。临诊时应充分暴露上、下结膜囊腔，发现虫体，便可确诊。同时可取眼内分泌物，加 1 滴生理盐水压片镜检，查到卷曲的蚴虫即可确诊。（视频 12-2）

视频 12-2　犬结膜吸吮线虫

(三)治疗

对于确诊病例,首先进行有效的保定,用 2%～5%利多卡因滴眼,按摩 1 min 后,打开眼睑,发现有虫体浮起,已麻醉不能运动。用眼科镊将虫体清除,并用棉球擦除眼内黏附的虫体。用生理盐水冲洗患眼并将 5%盐酸左旋咪唑注射液 1～2 mL 滴入患眼眼角,按摩使药液渗入,再次清除眼睑内黏附的虫体。然后根据犬眼部症状进行治疗,如发生角膜炎或结膜炎,应按角膜炎或结膜炎的方法进行治疗,控制炎症应使用抗生素眼药水进行滴眼,直到症状逐渐缓解。

由于本病为人兽共患寄生虫病,在我国广泛流行。因此当宠物犬发现眼病时应及时就医,对确诊的眼虫感染犬应及时治疗,并对犬进行驱虫,驱除体内线虫以阻断其流行和传播。预防本病还应搞好环境卫生,防蝇灭蝇。

七、犬干眼症

犬干眼症(dry eye syndrome)又称为角膜干燥症(keratoconjunctivitis sicca),任何原因引起的泪液量或成分异常导致泪膜稳定性下降,并伴有眼部不适,而产生眼表病变为特征的多种病症的总称。

(一)病因

引起干眼症的原因很多,常见的原因如下:

(1)药物因素　某些药物可引起犬的干眼症,例如磺胺类药物。

(2)手术因素　因手术摘除脱出的第三眼睑腺体(樱桃眼)引起干眼症。

(3)自发性、老年性因素　引起犬只干眼症的原因,与动物年老,泪腺逐渐萎缩有关。

(4)自体免疫因素　高达 30%自发性引起的干眼症,与自体免疫破坏泪腺和第三眼睑腺有关。

(5)创伤因素　由于创伤造成泪腺和第三眼睑腺受到伤害,或是支配泪腺和第三眼睑腺的神经受损,造成泪液的分泌异常。

(6)病毒感染性因素　犬瘟热病毒会影响泪腺和第三眼睑腺,进而造成暂时性或永久性的泪液分泌功能丧失。

(7)先天或遗传因素　某些动物先天泪腺腺泡发育不全,如吉娃娃和约克夏犬等。

(8)神经因素　眼球表面缺乏感觉神经的分布,泪腺缺乏副交感觉神经的分布也可引起泪腺分泌障碍。

(二)症状

当犬患干眼症时往往造成眼睛顽固或复发的炎症及感染、眼分泌物多、巩膜部充血、角膜干燥失去光泽并沉淀黑色素。角膜病变随着时间会持续恶化引起角膜溃疡甚至穿孔或失明。

(三)诊断

诊断要依据病史、临床症状和一系列的诊断程序:包括测量泪液量和荧光试纸染色,还包括角膜是否受到损伤的检查和泪液蒸发时间的检查。此外,可用荧光素染色检查角膜表面是否有损伤,细胞学检查用来确定结膜细胞的类型。

(四)治疗

本病以局部点眼治疗为主。应用改善泪腺功能药物,可改善轻度至中度干眼症动物泪腺的泪液分泌功能。另外,使用人工泪液可滋润、清洗、保护眼角膜,也可减轻眼睛干涩不适,增加舒适感。局部应用抗生素,可减少眼睛分泌物及预防感染。

第四节 色素膜与视网膜疾病

一、前色素层炎

前色素层炎(anterior uveitis)又称虹膜睫状体炎。由于前色素层(虹膜和睫状体)血管丰富,血流缓慢,血液中有害物质和病原体易停留而引起炎症,故前色素层炎是多种全身性疾病的重要症候。临床上以虹膜和眼房液的病理变化为特征。

1. 病因

该病的病因比较复杂,临床上主要分为内源性和外源性因素两种。

(1)内源性 又叫血源性,即病原体及有毒物质通过血液循环进入前色素层而引起炎症,这些病包括犬钩端螺旋体病、链球菌感染、犬传染性肝炎、猫传染性腹膜炎、犬瘟热、莱姆病、全身性真菌病、弓形虫病、代谢病及某些自身免疫性疾病等。

(2)外源性 主要见于眼外伤、角膜穿孔、角膜溃疡、肿瘤及眼部手术等,另外,临近组织的炎症也可引发该病。

2. 症状

可单眼或双眼同时发生。有急性和慢性两类。

(1)急性 主要表现为羞明、疼痛、流泪、眼睑痉挛;角膜呈轻度或严重浑浊、水肿和血管增生呈毛刷状、球结膜水肿和充血、视力减退等。因疼痛而引起睑裂变小。眼球凹陷,第三眼睑脱出。眼房液浑浊,呈半透明絮状,有纤维性渗出物,严重者眼前房积脓或积血。虹膜充血、肿胀,呈暗褐色,纹理不清。眼分泌物有时稀薄如水,甚至没有分泌物。

(2)慢性 瞳孔固定、变形,瞳孔缩小,对光反射迟钝。虹膜萎缩、变薄、呈透明样。严重的可并发虹膜前、后粘连,青光眼和白内障等。

3. 治疗

治疗以消炎、镇痛、防止虹膜粘连和预防视力损害为原则。一旦发病,应立即散瞳,防止虹膜粘连和恢复血管的通透性,减少渗出,解痉止痛等。散瞳常用1%~2%硫酸阿托品滴眼,开始每天6次,以后可逐渐减少用药次数,维持瞳孔散大。同时配合应用皮质类固醇消炎药,如醋酸氢化可的松眼药水,每2~4 h一次。球结膜下可注射地塞米松,每天1~2 mg。此外,可结合应用非皮质类固醇消炎药,如阿司匹林、保泰松或前列腺素拮抗剂等。为促进渗出物的吸收及消炎,常用湿热敷疗法,每天4次。为控制感染和防止并发症的发生,还可局部或全身应用抗生素。眼压过高时,还可使用20%甘露醇,按照1 g/kg bw的剂量进行静脉注射。

二、视网膜炎

视网膜炎的基本表现为视网膜组织水肿、渗出和出血等变化,从而引起不同程度的视力减退。多继发于脉络膜炎,引起脉络膜视网膜炎。

1. 病因

(1)外源性 细菌、病毒、化学毒素伴随异物进入眼内或通过角膜、巩膜的伤口侵入,或眼房内寄生虫的刺激均可引起脉络膜炎及脉络膜视网膜炎、渗出性视网膜炎。

(2)内源性 继发于各种传染病,如流感、犬传染性肝炎、犬瘟热、钩端螺旋体病等;在患菌血症或败血症时微生物可经血行转移散布到视网膜血管,导致眼组织发生脓毒病灶而引起转移性视网膜炎；或见于体内感染性病灶引起的过敏性反应；发生转移性视网膜炎。

2. 症状

一般眼的外部症状不明显，仅视力逐渐减退，直至失明。急性和亚急性期瞳孔缩小，转为慢性时，瞳孔反而散大。

眼底检查，视网膜水肿，失去固有的透明性。初期视网膜血管下出现大量黄白色或青灰色的渗出性病灶，引起该部视网膜不同程度的隆起或脱离。渗出部位的静脉常有出血，静脉小分支扩张变成弯曲状。视神经乳头充血、增大，轮廓不清，边界模糊，后期出现萎缩。随着病变发展，眼球的玻璃体可因血液的侵入而变为混浊。后期由于渗出物的压力和血管自身收缩、闭塞而看不见血管。病灶表面有灰白色、淡黄色或淡黄红色小丘。陈旧病灶者常伴有黄白色的胆固醇结晶沉着。

视网膜炎的后期，可继发视网膜剥脱、萎缩和白内障，青光眼等。

3. 治疗

患病动物放于暗室，装眼绷带，保持安静，消除原发病因。

眼结膜下注射青霉素、地塞米松和普鲁卡因混合溶液以控制炎症发展，同时采用全身性抗生素疗法。病情严重的可施行眼球摘除术。

三、视神经炎

视神经炎(ophthalmoneuritis)为临床上一种严重的眼病，常导致急性双眼失明。

1. 病因

多数病例为自发或原因不明，但损伤和感染是临床上最常见的两种原因，可见于眼球脱出、球后脓肿或肿瘤等占位性疾病，以及犬瘟热病毒或猫传染性腹膜炎病毒、弓形体、芽生菌、隐球菌等的感染。本病还可继发于外伤性眼球脱出引起的视神经损伤、视神经撕脱、虹膜炎、脉络膜炎和视网膜炎等疾病。

2. 症状

本病的典型特征是急性双眼失明。表现为眼睛睁大、凝视、瞳孔散大、固定、对光反射丧失，走路时到处乱撞。眼底检查有时可见视神经乳头充血、肿胀、边缘模糊不清，视乳头周围视网膜剥离。通常不累及眼的其他结构。如为眼球突出导致的视神经损伤继发引起的，可见脱出眼球后下方视神经的损伤或撕脱性损伤症状，且伴有眼球脱出后的眼球充血、肿胀、出血和损伤症状。

3. 治疗

一经发现，迅速减轻或消除炎症，防止视神经变性和视力的不可逆性损害。可口服强的松龙1～3 mg/kg bw，每天2次，连用3周。也可采用甲强龙进行球结膜注射，同时配合应用复合维生素B和广谱抗生素。若在发病后2周内及时治疗，视力恢复的可能性较大，而且通常在给药后24～48 d内视力得到改善。若3周后没有改善，则预后不良，给药应逐渐减少至完全停止。用药的同时还要配合使用血管扩张剂。

第五节　晶状体和眼房疾病

一、白内障

白内障(cataract)是指晶状体囊或晶状体发生混浊而导致视力障碍的一种疾病。多种因素如老龄化、代谢异常、外伤、辐射、中毒和局部营养障碍等，均可引起晶状体囊膜损伤，使其渗透性增加,丧失屏障作用,导致晶状体代谢紊乱,使晶状体蛋白发生变性而形成混浊。各种动物均可发生,白内障是导致动物失明的常见原因。

(一)病因

临床上可分为先天性和后天性两种。先天性白内障主要因晶状体及晶状体囊发育不全所致,出生后即表现出白内障,主要与遗传有关,而且已证实多种犬的遗传方式。后天性白内障常因前色素层炎、视网膜炎、青光眼、角膜穿孔、晶状体前囊损伤、长期的 X 射线照射、糖尿病、中毒、长期使用皮质类固醇等而引起。另外,老年动物因晶状体蜕变可发生白内障,幼龄动物还可因代谢障碍(如维生素缺乏症、佝偻病等)而发病。

(二)症状

该病的症状依据白内障发生时间的长短而有所不同。根据发生时间的长短可分为初发期、未成熟期、成熟期和过熟期。初发期和未成熟期的晶状体及晶状体囊病变轻微,呈局灶性浑浊或逐步扩散,晶体皮质吸收水分而膨胀,某些晶体皮质仍有透明区,有眼底反射且不影响视力,临床不易发现,使用检眼镜或手电筒有助确诊(彩图 12-3)。成熟期因晶状体全部混浊,所有皮质肿胀,无清晰区可见,眼底反射消失,临床上发现一眼或双眼瞳孔呈灰白色,视力减退,前房变浅,检眼镜观察看不到眼底,同时伴有前色素层炎。动物活动减少,行走不稳,在熟悉的环境中也常碰到物体,此期适合进行白内障手术。过熟期晶状体液体消失,晶体缩小、囊膜皱缩,皮质液化分解,晶体核下沉,患眼失明,当晶状体全混浊时,烛光成像看不见第 3 个影像,第 2 个影像反而比正常时更清楚。检眼镜检查时,混浊部位呈黑色斑点。

(三)治疗

本病药物治疗一般无效。如果是核性白内障,可滴用散瞳剂,以改善视力。对于糖尿病性白内障,在水分快速吸收期和晶体蛋白变化之前,控制血糖,会减轻晶体混浊,但最终不能避免晶体全混浊。可试用白内停。晶状体一旦混浊就不能被吸收,只有施行晶状体摘除术。

临床上目前主要采用白内障囊外摘除术、晶体乳化术和白内障切开吸出术等。临床上以宠物白内障手术居多,主要采用白内障囊外摘除术。

1. 术前检查

术前应详细检查患眼,观察阿托品点眼前、后瞳孔的变化。瞳孔对光反应正常不能排除视网膜疾病;对光反射慢或不完全可能是视网膜变性的症候。使用散瞳药后,瞳孔散大不良或不完全,常是前色素层炎的指征。只要有浅色素层炎症状,应禁用常规白内障手术。眼底检查对手术的选择很重要。应用散瞳药后检查眼底,有些动物可通过小的透明晶体看到眼底。任何有视网膜变性或进行性视网膜萎缩者,禁施白内障摘除术。

检查眼底和视力,对决定是否手术也很重要。眼压低提示患眼浅色素层炎;眼压高禁止手术;视力丧失才可做白内障摘除术,但并非视力丧失均由白内障引起,故多数眼科医生认为只有在证实视力丧失不能代偿时才进行手术。一般来说,白内障必须达到成熟期才是手术的最佳时期。

2. 术前准备

术前充分散瞳,应用 1%阿托品滴眼,每天 3 次;或于术前 1～2 h 使用 2.5%～5.0%的新福林和 0.5%～1.0%托品酰胺滴眼,每 5～10 min 滴眼 1 次,连用 3 次,可获得良好的扩瞳作用。为避免或减少术中并发症,术前还需采取必要措施降低眼内压,常用的方法是术前 0.5～2.0 h 内静脉注射 20%甘露醇 1～2 g/kg;或用纱布垫遮盖眼球后用掌心施压于眼球,每施压 20～30 s 后放松 5～15 s,加压时间一般需持续 3～5 min。

3. 手术方法

全身麻醉，配合患眼表面麻醉、眼轮匝肌麻醉。动物患眼在上，侧卧保定。先用金属开睑器撑开眼睑或用缝线牵引开睑，必要时(如小眼球或小睑裂)可切开外眦，以充分暴露眼球。将闭合的 0.3～0.5 mm 的有齿镊放入眼球上方，在 12 点方位的角膜缘后约 10 mm 处张开镊子紧贴球结膜向下夹住上直肌，使眼球下转。接着在眼科镊后的上直肌下面穿过缝线，向上拉紧并用蚊式止血钳固定于创巾上，以维持眼球下转及固定状态。后面的操作主要有以下几个步骤：

(1)角巩膜缘切口　先在结膜与角膜附着处做一小切口，经此切口潜行分离球结膜与巩膜之联系，沿结膜附着处 9－3 点方位做以穹隆为基底的结膜瓣。再于角膜缘后界或其后 1 mm 处 10－2 点方位做垂直于巩膜面约 1/2 巩膜厚度的均匀性切开，前行分离至角膜缘前界或其前 0.5～1.0 mm 透明角膜处，于中央底部用刀尖与虹膜平行向下刺一小孔，作为截囊针入口。

(2)截囊　经上述穿刺孔向前房注入少量消毒空气或黏弹剂(如 2%甲基纤维素、透明质酸钠)，以保持前房深度。将事先用"7 号"一次性注射针头制成的截囊针小心插入前房，在晶状体前囊做直径适宜的开罐式环形切开；或行点刺法在前囊膜上先做数十个小点状切口，然后用针尖将环形分布不连接的小切口连通而成大小适宜的前囊孔。

(3)挽核　将上述穿刺孔扩大至 10－2 点方位，用黏弹剂注入针头轻轻松动晶状体核，然后左手持晶状体匙或显微镊轻压 12 点方位切口后唇，右手持斜视钩于角膜缘 6 点方位向眼球中心轻压，两手协调合力使晶状体核从角巩膜切口滑出。

(4)清除皮质　先部分闭合角巩膜缘切口，可用连续 5/0～10/0 尼龙缝线的眼科铲形针对角巩膜缘切口行间断缝合。向前房插入手控同步注吸针头，一边灌注平衡液，一边抽吸皮质。注吸针头应位于虹膜平面向上或侧方，不可向后对着后囊膜注吸，以免后囊膜破裂。

(5)封闭切口　用上述缝线将角巩膜缘切口完全闭合，注意缝针与创缘呈放射状，间距相等，缝线松紧适宜，线结埋入创缘巩膜侧。

(6)术后处理　球结膜下注射庆大霉素 2 万 IU 和地塞米松 3～5 mg 的混合液，推移球结膜以覆盖创缘，亦可用 5～0 丝线间断缝合结膜创口。

4. 术后护理

患眼涂抗生素眼膏，眼睑暂时性缝合。术后 5～7 d，拆除球结膜缝线。必要时球结膜下或全身持续应用抗生素及皮质类固醇。

该手术报道的成功率有差异，但术后 70%～85%的犬有视力。与晶状体乳化相比，其优点是需要较少的器械且术野暴露良好，缺点是手术时发生眼球塌陷，晶状体周围的皮质摘除困难和角膜切口较大。

晶状体乳化白内障摘除术是用高频率声波使晶状体破裂乳化，然后将其吸出。在整个手术过程中，用液体向眼内灌洗以避免眼球塌陷。这种方法的优点是角膜切口小，术后可保持眼球形状，晶状体较易摘出，术后炎症较轻。缺点是晶体乳化的器械比较昂贵。

晶状体摘除术可使病眼对光反射与视力得到不同程度的恢复和改善，但是必须选择玻璃体、视网膜、视神经乳头基本正常的病眼进行手术，才能达到预期效果。因此，所选病例应首先排除马属动物周期性眼炎并发的白内障。凡经 1%硫酸阿托品点眼散瞳而无虹膜粘连，并存在对光反射阳性的白内障进行手术，其视力恢复才有希望。否则，手术预后不良。

目前已有用于马、犬、猫的人工晶状体，白内障摘除后将其植入空的晶状体囊内。这种人工晶状体是塑料制成的，耐受性良好，可提供近乎正常的视力。

二、青光眼

青光眼(glaucoma)是由于多种原因引起的眼房液排出受阻(如眼房角阻塞等)、眼压升高，进而损害视网膜和视神经乳头的一种病症。可发生于一眼或两眼。小动物(家兔、犬、猫)多发，但也见于幼牛(1～2 岁)和犊牛。

(一)病因

青光眼一般可分为原发性、继发性和先天性 3 类。又可依据滤角的开和闭，分为闭角型和开角型青光眼。发生原因尚未明确，但主要与以下因素有关。

(1)原发性青光眼　多因眼房角结构发育不良或发育停止，引起房水排泄受阻、眼压升高。犬原发性青光眼与遗传因素有关，尤其纯种犬易发，涉及至少 42 个品种。最近证实某些品种犬更易发生原发性青光眼，如萨摩耶、西伯利亚雪橇犬、大丹犬、日本秋田犬、松狮犬和沙皮犬等。猫比较少见，但波斯猫和泰国猫较易发生。多数原发性青光眼两眼同时发病，症状可突然发生，也可缓慢进行。根据眼压升高时前房角关闭或是开放，原发性青光眼又可分为开角型(open angle glaucoma，OAG)和闭角型(angle-closure glaucoma，ACG)。

(2)继发性青光眼(secondary glaucoma)　多因眼球疾病如前色素层炎、瞳孔闭锁或阻塞、晶体前或后移位、眼肿瘤等，引起眼房角粘连、阻塞，干扰了正常的房水循环，使得眼内压升高而导致青光眼。继发性青光眼多累及单眼，一般无家族性。另外，棉籽饼中毒、维生素 A 缺乏、近亲繁殖等均可继发青光眼。急性失血、性激素代谢紊乱和碘不足，可能与青光眼的发生也有一定关系。根据在高眼压状态下房角的关闭或开放，继发性青光眼也可分为开角型和闭角型两大类。

(3)先天性青光眼　主要见于房角中胚层发育异常或残留胚胎组织、虹膜梳状韧带宽，阻塞房水排出通道。使小梁网-Schlemm 管系统不能发挥有效的房水引流功能而使眼压升高的一类青光眼。先天性青光眼临床较为少见。

(二)症状

早期症状轻微，表现泪溢、轻度眼睑痉挛、结膜充血。结膜下血管一直向结膜穹隆延伸，找不到尽头。瞳孔有反射，视力未受影响，眼轻微或无疼痛。眼压中度升高，看上去眼“似乎变硬”；若视网膜及视神经乳头无损害，视力一般不受影响。

随着病情的发展眼内压逐渐升高，眼球增大，视力极度减弱，虹膜和晶状体向前突出，从侧面检查可见角膜向前突出，眼前房缩小，瞳孔散大，失去对光反射能力。使用缩瞳药(1%～2%毛果芸香碱)效果不明显。在暗厩或阳光下，常见患眼表现为绿色或淡青绿色。

晚期，眼球显著增大突出，眼压明显升高，指压眼球坚硬。瞳孔散大固定，光反射消失，对散瞳药不敏感，缩瞳药无效。角膜水肿，混浊，晶体悬韧带变性或断裂引起晶状体全脱位或不全脱位。视神经乳头萎缩、凹陷，视网膜变性，视力完全丧失。在暗厩或阳光下，常可见患眼表现为绿色或淡青绿色。当两眼失明时，两耳不停地转向；运步时，患病动物高抬头，步态蹒跚，牵行乱走，甚至撞壁冲墙。

(三)诊断

根据巩膜深层血管严重充血、指压硬实和眼球突出、眼压升高、角膜水肿、瞳孔圆形散大且带绿色外观易于诊断。诊断眼压可用两手食指尖在闭合上眼睑时触压眼球，可粗略估计其硬度。最基本的检查项目包括眼压、房角、视野、视盘检查。

(1)眼压　临床眼压测量方法主要以 Goldmann 眼压计为代表的压平眼压测量，其测量中央角膜被压平一定面积所需要的力量。目前公认这种方法的诊断准确性相对最好。

(2)房角 为明确青光眼是开角型或闭角型,需要诊断房角的开放或关闭。最好的方法是通过房角镜直接观察房角结构,或用手电光源斜照于前房,根据虹膜膨隆情况和虹膜阴影范围,可以大致判断房角的宽窄。也可用裂隙灯带 60°角斜照在颞侧角膜缘,以角膜厚度为参照,估计周边前房的宽窄,如果从虹膜表面到角膜内面的距离小于 1/4 角膜厚度,应考虑是窄房角。

(3)眼底检查 目前常用的方法有:①直接检眼镜检查方便易行。②应用裂隙灯前置镜检查眼底表面轮廓。③眼底照相可永久记录眼底病变形态。一般眼底检查可见视神经乳头形成杯状凹陷,其周围血管伸进凹陷呈“屈膝”状和视网膜变性等。应注意与脑水肿、积水等相区别。

(四)治疗

本病目前尚无特效的治疗方法,主要可通过减轻或解除房水的排除阻力、抑制房水产生、降低眼压和维护视觉功能等方法进行缓解。临床常用治疗方法有:

1. 高渗疗法

通过增加血液渗透压,减少房水,降低眼内压。为此,可静脉注射 50%葡萄糖溶液 300～400 mL,或静脉内滴注 20%甘露醇(1～2 g/kg bw)。也可口服 50%甘油(1～2 g/kg bw)。用药后 15～30 min 产生降压作用,可维持 4～6 h,必要时 8 h 后重复用药 1 次。应限制饮水,并尽可能给以无盐的饲料。

2. 应用缩瞳药

对于开放已闭塞的房角,为改善房水循环,降低眼压,可使用 1%～2%毛果芸香碱溶液或与肾上腺素混合点眼,最初 1 次/h,瞳孔缩小后减到 3～4 次/d。也可用 0.5%毒扁豆碱溶液滴于结膜囊内,10～15 min 开始缩瞳,30～50 min 作用最强,3.5 h 后作用消失。

3. 肾上腺素能 β 受体阻滞剂

噻吗心安、倍他洛尔等点眼,20 min 后即可使眼压降低,对青光眼治疗有一定效果。

4. 肾上腺能受体激动剂

β2 受体激动剂主要为促进房水经小梁网及葡萄巩膜外流通道排出,常用剂型为 1%肾上腺素。用药早期,肾上腺素可增加房水产生,随着用药时间,又可抑制房水生成,因此闭角型青光眼禁用。

5. 前列腺素衍生物

增加房水经葡萄巩膜外流通道排出,可用 0.005%拉坦前列腺素滴眼。

6. 应用碳酸酐酶抑制剂

减少房水形成降低眼压。如乙酰唑胺、二氯磺胺和甲醋唑胺。一般来说,用药后 1 h 眼压开始降低,并可维持 8 h。可任选其中之一进行口服,2～3 次/d。剂量:二氯磺胺 10～20 mg/kg bw,乙酰唑胺 3～5 mg/kg bw,甲醋唑胺 2～4 mg/kg bw,症状控制后可逐渐减量,内服氯化铵可加强乙酰唑胺的作用。应用槟榔抗青光眼药水滴眼,每 10 min 滴 1 次,共 6 次,再改为每 30 min 滴 1 次,共 3 次,然后,再按病情,每 2 h 滴 1 次,以控制眼内压。

7. 手术疗法

对急性青光眼病例可通过角膜穿刺排液的方法进行临时急救。如使用上述药物后 48 h 眼内压仍不能降低,就应当考虑做虹膜周边切除术(peripteral iridectomy)、小梁切除术(trabeculectomy)和睫状体冷凝术(cyclocryopexy)等。

(1)虹膜周边切除术 主要适用于原发性虹膜膨隆型慢性闭角型青光眼,以及虹膜与晶状体或玻璃体粘连引起瞳孔阻滞而继发的闭角型青光眼。手术基本原理是通过切除或切开周边虹膜,疏通眼前、后房,从而解除瞳孔阻滞。实施该手术时,对另侧健眼也应考虑做预防性周边虹膜切除术。

全身麻醉,配合患眼表面麻醉、眼轮匝肌麻醉。动物患眼在上,侧卧保定。常规开睑,做上直肌牵引线，使眼球下转。在眼 12 点方位距角膜缘 5～8 mm 处，与角膜缘平行剪开球结膜及筋膜 8～10 mm 长，做以角膜缘为基底的小结膜瓣。在结膜附着处直后 1.0～1.5 mm 处，做 4～6 mm 长角巩缘垂直半层切口，先在切口中央用 5/0 丝线预置一针缝线，再用刀尖在切口中央切开后半层，并扩大切口使内外层长度相等。因后房压力超过前房，虹膜常可自行脱出，否则将无齿虹膜镊伸入前房，夹住虹膜根部轻拉至切口外，并将虹膜剪与角巩缘平行剪除一小块虹膜全层组织。用虹膜恢复器轻轻按摩切口处角膜，使虹膜复位，再通过切口注入少量生理盐水，恢复前房。结扎角巩缘预置缝线，将结膜瓣复位，用 5/0 丝线连续缝合球结膜创口。

(2)小梁切除术　主要适用于原发性或继发性开角型青光眼，以及小梁排水功能基本丧失的闭角型青光眼。手术目的是切除部分巩膜小梁组织，造成一个瘘道，使前房内房水经此瘘道引流到眼外，进入球结膜下间隙而逐渐吸收，从而使眼内压降低。具体操作如下：常规开睑，做上直肌牵引线，使眼球下转，并如同前述做以上穹隆或角膜缘为基底的结膜瓣。在角巩膜后界相距 6 mm，做两条垂直于角膜的 5 mm 长的巩膜半厚切口，再连接切口两端。由此连线向着角巩膜方向以均等厚度剖切巩膜，直至角膜透明区内 0.5 mm 处，即成以角巩缘为基底的 6 mm×5 mm 的巩膜瓣。为便于后面缝合巩膜瓣，在巩膜瓣两上角与邻近浅层巩膜间，分别以 5/0 丝线做预置缝线。掀起巩膜瓣，以巩膜缘与角膜交界处后方 0.5 mm 为前界，切除一条包括 Schlcmm 氏管和小梁组织在内的深层巩膜，大小约 1.5 mm×4.0 mm。小梁切除后通常可见虹膜在切口处膨出，可用无齿虹膜镊夹住虹膜根部轻轻提起，如前述做虹膜周边切除。用虹膜恢复器轻轻按摩角巩膜，使虹膜复位。将巩膜瓣预置缝线打结，必要时增加结节缝合使其对合整齐。将结膜瓣复位，用 5/0 丝线连续缝合球结膜切口。

(3)睫状体冷凝术　适用于先天性、顽固性、失明而疼痛或经其他青光眼治疗方法治疗无效的晚期青光眼。手术目的是对睫状体相应的巩膜表面进行冷冻，直接破坏睫状体上皮及其血管系统，减少房水产生。但术后早期患眼常发生持续数天的剧烈疼痛，这与术后一过性高眼压及浅色素层炎有关。术后早期常规应用降眼压药物、解热镇痛剂和皮质激素等，即可使症状缓解。3 个月后，睫状体萎缩变平，毛细血管消失，成纤维细胞和色素细胞增生，房水明显减少，眼压随之降低。具体操作如下：常规开睑，做上直肌牵引线，使眼球下转，并如同前述做以上穹隆为基底的结膜瓣。常用液氮冷冻器或可控低温冷冻器，采用直径 2～3 mm 的球形冷冻头，调整冷冻温度为－60～－80 ℃，在距角膜缘 2～3 mm 处环绕半周巩膜面做大约 10 个冷凝点，每点相隔 2 mm，每点冷凝时间为 40～60 s。最后将结膜瓣复位，用 5/0 丝线连续缝合球结膜切口。该手术操作简便快捷，但手术作用可能不持久，6～12 个月可能需要再次手术。

三、浑睛虫病

浑睛虫病(ocular setariasis)是旋尾目丝状科丝状属的牛指形丝状线虫(*Setaria digitata*)、唇乳突丝状线虫(*Setaria labiatepapillosa*)、马丝状线虫(*Setaria equnia*)的童虫寄生于马的眼房内引起的寄生虫病。虫体乳白色，长 1～5 cm，形态构造与成虫近似，唯生殖器官尚未成熟。

1. 症状

临床上所见的病例多为一侧眼患病，于眼前房液中可看到虫体的游动(多见为一条虫)。虫体若游到眼后房，则不见其游动，但随时都可游出于眼前房内。由于寄生虫的机械性刺激和毒素的作用，患眼羞明、流泪，结膜和巩膜表层血管充血，角膜和眼房液轻度混浊，瞳孔散大，影响视力。患畜不安，头偏向一侧，或试图摩擦患眼。

2. 治疗

该病的治疗主要是采用角膜穿刺术除去虫体。手术时应当用 3%毛果芸香碱溶液点眼，使瞳孔缩小，防止虫体回游到眼后房，但实践中不缩瞳仍能成功。

一般在柱栏内行站立保定，将头部确实固定。用1%盐酸可卡因溶液或5%盐酸普鲁卡因溶液点眼2次(麻醉确实的标志是接触角膜面无闭眼反应)。术者右手拿灭菌的尖端稍微磨钝的采血针头(或角膜穿刺针)，左手拉住马笼头，注视眼前房，当见虫体游动时，于瞳孔缘的下方靠眼内角，迅速刺入采血针头，针头进入眼前房后，即有无抵抗的感觉，拔出针头后，虫体即随眼房液流至穿刺口并作挣扎。术者立即用眼科镊夹取虫体(有时虫体随房水流出)，也有人用注射器接穿刺针反复吸出虫体。术后装眼绷带。由于致病的虫体被取除，混浊的角膜就将逐渐地消散，穿刺点附近的白斑经3周左右便可吸收。

第六节 眼外伤

一、眼挫伤

眼挫伤(contusion of globe)多因撞击或钝性物体打击眼球所致。临床上以犬、猫多发。钝性外力冲击眼球，直接作用于浅表组织，可引起不同程度的损伤。有时浅表组织损伤不明显，但可通过眼内液的传导，波及眼球内组织，并在眶内组织的反作用下引起震荡，加重眼组织的损伤和破坏。眼挫伤在临床上主要表现以下几种。

(一)眼眶出血

眼眶出血常见结膜下出血，多因车祸所致，表现为明显的眼球突出、"兔眼"和继发性眼干燥。眼球挫伤常伴发晶状体脱位、玻璃体出血和视网膜分离等。严重者，发生巩膜破裂。大量的眼眶出血也可引起眼球脱出。

发现眼眶出血，应立即对患眼进行清洗，防止眼干燥。待病情稳定后立即对头部进行X射线平片检查。眼眶支和颧弓骨折常可触诊发现。如角膜内出血妨碍眼后部检查，须做眼球超声诊断。巩膜广泛破裂者，只能做眼球摘除术。眼球痨常是眼球挫伤的后遗症。为了防止角膜暴露、干燥，适宜施行第三眼睑瓣遮盖术和暂时眼睑固定术。局部和全身应同时使用抗生素。能否使用阿托品进行治疗现有一定争议，因为继发青光眼是严重角膜出血的一个并发症。如果角膜上皮未损伤，可局部和全身应用皮质类固醇制剂。不能应用非类固醇类消炎药，因这些药可加重出血。严重眼内出血，其视力恢复预后不良。如上所述，眼球痨是一种常见后遗症，故常在后期做眼球摘除术。

(二)眼眶骨折

当头部严重创伤时，常发生颅骨、颞骨和颧骨骨折。临床症状包括眼球突出或眼球内陷、斜眼、眼周和眼后出血、疼痛、流泪、面部不对称等。骨折如累及鼻旁窦，可引起眼眶或皮下气肿、捻发音。X射线平片和超声可确诊。

眼眶骨折动物应保持安静，防止进一步肿胀和出血，可局部冷敷。局部和全身应用抗生素、消炎药。小且未移位的稳定性骨折不必手术整复和固定，但大而不稳定骨折须施行内固定。

(三)前房积血

挫伤使虹膜根部断离、睫状体及视网膜血管破裂，导致前房积血。挫伤性前房出血常伴有结膜下和眼眶出血，多呈鲜红色，5～7 d后则变为蓝红色。单纯性前房积血一般在伤后7～10 d可自行吸收，不必治疗，也不会因此视力丧失。但是眼内出血原因应查清，并根据其病因进行治疗。出血较多或继发色素层炎症时，用1%阿托品(3～4次/d)滴眼，有助减少后粘连和稳定血管-房水屏障。局部和全身应用皮质类固醇制剂，如可滴用1%醋酸强的松龙溶液(7～9次/d)，可减轻和控制眼内炎症。但不可使用非类固醇类药物，否则干扰血小板功能，诱发持久出血或再发生出血。如广泛的前房出血已引起眼压增高和广泛的后粘连，可向眼房内注射组织-纤维蛋白原溶酶原激活剂快速溶解血液或纤维蛋白。在凝固 48 h 内注入该激活剂最有效，而且也可有效地溶解更长时间的凝块。建议剂量为 0.2～0.3 mL（含 250 μg/mL 激活剂）。如再次出血，不再注射。如继发青光眼可口服二氯磺胺 12 g/kg bw，每天 3 次，如药物无效或前房已形成血凝块，可按白内障囊外摘除手术通路将其清除。术后按照外伤性色素层炎进行治疗。

二、眼球脱出及整复

眼球脱出（proptosis of the globe）是眼球脱出于眼睑外不能自行回缩的眼病。多因动物打斗、车祸等引起挫伤，或挤压眼眶、耳根部导致眼球脱出于眼睑缘外不能回复。临床上主要发生于犬、猫等小动物。其中短头品种犬如北京犬、西施犬、八哥犬等因眼眶较大更易发生。

（一）症状

眼球脱出病例，严重的整个眼球脱出悬挂于眼睑外，球结膜血管充血，挫伤引起的眼球脱出常伴有局部淤血、血肿，并有不同程度的损伤、出血，时间较长的可见突出的眼球发紫，有的眼球前房积血。伴有球结膜、角膜的损伤。

眼球脱位会出现以下严重病理变化，因涡静脉和睫状静脉被眼睑闭塞，引起静脉淤滞和充血性青光眼；严重的出现暴露性角膜炎和角膜坏死；同时可能并发虹膜炎、脉络膜视网膜炎、视网膜脱离、晶状体脱位及视神经撕脱等。眼球脱出病例的角膜若向上、下或左、右偏转，意味着对侧的肌肉已拉断，可能预后不良。

（二）治疗

治疗时应尽可能早地将眼球整复，事先行全身麻醉，侧卧保定，病眼向上，彻底清除异物、血凝块及坏死组织，用加有抗生素的生理盐水清洗后，轻度脱出者用滴有生理盐水灭菌纱布块覆盖在眼球上，向眼眶内按压眼球，使其复位。为防止眼球再次脱出，便于整复，也可先在上下眼睑做两组纽扣缝合，暂不打结，待收紧缝线同时按压复位后打结进行假缝合。注意进行纽扣缝合时缝线不能穿透眼睑全层，以免伤及角膜。大多数情况下不需扩大眼裂即可直接还纳。如果眼球严重水肿无法还纳时，可在动物全身麻醉后，从眼外眦至眶韧带做外眦切开术，以扩大睑裂，便于眼球复位。眼肌断裂严重的，为使眼球固定在正常位置，使用可吸收缝线将巩膜和眼眶组织缝合 2～3 针，最后缝合睑裂创口。

术后全身使用广谱抗生素。同时配合局部应用广谱抗生素眼膏或药水，也可使用糖皮质激素类药物，但尽量避免早期使用，因其能妨碍角膜的愈合及降低抗感染的能力。另外，如角膜有损伤或有溃疡存在，禁止使用糖皮质激素类药物。眼睑的假缝合 5～7 d 拆线，如肿胀明显，未减退的可延至 10～15 d 拆线。术后常伴发斜视。多数犬、猫在术后 3～4 个月可相对恢复到正常的视轴。也有的可发生角膜干燥和视神经萎缩等后遗症。伴有角膜损伤、角膜炎的可按病情配合治疗。如眼球脱出过久，眼内容物已挤出或内容物严重破坏，视神经撕脱或损伤严重无法恢复视力，脱出眼球创伤严重，因眼球炎导致眼球及眶内已感染化脓的，不宜做手术复位，需行眼球摘除术。犬、猫等宠物术后还要应用止痛药 5～7 d。

三、眼球摘除术

眼球摘除术（enucleation）主要适用于严重眼穿孔、严重眼损伤引起的视神经断离、眼球塌陷、眼内肿瘤以及化脓性全眼球炎等。

(一)麻醉与保定

大动物做全身麻醉或球后麻醉或眼底封闭。注意当进行球后麻醉时，注射针头于眶外缘与下缘交界处，经外眼角结膜，向对侧下颌关节方向刺入，针贴住眶上突后壁，沿眼球伸向球后方，注入 2%盐酸普鲁卡因溶液 20 mL。也可经额骨颧弓下缘经皮肤刺入眼底做眼底封闭。小动物多用全身麻醉。

温顺动物可在柱栏内站立保定，烈性动物进行侧卧保定。小动物采用侧卧保定。

(二)术式

可分为经眼睑和经结膜两种眼球摘除方法。前者当全眼球化脓和眶内肿瘤已蔓延到眼睑时最为适用。

经眼睑眼球摘除时，可先将上下眼睑做连续缝合在一起，环绕眼睑缘做一椭圆形切口。在犬，此椭圆形切口可远离眼睑缘，马因皮肤紧贴其深层骨组织，切口应紧靠眼睑缘，否则皮肤切口难以对合缝合。切开皮肤、眼轮匝肌至睑结膜(不要切开睑结膜)后，一边牵拉眼球，一边分离球后组织，并紧贴眼球壁切断眼外肌，以显露眼球退缩肌。用弯止血钳伸入眼窝底连同眼球退缩肌及其周围的动、静脉和神经一起钳住，再用手术刀或者弯剪刀沿止血钳上缘将其切断，取出眼球。于止血钳下面结扎动、静脉，控制出血。移走止血钳，再将球后组织连同眼外肌一并结扎，堵塞眶内死腔。此法既可止血，又可代替纱布填塞死腔。最后结节缝合皮肤切口，并做结系绷带或装置眼绷带以保护创口。

经结膜眼球摘除时，可先用眼睑开张器张开眼睑。为扩大眼裂，先在眼外眦切开皮肤 1～2 cm。用组织镊夹持角膜缘，并在其缘外侧的球结膜上做环形切口。用弯剪顺巩膜面向眼球赤道方向分离筋膜囊，暴露 4 条直肌和上、下斜肌的止端，再用手术剪挑起，尽可能靠近巩膜将其剪断。眼外肌剪断后，术者一手用止血钳夹持眼球直肌残端，一手持弯剪紧贴巩膜，利用弯剪的开闭向深处分离眼球周围组织至眼球后部。之后，用止血钳夹持眼球壁做旋转运动，眼球可随意转动，证明各眼肌已断离，仅遗留退缩肌及视神经束。将眼球继续前提，弯剪继续深入球后剪断退缩肌和视神经束。

眼球摘除后，立即用温生理盐水纱布填塞眼眶，压迫止血。出血停止后取出纱布块，再用生理盐水清洗创腔。将各条眼外肌和眶筋膜对应靠拢缝合。也可先在眶内放置球形填充物，再将眼外肌覆盖于其上面缝合，可减少眼眶内腔隙。将球结膜和筋膜创缘做间断缝合，最后闭合上下眼睑。

(三)术后护理

术后可能因眶内出血使术部肿胀，且从创口处或鼻孔流出血清色液体。术后 3～4 d 渗出物可逐渐减少。局部温敷可减轻肿胀，缓解疼痛。对感染的眼外伤，应全身应用抗生素。术后 7～10 d 拆除眼睑缝线。

本章小结

本章主要讲述了眼部的解剖生理、常用的眼科检查及治疗技术、常用的眼科用药以及临床上常见的眼科疾病的诊疗措施。其中眼部解剖知识的掌握，有利于眼科疾病的诊断和治疗，尤其是对一些难度较大、容易混淆的眼病的诊治需要用到比较精细的眼科局部解剖知识。

眼睑疾病主要包括麦粒肿、眼睑内翻和眼睑外翻。麦粒肿初期可应用热敷，使用抗生素眼药水或眼药膏，必要时应用抗生素，脓肿成熟时必须切开排脓。眼睑内翻和眼睑外翻多采用手术方法矫正。

结膜炎、角膜炎是动物最常见的眼病。结膜炎的共同症状是羞明、流泪、结膜充血、浮肿、眼睑痉挛、渗出及白细胞浸润；角膜炎的共同症状是羞明、流泪、疼痛、眼睑闭合、角膜混浊、角膜缺损或溃疡。它们的致病因素除多种物理化学因素外，常继发或并发于某些传染病，如腺疫、牛恶性卡他热、马流行性感冒、犬传染性肝炎、犬瘟热等。牛莫拉氏菌引起特异性的牛传染性结膜角膜炎，除出现严重的角膜炎和结膜炎症状外，病牛还出现体温升高、精神沉郁、食欲不振、产奶量下降等全身症状。以上疾病的治疗原则和措施包括：除去病因，遮断光线，清洗患眼，对症治疗（冷敷或热敷、点眼、结膜下注射等），全身应用抗生素等方法。瞬膜腺突出多见于小型犬，多单侧发生，也有间隔一定时间（3～7 d）后双侧发病。临床上采用手术治疗，钳夹止血全切手术简单易行，但当泪腺功能不全时，易引起干性角膜结膜炎，此时可施行瞬膜腺突出复位术。鼻泪管阻塞常见于马和犬，临床上以溢泪和眼内眦有脓性分泌物附着为特征。

虹膜炎可分为原发性和继发性两种。患眼羞明、流泪、增温、疼痛剧烈，虹膜肿胀变形，纹理不清，并失去其固有光泽。治疗时应将患病动物系于暗厩内，装眼绷带，使用散瞳药（如1%～2%阿托品），防治虹膜粘连和恢复血管的通透性，减少渗出，解痉止痛。视网膜炎的基本表现为视网膜组织水肿、渗出和出血等。患病动物应放于暗室或装眼绷带，眼结膜下注射青霉素、地塞米松、普鲁卡因溶液以控制炎症发展，同时采用全身性抗生素疗法。

白内障是指晶状体囊或晶状体发生混浊导致视力障碍的一种疾病。临床上常分为先天性白内障、外伤性白内障、症候性白内障、中毒性白内障、糖尿病性白内障、老年性白内障和幼年性白内障。通常采用晶状体摘除术或晶状体超声乳化摘除术才能取得良好疗效。青光眼是由于多种原因引起的眼压升高，进而损害视网膜和视神经乳头的一种病症。一般可分为原发性、继发性和先天性3类，多见于小动物（家兔、犬、猫）。目前还没有特效的治疗方法，可采用下述措施：高渗疗法、应用缩瞳药、内服碳酸酐酶抑制剂如乙酰唑胺（可减少房液产生）、手术疗法及巩膜周边冷冻术，可有效缓解症状。浑睛虫病是旋尾目丝状科丝状属的几种丝状线虫的童虫寄生于马或犬的眼房内引起的寄生虫病，其最好的治疗方法是进行角膜穿刺术除去虫体。

眼外伤也是目前小动物临床上经常遇到的问题，其中包括眼挫伤、眼球脱出等。眼球受到挫伤很容易引起眼球脱出，根据其发生的具体情况以及严重程度可以选用眼球整复术或眼球摘除术进行治疗。

复习思考题

1. 急性结膜炎和角膜炎的治疗方法有哪些？
2. 简述犬瞬膜腺突出的手术治疗方法。
3. 简述牛传染性角膜结膜炎的临床症状及治疗方法。
4. 鼻泪管阻塞的临床症状有哪些？如何治疗？
5. 简述虹膜炎的临床症状及治疗方法。
6. 视网膜炎的病因主要有哪些？
7. 目前手术治疗白内障有哪些具体方法？
8. 青光眼病因有哪些？有哪些治疗措施？
9. 小动物常见的眼外伤有哪几种？如何进行治疗？
10. 试述眼球的结构及解剖生理。
11. 名词解释

结膜炎、角膜炎、传染性结膜角膜炎、虹膜炎、白内障、青光眼、超声乳化、泪液试验、荧光素钠点眼试验、眼压测定、干眼症

（封海波）

第十三章　头颈部疾病与手术

除了前一章讲述的眼病之外，动物头颈部常见外科疾病还包括角折、耳血肿、外耳炎、中耳炎、豁鼻、副鼻窦蓄脓、面神经麻痹、舌损伤、牙齿异常、龋齿、齿槽骨膜炎、枕部黏液囊炎、腮腺炎、颈静脉炎、颈椎损伤等；常见外科手术包括去角术、犬耳整容成形术、犬外耳道外侧壁切除术、豁鼻修补术、鼻切开术、马鼻旁窦圆锯术、气管切开术、食管切开术、消声术等。

第一节　角折及去角术

一、角折

角折(fracture of horn)为反刍动物特发疾病。多见于牛，羊与鹿也常有发生。

角由额骨两侧突起的骨质角突和皮肤衍化而来的角鞘两部分组成，角突腔与额窦相通。角的真皮层直接与角突的骨膜紧密结合，血管从骨膜穿过，水牛角的血管特别发达。角分为角根、角体和角尖 3 部分，角根与额部的皮肤相连，角体是角根向角尖的延续。根据家畜的品种、年龄和性别不同，角的长度差异极大。水牛角为一个三棱形的锥体，在基部明显有前、背、腹 3 面，到角尖部逐渐变为尖细。成年牛在角基部和额骨之间有一明显的颈部。

(一)病因

主要是直接与间接暴力损伤。前者发生较多的是动物的角斗，奔跑中跌倒撞击，从高处坠落等。后者如保定不确实，仅仅将角拴紧在保定架或树上，动物受惊而强力挣扎；或倒牛时牛角误撞硬物或插入洞穴中等。黄牛和羊由于角较短小，除非受到强大的暴力，一般情况下很少发生角折。鹿角比较脆嫩，有时在锯茸时因头部保定不良或管理不慎，可引起基部角折或表皮损伤，影响鹿茸生产。

(二)症状

角折症状明显，因其受伤部位和程度不同而差异较大，预后也不一致。常可分为以下 4 种。

(1)角鞘(角壳)脱落　角鞘活动甚至全部脱落可取下，常同时损伤角根部软组织。角突部骨质表面常有大量混有血液的渗出物积聚，不久出现脓性渗出物，角根部疼痛、灼热，患畜头部常向病侧倾斜。

(2)角鞘破裂　角鞘表面有裂痕，角的生发层表面出血，在角突骨质上可能出现骨裂或骨折。有时破裂口组织被污染，有时因病程长而感染化脓。角鞘保留的角突不全骨折或全骨折，当叩打角鞘或握住角鞘以保定该牛时，常表现出疼痛感。

(3)高位角折　指角折部位在角全长的 1/2 以上靠近角尖处，可见角折处动摇或连同角鞘完全分离，并可从角折处向外流血。

(4)低位角折　是最严重而又常发的一种角折，角折位于角全长的 1/2 以下靠近角基部。较多见于角突颈部，部位越低症状越严重，可见从伤口处流出大量血液，有时甚至还伤及额骨。一般均可见与额窦相通的角突腔，其中充满血液，甚至从鼻腔流出血液。水牛由于角突腔大，于骨折后最初 2 周内略小，以后则变化甚微。如不及时治疗，长期暴露在外面容易感染而继发化脓性额窦炎，甚至在夏季出现蝇蛆。严重者可继发化脓性脑膜炎，使病情更为复杂。

（三）治疗

1. 角鞘角折

已与角突失去连接的角鞘应取下或切除，在角突上敷以抗生素油膏并加以包扎。一般经 5～6 d 更换绷带 1 次，待创面结痂后自生角质，天热时应在绷带外涂松馏油防蝇。如角鞘破裂尚未脱落，则应该利用金属夹板将病角固定于健康角上，创造条件使破裂的角鞘生长愈合。为了消除感染，要先用消毒药液洗净角鞘，拭干，并切除坏死部分，用碘酊消毒，撒布消炎粉，用卷轴绷带作“8”字形包扎。有人主张用石膏绷带固定 1 个月，经 20～30 d，断裂的骨质角突可形成坚硬的骨痂。

2. 角高、低位的角折

行角修补术。角突和角壳均已脱落，此时要充分止血，用骨锯修整残端使其平整并充分处理好角突腔。新鲜创用无菌技术处理并加以包扎。化脓创应细致处理创口使其整洁清净。待停止化脓，出现肉芽组织，又无臭气，炎症基本消退时才可进行角修补术。现介绍两种角突腔封闭方法。

（1）固齿粉填塞法　取直径 1.5 mm 骨钻，在距角断面约 2 cm 处平行交叉钻 4 个孔，以不锈钢丝从孔中交叉穿入固定。在交叉的钢丝上放置一块形状、大小与角突腔横断面开口完全一致的塑料板（或废 X 射线胶片）。将调好的固齿粉（或骨水泥）填入角突腔内，使之密闭。最后在外浇上沥青或包扎沥青绷带。

（2）牙托粉填塞法　根据角突腔大小，制作牙托粉塞子一个（方法同补牙术），在角突腔充分消毒处理后，撒布土霉素或四环素粉 5～10 g，将适合良好的牙托粉塞子塞紧，边缘缝隙再用调好的牙托粉镶好，使之密闭。事前根据角断面的形状预制牛角板一块，并在上述牙托粉塞子封闭的基础上用骨钻在角壳断面上钻 4～6 个孔，并以螺丝钉将牛角板固定，最后在外面涂一层沥青。

新发生的角折和陈旧角折的修补方法基本一致，不同处为后者需经过一段时间的抗感染治疗阶段。

3. 角复杂性骨折

施行断角术。参见断角术的内容。

二、去角术

（一）适应症

性情恶劣的牛常因角斗而造成损伤或抵伤饲养人员，甚至引起妊娠母牛的流产，有的牛则因角形不正而出现异常弯曲，其生长有损伤眼或其他软组织的可能性，均需要施行断角术（dehorning）。此外，在角部复杂性骨折的治疗中，要求去除牛角，也需要施行断角术。生产中为了便于管理和提高奶产量，也常对奶牛犊进行早期断角，建立无角牛群。另外，特种经济动物鹿取茸时也需断角。

（二）局部解剖

角由额骨的角突和角鞘构成。角突外紧贴有骨膜和真皮层，其最外部为角鞘。角鞘在近角基部薄，趋向尖部时逐渐增厚。真皮层是角质的发生部位，因此在断角时应选在角的基部进行，否则角质仍可再生。角突腔与额窦相通。幼畜的角突腔内有若干不完整的中隔，随着年龄的增长，中隔逐渐被骨嵴所代替。

角动脉是供应角的血管，它是颞浅动脉的分支，沿额骨外嵴延伸至角根，分布于角真皮层、骨膜及哈佛氏管。角神经是眼神经的分支，穿过眶骨膜，沿角动脉上方的额骨外嵴上行至角。角神经到角基之前，分出 6～7 支分布于角的真皮层及角周围的皮肤和耳郭皮肤。

（三）器械

特制断角器或骨锯、线锯、烙铁等。

（四）保定

柱栏内站立保定，注意头部保定要确实。取茸时一般采取化学保定。

（五）麻醉

（1）一般反刍动物的麻醉　采用角神经传导麻醉。注射点在额骨外缘稍下方，眶上突的基部与角根之间，术者应感知额骨下外侧嵴，确认注射针尖在其下方。随动物的生长，角神经在组织中的位置较深，一般刺入深度为 1～3 cm，注入 2%盐酸普鲁卡因溶液 10～15 mL，5～10 min 后产生麻醉效果。若注射部位距眶上突过近，则角神经位置较深，注射不易准确；若距角根太近，也会影响麻醉效果，因为此处角神经已开始分支。

额神经和滑车下神经分布于角，此外还有第 1 颈神经的背侧支分布，有时在角神经传导麻醉后，术中仍有疼痛，建议使用乙酰丙嗪或静松灵等，可使疼痛减轻，或者采用沿切线进行皮肤与骨膜的浸润麻醉等方法。

必要时可用隆朋或速眠新注射液（846 合剂）作全身麻醉。

（2）鹿类取茸的麻醉　目前国内主要使用眠乃宁或鹿眠宝 3 号。眠乃宁按 100 kg 体重的梅花鹿用 1.0～1.5 mL，100 kg 体重的马鹿用 1.0～1.5 mL，肌内注射。鹿眠宝 3 号按 100 kg 体重的梅花鹿用 1.5～2.0 mL，100 kg 体重的马鹿用 1.0～1.5 mL，肌内注射。

（六）术式

手术可分为观血断角术（低位断角术）和无血断角术（高位断角术）。

（1）观血断角术　断角的位置在靠近角根部，麻醉后在预定断角处碘酒消毒，用断角器或锯迅速锯断角的全部组织，为了避免血液流入额窦内，可用事先准备好的灭菌纱布压迫角根断端或用手指压迫角基动脉进行止血，也可术前于双角根部用细绳做“8”字缠绕预止血。骨蜡涂抹对断端有良好的止血作用，另外可用磺胺粉或碘硼合剂撒布灭菌纱布上，再覆盖在角的断面，装置角绷带，起止血和保护作用，角绷带外涂抹松馏油，以防雨水浸湿而感染。

（2）无血断角术　位置在最上角轮和角尖之间，因没有破坏角突，不需止血和装角绷带。

（3）犊牛断角　对出生后 15～25 日龄的犊牛，可在头两侧顶部摸到角基，剪毛后使角基充分暴露；用已烧红的直径 1～1.5 cm 的圆形烙铁对准角突部烧烙 3～5 s，然后迅速离开，烧烙部位很快变成光亮深褐色凹陷，局部有组织液渗出，再烧烙 2～3 s。术后局部形成干痂，2 周左右自然脱落，从而达到去角的目的。也有报道在奶牛犊出生后 4 个月左右刚长出牛角时，用钢笔形状的电熨斗在牛角上轻轻一烫，将奶牛角上的生长点烫掉，从此奶牛便不再长角，成为无角牛。

（4）取茸　鹿被保定后，要切实固定好鹿头，锯茸者一手持锯，一手握住茸体，于角基盘上缘迅速将茸体锯下。取茸时要求：留茬要适当，锯口要平，要求锯口断面与角冠平行。取茸后立即用药物止血或结扎止血。当鹿茸锯下后，迅速将腐殖酸钠与高锰酸钾以 20∶1 的混合物按在留茬鹿茸断面上，一般要求按压 2 min，使药液和血液接触，破坏血小板释放出凝血酶原加速血凝，达到止血的目的。结扎止血是确实有效的止血方法，在锯茸前，在角柄处用麻绳结扎，锯茸后再撒布上述止血药物。

（七）术后护理

术后注意绷带松脱，1～2 个月后断端角窦被新生角质组织充满。若感染引起额窦炎和化脓时，按化脓性窦炎处理。

第二节 耳病及手术

一、耳血肿

耳血肿(othematoma)是耳部组织在钝性或锐性外力作用下,较大血管破裂,血液流至耳软骨与皮肤之间形成的血肿。多发生于耳郭内面,也见于耳郭外面或两侧。各种动物均可发生,但多见于猪、犬和猫。

(一)病因

(1)机械性损伤 如对耳壳的压迫、挫伤、抓伤、咬伤等均可导致耳血肿。

(2)耳部疾患 如外耳道炎、耳螨病等引起耳部瘙痒,动物剧烈摇头甩耳也能损伤血管而发病。

(二)症状

耳郭内面的耳前动脉损伤时,于耳郭内面迅速形成肿胀,触之有波动、弹性及疼痛反应。数天后因出血凝固,析出纤维蛋白,触诊肿胀周围呈坚实感,有捻发音,中央有波动,局部增温。沿耳郭软骨外行走的耳内动脉损伤时,可在耳郭外面形成相似的肿胀。血肿形成后,耳增厚数倍并下垂。耳部皮毛色白者,变成暗紫色。穿刺可见有血液或血色液体流出。穿刺放血后往往复发。肿胀阻塞听道时,可引起听觉障碍。血肿感染后可形成脓肿。

(三)诊断

根据临床症状和穿刺结果容易做出诊断。

(四)治疗

视频 13-1 犬耳血肿

小血肿不治疗也能自愈。血肿形成的第 1 天内宜用干性冷敷并结合压迫绷带制止出血。大血肿不宜过早手术,因术后出血较多。一般在肿胀形成数日后,可于肿胀最明显处切开,为防止血水进入耳道,可于术前用一小块棉花填塞耳道,并及时用干棉花吸干流出的血水。排除积血和凝血块后,切口不缝合,作平行于切口的水平纽扣缝合(图 13-1)。缝合时,先在耳郭凸面进针,穿过耳郭全层至凹面,再从凹面进针穿过凸面,并在凸面打结(图 13-1C)。实践证明,为防止术后再出血形成血肿和因炎性肿胀而使缝线陷入耳部组织,在进行水平纽扣缝合时,可在耳郭两侧相应位置放置纱布卷成的圆枕,能起到明显的压迫止血效果,防止血肿的再形成。(视频 13-1)

(五)术后护理

耳部保持安静,必要时可使用止血剂,同时配合使用广谱抗生素进行抗菌消炎。术后 7~8 d 拆除缝线。

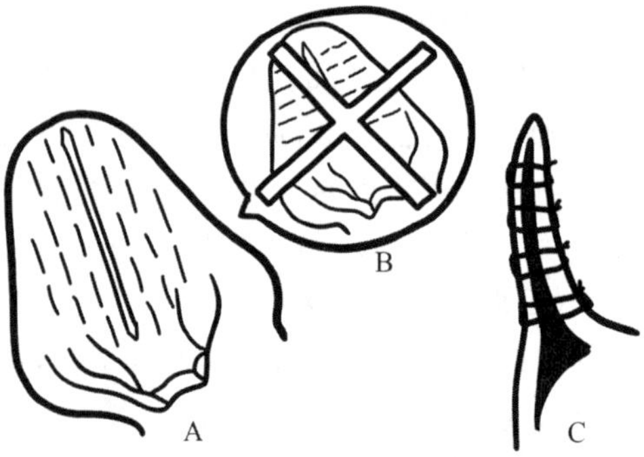

图 13-1 耳血肿切除及缝合示意图

(侯加法,2000)

A. 血肿切开后正确缝合 B. 血肿切开后不正确缝合 C. 缝线全层穿过耳郭,结打在耳凸面

二、外耳炎

外耳炎(otitis externa)指发生于外耳道的炎症。外耳道被覆有柔软的膜和无数分泌耳垢的腺体,外耳呈圆锥形,顶端终止于鼓膜。本病以犬、猫多发,且垂耳或外耳道多毛品种的犬更易发生。牛、马等役畜也可发病,由于其危害性不大,通常不易引起人们的重视。

(一)病因

(1)机械性刺激 外耳道内有异物进入(如泥土、昆虫、带刺的植物种子等)、存在有较多耳垢、进水或有寄生虫寄生(如耳痒螨)、垂耳或耳郭内被毛较多时使水分不易蒸发,导致外耳道内长期湿润、湿疹、耳根皮炎的蔓延等诸多因素,均可刺激外耳道皮肤引起炎症。

(2)病原微生物 常见引起感染的细菌有金黄色葡萄球菌、链球菌、假单胞菌、变形杆菌等;常见的真菌有马拉色霉菌、毛癣菌、念珠菌等;寄生虫主要为耳痒螨。

(3)过敏反应 如食物过敏或跳蚤叮咬导致过敏。

(4)肿瘤 基底细胞瘤、肥大细胞瘤、鳞状细胞癌、黑色素瘤等。

(二)症状

患病动物表现不安,经常摇头、摩擦或抓挠耳郭,痛叫。由外耳道内排出不同颜色带臭味的分泌物,其量不等。大量分泌物流出时,可黏着耳郭周边被毛,并浸润皮肤发炎,甚至形成溃疡。耳内分泌物的刺激可引起耳部瘙痒,大动物常在树干或墙壁上摩擦耳部,小动物常用后爪挠耳抓痒。由于炎症引起疼痛,指压耳根部动物敏感。慢性外耳炎时,分泌物浓稠,外耳道上皮肥大、增生,可堵塞外耳道,使动物听力减退。

(三)诊断

根据临床症状、耳镜检查可做出诊断。若要确定病原,需进行微生物的分离培养和鉴定。耳痒螨感染时,取耳垢在显微镜下进行镜检可发现螨虫虫体。真菌感染时,显微镜下可见孢子。

(四)治疗

(1)外耳道清洁 首先剪去耳郭内及外耳道的被毛,除去耳垢、分泌物和痂皮。分泌物多或感染化脓时,用3%过氧化氢溶液或0.1%新洁尔灭溶液冲洗耳道,然后用灭菌棉球或纱布吸干。对耳道深部不易清除的分泌物,可使用洗耳器冲洗清洁。

对因耳部疼痛而高度敏感的动物,可在处置前进行镇静、麻醉或向外耳道内注入可卡因甘油(可卡因 0.1 g 加甘油 10 mL)。

(2)外耳道投药 对于细菌性外耳道炎,向耳道内滴入适量新霉素滴耳液、诺氟沙星滴耳液、氧氟沙星滴耳液等,并轻轻按揉,每天1~2次;对于真菌性外耳道炎,向耳道内涂抹杀真菌膏剂,直至耳道内鳞屑消失;对于寄生虫性外耳道炎,可直接向耳道内滴入伊维菌素或阿维菌素数滴,并轻轻按揉耳郭及耳根,每6~7 d用药1次。

不能向耳道投入粉剂的药物,因为粉剂容易黏附在耳道内而不易排出。

临床上发生的外耳道炎很多都是细菌、真菌、寄生虫的混合感染,因此在外耳道投药治疗时,应使用含有多种药物成分对细菌、真菌、寄生虫都有杀灭效果的复合剂药物。

(3)全身抗生素治疗 对于外耳道内脓性分泌物多、体温升高的急性细菌性感染,应全身使用广谱抗生素治疗,以防继发中耳炎和内耳炎。

对于久治不愈增生性外耳道炎,外耳道出现过分狭窄、堵塞或脓汁不能流出时,可行外耳道外侧壁切除术治疗,见本节“五、犬外耳道外侧壁切除术”。

三、中耳炎

中耳炎(otitis media)是指鼓室及耳咽管的炎症。各种动物均可发生,但以猪、犬和兔多发。

(一)病因

常继发于上呼吸道感染如流行性感冒、一般感冒、传染性鼻炎和化脓性结膜炎等,其炎症蔓延至耳咽管,再蔓延至中耳而引起。此外,外耳炎、鼓膜穿孔也可引起中耳炎。链球菌和葡萄球菌是中耳炎常见的病原菌，其他病原如假单胞菌、变形杆菌、马拉色霉菌、念珠菌也可引起。有报道认为血源性扩散如败血症也可引起。

（二）症状

与外耳炎有相同的症状。单侧性中耳炎时，动物将头倾向患侧，患耳下垂，向患侧转圈。两侧性中耳炎时，动物头颈伸长，以鼻触地。化脓性中耳炎时，动物体温升高，食欲不振，精神沉郁，有时横卧或出现阵发性痉挛等症状。炎症蔓延至内耳时，动物表现耳聋和平衡失调、转圈、头颈倾斜而倒地。中耳炎症侵害面神经和副交感神经时，则引起面部麻痹、角膜和鼻黏膜干燥、张口疼痛等。若炎症继续发展，波及脑膜，则出现脑膜炎，有神经症状，重者可引起小脑脓肿而死亡。

（三）诊断

无特征性症状，耳镜检查和X射线检查有助于本病的诊断。X射线检查可见急性中耳炎时鼓室积液；慢性中耳炎时鼓泡骨增生。

（四）预后

非化脓性中耳炎一般预后良好，化脓性中耳炎常因继发内耳炎和败血症而预后不良。

（五）治疗

（1）局部和全身应用抗生素治疗　充分清洗外耳后，滴入适量抗生素药液，并配合全身应用抗菌药物，以使药物进入中耳腔。用药前，应对耳分泌物作细菌培养和药敏试验，抗菌治疗至少连用7～10 d。

（2）中耳腔冲洗　上述治疗临床症状未改善时，可行鼓室冲洗治疗。动物全身麻醉。术者头戴额镜，先用灭菌生理盐水冲洗外耳道，再用额镜检查鼓膜。如鼓膜已穿孔或无鼓膜，可用一根长10 cm、内径1 mm的中耳导管插入中耳深部进行冲洗；如鼓膜未破，可先施行鼓膜切开术或直接用吸管穿破鼓膜，伸入鼓室锤骨后方注液冲洗。冲洗时，细管不可移动，以防撕破鼓膜。冲洗后要经导管吸出冲洗液，反复冲洗至吸出的冲洗液洁净为止，最后滴注适量抗生素溶液。若2周后炎症仍在继续，可再次冲洗。

（3）中耳腔刮除　严重慢性中耳炎，上述方法无效时，可施行中耳腔刮除治疗。先施行外耳道切除术和冲洗水平外耳道，用耳匙经鼓膜插入鼓室进行广泛的刮除。其组织碎片用灭菌生理盐水清除干净。术后几周，全身应用抗生素和皮质类固醇药物。

四、犬耳整容成形术

（一）适应症

对于某些品种犬，为使耳竖起，达到标准的外貌要求，需施行耳整容成形术（cosmetic otoplasty）。

耳修剪的长度和形状因犬性别、品种、体型不同而异。一般母犬耳比公犬细小，耳应修整直而狭，保留小腹部，耳屏和对耳屏多修剪，使耳弯向头侧，某些品种犬如拳师犬（Boxes）和雪纳瑞犬（Schnauzers）头宽，其耳比杜宾犬（Dobermans）和大丹犬（Great Danes）稍大而宽，故如按标准长度修剪，又不愿剪得过短，耳就不会竖立；短而粗的耳应视犬外貌特征修整；公犬体型大，母犬骨架小，体姿优美，应量型修剪。

耳修剪的最佳年龄是8～12周龄，小犬为12周龄。年龄越大，其整容成功率越低。表13-1列举了部分品种犬修耳的适宜年龄和耳的标准长度。

表 13-1　犬耳整容成形术的年龄及耳的标准长度（侯加法，2000）

品　种	年　龄	保留耳的长度
拳师犬（Boxes）	9～10 周龄	2/3～3/4
雪纳瑞犬（Schnauzers）	10 周龄	2/2
杜宾犬（Dobermans）	8～9 周龄	3/4
大丹犬（Great Danes）	9 周龄或 8～10 kg 体重	3/4
波士顿梗犬（Boston Terriers）	4～6 月龄	尽可能长

（二）保定和麻醉

动物全身麻醉，行俯卧保定。犬下颌垫上折叠的毛巾，抬高头部。两耳剃毛、消毒，外耳道口塞上棉球，防止手术过程中血液流入外耳道。

（三）手术方法

1. 确定切除线

将下垂的一个耳尖向头顶方向拉紧伸展，根据不同犬种和需要的耳形，用尺子测量出需保留耳郭的长度，确定切除线，并用标记笔标明（图 13-2A）。再在切除顶端剪一裂口。将两耳拉直合并对齐，在另一耳相应位置剪一裂口，确保两耳保留长度一致。

也可从标记点（裂口）到耳屏间肌切迹（耳后缘的下端，耳屏与对耳屏软骨下方耳与头的连接处）之间的位置上装置断耳夹来确定切除线，断耳夹的凸面朝向耳前缘。断耳夹装好后，两耳应保持一致形态。

2. 切除耳郭

助手固定欲切除耳郭的基部和上部。术者左手在切除线外侧向内顶托耳郭，防止剪除时剪刀推移使皮肤松弛。右手持手术剪（最好有齿软骨剪）由耳基向耳尖（右耳）或由耳尖向耳基（左耳）沿切除线剪除耳郭（图 13-2B）。

在切除基部耳郭时，务必使保留的部分呈足够的喇叭形。否则，耳因失去基础支持而不能竖立。

耳郭切除后，彻底止血（电凝刀或电烙铁烧烙止血较好），并修平创缘。

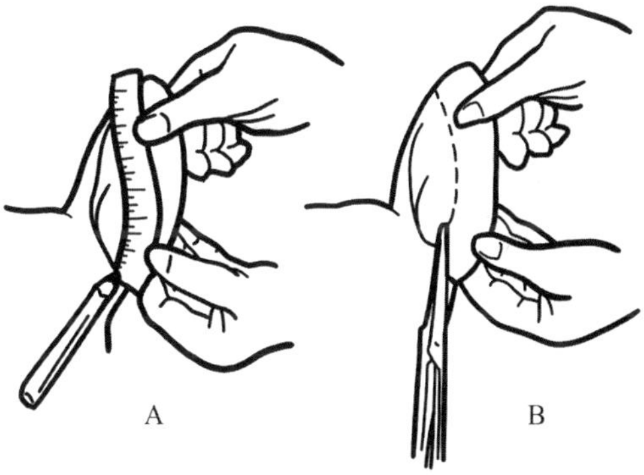

图 13-2　耳郭切除

（侯加法，2000）

A. 在耳内侧用尺测量，确定切除线，并用标记笔标明　B. 剪除耳郭，实线为标准切除线，虚线为适当调整后的切除线

3. 缝合耳郭

用 4 号丝线从耳基部开始。先结节缝合耳屏的皮肤切口（不包括软骨）（图 13-3A），其余创缘均做皮肤的简单连续缝合。先从内侧皮肤进针，越过软骨，再穿过外侧皮肤，再到内侧皮肤，如此反复连续缝合，针距 8 mm 左右，当缝至耳尖时，缝线不打结（图 13-3B，C）。该缝合方法有助于促进创口的愈合，减少感染和瘢痕形成。

对于小型、耳部皮薄而紧的犬（如雪纳瑞）缝合时，因此时耳郭上部皮肤不能将软骨遮覆，建议全层连续缝合（缝针穿过皮肤和软骨），以免影响创口的愈合。

(四)术后护理

1. 术后拆线前的护理

术后立即固定耳朵,防止犬因疼痛甩耳造成出血过多。术后固定耳朵的方法:可用一次性纸杯罩在头部,杯口在下,杯底在上,然后将耳拉直靠在纸杯上,再用黏性较强的风湿膏药的贴片将耳郭贴紧固定在纸杯上,贴片沿耳郭创缘而下,但不能粘连创缘,以免影响伤口愈合。全身抗菌消炎,耳部创缘每天喷洒抗菌液,防止创缘感染。术后 7～10 d 拆线。

2. 竖耳

拆线后仍然同上面的方法固定耳部,待创缘完全愈合后,耳必须安置支撑物、包扎耳绷带、限制耳摆动,促使耳竖立。支撑物可用纱布卷、塑料管、塑料注射器筒、泡沫塞、纸筒及金属支架等材料。如用纱布卷作为支撑物,可将纱布卷曲成锥形填塞外耳内,锥体在下,锥尖在上。将耳直立,用多条短胶带由耳基部向上呈“鸠尾”形包扎,固定纱布卷(图 13-4)。最后,两耳基部用胶带“8”字形固定,确保两耳直立。填塞物每 3 d 换 1 次,连用 2 周。如 2 周后耳仍不能直立,可按耳下垂的相反方向将耳卷曲固定。5 d 换胶带 1 次。也可用硬质材料如塑料管、塑料注射器等支撑耳朵。包扎方法同上。(视频 13-2)

视频 13-2 犬立耳术

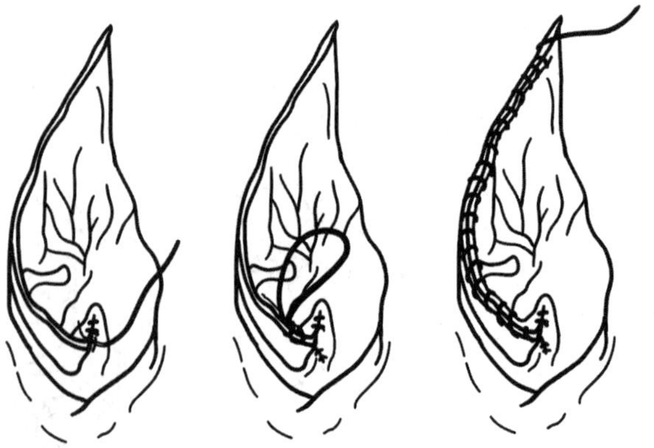

图 13-3 耳郭创缘缝合方法

(侯加法,2000)

A. 仅结节缝合耳屏处皮肤切口 B. 开始连续缝合皮肤创缘 C. 耳郭创缘完全闭合,其耳尖部缝线不打结

图 13-4 竖耳的包扎

(侯加法,2000)

用纱布卷成锥形填塞于外耳内,然后用多条短的胶带(约 2.5 cm 宽)由耳基向耳尖粘贴包扎,每圈盖住前圈胶带 1/3,两耳间“8”字形胶带缠绕,使耳直立

五、犬外耳道外侧壁切除术

(一)适应症

慢性外耳炎药物治疗无效或反复发作,耳内炎性分泌物不能排出,外耳道壁增厚但未阻塞水平外耳道时,宜做外耳道外侧壁切除术(resection of the lateral wall of the external ear canal)。通过手术能使分泌物排出,降低耳道内湿度及温度,改善局部微环境;此外还适于外耳道上皮肥大、严重溃疡、听道软骨骨化、听道狭小、肿瘤、先天畸形等。

(二)局部解剖

外耳道始于耳郭底部外耳道口,止于鼓膜。犬外耳道全长 5～10 cm,直径 4～7 mm。外侧部称垂直外耳道，为软骨性，其开口呈漏斗形，由耳郭软骨组成，下部为环状软骨。内侧部称水平外耳道，为骨性结构，较垂直外耳道短。外耳道内壁衬有皮肤，在软骨部有丰富的毛囊、耵聍腺和皮脂腺，后两者分泌耳蜡，呈褐色，有保护外耳道和维持鼓膜区湿润、柔软的作用，但易发生感染。

(三)保定和麻醉

全身麻醉，侧卧位保定，患耳在上。耳郭、耳基部广泛剃毛、清洗、消毒。

(四)术式

用钝头探针探明外耳道的方向、垂直范围，用手指隔皮触摸探针顶端，并在外耳道垂直与水平交界处的体表皮肤上做好标记。沿垂直耳道，从背侧耳道开口处向腹侧至水平耳道之下，作两个平行的切口，切口长度为垂直外耳道长度的 1.5 倍，两切口在腹侧相接，形成一“U”形皮瓣，即“U”字形的底部在外耳道垂直与水平交界处（标记处）下方等于垂直外耳道深度 1/2 的位置（图 13-5A）。切除皮瓣，钝性分离皮下组织、耳降肌和腮腺背侧顶端，显露垂直外耳道软骨。与“U”字形皮肤切口相对应，由耳屏处向下剪开垂直外耳道外侧壁软骨至外耳道垂直与水平交界处。将软骨瓣向下折转，暴露水平外耳道，剪去 1/3～1/2 软骨瓣（图 13-5B），使其剩余部分正好与下面的皮肤缺损部分相吻合，并做结节缝合（图 13-5C），如果软骨瓣盖住水平耳道的开口，应将软骨切口向腹侧继续延伸。再将外耳道软骨创缘的黏膜与同侧皮肤创缘结节缝合。缝合要紧密，但结不宜打得过紧。（视频 13-3）

视频 13-3 犬耳道切除术

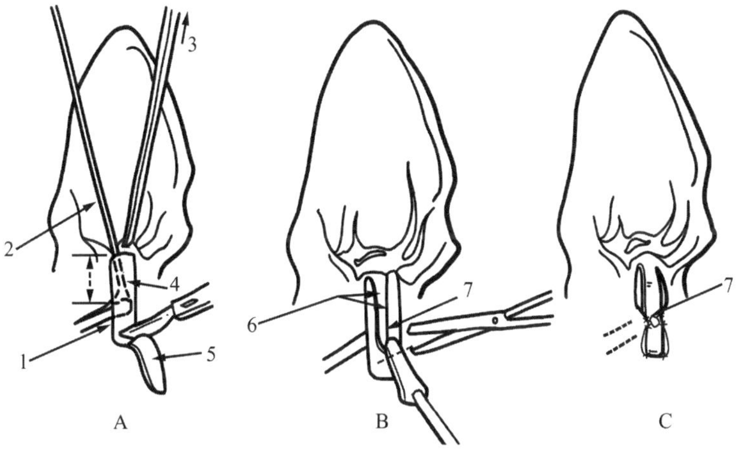

图 13-5 外侧耳道切除术

（侯加法，2000）

A. 用探针探明垂直外耳道深度和方向，“U”字形切除皮肤 B.“U”字形切开垂直外耳道软骨至水平，切除 1/2 软骨 C. 余下软骨与皮肤结节缝合

1.“U”字形皮肤切除的长度是垂直外耳道的 1.5 倍 2. 探针 3. 牵引耳屏 4. 暴露外耳道软骨 5.“U”字形皮肤及皮下组织 6. 切除垂直外耳道外侧壁软骨 7. 水平外耳道入口

(五)术后护理

术后将耳固定，方法同犬耳整容成形术的术后固定。全身应用抗生素、止痛剂，局部清洗消毒，除去坏死组织，保持引流畅通。为防止犬用脚趾抓搔，可戴伊丽莎白颈圈。术后 10～14 d 拆线。

第三节 鼻面部疾病与手术

一、豁鼻及豁鼻修补术

为便于控制和使役耕牛，常在幼年时于鼻唇镜后方鼻中隔上穿孔，并系以鼻绳或鼻环。豁鼻(laceration of the muzzle)是由于钝性磨损、切割、撕裂等引起的一种鼻缺损。常见于役用牛，尤以性情执拗的水牛多发，发生后主要引起使役和管理上的不便。犬先天性缺陷或后天性损伤而引起鼻唇部的缺损，也有学者称为豁鼻。

(一)病因

管理不善，如鼻栓结构不良，或用绳、铁丝等拴鼻，使鼻栓孔磨损溃烂；穿鼻部位置不当或犊牛穿鼻过早；使役时粗暴地猛拉鼻绳，引起鼻镜的撕裂。性烈而又胆小的牛更容易在执拗情况下发生本病。

(二)临床症状

豁鼻发生后，鼻唇镜被分为上下两部分，多数呈不规则的损伤，只有少数损伤面平整。病初创面出血，如不及时治疗，创面可发生感染。

(三)治疗

豁鼻修补术是唯一疗法，临床上一般采用缺损部的公母榫吻合术。

1. 保定

动物取柱栏内站立保定，将牛角固定在木柱上或树上，最好将两个牛角绑在横杆上。对骚动不安的牛也可倒卧保定。

2. 麻醉

2%盐酸普鲁卡因溶液 20 mL 分别作两侧眶下神经传导麻醉(眶下孔位于上颌第 1 前臼齿前缘向上 3～5 cm 处)，每侧 10 mL；再用 0.5%～1%盐酸普鲁卡因青霉素溶液 40 mL 对两侧颊背神经的颊唇支(上唇两侧)作浸润麻醉，每侧 20 mL。

3. 术式

上唇和鼻镜先用清水或 0.1%新洁尔灭洗净，擦干后再以碘酊消毒。

(1)作公榫　术者站在牛头的左侧，右手持刀，先在距离断端上部 1 cm 处，围绕鼻端作一环行切开至皮下，并以此深度，由里向外削，将表面一层黑色皮肤完全切削掉，造成一淡红色蘑菇状的新鲜创面。此时助手用止血钳夹持切削的皮肤，配合术者切削，制作公榫时，一般由于出血甚少，除用纱布按压外，不必采用其他止血措施。

(2)作母榫　根据公榫的形状和大小，在鼻镜下部断端的相对位置上，作一向下凹陷的椭圆形创腔，切时创腔应略小于公榫，因为在切割后该创腔由于周围组织的收缩而变大，在制作母榫时出血较多，可看见创腔两侧各有一条血管出血，助手用止血钳作钳夹止血，即可继续进行手术，要将制好的公母榫吻合好，否则应进行适当修整。

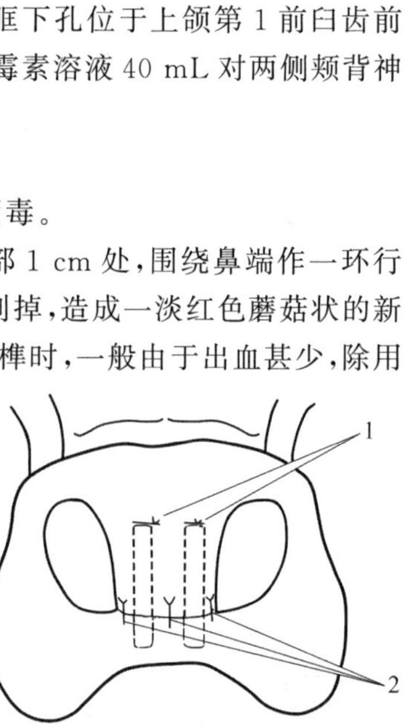

图 13-6　豁鼻缝合
(汪世昌，陈家璞，1998)
1. 埋藏缝合　2. 结节缝合

(3)缝合　采用 2 针埋藏缝合和 3 针结节缝合法(图 13-6)。分别在鼻正中线左右两侧各做一针埋藏缝合，以减少术部感染和防止缝线在术后被牛舌舐断。埋藏缝合在鼻外部进针，公榫内侧出针，然后在母榫内侧相应位置处进针至母榫外侧部出针，再经公榫外侧相应位置处进针至鼻部出针即成（似结节缝合）。

2 针埋藏缝合缝好后，收紧前先用生理盐水冲洗创面，再用剩下的普鲁卡因青霉素溶液浸渍创面，埋藏缝合打结后，为了使创面密接得更好，可在创口接合处的左、中、右各加一针结节缝合，并用碘酊消毒。

作公榫时应把黑色表皮削干净，不能遗留，以免术后不能愈合；埋藏缝合时，缝线应穿过公榫矩形的 4 个角，以保证公、母榫对合密切，有利于创口愈合。

（四）术后护理

保持术部清洁，在 7 d 内除吃草、饮水外，平时均要求戴口笼（竹或铁丝、麻绳编的嘴罩）。饮水时尽量不使创口浸渍，暂停放牧，以保持局部清洁和防止鼻镜损伤。一般创口取第 1 期愈合，术后 7 d 可先将结节缝线拆除，术后 8～12 d 再拆除埋藏缝合线。2 个月左右术部组织长得牢固，方能穿鼻栓使用。

二、副鼻窦蓄脓

副鼻窦蓄脓（empyema of paranasal sinus）指鼻旁窦内的黏膜发生化脓性炎症而导致的窦腔内脓汁潴留。鼻旁窦是指鼻腔周围头骨内的含气空腔，包括额窦、上颌窦、蝶腭窦、筛窦等。临床上常见额窦和上颌窦蓄脓，前者多发于牛，后者多发于马，其他动物较少发病。

（一）病因

（1）马上颌窦炎和蓄脓　主要是由牙齿疾病所引起，其次是额骨或上颌骨骨折。

（2）牛额窦炎和蓄脓　主要是由低位角折或去角不良所引起，尤其是水牛。其次，由于牛额窦与鼻腔相通，故鼻腔炎症可直接扩展至额窦。

（3）某些传染病、寄生虫病引起的窦炎与蓄脓　如牛恶性卡他热、放线菌病、马腺疫、马鼻蛆、羊鼻蝇蛆病等，此外肿瘤、异物进入等均可导致窦炎与蓄脓。另外，犬瘟热时可伴发额窦蓄脓。

（二）症状

病初由一侧鼻孔流出少量浆液性鼻液，一般不被注意，尤其是牛常用舌舔而不被发现，直至额骨发生隆起，或是眶后憩室部的额骨增厚时才被发现。随病程的发展，分泌物转为脓性黏液，排出量也增多，干涸后黏附在鼻孔周围。绝大多数情况下从一侧鼻孔流出鼻液，有时一侧鼻液比较显著而另一侧较轻微。动物表现低头、摆头等动作，摆头时有较多脓性物从鼻孔中流出。如果脓性鼻液中带有新鲜血液，表明窦内有骨折性损伤；混有草屑或饲料，表明龋齿或牙齿缺损与上颌窦相通；混有腐败血液则表明窦内有坏疽或恶性肿瘤。

牛额窦蓄脓形成足够压力时，可引起脑障碍症状，如头部顶墙或抵于饲槽、出现周期性癫痫或痉挛；也可导致眼球突出，呼吸困难症状。

马上颌窦蓄脓常表现一侧颌下淋巴结肿胀，可移动，无痛感，严重时由于波及鼻泪管，出现流泪。导致骨质变软时，一侧局部肿胀而颜面变得隆起，叩诊有钝性浊音。

（三）治疗

选择适当位置进行圆锯术治疗（术式参见本节“四、马鼻旁窦圆锯术”）。用电动吸引器或连接橡皮管的注射器吸出脓汁，再用 0.1% 高锰酸钾或新洁尔灭溶液灌注冲洗。随后用微温的生理盐水冲洗，并以灭菌纱布导入窦内吸干后，填入抗生素油剂纱布，如此处理直至化脓减少或停止。

中药用辛夷散或加味知柏散有一定疗效。

（1）辛夷散：辛夷 45 g，酒知母 30 g，沙参 21 g，木香 9 g，郁金 15 g，明矾 9 g，研细后开水冲服，轻症连服 3～5 剂，重症连服 4～6 剂，然后隔天 1 剂，一般服 7～8 剂。

(2)加味知柏散 酒知母 60～120 g，酒黄柏 60～120 g，广木香 15～30 g，制乳香 30～60 g，制没药 30～60 g，连翘 24～45 g，桔梗 15～30 g，金银花 15～30 g，荆芥 9～15 g，防风 9～15 g，甘草 9～15 g，水煎灌服，隔天 1 剂，可服 3～5 剂。

三、鼻切开术

(一)适应症

鼻切开术(rhinotomy)适于其他方法难以确诊的鼻腔疾病的手术切开探查，以及鼻甲外伤、坏死和鼻腔异物、肿瘤，鼻真菌病的手术治疗。

(二)局部解剖

鼻腔由背侧鼻骨、外侧上颌骨和腹侧硬腭组成，眼眶也构成鼻腔和额窦的侧缘。鼻腔又由鼻中隔分隔为两个腔，每一腔前部又被上颌鼻甲(上、下鼻甲)占据，其后部则为筛鼻甲，筛鼻甲向后延伸至筛板和额窦，鼻旁窦为中空、内衬黏膜和含气体的腔洞。出生时鼻旁窦未完全发育，至成年时才发育完成。额窦界线因动物年龄、品种和头型不同而异。犬额窦分隔为 3 个室，短头犬此窦很小，上颌窦相当于鼻腔的一个隐窝。猫额窦未分隔成室，除上颌窦，还有蝶窦。额窦与鼻腔经筛区的多个小孔相通。黏膜肿胀可使开口减少，并可阻塞排泄而形成窦性黏液囊肿。

鼻腔血液供给丰富，动脉来自上颌动脉，为颈外动脉的终末分支。

(三)麻醉

对动物施行气管内插管的密闭式吸入麻醉，气管插管的套囊充气以防止血液、冲洗液等流入远端气管。

(四)保定

胸卧位保定，头向前向下，并垫以沙袋固定头部。

(五)器械

除一般外科器械外还应准备小圆锯、骨膜剥离器、骨凿、骨锯、骨锤及球头刮刀等。

(六)术式

额部及鼻背侧剪毛、消毒、覆盖隔离创布。用手术刀从鼻背壁软骨后方至额骨中部的正中线切开皮肤，分离皮下组织至骨膜。彻底止血后，再沿正中线切开骨膜，用骨膜剥离器将其向两侧分离(如仅做一侧鼻腔和额窦手术，则只需分离一侧骨膜)。用骨凿或骨锯按切口线将部分额骨、上颌骨和鼻骨切割成近似一长方形的骨瓣，其后界为两眼眶上缘后方的连线，侧缘位于鼻泪管和眶下孔内侧。如一侧鼻道手术，其内缘为鼻中隔。骨切开后，将骨瓣提起，用咬骨钳除去骨瓣下鼻中隔附着部分，再将骨瓣向前翻折，暴露鼻道和额窦，仔细检查鼻道、鼻甲、额窦腔及其周围组织。发现鼻甲坏死、肿瘤及其他异物，应将其彻底切除。清创时，一般出血较多，可用肾上腺素(1∶100 000)的纱布压迫止血，或烧烙、结扎止血。如仍不能制止出血，可在鼻腔内填塞湿的或浸有凡士林的纱布。填塞前，纱布应予折叠(便于拆除)，由后向前填塞手术部位，纱布的一端从一侧或两侧鼻孔引出。

将骨瓣复位，用 3/0 或 4/0 不锈钢丝做 4～5 针骨瓣固定(预先钻孔)。骨膜和皮下组织做一层连续缝合，最后结节缝合皮肤。如系真菌感染，可在鼻腔内安置引流管，从额部皮肤引出，便于术后用药，也可防止皮下气肿。

(七)术后护理

拔除气管插管之前，应清除鼻咽部和口咽部所有液体和组织碎片。在苏醒期，头低于胸部，防止液体被吸入。全身应用抗生素 4～5 d。术后 24 h 除去鼻内纱布，48 h 拔除引流管，如用于注射抗真菌药物，其引流管可于术后 10～14 d 拔除。

因鼻道纱布堵塞或异物未完全切除，术后可能会发生局部皮下气肿，对此无须治疗。

四、马鼻旁窦圆锯术

（一）适应症

马鼻旁窦圆锯术（trephining in the paranasal sinuses of horse）适于马属动物患鼻旁窦化脓性炎症经保守疗法无效，除去鼻旁窦内肿瘤、寄生虫、异物等，上颌后臼齿发生龋齿、化脓性齿槽骨膜炎、齿瘘、齿冠折断等需做牙齿打出术时的手术径路等。

（二）局部解剖

在临床上与适应症有关的是额窦和上颌窦。

（1）额窦　马的额窦由额骨、鼻骨、筛骨和背侧鼻甲骨后部组成，由纵行的中央骨板分为左右两个互不相通的部分，若将两部分合在一起，从额面观察很似马蹄形，其矢状面呈不正三角形。其后界变化较大，但一般不超过额骨颞顶嵴，外界为额外嵴、额骨颧突的基部和由内眼角向对侧隅齿外缘的连线；前界为两侧内眼角连线和两侧面嵴前端连线之间的中点前 1～1.5 cm 处；内界由两侧内眼角连线分为上、下两段，上段以正中线与对侧相隔，下段以距中线 2～2.5 cm 的矢状线为其内界。额窦仅以卵圆孔与上颌窦后窦相通。额窦外的软组织为骨膜、皮下筋膜及皮肤，在眶上突基部有耳前动脉小分支，并分布有耳眼睑神经与额神经小支，在鼻甲部额窦的前端，有鼻唇提肌的起点及面部血管分支。

（2）上颌窦　马的上颌窦由上颌骨、额骨、泪骨、颧骨、筛骨和部分鼻甲骨组成。其前界在面嵴前端 2～3 cm 处；上界相当于骨质鼻泪管的投影（眼内角至鼻孔下缘的连线）；下界随年龄增长有显著变化。上颌窦由完整的中隔板分为前、后两个窦，且都以裂隙与中鼻道相通，此裂隙称为鼻颌裂，前窦、后窦和鼻腔之间有如三通的形式，彼此相交通，中隔板的外缘位置变化较大，其中有 1/2 的马在第 2 臼齿前缘水平。上颌窦外的软组织除皮肤外还有薄的皮肌，鼻唇提肌起于鼻骨和额骨交界处，为很薄的肌肉；上唇固有提肌起于泪骨、颧骨及上颌骨交接处，为一扁平肌肉，向前并稍向上覆盖在眶下孔表面。面部血管在面嵴之前分出上唇和侧鼻血管之后，向上后行，经过上唇固有提肌的表面分为鼻梁血管及眼角血管。在皮肤薄的马，这些静脉从表面能清楚地显现。额窦和上颌窦内都被有黏膜。

（三）器械

除一般常用外科器械外，准备圆锯、骨膜剥离器、球头刮刀及骨螺丝等。

（四）保定

柱栏内保定，确实固定头部。

（五）麻醉

局部浸润麻醉，但齿源性上颌窦炎需做牙齿打出术者，则应全身麻醉，侧卧保定。少数烈性马可用少量水合氯醛加以镇静。

（六）术部

1.额窦圆锯部位的确定

（1）额窦后部　在两侧额骨颧突后缘做一连线与额骨中央线（头正中线）相交，在交点两侧 1.5～2 cm 处为左右圆锯的正切点。

（2）额窦中部　在两内眼角之间做一连线与头正中线相交，交点与内眼角间连线的中点即为圆锯部位。

(3)鼻甲部额窦前部　由眶下孔上角至眼前缘做一连线，由此线中点再向头正中线做一垂直线，取其垂线中点为圆锯孔中心。在额窦蓄脓时，此圆锯孔便于排脓引流。

2.上颌窦圆锯部位的确定

从内眼角引一与面嵴平行的线，由面嵴前端向鼻中线做一垂线，再由内眼角向面嵴做垂线，这3条线与面嵴构成一长方形，此长方形的两条对角线将其分成4个三角区，距眼眶最近的三角区为上颌窦后窦，距眼眶最远的三角区为上颌窦前窦。上颌窦圆锯孔就在这两个部位，临床多用后窦为手术部位。

(七)术式

在术部瓣形切开皮肤，钝性分离皮下组织或肌肉直至骨膜，彻底止血后在圆锯中心部位用手术刀“十”字或瓣状切开骨膜，用骨膜剥离器把骨膜推向四周，其面积以容纳圆锯稍大为度。将圆锯锥心垂直刺入预做圆锯孔的中心(调整锥心使其突出齿面约3 mm)，使全部锯齿紧贴骨面，然后开始旋转圆锯，分离骨组织。待将要锯透骨板之前彻底去除骨屑，用骨螺子旋入中央孔，向外提出骨片，如无骨螺子，可用外科镊子代替。除去黏膜，用球头刮刀整理创缘，然后进行窦内检查或除去异物、肿瘤，打出牙齿等治疗措施。若以治疗为目的，皮肤一般不缝合或假缝合，外施以绷带，既可防尘土和蚊蝇，又有利于渗出液流出；若以诊断为目的，术后将骨膜进行整理，皮肤结节缝合，外做结系绷带。

(八)术后治疗

对化脓性炎症，每天进行冲洗，直至炎性渗出停止。为了加快治疗过程，在冲洗的同时配合青霉素或磺胺疗法等，特别在中、后期，能缩短疗程。

五、面神经麻痹

面神经麻痹(paralysis of the facial nerve)，中兽医称“歪嘴风”，主要见于马属动物，少见于牛、羊和猪，犬多发于6～7岁的西班牙长耳犬和拳师犬。面神经控制面部肌肉的活动、感觉和唾液分泌等，面神经麻痹临床上以单侧性多见。根据损伤程度分为全麻痹和不全麻痹，根据损伤部位分为中枢性和末梢性麻痹。

(一)局部解剖

面神经是第7对脑神经，位于延脑前外侧。该神经系混合神经，分为运动和感觉两部分。运动神经占面神经大部分，起始于斜方体两侧，在脑桥后方，通过面神经管，出茎乳孔到腭骨的顶缘，再通过腮腺下面，在下颌关节稍下方转到咬肌外面，并构成颊神经丛，分出耳睑神经、耳后神经，分布于耳、眼睑等处后，沿咬肌表面前行，分出上、下颊神经支。上颊支沿咬肌上部表面前行，穿入颧肌深侧，经鼻孔侧翼张肌下缘到鼻唇提肌与鼻孔侧翼张肌的深侧分布于上唇及鼻孔部肌肉。下颊支斜走于咬肌表面，沿下唇降肌前走，中间有吻合支接上颊支。还有侧副支分到颊肌，并与眶下神经及下颊神经相吻合。

(二)病因

根据神经传导障碍的原因可分外伤性、炎症性、侵袭病性、传染病性和中毒病性。按部位可分成中枢性面神经麻痹与末梢性面神经麻痹两大类。

(1)中枢性面神经麻痹　多半是因脑部神经受压所致，如脑的肿瘤、血肿、挫伤、脓肿、结核病灶或指形丝状线虫的幼虫——微丝蚴进入脑内的迷路感染等，其次是传染病如马腺疫、流行性感冒、传染性脑炎、乙型脑炎、李氏杆菌病以及马媾疫、毒草及矿物质中毒等均可出现症候性面神经麻痹。犬患犬瘟热、中耳炎及内耳炎、甲状腺机能减退、糖尿病等时可伴发本病。

(2)末梢性面神经麻痹　主要是由于神经干及其分支受到创伤、挫伤、压迫、长期侧卧于地、摔跌猛撞于硬物等引起。此外，面神经管内的肿瘤、中耳疾病或腮腺的肿瘤、脓肿可引起单侧性面神经麻痹。

(三)症状

由于神经损伤的部位和程度不同，机能障碍的情况和麻痹区的分布、范围各异，症状上也不完全一样。

单侧性面神经全麻痹时，患侧耳歪斜呈水平或下垂，上眼睑下垂，眼睑反射消失，鼻孔下塌，通气不畅，上、下唇下垂并向健侧歪斜，出现歪嘴，采食、饮水困难，马用牙齿摄取饲料，咀嚼不灵活，患侧颊部有大量饲料积留，饮水时将口角伸入水中，缺乏吸水能力。牛由于鼻镜及唇部厚，故歪嘴症状不明显，但采食和反刍时常有饲料和唾液自患侧口角流出，用手打开口腔时可感到唇颊部松弛。猪可见鼻盘歪斜(注意与传染性鼻炎相区别)，唇的自主活动消失，两侧鼻孔大小不一。犬患病后，患侧上唇下垂，鼻歪向健侧，耳自主活动消失。

单侧性上颊支神经麻痹时，耳及眼睑功能正常，仅患侧上唇麻痹、鼻孔下塌且歪向健侧。单侧性下颊支神经麻痹时，患侧下唇下垂并歪向健侧。

两侧性面神经全麻痹多是中枢病变的结果，除呈现两侧性的上述症状外，因两侧鼻孔塌陷，导致通气不畅，呼吸困难。由于唇麻痹，动物将嘴伸入饲料中用齿采食，伸入水中用舌舀水，咀嚼音低、流涎，两颊部残留大量饲料，并有咽下困难等症状。

(四)治疗

由中枢性或全身性疾病所引起的面神经麻痹应积极治疗原发病，预后视原发病的转归而异。凡由于外伤、受压等引起的末梢性面神经麻痹，在消除致病因素后可选择下列方法治疗。

(1)在神经通路上进行按摩，温热疗法，并配合外用10%樟脑酹或四三一擦剂等刺激剂。

(2)在神经通路附近或相应穴位交替注射硝酸士的宁(或藜芦碱)和樟脑油，隔天1次，3～5次为一个疗程。

(3)维生素 B_1、维生素 B_{12} 肌内注射，地塞米松肌内注射或静脉注射以控制神经组织水肿和炎症，并结合针灸疗法常有一定疗效。

(4)采用红外线疗法、感应电疗法或硝酸士的宁离子透入疗法，也有一定效果。

(5)采用电针疗法，以开关、锁口为主穴，分水、抱腮为配穴。也可根据临床症状判断发生神经麻痹的部位，在神经通路上选穴。电针刺激20～30 min，每天1次，6～10次为一个疗程。

(6)双侧性面神经麻痹并伴有鼻翼塌陷和呼吸困难的马，宜用鼻翼开张器或进行手术扩大鼻孔，解除呼吸困难。鼻翼开张方法有皱襞开张法和皮瓣切除法两种。前者先将鼻翼背部的皮肤作成若干纵褶，横穿粗缝线，收紧打结，由于皮肤向中央紧缩所以鼻孔开张；后者是在两鼻孔间的鼻背上切除一片卵圆形的皮肤后将两创缘缝合，使鼻孔张开。

第四节　舌、牙齿与颌骨疾病

一、舌损伤

舌损伤(injuries of tongue)多见于马、牛，其他动物也可发生。马主要是由牙齿疾病、口勒装置不良或粗暴拉缰绳等引起；牛主要是由误食尖锐或有刺的异物、装置开口器不当、用细绳对下颌作粗暴保定等引起；犬、猫多是由骨碎片、鱼刺等引起，工作犬训练衔物时可能误伤舌部。另外，动物在咀嚼时突然受到外力作用撞击导致牙齿咬伤舌也是重要原因。

(一)症状

初期表现为口炎症状,流涎并混有血液,虽有食欲,但进食困难或不能进食。口腔检查可见多种形式的损伤,轻的仅擦伤黏膜,但大部分病例伤及肌肉,发生舌的撕裂、缺损或断离。时间较久后,损伤的舌面坏死,颜色发白,有恶臭且缺乏弹性。牛感染放线菌病时舌质逐渐变硬,形成所谓"木舌病"。由锐齿引起的损伤多位于舌的侧面;由口勒引起的多半是横创,出血较多;由开口器引起的舌损伤常伴有齿龈的损伤;犬、猫舌刺创常在舌组织深部残留有异物。

(二)治疗

首先除去病因,然后根据损伤的程度采取相应的措施。

1. 舌面涂布药物

对损伤面小的可用 0.1%高锰酸钾液冲洗,再涂布碘甘油或撒布青黛散(青黛、黄柏、儿茶各 30 g,冰片 3 g,明矾 15 g,研末过细箩筛)。一般采用口衔青黛散纱布条法,即用一块大纱布包裹足量的青黛散卷成条状,将其衔于口内,两边各用一条纱布通过颊部绕到耳后打结固定,随着舌的不断活动,使青黛散与舌损伤处接触而达到治疗目的。

2. 手术缝合

若创口裂开较大,包括舌尖部的断裂,不要轻易将其剪除,应力争进行舌缝合。

(1)麻醉和保定　动物取站立保定,全身麻醉或舌神经传导麻醉。

舌神经传导麻醉:在舌骨突起前 2~3 cm 处,将长 5~10 cm 的针头垂直地向口腔底部刺入,随着针头的前进不断注射 2%盐酸普鲁卡因溶液,先量少后量多,直至深度 5 cm,药液总量为 20 mL。然后抽回针头至针尖达皮下时把针头向一侧倾斜,使成 45°~60°角,再将针尖推向下颌骨内侧面,至针尖接触骨面,然后略回退针头并注射 2%盐酸普鲁卡因溶液 20 mL。同样向另一侧注射麻醉药液 20 mL。经 5~10 min 后即发生麻醉作用,舌会自行由口腔向外脱出。

(2)术式　对初发生的新鲜创,除去口腔内的异物,用 0.1%高锰酸钾等消毒液彻底清洗口腔,将舌经口角缓缓引出,用消毒绷带在舌体后方系紧,起止血与固定作用,清洗舌创面后做水平纽孔缝合,并在创缘对合处补充以间断缝合(图 13-7)。对陈旧性严重舌损伤应首先做适当的修整术,造成新鲜创面,发生舌坏死时,应将坏死部分切除,创面做成楔状,清洗消毒后施行缝合。

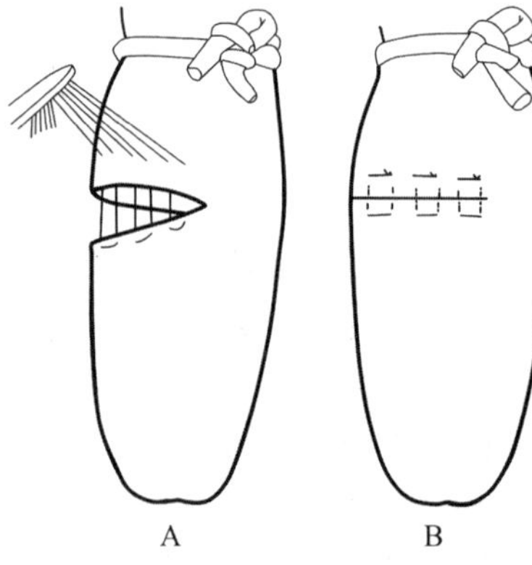

图 13-7　舌缝合术

(王洪斌,2002)

A. 做 2~4 个水平纽孔缝合

B. 在创缘做补充间断缝合

缝合时应在舌背侧打结,缝线穿过舌组织时要距舌腹侧黏膜 2 mm 以上,不宜穿透舌腹侧黏膜,以免缝线刺激口腔底的黏膜。

(三)护理

术后 5 d 内禁止动物采食,但可饮水,可通过静脉输液补充营养。马可用胃管经鼻投饲,牛可在手术 3 d 后用胃管经口腔投饲。5~7 d 后可给予软而嫩的青草或青干草等供动物采食。喂饲后要用温盐水或 0.1%高锰酸钾液冲洗口腔。经 10~12 d 可拆线。

二、牙齿异常

动物的牙齿异常(abnormalities of teeth)指乳齿或恒齿数目的减少或增加,齿的排列、大小、形状和结构的改变，以及生齿、换齿、齿磨灭等异常。临床上多见的是齿发育异常和牙齿磨灭不正。牙齿异常多发生于马，其次是牛和羊，而犬、猫也有发病。牙齿异常的发病率，臼齿比切齿高。（视频 13-4）

视频13-4　犬口腔基本检查

(一)牙齿发育异常

(1)赘生齿　在动物定额齿数以外所新生的牙齿均称为赘生齿(但牙齿更换推迟而有乳齿残留者不属此范围)。门齿与臼齿最常发病，而犬齿则很少有赘生齿。赘生的牙齿常位于正常牙齿的侧方，也有臼齿赘生位于其后方的，此时均能引起该侧的口腔黏膜、齿龈等发生机械性损伤。

(2)换牙不正常　大动物除后臼齿外，在切齿和前臼齿都是首先长乳齿，然后在一定的生长发育期间再更换为恒齿，同时乳齿脱落。在更换牙齿的时候，特别是 4～5 岁，常有门齿的乳齿遗留而恒齿并列地发生于乳门齿的内侧。前臼齿也有时同样发生。特别是马骨软症还可因此而诱发齿槽骨膜炎，出现局部的肿胀与疼痛，所以在马、牛的牙齿更换期应经常检查其变化，保证正常换牙。

(3)牙齿失位　指颌骨发育不良，齿列不整齐，结果牙齿齿面不能正确相对。凡先天性的上门齿过长(马)，突出于下颌者称为鲤口，相反下门齿突出前方者称为鲛口。水牛的臼齿间隙过大亦属牙齿失位的一种，常有草料等嵌入而引起上颌窦炎或鼻腔阻塞等呼吸困难症状。若下颌骨各向一方捻转，或向侧方移动，称为交叉齿。

(4)齿间隙过大　多因先天性牙齿发育不良而造成，易留饲料导致机械性损伤。特别是相对应的齿过长时，往往伤及齿龈和齿槽骨。

(二)牙齿磨灭不正

马属动物上下臼齿的咀嚼面，并非垂直正面相对，上臼齿的外缘向外向下，超出下臼齿的外缘，下臼齿的内缘向内向上超出上臼齿的内缘，咀嚼时不仅上下运动，而且更以横向运动为主，除了撞击捶捣外，还有锉磨碾压的机能，虽然上下颌的宽度不同，齿列广度不等，但是牙齿的咀嚼面则是一致的。草食动物的臼齿平均每年磨灭 2 mm。牛在咀嚼时下颌横向运动的幅度很大，口缝不能闭合，所以在采食咀嚼时总是抬头至水平位置。

(1)斜齿(锐齿)　是下颌过度狭窄及经常限于一侧臼齿咀嚼而引起的。上臼齿外缘及下臼齿内缘特别尖锐，故易伤及舌及颊部。多发生于老马或患骨软症的马，严重的斜齿称为剪状齿。

(2)过长齿　臼齿中有一个特别长，突出至对侧，常发生在对侧臼齿短缺的部分。

(3)波状齿　常以下颌第 4 臼齿为最低，上颌第 4 臼齿为最长，从整个齿列的咀嚼面来看就略呈凹凸不平的线条。凡是臼齿磨灭不正而造成的上下臼齿咀嚼面高低不平呈波浪状称为波状齿。一旦凹陷的臼齿磨成与齿龈相齐，则对侧臼齿将压迫齿龈而产生疼痛，甚至引起齿槽骨膜炎。

(4)阶状齿　是比波状齿更为严重的一种磨灭不正，臼齿长度不一致，往往见于若干臼齿交替缺损，而其相对的臼齿则变得相对过长，不可能使咀嚼保持正常，经常减食或停食。病齿形如阶梯状。

(5)滑齿　指臼齿失去正常的咀嚼面，不利于饲料的嚼碎，多见于老龄动物。幼畜发本病是由于先天性牙齿釉质缺乏硬度所致。

(三)治疗

根据牙齿异常的病类及其情况分别选用下列疗法。

(1)过长齿　用齿剪或齿刨去掉过长的齿冠，再用粗、细齿锉进行修整。

(2)锐齿　可用齿剪或齿刨去掉尖锐的齿尖，再用齿锉适当修整其残端。下臼齿的锐齿重点在内侧缘，上臼齿的重点在外侧缘。同时用 0.1%高锰酸钾溶液或 2%氯酸钾溶液反复冲洗口腔。舌、颊黏膜的伤口或溃疡可用碘甘油合剂涂擦。用电动锉，功效较高，可减轻繁重之体力劳动。

(3)齿间隙过大　引起齿龈损伤，致使与上颌窦相通，可用塑胶镶补堵塞漏洞，水牛多数发生在第 3 和第 4 上臼齿之间。先装上开口器，掏清堵塞在齿间隙或蓄积在上颌窦内的饲草(必要时在相应位置作圆锯孔)，并冲洗干净，用灭菌棉球拭干，保持干燥。用适量的自凝牙托粉和自凝牙托水(按粉与水 3：1 比例)，调拌均匀，待塑胶聚合作用经湿砂期、糜粥期、丝状期到面团期时，即可填塞。根据经验，最好先在上颌窦相应部位作圆锯孔，用棉花吸干创孔内的液体，迅速用调好的塑胶从口腔的创孔(齿间隙)向上填塞，塞满创孔。再用食指经圆锯孔由上向下挤压嵌体，使其密接创壁，上端做成一膨大部，嵌体下端亦做成一膨大部，如铆钉样形状，但必须光滑与扁平，使其不影响舌运动。嵌体填塞后，须等待其硬固后才能取下开口器。经查有保持 2～3 年仍完好者。

三、龋齿

龋齿(dental caries)是由发酵碳水化合物的细菌引起部分牙釉质、牙本质和牙骨质的慢性、进行性破坏，同时伴有牙齿硬组织缺损的一种疾病。各种动物均可发病。

(一)病因

龋齿的发生必须具备两个条件。其一是细菌的存在。临床和试验研究表明，菌斑与龋齿的发生有极密切的关系。致龋菌主要是一些产酸的菌属，如变形性链球菌、乳酸杆菌等，这些细菌必须在菌斑中生长，才能使产生的酸滞留在牙齿局部，导致釉质脱钙而发生龋齿。其二是细菌必须有进入并留存于口腔中的食物提供营养。当牙齿发育异常和磨灭不正时，容易造成食物在口腔中的嵌塞、滞留，为细菌繁殖提供良好条件。细菌在生活过程中产生糖基转移酶，把食物中的碳水化合物转化为高分子的细胞外糖，这种糖能使细菌黏附于牙齿表面。产酸菌最终代谢产物是有机酸，它使牙齿的无机成分脱钙，在细菌产生的蛋白溶解酶的作用下，将牙齿中的有机物分解，于是牙齿组织崩溃，产生龋洞。

(二)分类

根据牙齿的受损程度分为 1 度龋齿、2 度龋齿、3 度龋齿和全龋齿。龋齿最初是釉质和齿质表面发生变化，以后逐渐向深处发展，当釉质与齿表层破坏时，牙齿表面粗糙，称为 1 度龋齿或表面龋齿。随着龋齿的发展，逐渐有暗黑色小斑变为黑褐色，形成凹陷空洞，然而龋齿与齿髓腔之间仍有较厚的齿质相隔，称为 2 度龋齿或中度龋齿。再向深处发展两个腔相邻时，称为 3 度龋齿。凡是损害波及全部齿冠者则称为全龋齿，它常继发齿髓炎与齿槽骨膜炎。

(三)症状

病初常易被忽视，待出现咀嚼障碍、不愿吃食、饮水缓慢、食物从口中漏出、牙打颤、尖叫或呻吟时，损害往往已波及齿髓腔或齿周围。当龋齿破坏范围变大时则口臭显著，咀嚼无力或困难，经常呈偏侧咀嚼，流涎或将咀嚼过的食物由口角漏出。检查口腔时，牙齿病变部位常有齿斑或齿石，一般呈褐色，轻轻叩击病齿有痛感。其釉质和齿骨质形成凹陷、空洞。用尖的探针检查，病变部柔软，探针易被嵌入空洞。探针接触露出的神经末梢时出现反射性颌部打颤。齿根龋齿因有齿龈遮盖难以查出。

马在 9～10 岁时最常发生龋齿，且多见于第 2、第 4 上臼齿。犬的龋齿常从釉质开始，常发部位为第 1 上臼齿齿冠。猫则多见于露出的臼齿根或犬齿。牛、羊龋齿病初在牙面上形成不大的龋斑，颜色逐渐加深。

视频 13-5　犬洁牙术

(四)防治

平时宜注意动物采食、咀嚼和饮水的状态，定期检查牙齿，力争早发现早治疗。1 度龋齿可用硝酸银饱和溶液涂擦龋齿面，以阻止其继续向深处崩解。2 度龋齿应彻底除去病变组织，消毒并充填固齿粉。3 度龋齿宜实行拔牙术。洁牙可以有效防治龋齿的发生。(视频 13-5)

犬龋齿的治疗，对2度以上的龋齿用齿刮或齿锉除去病变组织，冲洗消毒，最后用汞合金等惰性材料充填修补。如已累及齿髓腔，应先治疗齿髓炎，症状缓解后再修补。严重龋齿须施拔牙术。

四、齿槽骨膜炎

齿槽骨膜炎(alveolar periostitis)是齿根和齿槽壁之间软组织的炎症，是牙周病发展的另一种形式。马属动物多发，且多见于下颌齿。犬、羊也常有报道。

(一)病因

凡能引起牙齿、齿龈、齿槽、颌骨等损伤或炎症的各种原因，包括齿病处理不当时的机械性损伤，均是本病的直接原因。另外，由于口蹄疫及溃疡性口炎时发生的齿龈疾病，牙齿疾病(如齿裂、龋齿、齿髓炎等)，颌骨骨折，放线菌病以及粗饲料、异物、齿石入齿龈与齿槽之间而使齿龈与齿分离等均可继发本病。

(二)症状

(1)非化脓性齿槽骨膜炎　动物只发生暂时性采食障碍，咀嚼异常，经6～8 d症状减轻或消失，但多数转为慢性，继发骨膜炎时，齿根部骨质增生而形成骨赘，由此而发生齿根与齿槽完全粘连。弥散性齿槽骨膜炎可见饲草或饲料和坏死组织混合，发出奇臭气味，病齿在齿槽中松动，严重者甚至可用手拔出，有时病齿失位。

(2)化脓性齿槽骨膜炎　齿龈水肿、出血、剧痛，并有恶臭，病齿四周还有化脓性瘘管，并由此排出少量脓汁；下颌臼齿瘘管开口于下颌间隙、下颌骨边缘或外壁；上颌齿瘘管则通向上颌窦，引起化脓性窦炎及同侧鼻孔流出脓汁；齿根部化脓用X射线检查时，可见到齿根部与齿槽间透光区增大，呈椭圆形或梨形。若欲判断瘘管的通道，可先用造影剂碘油灌注瘘管，再进行X射线摄片。

(三)治疗

对非化脓性齿槽骨膜炎，给予柔软饲料，每次饲喂后可用0.1%高锰酸钾溶液冲洗口腔，齿龈部涂布碘甘油。对弥漫性齿槽骨膜炎，则宜尽早拔齿，术后冲洗，填塞抗生素纱布条于齿槽内，直至生长肉芽为止。对化脓性齿槽骨膜炎，应在齿龈部刺破或切开排脓，对已松动的病齿则应拔除，但不应单纯考虑拔牙，应注意其瘘管波及的范围。发生在上臼齿时往往因为从口腔来的饲料、饲草等进入上颌窦而造成上颌窦蓄脓，如不配合圆锯术则治疗效果不佳。发生在下颌骨骨髓炎的瘘管则应扩大瘘管孔，尤其是骨的部分，剔除死骨，用锐匙刮净腔内感染物，骨髓腔内用消毒药冲洗后填上油质纱布条引流，或用干纱布外压以吸脓，消毒后用火棉胶封闭，这样可防止杂菌感染。随着脓汁的逐渐减少而延长换药时间，直至伤口愈合为止。当有全身症状时，配合全身性应用抗生素。

五、锉牙术

(一)适应症

当臼齿异常磨灭，其锐缘能够损伤齿龈、颊黏膜和舌，或使咀嚼功能受到妨碍时施行锉牙术(rasping the teeth)，主要应用于马属动物。

(二)器械

大动物开口器、齿锉、电动齿锉、洗涤用具等。

(三)保定

柱栏内站立保定，高吊马头并用绳固定。

(四)麻醉

一般不需要麻醉，烈性马可行全身浅麻醉或投给镇静剂。

(五)术式

装好开口器后，助手将舌拉至预修整齿的对侧，并加以固定，术者仔细检查口腔和异常齿。先用粗面齿锉对准异常的侧缘，做数次前后运动，然后再用细面齿锉补充锉平。上臼齿锉其外缘，下臼齿锉其内缘，不得过多锉臼齿的咀嚼面。锉完之后用 1∶3 000 的高锰酸钾液冲洗，黏膜若有损伤，涂以碘甘油。

(六)注意事项

(1)事先做好临床检查，对有骨质疏松的马，应特别注意保定，不得由于安装开口器而造成颌骨骨折。

(2)不得损伤臼齿咀嚼面的釉质，否则可能引起其他齿病。

(3)手术操作要细致，锉牙时要先快后慢，快速的动作能使家畜保持安静。

(4)上臼齿操作比下臼齿困难，一般习惯先难后易，先锉上臼齿再锉下臼齿。对前两个上臼齿可用弯度较大的专用齿锉。

(5)清洗口腔时，放低马头，防止误咽。

(6)波状齿不适用于本手术。

六、牙截断术

(一)适应症

当过长齿或斜齿影响牙齿正常咬合或引起口腔黏膜损伤时，施行牙截断术(tooth cutting)；某些幼畜(如猪)在哺乳期间，乳齿生长发育异常导致过长锋利，吮乳时易损伤母畜的乳头而使母畜不哺乳，也需行本手术。各种动物均可发生。现以大动物为例。

(二)器械

齿剪、齿凿、齿刨和锉等牙科器械。

(三)麻醉和保定

柱栏保定，头部保定要确实。一般不需要麻醉，对烈性马可行全身浅麻醉或用镇静剂。幼畜由助手保定即可。

(四)术式

安装开口器，将舌拉向预手术齿的对侧，用半开齿剪，在邻齿的咀嚼面上夹住突出于齿冠的齿，不得夹住整个齿冠，以夹住 1/3 为限，有计划地分次将牙剪断。然后放低马头，使断齿碎片从口腔脱出，再用齿锉锉平残留的锐缘。对较小的或较细的齿尖，可用齿刨击断。

手术之前要洗涤口腔，有利于检查和操作。剪牙时一定要把舌头固定好，不仅方便操作，还可避免吞咽剪断的齿碎片。

最后臼齿的剪断，应有人工光源，如无齿剪，可用齿凿分区将异常部分凿掉。

幼畜只需把过长而锋利的乳齿齿尖剪断即可。

(五)术后护理

无须特别护理，按照正常饲养管理即可。如果口腔有因牙齿引起的损伤，给予抗菌消炎。

七、拔牙术

(一)适应症

严重龋齿、化脓性齿髓炎、断齿、齿松动、多生齿、齿生长过长或齿错位等为拔牙术(extraction of the teeth)的适应症。为防止动物咬人致伤，也可用此手术拔除其犬齿。这里仅讨论犬、猫拔牙术。

(二)器械

选用人用牙科器械,如牙钳、牙根起子、牙锤、牙凿和刮匙,另外选用一般手术器械和开口器等。

(三)麻醉

全身麻醉,最好用吸入麻醉,因气管内插管后可防止冲洗液或血液被误吸。

(四)保定

侧卧位保定,颈后及身躯垫高,或头放低,防止异物吸入。用开口器打开口腔。

(五)术式

口腔清洗干净,局部消毒。

(1)单齿根齿的拔除　单齿根齿指切齿和犬齿。如拔除切齿,先用牙根起子紧贴齿缘向齿槽方向用力剥离、旋转和撬动等使牙松动,再用牙钳夹持齿冠拔除。因犬齿齿根粗而长,应先切开外侧齿龈,向两侧剥离,暴露外侧齿槽骨,并用齿凿切除齿槽骨。然后用牙根起子紧贴内侧齿缘用力剥离,再用齿钳夹持齿冠旋转和撬动,使牙松动脱离齿槽,最后将其拔除。清洗齿槽,用可吸收线或丝线结节缝合齿龈瓣。如有出血,可填塞棉球止血。

(2)多齿根齿的拔除　当拔除两个齿根的牙时(如上、下前臼齿),可用齿凿(或齿锯)在齿冠处纵向凿开(或锯开)使之成为两半,再按单齿根齿拔除。对于 3 个齿根的牙(上颌第 4 前臼齿和第 1、第 2 后臼齿),需要齿凿或齿锯在齿冠处纵向分割 2～3 片,再分别将其拔除。也可先分离齿周围的附着组织,显露齿叉,用牙根起子经齿叉旋钻楔入,迫使齿根松动,然后将其拔除。

(六)术后护理

术后全身应用抗生素 2～3 d。犬、猫对拔牙耐受力强,多数病例在术后第 2 天即可吃食。术后 21～28 d,齿槽新骨生长而将其填塞。(视频 13-6)

视频 13-6 犬切齿拔除术

八、下颌骨骨折

不论动物大小均可发生下颌骨骨折(fracture of the mandibular bone),是最常见的一类颌骨骨折,发生部位以沿正中矢面骨折或齿槽间隙边缘一侧或两侧较为多见。犬、猫常因车辆撞击而发生。野生动物如狮常因打架咬伤所致。

(一)症状

因受伤部位不同而异。开放性骨折患部变形、骨端外露、出血与肿胀、疼痛,并出现异常活动,采食和咀嚼困难,一般经数日后由破口处流出脓性渗出物。如果正中联合发生骨折,则两侧的骨体和下颌支活动,切齿不能保持在一条线上;如果在齿槽间隙发生骨折,则下颌骨体切齿部下垂;如果下颌骨体臼齿部骨折,则局部变形并伴有碎骨片造成的舌、颊组织的损伤。此外,下颌骨后角折断时常伤及颈部血管,下颌骨关节突和冠状突骨折时常伤及颌关节、舌根及咽。口腔检查常可见到残留饲料,并有酸臭气味,日久动物消瘦。

(二)治疗

根据骨折的部位选择治疗方法。为了确保复位固定过程的可靠性,最好采取病侧在上的侧卧保定,全身麻醉。首先应对创伤进行彻底的外科处理。

(1)下颌骨体正中联合骨折可在口腔内用金属丝套住两侧的隅齿加以固定(图 13-8A),必要时可在骨上钻孔后再环扎。

(2)横骨折则分别套住两侧的犬齿和隅齿进行固定(图 13-8B,C)。生产中采用接骨板或髓内针配合不锈钢丝做内固定取得了确实的效果。现以犬下颌骨横骨折为例，方法如下：

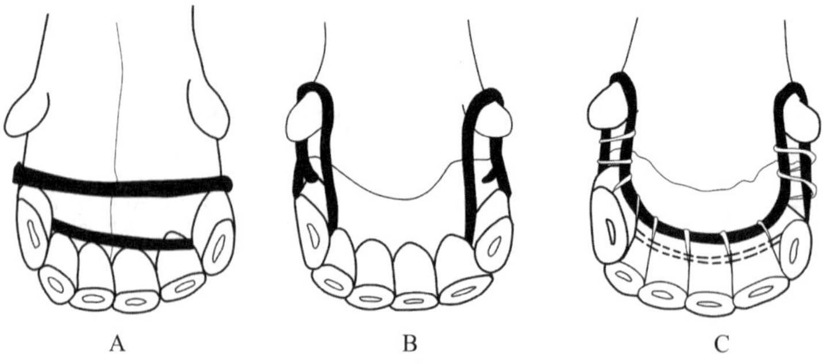

图 13-8　马下颌骨骨折不锈钢丝固定

（汪世昌，陈家璞，1998）

A. 下颌骨体正中联合骨折用隅齿固定　B. 横骨折用犬齿和隅齿固定　C. 对每侧的犬齿和隅齿再缠绕固定

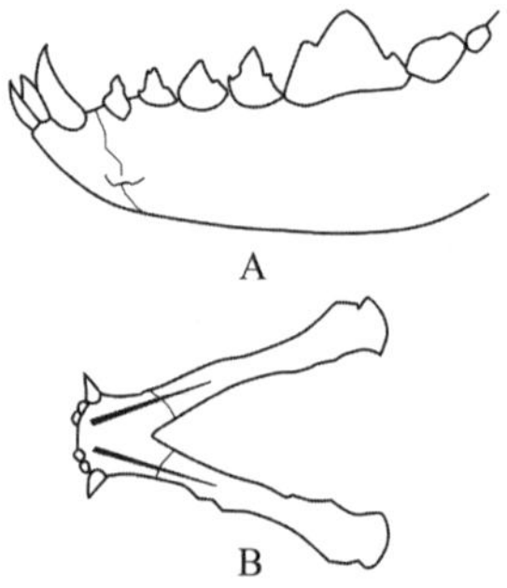

图 13-9　犬下颌骨骨折固定

A. 不锈钢丝固定下颌骨骨折

B. 髓内针固定下颌骨骨折

手术切口选择在两侧下颌骨骨折处的腹侧，助手先将患犬头部斜向右侧使左侧下颌充分显暴，在左侧下颌骨骨折处腹侧做一长 5～6 cm 的皮肤切口，钝性分离皮下组织和肌肉，暴露两骨折断端，然后沿下颌体外侧面钝性分离该侧组织，暴露下颌体下 1/3 部分，再在距两骨折断端 1 cm 处各钻一贯穿孔（图 13-9A），用不锈钢丝由后断端处侧孔穿入，用持针钳将钢丝断端从内侧拉出，再由前断端内侧向外穿出，暂不收紧；右侧同左侧方法放置不锈钢丝，待将骨折断端复位后再稍收紧两侧钢丝。髓内针固定时（图 13-9B），髓内针从下颌体 1/2 或稍偏上的位置钻入。先从两侧骨折断端向同侧门齿方向钻入髓内针至穿出，退出电钻，然后将髓内针尖端倒上入电钻，将髓内针尾端沿钻孔钻入下颌体中并使大部分穿出，右侧按左侧方法安置髓内针。对齐两侧骨折断端，扭紧两侧钢丝，再分别将两侧髓内针向下颌支方向钻入下颌体中。紧贴牙龈钳断外露的髓内针，然后通过在外露的髓内针断端上放置一短钢钉将其锤入直至埋入牙龈内。剪去两侧钢丝多余部分，拧紧断端，并使断端向内弯。最后对牙龈处及口腔内侧撕裂的黏膜用 3/0 肠线结节缝合，外侧皮肤用 7 号丝线常规缝合。

国内外有用卷轴绷带固定疗法治疗齿槽间隙处骨折的成功经验：先将折断的颌骨用绷带从齿龈部搂住，绷带一端绕过两耳后之枕部达对侧之面嵴与绷带另一端相遇，然后两绷带端相扭，一端从背部（鼻梁部），另一端从腹部（经过颌凹部）缠绕到另一侧面嵴相遇而打结（图 13-10）。

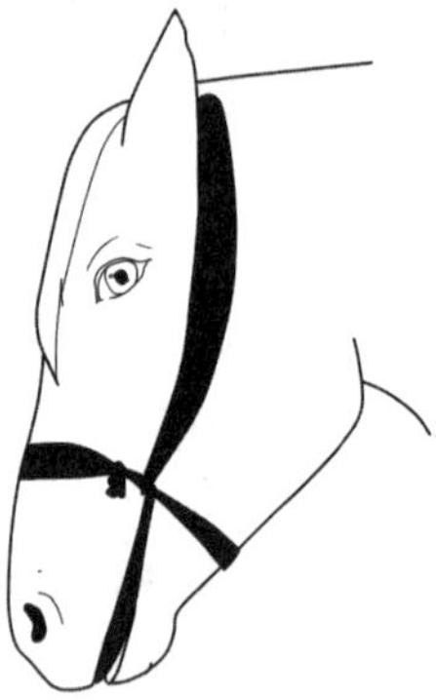

图 13-10　马颌骨骨折绷带固定

（汪世昌，陈家璞，1998）

（三）术后护理

每天用碘伏涂擦口腔外侧伤口 1～2 次，前 3 d 依靠 5％葡萄糖盐水提供能量，静脉注射广谱抗生素 1 周以防感染，术后 4～8 d 给予流质食物，第 8 天拆除缝线。

第五节　枕及颈部疾病与手术

一、枕部黏液囊炎

枕部黏液囊炎(bursitis of occiput)主要发生于马属动物,其他动物非常少见。其主要特征是枕部出现肿胀或瘘管,临床上常称之为项肿或项瘘。项肿指项部皮下蜂窝组织或黏液囊的化脓性炎症;项瘘指枕部黏液囊的化脓性炎症,局部组织坏死,并形成向外流出脓汁的窦道。

(一)局部解剖

马的枕部共有 3 个黏液囊:皮下黏液囊多见于老马;枢椎棘上黏液囊是不经常有的;常发病的是第 3 个黏液囊即寰枕黏液囊,位于项韧带索状部和寰椎之间。

(二)病因

枕部受到机械性刺激,其中以笼头、皮带的摩擦和压迫为常见。另外还有化脓性细菌、布氏杆菌、蟠尾丝虫感染等。

(三)症状

急性黏液囊炎较为少见,一般为急性外伤所致,伤后黏液囊呈急性炎症变化,有血性或浆液性渗出液。慢性黏液囊炎相对多见,多因长期压迫或反复摩擦而发生。病理表现为充血、水肿和增生,囊壁增厚。

急性黏液囊炎病初患部出现轮廓不清但有波动感的炎症区,局部增温、疼痛、肿胀。随着炎症波及深部组织则出现两侧性肿胀,疼痛不明显。转为慢性黏液囊炎时,囊壁逐渐增厚至若干倍,随着渗出物的增多,肿胀与波动更加明显。有继发性感染时,除局部的炎症加重外,局部破溃而不断流出脓汁和带碎片的坏死组织,探查窦道时可察知已坏死的项韧带组织的粗糙面,甚至在深部可感到骨的溃疡面。患病动物出现全身症状,头颈伸直,运动不灵活。

布氏杆菌所引起的黏液囊炎,因布氏杆菌不具有化脓作用,局部炎症反应不甚明显,很多病例呈现慢性浆液性纤维素性黏液囊炎的症状。初期局部出现无原因的柔软性小肿胀,逐渐增大,经 7～14 d 后出现波动,但肿胀部皮肤仍保持固有的活动性。渗出液呈琥珀黄色,因该菌不溶解组织,黏液囊蜂窝组织呈胶样肿胀。当布氏杆菌并发化脓菌感染时,肿胀迅速增大,温热疼痛,呈弥漫性肿胀;患病动物体温升高,食欲废绝;黏液囊内容物呈混浊脓性,常形成 1～2 个脓肿,自行破溃后遗留窦道,窦道愈合缓慢,流出大量灰黄色黏稠脓汁,有时混有纤维素片;肉芽组织水肿,呈苍白色或青紫色。

(四)治疗

1. 保守疗法

枕部黏液囊炎以非手术治疗为主,早期可按炎症治疗原则进行。慢性者,囊内注射抑制滑膜分泌的药物,如 3%蛋白银或胶体银。注射前应尽量将囊内液体抽出。另外还可以在囊内注射醋酸氢化可的松或醋酸强的松龙,但慢性病例则需长期治疗,往往会超过动物的价值。

2. 手术疗法

如保守疗法无效,或者出现瘘管,则可采取手术疗法。

(1)手术通路的选择　切口可在枕部正中线上,也可在枕区两侧做切口,如有必要时可在两侧切口的后下方沿窦道底各做一反对孔,以利于排液、排脓和引流。侧面切口有以下 4 个优点:①枕区两侧的皮肤较薄,比枕部正中线的皮肤易于切割。②枕区背中线的鬃毛坚硬,不易剃光,妨碍手术,并影响愈合和易招致感染等。③在枕区两侧做切口,其部位靠近发生病变的项韧带索状部前端,切口不必很深就能切除病变组织。④便于操作,有利于排液,创口愈合良好。

(2)术式　术前可用色素消毒液灌注,正常组织不染色,而瘘管则被染色,按染色指示较易切除全部病理性肉芽组织。手术的要求是将化脓性黏液囊和已形成的窦道壁一并摘除,坏死的项韧带在出血多的情况下往往不易识别,因此必须仔细触诊寻找深层是否含有病理性窦道组织。健康组织的感觉是坚实、光滑而有弹性,而病变组织则坚硬,缺乏弹性并粗糙不平。若能做到将所有病变组织彻底切除,则有望完全恢复。也有的手术过程出血较多又止血困难时,只好停止手术并迅速用大量灭菌纱布填塞,将皮肤暂时性结节缝合,经 48 h 再从前方创口轻轻将纱布取出,然后按手术创处理,直至愈合为止。

(3)引流　引流是手术治疗的主要方法之一,使用链激酶样制剂有利于引流。

对病原微生物所致枕部黏液囊炎,实行局部治疗、抗生素治疗、疫苗治疗及综合治疗等方法。

二、腮腺炎(包括唾液腺瘘管)

腮腺炎(parotitis)是腮腺及其导管的急性或慢性炎症。导管的破裂可形成唾液腺瘘管。各种动物均可发生,发病率虽不高,但由于影响唾液的分泌,使饲料在口腔得不到充分的湿润与咀嚼而妨碍消化,甚至炎症波及临近组织与器官,轻者形成唾液瘘管经久不愈,重者可引起全身性败血症。

(一)病因

本病通常是由于腮腺或其邻近组织的创伤或感染所致。由于腮腺位于体表,易受损伤。另外由于腮腺导管开口于口腔黏膜,易受异物或病原微生物的侵袭,从而导致导管及腮腺的炎症。

猪、犬等还有传染性腮腺炎,有证据表明人腮腺炎病毒可感染犬。

继发性腮腺炎常与传染病有关,如马腺疫、牛结核病、牛放线菌病、犬瘟热等。另外,还有继发于咽炎、鼻炎等疾病而发生腮腺炎的。

锐性或钝性创伤可导致腮腺导管的破裂而形成唾液腺瘘管。

(二)症状

(1)急性腮腺炎　在耳下局部出现疼痛、肿胀及增温,触之敏感。两侧性腮腺炎时,头颈伸直,低头困难。一侧发病时头弯向健侧。肿胀可蔓延和浸润临近组织,因此可导致喉头狭窄,吞咽和呼吸困难,牛表现尤其明显,咀嚼缓慢,吞咽谨慎。唾液分泌量增多,在牛可出现流涎现象。在腮腺炎发生之前往往先呈现口角炎、咽炎,有的舌及齿龈肿胀。因化脓菌侵入而演变成化脓性腮腺炎时,常常疼痛加剧,全身症状明显,体温升高,食欲减退或废绝。形成脓肿后,皮肤及增生的腺体组织常分解、破溃。如口中发出恶臭的气味,在肿胀部叩诊呈鼓音,深部触诊听到捻发音,则可以判断已发生腐败性溶解,这种现象相当常见。化脓性腮腺炎在脓肿破溃或切开后,多数病例能较快痊愈,少数则形成唾液瘘,经久不能愈合。只有在少数病例因发炎而压迫面神经干或蔓延至面神经干会引起面神经麻痹。不少病例可从瘘管深处取出成束的麦芒。

(2)慢性腮腺炎　患部呈坚实、无痛性肿胀,其他症状均不明显。

(3)仔猪传染性腮腺炎　一侧或两侧腮部肿大,局部皮肤潮红,组织浸润,但无化脓现象。吞咽障碍,流涎,呈吸气性气喘和发绀,呼吸有口哨音。

(4)唾液腺瘘管　皮肤无破溃时唾液漏出导管在皮下积聚而使颈区、下颌有肿胀,通常是无痛性的。皮肤破溃时有连续不断的稀薄浆液性分泌物流出,有时是恶臭难闻的液体流出,分泌物有时随饲喂而增加。

(三)诊断

本病必须与淋巴结炎、蜂窝织炎及其他传染病相区别。猪下颌及咽后脓肿属于化脓性淋巴结炎,多数是链球菌感染发病。在牛淋巴细胞性白血病时全身其他各处的淋巴结亦肿胀。马的淋巴结炎可因鼻疽及腺疫所引起。蜂窝织炎肿胀无明显界线,摸不清腮腺,有高度炎症及疼痛,亦可出现全身症状。此外,腮腺炎与咽炎的区别是后者伴有明显的咳嗽、吞咽困难,检查咽部有炎症症状。

唾液腺瘘管与淋巴外渗的鉴别可根据渗漏液体的细胞学检查来确诊液体的来源;涎腺造影术显示造影剂通过瘘管流出;口服毛果芸香碱可增加流出瘘管的唾液量。

(四)治疗

根据腮腺炎的性质选择不同的治疗方法。

1. 保守疗法

轻度感染并有中等程度的肿胀时,可选用全身性抗菌疗法。较为严重的感染,在未发生局限化之前,对病灶进行热敷,还可采用青霉素盐酸普鲁卡因封闭疗法。腮腺的新鲜创按创伤的治疗原则进行处理。

2. 手术疗法

腮腺形成脓肿时,应于成熟后切开、排脓。如脓肿腔较大,可用硝酸银棒在其内部腐蚀,以加速痊愈进程,排脓后应留置引流条。最好能每天清洗处理病灶。排液以后采用抗生素(如青霉素)或磺胺类药物治疗,连用 4～5 d。

对单纯的无炎性的唾液腺瘘管,可采用瘘管近端的腺管结扎而使唾液流出停止。腺管结扎有时可引起暂时性局部肿胀。

对经久不愈的腮腺瘘管,可考虑腮腺部分摘除或全部摘除术。手术方法如下。

(1)术前准备　在手术前 2～3 d 人工停止腮腺机能。局部麻醉,切开皮肤,分离其下层的筋膜和腮腺肌,钝性剥离找到腮腺导管并将其剪断。用套管针向腮腺腺体内注入 40～45 ℃石蜡或凡士林,结扎断端,结扎时不宜过紧,因为腮腺导管壁很脆易破损。结节缝合皮肤。

(2)术式　在下颌后缘 5～6 cm 处(约在腮腺的中轴)做垂直切口,上至耳基开始,下至颌外静脉。逐层切开皮肤、浅筋膜后,用剪刀扩开腮腺筋膜,暴露腮腺。从腮腺后缘开始向前,或从腮腺下缘向上缘剥离,剥离要十分小心、细致。对小血管进行钳夹或结扎。对腮腺周围的组织和大血管作做如下处理:①在剥离腮腺下端时,对颌外静脉的分支进行双重结扎,而后切断。②在剥离到下颌骨后下角的腮腺时,不要误将胸头肌的腱膜切断,这个腱膜很薄。③在剥离到腮腺中部时要保留颌内静脉的大支,该静脉几乎被腮腺包围,其周围有疏松的结缔组织,一般比较容易剥离。④在静脉深侧的腮腺摘除比较麻烦,更要细心,如不能完全剥离,只能作腮腺部分摘除术。⑤在上 1/3 和中 1/3 交界的腮腺前缘,有面横静脉、面神经、耳眼睑神经等,面神经有较长的距离埋在腮腺的内侧,不得损伤。⑥中部腮腺的深侧有颌外动脉横过,手术时要特别注意,不要切断该动脉。另外,不得把颌下腺当作腮腺而予以切除。耳根基部的腮腺和其下层组织紧密结合,并有耳郭神经和血管。腮腺摘除后,创口施行部分缝合,做防腐引流。

(3)术后护理　手术后几天内,使家畜保持安静,限制头部运动,并防止术后出血。

三、颈静脉炎

颈静脉炎(jugular phlebitis)可发生于各种家畜,以大中家畜如马、牛、羊多见。随着注射技术的提高,本病发生率有所下降。

(一)病因

最常见的病因是颈静脉采血、放血、注射等不按照无菌操作规程,反复多次地刺激或损伤颈静脉及其周围组织;其次是颈部手术时,造成颈静脉组织的损伤和继发感染;再者是对颈部组织的直接或间接的打击、挫伤、挤压等引起血肿、蜂窝织炎等时波及颈静脉。更严重的是将刺激性药物(如氯化钙、水合氯醛等)漏至颈静脉外,从而导致无菌性颈静脉周围炎而继发颈静脉炎。

(二)症状

根据炎症发生的范围和性质可分为下列几种。

(1)颈静脉炎　指单纯性颈静脉本身组织的炎症,静脉管壁增厚,硬固而有疼痛。一般发病后5～6 d即可逐步恢复正常。

(2)颈静脉周围炎　颈静脉沟出现不同程度的急性炎症现象,患部肿胀,热、痛明显。随着病程的发展,至后期在颈静脉沟中可出现质地稍硬、高低不平的增生性肿胀。

(3)血栓性颈静脉炎　颈静脉沟出现炎性水肿,局部热、痛,颈静脉内有血栓形成,并在沟内出现长索状粗大的肿胀物,质较硬,血栓远心端颈静脉怒张,患侧眼结膜淤血,甚至头颈浮肿,当侧副循环建立后,则这些现象逐渐缓解。血栓近心端颈静脉触之空虚。

(4)化脓性颈静脉炎　视诊及触诊可发现弥漫性温热、疼痛及炎性水肿,不易触知颈静脉。患病动物出现精神沉郁、食欲减退、体温升高等全身症状。头颈部活动受限,有时可见头部浮肿。以后患侧处可出现一处或多处小脓肿,脓肿破溃后,不断排出混有组织碎片的脓汁。

(5)出血性颈静脉炎　血栓或化脓性颈静脉炎继续恶化时,突然在某处静脉管壁薄弱的地方破裂而出血,如不及时抢救,将危及生命。

(三)治疗

患病动物应停止使役并制动,以防炎症扩散和血栓碎裂。并根据不同病因和病程选择合适的治疗方法。

对注射刺激性药物失误而漏至颈静脉外时,应立即停止注射,并向局部隆起处注入生理盐水,同时用20%硫酸钠热敷。也可在隆起周围用盐酸普鲁卡因封闭。若隆起过大,可考虑在其下缘作切口,以排出漏出的药物。如是氯化钙漏出,可局部注射10%～20%硫酸钠溶液,以使形成无刺激性的硫酸钙。

无菌性血栓性颈静脉炎,可应用局部温热疗法。也可应用消炎消肿散、复方醋酸铅散等外敷。不宜涂刺激性强的软膏。

颈静脉周围蜂窝织炎时,应早期切开,切口要大,深达受侵害的肌肉,以有效清除坏死组织和渗出液。

化脓坏死性血栓性颈静脉炎时,宜采用颈静脉切除术。

四、颈椎损伤

颈椎一般有7个,由椎骨构成,椎骨间借软骨、关节与韧带连接。第3～6颈椎的形态基本相似,第1、第2、第7颈椎比较特殊。第1颈椎又称寰椎,呈环形,由背侧弓和腹侧弓组成;两弓的前面形成一对较深的关节窝,与枕骨的髁成关节;后面则形成鞍状关节面,与第2颈椎成关节。第2颈椎又称枢椎,椎体前端形成齿状突,伸入寰椎的椎孔内,形成可以转动的关节。第7颈椎短而宽,椎窝两侧有一对小关节面,与第1肋骨形成关节。第3～6颈椎有发达的椎体,椎孔较宽大,棘突则不很发达。常见的颈椎损伤有颈椎间盘脱位、斜颈、颈椎脱位、颈椎骨折等。

(一)颈椎间盘脱位

颈椎间盘脱位(dislocation of cervical intervertebral disc)又称颈椎间盘脱出,指由于颈椎间盘变性、纤维环破裂、髓核向背侧突出压迫脊髓,而引起的以运动障碍为主要特征的脊椎疾病。多见于体形小、年龄不大的犬,猫亦可发生,其他动物发病很少。该病可分为两种类型,一种是椎间盘的纤维环和背侧韧带向颈椎的背侧隆起,髓核物质未断裂,一般称之为椎间盘突出;另一种是纤维环破裂,变性的髓核脱落进入椎管,一般称之为椎间盘脱出。颈椎间盘脱位约占脊椎椎间盘脱位病例的15%。

1.病因

本病主要是由于椎间盘退行性变化所致,不过病变的诱因目前尚无定论。

(1)品种和年龄　很多品种犬都可发病,德国猎犬(Dachshunds)、北京犬(Pekingeses)、法国斗牛犬(French Bulldog)等品种发病率较高。3～6岁犬发病率最高。

(2)遗传因素　有人通过对德国猎犬系谱分析,发现椎间盘脱位的遗传模式一致,既无显性也无连锁性,有易受环境影响的多基因累积效应。

(3)激素因素　雌激素、雄激素、甲状腺素和皮质类固醇等可能会影响椎间盘的病变。有报道在100例患椎间盘脱位病犬的T_3(3,5,3′-三碘甲腺原氨酸)和T_4(3,5,3′,5′-四碘甲腺原氨酸)测定后发现,甲状腺机能减退病例为39%～59%,可疑犬为10%～20%。

(4)外伤　一般不会导致椎间盘脱出,但可作为诱因。

2.症状

颈椎间盘突出的好发部位为第2～3节和第3～4节椎间盘。由于椎间盘突出而压迫神经根、脊髓或椎间盘本身,故颈部疼痛十分明显,患病动物拒绝触摸颈部,疼痛常呈持续性,也可呈间歇性。头颈运动或抱着头颈时,疼痛明显加剧。触诊时颈部肌肉高度紧张,颈部、前肢过度敏感。患病动物低头,常以鼻触地,耳竖立,腰背弓起。多数患病动物出现前肢跛行,不愿行走。重者可出现四肢轻瘫或共济失调。

3.诊断

根据病史和症状可做出初步诊断,确诊则需进行X射线脊髓造影检查或CT等影像学检查(图13-11)。

4.治疗

(1)保守疗法　病初时适用。主要方法是强制休息。可用夹板、制动绷带等限制颈部活动2～3周,并配合应用肾上腺皮质激素、消炎镇痛药物。有神经麻痹者可选用B族维生素口服或注射。保守疗法可使患病动物症状改善,但也有一半左右可能复发。

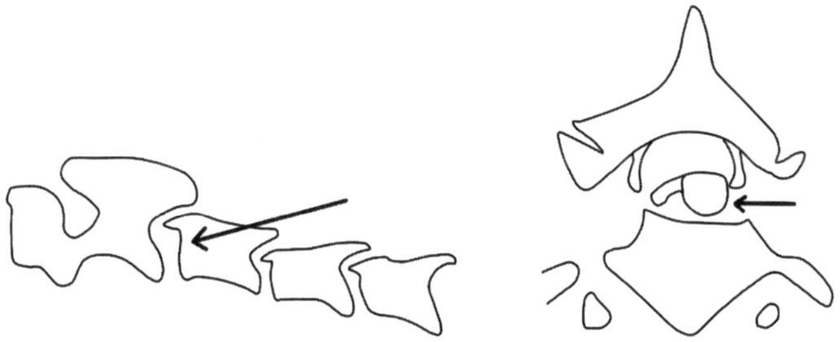

A　　B

图13-11　颈椎间盘突出

A.颈椎第2、第3之间椎间盘突出　B.椎间盘突出的示意图(图中箭头所指为椎间盘突出部位)

(2)手术疗法　在保守疗法无效、病情复发、症状恶化时可考虑手术疗法。颈椎间盘脱位手术治疗常用腹侧颈椎开窗术和减压术。前者指通过在椎间盘上钻孔,刮取突出物,以防髓核再度突入椎管;后者指通过椎板切除术,从椎管内去除椎间盘组织,以减轻或解除对脊髓的压迫。下面以犬为例,介绍颈椎腹侧开窗术的手术方法。

动物全身麻醉,仰卧保定。头部用绷带固定,两前肢后方转位。病变颈椎腹侧切开皮肤。钝性分离两对胸锁乳突肌和胸骨舌骨肌,暴露气管。用牵引器将靠近术者一侧的颈动脉鞘拉向术者一侧,食道及对侧颈动脉牵向术者对侧,暴露颈长肌。根据影像学检查对病变椎间盘定位,分离覆盖在其腹侧纤维环上的颈长肌。用手术刀切开腹纵韧带和腹纤维环,切口呈小窗口状,暴露髓核,然后用小刮牙器将其刮出。为尽量刮出髓核组织,刮牙器在窗内应向前、背侧方向刮取。具体方位和深度应依据影像学表现来确定。另外,邻近椎间盘也可考虑做开窗术,以预防椎间盘脱位。

也有在颈背侧、稍偏于一侧做切口,行减压术的报道。

近年来医学上有在脱出的椎间盘内注射髓核溶解酶,手术创伤轻微的椎间盘镜取出髓核等新技术报道。

(二)斜颈

斜颈(torticollis)多发生于马属动物,牛、羊次之,猪及宠物等亦可发生。斜颈是颈部向一侧偏斜或扭转的一类症候群。包括骨骼、肌肉、神经等组织的损伤或机能障碍,至少是一侧性异常。

1. 病因

斜颈病因复杂,但以机械性损伤最为常见。其中主要为与颈椎长轴成一定角度的暴力所致,如缰绳被踩,而动物猛拉;突然摔倒头颈弯曲,并被压于体下;车祸或动物头颈侧部撞到坚固的物体等。另外,侧卧保定时头颈未固定确实、从高处跌落、头颈猛摆而致颈部肌肉和韧带等软组织拉伤、颈椎脱位及骨折等均可致病。其次为一侧性颈部肌肉的风湿病,颈肌麻痹也可引起斜颈。先天性斜颈、颈神经性斜颈在临床中少见。另外,某些动物耳部疾病也有斜颈的症状,如兔耳部疥癣、猪及宠物的中耳炎等。

2. 症状

本病的主要症状就是发生颈部偏斜,但具体表现差异较大。

仅是颈部肌肉损伤导致的斜颈,症状较轻,患部肌肉肿胀,病初局部增温、疼痛,常常出现运动障碍。

如果由于颈椎椎体或椎弓骨折或颈椎脱位,则症状明显,常在发病后即由于脊髓的损伤而倒地不起,视其损伤程度,严重时可致高位截瘫。

如为颈部肌肉风湿病,则表现出风湿病的一般症状。

3. 预后

颈椎脱位和骨折所致斜颈预后不良。肌肉及软组织单纯性挫伤、拉伤、断裂等所致斜颈预后良好。

4. 诊断

颈椎脱位、颈椎骨折所致斜颈需通过 X 射线或 CT 诊断;颈部软组织损伤所致斜颈要根据病史、症状综合分析;颈肌肉风湿所致者,可参照风湿病诊断;耳病所致斜颈可根据病史、症状及病原检查进行诊断。

5. 治疗

由于斜颈的病因较为复杂,治疗时须针对病因,采取相应的疗法;对颈椎脱位、骨折及风湿病、耳病所致斜颈的治疗参阅本书有关章节;对颈部肌肉、韧带、肌腱等软组织损伤所致的斜颈,如动物卧地不起，则应尽可能使其站立，并限制其头颈运动。在早期，颈部可用夹板或石膏绷带加以固定，并注意整复。对充血性水肿可将头部抬高，并使用刺激性搽剂，如樟脑乙醇、樟脑鱼石脂软膏等，或行物理疗法，以促进炎症的消散；对耳疥癣所致斜颈，可用相应的杀螨剂以杀灭病原，疥癣痊愈后，斜颈症状即消失。

(三)颈椎脱位

颈椎关节脱位(dislocation of cervical vertebrae)是由于暴力作用于颈椎，导致椎关节脱位，并可能导致脊髓损伤的外科病。本病分为全脱位与不全脱位两类，以不全脱位多见。本病在斜颈中占有一定比例。各种家畜均可发生，幼畜多发。由于第 4～6 颈椎活动范围大，易发病，其他颈椎也可发生。

1. 病因

主要是机械性暴力作用于颈椎，如冲撞、打击、猛跌、强烈拖拉、家畜猛烈挣扎等，使颈椎关节超出活动范围而突然发病。另外，分娩或难产时不正确的助产，仅牵拉头部而不拉前肢，常会拉伤幼畜颈部而发病。

2. 症状

颈部突然出现异常，表现出不同程度的斜颈症状。头颈偏向一侧，即使轻轻复位，松手后又会弹回原位。不全脱位时症状表现较轻，全脱位时局部畸形明显，头颈倾斜严重，也不易复位。全脱位时，往往由于脊髓受到损伤，而卧地不起。颈椎脱位的部位不同，症状也有差异。在寰枢关节脱位时，表现头部僵直，上扬，颈部感觉过敏，前、后肢运动失调或不同程度的轻瘫；其后的颈椎脱位时，可发生四肢痉挛性麻痹和四肢反射活动过强，如损伤严重，尤其是伤及膈神经时，可发生高度呼吸困难甚至窒息死亡。

3. 诊断

应根据病因、病史和临床表现，结合 X 射线检查，做出诊断。X 射线检查对确诊和治疗有重要的意义。做 X 射线检查时，通常需全身麻醉。X 射线片能确定脱位的部位和程度，如需确定脊髓损伤的程度，可做脊髓造影检查。

4. 治疗

(1)现场急救　颈椎脱位发生后，病情一般都较危重，应考虑有脊髓损伤的可能性。所以，搬动动物时要小心谨慎，以防损伤加重，有条件时可用镇静剂或镇痛剂。从发病后到治疗，尽量保持颈椎平衡。

(2)颈椎复位　应尽早进行。需全身麻醉，常用超短效巴比妥类麻醉药，并注意防止麻醉时呼吸功能的抑制而致窒息。侧卧保定，颈部突起的一侧在上。复位的要点是进行头颈牵引后，缓缓用力压迫突出部，直至颈椎恢复正常的生理曲线。全脱位时复位难度较大，如脊髓受压，可考虑行椎板切除术、脊髓减压术。

(3)颈椎固定　复位后的颈椎需固定。可因地制宜地使用夹板或支架。也可用颈椎融合术做内固定术。

5. 护理

如发生脊髓损伤，很容易导致膀胱的尿潴留，因此要防止泌尿系统感染并经常导尿，卧地不起时还易导致便秘和褥疮，应常灌肠并变换体位。用地塞米松对神经损伤是有效的，另外还需适当地进行对症治疗和支持疗法。

(四)颈椎骨折

颈椎骨折(fracture of cervical vertebrae)较常发生于马，牛、羊、犬等动物也可发生，一般前 4

个颈椎为好发部位，尤其第 3、第 4 颈椎发生最多。颈椎骨折可分为椎体骨折、椎体不全骨折和椎骨棘突、横突等骨折。

1.病因

强大的直接或间接暴力是最常见原因，如跌落时头颈不着地，人为的粗暴打击，动物间剧烈的打斗，猛烈的冲撞，头部保定不确实时动物大幅度摇摆头颈等。颈部肌群的强力收缩，可能会导致椎骨突起的骨折。骨代谢病如骨质疏松、佝偻病、氟中毒等是颈椎病理性骨折的诱因。

2.症状

颈椎骨折的临床表现因受伤部位及对脊髓和脊神经的影响程度不同而有较大差异。

第 2 颈椎骨折时，头颈呈强直姿势。其他椎体骨折一般都有不同程度的斜颈。患部因软组织损伤而出血，可导致肿胀，但需与单侧肌肉收缩和头颈低位时的水肿相区别，触诊肿胀部位时疼痛反应明显，一般不易出现骨摩擦音。颈部运动障碍，多数椎体骨折病例卧地不起，即使人为使之站立，运步也很勉强，头低垂，前肢不愿负重。如椎体腹侧骨折，并伤及气管时，可出现气管塌陷或狭窄，从而出现呼吸困难。一般情况下，颈椎椎体全骨折都可能伤及脊髓及附近脊神经，椎管内还可能形成血肿并压迫脊髓，从而出现高位截瘫，这种情况下，预后不良。

颈椎的棘突、横突等附件骨折时，症状轻微，有不同程度斜颈、局部压痛、颈部肌肉强直、局部出汗、运动受限等症状。

一般来说，颈椎的压缩性骨折非常少见。

3.诊断

根据病因、病史、症状等进行综合分析，确诊则需进行 X 射线诊断。需注意颈椎突起、椎弓的病变，怀疑有脊髓损伤时，还可进行脊髓造影，以确定脊髓是否受压。

4.治疗

椎体棘突和横突的骨折一般不需特别治疗，注意护理，待其自愈。

椎体不全骨折时，可考虑外用夹板、支架等进行固定，4～6 周后拆除固定物。

椎体全骨折时，一般预后不良。因此应根据动物经济价值来决定治疗方案，并判定是否有必要进行治疗。治疗则通常采用手术复位，并行内固定。内固定可根据骨折的部位和程度选用骨髓针、接骨板等骨科器材，也可选用颈椎棘突椎间融合术。

五、气管切开术

气管切开术(tracheotomy)是在颈段气管切开 2～4 个气管环，放入气管套管以保持呼吸道通畅的手术。

(一)适应症

当上呼吸道急性炎性水肿、鼻骨骨折、鼻腔肿瘤和异物、双侧返神经麻痹，或由于某些原因引起气管狭窄等，使动物产生完全的上呼吸道闭塞、窒息而有生命危险时，气管切开常作为紧急治疗手术；肺水肿、异物性肺炎等引起下呼吸道分泌物阻塞，气管切开有利于吸取气管内的分泌物，改善呼吸；有些头、颈部手术时，为便于气管插管和吸入麻醉或维持术后呼吸道通畅，也需要气管切开术。气管切开术可应用于各种动物。

气管切开术分为暂时性和永久性气管切开，前者多属于急救性质，待局部障碍消除后，切开的气管即可闭合；而后者多适用于经济价值较高的动物，如上呼吸道有不能消除的瘢痕性狭窄、双侧的面神经和返神经麻痹、不能治疗的肿瘤等。

(二)局部解剖

气管起自喉的环状软骨，沿颈椎腹侧头长肌和颈长肌的下方向后延伸，经胸前口而入胸腔。在颈的前半部腹侧处，其被覆层较薄，容易从体表摸到；在颈的后半部则被胸头肌等覆盖而不易触及。

气管由气管软骨环构成，软骨环由气管环间韧带连接。软骨环的外面被有与软骨结合的致密结缔组织膜和筋膜。脏筋膜与食管周围的筋膜、血管神经束的筋膜连接在一起。

气管有明显的侧运动和随意前后延长性。围绕在气管周围丰富的疏松结缔组织和直接相贴的少数肌肉，对上述活动起着主要作用。

马的气管呈圆筒状，前后稍压扁，由 48～55 个气管环组成。中部气管软骨环最宽，向两端变窄，直径为 4～7 cm，横径为 5～8 cm。

血液供应：为颈总动脉的气管支。

神经分布：气管黏膜和肌肉受迷走神经(返神经)和交感神经分支支配，在气管上形成神经丛。

颈腹侧解剖，按层次由浅至深可分如下几层：

(1)皮肤　皮肤薄而易拉起形成皱襞，尤其是黄牛。黄牛该部腹缘由皮肤皱褶形成垂皮。

(2)浅筋膜　马的浅筋膜中包含有皮肌，但牛无皮肌。

(3)胸头肌　和筋膜疏松结合，在颈部中 1/3 和下 1/3 两侧同名肌肉相连接，颈的上 1/3 两侧胸头肌彼此分离，两肌之间有一层坚固的结缔组织膜。在颈腹侧中前部左右两侧的胸头肌和肩胛舌骨肌形成一个菱形区，此处气管浅在，适合进行气管手术。

(4)胸骨舌骨肌及胸骨甲状肌　呈细长带状，贴于气管腹侧，两侧的胸骨舌骨肌彼此连接，中间有一白色结缔组织膜，为体腹侧中线的标志。

(5)气管环　有脏筋膜包围。

(三)器械

除一般软组织切开器械外，尚需气管套管。

(四)麻醉和保定

上呼吸道阻塞引起呼吸困难者，应进行紧急手术，不用全身麻醉，或在镇静配合局部浸润麻醉条件下手术。若在非紧急情况下，应进行全身麻醉。大动物施柱栏内站立保定，高抬头部，使颈伸直。小动物可仰卧保定，头颈伸直。术部常规剃毛、消毒。

(五)术式

常在颈部上 1/3 和中 1/3 交界处(颈部菱形区)、颈腹正中线上做切口，也可以在下颈部腹侧中线切开。牛可在颈腹皱襞的一侧切开。沿颈腹中线做 5～7 cm 的皮肤切口，切开浅筋膜、皮肤，用创钩拉开创口，止血。在创的深部寻找两侧胸骨舌骨肌之间的白线，并将之切开，分离肌肉、深层气管筋膜，暴露气管。气管切开之前应再度止血，以防创口血液流入气管。

气管切开的方法很多，归纳起来有下列 3 种：

(1)在邻近两个气管环上各做一半圆形切口(宽度不得超过气管环宽度的 1/2)，形成一个近圆形的孔。切软骨环时要用镊子牢固夹住，避免软骨片落入气管中。然后将准备好的气管套管正确地插入气管内，用线或绷带固定于颈部。皮肤切口的上、下角各做 1～2 个结节缝合，有助于气管套管的固定。若没有备用的气管套管，可用铁丝制成双"W"形，以代替气管套管。

(2)在气管环腹侧中线，纵向切开 2～3 个气管环，在同一环的切口两侧各缝一线圈，把线圈挂在预先制备好的横木两端，使气管保持开放。这种方法具有就地取材的优点，其缺点是软骨环边缘易向气管内凹陷，造成气管狭窄。

(3)切除 1～2 个软骨环的一部分，造成方形"天窗"，用间断缝合将黏膜与相对的皮肤缝合，形成永久性的气管瘘。这是一种永久性气管切开方法。

在紧急情况下，术部不予麻醉和无菌准备，可立即在颈腹侧中线切开皮肤、肌肉和气管，使气管开张，保持通气。待窒息症状缓解后，再修整创缘，插入气管套管。如没有套管，气管创缘和同侧皮肤创缘临时缝合，保持气管切口的开张。

(六)术后护理

防止动物摩擦术部，并经常检查气管套管装置情况，每天清洗气管套管，除去附着的分泌物和干涸血痂。注意气管套管气流声音的变化，如有异常，及时纠正。术后每 2 h 向气管内喷注生理盐水或含青霉素生理盐水 0.5～1 mL，使气管保持湿润。

根据上呼吸道病势，若确认已痊愈，可将气管套管取下，缝合气管，创口做一般处理，待第 2 期愈合。

(七)注意事项

(1)切气管时要一次切透软骨环，不得使黏膜剥离，防止并发症，从而影响气管软骨再生。切开气管后，气管创缘如有出血，应立即压迫止血，防止血液流入气管内。

(2)气管的切口应和气管套管大小一致，过紧会压迫组织，过松容易脱落。

(3)气管套管的位置必须装正，否则不利于空气流通。

(4)在切开气管的瞬间，动物可发生咳嗽和短期呼吸停止，为一时现象，很快就能平息，初学者不要惊慌。

(5)为了挽救动物生命，在紧急的情况下，允许在不消毒条件下进行急救手术。术后注意抗菌消炎。

(6)因进行上呼吸道手术，而实行气管切开，在短时间内拆除气管套管者，可用消毒液清理创部，严密缝合两侧的胸骨舌骨肌，再缝合浅筋膜和皮肤，争取第 1 期愈合。

六、食管切开术

视频 13-7 白鹭食道异物

(一)适应症

当动物食管发生梗塞，用一般保守疗法难以除去时，应尽早采用食管切开术(esophagotomy)，另外食管切开术也应用于食道憩室的治疗和新生物(如食道肿瘤)的摘除。(视频 13-7)

(二)局部解剖

食管分为颈段、胸腔段、腹腔段 3 部分。食管起始于咽的后上壁，紧贴于喉和前面几个气管软骨环的背侧后行，至第 4 颈椎水平渐偏移至气管的左侧，然后在其后行的过程又渐伸向气管的背侧，至第 7 颈椎水平转到气管的左背侧。食管在胸腔先经第 1 肋骨和气管左侧穿过，在第 3 胸椎水平位于气管背侧，向后横过主动脉弓的右侧，然后几乎呈水平方向伸延于胸主动脉下方的纵隔腔内，最后穿过膈食管裂孔，终止于胃。

从局部解剖看，颈部食道总与气管伴行相连。牛、羊在颈上 1/3，位于气管的背侧，在颈中 1/3 和下 1/3，位于气管左侧；马以颈前半部位于气管背侧，在颈后半部位于气管的左侧；猪的颈段食道全部位于气管背侧。只要找到气管即可找到食管。

马的食管全长 125～150 cm。牛的食管比马短而宽，食管中等程度扩张，直径约为 5 cm，平均长 90～105 cm，管壁薄，肌层全部为横纹肌，缺腹腔段食管。

(三)术部

食管梗塞在马或牛常发生于特定部位：颈上 1/3 部位，咽转入食管的起始部；胸腔入口；从第 1

肋骨到动脉弓的一段食管；在反刍兽还由于括约肌机能降低而停滞于贲门。犬的食道梗阻易发生在颈段食道、胸部食道入口与心基底部之间以及膈食道裂孔之前。

在临床上可根据触诊、食管探子探诊确定梗塞位置。X射线检查可确定梗塞物的部位和大小，但对于透X射线物体梗塞，则需应用造影剂；不完全梗塞时还应让动物吞食裹有造影剂的少量棉花，再做X射线透视检查。有条件的可应用食道内窥镜，直接观察梗塞部位。

（四）保定

侧卧保定，也可站立保定。颈部伸直，固定头部。

（五）麻醉

全身镇静，配合局部浸润麻醉或全身麻醉。

（六）术式

根据梗塞部位，可采用颈部食管切开术、胸部食管切开术和胃切开术。

1. 颈部食管切开术

通常分为上方切口与下方切口。上方切口是在颈静脉的上缘，臂头肌下缘0.5～1 cm处，沿颈静脉与臂头肌之间做切口。此切口距离主手术食管最近，手术操作较为方便。若食管有严重损伤，术后不便于缝合，则应采用下方切口，即在颈静脉下方沿胸头肌上缘做切口。此切口在术后有利于创液排出。

不论是上方或下方切口，都必须沿颈静脉沟纵向切开皮肤，切口长度视阻塞物大小及动物种类而定，马、牛可达12～15 cm，犬4～5 cm。

用手术刀切开皮肤、筋膜（含皮肌），钝性分离颈静脉和肌肉（臂头肌或胸头肌）之间的筋膜，在不破坏颈静脉周围的结缔组织前提下，用剪刀剪开纤维性腱膜。在颈下1/3手术时需剪开肩胛舌骨肌筋膜及脏筋膜，而在上1/3和中1/3手术时必须钝性分离肩胛舌骨肌后再剪开深筋膜。根据解剖位置，寻找食管。有梗塞的食管，容易发现。食管呈淡红色，当用手检查缺少异物的食管时，柔软、空虚、扁平、表面光滑，而管的中央有索状（为食管黏膜）的感觉。

在牛除用上述的颈静脉上、下方切口之外，有人主张在胸头肌与气管之间做手术通路，即沿胸头肌下缘做切口，切开皮肤和浅筋膜后，用创钩将胸头肌向上拉，再切开深层筋膜，用止血钳向食管方向分离气管和肌膜间的结缔组织，再用剪刀剪开筋膜，即发现食管。此手术通路更有利于创液排出，但距主手术食管最远，创腔较深，操作比较困难。

食管暴露后，小心将食管拉出，并用生理盐水浸湿的灭菌纱布隔离。若食管梗塞的时间不长，切口可做在梗塞处的食管上；若食管梗塞的时间过长，食管黏膜有坏死，食管切口应做在梗塞物的稍后方，切口大小应以能取出梗塞物为宜。切开食管的全层，擦去唾液，取出异物。

食管闭合必须确认在局部无严重血液循环障碍的情况下方可进行。食管做两层缝合，第1层用铬制肠线连续缝合全层，第2层仅对纤维肌肉层做间断缝合。若食管壁比较完整，只用一次缝合也可以达到目的。食管周围结缔组织、肌肉和皮肤分别做结节缝合。若食管壁坏死，需保持开放，食管不得缝合，皮肤可做部分缝合，用消毒液浸润的棉纱填塞。

2. 胸部食管切开术

若梗塞发生于胸部食管，手术通路在左侧胸壁第7～9肋骨间，具体位置根据胸部X射线检查来选择适宜的肋间开胸术路径。摘除肋骨，打开胸腔，用手在食管之外将梗塞物体压碎或推移到胃内，必要时也可用带有长胶管的针头，将石蜡油注入食管，促使梗塞物的排除。如不能排除，行胸部食管切开，取出异物，缝合食管，但其难度较大，为防止术后食管感染和创口裂开，可经胃切开插管或空肠插管提供食物和水。

3. 胃切开术

牛食道梗塞若发生在贲门，在左腹壁做手术通路，切开瘤胃，并通过瘤胃用手或长止血钳将贲门部异物取出。犬食道梗塞若发生在食道裂孔之前的食道，在剑状软骨和脐孔之间的腹正中线上做 6～8 cm 长的切口，切开胃，用手指或长止血钳通过贲门取出异物。

(七)术后护理

术后 1～2 d，禁止饮水和喂食，以减少对食管创口的刺激，以后给柔软饲料和流体食物。必要时静脉注射葡萄糖和生理盐水，以供给动物能量和液体。为防止术后感染，使用抗生素治疗 5～7 d。术后 15 d 内禁止使用食管探子。食管创口一般需 10～12 d 愈合，皮肤创于 8～12 d 拆除缝线。

(八)注意事项

(1)打开手术通路时，注意不要损伤食管周围的重要组织，如颈静脉、颈动脉、迷走神经干等。

(2)食管手术时，尽量避免使食管与周围组织剥离，撕断的组织在筋膜间可形成渗出物蓄积的小囊，使创伤愈合变得复杂化。

(3)当牛食管切开时，要注意瘤胃发生臌气，术中或术后可进行瘤胃穿刺，以排除气体。

七、消声术

(一)适应症

犬常因吠叫或吠声过大，影响主人或周围住户的休息，可通过手术减小或消除犬吠声。消声术(devocalization)，又称声带切除术。

(二)局部解剖

声带位于喉腔中部的侧壁上，连于勺状软骨声带突与甲状软骨体之间，为一对黏膜褶，由声带韧带和声带肌组成。两侧声带之间间隙称声门裂。由于勺状软骨向腹内侧扭转，使声带内收，改变声门裂形状，由宽变狭，似菱形或"V"形。喉室黏膜有黏液腺体，分泌黏液以润滑声带。

喉腔在声门裂以前的部分称为喉前庭，其外侧壁较为凹陷，称为喉侧室，为吠叫提供声带振动的空间。在喉侧室前缘有喉室褶。喉室褶类似于声带，但比声带小。两侧室褶间称前庭裂，比声门裂宽。由于解剖上的原因，有些犬声带切除后会出现吠声变低或沙哑现象。

(三)麻醉和保定

全身麻醉。经颈腹侧喉室声带切除时，应将犬仰卧保定，在犬齿后用绷带套住下颌，并将头颈拉直，头部稍低；经口腔做声带切除时，应将犬做胸卧位保定，用开口器打开口腔。

(四)术式

犬声带切除术有颈腹侧喉室声带切除术和口腔内喉室声带切除术两种。

1. 颈腹侧喉室声带切除术

颈腹侧喉部做常规术前处理。在甲状软骨腹侧面上，沿甲状软骨突起处纵向切开皮肤 3～4 cm，切开皮下筋膜，钝性分离胸骨舌骨肌，并用小型扩创钩牵拉创口，以暴露甲状软骨(图 13-12A)，充分止血。在甲状软骨突起最明显处用手术刀沿腹中线纵向做一小切口，然后用三棱针由切口内向两侧分别穿过甲状软骨，放置牵引线。助手向两侧牵拉牵引线，同时术者向前、后扩开甲状软骨，暴露喉腔，并充分止血(图 13-12B)。用止血钳由前向后钳夹住一侧声带的中部，用手术剪剪断声带腹侧(近切口处)与甲状软骨相连部分。然后向外并向对侧轻轻牵拉止血钳，清理止血后切断或剪断与勺状软骨声带突相连的声带部分(图 13-12C，D)。此时应特别注意清除喉腔及气管口处的血液和血凝块，其方法是用止血钳夹住小纱布卷，将其伸入喉腔内及气管口清除血液和血凝块，最后用纱布压迫喉侧壁创口止血。采用同样的方法摘除另一侧声带。在确保止血后，再进行切口闭合。用带有4号丝线的小三棱针穿过1/2甲状软骨及其表面筋膜做结节缝合3～4针，缝线不要穿过喉黏膜。最后，常规缝合胸骨舌骨肌、皮下组织及皮肤。

2. 口腔内喉室声带切除术

充分打开口腔，舌拉出口腔外，并用喉镜镜片压住舌根和会厌软骨尖端，暴露喉室两条呈“V”形的声带(图13-13A)。用一长柄鳄鱼式组织钳(其钳头具有切割功能)作为声带切除的器械。将组织钳伸入喉腔，抵于一侧声带的背侧顶端。活动钳头伸向声带内侧，非活动钳头位于声带外侧。握紧钳柄，钳压，切割(图13-13B)。依次从声带背侧向下切除至其腹侧处(图13-13C)。如果没有鳄鱼式组织钳，也可先用一般长柄组织钳依次从声带背侧钳压，再用长的弯手术剪剪除钳压过的声带。对手术中的出血可采用钳压、小纱布块压迫或电灼止血。另一侧声带采用同样方法切除(图13-13D)。为防止血液流入气管深部，在切除声带后装气管插管，并将头放低，若已有血液流入气管内，可经过临时气管插管内插入一根管子吸出。

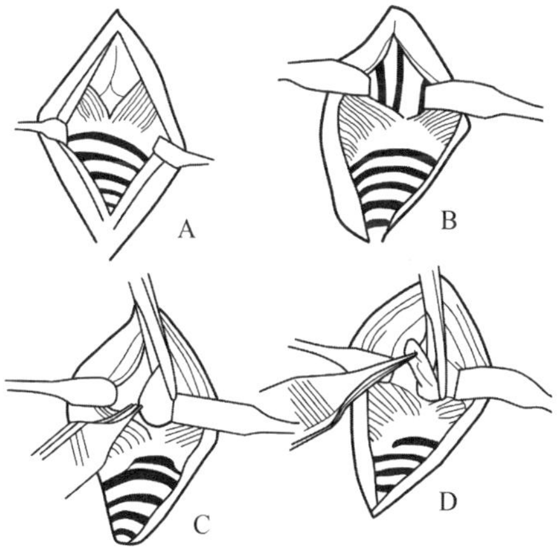

图13-12　颈腹侧喉室声带切除术

(侯加法，2000)

A. 喉腹侧手术径路　B. 喉切开暴露声带的腹侧附着部　C，D. 镊子夹住左侧声带，便于剪除

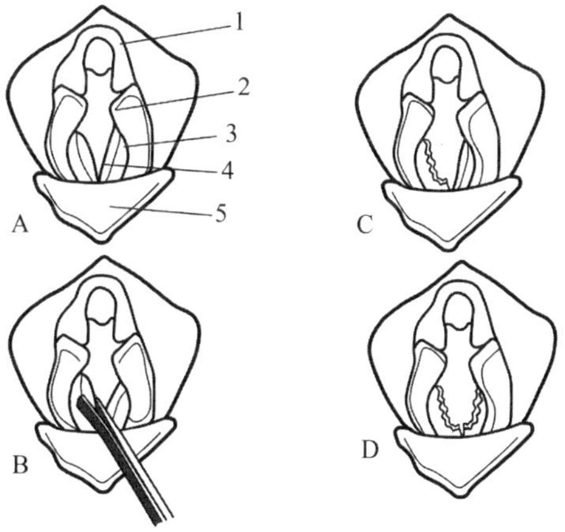

图13-13　口腔内喉室声带切除术

(侯加法，2000)

A. 从口腔观察声门　B. 活组织钳切除右侧声带　C. 声带的腹侧不切除　D. 两侧声带均切除，但仍保留其腹侧

1. 小角状突　2. 楔状突　3. 勺状会厌襞　4. 声带　5. 会厌软骨

(五)术后护理

犬单独放置于安静的环境中，以免诱发鸣叫，影响创口愈合。每天创口涂擦碘酊1～2次或喷洒杀菌的抗生素溶液。术后使用抗生素3～5 d，以防止感染。

(六)注意事项

(1)麻醉要确实　麻醉过浅，犬在手术过程中挣扎，声带切除困难；麻醉过深，犬咳嗽反射消失，手术后喉腔中少量渗血或血凝块不易咳出。

(2)手术中注意止血　切开甲状软骨之前应充分止血，以防止血液流入喉腔。切开甲状软骨后特别注意清除气管口及喉室的血液和血凝块。声带切除后的出血一般采用钳夹或小纱布块压迫止血即可。止血困难时，也可采用电烙铁烧烙止血。实践证明用高频电刀或电烙铁烧烙去掉声带效果好，可有效防止声带切除后的出血。在止血操作时，应注意保持呼吸通畅，切勿使止血纱布块完全堵塞切口或气管口，以免使血液或血凝块吸入气管或肺内。清除喉腔血液、血块时，会出现咳嗽反射，但仍可继续手术操作。

(3)若偏离颈正中线切开甲状软骨时，一侧声带将被劈开，此时出血较多，影响对声带的辨认，应先止血后再仔细辨认声带，并向颈腹中线方向切断部分声带，再暴露喉腔。

(4)声音的消除程度与声带切除程度有关，即声带切除越彻底，则消声效果越好。

(5)甲状软骨及表面筋膜缝合不严密时，偶尔在术后出现局部皮下气肿，严重时气肿可延至颈部和肩胛部。此时，应拆除1～2针皮肤缝合线，并用手挤压气肿部以排出气体。

(6)术后应密切监护，待犬苏醒。

本章小结

头颈部疾病包括角折、耳血肿、外耳炎、中耳炎、豁鼻、副鼻窦蓄脓、面神经麻痹、舌损伤、牙齿异常、龋齿、齿槽骨膜炎、枕部黏液囊炎、腮腺炎、颈静脉炎、颈椎损伤等疾病。

头颈部的手术包括断角术、犬耳整容成形术、犬外耳道外侧壁切除术、豁鼻修补术、鼻切开术、马鼻旁窦圆锯术、气管切开术、食管切开术、消声术等手术。

角折指角的完全或不完全断裂，是反刍动物特有疾病。根据角折部位的不同和临床表现将角折分为角鞘脱落、角鞘破裂、高位角折和低位角折。其治疗可根据角折的部位进行角绷带包扎、角修补术或去角术等；去角术是为了生产中便于管理和提高生产性能，其中特种经济动物鹿取茸也是一种断角术。

耳病包括耳血肿、外耳炎、中耳炎等。耳血肿是指耳部组织在钝性或锐性外力作用下，较大血管断裂，血液流至耳软骨与皮肤之间形成的血肿。外耳炎即外耳道的炎症；中耳炎是鼓室和耳咽管的炎症。外耳炎的治疗则应针对病因（如细菌、寄生虫等）进行治疗方能有效；中耳炎应早诊断、早治疗，化脓性中耳炎常因继发内耳炎和败血症而预后不良。犬耳整容成形术是对于某些品种犬，为使耳竖起，达到标准的外貌要求，而施行的手术。犬耳整容成形术最佳年龄是8～12周龄，小犬为12周龄，年龄越大，其整容成功率就越低。

豁鼻即鼻唇镜断裂，手术疗法是唯一疗法。面神经麻痹中兽医称“歪嘴风”，临床上可分为中枢性麻痹和外周性麻痹，外伤、炎症、传染病、中毒等都可导致面神经麻痹。一侧性麻痹，动物上、下唇下垂并向健侧歪斜，两侧性麻痹还可引起两侧鼻孔塌陷，呼吸困难。其治疗方法有按摩疗法、针灸疗法、药物疗法等，对鼻孔塌陷引起呼吸困难者应用鼻孔开张器或手术扩大鼻孔，以解决呼吸困难。

牙齿异常是指乳齿或恒齿数目的减少或增加，齿的排列、大小、形状和结构的改变，以及生齿、换齿、齿磨灭等异常。临床上多见齿发育异常和牙齿磨灭不正。龋齿是由发酵碳水化合物的细菌引起部分牙釉质、牙本质和牙骨质的慢性、进行性破坏，同时伴有牙齿硬组织的损伤，其发生有两个条件：其一是有致龋菌的存在，其二细菌必须有残留在口腔中的食物提供营养。齿槽骨膜炎是齿根和齿槽壁之间软组织的炎症。牙齿手术包括锉牙术、牙截断术和拔牙术。

腮腺炎是腮腺腺体或导管的急性或慢性炎症，导管破裂时常形成瘘管。颈静脉炎指颈静脉本身或其周围组织的炎症。颈椎损伤包括颈椎间盘脱位、斜颈、颈椎脱位和颈椎骨折等。

气管切开术作为上呼吸道闭塞、窒息而有生命危险时的紧急治疗手术。食管切开术适用于食管发生梗塞，用一般保守疗法难以除去时而需切开食管取出梗塞物。也应用于食道憩室的治疗和新生物（如食道肿瘤）的摘除。消声术，又称声带切除术。一般常因犬吠叫或吠声过大，影响主人或周围住户的休息，可通过手术减小或消除犬吠声。

复习思考题

1. 试述外耳炎发生的原因及其治疗方法。

2. 试述犬耳整容成形术的最佳时间和手术方法。

3. 何谓副鼻窦蓄脓？副鼻窦蓄脓有哪些临床症状？

4. 试述面神经麻痹的治疗方法。

5. 试述下颌骨骨折的治疗方法。

6. 龋齿的发生应具备哪些条件？

7. 枕部黏液囊炎手术疗法在枕区两侧做切口有哪些优点？

8. 腮腺炎的病因有哪些？唾液腺瘘管的治疗方法有哪些？

9. 何谓颈椎间盘脱位？手术疗法如何进行？

10. 试述气管切开术的适应症和手术方法。

11. 试述消声术的适应症和手术方法。

12. 试述食管切开术的适应症和手术方法。

13. 名词解释

耳血肿、外耳炎、中耳炎、角折、副鼻窦蓄脓、气管切开术、食管切开术、腮腺炎、牙龈炎、消声术、颈静脉炎、面神经麻痹、龋齿、牙周炎、齿槽骨膜炎、牙髓炎、豁鼻、埋藏缝合

（郭庆勇、周紫峣）

第十四章　胸部疾病与手术

20 世纪 50 年代，我国已经开始对动物胸部疾病和手术进行研究，当时主要是通过实验外科的方法对马、骡进行开胸手术、肺叶切除术等。20 世纪 70 年代初，在利用心包切开引流术治疗牛的创伤性心包炎方面有所突破。近几年来在临床上遇到的胸部疾病也越来越多，手术作为一种治疗方法和手段在胸部疾病的治疗中起到重要作用。

第一节　胸部手术

一、肋骨切除术

（一）适应症

当发生肋骨骨折、骨髓炎、肋骨坏死或化脓性骨膜炎时，肋骨切除术（costectomy）是治疗这些疾病的方法之一。在进行胸腔手术或某些腹腔手术时，有时也需进行肋骨切除术。

（二）麻醉

进行肋骨切除术时常用局部麻醉，通常采用肋间神经传导麻醉和局部浸润麻醉相结合；也可施行全身麻醉。

肋间神经及其背侧皮支的传导麻醉：于将被切除肋骨与髂肋肌的外侧缘相交处将针头垂直刺入抵达肋骨后缘，再将针头滑过后缘，向深层推进 0.5～0.7 cm（马、牛），注入 2%的普鲁卡因溶液 10 mL，使肋间神经麻醉，然后将针头退至皮下，注射相同的量以麻醉其背侧皮支。在注射药液时，左右转动针头，目的是扩大浸润范围，增强效果。经 10～15 min 后神经支配的皮肤、肌肉、骨膜均被麻醉。为得到更好的效果，可在麻醉的前一肋骨和后一肋骨做相同操作。皮肤切开之前也可在切开线上作局部浸润麻醉。

（三）保定

小动物的肋骨切除术一般采用侧卧保定。大动物的肋骨切除术可侧卧保定也可站立保定。

（四）器械

除一般常用软组织切开器械之外，要有肋骨剪、肋骨钳、骨膜剥离器、骨锉和线锯等（图 14-1）。

（五）手术通路与术式

在预切除肋骨的中轴，直线切开皮肤、浅筋膜、皮肌、胸深筋膜和深层肌肉，显露肋骨的外侧面。用拉钩扩开创口，注意止血。在肋骨中央纵行切开肋骨骨膜，并在骨膜切口的上、下端各横切一刀，即在骨膜上形成“工”字形切口。用骨膜剥离器剥离骨膜，先用直的剥离器分离外侧和前后缘的骨膜，再用半圆形剥离器插入肋骨内侧与肋膜之间，向上和向下均力推动，使整个骨膜与肋骨分离。剥离骨膜时操作要谨慎，防止戳穿胸膜。同时注意防止损伤肋骨后缘的血管神经（图 14-2）。

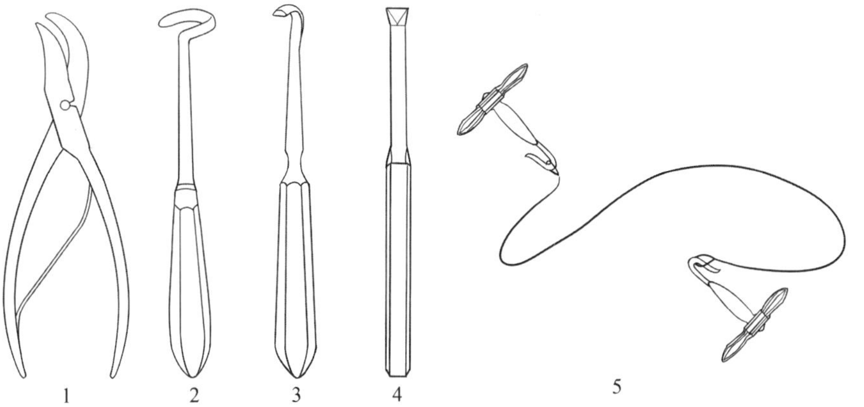

图 14-1 肋骨切除手术器械

(林德贵,2011)

1.肋骨剪 2,3,4.骨膜剥离器 5.线锯

骨膜分离之后,用线锯或骨剪沿骨膜横切口处切断肋骨的两端,断端用骨锉锉钝,以免损伤软组织或术者的手臂;冲洗并清除骨屑及其他破碎组织(图 14-3)。关闭手术创时,先将骨膜展平,用可吸收缝线或非吸收缝线间断缝合,肌肉、皮下组织、皮肤分层常规缝合。

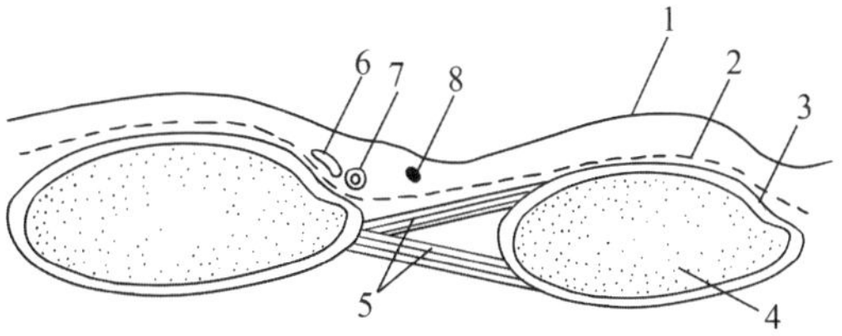

图 14-2 肋间解剖模式图

(林德贵,2011)

1.胸膜 2.胸内肌膜 3.骨膜 4.肋骨 5.肋间肌 6.肋间静脉 7.肋间动脉 8.肋间神经

(六)注意事项

当骨髓炎时,肋骨呈宽而薄的管状,其内充满坏死组织和脓汁。此时,肋骨切除手术变得很复杂,骨膜不易剥离,剥离时应小心仔细,以免损伤胸膜。如果骨膜发生坏死,应在健康处剥离,然后切断肋骨。

二、犬的开胸术

(一)适应症

犬的开胸术(canine thoracotomy)是膈疝修补手术、右主动脉弓残迹手术、心脏手术、纵膈手术、食道憩室手术、胸部食道阻塞手术及肺切除手术等的先行手术。

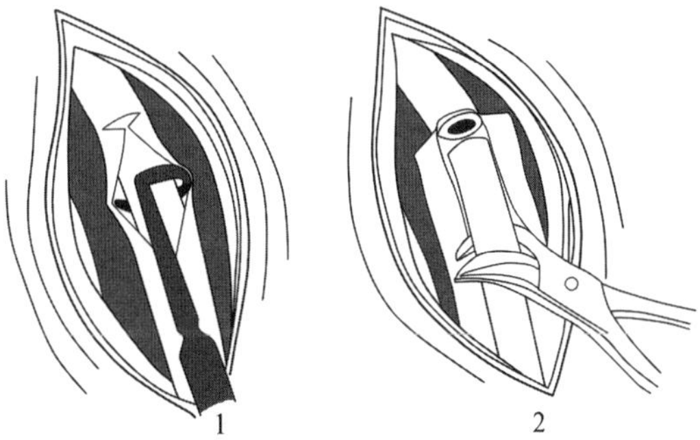

图 14-3 切除肋骨

(林德贵,2011)

1.剥离骨膜 2.剪断肋骨

(二)局部解剖

犬的胸腔比较宽阔,胸侧壁弯度很大,膈的肋骨附着缘比其他家畜低,胸容积显著增大。胸廓呈圆筒状,入口呈卵圆形,肋骨一般是 13 对,9 对真肋,4 对假肋。肋骨体窄而厚,弯度大。胸骨长,两侧压扁,8 个胸骨片,除老龄犬外一般不完全愈合。膈呈强度弯曲状,中央腱质部较小,有食管裂孔,位于第 12 胸椎腹侧的左、右肺间。膈附着于第 9 肋的下部,到第 10、第 11 肋骨稍偏肋软骨结合部下方 1~2 cm,至第 12 肋骨位于其腹侧端,到最后肋骨,则位于肋骨中央下方。

胸两侧有皮肤、皮下组织和肌肉覆盖,肋间隙有内、外肋间肌,在肌间有血管、神经束。肋骨表面有锯肌，腹侧是胸肌，背侧表面是背阔肌。胸内动、静脉在胸骨与肋骨结合的背侧，前后穿行。

（三）麻醉与保定

动物全身麻醉，气管内插管，在开胸前进行自发呼吸，开胸时进行正压间歇通气。根据手术的需要可进行侧卧、半仰卧和仰卧等保定方式，充分显露手术区。

（四）切口定位

各种开胸手术通路见表 14-1。为了便于寻找切口部位，术者可从最后肋骨向前触摸，以确定肋骨间隙。

表 14-1　犬、猫开胸手术通路选择

发病部位	手术切口
心脏	
持久性右主动脉弓(PRAA)	左侧 4 肋间
动脉导管未闭(PDA)	左侧 4 或 5 肋间
心包(心包切除术)	左侧或右侧 5 肋间
胸导管	
犬	右侧 8，9 或 10 肋间
猫	左侧 8，9 或 10 肋间
肺	
肺前叶	同侧 4，5 肋间
肺中叶	右侧 5 肋间
肺后叶	同侧 5 或 6 肋间
食道	
心前区	左 3，4 肋间
心基部	右侧 5 肋间
心后区	左或右 7～9 肋间
腔静脉	
前腔静脉	右侧 4 肋间，左侧 4 肋间也可
后腔静脉	右侧 6～7 肋间，左侧 6～7 肋间也可

（五）术式

有下列几种形式。

1. 侧胸切开（Ⅰ）

侧卧保定，以肋间切口通向胸腔，两侧胸壁均可作为手术通路。前胸手术通路通常选在第 2、第 3 肋间，心脏和肺门区手术通路选在第 4、第 5 肋间，后段食管和膈的手术通路选在第 8、第 9 肋间肋间。位置的确定以 X 光检查作为依据。如果病变在两肋间范围内，宁可选择前侧的肋间作为手术通路，因为肋骨向前牵引要比向后容易。

采用从最后肋骨倒数的方式确定切口部位，切开皮肤后再次确定肋间的位置。用镊子提起躯干皮肌的肌膜，手术剪剪开躯干皮肌。皮肌下的疏松结缔组织用手术剪剪开。在肋骨切口的下端，左手持镊子夹取背阔肌肌膜，右手持剪剪开背阔肌，横向扩大背阔肌，然后用两个手指伸入肌层下，向上进行广泛的钝性分离。依次剪开锯肌或其腹侧的胸肌。肋间肌用剪分离，用剪时采取半开状态，沿肋间推进，而不是反复开闭，尽可能减少不必要的损伤。剪开时尽量靠近肋骨前缘，以避开肋间的血管和神经。呼吸机正压给氧，在呼气时打开肋间肌和胸膜。若切口偏下接近胸骨，要避开胸内动、静脉，根据手术需要可将其切断，做好结扎。

用湿的无菌纱布隔离两创缘，装置牵开器，扩开胸部创口，充分显露胸腔内脏器。此时可进行胸腔的各种手术。

切口闭合用单股吸收或非吸收缝线，将两侧肋骨拉紧并打结，可做4～6针缝合。

在打结之前用肋骨合拢器或巾钳，或者通过做两道辅助缝线使切口两侧肋骨靠近，要求切口密接又不要造成重叠，肋间肌用可吸收缝线缝合(图14-4)，缝合第1层时就将胸腔完全闭合，在术者最后一针完全闭合前，应选在肺最大限度膨胀、将胸腔的大部分空气驱逐出外的时候，这样可以消除气胸。第1层缝合完毕后，可将含有抗生素的温生理盐水洒到切口上，检查是否漏气，若有水泡产生，则需要加针。其他肌层用可吸收缝线连续或间断缝合，背阔肌间断缝合。皮肤常规缝合。

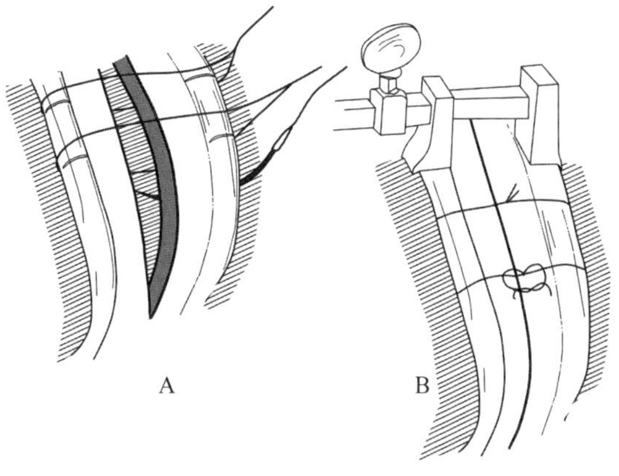

图14-4　肋间切口闭合

(林德贵，2011)

A.缝合　B.打结

2.侧胸切开(Ⅱ)

是胸侧壁切开的另一方法。该通路可得到充分暴露的大切口。先进行肋骨切除术，通过肋骨骨膜床切口，通向胸腔。有肋骨切除与肋骨横切两种方法。

(1)肋骨切除术　通过切除肋骨打开手术通路，具体操作见前面“肋骨切除术”部分。在暴露的肋骨骨膜床上做切口，通过骨膜和胸膜切口进入胸腔，这样可暴露更多的胸腔器官。创口的闭合可选择可吸收缝合线对骨膜、胸膜和肋间肌进行间断或连续缝合，最后按前述方法对各层肌肉和皮肤进行缝合。

(2)肋骨横切术　通过肋骨横切术可获得比肋骨切除术更好的胸腔显露。在肋骨切除术的基础上，对邻近肋骨的背侧和腹侧两端进行横切，两端各切除并去掉4～5 mm，只靠软部组织连接。这样的肋骨能重新愈合，动物呼吸时不会产生摩擦，术后疼痛也比较轻微。本方法不需要金属丝固定肋骨断端，切口闭合或愈合之后，不影响胸部机能。肌肉、皮肤的闭合按常规进行。

3.头侧胸壁瓣切开

前胸被前肢覆盖，将胸骨切开和胸侧壁切开相结合，能广泛地暴露前部胸腔器官。犬半仰卧保定，前肢抬高并屈肘，显露胸和侧壁(图14-5)。胸中线切开，从胸骨柄向后伸延到第4或第5胸骨节片，侧胸做皮肤切口使肋间与胸中线切口连接，胸内动静脉进行双重结扎。胸骨切开用骨锯或骨刀分离，为了防止误伤胸内脏器，宜先侧胸切开，用手伸入胸腔保护胸内器官。切口向前延伸到颈腹侧肌之间，可减少开胸时肌肉收缩的抵抗。

图14-5　头侧胸壁瓣手术切开线

(林德贵，2011)

两切口开张后，湿纱布或创巾垫在创口边缘。该通路能暴露2/3的食道和气管、胸纵隔和前侧的大血管。切口闭合时，将分开的胸骨靠近，并用结实的单股缝线间断缝合，缝针要进入胸骨片及其软骨部分，侧胸的肋间闭合同前。为防止缝合处破裂，皮下组织的缝合要确实，因为术后犬常常处于胸卧位，胸下的压力相当大。皮肤常规闭合。

4.胸骨切开术

全部胸骨纵切,以显露胸腔脏器。犬仰卧保定,切口从胸骨柄延至腹部白线(图 14-6),部分膈肌从腹背方向切开,是一种最大的开胸。除背侧脏器不易接近之外,胸和腹的部分脏器均被显露。闭合方法同前,注意皮下组织的缝合。

(六)注意事项

一定要在胸腔开放的同时实施间歇正压通气。此时术者应该暂停操作,注意动物的反应,观察在不同气压下肺的充盈程度,以选择最佳的充盈压力。直到确认动物反应正常时,方可继续手术。胸腔内检查时要小心谨慎,严禁粗暴,胸膜闭合要严密,既防止空气流入,也防止造成大面积皮下气肿。

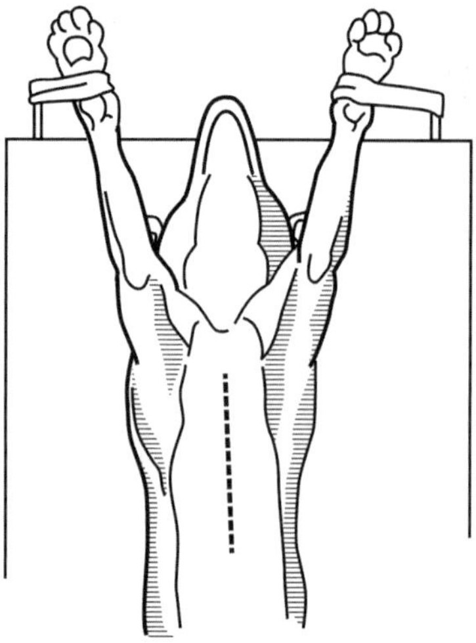

图 14-6 胸骨切开线

(Christopher Orton E. ,2018)

三、大家畜的开胸术

(一)适应症

大家畜的开胸术(thoracotomy in the large animal)适用于牛创伤性心包炎的手术治疗;胸部食管梗塞,用其他保守疗法无效,而采用胸部食管按摩手术时,可作为马、牛胃切开,各种动物膈疝修补术、胸壁透创治疗、胸脓肿的引流、先天性血管异常和肺切除等的手术通路。

(二)局部解剖

马和牛的胸腔略呈截顶的圆锥形,前端左右压扁,底自后上向前下倾斜。牛的胸腔比较小,由于两侧壁肋骨的附着靠前,所以显著缩小。胸侧壁分为前半部和后半部,其前半部覆盖着强大的肩臂肌群,这里描述的位置是胸侧壁的后半部。其前界是臂三头肌的后缘(肘线),后界为最后肋骨,上界为髂肋肌的外缘,下界为肋弓。见图 14-7 和图 14-8。

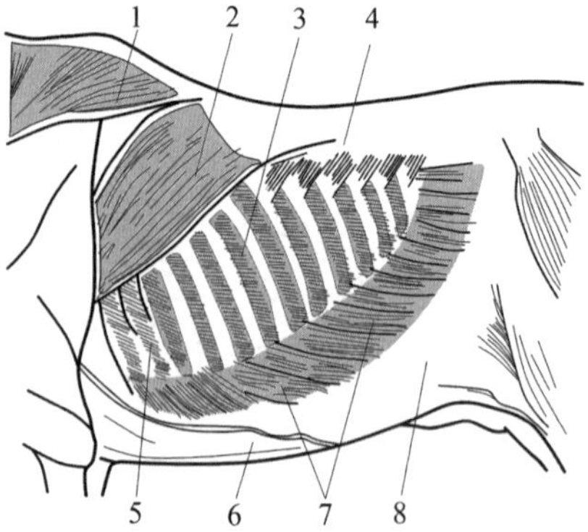

图 14-7 马胸侧壁解剖(浅层)

(林德贵,2011)

1.斜方肌 2.背阔肌 3.肋间肌 4.后上锯肌 5.胸下锯肌 6.胸肌 7.腹外斜肌 8.腹外斜肌腱膜

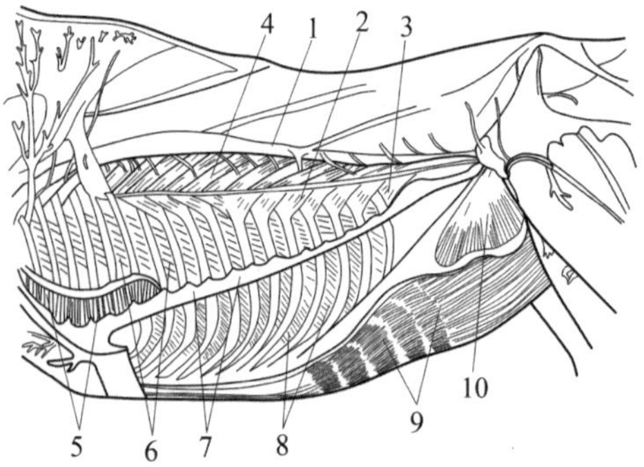

图 14-8 马胸侧壁解剖(深层)

(林德贵,2011)

1.背最长肌 2.后上锯肌 3.退肋肌 4.背髂腰肌 5.肋间外肌 6.肋间内肌 7.下锯肌 8.腹外斜肌 9.腹直肌 10.腹内斜肌

现分述如下。

1.按照由浅入深的方式描述

(1)皮肤

(2)胸腹部皮肌　包在深浅两层筋膜之间,在肘线附近的肌肉最厚,能达到 1.5 cm,胸腹部皮肌向前上移行为肩臂皮肌,其肌纤维呈垂直的方向。

(3)背阔肌　覆盖在胸侧壁前上半部,背阔肌的下缘投影相当于第 13 胸椎棘突和三角肌结节的连线。

(4)胸腹筋膜　和深部肌肉密切结合,向腹部移行为腹黄膜。

(5)胸下锯肌　起始于肩胛骨的上 1/3,向下延伸到第 8 肋骨中 1/3 和下 1/3 交界处,其下缘几乎与肋弓平行。

(6)肋骨和肋间肌　肋间肌在肋间内,不凸出于肋骨表面。两层肋间肌被疏松的结缔组织分隔。肋间外肌的纤维斜向后下方,肋间内肌的纤维斜向前下方,在胸壁后半部,后上锯肌附着于肋骨上部。

(7)胸内筋膜和胸膜　两者紧密结合在胸腔前口,两者之间有脂肪层。

膈为胸腔与腹腔的分界线,附着于腰椎和剑状软骨之间。膈的正中纵切面自上向下倾斜,并向前突出,胸腔侧为凸面,腹腔侧为凹面。膈肌由四周的肌质、肋骨部、腰部左右脚和中央腱质组织组成。

(8)膈　马膈的附着,开始于剑状软骨基部,相当于第 6、第 7 肋软骨水平的胸腔底部,以后的附着点逐渐升高。牛的膈与马不尽相同,其倾斜度非常大,而且比马宽。牛膈附着于胸壁线倒数第 2 肋骨上 1/4,到第 8 肋骨和肋软骨结合处,并向前下方降到胸骨之间的弧线上(表 14-2)。

表 14-2　膈的附着部位

肋骨数	膈的附着部位
6～8(9)	肋软骨与肋骨结合处稍下方
8(9)～12(13)	肋软骨与肋骨结合水平或稍高 1～2 cm
16	肋软骨与肋骨结合水平上方 9～15 cm
17～18	最后肋骨上 1/3 处

2.血液供应

(1)肋间动脉　分节的肋间动脉位于肋骨的后缘血管沟内,与同名静脉伴行,血管的深侧为胸内肌膜,表面有肋间肌覆盖,静脉位于动脉的前侧。肋间动脉是胸侧壁血液供给来源。

(2)胸内动脉　与同名静脉伴行,在胸内肌膜深侧,沿肋骨和肋软骨结合部向后行走,于第 6～7 肋骨水平分出膈肌动脉,其主干穿过腹横肌,沿腹直肌向后,构成腹前动脉。

胸内动脉出胸之前,分出分节性动脉,与肋间动脉吻合。当切断肋间动脉和胸内动脉时,要注意两动脉的吻合点。

3.神经分布

(1)胸神经背侧支　分布于胸侧壁皮肤,由肩胛骨的棘结节向膝褶连线是胸神经背侧支和腹侧支分布的分界线。

(2)肋间神经　胸神经的腹侧支。位于内、外肋间肌之间,与肋间血管伴行或形成血管神经束。有分支分布到腹肌、皮肤与皮肌。

(3)胸长神经　起自臂神经丛,主要分布于锯肌。

(4)胸外神经　与尺神经起于同一总干,向后伴随胸外静脉,分布于腹壁及皮肤。

(三)开胸与呼吸

在进行胸腔手术时常并发呼吸衰竭。其原因是术前的镇静药和麻醉药对呼吸中枢的抑制作用,手术创的疼痛也直接影响胸廓的活动,使通气量减少。吸入麻醉药能抑制肺泡表面活性物质,导致肺泡反应性减退、萎缩等,可引起患病动物呼吸变浅、次数增多、潮气量变低、无效腔/潮气量比率增大。因此,减少通气量、氧/血比率失调易发生缺氧。胸部的外科手术比一般的手术更易发生呼吸衰竭。

另外,胸腔暴露后,可能会引起一侧肺萎陷,出现反常呼吸、纵隔摆动等。为确保氧的供应,防止缺氧和二氧化碳蓄积,建议在有条件的情况下采用间歇正压给氧控制呼吸装置,有利于胸腔手术的进行。

(四)麻醉与保定

全身麻醉,采用吸入或非吸入的全身麻醉,牛也可局部麻醉。采用侧卧或仰卧保定,牛也可站立保定。当进行前胸或中胸手术时,前肢向前牵伸 30～40 cm。

(五)手术通路

马胸腔手术均采取侧壁切开,胸骨切开的通路多用于犬,但也用于与犬的大小相似的驹和矮马。马的侧壁切开最常见的是切除第 6 肋骨。大家畜的开胸术,要准备大家畜专用的骨科器械。

(六)术式

有条件的情况下胸内手术应用正压给氧装置。相反在没有相应装置情况下,在手术过程中应注意减少空气进入胸腔,在马属动物更应防止发生气胸。当通过切除第 6 肋骨作为手术通路时,沿着肩胛软骨后角向肘头连线(在臂三头肌的后缘)打开手术通路,首先切开皮肤,横断深层皮肌,然后按统一方向切开背阔肌,按平行于肌纤维方向切开锯肌。术中注意及时止血,可以结扎,也可电凝止血。

暴露骨膜后,“工”字形切开骨膜,用剥离器小心剥离骨膜,用肋骨剪或线锯切断肋骨。也可以从肋骨与肋软骨结合处剪断。用骨锉锉钝肋骨断端,彻底冲洗清除骨屑及残存血液。肋骨断端涂抹蜂蜡,既可控制出血,又给肋骨断端提供光滑面,防止术后刺穿胸膜造成皮下气肿和损伤胸内器官。在切开胸膜之前,开始正压通气,直到胸壁闭合。用镊子把胸膜捏起,做一小口,用钝剪剪开胸膜,显露胸内器官。

应注意,胸膜切开之后,有时看到胸内不同程度的粘连,个别情况能充满胸腔,应注意防止将肺或其他器官切开。

闭创时用铬制肠线或丝线闭合胸膜,有人认为丝线更为可取,因为丝线有较小的组织反应。骨膜和胸膜都很薄,往往支持不住缝合,故第 1 层将深侧骨膜、肋间内肌和胸膜做一层单纯间断缝合,第 2 层肋间外肌和浅侧骨膜,缝合方法同前。胸膜腔闭合的最后 1～2 针至关重要,应选在肺最大限度膨胀、将胸腔的大部分空气驱逐出外时。腹锯肌和背阔肌间断缝合,皮下引流放置在皮肤和皮下组织闭合之前,常规缝合皮肤。

在胸腔切口闭合前,安放胸导管引流,管的前端要设 3～4 个孔,引流放在胸底部第 7～8 肋间隙,其尾端通过切口和组织间通道到达体外,通道长 8～12 cm,在组织间潜行。这样做的目的是防止导管脱出或缩进胸腔,造成胸腔污染。将导管用指套缝合固定在皮肤上。

大家畜胸腔手术也可选择肋间通路,肋间肌的切开要靠近肋骨前缘,避免损伤肋间血管和神经。向两侧牵拉肋骨，暴露胸内器官，要谨慎行事，防止过度扩大创口而造成肋骨骨折。

(七)注意事项

胸腔切开时注意空气流入，胸腔内检查时要小心谨慎，严禁粗暴，胸膜闭合时要严密。既防止空气流入又防止造成大面积皮下气肿。胸腔内的气体可于几天内自行吸收，如需加速肺功能的恢复，可将胸内气体抽出，其方法是在创口的上方或在第 12～15 肋间(马)，距背中线 20 cm 用一带橡胶管的针头刺入胸腔，用 100 mL 注射器抽出胸腔内气体。为防止发生胸膜炎，在抽气之后，经针头向胸腔注入抗生素。

手术部位用绷带保护，引流的胸导管也要妥善安置、保护和固定，每天吸引和排除液体或气体 1～2 次，一般术后第 3 天拆除。胸内如有液体蓄积，也可用针头穿入吸取。抗生素治疗连续 5～6 d。开胸术的并发症包括创口化脓或脓胸，应密切注意观察。

四、牛的心包切开术

(一)适应症

牛的心包切开术(pericardiotomy in the cattle)适应于牛的浆液性或化脓性心包炎，其目的在于使局部渗出减少，除去异物，制止和排除由于感染所导致的后果。

化脓性心包炎早期病理变化，包括心包充血、水肿，大量白细胞浸润，浆膜表面有纤维蛋白沉着，炎症侵入心包膜脏层以下，也有可能引起心肌炎。心包腔逐渐蓄积含有大量多形核白细胞的液体，有时呈血样脓汁。心包渗出液积存到一定容量及张力，心肌活动日益受限，最后可能形成缩窄性心包炎。使回心血流受阻，中心静脉压升高，心脏排血量减少。机体各部器官受到血循环减慢及供血量减少的影响，病畜出现一系列病理生理变化。

(二)局部解剖

牛的心包是纤维浆膜性囊，包于心脏外围，心包的形状与心脏的外形相适应。其背侧附着于心底部，由左、右两条纤维带——胸骨心包韧带系于胸骨左、右的第 6 肋骨骨关节面之间，韧带埋在胸腔底面、心包尖端内的脂肪内。浆膜层是一个闭锁囊，它的外面由心包纤维层覆盖，浆膜反转包在心脏之上，称之为心外膜，心包腔内有少量液体起润滑作用。

牛的心脏位于胸腔中线偏左，除左侧有肺覆盖之外，大部分心包和胸膜相接，在第 3～5 肋骨之间，心尖与第 6 肋软骨关节相对，位置居正，距离膈约 2.5 cm。

(三)术前准备

术前除做一般的临床和实验室检查之外，对化脓感染的牛需做细菌培养和药敏试验，以便选择敏感的抗菌药控制感染。

有人主张在心包切开前 1～2 d 作瘤胃切开术，检查网胃是否存在异物或证明有异物穿通网胃壁和膈的程度。若有异物穿刺网胃壁，可立即取出。开胸前的瘤胃手术，是一种诊断手段，能给手术和手术预后提供依据。如有条件，最好是先进行 X 射线检查，观察胃内有无金属异物，然后再进行瘤胃切开术取出异物。

根据实验室检查的结果，积极进行对因和对症治疗，以提高手术的成功率。

(四)保定与麻醉

可采用柱栏内站立保定，将左前肢向前方牵引，充分暴露第 5 肋骨处，进行局部浸润麻醉。全身情况较差的病牛，可用右侧卧保定，左前肢向前方牵引，全身麻醉。

(五)术式

切口在左侧第 5 肋骨上，同侧肩关节水平线为切口上端，切口下端为该肋骨与肋软骨交界处，沿肋骨纵轴切开皮肤(图 14-9),长 20～25 cm,逐层切开浅筋膜、皮肌、胸下锯肌并显露肋骨,注意止血。切开肋骨膜,剥离骨膜后,截除 15 cm 长的一段肋骨,上端用线锯锯断,下端在肋骨与肋软骨交界处切(掰)断。在剥离内层肋骨膜时,注意不要误伤肋胸膜。

1. 心包切开

在切口正中,纵行切开内层骨膜与胸膜。先在胸膜上做一小口,观察心包与胸膜的粘连情况,如果心包与胸膜完全粘连,可马上切开粘连的胸膜和心包,空气不会进入胸腔。如果心包与胸膜没有粘连或有部分粘连,在切开心包前,先将心包壁层与胸膜切口边缘作一环形连续缝合,这样既能防止气胸又能减少脓液对胸腔的污染。心包切开前先穿刺心包腔使脓汁排出,排脓时要慢,之后用生理盐水冲洗。在固定缝合的心包壁层上做一 10～15 cm 的纵切口,立即进行止血。将心包切口缘固定缝合在皮下筋膜上,这样能防止脓性分泌物污染胸腔。

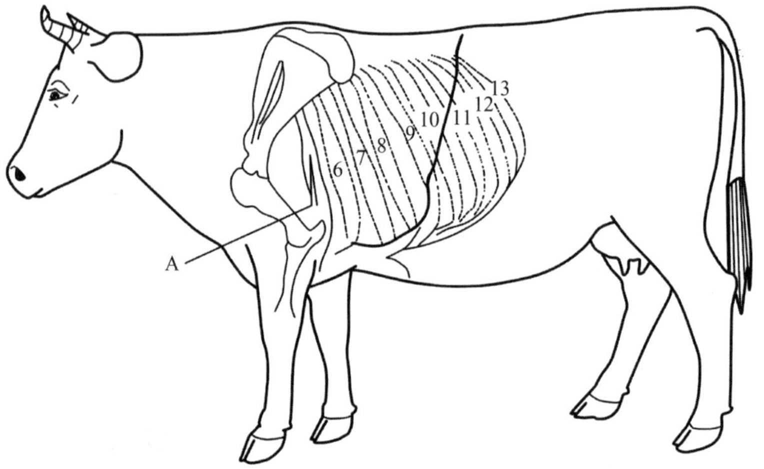

图 14-9　牛心包切开术手术通路

(林德贵,2011)

A. 手术切口

2. 心包探查、冲洗

术者向心包腔内引入乳胶管进行冲洗,并轻轻将手探入心包腔,做细致探查,检查渗出液的类型、粘连程度、有无异物、心搏次数和心肌张力和心率等。

其后分离腔内纤维素粘连处,取出纤维素凝块以利冲洗及引流通畅。对心包深处的粘连可伸入全手进行剥离。早期心包炎其心包腔内纤维素块较易分离,中、晚期的病畜,纤维素粘连牢固,分离时要特别耐心谨慎,以防损伤心肌和冠状血管。应注意心包内的纤维素蛋白或坏死组织如不被除净,则不能有效地解除对心脏的压迫和束缚。

手在心包腔内探查,要特别注意心脏后部的心包膈面有无异物(如针、钉、铁丝)刺入,特别注意心包与膈的邻近部位,是否有结块和索状物等。其中往往有金属丝或金属异物被包埋。还要检查在心脏的后缘有无刺入的金属异物。探查时,若发现金属异物刺入心脏后缘的心肌上,用手指小心捏住异物,由心包内取出。

当渗出液、纤维蛋白、坏死组织和异物清理之后,用大量的青霉素生理盐水溶液反复冲洗心包腔,直至冲洗液变透明为止。此外可用蛋白水解酶,但效果不一定理想。

冲洗之后,拆除固定心包的临时缝合线,心包和胸膜用铬制肠线连续缝合。胸膜和肌肉用可吸收的合成缝合线或丝线或肠线连续缝合。缝合要严密，并使组织对合良好。皮肤用丝线结节缝合。

左肺的功能恢复需要7～10 d。

3. 心包腔引流

心包切开后引流方法有两种：

(1)开放式引流　心包切口缘与胸膜、皮下筋膜的缝线保留，心包切口不关闭，多采用橡皮管引流，切口局部用敷料绷带保护。术后每天1～2次冲洗心包腔，分离纤维素粘连处。经15～20 d，心包内净化清理已达目的，渗出停止，可拔除引流物。开放创口使其2期愈合。

(2)闭式引流　拆除心包膜切口缘缝线，将心包与胸膜切口缝合，心包腔低位处插一25～26号乳胶蕈状导管，用荷包缝合固定于心包壁层上，皮肤切口闭合，在切口旁胸壁皮肤上做一切口引出导管尾端，用夹子关闭导管，并以无菌敷料覆盖。冲洗时用乙醇消毒导管端，除去夹子并用青链霉素生理盐水经导管冲洗心包腔。术后20 d左右，待心包炎症平息净化，拔除导管，使其2期愈合。

该手术为交叉手术，在手术过程中应严格无菌操作，尽量避免扩大污染范围。可将手术分为3个阶段：由皮肤切开到心包穿刺之前为第1阶段；由心包穿刺到心包闭合为第2阶段；由胸膜闭合到皮肤缝合为第3阶段；第1和第3阶段为无菌手术，第2阶段为污染手术。因此，为了避免污染的扩大，在第2阶段使用的器械、物品，一律另行放置，在第3阶段不能再用，术者及手术人员也应根据阶段，更换手套和重新消毒手臂，以期达到1期愈合。

(六)术后护理

临床经验认为，只要手术牛年轻、全身功能相对良好，并维持较为正常的食欲，术前能够正常活动，一般都可接受心包切开术，并能够得到良好的效果。相反，心包局部病例变化(增生、坏死)严重或由于家畜长期受到疾病的影响，体弱，有败血症的倾向或已失去一般生活能力的，很难达到预期效果。

如果疗效良好，表现为术后3～5 d心律恢复，下颌及胸前水肿逐渐消退，颈静脉怒张消失，食欲反刍开始，乳牛产乳量好转。但不少病例远期疗效较差，常在术后20 d左右又出现胸前及颌下水肿，颈静脉怒张，心律快而弱，心包脏层纤维组织大量增生挛缩。心包腔高度狭窄，限制心脏舒张运动。左心室内压急剧增高，中心静脉压升高，最后病畜心力衰竭而死。手术切口完全闭合的病例，希望能达到1期愈合，术后护理包括镇痛、消炎、强心和补液等，注意体温变化，并维持应用抗生素控制感染，同时给予维生素C、维生素B族和维生素E。

留有引流管的病例，要经常保持引流通畅，每天从引流管排出心包内的渗出液后，要注入少量抗生素，连续10～15 d待渗出停止，可拆除引流。

五、胸部食管切开术

(一)适应症

胸部食管切开术(esophagotomy in the thoracic cavity)主要应用于胸部食管的探查、食管内异物和阻塞的排除，或食管憩室的治疗等。本手术以犬为例进行描述，其他动物手术均可参考。

(二)保定与麻醉

侧卧保定，全身麻醉。手术时进行间歇正压通气。

(三)手术通路与术式

犬的开胸术能显露食管从第2胸椎到食管末端之间的全段。左右两侧均可进行手术，因为食管位于心基的右侧，故手术通路选在右侧胸壁。

胸腔入口处到心基部之间的食管手术通路通常应选在第4肋间。打开胸腔后，用牵拉器扩开手术创口，用湿纱布围垫肺周围，尽量暴露前段食管。注意保护伴行的迷走神经。

心基部到食管末端的食管手术通路通常选在第 8～9 肋间。切开胸腔后，将肺的尾侧叶向前折，并用湿纱布围垫，必要时可将肺间韧带切断，以扩大视野。暴露的食管位于主动脉腹侧，背、腹都有迷走神经伴行，应注意保护。

接近食管时要注意食管的情况，有无破损、有无粘连，不得强拉，仔细分离，同时必须控制出血，保持视野清晰。避开腔静脉和主动脉，一定不能误伤。术者必须准确评价食管的活力与血液供应状态，判断组织能否成活。如果在食管内有尖锐物体，如鱼钩或针，应注意固定，不得损伤邻近器官，特别是主动脉、腔静脉或肺部的血管。

锐性切开纵隔，分离食管，并设法包裹迷走神经，防止损伤。在食管预切开线两侧各放置一把无损伤肠钳，纵向切开食管。为便于对食管内部进行检查，以及去除异物，切口一般选在异物的前方或后方。对于堵塞严重的异物，切口最好在异物前方。

主手术结束后，用 4/0～5/0 的非可吸收性缝线对食管黏膜进行连续缝合。缝合从一端开始，结要打在食管腔内，连续缝合从一端到另一端，针只穿透黏膜和黏膜下层，缝合要细致和确实。缝合之后检查有否渗漏，注入灭菌生理盐水做压力试验，发现渗漏处用 5/0 缝线间断缝合。肌肉层用 3/0 可吸收缝线进行间断缝合，缝合之后擦拭干净，放回原来位置。复原迷走神经，再用可吸收性缝线将纵隔切口闭合。

由于食管缺少浆膜层，因此只有在其他方法不能矫正食管损伤时才可试行食管切除术，一般情况下要慎用食管切除术。由于食管本身经常活动，如果切断后再缝合就会在局部产生张力，而食管端端吻合后愈合的关键因素之一就是局部的张力最小。所以食管最多只能切除 2 cm，当遇到严重情况时可考虑其他技术方案。

食管端端吻合的操作方法是：将无损伤肠钳放置在预切除部位的前、后侧。将支持缝合线穿过食管端的背、腹的黏膜和黏膜下层，在支持线的协助下，使两断端黏膜对接，选 4/0 非可吸收缝合线，从后壁的支持线的一端开始，做单纯的间断缝合，闭合黏膜和黏膜下层，每个节都打在腔内。后壁缝合之后再转向前壁，与开始缝合连接。针距为 2 mm，距边缘 3 mm。最后剩留 1～2 针，把结打在腔外，做压力试验检查渗漏并修补，食管肌肉层用 3/0 吸收缝合线，单纯间断缝合。

食管切除和吻合的主要并发症是渗漏，据临床统计，漏出时间常常出现在术后 3～4 d。胸部食管吻合后发生渗漏，可继发纵隔炎或形成小的瘘管。

胸腔常规闭合。在胸膜闭合前装胸导管，做引流，皮肤闭合前放置一般引流。

该手术也是交叉手术，切开食管前，用敷料将食管与其他脏器进行隔离，以减少食管内容物对胸腔的污染。在缝合食管的肌肉层时，开始转为无菌手术，术者应重新消毒和更换器械。食管闭合后用含抗生素的生理盐水冲洗胸腔。

(四)术后护理

皮下引流放置 72 h，胸导管引流，在术后第一个 24 h 进行常规吸引，排除液体和气体。大量抗生素预防和控制感染。禁食 1～2 d，24 h 后给予混有抗生素的饮水，3～4 d 后给流体食物，逐渐变为半流体，直到常规饲喂。同时注意止疼、止血和伤口的局部消毒。

六、胸腔导液

(一)适应症

胸腔导液(thoracic drainage)适应于动物因胸部创伤或胸部手术导致胸腔内有液体或气体蓄积，影响呼吸，用胸腔穿刺术或放置胸腔引流管，排除胸腔血液、空气及其他分泌物，维持肺的扩张消除死腔，以达到急救和治疗的目的。同时可了解胸腔内积液的性质和性状。

(二)胸腔穿刺术

在紧急情况下，用 18～20 号注射针头，接上短的塑料管进行胸腔穿刺术，若连接上三通管可便于连续吸液。穿刺的位置选在第 7 或第 8 肋间。动物站立或胸卧位，也可以侧卧位。穿刺点在肋间的位置也很重要。当动物侧卧时，气体的穿刺位置应在胸中部，若动物站立或胸卧位，穿刺的气体在背和中 1/3 交界处。当动物站立或胸卧位，液体的穿刺位置移向第 7 肋间的中 1/3，过低的位置容易穿透膈的穹隆或损伤肺脏。针尖损伤肺的实质可能会产生气胸。若改用乳头导管或通过针头放入软管可避免损伤。穿刺时利用手或夹子控制针的深度，会产生好的效果。

(三)胸廓造口插管技术

该技术是在胸腔手术之后，通过胸壁造口，将胶管、聚乙烯管或硅胶管放入胸腔，以达到引流和排液的目的，也可直接在体外进行插管术，用于引流和排液。插入的导管的设计十分重要，要求柔韧而又不易折叠，管口的直径可大到接近肋间的距离，最小也应达到 1/3～1/2 肋间的宽度。大直径导管有利于脓汁的排出，管径的大小对排除黏性液体至关重要。导管的头部造孔对流速的影响也很明显。一般认为在导管头部每增加一个孔液体流速可增加 5%，在该部位常设有 5～6 个孔，孔的直径约为管周的 1/4，若直径超过管周的 1/3，则管的弹性变弱，容易发生扭曲。相邻孔不能在一条直线上，孔间距离要在 1 cm 以上。市售的胸导管，能在 X 射线透视下显影，有利于判定导管位置。胸导管要求放置在胸区最低处向前达到心脏，甚至超越心区，这个位置对液体和气体的排出均有良好的效果。

插管时动物侧卧或站立保定，采用局部麻醉或全身麻醉。在第 9～10 肋间的上 1/3 处切开皮肤。用一大的弯止血钳夹持管的前端，沿皮肤切口皮下穿越两个肋间，即在第 7～8 肋间处穿破胸壁，去掉止血钳，并沿胸内侧壁向下将插管引入胸腔底壁。最后采用指套缝合结将插管固定在皮肤上(图 14-10)。在插管与皮肤交界处周围涂以饱和油膏。盖上敷料，并用绷带包扎。为防止引流管滑脱和漏气，需要对引流管外端进行夹闭。引流时接上三通开关，用注射器连续抽吸排除胸腔积液和空气，或与胸腔闭式引流装置相接。一般术后 24～48 h 拔除引流管。

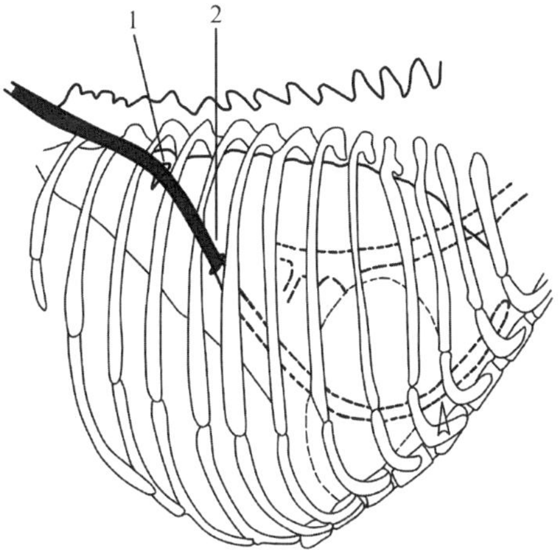

图 14-10　胸导管安装技术

(林德贵，2004)

1. 皮肤切口　2. 胸膜穿孔

若两侧胸腔积液，应施双侧胸腔引流术。

(四)注意事项

不适当的插管会导致气胸、血胸、脓胸或胸腔感染。同时引流管也会刺激组织产生胸膜积液(约 2 mL/d)，需观察和记录积液的性质、颜色和量。测定胸腔积液量对监测病情很有价值。对引流管要妥善固定，保证不能移位、脱出或掉入体内，要经常保持引流通畅。

第二节　胸壁透创

一、概念

胸壁透创(perforated wound in the chest wall)是尖锐物体刺透胸壁而发生的一种穿透创。发生胸壁透创时，胸腔内的脏器往往同时受伤，可继发气胸、血胸、脓胸、胸膜炎、肺炎及心脏损伤等。发生胸壁透创的病因通常为尖锐物体（牙齿、叉、匕首、刀、树枝、木桩等）刺入、车辕的冲击、牛角的顶撞、枪弹和弹片射入等造成。

二、症状

受伤情况不同，创口大小也不一样，表现也有一定区别，创口狭小的可听到空气进出胸腔的呲呲声，如以手背靠近创口，可感知轻微气流。创口稍大时可听到呼呼声，甚至看到肺脏。

创缘的状态与致伤物体的种类有关。动物咬伤所致的透创，创口往往较小，而且可能有多处伤口。野兽咬伤多为撕裂创，创缘不整齐，或被污染，多伴有肋骨骨折。火器创有时创口很小，因被毛覆盖难以发现。另外铁钩、树枝、木桩等所致的创伤，其创缘不整齐，常被泥土、被毛等污染，极易感染化脓和坏死。而由锐性器械所引起的切创或刺创，创缘整齐清洁，容易修复而很快愈合。

患病动物往往表现不安、沉郁。一般都有程度不等的呼吸、循环功能紊乱，呼吸困难，脉快而弱。马可见出汗，肌肉震颤等。如皮肤创口小而又被淤血阻塞时，创口周围多有皮下气肿，甚至气肿蔓延至全身。有些动物胸背部皮肤随呼吸而起伏。

胸壁透创一般都会引起一些并发症。

(一)气胸

气胸(pneumothorax)是由于胸壁或胸膜破裂等原因，导致空气进入胸腔所引起。空气可经胸部创口、食道及肺的破裂孔进入胸腔。胸腔穿刺时可使空气自胸壁皮肤入胸腔，形成开放性气胸。还有特殊原因如戳创、子弹创、咬伤及开胸术的创口闭合欠佳等，均会引起气胸。主要是呼吸困难，但其程度取决于气胸发生快慢、有无并发症和发病前两肺的功能等。单纯性气胸病情较轻，常无胸水，体温正常。如果发病前肺机能较差，并发气胸后可发生严重的呼吸急促和黏膜发绀，甚至窒息。气胸可分为 3 种类型，其症状表现也各不相同。

1. 闭合性气胸(closed pneumothorax)

胸壁创口较小，创道因皮肤与肌肉交错、血凝块或软组织填塞而迅速闭合，空气不再进入胸膜腔者为闭合性气胸。空气进入胸膜腔的多少不同，受损侧肺发生萎陷的程度也不同。少量空气进入胸膜腔时，患病动物仅有短时间不安，无明显的症状，空气可在数周内逐渐被吸收，胸内负压也逐渐恢复。多量气体进入时，有明显的呼吸困难和循环功能紊乱。受损侧胸部叩诊呈鼓音，听诊呼吸音微弱。

2. 开放性气胸(open pneumothorax)

胸壁创口较大，空气随呼吸可自由进出胸腔者为开放性气胸。发生开放性气胸时，胸内负压消失，肺组织由于大气压的作用而萎缩，进入肺组织的空气量明显减少。吸气时胸廓扩大，空气经创口进入胸腔。由于两侧胸腔的压力不等。纵隔被推向健侧，健侧肺脏也受到一定程度的压缩。呼气时胸廓缩小，气体从创口排出纵隔也随之向损伤一侧移动。如此一呼一吸，纵隔左右移动称纵隔摆动(图 14-11)。

由于肺脏被压缩，肺的通气量和气体交换量显著减少；胸内负压消失使回心血量减少，使心排血量也减少。空气反复进出胸腔和纵隔摆动，不断刺激肺脏、胸膜和肺门神经丛。因而，患病动物表现为严重的呼吸困难、不安、心跳加快、可视黏膜发绀和休克症状。胸壁创口处可听到“呼呼”的声音。伤口越大症状越严重。

气胸的发生可能是一侧性的，也可能是两侧性的(纵隔上有天然孔的马)。开放性或严重闭合性两侧气胸，由于大部分或整个肺脏萎缩，患病动物常因急性窒息而死亡。肺部叩诊或听诊可以初步确定是一侧性或两侧性气胸。

开放性气胸可出现胸壁创口的抽吸音。因食道穿孔所致的气胸可同时发生炎性胸膜积液。动物咬伤所致胸壁透创，皮肤伤口往往较小，由于皮肤有游离性，肌肉的撕裂口与皮肤伤口往往错开，须仔细寻找肌肉是否有撕裂口。必要时需切开皮肤仔细检查。X光检查显示胸腔内有气体，导致肺叶收缩而脱离胸腔壁，由于萎陷而使肺的透明度降低，横躺时侧面检查可见心脏从胸骨处提高的轮廓。

3. 张力性气胸（活瓣性气胸，press/tension pneumothorax）

胸壁创口呈活瓣状，吸气时空气进入胸腔，呼气时不能排出，胸内压力不断增高者称之为张力性气胸。另外肺组织和支气管损伤时也能发生张力性气胸。

由于胸壁创口呈活瓣状或肺脏、支气管损伤，吸气时空气进入胸腔，呼气时不能排出，致使胸腔内压力不断增大，受伤侧肺脏被压缩，纵隔被推向健侧，健侧肺也受压，同时前、后腔静脉受到压迫，严重影响到静脉血的回流，导致呼吸和循环系统功能的严重障碍。临床表现为极度的呼吸困难、心音弱、心率快、颈静脉怒张、可视黏膜发绀，有的出现休克症状。受伤侧气体过多表现为该侧胸廓膨隆，叩诊呈鼓音，呼吸时胸廓运动减弱或消失，听诊呼吸音微弱或消失。且常并发皮下或纵隔气肿。对于张力性气胸，胸腔过度膨胀而使横膈肌变平、横膈肌副瓣显现，肋骨和肋软骨垂直向脊椎。张力性气胸需立即进行胸腔穿刺以减小胸腔内压力，通过胸腔穿刺排出空气后，应重复进行X光检查，以及时发现肺部其他病因（图14-12）。张力性气胸如不能及时纠正将会危及生命。

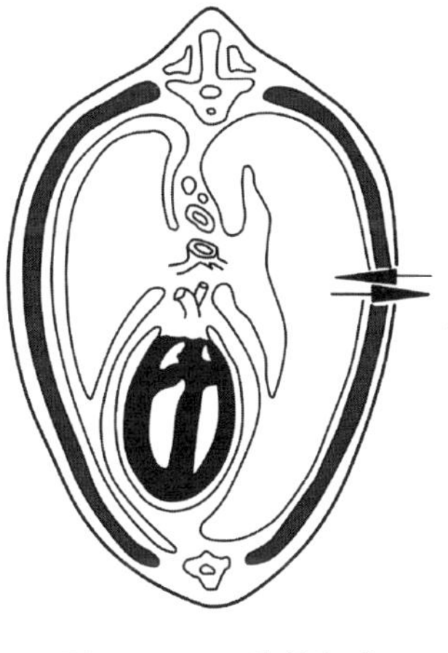

图 14-11　开放性气胸

（王洪斌，2002）

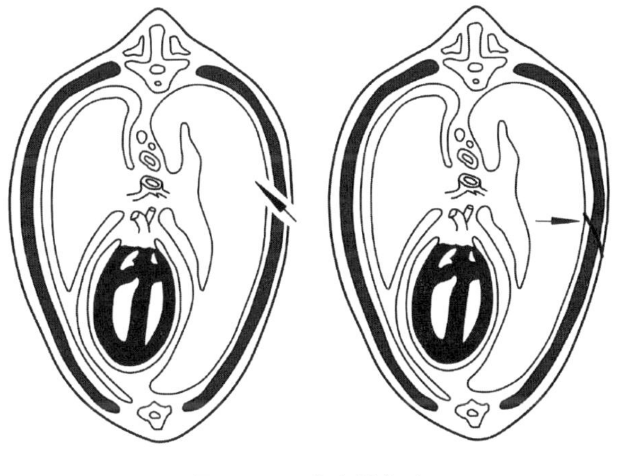

图 14-12　张力性气胸

（王洪斌，2002）

（二）血胸

血胸（hemothorax）是指胸腔积血，主要是由于胸部大血管受损，血液积于胸腔内所致。若气胸与血胸同时发生则称为血气胸。最常见的原因是损伤，尤其是钝性损伤，也包括肋骨骨折，血胸也是胸部手术的并发症之一。胸腔内积血一般是不凝固的（因出血8 h内血小板消失），但严重胸腔损伤时，由于释放组织凝血致活酶而使血液凝固。但一般在7～10 d其血凝块内的纤维蛋白则完全溶解。

严重血胸表现为呼吸困难、黏膜苍白、脉搏不充实和精神沉郁。可根据胸壁下部叩诊有明显的水平浊音、X射线检查在胸膈三角区呈现水平的浓密阴影、胸腔穿刺获得带血的胸水以及在胸下部可听到拍水音等做出诊断。超声检查对于血胸的诊断具有重要参考价值，同时在超声引导下进行胸腔穿刺，可增加穿刺的安全性。严重时可出现贫血、呼吸困难等与失血、呼吸障碍有关的相应症状。并发气胸时兼有上述气胸的特点。胸腔内少量的积血可被吸收，但通常易于感染而继发脓胸或肺坏疽。诊断血胸是基于检查出类似于外围血液那样的细胞特征，穿刺出的血液基本不凝固。

(三)脓胸

脓胸(pyothorax)是发生胸壁透创后胸膜腔继发严重的化脓性感染，一般于胸壁透创后3～5 d出现。体温升高，心搏加快，甚至出现间歇，食欲减退，呼吸频数，黏膜发绀，黄染；有短、弱带痛的咳嗽。血检白细胞总数增加，核左移。慢性病例，血红蛋白可降至40%～45%。可见到营养不良，顽固性贫血；炎性渗出物蓄积于胸腔下部，叩诊呈浊音；听诊，肺泡音减弱或消失；穿刺时可抽出脓汁。也可通过超声检查及超声引导下的穿刺，以及穿刺液的实验室检查进行确诊。

(四)胸膜炎及心肺损伤

胸膜炎(pleuritis)是指壁层和脏层胸膜的炎症并发生炎性渗出和纤维蛋白沉积的一种炎症性疾病。临床表现为胸部疼痛、体温升高和胸部听诊出现摩擦音。根据病程可分为干性胸膜炎和湿性胸膜炎。根据渗出物的性质可分为干性、浆液纤维素性、脓性、肉芽肿性或化脓性胸膜炎。如果心肺同时受到损伤，往往造成动物的死亡。

病犬取站立或犬坐姿势，体温40 ℃以上，呼吸浅表，一般表现为中度或严重的呼吸困难、呈断续性呼吸或明显的腹式呼吸，食欲减退，体重减轻。多数病犬烦躁不安，疼痛性咳嗽，拒绝胸部检查。如胸膜腔有渗出液，胸部叩诊呈水平浊音，并随体位而改变。病初可听到胸膜摩擦音。发生慢性胸膜炎时，肺泡呼吸音减弱，呼吸促迫，反复发热。

X射线检查，侧位片可见胸腔的腹侧部密度均匀增加，肺边缘X射线扇形(叶状)透过。站立位侧位片最初心脏轮廓不明显。X射线不能透过叶间裂沟。肺边缘离开胸壁，背腹和腹背像可见背和胸壁之间高密度的带状胸膜腔。背腹像可见心膈三角区变钝或消失，密度增高。背腹和腹背及侧位片影像显示心横膈角处可见部分或全部潴留液体。腹侧纵隔窦潴留液体厚度明显增加，肺和横膈膜之间潴留液体出现所谓“假性横膈膜轮廓”。

超声波检查，有助于判断胸腔的积液量及分布，积液中有气泡表明有厌氧菌感染。

血液学检查，白细胞总数增高。嗜中性粒细胞增加，核左移，淋巴细胞相对减少。

三、急救

对开放性气胸和张力性气胸的急救，主要是尽快闭合胸壁创口使其转为闭合性气胸，然后排出胸腔积气。在创伤周围涂布碘酊，除去可见异物，然后，在患病动物呼吸间歇期，迅速用急救包或消毒的大块厚敷料(如数层大纱布、毛巾、塑料布、橡皮等)紧紧塞住创口，其大小应超过创口边缘5 cm以上。外面再盖以大块敷料压紧，用腹带、扁带、卷轴带等包扎固定，以达到不漏气为原则。闭合性气胸如未引起明显的通气不良，可不加处理，密切观察。如出现呼吸困难，吸氧、间歇性胸腔穿刺抽气或胸壁切开插管。

经上述处理后，如有条件可进行强心、镇痛、止血、抗感染等治疗。为防止休克，可根据病情给予补液、输血、给氧、抗休克药物，随后尽快进行手术。

四、治疗

(一)治疗原则

治疗原则是消除炎症,制止渗出,促进渗出物的吸收和排除,防止感染和自体中毒。

(二)胸壁透创的治疗

对于胸壁透创造成的气胸,治疗方案主要是及时闭合创口,制止内出血,排除胸腔内的积气和积血,恢复胸腔内负压,维持心脏功能,防止休克和感染。

为了促进炎症的消散,可在胸壁上涂擦10%樟脑乙醇、芥子精等刺激剂,而后可实行温包。亦可应用紫外线照射与透热疗法进行治疗。为了抑制渗出,可用10%氯化钙静脉注射,每天1次,可持续数天。

术后应密切观察动物的全身变化,让患病动物安静休息,注意保温,多饮水,增加易消化和富有营养的饲料。全身使用足量抗菌药控制感染,并根据病情的变化积极对症治疗。

(三)开放性气胸及张力性气胸的手术治疗

手术方法如下:

(1)保定与麻醉　大动物尽量采用站立保定和肋间神经传导麻醉,以减少对肺脏代偿性呼吸的影响。小动物大多采用全身麻醉,侧卧保定。伴有胸腔内脏器官损伤而需做胸腔手术的患病动物,正压给氧辅助或控制呼吸,在全身麻醉与侧卧保定后进行。

(2)清创处理　创围剪毛消毒,取下包扎的绷带,然后以3%盐酸普鲁卡因溶液对胸膜面进行喷雾以减低胸膜的敏感性。除去异物、破碎的组织及游离骨片,操作时防止异物在患病动物吸气时落入胸腔,对出血的部位进行结扎,对下陷的肋骨进行整复,锉钝锐缘,骨折端污染时用刮匙将污物刮净。对胸腔内易找到的异物应立即取出,但不宜进行较长时间的探查。术中如动物出现不安,呼吸困难时,应立即用大纱布块盖住创口,待呼吸稍平静后再进行手术。

(3)创口闭合　对于较小的透创,无需用大纱布填塞,可迅速将肋间肌与肋胸膜做连续或间断缝合。对5～10 cm以上的大透创,从创口上角自上而下对肋间肌和胸膜做一层缝合,边缝边取出部分敷料,待缝合仅剩下最后1～2针时,将敷料全部撤离创口,缝合要严密,以保证不漏气为度。关闭胸腔。胸壁肌肉和筋膜做一层缝合,最后皮肤结节缝合。对于较大的胸壁缺损创,如闭合困难,可用手术刀分离周围的皮肌和筋膜,用获取的游离筋膜肌瓣堵塞于胸壁缺损部,最后将其缝合在缺损部修补皮肤缺损创。

(4)排除积气　术后立即抽出患侧胸膜腔内存留的气体。马在第8～9肋间,牛在第6～7肋间胸壁上1/3处,以恢复胸内负压,并同时向患侧胸腔内注入抗生素。用带胶管的针头刺入,连接注射器或胸腔抽气器,不断抽出胸腔内气体,以恢复胸腔内负压。最后安置胸导管。

全身输注大剂量抗生素、输血或补充胶体液、血浆代用品,此时禁输大量等渗生理盐水或等渗葡萄糖液,以免引起肺水肿。对急性失血的患病动物肌肉或静脉注射止血药,同时迅速找到出血部位进行彻底止血,防止发生失血性休克。

(四)血胸的治疗

在给予大剂量抗生素控制感染的同时给予止血药。胸腔的积液量取决于胸腔的容量和血液的流入量。在90 h内,犬有吸收30%血容量的能力。有70%～100%红细胞在没有溶血下被吸收,所以不加引流也不会引起明显的呼吸道疾病。只有在积液危及动物呼吸时才将胸腔内的大量血液吸除,因为多数完好无损的红细胞来自胸腔。可利用胸腔内的血液进行自体输血,其方法是在严格无菌条件下,穿刺回收血液,经4层纱布过滤后,再回注于静脉内,或进行异体输血疗法。在治疗的同时要注意检查并矫正潜在的凝血障碍。

(五)脓胸的治疗

对于轻微的脓胸可先使用广谱抗生素，并根据细菌培养结果和药敏试验结果选择敏感抗菌类药物，可配合使用甲硝唑或克林霉素。严重者，首先应放置胸导管，做胸腔灌洗。

胸腔灌洗，用 20 mL/kg 温生理盐水和林格氏溶液。每天 1 次反复灌洗直到灌洗液澄清为止。整个过程要求严格无菌操作，回收的液体应该约为注入量的 75%，否则说明引流不畅，应及时进行 X 射线或超声评估。冲洗液中加入肝素(1 000～1 500 IU/100mL)可能会较少纤维蛋白渗出，效果更好。在冲洗液中加入抗生素、抗菌剂或酶类没有明显帮助。此外，进行补液、输氧等支持疗法。

对有潜在病症(肺脓肿、肺叶扭转和异物等)和对内科治疗无效者可选用手术方法。如果损伤可在 X 光片上观察到，可选择合适位置进行肋间胸廓造口术。如果潜在损伤不能确定，应实施中部胸骨切开术。通过手术移走病变的肺组织，胸腔用温盐水或乳酸林格氏液灌洗。手术时安置胸导管，术后继续胸腔灌洗直到积液产物降到低于 2 mL/kg bw，且细胞学分析时检查不到细菌为止。长期脓胸的动物可能发展成纤维素性胸膜炎，需要做剥离术。

(六)胸膜炎的治疗

以抗菌消炎、排除胸腔积液、制止渗出、纠正脱水、调节电解质及酸碱平衡、输氧为原则。全身大剂量给予抗菌药，可选用广谱抗菌药或磺胺类药。以后根据胸腔渗出液细菌培养结果选择敏感的抗菌药。促进渗出物的吸收和排出，可用强心剂及利尿剂。制止渗出可用 5%的氯化钙或 10%葡萄糖酸钙注射液静脉注射，每天 1 次。当胸腔内有大量液体存在时，穿刺抽出液体可使病情暂时改善，并可将抗生素注入胸腔。胸腔穿刺时要严格按操作规程进行，以免针头在呼吸运动时刺伤肺脏。

本章小结

胸部手术包括肋骨切除术、大小动物的开胸术、心包切开术、胸部食管切开术和胸腔导液等，对胸腔内脏器疾病的手术治疗必须以开胸术作为手术通路，开胸术又必须在实行呼吸麻醉和间歇正压给氧的条件下才具有较高的安全性。

肋骨切除术除了全身麻醉之外，大家畜也可实施肋间神经传导麻醉后在站立保定下施术：即在肋骨中央的骨膜上形成“工”字形切口，分离内外骨膜后，用线锯或骨剪沿骨膜横切口处切断肋骨的两端，断端用骨锉锉钝，将外骨膜及其外层的软组织分层缝合。

开胸术依据手术目的的不同可有 4 种不同的手术通路：侧胸切开(Ⅰ)、侧胸切开(Ⅱ)、头侧胸壁瓣切开、胸骨切开。

心包切开时应注意观察心包与胸膜有无粘连。如果心包与胸膜广泛粘连，可直接切开粘连的胸膜和心包，空气不会进入胸腔。如果心包与胸膜没有粘连或有部分粘连，先将心包壁层与胸膜切口边缘做一环形连续缝合，然后再切开心包。用生理盐水进行心包冲洗，以清除纤维素、异物和脓汁等。心包腔引流可采用开放式引流或闭式引流。

胸腔导液是用胸腔穿刺术或放置胸腔引流管，排除胸腔血液、空气及其他分泌物，维持肺的扩张消除死腔，以达到急救和治疗的目的，同时可监护胸腔出血程度。

胸壁透创是尖锐物体刺透胸壁而发生的一种穿透创，可继发气胸、血胸、脓胸、胸膜炎、肺炎及心脏损伤等并发症。

开胸术或胸壁透创均会暴露胸腔，使胸内负压消失，引起肺泡萎陷，反常呼吸，纵隔摆动等。从而引起呼吸抑制、呼吸潮气量锐减以及种种呼吸功能不全的临床症状。因此，在进行胸壁透创的治疗或开胸术时必须通过间歇正压通气，以维持通气功能接近正常为原则。应该指出，要达到上述呼吸管理的要求，须使呼吸动作由主动变为被动。呼吸抑制能改善通气功能，保证动脉血氧分压、二氧化碳分压和酸碱值维持在正常生理范围内。进行胸腔内手术时，操作应小心谨慎，防止误伤脏器、大血管、神经。此外，还应严格无菌操作，防止并发症的发生。

复习思考题

1. 简述犬开胸术的手术步骤与注意事项。
2. 简述大家畜开胸术的操作要点及注意事项。
3. 简述牛心包切开引流术的术式、术后护理及注意事项。
4. 简述动物胸腔导液的操作方法及注意事项。
5. 简述胸壁透创的主要并发症、治疗方法及注意事项。
6. 简述犬胸部食管异物梗阻的治疗方法及注意事项。
7. 名词解释

开胸术、肋骨切除术、气胸、开放性气胸、闭合性气胸、张力性气胸、血胸、脓胸、胸膜炎

（彭广能、董海聚）

第十五章　腹部疾病与手术

第一节　腹部内脏手术

腹部疾病与手术种类繁多，以治疗腹腔器官疾病而进行的手术（如剖腹探查术、肠梗阻解除术、肠切断与吻合术、牛瘤胃切开术、皱胃切开术、皱胃变位整复术、犬胃切开术、犬幽门肌切开术、犬幽门肌成形术等）为主体，其次为开发动物性药材资源而进行的胆囊手术和牛活体培植牛黄手术等。对动物腹腔疾病采用手术治疗时，应注意掌握手术适应症和手术时机，为此需要对患病动物进行详细的临床检查以及必要的实验室检验和一些特殊检查，并做出早期诊断，适时进行手术治疗，并加强术后的各项护理和管理工作，提高治愈率。

一、剖腹探查术

剖腹探查术指通过手术人员的手伸入到腹腔，常在肉眼不能直视的情况下，探查并确定病变部位。先做腹壁切开术打开腹腔，然后手、眼、脑并用，按次序、有重点地逐一检查。参照临床印象，依据探查材料，进行综合分析，做出确切诊断。切开腹膜时，注意观察其有无充血、增厚、急性或慢性炎症；注意腹腔内液体的数量、色泽、温度、气味（粪、尿），有无血液、血凝块、纤维素块或胃肠内容物。腹腔探查的基本原则是动作要轻柔，按顺序探查。不能粗暴地进行探查，否则会搅乱各内脏器官的正常位置关系，引起肠绞窄、肠麻痹和肠粘连等。

（一）马的腹腔探查

1.腹腔内气体与腹腔液性状

(1)若有腐败粪臭的气体喷出，多为坏死肠管穿孔而形成气腹；

(2)若有酸臭味提示胃破裂的征兆；

(3)腹膜或内脏器官表面充血、水肿、绒毛状物附着，并混有纤维素块的大量黄色浑浊腹腔液，则提示腹膜炎的迹象；

(4)若有大量黄色半透明的腹腔液可能有肠闭结；

(5)肠扭转、肠绞窄、肠套叠、肠箝闭的病马，腹膜切开涌出多量红色浆液性液体；

(6)腹腔内有饲草纤维残渣，是胃肠内容物进入腹腔的依据；

(7)有大量血液或血凝块为肝、脾破裂；

(8)腹腔内温度下降，是垂危病马濒死前的预兆。

2.腹腔探查的顺序与步骤

马腹腔探查的顺序，一般是先确定是否有继发性胃扩张、盲肠臌气、小结肠臌气等，然后根据这些器官的特征变化确定小肠、大结肠和小结肠的探查范围，寻找病变位置。

(1)胃扩张的确定　左肷部中切口（髋结节与同侧最后肋骨椎骨端连线的中点距腰椎横突 6～

8 cm，垂直向下做 15～20 cm 切口）打开腹腔后，若手感胃内容物多为液状兼有气体，胃壁高度膨满紧张，严重时占据腹腔容积 1/4 左右，脾脏暴露于切口甚至向后移至髋结节处，常为继发性胃扩张，此时探查范围应集中在十二指肠，空肠和回肠部。若空肠袢无明显臌气积液者，常为十二指肠梗阻的象征；肠梗阻发生后，梗阻部前方肠管臌气积液，而后方肠管空虚萎陷，因此，在肠管的臌胀与萎陷交界处，即为梗阻发病部位；若空肠大段臌胀积液，常为空肠梗阻。

（2）盲肠臌气的确定　在右髂部触摸盲肠的底、体、尖部有无异常，并检查臌气程度，盲肠明显臌气而小结肠无明显臌气，常为大结肠梗阻。

（3）小结肠臌气的确定　右手在右髂部与盆腔内发现大量臌气的小结肠，为小结肠梗阻。

根据检查结果，进行相应处理。请注意如小肠严重变位时，小肠内液体含大量毒素，当整复成功时，毒素进入血液循环，易致动物死亡；因此可先放液，冲洗后再做整复。大肠积粪、积沙时，大肠壁多膨大而变薄，应慎重移动以防破裂。

（二）牛的腹腔探查

以肠管手术为目的进行牛的腹腔探查，多在右肷部切口；以瘤胃手术为目的进行探查，多采用左肷部切口。现将两种探查方法分述如下。

1. 右侧腹腔探查术

（1）腹腔内气体与腹水的观察　打开腹腔后，有粪臭味气体向外喷出，常为胃肠穿孔的征兆；若有多量淡红色腹水，可能有肠扭转、肠套叠与肠绞窄。

（2）网膜的观察　网膜显露后，仔细观察网膜的色泽变化，若有点状或斑点状出血，有纤维素形成，提示其网膜邻近有炎性病变，网膜与腹膜可能发生粘连。

（3）十二指肠与皱胃的探查　在切口处可直视十二指肠髂弯曲。若此段肠管膨胀积液，表明十二指肠第 3 段或空肠袢有梗阻。左手自膨胀的髂弯曲向后转入网膜上隐窝间口上部，再向前即为十二指肠第 3 段。若十二指肠髂弯曲空虚，而乙状弯曲膨胀积液，则为乙状弯曲梗阻。手沿十二指肠髂弯曲向前下方，在肝右叶胆囊下面可检查乙状弯曲。沿乙状弯曲向下继续检查，在右侧第十二肋骨终末端下腹壁处，可摸到皱胃幽门部及皱胃。幽门括约肌发达明显易摸，探查时易误认为病变；正常的皱胃内容物为适量粥状物。皱胃积食发生后，胃内充满大量而坚硬未消化的粗纤维饲料，向后上方扩张，严重时可达耻骨前缘。

在皱胃前上方与肝脏下方，在右侧第 8～10 肋间隙为瓣胃，呈圆球状，似生面团硬度。瓣胃梗阻时，可扩张至最后肋骨后方 15 cm 处，触摸坚硬。

（4）盲肠的探查　术者左手移向骨盆方向，自网膜上隐窝间口进入网膜上隐窝内，在总肠系膜后上方摸到一有盲端的粗大肠管，此为盲肠。盲肠尖朝向骨盆方向，游离性甚大。正常情况下有适量半液状内容物。盲肠明显臌气是结肠闭结的标志；盲肠不臌气说明梗阻部在小肠。

（5）结肠袢探查　术者左手在网膜上隐窝内，手背沿瘤胃的右侧面，手心向着结肠袢的左侧面触摸。自旋袢的外周依次摸向其中央部，即可发现闭结点。

（6）空回肠探查　术者手进入网膜上隐窝内，自总肠系膜结肠袢的周缘，沿着空肠的前、腹、后缘顺序探查。空肠闭结点仅为鸡蛋大小，阻塞部前方肠管膨胀积液。术者手在花环状臌胀肠袢内作鱼尾状摆动，即可发现有无闭结点撞击手端。

（7）肠变位　肠套叠多发生于空、回肠交界处。阻塞部前方肠管明显膨胀，套叠部呈香肠状肉样感，局部淤血、水肿。

2. 左侧腹腔探查术

术者左手伸入腹腔内进行探查，健康牛瘤胃浆膜光滑，触诊瘤胃内容物上 1/3 多为气体，中 1/3 为草团，下 1/3 为液体。手自瘤胃背囊探查，斜向前下方为脾脏的位置，其紧贴于瘤网胃壁上。瘤胃前背盲囊的前下方，可摸到紧贴膈肌的网胃，并可感到心搏动。网胃前壁浆膜光滑，与周围组织无粘连。

网胃内有较大的异物（如钉、针、铁丝）或网胃壁脓肿、胃壁瘘管等，在探查时可发觉。若异物穿出网胃，可引起局限性腹膜炎、网胃与膈粘连或形成索状瘘管。

异物穿入心包腔，则引起创伤性心包炎，触摸膈肌患部，心搏动感到遥远、不清。

术者右手自瘤胃后背盲囊后方，经过直肠下方，进入右侧腹腔。在大网膜浅层和右侧腹膜之间探查，可摸到十二指肠髂弯曲，乙状弯曲、瓣胃后部及皱胃大部分。

术者右手于网膜上隐窝间口进入网膜上隐窝，可探查盲肠、结肠袢上部和空回肠袢的腹缘与后缘。探查寻找病部的方法与右侧腹腔探查方法相同。

二、肠梗阻解除术

肠腔内容物的正常运行发生障碍，不能顺利通过肠道，即称为肠梗阻。临床中常见的为肠套叠、肠绞窄和肠阻塞等病症，均应采用手术疗法。

（一）肠套叠

肠套叠指一段肠管及其附着的肠系膜套入到邻近另一段肠腔内的肠变位。犬的肠套叠较多见，尤其幼犬发病率较高。见于小肠下部套入结肠（图 15-1）。因盲肠和结肠的肠系膜短，有时也发生盲肠套入结肠。

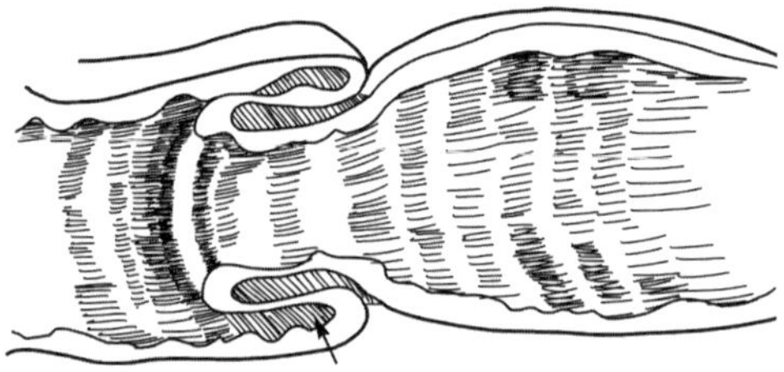

图 15-1　肠套叠纵切面（箭头所示）

1. 病因

主要由于过度活动和肠道的痉挛性蠕动所致，常见于犬细小病毒感染、犬瘟热、感冒、肠炎以及寄生虫寄生等；食入大量食物或冷水时，肠内气体增加，刺激局部肠道而产生剧烈蠕动，引起近端肠道套入远端肠腔；幼犬断乳后采食新的食物引起吸收不良等；反复剧烈呕吐、肠肿瘤和肠道局部增厚变形，也能引起肠套叠。

2. 症状

急性型表现为高位性肠阻塞症状，几天内即可死亡。慢性型可持续数周不等。肠套叠病犬主要表现为食欲不振、饮欲亢进、顽固性呕吐、黏液性血便、里急后重、腹痛、脱水等。腹部触诊有紧张感，右下腹部可触摸到坚实而有弹性似香肠样的套叠肠段，粗细为正常肠管的 2 倍左右，套入长度不等。按套入层次分为 3 级，1 级套叠如空肠套入空肠或回肠，回肠套入盲肠；2 级套叠为空肠套入空肠再套入回肠；3 级套叠为空肠套入空肠，又套入回肠，再套入盲肠。

3. 诊断与鉴别诊断

（1）根据顽固性呕吐、无大便及腹部触诊有香肠样物，可疑似本病。

（2）X 射线检查，可见 2 倍肠管粗细的圆筒状软组织阴影，肠阻塞严重时，套叠部的肠壁间有气体阴影或出现双层结构。

（3）本病注意与直肠脱鉴别。当肠道突出肛门外时，用钝性探子插入直肠和突出肠道之间进行探诊，肠套叠时，探子插入很深。

4. 治疗

肠套叠初期，试用温肥皂水灌肠整复或腹壁触诊整复。有时用抗痉挛药物或麻醉药，也可使初期肠套叠自然复位。症状明显的犬，应尽快进行剖腹手术整复。若套叠时间过长，肠壁发生粘连或坏死，应切除病变肠段。

（1）术前准备　肠套叠发生后，动物因腹痛、出汗、呕吐以及套叠部肠管的渗出和套叠前方肠管扩张积液等，动物出现水、电解质代谢紊乱和酸碱平衡失调，为提高手术的治愈率，术前应给予纠正，静脉注射林格氏液、地塞米松和抗生素；用胃管导胃以减轻胃肠内压；使用镇痛、镇静剂以减轻动物的疼痛。同时进行药品、器械准备，进行紧急整复手术。

(2)保定与麻醉　马属动物进行右侧卧保定，全身麻醉；反刍动物在6柱栏内站立保定或左侧卧保定，采用局部麻醉并配合止痛、镇静药物；犬进行仰卧保定，采用全身麻醉。

(3)术部　采用左(马)右(牛)肷部中切口，犬采用脐前腹中线切口。

(4)术式

①探查套叠部肠段　术者手经腹壁切口伸入腹腔内探查套叠部肠段。探查牛的肠套叠时，术者手在网膜上隐窝内进行探查，将套叠肠管经网膜上隐窝间口引出腹腔外。当无法引出时，可切开大网膜深浅两层，经网膜切口引出套叠部肠段；探查马的肠套叠时应在左髂部和回盲部探查。大动物套叠肠管如手臂粗，触之如肉样感或呈香肠样，表面光滑，套叠部前方肠管高度积气、积液，套叠部后方肠管空虚，牵动该段肠管动物疼痛，骚动不安。犬的肠套叠也多发生在空回肠交界处，有时套入到回盲口处，套叠部肠管如火腿肠硬度。

②将套叠部肠段引出腹腔外　肠套叠一般由3层肠壁组成，外层为鞘部，内层为套入部(有2层肠壁)，套入部进入鞘部后可沿肠管向前行进，同时肠系膜也随之进入。肠管套叠越长，肠系膜进入越长，从而导致肠系膜血管受压，肠系膜紧张，小肠的游离性显著减小。从腹腔内向切口外牵引套叠部肠管应十分小心，缓慢向外牵引，切忌向外猛拉或用力掐压和抓持套叠部，以防撕裂紧张的肠系膜或导致肠破裂。因套叠部前方肠段臌气、积液，套叠部后方肠段空虚，从腹腔内向外牵引套叠部肠管时，应先显露肠套叠部远心端肠段，然后再缓慢向外牵引出套叠部肠段和套叠的近心端肠段，并用生理盐水纱布隔离，判定肠套叠部是否发生坏死。对套叠部肠管仍有生命力者，应进行套叠肠管的整复术。

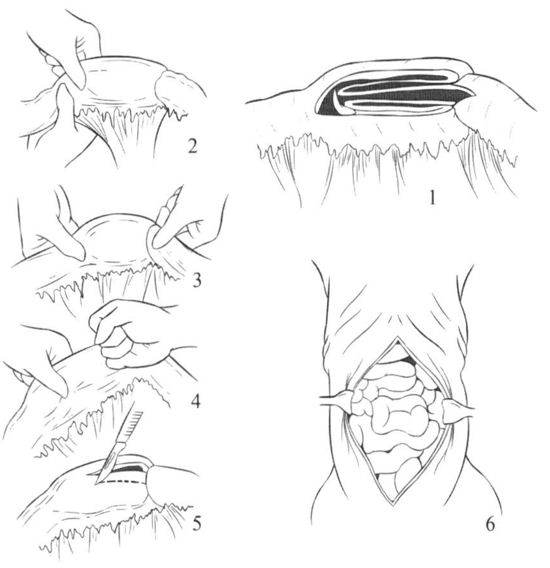

图 15-2　肠套叠整复术

1.小肠套叠模式图　2.用手自套叠顶端将套入部自远端向近端推挤复位　3.双手分别牵引近心端和远心端肠管　4.用小手指或其他分离工具插入套叠鞘内扩张、分离套入环　5.切开鞘部与套入部的外层　6.缝合后肠管复位

③整复套入部　助手一只手握住套叠部肠管的最外层，另一只手靠近肠管嵌入端轻轻牵拉，术者从套入部的最顶端向回轻轻按压和推送。操作时需耐心细致，推挤或牵拉的力量应均匀，不得从远、近两端猛拉，以防肠管破裂。若经过较长时间不能推挤复位时，可用小手指插入套叠鞘内扩张紧缩环，一边扩张一边牵拉套入部，使之复位。当套入过紧难以拉出时，可在套叠部最外层肠管浆膜的近端沿纵轴做一切口，便于复位(图15-2)。(视频15-1)

视频 15-1　猕猴肛门肠管脱出并发套叠-整复术

整复后，检查嵌入的肠段，对拉出5 min后仍呈暗色或没有动脉搏动的肠段应切除，然后进行吻合术。难以整复的肠套叠可直接切除。对脱水的病例，要充分补液，有休克症状时可静脉注射氢化可的松(6～10 mg/kg bw)。

犬的肠套叠经手术矫正复位后，约有 20%的犬可再度发生肠套叠（Weaver，1977；Wolfe，1977），肠套叠再复发的部位，位于肠套叠原发肠段的近心端，大约在术后 72 h 到 20 d 内复发。Olsen（1971）报道，犬的肠套叠手术整复前，给犬肌内注射抗胆碱能药物，以降低肠的蠕动能力，实验证明给药组犬术后没有复发，而非给药组有 15%的犬复发。

（5）术后治疗与护理　①术后及时静脉补充水、电解质，并注意纠正酸碱平衡，用高浓度葡萄糖时，每 100 mL 加氢化可的松 15 mg，以预防静脉炎和静脉栓塞。补给能量的同时，加维生素 C 和复合维生素 B，补液量和补液速度最好在中心静脉压监护下进行。②术后 1 周内使用足量的抗生素和糖皮质激素类药物，以预防腹膜炎的发生。③术后禁饲，只有当动物肠蠕动音恢复，排粪、排气正常，全身情况恢复后方可给予优质易于消化的饲料（或犬饲喂肉汁等流质食物），开始量小，逐日增大饲喂量至正常饲养量。④术后早期牵遛运动，对胃肠机能的恢复有帮助。

（二）肠绞窄

本病是指小肠和结肠被腹腔某些条索或韧带绞结，使肠腔闭塞不通，引起血液循环障碍的疾病（图 15-3）。

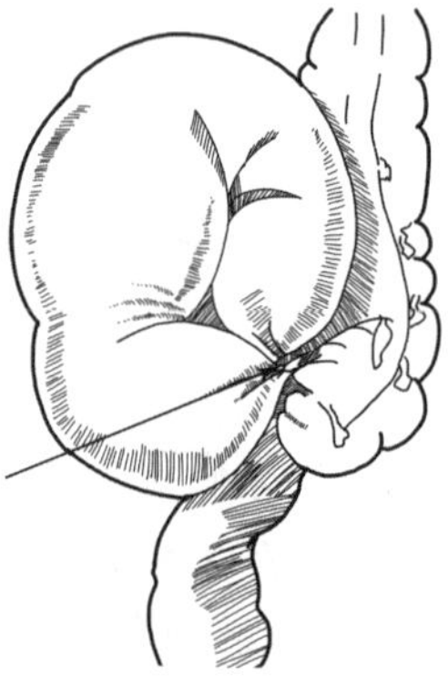

图 15-3　肠被系膜绞窄
（箭头所示）

（1）病因　主要是因为肠道外物体压迫，使肠腔迅速封闭所引起的高度充血性肠变位。过度跳跃、打滚、奔跑等，可使活动性大的肠段蠕动增强、痉挛或弛缓，而引起肠管绞窄。

（2）症状　持续性剧烈腹痛，食后呕吐，不时嚎叫、呻吟、回视腹部，不愿走动。可视黏膜发绀，肌肉震颤，肠音减弱或消失。严重的病犬、猫呈高度衰竭和脱水状态，体温降低。有的犬、猫因血液循环障碍，消化道出血，尚可见大量呕血或排血便。

（3）诊断　通过外部触诊或消化道造影及 X 射线检查不难诊断，剖腹探查可明确病变部位及其程度。血液学检查，血沉减慢。腹腔穿刺液呈红色。

（4）治疗　参照肠套叠的治疗方法。

（三）肠阻塞

肠阻塞是肠腔的物理性或机能性阻塞，使肠内容物不能顺利下行，临床上以剧烈腹痛及明显的全身症状为特征。根据肠腔阻塞程度，可分为完全阻塞和不完全阻塞。

1. 病因

（1）物理性因素　有肠内异物（如犬、猫常误吞玩具、石块、牵引带、布条及绳索等）、粪便秘结、肠道寄生虫、肠道内外肿瘤、肠套叠、肠绞窄、肠扭转、肠道手术后形成疤痕及疝等，使肠腔闭塞，造成机械性肠梗阻（图 15-4）。

（2）功能性因素　支配肠壁的神经紊乱或发炎、坏死、导致肠蠕动减弱或消失；或肠系膜血栓，导致肠管血液循环发生障碍，继而使肠壁肌肉麻痹，肠内容物滞留。

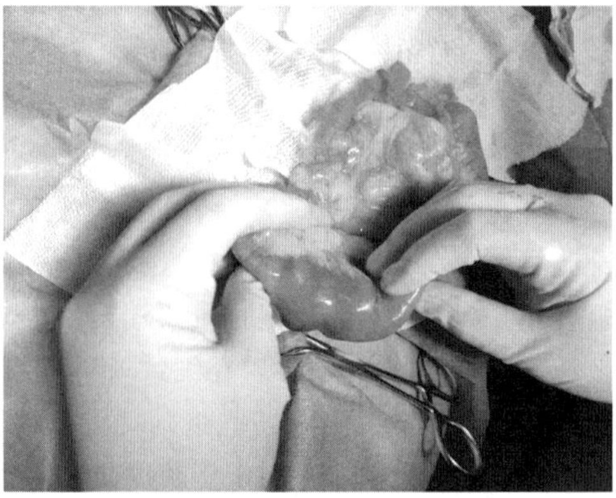

图 15-4　儿童玩具“尖叫猪”引起的犬肠梗阻

2. 症状

主要表现为呕吐，呕吐物的性状及呕吐时间视阻塞部位和程度不同而异。不完全阻塞仅在采食固体食物时发生呕吐，此时饮欲亢进。由于胃肠道内产生气体以及分泌亢进且无法排出等，使腹围膨胀和脱水。肠蠕动音先亢进后减弱，排出煤焦油样腹泻便，以后排便停止。阻塞和狭窄部位的肠管充血、淤血、坏死或穿孔时，可表现为腹痛。

3.诊断

(1)血清淀粉酶、脂肪酶升高，血清尿素氮在阻塞初期无变化，长期阻塞或肠管内出血时，轻度至中度升高。

(2)X射线检查，阻塞前部的肠管扩张，有特征性气体像。站立位时，可见液体与气体之间的水平线，阻塞部以下的肠管呈空虚像。

(3)肠道造影，投入钡剂后，肠道造影可确定阻塞部位。物理性肠阻塞的急性期，可见肠蠕动亢进或逆蠕动。疑似大肠被秘结粪便阻塞时，肠道造影可确定大肠的通过障碍。

4.治疗

物理性阻塞时，手术除去阻塞物。阻塞部肠段发生坏死的，要切除坏死部分肠段，做肠断端吻合术(同肠套叠)。功能性阻塞时，因肠道功能丧失，对肠管扩张和内容物不能顺利下行的，可做肠腔缩窄整复手术。

术后治疗与护理同肠套叠。

三、肠部分切除与吻合术

(一)适应症

广泛性的肠粘连，取出肠内异物以及肠阻塞、肠套叠、肠绞窄、肠扭转等引起的肠坏死及肠肿瘤等的根治，需要做部分肠管切除吻合术。

(二)术前准备

由肠变位引起肠坏死的动物，大多伴有严重的水、电解质代谢紊乱和酸碱平衡失调，并常常发生中毒性休克。为了提高动物对手术的耐受性和手术治愈率，在术前应纠正脱水和电解质及酸碱失衡，并防止休克。静脉注射胶体液(如全血、血浆)和晶体液(如林格氏液)、地塞米松、抗生素等药物，并在中心静脉压的监护下进行。插入胃导管进行导胃以减轻胃肠内压力，同时积极进行术部、器械、敷料和药品的准备，进行紧急手术。

在非紧急情况下，术前24 h禁食，术前6～12 h禁水，并给予口服抗菌药物，如土霉素、新诺明或红霉素等，可有效地抑制厌氧和整个肠道菌群的繁殖。

(三)保定与麻醉

全麻或局麻，大动物侧卧保定，小动物仰卧保定。

(四)手术通路

大动物采用(马左牛右)肷部中切口，小动物采取脐前腹中线切口。

(五)术式

腹壁切开后，术者的手经创口伸入腹腔内探查病部肠段。对各种类型小肠变位的探查，应重点探查扩张、积液、积气、内压增高的肠段，遇此肠段应将其牵引至腹壁切口外，以判定肠切除范围。若变位肠段范围较大，经腹壁切口不能全部引出或因肠管高度扩张与积液，强行牵拉肠管有肠破裂危险时，可将部分变位肠管引出腹腔外，由助手扶持肠管进行小切口排液，术者手臂伸入腹腔内，将变位肠管近心端肠襻中的积液向腹腔切口外的肠段推移，并经肠壁小切口排出，以排空全部变位肠管中的积液，方可将全部变位肠管引出腹腔外。用生理盐水纱布垫保护肠管，隔离术部，并判定肠管的活力。在下列情况下判定肠管已经坏死：肠管呈暗紫色、黑红色或灰白色；肠壁菲薄、变软无弹性，肠管浆膜失去光泽；肠系膜血管搏动消失；肠管失去蠕动能力等。若判定可疑，可用生理盐水温敷5～6 min，若肠管颜色和蠕动仍无改变，肠系膜血管仍无搏动者，可判定肠壁已经发生坏死。

1. 肠部分切除的范围

肠切除线应在病变部位两端 5～10 cm 的健康肠管上。切除线与肠管成 45°角，以保证吻合端供血良好，并可防止吻合口狭窄。对肠系膜侧切除的范围要大。

展开肠系膜，预先估计在肠管切除范围上，对相应肠系膜做“V”形或扇形预定切除线，将肠系膜预定切除线两侧血管进行双重结扎，然后在结扎线结之间切断血管与肠系膜。

并拢两肠钳，分别在肠系膜侧与肠系膜对侧做牵引线，肠系膜为双层浆膜组成，系膜血管位于其间，扇形肠系膜切断后，应注意肠断端的肠系膜侧无浆膜三角区出血的结扎。

坏死肠管的切除方法是在预定切除部，先将肠内容物推向两侧，然后在切除部两侧 5 cm 处，各用肠钳与肠纵轴成 45°～60°角夹持肠管，并切断。肠管断端用挤干的乙醇棉轻拭，准备吻合。

2. 肠吻合的方法

肠吻合的方式有端端吻合、侧侧吻合与端侧吻合 3 种。端端吻合符合解剖学与生理学要求，临床上常用。但在肠管较细和技术不熟练的情况下，吻合后易出现肠腔狭窄。侧侧吻合适用于较细肠管的吻合，能克服肠腔狭窄之缺点。端侧吻合在兽医临床上仅在两肠管口径相差悬殊时使用。

（1）端端吻合　助手把持并合拢两肠钳，使两肠断端对齐靠近。首先在两肠断端肠系膜侧距肠断缘 0.5～1.0 cm 处，用 4 号丝线将两肠壁浆膜肌层或全层做 15～25 cm 长的牵引线。在肠系膜对侧用同样方法另做一牵引线，紧紧固定两肠断端以便缝合（图 15-5）。然后用直圆针自两肠端的后壁从肠系膜对侧开始，在肠腔内从左向右地做连续全层缝合（图 15-6），缝合接近肠系膜侧向前壁折转处，将缝针自一侧肠腔黏膜向肠壁浆膜刺出（图 15-7），而后缝针从另一侧肠管前壁浆膜刺入，复而又从同侧肠腔内黏膜穿出（图 15-8）。自此，采用康乃尔氏缝合法缝合前壁，至肠系膜对侧与后壁连续缝合起始的线尾打结于肠腔内（图 15-9 和图 15-10）。

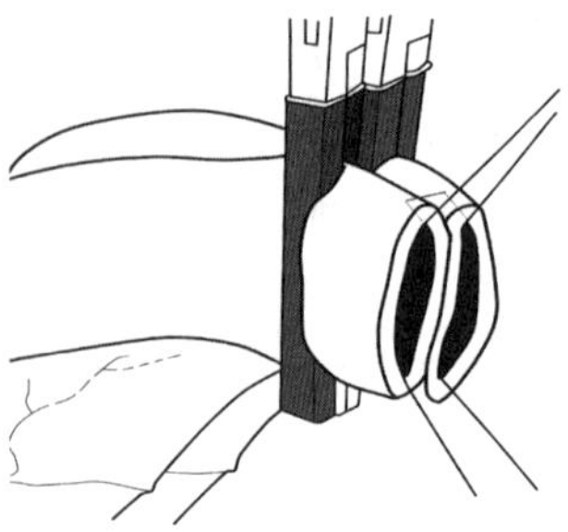

图 15-5　肠端端吻合，肠系膜侧与对肠系膜侧做牵引线

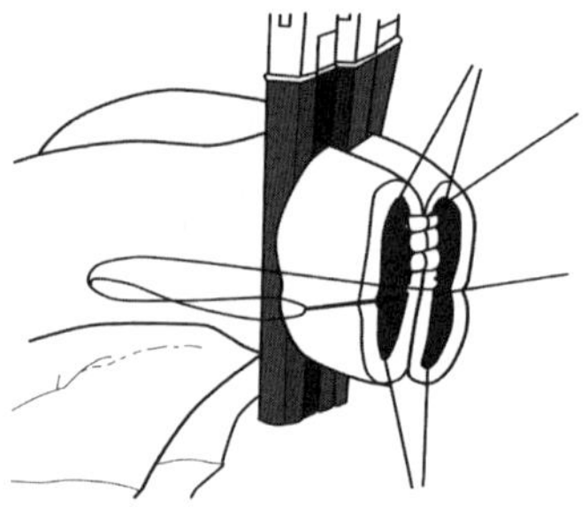

图 15-6　后壁连续全层缝合

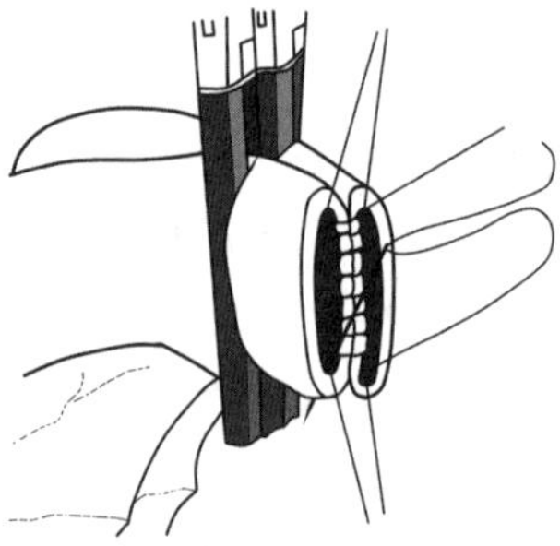

图 15-7　自后壁缝至前壁的翻转运针方法之一

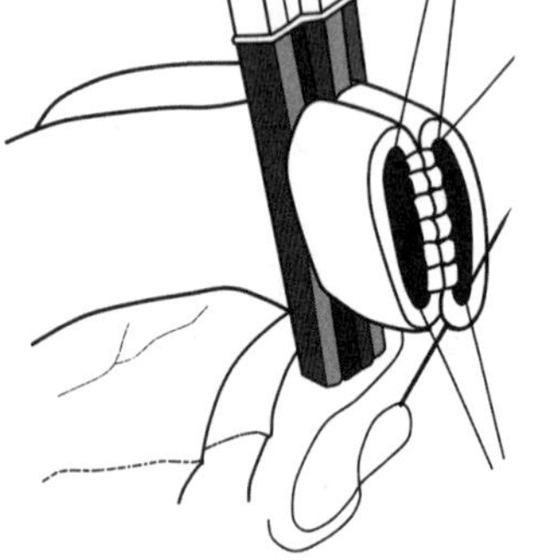

图 15-8　自后壁缝至前壁的翻转运针方法之二

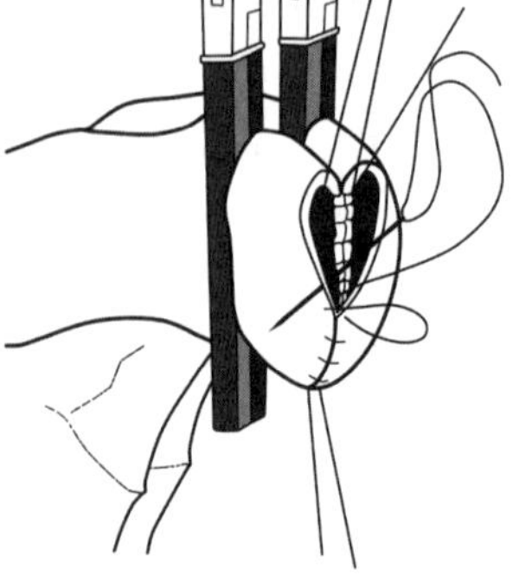

图 15-9　康乃尔氏缝合前壁

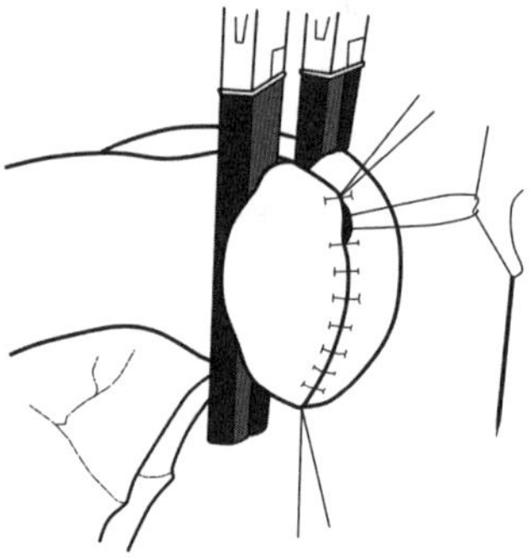

图 15-10　前壁与后壁线尾打结于肠腔内

完成第 1 层缝合后，用生理盐水冲洗肠管，手术人员重新消毒，更换手术巾与器械，转入无菌手术，第 2 层采用间断伦勃特氏缝合法缝合前后壁（图 15-11）。肠系膜侧和肠系膜对侧两折转处，必要时可做补充缝合。撤除肠钳，检查吻合口是否符合要求。最后间断缝合肠系膜游离缘。

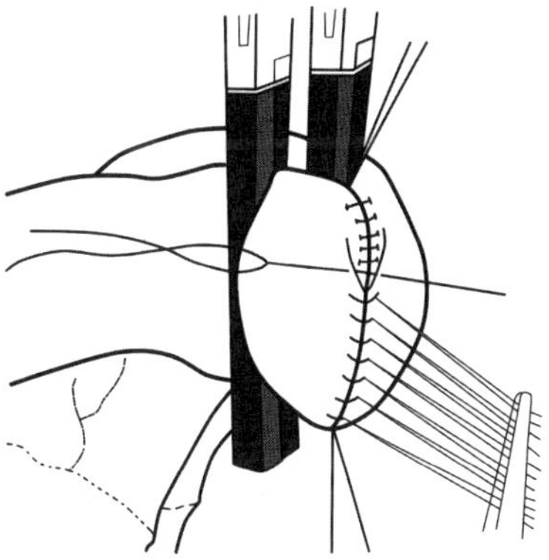

图 15-11　前后壁做间断伦勃特氏缝合

犬、猫进行肠管端端吻合时，因其肠管细小，只做一层浆肌层内翻缝合即可，缝线间距 3～4 mm，针距 2～3 mm。为促进肠管愈合，可将一部分大网膜覆盖在肠管吻合处，并将其固定在肠管上。

（2）侧侧吻合　肠管吻合前，首先闭合两肠管断端。用两把止血钳将两肠管断端夹住，用连续全层缝合法缝合第 1 层（图 15-12），抽出止血钳，拉紧缝线（图 15-13），紧接着用伦勃特氏缝合法缝合第 2 层（图 15-14），之后正式开始侧侧吻合（图 15-15）。

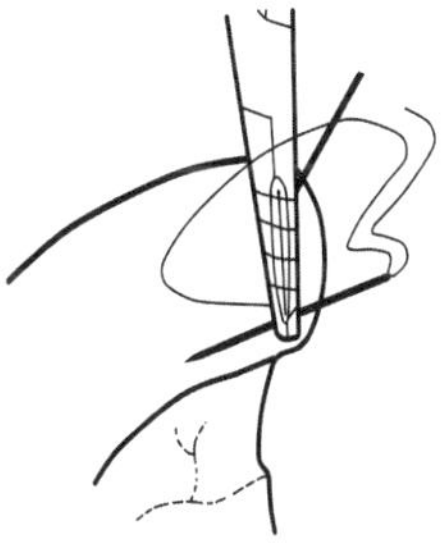

图 15-12　肠侧侧吻合，止血钳夹持肠管断端，做连续全层缝合

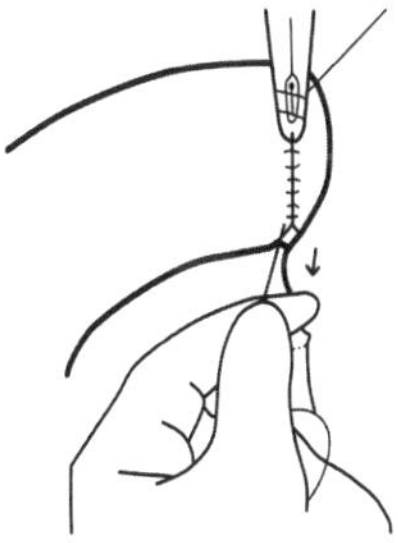

图 15-13　抽出止血钳，拉紧连续缝合线

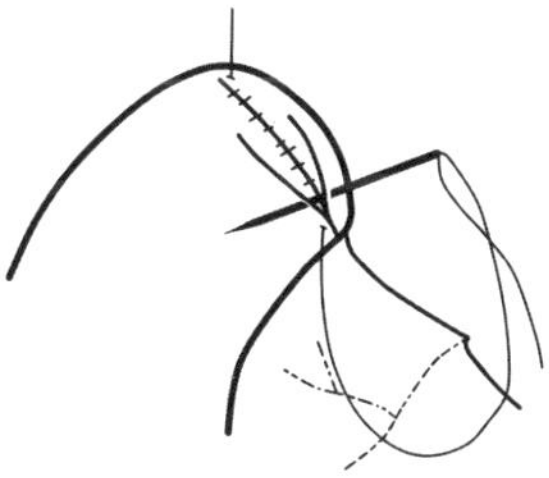

图 15-14　连续伦勃特氏缝合

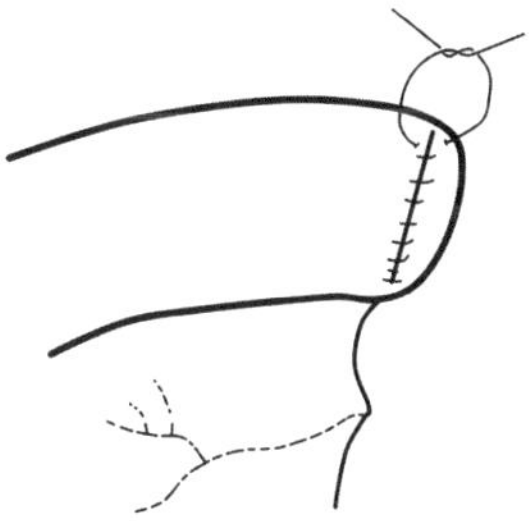

图 15-15　肠断端闭合完毕

先将远近两盲端肠段，以相对方向使肠侧壁交错重叠接近，用两把肠钳各在近盲端处，沿纵轴方向钳夹盲端肠管。钳夹的水平位置要靠近肠系膜侧。检查两重叠肠段有无扭转，然后将两肠钳并列靠拢，交助手固定，纱布垫隔离术部。

靠近肠系膜侧做间断或连续伦勃特氏缝合，缝合长度应略超过切口长度。距此缝合下方 1.0～1.5 cm 处，位于两侧肠壁中央部，各做一 4.0～6.0 cm 切口，形成肠吻合口。吻合口后壁做连续全层缝合，缝至前后壁折转处，按端端吻合的方法转入前壁，进行康乃尔氏缝合。缝至最后一针，缝线与开始第 1 针线尾打结。检查薄弱点做加强补充缝合。最后，在前壁浆膜上做间断或连续伦勃特氏缝合。撤除肠钳，重叠肠系膜游离缘做间断缝合。

（3）端侧吻合　除马属动物之外，有时用于反刍动物和猪的回肠末端肠套叠手术。将坏死回肠切除后，做回、盲肠端侧吻合术。

确定患部两侧回盲口与回肠预定切除线，并用肠钳闭合肠腔。将回盲系膜切除数厘米后，截断患部肠管，闭合回盲口残端。更换肠钳，在回盲口后右侧方钳夹新吻合口的肠壁。

助手将两肠钳靠拢，将两肠管后壁外层做伦勃特氏缝合，然后用刀在盲肠新吻合口上切开肠壁，对吻合口前后壁做连续全层缝合，缝合方法与端端吻合前后壁相同。两肠管前壁外层再行伦勃特氏缝合。吻合后用手指检查吻合口，回盲系膜游离缘做间断缝合。

(六)术后治疗及注意事项

术后静脉补充营养物质。48 h 后给以流质食物,7 d 后常规喂食。全身给予抗生素和磺胺类药物,局部按一般创伤治疗。

四、瘤胃切开术

(一)适应症

(1)严重的瘤胃积食,或者食入塑料布、尼龙线等,经保守疗法无效。

(2)创伤性网胃(心包)炎,进行瘤胃切开取出异物。

(3)误食大量有毒食物、饲料,药物服用过量引起中毒,手术取出毒物并进行胃冲洗。

(4)瓣胃梗塞、皱胃积食,做瘤胃切开及胃冲洗术进行治疗。

(5)以安装瘤胃窗、瘤胃瘘等实验为目的时需要进行瘤胃切开。

(6)网瓣胃孔角质爪状乳头异常生长者,可经瘤胃切开后拔除。

(二)保定与麻醉

一般采用站立保定,也可行侧卧保定。全身镇静,结合腰旁神经传导麻醉或局部浸润麻醉、抢风-三阳络穴电针麻醉。

(三)术部

(1)左肷部中切口　左侧髋结节与最后肋骨连线的中点,距腰椎横突下方 6～8 cm 处,垂直向下做 25～30 cm 腹壁切口,适于瘤胃积食、网胃内探查、胃冲洗和右侧腹腔探查的手术通路。

(2)左肷部前切口　左侧腰椎横突下方 8～10 cm,距最后肋弓 5 cm 左右,做一与最后肋骨平行的切口,切口长约 25 cm,必要时可切除最后肋骨作为肷部前切口,适于网胃探查与胃的冲洗。

(3)左肷部后切口　左侧髋结节与最后肋骨连线上,在第 4 或第 5 腰椎横突下 6～8 cm 处垂直向下切开 25 cm 切口,适于瘤胃积食、右侧腹腔探查。

(四)术式

左肷部切口的腹壁切开,因牛的腹壁肌层较薄,切开时注意腹膜,以免过早地切开胃壁,造成术部污染。因这是一个污染手术与无菌手术交替的手术,所以为了有效防止胃内容物对术野及腹腔的污染,必须充分做好瘤胃壁的固定与隔离。瘤胃固定与隔离方法介绍下面 3 种。

1. 瘤胃浆膜肌层与皮肤切口皮缘(或腹膜、腹横肌)连续缝合固定法(图 15-16)

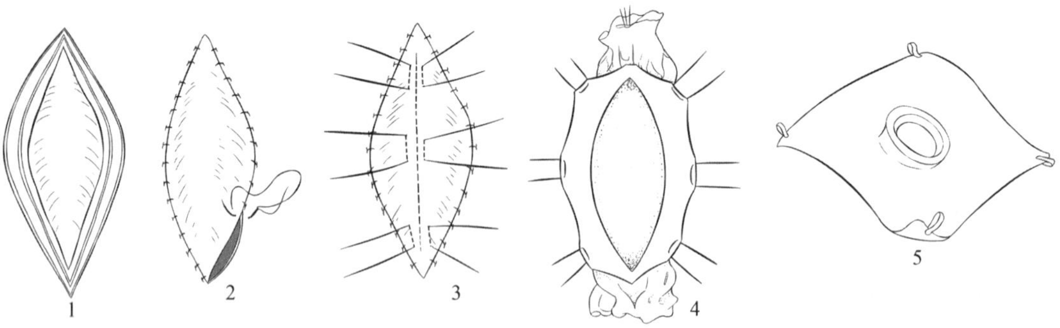

图 15-16　瘤胃与皮肤创缘做环形的缝合固定

1. 显露瘤胃　2. 瘤胃浆膜肌层与皮肤做连续缝合　3. 缝置瘤胃牵引线
4. 切开瘤胃壁,牵引瘤胃,外翻瘤胃黏膜　5. 安置橡皮洞巾

(1)瘤胃固定　用三棱针将瘤胃浆膜肌层与皮肤切口皮缘(或腹膜、腹横肌)之间环绕一周连续缝

合，针距为 1.5～2.0 cm，每缝一针都要拉紧缝合线，使瘤胃壁与皮肤创缘紧密贴附在一起，固定瘤胃壁的宽度为 20～25 cm。缝毕，检查切口下角是否严密，必要时做补充缝合。周围要填塞隔离纱布块。

(2)瘤胃黏膜外翻预置缝合线　用三棱针带 10 号丝线，在瘤胃预切线两侧通过瘤胃壁全层各做 3 个水平纽孔状缝合，以牵引外翻胃壁黏膜，纽孔状缝合线端用巾钳固定在皮肤和隔离巾上，或者缝合针再在距同侧皮肤创缘 10～12 cm 的皮肤上缝合，暂不抽紧打结。

(3)瘤胃切开与黏膜外翻固定(转为污染手术)　瘤胃切口长度 15～20 cm，在切开线上先用外科刀切一小口，慢慢放出瘤胃内气体，改用手术剪扩大瘤胃切口。在瘤胃切开后，助手将切口创缘两侧的预置缝线抽紧打结，使瘤胃黏膜外翻。外翻的胃壁浆膜与皮肤间仔细地填塞纱布垫。胃壁黏膜外翻是防止胃内容物污染胃壁浆膜与缓和手臂频繁进出对胃壁切口的机械性刺激。

(4)放置洞巾　在胃壁切口内，放入橡胶洞巾。橡胶洞巾由 70 cm 正方形的防水材料制成(橡胶布、油布、塑料布等)，洞孔直径为 15 cm，洞孔弹性环是用弹性胶管或弹性铜丝缝于防水洞巾孔边缘制成的。应用时将洞巾弹性环压成椭圆形，把环的一端塞入胃壁切口下缘，另一端塞入胃壁切口的上缘。将洞巾四周拉紧展平，并用巾钳固定在隔离巾上，以便掏取瘤胃内容物和进行胃腔探查。

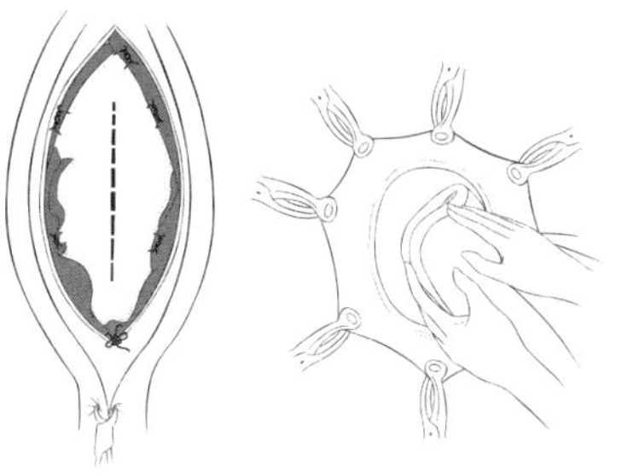

图 15-17　瘤胃 6 针固定和舌钳夹持黏膜外翻法

2. *瘤胃 6 针固定和舌钳夹持黏膜外翻法*(图 15-17)

(1)瘤胃固定　显露瘤胃后，在切口上下角与周缘，做 6 针纽孔状缝合，将胃壁固定在皮肤或肌肉上，打结前应在瘤胃与腹腔之间填入浸有温生理盐水的纱布。纱布一端在腹腔内，另一端在腹壁切口外，然后再抽紧 6 针缝合线，使瘤胃壁紧贴在腹壁切口上。

(2)胃壁切开　先在瘤胃切开线的 1/3 处，用外科刀刺透胃壁，并立即用舌钳夹住胃壁的创缘，向上向外拉起，防止胃内容物外溢。然后用剪刀扩大瘤胃切口，并用舌钳固定提起胃壁创缘，将胃壁拉出腹壁切口并向外翻，随即用巾钳把舌钳柄夹住，固定在皮肤和创布上，以免胃内容物流到地面。然后再套入橡胶洞巾。

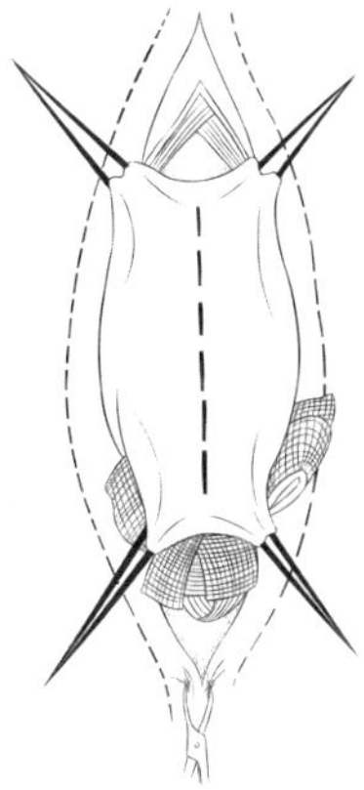

图 15-18　瘤胃四角吊线固定法

3. *瘤胃四角吊线固定法*(图 15-18)

此法适用于瘤胃内容物较少、瘤胃壁易于向切口外牵引的病例。将瘤胃壁预定切口部位牵引至腹壁切口外。在胃壁与腹壁切口间，填塞大块灭菌纱布，并保证大纱布牢固地固定在局部。在瘤胃壁切口左上角与右上角，在左下角与右下角，依次用丝线穿入胃壁浆膜肌层，做成预置缝线。每个预置缝线相距 5～8 cm。切开胃壁，由助手牵引预置缝线使胃壁浆膜紧贴术部皮肤，并将其缝合固定于皮肤上。

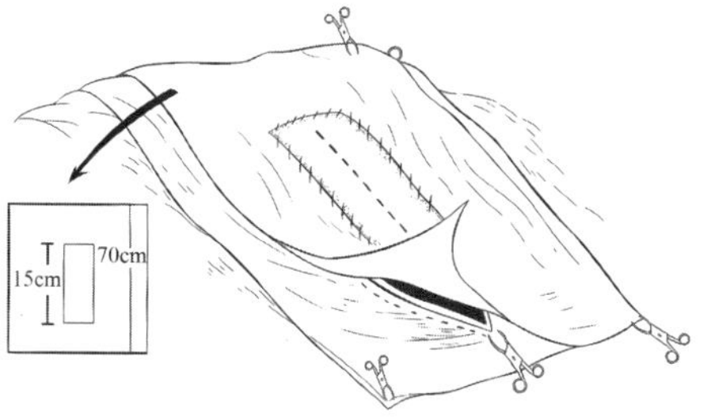

图 15-19　瘤胃 4 针固定和舌钳夹持黏膜外翻法

4. *瘤胃 4 针固定和舌钳夹持黏膜外翻法*(图 15-19)

显露瘤胃后，在切口上下 4 个角，用线穿过瘤胃浆膜肌层做 4 针纽孔状缝合，将胃壁固定在皮肤或肌肉上，为防止污染腹腔，在打结前应在瘤胃与腹腔之间，填入浸有温生理盐水的纱布。纱布一端在腹腔内，另一端在腹壁切口外，然后再抽紧 4 针缝合线，使瘤胃壁紧贴在腹壁切口上。之后再铺一层灭菌温生理盐水纱布。

5. 四种瘤胃固定方法的比较

第 1 种方法隔离严密，对瘤胃切口和皮肤切口机械摩擦极少，适用于大量瘤胃内容物取出与胃冲洗，但要求腹壁切口较大；第 2 种方法操作简单，但使用舌钳较多；第 3 种方法操作简便，适用于瘤胃内容物较少不需取出瘤胃内容物的网胃探查与异物取出；第 4 种方法操作简便，适合于羊和体型较小的牛瘤胃内容物较少的探查与异物取出。

6. 胃腔内探查与各种类型病区的处置

瘤胃切开后即可对瘤胃、网胃、网瓣胃孔、瓣胃及皱胃进行探查，并对各种类型病区进行处理。

(1)对瘤胃疾病的处理　对于粗纤维引起的瘤胃积食，可取出胃内容物总量的 1/2～2/3。对泡沫性臌气，取出胃内部分内容物后，用温生理盐水灌入瘤胃，冲洗胃腔，清除发酵的胃内容物。对饲料中毒的患病动物，将有毒物取出，剩余部分用大量温盐水冲洗，并放置相应解毒药。

(2)网胃内探查与处理　术者手自瘤胃前背盲囊向前下方，经瘤网胃孔进入网胃。首先检查网胃前壁和胃底部每个多角形黏膜隆起——网胃小房，有无异物刺入(如针、钉、铁丝等)，胃壁有无硬结和脓肿。已刺入网胃壁上或游离网胃底部的异物全部取出。

(3)瓣胃梗塞的探查与处理　瓣胃梗塞的病牛，于瘤胃腔前肌柱下部，隔瘤胃壁触摸瓣胃体积，较正常增大 2～3 倍，坚实、指压无痕，网瓣胃孔常呈开张状态，孔内与瓣胃沟中充满干涸胃内容物，瓣胃叶间嵌入大量干燥如茶砖或豆饼样物质。

瓣胃冲洗前，先将瘤胃基本取空，然后左手进入网瓣胃孔，取出干涸胃内容物。将双列弹性环的橡胶排水袖筒洞巾放入瘤胃腔内，再插入胶管，并用漏斗灌注大量温盐水，泡软瓣胃沟内干涸内容物，一边灌水，一边用手指松动瓣胃沟及瓣胃叶间的内容物。泡软冲碎的内容物，随水返流至网胃和瘤胃腔内。在瓣胃叶间干涸的内容物未全部泡软冲散前，一定不要将瓣皱胃孔阻塞部冲开，以免灌注水大量涌入皱胃并进入肠腔造成不良后果。由于其解剖特点，瓣胃左上方叶间干涸的内容物最难泡软冲散，手指的松解动作也难以触及该部。应将手退回瘤胃腔内，在前肌柱下部隔着瘤胃壁按压瓣胃的左上角，促使瓣胃叶间干涸物松散脱落。

这样反复地灌注温盐水及手指松动干涸胃内容物和隔胃按压相结合的方法，可将瓣胃内容物全部冲散除尽。大量冲洗瓣胃返流到瘤胃的液体，不断地经瘤胃切口排出，冲洗用水量为 100～400 kg。

用手指松动瓣胃叶间干涸内容物时，切勿损伤叶片，以免造成叶片血肿或出血，影响手术效果。

(4)皱胃积食的胃冲洗法　皱胃积食常继发瓣胃阻塞，因此皱胃冲洗的步骤应先冲洗瓣胃。当瓣胃沟和大部分瓣胃叶间干涸内容物已松软冲散后，手持胶管进入瓣皱胃口内冲洗皱胃干硬胃内容物。皱胃前半部干硬物，经边灌注边用手指松动的方法冲开，随水返流至瘤网胃腔内，并自瘤胃切口排出，返流冲洗液呈现胃酸味。皱胃后半部干硬物，手难以直接触动及松动，主要依靠温盐水浸泡冲洗与体外撬杠按摩的方法松动解除。也可在瘤胃腹囊处，隔瘤胃壁对皱胃进行按摩。皱胃内干硬胃内容物比瓣胃内容物较易泡软冲散。在皱胃幽门部阻塞物冲开前，一定要确定瓣胃与皱胃的干涸阻塞物已基本冲散除尽，方可将皱胃幽门冲开，至此皱胃积食的胃冲洗术即告结束。

将瘤胃、网胃内过多的液体，经胶管虹吸至体外，胃内液体水平面保持在瘤胃的下 1/3 处即可。向胃内填入 1.5～2.5 kg 青干草或健康牛的瘤胃内容物，以刺激胃壁恢复收缩能力，促进反刍。

(五)胃壁缝合及关腹

修整瘤胃壁创口边缘，用生理盐水冲净附着在瘤胃壁上的胃内容物和血凝块。拆除纽孔状缝合线，修整瘤胃壁创口边缘，在瘤胃壁创口进行自下而上的全层连续缝合，缝合要求平整、严密，防止黏膜外翻，然后对术野及手术人员进行无菌处理。

用生理盐水再次冲洗胃壁浆膜上的血凝块，并用浸有青霉素、盐酸普鲁卡因溶液的纱布覆盖在已缝的瘤胃创缘上，拆除瘤胃浆膜肌层与皮肤创缘的连续缝合线。再次冲洗瘤胃壁浆膜上的血凝块，除去遗留的缝合线头及其他异物后，准备瘤胃壁的第2层缝合，此阶段由污染手术转入无菌手术。手术人员重新洗手消毒，污染的器械不能再用。对瘤胃进行连续伦勃特氏或库兴氏缝合。局部涂抗生素软膏，腹腔内注入抗生素溶液，进行腹壁常规缝合。

(六)术后治疗与护理

术后禁食36～48 h，待瘤胃蠕动恢复、出现反刍后开始给少量优质饲草。术后12 h即可进行缓慢的牵遛运动，以促进胃肠机能的恢复。术后不限饮水，对术后不能饮水者应根据动物脱水的性质进行静脉补液；术后4～5 d内，每天使用抗生素，如青霉素、链霉素。术后还应注意观察原发病消除情况，有无手术并发症，并根据具体情况进行必要的治疗。(视频15-2)

视频15-2　山羊瘤胃切开术

五、牛皱胃切开术

(一)适应症

皱胃积食、皱胃内肿瘤的切除及严重的皱胃溃疡胃部分切除术，皱胃内毛球、纤维球及皱胃内积沙的取出。皱胃积食手术有两种手术途径：一种是左肷部手术途径(见“四、瘤胃切开术”)；另一种是右侧肋弓下斜切口手术途径。现在将右侧肋弓下斜切口的操作方法叙述如下。

(二)保定与麻醉

左侧侧卧保定。用静松灵或保定宁配合局部麻醉。

(三)术部

右侧肋弓下斜切口，距右侧最后肋骨末端25～30 cm处，定为平行肋弓斜切口的中点。在此中点上做20～25 cm平行肋弓的切口。也可在右侧下腹壁触诊皱胃轮廓明显处，确定切口位置。

(四)术式

切开腹腔彻底止血后，显露皱胃，然后按下列顺序进行。

(1)皱胃显露、隔离与切开　用浸有青霉素生理盐水的灭菌纱布填塞于腹壁切口和皱胃之间，以防切开皱胃时污染腹腔。

皱胃壁切开约20 cm，将事先准备好的50 cm×50 cm橡胶洞巾，连续缝合在皱胃壁切口创缘上，并将橡胶洞巾固定于皮肤和创巾上。

(2)掏取胃内容物　先用手指将皱胃内干涸内容物取出一部分，随即用温水进行胃冲洗。将接在漏斗上的胶管引入胃腔内，手指边松动干硬胃内容物，边用温水冲洗，大量松散的液状胃内容物持续自切口排出，直到全部排出为止。

皱胃积食的病牛往往继发瓣胃梗塞，由于皱胃内容物全部取出，梗塞的瓣胃下沉，压迫空虚的皱胃，术后可造成皱胃压迫性阻塞。因此，对继发瓣胃梗阻的病牛，在皱胃内容物冲洗排空的基础上，继续经瓣皱胃孔冲洗瓣胃内容物。

(3)胃壁缝合　对受损伤的胃壁创缘做部分切除，是防止胃瘘发生的有效措施。拆除胃壁上橡胶洞巾，除去填充纱布，用丝线做全层连续缝合，再用生理盐水冲洗轻拭胃壁，涂以少量青霉素，再进行库兴氏缝合，胃壁涂以抗生素油膏并送入腹腔，最后关闭腹壁切口。

(五)术后治疗与护理

术后禁饲36～48 h，待动物出现反刍后，可给以少量优质饲草饲料。术后1周内，每天定时给予抗生素治疗，适当经口投入稀盐酸和胃蛋白酶。若动物有脱水表现，应静脉补液，并纠正代谢性碱中毒。

六、牛皱胃(真胃)变位整复术

(一)牛真胃左方变位

真胃左方变位(LDA)是皱胃通过瘤胃的底部,转移到左侧腹腔,使皱胃处于瘤胃与左侧腹壁之间(图 15-20)。

临床特征为左侧腹中部或下腹部局限性膨大;瘤胃听诊(左侧第 9～12 肋肩关节水平线上下)可闻带金属调流水音;听叩诊结合产生钢管音;粪便逐渐减少,呈糊状,有黏腻感;钢管音区穿刺取得真胃液(pH 1～4,无纤毛虫)。

本病多见于 4～6 周岁、体格高大的高产奶牛;多发于泌乳早期,80%发生在分娩后 1 个月内,65%发生在分娩后 8 d 内;病程长,病情缓慢;近年发病率有逐年升高的趋势。

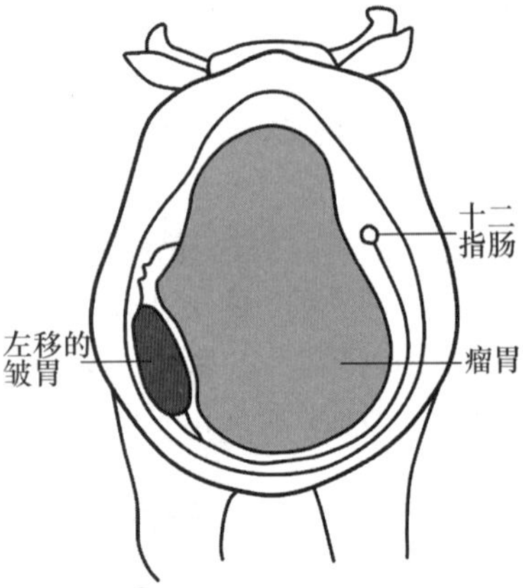

图 15-20 左方变位的真胃位置

1. 病因

关于发病原因,目前有两种理论:一种认为由于真胃弛缓所致,另一种认为由于真胃机械性移位所致。

(1)真胃弛缓学说 胃壁平滑肌弛缓是真胃左方变位的病理学基础。

当真胃弛缓时,真胃机能不良形成扩张和充气,容易因压迫而游走,由于真胃内含多量气体,胃大弯向上扩张,真胃就容易向上移至瘤胃前盲囊和网胃之间,最后固定在瘤胃背囊和左腹壁之间。

①过食优质谷物饲料(玉米、玉米青贮等)是变位的主要病因,其中丁酸含量对真胃弛缓影响最大。优质谷物饲料可加速食糜后送速度,使真胃内挥发性脂肪酸(VFA)急剧升高,导致胃壁平滑肌运动减弱,幽门开放减慢(真胃弛缓),真胃内食糜停滞,从而产生多量气体(CO_2、CH_4、N_2 等),导致真胃膨胀和真胃弛缓,使真胃易因受压而游走变位。

②产后疾病(真胃运动抑制)是促发变位的潜在因素,如分娩期的努责、脓毒败血性乳房炎或胎衣不下或子宫炎所致的败血症、创伤性网胃腹膜炎(反射性真胃弛缓);高产乳牛过食精料(特别是优质谷物精料)引起胃酸过多,真胃炎、真胃溃疡(肌源性真胃弛缓)以及生产瘫痪(液递性真胃弛缓)、酮病等代谢障碍均可成为真胃左方变位的致病因素。

(2)机械性移位因素学说 从解剖部位与妊娠子宫和沉重瘤胃之间的关系出发,认为真胃的位置改变是子宫妊娠后随胎儿逐渐增大而沉重堕于腹底,于是瘤胃逐渐被抬高,并向前方推移。与此同时,真胃趁机从瘤胃腹囊与腹底壁间间隙向左方移走。而当母牛分娩时,胎儿被娩出,抬高和推移的瘤胃重新恢复下沉。移位的真胃被压到瘤胃与左侧腹壁之间,同时真胃产生多量气体,可进一步游走到左侧腹腔上方。这种理论可从"孕牛不发生真胃变位"来证明。

以上是真胃变位机理的两种假说。但更多的学者认为,真胃变位是两种机理共同作用的结果:真胃弛缓麻痹是该病发生的根本原因,而机械性移位是该病发生的促发因素。

由于在真胃变位的同时,瓣胃、网胃、幽门、十二指肠也被动移位。真胃受瘤胃的挤压不能正常运动和排空,形成不完全阻塞,引起消化障碍和营养失调。

2. 临床症状

(1)一般在产后数天或 1～2 周内出现前胃弛缓症状,但往往不发生食欲废绝,采食有选择性,仅厌食精料;粪便量逐渐减少,呈黏腻滋润,糨糊样油腻;轻度腹痛。

(2)体温、呼吸、脉搏变化不大,产奶量急剧下降(可减少 1/3～1/2),日见消瘦。

(3)腹部检查　该病的示病体征如下所述。①视诊：腹围显著缩小，肷窝塌陷，右腹平坦，左侧腹中下部(多在左肷窝的前下方、肋骨弓的后下方)局限性膨隆，病牛喜右侧卧。②触诊：左侧腹壁局限性膨隆区有气囊样感觉，冲击有振荡音。③叩诊：左侧腹壁局限性膨隆区，叩诊呈钢管音。④听诊：第 9～12 肋骨弓的下缘，肩-膝水平线上下，可闻带金属调流水音，频率时高时低，2～3 次/5 min 至 1 次/15 min 不等。⑤听叩诊结合：产生钢管音；多在左肋弓的前后，向前可达第 8～9 肋，向下抵肩-膝水平线；卵圆形或不正形，直径 10～12 cm 或 35～45 cm 不等。(视频 15-3)

视频 15-3　奶牛真胃移位听叩诊

(4)穿刺检查　局限性鼓音或钢管音区直下部穿刺，取得真胃液(褐色、酸臭、混浊液体，pH 1～4，无纤毛虫)。

(5)直肠触诊　右侧空虚，瘤胃稍靠正中。后期，瘤胃体积缩小，可触及膨胀的真胃(触之不留痕，区别真胃阻塞)或瘤胃与左腹壁间有较大的空隙(可容一拳)。

3. 病程

往往可拖延 20～30 d。由于真胃分泌的盐酸等不能后送，会引起低氯血症、低钾血症、代谢性碱中毒而死亡。

4. 诊断

根据分娩或流产后呈现消化不良、轻度腹痛、酮病综合征的病牛，按前胃弛缓或酮病治疗无效或复发的，除考虑创伤性网胃炎外，应着重怀疑 LDA；腹部检查出现示病体征；开腹检查验证诊断和治疗。

5. 治疗

治疗原则是整复变位的真胃，恢复其运动功能，调节电解质平衡。可用保守疗法和手术疗法治疗。

(1)保守疗法　使用健胃剂辅以消导剂，增强胃肠运动，消除真胃弛缓，促进真胃内气体液体排空。对单纯性真胃左方变位早期病牛治愈率高。①硫酸新斯的明 10 mg，皮下注射，2 次/d；10％维生素 B_1 注射液 20 mL，肌内注射，2 次/d。②强心补液，调节电解质平衡。生理盐水 500 mL，20％安钠咖 10～20 mL，25％维生素 C 20 mL，静脉注射，1 次/d，连用 3 d；10％葡萄糖 1 500 mL，10％氯化钾 100 mL，10％氯化钙 100～150 mL，静脉注射，1 次/d，连用 3 d。或复方氯化钠注射液 1 500～2 500 mL，静脉注射，1 次/d，连用 3 d。③中药，按前胃弛缓处方治疗兼消导。用四君子汤、平胃散、补中益气汤、椿皮散加减。补中益气汤加减：沙参 30 g，黄芪 250 g，白术 100 g，当归 60 g，陈皮 60 g，升麻 20 g，柴胡 30 g，枳实 60 g，川楝子 40 g，代赭石 100 g，焦槟榔 40 g，鸡内金 100 g，焦三仙 100 g，水煎内服，1 剂分 2 次内服，1 剂/d，连用 2～3 剂。

若存在并发症，如酮病、乳房炎、子宫炎等，应同时进行治疗，否则保守疗法治疗效果不佳。

(2)滚转疗法　滚转疗法是治疗单纯性真胃左方变位的常用方法，运用巧妙时，可以痊愈。治愈率达 70％。①让动物绝食 1 d 以上，限制饮水，使瘤胃容积变小。②让牛在有一定倾斜度的坡地(最好是草地或较松软平整的地方)进行滚转。③具体的方法是使牛右侧横卧(背脊朝高面、蹄向低面)1 min，然后转成仰卧(背部着地，四蹄朝天)1 min，随后以背部为轴心，先向左滚转 45°，回到正中，再向右滚转 45°，再回到正中；如此来回向左右两侧摆动若干次，每次回到正中位置时静止 2～3 min，此时真胃往往“悬浮”于腹中线并回到正常位置，仰卧时间越长，从膨胀的器官中逸出的气体和液体越多；将牛转为左侧横卧，使瘤胃与腹壁接触，然后马上使牛站立，以防左方变位复发。也可以采取左右来回摆动 3～5 min 后，突然一次以迅猛有力的动作摆向右侧，使病牛呈右横卧姿势，至此完成一次翻滚动作，直至复位为止。如尚未复位，可重复进行。(视频 15-4)

视频 15-4　奶牛真胃左方变位盲针整复固定术

经药物治疗、滚转法治疗或药物与滚转法相结合的治疗后，让动物尽可能地采食优质干草，以增加瘤胃容积，从而达到防止左方变位的复发和促进胃肠蠕动的作用。

(3)手术疗法　手术切口分左腹切口、右腹切口、左右腹同时切口。

左腹切口手术方法：站立保定，2%普鲁卡因腰旁神经干传导麻醉，切口浸润麻醉。在左腹部腰椎横突下方 10～15 cm，距第 13 肋骨 6～8 cm 处，做垂直切口，导管针穿刺导出皱胃内气体和液体。然后，牵拉皱胃寻找大网膜，将大网膜引至切口处，用 3 根长约 1 m 的肠线，一端在真胃大弯的大网膜附着部做 3 个浆膜肌层水平纽扣缝合，间距 3～4 cm，线尾用止血钳夹持放在切口外备用。

纠正皱胃位置后，右手掌心握着带肠线的缝针，紧贴左内腹壁伸向右腹底部，并按助手在右腹壁外指示真胃正常体表位置处，将缝针向外穿透腹壁，由助手将缝针拔出，慢慢拉紧缝线。然后，缝针从原针孔刺入皮下，距针孔处 1.5～2.0 cm 处穿出皮肤，引出缝线，将其与入针处留线在皮肤外打结固定，剪去余线，其余两根依次进行(图 15-21)；腹腔内注入青霉素和链霉素溶液，缝合腹壁(图 15-22)。

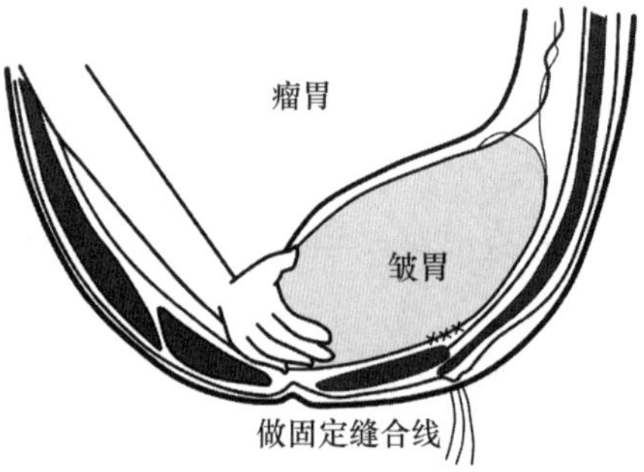

图 15-21　真胃复位缝线固定

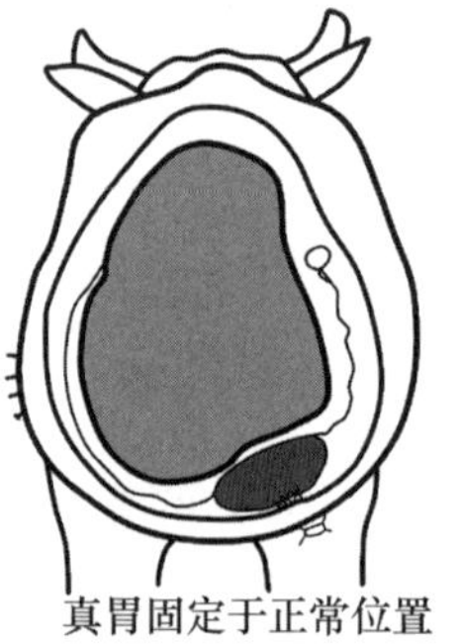

图 15-22　真胃复位手术后示意图

6. 术后治疗与护理

术后禁饲，只有在出现反刍后才开始饲以少量优质饲草，特别注意少喂精料；术后 5～6 d 内，每天肌内注射抗生素，当有脱水症状时，应静脉补液并纠正酸碱失衡。

(二)牛真胃右方变位

真胃右方变位(RDA)又称皱胃扭转，指皱胃从正常的解剖位置以顺时针方向扭转到瓣胃的后上方，而置于肝脏与腹壁之间。

临床特征为右侧肋弓后，腹中部局限性膨大；冲击式触诊有晃水音，听叩诊结合产生钢管音；腹痛剧烈；发病急、来势猛；脱水明显，全身症状重剧。

常发于成年乳牛，多见于产犊后 3～6 周；犊牛及公牛、肉牛也可发生；发病急，来势猛，病程短，死亡率高(70%～80%)。

1. 病因

真胃右方变位的病因目前仍不完全清楚。可能的病因有：

(1)与左方变位相似，由真胃弛缓引起。

(2)跳跃、起卧、滚转、分娩等体位或腹压发生剧烈改变是促发因素。

2. 症状

(1)食欲急剧减退或废绝，前胃弛缓，泌乳量急剧下降。腹痛剧烈，表现不安或踢腹、背下沉等腹痛症状；全身症状发展快，体温一般正常或偏低。心率 80～120 次/min，呼吸数正常或减少；脱水体征明显。

(2)腹部体征明显(3～4 d 后),从尾侧视诊可见右腹中部膨大或肋弓后突起;右腹冲击式触诊可发现扭转的真胃内有大量液体而出现晃水音(感);在听诊右腹部的同时进行叩诊,可听到高亢的钢管音(砰砰声),区域向前可达第 8 肋间,向后可延伸至第 12 肋间或肷窝。直肠检查,在右腹部可触摸到膨胀、紧张而具有弹性、充满气体和液体的皱胃,压不留痕(区别真胃积食)。

(3)穿刺　从膨胀部位(钢管音区域)下部穿刺皱胃,可抽出大量带血色液体,pH 1～4。

(4)粪便　早期粪便稀软量少,呈黑褐色糊状,混有血液,“松馏油”样。后期由于扭转不通,不见排粪。

(5)血清氯化物　血清氯化物在皱胃扭转早期为 80～90 mmol/L,严重病例低于 70 mmol/L。

3. 治疗

(1)手术疗法　在右腹部第 3 腰椎横突下方 10～15 cm 处,做垂直切口,导出皱胃内的气体和液体;纠正皱胃位置,并使十二指肠和幽门通畅;然后将皱胃在正常位置与腹壁加以缝合固定,防止复发。

(2)加强术中和术后护理　①术中抗菌消炎、强心补液。甲硝唑 100 mL×(7～10)瓶,静脉注射。复方氯化钠注射液 3 000 mL、25%葡萄糖注射液 500～1 000 mL、20%安钠咖注射液 10 mL、25%维生素 C 20 mL,静脉注射。②术后抗菌消炎、强心补液纠正碱中毒。腹腔注射庆大 100 万 U 或输注甲硝唑。对于早期的皱胃扭转或轻度脱水者,采取术后口服补液(15～40 L)和氯化钾(每次 30～120 g,2 次/d);严重病例则应在术前进行静脉补液和补钾(450 kg 体重的奶牛用复方氯化钠注射液 3 000～5 000 mL,25%葡萄糖注射液 500～1 000 mL,20%安钠咖注射液 10 mL,静脉注射)。而低钙血症、酮病等并发症在术后应同时进行治疗。③完全畅通后,兴奋胃肠功能,促进真胃运动。选用促反刍液、维生素 B_1、拟胆碱药。

4. 预防

合理配合日粮,特别是高产奶牛,按泌乳量增加精料时,绝不能减少日粮中的优质干草。精料及酸性饲料喂量大时,应补喂适量碳酸氢钠。妊娠后期应少喂精料,多喂优质干草,给予适当运动。临产期前,尽量保持正常饲养,更应克服产前干奶期补饲催奶的饲养方法,以防皱胃弛缓及其分娩后发生本病,乃至伴发妊娠毒血症和酮血病综合征,保证奶牛安全分娩与健康。

七、犬胃切开术

1. 适应症

常用于胃内异物的取出,胃内肿瘤的切除,急性胃扩张-扭转的整复、胃内减压或坏死胃壁的切除,慢性胃炎或食物过敏时胃壁活组织检查等。

2. 术前准备

非紧急手术,术前应禁食 24 h 以上。也可先用胃镜进行检查,确定异物或肿瘤位置。在急性胃扩张-扭转病犬,术前应积极补充血容量和调整酸碱平衡。对已出现休克症状的犬应纠正休克,快速静脉输液时,应在中心静脉压监护下进行,静脉内注射林格氏液与 5%葡萄糖或含糖盐水,剂量为每千克体重 30～40 mL,同时每千克体重静脉注射氢化可的松或氟美松 4～10 mg,氯霉素 50 mg。在静脉快速补液的同时,经口插入胃管以导出蓄积的气体、液体或食物,以减轻胃内压力。(视频 15-5)

视频 15-5　犬胃镜检查

3. 麻醉与保定

全身麻醉,气管内插入气管导管,以保证呼吸道通畅,减少呼吸道死腔和防止胃内容物逆流误咽。仰卧保定。

视频 15-6 兔胃切开术

4. 手术通路

脐前腹中线切口。从剑状突末端到脐之间做切口，但不可自剑状突旁侧切开。犬的膈肌在剑状突旁切开时，极易同时开放两侧胸腔，造成气胸而引起致命性危险。切口长度因动物体型、年龄大小及动物品种、疾病性质而不同。幼犬、小型犬、猫和兔的切口，可从剑状突到耻骨前缘之间；胃扭转的腹壁切口及胸廓深的犬腹壁切口均可延长到脐后 4～5 cm 处。（视频 15-6）

5. 术式

沿腹中线切开腹壁，显露腹腔。对镰状韧带应予以切除，若不切除，不仅影响和妨碍手术操作，而且再次手术时因大片粘连而给手术造成困难。

在胃的腹面胃大弯与胃小弯之间的预定切开线两端，用艾利氏钳夹持胃壁的浆膜肌层，或用 7 号丝线在预定切开线的两端，通过浆膜肌层缝合两根牵引线。用艾利氏钳或两牵引线向后牵引胃壁，使胃壁显露切口之外。用数块温生理盐水纱布垫填塞在胃和腹壁切口之间，抬高胃壁并与腹腔内其他器官隔离，以减少胃切开时对腹腔和腹壁切口的污染。

胃的切口位于胃腹面的胃体部，在胃大弯和胃小弯之间的血管稀少区内，纵向切开胃壁。先用手术刀在胃壁上向胃腔内戳一小口，退出手术刀，改用手术剪通过胃壁小切口扩大胃的切口。胃壁切口长度视需要而定。对胃腔各部检查时的切口长度要足够大。胃壁切开后，胃内容物流出，清除胃内容物后进行胃腔检查，应包括胃体部、胃底部、幽门、幽门窦及贲门部。检查有无异物、肿瘤、溃疡、炎症及胃壁是否坏死等。若胃壁已发生坏死，应将坏死胃壁切除。

胃壁切口的缝合，第 1 层用 3/0 或 0 号铬制肠线或 1～4 号丝线进行康乃尔氏缝合，清除胃壁切口缘的血凝块及污物后，若术中胃内容物污染腹腔，用温生理盐水对腹腔进行灌洗，然后转入无菌手术操作，用 3～4 号丝线进行第 2 层的连续伦勃特氏缝合(图 15-23)。

拆除胃壁上的牵引线或除去艾利氏钳，除去隔离的纱布垫，用温生理盐水对胃壁进行冲洗。最后缝合腹壁切口。

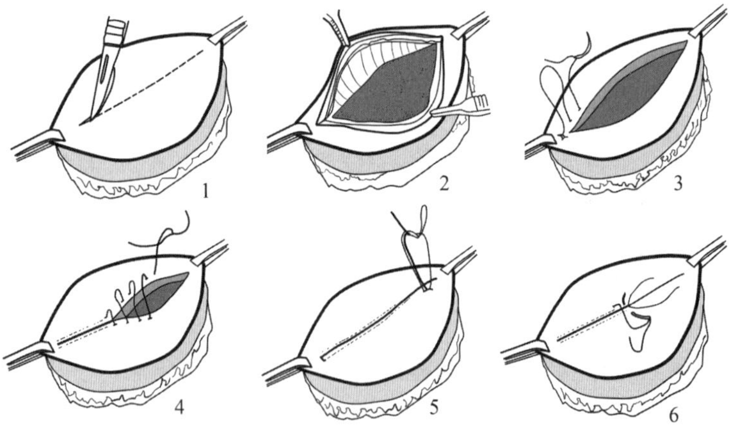

图 15-23 犬胃切开与缝合

1. 用艾利氏钳夹持预定切开线两端 2. 切开胃壁显露胃腔 3. 康乃尔氏缝合开始 4. 第 1 层康乃尔氏缝合胃壁 5. 第 1 层康乃尔氏缝合结束 6. 伦勃特氏缝合第 2 层

6.术后治疗与护理

术后24 h内禁饲,不限饮水。24 h后给予少量肉汤或牛奶,术后3 d可以给予软的易消化的食物,少量多次喂给。在恢复期间,应注意动物是否发生水、电解质代谢紊乱及酸碱平衡失调,必要时应予以纠正。术后5 d内每天定时给予抗生素。手术后还应密切观察胃的解剖复位情况,特别在胃扩张-扭转的病犬,经胃切开减压修复后,注意犬的症状变化,一旦发现胃扩张-扭转复发,应立即进行救治。(视频15-7)

视频15-7　犬胃切开术

八、犬幽门肌切开术

1.适应症

本手术用于消除犬顽固性幽门痉挛、幽门肌狭窄和促进胃的排空,避免发生胃扩张-扭转综合征,或作为胃扩张-扭转综合征治疗的一部分。

2.术前准备

术前禁食24 h以上,麻醉后插入胃导管,尽量排空胃内容物。

3.麻醉与保定

全身麻醉。仰卧保定。

4.手术通路

脐前腹中线切口。

5.术式

切开腹壁后用温生理盐水纱布垫隔离腹壁切口,装置牵开器,充分显露胃、十二指肠和胰腺等脏器,用温生理盐水纱布垫隔离胰、肝和胆总管。

在胃大弯和胃小弯交界处的胃体部血管稀少区缝置牵引线,向腹壁切口处牵拉胃壁,或用艾利氏钳夹住胃壁向腹壁切口外牵引,如果胃内充满胃内容物或极度臌气,将难以钳夹,此时忌用暴力牵引,可由麻醉人员经犬的口腔插入胃导管导出胃内积气和液体,经减压后再将胃壁向切口处牵拉。

将幽门牵拉到腹壁切口处,在牵拉幽门之前应先切断胃肝韧带。胃肝韧带位于肝与幽门之间,小心地切断胃肝韧带和与其相连的结缔组织。在切断胃肝韧带时应注意识别胆总管,以免误切胆总管。将幽门拉出腹壁切口外,并用温生理盐水纱布垫隔离,防止缩回。

在幽门窦、幽门和十二指肠近心端做一个足够长的直线切口。切口位于幽门的腹面、幽门前缘与后缘之间的无大血管区间;切口一端为十二指肠边缘,另一端到达胃壁。小心切开浆膜及纵行肌和环形肌纤维,使黏膜层膨出在切口之外。若黏膜不能向切口外膨出,切口两创缘可能会重新黏合。为此,在切开纵行肌纤维以后,对环形肌纤维必须完全切断。如果环形肌纤维未能完全切断,将限制黏膜下层从切口中膨出。在切断环形肌纤维之后,可沿不同的纵行部位进行切开,这样可以避免切透黏膜层。在环形肌完全切开之后,为了使黏膜下层尽量从切口中膨出,可用米氏钳和止血钳进行分离,使黏膜膨出切口外。在幽门的近心端要一直分离到胃壁的斜肌和结构正常的胃壁肌纤维,幽门的远心端应分离到穹隆部,在这一部位,需要注意的是,既要完全分离开肌层,当显露出向内倾斜的穹隆部黏膜后,又必须停止继续分离,以免撕破在此处反折而靠近表面的黏膜。

在分离黏膜下层时可能出血,若有轻微的渗血,可用棉球或纱布球压迫1～2 min,很少需要结扎止血。这种渗血可能是由于系膜受到牵拉使静脉回流受阻所致,当还纳回腹腔后渗血将自行停止。

为了检查膨出的黏膜有无破损,可用手指轻轻压迫十二指肠以阻塞肠腔,将胃内气体挤入幽门管进行检查。若有黄色泡沫液体出现,说明黏膜有穿孔,可用3/0或4/0肠线做水平褥式缝合以闭合裂口,必要时可将一部分网膜松松地扎入线结内,使网膜紧贴缝合处又不致发生绞窄。对黏膜的小穿孔,也可用切一肌瓣的方法来修补:在幽门括约肌上切一肌瓣,用剥离器将其游离,转移肌瓣覆盖黏膜穿孔处,并将肌瓣固定于对侧幽门括约肌,必要时用网膜覆盖。若黏膜发生了大的穿孔,则应进行幽门肌成形术。

用生理盐水冲洗幽门部及胃壁,拆除胃壁上的牵引固定线或撤去艾利氏钳,清点隔离纱布,在确定腹腔内没有遗留下任何异物的情况下,将幽门和胃还纳回腹腔内。最后常规闭合腹壁切口。

6. 术后治疗与护理

手术中幽门黏膜没有穿孔者,在麻醉苏醒后 4 h 即可让犬饮糖盐水,24 h 后可给少量米汤、肉汤或牛奶,48 h 后即可恢复其正常的饲喂量。若幽门黏膜发生了穿孔,经缝合修补的犬,术后应禁食 24 h 以上,可静脉内补液供给能量。有部分犬术后发生呕吐,但在 4～5 d 内停止。术后 3～4 d 内使用抗生素,以预防腹壁切口的感染。

九、犬幽门肌成形术

1. 适应症

本手术为减少胃内容物潴留,作为胃排空性手术,又是犬胃扩张-扭转综合征经手术整复后防止再发生的常规手术。

2. 术式

术前准备、麻醉、保定、手术通路以及幽门肌切开等操作,均同幽门肌切开术。

用温生理盐水纱布将胃、幽门及十二指肠与腹腔隔离开,以防幽门切开后胃内容物污染腹腔。

手术方法开始与幽门肌切开术相同,纵行切开幽门纵行肌与环行肌纤维后,再切开黏膜层,吸去幽门切口内的胃内容物,用弯圆针带 3/0 或 0 号铬制肠线,在纵行切口的一端胃、幽门交界处的浆膜外进针,黏膜层出针,然后针到纵行切口的另一端幽门、十二指肠交界处的黏膜层进针,幽门外浆膜层出针,将该缝合线拉紧打结后,使幽门部的纵行切口变为横向,从而使幽门管变短变粗,幽门管内径明显增大。用 3/0 或 0 号铬制肠线对已变成横向的切口进行全层简单、间断缝合。缝毕,用生理盐水冲洗,将大网膜覆盖在幽门缝合区。

另一种缝合方法是两层缝合,第 1 层用 3/0 或 0 号铬制肠线进行全层间断缝合,经生理盐水冲洗后,再进行第 2 层伦勃特氏缝合。该缝合方法因造成了组织内翻,可能使扩大的幽门排出通道经缝合后又有变狭窄的趋向。如果所做的幽门部纵向切口有足够的长度,可避免缝合后狭窄。

术后治疗与护理同幽门肌切开术。

十、胆囊手术

(一)适应症

用于胆结石的治疗、胆汁引流及人工培植牛黄手术。

(二)保定

采用 6 柱栏内站立保定或平地、草地上左侧卧保定。

(三)麻醉

肌内注射镇静剂量的静松灵。局部用 0.5%盐酸普鲁卡因进行浸润麻醉。

(四)手术通路

右侧髋关节与同侧肩关节连线与倒数第 3 肋间的交点为切口的中点,沿肋间向上下切 8～10 cm(图 15-24)。侧卧保定时,切口应稍向背侧。

(五)术式

1. 开腹

在肋间隙中间与肋骨平行切开皮肤和肌层至腹膜，彻底止血，以免剪开腹膜后血液流入腹腔。术中需要切开胸膜和膈肌，在胸腔不过大的牛，胸膜和膈肌紧贴在一起，不易发生气胸，但胸腔较大的牛，易发生气胸。可先将肋间肌、胸膜和膈肌进行环形缝合，然后再切开。在切口下角提起并将腹膜剪一小口，在手指引导下，向上逐渐剪开腹膜，打开腹腔，防止损伤内脏及膈。

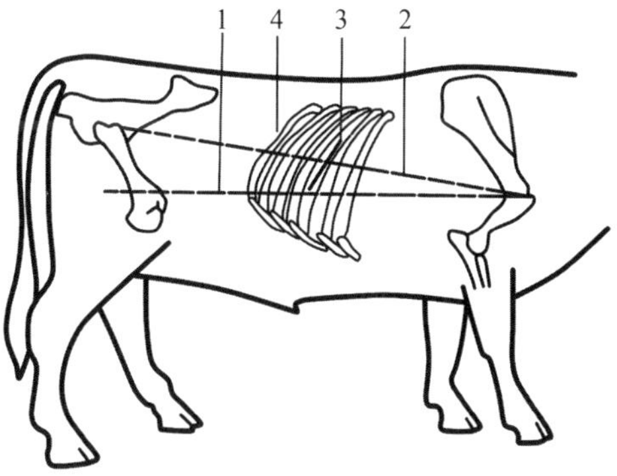

图 15-24　牛胆囊手术切口定位

1. 肩端水平线　2. 肩端与髋关节连线　3. 切口线　4. 最后肋骨

2. 探查与显露

进入腹腔以后，首先探查胆囊，看其位置、大小、颜色，有无穿孔，与周围脏器如十二指肠、横结肠、胃窦部有无粘连，检查其内有无结石。然后左手食指伸入网膜孔检查胆总管情况，看其内有无结石。之后再探查胃、十二指肠、胰腺和肝脏有无病变。

提起胆囊底，用纱布垫将横结肠盖住并向下拉，使胆囊暴露出来。如果胆囊和十二指肠之间粘连，可用剪刀分离，直至胆囊壁附近的无血管处，将胆囊和十二指肠之间的粘连完全分开。此处亦可用纱布推开，以显露出肝十二指肠韧带和肝胃韧带。

然后在胆囊底部无明显血管处全层切开胆囊壁，放出胆汁，根据施术目的，取出结石或置入塑料支架，放置引流管或注射致黄菌液等(图 15-25A～D)。

3. 缝合胆囊切口

第 1 层全层连续缝合，闭合胆囊切口，第 2 层再做连续伦勃特缝合(图 15-25E)。缝合严密，勿使胆汁流出。用生理盐水冲洗胆囊，除去隔离纱布，将胆囊还纳于腹腔。

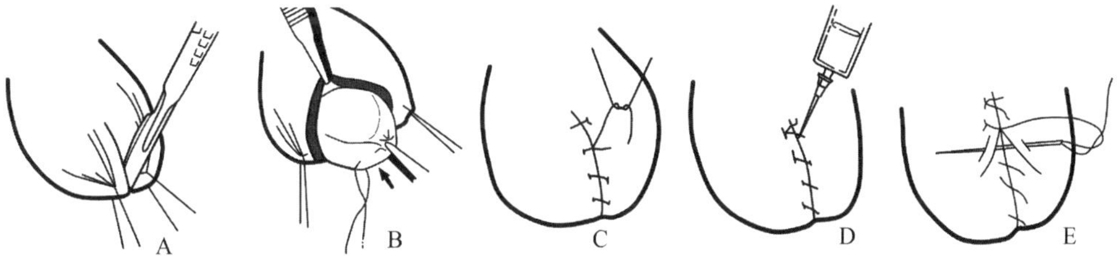

图 15-25　切开胆囊、植入牛黄床和接种菌液

A. 胆囊系牵引线，切开胆囊　B. 植入牛黄床　C. 第 1 层全层连续缝合，牛黄床固定线在胆囊切口旁侧的浆膜肌层上打结　D. 接种菌液　E. 胆囊壁第 2 层伦勃特氏缝合

4. 闭合肋间切口

用干净纱布将术野中的渗液吸净，在网膜孔处放一根硅胶管引流，自右肋缘下引出腹腔外，并将其固定于皮肤上。清洗腹腔，清点器械、敷料，按常规缝合肋间切开处各层组织。

(六)术后护理

(1)禁食期间需静脉输液。

(2)全身使用广谱抗生素，必要时可根据情况联合使用。

(3)腹腔引流，观察引流液的质和量，术后 3～5 d 无增加的，即可拔除引流管。

(4)术后 1 周拆线。

十一、人工培植牛黄手术

牛黄是牛胆囊中的胆结石，是名贵中药材，我国牛黄产量少而医用需求量大，历年来供不应求。为了解决牛黄药源紧缺问题，我国广大科技工作者，根据天然牛黄形成的基本原理，成功地研究出在活牛胆囊内和在牛腹腔内植入的模拟动物胆囊内培植牛黄的两种手术方法。

（一）牛活体胆囊内培植牛黄手术

1. 术前准备

（1）牛体的选择　凡 1.5 岁以上的健康牛，不论性别、品种、用途均可进行人工植黄。

（2）禁饲禁水　接受植黄的牛于植黄手术前 24 h 禁饲，术前 6～12 h 禁止饮水。

（3）牛黄床的准备　牛黄床是用低密度高压聚乙烯塑料为主要原料，热压注塑而成。根据牛胆囊的大小而制成不同形状、大小的牛黄床（图 15-26）。使用前外包一层棉布，一端拴系牛黄床胆囊固定线，用甲醛熏蒸消毒。

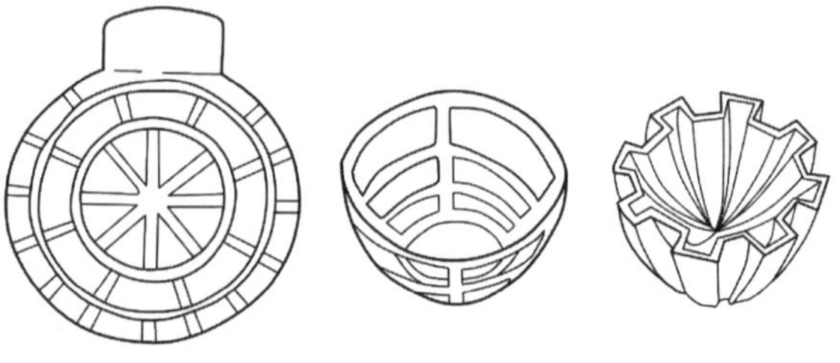

图 15-26　不同形状的牛黄床

（4）非致病性耐胆汁大肠杆菌肉汤培养基的制备　大肠杆菌在胆汁的生长、繁殖过程中释放 β-葡萄糖苷酸酶，该酶可水解胆汁中的结合胆红素，使之转化为游离胆红素。选择产酶活性强、转化率高的大肠杆菌，用于肉汤培养基的接种。经胆汁驯化培养，使大肠杆菌具有耐胆汁性。肉汤培养基含菌量在 50 亿个/mL，每头牛胆囊内接种 10～15 mL。

2. 麻醉

肌内注射镇静剂量的静松灵。局部用 0.5%盐酸普鲁卡因进行浸润麻醉。

3. 保定

采用 6 柱栏内站立保定或平地、草地上左侧横卧保定。

4. 手术通路

右侧肩端与髋关节连线与倒数第 3 肋骨间交点处为切口中点，切口长 8～10 cm（图 15-24）。

5. 术式

（1）腹壁切开　术部依次切开皮肤、皮肌、肋间外肌、肋间内肌和腹膜。在切开过程中，术者左手食指触诊肋间隙位置，严格在肋间隙中间切开，防止切偏或切至肋骨上，给闭合切口带来困难。每切开一层都用拉钩开张一层，这样便于显露视野。在手术通路上需要切开胸膜与膈肌，在胸腔不很大的一般体型牛，胸膜膈肌紧贴在一起，而不发生气胸，在胸腔较大的牛，切口经肋膈窦而发生气胸。为防止气胸的发生，应封闭肋膈窦，即将肋间肌、胸膜和膈肌进行环形缝合，特别注意切口上角的缝合（图 15-27）。为了快速地封闭肋膈窦，先在膈肌上切一小口，术者左手食指经小口伸入膈肌下，用食指端部将膈肌向胸膜上推顶，即可暂时封闭肋膈窦，并有利于胸膜与膈肌的环形缝合（图 15-28），然后切开膈肌和腹膜。在腹内压较大的牛，切开腹膜后，常常有网膜、肠系膜或十二指肠经切口涌出，应注意保护和及时还纳。

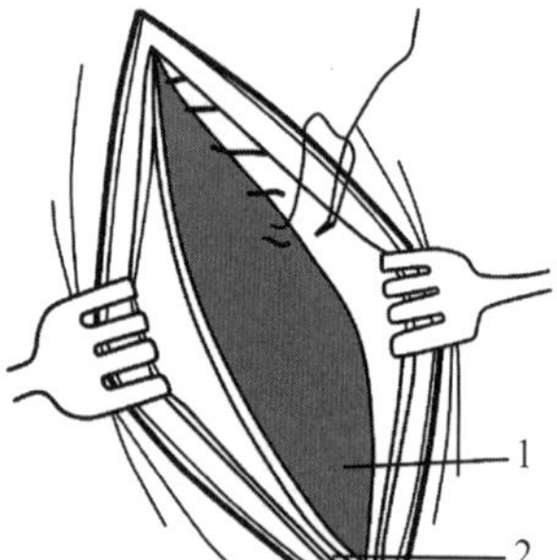

图 15-27　胸膜、膈肌、肋间肌的环形缝合，封闭肋膈窦

1. 膈肌　2. 胸膜与肋间肌

（2）显露胆囊　切开腹膜后，约有 20%的牛胆囊可经切口自动涌出。对胆囊不自动涌出者，术者手指经肋间切口伸入腹腔内探查胆囊。探查到胆囊后，将胆囊向肋间切口处轻轻拨动，并用艾利氏钳夹持胆囊底部将其引出切口外，随即用温生理盐水纱布在胆囊颈部和肋间切口之间进行隔离。

(3)切开胆囊、植入牛黄床和接种菌种(图 15-25)　在胆囊底部血管稀少区预定切开线两侧 0.5～1 cm 处，用直圆针带 4 号丝线做两根预置牵引线，由助手牵引固定胆囊。术者用手术刀一次全层切开胆囊壁，在胆汁排净前，迅速用手术剪扩大胆囊切口，切口长度以能植入牛黄床为度。将已熏蒸消毒的牛黄床经胆囊切口放入胆囊腔内，牛黄床的胆囊固定线留在胆囊切口外。

图 15-28　将膈肌剪一小口，手指伸入膈肌下，将膈肌向外推顶的同时与胸膜连线缝合

(4)胆囊壁切口的缝合　第 1 层全层连续缝合后，用生理盐水冲洗胆囊，清理胆囊的血凝块及胆汁后，牵引牛黄床胆囊的固定线，使牛黄床置于胆囊体部，固定线线尾在胆囊切口旁的胆囊壁上通过浆肌层缝合打结。

(5)胆囊内接种非致病性耐胆汁的大肠杆菌　在已缝合第 1 层的胆囊切开线上刺入针头，并向胆囊腔内注射菌液 10～15 mL，注射完毕拔下针头，用乙醇棉球按压刺入点片刻，以防菌液外溢。用生理盐水冲洗胆囊，撤去隔离纱布，更换手术器械，重新消毒后，胆囊壁的第 2 层进行伦勃特氏缝合。缝合完毕，抽去胆囊牵引线，将胆囊还纳回腹腔内。

(6)关闭肋间切口　用弯圆针系 4 号丝线对腹膜进行连续缝合，用生理盐水冲洗。肋间肌和膈肌用 7 号丝线进行连续缝合，用生理盐水冲洗创内，清除血凝块和异物，最后间断缝合皮肤。

6. 术后治疗与护理

术后 12 h 到 1 d 内即可恢复正常，术后一般不用药物治疗，禁止使用链霉素、庆大霉素等抗菌药物。8～10 d 拆除皮肤缝合线，即可转入正常的饲养和使役。经过 2 年以上的培植期，即可进行手术取黄，取黄手术与植黄手术方法相似。

(二)牛腹腔内植入模拟胆囊快速培植牛黄手术

通过胆总管插 T 形管、截断 T 形插管处的胆总管，阻断胆囊胆汁直接经胆总管排入十二指肠；胆囊内植入带有牛黄床的胆汁引流管；牛腹腔内植入模拟动物胆囊；将胆汁引流管和 T 形管末端分别与模拟胆囊的接头相连通，使牛的胆汁沿着下列途径流通：肝-胆囊-胆囊内胆汁引流管-模拟动物胆囊-T 形管-十二指肠。创造了胆汁在胆囊和模拟动物胆囊内一定程度的淤积状态和缓慢流动过程，为生理胆汁转化为成黄胆汁提供良好条件，缩短培植牛黄周期，提高牛黄产量和质量。

1. 术前准备

(1)模拟动物胆囊与导管　模拟动物胆囊内高压聚乙烯材料注塑而成，呈扁圆形。顶端设有胆囊引流管接头、排气管接头、胆汁抽(排)出管接头，两端面分别为平面(对腹腔面)和凸鼓面(对内脏面)。于 3、6、9 点处分别设有 3 个固定线挂耳。模拟动物胆囊腔内壁衬皱褶状尼龙布作为牛黄床，总容积 460 mL。

导管：胆汁引流管为 28 号蕈状导管改装，引流管的前端连接胆囊内牛黄床，距牛黄床 2 cm 处有一圆形硅胶或乳胶压垫；胆总管 T 形导管为 24～26 号 T 形管。短臂一端距长臂 1 cm 处栓闭，另一端距长臂 1 cm 处剪成斜面，保留短臂 1.2 cm 长；胆汁抽(排)出管与排气管为普通 28 号乳胶或硅胶管(图 15-29)。

模拟胆囊和导管用 0.1%新洁尔灭液浸泡消毒，使用时再用生理盐水冲洗。

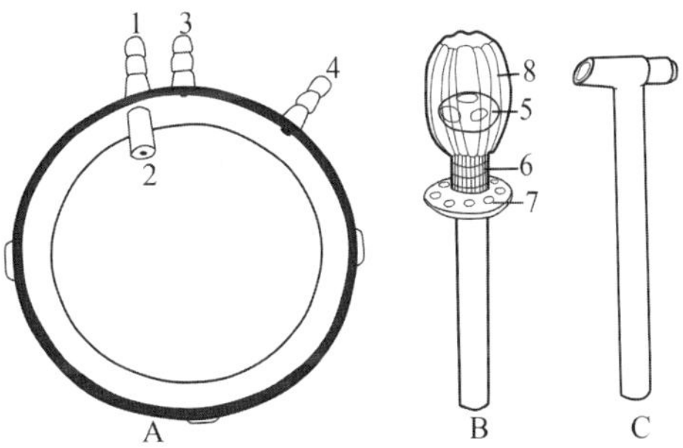

图 15-29　模拟动物胆囊及导管

A. 模拟动物胆囊：1. 胆汁排出管接头　2. 内接头　3. 排气管接头　4. 胆汁引流管接头　B. 带有牛黄床的胆汁引流管：5. 蕈状头　6. 尼龙布　7. 固定压垫　8. 牛黄床　C. T 形管

(2)牛体准备　手术前禁食 36～48 h，禁水 2～3 h。

(3)非致病性耐胆汁大肠杆菌肉汤培养基制备　同牛胆囊内培植牛黄菌的培养方法。

2. 手术通路

右侧髋结节向前引一条水平线，与第 12 肋骨交点处为切口上端，沿肋骨切开皮肤、肌肉，截除肋骨 18～20 cm 长，切开腹膜完成胆总管插 T 形管术、胆囊内植入带牛黄床的胆汁引流管和腹腔内植入模拟动物胆囊(图 15-30)。

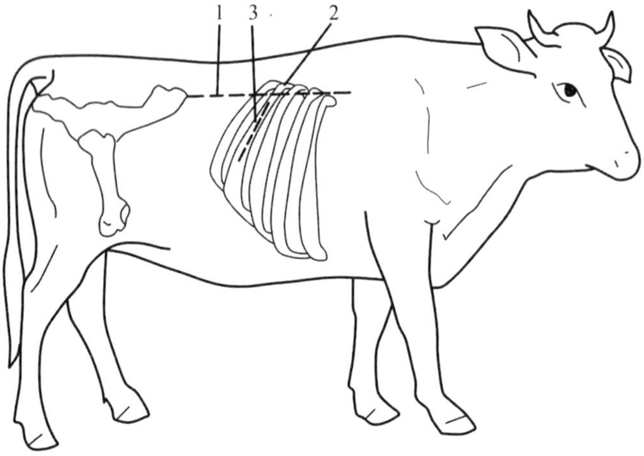

图 15-30　切口定位

1. 髋结节水平线　2. 第 12 肋骨　3. 切开线

3. 麻醉

腰旁神经传导麻醉、术部浸润麻醉并配合镇静剂量的静松灵肌内注射。

4. 保定

六柱栏内站立保定。

5. 术式

本手术由 3 个手术环节组成，即首先完成胆总管插管术，其次完成胆囊内植入带牛黄床的胆汁引流管术，最后完成模拟动物胆囊腹腔内植入术。

(1)胆总管插 T 形管术(图 15-31)　将肝脏尾叶掀起，在肝十二指肠韧带内寻找胆总管。术者左手牵引十二指肠乙状弯曲部，显露肝十二指肠韧带。术者左手食指、中指和无名指在肝十二指肠韧带腹面，拇指在韧带背面，轻轻向腹壁切口方向牵引。必要时在肝脏的脏面向胆囊方向钝性分离，以充分显露肝十二指肠韧带。严格明确胆总管走向后，对准胆总管，在肝十二指肠韧带的浆膜上做一 2 cm 的小切口，用米氏钳在小切口内剥离显露胆总管。注意不要误伤与之并行的血管，切忌紧靠十二指肠肠壁剥离，以免引起肠穿孔。剥离胆总管时，不可将胆总管腹面的韧带组织剥透，以免使胆总管失去血液供应。

显露胆总管的长度一般仅有 2～2.5 cm。在显露胆总管的近心端(近胆囊、肝脏侧)和远心端(十二指肠侧)各系一根牵引线，在两牵引线之间截断胆总管。胆总管近心端，通过 2 层缝合封闭断端，第 1 层全层连续缝合，第 2 层进行荷包缝合。胆总管的远心端(十二指肠侧)插入 T 形管短臂未栓闭端，并严格掌握 T 形管插入的深度，使短臂顶端不能超过十二指肠奥狄氏括约肌。为防止 T 形管脱落，用预置的牵引线打结固定。插管与胆总管管腔之间隙，用 1～2 号丝线带小的弯圆针，间断缝合 2～3 针，线尾绕过 T 形管打结固定。提起与十二指肠相连的大网膜，切开大网膜浅层，切口呈 U 形有蒂网膜片向胆总管插管翻转,衬垫在 T 形管与肠管之间,并缝合固定在肝十二指肠韧带上,以减少 T 形管对十二指肠的压迫。用网膜填充胆总管切断后的两端之间隙,大网膜浅层 U 形缺损处连续缝合闭合。

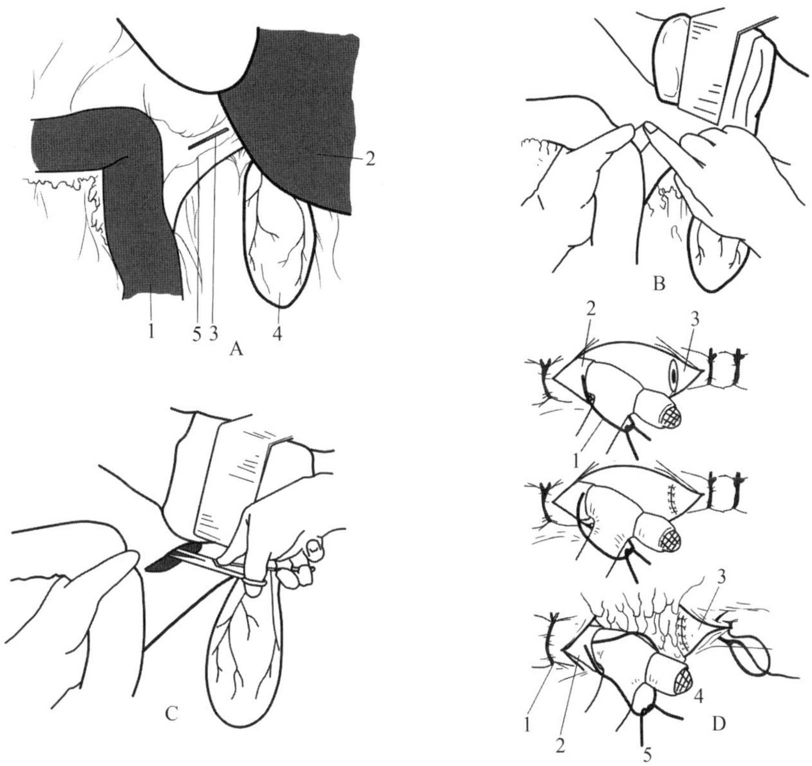

图 15-31 胆总管插 T 形管示意图

A. 胆总管解剖:1. 十二指肠 2. 肝脏 3. 胆总管 4. 胆囊 5. 肝十二指肠韧带

B. 用手探查胆总管 C. 用米氏钳分离显露胆总管

D. 插 T 形管:1. 预置牵引线 2. 胆总管近十二指肠侧断端 3. 近胆囊侧断端 2 层缝合 4. T 形管栓闭端 5. 缝合线打结加固 T 形管

(2)胆囊内植入带有牛黄床的胆汁引流管 将胆囊牵引至腹壁切口外,在胆囊底部血管稀少区作为胆囊切开线,在预定切开线两侧各缝合一根牵引线,在二牵引线之间切开胆囊 3.5~4 cm,将胆汁引流管端的牛黄床植入胆囊内。胆囊切口第 1 层全层连续缝合后,用生理盐水冲洗胆囊,清除血凝块及污染的胆汁,转入胆囊的第 2 层伦勃特氏缝合。缝合要严密,严防导管与胆囊切口之间渗漏胆汁。缝合完毕后通过引流管尾端向胆囊内注入生理盐水 100 mL,放出再注入,重复 3~5 次,可将胆囊内的血凝块冲洗干净。最后向胆囊内注入生理盐水 150~200 mL,使胆囊呈中度充盈状态,将胆汁引流管上的胆囊压垫缝合固定在胆囊壁上。引流管尾端经消毒后连接于模拟胆囊引流管接头上。

(3)牛腹腔内植入模拟动物胆囊术 将模拟动物胆囊内植入牛的右肷部下方、膝皱褶前方的腹壁与大网膜之间的腹腔内,模拟动物胆囊的顶部与胆囊底处在同一水平高度上。

用 18 号 60 cm 长的 4 股缝合线,分别拴系于模拟动物胆囊的 3 个固定挂耳上,然后在右侧腹壁上与固定挂耳相对应的部位上各做一个 1 cm 长的皮肤小切口,术者右手拇指、食指和中指挟持 2 股固定线带入腹腔内，左手持止血钳经皮肤小切口向腹腔内刺入，夹持线尾拉出腹腔外，同法再将另 2 股固定线拉出体外。须注意防止 4 股固定线在同一穿刺通道上引出，否则固定线在腹壁小切口内打结后容易滑脱入腹腔内。按同样操作方法，将另 2 个固定挂耳上的固定线引出腹腔外。助手缓慢拉紧 3 个固定挂耳上的线，术者将模拟胆囊推送到右侧腹腔内，使之与右侧腹壁贴紧，并仔细检查固定线上是否有肠管、网膜缠绕，确信无任何内脏缠绕时，方可将 3 个固定挂耳上的线拉紧打结。打结时应在小切口内置一尼龙布小压垫，以防线结滑脱。缝合 3 个皮肤小切口，使线结和压垫包埋在皮下。

(4)各导管的连接与腹壁切口的闭合　在检查各导管无曲折、与肠管无缠绕的前提下，在右肷部的腹壁皮肤上做 3 个小切口，分别将排气管、胆汁抽(排)出管、T 形管引出体外，常规关闭腹壁切口。

将胆汁抽(排)出管与 T 形管之间用单向玻璃接头连接，并将各导管缝合固定在皮肤上。当模拟胆囊内胆汁已充满并从排气管向外溢出时，将排气管端封闭。

6.术后治疗与护理

术后 3 d 内用青霉素、链霉素肌内注射，术后第 4 天经排气管向模拟动物胆囊内接种非致病性耐胆汁大肠杆菌 10～15 mL。在牛黄培植期间，每天应注意观察玻璃接头处胆汁流通情况并防止导管曲折，及时加固缝合导管的皮肤固定线，严防导管皮肤出口处的感染，应保持干燥。术后第 2 天即可转入正常的饲喂。为了提高胆汁中的胆红素含量，在术后 30 d、60 d、90 d 给牛静脉注射异体牛红细胞生理盐水混悬液 500～1 000 mL。培植期间应加强饲养管理，注意饲料的配比，以加速牛的育肥，经 90～120 d 即可屠宰取出模拟胆囊和牛胆囊内牛黄床，牛黄产量每头 10 g 以上，牛黄中胆红素含量在 35%以上，符合天然牛黄的药用标准。

第二节　疝

一、概述

疝(hernia)，又称赫尔尼亚，指内脏器官组织从异常扩大的自然孔道或病理性破裂孔脱至皮下或其他解剖腔的一种常见外科病。各种动物(包括野生动物)均可发生，但以幼犬、幼猫、仔猪、犊牛、羔羊更为常见。引起疝的常见病因有腹壁强度降低、机械性外伤、腹压突然增大、某些解剖孔(如脐孔、腹股沟环等)先天性发育不全、膈肌发育不良、腹部手术通路闭合欠佳等。

(一)疝的组成

疝由疝孔、疝囊和疝内容物组成。

(1)疝孔　又称疝轮、疝环、疝口，系自然孔的异常扩大(如脐孔、腹股沟环)或是腹壁上任何部位的病理性破裂孔(如钝性暴力造成的腹肌撕裂)，内脏可由此脱出。疝孔可呈圆形、卵圆形或不规则的狭窄通道。由于解剖部位不同和病理过程的时间长短不一，疝孔的结构也不一样。初发的新疝孔，多数因断裂的肌纤维收缩，使疝孔变薄，且常被血液浸润。陈旧性的疝多因局部结缔组织增生，使疝孔增厚，边缘变钝(图 15-32)。

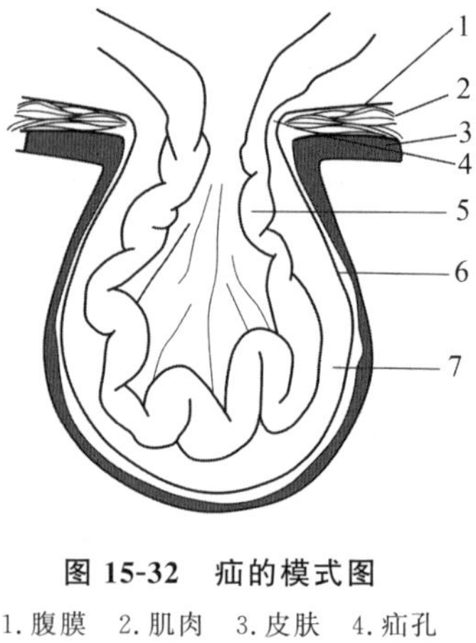

图 15-32　疝的模式图

1.腹膜　2.肌肉　3.皮肤　4.疝孔　5.疝囊　6.疝内容物　7.疝液

(2)疝囊　由腹膜及腹壁的筋膜、腱膜、肌肉、皮下组织和皮肤等构成的囊袋。根据各地通过手术治疗的病例，发现腹壁疝的腹膜也常破裂。典型的疝囊应包括狭窄的囊颈和膨大的囊体、囊底(图 15-32)。疝囊的大小及形状取决于发生部位的局部解剖结构，小的疝囊可呈圆球形、鸡蛋形或扁平形，大的疝囊可达排球大或更大，在腹壁下方较大的疝囊底部有时发生皮肤擦伤及脱毛等。

(3)疝内容物　为经疝孔脱入疝囊内的一些组织器官。以小肠肠襻、肠系膜、网膜最常见，其次为胃、肝、大肠，偶尔有子宫、膀胱等，几乎所有病例疝内容物中都含有数量不等的液体——疝液。这种液体可在腹腔与疝囊之间互相流动。正常的疝液常为透明、微黄色的液体。当发生箝闭性疝时，疝内容物发生血液循环障碍，血管渗透性增加，疝液增多，变混浊，呈淡紫红色，严重时有恶臭腐败气味。在正常的腹腔液中仅含有少量的中性粒细胞和浆细胞，如果血管和肠壁的渗透性发生改变，在疝液中可以见到大量崩解阶段的中性粒细胞，而几乎看不到浆细胞。依据上述2点可作为是否有箝闭现象存在的一个参考指征。当疝液减少或消失时，疝内容物和疝囊将发生部分或广泛性粘连。

(二)疝的分类

可按如下标准将疝分为不同的种类。

(1)根据疝囊的突出方向　分为外疝和内疝。凡疝囊突出体表者称外疝，如脐疝、腹壁疝、会阴疝等；疝囊不突出体表而突向其他解剖腔者称内疝，如膈疝、脑疝、网膜疝等。

(2)依发病部位命名　可分为脐疝、腹股沟(阴囊)疝、腹壁疝、会阴疝、膈疝、闭孔疝、网膜内疝等。

(3)根据发病原因　分为先天性疝和后天性疝。先天性疝也称遗传性疝，是由遗传因素引起的，多发生于初生动物，如脐疝、腹股沟(阴囊)疝等；后天性疝或称病理性疝则是由后天因素引起的，可见于各种年龄的动物，如损伤性腹壁疝。

(4)根据疝内容物的可复性　分为可复性疝与不可复性疝。当改变动物体位或压挤疝囊时，疝内容物可通过疝孔还纳腹腔者称为可复性疝。不可复性疝指无论是改变体位还是挤压疝囊，疝内容物都不能回到腹腔内。不可复性疝根据其病理变化有两种情况：一种为粘连性疝，即疝内容物与疝囊壁发生粘连、肠管与肠管之间相互粘连、肠管与网膜发生粘连等；另一种为箝闭性疝，箝闭性疝又可分为粪性箝闭、弹力性箝闭及逆行性箝闭等。粪性箝闭疝是由于脱出的肠管内充满大量粪块而引起，使增大的肠管不能回入腹腔。弹力性箝闭疝是由于腹内压增高而发生，腹膜与肠系膜被高度牵张，引起疝孔周围肌肉反射性痉挛，孔口显著缩小。逆行性箝闭疝是由于游离于疝囊内的肠管，其中一部分又通过疝孔回入腹腔中，二者都受到疝孔的弹力压迫，造成血液循环障碍(图15-33)。以上3种箝闭性疝均使肠壁血管受到压迫而引起血液循环障碍、淤血，甚至引起肠管坏死。

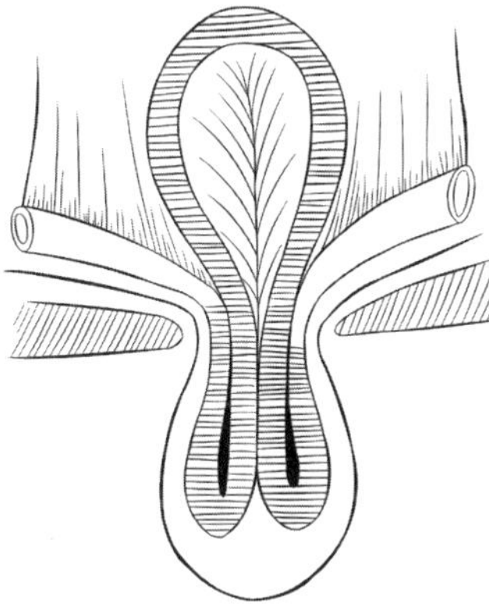

图15-33　逆行性箝闭

(三)症状

先天性外疝，如脐疝、腹股沟(阴囊)疝、会阴疝等的发病都有其固定的解剖部位。可复性疝一般不引起动物任何全身性障碍，只是在局部突然呈现隆起，隆起物呈圆形或半圆形，球状或半球状，触诊柔软。当改变动物体位或用力挤压时隆起部可能缩小或消失，可触摸到疝孔。当患病动物强烈努责或腹腔内压增高或吼叫挣扎时，隆起会变得更大，表明疝内容物随时有增减的变化。外伤性腹壁疝随腹壁组织受伤的程度而异，在破裂口的四周往往有不同程度的炎性渗出和肿胀，严重的逐步向下、或向前向后蔓延，压之有指痕，很容易发展形成粘连性疝。箝闭性疝则突然出现剧烈的疝痛，局部肿胀增大、变硬、紧张，排粪、排尿受到影响，严重的大小便不通或继发胃肠臌气。

(四)诊断

外疝的诊断并不难,可从病史及全身性和局部性症状中加以分析,同时要注意与腹壁的血肿、脓肿、淋巴外渗、蜂窝织炎、精索静脉肿、阴囊积水及肿瘤等进行鉴别诊断,主要从发生部位、有无疝孔、可否还纳、有无胃肠蠕动音和穿刺液的性质等进行区别诊断。

内疝的诊断要困难一些,除了一般临床检查外,必要时还需做实验室诊断或剖腹探查,有的甚至是死亡后剖解时才发现,如膈疝。

二、脐疝

脐疝(umbilical hernia),各种动物均可发生,但以仔猪、幼犬、犊牛多见,幼驹也不少。一般以先天性原因为主,于初生时,或者出生后数天或数周发病。引起脐疝的原因是脐孔发育不良或闭锁不全、脐部化脓或腹壁发育缺陷等。

胎儿的脐静脉、脐动脉和脐尿管通过脐管走向胎膜,它们的外面包围着疏松结缔组织。当胎儿出生后脐带被扯断,血管和脐尿管就变得空虚不通,而在四周结缔组织增生,在较短时间内完全闭塞脐孔。如果断脐不正确(如扯断脐带血管及尿囊管时留得太短)或发生脐带感染,腹壁脐孔则闭合不全。此时若动物出现强烈努责、用力跳跃或相互拱腹等原因,使腹内压增加,脐孔扩大,肠管容易通过脐孔进入皮下形成脐疝。

(一)症状

脐部呈现局限性球形肿胀,质地柔软,有的紧张,缺乏红、热、痛等炎性反应。病初多数能在挤压疝囊或改变体位时疝内容物还纳到腹腔,并可摸到疝孔,仔猪和幼犬在饱食或挣扎时脐疝可增大。可听到肠蠕动音。

仔猪和犊牛的脐疝一般由拳头大小可发展至排球大,甚至更大。后期由于结缔组织增生及腹压大,往往摸不清疝孔。脱出的网膜常与疝孔粘连,或肠壁与疝囊粘连,也有疝囊与皮肤发生粘连的。猪的脐疝如果疝囊膨大,可因皮肤被磨破而伤及粘连的肠管,形成肠瘘。肠粘连往往是广泛而多处发生,因此手术时必须仔细剥离。箝闭性脐疝虽不多见,一旦发生就有明显的全身症状,患病动物表现极度不安,马、牛均可出现程度不等的疝痛,食欲废绝,在犬与猪还可以见到呕吐,呕吐物常有粪臭。可很快发生腹膜炎,体温升高,脉搏加快,如不及时进行手术则常引起死亡(图 15-34)。

图 15-34 猪的脐疝

(二)诊断

应注意与脐部脓肿和脐部肿瘤相区别,必要时可做诊断性穿刺或 X 射线和 B 超检查。X 射线一般不适用于小的脐疝,B 超检查也可以帮助探查疝的内容物。

(三)预后

可复性脐疝预后良好,在幼龄动物经保守疗法常能治愈,疝孔由瘢痕组织填充,疝囊腔闭塞而疝内容物自行还纳于腹腔内。箝闭性疝预后可疑,如能及时治疗,预后良好。

(四)治疗

1. 非手术疗法(保守疗法)

适用于疝孔较小的脐疝。可用疝带(纱布绷带或复绷带)、局部涂擦强刺激剂(如碘化汞软膏或重铬酸钾软膏)等促使局部炎性增生闭合疝孔。但强刺激剂能使炎症扩展至疝囊壁及其中的肠管,引起粘连性腹膜炎，所以应慎用。用 95%乙醇（碘液或 10%～15%氯化钠溶液代替乙醇），在疝孔四周分点注射，每点 3～5 mL，有一定效果。国外用金属制疝夹治疗马驹可复性脐疝，疝孔直径不超过 6～8 cm 时治疗效果较好。

幼龄动物可用一大于脐环的、外包纱布的小木片抵住脐环，然后用绷带加以固定，以防移动。若同时配合疝孔四周分点注射 10%氯化钠溶液，效果更佳。

目前认为最佳的保守疗法是皮下包埋锁口缝合法，此法简单易行可靠。方法是缝针带缝线绕疝孔皮下一周，还纳内容物，然后拉紧缝线闭合疝孔打结。

2. 手术疗法

术前禁食，按常规无菌准备器械物品。全身麻醉或局部浸润麻醉，仰卧或半仰卧保定，切口在疝囊底部，呈梭形。皱襞切开疝囊皮肤，仔细切开疝囊壁，以防伤及疝囊内容物。认真检查疝内容物有无粘连和坏死，有粘连者仔细剥离粘连的脏器。若有肠管坏死，需行坏死肠管切除术。若无粘连和坏死，可将疝内容物直接还纳腹腔内，然后缝合疝孔。若疝孔较小，可做荷包缝合或纽孔缝合，但缝合前需将疝孔光滑面作轻微切削，使之形成新鲜创面，便于术后脐孔闭合。如果病程较长，疝孔的边缘变厚变硬，此时一方面需要切割疝孔，形成新鲜创面，进行纽孔缝合；另一方面在闭合疝孔后，需要分离囊壁形成左右两个纤维组织瓣，将一侧纤维组织瓣缝在对侧疝孔外缘上，然后将另一侧的组织瓣缝合在对侧组织瓣的表面上。修整皮肤创缘，结节缝合皮肤。（视频 15-8）

视频 15-8　犬脐疝修补术

脐疝的手术方法可用于任何种类的动物，但猪有几种情况应加以考虑。最常见到疝囊的腹膜上发生脓肿，如仔细手术，可完整摘除脓肿，而不致造成破裂。其次是公猪的包皮覆盖疝孔时，可沿包皮做 U 形切口，将包皮翻向后方。也可在包皮的侧方做两个椭圆形切口，包括疝囊皮肤过多的部分，用钝性分离法将疝囊的腹膜部分与包皮分开，直至囊壁与外围组织完全游离为止。

大动物的脐疝手术在全身麻醉下仰卧保定，将后肢向后伸直，按无菌手术操作在脐的两侧做弧形切口，沿疝孔的边缘作钝性分离。分开皮肤与疝孔，将腹膜囊推入腹腔，用 1 号缝线做内翻缝合。用 2 号或 3 号缝线对腹壁肌肉与筋膜做重叠褥状缝合，皮肤做减张缝合。

现在已有人造的脐疝修补网，并成功地用于牛、马等大动物脐疝的修补。制修补网的材料有塑料、不锈钢、尼龙及碳纤维等。修补网有两种用法，一种放置在腹腔疝孔的内面，另一种放在疝孔的外侧面。将脐疝修补网缝合在疝孔内或疝孔外进行修补手术。

（五）术后护理

术后不宜喂得过饱，限制剧烈活动，防止腹压增高。术部包扎绷带，保持 7～10 d，可减少复发。连续应用抗生素 5～7 d 以控制感染。

三、腹股沟（阴囊）疝

腹股沟疝（inguinal hernia）常见于母猪、母犬。腹股沟阴囊疝（inguinal and scrotal hernia）常见于公猪，也见于公马，其他雄性动物比较少见。正常情况下，猪胎儿的睾丸在卵受精后 80～90 d 之间下降至腹股沟管的下方，在 100 d 后睾丸下降至阴囊内，此时腹股沟管关闭，腹壁完整，即使腹内压力增高时，腹壁仍有足够的抵抗力起到保护作用，不会发生疝。若腹股沟环过大，或腹壁薄弱或缺损，抵抗力不足时，腹内压力一旦增高，则容易发生疝。如果在出生时发生，则为先天性腹股沟（阴囊）疝；若在出生后发生，则为后天性腹股沟（阴囊）疝。公马配种时两前肢凌空，身体重心向后移，腹内压加大，有时发生腹股沟阴囊疝，还可发生于装蹄时保定失误，马剧烈挣扎而加大腹内压所引起。公猪去势后也可发生。

(一)腹股沟管及阴囊局部解剖

腹股沟管或称腹股沟隙，是斜贯于腹壁后部、耻前腱两侧的一条潜在性管道，是睾丸下降时，睾丸和精索经过的斜行间隙通道。管内有精索、鞘膜管和睾内提肌。管的前壁是腹内斜肌的后部，后外侧是腹股沟韧带。有内外二口，管内口称腹股沟深环或腹环，也称内环，界于腹内斜肌后缘和腹股沟韧带之间的缝隙；管外口称腹股沟浅环或皮下环，也称外环，为腹外斜肌髂板与腹板之间的一椭圆形裂孔。猪的内环与外环很近，腹股沟管实质上不存在。牛、羊等反刍动物的腹股沟管比马短，因腹内斜肌并未达到后部，反刍动物内环占有的空间位置附着于腹内斜肌，比猪更向后延伸，但并不及马那样广泛。阴囊呈袋状，内有睾丸、附睾及精索的睾丸端。阴囊壁有4层，由外向内依次为皮肤、筋膜、睾外提肌和总鞘膜。其中总鞘膜为腹膜壁层的延伸部，贴附于阴囊腔的内表面，并向睾丸、附睾和精索折转移行，同时附着于这些器官的表面，形成固有鞘膜(相当于腹膜脏层)。在总鞘膜和固有鞘膜之间的腔隙称鞘膜腔。腔内有少许淡黄色浆液(阴囊液)。鞘膜腔上端窄细，形成鞘膜管，经腹股沟管通腹腔。发生阴囊疝时，腹腔内脏经鞘膜管坠入鞘膜腔。

(二)症状

临床上腹股沟(阴囊)疝有单侧性和双侧性两种。常在内容物被箝闭、出现腹痛和轻度跛行时才发现，或当疝内容物窜入阴囊，才引起畜主的注意，宠物犬、猫常在洗澡时被发现。疝内容物通常是小肠、肠系膜、子宫或大肠，有时为膀胱等。

腹股沟疝疝内容物直接脱至腹股沟外侧的皮下，耻骨前腱膜腹白线两侧，局部膨胀突起，肿胀物大小随腹内压及疝内容物的性质和多少而定。触之柔软，无热、无痛，无全身症状，常可还纳于腹腔内。若脱出时间过长可发生粘连或箝闭，触诊有热痛，疝囊紧张，动物有腹痛或因粪便不通而腹胀，肠管淤血、坏死，食欲下降等全身症状。

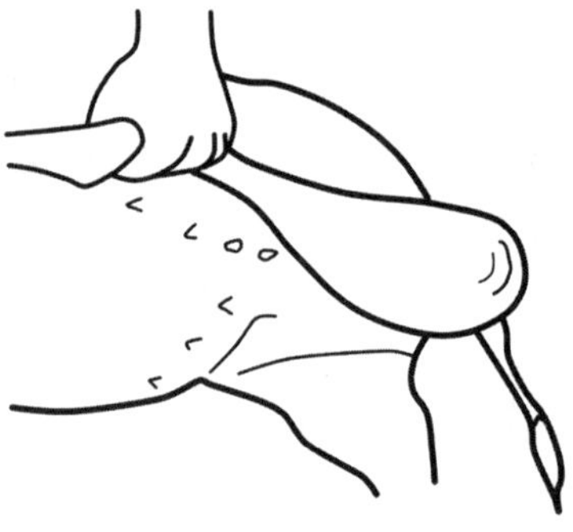

图 15-35 腹股沟阴囊疝

当发生腹股沟阴囊疝时，一侧性或双侧性阴囊增大，皮肤紧张发亮，触诊时柔软有弹性，无热无痛；有的呈现发硬、紧张、敏感。听诊时可听到肠蠕动音。先天性及可复性疝时直肠检查可触知腹股沟内环扩大(大动物可以容纳3指)，落入阴囊的肠管随腹内压的大小而有轻度变化。箝闭性腹股沟阴囊疝的全身症状明显，若发现和采取措施不及时，往往会耽误治疗而发生死亡。患病动物表现为剧烈的腹痛，一侧(或两侧)阴囊变得紧张，出现浮肿、皮肤发凉(少数病例发热)，阴囊的皮肤因汗液而变湿润。患病动物不愿走动，并在运步时后肢开张，步态紧张；脉搏及呼吸数增加。随着炎症的发展，全身症状加重，体温增高。当箝闭的肠管坏死时，表现为箝闭疝综合征，必须采取急救手术切除坏死肠段，方能挽救动物生命(图15-35)。

猪的腹股沟阴囊疝症状明显，一侧或两侧的阴囊增大，仔猪打架撕咬、拱腹等凡能使腹内压增大的原因均可引起疝囊增大，触诊时阴囊硬度不一，可摸到疝的内容物(多为小肠)，如提举两后肢，常可使疝内容物回至腹腔而使阴囊缩小，但放下后或腹压加大时又恢复原状。少数也可成为箝闭性疝，肠管可与阴囊壁发生部分或广泛性粘连。

(三)诊断

根据临床症状较易做出诊断。大动物可进行直肠检查触摸内环的大小，大动物以3个手指并列通过为过大，并可摸到通过内环的内脏。与阴囊积水、睾丸炎与附睾炎相区别。前者触诊柔软，直肠检查触摸不到疝内容物。后两者在炎症阶段局部有热、痛、肿、硬，动物反应敏感。

临床上常根据穿刺液性质进行区别。

(四)治疗

动物箝闭性疝具有剧烈腹痛等全身症状,只有立即进行手术治疗才可能挽救其生命。可复性腹股沟阴囊疝,尤其是先天性的,有可能随着年龄的增长而逐渐缩小其腹股沟环而达到自愈,但本病的治疗还是以早期进行手术为宜。

大动物应该在全身麻醉下进行手术,既可消除努责,又便于还纳脱出的内容物。若不是为了保留优良的种公畜,整复手术常与公畜去势术同时进行。其实按遗传学的观点,即使患病动物其他性能良好也不宜再留作种用。手术切口选在靠近腹股沟内环稍后方处,纵切皮肤,分离皮下结缔组织,然后剥离总鞘膜,并将疝内容物还纳入腹腔,同时大动物可由助手将手伸向直肠内帮助牵引,或者鉴定整复是否彻底。将总鞘膜及精索捻转成索状后于距离腹股沟内环 2~3 cm 处,用 12 号缝线贯穿双重结扎精索,随即连同总鞘膜一并切除睾丸。将切断精索的游离端送回腹股沟管中作为生物填塞,用缝线在每边缝 1~2 针,起固定作用,然后撒布磺胺结晶粉,皮肤结节缝合。对于腹股沟阴囊疝肠管脱出较多、且又发生箝闭的,必须先将腹股沟环扩大,以改善脱出肠管的血液循环,并同时用温热灭菌生理盐水纱布托住箝闭的肠管,视肠管的颜色和蠕动状况确定是否还纳腹腔或做肠管切除术。有人曾对箝闭性腹股沟阴囊疝肠管已处于坏死状态的病例做过比较试验,究竟是先扩开疝孔,然后做肠切除术,还是先用肠钳夹住病变肠管再用扩开疝孔的方法。结果前者患病动物在短期内出现中毒性休克症状,若抢救不及时患病动物可死于手术过程;而后者采取先夹住坏死肠管然后再切开腹股沟管的手术方法成功率较高。

猪的阴囊疝可以在局部麻醉下进行手术,切开皮肤和浅、深层的筋膜,至暴露总鞘膜,然后将总鞘膜与周围组织分离出来,还纳疝内容物入腹腔。对于已发生肠粘连的,在距离环的稍远处切开总鞘膜,暴露粘连的肠段,然后做钝性剥离。在剥离时用浸以温灭菌生理盐水的纱布慢慢分离,对肠管轻轻压迫,以减少对肠管的刺激和防止剥破肠管。在确认肠管完全剥离后,再还纳全部内容物入腹腔,并捻转总鞘膜成索状,在靠近内环口处贯穿结扎总鞘膜,然后切断,将断端缝合到腹股沟环上,若腹股沟环仍很宽大,则必须再做几针结节缝合,撒入消炎药,皮肤和筋膜做结节缝合。术后不宜喂得过饱,适当控制运动。未去势的,可在手术的同时摘除睾丸。

公牛阴囊疝的治疗方法决定于病情。手术可在睾丸上方的阴囊颈部皮肤做切口,钝性分离阴囊皮肤与鞘膜,直至腹股沟外环为止。捻转总鞘膜,在尽量靠近外环处做一个结扎,在结扎线下方切除睾丸与总鞘膜,将精索末端推向内环,并用灭菌纱布压住,以便固定断端于内环处,结节缝合皮肤。局部按开放创处理。此方法适用于病期较长的大疝病例,这些病例多数有广泛的粘连,在整复内容物返回腹腔以前应将粘连剥离。

治疗公牛阴囊疝的另一方法是剖腹术,将内容物还纳腹腔后缝合腹股沟内环。这种手术的优点是:①可保留睾丸,保持阴囊形状;②优良品种可延长公牛配种用途,但其后代不宜作种用。在阴囊疝的同侧做剖腹术,术者的手经切口伸向腹股沟环,触诊可知内容物从腹腔通过腹股沟环而至患侧阴囊,粗大的内容物往往不能立即拉回腹腔,当助手协助托起阴囊内容物时,术者可将疝内容物慢慢牵引回腹腔,但有时会发现粘连,妨碍疝的整复,这时可用手指轻轻剥离开。疝孔可用大号弯针引缝线穿过,做锁口缝合或纽扣状缝合,拉紧闭合内环。腹膜与腹肌切口用 2 号肠线做连续缝合,皮肤结节缝合。

修补腹股沟疝时,平行于腹皱褶,在外环处疝囊的中间切开皮肤,钝性分离,暴露疝囊,向腹腔挤压疝内容物,或抓起疝囊扭转迫使内容物通过腹股沟管整复到腹腔。若不易整复,可切开疝囊,扩大腹股沟管。紧贴疝囊内缘结扎疝囊后,切除疝囊。然后,用结节缝合法将围成内环的腹内斜肌和腹直肌缝到腹股沟韧带(即腹外斜肌腱膜的后缘)上,闭合内环;将腹外斜肌腱膜的裂隙对合在一起,闭合外环;结节缝合皮肤。(视频 15-9)

视频 15-9 犬腹股沟疝修补术

四、损伤性腹壁疝

损伤性腹壁疝(traumatic ventral hernia)可发生于各种动物。由于腹肌或腱膜受到钝性暴力的作用而形成腹壁疝的较为多见。腹壁疝多发部位是牛、马、骡的膝褶前方下腹壁。此局部是由腹外斜肌、腹内斜肌和腹横肌的腱膜所构成,肌纤维很少,对于外伤的抵抗能力很低,因此,当作用力大于抵抗力时就有可能形成腹壁疝。牛常见的是发生在左侧腹壁的瘤胃疝及右侧剑状软骨部的真胃疝,牛的腹肌中腱质含量比较少,因此比马更易破裂;猪多见于腹侧阉割部位;山羊和鹿多见于肋弓后方的下腹壁。

(一)病因

主要是强大的钝性暴力所引起。由于皮肤的韧性及弹性大,仍能保持其完整性,但皮下的腹肌或腱膜直至腹膜易被钝性暴力造成损伤而破裂。北方以畜力车的支车棍挫伤或猛跳、后坐于刹车把上,也有被饲槽桩所挫伤,或倒于地面突出物体上等。南方多见于因牛角斗或放牧时被树桩抵撞而引起。根据某兽医院 70 例马属动物腹部疝统计,腹壁疝 52 例,占 74%。其中因冲撞于矮木桩而发病的 20 例,占 38.5%;因牛角抵而形成的 12 例,占 23%;其次是因腹内压过大,如母畜妊娠后期或分娩过程中难产强烈阵缩、努责等引起。鹿、山羊常发生于顶角争斗之后。

(二)症状

外伤性腹壁疝的主要症状是腹壁受伤后局部突然出现一个局限性扁平、柔软的肿胀(形状、大小不同),触诊时有疼痛,温热感。常为可复性,多数可摸到疝孔。伤后两天,由于炎性反应逐渐发展,形成越来越大的扁平肿胀并逐渐向下、向前后蔓延。外伤性腹壁疝可伴发淋巴管断裂,淋巴液流出。

其次是受伤后腹膜炎所引起的大量腹水,经破裂的腹膜而流至肌间或皮下疏松结缔组织中而形成腹下水肿,此时原发部位变得稍硬。发病 2 周内常因大面积炎症反应而不易摸清疝孔。疝囊的大小与疝孔的大小有密切关系,疝孔越大则脱出的内容物也越多,结果疝囊就越大。但也有疝孔很小而脱出大量小肠的,此情况多因腹内压过大所致。疝囊的大小与腹膜破裂有关。

损伤性腹壁疝很容易发生粘连和箝闭,一旦发生粪性箝闭则不论是马、牛还是猪,均将出现程度不一的腹痛。患病动物的表现有轻度不安、前肢刨地、时卧时起、急剧翻滚,有的因未及时抢救继发肠坏死、剧烈疼痛、休克而死亡。

腹壁疝内容物多为肠管(小肠),但也有网膜、真胃、瘤胃、膀胱、怀孕子宫等各种脏器,并经常与相近的腹壁或皮肤粘连,尤其是在伤后急性炎症阶段更为多见(图 15-36)。

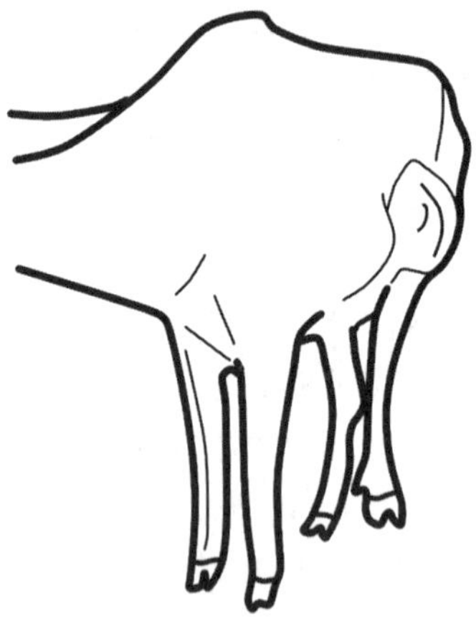

图 15-36 牛的腹壁疝

(三)诊断与鉴别诊断

外伤性腹壁疝的诊断可根据病史,受钝性暴力后突然出现柔软可复性肿胀,触诊能摸到疝孔,能听到肠蠕动音,疝囊体积时大时小,有的甚至随着肠管的蠕动而忽高忽低。腹壁外伤性炎性肿胀有其发生规律,马属动物最为明显,一般在第 3 天至第 5 天达最高峰,因炎性肿胀常常妨碍触摸出疝的范围,更不易确定疝孔的方向与大小,因此诊断为腹壁疝时应慎重。有时还会误诊为淋巴外渗或腹壁脓肿。淋巴外渗发生较慢,病程长,既不会发生疝痛症状,又无疝孔，穿刺流出透明淡黄色的液体。而腹壁脓肿穿刺流出脓汁。此外，还应与蜂窝织炎、肿瘤与血肿等进行鉴别诊断。

(四)治疗

目前仍可采用保守疗法与手术疗法。各有其适应症和优缺点。

1.保守疗法

适用于初发的外伤性腹壁疝，凡疝孔位置高于腹侧壁的1/2以上，疝孔小，有可复性，尚不存在粘连的病例，可采用保守疗法。在疝孔位置安放特制的软垫，用特制压迫绷带在动物体上绷紧后起到固定填塞疝孔的作用。随着炎症及水肿的消退，疝孔即可自行修复愈合。缺点是压迫绷带有时会移动而影响疗效。

(1)压迫绷带的制备　用橡胶轮胎或5 mm厚的胶皮带切成长25～30 cm，宽20 cm的长方块，根据具体情况在橡胶块的边缘处打上8个孔，接上8条固定带，以便固定。

(2)固定法　先整复疝内容物，在疝孔部位压上适量的脱脂棉，随即将压迫绷带对正患部，紧紧压实，同时系牢固定带，经过15 d左右，即可解除压迫绷带。

2.手术疗法

手术是治疗外伤性腹壁疝的可靠方法。术前充分禁食，以防腹内压升高，便于修补破口。手术时间根据病情决定。国外主张发病后急性炎症阶段(5～15 d)不宜做手术；但国内大量实践证明，手术宜早不宜迟，最好在发病后立即手术。现将马、牛手术疗法要点分述如下：

(1)保定与麻醉　马侧卧保定，患侧在上，行全身麻醉。牛可站立保定或侧卧保定，做局部浸润或腰旁神经传导麻醉，同时配合静松灵或846合剂等药物进行全身浅麻醉。

(2)手术径路　切口部位的选择决定于是否发生粘连。在病初尚未粘连的，可在疝孔附近作切口；如已粘连必须在疝囊处做一皮肤梭形切口。钝性分离皮下组织，将内容物还纳入腹腔，缝合疝孔，闭合切口。

(3)疝修补术　外伤性腹壁疝的修补方法甚多，需因情制宜。

①新腹壁疝　又因疝孔的大小不等而有所不同，应区别对待。当疝孔小、腹壁张力大，缝合过程患病动物挣扎时可能发生撕裂，因此要用双纽孔状缝合法。腹膜与腹肌依然用2号肠线缝合，然后用双股10号或16号粗丝线和大缝针先从疝孔右侧皮肤外方刺透皮肤，再刺入腹外斜肌与腹内斜肌(勿伤及已缝好的腹横肌与腹膜)，将缝针拔出后再从对侧(左侧)由内向外穿过腹内斜肌、腹外斜肌将针拔出，相距1 cm左右处在左侧由外向内穿过腹外斜肌和腹内斜肌再回到右侧，由内向外将缝针穿过腹内斜肌、腹外斜肌及皮肤，将线头引出作为一个纽孔暂不打结。用相似方法从左侧进针通过右侧面又回到左侧，与前面一个纽孔相对才成为双纽孔缝合法。根据疝孔的大小做若干对双纽孔缝合。所有缝线完全穿好后逐一收紧，助手要使两边肌肉及皮肤靠拢，分别在皮肤外打结并垫上圆枕，皮肤结节缝合。

②陈旧性腹壁疝　因腹壁疝急性期错过手术治疗的机会，或因其他原因造成疝孔大部分已瘢痕化、肥厚而硬固的疝称为陈旧性腹壁疝。其疝孔必须做修整手术将瘢痕化的结缔组织用手术刀切削成新鲜创面，如果疝孔过大，还需用邻近的纤维组织或筋膜作成修补瓣以填补疝孔。在切开皮肤后用手术刀先将疝囊的皮下纤维组织与皮肤囊分离。然后切开疝囊，将一侧的纤维组织瓣用纽孔缝合法缝合在对侧的疝孔组织上，根据疝孔的大小做若干个纽孔缝合；再将另一侧的组织瓣用纽孔缝合法覆盖在上面，最后用减张缝合法闭合皮肤切口。

近年来，国外选用金属丝或合成纤维如聚乙烯、尼龙丝等材料修补大型疝孔，取得了较好的效果。也有用钽丝或碳纤维网修补马的下腹壁疝孔的报道。方法是先在疝部皮肤做椭圆形切口，选一块比疝孔周边略大 2～3 cm 的钽丝网，将其入腹壁肌与腹膜之间，用缝线固定钽丝网做结节缝合，然后选用较粗的缝线做水平纽扣状缝合，关闭疝孔，皮肤做结节缝合。

少数腹壁疝病例已发生感染时，应在疝的修补术前控制感染，然后再进行修补术。

(4)术后护理　①注意术后是否发生疝痛或不安，尤其是马属动物的腹壁疝，如疝内容物整复不确实、手术粗糙过度刺激内脏或术后粘连等均可引起疝痛。此时要及时采取必要的措施，甚至重新做手术。②腹壁疝手术部位易伤及膝褶前的淋巴管，常在术后 1～3 d 出现高度水肿。应与局部感染所引起的炎症相区别，并采取相应措施。③保持术部清洁、干燥，防止摔跌。④箝闭性疝的术后护理可参照肠梗阻护理方法，尤其要注意肠管是否畅通，并适当控制饲喂。⑤为防止继发腹膜炎，术后 3～5 d 要抗菌消炎。

五、会阴疝

会阴疝(perineal hernia)是由于盆腔肌组织缺陷，网膜及腹腔脏器从直肠膀胱褶或直肠生殖褶处向骨盆腔后结缔组织凹陷内突出，以致脱向会阴部皮下一侧或两侧。疝内容物常为肠管、膀胱或子宫等。本病目前以犬最常见，家畜中以水牛和母猪多见。

1. 病因

病因较复杂，包括先天性因素和各种原因引起的盆腔肌无力和激素失调等。严重便秘、妊娠后期、难产、强烈努责或脱肛等情况下，常诱发本病。脱出通道可以是腹膜的直肠膀胱凹陷(雄性)、直肠子宫凹陷(雌性)或直肠周围的疏松结缔组织间隙。

瘦弱的动物，特别是发生习惯性阴道脱的动物易发生本病。

2. 症状

在肛门、阴门近旁或其下方出现无热、无痛、柔软的肿胀，常为一侧性。怀孕母猪、母牛会阴疝的肿大范围可达排球大或足球大，柔软或有波动感，阴道脱垂，尿道口向外突出。如疝内容物为膀胱时，挤压肿胀有时可见到尿喷出，患病动物频频排尿但量不多或无尿，检查者用手由下向上挤压肿胀时常会逐渐缩小，并伴随被动性排尿，松手时或隔一段时间后又可增大(图 15-37)。直肠检查有助于确诊。若肿胀物质硬并出现腹痛，常为箝闭性会阴疝。犬的疝内容物常为直肠囊或膀胱。犬会阴疝见彩图 15-1。

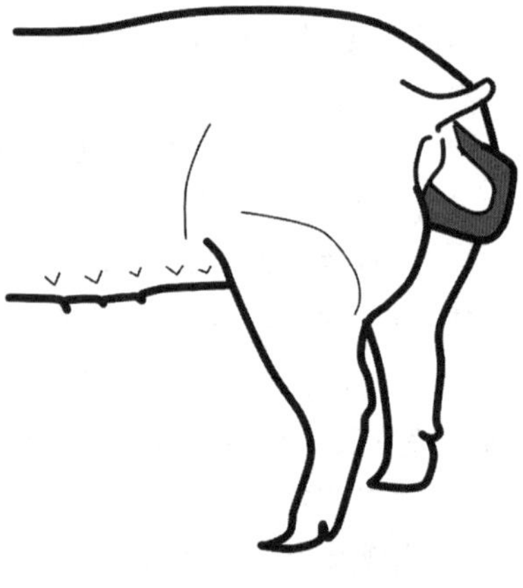

图 15-37　母猪会阴疝

3. 治疗

保守疗法基本无效。手术修补的效果良好。其方法如下：术前绝食 12～24 h；温水灌肠，清除直肠内粪便，导尿。牛取前低后高的站立姿势保定，猪、犬取倒立保定或头颈低于后躯的斜台面、后躯半仰卧保定。尾椎脊髓麻醉或猪、犬全身麻醉。手术径路在肛门外侧，自尾根外侧向下至坐骨结节内侧做一弧形切口。钝性分离皮下组织及筋膜，暴露疝囊，分离疝囊。用长止血钳夹住疝囊底，沿长轴捻转疝囊，直至盆腔深处，然后在钳子上套上线圈，用另一把钳子把线圈推向疝囊颈部，在尽可能深处打一个外科结，并在靠近疝囊处进行结扎，其残余部分可作为生物栓保留。在漏斗状凹陷部可见到直肠壁终止于括约肌，可利用肛门括约肌来封闭此凹陷窝。在漏斗凹陷的上部是软而平的尾肌，从尾肌到肛门括约肌上部用肠线做 2～3 针缝合打结，然后再由侧面的荐坐韧带到肛门括约肌做 1～3 针荷包缝合。漏斗状凹陷的下壁是软而平的闭锁肌，由此肌到肛门括约肌做 2～3 针结节缝合。梭形切除多余的皮肤，皮肤创做结节缝合，覆以保护绷带。经 8～10 d 拆线。

4. 术后护理

保持术部清洁干燥，遇有粪便污染时应随时清除并消毒或换绷带。术后应避免腹压过大或强烈努责，对并发直肠或阴道脱的病例亦应采取相应措施，以减少会阴疝的复发。

六、膈疝

膈疝(diaphragmatic hernia)是腹腔内一种或几种内脏器官通过横膈的破裂孔进入胸腔，当膈的腱质部或肌质部遭到意外损伤的裂孔或膈先天性缺损时可导致本病。此病多发生于牛、马、羊、猪，犬也有发生。由于有些病例不表现症状，临床上不易发现。

1. 病因

先天性膈的缺损常见于幼驹、仔猪和犊牛。后天性因素，可因创伤性网胃炎损伤膈肌或膈脓肿导致膈肌破裂而引起牛、羊的膈疝；猪和马由于强烈运动，外伤或腹内压高度增加而使膈破裂造成本病；犬的膈疝多由外伤引起。

2. 病理

本病在牛的症状常与迷走神经性消化不良综合征的症状相似。既可由于网-瓣孔括约肌弛缓，也可由于网胃固定到膈肌而引起。由于进入到瘤胃的饲料不能顺利进入真胃导致食管沟机能破坏、前胃机能紊乱，或瘤胃过度运动可产生泡沫性臌气。若进入胸腔的疝内容物太多会引起呼吸困难，同时心脏也会受到不同程度的压迫。

3. 症状

外伤性膈疝，有外伤病史。牛患膈疝时，瘤胃始终呈现一定程度的前胃弛缓症状，病初牛食欲时好时坏，体况不良，时有磨牙，粪便呈糊状，量减少，不见反刍，偶尔可出现逆呕，特别当插入胃管时更常见。无热，脉搏减慢，呼吸数多无变化，但臌气时呈现短期的呼吸增快。有人调查 42 例水牛膈疝，有 37 例在右半胸壁，心音不清楚。牛有时也出现呼吸困难，并在网胃收缩时产生疼痛，药物治疗无效。常在发病后 3～4 周，由于营养不良性衰竭而死亡。

马膈疝症状差异很大，主要有呼吸困难和疝痛，但呼吸困难并非主要特征。由于疼痛、内毒素以及肺塌陷会引起呼吸次数增加。当马出现疝痛症状而且用一般性的治疗无效时，常常是诊断本病的一个依据。肠梗阻是常见的死亡原因，小肠变位时肠梗阻的症状明显，常常比大肠阻塞更快致死。

犬膈肌破裂后涌入胸腔的腹内脏器官以胃、小肠和肝较多见。其症状与膈破裂的程度、疝内容物的类别及其量的多少有关。如心脏受压则引起呼吸困难、心力衰竭、黏膜发绀，肺音、心音听诊不清；胃肠脱入可听到肠音；箝闭后可引起急性腹痛，肝脏箝闭可引起急性胸水和黄疸。

猪膈疝常见于 10～30 kg 的仔猪，发病急，病情凶。一旦发生，严重者患猪突然尖叫倒地挣扎抽搐而死。轻中度患猪若不及时手术治疗，其结局还是死亡。

患膈疝的动物常站立或站在斜坡上呈前高后低姿势，猪、犬呈坐式呼吸，有的动物肘外展，头颈伸展不愿卧地，呼吸深快。一般来讲，腹腔器官突入胸腔越多，对呼吸和循环的影响越大。患先天性膈疝的幼龄动物，常在奔跑或挣扎中突然倒地，呈现高度呼吸困难，可视黏膜发绀，安静后症状逐渐消失，也有的发生急性死亡。猪、犬常有呕吐和厌食。患轻度膈疝的动物，不能受较强运动刺激，易伴发呼吸道疾病；采食减少，腹泻或便秘交替出现，机体消瘦，生长发育不良。导致死亡者，绝大部分是由于膈肌破裂出血，肝、胃、肠进入胸腔所引起。

4.诊断

先天性膈疝在出生后有明显的呼吸困难,常在几小时或几周内死亡。钡餐造影 X 射线照相可有助于确诊网胃膈疝,一般通过剖腹探查术和瘤胃切开术验证大动物膈疝周围是否粘连,血液检查白细胞增多均有助于诊断本病。

叩诊检查对马、牛只能说是一种辅助诊断方法,但右侧肺叩诊,可确定疝孔的位置。病犬若胸腔有较多积液,站立叩诊胸部可见水平浊音。X 射线检查常作为犬、猪膈疝的重要诊断方法。

5.治疗

手术修补膈疝时,要注意预防心脏纤颤,它是手术的主要并发症。最好供给氧气,施行人工呼吸。牛在剑突后方进入腹腔,分离粘连后,随即拉回坠入胸腔的内脏器官,并用连续锁边缝合法缝合膈的疝孔。马膈疝修补术,从腹中线切开皮肤和腹壁,助手将疝内容物拉回腹腔后,用一片合成纤维盖于疝孔处,用双股 1 号或 2 号肠线做简单的连续缝合,相距 2 cm,离疝孔边缘 3 cm,分别闭合腹壁与皮肤。

犬、猪可行脐前腹中线剖腹径路做腹壁切开。安装腹腔扩创器,放出过多的胸腔积液和腹水。仔细寻找膈肌破裂孔,轻轻拉出脱入胸腔的脏器。若为肝脏或脾脏脱入,因充血、质脆,应特别小心,以防破裂。缝合时先在裂孔最深处进针,用简单连续锁边缝合法闭合膈破裂孔。闭合后抽出胸腔内气体。检查膈破裂孔处是否漏气。若漏气,做结节缝合即可。常规关闭腹腔。(视频 15-10)

视频 15-10 猫膈疝修补术

手术后应注意纠正水盐代谢紊乱,适当补充水与电解质,膈疝主要出现呼吸性酸中毒,应特别注意加以纠正。抗生素连用 5～7 d,其他治疗可根据术后情况决定,皮肤缝线在术后 8～10 d 拆除。

第三节 椎间盘突出症

椎间盘突出症(intervertebral disc dislocation)又叫椎间盘脱位,是由于椎间盘变性,其纤维环局限性膨出或髓核经破裂的纤维环突出,压迫脊髓或脊神经根而引起相应部位感觉和运动障碍等为特征的一种脊椎疾病。临床上,小动物尤以小型犬种多见。

椎间盘位于相邻两个椎体之间,由纤维环、髓核和软骨终板 3 部分组成。纤维环由多层呈同心圆排列的纤维软骨构成,其腹侧厚度约为背侧的两倍;髓核为胶状物质,富有弹性,位于纤维环的中央;软骨终板又称软骨盘,覆盖于前后椎体的骨骺端。椎间盘连接椎体,可容许椎体间有少量的运动,同时又可减缓振动。

该病分为两种类型:一种称为椎间盘突出,即椎间盘的纤维环和背侧韧带向颈椎的背侧隆起,髓核物质未断裂;另一种称为椎间盘脱出,是纤维环破裂,变性的髓核脱落,进入椎管造成。颈椎间盘脱位约占脊椎椎间盘脱位病例的 15%。

1.病因

椎间盘渐进性病变是本病的基本病因。椎间盘突出症可能与下列因素有关。

(1)外力　外力因素包括动物从高处跳下,上下楼梯,嬉戏时跑跳,两后肢触地直立,在光滑的地板上突然跌倒等。外伤可引起纤维环和软骨终板的破裂,促使椎间盘突出。但外伤可能对引起椎间盘病变并不重要。年龄大的军犬常因过量训练或执行任务而发生椎间盘病变。

(2)遗传　本病在犬多发于某些小型犬种,如腊肠犬、北京犬、法国斗牛犬、贵宾犬、可卡犬、西施犬、拉萨狮子犬等,且近亲繁殖发病率增高,但无性别差异。

(3)内分泌因素 某些激素,如雌激素、雄激素、甲状腺素和皮质类固醇等可能与椎间盘的退变有关。如有人测定了100例患椎间盘脱位病犬的T3(3,5,3′-三碘甲腺原氨酸)和T4(3,5,3′,5′-四碘甲腺原氨酸),发现39%~59%的患犬为甲状腺机能减退病例,可疑患犬为10%~20%。

2.病理

椎间盘主要由蛋白聚糖、胶原蛋白、弹性硬蛋白和水分等组成。椎间盘髓核中央蛋白聚糖和水含量较高。随着动物年老和椎间盘变性,髓核中蛋白聚糖含量下降,而胶原成分增加。蛋白聚糖的多糖组成成分也发生改变,硫酸软骨素下降,硫酸角质素增加。纤维环也出现蛋白聚糖减少,胶原增加,但硫酸角质素与硫酸软骨素的比值高于髓核中的比值。椎间盘由于其生物化学结构的改变,组织液逐渐减少,其缓冲振动的能力也随之降低,即椎间盘对压力的顺应能力发生改变,该顺应能力主要取决于:髓核的亲和性(该亲和性与多糖类蛋白质的含量有直接关系,年龄增长亲和性降低)和纤维环机能的统一及其弹性。

椎间盘病变有两种表现形式,一是软骨样化生,并伴有钙化,多见于软骨营养障碍类动物;二是纤维样化生,很少钙化,多见于非软骨营养障碍类动物。起初,髓核外周变性并向中央发展,同时纤维环亦发生病变。由于纤维环腹侧较背侧厚,而腹侧的纵韧带较背侧韧带强大有力,腰椎间盘多向背侧突出。椎间盘突出可表现为纤维环局限性的膨出,但纤维环不破裂;或纤维环破裂,髓核脱出。有人将椎间盘向背侧突出划分为两种病理类型:汉森Ⅰ型(Hansen Ⅰ)和汉森Ⅱ型(Hansen Ⅱ)。Ⅰ型为背侧环全破裂,大量髓核拥入椎管,主要发生于软骨营养障碍类动物(如腊肠犬),如果纤维环发生破裂,核内物质进入椎管,造成脊髓受压,也可能发生脊膜炎。Ⅱ型是动物变老后纤维环发生膨出而不出现破裂。膨出的纤维环也可造成脊髓受压,常发生于非软骨营养障碍类动物,病程缓慢。

Ⅰ型病例由于椎间盘突出物或血块的压迫,脊髓发生淤血、缺血、缺氧、水肿、软化和坏死等改变导致后躯感觉和运动麻痹。若病情进一步恶化,脊髓软化呈上行性发展,可引起呼吸麻痹。Ⅱ型病例脊髓受压轻微,多数受害部位在白质,局部出现一定程度的缺氧,但不会发生急性压迫性病变。

3.症状

椎间盘突出的临床症状与损伤部位、突出物大小、脊髓受压或受损程度有关。常见病变部位在胸腰段(发生在第12胸椎至第2腰椎占70%、第2腰椎至第1荐椎占20%、第2颈椎至第1胸椎占10%),胸腰段椎管与脊髓直径的比值较小,椎间盘突出容易产生急性脊髓压迫性病变。

患病动物主要表现为后躯感觉和运动障碍。病初疼痛,弓背,腰背肌肉紧张,尾下垂,疼痛剧烈的动物一旦触及背部就会发出叫声。动物后躯无力,喜卧,强行驱赶时走路不稳,左右摇摆,严重者后躯瘫痪,针刺后肢感觉迟钝或消失。急性病例突然出现两后肢瘫痪,痛觉消失,粪尿失禁。上运动神经原损伤时,瘫痪肢体的腱反射增强,膀胱充满,张力大,难挤压。下运动神经原损伤时,瘫痪肢体的腱反射消失,肌肉弛缓、萎缩,膀胱松弛,容易挤压。

按照临床症状的严重程度不同也可分为5级:Ⅰ级椎间盘疾病造成颈部或腰部(后背部)中度疼痛,弓腰,局部肌肉紧张。Ⅱ级椎间盘疾病表现为中度至剧烈疼痛。Ⅲ级椎间盘疾病造成部分或局部瘫痪(局部麻痹),引起犬步履蹒跚或运动不协调。Ⅳ级椎间盘疾病造成瘫痪,但深部痛觉仍然存在。Ⅴ级椎间盘疾病造成瘫痪和深部痛觉消失。

4.诊断

根据病史、临床表现、神经学检查和X射线检查等做出诊断。

神经学检查的内容包括姿势反射、腱反射、膜反射、膀胱功能试验和疼痛敏感试验。

X射线检查对腰椎间盘突出有重要意义。一般取侧位和腹背位拍摄。腰椎间盘突出可见髓核和纤维环矿物化、椎间隙变窄、椎管内有矿物化团块和椎间孔模糊等。为了准确地确定脊髓病变范围和区别脊髓和脊椎疾病(如肿瘤),可做脊髓造影术。脊髓造影,可见脊索明显变细,椎管内有大块矿物阴影。

另外,CT 和 MRI 对腰椎间盘突出症的诊断也有重要参考价值。

5. 治疗

分保守疗法和手术疗法,但目前国内以保守疗法较常用,部分专科医院在开展手术疗法。

(1)保守疗法　初期疼痛、共济失调或轻瘫者适用保守疗法。治疗原则是限制活动,镇痛消炎,促进神经机能的恢复。

减轻脊髓及神经根炎症,可选用皮质类固醇(如强的松)、水杨酸类等药物治疗。此法可用于犬腰椎间盘突出,只有背痛或轻度至中度共济失调和轻瘫的患病动物,以及截瘫和失去深部疼痛感觉在 24～36 h 的患病动物。有疼痛或轻度截瘫的患病动物使用强的松 0.5～1.0 mg/kg,皮下注射或口服,每天 2 次,连续 3～5 d 一个疗程。急性发生中度轻截瘫(能走动)的患病动物可用地塞米松,开始静脉注射 2 mg/kg,6～8 h 后皮下注射 0.5～1.0 mg/kg,每天 2～3 次,24 h 后以 0.1 mg/kg 皮下注射或口服,每天 2 次,连用 3～5 d。同时给予肌肉弛缓药氨甲酸愈甘醚酯,方法同前。

另外,可采用针灸、电针、按摩、温敷、红外线照射、温水浴、超声波和穴位药物注射等治疗。尿失禁者每天定时挤压膀胱排尿 2 次或人工导尿,便秘者可进行灌肠。许多患病动物经保守治疗病情得到改善。同时严格限制活动至少 21 d。

(2)手术疗法　手术指征为疼痛病例或轻瘫病例,经保守治疗无效时;截瘫且有痛觉存在的病例;截瘫且痛觉消失,发病不超过 24 h 者。

一般认为手术应尽早进行,截瘫且痛觉消失的病例预后不良。手术目的是解压并除去团块。腰椎间盘突出手术主要有两种:偏侧椎板切除术和背侧椎板切除术。手术可除去椎间盘突出物,还可允许对脊髓进行直接治疗,如硬膜切开、冲洗、脊髓切开,但术后需要仔细地护理。由于手术损伤和神经组织恢复缓慢,手术效果在术后 1～10 d,甚至更长时间才能看到。

开窗术:这是预防手术,偶尔用于复发背痛的犬。

背侧椎板切除术/偏侧椎板切除术:做或不做椎骨关节面切除和椎间孔切开,以除去椎间盘突出的物质。超急性发生严重截瘫的患病动物,建议作硬脊膜切除术,以观察脊髓。硬脊膜切除的同时可做脊髓切除术。如果团块直径大于 4 mm,需要除去团块,以达到神经的恢复。

外科手术应尽快完成,有深部疼痛感觉的患病动物在急性发生的 48 h 内进行手术可以获得好的结果。急性发生的犬,除外科手术外,开始时要同时用皮质类固醇治疗。

第四节　动物急腹症

一、急腹症的概念

急腹症(acute abdominal symptom)指以急性腹痛为突出表现的外科临床综合征。其特点为起病急,病情重,发展快,变化多,需做紧急诊断和处理,一旦延误诊断,抢救不及时,就可能给患病动物带来严重危害和生命危险。引起急性腹痛的原因相当复杂,腹腔内脏器功能紊乱或器质性病变均可引起,也可因腹腔外器官的病变诱发。临床上常发生于犬和马属动物,其次为牛、羊等,偶尔也发生于兔、猪和禽类。例如犬的胃扩张、胃肠扭转、肠套叠、急性胰腺炎、脾扭转、肠梗阻、前列腺炎、子宫破裂等;马的急性胃扩张、肠臌气、肠痉挛、肠便秘、肠结石、肠系膜动脉血栓、肠积沙等;牛的盲肠扩张、肠便秘、胃肠扭转、肠变位、胃变位等;羊的肠变位等;猪的肠变位等;兔的胃扩张;禽的胃肠变位等。此外,病理性和机械性外伤引起动物腹腔脏器的破裂或穿孔,都可以引起急腹症。

二、急腹症的分类

根据患病动物病变性质的不同,可将急腹症归纳为6类。

(1)炎症性急腹症 起病稍缓,腹痛由轻转重,呈持续性。触诊病变部位有固定压痛。听诊肠蠕动音增加,体温升高,心跳和脉搏加快,白细胞数升高、核左移。

(2)梗阻性或绞窄性急腹症 起病急骤,腹痛剧烈,呈绞痛性。腹痛中间有间歇期隐痛,常呈渐进性阵发性加重。机械性肠梗阻有金属音或过水音,伴有腹胀、呕吐,早期腹部压痛不明显。肠蠕动音减弱。

(3)穿孔性急腹症 腹痛多为突然发生或突然加重,呈持续性剧痛,甚至休克。腹部压痛不明显,肠音减弱或消失,伴有腹胀和腹腔积液。

(4)脏器扭转性急腹症 起病急,腹痛剧烈,常伴有轻度休克。腹痛呈持续性、阵发性加重。可触及有明显疼痛的包块。早期腹部压痛不明显,但随脏器坏死的发生而加剧。严重者可呈现中毒症状和中毒性休克。

(5)出血性急腹症 当实质性脏器病理性或自发性破裂出血时,腹痛较炎症性急腹症轻,呈持续性,腹部压痛轻。同时表现可视黏膜苍白、四肢冰凉、脉细等失血性休克征象。腹腔内有移动性浊音,腹腔穿刺可抽出不凝固血液。进行性血红蛋白和红细胞计数减少。

(6)损伤性急腹症 包括实质性脏器和空腔脏器的损伤。由于损伤脏器不同和损伤程度不同,其表现特点各异。当实质性脏器损伤,如肝、脾破裂,可引起腹腔内出血,失血性休克。当空腔脏器损伤,如胃、肠破裂,其内容物流入腹腔内,常引起严重腹膜炎。

以上各类急腹症,可单独发生,也可数种同时存在,有的随着病情发展可能转化为另一种类型,因此,在分析病情时值得注意。

三、急腹症的病因

动物急腹症的发病原因,同其他疾病一样,都由外在因素和内在因素所致。外因是致病的重要条件,内因是致病的决定因素,而外因通过内因才能引起发病。

(一)急腹症的外因

(1)饲养、管理、训练和使役不当 如精料过多,饮水不足;突然变换饲料种类及配比,突然改变饲养方式、饲喂程序和方法;饲后立即剧烈使役、训练或剧烈训练,使役后立即饱食、饱饮等。

(2)饲料、饮水品质不良 如精料霉变、腐败变质,易膨胀发酵;饲草粗硬、柔韧,不易消化;饲料冰凉,饮冷水,饲料混杂泥沙等杂物;矿物质、维生素含量不足等。

(3)天气骤变等应激原强烈或持续存在 如当气温降低、温度升高、气压减低等气象参数骤然剧变的暴风雨雪天气及其前夕,马的急腹症发生往往增多。一般认为,天气这一应激原可使敏感动物机体处于应激状态以致机体某些反射活动发生紊乱,特别是植物神经系统中交感神经和副交感神经的协调功能失去平衡,导致急腹症(腹痛)的发生。

(二)急腹症的内因

(1)胃肠功能减退 老龄动物、单一饲喂、长期休闲、矿物质营养不足等,可引起胃肠功能减退,发生急腹症。

(2)异食癖 动物乱啃咬物品和吞食异物,可引起胃、肠梗阻等导致急腹症的发生。

(3)胃、肠溃疡　胃、肠道陈旧性溃疡病情严重时可引起动物胃、肠穿孔、出血等。

(4)寄生虫　圆虫幼虫寄生可引起肠系膜前动脉损伤，是马急腹症最主要的内在发病因素。其作用表现在3个方面，即阻碍肠管的血液供应、干扰肠管的神经支配和引起过敏反应，从而导致急腹症乃至休克的危险。另外，蛔虫误入胆管或成堆聚集在胃肠道也会引起梗阻性急腹症。

(5)不同年龄、品种和性别　如仔、幼犬易发生胃肠道异物性梗阻；青年德国牧羊犬易发肠扭转；6～7岁中年肥胖母犬易发急性胰腺炎；中年公犬可因前列腺炎或脓肿而腹痛；健康母犬可因分娩或子宫积脓发生子宫破裂导致腹膜炎；胸部较深的大型繁殖种犬易发生急性胃扩张和肠扭转。

(6)腹腔脏器实质性炎症和病理变化　易引起急腹症的发生，如急性胰腺炎、急性胃肠炎等。

四、急腹症的诊断原则

动物急腹症诊断的程序和方法包括问诊、一般检查和特殊检查3部分。

(一)问诊

急腹症的问诊应简明扼要，有的放矢。一般结合临床检查，边看边问。应着重了解如下问题：

(1)发病时间　根据发病时间可以推断病程。

(2)起病情况　以推断是突然起病还是起病徐缓。

(3)腹痛表现　以推断腹痛的程度和性质。

(4)饮食和粪便情况　以推断有无胃肠梗阻及其程度。

(5)是否治疗过、用了哪些药物和方法　以保证治疗的连贯性，避免用药重复或脱节。

此外，动物的年龄、性别、品种、是否受外伤等都要了解清楚。

(二)一般检查

急腹症的一般检查包括体温，脉搏，呼吸，结膜色泽，口腔变化，腹围大小，腹痛表现，有无硬块，听取心音、肠音、胃音或食管逆蠕动音等11项。通常将其概括为一、二、三、四、五，即一测(体温)、二数(脉搏和呼吸)、三听(心音、肠音、胃音或食管逆蠕动音)、四看(腹痛表现，腹围大小，结膜色泽及其干湿度，口腔有无溃疡、舌色等口症)、五触压(疼痛部位，有无肿胀，气体或液体，有无硬块，有无压痕等)。

问诊和一般检查，通常要求在15 min左右完成，并根据结果做出初步诊断，有的急腹症如肠痉挛疝、原发性肠鼓胀等，即可做出确诊。

(三)特殊检查

急腹症的特殊检查包括胃管插入、腹腔穿刺、直肠检查、血液生理生化学检查、X射线检查和B超检查6大项，应根据动物病情灵活运用。

(1)胃管插入　可查明胃的充满状态和排空机能，从而确定有无扩张及其类型(食滞性、气胀性或积液性)。应用抽吸装置导胃以减压或实施洗胃，更可兼具治疗作用。

(2)腹腔穿刺　可根据腹腔穿刺液的性状，辅助确定急腹症的类型，对急腹症的鉴别诊断和预后判断具有重要意义。如血性腹腔液见于各类型肠变位，肠系膜动脉血栓、栓塞和出血性肠炎；渗出性腹腔液见于腹膜炎和坏死性肠炎；含粪汁或食糜腹腔液见于胃肠破裂或穿孔。

(3)直肠检查　不仅能确定肠便秘的部位，结粪的大小、形状、硬度，以及变化的肠段和肠变位的类型，还能确定有无胃扩张、肠结石、肠积沙、肠系膜动脉瘤、肠套叠等急腹症。

(4)血液检查　对急腹症的确诊并无多大价值，但在急腹症的预后判断上有较大的意义。常检测的有血沉、红细胞比容容量、血浆总蛋白等脱水指标；血浆二氧化碳结合力、血乳酸含量等酸血症指标；白细胞总数、血小板数等内毒素血症指标。此外，血细胞计数和血液化学成分的检查，有利于判断是否有炎症。

(5)X射线检查　腹部X射线检查是判断腹部损伤和胃肠异物梗阻等常用的方法，但在检查时常需结合消化道造影术。

(6)超声波检查　是运用超声波的物理特性和动物体的声学特性，对动物的组织器官、形态结构与功能状态做出判断的一种非创伤性检查方法。具有操作简便，可多次重复，能及时获得结论，无特殊禁忌等优点。主要用于测定实质性脏器的体积、形态与物理特性；判定空腔脏器的大小、形态及其走向；鉴定脏器内占位性病灶的物理性质；检查体腔积液的存在与否，并对其数量做出初步估计；引导穿刺、活检或导管植入等辅助诊断。

五、急腹症的治疗原则

由于急腹症的病情急、变化多、进展快，故在治疗上应及早根据动物病情进行全面分析、判断，选择适合的治疗方案。治疗方案和具体措施一旦决定，就应争分夺秒进行，以求获得最佳的治疗效果。动物急腹症的治疗，可分为手术性治疗和非手术性治疗两类。

(一)急腹症的手术性治疗原则

(1)炎症性或穿孔性急腹症　应早期施行手术治疗。如果已超过48 h，病灶已局限化，患病动物全身状态较好的，可施行非手术疗法。

(2)梗阻性、扭转性和绞窄性急腹症　应早期手术，以免病情恶化。如患病动物已处于休克状态，应抗休克和紧急手术治疗同时进行。

(3)出血性急腹症　对腹腔实质器官破裂出血的动物，应紧急手术治疗。但对消化道出血，若仅为黏膜层损伤者，可先采用非手术疗法，待出血停止再行择期手术，效果更佳。尤其对出血病因不明，部位不能确定的，更宜先采用保守疗法。如出血量大，非手术疗法不能维持血压和脉搏，则应及时改为手术探查。

(4)损伤性急腹症　对腹部闭合性损伤，无明显腹膜炎和出血表现的，可施行非手术疗法观察。如已证实有空腔脏器破裂、穿孔或内出血，应及早施行手术探查。

总之，对需要观察和作术前准备的急腹症患病动物的处理，应给予防治休克，纠正水、电解质代谢和酸碱平衡失调，控制感染和防治腹胀。在观察病情改变过程中，禁用镇痛剂，以防止掩盖病情。如疑有肠穿孔或肠坏死，则禁用泻药和灌肠。但可根据病情应用镇静、解痉挛药剂。

(二)急腹症的非手术性治疗原则

(1)禁食　任何原因引起的急腹症，均应暂时禁食，以保持胃肠道空虚或畅通。

(2)通便　某些胃肠梗阻性病例，可考虑投服大剂量的泻药，或胃内注入药液(盐水和硫酸镁溶液等)，可使被阻塞部的胃肠畅通。

(3)减压　通常装置胃管冲洗，导出胃内容物或放出胃内气体，以减轻腹腔压力，缓解心肺功能，对治疗疾病本身和改善症状均有好处。

(4)补液　通过补液纠正水、电解质和酸碱平衡失调，以及抗休克的治疗。对有内出血或已出现出血性休克者，还应给予输血，贫血严重时可考虑输血。

(5)抗感染　大多数急腹症都有炎症或最终出现感染，所以，都应使用抗生素等药物以控制感染。

(6)加强护理　在急腹症的发生和发展过程中，应注意防寒防暑，防止动物意外受伤，还应采取短期内绝食。当病情开始好转并有食欲时，应取少食多餐的饲养方法。开始饲喂时给予少量易消化的饲料和软皮饲料或优质干料，逐渐增加饲料，以至达到正常饲量，并注意适当的运动。

本章小结

本章对剖腹探查术、肠梗阻解除术、肠切除与吻合术、牛瘤胃切开术、皱胃切开术、皱胃变位整复术、犬胃切开术、犬幽门肌切开术和成形术、胆汁引流术、人工培植牛黄手术的适应症、麻醉与保定、术式以及病因、症状、诊断和治疗进行了较为全面的叙述。

腹部内脏手术涉及的组织器官为腹壁、腹腔、腹膜、网膜、肠系膜、胃、肠、脾、胆囊等，能准确地了解腹壁、胃肠局部解剖特点，才能顺利地施行腹部手术。

剖腹探查术包括马的腹腔探查术和牛的腹腔探查术。

肠梗阻解除术和肠部分切除与吻合术主要讲述肠套叠、肠绞窄以及肠阻塞等病症的手术治疗方法。

瘤胃切开术的术部采用左肷部切口，术式主要是瘤胃固定与隔离法、胃内各种病症的处置和手术通路的闭合。

皱胃切开术的术部采用右侧肋弓下斜切口，或在右侧下腹壁触诊皱胃轮廓明显处，确定切口位置。术式包括皱胃显露、隔离与切开，掏取胃内容物，胃壁缝合等。

皱胃变位整复术的特有症状为腹中部或下腹部局限性膨大；听叩诊结合产生钢管音；钢管音区穿刺取得真胃液(pH 1～4，无纤毛虫)。其主要的术式包括对变位的真胃放气放液减压、将真胃整复回位、对真胃缝合固定等操作。

犬胃切开术的术部采用脐前腹中线切口，沿腹中线切开腹壁，显露腹腔。切开胃壁显露胃腔，第1层用康乃尔氏缝合，第2层用伦贝特缝合。

犬幽门肌切开术和成形术的术部在脐前腹中线，切开腹腔，显露胃、十二指肠和胰腺等脏器，切开幽门肌(幽门肌组织由浆膜、纵形肌、环形肌、黏膜下层、黏膜组成)。成形术有两种缝合方法。

胆囊手术的术式按开腹、探查与显露、缝合胆囊切口、闭合腹壁切口顺序进行。

人工培植牛黄分为牛活体胆囊内培植牛黄手术和牛腹腔内植入模拟胆囊快速培植牛黄手术。前者的术式按腹壁切开、显露胆囊、切开胆囊、植入牛黄床和接种致黄菌、关闭肋间切口；后者的手术通路为右侧髋结节向前引一条水平线，与第12肋骨交点处为切口上端，沿肋骨切开皮肤、肌肉，截除肋骨18～20 cm长，术式由3个手术环节组成，即首先完成胆总管插管术，其次完成胆囊内植入带牛黄床的胆汁引流管术，最后完成模拟动物胆囊腹腔内植入术。

疝是各种动物均可发生的一种常见外科病，尤以猪、犬发病率高。可分先天性和后天性疝，先天性疝多具遗传性，患此病的种用动物不能留作种用。

疝又可分外疝和内疝。外疝常见的有脐疝、腹股沟(阴囊)疝、腹壁疝及会阴疝。内疝其症状复杂，常见的有膈疝、网膜内疝等。

没有发生粘连、箝闭和坏死的疝，其疝内容物均可还纳入腹腔，属可复性疝。如果已经坏死粘连或箝闭，则不能回复到腹腔，为不可复性疝。粘连的面积与疝部发炎程度和时间成正相关，即炎症越严重，时间越长，其粘连就越严重。而箝闭性疝根据其原因常见的有粪性箝闭疝、弹力箝闭疝和逆行性箝闭疝，此类疝发病急、症状严重，危及动物生命，必须立即进行手术治疗。

脐疝的治疗方法常根据疝囊的大小而定。小的脐疝多采用保守疗法，大的脐疝需纽扣缝合脐孔，以防再脱。

腹股沟疝或腹股沟阴囊疝的治疗，无论大小或严重程度均采用结扎鞘膜管的方法实施手术，此手术方法安全、可靠、易行、不污染腹腔、不继发腹膜炎。

其他疝病的治疗，须根据具体情况，制定有效的手术方案，达到良好的手术目的。

椎间盘突出症又叫椎间盘脱位，是由于椎间盘变性，其纤维环局限性膨出或髓核经破裂的纤维环突出，压迫脊髓或脊神经根而引起相应区域感觉和运动障碍等为特征的一种脊椎疾病。与外伤、遗传和内分泌因素有关。分为两种病理类型：汉森Ⅰ型（Hansen Ⅰ）和汉森Ⅱ型（Hansen Ⅱ）。椎间盘突出症常发生于第12胸椎至第2腰椎、第2腰椎至第1荐椎、第2颈椎至第1胸椎。患病动物主要表现为感觉和运动机能障碍。按照临床症状的严重程度不同也可分为5级。根据病史、临床表现、神经学检查和X射线检查等做出诊断，目前X射线检查对腰椎间盘脱位有重要意义。可采用保守疗法和手术疗法进行治疗，但目前国内以保守疗法较常用，手术疗法还处于初级阶段。

急腹症是以急性腹痛为突出表现的外科临床综合征。其特点为起病急、病情重，发展快，变化多，需要紧急诊断和处理。根据患病动物病变性质的不同，可将急腹症归纳为6类。

动物急腹症的发病原因包括外在因素和内在因素。外因是致病的重要条件，内因是致病的决定因素，而外因通过内因才能引起发病。

诊断动物急腹症的程序和方法包括问诊、一般检查和特殊检查3部分。

动物急腹症的治疗原则，可分为手术性治疗原则和非手术性治疗原则。

复习思考题

1. 如何选择剖腹探查术的切口部位以及注意事项有哪些？
2. 试述肠套叠、肠绞窄和肠阻塞解除术的手术方案。
3. 瘤胃切开术的操作要领是什么？
4. 皱胃左、右侧变位整复术的操作要领是什么？
5. 试述制定瘤胃切开术、皱胃变位整复术、犬胃切开术、犬幽门肌切开术和成形术的手术方案。
6. 如何鉴别诊断先天性外疝、脓肿、血肿、淋巴外渗？
7. 在临床生产中你见过教材中未提及过的疝病吗？
8. 关于疝的治疗，你是否有更好的、更有效的、更快捷的治疗方法？
9. 为何母猪也患腹股沟疝？
10. 缝合腹股沟内环时应注意什么？
11. 在箝闭性疝的治疗中，关键是什么？
12. 损伤性腹壁疝治疗的关键是什么？
13. 试述椎间盘突出症的诊断和治疗。
14. 试述动物急腹症的病因和诊断要点、治疗原则。
15. 试述胆囊切开术和人工培植牛黄手术的操作要领。
16. 名词解释

腹腔探查术、肠梗阻、肠套叠、肠闭结/肠阻塞、疝、箝闭性疝、弹力箝闭疝、粪性箝闭性疝、腹壁透创、急腹症、椎间盘突出

（韩春杨、刘海峰）

第十六章　直肠、肛门和泌尿生殖器官疾病与手术

第一节　直肠及肛门疾病与手术

一、锁肛

锁肛(atresia ani)是肛门被皮肤所封闭而无肛门孔的先天性畸形。以仔猪、幼犬最常见，羔羊、幼驹及犊牛偶可见到。

(一)病因及病理

在胚胎早期，尿生殖窦后部和后肠相接共同形成一空腔称泄殖腔。在胚胎发育第 7 周时，由中胚层向下生长，将尿生殖窦与后肠完全隔开，前者发育为膀胱、尿道或阴道等，后肠则向会阴部延伸发育成直肠。在第 7 周末，会阴部出现一凹陷称原始肛，遂向体内凹入与直肠盲端相遇，中间仅有一膜状隔称肛膜，以后肛膜破裂即成肛门。但其中有个别发育不全，即后肠和原始肛发育异常或发育不全，则可出现锁肛或肛门与直肠之间被一层薄膜所分隔的直肠与肛门的畸形(图 16-1)。

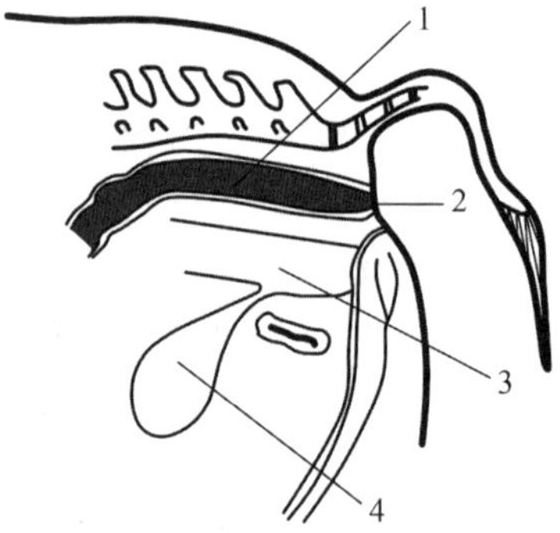

图 16-1　猪的锁肛示意图

1. 直肠　2. 封闭肛门之皮肤　3. 阴道　4. 膀胱

(二)症状与诊断

锁肛通常发生于初生仔畜，早期不易发现，数天后患病动物腹围逐渐增大，频频做排粪动作；病猪常发出刺耳的叫声，拒绝吸吮母乳，此时可见到在肛门处的皮肤向外突出，触诊可摸到胎粪。如在发生锁肛的同时并发直肠、肛门之间的膜状闭锁，则可感觉到薄膜前面有胎粪积存所致的波动。若并发直肠、阴道瘘或直肠尿道瘘，则稀粪可从阴道或尿道排出。如排泄孔道被粪块堵塞，则出现肠闭结症状，最后导致死亡。

(三)鉴别诊断

主要同直肠闭锁相鉴别。直肠闭锁是直肠盲端与肛门之间有一定距离，因胎儿时期的原始肛发育不全所致，症状比锁肛严重，努责时肛门周围膨胀程度比锁肛小。锁肛和直肠闭锁可通过 X 射线检查确定。抬高患病动物后躯，根据肠内气体聚集于直肠末端的部位来判断。

(四)治疗

施行锁肛造孔术(人造肛门术)。可行局部浸润麻醉，倒立或侧卧保定。在肛门突出部或相当于正常肛门的部位，行外科常规处理，然后按正常仔畜肛门孔的大小切割成一圆形皮瓣，暴露并切开直肠盲端，将肠管的黏膜缝在皮肤创口的边缘上。为了便于排粪和防止粪便污染术部，可在切口周围涂以抗生素软膏。若直肠盲末端下降至会阴皮肤处，可在切开剥离皮瓣后，继续分离皮下组织直达直肠盲端，在直肠盲端上缝以牵引线，充分剥离直肠壁并拖至肛门口外 2～3 cm，使之与皮肤

对接缝合；然后以细丝线将直肠壁与四周皮下组织缝合固定，再环切盲肠端，掏出胎粪，冲洗消毒；最后，将直肠断端黏膜结节缝合于皮肤切口边缘上(图 16-2)。

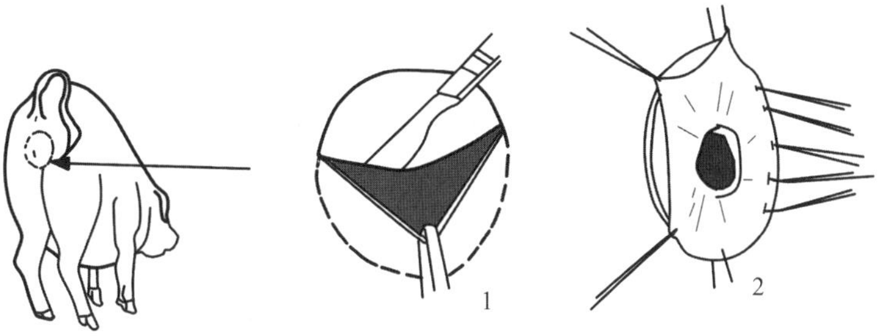

图 16-2　锁肛造孔术示意图

1. 切割剥离圆形皮瓣　2. 剪开直肠盲端，直肠黏膜与皮肤切口边缘做结节缝合

(五)术后护理

保持术部清洁，防止感染。伤口愈合前，宜在排粪后，用防腐溶液进行洗涤清洁，并注意加强饲养管理，以防止形成便秘，影响伤口愈合。

二、巨结肠

巨结肠(megacolon)指结肠的异常伸展和扩张。先天性巨结肠是一种结肠和直肠先天缺陷引起的肠道发育畸形。可引起肠运动机能紊乱，形成慢性部分肠梗阻，粪便不能顺利排出，淤积于结肠内，以致结肠容积增大、肠壁扩张和肥厚。多发生于直肠和后段结肠，但有时可累及全结肠和整个消化道。犬、猫等多种动物均可发生，但以猫最为常见，犬次之。

(一)病因

在胚胎发育早期，消化道内成神经细胞从近侧向远侧发展，在肠壁肌层之间形成肠肌丛。然后，成神经细胞从肠肌丛通过环肌到黏膜下层内，形成黏膜下丛。这种成神经细胞在发展过程中如果停止，在远端的肠肌丛和黏膜下丛内则缺乏神经节或神经节细胞，因而引起交感神经和副交感神经的机能障碍，缺乏神经节或神经节细胞的肠段则处于持续痉挛收缩状态，造成部分或完全的痉挛性肠梗阻。继发性巨结肠多由排便阻塞引起(包括机械性与机能性的阻塞)，如骨盆骨折、前列腺肿大、骨盆肿瘤、直肠肿瘤、髂骨下淋巴结肿大、骨盆和骶骨段脊神经病变等。正常的肠蠕动不能通过梗阻部分，于是粪便蓄结在结肠内，结肠出现代偿性扩张和肥厚。同时，肛门内括约肌张力增高，不发生直肠肛管松弛反射，失去正常的排便机制，加重了粪便蓄积。久之使近端肠管逐渐扩张，进而形成巨结肠症。

(二)症状

患先天性巨结肠症的动物，在出生后 2～3 周出现症状。症状轻重依据结肠阻塞程度而异，有的数月或常年持续便秘。便秘时，仅能排出少量浆液性或带血丝的黏液性粪便。患病动物腹围膨隆似桶状，有些病例因粪便蓄积，刺激结肠黏膜发炎，引起腹泻。不排粪的患病动物则出现被毛粗乱、精神沉郁、食欲不振、呕吐等症状。

(三)诊断

主要依据腹部触诊，摸到集结粪便的粗大结肠，其内容物干硬，体积巨大，用手挤压很难压碎。直肠探诊触到硬的粪块或扩张的结肠。钡剂灌肠后，X 射线检查可确定结肠扩张的程度和范围。

用直肠镜可直接检查直肠、结肠有无先天性狭窄、阻塞性肿瘤及异物等，然后进行确诊。

(四)治疗

治疗原则是润肠通便，减轻自体中毒，调节体液、电解质和酸碱平衡失调。

对于轻度的患病动物，可口服润滑粪便的药物，如乳果糖、植物油、液状石蜡，配合应用促进胃肠蠕动的药物，效果良好，如新斯的明、胃复安、维生素 B_1、中药“大承气汤”方剂等。粪便干结的病例，可用液状石蜡或植物油、温肥皂水等灌肠，配合腹部按摩与直肠内取粪。对衰竭的患病动物，应首先输液，补充电解质和能量合剂，改善营养后再取出集结的粪便。通便后，患病动物应加强运动，饲喂高纤维素性食物，长期饲喂软化粪便的药物。

保守治疗效果不佳者，应尽早手术治疗。施行降结肠切开术，取出结肠内的蓄粪。结肠病变严重的，特别是先天性结肠蓄粪的病例，可施行结肠部分截除术，保留降结肠的远端，自空肠远端或回肠近端截除结肠，施行空肠(或回肠)结肠吻合术；若保留回盲瓣(自盲肠远端 2～3 cm 处截除结肠)，松弛的两个结肠断端相互吻合，愈合效果不佳，易发生粪便渗漏。

三、肛门囊炎

肛门囊炎(anal succulitis)是肛门囊内的腺体分泌物蓄积于囊内，刺激黏膜而引起的炎症。此病以犬多发，猫有时也发生。

(一)病因

在肛门的两侧，有成对的肛门囊，位于肛门内、外括约肌之间偏腹侧(相当于时钟 4 点和 8 点的位置)，以贮存肛门周围腺的分泌物。这些分泌物是黏液状、黑灰色、有难闻气味、带小颗粒的皮脂样物，当动物排便时，由于肛门外括约肌的收缩，使蓄积的分泌物排出。有人认为肛门囊炎与饲喂不合理、软便、缺乏运动、肛门外括约肌功能失调并伴有阴部神经病变、肛周瘘及瘢痕组织形成有关，使肛门囊蓄积的分泌物排空发生障碍，进而发生肛门囊炎。另一些人则持相反的观点，认为肛门囊发炎在先，使肛门周围腺分泌增加，进而堵塞肛门囊管，导致肛门囊感染并发生脓肿。所以该病的因果关系还有待于进一步研究。也有人提出肛门囊炎与肛门周围腺分泌皮脂样物有关。

(二)症状

轻症者，出现排便困难，里急后重，甩尾，摩擦、舔舐或啃咬肛门，大便以后，病犬以肛门部位着地，两前肢拖动整个躯体前行。重症者，肛门呈明显肿胀、痉挛。有时出现肛周脓肿，还有的出血，从肛门囊流出脓汁，甚至已形成瘘管。在一些小的纯种犬，这种排泄瘘多在时钟 4 点和 8 点的位置。

(三)诊断

将戴有乳胶手套的一手食指插入肛门内，大拇指抵肛门囊外的皮肤，两指用力挤压肛门囊。若内容物不易挤出或挤出浓稠皮脂样物，即为肛门囊阻塞；若稍用力即挤出多量脓性或血样液体，即为肛门囊炎；若挤出的脓液黏稠、量少，且病程长久，则肛门囊多已形成化脓性窦道。

(四)治疗

轻症者可用手反复挤压肛门囊开口处。若效果不佳，可戴上乳胶手套，食指涂上润滑油，插入肛门，拇指在外面配合挤压，排出肛门囊内容物。当肛门囊内容物太浓稠时，应用盐水进行冲洗。一般隔 1～2 周再挤压一次，但不能太频繁，以免人为造成感染。在治疗过程中不需要麻醉或镇静，但注意避免使肛门囊管堵塞。

对肛门囊管道闭合的患犬，需要在镇静或浅麻的情况下，进行套管插入术；对于严重的肛门囊炎，肛门溃烂，已形成瘘管或经保守治疗又复发者，宜手术切除肛门囊。手术常规准备，禁食、灌肠，肛门周围除毛、消毒，采用全身麻醉。手术必须采取一定的标记，如向肛门囊内注入染料，或放入钝性探针，显示其界限以保证完全切除。然后进行常规缝合，必要时放置引流，经 2～3 d 后取出。在手术过程中，最重要的是勿损伤肛门括约肌、直肠后动静脉和阴部神经的分支。

猫和其他动物虽然很少发生肛门囊炎，但其治疗方法和手术过程是相同的。

(五)手术并发症

(1)肛门窦的持久性感染　是肛门囊手术最常见的并发症和后遗症。主要原因是肛门囊未能切除干净，可能遗留肛门囊管的残端。为此要求手术时不宜做简单的结扎和横断肛门囊管，必须将其全部切除，否则还需二次手术。另外若一侧肛门囊发炎，最好将对侧的也一并切除，避免几个月后也感染发病。

(2)形成肛门瘘　这是因为手术时，肛门囊管未能彻底切除和闭合，或结扎缝合不好，在肛门一侧形成脓肿腔，有一个或多个瘘管开口于皮肤。处置的方法是切开瘘管至肛门，暴露和清除脓肿腔，并采取开放疗法，逐渐愈合并形成上皮。另一种方法是采取感染组织全部切除，缝合并引流 3～4 d。

(3)肛门括约肌功能失调　有些病例，术后括约肌功能轻度失常，其收缩能力减低或消失，也可通过肌电图检查。这种情况有可能与阴部神经的肛门支受损伤有关，若 3 个月功能仍未能恢复，则预后不良，应在饮食和饲养管理上加以注意。

(4)术后大便失禁　有些病例，肛门括约肌功能基本正常，只是在刺激肛门和肛门孔时敏感性下降，这种现象是由于在进行肛门囊手术时切除范围过大，把肛门的浅神经纤维一同切除，使肛门括约肌的主要神经受损。神经再生需 3～4 个月，在此过程中，应很好地选择饲料，以形成相对的干便，避免大便失禁。

此外，肛门囊手术也常继发排便困难、里急后重等症状，术后轻度感染，直肠检查发现轻度瘢痕都较常见。应采取相应的措施，如感染时，可探诊排脓和应用抗生素，若瘢痕影响功能，则应将其切除。

四、肛周瘘

肛周瘘(perianal fistulae)是肛门附近化脓性感染在肛门周围形成的瘘管，一端通入肛管，一端通于皮外。多发于犬，特别是长毛垂尾犬多发，公犬多于母犬；其他动物也可发生。

(一)病因

多继发于肛门周围脓肿、肛囊炎等。由于脓肿破溃或者切开排脓后，伤口不愈合形成感染通道。也可由肛门外伤、肛门周围毛囊炎、湿疹、长期粪便污染及先天性发育畸形所致。德国牧羊犬肛门附近的毛囊较多，易患肛周瘘。

(二)症状

肛周瘘的症状取决于瘘管侵害的范围。其主要临床表现为瘘管外口有脓汁持续不断地流出，局部皮肤受刺激而引起瘙痒、肿胀、疼痛。流脓的多少与瘘管的大小及其形成时间有关，较长的新生瘘管排脓量多，有时瘘管外口由于表皮增生而覆盖形成假性愈合，管内脓液蓄积，局部肿胀、疼痛。甚至出现发热、精神沉郁等全身感染症状。当脓肿再次破溃，积脓排出后症状消失。上述表现反复发作是瘘管的临床特点，有时形成多个外口，成为复杂瘘管。

另外，很多动物表现为排便困难，里急后重，从肛周瘘管中流出血液和恶臭脓汁，若是内外瘘，还可从瘘管外口排出粪便和气体。有的出现慢性便秘，偶见继发性巨结肠、厌食、体重减轻等症状。

(三)诊断

根据临床表现，若肛周脓肿破溃或切开引流久不愈合，并不断流出脓液，即可确诊为肛周瘘。

根据瘘管外口的大小、数目、位置推断肛周瘘的类型。诊断时应检查瘘管的走向，找到瘘管内口，一般采用下面几种方法。

（1）探针检查　宜用软质探针，从瘘管外口插入，沿管道轻轻向肛管方向探入，用手指伸入肛门内感知探针是否进入，以确定内口。但若是弯瘘或外口封闭则探针无法探诊。

（2）注入色素　常用5%亚甲蓝溶液，首先在肛管和直肠内放入一块湿纱布，然后将亚甲蓝溶液由外口缓缓注入瘘管，若纱布染成蓝色，表示内口存在。但因有的瘘管弯曲，加之括约肌收缩，瘘管闭合，阻碍染料进入，所以纱布未染色也不能绝对排除瘘管的存在。

（3）X射线造影　于瘘管内注入30%～40%碘甘油或12.5%碘化钠溶液，或用次硝酸铋和凡士林1∶2做成糊剂，加温后注入瘘管，X射线摄影可显示瘘管部位及走向。但此法与注入色素相似，上面所涉及的因素使显影液难以注入则不能显影。

（4）手术探查　经临床检查仍不能确定内口时，可在手术中边切开瘘管，边探查寻找。

在临床上，应注意与鳞状细胞癌、肛囊炎、尾褶部皮肤病等区别诊断。

（四）治疗

1. 非手术疗法

肛周瘘很少自然愈合，手术是主要疗法。极个别不能手术的病例，可用非手术疗法，以减轻症状，防止瘘管蔓延，但不能治愈。给予富于营养的饲料，安静休息，每天用温水或温中药水（如防风汤等）洗涤、热敷肛门20～30 min，洗后擦干，保持肛门周围清洁，尽量避免腹泻和便秘，减少尾根、尾毛对肛门周围的压迫和摩擦刺激。若有炎性肿胀、疼痛或脓汁较多，可同时采用局部清洗、口服广谱抗生素（阿莫西林、多西环素等）及抗厌氧感染药物（如甲硝唑等）疗法及物理疗法等。

2. 手术疗法

肛周瘘手术首先必须找到内口，并了解内口和瘘管与括约肌之间的关系。一般采用手指检查或注入染料的方法，然后用探针从外口向内口穿出留置，在探针引导下切开瘘管，并刮除其表面的肉芽组织，压迫止血。剪去两侧多余的皮肤，不使创缘皮肤生长过快而阻止内部分泌物的排放，创面敷以凡士林纱布条引流。术后保持伤口开放，引流通畅，使瘘管内部伤口小，外部伤口大，便于肛管内部伤口比外部伤口先行愈合，防止伤口浅部愈合过速，深部形成新的管道。如伤口较大，可先部分缝合伤口以加速愈合，严禁完全缝合伤口。术后口服广谱抗生素，禁用皮质激素类药物，保持局部清洁干燥、直肠空虚，局部应用抗生素软膏。对炎症反应轻微、瘘管少且较细的病例，可以施行瘘管切除术，瘘管内口切除后直肠壁做内翻缝合，创腔内放置油纱布引流条后再对瘘管外口的刀口做部分缝合，术后3～5 d取出引流条，继续治疗至痊愈。若瘘管数量多，导致肛门周围大量皮肤缺损，可实施肛门再造手术（瘘管全切除术）。同时实施断尾术，可使会阴部开放，有利于伤口的愈合。

3. 冷冻疗法

冷冻疗法是通过冷冻使瘘管内感染的组织变性坏死以治疗瘘管的一种方法。曾被许多人认为是一种有潜力的方法，可以保护健康组织并促进病部肉芽加速愈合。然而临床实践证明，此法难以达到这一目的，因为冷冻过程周围健康组织损害的程度比外科手术或切除破坏更为严重，且术后肛门狭窄的发病率明显上升，故目前已很少应用。

4. 激光疗法

激光疗法是应用高能激光的热效应、压强效应将瘘管破坏、切开或切除，使之治愈的一种治疗方法，具有处理方法简便、失血少、病程短等特点。常用的有CO_2激光、Nd-YAG激光等。

（1）CO_2激光肛瘘切开术　只有一个外口的肛瘘，用探针经外口插入瘘管，仔细寻找内口，探针经内口引出，并拖至肛门外，用CO_2激光聚焦光束，沿探针指引方向，将瘘管全层切开。陈旧的瘘管，需用 CO_2 激光将管内炎性组织及管壁汽化去除，同时将整个创面热凝处理，使其表面形成一层白色凝固保护膜，伤口用油纱条引流。前位瘘管采取外部激光切开引流，内部挂线的方法处理。有条件的辅以氦氖激光照射创口，照射时间 10～15 min，每天一次。若为两个以上的瘘管，应分期治疗为妥。

(2)Nd-YAG 激光瘘管内壁凝固术　在用探针判断瘘管的方向和长度后，用一手的食指插入肛门或直肠内，另一手持握光导纤维，将光纤经外口插入内口（直肠内的手指可感触到光导纤头），再将光纤退离内口约 2 mm，踩动脚踏开关，用已调试好输出功率的 Nd-YAG 激光来回在瘘管内凝固 3 次，彻底破坏瘘管内壁。

五、直肠阴道瘘

直肠阴道瘘(rectovaginal fistulae)是直肠瘘管通入阴道，且常伴发锁肛。粪便可经阴道流出。此类病例很少有其他临床症状，动物出生时不易发现，除非动物发生便秘或瘘口较小，排便受阻时才出现腹围增大，排便困难，继发巨结肠症等。患病动物阴部周围常被粪便污染，引起湿疹、阴部敏感等症状。

直肠阴道瘘并非均为先天性畸形。有的成年母畜在分娩中胎儿通过产道时，其蹄及突出部分损伤阴道顶部和直肠底部，在直肠阴道之间形成一个通道，粪便随之进入阴道而排出。有时人工助产和直肠手术时，也可能产生此种情况，必须引起高度注意。

对于先天性直肠阴道瘘，唯一的治疗方法是手术。可在会阴正中线，由阴道向后上方至肛门缘切开，分离直肠与周围的结缔组织，阴道瘘管处行梭形切口，将瘘管与周围组织分离。牵引直肠，移于肛门部，将瘘管口的直肠黏膜与皮肤缝合。最后缝合会阴切口。也可先由阴道内围绕瘘口环形切开黏膜，沿瘘管将直肠与周围组织分离。然后在肛门原位开一纵行切口，将直肠由切口牵出，并将直肠黏膜与肛门皮肤缝合，如无括约肌时，再做括约肌成形术。

六、肛门直肠狭窄

肛门直肠狭窄(anorectal stricture)是指肛门、肛管或直肠的管腔发生先天性狭小或因各种原因引起的后天性变窄，以犬和猫常见。

1. 病因

肛门和直肠的先天性畸形和狭窄是常见的病因，通常还会并发炎性疾病过程（如肛周瘘、肛门囊疾病或肛门直肠创伤）。本病也可能是肛门直肠手术造成的医源性并发症。在严重病例，瘢痕组织形成导致圆周样狭窄，同时还有可能不同程度地涉及肛门外括约肌。

2. 症状

患病动物表现为里急后重、大便困难和便血。此外还有可能继发结肠嵌塞。细心观察的主人会发现粪便的性状有所改变。患病动物可能有肛门直肠创伤或手术的病史。

3. 诊断

如果直肠指检时，触摸到一段坚硬狭窄的纤维样肠管就可以确诊。如果无法摸清全部情况则可以通过 X 射线造影照片来确定病变的程度。在有些严重病例，病变部位的长度可能达到数厘米甚至更长。有些圆周状肿瘤（如硬腺癌）造成狭窄的症状与本病相似，可以通过活组织检查来鉴别。注意与骨盆骨折愈合不良、炎症性疾病、创伤、真菌感染、肛门闭锁、异物、公犬前列腺肥大、肿瘤等疾病进行鉴别诊断。

4. 治疗

对于轻微病例可以进行扩张手术，其中也包括直肠外括约肌或直肠肌肉切开术或狭窄切开术。术后并发症包括大便失禁和额外的瘢痕组织形成。

七、直肠憩室

直肠憩室(rectal diverticulum)是直肠壁局部向外膨出形成的囊状突出。常常多个同发，临床上以犬的直肠憩室多见。主要发生在直肠后部，可单侧发病，也有双侧同发。尤以老龄雄性犬为多，且常伴有会阴疝。

1. 病因

正常时直肠末端由外侧尾肌、肛门提举肌及骨盆隔膜从侧面支撑。当出现会阴疝时，这些肌肉受到不同程度的损害。直肠末端失去支撑，肠壁伸长而形成憩室。如果肠内有异物或充满粪便时，后躯受到突然的撞击，可能促使直肠憩室的形成。在直肠憩室的形成过程中，突出的直肠黏膜分离和压迫肌纤维，使直肠黏膜肌层和肛门括约肌逐渐萎缩，加速了憩室的形成。只有极少数的病例是直肠支持肌的破坏而引发。

2. 症状

病犬出现慢性肠便秘，频繁努责，里急后重。憩室内滞留较多粪便时，可发展为憩室炎或直肠坏死。当并发会阴疝时，有的憩室可进入疝内。个别情况下，也可造成直肠穿孔，引发腹膜炎或直肠周围脓肿。

3. 诊断

直肠检查，直肠镜检查，X 射线摄影均可确诊。

4. 治疗

直肠憩室无症状或症状不明显者，不必进行外科手术治疗。因为已形成的直肠憩室，如果不切开直肠肠腔，几乎不可能复位。只能用可吸收缝线缝好支撑肌的缺陷或损伤，一般不需切除突出的黏膜。当肛门外括约肌、内括约肌受损严重并伴发会阴疝和巨大结肠症时，即使做了外科手术也不可能恢复正常通便。因此只有特别大的直肠憩室，且在修复会阴憩室时才考虑进行手术复位。

然而有些情况可以进行必要的手术治疗，如伴有前列腺肥大的犬，去势可恢复骨盆隔膜的张力。并发会阴疝时，可适时做疝孔缝合和骨盆隔膜修复术。对重症犬施以直肠皱褶手术。也可在直肠壁做纵行椭圆形切除，然后分层缝合，闭锁肠管。

八、直肠脱(肠管从肛门脱出)

直肠和肛门脱垂(rectal and anal prolapse)是指直肠末端的黏膜层脱出肛门(脱肛)或直肠一部分、甚至大部分向外翻转脱出于肛门外(直肠脱)。严重的病例在发生直肠脱的同时并发肠套叠或直肠疝(肠管从肛门脱出)。本病多见于猪和犬，马、牛和其他动物也可发生，妊娠末期的动物、幼龄动物和老龄动物易发。

(一)病因

直肠脱是由多种因素综合作用的结果，但主要原因是直肠韧带松弛，直肠黏膜下层组织和肛门括约肌松弛和机能不全。而直肠全层肠壁脱垂，则是由于直肠发育不全、萎缩或神经营养不良松弛无力，不能保持直肠正常位置所引起。直肠脱的诱因为长时间泻痢或便秘、病后瘦弱、病理性分娩，或用刺激性药物灌肠后引起强烈努责，腹内压增高促使直肠向外突出。此外，马胃蝇蛆在直肠肛门停留，牛的阴道脱，仔猪维生素缺乏，猪饲料突然改变，犬细小病毒病、前列腺炎或犬瘟热等疾病也是诱发本病的原因。

(二)症状

轻者直肠在患病动物卧地或排粪后部分脱出，即直肠部分性或黏膜性脱垂。在发生黏膜性脱垂时，直肠黏膜的皱襞往往在一定的时间内不能自行复位，若此现象经常出现，则脱出的黏膜发炎，很快在黏膜下层形成高度水肿，失去自行复原的能力。临床诊断可在肛门口处见到圆球形、颜色淡红或暗红的肿胀(图 16-3)。随着炎症和水肿的发展，则直肠壁全层脱出，即直肠完全脱垂。诊断时可见到由肛门内突出呈圆筒状下垂的肿胀物(图 16-4)。由于脱出的肠管被肛门括约肌箝压，从而导致血液循环障碍，水肿更加严重。同时因受外界的污染，表面污秽不洁，沾有泥土和草屑等，甚至发生黏膜出血、糜烂、坏死和继发损伤。此时，患病动物常伴有全身症状，体温升高，食欲减退，精神沉郁，并且频频努责，做排粪姿势。

图 16-3　直肠黏膜脱出

图 16-4　直肠壁全层脱出

(三)诊断

可依据临床症状做出诊断。但应注意判断有否并发肠套叠和直肠疝。单纯性直肠脱，呈圆筒状肿胀脱出向下弯曲下垂，手指不能沿脱出的直肠和肛门之间向盆腔的方向插入。而伴有肠套叠的脱出时，脱出的肠管由于后肠系膜的牵引，而使脱出的圆筒状肿胀向上弯曲，坚硬而厚，手指可沿直肠和肛门之间向骨盆方向插入，不遇障碍。在犬，若直肠前段肠管套叠后脱出，圆筒状肿胀向下弯曲下垂，手指也可沿直肠和肛门之间向骨盆方向插入，不遇障碍。(视频 16-1)

视频 16-1　直肠脱

(四)治疗

病初应及时治疗便秘、下痢、阴道脱等。并注意饲喂青草和软干草，充分饮水。对脱出的直肠，则根据具体情况，参照下述方法及早进行治疗。

1. 整复

是治疗直肠脱的首要任务，其目的是使脱出的肠管恢复到原位，适用于发病初期或黏膜性脱垂的病例。整复应尽可能在直肠壁及直肠周围蜂窝组织未发生水肿以前施行。方法是先用 0.25% 温热的高锰酸钾溶液或 1% 明矾溶液清洗患部，除去污物或坏死黏膜，然后用手指谨慎地将脱出的肠管还纳原位。为了保证顺利地整复，在猪和犬等小型动物可将两后肢提起，马、牛可使躯体后部稍高。为了减轻疼痛和挣扎，最好给患病动物施行荐尾硬膜外腔麻醉或直肠后神经传导麻醉。在肠管还纳复位后，在肛门处给予温敷。

2. 剪黏膜法

是我国民间传统治疗动物直肠脱的方法，适用于脱出时间较长，水肿严重，黏膜干裂或坏死的病例。其操作方法是按“洗、剪、擦、送、温敷”5 个步骤进行。先用温水洗净患部，继以温防风汤(防风、荆芥、薄荷、苦参、黄柏各12.0 g,花椒3.0 g,加水适量煎沸两次,去渣,候温待用)冲洗患部。之后,用剪刀剪除或用手指剥除干裂坏死的黏膜,再用消毒纱布兜住肠管,撒上适量明矾粉末揉擦,挤出水肿液,用温生理盐水冲洗后,涂1%~2%的碘石蜡油润滑,然后,从肠腔口开始,谨慎地将脱出的肠管向内翻入肛门内。在送入肠管时,术者应将手臂(牛、马等大动物)或手指、橡胶管等(猪、犬、羊等)随之伸入肛门内,使直肠完全复位。最后在肛门外进行温敷。

3. 固定法

对于整复后仍继续脱出的病例,则需考虑将肛门周围予以缝合或注射药物,以缩小肛门孔,防止再脱出。

方法1:简单荷包缝合法。距肛门孔1~3 cm处,做一肛门周围的荷包缝合,收紧缝线,保留1~2指大小的排粪口(牛2~3指),打成活结,以便根据具体情况调整肛门口的松紧度,经7~10 d患病动物不再努责时,则将缝线拆除。

方法2:加胶垫荷包缝合固定法。用弯三角针系10号缝线,线端穿上青霉素胶盖,缝针距肛门缘1.5~2.0 cm处的6点钟处刺入皮下,经皮下至3点钟处穿出,再缝合上一个胶盖,缝针于2~3点钟之间的皮外进针,经皮下于12点钟处出针,再系上一个胶盖,在9点钟处同样出针,至6点钟处胶盖进针与出针,缝线绕肛门一周,抽紧两线头使肛门缩小。

方法3:直肠周围注射乙醇或明矾溶液。在距肛门孔2~3 cm处,肛门上方和左、右两侧直肠旁组织内分点注射70%乙醇3~5 mL(犬、猪)或10%明矾溶液5~10 mL,另加2%盐酸普鲁卡因溶液3~5 mL。注射的针头平行于直肠侧壁向前方刺入3~10 cm。为了使进针方向与直肠平行,避免针头远离直肠或刺破直肠,在进针时应将食指插入直肠内引导进针方向,操作时应边进针边用食指触知针尖位置并随时纠正方向。

方法4:腹腔内固定。直肠脱经过以上固定方法仍然脱出者,可以施行腹腔内固定。但脱出的肠管伴有急性感染或坏死时,不能采用此手术。切口定位在左侧髂结节前下方1~2 cm处作为切口的起点向下垂直切开腹壁3~5 cm。打开腹腔,向前牵引降结肠,将降结肠对肠系膜侧浆膜肌层与腹白线左侧2.5~3.0 cm处腹膜和腹肌做间断或连续缝合、唇式缝合等。唇式缝合的方法是,先在降结肠对肠系膜侧浆膜肌层做一小切口,同时在腹白线左侧腹壁的腹膜和肌层也做一个小切口,然后将肠壁切口与腹壁切口的边缘做连续缝合。或将直肠与左侧髂骨结节内侧的腹膜和肌肉做2~3针间断缝合,注意不要穿透肠黏膜,以免引起腹腔感染。缝合牢固后,闭合腹腔。对并发肠套叠脱出或体外整复有困难时可采用开腹整复,整复后施行直肠腹腔内固定。

4. 直肠部分切除术

手术切除用于脱出过多、整复有困难、脱出的直肠发生坏死、穿孔或有套叠而不能复位的病例。

(1)麻醉与保定　牛、马、猪、羊等动物行荐尾间隙硬膜外腔麻醉或局部浸润麻醉;犬、猫要做全身麻醉。后躯垫高,俯卧保定,两后肢伸出手术台,尾巴朝向动物的后背固定。

(2)手术方法　常用的有以下两种方法。

①直肠部分切除术　在充分清洗消毒脱出肠管的基础上,取两根灭菌的兽用麻醉针头、针灸针或细编织针,紧贴肛门外交叉刺穿脱出的肠管将其固定(图16-5)。若是马、牛等大动物,直肠管腔较粗大,最好先插入一根橡胶管或塑料管到直肠内,然后用针交叉固定,进行手术(图16-6)。对于仔猪和幼犬,可用带胶套的肠钳夹住脱出的肠管进行固定,且兼有止血作用。在固定针后方约2 cm处,将直肠环形横切,充分止血后(应特别注意位于肠管背侧痔动脉的止血),用细丝线和圆针,把肠管两层断端的浆膜和肌层分别做结节缝合,然后用单纯连续缝合法缝合内外两层黏膜层。缝合结束后用0.25%高锰酸钾溶液充分冲洗、蘸干,涂以碘甘油或抗生素药膏。

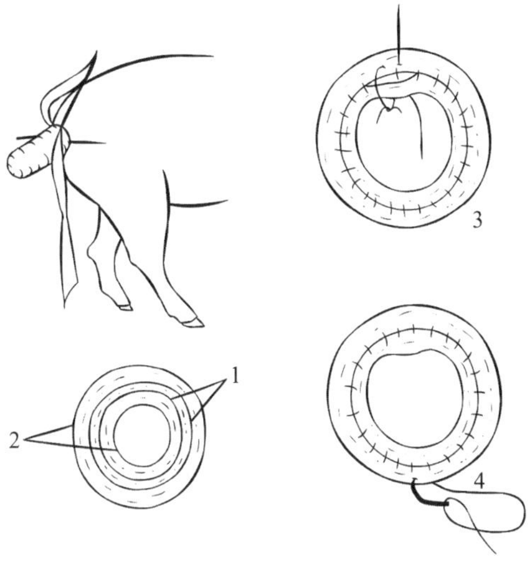

图 16-5　直肠部分切除术Ⅰ

（汪世昌等，1997）

1. 浆膜　2. 黏膜　3. 直肠浆膜层与肌层结节缝合　4. 直肠黏膜层连续缝合

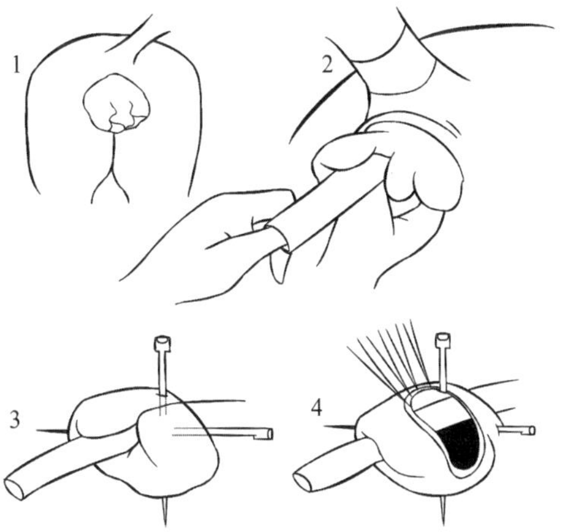

图 16-6　直肠部分切除术Ⅱ

（汪世昌等，1997）

1. 直肠脱出　2. 插入橡胶管　3. 穿刺针十字固定　4. 切除并缝合

②黏膜下层切除术　适用于单纯性直肠脱和黏膜损伤、坏死。在距肛门周缘约 1 cm 处，环形切开达黏膜下层，向下剥离，并翻转黏膜层，将其剪除；显露的肌层若过多，做水平褥式间断缝合，使两侧黏膜创缘靠近，便于缝合和术后愈合。最后顶端黏膜边缘与肛门周缘黏膜边缘用肠线做结节缝合（图 16-7）。整复脱出部，肛门口做荷包缝合。

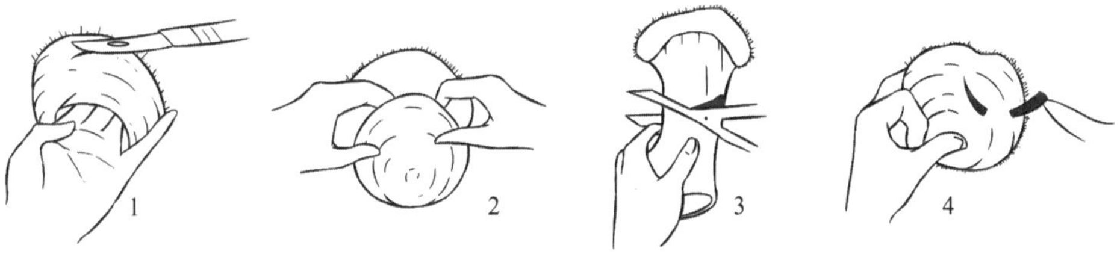

图 16-7　直肠脱出部分的黏膜下切除

（汪世昌等，1997）

1. 环形切开脱出的基部黏膜　2. 剥离黏膜层　3. 切除翻转的黏膜层　4. 结节缝合

当并发肠套叠性直肠脱时，采用温水灌肠，力求以手将套叠肠管挤回盆腔，若不成功，则切开脱出直肠外壁，用手指将套叠的肠管推回肛门内，或开腹进行手术整复。为了减少努责或里急后重，可用普鲁卡因或利多卡因做后海穴封闭。

（五）护理

手术后 2～3 周内喂以麸皮、米粥和柔软饲料，多饮温水，少卧地。根据病情给予镇痛、消炎等对症疗法。直肠腹腔内固定术或直肠切除术，连续使用 7 d 抗生素。根据直肠恢复的情况和排便时的状况决定放松缝线的程度和拆除缝线的时间。

九、直肠破裂

直肠破裂（rectal rupture）多由损伤导致，通常包括两类，一类是直肠黏膜、黏膜下层和肌层的损伤，但浆膜完整无损，称直肠不全破裂。另一类为直肠壁全层完全破损，称直肠全破裂或直肠穿孔。根据破裂的部位，又分为腹膜内直肠破裂和腹膜外直肠破裂两种。腹膜内直肠破裂时，肠内容物流入腹腔，常造成患病动物死亡。腹膜外直肠破裂时，则粪便污染直肠周围组织（图 16-8）。直肠全破裂，主要发生于马，牛多为直肠黏膜和肌层的损伤，其他动物偶尔发生。

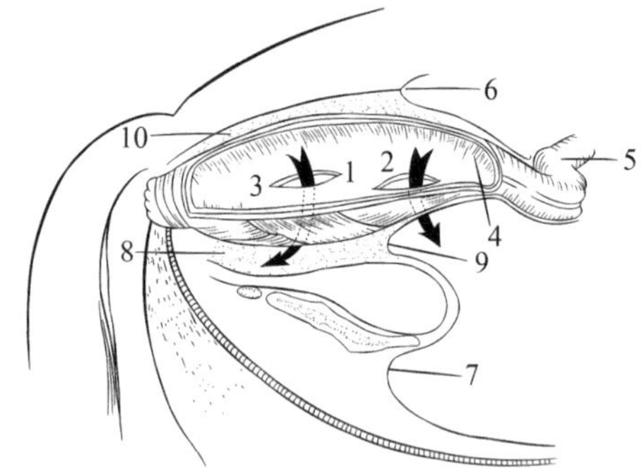

图 16-8 直肠破裂部位示意图

1.腹膜外直肠全层破裂，箭头指污染直肠周围蜂窝组织 2.腹膜内直肠全层破裂，肠内容物进入腹腔，引发腹膜炎 3.直肠膨大部 4.直肠狭窄部 5.小结肠 6.直肠上腹膜部 7.腹膜 8.直肠下蜂窝组织 9.直肠膀胱腹膜凹陷 10.直肠上周围蜂窝组织

（一）病因

引起直肠破裂的原因大致有以下几方面。

（1）直肠检查时操作不规范 例如，直肠检查前操作者未润滑手臂，或手及手臂强行挺进，或者直肠检查操作中动物躁动或强烈努责时，仍然不避让，或用力过猛等。也见于直检卵巢或某些内脏器官时用力过大，手指将肠壁抠破。

（2）难产时助产不当 胎儿过大或产道狭窄引起的难产，在助产不当的情况下，如强行拉出胎儿，即可撕裂产道进而引起直肠壁的损伤。有些情况下，难产持续时间过长，产道黏膜水肿变脆，易导致产道损伤，进而损伤直肠。难产牵拉胎儿常导致直肠肌层的破裂，黏膜完整；但此时如果创口处理不当，可发展为完全破裂。

（3）其他损伤 例如骨盆骨折时，骨断端可刺穿直肠壁造成直肠破裂。肛门附近的各类外伤也可导致直肠破裂。捕猎时火器伤，可击穿动物直肠壁。也有人为的因素，如测体温时体温计破裂，粗暴地插入灌肠器以及直肠内膀胱穿刺不当划破直肠，引起机械性的完全或不完全破裂。也见于配种时阴茎误入直肠而引起。

（二）症状

由于损伤的部位、程度和范围的大小，有无并发症等，临床症状也有所不同。仅黏膜破损，出血较少；如黏膜、肌层同时破损，特别是破损面积较大时，出血较多，排出大量带血的粪便，患病动物表现不安（尤其是马）。直肠后无浆膜区的腹膜处直肠破损，患病动物表现为排粪次数增加，频频努责（里急后重）。直检时，可见损伤的局部水肿，表面粗糙，但早期一般全身变化不大，预后也较好。由于该处无浆膜被覆，而是借助于疏松结缔组织、肌肉和邻近器官相连，所以当黏膜和肌层同时破裂时，则容易使粪便污染直肠周围组织，而引起直肠周围蜂窝织炎及脓肿。

直肠前部损伤时，直检可触知破损处粗糙，局部炎性水肿，且常形成创囊，囊内蓄积粪团和血块。由于大量粪便的蓄积，患病动物不安，排粪小心。这种仅黏膜和肌层的破损而浆膜仍保持完整性时，若能及时诊断和治疗，预后尚好。如若粪团将浆膜撑破，而造成直肠完全破裂时，则肠内容物进入腹腔，患病动物立即出现不安和不同程度的疝痛症状，全身出汗，呼吸迫促，肌肉震颤，腹壁紧张而敏感，频频作排粪姿势，直检时可清楚地摸到破裂口。此时，患病动物往往出现弥漫性腹膜炎和败血症症状，常陷入重度休克，预后多为不良，常于一两天内死亡。在直肠起始部破裂时，小肠肠襻可经创口进入直肠内，甚至可经肛门脱出。如因病理性分娩所致的直肠破裂，则粪便可从阴道中漏出。

（三）诊断

本病根据临床症状和直肠内触诊可以做出诊断。直肠完全破裂时动物体温下降、头颈部出汗是重要的临床表现。直检时手指染血是直肠损伤的明显指征，病初排粪时发现粪中混有新鲜血液也是诊断的依据。也可采用直肠硫酸钡造影拍摄 X 射线片确定有无裂孔及其大小。如直肠有裂孔，造影剂会泄露到盆腔或者直肠外周。

(四)治疗

在治疗时，可根据病情选用下述的某一种方法。

1. 保守疗法

首先要使患病动物安静，保护局部创面，防止造成穿孔；或及时保护破裂口，严防肠内容物漏进腹腔或盆腔。为了使患病动物安静，可小剂量应用静松灵、氯胺酮等麻醉药物进行镇静或浅麻醉；马属动物、猪也可用5%水合氯醛溶液静脉注射。然后根据病情及时处理。对仅损伤少许直肠黏膜和出血不多的病例，可不予治疗，1周内禁止直肠检查并给予轻泻药；出现严重里急后重的动物，可做后海穴封闭。

若损伤直肠黏膜下层和肌层且创口较大，出血较多，则需用增强血液凝固性的药物止血，并在轻微压力下向直肠内注入收敛剂。直肠损伤部分可用白及糊剂涂敷，方法：白及粉适量，用80 ℃热水冲成糊剂，候温至40 ℃时，用纱布或棉球蘸取药物涂敷于直肠损伤部，每日3～4次。当直肠内有积粪，应及时仔细地掏出积粪，以减少对损伤部的刺激和压迫。加强饲养管理，喂给柔软、易消化的饲料和适量盐类泻剂；1个月内禁止直肠检查。在治疗过程中，每天检查创口的变化，并根据情况采取相应的治疗措施。

当直肠周围发生蜂窝织炎或脓肿时，可在肛门侧方肿胀的低位处，切开排脓；全身应用抗生素，并根据病情对症治疗。

2. 手术疗法

凡直肠全破裂的病例均应及早施行手术治疗，提高疗效。手术治疗方法较多，现介绍下面几种方法。

(1)直肠内单手缝合法　主要用于大动物，适用于直肠后段破裂或人工直肠脱出有困难的病例。

①保定　柱栏内站立保定。

②麻醉　取2%盐酸普鲁卡因注射液30～40 mL，进行荐尾硬膜外麻醉。

③手术方法　弯圆针穿以1～1.5 m长的10号缝线，以拇指和食指持针尖，手掌保护针身，将缝线送入直肠内，用中指和无名指触摸和固定创缘，以掌心推动针尾，穿透肠壁全层，从一侧创缘至对侧创缘，第一针缝毕后，将针线握在手掌中，谨慎地拉出体外，两个线尾在肛门外打第一结扣，助手牵引线尾，术者用食指将线结推送到直肠内的缝合部位，再由助手在外打另一个结扣，送到直肠内的缝合部，使之形成一针结节缝合。用同样方法对整个破裂口进行单纯的全层连续缝合，每缝一针均需拉紧缝线。缝完破裂口后需做细致检查，必要时可做补充缝合；缝合处用白及糊剂涂敷。

本法的缺点是缝合时仅用单手操作，又不能在直视下进行，所以，没有熟练的缝合技巧，往往缝合不够确实。

(2)长柄全弯针缝合法　本缝合法用特制长柄缝针。全弯针弧度的直径约3 cm，距针尖0.6 cm处有一挂线针孔。缝合方法与直肠内单手缝合法基本相同。术者在直肠内的手只需固定创缘和确定进针部位，推针动作则由另一手在体外转动针柄进行。

(3)直肠缝合器缝合法　本法是长柄全弯针缝合法的一种改进方法，是应用特制的T64型直肠缝合器，结合应用直肠手术内窥镜，进行直肠破裂处缝合，其操作方法基本上与上述缝合法类同。由于缝合器内配有线梭、刀片、线导，从而简化了在直肠内打结、剪线等操作。

(4)肛门旁侧切开缝合法　适用于直肠各部位破裂的缝合，但手术难度大，需对直肠壁及其周围组织进行广泛的分离，易误伤血管和神经。为此，要求术前熟知局部解剖，术中操作仔细，否则将导致直肠麻痹、肛门括约肌松弛、排粪失禁等后遗症。若操作不当，术部感染化脓，常导致直肠周围蜂窝织炎。对大动物一般较少使用。

(5)人工直肠脱出术　本法适用于直肠壶腹前段狭窄部的损伤。

①保定　侧卧保定或柱栏内站立保定。

②麻醉　全身麻醉，同时做阴部神经与直肠后神经传导麻醉。也可进行荐尾硬膜外麻醉，同时做阴部神经与直肠后神经传导麻醉。

③手术方法　麻醉后 15～20 min，针刺肛门反应减弱时即可施行手术。方法是在探寻到破裂口后，术者手指夹持小块纱布进入直肠内，拇指与中指夹住破裂口创缘两侧，谨慎而徐缓地向外牵引破裂口处的肠壁，使其翻至肛门外，形成人工直肠脱。直肠脱出后，助手手指隔着纱布夹持破裂口使之固定，并用抗生素生理盐水冲洗破裂口。用可吸收缝线连续缝合外翻的黏膜和肌层，缝合处用白及糊剂涂敷，然后还纳整复直肠于盆腔内。对于小动物，直肠破裂可做直肠背侧切开术，但不切开肛门括约肌，在直视的情况下做修补术，或采取腹底壁切开或骨盆切开通路做修补术。

第二节　泌尿器官疾病与手术

一、犬肾摘除术

(一)局部解剖

犬的肾脏位于腰椎下腹膜外，每个肾的前端背侧面和腹侧面均由腹膜覆盖，而肾的后两端只有腹侧面由腹膜覆盖。肾脏由腹膜外纤维蜂窝组织和肾膜固定在脂肪组织中。肾的固定不牢固，左肾靠后，位于第 2～4 腰椎下，有较大的活动性；右肾靠前，位于第 1～3 腰椎下，活动性较小。前部与肝的右叶相邻，胃充满时，可以使左肾后移。有 13%的犬左肾的肾动脉为成对动脉，而右肾动脉是单一的。

(二)适应症

化脓性肾炎、肾肿瘤、肾结石、一侧肾外伤、肾寄生虫病等。

(三)保定和麻醉

仰卧或侧卧保定，全身麻醉。

(四)术式

仰卧保定术部切口在腹下正中线脐前方。侧卧保定术部切口在最后肋骨后缘约 2 cm 处，自腰椎横突向下与肋骨弓平行切口。其中腹下正中线切口，手术径路较好，可以使两肾全面显露、检查。

1. 肾脏显露

(1)左肾显露　将结肠移向右侧，在降结肠系膜后方显露左肾。

(2)右肾显露　右肾前端紧贴于肝脏右叶的后方，将十二指肠近端移向左侧，在十二指肠系膜后方显露右肾。

2. 分离肾脏

犬的左肾活动性较大，腹膜和后肾筋膜用镊子提起，用剪刀剪断，用手指和纱布从肾脏剥下筋膜。当肾松动时，将肾脏从腰下部提起，显露出肾动脉、肾静脉和输尿管。右肾的分离比左肾困难些。

3. 肾脏血管的结扎和切断

在直视条件下，以食指、中指夹持肾脏，显露肾动脉、肾静脉、输尿管。首先充分分离肾动脉，放置血管钳，贯穿结扎肾动脉，近心端 3 道结扎，远心端 1 道结扎。如果是肾癌瘤，应首先结扎肾静脉。分离肾静脉，放置血管钳，近心端与远心端各1道结扎。肾动脉与肾静脉不能集束结扎，因为易发生动、静脉瘘。

4. 输尿管分离

在肾盂找到输尿管，充分分离输尿管直到膀胱，注意结扎伸延到膀胱的输尿管断端，远心端2道结扎，近心端1道结扎，防止形成尿盲管，因为尿盲管能造成感染。输尿管断端结扎切断后，用石炭酸或白金铒烧灼，摘除肾脏。

5. 缝合腹壁切口

缝合前，清除摘除肾脏后脂肪组织中的凝血块，确实止血。逐层缝合腹壁切口。

(五)术后护理

术后给患病动物纠正水、电解质和酸碱平衡紊乱；全身连续给予抗生素治疗，防止术部感染。

二、犬肾切开术

(一)适应症

肾结石、肾盂结石、肾盂肿瘤。

(二)保定和麻醉

仰卧保定，全身麻醉。

(三)术式

术部切口在腹下正中线脐前方。

(1)肾脏显露　将肾脏显露后，使用血管钳暂时阻断肾动脉和肾静脉。将肾脏固定在拇指和食指间，充分露出肾的凸面。

(2)肾脏切开　用手术刀从肾脏凸面纵行矢状面切开皮质和髓质部到达肾盂，除去结石。然后用生理盐水冲洗沉积在肾组织内或肾盂的矿物质沉淀物。从肾盂的输尿管口插入纤细柔软插管，用生理盐水轻微冲洗输尿管，证明输尿管畅通。肾的切口位置出血量少，因为该手术切口，不损伤主要血管。

(3)肾脏缝合　缝合肾脏前，取下暂时阻断肾动脉、肾静脉的血管钳，观察切面血液循环恢复情况，对小出血点，压迫止血。然后用拇指和食指将切开的肾脏两半紧密对合，轻轻压迫，使肾组织瓣由纤维蛋白胶接起来，只需要将肾脏被膜连续缝合，不需要肾组织褥式缝合，该法称为“无缝合肾切开闭合法”。

(4)缝合腹壁切口　逐层缝合腹壁切口。

(四)术后护理

(1)术中和术后，静脉给予补液，有利于从尿道排出血液凝块。

(2)因为术后血尿将持续几天，术后要给予止血药。

(五)注意事项

(1)由于犬、猫肾盂甚小，如果肾盂结石，不应作肾盂切开，因为肾盂切开术有损伤血管的危险。

(2)肾脏切开术能出现暂时性肾机能降低20%～40%，因此要注意观察肾机能恢复过程。

(3)如果两侧肾结石，患病动物患有严重氮血症。在一次手术时，只能做一个肾的切开，不能同时做两个肾切开。要间隔一段时期，待肾脏机能恢复正常时，再做另一侧手术。

三、输尿管吻合术

(一)适应症

输尿管损伤、输尿管结石。

(二)保定和麻醉

仰卧保定,全身麻醉。

(三)术式

腹下正中线切口。

(1)输尿管断端的修整和缝合 将吻合的两个输尿管断端分别剪成三角铲形,使连接的两端呈“尖与底”连接。在6倍放大镜或手术显微镜帮助下,使用纤细聚乙醇酸缝线缝合。缝合前,吻合两端先放置支持缝线,然后进行连续缝合。

(2)检查缝合效果 输尿管吻合缝合完毕,使用细注射针直接注入少量灭菌生理盐水到输尿管腔内,加大腔内压力,观察是否在吻合处有泄漏。吻合处如有轻微渗漏,可以涂布氟化组织黏合剂,使该处形成薄膜,防止渗漏。这种组织黏合剂毒性小,炎性反应轻微,不影响正常的组织愈合。

(3)腹壁切口缝合 常规逐层缝合腹部切口。

(四)术后护理

(1)观察患病动物的排尿情况,并静脉注射5%葡萄糖溶液,促进排尿。

(2)给予患病动物抗生素药物,防止术后感染。

四、犬、猫膀胱切开术

(一)适应症

膀胱结石或尿道结石、膀胱肿瘤及膀胱破裂修补等。

(二)保定和麻醉

仰卧保定。全身麻醉或高位硬膜外麻醉。

(三)术式

(1)腹壁切开 母犬的腹壁切开,选择耻骨前后腹下切口。公犬的腹壁切开,选择耻骨前,皮肤切口在包皮侧一指宽。切开皮肤后,将创口的包皮边缘拉向侧方,露出腹壁白线,在白线切开腹壁,避免损伤腹壁血管。腹壁切开时应该特别注意,防止损伤充满尿液的膀胱。

(2)排除膀胱积尿 腹壁切开后,如果膀胱膨满,需要排空蓄积尿液,使膀胱空虚。用一指或两指握住膀胱的基部,小心地把膀胱翻转出创口外,使膀胱背侧向上。然后用纱布隔离,防止尿液流入腹腔。

(3)膀胱壁切开 传统的膀胱切开位置是在膀胱的背侧,无血管处。因为在膀胱的腹侧面切开,在缝线处易形成结石。也有学者主张膀胱切开在其前段为好,因为该处血管比其他位置少。在切口两端放置牵引线。

(4)取出结石 使用茶匙或胆囊勺除去结石或结石残渣。特别应注意取出狭窄的膀胱颈及近端尿道的结石。防止小的结石阻塞尿道,在尿道中插入导尿管,用返流灌注冲洗,保证尿道和膀胱颈畅通。

(5)膀胱缝合 在支持线之间,应用双层连续内翻缝合,保持缝线不露在膀胱腔内,因为缝线暴露在膀胱腔内会增加结石复发的可能性。第1层应用库兴氏缝合,膀胱壁浆肌层连续内翻水平褥式缝合;第2层应用伦贝特氏缝合,膀胱壁浆肌层连续内翻垂直褥式缝合。缝合材料的选择应该采用吸收性缝合材料,如聚乙醇酸缝线。

(6)腹壁缝合 缝合膀胱壁之后,膀胱还纳腹腔内,常规缝合腹壁。

(四)术后护理

(1)术后观察患病动物的排尿情况,特别在手术后 48～72 h,有轻度血尿,或尿中有血凝块。

(2)给予患病动物抗生素药物,防止术后感染。

五、公犬的尿道切开术和尿道造口术

(一)适应症

尿道切开术的适应症是尿道结石或异物。尿道造口术的适应症是反复发生尿道结石、阴囊前尿道术后狭窄。

(二)保定和麻醉

仰卧保定,全身麻醉或高位硬膜外麻醉、局部浸润麻醉。

(三)术式

1. 尿道切开术

使用导尿管或探针插入尿道,确定尿道阻塞部位。根据阻塞部位,选择手术径路,可分为前方尿道切开术和后方尿道切开术。

(1)前方尿道切开术　应用导尿管或探针插入尿道,确定阻塞部位是阴茎骨后方。术部确定为阴茎骨后方到阴囊之间。包皮腹侧面皮肤除毛、消毒。左手握住阴茎骨提起包皮和阴茎,使皮肤紧张伸展。在阴茎骨后方和阴囊之间正中线做 3～4 cm 的切口,切开皮肤,分离皮下组织,显露阴茎缩肌并移向侧方,切开尿道海绵体,使用插管或探针指示尿道。在结石处做纵行切开尿道 1～2 cm。用钝刮匙插入尿道小心取出结石,然后导尿管进一步向前推进到膀胱,证明尿道通畅,冲洗创口。如果尿道无严重损伤,应用吸收性缝合材料缝合尿道(图 16-9)。如果尿道损伤严重,不要缝合尿道,进行外科处理,大约 3 周即可愈合。

(2)后方尿道切开术　术前应用柔软的导尿管插入尿道。术部选择在坐骨弓与阴囊之间,正中线切开皮肤,钝性分离皮下组织,大的血管必须结扎止血,在结石部位切开尿道,取出结石,生理盐水冲洗尿道,清洗松散结石碎块。其他操作同前方尿道切开术。

手术结束后,安置导尿管,将导尿管外端缝合固定在包皮内。

2. 尿道造口术

选用阴囊尿道造口术。先从龟头处插入导尿管在尿道内,在阴囊基部做椭圆形切口,分离皮下组织。如未去势,可同时将精索分离出来,双重结扎,将其切除。分离阴茎退缩肌。通过触摸导尿管分辨术部尿道位置。纵行切开尿道 2.5～4 cm。局部压迫止血,修整皮肤创缘。用不可吸收缝线或丝线结节缝合尿道黏膜与同侧皮肤。最后闭合剩余皮肤创缘和拔出导尿管。

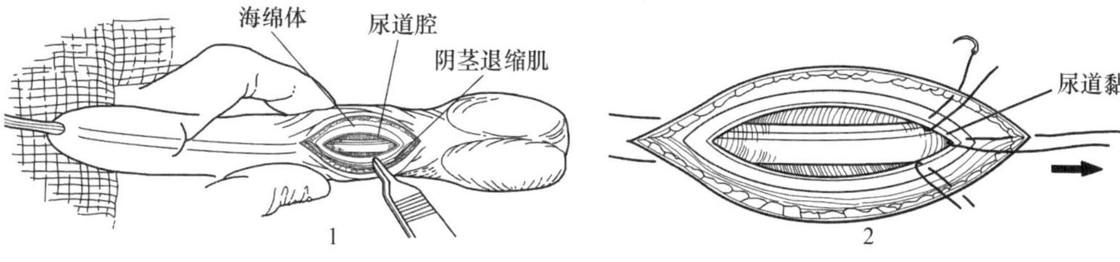

图 16-9　犬前方尿道切开术

1. 插入导尿管,切开尿道　2. 取出结石,缝合尿道切口

(四)术后护理

术后注意观察排尿情况。如尿闭或排尿困难时,应及时查明原因。全身使用 7 d 抗生素防止创口感染,局部每天涂擦活力碘,同时向导尿管中注入抗生素。5～7 d 后拔出导尿管,8～10 d 后拆除皮肤缝合线。如发现术部化脓,应及时拆线开放,按化脓创处理。

六、公猫的尿道切开术和尿道造口术

(一)适应症

尿道切开术的适应症是尿道结石或由于局部瘢痕收缩造成的尿道狭窄。尿道造口术的适应症是患下泌尿道结石性堵塞或尿石症反复发作。

(二)保定和麻醉

仰卧保定,全身麻醉。

(三)术式

(1)尿道切开术　术部选在阴茎前端到坐骨弓之间阴茎腹侧正中。术部皮肤除毛、消毒。将阴茎从包皮拉出约 2 cm,用手指固定。从尿道口插入细导尿管到结石阻塞部位。于阴茎腹侧正中切开皮肤,钝性分离皮下组织,结扎大的血管。在导尿管前端结石阻塞部切开尿道,取出结石。导尿管向前方推进到膀胱,排出尿液,用生理盐水冲洗膀胱和尿道。如果尿道无严重损伤,应用吸收性缝线缝合尿道。如果尿道损伤严重,尿道不能缝合,进行外科处理后,经过几天后即可愈合。

(2)尿道造口术　猫俯卧保定,后躯垫高;常规消毒阴茎周围的皮肤;切开阴茎周围的皮肤,分离阴茎与周围的组织,使阴茎暴露于创口外 4～6 cm,插入导尿管;在阴茎头的背侧距阴茎头 2 cm 向后纵向切开阴茎组织 3～4 cm,使尿道暴露,将双腔导尿管插入膀胱,并注射 1 mL 液体使双腔导尿管位置稳固;将尿道黏膜与创缘皮肤缝合在一起;导尿管连接尿袋,固定于背部,用纱布小衣服使尿袋固定。

(四)术后护理

创部涂布抗生素软膏,冲洗 3 d;建议采用静脉输液 4 d 供应营养,并纠正猫体内的酸碱平衡;给猫戴上伊丽莎白圈,使猫不能舔咬创伤组织和导尿物品;术后全身使用 7 d 抗生素类药物。

七、膀胱破裂

膀胱破裂(rupture of the bladder)是指膀胱壁发生破裂,尿液流入腹腔而引起的以排尿障碍、腹膜炎和尿毒症为特征的疾病。本病可发生于各种动物,最常见于幼驹、公马、公牛(特别是阉公牛),其次为猪和绵羊,犬也可发生。发生后病情急,变化快,若确诊和治疗稍有拖延往往造成患病动物死亡。

(一)病因

(1)继发于尿路阻塞性疾病　如尿道结石、砂性尿石或膀胱结石阻塞尿道或膀胱颈;尿道炎引起的尿道局部水肿、坏死或黏膜瘢痕增生,阴茎头损伤以及膀胱麻痹等,造成膀胱积尿,均易引发膀胱破裂。尿结石阻塞引起膀胱破裂较常见。

(2)膀胱或前列腺疾病　如膀胱麻痹、膀胱炎、膀胱肿瘤、前列腺增生与前列腺炎。由于膀胱内尿液过度充满,容积增大,内压增高,膀胱壁变薄、紧张,此时若出现任何可引起腹内压增高的因素,如卧地、努责、配种、挤压等都可导致膀胱破裂。

(3)强烈外力作用　车压伤、高处坠落、摔跌、打击、冲撞、压迫等损伤;异物刺伤,如骨盆骨折时骨断端或其他尖锐物体、猎枪枪弹刺入;用质地较硬的导尿管导尿时,插入过深或导尿动作过于粗

暴；不正确或多次反复行直肠内膀胱穿刺导尿；粗暴的难产助产，均可引起膀胱破裂或穿孔。

(二)症状

动物的膀胱在骨盆腔和腹腔的腹膜部保留着较大的活动性。当尿液过度充满时，其大部或全部伸入腹腔，所以膀胱破裂几乎都属腹腔内破裂。破裂的部位可以发生在膀胱的顶部、背部、腹侧和侧壁。膀胱破裂后尿液立即进入腹腔，临床上由于破裂口的大小及破裂的时间不同，症状轻重不等。主要出现排尿障碍、腹膜炎、尿毒症和休克的综合征。(视频 16-2)

视频 16-2　犬膀胱破裂

一般从尿路阻塞开始到膀胱发生破裂的时间约 3 d。破裂后，凡因尿闭所引起的腹胀、努责、不安和腹痛等症状，随之突然消失，患病动物暂时变为安静。发生完全破裂的患病动物，虽然仍有尿意，如翘尾、体前倾、后肢伸直或稍下蹲、轻度努责、阴茎频频抽动等，但却无尿排出，或仅排出少量尿液。大量尿液进入腹腔，腹下部腹围迅速增大，1 d 后可呈圆形。在腹下部用拳短促推压，有明显的振水音。

随着尿液不断进入腹腔，腹膜炎和尿毒症的症状逐渐加重。患病动物精神沉郁，眼结膜高度弥漫性充血，体温升高，心率加快，呼吸困难，肌肉震颤，食欲消失。牛则反刍停止，胃肠弛缓，瘤胃呈现不同程度的臌气，便秘。腹部触摸紧张、敏感，患病动物努责，有时出现起卧不安等明显的腹痛症状。在猪立多卧少，叫声嘶哑无力。饮水少的患病动物呈现脱水现象，血液浓缩，白细胞增加。一般于破裂后 2～4 d 进入昏迷状态，并迅速死亡。

新生幼驹的膀胱长而窄，顶端伸向前方达脐部。膀胱破裂的部位可从膀胱顶至膀胱颈，破口大多在腹侧。膀胱破裂后，通常经过 24 h 即持续呈现上述各种典型症状，主要是无尿和腹围增大，腹壁紧张。2～3 d 后，不愿吃奶，呈现轻微腹痛等。出生后，由于脐尿管没有闭合而向腹腔内排尿的病驹症状与膀胱破裂相似，这类病驹只有在手术治疗中才能识别。此外，还应注意与初生幼驹的腹痛性疾病——胎粪滞留相鉴别。

膀胱不全破裂或裂口较小的病例，特别是牛，破裂口常常可以被纤维蛋白覆盖而自愈。

由于直肠内膀胱穿刺导尿所引起的膀胱穿孔，直肠检查时可触及不充盈的膀胱，直肠与膀胱间因有纤维蛋白析出和气体的存在而呈现捻发音。有些病例因尿液漏入腹腔，发生局限性腹膜炎。随着纤维蛋白析出，与膀胱周围组织如直肠、结肠肠襻、网膜、瘤胃等发生广泛粘连，严重者导致排粪或排尿障碍。少数病例在粘连范围内形成一个包囊并与膀胱相通，囊内潴留尿液。直肠检查膀胱内尿液充盈不足，病牛除排尿障碍外，一般没有全身症状。有的病例形成直肠－膀胱瘘，可见粪中混有尿液。

(三)诊断

根据损伤或尿路阻塞病史和典型的临床症状，可做出初步诊断。确诊需要做以下检查。腹腔穿刺，有大量已被稀释的尿液从针孔冲出，一般呈棕黄色，透明，有尿味。置试管内沸煮时，尿味更浓。继发腹膜炎时，穿刺液呈淡红色，较浑浊，且常有纤维蛋白凝块将针孔堵住。直肠检查，膀胱空虚皱缩，或膀胱不易触摸到，有时可隐约摸到破裂口。根据以上症状即可确诊。必要时可以肌肉或静脉内注射染料类药物，于 30～60 min 后，再行腹腔穿刺，根据腹水中显示注入药物的颜色，即可确诊。若通过导尿管向膀胱内注入染料指示剂(如亚甲蓝)，几分钟后采取腹腔液，显现出注入的染料颜色，也可确诊。另外，膀胱充气造影可确认膀胱影像的变化及气体是否流入腹腔内，有助于本病的确诊。

(四)治疗

膀胱破裂的治疗应抓住 3 个环节：①对膀胱的破裂口及早修补。②控制感染，治疗腹膜炎和尿毒症。③积极治疗导致膀胱破裂的原发病。以上三点互为依赖，相辅相成，应该统筹考虑，才能提高治愈率。

牛的膀胱破裂，若未发生广泛坏死，可在短期内愈合，有人主张不做剖腹修补，只需插入导尿管防止膀胱扩张，并在下腹部安置引流管排除腹腔尿液。不过，这只适用于膀胱小破口。对于羊、马、犬等动物的膀胱破裂，应尽早作膀胱修补术。

施行膀胱修补的大动物取半仰卧保定，小动物仰卧后躯稍垫高。用硬膜外腔麻醉结合局部浸润麻醉，必要时作全身浅麻醉。切口一般都选在左侧阴囊和腹股沟管之间，紧靠耻骨前缘，距离腹白线 8～10 cm 处。幼驹和猪用镇静剂或全身浅麻醉，配合局部浸润麻醉，仰卧保定。切口可在耻骨前缘和脐之间腹白线两侧 1～2 cm 处。母驹可在腹白线上切开，也可在乳头外侧 1～2 cm 处做切口。

腹壁由后向前分层纵行切开，到达腹膜后，先剪一小口，缓慢间断地放出腹腔内的尿混合液，以防腹腔突然减压引起休克。随着破裂时间不同，牛一般有 20～40 L 或更多。然后，清除血凝块和纤维蛋白凝块。手伸入骨盆腔入口处检查膀胱，如果膀胱和周围的组织发生粘连，应认真细致地尽可能将粘连分离解除。用舌钳固定膀胱后轻轻拉出切口外，但在临床上并不是所有的病例都能拉出切口。拉出后检查破裂口，修整创缘，切除坏死组织，然后检查膀胱内部，如有结石、异物、肿瘤等，将其清除，有炎症的可进行冲洗。若有尿道结石也可用插管将其冲入膀胱后除去。对于外伤性膀胱破裂，还应检查是否有其他内脏器官损伤。膀胱和尿道用无刺激性防腐消毒药物冲洗后，用铬制肠线修补膀胱，缝合破裂口。缝合时缝针不穿过膀胱壁全层，只穿过浆膜、肌层，缝合两层，第一层做连续缝合(裂口小的可做荷包缝合)，第二层做间断内翻缝合。

对于直肠-膀胱瘘的患病动物，在修补膀胱裂口后，应同时修补直肠裂口。

为了有利于治疗导致膀胱破裂的原发病，减小破裂口缝合的张力，保证修补部位良好愈合，减少粘连，或者在膀胱不通畅、膀胱麻痹、膀胱炎症明显时，可在修补破裂口的同时，做膀胱插管术。方法是在膀胱前部底壁用刀切一小口，做一荷包缝合，将医用 22 号开花(或蕈状)留置导管放入膀胱内后，拉紧结扎缝线固定导管。在腹壁切口旁边的皮肤上做一小切口，伸入止血钳钝性穿入腹腔，夹住留置导管的游离端，通过小切口将其引出体外，并斜向前方，用结节缝合使之固定在腹壁上。导管在膀胱与腹壁之间应留有一定的距离，以防止术后病牛起卧时，腹壁与导管固定部位受到牵拉移动，导致导管从膀胱内拉出。最后用大量灭菌的生理盐水充分冲洗腹腔，向腹腔内灌注青霉素或氨苄青霉素溶液，按常规缝合腹壁。对于原尿路畅通，膀胱炎症不严重，收缩功能尚好的患病动物，例如母猪因阉割误伤或幼驹的膀胱破裂等，修补后可不做膀胱插管术。在幼驹若有必要可在膀胱内放置软质导尿管，通过尿道将尿液引向体外。

膀胱修补的患病动物，一旦破裂口修补好，大量尿液引向体外后，腹膜炎和尿毒症通常在 1～2 d 后即能缓解，全身症状很快好转，此时在治疗上切勿放松，必须在治疗腹膜炎和尿毒症的同时，抓紧时间治疗原发病，使原尿路及早地通畅，恢复排尿功能。

要防止膀胱插管的滑脱和保持排尿通畅。若有阻塞，应立即用生理盐水、2%硼酸溶液等冲洗疏通，以清除血凝块、纤维蛋白凝块、脱落的坏死组织或砂性尿石等。

患膀胱炎的患病动物，术后除了需全身用药外，每日应通过导管用消毒液冲洗 2～3 次，随后注入抗菌药物。经过 5～6 d 后可夹住管头，定时释夹放尿，待炎症减轻和尿路畅通后，每日延长夹管时间，直到拔管为止。

经过多天治疗后，若导致膀胱排尿障碍的下尿路阻塞仍未解除，可考虑会阴部尿道造口术，以重造尿路。若原发病的治疗或排尿障碍已解决，可将开花留置导管拔除，一般在术后 10 d 左右为宜，不超过 15 d。导管留置的时间不宜过长，否则易引起感染化脓或形成膀胱瘘。

八、尿结石

尿结石(urolithiasis)是尿路中积石或沉积数量过多的结晶，刺激尿路黏膜而引起出血、炎症和阻塞的一种泌尿器官疾病，又叫尿石病、尿石症，在猫可被称作猫泌尿系统综合征。因发生部位不同，尿结石又分为尿道结石、膀胱结石、输尿管结石和肾结石。从发病部位统计，膀胱和尿道结石最常见，肾结石和输尿管结石较少见。尿结石可发生于各种动物，以犬和猫发病率最高，牛、羊次之，马、猪较少。

动物尿结石由 20 多种结晶成分组成，按其主要化学组成可将其分为：①磷酸铵镁盐结石，临床又称鸟粪石；②尿酸盐结石(如尿酸铵、尿酸钠)，大部分尿酸盐结石的主要成分为尿酸铵；③草酸钙结石(一水草酸钙、二水草酸钙)；④胱氨酸盐结石；⑤硅酸盐结石；⑥碳酸盐结石。尿道胶状栓塞物，常见于尿道中，可在靠近尿道口发现，其中 80%～99%的矿物质为磷酸铵镁，1%为含磷酸钙或草酸钙。另外，还有黄嘌呤结石等。由于食物结构、机体代谢的不同，动物所形成的尿结石类型不同。在犬尿结石中，磷酸铵镁结石约占 60%，尿酸盐结石占 2%～6%，胱氨酸结石占 4%～5%，草酸盐结石占 6%～10%，硅酸盐结石占 2%～8%，其他类型发生率较低；猫主要为磷酸铵镁结石(90%以上)；在牛主要为磷酸盐、硅酸盐、胱氨酸、黄嘌呤结石；在羊有磷酸盐、草酸钙、碳酸钙结石；在马主要为磷酸盐、碳酸钙、草酸钙等结石。

(一)病因和发病机理

1. 病因

尿结石的形成可能是多种因素综合作用的结果，饲料矿物质的不平衡、动物饮食习性、遗传因素、机体代谢的改变、所患疾病等对结石的发生均起着重要作用。促进尿结石形成的因素有如下几方面。

(1)泌尿道感染　感染在诱发或促发磷酸铵镁尿石的形成中具有重要作用。常涉及细菌为脲酶阳性的葡萄球菌或变形杆菌，脲酶促进尿素水解而使尿 pH 升高，并使有利于鸟粪石形成的铵和磷酸盐离子总量增加。此外，细菌损伤尿道上皮，促使上皮细胞、管型的脱落，有利于结石核心的产生。

(2)肝机能下降　如肝功能受损，机体降低了氨转化为尿素和尿酸转化尿囊素，导致两者在尿液中的增加，促进了尿酸盐结石形成。某些犬，如达尔马提亚犬，肝脏中将尿酸转化为尿囊素的脲酶相对较少，特别容易形成尿酸盐结石。

(3)遗传缺陷　犬胱氨酸尿石是胱氨酸和赖氨酸在肾小管重吸收方面的遗传性缺陷造成的。测定尿液中胱氨酸或赖氨酸对肌酸酐相对浓度来鉴定具有这种缺陷的犬。在非禁食犬中，尿液胱氨酸浓度高于 75 mg/g 肌酸酐，或赖氨酸浓度高于 25 mg/g 肌酸酐可预测胱氨酸结石的易感性。胱氨酸和赖氨酸的分泌在患病的和正常的禁食犬中是一样的。如英国斗牛犬、约克夏犬的尿酸遗传代谢缺陷易造成尿酸盐结石，机体代谢紊乱易形成胱氨酸结石。

(4)饲料中矿物质不平衡　如采食高磷低钙或高镁饲料的反刍动物，形成的结石主要为磷酸铵镁结石；猫饲喂高镁食物也易形成磷酸铵镁结石。在沙质牧地放牧的青年阉牛，由于摄入多量的硅，常发硅酸盐结石。多食青干草的马尿结石多为碳酸钙盐结石。

(5)维生素 A 缺乏或雌激素过剩　引起上皮细胞的脱落，可形成结石核心，促使结石的形成。

(6)饮水不足　长期饮水不足，引起尿液浓缩，致使尿液中盐类浓度过高。猫摄入热量低而纤维较高的干食物，易使粪便体积增加，增加粪便水分的排泄，减少尿的排出；同时低热量食物又增加采食量，导致镁摄入量增加，尿中镁浓缩，易诱导形成尿石。

(7)早期去势　尿道发育不良，尿道细小。

(8)其他因素　增加尿液中钙或草酸分泌的因素可促进草酸钙尿石的形成。高钙尿、甲状旁腺机能亢进、过多维生素D摄入、溶骨性赘生物、磺胺药物对肾脏的损害等可造成钙分泌增加。此外,手术线头等异物也可以成为结石核心的来源。

2.发病机理

正常尿液含大量呈溶解状态的盐类晶体及一定量的胶体物质,且晶体盐类与胶体物质之间保持相互平衡。一旦这种平衡被破坏,即晶体超过正常的浓度,或胶体物质由于不断丧失其分子间的稳定性结构,则尿中的盐类晶体不断析出,凝结为尿石。

尿结石的形成一般认为与以下3个因素有关。

(1)尿石的核心物质　这是形成尿石的基质,多为黏液、凝血块、脱落的上皮细胞、坏死组织碎片、红细胞、微生物、纤维蛋白和砂石颗粒等,均可作为尿石的核心物质,促进尿结石的形成。

(2)尿中溶质的沉淀　当预防尿中溶质沉淀的保护性胶体被破坏时,尿中大量矿物质盐类结晶发生沉淀,成为尿结石的实体,一般盐类结晶如碳酸盐、磷酸盐、硅酸盐、草酸盐和尿酸盐。它们以核心物质为基础,环绕沉积形成结石。

(3)导致尿石的因素　尿液中的理化性质发生改变,可成为尿结石形成的诱因。如尿液的pH改变,可影响一些盐类的溶解度。尿液潴留或浓缩,因其中尿素分解产生氨,致使尿变为碱性,形成碳酸钙、磷酸铵和磷酸铵镁等沉淀。酸性尿也容易促使尿酸盐结石的形成。尿中的柠檬酸盐的含量下降,易发生钙盐的沉淀,形成尿石。

尿石形成后,于阻塞部位刺激尿路黏膜,引起黏膜损伤、炎症、出血,并使局部的敏感性增高,由于刺激,尿路平滑肌出现痉挛性收缩,因而患病动物发生腹痛、频尿和尿痛现象。当结石阻塞尿路时,则出现尿闭,腹痛尤为明显,甚至可发生尿毒症和膀胱破裂。

(二)症状

由于结石发生的部位和侵害的程度不同,临床症状也不同。

(1)肾结石　临床少见,结石一般在肾盂中。结石较小时,常无明显症状。结石大时,往往并发肾炎、肾盂肾炎、膀胱炎等。表现精神沉郁,步态强拘,食欲减退或废绝。触摸肾区发现肾脏肿大并有疼痛感。常作排尿姿势,并出现轻度血尿、细菌尿、脓尿等。严重损伤时,可引起肾衰。严重感染时,体温升高。

(2)输尿管结石　不常见。多数是由于肾结石下移阻塞输尿管引起。发病时,患病动物表现剧烈疼痛、不安,后转为精神沉郁,发热,触摸腹部有疼痛感,行走时拱背,痛苦。输尿管不完全阻塞时,常见血尿、脓尿和蛋白尿;输尿管完全阻塞时,无尿进入膀胱,并导致肾盂积尿和同侧肾脏的功能丧失。若两侧输尿管部分和完全阻塞,将导致不同程度的肾盂积水。

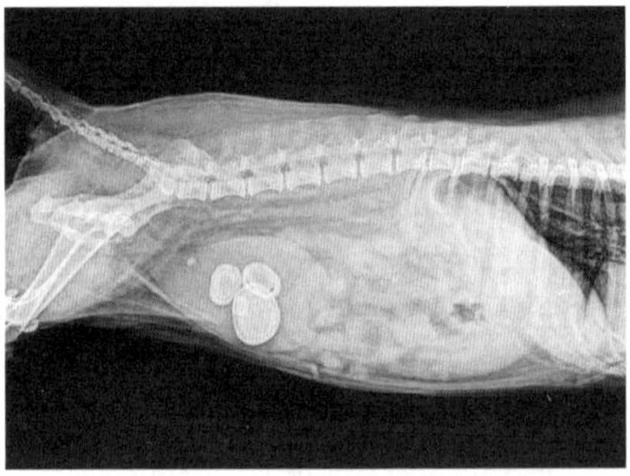

图16-10　犬的膀胱结石

(3)膀胱结石　常发。结石较小时,不表现明显的症状。当结石大而多时,刺激膀胱黏膜引起膀胱炎,出现尿频,努责、排尿困难,尿液可能带血。当膀胱不太充满时,经腹部触诊(犬、猫)或直肠检查(牛、马),有时可发现膀胱内存在有移动感的结石(图16-10)。

(4)尿道结石　一般为膀胱结石的一种并发症。雄性动物发病率高于雌性动物。犬常发生于阴囊与阴茎骨之间的尿道以及近膀胱颈尿道。牛尿道结石常停留在S状弯曲,绵羊和山羊则常发生在S状弯曲和尿道突起处,马多在坐骨弓骨盆入口处。患病动物出现尿频,起卧不安。牛后肢伸展，踩踏，踢腹，尾部举起并做小幅度上下摇动。若仔细检查坐骨弓处的尿道则感知充满尿液并有震动。不完全阻塞时，尿液细小或仅有少量血尿滴出；完全阻塞时，则出现尿闭、厌食、精神沉郁、脱水、卧地不起，有时呕吐、腹泻。触诊可见膀胱充满，严重时出现尿毒症，常在 72 h 内出现昏迷和死亡。膀胱过度充满，可出现膀胱破裂，反刍动物膀胱破裂比犬、猫更易发生。在膀胱破裂的短时间内，患病动物症状可因与膀胱扩张相关的疼痛减轻而有所改善，但迅速发生腹膜炎和尿液吸收，引起精神沉郁、腹部扩张和死亡。阉牛常发生尿道破裂，尿液漏入环绕阴茎的组织内，下腹壁出现水肿，穿刺水肿区可排出带有陈旧尿色的液体。

(三)诊断

应根据病史、临床症状、触诊、X 光检查和实验室分析做出诊断。

对于较大或较多的膀胱结石以及尿道结石，有时可通过腹部或直肠触诊发现。使用导尿管检查有时可感觉到尿道或膀胱中有砂石摩擦感，尿道完全阻塞时导尿管则仅能插到阻塞部。

直径大于 3 mm 的尿路结石常可在 X 射线摄片检查时看到，若使用造影剂则更加明显。因为整个泌尿道常常在多处出现结石，检查时要对泌尿道进行全面的 X 射线检查。但猫的尿结石在 X 射线平片上一般不显影。

尿液成分分析、尿中细菌的培养有助于确定所出现结石的类型。运用物理(X 光衍射、能谱分析)、化学的方法对尿结石的成分进行分析，有利于本病的诊治和预防。

(四)治疗

应根据结石位置、大小、类型及阻塞程度，动物品种、性别，采取相应的治疗措施。

1. 药物或处方食品治疗

适用于尿路不完全阻塞。使用利尿剂(如利尿素、速尿、氨茶碱)，配合适量饮水，增加尿量，有助于结石排出。尿液酸化剂(如氯化铵)可酸化尿液，以溶解磷酸铵镁结石。在牛、羊早期病例中，平滑肌松弛药加消炎药可能有益。犬、猫磷酸铵镁和尿酸铵尿结石可使用结石溶解食品治疗，避免手术风险，减少护理。

2. 液压疗法

适用于尿道结石。动物镇静或麻醉后，先行膀胱穿刺排尿。助手一手指伸入直肠压迫骨盆部尿道或从体外抵压膀胱，术者经尿道口插入一尽可能粗的导尿管直至阻塞部，用手捏紧环绕导管腔的远端，注入等渗盐水和水性润滑剂等量组成的无菌混合液，使部分尿道在压力作用下胀满液体，然后突然拔出导管，解除尿道压力，尿结石常随液体流出(图 16-11)。如此反复数次。若无效果，则可先行膀胱穿刺减压，再试着将其推注到膀胱。以后再进行其他疗法或做膀胱切开手术取出。

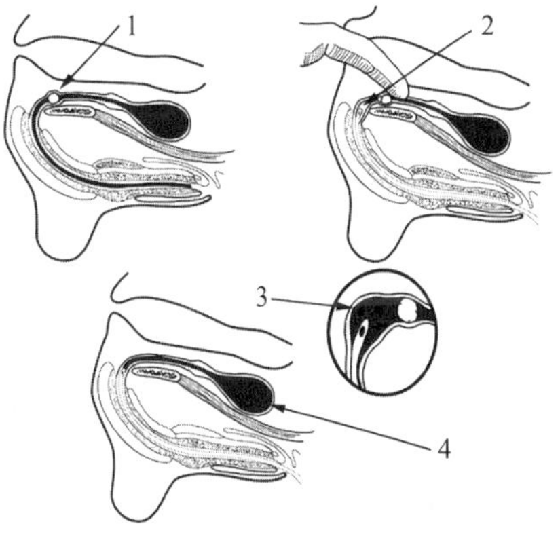

图 16-11　犬的尿道结石水压冲击疗法

1. 尿道结石　2. 导尿管插入到结石阻塞部
3. 尿道内注入生理盐水，使尿道扩张
4. 结石被压入膀胱

3. 碎石技术

有条件时，可使用超声碎石器、激光碎石器等技术将结石击碎后排出。

4. 膀胱挤压排空法

适用于尿道或膀胱结石。动物镇静或麻醉后，如膀胱不膨胀，需经尿道插管，向尿道内注入适量生理盐水，使膀胱膨胀。注射时触摸膀胱，防止其过度膨胀。然后轻轻挤压膀胱，使尿液和结石从尿道排出。如此反复数次，直至尿道膀胱无结石为止。

5. 手术疗法

对于非磷酸盐或非尿酸盐尿石，或经非手术疗法不能排除的结石，以及患有尿结石的怀孕动物，需要进行手术除去结石。

一侧肾结石而另一侧肾功能完好的患病动物，可手术摘除患肾。两侧肾结石的患病动物需采用碎石技术。

对于较大的膀胱结石，可进行膀胱切开术，取出结石。

犬、猫骨盆腔尿道结石可采用膀胱切开术，并经尿道口插入导尿管，通过液体压力将其送入膀胱后取出。体外尿道结石可在结石阻塞部做尿道切开。手术时，插入导尿管有利于手术的进行。为避免尿道狭窄，尿道黏膜可不缝合，仅对皮下组织和皮肤做结节缝合。术后经尿道口插入导尿管至膀胱，用缝线穿过导尿管外口和包皮内黏膜打结，将导尿管固定于包皮内，或将导尿管与尿道口被毛一起固定，导尿管留置 3～5 d，每天向导尿管内注入抗生素防止细菌感染尿道。（视频 16-3）

视频 16-3 猫膀胱切开术

牛的尿道结石常采用的手术方法有尿道切开术、尿道造口术等。由于牛尿道结石多滞留在阴茎 S 状弯曲，尤其是远侧部，常在阴囊前做尿道切口（结石在 S 状弯曲远侧部）或在阴囊基部后上方做尿道切口（结石在 S 状弯曲近侧部）。切开皮肤，分离并外置阴茎，有两种方法除去结石：如结石粗糙且不太硬，最好是以碎石用巾钳前端置于结石两侧，用力压碎，轻轻按摩阴茎，刺激球海绵体肌收缩，促使碎片排出。若结石光滑而坚硬，不易被压碎，则可在结石的远侧尿道上做一小切口，取出结石，用 3/0 号铬制肠线对尿道黏膜做结节缝合，也有人主张不缝合。若尿道阻塞出现膀胱破裂，则需在坐骨部做尿道切开术，经尿道口插入硬的导尿管，并拉直远曲小管，将结石推向坐骨尿道切口，取出结石。然后将一导尿管由切口插入盆腔尿道直至膀胱，留置作为排尿通路。同时在脐和耻骨间通过中线旁的腹直肌小切口安置塑料引流管，固定在皮肤上 48 h 左右，以排出腹腔中的积尿。膀胱不必缝合，膀胱裂口处可因纤维和网膜粘连而愈合。若结石排除，5 d 后取出导尿管，10 d 后拆除皮肤缝线，导管口处可能会有尿液漏出，但最后常取第 2 期愈合而封闭。若尿道破裂或坏死，则应做尿道造口术，尿道造口常在阴囊基部后上方。

绵羊或山羊尿道结石常滞留在阴茎 S 状弯曲和阴茎远端尿道阴茎突。若在 S 状弯曲，手术方法与牛的相同。尿道结石伴有膀胱破裂时，一般宜行剖腹手术缝合膀胱，并放置腹腔引流管排除积尿，于尿道放置导尿管，作为排尿通路。若结石在尿道突部，可将阴茎自包皮内引出，用手指压力将结石挤出或剪去阴茎突。

在马结石病例中，约 99%是膀胱结石，尿道结石极少发生。尿道结石常发生在尿道坐骨弓处或在尿道最远端。坐骨结节以下的尿结石，可直接在结石部位做切口取出。骨盆部尿道结石，可在坐骨弓处做切口，用止血钳或舌钳夹取。尿道可以缝合，但通常保持开放经第 2 期愈合，尿道狭窄现象并不多见。马的尿道远端结石，可用手挤出或用小止血钳取出。

6. 控制尿路感染

长期尿结石常因细菌感染，继发严重的尿道或膀胱炎症，甚至引起肾盂肾炎、肾衰竭和败血症。故在治疗尿结石的同时，必须配合局部和全身抗生素治疗，如氨苄青霉素、复方磺胺甲噁唑或呋喃坦啶等。另外，酸化尿液，增加尿量，有助于缓解感染。

（五）预防

根据对尿结石组成和病因学的了解，适当调整饮食结构，使用药物或处方食品预防。

对于犬、猫磷酸铵镁结石，应限制日粮中蛋白质和镁的含量或使用结石溶解性食物。

对于反刍动物磷酸铵镁结石，应饲喂良好的平衡饲料，包括足量的维生素 A，并保证足够的饮水。反刍动物磷酸铵镁结石与饲料高磷低钙含量有关，若饲料钙磷比例为 2∶1，则肥育动物尿结石发病率大大降低。饲料还可加入 2%氯化铵，可酸化尿液，防止磷酸铵镁结石形成。另外，饲料中添加 1%～4%的食盐，增加饮水量和排尿量，实践证明有一定效果。

对于犬尿酸盐或胱氨酸尿石，可每 6～8 h 口服碳酸氢钠 0.2 g/kg bw，碱化尿液，并适当增加食盐，以增加饮水。如果仍复发尿酸盐结石，则可给予别嘌啉醇 10 mg/kg，每日 3 次，连用 1 个月，然后每日 1 次；如果胱氨酸尿石复发，每天给予 *D*-青霉胺 10～30 mg/kg，至少分为 2 个剂量与食物一起给予，以防止呕吐。

对于草酸钙结石，应降低日粮中钙含量，适当使用碱化剂碱化尿液，对硅酸盐结石，应改变营养配方，使其营养均衡。另外，透明质酸钾复合剂对尿结石有一定防治作用。

第三节　生殖器官疾病与手术

一、阉割术

(一)去势术

摘除雄性动物的睾丸或破坏其生殖机能，使动物失去性欲和繁殖能力的一种方法叫去势术(castration)。

1. 公犬去势术(canine castration)

(1)适应症　适用于犬的正常绝育、睾丸癌或经一般治疗无效的睾丸炎症。两侧睾丸都切除用于良性前列腺肥大和绝育。去势术又用于改变公犬的不良习性，如发情时的野外游走、和别的公犬咬斗、尿标记等。去势后不改变公犬的兴奋性，不引起嗜睡，也不改变犬的护卫、狩猎和玩耍表演能力。

(2)术前准备　术前对去势犬进行全身检查，注意有无全身变化，如体温升高、呼吸异常等，如有应待恢复正常后再行去势。还应对阴囊、睾丸、前列腺、泌尿道进行检查。若泌尿道、前列腺有感染，应在去势前 1 周进行抗生素药物治疗。直到感染被控制后再行去势。去势前除去阴囊部及阴茎包皮鞘后 2/3 区域内的被毛。

(3)麻醉　全身麻醉。

(4)保定　仰卧保定，两后肢向后外方伸展固定，充分显露阴囊部。

(5)术式

①显露睾丸　术者用两手指将两侧睾丸推挤到阴囊底部，使睾丸位于阴囊缝际两侧的阴囊最低部位(图 16-12A)。从阴囊最低部位的阴囊缝际向前的腹中线上，做一 5～6 cm 皮肤切口，依次切开皮下组织。术者左手食指、中指推顶一侧阴囊后方，使睾丸连同鞘膜向切口内突出，并使包裹睾丸的鞘膜绷紧，固定睾丸，切开鞘膜，使睾丸从鞘膜切口内露出。术者左手抓住睾丸，右手用止血钳夹持附睾尾韧带，并将附睾尾韧带从附睾尾部撕下，右手将睾丸系膜撕开，左手继续牵引睾丸，充分显露精索(图 16-12B)。

②结扎精索、切断精索、去掉睾丸　用三钳法，在精索的近心端钳夹第 1 把止血钳，在第 1 把止血钳的近睾丸侧的精索上，紧靠第 1 把止血钳钳夹第 2、第 3 把止血钳。用 4～7 号丝线，紧靠第 1 把止血钳钳夹精索处进行结扎，当结扎线第 1 个结扣接近打紧时(图 16-12C)，松去第 1 把止血钳，并使线结恰位于第 1 把止血钳的精索压痕处，然后打紧第 1 个结扣和第 2 个结扣，完成对精索的结

扎，剪去线尾。在第 2 把与第 3 把钳夹精索的止血钳之间，切断精索(图 16-12D)。用镊子夹持少许精索断端组织，松开第 2 把钳夹精索的止血钳，观察精索断端有无出血，在确认精索断端无出血时，方可松去镊子，将精索断端还纳回鞘膜管内。

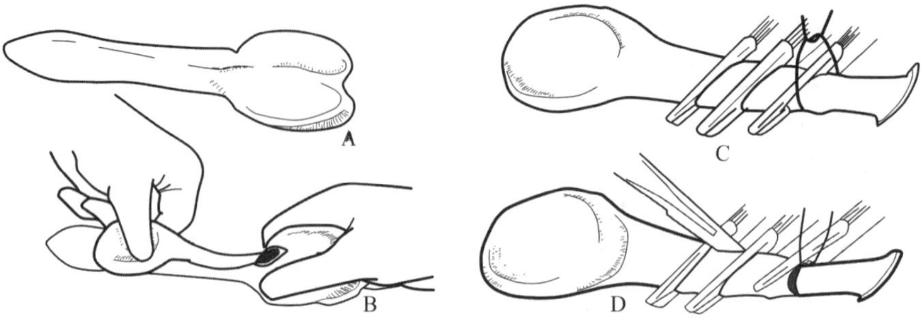

图 16-12　公犬去势示意图

A. 切口定位　B. 显露睾丸，充分显露精索　C. 精索上钳夹 3 把止血钳，在紧靠第 1 把止血钳处的精索上结扎精索　D. 松去第 1 把止血钳，使线结扎在钳痕处，在第 2 把与第 3 把止血钳之间切断精索

(林德贵，2004)

在同一皮肤切口内，按上述同样的操作，切除另一侧睾丸。在显露另一侧睾丸时，切忌切透阴囊中隔。

③缝合阴囊切口　用 2～0 铬制肠线或 4 号丝线间断缝合皮下组织，用 4～7 号丝线间断缝合皮肤，外打以结系绷带。

(6)术后护理　术后阴囊潮红和轻度肿胀，一般不用治疗。伴有泌尿道感染和阴囊切口有感染倾向者，在去势后应给予抗菌药物治疗。(视频 16-4)

视频 16-4　公犬去势术

2. 公猫去势术(feline castration)

(1)适应症　防止猫的乱交配和对猫进行选育，对不能作为种用的公猫进行去势。公猫去势后可减少其本身特有的臭气，减少公猫发情时的性行为，如猫在夜间的叫声对周围环境的污染等。

(2)术前准备　除去阴囊部被毛和进行常规消毒。

(3)麻醉　全身麻醉。

(4)保定　左侧或右侧卧保定，两后肢向腹前方伸展，猫尾要反向背部提举固定，充分显露肛门下方的阴囊。

(5)术式　将两侧睾丸同时用手推挤到阴囊底部，用食指、中指和拇指固定一侧睾丸，并使阴囊皮肤绷紧。在距阴囊缝际一侧 0.5～0.7 cm 处平行阴囊缝际做一 3～4 cm 皮肤切口，切开肉膜和总鞘膜，显露睾丸。术者左手抓住睾丸，右手用剪刀剪断阴囊韧带，向上撕开睾丸系膜，然后将睾丸引出阴囊切口外，充分显露精索。结扎精索和去掉睾丸的方法同公犬去势术。两侧阴囊切口开放。

(6)术后护理　一般不需治疗，但应注意阴囊区有无明显肿胀。若阴囊切口有感染倾向，可给予广谱抗生素治疗。

3. 公猪去势术(castration of swine)

幼龄公猪去势年龄为 1～2 月龄，体重 5～10 kg 最为适宜；成年公猪则不受年龄和体重的限制。在传染病的流行期和阴囊及睾丸有炎症时可暂缓去势；对阴囊疝可结合去势进行治疗。

(1)麻醉　可不麻醉。

(2)术式

①小公猪去势术　左侧侧卧，背向术者。术者用左脚踩住颈部，右脚踩住尾根。术者用左手腕部按压猪右后肢股后，使该肢向上紧靠腹壁，以充分显露两侧睾丸。用左手中指、食指和拇指捏住阴囊颈部，把睾丸推挤入阴囊底部，使阴囊皮肤紧张，将睾丸固定。术者右手持刀，在阴囊缝际的两侧 1～1.5 cm 处平行缝际切开阴囊皮肤和总鞘膜，显露睾丸。左手握住睾丸，食指和拇指捏住阴囊韧带与附睾尾连接部，剪断或用手撕断附睾尾韧带，向上撕开睾丸系膜。左手把韧带和总鞘膜推向腹壁，充分显露精索后，用捋断法去掉睾丸，然后按同样操作方法去掉另侧睾丸。切口部碘酊消毒，切口不缝合(图 16-13)。

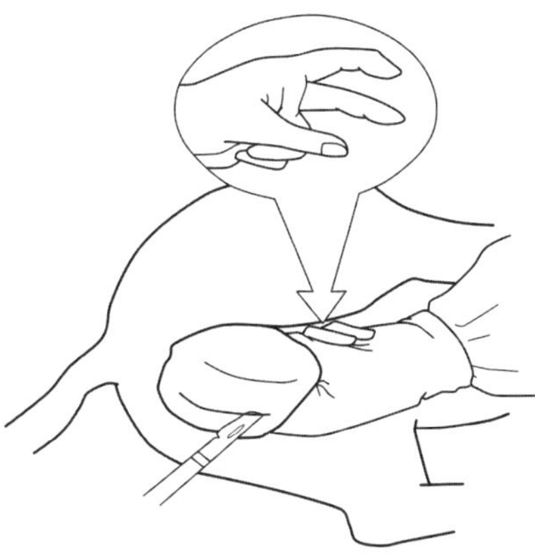

图 16-13　公猪去势术

(林德贵，2004)

②大公猪去势术　左侧卧保定，在阴囊缝际两侧 1～1.5 cm 处切开阴囊皮肤和总鞘膜，切断附睾尾韧带，撕开睾丸系膜后充分显露精索，用结扎法除去睾丸。皮肤切口一般不缝合。

4. 公马去势术(castration of the male horse)

公马去势的适宜年龄是 2～4 岁。年龄过小，则体格发育尚未完成，去势后会影响发育；年龄过大，则因精索太粗，术后容易出血和发生慢性精索炎，且习惯业已形成，术后性情改变缓慢，对饲养管理和调教都不利。

去势季节：一年四季都可进行去势，但以春末夏初和晚秋最为适宜。

(1)术前的检查和准备

①术前检查　应注意公马的全身检查，如体温、脉搏、呼吸是否正常，有无全身变化，以及局部有无影响去势效果的病理变化。如有上述情况，应待恢复正常后再进行去势术。在传染病流行时，也应暂缓去势。骨软症的马在倒马时容易发生骨折，必须引起重视。

②公马阴囊的局部检查　检查两侧睾丸是否均降入阴囊内，有无隐睾存在；是否为阴囊疝；两侧睾丸、精索与总鞘膜是否发生粘连：两侧睾丸有无增温，疼痛、增生等病理变化。

③腹股沟内环的检查　通过直肠检查以确定腹股沟内环的大小。内环能插入 3 个手指指端者，即为内环过大，去势时肠管可能有从腹股沟管脱出的危险。为预防肠管脱出，应进行被睾去势术。此外，还应检查鞘膜有无积水，睾丸及精索与鞘膜有无粘连等。

④术前准备　去势的半个月左右应注射破伤风类毒素，或手术当日注射破伤风抗血清。术前 12 h 禁饲，不限饮水。术前应对马体进行充分刷拭。

有条件者，可在无菌手术室施术；也可在露天场地进行，但应选择在有垫草的软地上进行。地面清扫并喷洒清水，以免手术时尘土飞扬，污染术部。

⑤器械及保定物品准备　准备好保定绳及附属用品，如铁环、别棍、手术器械和药品等。

⑥术部清洁与消毒　待马保定后，对阴囊及会阴部进行彻底清洗和常规消毒，并打以尾绷带，以防马尾污染阴囊部切口。

(2)麻醉　一般局部麻醉。对性情凶猛的马可进行全身麻醉，也可进行精索内神经传导麻醉。

(3)保定　在露天场地去势时应进行倒马，并施行左侧卧保定，把左后肢与两前肢捆在一起，右后肢向前方转位，并与颈部的倒马绳固定在一起。

(4)术式　根据去势时是否切开总鞘膜，可分为开放式露睾去势法和被睾去势法两种。

①开放式露睾去势法　操作步骤如下：

a. 固定睾丸　分为术者左手固定睾丸法和结扎带固定睾丸法。术者在马的背腰侧俯蹲于马的腰臀部，左手握住马的阴囊颈部，使阴囊皮肤紧张，充分显露睾丸的轮廓，并使两睾丸与阴囊缝际平行排列，确实固定，防止偏移。如用手固定睾丸有困难时，可用灭菌的结扎带绑扎阴囊颈部固定睾丸。

b. 切开阴囊及总鞘膜显露睾丸　在阴囊缝际两侧 1.5～2.0 cm 处平行缝际切开阴囊及总鞘膜，切口长度以睾丸能自由露出为度。若睾丸与鞘膜粘连，应仔细分离粘连部。先切开上方（右侧）的睾丸，再切下方（左侧）睾丸。切开时，若切口过小、切口歪斜、切口过高、切口内外不一致等，都会影响创液的排出，这对预防切口感染和加速创口愈合都是不利的。

c. 剪开阴囊韧带，撕开睾丸系膜　睾丸露出后，术者一手固定睾丸，另一只手将阴囊和总鞘膜向上推，在附睾尾上方找到附睾尾韧带，由助手用手术剪紧贴附睾尾侧剪断，术者手顺着剪口向上分离撕开睾丸系膜，睾丸即下垂不再缩回（图 16-14）。

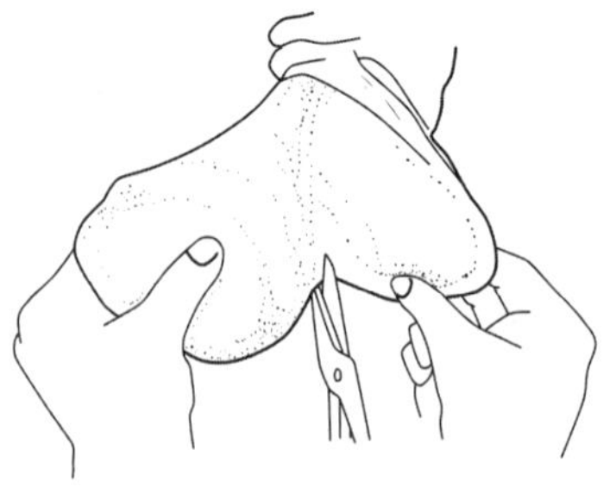

图 16-14　剪开附睾韧带分离睾丸系膜

（林德贵，2004）

d. 除去睾丸　有以下几种方法。

结扎法：术者左手将总鞘膜和皮肤向腹壁方向推动，右手适当地向下牵引睾丸，以充分显露精索。在睾丸上方 6～8 cm 处的精索上，用弯圆针系 10 号丝线进行单纯贯穿结扎，结扎精索的结扣要求确实打紧。为此，在第 1 结扣系紧后，助手用止血钳立即将结扣夹住，术者再打第 2 结扣，当第 2 结扣打紧的瞬间，助手迅即将止血钳撤除，这种操作可防止结扣的松脱。在结扎线的下方 1.5～2.0 cm 处切断精索。在确定精索断端不出血时，对断端用碘酊消毒后，即将精索断端缩回到鞘膜管内。该法的优点是安全、迅速，止血确实。其缺点是如缝合线消毒不确实，无菌操作不严格，易发生精索感染，甚至形成精索瘘。

捻转法：充分显露精索后，先用固定钳（图 16-15）在睾丸上方 6～8 cm 处的精索上垂直地钳住精索。此时注意不要把阴囊皮肤夹在里面。将其紧靠腹壁确实固定后，助手在距固定钳下方 2～4 cm 处装好捻转钳（图 16-16），慢慢地从左向右捻转精索，由慢渐快直至完全捻断为止，但不可强行拉断。断端用碘酊消毒，缓慢地除去固定钳。用同样的方法捻断另一侧精索，除去睾丸。该法安全可靠，止血确实，对精索较粗的马尤为适宜。

锉切法：充分显露精索后，先在精索上装好固定钳，再紧靠固定钳装着锉切钳（图 16-17），钳嘴应与精索垂直。“锉齿”向腹壁侧，“切刀”向睾丸侧。然后逐渐加大压力，徐徐紧闭钳嘴，锉断精索，断端涂碘酊，经过 2～3 min 取下锉切钳和固定钳。再按同样操作方法去掉另侧睾丸。该法切口容易愈合，对 2～4 岁精索较细的公马止血效果确实；但对精索较粗的老马，止血常不够理想，容易引起术后出血。

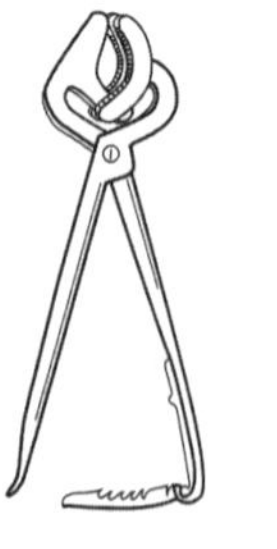

图 16-15　固定钳

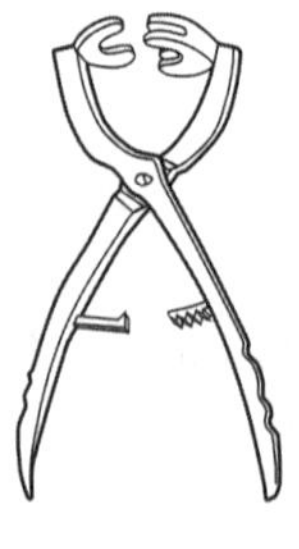

图 16-16　捻转钳

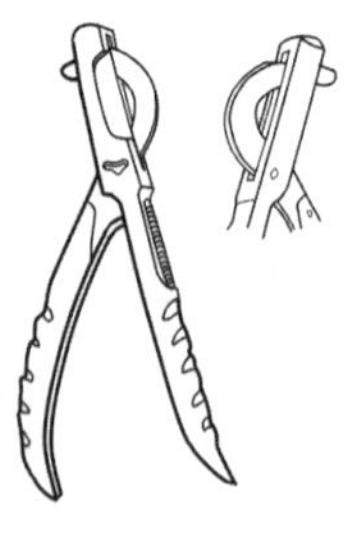

图 16-17　锉切钳

捋断法：充分显露精索后，术者左手抓持睾丸，使精索处于半紧张状态，右手拇指、中指和食指夹住精索，用拇指和食指的指端反复地刮捋精索，手指向精索近心端推挤时用力稍重，退回时用力稍轻，采用先慢后快的手法刮捋精索。经过反复地刮捋以后，精索逐渐变细变长，直至精索被刮断为止。此法术后不易引起感染，但对老龄和精索较粗的公马去势时，常常止血不够确实，容易引起术后出血。

②被睾去势法 操作步骤如下：当腹股沟管内环过大，露睾去势有发生肠脱出危险时，或对患有阴囊疝的马进行去势时，可采用被睾去势法。该法只切开阴囊而不切开总鞘膜，用钝性分离的方法将总鞘膜与阴囊剥离，摘除睾丸的同时将总鞘膜一同切除。

a. 结扎法 适用于精索较细的 3～4 岁公马。在阴囊底部距阴囊缝际 2 cm 处，与缝际平行分层切开阴囊皮肤和肉膜，显露总鞘膜。阴囊皮肤固定得越紧张，则切开阴囊皮肤和肉膜后总鞘膜显露越容易。必要时可用手术刀或手术剪进行剥离，直至将总鞘膜和肉膜完全分离开，并尽量向上剥离，充分显露被有总鞘膜的精索。用 10 号丝线贯穿结扎总鞘膜与精索，在结扎线下方 1.5～2.0 cm 处切断总鞘膜与精索，去掉睾丸。

b. 榨木去势法 将消毒的榨木（一端用绳扎住），在被有总鞘膜的睾丸上方 6～8 cm 处的精索处，垂直夹住总鞘膜与精索。然后用榨木钳子闭合榨木的另一端，使总鞘膜和精索被压成片状，将榨木的另一端用绳扎紧加以牢固地固定。最后在榨木下方 2.0～2.5 cm 处切断总鞘膜和精索，断端涂 3%～5%的碘酊。榨木可在 3～4 d 后取下，如用在阴囊疝治疗时，可在 7～10 d 取下。

(5)术后护理 术后 2～4 h 内，将马拴系在安静场地注意观察术后出血和腹腔内容物脱出情况。上述两种情况多在术后 1～4 h 内发生，术后出血也可发生于术后 36～48 h（由于血凝块的溶解，血管断端再出血）。术后防止马卧地，从术后第 2 天起，每日早晚测马的体温并做牵遛运动 30～40 min，在此期间严禁骑乘运动和接近母马。1 周后可延长牵遛运动时间，10 d 后即可转入正常的饲养与使役。

5. 公牛、公羊去势术(castration of the bull and ram)

役用公牛去势一般在其 1～2 岁较为适宜，肥育牛则在出生后 3～6 个月去势，公羊的去势在出生后 4～6 周龄，也有在成年时去势的。

(1)麻醉 一般不麻醉，性烈公牛可用静松灵麻醉。

(2)保定 无血去势钳去势时，采用 6 柱栏内站立保定，将后档带拦住牛股后，以防牛后踢。前档带紧紧拦住胸前，以防牛前冲，鬐甲带压住颈部以防牛跃起。保定人员一人抓住牛鼻钳控制头部，另一人将牛尾拉向体侧。开放式露睾去势法和捶阉法都采用侧卧保定。

(3)术式 可分为开放式露睾去势法和无血去势法。

①开放式露睾去势法 术者左手握住牛的阴囊颈部，将睾丸挤向阴囊底部，在阴囊的前面距阴囊缝际外侧 1.5～2.0 cm 处，平行缝际各做一个纵切口，一刀切开阴囊各层，挤出睾丸。用剪刀剪开附睾尾韧带并分离睾丸系膜，然后对精索用结扎法或捋断法处理后除去睾丸。公牛、公羊的开放式露睾去势法的阴囊切口也可用横切法、横断法。其他操作步骤同公马的露睾去势法（图 16-18）。

②无血去势法 分为无血去势钳去势法和捶阉法。

a. 无血去势钳去势法 所用器械为大动物无血去势钳（图 16-19）。用去势钳夹住阴囊颈部的精索，破坏血液供应，断绝睾丸的营养，使睾丸逐渐萎缩、吸收而失去性机能，从而达到去势的目的。该法操作简单，节省材料，手术安全，可避免并发症。去势效果常与无血去势钳质量有关，为此，在去势前应检查去势钳的钳嘴对合是否严密，钳轴是否松动。

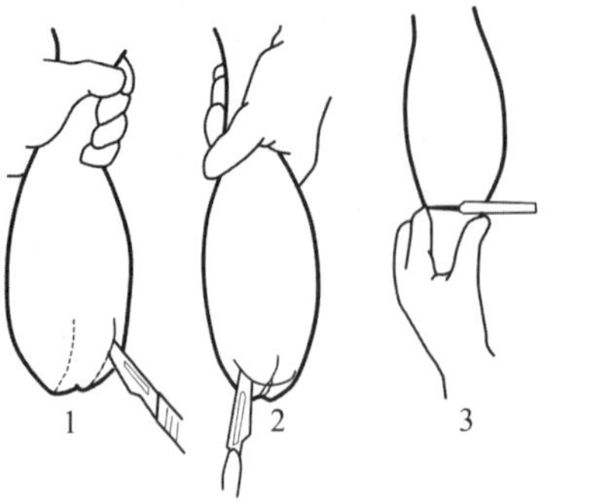

图 16-18　公牛露睾去势法的阴囊切口

(林德贵,2004)

1.纵切法　2.横切法　3.横断法

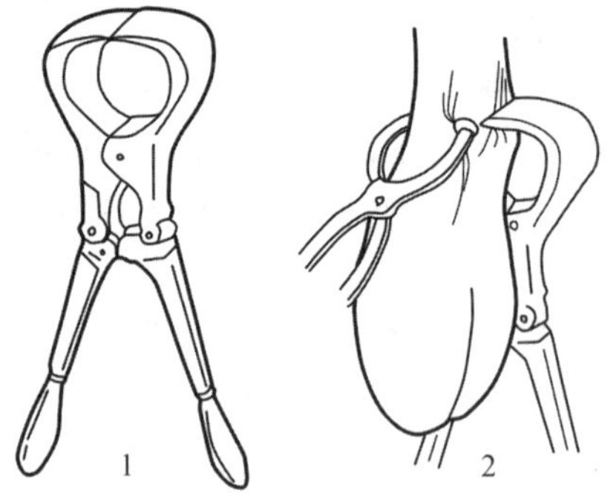

图 16-19　无血去势钳去势法

(林德贵,2004)

1.无血去势钳　2.无血去势钳钳夹和精索固定钳固定精索

术者用手抓住牛阴囊颈部,将睾丸挤到阴囊底部,将精索推挤到阴囊颈外侧,并用长柄精索固定钳夹在精索内侧皮肤上,以防精索在皮下滑动。助手将无血去势钳钳嘴张开,夹在长柄精索固定钳固定点上方 3~5 cm 处,助手缓缓合拢钳柄,术者确定精索确实在两钳嘴之间时,助手方可用力合拢钳柄,即可听到清脆的"咯吧"声,表明精索已被挫断。若在合拢去势钳柄过程中,没有听到"咯吧"声,精索可能从钳嘴中滑出,对此情况需重新固定精索,重新钳夹。钳柄合拢后应停留 1.0~1.5 min,再松开钳嘴,松钳后再于其下方 1.5~2.0 cm 处的精索上钳夹第 2 道。另一侧的精索做同样处理。钳夹部皮肤碘酊消毒。本去势法特别适用于公牛、公羊的去势,也可用于公马的去势。

b.捶阉法　本法是民间常用的去势方法。将睾丸和附睾实质捶碎并用手掌搓成粥状,术后睾丸逐渐吸收,雄性特征也随之消失。术者用手抓住阴囊颈部,将睾丸挤到阴囊底部,使阴囊皮肤紧张,以木质夹棍(也可用马的木制耳夹子代替)夹住阴囊颈部,使阴囊皮肤紧张。术者左手握紧夹棍一端,另一端抵止于牛的股部,右手持木棒(规格 30 cm×6 cm×6 cm)对准睾丸猛力捶打 2~3 次。术者也可用手掌猛力推挤睾丸实质 3~4 次,即可将睾丸实质击碎。继续用两手掌挤压、揉搓,使睾丸、附睾被揉成粥状感。同法对另侧睾丸进行处置。解除夹棍,阴囊涂碘酊,松解保定。

(4)术后护理　无血去势钳去势法,术后无须治疗和特殊护理;用捶阉法去势的牛,在术后 1 周内应进行牵遛运动,以促进肿胀睾丸的消散与吸收;开放式露睾去势术可于手术当日肌内注射破伤风抗血清,其余的护理,参考公马去势后的护理。

(二)卵巢(子宫)摘除术(ovariectomy and uterectomy)

1.母犬的卵巢子宫切除术(canine ovariohysterectomy)

(1)适应症　健康犬 5~6 月龄是手术适宜时期。成年犬在发情期、怀孕期不能进行手术,在发情后 3~4 个月进行手术。幼犬应在断奶后 6~8 周施术。对因子宫坏死、化脓、子宫肿瘤等疾病进行卵巢子宫切除术,则不受时间限制;卵巢子宫切除术不能与剖宫产同时进行。如果手术是单纯的绝育手术,则只需要摘除卵巢而不必切除子宫。

(2)术前准备　术前禁饲 12 h 以上,禁水 2 h 以上。对犬进行全身检查,对因子宫疾病进行手术的犬,术前应纠正水、电解质代谢紊乱和酸碱平衡失调。

(3)保定和麻醉　仰卧保定,全身麻醉。

(4)术式

①将腹底壁除毛、消毒、隔离，从脐后方沿腹正中线切开皮肤、皮下组织及腹白线、腹膜，显露腹腔，根据犬体型大小，切口的长度一般在4～10 cm。用小创钩将肠管拉向一侧，当膀胱积尿时，可用手指压迫膀胱使其排空，必要时可进行导尿和膀胱穿刺。

②术者食指伸入骨盆前口找到子宫体，沿子宫体向前找到两侧子宫角并牵引至创口，顺子宫角提起输卵管和卵巢，钝性分离卵巢悬韧带，将卵巢提至腹壁切口处。

③在靠近卵巢血管的卵巢系膜上开一小孔，经此孔对卵巢悬吊韧带装置3把止血钳。第1把止血钳在紧靠卵巢的悬吊韧带上钳夹，依次在第1钳的外侧(即肾脏侧)的悬吊韧带上装置第2把、第3把止血钳(图16-20)。这样就完全夹闭了卵巢悬吊韧带内的动、静脉血管。在第1把与第2把止血钳之间切断卵巢悬吊韧带和卵巢动、静脉血管，将右侧子宫角和卵巢全部拉出切口外，然后结扎卵巢悬吊韧带的断端。在紧靠第3把止血钳的近肾脏侧的悬吊韧带上，用4～7号丝线集束结扎，当第1个结扣接近拉紧时，松去第3把止血钳，使线结恰位于钳痕处，迅即拉紧结扎线并完成结扣，剪去线尾(图16-21)。用镊子夹持卵巢悬吊韧带断端的少许组织，再松开第2把止血钳，在确信断端无出血情况下松去镊子，卵巢悬吊韧带的断端迅即缩回到腹腔内。如有出血，可在第2把止血钳钳压处做第2次结扎，注意不可松开卵巢近端止血钳。按同样方法再将另一侧卵巢切除。

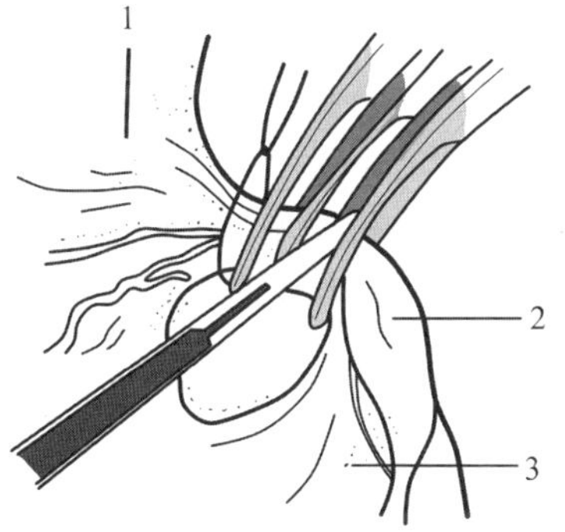

图16-20　三钳钳夹法结扎卵巢血管

(林德贵，2004)

1.肾脏　2.卵巢　3.卵巢系膜

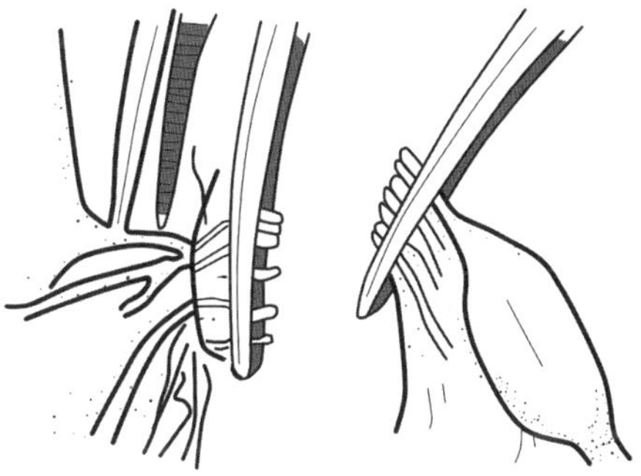

图16-21　在松钳瞬间结扎卵巢血管，然后切断卵巢系膜和血管

(林德贵，2004)

④然后分别将两侧游离的卵巢从卵巢系膜上撕开，并沿子宫角向后钝性分离阔韧带，到其中部剪断索状圆韧带，继续分离，直至子宫角分叉处。如阔韧带有大的血管，应对其做集束结扎。

⑤用3把止血钳夹持子宫体和子宫动、静脉，第1把止血钳应钳夹靠近阴道处的子宫体。除去第1把止血钳，在此钳压处做贯穿结扎。子宫动、静脉粗大时需单独结扎并切断(图16-22)。从第2把、第3把止血钳间切断子宫体，去除子宫和卵巢(图16-23)。用镊子夹持子宫残端，松开第2把止血钳，观察有无出血，如无出血，将其残端送回原位；如有出血，可在第2把止血钳钳压处做第2次贯穿结扎。有些犬子宫体粗大，为防止止血钳钳夹损伤子宫体，可直接在子宫体上做两针贯穿结扎。健康犬子宫体切断的部位，可在子宫体稍前方经结扎后切断；当子宫内感染时，子宫体切断的部位尽量靠后，以便尽量除去感染的子宫内膜组织。

视频16-5　母犬卵巢子宫摘除术

⑥腹壁切口按常规缝合，包扎腹绷带。(视频16-5)

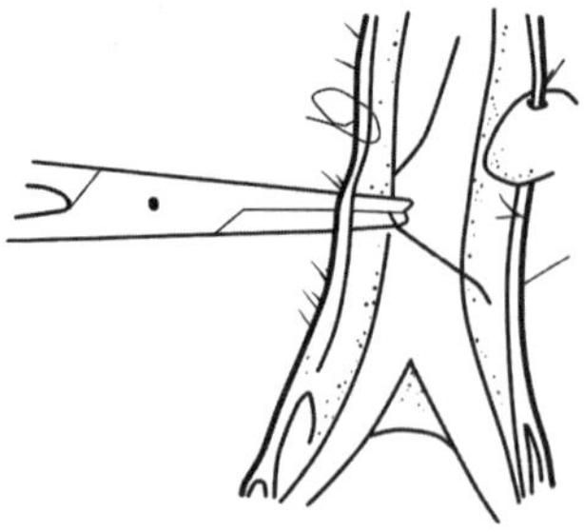

图 16-22 贯穿结扎子宫血管

（林德贵，2004）

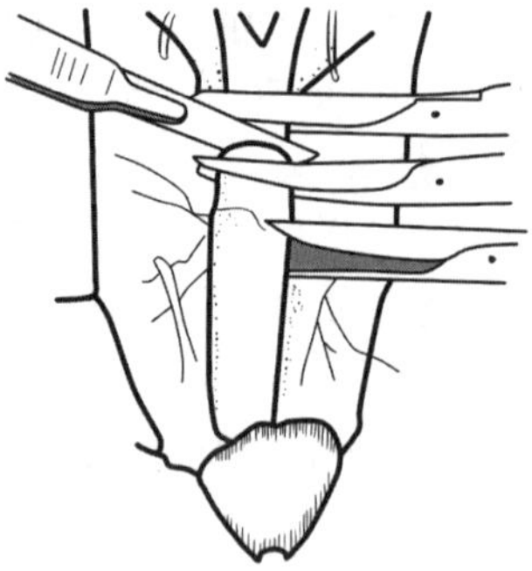

图 16-23 三钳钳夹法切断子宫体

（林德贵，2004）

（5）术后护理　创口处做保护绷带，全身应用抗生素，给予易消化的食物，1 周内限制剧烈运动。

2. 母猫卵巢子宫摘除术（feline ovariohysterectomy）

术前准备、麻醉、保定与犬的相同。手术通路取腹中线切口，脐与骨盆耻骨连线的中点为切口中点，向前、向后切开 4～8 cm。术式和犬的基本相同，因猫的体型小，手术应更加细心。由于猫卵巢悬韧带较长，也可取侧位切口进行手术。（视频 16-6）

视频 16-6　母猫卵巢子宫摘除术-腹侧通路

3. 猪的卵巢摘除术（ovariectomy of the porcine）

猪的卵巢摘除术有多种方法，这里仅介绍小挑花术，即卵巢子宫切除术。本法适用于 1～3 月龄、体重 5～15 kg 的小母猪。术前禁饲 8～12 h，选择清洁的场地和晴朗的天气进行，用小挑刀进行手术（图 16-24）。

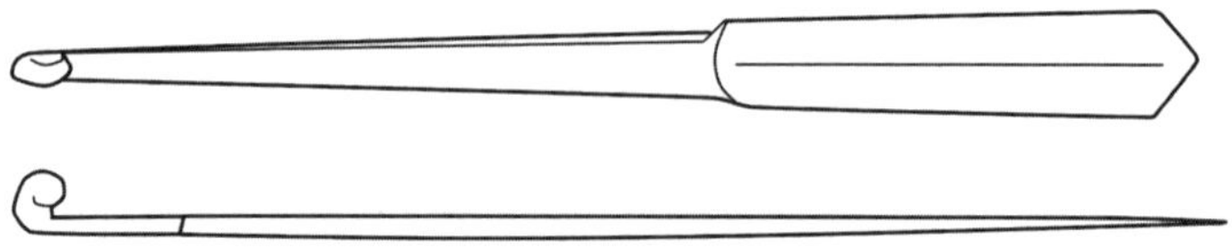

图 16-24 小挑刀

（林德贵，2004）

A. 正面观　B. 侧面观

（1）麻醉　不麻醉。

（2）保定　使猪的头部在术者右侧，尾部在术者左侧，背向术者。当猪头部右侧着地后，术者右脚立即踩住猪的颈部，脚跟着地，脚尖用力，以限制猪的活动。与此同时，将猪的左后肢向后伸直，肢背面朝上，左脚踩住猪左后肢跖部，使猪的头部、颈部及胸部侧卧，腹部呈仰卧姿势。此时，猪的下颌部、左后肢的膝关节部至蹄部构成一斜对的直线，并在膝前出现与体轴近似平行的膝皱襞。术者呈“骑马蹲裆式”，使身体重心落在两脚下，小猪则被充分固定。

（3）术部　准确的切口定位是手术成败的重要环节之一。目前，常用的切口定位方法有以下两种：

①左侧髋结节定位法　术者以左手中指顶住左侧髋结节，然后以拇指压迫同侧腹壁，向中指顶住的左侧髋结节垂直方向用力下压，使左手拇指所压迫的腹壁与中指所顶住的髋结节尽可能接近，

拇指与中指连线与地面垂直，此时左手拇指指端的压迫点稍前方即为术部。此切口相当于髋结节向左列乳头方向引一垂线，切口在距左列乳头缘 2～3 cm 处的垂线上。由于猪的营养、发育和饥饱状况不同，切口位置也略有不同。猪只营养良好，发育早，子宫角也相应地增长快而粗大，因而切口也稍偏前；猪只营养差、发育慢，子宫角也相应增长慢而细小，因而切口可稍偏后；饱饲而腹腔内容物多时，切口可稍偏向腹侧；空腹时切口可适当偏向背侧。即所谓“肥朝前、瘦朝后、饱朝内、饥朝外”，要根据具体情况灵活掌握。

②左侧荐骨岬定位法　最后腰椎窝与荐椎结合处的左侧荐骨岬在椎体的腹侧面形成一个小“隆起”，它可以作为定位标志。将小母猪保定后，将膝皱襞拉向术者，俗称“外拨膝皱襞”，然后在膝皱襞向腹中线划的一条假想垂线上，距左侧乳头 2～3 cm 处，术者左手拇指尽量沿腰肌向体轴的垂直方向下压，探摸“隆起”，俗称“内摸隆起”，左手拇指紧压在隆起上，此时拇指端的压迫点为术部(图 16-25)。

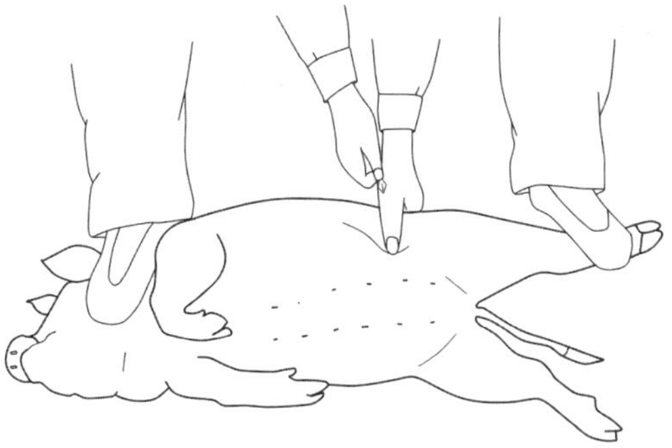

图 16-25　小挑花切口部位

(林德贵，2004)

猪的日龄不同，切口位置稍有不同。生后 20～30 d 的小猪(体重在 5 kg 以内)，切口应向后方移动 3～5 mm；生后 1～2 月龄的小母猪(体重在 5～12 kg)，切口在“隆起”处。

(4)术式

①切透腹壁　术部消毒后，将皮肤稍向术者方向(外剥)牵引，再用力下压腹壁，下压力量越大，就越靠近子宫角，则手术更容易成功。术者右手持小挑刀，用拇指和食指控制刀刃的深度，切口与体轴方向平行，用刀垂直切开皮肤，当刀一次切透腹壁各层组织时，可感到刀下阻力突然消失的空虚感，随之腹水从切口中涌出，停止运刀。在退出小挑刀时，将小挑刀旋转 90°角，以开张切口，子宫角随即自动涌出切口外。一次切透腹壁，子宫角随即涌出切口者称为“透花法”。

一刀切透腹壁各层组织时，若下刀用力过猛、过深，则易刺破腹腔内脏器及髂内、外动脉和旋髂深动脉及其静脉，为避免此种情况的发生，术者在切开皮肤后，将下压腹壁的左手拇指向上轻轻一提，刀尖再往下按即可切透腹肌和腹膜。一旦切透腹膜，腹水和子宫角瞬间从切口内自动涌出。若子宫角不能自动涌出，可将小挑刀柄伸入切口内，使刀柄钩端在腹腔内呈弧形划动，子宫角可随刀柄的划动而涌出切口外。

②摘除子宫角及卵巢　当部分子宫角涌出切口外后，术者左手拇指仍用力下压腹壁切口边缘，防止过早抬手造成子宫角缩回腹腔内。术者右手拇指、食指捏住涌出切口外的部分子宫角，并用右手的拇指、中指和无名指背部下压腹壁，以替换下压腹壁切口的左手拇指。再用左手拇指、食指捏住子宫角，手指背部下压腹壁，两手交替地导引出两侧子宫角、卵巢和部分子宫体。也可用两手其他 3 指的第 1、第 2 指节的侧面交换压迫腹壁切口，再用两手拇指、食指交替导引出两侧子宫角、卵巢和部分子宫体。然后用手指钝性锉断或用小挑刀切断子宫体后，术者两手抓住两侧子宫角、卵巢，撕断卵巢悬吊韧带，将子宫角、卵巢一同摘除。切口不缝合，碘酊消毒后，术者提起猪的后肢使猪头下垂，并稍稍摆动一下猪体后松解保定，让猪自由活动。

(5)手术中可能出现的几个问题

①子宫角不能自动涌出　由于运刀无力，仅切透了皮肤和肌肉，而腹膜没有切透，没有见到腹水涌出，子宫角就无法涌出；刚喂饱的猪，腹内压大，子宫角常常被充满食物的肠管挤到右侧腹腔或骨盆深处，虽然已切透了腹膜，但仍不见子宫角涌出，在这种情况下，术者一方面用左手拇指用力下

压腹壁，另一方面用小挑刀刀柄伸入切口内，将肠管向前后划动，给子宫角涌出创造条件。子宫角不能涌出的原因还有：保定方法不正确，或在手术过程中由于猪的骚动，保定位置发生了改变；切口位置不正确、创口内外不一致、术者左手下压无力、手脚配合不当等。

②切口位置不当，切透腹膜后自动涌出膀胱圆韧带和肠管　首先应注意识别。从切口自动涌出膀胱圆韧带的原因多为切口偏后，术者用小挑刀柄将其还纳，将左手拇指抬起重新按压，使切口位置向前移动，以利于子宫角的涌出。从切口自动涌出肠管的原因多为切口位置偏前，应立即用刀柄将肠管还纳回腹腔内，左手拇指重新按切口，并尽量使切口位置向后移，使切口的位置接近子宫角的位置，以便子宫角涌出。

③卵巢遗留在腹腔内　当子宫角从切口涌出后，用两手导引两侧子宫角和卵巢时，没能运用下压腹壁迫使子宫角涌出的原则，而是用力向外牵引子宫角。小母猪子宫角细而柔嫩，很容易将左侧子宫角拉断，而使左侧卵巢及右侧子宫角及卵巢遗留在腹腔内，这是造成俗称“茬高”或“走花猪”的原因。此种情况发生后，应停止手术，待猪的卵巢发育较大后，用大挑花或腹白线切开法取出卵巢。

④防止切破腹腔内器官的操作方法　术者用右手食指、拇指控制刀刃的深度，在猪嚎叫时（此时腹肌紧张）运刀刺透腹壁各层组织。另外，在确定好切口位置后，拇指尽量下压腹壁切口，使荐腹侧与腹壁之间没有任何器官夹持，刀口下没有肠管，只要入刀不是过深，就不会刺破髂内、外动脉和旋髂深动脉。若手术中一旦有大出血时，应立即停止手术。

二、犬、猫乳腺切除术

1. 适应症

乳腺肿瘤是乳房切除术的主要适应症。另外，乳房外伤或感染有时也需做乳腺切除术。犬、猫在 1 岁半以前做绝育手术切除乳房，可防止乳腺肿瘤及生殖系统疾病的发生。

2. 保定和麻醉

仰卧保定，四肢向两侧牵拉固定，以充分暴露胸部和腹股沟部。全身麻醉。

3. 切口定位

患病乳腺的周围，距肿瘤至少 1 cm 的健康组织处。

4. 术式

乳腺切除术的方法选择取决于犬、猫的体况和乳腺患病的部位及淋巴流向，应将病变乳腺和与其相连的淋巴结一同切除。常用的手术方法有单个乳腺切除术（仅切除一个乳腺）、区域乳腺切除术（切除几个患病乳腺或切除同一淋巴流向的乳腺）、一侧乳腺切除术（切除整个一侧乳腺链）、两侧乳腺切除术（切除所有乳腺）（图 16-26）。

皮肤切口视使用方法不同而异。对于单个、区域或同侧乳腺的切除，在所涉及乳腺周围做椭圆形皮肤切口。切口外侧缘是乳腺组织的外侧，切口内侧缘是腹中线。第一乳腺切除术，其皮肤切口可向前延伸至腋部，以便将腋下淋巴结摘除；第五乳腺切除术，皮肤切口可向后延至阴唇水平处，应将腹股沟淋巴结一同摘除。对于两侧乳腺全切除者，仍是以椭圆形切开两侧乳腺皮肤，但胸前部应做 Y 形皮肤切口，以免在缝合胸后部时产生过大的张力。

皮肤切开后，先分离、结扎大的血管，再做深层分离。分离时，尤其注意腹壁后浅动脉、静脉。第一、第二乳腺与胸肌筋膜紧密相连，需仔细分离使其游离。其他乳腺与腹壁肌筋膜连接疏松，易钝性分离开。若肿瘤已侵蚀体壁肌肉和筋膜，需将其一同切除。如胸部乳腺肿块未增大或未侵蚀周围组织，腋淋巴结一般不予切除。腹股沟浅淋巴结紧靠腹股沟乳腺，通常连同腹股沟脂肪一起切除。

皮肤缝合前，仔细认真检查皮肤内侧缘，确保皮肤上无残留乳腺及肿瘤组织。皮肤缝合是本手术最困难的部分，尤其切除双侧乳腺。大的皮肤缺损缝合需先做水平褥式减张缝合，使皮肤创缘靠拢并保持一致的张力和压力分布。然后做第二道结节缝合以闭合创缘。如皮肤结节缝合恰当，可减少因褥式缝合引起的皮肤张力。如有过多的死腔，特别在腹股沟部易出现血清肿，应在手术部位安置引流管。

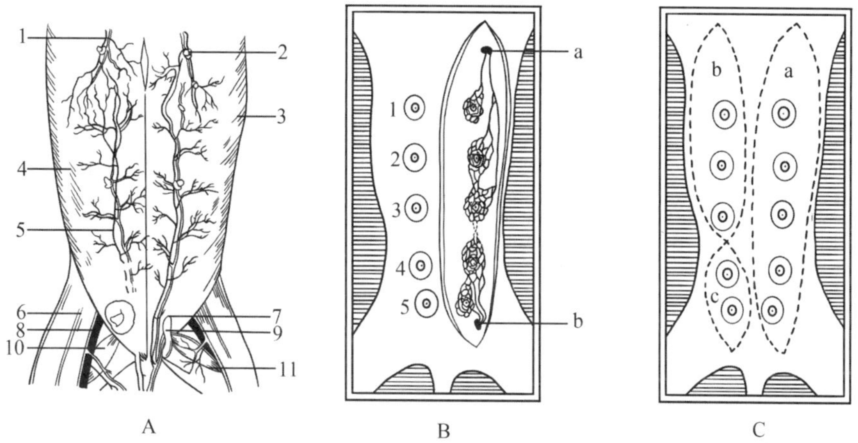

图 16-26　犬乳腺摘切除术

（李建基，刘云，2011）

A. 乳腺动静脉分布：1. 腹壁前浅动脉、静脉　2. 腹前乳头耻骨肌　3. 第 13 肋骨　4. 腹外斜肌　5. 腹壁后浅动脉、静脉　6. 缝匠肌　7. 腹股沟外环　8. 股动脉、静脉　9. 鞘膜囊　10. 耻骨肌　11. 阴部外动脉、静脉

B. 乳腺及其淋巴回流：a. 腋淋巴结　b. 浅腹股沟淋巴结

C. 乳腺切除示意图：a. 同侧乳腺的切除　b. 第一、第二及第三乳腺的切除　c. 第四及第五乳腺的切除

5. *术后护理*

术后戴伊丽莎白颈圈。使用腹绷带 2～3 d，压迫术部，消除死腔，防止血清肿或血肿，并保护引流管。应用 5～7 d 抗生素，控制感染。2～3 d 后拔出引流管，并于术后 4～5 d 拆除褥式缝合线；10～12 d 拆除皮肤缝合线。

三、睾丸炎与附睾炎

睾丸炎(orchitis)是睾丸实质的炎症，各种家畜均可发生。由于睾丸和附睾紧密相连，易引起附睾炎(epididymitis)，两者常同时发生或互相继发，根据病程和病性，临床上可分为急性与慢性、化脓性与非化脓性炎症。

(一)病因

睾丸炎常因直接损伤或由泌尿生殖道的化脓性感染蔓延而引起。直接损伤如打击、蹴踢、挤压，尖锐硬物的刺创或撕裂创和咬伤等，发病以一侧性为多。化脓性感染可由睾丸或附睾附近组织或鞘膜的炎症蔓延而来，病原菌常为葡萄球菌、链球菌、化脓棒状杆菌、大肠埃希菌等。某些传染病，如布氏杆菌病、结核病、放线菌病、鼻疽、腺疫、沙门氏菌病、媾疫等也可继发睾丸炎和附睾炎，以两侧性为多。

(二)症状

急性睾丸炎时，一侧或两侧睾丸呈现不同程度的肿大、疼痛。患病动物站立时弓背，拒绝配种。

有时肿胀很大，以致同侧的后肢外展。运步时两后肢开张前进，步态强拘，以避免碰触病睾。触诊睾丸体积增大、发热，疼痛明显，鞘膜腔内有浆液纤维素性渗出物，精索变粗，有压痛。外伤性睾丸炎常并发睾丸周围炎，引起睾丸与总鞘膜甚或阴囊的粘连，睾丸失去可动性。

病情较重的除局部症状外，患病动物出现体温增高，精神沉郁，食欲减退等全身症状。当并发化脓性感染时，局部和全身症状更为明显。整个阴囊肿得更大，皮肤紧张、发亮。随着睾丸的化脓、坏死、溶解，化脓灶成熟软化，脓液蓄积于总鞘膜腔内，或向外破溃形成瘘管，或沿着鞘膜管蔓延上行进入腹腔，继发严重的弥漫性化脓性腹膜炎。

由结核病和放线菌病引起的，睾丸硬固隆起，结核病通常以附睾最常患病，继而发展到睾丸形成冷性脓肿；布氏杆菌和沙门氏杆菌引起的睾丸炎，睾丸和附睾常肿得很大，触诊硬固，鞘膜腔内有大量的炎性渗出液，其后，部分或全部睾丸实质坏死、化脓，并破溃形成瘘管或转变为慢性；鼻疽性睾丸炎常取慢性经过，并伴发阴囊的慢性炎症，阴囊皮肤肥厚肿大，丧失可动性。这些传染病引起的睾丸炎，除上述局部症状外，尚有其原发病所特有的临床症状。

慢性睾丸炎时，睾丸发生纤维变性，萎缩，坚实而缺乏弹性，无热痛症状。患病动物精子生成的功能减退，甚或完全丧失。

(三)治疗

主要应控制感染和预防并发症，防止转化为慢性，导致睾丸萎缩或附睾闭塞。

急性病例应停止使役，安静休息。24 h 内局部用冷敷，以后改用温敷、红外线照射等温热疗法。局部涂擦鱼石脂软膏，阴囊用绷带托起，使睾丸得以安静并改善血液循环，减轻疼痛。疼痛严重的，可用盐酸普鲁卡因溶液加青霉素做精索内封闭。睾丸严重肿大的，可用少量雌性激素。全身应用抗菌药物。

进入亚急性后期，除温热疗法外，可行按摩，配合涂擦消炎止痛性软膏，无种用价值的患病动物宜去势。

已形成脓肿的最好早期进行睾丸摘除。

由传染病引起的睾丸炎应先治疗原发病，再进行上述治疗，可收到预期效果。

四、隐睾

隐睾(cryptorchidism)是一侧或两侧睾丸的不完全下降，滞留在腹腔或腹股沟管内的一种疾病。马、牛、羊、猪、犬、猫等均可发生。单侧性隐睾比双侧性多见。患病动物睾丸有的位于腹股沟皮下，有的在腹股沟内，有的位于腹腔内(图 16-27)。

牛的睾丸大多数位于腹股沟环附近的皮下，真正的腹腔内隐睾少见，偶尔有位于肾脏与腹股沟环之间的某一位置。

马的隐睾发生率高。一般认为，妊娠期的最初 9 个月易于发生胎儿睾丸移行和发育异常，出生后睾丸未到达阴囊而在腹股沟管内。

猪的隐睾多为一侧性，也有两侧的。多位于腰区肾脏后方，有时位于腹腔腹侧壁或腹外侧壁、腹股沟内环的稍前方，少数在腹侧壁的脐区或盆腔内膀胱腹侧面。

犬的隐睾常为一侧性，右侧比左侧多，也有两侧隐睾的，多位于腹腔内或腹股沟环。

单侧隐睾动物一般仍有生殖能力，但生殖能力下降。双侧隐睾动物无生殖能力。多数猫睾丸在 5～6 月龄才降至阴囊内。

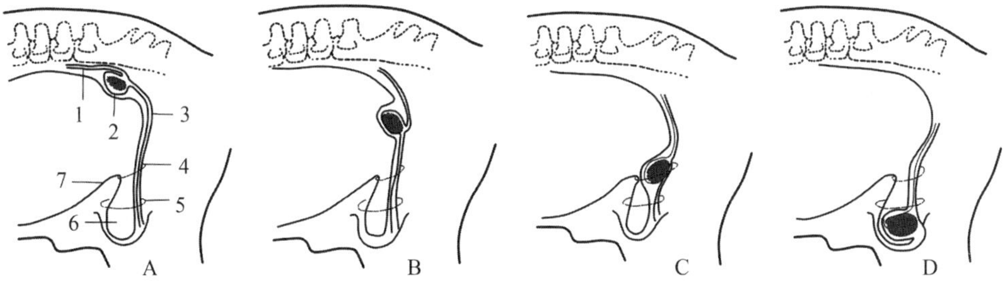

图 16-27　睾丸下降过程

（林德贵，2011）

A. 睾丸位于同侧肾脏的后方、由腹膜皱襞附着于腰区

1. 精索　2. 睾丸　3. 睾丸引带　4. 内环　5. 外环　6. 鞘突　7. 腹膜

B. 睾丸上方索状带将来形成附睾韧带，睾丸下方为睾丸引带　C. 胚胎末期，腹膜延伸形成鞘突，包被睾丸并开始进入腹股沟管　D. 睾丸引带缩短，使睾丸与附睾系膜进入鞘突，缩短睾丸引带，最后形成阴囊韧带

（一）病因

睾丸下降异常的真正原因尚不清楚，一般认为有以下几种原因：下丘脑-垂体轴缺陷及黄体激素不足；机械性缺陷，如引带异常；遗传性原因；导致睾丸雄激素缺乏的睾丸自身缺陷，这种激素可影响输精管、附睾和引带；因异常睾丸染色体而导致的睾丸发育不全；在性腺发育早期促性腺激素刺激不足，可能影响睾丸的下降。

（二）症状

一侧隐睾时，无睾丸侧的阴囊皮肤松软而不充实，触摸时阴囊内只有 1 个睾丸。两侧性隐睾时其阴囊缩小，触摸阴囊内无睾丸。如果睾丸在皮下，可摸到比正常体积小，但形状正常的异位睾丸。猪隐睾时可出现生长缓慢。

（三）诊断

确诊隐睾的方法可行外部触诊阴囊和腹股沟外环、直肠内盆腔区触诊和实验室检查血浆雄激素浓度等。

外部触诊可查知位于腹股沟外环之外可缩回的睾丸，偶尔可触及腹股沟内的睾丸或精索的瘢痕化余端。直肠内触诊只限于大动物，可触摸睾丸或输精管有无进入鞘膜环。实验室分析血浆内雄激素的水平是检查睾丸存在与否行之有效的方法。猪有隐睾时除触诊检查外，还表现有性欲强、生长慢、肉质不良等特点。犬的睾丸提肌反射敏感度高，触摸睾丸能使其向腹股沟环回缩，因而易被误诊为隐睾。而一般情况下正常小犬的睾丸可以推拿降至阴囊，但在隐睾犬则推拿不能使睾丸下降。犬的隐睾在 3 月龄以上较易诊断。

（四）治疗

隐睾可行手术摘除。

1. 牛的隐睾手术

手术通路可采用腹下中线旁切开。如果初步检查未能发现睾丸，可检查确定位于膀胱区与睾丸后的精索，即可发现睾丸，摘除后，腹壁按常规缝合。

2. 马的隐睾手术

手术通路有 3 个，即腹股沟管、下腹壁（中线旁）和侧腹壁。

(1)腹股沟管法　患马全身麻醉，背卧位保定，常规外科处理术部，于腹股沟外环做长 10 cm 的皮肤切口，防止切伤外阴静脉的皮下分支；以指端分离腹股沟筋膜，探查鞘膜突与内容物或去势马的精索断端，注意有无瘢痕和腹股沟区的纤维变性组织。对于已去势或疑似去势的马，若检查到精索余端的全部内容物(输精管、血管、固有鞘膜和外提睾肌等)，则可省去对滞留睾丸的进一步探查。遇到鞘膜突时，钳夹露出的引带、附睾和输精管后切开，以剪刀延长切口至外环；对附睾轻轻牵引即可见到小而软的睾丸。若不见鞘膜突或当其内翻时，可用 Adams 钳通过发育不全的鞘突抓住引带。也可用弯的 Foerster 钳插入内环至覆盖环的腹膜，以部分开放的钳嘴抓住鞘突。注意勿撕裂腹膜，将内翻的鞘突引入腹股沟管。触摸时可感知索状的引带，此时可用 Mayo 剪在鞘突上做一小口，通过小口抓住引带，牵拉、引起附睾和睾丸。

另外，可将食指、中指伸入环内捏住引带、附睾或输精管，牵拉，随之可见睾丸。如果术前禁饲与术中抬高后躯，则有利于操作。也可将腹股沟管外环和管的内面肌壁穿透探查，探查不见睾丸时，试用屈成锥状的手指扩大该孔，伸手探查盆腔入口处。术者宜用右手检查左侧腹股沟管，左手探查右侧腹股沟管，以便使手掌和手指屈而向内向后触摸。如睾丸太大或有肿瘤不能拉出，或为了不伤腹股沟管，则应行腹壁切开。

拉出的睾丸与附睾按常规去势法切除。如精索过短，不能拉出，可使用绞断器；也可于牵拉钳上先打一结，滑至精索周围，在腹内打结，而后插入钝头剪刀剪断。有人主张以锉切钳导入腹内锉断精索，但必须注意不能伤及肠管或肠系膜。睾丸摘除后，依次用肠线连续缝合腹股沟外环，间断缝合腹股沟筋膜，最后以不吸收缝线闭合皮肤切口，10 d 后拆除皮肤缝线。术后进行抗破伤风血清及抗生素注射防治感染，隔离监护饲养。24 h 后开始牵遛运动，根据情况，逐渐增加运动量促进愈合。

(2)腹下中线旁法　保定和术部外科处理同上，距中线 6～8 cm，沿外包皮孔平行做纵长 10 cm 切口，逐层分离腹浅及腹深筋膜、腹直肌纵行肌纤维、腹横肌腱膜、脂肪层及腹膜。扩开创口，伸手入腹腔，探查睾丸，按前述方法摘除隐睾。本法优点是，通过同一切口能摘除双侧隐睾，但术前必须对腹内隐睾做出诊断。

(3)侧腹壁法　对确诊为腹内隐睾的患马，应进行镇静和局部麻醉，可站立保定手术。以 7% 水合氯醛硫酸镁溶液镇静，结合 2% 利多卡因或可卡因、普鲁卡因溶液切口线浸润麻醉。术前静脉注入氢化可的松、琥珀酸钠，可抑制对循环的有害作用。对于探查尚清醒马的腹腔时，宜行术前给药，按 Swift 方法手术。于腹肋中部、最后肋骨与股阔筋膜张肌的等距离处做一长 15～20 cm 的纵行皮肤切口，分离浅筋膜，继而沿腹外斜肌和腹内斜肌纤维走向分离之，腹横肌的分离与皮肤切口一致。术部附加局部麻醉后以手指刺透腹膜，左手伸入腹腔，手掌向上向后探查左侧。若为右侧切口，则以右手同法探查。先以手掌向上探查肾脏，再向后确定从肾脏后方向下方延伸至腹股沟管的睾丸系膜，以便寻找睾丸。如腹内脏器妨碍操作，应在盆腔入口处寻找输精管。触及睾丸后拉出，按常规去势法摘除。如精索过短不能拉出，则引入绞断器或锉切钳摘除睾丸。术中确诊隐睾位于腹股沟管附近者，需另做全身麻醉改行腹股沟通路方法施术。对于双侧腹内隐睾者，通过同一腹肋部切口虽属可能，但比较困难，因对侧隐睾距切口较远，摘除有一定难度。

3. 猪的隐睾手术

较为容易，腹下中线旁或腹股沟环处是常用的手术部位。局部浸润麻醉，但大猪宜行全身麻醉，而且以腹侧壁手术通路为好。对小猪采用腹下中线旁切口时，于盆腔前 3～4 cm 开始向前延伸与中线平行做一长 5～7 cm 的皮肤切口，逐层分离组织，探查通常位于肾脏至腹股沟环区的隐睾。术者熟知睾丸引带、附睾、精索的解剖有助于发现隐睾，按常规去势法摘除睾丸。单层缝合腹膜腹直肌后，再用丝线缝合皮肤。但有人认为，对猪宜用肠线缝合皮肤，猪较其他家畜对肠线有较好的耐受性，用肠线缝合不必拆线。

五、前列腺增大与前列腺炎

（一）前列腺增大

前列腺增大（hypertrophy of prostate），又称良性前列腺增生或良性前列腺肥大、前列腺结节性增生，是犬前列腺最常见的疾病。6 岁以上的未去势犬较常见。其发病率约占前列腺异常的 60%。

（1）病因　一般认为，由雄激素和雌激素之间失调或雌激素作用占优势所致。组织学把前列腺肥大分为腺型、纤维型和纤维腺型（混合型）3 种。雄激素分泌过剩可引起腺型肥大，雌激素分泌过剩可引起纤维型肥大。

（2）症状　本病的症状与人不同。人的前列腺中叶压迫膀胱，引起排尿困难。而犬的前列腺无中叶，且与人的姿势不同，主要是前列腺压迫直肠引起排便困难。表现为频频努责，仅排出少量黏液，呈顽固性便秘。偶有引起无尿或少尿的。犬过度努责时，可因肥大的前列腺进入骨盆而形成会阴疝。

（3）诊断　根据病史、症状、直肠检查可做出初步诊断。对前列腺增大，应注意其与前列腺囊肿和前列腺肿瘤相鉴别。X 射线检查可进一步确定前列腺的大小、形状和位置。超声波检查可提供关于前列腺实质的均一性、尿道直径大小等有关信息。微生物学检查也有助于细菌性前列腺炎的确诊，其样品的采集可通过对前列腺按摩后经尿道导管吸取，在超声波图像引导下用细针头经皮或直肠穿刺抽吸。透视或超声波检查发现前列腺肿大并有尿道受侵者，可能为前列腺肿瘤。活组织检查是确定前列腺肿瘤最可靠的方法，但组织损伤较大。

（4）治疗　对前列腺增大，去势是最有效的治疗方法，去势后 2 个月内前列腺体积明显缩小。雌激素也能促进前列腺萎缩，口服己烯雌酚 0.2～1 mg/d，连用 5 d，但长期大量应用可引起骨髓抑制和前列腺鳞状化生。也可用尿通 1～2 粒口服，每日 2 次。乙酸甲地孕酮（每千克体重 0.5 mg/d）与乙酸甲羟孕酮（每千克体重 3～4 mg/d）联合应用 4～7 周。非那司提为一种类固醇药物（5α-还原酶抑制剂），每千克体重 1～5 mg/d，连用 6～9 周。雄激素受体拮抗剂氟硝丁酰胺和羟氟硝丁酰胺，口服每千克体重 2.5～5.0 mg/d，连用 5～7 周。

对便秘的犬可投泻剂或灌肠，调节食物。有会阴疝的可于疝矫正术的同时去势。对去势或激素、药物治疗无效者，应考虑前列腺摘除术（图 16-28）。

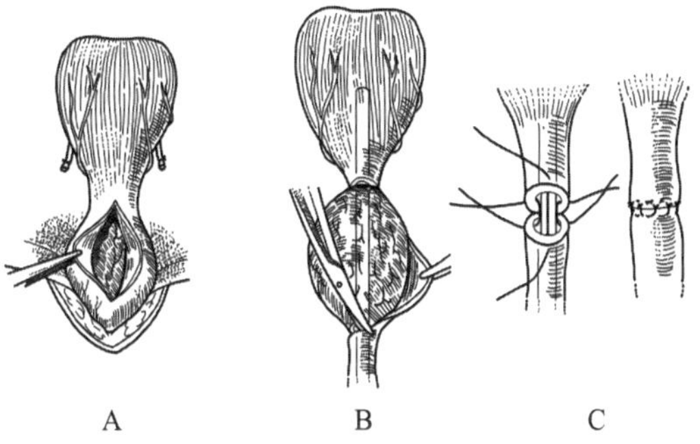

图 16-28　犬的前列腺摘除术

（张海彬，夏兆飞，林德贵，2008）

A. 分离前列腺周围的脂肪、筋膜、血管和神经

B. 分离尿道，然后尽可能接近前列腺处横断尿道

C. 用导管固定尿道，然后两端做对接缝合

（二）前列腺炎

前列腺炎（prostatitis）是由细菌感染所引起的前列腺炎症性疾病，分为急性前列腺炎和慢性前列腺炎。急性前列腺炎又分为化脓性前列腺炎和前列腺脓肿。本病常见于成年公犬。临床上有并发前列腺肥大、前列腺囊泡和前列腺癌的。

（1）病因　主要由变形杆菌、假单胞菌、大肠杆菌、葡萄球菌及链球菌等经尿道上行性感染所致。此外，化脓性病灶的血行性转移或邻近脏器炎症的波及或频繁导尿、前列腺穿刺等，也可引起本病。前列腺增生、服用过量雌激素和患足细胞肿瘤为本病诱因。

(2)症状　主要表现为便秘和里急后重,精神沉郁,体温升高,食欲不振。有的表现不安,拱背,步态强拘。触诊腹后部有压痛反应。尿道外口滴血样或脓性分泌物。患前列腺脓肿的犬,可见排尿困难或尿闭。慢性前列腺炎症状不明显,但多伴有尿道炎。

(3)诊断　直肠检查前列腺出现对称性或不对称性肿大,触压疼痛,能感知增温,质地软或有波动感。血细胞检查,白细胞增多。尿液检查可见白细胞及细菌。直肠按摩前列腺能收集到渗出物,有助于判断炎症反应的部位和确定渗出物的性质。X 射线检查,前列腺增大和前列腺矿物化(密度增加),超声检查可发现前列腺肿胀。

(4)治疗　口服莫酮哌酯 50～200 mg,每日 3 次,或口服前列康 3～4 片,每日 3 次。首先,使膀胱内的尿液排空,通过直肠按摩前列腺,采集前列腺液做培养和药敏试验,选择抗生素,同时配合解热镇痛、缓泻、导尿等对症治疗。必要时,可去势。前列腺脓肿用上述方法无效时,应穿刺抽吸排脓或手术切开排脓,做外瘘术。

六、阴茎损伤

阴茎损伤(injuries of the penis)常发生于牛,也见于猪和犬。

(一)病因

本病大多发生于包皮和阴茎部的直接损伤,例如受到打击或蹴踢,跳越栅篱或矮墙时碰伤,交配时阴茎挫伤,人工采精中不恰当地使用假阴道,以及火器伤等。进行尿道探查时,如果过度牵引阴茎,对龟头牵引或用细绳扣系过紧,也常可引起阴茎或龟头的损伤。此外,有自淫癖的公畜易发生本病。犬交配时强行将其分开易引起阴茎骨骨折。

阴茎血肿多发生在公牛交配过程中。当阴茎勃起,海绵体充血时,由于猛力挫撞,导致白膜破裂和阴茎海绵体的血管损伤而发病。

(二)症状与诊断

因损伤部位和性质而异,可发生包皮、阴茎、尿道各部损伤或合并伤。

包皮部的撕裂伤或挫伤,在包皮过长的牛更容易发生。阴茎和包皮的挫伤,在损伤部位引起炎性肿胀、增温、疼痛,触诊敏感。患病动物于阴茎勃起时疼痛明显,呈现拱背,步态强拘和拒绝配种。有的病例包皮严重肿胀,包皮口狭窄,阴茎不能外伸;有的因龟头及阴茎末端部伤后肿胀,不能回缩到包皮内,时间稍长,常因患病动物起卧而进一步加重挫伤,加之感染化脓,导致坏死,龟头呈现紫红或紫黑色。患病动物通常出现排尿障碍,轻者尿频、排尿不畅或淋漓,重者尿闭,甚或继发尿道或膀胱破裂。犬发生阴茎骨骨折时,可摸到骨移位、变形或听到骨摩擦音。

阴茎血肿大多发生在阴囊前方阴茎"乙"状弯曲的前段背侧,少数在阴囊后方。通常肿胀于伤后立即发生,可用穿刺确诊。时间长的病例可因产生瘢痕组织而使阴茎偏斜。

(三)治疗

包皮的新鲜撕裂伤,按新鲜创治疗原则处理后,涂布抗生素油膏,全身用抗生素治疗 1 周,多数可获治愈。如果撕裂伤深达包皮的弹力膜,由于包皮腔内通常寄居有假单胞菌、棒状杆菌、葡萄球菌、链球菌等属的菌群,当阴茎缩回时把细菌带到深部组织,容易引起感染而继发脓肿。因而,撕裂创是否缝合、必须按情况慎重考虑。阴茎海绵体的损伤,需要进行缝合。

阴茎部挫伤初期采用冷疗。2～3 d 后改用热敷、红外线照射、按摩等疗法,并涂擦消炎止痛性软膏。应注意局部忌用强刺激药。损伤部后段阴茎背侧可用盐酸普鲁卡因溶液加青霉素封闭。

急性炎症期间排尿有严重障碍者,需做直肠内膀胱穿刺排尿;损伤严重而估计下尿路完全阻塞的时间较长者，可施行膀胱内插管作为临时尿路；下尿路没有可能恢复畅通的病牛，可考虑会阴部尿道造口，以重建尿道。

犬阴茎骨骨折常用保守疗法，即将导尿管插入尿道超过骨折断端，保留一段时间，稳定骨折断端，可获得疗效。可考虑会阴部尿道造口，以重建尿路。

阴茎血肿的病牛，用保守疗法，注射抗生素和蛋白溶解酶，继续治疗 1 周，防止脓肿形成和促进血肿消散，可能获得痊愈。若血肿较大就需手术治疗，手术时间在伤后 5～10 d 内较为理想，严重的可在血肿形成后的 3 周内进行。在麻醉下实施手术。逐层切开皮肤、皮下组织后连同弹力膜引出阴茎，尽量少损伤阴茎周围的弹力膜、阴茎缩肌，以及背侧的血管和神经，这对减少术后并发症的发生十分重要。在消除白膜裂口下海绵体内的血肿后，细心地分层缝合白膜的横向裂口、弹力膜、皮下组织和皮肤切口，但在某些严重病例不易缝合。术后注射抗生素 7～10 d，至少休息 1 个月。

七、精索炎

精索炎（spermatitis）是马属动物常见的去势后并发症，是精索断端被感染后所引起的纤维素性-化脓性炎症。多与总鞘膜炎同时发生，常取慢性经过，最后形成精索瘘。

（一）病因

去势时消毒不严或创口被污染，如精索断端被被毛、尘土、秸秆碎片、植物芒刺及消毒不彻底的结扎线污染，是引起术后精索断端感染的主要因素。

去势创口过小、总鞘膜与阴囊切口不一致、创缘粘连、创口位置不当等引起的血液和渗出液蓄积于总鞘膜腔内，给病原微生物的发育繁殖创造了良好的条件。去势时粗暴或过度牵引精索和总鞘膜，使用具有很大挫切面的器械使坏死组织残留过多，精索断端留的过长，增加了被感染的机会。

（二）症状

病初精索断端肿胀，触诊疼痛，体温升高，精神沉郁。一般在发病后 3～4 d，因渗出液浸入总鞘膜及阴囊壁而出现患侧阴囊肿大。若继续向周围蔓延时则引起包皮和腹下壁的水肿。以后创口流出脓性渗出液，并混有精索断端组织溶解碎片。脓汁的排出在最初 7～8 d 比较顺畅。随着时间延长，创口逐渐愈合而变得狭窄并形成瘘管，脓汁和组织溶解碎片的排出变得困难而蓄积于腔内。管的外口因周围结缔组织增生和瘢痕化而下陷，呈向下开口的漏斗状。由于精索断端及总鞘膜的结缔组织增生，可导致阴囊体积增大。随着被栓塞的血管壁及附近组织的化脓性溶解，于精索断端形成许多孤立的并且互相连通的小脓肿，其大多数可向断端边缘的方向破溃。

一般急性炎症症状经 10～14 d 平息，当无异物和大量的坏死组织时，有时伤口可自愈。但绝大部分病例则形成久不愈合的精索瘘。

化脓性精索断端炎有继发腹膜炎和转移性肺炎的危险。临床上常见马去势后因化脓性精索断端炎而继发腹膜炎，最后可导致败血症。

（三）治疗

扩开创口，彻底清除脓汁和组织溶解碎片，去除去势时用的结扎线，用防腐消毒药物清洗鞘膜腔和化脓的精索断端，然后按化脓创进行引流和药物治疗。急性炎症期可在阴囊颈部用盐酸普鲁卡因溶液加青霉素封闭，以阻止炎症的发展。局部处理的同时，还必须全身使用抗生素、磺胺药物和碳酸氢钠等。

已转入慢性经过和已形成精索瘘者，可将精索瘘管及增生的结缔组织一起切除，术后按化脓创处理。

八、包皮炎

包皮炎(posthitis)是包皮的炎症，通常与龟头炎伴发。各种公畜都能发生此病，但牛、犬因包皮狭长，包皮口小而较多发。

(一)病因

急性包皮炎主要发生于包皮龟头的机械性损伤。这种损伤较多发生在交配、采精过程中，或在包皮口进入草茎、麦秆、树枝、砂粒等异物后。包皮内常积留尿液、包皮垢、脱落的上皮细胞及细菌。一旦包皮受损，隐伏于包皮腔内的葡萄球菌、链球菌以及假单胞菌属和棒状杆菌属细菌等，可侵入而发生急性感染。

慢性包皮炎常因尿液和包皮垢的分解产物长期刺激黏膜而引起，或由附近炎症蔓延而来。

此外，包皮炎也可出现在某些特定传染性疾病过程中。例如，牛传染性鼻气管炎病毒(牛疱疹病毒)可引起公牛的脓疱性龟头包皮炎；马媾疱疹病毒可引起公马的包皮、阴茎发生脓疱；绵羊坏死性性病病毒可在包皮口的周围发生溃疡；牛毛滴虫病可引起包皮、阴茎黏膜的炎症。凡患有包茎的患病动物，更容易发生本病。

(二)症状

包皮龟头急性炎症时，包皮前端呈现热痛性肿胀，包皮口下垂，流出浆液性或脓性渗出物，黏附于毛丛上，雄性动物拒绝配种。以后炎症可蔓延到腹下壁和阴囊上，包皮口严重肿胀、淤血。由于包皮口紧缩狭窄，阴茎不能伸出，患病动物排尿困难、痛苦，尿流变细或呈滴状流出。在包皮内可发现暗灰色、污秽、带腐败味的包皮垢。在马、猪，有时包皮垢积聚变硬，成为包皮腔结石，固着在龟头窝内(马)。犬、猫因包皮内有脓性物，常自舔阴茎，舔食脓汁过多时出现口臭、食欲减退。

包皮内感染可形成脓肿，其大小不定，呈球形，触诊柔软有波动。脓肿破溃，从包皮口向外流出具有腐败气味的脓液。严重者发展为蜂窝织炎，导致包皮腔、阴茎及其周围组织的广泛化脓和坏死，使排尿困难、膀胱潴尿，有的甚至发生尿道穿孔或膀胱破裂。

慢性经过病例，可出现包皮纤维性增厚，阴茎自由活动受限。有时阴茎与包皮腔间形成粘连，造成包茎。若炎症扩延至阴茎体，则阴茎向外脱出不能回缩至原位而遭受挫伤，龟头肿胀，成为嵌顿性包茎。

(三)治疗

剪除包皮口毛丛，清除包皮内异物、积尿和包皮垢，用3%过氧化氢溶液或弱刺激性收敛消炎药液充分灌洗包皮腔。犬、猫可用1∶4 000洗必泰溶液冲洗，每日2次。在硬膜外腔麻醉下，对挫伤、坏死、溃疡进行清洗，对过度生长的肉芽面可用硝酸银腐蚀，最后涂布抗生素或磺胺类软膏。也有采用干燥疗法，即在包皮腔内先充气，后撒布收敛、止痒和抗菌药物的混合粉剂。包皮内每1～2 d用药1次。

局部肿胀严重的病例，为了控制炎症发展，可使用盐酸普鲁卡因溶液加青霉素封闭治疗，为改善局部血液循环，促进吸收，可配合温敷、红外线照射等温热疗法。

包皮内脓肿，应及时拉出阴茎，通过内包皮黏膜切开排脓。若通过皮肤做切口，容易继发感染。

对包皮龟头炎或有明显疼痛不安的，可应用镇静止痛药物，同时还应全身使用抗生素药物治疗。

九、包茎

包茎(phimosis)是指包皮口异常狭窄造成阴茎勃起时龟头不能从包皮口向外伸出的异常状

态。常继发龟头包皮炎。犬多发。

(一)病因

一般是先天性的，通常由包皮口狭窄或缺乏包皮口引起。后天获得性的包茎可由包皮口损伤后形成瘢痕组织，或因包皮炎、包皮水肿、包皮纤维变性、包皮肿瘤等引起包皮口狭小，或者由包皮蜂窝组织炎诱发。长毛犬、猫的包皮毛缠住包皮口，可引起类似包茎的临床症状。

(二)症状

先天性包茎一般包皮膨胀，由于龟头阴茎不能突出，不能正常排尿，尿呈滴状或细线样排出。因尿潴留在包皮内，导致龟头包皮炎，形成局部溃疡、糜烂，包皮流出大量分泌物。后天性包茎伴有包皮的炎症和水肿，动物舔舐包皮处。龟头不能伸出包皮口外，人为引出龟头很困难或根本不能引出，有的强迫伸出后不能自行缩回，形成嵌顿性包茎。轻度包茎，在阴茎勃起时发生嵌顿包茎，不能完成交配。

(三)治疗

1. 药物治疗

由炎症或感染引起的包茎可通过热敷、抗生素治疗和经导尿管导尿来缓解。包皮每天用生理盐水冲洗，并涂擦抗生素软膏和皮质激素软膏以减少尿液对包皮的刺激。

2. 手术治疗

发育异常或狭窄引起的包茎可通过实施包皮口扩大术或包皮口环形切除术来治疗。

(1)包皮口扩大术　在手术前，清除包皮内污物，消毒液冲洗包皮腔，并且用导尿管导尿。患病动物仰卧保定，包皮的末端进行剪毛、消毒。根据包茎的程度，在包皮口前背侧做一适当大小的三角形切口，切除小块包皮，然后挤出阴茎，验证切口的大小是否合适。最后，将同侧创缘的包皮黏膜与皮肤间断缝合。如有新生物时，应同时切除。

(2)包皮口环形切除术　适用于包皮过长且狭窄、切开包皮口不能缓解包茎的动物。术前确定预切除的长度，以防切除过多，导致包皮过短和阴茎永久性脱出与暴露。环形切除包皮口后，将黏膜与皮肤做间断缝合。动物若不作种用，建议同时进行去势术。

术后可给予镇静、镇痛药和支持疗法。有龟头包皮炎者，可用温敷和抗生素治疗。戴伊丽莎白项圈，以防止动物自身损伤。

本章小结

锁肛为先天性畸形，在家畜中以仔猪最常见。若不及时治疗，最终死亡。在雌性动物，可发生直肠阴道瘘，稀粪便可经阴门排出。治疗方法为锁肛造孔术。

巨结肠可引起肠运动机能紊乱，形成慢性部分肠梗阻，粪便不能顺利排出，淤积于结肠内，以致结肠容积增大、肠壁扩张和肥厚。但以猫最为常见，犬次之。保守治疗效果不佳者，应尽早手术治疗。

犬肛门囊易发生炎症，主要症状表现为肛门囊肿胀、疼痛，排便困难。转为慢性时，动物转圈试图啃咬或摩擦肛门。治疗时主要是排出囊内容物，抗菌消炎，必要时手术摘除。

肛周瘘是指肛门周围形成的慢性化脓性感染窦道。该病的诊断并不困难，但应注意与肛门囊炎相鉴别。治疗方法与一般窦道治疗基本相同。

直肠阴道瘘是直肠瘘管通入阴道，且常伴发锁肛，粪便可经阴道流出。对于先天性直肠阴道瘘，唯一的治疗方法是手术。

肛门直肠狭窄可见于先天性狭小，也可由各种后天性原因所致，临床上以排粪困难为特征。

直肠憩室是直肠壁局部向外膨出形成的囊状突出，以犬的直肠憩室多见。只有特别大的直肠憩室，且在修复会阴憩室时才考虑进行手术复位。

直肠脱常见于猪、犬、牛等年幼家畜。直肠脱根据其脱出程度可分为两类：直肠黏膜性脱垂(部分脱垂)和直肠壁全层脱垂(完全脱垂)。直肠脱较易诊断，但注意判断是否并发套叠。治疗原则是及早整复、固定，控制引起腹压增大或努责的因素。对于肠管整复困难，脱出的直肠发生坏死、穿孔或有肠套叠而不能复位的病例，需手术治疗。手术包括直肠部分切除术和黏膜下层切除术。

直肠破裂多由损伤所导致，通常包括两类：一类是直肠不全破裂，另一类为直肠全破裂或直肠穿孔。根据破裂的部位，又分为腹膜内直肠破裂和腹膜外直肠破裂两种。直检时手指染血是直肠损伤的明显指征，病初排粪时发现粪中混有新鲜血液也是诊断的依据。在治疗时，有保守疗法和手术疗法，手术疗法又有直肠内单手缝合法、长柄全弯针缝合法、直肠缝合器缝合法、肛门旁侧切开缝合法和人工直肠脱出术。

泌尿器官手术介绍了犬肾摘除术、犬肾切开术、输尿管吻合术、犬和猫的膀胱切开术、公犬的尿道切开术和尿道造口术、公猫的尿道切开术和尿道造口术。

膀胱破裂常发生于牛、犬等动物，最常由尿道阻塞，特别是尿道结石阻塞引起。犬膀胱破裂也常由医源性(膀胱穿刺)或强烈外力(车压伤)引起。膀胱破裂后，尿液进入腹腔，逐渐出现腹膜炎和尿毒症的症状，因而应及时给予治疗。治疗原则是尽早修补膀胱破裂口，控制腹膜炎，防止尿毒症，治疗原发病。

尿结石，又叫尿石病，在猫可被称作猫泌尿系统综合征。尿结石可发生于各种动物，以犬和猫发病率最高，牛、羊次之，马、猪较少。一般雄性发生率高于雌性。按主要化学组成成分，尿结石可分为：磷酸铵镁盐结石、尿酸盐结石、草酸钙结石、胱氨酸盐结石、硅酸盐结石、碳酸盐结石、黄嘌呤结石等。由于食物结构、机体代谢的不同，动物所形成的结石类型不同。尿结石按发生部位又可分为尿道结石、膀胱结石、输尿管结石和肾结石。其中，膀胱和尿道结石最常见，肾结石和输尿管结石较少见。尿结石影响因素：泌尿道感染、肝机能下降、遗传缺陷、饲料中矿物质不平衡、维生素 A 缺乏或雌激素过剩、长期饮水不足、早期去势等。尿结石直径大于 3 mm 的常可在 X 线摄片检查时看到。尿液成分分析、尿中细菌的培养有助于确定结石的类型。尿结石治疗应根据结石位置、类型及阻塞程度，采取相应的措施。治疗方法包括：药物或处方食品治疗、液压疗法、碎石技术、手术疗法和控制尿路感染。

生殖器官手术中介绍了去势术(公犬、公猫、公猪、公马、公牛、公羊)、卵巢子宫摘除术(母犬、母猫、母猪)，还有犬、猫乳腺切除术。

睾丸炎是睾丸实质的炎症，易引起附睾炎，两者常同时发生或互相继发，多由损伤或感染引起，可分为急性与慢性、化脓性与非化脓性炎症。

隐睾为一侧或两侧性，有的位于腹股沟皮下，有的在腹股沟环，有的位于腹腔内。隐睾无明显症状表现，一般动物可以不治疗。但隐睾易发生肿瘤，建议手术摘除。

前列腺炎和前列腺增大主要发生于犬。前列腺炎可由多种微生物感染引起，前列腺增大可能主要与雄性激素过多有关。尿样或前列腺液细菌培养，有助于对感染治疗的监控。慢性细菌性前列腺炎很难治疗，抗生素用药应持续较长时间，同时在抗生素治疗期间以及治疗后数月，应重复进行细菌分离培养，以确定是否有持续感染或产生抗药性。对前列腺增大，首选方法是去势。雌激素也能促进前列腺萎缩。对去势或激素治疗无效者，应考虑前列腺摘除术。

阴茎损伤多发于牛、猪和犬。阴茎损伤治疗除遵循一般损伤治疗原则外，还应考虑阴茎特点，必要时应采用尿道插管或尿道造口保证尿路的通畅。

精索炎是马属动物常见的去势后并发症，是精索断端被感染后所引起的纤维素性-化脓性炎症。多与总鞘膜炎同时发生，常取慢性经过，最后形成精索瘘。去势时严格按操作进行，并注意及时治疗，防止形成精索瘘。

包皮炎是包皮的炎症，通常与龟头炎伴发。各种公畜都能发生此病，但牛、犬因包皮狭长，包皮口小而较多发。注意包皮口的清洁，并及早发现及时清洗，局部治疗结合抗生素药物全身治疗。包皮炎通常与龟头炎伴发，为包皮龟头炎，主要由包皮龟头的机械性损伤引起。

包茎是指包皮口异常狭窄造成阴茎勃起时龟头不能从包皮口向外伸出的异常状态。常继发龟头包皮炎。犬多发。治疗分为药物治疗和手术治疗。手术治疗分为包皮口扩大术或包皮口环形切除术两种方法。

复习思考题

1. 肛囊炎的临床表现有哪些？
2. 什么是直肠部分脱垂？什么是直肠完全脱垂？直肠脱如何治疗？
3. 膀胱破裂如何诊断与治疗？
4. 尿结石的类型有哪些？尿结石是如何形成的？有哪些影响因素？
5. 尿结石如何诊断？如何防治？
6. 阴茎损伤如何治疗？
7. 睾丸炎如何诊治？
8. 前列腺炎与前列腺增大如何诊治？
9. 试述各种雄性动物的去势术及其差异。
10. 试述各种雌性动物的子宫卵巢摘除术及其差异。
11. 直肠破裂的种类有哪些？如何进行诊断？手术疗法有哪几种方法？
12. 名词解释

锁肛、肛囊炎、直肠脱、直肠阴道瘘、直肠憩室、巨结肠、尿结石、结晶抑制假说、前列腺炎、前列腺增生、去势术、小挑花术、被睾去势、精索炎、包茎、阴茎嵌顿、隐睾

（金东航、周紫峣）

第十七章　跛行诊断

第一节　跛行概论

一、跛行的概念

跛行(lameness),即运动障碍,是动物四肢或邻近部位结构性或功能性障碍的具体表现。跛行不是一种独立的疾病,而是由多种疾病引起的四肢机能障碍的临床综合征。所以,跛行又称为跛症、瘸腿。

跛行诊断是指对发生跛行的患肢、患部和病性(病名)做出诊断,以便为临床制订治疗措施提供依据。动物发生跛行后,轻者其经济价值或使用价值降低,重者如治疗不及时,转为慢性,会导致关节僵硬、肌肉萎缩,骑乘竞赛动物只能被迫淘汰,役用动物无法继续使役,乳用动物的乳产量减少,肉用动物的肥育时间延长,观赏动物降低了观赏性,伴侣动物不便伴随主人等。所以,研究动物的跛行及其诊治方法,恢复动物四肢的正常运动机能,是一项十分重要而有意义的工作。

二、跛行的原因

在兽医临床上,能够引起动物跛行的疾病有很多,如属于内科疾病的佝偻病、骨软病、硒和维生素缺乏症等;属于外科疾病的风湿病、骨的疾病、关节疾病和椎间盘疾病等;属于产科疾病的孕畜截瘫、产后缺钙等;属于传染病的流行性乙型脑炎、口蹄疫、破伤风等;属于寄生虫病的脑脊髓丝虫病、伊氏锥虫病、新孢子虫病等引起脑脊髓炎或外周神经损伤、麻痹等。

虽然引起动物跛行的疾病很多,但临床上多发的动物跛行主要是由于四肢各部位机械性损伤所引起,如大动物(马、牛等)不合理的骑赛或使役,小动物(犬、猫等)被车辆冲撞或从高处坠落,均可造成四肢骨、关节、肌肉或神经等的损伤,患肢由于剧烈疼痛而不能提举或负重,从而出现跛行症状。

此外,某些遗传因素导致的先天性关节僵直、屈腱挛缩等发育异常,饲料成分不合理或矿物质、维生素代谢障碍引起的骨、关节、蹄、肌肉、神经等病理改变,均可引起四肢的疼痛性或无痛性运动障碍,而表现出具有特殊肢势的跛行症状。

跛行病因众多,跛行诊断是一门较难掌握的技术,做好跛行诊断要求熟练掌握以下三点:一是熟悉四肢的解剖生理特点及其与跛行发生的关系;二是牢记不同动物常发、多发跛行的病因和临床特征;三是掌握跛行诊断的基本方法。

三、跛行的种类和程度

(一)跛行的种类

了解跛行的种类及其分类依据,对分析、判断引起跛行的患病部位及患病性质极为重要,是进行跛行诊断的基础。临床观察发现，马、牛等大动物运动的步幅大，其速度也可以人为地控制，跛行比较明显，跛行种类的区分难度不大；而犬、猫等小动物，尤其小型犬、猫的步幅很小，正常运动速度快，跛行姿势不容易观察，跛行种类的区分相对困难。

1.跛行分类的依据

动物在行走的时候，每条腿的动作可以分为空中悬垂和地面支柱两个阶段。一条腿完成这两个阶段，就意味着向前迈进一步。而且，患肢所走的一步和对侧健肢所走的一步基本相等。在空中悬垂阶段，由两个时间相同的步骤组成，各关节按一定顺序屈曲和伸展。第一步从蹄离开地面，直到蹄达到对侧肢的肘关节（跗关节）直下。第二步是蹄从肘关节（跗关节）直下开始，到重新到达地面（图 17-1）。

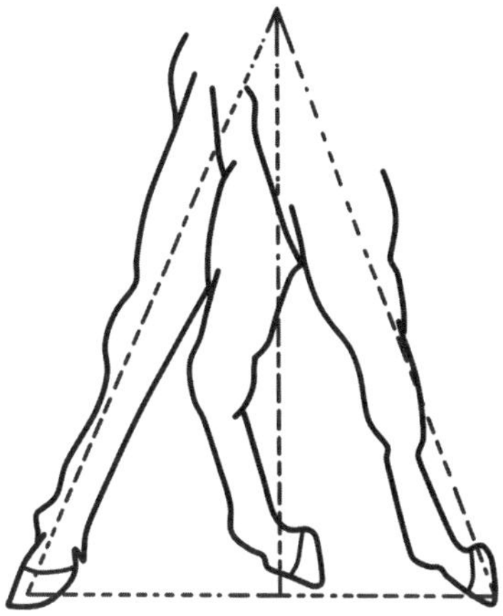

图 17-1　健康马运步时悬垂阶段的两个时期

蹄从离开地面到重新到达地面，为该肢所走的一步，这一步被对侧肢的蹄印分为前后两个半步，对于运动机能正常的健肢，其前半步和后半步基本相等；而对于表现跛行的患肢，其前半步或后半步将会延长或缩短，以调节其运步姿态而适应健肢迈步。若前半步延长，则后半步必然缩短，称为后方短步。若前半步缩短，则后半步必然延长，称为前方短步。无论患肢表现前方短步还是后方短步，其前进的完整一步总是与健肢一步基本相等，从而保证动物能够前行（图 17-2）。

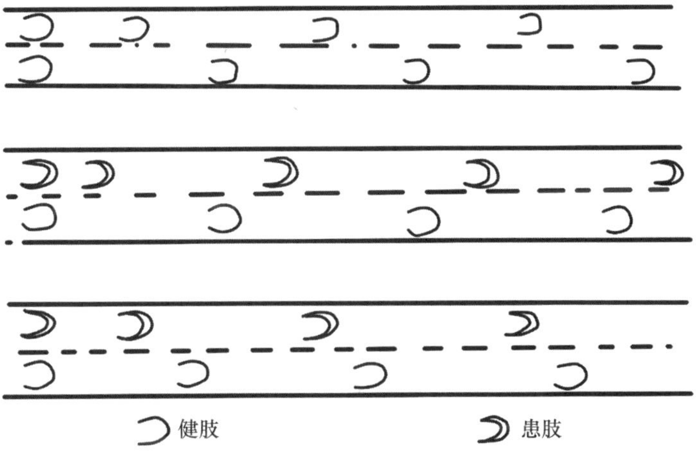

图 17-2　健康马和跛行马所走的蹄印

2.跛行的种类

（1）以生理机能分类

①悬垂跛行　简称悬跛或运跛，指在空间悬垂阶段表现出的跛行，患肢表现抬举困难、运步缓慢、前方短步等症状，最基本的特征为“抬不高，迈不远”。患肢抬腿困难，即“抬不高”的原因可能是某个关节的屈肌或关节的屈侧发生疾患，以至于关节无法屈曲或屈曲不全。患肢运步缓慢，即“迈不远”的原因可能是某个关节的伸肌或伸侧发生疾患，以至于关节无法伸展或伸展不全。当然，若牵引肢体前进的肌肉发生疾患，同样也会影响患肢“迈不远”。与发生悬跛相关的解

视频 17-1　马右后肢悬跛

剖学结构有：四肢长骨，关节的伸、屈肌及关节囊，腱鞘或腱下黏液囊，肢体的伸肌或伸肌的运动神经等。（视频 17-1）

视频 17-2　奶牛左前肢支跛

②支柱跛行　简称支跛，指在支柱阶段表现的跛行，患肢表现出减负或免负体重、后方短步、蹄音低、系部直立，最基本的特征是负重时间短和避免负重。患肢减负或免负体重的主要原因是负重瞬间出现疼痛，其临床表现为站立时以指（趾）尖着地或提起患肢，若两前肢或两后肢均表现支跛，则两肢频频交替负重；行走时患肢接触地面的时间大为缩短，迫使对侧健肢必须提前落地负重。临床上支跛较为常见，多数是腕关节（跗关节）以下的骨、关节、关节囊、韧带、腱及蹄内有疼痛性疾病存在。（视频 17-2）

③混合跛行　指在悬垂阶段和支柱阶段都表现出不同程度的机能障碍，其特征是兼有悬跛和支跛的某些症状。悬跛和支跛是跛行的基本类型，是相对的分类。动物四肢的每一个动作，包含着很复杂的运动，有协调也有拮抗。当某部分的机能发生障碍时，很可能影响到另外一个部分的机能。如某部分组织或器官在悬垂阶段发生机能障碍，在支柱阶段也可能发生异常，反之亦然。因此，临床上单纯的悬跛和支跛比较少见，而多表现为混合跛行。以支跛为主的混合跛行称支混跛，以悬跛为主的混合跛行称悬混跛。（视频 17-3）

视频 17-3　马左后肢重度混合跛

混合跛行的出现有以下两种情况，即同一患肢有引起支跛和悬跛的两个患病部位；或者患肢在悬提运动和支撑负重时均有疼痛而出现跛行姿势。与发生混合跛行相关的解剖学结构有：骨盆、肩关节或髋关节、肱骨或股骨等。

以上分类以四肢解剖结构及生理机能为基础，有助于分析和理解患肢跛行的因果关系。然而，临床上的许多跛行原因不明，主要由于跛行部位的解剖结构比较复杂，现有诊断手段还无法确定该部位哪种结构发生损伤或异常。所以，在难以确定其病性的情况下，暂以引起跛行的部位命名，如肩跛行、髋跛行、蹄跛行等。

（2）以某些特有症状命名的特殊跛行

①间歇性跛行　马开始运步正常，中途突然发生严重的跛行，甚至马匹卧下不能起立，过一会儿跛行消失，运步和正常马匹一样。但在以后运动中，可再次复发，这种跛行常发于以下情况：

动脉栓塞：由于马圆虫在肠系膜根动脉寄生，形成动脉瘤，常使血液在该处形成血栓，血栓随血液流动至后肢的髂内外动脉或股动脉形成栓塞，动物可出现患肢屈曲不全，以蹄尖着地，肢呈拖拉状态，快步时呈三脚跳，并迅速变为不能运步而卧倒，有时呈犬坐姿势；病马神情不安，呼吸和脉搏增数，出汗，患肢温度下降。过一段时间后，栓子排除，患肢逐步恢复正常，马自己站立后运步恢复正常。

习惯性脱位：常见的有膝盖骨脱位，由于关节囊或关节韧带弛缓，或作用于关节的某块肌肉的异常，常常引起脱位。脱位后呈现严重的跛行，马、牛走几步或倒退几步后，脱位的髌骨突然复位，此时跛行又消失。

关节石：由于外力使部分关节软骨或骨骺脱落，脱落的骨块多位于关节囊憩室内，但当关节运动时，脱落的骨块可能移位到关节面之间，引起关节剧痛而跛行，当脱落的骨块回到关节憩室内时，则跛行消失（图 17-3）。

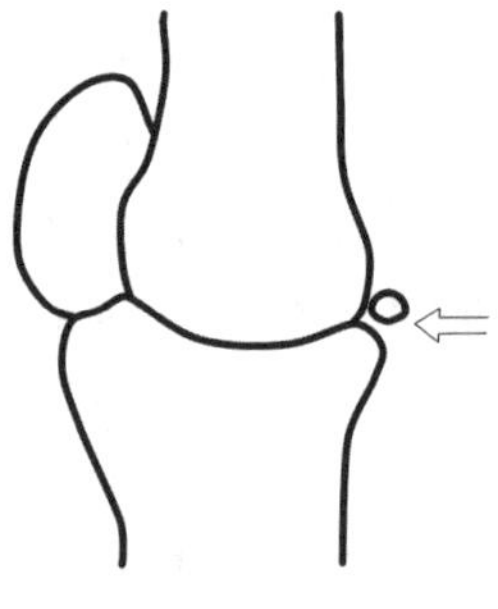

图 17-3　关节石

②黏着步样　呈现缓步短步，步态强拘，临床见于四肢肌肉风湿、破伤风等。

③紧张步样　呈现急速短步，临床见于蹄叶炎。

④鸡跛　运步时患肢高举，膝关节或跗关节高度屈曲，肢在空间停留片刻后，又突然着地，如鸡行走的样子（图17-4）。

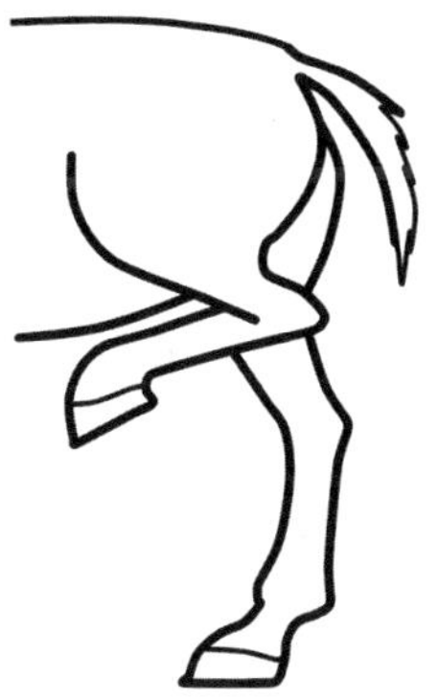

图17-4　鸡跛

（二）跛行的程度

判断跛行的程度，有助于分析四肢的疾患程度和跛行的预后。按照患肢站立或行走时着地的姿势，将其分为轻度跛行、中度跛行和重度跛行。

（1）轻度跛行　患肢蹄底或指（趾）垫可全部着地，但负重时间短或未负重，运步时患肢提举或伸扬不很充分、顺畅。常见于慢性骨膜炎、关节滑膜炎、关节轻度挫伤或捩伤、指（趾）间皮炎、牛指（趾）间皮肤增殖等。

（2）中度跛行　患肢以蹄尖或指（趾）尖着地，负重时间短，运步异常，有明显的提举、伸扬障碍。常见于风湿病、关节捩伤、关节炎、外周神经不全麻痹等。

（3）重度跛行　患肢蹄部或指（趾）部几乎或完全不能着地，患肢提举伸扬极度困难，行走时拖地前进，甚至呈三脚跳跃。常见于骨折、关节脱位、外周神经麻痹等。

第二节　跛行诊断基本程序

跛行诊断是比较复杂繁难的过程，首先要了解动物的跛行病史，对四肢驻立和行进中的姿势仔细观察、左右比较，再对怀疑部位进行触摸或采用现代诊断方法进行检查，然后结合四肢解剖、生理知识分析推理，逐步确定跛行的患肢、患部和病性（病名）。事实上，对于表现中度或重度跛行的患肢很容易观察出来，而引起跛行的患部和病名也不难确定。但对于某些轻度跛行，临床往往需要按照一系列检查程序才能做出诊断。

一、患肢判定

确定患肢的方法包括问诊和视诊。问诊在跛行诊断中十分必要，不少动物主人会明确地告知动物的哪一肢发生异常或出现跛行，但有时也不能轻信，需要进一步判断。视诊是为了进一步观察跛行的姿势，判断跛行的种类和程度，为确诊患部和病性（病名）提供重要参考。

（一）问诊

主要询问动物跛行发生的时间、地点与当时的情况；症状至今有无发展变化？有无治疗、如何治疗和治疗效果如何？此外，还应询问动物精神、食欲、日常的饲养管理条件，以及动物群体内其他动物有无类似症状，以便分析跛行的发生是否与某些营养缺乏或全身感染因素相关。对动物主人提供的信息也应该进行分析和判断，去粗取精，去伪存真，以避免造成误诊。

（二）视诊

包括驻立视诊和运步视诊。

1.驻立视诊

通过驻立视诊来观察患畜负重情况，站立时的异常姿势和四肢局部变化，借以发现患肢和患部。

驻立视诊时，应在平地，让病畜自然站立在平坦的地面上，检查者离患畜1～2 m，围绕患畜走一圈，仔细发现各部位的异常情况。观察应该从病畜前后、左右、上下进行全面观察，并比较两前肢或两后肢的同一部位有无异常。

正常牛四肢平均负重，而马两后肢有轮流交替负重或休息的习惯。注意有无减负体重或免负体重，或频频交互负重。如发现一肢不支持或不完全支持体重时，应确定其有无伸长、缩短、内收、外展、前踏、后踏、系部直立、球节浮动。

(1)一肢患病

前肢患病：患肢可能出现前踏、后踏、内收或外展肢势，也可能腕关节屈曲，以蹄尖着地，系部直立，并立于健蹄的稍前方或后方；或虽以全蹄负重，但负重不确实。

后肢患病：患肢呈前踏、后踏或外展肢势，但多半呈各关节屈曲，以蹄尖负重或着地，系部直立，球节浮动，疼痛剧烈或某些慢性关节疾患，肢常提举不负重。

(2)两肢患病　两前肢同时患病时，患畜头颈高举，两后肢尽可能伸向腹下，弓腰卷腹，身体重心转移到后肢，以减轻前肢的负重。

两后肢同时患病时，为了减轻患肢的负重，患畜两前肢常稍后伸，颈伸直，头向下低，使身体重心转移到前肢。但两后肢患蹄叶炎时，患畜常两后肢前伸，以蹄踵负重。

同侧的前肢和后肢同时患病时，病畜的头颈、躯干都偏向健侧，患肢交替负重。

一前肢和对侧的后肢同时患病时，患畜的两健肢伸到腹下支持体重，而患肢交替提起，向前或向外伸出。

(3)三肢以上同时患病　站立的姿势由于疾病不同而不同，比较复杂，多以卧地为主。

2. 运步视诊

中度和重度跛行在驻立视诊时，患肢就可看出，但轻度跛行只能在运步视诊才能确诊，通过运步视诊确定患肢的跛行种类和程度，并初步发现可疑的患部。

方法：选择面积广大，光线充足的场所，还应该有软地、硬地、不平的石子地，上下坡等。让畜主牵引患畜沿直线走常步，然后再改为快步，缰绳不能过长或过短，1 m 左右比较合适。检查者与病畜相距 3～5 m，随着病畜的运动，从前面、侧面、后面观察动物肢体的提举、伸扬和负重状态以及步幅的变化，并注意点头运动和臀部的升降运动。

(1)点头运动　当某一前肢患病时，其在着地负重的瞬间为了减轻患肢的负担和疼痛，患畜势必将重心移向健侧肢，且将头颈高举，倾向于健侧。而当对侧健肢落地负重时，则将重心转移于健侧，头颈低下，这种随运动头不断高抬和低下的现象称“点头运动”。

当头高举时，着地的肢是患前肢，而头低下时，着地的肢是健前肢，简称“点头行，前肢痛，抬在患，低在健”；当一患后肢着地负重时，头颈向前下方伸出低下，健肢负重时，头颈抬起恢复原来位置，简称“伸头行，后肢痛，伸在患，抬在健”。见视频 17-2 奶牛左前肢支跛。

(2)尻(臀)部升降运动　当一后肢患病时，为把身体重心移向对侧健肢，在患肢着地时，臀部升提，健肢着地时，臀部下降，这种现象称为“尻部升降运动”。尻部升提时落地的肢是患肢，尻部下沉时落地的肢是健肢，即“臀升降，后肢痛，升在患，降在健”。

视频 17-4　马两前肢蹄叶炎：急速短步

两前肢同时患病时，肢的自然步样消失，病肢驻立的时间短缩，前肢运步时肢提举不高，蹄接地面而行，但运步较快。肩强拘、头高扬、腰弓起、后肢前踏、后肢提举较平常为高。当重度跛行时，快速运步比较困难，甚至不能运步。(视频 17-4)

两后肢同时患病时，运步时步幅短缩，肢迈出很快，运步笨拙，举肢比平时运步较高，后退困难。头颈常低下，前肢后踏。

同侧的前后肢同时患病时，头部及腰部呈摇摆状态，患前肢着地时，头部高举，并偏向健侧，健后肢着地时，臀部低下。反之，健前肢着地时，头部低下，患肢着地时，臀部举起。

一前肢和对侧后肢同时患病，患肢着地时，躯体举扬，健肢着地时，头部及腰部均低下。

三个肢以上同时患病时，情况更为复杂，运步时的表现根据具体情况有所不同，需仔细分辨。

(3)促使跛行明显化的一些特殊方法　当跛行轻微，表现不明显，采取上述方法不能确定患肢时，可采用下述方法，促使跛行明显化，以便确定患肢。

①圆周运动　圆周运动时圈子不能太小，过小不但妨碍肢的运动，而且不便于两肢比较。圆周运动时，患病的动物重心偏于内侧的前后肢，如内侧肢支跛时，则跛行加重；外侧肢悬跛时，跛行加重，因为这时外侧肢比内侧肢要经过较大的路径，负责提举伸扬的肌肉负担较大。

②回转运动　先快步直线运动，趁其不备的时候，使之突然回转，患畜在向后转的瞬时，可看出患肢的运动障碍，如内侧肢支跛和外侧肢悬跛时，跛行加重。回转运动需连续进行几回次，向左向右都要回转，以便比较。

③乘挽运动　驻立和运步都找不出患肢时，可行乘骑或适当的拉挽运动，在乘挽运动过程中，有时可发现患肢。

④硬地、不平石子地运动　有些疾病患肢在硬地和不平石子地运动时，可显出运动障碍，因为这时地面的反冲力大，可使支持器官的患部遭受更大震动，或蹄底和腱、韧带器官疾患在不平石子路上运步时，加重局部的负担，使疼痛更为明显。

⑤软地运动　在软地、沙地运步时，主动运动器官有疾患，可表现出机能障碍加重，因这时主动运动器官比在普通路面上要付出更大力量。

⑥上坡和下坡运动　前肢的悬跛和后肢的悬跛，上坡时跛行都加重；后肢的支跛在上坡时，跛行也加重；前肢的支持器官有疾患时，下坡时跛行明显。

⑦后退运动　强迫病畜后退，如髋关节患病时，患肢提举困难；膝关节患病时，后退过程中患肢过度高抬，落地负重困难。

二、患部判定

确定患部的方法包括触诊、直肠检查、X射线检查和关节内窥镜检查等现代特殊检查技术的应用。实际上，通过以上的问诊和视诊，在确诊患肢的同时有可能获得确诊患部的线索。比如在站立视诊时可能发现动物患肢的创伤、肿胀、异常弯曲等局部变化，这就为发现患部提供了有用的线索。在运步视诊中依据动物表现的跛行种类或特殊肢势，结合四肢的解剖结构、生理知识，有助于分析和判断患部位置。

1. 触诊

触诊是兽医临床确定跛行患部最基本的方法，通过对患肢或可疑患部采用触摸、压迫、滑擦、他动运动等多种手法，努力发现敏感部位(疼痛点)或异常部位，并通过对患肢跛行种类和程度的合理分析以确定患部。

2. 直肠检查

直肠检查常用于马、牛等大动物骨盆骨折、腰椎骨折或荐髂关节脱位的诊断。由于马、牛臀部肌肉发达，发生以上疾病后，骨盆外形的改变往往并不显著，这时就需要进行直肠检查。直肠检查时若配合后肢的主动运动或他动运动，则更容易发现异常变化。

3. X射线检查

X射线检查是诊断患肢和确诊患部的重要手段，尤其在小动物临床应用更为普遍。应用X射线摄片技术，不仅可用于骨裂、骨折、骨坏死、骨髓炎、关节周围炎、关节脱位的检查，还可以对肌肉组织中的异物或肿胀等进行准确诊断，从而能够容易地找出患部。

4.关节内窥镜检查

关节内窥镜是专门用于观察关节软骨、滑膜、十字韧带等关节内组织形态的仪器，在大动物和小动物临床都有应用，可用于膝关节、髋关节、腕关节等。检查前须对动物进行全身麻醉，向关节腔内注射适量的生理盐水或林格氏液使关节囊扩张，然后导入关节内窥镜直接观察，或通过选配的摄影、录像系统将观察结果记录下来。操作时要严格执行无菌原则。

三、病性判定

在确诊患肢和患部以后，对引起跛行的许多严重疾患如骨折、关节炎、关节脱位、肌腱断裂或外周神经麻痹等，已经能够确诊其病性或病名。但是，对于表现轻度跛行或慢性跛行的病性或病名、一肢多部位有病或两个肢以上同时有病、甚至伴有全身症状的跛行，就必须依据动物跛行的种类和特征，结合四肢解剖生理知识，分析判断是哪些组织结构或机能异常所致，再与四肢的常发疾病或引起跛行的其他全身性疾病进行对照比较，最后确诊引起患肢跛行的疾病。此外，临床上也常通过治疗效果检验跛行诊断的准确性。

四、跛行诊断中应考虑的几个问题

虽然跛行诊断有一个基本的顺序和方法，但在临床实践中应当灵活应用。比如通过问诊或站立视诊能够确定患肢的，就可直接触诊以检查患部；问诊或站立视诊中能够确诊患部的，就可直接进行某些特殊检查以确诊病性或病名。此外，还应考虑以下几个重要的问题：

1.形态改变与疼痛现象

机体出现疼痛，疼痛部位可能有形态学变化，也可能没有变化；四肢虽有形态上的改变，但并非一定有痛感，即四肢某部虽显示出形态改变，但不一定是引起跛行的患部。如牛腕前皮下黏液囊炎常有腕部形态的明显改变，但一般并不引起跛行或仅引起前肢十分轻微的悬提异常，若该肢跛行严重，就可能存在着另一个患部。

2.疼痛程度与跛行程度

四肢的疼痛程度应与跛行程度相一致，如骨折、关节脱位、化脓性关节炎、肌腱断裂、外周神经全麻痹等，一般表现为重度跛行；关节、韧带、肌肉、腱与腱鞘、蹄的急性或亚急性炎症大多表现为中度跛行；关节、韧带、肌肉、腱与腱鞘的慢性炎症一般表现为轻度跛行。

3.患病组织与跛行种类

四肢跛行的种类与有关组织的疾患相关，如四肢骨、关节、韧带、屈腱及腱鞘、蹄等支持器官发生的疾患，大多表现为支跛、支混跛；而外周神经、肌肉和皮下组织发生的疾患大多表现为悬跛、悬混跛。

4.疾患新旧与跛行发生时间

四肢局部疾患发生的时间与跛行发生时间同步，就可认定此处为患部。反之，若局部疾患发生已久且病情没有加重，而跛行则刚刚发生，或病变是新发生的，而跛行较久，都表明二者之间没有关系，应当另外寻找患部。

5.跛行发生的快慢与疾病种类

一般外伤和急性炎症，跛行发生迅速；慢性疾病，跛行出现缓慢。如不一致，应重新检查。

6.运动时跛行的增减和疾病种类

外伤性疾病随运动量增加跛行程度加重，风湿病则随着运动量增加跛行程度减轻。如不一致，应重新检查。

第三节 不同动物跛行诊断的特点

一、犬跛行诊断的特点

犬跛行病因比较复杂，诊断时除需注意四肢本身的疾病外，还应注意颈椎、腰椎（椎间盘病、椎体骨折和肿瘤病等）和腰部的疼痛性疾病，因为这些部位的疾病也可以引起跛行。另外，某些内脏器官的疾病也能造成步态异常，要仔细鉴别；某些代谢病（如维生素 B_1 缺乏症、钙和磷的代谢异常）和中毒病（如灭鼠药中毒）有时也会影响运动机能；某些传染病也能引发跛行。

犬的跛行诊断在病史调查和视诊上有一些特殊性。

（一）病史

首先要了解跛行的发生情况。应询问跛行是突然发生的还是渐渐发生的。前者可能是损伤性因素或血栓病等所致，后者可能是某些局部渐进性炎症或代谢病等所引起。如果是在意外事故后发生，常是损伤性疾病。还要了解跛行是否仅出现在某些特定的时间，例如仅在每天早晨出窝时跛行明显，可能是轻度关节扭伤或风湿性疾病。也应特别注意查问饲养的情况，如果长期喂饲过于单一饲料（如只喂鸡肝、玉米面），可能造成代谢病而引起跛行。还要注意发病犬的数量，如果是多数犬同时发生跛行，可能是某些代谢病、疫病等群发病引起。

其次要调查跛行的发展情况。例如，跛行是否渐渐发展到现在的程度，这中间有什么变化？中间有无减轻或反复发生？跛行在一天中什么时间比较重？特别是要了解运动以后跛行是减轻还是加重。一般损伤性疾病、骨关节炎、骨关节病运动后跛行加重。要了解跛行与天气变化的关系，如果天气变冷时跛行加重，可能是膝关节十字韧带断裂的恢复期或骨关节病所致。还要问跛行是否总在一个肢上，有无转移？当全骨炎时一肢跛行一周或数周后常转移到另一肢。也要了解治疗过没有，用过什么药，效果如何等。

（二）视诊上的一些特殊性

1. 驻立视诊

驻立视诊时，让犬安静站立，观察负重有无转移，一个肢负重是否比别的肢少？关节有无屈曲？观察四肢各部肌肉有无萎缩，观察时要特别注意肩部和股部肌肉的状态。观察要与对侧同一部位反复比较。对被毛长的犬观察比较困难，但可以配合触摸进行诊断。

2. 运步视诊

运步视诊在走步和快步时进行，一些犬只能在快步时才能看出问题。特别是赛犬，通常在奔跑时才能识别出异常。所以，运步视诊如果在走步时没有发现问题，就改用快步检查。检查大型犬通常没有什么问题，小型犬如玩赏型犬由于正常运步就快，观察有更多的困难，很难诊断出患肢。应注意限制其运动速度，并反复观察和比较。

犬前肢有病时，点头运动明显。后肢跛行时，迈不远，头稍下低，以减轻后肢的负重。髋部有病时，体重转移到前肢，骨盆比正常更垂直。如跛行是单侧的，骨盆向一侧倾斜，运动时可看到向健侧有摇摆运动。如髋部两侧有病，从后面观察，可见骨盆从一侧向另一侧摆动。当一侧髋关节有病时，健肢比患肢向前伸得快，以使患肢少负重并减轻其疼痛。

视诊时注意各关节角度改变也是很重要的，某个关节活动的减少，是该关节有疼痛的表现。

视诊时也要注意爪着地的状态，一般是掌（跖）枕先于指（趾）枕着地，如呈相反的着地状态，说明患犬不愿以该爪负重。

二、牛跛行诊断的特殊性

跛行是牛的多发病，也是导致当前奶牛淘汰的主要原因之一。牛运动器官发病最多的部位是蹄，有人报道蹄病引起的跛行可占跛行的88%，后肢发病较多，超过肢蹄病的90%。而后蹄跛行中外侧趾多于内侧趾，前蹄则相反。除蹄外，其次为球节和膝关节。

准确诊断牛的跛行，必须掌握肢的解剖和功能、常发病特征和诊断方法。在诊断方法上有两个基本步骤：一是全面详尽调查和掌握病史，二是进行细致周密的检查。

(一)病史

掌握发病史，对规模牧场奶牛跛行的诊断具有重要意义。

(1)发病场所　巡查牛场时，应该注意可引起跛行或蹄病一些因素，如运动场、通道如何处理？牛棚的结构、牛床的大小、斜度、垫料等是否符合规范？牛棚内和运动场的卫生如何？

(2)饲养管理和护蹄情况　饲喂模式如何？挤奶模式如何？饲料配比是否合适？最近是否做过调整？饲料配比不适常会导致某些跛行疾病，如饲料中酸性物质过多或含糖较多，而粗饲料太少，易引起蹄叶炎；日粮中钙磷比例失调，常引起骨质疏松。是否有修蹄或护蹄措施？护蹄工作不当会导致蹄变形、肢蹄病等。

(3)牛群中是否有相似的跛行疾病　跛行是散发还是群发？如果牛群中有较多相似的病例，说明牛场中存在相应的致病因素。如群发蹄底溃疡或蹄踵部挫伤，常因护蹄不良和牛棚内站立不适，机械压迫引起。同时，应警惕有没有传染性或中毒性致病因素的存在。

(二)视诊上的一些特殊性

牛跛行诊断时的视诊，除驻立视诊和运步视诊外，还有躺卧视诊，而且躺卧视诊非常重要，因为牛肢有病时，常常以躺卧为主。

视频 17-5　犊牛腰荐神经损伤

1. 躺卧视诊

牛正常时经常是卧着休息，卧的姿势如发生改变或卧下不愿起立，往往说明运动器官有疾患。牛卧的姿势是两前肢腕关节完全屈曲，并将肢压于胸下，后部的体躯稍偏于一侧，一侧的(下面的)后肢弯曲压于腹下，另一侧(上面的)后肢屈曲，放在腹部的旁边(图17-5)。偶尔也有一前肢向前伸出，或整个体躯平躺在地上。若牛正常卧姿势发生改变，多半有运动器官障碍，如牛脊髓损伤时，不能站立，往往用髂骨支持躺卧，两后肢伸于一侧(视频17-5)；或患牛整个体躯平躺在地上，四肢伸直(图17-6)。当一侧或两侧闭孔神经麻痹时，一侧或两侧后肢向前外伸直呈跨坐姿势(图17-7)。股神经麻痹时，两后肢常向后伸直，用腹部着地。

图 17-5　牛卧地的正常姿势

图 17-6　牛脊髓损伤的侧卧姿势

2. 起立过程视诊

躺卧视诊结束，可进一步观察其起立过程。牛正常起立时，中心先移至后肢，然后再移至前肢，以腕部着地，头颈前伸，后驱抬起后前肢起立。如牛一开始将重心放在前肢，可能后肢有运动障碍。如以腕部支地，但牛不能马上起立，说明有蹄叶炎、指骨骨折等。若牛不能起立，伸直前肢呈犬坐姿势，表明腰部有问题，可能是后躯神经麻痹、肌肉断裂、骨盆骨骨折和脊柱损伤。为了比较，可让牛卧在相反的位置，用同样方法再进行观察。

图 17-7　牛闭孔神经麻痹跨坐姿势

3. 驻立视诊

驻立视诊对牛的跛行诊断非常重要，让牛自然站立，从前面和侧面分别进行观察。病牛重心常由患肢向健肢转移，头颈位置可表明身体重心有无转移。低头和伸颈，说明重心从后肢移至前肢，抬头和屈颈，说明重心从前肢移向后肢。后肢病患，重心前移，可见肩关节突出，肘头移向胸的后上方；前肢病患，重心后移，跗关节出现不正常的屈曲，肘头移向前下方。

一肢跛行时，健肢内收，患肢外展；两后肢跛行时，常卧地不起，站立时，可见四肢都接近重心，并且弓背。4 个肢的跛行也表现为上述姿势。蹄外侧指（趾）有病时，患肢外展，以内侧指（趾）负重；两前肢内侧指患病时，可见前肢交叉负重。

驻立视诊时应对蹄进行重点观察，首先注意蹄角质生长情况和蹄形变化。蹄变形有两种：一种是延蹄，一种是卷蹄，有的牛延蹄和卷蹄同时发生。蹄变形可使指（趾）轴发生改变，蹄冠处出现隆凸和凹陷。其次注意腐蹄病和指（趾）间皮炎、指（趾）间增殖情况，蹄冠有无肿胀，腐蹄病除蹄冠肿胀外，有时可波及关节，注意指（趾）间是否潮湿、糜烂，有无溃疡，有无增殖，特别要注意指（趾）间前面有无菜花样增殖物，蹄踵处皮肤与角质有无分离。

在肉用牛和役用牛冠关节和球关节发生损伤的较多，应注意比较两肢的球节和系部，有无增大、肿胀、减负体重等情况。

前肢驻立视诊时，球节以上应注意腕部的腕前黏液囊有无肿大，双侧腕前黏液囊肿大的牛，可能是布鲁氏菌病患牛。有无脱膊、肩胛骨是否下垂、肩关节是否肿大、肘头有无位置上的改变、有无肩胛上神经麻痹和桡神经麻痹的特异站立姿势。

后肢球节以上驻立视诊时应注意膝部。膝部疾病在成年牛，特别是肉用牛，常常是造成跛行的原因，发病率仅次于蹄。膝部疾病主要由损伤引起半月板撕裂、十字韧带断裂、侧韧带撕脱等，青年牛常发转移性化脓性关节炎。在驻立视诊时，应注意膝关节的大小和负重时的情况。膝部也常发膝盖骨脱位，常见的为上方脱位，表现为膝、跗关节高度伸展，后肢向后伸直。跟腱断裂时可见跗关节过度屈曲。胫骨前肌断裂时可见跗关节伸直。股二头肌转位时，因股二头肌夹于转子后方，结果造成膝关节不能屈曲，驻立时肢呈伸展状态，并向后移。髋关节脱位时，由于股骨头脱出的方向不同，可出现不同的特征，患肢可能变长，也可能缩短，蹄尖可能外转，也可能内转，大转子处可出现凹陷，也可能出现隆起，应注意观察。后肢也常发生腓神经麻痹，应注意趾的伸展情况，如不能伸展时，可能为腓神经麻痹。

牛发生骨折时，常出现肢势的异常、肿胀和机能障碍。特别要注意髋结节的情况，因为髋结节骨折时易被忽略。

4. 运步视诊

(1)个体牛运步视诊　牛跛行类型以支跛或以支跛为主的混合跛行为最多。牛在运步视诊时，肢除呈现似马跛行类型的支跛和悬跛外，常伴有肢的捻转和体躯摇摆。从牛的摆头运动可判断患肢，在运步时，头常摆向健侧。另外，在运步视诊时可经常看到球节的突然屈曲，不要错误地认为病在球节，这是一种减少患肢负担的保护性反应，有这种现象说明在球节上部或下部有疼痛性病理存在。

在肢痉挛和麻痹状态时，也可能出现不正常的步态，此时，通常找不到敏感区，应从所表现的症状推断患病的神经和肌肉。

(2)牛群运步评分　运步评分是目前国际通用的牛群肢体健康评估方法。将牛从肢体正常至严重跛行分为5个等级,分别记为1～5分。运步评分时,要重点观察两个部位,一处为脊柱,另一处为步态,具体评分方法参见表17-1。1分的牛为肢体健康牛,2分和3分为跛行不明显的牛,4分和5分为跛行状态明显的牛。牛群平均运步评分的目标值<1.40,平均值越高,引起的损失越多。

表17-1　运步评分标准　(王春璈,2013)

分值	表现	背部状态	评估方法	图例
1	正常	平直	牛站立和运步时,背部均平直,步态正常	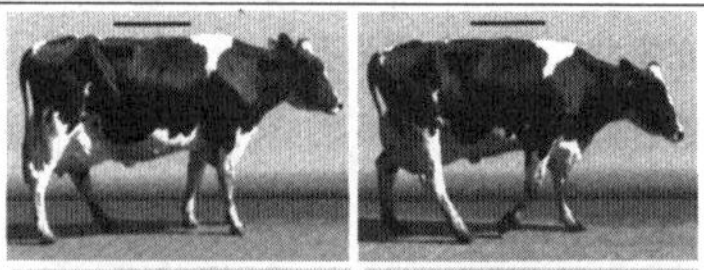
2	微跛	平直或微弓	站立时背部保持水平,运步时背部微弓,步态轻微异常	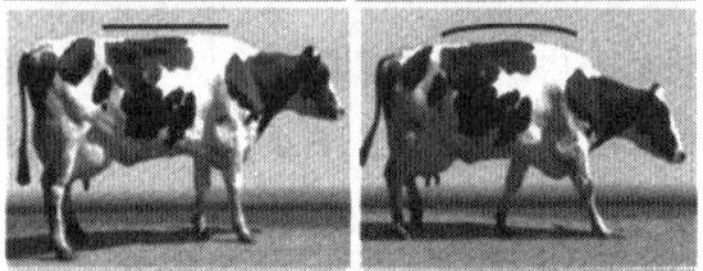
3	中度跛行	弓背	站立与运步时均有弓背表现,一肢或多肢步幅较短;可能见到患趾悬蹄较对侧健肢悬蹄高	
4	跛行	弓背	站立与运步时弓背明显;患肢因疼痛而减少负重;健肢悬蹄明显较对侧患肢悬蹄低	
5	严重跛行	至少一肢不负重	弓背明显;运步困难,患肢不完全负重	

(三)外周神经麻醉诊断

牛前肢腕关节以上和后肢跗关节以上,因肌肉强大,麻醉诊断多不确实,临床上比较有意义的是掌(跖)部外周神经麻醉诊断和系部外周神经麻醉诊断。

临床应用时以2%或3%盐酸普鲁卡因溶液50～80 mL,在系部和掌(跖)部做环状注射,或分4点注入皮下,10 min后观察麻醉效果。先在系部注射,如跛行消失,病在注射部位以下,如跛行不消失,则在掌(跖)部注射,如跛行消失,病在两次注射点之间,如跛行不消失,病在第2次注射点以上。

本章小结

跛行是动物四肢解剖结构或生理机能障碍的具体表现。跛行不是一个病名,而是由多种疾病引起的四肢机能障碍的临床综合征,也称跛症、瘸腿。按动物在运步的不同阶段所出现的机能障碍,可将跛行分为支跛、悬跛和混合跛等3种基本跛行;特殊跛行有间歇性跛行、黏着步样、鸡跛和紧张步样等。

在全身检查的基础上,通过站立检查,运动检查,触摸检查以及其他方法来实现跛行诊断的目的和任务:确定患肢,寻找患部和判定病性(病名)。

站立检查时观察病畜负重时的异常姿势和四肢局部变化,借以发现患肢和患部。

运动检查时确定病肢和患部的根据有5点：

(1)根据头部运动判定患肢　即"点头行，前肢痛，抬在患，低在健"或者"伸头行，后肢痛，伸在患，抬在健"。

(2)根据臀部升降运动判定患肢　即"臀升降，后肢痛，升在患，降在健"。

(3)根据肢蹄负重和举扬来判定患肢部位　如敢踏不敢抬(举扬)，病常在胸怀，即病在患肢上部；敢抬不敢踏，病常在蹄甲，即病在患肢下部。

(4)根据蹄印来判定患肢的跛行种类　前方短步为悬跛；后方短步为支跛。

(5)促使跛行明显来确定患肢和患部　如可做圆周运动、回转运动、硬软地运动、上下坡运动等。

总之，跛行的发生，是由于饲养管理不善，以及外界的直接或间接暴力伤害动物肢蹄的肌肉、神经、骨骼、关节、腱、腱鞘及血管、淋巴结等，使动物四肢机能障碍，运动失常。有的跛行与脏腑疾病有一定的联系，如前肢跛行，往往与肺脏病变有关，后肢跛行与腰肾病变有关。因此，在诊断治疗时，必须根据"治病必求其本"的精神，从整体出发，找出根源，做出正确诊断，制订合理的治疗方法，才能收到满意的治疗效果。

复习思考题

1. 跛行的原因有哪些？跛行诊断的目的是什么？
2. 各类基本跛行的诊断依据和特征有哪些？
3. 临床中悬跛和支跛各见于哪些疾病？
4. 下坡时跛行加重或明显，属于何种跛行，为什么？
5. 圆周运动时外侧肢跛行明显或加重为何种跛行，为什么？
6. 试述外周神经麻醉用于跛行诊断的临床意义？
7. 叙述牛群群体评分分级及评估方法？
8. 名词解释

跛行、跛行诊断、支柱跛行、悬垂跛行、混合跛行、前方短步、后方短步、间歇跛、鸡跛、紧张步样、黏着步样、关节石、动脉栓塞

(皇甫和平、周紫峣)

第十八章　四肢疾病与手术

第一节　骨的疾病与手术

一、骨裂与骨折

在外力作用下，使骨的完整性或连续性遭受部分中断称为骨裂，或完全遭受机械破坏时称为骨折(fracture)。各种动物均可发生。常见牛、马等役畜偶发四肢长骨的骨折，主要与使役、饲养管理和保定不当等有关；而车祸、棍棒打击、从高处跳下等因素常造成犬的四肢骨、骨盆骨骨折或脊柱损伤；猫的骨折多是从高楼掉下来或鼠夹夹住造成的。

(一)骨折的病因

1. 外伤性骨折

(1)直接暴力　骨折都发生在打击、挤压、火器伤等各种机械外力直接作用的部位。如车辆冲撞、重物压轧、蹴踢、角顶等，常发生开放性甚至粉碎性骨折，大都伴有周围软组织的严重损伤。小动物常因从高处跌落或者外力打击而发生四肢骨折。

(2)间接暴力　指外力通过杠杆、传导或旋转作用而使远处发生骨折。如奔跑中扭闪或急停、跨沟滑倒等，可发生四肢骨折、髋骨或腰椎骨折；肢蹄嵌夹于洞穴、木栅缝隙等时，肢体常因急速旋转而发生骨折；家养猎犬由于营养差或者缺乏锻炼等原因，在有落差的山地上奔跑、跳远时，偶有四肢长骨发生骨折的现象。

(3)肌肉过度牵引　肌肉突然强烈收缩，可导致肌肉附着部位骨的撕裂。

2. 病理性骨折

病理性骨折是指有骨质疾病的骨发生骨折。如患有骨髓炎、骨疽、佝偻病、骨软症或衰老、妊娠后期及高产奶牛泌乳期中，营养神经性骨萎缩，慢性氟中毒以及某些遗传性疾病(如牛、猪卟啉症，四肢骨关节畸形或发育不良等)，这些处于病理状态下的骨骼，疏松脆弱，应力抵抗降低，有时遭受不大的外力也可引起骨折。长期食用肝、火腿肠、肉的犬，由于食物中缺钙而极易发生病理性骨折。

(二)骨折的分类

1. 按骨折病因分类

按骨折病因可分为外伤性骨折和病理性骨折。

2. 按骨折部位皮肤是否破损分类

(1)闭合性骨折　骨折部皮肤或黏膜无创伤，骨断端与外界不相通。

(2)开放性骨折　骨折伴有皮肤或黏膜破裂，骨断端与外界相通。此种骨折病情复杂，容易发生感染化脓。

3.按有无合并损伤分类

(1)单纯性骨折　骨折部不伴有主要神经、血管、关节或器官的损伤。

(2)复杂性骨折　骨折时并发邻近重要神经、血管、关节或器官的损伤。如股骨骨折并发股动脉损伤,骨盆骨折并发膀胱或尿道损伤等。

4.按骨折发生的解剖部位分类

(1)骨干骨折　发生于骨干部的骨折。临床上多见。

(2)骨骺骨折　多指幼龄动物骨骺的骨折,在成年动物多为干骺端骨折。如果骨折线全部或部分位于骨骺线内,使骨骺全部或部分与骨干分离,称骨骺分离。

5.按骨损伤的程度和骨折形态分类

(1)不全骨折　骨的完整性或连续性仅有部分中断,也称为骨裂。

(2)全骨折　骨的完整性或连续性完全被破坏。骨折处形成完整的骨折线。根据骨折线的方向不同,可分为横骨折、纵骨折、斜骨折、螺旋骨折、嵌入骨折、穿孔骨折等;如果骨断离成两段(块)以上,称粉碎性骨折,骨折线可呈"T""Y""V"或不规则形等。这类骨折复位后大都不稳定,容易移位(图 18-1),因此只能做内固定或体外支架固定。

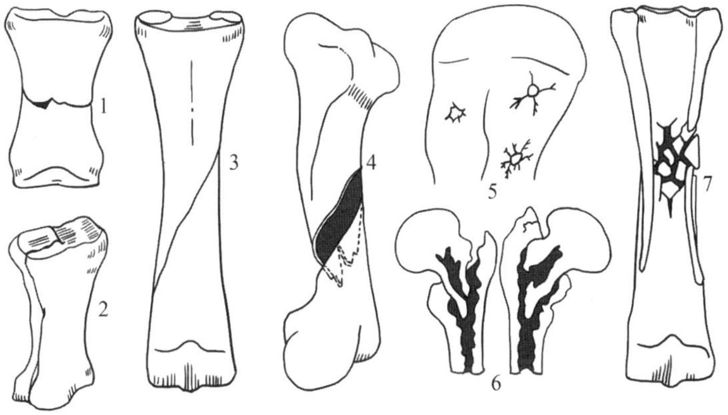

图 18-1　全骨折

1.横骨折　2.纵骨折　3.斜骨折　4.螺旋骨折　5.穿孔骨折　6.嵌入骨折　7.粉碎性骨折

(三)骨折的症状

1.骨折的特有症状

当骨骼发生全骨折时具备下列特有症状。

(1)肢体变形　骨折两断端因受伤时的外力、肌肉牵拉力和肢体重力的影响等,造成骨折断端移位而引起肢体变形。常见的移位有成角移位、侧方移位、旋转移位、纵轴移位(包括重叠、延长或嵌入等)。骨折后的患肢呈弯曲、缩短、延长等异常姿势。诊断时可把健肢放在相同位置,仔细观察和测量肢体有关段的长度并两侧对比。

(2)异常活动　正常情况下,肢体完整而不活动的部位,在骨折后负重或做被动运动时,出现屈曲、旋转等异常活动。但肋骨、椎骨、蹄骨、干骺端等部位的全骨折,异常活动不明显或缺乏。

(3)骨摩擦音　骨折两断端互相触碰,可听到骨摩擦音,或有骨摩擦感。但在不全骨折、骨折部肌肉丰厚、局部肿胀严重或断端间嵌入软组织时,通常听不到。骨骺分离时的骨摩擦音是一种柔软的捻发音。

诊断四肢长骨骨干骨折时,常由一人固定近端后,另一人将远端轻轻晃动。若为全骨折时可以出现异常活动和骨摩擦音，但是这样的诊断不能持续或者反复进行，以免加重骨折的程度，借助X光摄片可以确诊。

2. 骨折的其他症状

（1）出血与肿胀　骨折时骨膜、骨髓及周围软组织的血管破裂出血，经创口流出或在骨折部发生血肿，加之软组织水肿，造成局部显著肿胀。闭合性骨折时肿胀的程度取决于受伤血管的大小，骨折的部位，以及软组织损伤的轻重。肋骨、髋骨、掌（跖）骨等浅表部位的骨折，肿胀一般不严重；臂骨、桡骨、尺骨、胫骨、腓骨等的全骨折，大都因溢血和炎症，肿胀十分严重，皮肤紧张发硬，致使骨折部不易摸清。随着炎症的发展，肿胀在伤后数日内很快增重，如不发生感染，经过十来天后逐渐消散。

（2）疼痛　骨折后骨膜、神经受损，患病动物即刻感到疼痛，疼痛的程度常随动物种类、骨折的部位和性质，反应各异。在安静时或骨折部固定后较轻，触碰或骨断端移动时加剧。患病动物不安、避让，马常见肘后、股内侧出汗，全身发抖等症状。骨裂时，用手指压迫骨折部，呈现线状压痛。

（3）功能障碍　骨折后因肌肉失去固定的支架，以及剧烈疼痛而引起不同程度的功能障碍，都在伤后立即发生。如四肢骨骨折时突发重度跛行、脊椎骨骨折伤及脊髓时可致相应区后部的躯体瘫痪等。但是发生不全骨折、棘突骨折、肋骨骨折时，功能障碍可能不显著。

3. 全身症状

轻度骨折一般全身症状不明显。严重的骨折伴有内出血、肢体肿胀或者内脏损伤时，可并发急性大失血和休克等一系列综合症状。闭合性骨折于损伤2～3 d后，因组织破坏后分解产物和血肿的吸收，可引起轻度体温上升。骨折部继发细菌感染时体温升高，局部疼痛加剧，食欲减退。

（四）骨折的诊断

根据外伤史和局部症状，一般不难诊断。根据需要，可用下列方法作辅助检查。

（1）X射线检查　常用X射线透视或摄片，可以清楚地了解骨折的形状、移位情况、骨折后的愈合情况等，以及鉴别诊断关节附近的骨折和关节脱位。摄片时一般要摄正、侧两个方位，必要时加斜位确认。

（2）直肠检查　用于大动物髋骨或腰椎骨折的辅助诊断，常有助于了解骨折部变形或骨的局部病理变化。

（3）骨折传导音的检查　可用听诊器置于大动物骨折任何一端骨隆起的部位作为收音区，以叩诊锤在另一端的骨隆起部轻轻叩打，病肢与健肢对比。根据骨传导音的音质与音量的改变，判断有无骨折存在。正常骨的传导音有清脆实质感，骨折后传导音变得钝而浊，有时甚至听不清楚。此方法不适合小动物。

开放性骨折除具有上述变化外，还可见皮肤及软组织的创伤。有的形成创囊，骨折断端暴露于外，创内变化复杂，常含有血凝块、碎骨片或异物等，容易继发感染化脓。

（五）骨折的愈合

1. 骨折愈合过程

骨折愈合是骨组织破坏后修复的过程，可人为地分为3个阶段，这3个阶段是一个逐渐发展和相互交叉的过程，不能截然分开。

（1）血肿机化演进期　骨折早期因受伤部广泛出血，在骨断端间隙及其周围形成血肿。骨折断端约有几毫米长的一段骨质，由于损伤和血液供给断绝，发生骨坏死。骨折病灶内发生无菌性炎症反应。新生的毛细血管和吞噬细胞、成纤维细胞等侵入血凝块和坏死组织中，逐步进行清除机化，形成肉芽组织，以后转化为纤维组织。骨折断端附近内、外骨膜深层的成骨细胞，相继在伤后即活跃增生，5 d 后开始形成与骨干平行的骨样组织，并逐渐向骨折处延伸增厚。此阶段一般需 10～15 d。临床特征是局部充血、肿胀、疼痛和增温，骨折端不稳定。损伤的软组织需修复。

(2)原始骨痂形成期　骨折部断端内、外已形成的骨样组织逐渐钙化成新生骨，即膜内化骨，两者紧贴在骨密质的内、外两面，并逐渐向骨折处汇合，不断生长发展为内骨痂和外骨痂。内、外骨痂将两断端的骨密质及其间的纤维组织，像上夹板似的夹在中间固定住。另外，断端间和骨髓腔内血肿机化后已形成的纤维组织逐渐转化为软骨组织，然后软骨细胞增生、钙化而骨化，即经软骨内化骨而分别形成环状骨痂和腔内骨痂。膜内化骨和软骨内化骨的相邻部分是互相交叉的，但其主体是膜内化骨，其发展过程比软骨内化骨要简易而迅速。为此，临床上为使骨折较快愈合，应防止产生较大的血肿，减少软骨内化骨的范围。在新形成的骨痂中，血管连同成骨细胞与噬骨细胞都渐渐侵入骨折端坏死的骨组织内，在已形成骨痂夹板的保护下，开始进行清除坏死骨组织和形成活的骨组织的爬行替代作用。骨折经过骨痂形成和爬行替代作用这两个过程，临床愈合才告完成。这一阶段需 1 个月左右。临床特征是局部炎症消散，不肿不痛，骨折端基本稳定，但尚不够坚固，病肢可稍微负重。

(3)骨痂改造塑型期　原始骨痂是由不规则的呈网状编织排列的骨小梁所组成，称网织骨，尚欠牢固。为了适应生理的需要，随着肢体的运动和负重，在应力线上的骨痂不断得到加强和改造。骨小梁逐渐调整而改变成紧密排列成行的、成熟的骨板，同时在应力线以外的骨痂逐步被噬骨细胞清除，使原始骨痂逐渐被改造为永久骨痂。髓腔也重新畅通。新骨形成后，骨折的痕迹在组织学或 X 线摄片上可以完全或接近完全消失(凡局部破坏严重或整复不良的患病动物常不能消失)，骨结构的外形和功能也得到恢复。骨痂的硬固一般需 3～10 周，但完全恢复则需数月至 1 年，或更长时间。

2. 骨折临床愈合标准

局部无压痛；病肢肢轴端正或稍有变形，无成角畸形；局部无异常活动，能自行起卧，运步正常或仅有轻度或中度跛行；X 线摄片显示骨折线模糊或消失，有连续性骨痂通过骨折线；大动物经过适当功能锻炼后，能负担拉车、耕地、驮运等劳役。小动物经过内、外固定后，肢体应当无明显跛行症状。

3. 影响骨折愈合的因素

(1)全身因素　患病动物的年龄和健康状况与骨折愈合的快慢直接相关。年老体弱、营养不良、骨组织代谢紊乱以及患有传染病等，均可延迟骨折的愈合。

(2)局部因素

①血液供应　骨膜在骨折愈合过程中起决定性作用，由于骨膜与其周围肌肉共受同一血管支配，为了保证形成骨痂的血液供应，软组织的完整非常重要。广泛和严重的软组织创伤，复位或外固定、内固定装置不良，操作粗暴等，均可加重软组织、骨髓腔和骨膜的损伤，影响和破坏血液供给，使骨折愈合延迟甚至不愈合。

②固定　复位不良或固定不妥，过早负重，可能导致骨折端发生扭转、成角移位等不利于愈合的活动，使断端的愈合停留于纤维组织或软骨而不能正常骨化，造成畸形愈合或延迟愈合。

③骨折断端的接触面　接触面越大、愈合时间越短。如发生粉碎性骨折，骨折移位严重而间隙过大，骨折间有软组织嵌入以及出血和肿胀严重等，均影响骨折的愈合，有时可以出现病理性愈合。

④感染　开放性骨折、粉碎性骨折或使用内固定容易继发感染。若处理不及时，可发展为蜂窝织炎、化脓性骨髓炎、骨坏死溶解等，导致骨折延迟愈合或不愈合。

（六）骨折修复中的并发症

在骨折的修复中，若治疗不及时或处理不当，就可发生压痛、感染、延迟愈合、畸形愈合、不愈合等多种并发症。

（1）压痛　由外固定所引起的擦伤和轻微的压痛，多数大动物是可以忍受的，对骨折的愈合一般没有影响。外固定对某些骨突起或关节囊所造成的大的压痛，一般在解除固定之后，经过适当的护理，也是可以治愈的。但若在骨折修复的早期、中期有严重压痛时，将会影响固定时间，常需改装外固定装置。

（2）感染　骨折部的感染应着重于预防。骨折早期如果不能立即治疗，局部应做临时固定，以防止骨断端或碎骨片继续损伤周围的软组织和皮肤。软组织和骨膜的血液供应良好对减少感染的发生极为重要。开放性骨折污染明显的，必须及早做彻底的清创术。内固定手术应严格按照无菌技术要求先做外科处理，局部和全身应用敏感的抗菌药物直到感染控制后，再进行确实的固定。如果内固定术后发生骨感染，要及时拆除植入物，并取样进行药敏试验选择敏感的抗生素治疗，待感染控制后再择期进行内固定或体外支架固定。开放性骨折发生感染化脓或骨髓炎时，可用抗生素溶液冲洗，必要时在创口附近做一反对孔插入针头冲洗。

（3）延迟愈合　即骨折愈合的速度比正常缓慢，局部仍有疼痛、肿胀、异常活动等症状。造成延迟愈合的原因很多，如骨折周围大的血肿和神经损伤或受压，整复不良或反复多次整复，固定不恰当，骨折部感染化脓，创内存有死骨片等。主要是骨膜和软组织破坏严重，局部血液循环不良，发生感染，从而影响骨的正常愈合，延长愈合时间。这些因素只要在治疗中正确对待，大部分是可以避免和解决的。

（4）畸形愈合　大多是骨折断端在错位情况下愈合的结果。大动物骨折后移位的情况常常不易确定，造成复位不良或复位后固定不确实，特别是前臂或小腿部，肢体上粗下细，固定的绷带容易下滑移位。有的患病动物在无保护下过早负重，有的则根本不固定，任其自由活动，致使骨折远近两端的重叠、旋转和成角移位等畸形未能矫正，造成骨折愈合后肢体姿势的畸形。

多数动物的畸形愈合，在拆除固定后的修复过程中，可以自然矫正，特别是幼龄动物，羊和鸟类、野生动物，这种矫正能力十分强，肢体的功能可以完全正常或接近正常。

（5）不愈合　是骨折断端的愈合过程停止，大多发生于延迟愈合。畸形愈合的许多原因未及时纠正，少数发生于内固定装置有异物反应。有大的骨缺损或骨断端间嵌有软组织等，这类骨折断端骨痂稀少，萎缩光圆，髓腔封闭，周围为结缔组织包裹，因而局部发生动摇，形成假关节。肢体变形，功能丧失。这类患病动物的处理，大都需进行手术，消除不愈合的原因后应用内固定加外固定，为骨的愈合重新创造适宜的条件。

（6）其他　大动物装着外固定的时间是有限的。时间过长或固定不良，不注意功能锻炼，就可导致肌肉萎缩和皮下脂肪的消失，发生废用性骨质疏松症，关节囊及其周围肌肉部分挛缩和关节发生纤维性粘连，造成关节僵硬。如果固定的时间不再延长，骨折愈合的情况允许病肢负重，这些变化一般是可逆的，对于躺卧而不能站立的患病动物，还应防止褥疮的发生。犬、猫骨折后，装置外固定夹板后应当注意患肢下部（如爪部）是否肿胀，如果肿胀，应当重新装置夹板做外固定。

（七）骨折的急救

目的在于用简单有效的方法做现场就地救护。骨折发生后应不让动物走动，特别是车祸造成的犬、猫等伴侣动物骨折很有可能造成严重的内出血，要密切监测血液指标和血压的改变并采取相应的急救措施。严重的骨折常伴有不同程度的休克，开放性骨折有大出血时，首先要制止出血和防止休克。动物疼痛不安或有骚动时，宜使用全身镇静剂。局部麻醉药或吗啡、哌替啶等止痛药，虽然止痛效果确实，但是应用后动物可因无痛感使病肢做不适当的活动，而加重骨折部的损伤，故不宜采用。

开放性骨折在使用全身镇静剂后，彻底清创，撒布抗菌药物，随后包扎。

骨折的暂时固定在现场救护中十分重要，它可以减少骨折部的继发性损伤，减轻疼痛，防止骨折断端移位和避免闭合伤变为开放性骨折。应就地取材，用竹片、木板、树枝、树皮、钢筋等，将骨折部上、下两个关节同时固定。要最大限度地起到固定作用并保持病肢的血液循环不受影响。

处理结束，用较宽大的车辆铺厚的垫草或者棉垫，尽快将骨折动物送动物医院治疗。性情暴躁的患病动物，可在全身麻醉或应用镇痛镇静剂后运送。

（八）骨折的治疗

动物骨折经过治疗后，是否能恢复生产能力，这是必须考虑的问题。由于动物的种类、年龄、营养状况不同，发生骨折的部位、性质、损伤程度不一，以及治疗条件、技术水平等因素，骨折后愈合时间的长短以及愈合后病肢功能恢复的程度有较大差异。除了有价值的种畜或贵重的动物，可尽力进行治疗外，对于一般动物，若预计治疗后不能恢复生产性能，或治疗费用超过该动物的经济价值时，就应该做出淘汰的决定。对于犬、猫等伴侣动物，骨折通过外固定、内固定术进行治疗。

1.闭合性骨折的治疗

本类骨折的治疗包括整复、固定和功能锻炼3个环节。

（1）骨折的整复　整复是将移位的骨折段恢复正常或接近正常解剖位置，重建骨骼的支架结构。整复的原则是“欲合先离，离而复合”。

骨骼与其附着的肌肉类似于一个附设弹性的杠杆系统。肌肉一直处于收缩状态，屈肌群与伸肌群彼此拮抗，维持关节的对抗平衡。一旦发生骨折，所有骨骼肌会收缩，骨断端重叠移位，骨变短。如局部软组织损伤则加剧肌肉挛缩。由肌肉收缩引起的拉力则恒定而连续，即便是在全身麻醉条件下。最初收缩和骨重叠移位主要是肌源性，对全身麻醉，肌松药及对抗牵引均有效。但几天后，由于局部浸润性炎性反应，会使收缩性变得更为持久，整复也会愈加困难。保护好软组织、良好的血液供应、准确的复位和有效的固定，均会在很大程度上促进骨折的愈合。其中整复尤为重要，因为骨折段得到解剖性复位，并配合固定，可确保骨折端更大程度的稳定。时间要越早越好，力求做到一次整复正确。整复可分为闭合性整复和开放性整复两种。

闭合性整复：用手法整复，并结合牵引和对抗牵引。闭合性整复适用于新鲜较稳定的骨折，容易触摸的动物。如猫、小型犬的骨折，用此法复位可获得满意的效果。建议用下列几种方法：①利用牵引、对抗牵引和手法进行整复。②利用牵引、对抗牵引和反折手法进行整复。③利用动物自身体重牵引、反牵引作用整复。动物仰卧于手术台上，患肢垂直悬吊，利用身体自重，使痉挛收缩的肌肉疲劳，产生牵引、对抗牵引力，悬吊10～30 min，可使肌肉疲劳，然后进行手法整复。④戈登伸展架（Gordon extender frame）整复。通过缓慢逐渐增加压力维持一定时间（如10～30 min），待肌肉疲劳、松弛时整复。使用时，逐步旋扭蝶形螺母，增加患肢的牵引力，每间隔5 min旋紧螺母，增加其牵引力。

开放性整复：手术切开骨折部的软组织，暴露骨折段，在直视下采用各种技术，使其达到解剖复位，为内固定创造条件。开放性整复技术在小动物骨折利用率很高，其适应症为：骨折不稳定和较复杂；骨折已数天以上；骨折已累及关节面；骨折需要内固定。

开放性整复操作的基本原则是要求术者熟知局部解剖，操作时要求尽量减少软组织的损伤（如骨膜的剥离，骨、软组织、血管和神经的分离等操作）。按照规程稳步操作，更要严防组织的感染。具体的操作技术可归纳如下几种：①利用某些器械发挥杠杆作用，如骨刀、拉钩柄或刀柄等，借以增加整复的力量。②利用抓骨钳直接作用于骨断段上，使其复位。③将力直接加在骨断段上，向相反方向牵引和矫正、转动，使骨断端复位和用抓骨钳或创巾钳施行暂时固定。④利用抓骨钳在两骨断段上的直接作用力，同时并用杠杆的力。⑤重叠骨折的整复较为困难，特别是受伤若干天后，肌肉发生挛缩，整复时翘起两断端，对准并压迫到正常位置。

(2)骨折的固定　用固定材料加以固定以维持整复后位置，使骨折愈合牢固。固定一般包括外固定和内固定。

①外固定　整复之后，尤其闭合性整复，必须要进行外固定，限制关节活动，其目的是使患病动物疼痛减轻，减少骨折断端移位、形成角度和维持正常的解剖状态。大关节特别是肘、膝关节的固定有利于保持硬、软组织的愈合，但由于长时间限制关节活动，也会产生不必要的副作用。最常见的副作用是纤维化、软组织萎缩，结果失去了正常运动的步幅；长时间限制关节活动，其关节软骨将产生不同程度的衰退；生长期动物的长期制动，则可导致关节韧带松弛。所以限制关节活动的患病动物，应根据具体情况，尽早开始活动，以防止肌肉萎缩和关节僵硬。外固定主要用于闭合性骨折，也可用于开放性骨折，以加强内固定的作用。目前，在治疗骨折中采用中西结合、固定和活动结合的原则。固定时应尽可能让肢体关节有一定范围的活动，不妨碍肌肉的纵向收缩。肢体合理的功能活动，有利于局部血液循环的恢复和骨折端对向挤压、密接，可以加速骨折的愈合。

临床常用的外固定方法有：

a. 夹板绷带固定法　采用竹板、木板、铝合金板、铁板等材料，制成长、宽、厚与患部相适应，强度能固定住骨折部的夹板数条。包扎时，将患部清洁后，包上衬垫，于患部的前、后、左、右放置夹板，用绷带缠绕固定。包扎要松紧适度，以不使夹板滑脱和不过度压迫组织为宜。为了防止夹板两端损伤患肢皮肤，里面的衬垫应超出夹板的长度或将夹板两端用棉纱包裹。国外广泛应用热塑料夹板代替木制夹板作外固定材料，其优点是使用方便，70～90 ℃热水即可使之软化塑形，在室温下很快硬固成型，重量轻、透水、透气、透 X 射线，且有“弹性记忆”，加热后可恢复原状，便于重复使用。

b. 石膏绷带固定法　石膏具有良好的塑形性能，制成石膏管型与肢体接触面积大，不易发生压创，对大、小动物的四肢骨折均有较好固定作用。但用于大动物的石膏管型最好夹入金属板、竹板等加固材料。

改良 Thomas 支架绷带，是用小的石膏管型或夹板绷带或内固定固定骨折部，外部用金属支架像拐杖一样将肢体支撑起来，以减轻患部承重。该支架用铝或铝合金管制成，其他金属材料亦可，管的粗细应与动物大小相适应。支架上部为环形，可套在前肢或后肢的上部，舒适地托于肢与躯体之间，连于环前后侧的支杆(可根据需要和肢的形状做成直的或弯曲的)向下伸延，超过肢端至地面，前后支杆的下部要连接固定。使用时可用绷带将支架固定在肢体上。这种支架也适用于不能做石膏绷带外固定的桡骨及胫骨的高位骨折。

近年来，国内外对石膏的代用材料研究较多。用树脂和玻璃纤维制成的外固定管型具有重量轻、强度高的优点。水固化高分子绷带在室温下浸于水中 30 s 即开始硬化，10 min 可固化成型，30 min 达最大硬度，重量轻，强度高，已在兽医临床上应用。

对大动物四肢骨折，无论用何种方法进行外固定，都须注意使用悬吊装置。例如，在 4 柱栏内，用粗的扁绳兜住动物的腹部和股部，使动物在四肢疲劳时，可伏在和倚在扁绳上休息。这对保持骨折部安静，充分发挥外固定的作用，是重要的辅助疗法。

②内固定　凡实行骨折开放复位的，原则上应使用内固定。内固定技术需要有各种特殊器材，包括髓内针、骨螺钉、金属丝和接骨板等。上述器材有较长一段时间滞留在体内，故要求特制的金

属，对组织不出现有害作用和腐蚀作用。当不同的金属器材相互接触，由于电解和化学反应，会对组织产生腐蚀作用，影响骨愈合。

内固定的治疗技术是治疗骨折的重要方法，能在动物的不同部位进行。为确保内固定取得良好的效果，操作者要遵循下列最基本的要求：操作者要具有局部解剖学知识，如骨的结构，神经和血管的分布或供应，肌肉的分离，腱和韧带的附着等；骨的整复和固定，要有力学作用的观点，如骨段间的压力、张力、扭转力和弯曲力等，有助于合理的整复，促进骨折的愈合；手术通路的选择、内固定的方法确定要依据骨折的类型、骨折的部位等，做出合理的设计和安排；对 X 线摄片要具备正确的判断能力，X 线摄片是骨损伤的重要依据，不仅用于诊断，也可指导治疗。

内固定的技术主要有如下几种：

a. 髓内针固定法　这是将特制的金属针插入骨髓腔内固定骨折段的方法。本法术式简单，组织损伤较小，髓内针可回收再用，比较经济。该法普遍适用于小动物的长骨骨折、髋骨骨折。临床上常用髓内针固定臂骨、股骨、桡骨、胫骨的骨干骨折，适用于骨折端呈锯齿状的横骨折或斜面较小又呈锯齿形的斜骨折等，特别是对骨折断端活动性不大的安定型骨折尤为适用。对不安定型骨折，因易于发生骨折断端转位，一般不用此法。而对粉碎性骨折，由于不能固定粉碎的游离骨片，也不适于应用此法。

常用的髓内针有各种类型。针的断面有呈圆形的，也有三叶草形、"V"形或菱形的，还有弯曲形一端带钩的 Rush 针。这些针又按粗细、长短不同分成各种型号。用于小动物的各种髓内针，其尖端有棱锥形的、扁形的和带螺纹的。带螺纹的髓内针可拧入骨端的骨质内，能使骨折断面间密切接触，并产生一定的压力。选择髓内针时，尽可能选用与骨髓腔的内径粗细大致相同的针。对安定型骨折，选用断面呈圆形的髓内针比较方便。对不安定型骨折，如需使用髓内针，可选择带棱角的，能防止断骨的旋回转位，也可使用 Rush 针，通常是从骨的一端插入 2 根，将刺入部、骨折部与骨的另一端呈 3 点固定。

髓内针固定有非开放性固定和开放性固定两种。对于稳定、容易整复的单纯闭合性骨折，一般采用非开放性髓内针固定，即整复后，针头从体外骨近端钻入。对某些稳定、非粉碎性长骨开放性骨折也可采用开放性髓内针固定，有两种钻入方式：一种仍从体外骨的一端插入髓内针；另一种则是从骨折近端先逆行钻入，再做顺行钻入。

如果单用髓内针得不到充分固定时，可加用辅助固定，以防止骨断段的转动和短缩。常用的辅助技术有：环形结扎和半环形结扎；插入骨螺钉时的延缓效应；Kirschner 夹板辅助髓内针固定；同时插入两根或多根髓内针；骨间矫形金属丝对骨针的固定。

b. 骨螺丝固定法　适于骨折线长于骨直径 2 倍以上的斜骨折、螺旋骨折和纵骨折及干骺端的部分骨折。根据骨折的部位和性质，必要时，应并用其他内固定或外固定法，以加大固定的牢固性。骨螺丝有骨密质用和骨松质用两种，前者在螺钉的全长上均有螺纹，但密而浅，主要用于骨干骨折；后者的螺纹只占螺钉全长的 1/2～2/3，螺纹较深，螺距较大，多用于骺端和干骺端的部分骨折。

本法用于骨干的斜骨折时，螺丝插入的方向为把骨表面的垂线与骨折线的垂线所构成的角度分为 2 等分的方向插入。必要时，用两根或多根螺丝才能将骨折段确实固定。使用骨螺丝时，先用钻头钻孔，钻头的直径应较螺丝钉直径略小，以增强螺丝钉的固定力。在骨干的复杂骨折，骨螺钉能帮助骨端整复和辅助固定作用，对呈圆筒状骨体的骨折整复有积极作用。

c. 环形结扎和半环形结扎金属丝固定法　该技术很少单独使用，主要应用于长斜骨折或螺旋骨折以及某些复杂骨折，为辅助固定或帮助使骨断端稳定在整复的解剖位置上。该技术使用时，应有足够的强度，又不得力量过大而将骨片压碎，注意血液循环，保持和软组织的连接。用弯止血钳或专门器械将金属丝传递过去。如果长的斜骨折需多个环形结扎，环与环之间应保持 1.0～1.5 cm 的距离，过密将影响骨的活动。另外，用金属丝建立骨的圆筒状解剖结构时，不得有骨断片的丢失。金属丝环扎固定不能应用于骨还在生长的未成年动物。

d. 张力带金属丝固定法　多用于肘突、大转子和跟结等部位的骨折，与髓内针共同完成固定。张力带的原理是将原有的拉力主动分散，抵消或转变为压缩力。其操作方法是，先切开软组织，将骨折端复位，选肘突的后内或后外角将针插入，针朝向前下皮质，以稳定骨断端。若针尖达不到远侧皮质，只到骨髓腔内，则其作用将降低。针插入之后在远端骨折段的近端，用骨钻做一横孔(骨折线位于髓内针进针处与横孔中间)，穿金属丝，与钢针剩余端之间做“8”字形缠绕并扭紧。用力不宜过大，否则将破坏力的平衡。

e. 接骨板固定法　是用不锈钢接骨板和螺丝钉固定骨折段的内固定法。

应用这种固定法损伤软组织较多，需剥离骨膜再放置接骨板，对骨折端的血液供应损害较大，但与髓内针相比，可以保护骨痂内发育的血管，有利于形成内骨痂。适用于长骨骨体中部的斜骨折、螺旋骨折、尺骨肘突骨折，以及严重的粉碎性骨折、老龄动物骨折等，是内固定中应用最广泛的一种方法。

接骨板的种类和长度，应根据骨折类型选购。依其功能分为张力板、中和板及支持板 3 种。张力板多用于长骨骨干骨折，接骨板的安装位置要从力学原理考虑。应将接骨板装在张力一侧，能改变轴侧来的压力，使骨断端密接，固定力也显著增强。中和板是将接骨板装在张力的一侧，能起中和(或)抵消张力、弯曲力、分散力等作用，上述各种力在骨折愈合过程中均可遇到。支持板用于骨松质的骨骺和干骺端的骨折。支持板是斜向支撑骨折断段，能保持骨的长度和适当的功能高度，其支撑点靠骨的皮质层。特殊情况下需自行设计加工。固定接骨板的螺丝钉，其长度以刚能穿过对侧骨密质为宜，过长会损伤对侧软组织，过短则达不到固定目的。螺丝钉的钻孔位置和方向要正确。为了防止接骨板弯曲、松动甚至毁坏，绝大部分患病动物需加用外固定，特别是对大动物，合用外固定是必须的。

近年来，在小动物和大动物外科临床上，普通的接骨板固定已被加压骨板和锁定骨板所取代。所谓加压骨板就是使骨折断端对接的断面之间密切接触，并产生一定的压力，从而使骨折部产生最少的骨痂，达到最迅速的愈合。如果没有这种骨板，在使用接骨板时，也应注意尽力压紧骨折断端后再拧入螺丝固定。锁定骨板是骨螺钉与骨板之间通过螺纹固定在一起，防止骨愈合过程中骨螺丝松动而造成固定失败。

值得注意的是，近年来，人医有报道认为骨折的两个断端在复位时不必完全对合，有 1 mm 的间歇对于骨折的愈合反而有益。

接骨板一般需装着较长时间(成年动物为 4～12 个月)，而于接骨板的直下方，由于长期压迫而脱钙，使骨的强度显著降低。取出接骨板后，其钉孔被骨组织包埋需 6 个月以上。在此期间，应加强护理，防止 2 次骨折发生。(视频 18-1)

视频 18-1　犬桡尺骨骨折整复固定术

f. 贯穿术固定法　是用不锈钢骨栓，通过肢体两侧皮肤小切口，横贯骨折段的远、近两端，结合外涂塑料粉糊剂，硬化后，将骨栓连接起来，也可应用石膏硬化剂或金属板将骨栓牢固连接。这是一种内外固定相结合的方法。适用于小动物和体重不大的牛、马的桡骨、胫骨中部的横骨折或斜骨折。

根据需要可在骨折段远、近两端各插入 2～3 根骨栓，骨栓有不同的直径和长度，可按患病动物的大小选用。操作要在 X 射线透视配合下进行。骨栓插入时，皮肤先切一小口，用手动骨钻钻透两层骨密质，于对侧皮肤做同样切开，然后插入带有螺丝帽的骨栓，再分别装上螺丝帽固定。在同一轴线上的螺丝帽间用粗丝线或塑料管串联起来，并用临时配制的塑料粉糊剂涂抹，硬固后即可加固各个骨栓间的连接。经 6 周到 3 个月不等，待骨痂形成后拔除骨栓。这种方法的缺点是通常伴发软组织的感染、骨坏死和骨髓炎，但因骨栓贯穿在骨折段以外的骨组织，将不影响骨折部的愈合。治疗中要定时处理创口，更换绷带。一般待骨栓拔除后，感染化脓即很快停止。

目前，将骨栓用特制的金属连杆连接固定，使用方便，固定效果确实，已应用于大、小动物临床。其特点是，每组骨栓有一定夹角，从外部固定后，可牢固固定骨折段，不易发生变位。同时，它可从骨的一侧加以固定，应用更加广泛。

g. 移植骨固定法　在四肢骨折时，有较大的骨缺损或坏死骨被移除后造成骨缺失，应考虑做骨移植。同体骨移植早已成功地运用到临床上，尤其是带血管蒂的骨移植可以使移植骨真正成活，不发生骨吸收和骨质疏松现象。

新鲜的同种异体骨移植的排异问题尚未解决，而经过特殊处理后的同种异体骨被排斥的可能性大大减少。这种特殊处理法包括冷冻法或冷冻干燥法、脱蛋白或脱蛋白高压灭菌法、脱钙法、钴射线照射法等，而效果较好的是冷冻法和几种方法的综合应用。

(3)功能锻炼　功能锻炼可以改善局部血液循环，增强骨质代谢，加速骨折修复和病肢的功能恢复，防止产生广泛的病理性骨痂、肌肉萎缩、关节僵硬、关节囊挛缩等后遗症。它是治疗骨折的重要组成部分。

骨折的功能锻炼包括早期按摩、对未固定关节做被动的伸展活动、牵行运动及定量使役等。

血肿机化演进期：伤后 1～2 周内，病肢局部肿胀、疼痛，软组织处于修复阶段，容易再发生移位。功能锻炼的主要目的是促进伤肢的血液循环和消肿。可在绷带下方进行搓擦、按摩以及对肢体关节做轻度的伸屈活动，也可同时涂擦刺激药。这一时期的最初几天，牛通常要协助起卧，马大部分固定在柱栏内，要十分注意对侧健肢的护理。

原始骨痂形成期：一般正常经过的骨折，2 周以后局部肿胀消退，疼痛消失，软组织修复，骨折端已被纤维连接，且正在逐渐形成骨痂。此期的功能锻炼是为了改善血液循环，减少并发症，最好能关在一间小的厩舍内，任之自由活动，地面要保持清洁干燥。或是开始逐步做牵行运动，根据患病动物情况，每次 10～15 min，每天 2～3 次，10～15 d 后，逐渐延长到 1.0～1.5 h。一般在最初几天牵行运动后，大多数患病动物可出现全身性反应，而且跛行常常加重，但以后可逐渐好转。

骨痂改造塑型期：当患病动物已开始正常用病肢着地负重时，可逐步进行定量的使役，以加强患肢的主动运动，促使各关节迅速恢复正常功能。

2. 开放性骨折的治疗

与闭合性骨折的治疗一样，开放性骨折的治疗也要遵循整复、固定和功能锻炼 3 个基本环节。此外，还要注意下列问题：

(1)新鲜而单纯的开放性骨折，要在良好的麻醉条件下及时而彻底做好清创术，对骨折端正确复位，创内撒布抗菌药物。创伤经过彻底处理后，根据不同情况，可对皮肤进行缝合或做部分缝合，尽可能使开放性骨折转为闭合性骨折，装夹板绷带或有窗石膏绷带暂时固定。以后逐日对患病动物的全身和局部详细观察。按病情需要更换外固定物或做其他处理。

(2)软组织损伤严重的开放性骨折或粉碎性骨折，可按扩创术和创伤部分切除术的要求进行外科处理。手术要细致，尽量少损伤骨膜和血管。分离筋膜，清除异物和无活力的肌、腱等软组织以及完全游离并失去血液供给的小碎骨片。用骨钳或骨凿切除已污染的表层骨质和骨髓，尽量保留与骨膜和软组织相连且保有部分血液供给的碎骨片。大块的游离骨片应在彻底清除污染后重新植入，以免造成大块骨缺损而影响愈合，然后将骨折端复位。如果创内已发生感染，必要时可做反对孔引流。局部彻底清洗后，撒布大量抗菌药物，如青霉素鱼肝油等。按照骨折具体情况，做暂时外固定，或加用内固定，要露出窗孔，便于换药处理。

(3)在开放性骨折的治疗中，控制感染化脓十分重要。必须全身使用足量(常规量的2倍)敏感的抗菌药物2周以上。

3.骨折的药物疗法和物理疗法

多数临床兽医认为用一定的辅助疗法，有助于加速骨折的愈合。骨折初期局部肿胀明显时，宜选用有关的中草药外敷，同时结合内服有关中药方剂，如接骨散(血竭、土鳖虫各100 g，没药、川断、牛膝、乳香各50 g，自然铜、当归、天南星、红花各25 g，研为细末，分两次服，白酒250～500 mL为引)，每天1剂。

为了加速骨痂形成，需要增加钙质和维生素。可在饲料中加喂骨粉、碳酸钙和增加青绿饲料等。幼龄动物骨折时可补充维生素A、维生素D或鱼肝油，必要时可以静脉补充钙剂。

骨折愈合的后期常出现肌肉萎缩、关节僵硬、骨痂过大等后遗症。可进行局部按摩、搓擦，增强功能锻炼，同时配合物理疗法如石蜡疗法、温热疗法、直流电钙离子透入疗法、中波透热疗法及紫外线治疗等，以促使早日恢复功能。

二、骨髓炎

骨髓炎(osteomyelitis)实际上是骨组织(包括骨髓、骨、骨膜)炎症的总称。临床上以化脓性骨髓炎为多见。按病情发展可分为急性和慢性骨髓炎两类。

(一)病因

化脓性骨髓炎主要因骨髓感染葡萄球菌、链球菌或其他化脓菌而引起。按感染来源可分为：

(1)外伤性骨髓炎　大多发生于骨损伤后，例如开放性骨折、粉碎性骨折或在骨折治疗中应用内固定等，病原菌可直接由创口进入骨折端、骨碎片间以及骨髓内而发生。

(2)蔓延性骨髓炎　系由附近软组织的化脓过程直接蔓延到骨膜后，沿哈佛氏管侵入骨髓内而发病。

(3)血源性骨髓炎　发生于蜂窝织炎、败血症、腺疫等，骨组织受到损伤，抵抗力降低时，病原菌由血液循环进入骨髓内引起发病。病原菌一般为单一感染。

动物骨髓炎的常发部位为四肢骨、上(下)颌骨、胸骨、肋骨等。

(二)病理

病原菌侵入骨髓后发生急性化脓性炎症。其后可形成局限性的骨髓内脓肿，也可发展为骨髓的弥漫性蜂窝织炎。

血源性骨髓炎时，脓肿在骨髓腔内迅速增大，穿破后病原菌通过骨小管达于骨膜下，形成骨膜下脓肿。脓肿将骨膜掀起使骨膜剥离，骨密质失去血液供给，造成部分骨质和骨膜坏死。随后脓肿穿破骨膜，进入周围软组织，形成软组织内蜂窝织炎或脓肿，经一定时间穿破皮肤而自溃，急性炎症症状逐渐消退。由于死骨的存在，即转入慢性骨髓炎阶段。临床上一些外伤性骨髓炎的病理过程，通常比较缓慢，常取亚急性和慢性经过。

在化脓性骨髓炎的病理过程中，被破坏的骨髓、骨质、骨膜在坏死和离断的同时，病灶周围的骨膜增生为骨痂，包围死骨和骨样肉芽组织，形成死骨腔。断离的死骨片分解后由窦道自行排出，或经手术摘除之后，死骨腔可能为肉芽组织所填充，肉芽组织经过逐渐钙化而成为软骨内化骨，这种骨组织始终不具有正常的骨结构；另一种情况是死骨腔内的死骨片未能排出，从而成为长期化脓灶，遗留为久不愈合的窦道。

(三)症状

急性化脓性骨髓炎经过急剧,患病动物体温突然升高,精神沉郁。病部迅速出现硬固、灼热、疼痛性肿胀,呈弥漫性或局限性。压迫病灶区疼痛显著。局部淋巴结肿大,触诊疼痛。患病动物出现严重的机能障碍,发生于四肢的骨髓炎呈现重度跛行,下颌骨的骨髓炎出现咀嚼障碍、流涎等。血液检查白细胞增多,血培养常为阳性。严重的病情发展很快,通常发生败血症。

经过一定时间脓肿成熟,局部出现波动,脓肿自溃或切开排脓后,形成化脓性窦道,临床上只要浓稠的脓液大量排出,全身症状即能缓解。通过窦道探诊,可感知粗糙的骨质面和探针进入到骨髓腔,若能用手指探查,可摸得更清楚。局部冲洗时,脓汁中常混有碎骨屑。

外伤性骨髓炎时,骨髓因皮肤破损而与外界相通,临床常取亚急性或慢性经过,可见窦道口不断排脓,无自愈倾向。窦道周围的软组织坚实、疼痛、可动性小。由于骨痂过度增生,局部形成大面积的硬固性肿胀,通常可见局部肌肉萎缩和患病动物的消瘦。

(四)治疗

应使患病动物保持安静,及早控制炎症的发展,防止死骨形成和败血症。

早期应运用大剂量敏感的抗生素以控制感染。必要时进行补液和输血以增强抵抗力等,来控制病变的发展。

由开放性骨折、创伤等引起的急性化脓性骨髓炎,要及时扩创,做清创术,清除坏死组织、异物和死骨,用含有抗菌药物的溶液冲洗创腔;已形成脓肿或窦道的,应及时手术切开软组织,分离骨膜,暴露骨密质,用骨凿打开死骨腔,清除死骨片;慢性病例用锐匙刮去死骨腔内肥厚的瘢痕和肉芽组织,消灭死腔,为骨的愈合创造条件。以后按感染性化脓创治疗原则处理。肋骨骨髓炎可做部分肋骨骨膜下切除术。

为了确保术部充分休息,防止发生病理性骨折,局部应装着夹板绷带或有窗石膏绷带固定。

第二节　关节疾病

一、关节扭伤

关节扭伤(关节捩伤,sprain of the joint)是指关节在突然受到间接的机械外力作用下,超越其生理活动范围,瞬时间的过度伸展、屈曲或扭转而发生的关节损伤。此病是马、骡常见和多发的关节病,最常发生于系关节和冠关节,其次是跗、膝关节。牛也发生,常见于系关节、肩关节和髋关节。

(一)病因和病理

马常由于在不平道路上的重剧使役、急转、急停、转倒、失足登空、嵌夹于穴洞的急速拔腿、跳跃障碍、不合理的保定、肢势不良、装蹄失宜等;牛、水牛除上述原因外,还有误踏深坑或深沟、跳沟扭闪(跨越沟渠)、跌倒等。这些病因的主要致伤因素是机械外力的速度、强度和方向及其作用下所引起的关节超生理活动范围的侧方运动和屈伸。轻者引起关节韧带和关节囊的全断裂以及软骨和骨骺的损伤。急剧关节侧动,首先损伤侧韧带或同时损伤关节囊及骨组织,临床上最多见。韧带损伤常发生于骨的附着部,纤维发生断裂,若暴力过大,能撕破骨膜和扯下骨片,成为关节内的游离体。韧带附着部的损伤,可引起骨膜炎及骨赘。

关节囊或滑膜囊破裂常发生于与骨结合的部位,易引起关节腔内出血或周围出血及浆液性、浆液纤维素性渗出。如滑膜血管断裂时,发生关节血肿,或由于损伤其他软组织,造成循环障碍、局部水肿。软骨和骨骺损伤时,软骨挫灭,骺端骨折,破碎小软骨片成为关节内的游离体。

(二)症状

关节扭伤在临床上表现有疼痛、跛行、肿胀、温热和骨质增生等症状。由于患病关节、损伤组织程度和病理发展阶段不同,症状表现也不同。

(1)疼痛　原发性疼痛,受伤后立即出现,是关节滑膜层神经末梢对机械刺激的敏锐反应。炎性反应性疼痛,根据组织损伤程度和炎症反应情况而异。韧带损伤痛点位于侧韧带的附着点纤维断裂处,触诊可发现疼痛。他动运动有疼痛反应,举起患肢进行关节他动运动,只要使受伤韧带紧张,即使不超过其生理活动范围,立即出现疼痛反应,甚至拒绝检查。同时转动关节向受伤的一方,使损伤韧带弛缓,则疼痛轻微或完全无痛。当做他动运动检查,有时发现关节的可动程度远远超过正常活动范围,这是关节侧韧带断裂和关节囊破裂的严重表现,此时疼痛明显。

(2)跛行　原发性跛行,受伤时突发跛行。行走数步之后,疼痛减轻或消失,这是原发性剧烈疼痛的结果。反应性疼痛跛行在伤后经 12～24 h,炎症发展为反应性疼痛,再次出现跛行,跛行程度随运动而加剧,中度、重度扭伤时表现这种跛行,而且组织损伤越重,跛行也越重。如损伤骨组织时表现为重度跛行。患病动物在站立时,如为中度扭伤,患肢屈曲以蹄尖着地,免负体重;重度扭伤以蹄尖支柱,时时提起患肢或悬起不敢着地。

(3)肿胀　扭伤关节的肿胀,出现在病程的两个阶段。病初炎性肿胀,是关节滑膜出血、关节腔血肿、滑膜炎性渗出的结果,特别是关节周围出血和水肿时,肿胀更为明显;另一种肿胀出现在慢性经过的骨质增殖,形成骨赘时,表现硬固肿胀。因四肢上部关节外被有厚的肌肉,患部肿胀不甚明显。轻度扭伤,基本没有明显肿胀,中度扭伤有不同程度的肿胀,在严重关节扭伤时,炎症反应越剧烈,肿胀也越重。

(4)温热　根据炎症反应程度和发展阶段而有不同表现。一般伤后经过 0.5～1 d 的时间,和炎性肿胀、疼痛和跛行同时并存,并表现有一致性。仅在慢性过程关节周围纤维性增殖和骨性增殖阶段有肿胀、跛行而无温热。

(5)骨赘　慢性关节扭伤可继发骨化性骨膜炎,常在韧带附着处形成骨赘,因而存在长期跛行。

(三)治疗

关节扭伤的治疗原则是制止出血,镇痛消炎,促进吸收,预防组织增生,恢复关节机能。

(1)制止出血和渗出　在伤后 1～2 d 内,应用冷疗和包扎压迫绷带以制止关节腔内的出血和渗出。冷疗可用冷水浴(将患病动物系于小溪、小河及水沟里,或用冷水浇)或冷敷或以等量栀子粉与大黄粉,用蛋清加白酒调成糊状外敷。症状严重时,可注射凝血剂使患病动物安静。

(2)促进吸收　急性炎性渗出减轻或停止后,使用温热疗法促进吸收。如温水浴(用 25～40 ℃温水浴,连续使用 2～3 h 后,应间隔 2 h 再用)、干热疗法(热水袋、热盐袋)促进溢血和渗出液的吸收。如关节内出血不能吸收时,可做关节穿刺排出,同时通过穿刺针向关节腔内注入 0.25%普鲁卡因青霉素溶液;或使用碘离子透入疗法、超短波和短波疗法、石蜡疗法、乙醇鱼石脂绷带,或敷中药四三一散(处方:大黄 4 g、雄黄 3 g、龙脑 1 g,研细,蛋清调敷)。

(3)镇痛　注射镇痛剂。可向疼痛较重的患部注射盐酸普鲁卡因乙醇溶液(处方:2%普鲁卡因 2 mL、25%乙醇 80 mL、蒸馏水 20 mL,灭菌)10～15 mL;或向患关节内注射 2%盐酸普鲁卡因溶液;或涂擦弱刺激剂,如 10%樟脑乙醇、碘酊樟脑乙醇合剂(处方:5%碘酊 20 mL、10%樟脑乙醇 80 mL);或注射醋酸氢化可的松。在用药的同时适当牵遛运动,促进炎性渗出物的吸收。韧带、关节囊损伤严重或怀疑有软骨、骨损伤时,应根据情况包扎石膏绷带。

对转为慢性的病例,患部可涂擦碘樟脑醚合剂(处方:碘 20 g、95%乙醇 100 mL、乙醚 60 mL、精制樟脑 20 g、薄荷脑 3 g、蓖麻油 25 mL)每天涂擦 5～15 min,涂药同时进行按摩,连用 3～5 d。

(4)装蹄疗法　如肢势不良，蹄形不正时，在药物疗法的同时进行合理的削蹄或装蹄。在药物疗法的同时，可配合新针疗法或用氦氖激光照射、二氧化碳激光扩焦照射。

(四)预后

除重症者外，绝大部分病例预后良好。但是凡发生关节扭伤，常引起关节周围的结缔组织增生，关节的运动范围变窄，多数不能完全恢复功能。

重症者，由于关节内外的病变，留下长期的关节痛，外伤性关节水肿、变形性骨关节病及关节僵直等后遗症。

二、关节挫伤

关节挫伤(contusion of the joint)指由于钝性外力作用于关节部位的闭合性损伤，多发生于马、骡和牛的肘关节、腕关节和系关节，而其他缺乏肌肉覆盖的膝关节、跗关节也偶有发生。

(一)病因

打击、冲撞、跌倒、跳跃沟崖、挽曳重车时滑倒等常引起关节挫伤。牛棚地面(畜床)不平，不铺垫草，缰绳系绊得过短，牛在起卧时腕关节碰撞饲槽，是发生腕关节挫伤的主要原因。

(二)病理与症状

致病的机械外力直接作用于关节，引起皮肤脱毛和擦伤，皮下组织的溢血和挫灭。关节周围软组织血管破裂形成血肿以及急性炎症。损伤黏液囊时，引起黏液囊炎。外力过大损伤翼状韧带及滑膜层的血管，在纤维层与滑膜层间形成血肿，有时血液渗入关节周围软组织中。大量血液进入关节内，引起关节血肿，进入关节腔的血液与滑液混合，血小板虽能被黏液素破坏，但纤维蛋白原被滑液和黏液渗出物高度稀释，以及关节的自由运动，部分血液脱纤，因而血液的凝固比血肿慢。进入关节内的红细胞受机械性和有溶血作用细菌的破坏而发生溶血。若患病关节长时间固定不动，能引起粘连性滑膜炎，关节活动受限制，有时关节软骨、骨膜和骨骺受到损伤，形成关节粘连。擦伤感染时，能引起关节周围蜂窝织炎、化脓性关节周围炎及化脓性黏液囊炎。

轻度挫伤时，皮肤脱毛，皮下出血，局部稍肿，随着炎症反应的发展，肿胀明显，有指压痛，他动患关节有疼痛反应，轻度跛行。

重度挫伤时，患部常有擦伤或明显伤痕，有热痛、肿胀，病后经 24～36 h 则肿胀达到高峰。初期肿胀柔软，以后坚实。关节腔血肿时，关节囊紧张膨胀，有波动，穿刺可见血液。软骨或骨骺损伤时，症状加重，有轻度体温升高。患病动物站立时，以蹄尖轻轻支持着地或不能负重。运动时出现中度或重度跛行。损伤黏液囊或腱鞘时，并发黏液囊炎或腱鞘炎。

(三)治疗

治疗方法同关节扭伤；擦伤时，按创伤疗法处理。

三、关节创伤

关节创伤(wound of joint)指各种不同外界因素作用于关节囊导致关节囊的开放性损伤。有时并发软骨和骨的损伤，是马、骡常发疾病，多发生于跗关节和腕关节，也见于肩关节和膝关节。常损伤关节的前面和外侧面。

(一)病因

锐利物体的致伤，如刀、叉、枪弹、铁丝、铁条、犁铧等所引起的刺创、枪创；钝性物体的致伤，如车撞、蹴踢，特别是冬季冰掌的踢伤，在冬季路滑挽曳重车时跌倒等引起的挫创、挫裂创等。

(二)症状

根据关节囊是否穿透,分为关节透创和关节非透创。

1. 关节透创

特点是从伤口流出黏稠透明、淡黄色的关节滑液,有时混有血液或由纤维素形成的絮状物。滑液流出状态因损伤关节的部位以及伤口大小不同,表现也不同,活动性较大的跗关节胫距囊有时因挫创损伤组织较重,伤口较大时,则滑液持续流出;当关节因刺创,组织破坏比较轻,关节囊伤口小,伤后组织肿胀压迫伤口,或纤维素块的堵塞,只有自动或他动运动屈曲患关节时,才流出滑液。一般关节透创病初无明显跛行,严重挫创时跛行明显。跛行常为悬跛或混合跛行。诊断关节透创时,需要进行 X 射线检查有无金属异物残留关节内。

如伤后关节囊伤口长期不闭合,滑液流出不止,抗感染力降低,则出现感染症状。临床常见的关节创伤感染为化脓性关节炎和急性腐败性关节炎。

(1)急性化脓性关节炎　关节及其周围组织广泛的肿胀疼痛、水肿,从伤口流出混有滑液的淡黄色脓性渗出物,触诊和他动运动时疼痛剧烈。站立时以患肢轻轻负重,运动时跛行明显。患病动物精神沉郁,体温升高,严重时形成关节旁脓肿。有时并发化脓性腱炎和腱鞘炎。

(2)急性腐败性关节炎　发展迅速,患关节表现急剧的进行性浮肿,从伤口流出混有气泡的污灰色带恶臭味稀薄渗出液,伤口组织进行性变性坏死,患肢不能活动,全身症状明显,精神沉郁,体温升高,食欲废绝。

2. 关节非透创

轻者关节皮肤破裂或缺损、出血、疼痛,轻度肿胀。重者皮肤伤口下方形成创囊,内含挫灭坏死组织和异物,容易引起感染。有时甚至关节囊的纤维层遭到损伤,同时损伤腱、腱鞘或黏液囊,并流出黏液。病初一般跛行不明显,腱和腱鞘损伤时,跛行显著。

为了鉴别有无关节囊和腱鞘的损伤时,可向关节内、腱鞘内注入带色消毒液,如从关节囊伤口流出药液,证明为透创。诊断关节创伤时,忌用探针检查,以防污染和损伤滑膜层。也可以做关节腔充气造影 X 射线检查。

(三)治疗

治疗原则是防止感染,增强抗病力,及时合理的处理伤口,力争在关节腔未出现感染前闭合关节囊的伤口。

(1)伤口处理　创伤周围皮肤剃毛,用防腐剂彻底消毒。对新创彻底清理伤口,切除坏死组织、异物及游离软骨和骨片,排除伤口内盲囊,用防腐剂穿刺洗净关节创,由伤口的对侧向关节腔穿刺注入防腐剂,禁忌由伤口向关节腔冲洗,以防止污染关节腔。最后涂碘酊,包扎伤口,对关节透创应包扎固定绷带,限制关节活动,控制炎症发展和渗出。关节切创在清净关节腔后,可用肠线或丝线缝合关节囊,其他软组织可不缝合,然后包扎绷带,或包扎有窗石膏绷带。如伤口被血凝块堵塞,滑液停止流出,关节腔内尚无感染征兆时,此时不应除掉血凝块,注意全身疗法和抗生素疗法,慎重处理伤口,可以期待关节囊伤口的闭合。

在关节腔未发生感染之前,为了闭合关节囊伤口,可在伤口一般处置后,用自家血凝块填塞闭合切口,效果较好。方法是在无菌条件下取静脉血适量,放于 3～6 ℃处,待血凝后析出血清,取血凝块塞入关节囊伤口,压迫阻止滑液流出,可迅速促进肉芽组织增生闭合伤口。还可以同时使用局部封闭疗法。

对陈旧伤口的处理,已发生感染化脓时,清净伤口,除去坏死组织,用防腐剂穿刺洗涤关节腔,清除异物、坏死组织和游离骨块,用碘酊＋凡士林覆盖伤口,包扎绷带,此时不缝合伤口。如伤口炎症反应强烈时，可用青霉素溶液敷布，包扎保护绷带。

(2)局部理疗　为改善局部的新陈代谢，促进伤口早期愈合，可应用温热疗法，如温敷、石蜡疗法、紫外线疗法、红外线疗法和超短波疗法以及激光疗法，用低功率氦氖激光或二氧化碳激光扩焦局部照射等。

(3)全身疗法　为了控制感染，应从病初开始尽早使用抗生素疗法、磺胺疗法、普鲁卡因封闭疗法（腰封闭）、碳酸氢钠疗法、自家血液和输血疗法及钙疗法（处方：氯化钙 10 g、葡萄糖 30 g、苯甲酸钠咖啡因 1.5 g、生理盐水溶液 500 mL，灭菌），1 次静脉内注射；或氯化钙乙醇疗法（处方：氯化钙 20 g、蒸馏乙醇 40 mL、0.9%氯化钠溶液 500 mL，灭菌），马 1 次静脉内注射。

四、关节脱位

关节骨端的正常位置关系，因受力学的、病理的以及某些作用，失去其原来状态，称关节脱位（脱臼，dislocation）。关节脱位常是突然发生，有的间歇发生，或继发于某些疾病。本病多发生于犬、猫、牛、马的髋关节和膝关节。肩关节、肘关节、指（趾）关节也可发生。

（一）分类

按病因可分为：先天性脱位、外伤性脱位、病理性脱位、习惯性脱位。按程度可分为：完全脱位、不全脱位、单纯脱位、复杂脱位。

（二）病因

外伤性脱位最常见。以间接外力作用为主，如蹬空、关节强烈伸曲、肌肉不协调地收缩等。其次是直接外力因素，使关节活动处于超生理范围的状态下，关节韧带和关节囊受到破坏，使关节脱位，严重时引发关节骨或软骨的损伤。

少数情况是先天性因素引起的，由于胚胎异常或者胎内某关节的负荷关系，引起关节囊扩大，多数不破裂，但造成关节囊内脱位，轻度运动障碍，不痛。

如果关节存在解剖学缺陷，或者是曾经患过结核病、马腺疫、肌色素尿病、产后虚弱或者维生素缺乏的患病动物，当外力不是很大时，也可能反复发生间歇性习惯性脱位。牛、马有时发生髋关节或者膝关节的脱位。

病理性脱位是关节与附属器官出现病理性异常等，加上外力作用引发脱位。这种情况分以下 4 种：因发生关节炎，关节液积聚并增多，关节囊扩张而引起扩延性脱位；因关节损伤或者关节炎，使关节囊以及关节的加强组织受到破坏，出现破坏性关节脱位；因变形性关节炎引发变形性关节脱位；由于控制固定关节的有关肌肉弛缓性麻痹或痉挛，引起麻痹性脱位。

（三）症状

关节脱位的共同症状包括：关节变形、异常固定、关节肿胀、肢势改变和机能障碍。

(1)关节变形　因构成关节的骨端位置改变，使正常的关节部位出现隆起或凹陷。

(2)异常固定　因构成关节的骨端离开原来的位置被卡住，使相应的肌肉和韧带高度紧张，关节被固定不动或者活动不灵活，他动运动后又恢复异常的固定状态，带有弹拨性。

(3)关节肿胀　由于关节的异常变化，造成关节周围组织受到破坏，因出血、形成血肿及比较剧烈的局部急性炎症反应，引起关节的肿胀。

(4)肢势改变　呈现内收、外展、屈曲或者伸张的状态。

(5)机能障碍　伤后立即出现。由于关节骨端变位和疼痛，患肢发生不同程度的运动障碍，甚至不能运动。

由于脱位的位置和程度的不同，这 5 种症状会有不同的变化。在诊断时应根据视诊、触诊、他动运动与双肢的比较做出初步诊断；但是，当关节肿胀严重时，X 射线检查可以做出正确的诊断。同时，应当检查肢的感觉和脉搏等情况，尤其是骨折是否发生。

（四）预后

影响因素包括动物的种类、关节的部位、发生时间的长短、关节及周围组织损伤的程度、外伤与骨折，关节内是否出血、骨折、骨骺分离，韧带、半月板和椎间盘的损伤情况等。临床实践表明，小动物关节脱位的整复效果比大动物好。当未出现合并损伤而且整复及时的时候，固定的好坏决定预后的效果。如果并发关节囊、腱、韧带的损伤或者有骨片夹在骨间并且并发骨折时，很难得到令人满意的整复效果。病理性脱位时整复后仍可能再次发生关节的脱位。

有些病例没有经过治疗，当肿胀逐渐消退后，患关节可以恢复到一定的程度，但是会遗留比较明显的功能障碍；当关节囊和关节周围软组织发生结缔组织化时，关节的功能不能完全恢复正常。

（五）治疗

治疗原则是整复、固定和功能锻炼。

（1）整复　整复就是复位。复位是使关节的骨端回到正常位置，整复越早越好，当炎症出现后会影响复位。整复应当在麻醉状态下实施，以减少阻力，易达到复位的效果。整复的方法有按、揣、揉、拉和抬。大动物关节脱位整复时，常采用绳子将患肢拉开反常固定的患关节，然后按照正常解剖位置使脱位的关节骨端复位；当复位时会有一种声响，此后，患关节恢复正常形态。为了达到整复的效果，整复后应当让动物安静 1～2 周。在实施整复时，一只手按在被整复的关节处，可以较好地掌握关节骨的位置和用力的方向。犬、猫在麻醉状态下整复关节脱位比马、牛相对容易一些。整复后应拍 X 片检查。对于一般整复措施整复无效的病例，可以进行手术治疗。

（2）固定　为了防止复发，固定是必要的。整复后，下肢关节可用石膏或者夹板绷带固定，经过 3～4 周后去掉绷带，牵遛运动让患病动物恢复。在固定期间用热疗法效果更好。由于上肢关节不便用绷带固定，可以采用 5%灭菌盐水 5～10 mL 或者自家血向脱位关节的皮下做数点注射（总量不超过 20 mL），引发周围组织炎症性肿胀，因组织紧张而起到生物绷带的作用。

（3）功能锻炼　固定解除后适当进行牵遛运动，并结合适当的理疗方法。

（六）常见的关节脱位

1. 髋关节脱位（dislocation of the hip joint）

常见于犬、猫、牛，马也有发生。大型犬因髋关节发育异常和髋臼窝与韧带的异常，也有出现髋关节脱位的。髋关节窝浅、股骨头的弯曲半径小、髋关节韧带（尤其是圆韧带、副韧带、髀臼韧带）薄弱是主要内因，有些牛没有副韧带。

（1）髋关节脱位的类型　当股骨头完全处于髋臼窝之外时，为全脱位；股骨头与髋臼窝部分接触时为不全脱位。根据股骨头变位的方向，又分为前方脱位、上方脱位、内（下）方脱位和后方脱位。多数为髋关节前方脱位和上方脱位，仅少数为下方或后方脱位。

（2）症状　以小动物犬、猫为主来叙述。动物患肢不能负重。股骨头前上方脱位时，患肢呈外展、外旋姿势，大转子与坐骨结节间距离变长。拇指试验（thumb test）可用于诊断前上方脱位。动物侧卧保定，患肢在上，检查者站在动物背后，一手紧贴脊椎，其拇指抵压大转子与坐骨结节间的凹陷处，另一手抓住膝关节，并向外旋转。如拇指不被移动，则表明股骨头前方脱位。另一种方法即为动物仰卧或侧卧位保定，两后肢向后牵引，如前方脱位，患肢短于健肢；如下方脱位，患肢则长于健肢。根据临床症状一般能做出初步诊断，X 射线检查可进一步查明股骨头脱位精确位置、髋臼骨折及股骨颈骨折等，也有助于鉴别诊断髋部发育异常和骨盆其他部位骨折。

(3)治疗

①闭合性复位 适用于最急性髋关节脱位。动物侧卧保定,患肢在上。如左髋关节脱位,术者右手抓住膝部,左手拇指或食指按压大转子。先外旋、外展和伸直患肢,使股骨头整复到髋臼水平位置,再内旋、外展股骨,使股骨头滑入髋臼内。如复位成功,可听到复位声,患肢可做大范围的活动。术后用“8”字形吊带将肢屈曲悬吊,使髋关节免负体重,连用 7～10 d,动物限制活动 2 周以上。

②开放性整复固定 闭合性复位不成功、长期脱位或脱位并发骨折者,应施开放性整复固定。一般选择背侧手术通路,此通路最易接近髋关节。在暴露髋关节后,彻底清洗关节内血凝块、组织碎片,再将股骨头整复至髋臼内。固定股骨头有多种方法,常用的方法有:缝合关节囊和其周围软组织;骨螺钉固定,即骨螺钉钻入髋臼上缘,再用不锈钢丝将股骨颈固定在螺钉上;钢针固定,根据动物体重,选择不同粗细的髓内针或克氏钢针,用钢针将股骨头固定在髋臼中,其钢针通常在大转子下穿入股骨头至髋臼。

术后患肢系上“8”字形吊带 10～14 d,动物限制活动 3 周,以后逐步增加活动量 2～3 周,术后 14～21 d 拔除髓内针。

目前,犬、猫髋关节脱位大多采用圆韧带再造术,效果良好。部分小型犬也可施行股骨头切除术。

2.膝盖骨脱位(dislocation of the patella)

多发生于犬、牛和马。有外伤性脱位、病理性脱位和习惯性脱位。外伤性脱位比较多见,习惯性脱位是病理性脱位中的一种。根据膝盖骨的变位方向有上方脱位、外方脱位及内方脱位,而犬以内方脱位和外方脱位多见,牛以上方和习惯性脱位为多见,马同样发生,有时两后肢同时发病。

(1)病因 牛、马营养状态不良,突然向后踢,或由卧位起立时后肢向后方强伸、跌跤、在泥泞路上的剧烈使役、跳跃、撞击、竖立时,由于股四头肌的异常收缩,常能引起膝盖骨上方脱位。膝盖内直韧带或膝盖内侧韧带剧伸和撕裂,慢性膝关节炎,营养不良性病态均能引起膝盖骨外方脱位,犬膝盖骨外方脱位又称为膝外翻,一般为两侧性,5～6 月龄多发。马和犬有先天性膝盖骨脱位。膝盖滑车形成不全(可能与遗传有关),或损伤外侧韧带时,则可能发生内方脱位。

(2)症状 膝盖骨内方脱位:常分为 4 级。1 级脱位,动物很少出现跛行,偶见跳跃行走,此时膝盖骨越过滑车嵴。膝盖骨可人为地脱位,但释手可自行复位。2 级脱位,从偶尔跳行到连续负重,出现跛行,膝关节屈曲或伸展时,膝盖骨脱位或人为脱位,并可自行复位。3 级脱位,跛行程度不同,从偶尔跳行到不能负重,多数病例负重时出现轻度到中度跛行。出现中度或严重的弓形腿,胫骨扭转。触摸膝盖骨常呈脱位状态,能人为离位到滑车内,但释手能重新脱位。4 级脱位,常两肢跛行,免负体重,前肢平衡差。虽然有的动物能支撑体重,但膝关节不能伸展,后肢呈爬行姿势,趾部内旋。膝盖骨持久性脱位,不能复位。

膝盖骨外方脱位:也有 4 级之分,常累及两肢,最明显的症状是两后肢呈膝外翻姿势。膝盖骨通常可复位,内侧韧带明显松弛。膝关节内侧支持组织常增厚,负重时,趾部外旋。X 射线检查可发现股骨或胫骨呈现不同程度的扭转样畸形。

膝盖骨上方脱位:突然发生。病的发生是运动中在滑车面滑动的膝盖骨,由于上述原因被固定于滑车的近位端,患病关节不能屈曲。相对较短的膝内直韧带,转位稽留于内侧滑车嵴上,不能复位,称为膝盖骨上方脱位,又称膝盖骨垂直脱位。站立时大腿、小腿强直,呈向后伸直肢势,膝关节、跗关节完全伸直而不能屈曲。运动时以蹄尖着地拖曳前进,同时患肢高度外展,或患肢不能着地以三肢跳跃。他动患肢不能屈曲。触诊膝盖骨上方移位,被异常固定于股骨内侧滑车嵴的顶端,内直韧带高度紧张。如两后肢膝盖骨上方脱位同时发生时,患病动物完全不能运动。上方脱位有时在运动中,突然发出复位声,脱位的膝盖骨自然复位,恢复正常肢势。局部炎症和跛行消失。如症状长期持续，常并发关节炎、关节周围炎。

习惯性脱位：牛多发生，马也发生。主要是膝盖骨上方脱位，多并发于某些全身疾病（如马腺疫等）的恢复期。其特征是，经常反复发作，患病动物在运动中无任何原因突发上方脱位，继续前行，可自然复位，症状立即消失。如此反复发作。再发间隔时间不定，有的仅间隔几步，有的时间长些。

（3）诊断　根据临床症状、触诊和 X 射线检查可做出诊断。本病症状与股神经麻痹、十字韧带断裂或膝关节炎、骨软骨炎相似，临床上应注意鉴别诊断。

应注意牛的膝盖骨上方脱位与股二头肌转位的鉴别诊断。股二头肌转位时，患肢伸展程度比较小，膝盖仍保持活动性，膝盖骨韧带也不甚紧张，可摸到明显突出的大转子。这些症状在膝盖骨上方脱位时不出现。在马的膝盖骨外方脱位应与股神经麻痹及膝盖骨的伸肌断裂鉴别诊断。股神经麻痹时膝盖骨不移位，并无带痛性肿胀，这与膝盖骨外方脱位不同。膝盖骨的伸肌断裂时，在急性期可摸到断裂凹陷处，膝盖骨外方脱位无此症状。

（4）治疗　一时性脱位，可给患病动物注射肌松剂后强迫其急速侧身后退或直向后退，脱位的膝盖骨可自然复位。这是比较简易而又行之有效的方法，但应耐心的反复做如上动作。如确实不能整复再改变为牵引整复法。即用长绳系于患肢的系部，从腹下部向前，由对侧颈基部向上向前，从颈部上方紧拉该绳，可将患肢向前上方牵引，使膝关节屈曲，同时术者以手用力向下推压脱位的膝盖骨，促进复位。还可以倒卧复位，患肢在上侧卧保定，全身麻醉，对患肢做前方转位，用力牵引，同时术者从后上方向前下方推压膝盖骨，可复位。上述复位方法无效时可进行手术疗法。

对于犬膝盖骨内方 1 级脱位采用膝盖骨上方固定的方法即膝关节外侧支持带重叠术。自近端外侧滑车嵴，伸展至远侧滑车嵴，横过关节腔，到外侧胫骨嵴的远端切开皮肤，分离皮下组织，切开深筋膜和关节囊，打开关节腔。用单股非吸收缝合材料做支持带的重叠缝合。第 1 排用水平褥式缝合，将关节的内侧创缘拉向外侧缘的深侧。第 2 排缝合把外侧缘与内侧缘表面做单纯间断缝合。皮肤用非吸收缝线间断缝合。术后 24 h 做有垫绷带包扎，对易活动的犬局部绷带应多保留几天。术后限制活动 1～2 周，如需要可给予止痛剂。

犬膝盖骨内方 2 级脱位，如滑车沟变浅，可采用滑车再造术。切开关节囊膝盖骨向外移位，暴露滑车。测量膝盖骨的宽度，确定滑车再造术的范围。滑车软骨可用手术刀（幼年动物）、骨钻、骨钳或骨锉去除。其深度达至骨松质足以容纳 50％的膝盖骨。新的两滑车嵴应彼此平行，并垂直于新的滑车沟床。再造术完成后，将膝盖骨复位，伸屈关节，以估计其稳定性。

如胫结节向内旋转，可施胫结节外侧移位术，以使附着于胫结节的膝盖骨韧带矫正到正常位置。先用骨凿在胫前肌下做胫结节切除术，向外侧移位，再用 1～2 根钢针将其固定。伸屈膝关节，如仍有膝盖骨内方脱位的倾向，可进一步将胫结节外移，或外侧关节囊做间断内翻缝合。如有必要，可做内侧松弛术。

犬膝盖骨内方 3 级脱位，其手术方法同 2 级脱位。4 级脱位，由于骨的严重变形，上述手术方法难以矫正膝盖骨脱位。一般需做胫骨和股骨的切除术。

牛膝盖骨上方脱位内直韧带切断术，病牛柱栏保定或侧卧保定（患肢在下）。术部剃毛消毒，适当使用镇静剂，先确定胫骨结节，可摸到软骨样棒状内直韧带，周围局麻。在胫骨结节稍上方内直韧带与中直韧带之间沟内，皮下纵切口 6～7 cm，切开皮下组织、浅筋膜，韧带周围钝性剥离并加以整理，将球头弯刃刀插入，由内向外切断韧带，创内撒布抗生素或磺胺类药物，缝合筋膜和皮肤，包扎绷带。马的内侧直韧带附着于腔骨嵴，内侧直韧带与中直韧带间沟不如牛明显。

五、关节周围炎

关节周围炎(periarthritis)是在关节囊及韧带抵止部所发生的慢性纤维性和慢性骨化性炎症，但毫不损伤关节滑膜组织。此病多发生于马的腕关节、跗关节、系关节和冠关节，特别是前两者比较多见，牛也发生。

(一)病因

常继发于关节的扭伤、挫伤、关节脱位及骨折等，因关节剧伸，韧带、关节囊的抵止部的滑膜发生撕裂，有时并发于关节囊的蜂窝织炎。使关节边缘的骨膜长期受刺激的慢性关节疾病、关节烧烙和强刺激剂、牛的布氏杆菌病等，都能引起关节周围炎。

(二)症状

本病可分为慢性纤维性关节周围炎和慢性骨化性关节周围炎两种。

(1)慢性纤维性关节周围炎　患慢性纤维性关节周围炎时，患关节出现无明显热痛、界限不清的坚实性肿胀，关节粗大，外形稍平坦，关节活动范围变小，他动运动有疼痛。运动时关节不灵活，特别是在休息之后，运动开始时更为明显，继续运动一段时间后，此现象逐渐减轻或消失，久病可能因增生的结缔组织收缩，发生关节挛缩。

(2)慢性骨化性关节周围炎　患慢性骨化性关节周围炎时，由于纤维结缔组织增殖，骨化，关节粗大，活动性小，甚至不能活动，肿胀坚硬无热痛。硬肿部位根据骨赘或骨瘤的部位不同，有的在某侧，有的在关节屈面或伸面，有的包围全关节。肿胀部位皮肤肥厚，可动性小。运动时，关节活动不灵活(强拘)、屈伸不充分，并根据骨质增生的程度、部位的不同，机能障碍的程度也不同。有的跛行明显，有的仅在运动开始时出现跛行，有的不出现跛行。休息时不愿卧倒，卧倒时起立困难。病久患肢肌肉萎缩。诊断本病时，对有疑问的病例，可进行传导麻醉或X射线检查。

(三)治疗

对慢性纤维性关节周围炎，应用温热疗法、乙醇温敷、可的松皮下注射、透热疗法及碘离子透入疗法。可试用二氧化碳激光扩焦患部照射。已发展到骨化性关节周围炎时，可参考骨关节炎和骨关节病疗法。

(1)腕关节周围炎(periarthritis of the carpal joint)　特点是病程为慢性经过，早期阶段患关节周围呈现弥散性热痛肿胀，指压韧带经过的地方及附着点，肿热痛显著。自动、他动有明显疼痛。站立时，腕关节屈曲以蹄尖着地。运动时呈混合跛行。转为骨化性炎症时，患关节粗大，变形，无痛或微痛性硬固肿胀。关节运动很不灵活，如强迫患肢屈伸时，有明显疼痛反应。运动时多数病例无跛行或不明显，患关节活动性降低。重度使役或使役时间过长时，患肢易疲劳，患病动物起卧困难，患肢肌肉萎缩。

(2)跗关节周围炎(periarthritis of the hock joint)　病初跗关节周围弥漫性肿胀，硬固，无热痛。有时肿胀面积波及很广，可由胫骨下端到跖骨上端的各列关节骨上。患部皮肤与皮下结缔组织、腱鞘及关节囊纤维层粘连，经常是完全不动。在韧带的附着点可摸到外生骨赘，关节粗大。他动运动时，患关节疼痛，活动范围很小。站立时，轻度屈跗。两后肢同时发病时，交替负重，起卧困难。运动时，表现出不同程度的混合跛行(患关节机能障碍取决于骨赘及外生骨瘤的部位、大小)，如外生骨赘和骨瘤位于跗关节外侧时，则不出现跛行。病程经过比较慢。病久，患病动物臀部、股部肌肉萎缩。

六、骨关节炎及骨关节病

骨关节炎(osteoarthritis)与骨关节病(osteoarthropathy)是两种不同的慢性经过的骨关节疾

病。二者都是临床常见危害性较大的关节疾病，临床症状有很多相似之处。其不同点是：第一，骨关节炎系来自急性炎症过程（包括原发性慢性型）的慢性骨关节炎，而骨关节病是骨关节的慢性变性疾病；第二，按病因、病理发生、病理解剖以及X射线诊断上的某些点是完全不同的，骨关节炎最终引起关节骨性粘连，骨关节病却不发生粘连。

（一）骨关节炎

骨关节炎是关节骨系统的慢性增生性炎症，又称慢性骨关节炎。在关节软骨、骨骺、骨膜及关节韧带发生慢性关节变形，并有机能障碍的破坏性、增殖性的慢性炎症，所以又称慢性变形性骨关节炎。最后导致关节变形、关节僵硬与关节粘连。骨关节炎常见于马、骡，牛偶有发生。常单发于某个关节，偶有对称性发病。多见于肩、膝、跗及系关节。

1. 病因

骨关节炎是急性关节炎症过程的晚期阶段，各种关节损伤如关节的扭伤、挫伤、关节骨折及骨裂等，都是发生骨关节炎的基本原因。关节骨组织的轻微损伤，如骨小梁破坏、骨内出血及韧带附着部的微小断裂等引起轻微或几乎不易见到临床症状的病理过程，最后可发展为骨关节炎。也可继发于风湿病、布氏杆菌病和化脓性关节炎。动物的肢势不正、关节的结构不良、削蹄装蹄不当等为发生骨关节炎的内在因素。

2. 病理发生

骨关节炎是由关节各组织急性炎症过程发展而来，病理发生决定于原发性炎症的部位，有的可能由关节软骨、骨骺或骨膜先开始发病，有时是单一组织发病，有时是几种组织同时发病。骨膜的炎症过程，由急性炎症转为慢性骨化性骨膜炎，形成骨赘或外生骨疣。当关节软骨受损伤时，软骨迅速破坏，发生于骨的变化是骨质损伤及骨关节面的破坏，随后出现骨性肉芽组织，骨关节粘连，骨质硬化，关节滑液量减少。有的可能开始于关节囊的纤维层、滑膜层以及关节韧带和周围软组织慢性增生性炎症，引起结缔组织增生。骨关节炎常发生于关节的内侧面，与肢体的负重和承受压力有关，在肩关节和跗关节表现更为显著。

3. 症状

骨关节炎的主要临床症状是跛行和关节变形（畸形）。原发于急性关节炎时有关节急性炎症病史，转为慢性炎症过程表现骨关节炎的特有症状。关节骨化性骨膜炎时，形成骨赘或外生骨疣，关节周围结缔组织增生，关节变形以及关节粘连。因此表现跛行，跛行的特点是随运动而加重，休息后减轻。这些病状较为明显。发生于反复微小的损伤时，只有在病的晚期逐渐呈现临床症状，病初不明显。慢性骨关节炎晚期常发生患肢肌肉萎缩及蹄变形。

4. 诊断

病初诊断有一定困难，当发展为慢性变形性骨关节炎时易诊断。为了与骨关节病、关节周围炎鉴别诊断及查明病程阶段，必须进行X射线检查，判明有无外生骨赘和关节粘连。但在骨关节病时，可见骨质增生，无关节粘连。跗关节炎在X射线像上表现患关节粘连，关节间隙消失，临床上见到的关节肿胀处，在X射线像上反映为骨赘形成和关节韧带骨化。关节屈曲试验阳性，与骨关节病相同。为了区别患肢的某一关节发病，可进行传导麻醉实验。

5. 预后

跗关节骨关节炎发生于活动性较小的关节（中央跗骨与第3跗骨间）时，最终关节粘连，跛行减轻或消失，预后尚可；胫跗关节骨关节炎常伴发顽固性难以消除的跛行，预后不良。

6. 治疗

合理治疗早期的急性炎症，在病初阶段控制与消除炎症，有利于防止本病的发生。当在临床上已发现慢性渐进性骨关节炎症状时，必须给患病动物 45～60 d 休息；患部涂刺激性药物，或用离子透入疗法。为了消除跛行，促进患关节粘连，可用关节穿刺烧烙法（跗关节炎）。顽固性跛行，可进行截神经术。

(二)骨关节病

四肢关节慢性非渗出性关节骨组织系统的退行性变性疾病，称骨关节病或变形性关节病。其特征是缺乏病理解剖的炎症变化，表现为明显的变性、破坏与反应性修复的慢性病理过程。病变发生于关节软骨、骨骺及关节小骨之间。常发于肩关节、腕关节、膝关节、跗关节及系关节，是马、骡的多发关节疾病，特别多发于跗关节，役牛也有发生。跗关节骨关节病常发生在缺乏活动性的关节（多在中央跗骨与第 3 跗骨间），发病部位多在该关节的内前侧。

1.病因

正常情况下，四肢关节不论在静止或运动时，关节面接受压力与抗压力、摩擦与抗摩擦，都保持相对的平衡状态。马、骡的钙磷代谢失调，骨软症，维生素缺乏，肢势不正（内弧肢势、外弧肢势、外向肢势），肢体内侧负重偏大，关节发育不良（关节狭小与负重需要不适应）等是发病的主要内因；削蹄、装蹄失宜，幼驹过早使役，突然在坚硬不平道路上剧烈使役，奔驰中的急转急停，辕马用力后退等诱因，能促使具有上述内因的马、骡关节接受压力过重、过激，以及超出生理范畴的摩擦与压迫，使关节的动力平衡受到破坏，均易引起骨关节病。

2.病理发生

骨关节病初期有关节软骨的慢性变性，关节软骨失去光泽，弹性减退，在磨损、破坏及消耗变性过程中，软骨表面凹凸不平、粗糙、纤维解离，在软骨上发生大小不等的缺损，关节骨面暴露。失去软骨的关节骨面由于相互摩擦和冲击压迫，使骨组织受到损伤，骨松质骨小梁有的遭到轻微破坏，在骨边缘由于骨膜受刺激发生骨质增生。在骨组织系统的变性破坏基础上，引起反应性修复，骨组织发生增生，增生的骨质一般比较疏松，最终出现关节变形。关节面的密质骨增厚，致密硬化。关节滑液常为混浊，有时含有少量絮状物。

3.症状

骨关节病是逐渐发生发展而形成的，早期症状不明显，不易诊断，只有在疾病的发展中，关节功能出现障碍时，一般在临床上只见跛行，无明显的局部变化（如跗关节病时，一般称为隐性飞节内肿）。当骨质增殖形成骨赘时，骨赘多在韧带附着处，关节变形，跛行明显，以混合跛行为主，其特点是随运动减轻。有时虽然患关节明显变形，但跛行不甚明显。患病过久，患肢肌肉萎缩，关节不粘连。

4.诊断

跗关节病的诊断较难，应注意与跗关节骨关节炎鉴别诊断。常用下列 4 种方法。

(1)跗关节屈曲试验　若为阳性，与跗关节骨关节炎、膝关节骨关节炎及骨关节病均表现相同反应。因此，必须参考其他诊断方法做细致鉴别。

(2)诊断麻醉　用诊断麻醉确定病变部位。

(3)触摸跗关节沟　正常马、骡的跗关节，在剪毛或剃毛后可摸到 4 道关节沟：第 1 道是第 2 跖骨与第 3 跖骨，第 4 跖骨与第 3 跖骨之间的垂直沟；第 2 道是第 3 跗骨与第 1、第 2 跗骨之间的垂直沟；第 3 道是第 3 跗骨与第 3 跖骨之间的横沟；第 4 道是第 3 跗骨与中央跗骨之间的横沟。第 3 道、第 4 道横沟表现不清是骨关节病的特征。

(4)X 射线检查　骨关节病的 X 射线影像特点：一是患关节骨间隙比正常的狭窄，在中央跗骨与第 3 跗骨间最狭窄，不论病程长短与症状轻重，患关节的间隙都不消失。反之，跗关节骨关节炎因关节粘连，见不到骨间的间隙；二是中央跗骨、第3跗骨及第3跖骨的近端骨质因硬化表现出骨的影像改变；三是中央跗骨及第3跗骨内侧面有骨质增生(骨赘)。根据上述X射线的表现特点，可进一步确定骨关节病的病性和病理过程的阶段时期。

5.预后

发病早期，预后慎重，少数不良；慢性经过至晚期并长期存在跛行者，预后不良。

6.治疗

早期治疗以镇痛和温热疗法为主，或用封闭疗法。温热疗法用透热疗法、短波疗法等调节代谢，促进关节功能恢复。

晚期治疗以消除跛行、恢复功能为主。为使已形成骨赘、能微动的患关节发生粘连，消除跛行，保存畜力，可应用强刺激疗法，诱发患部骨关节出现急性炎症，以达到关节粘连消除跛行。涂擦5%碘化汞软膏、斑蝥软膏(牛用10%重铬酸钾软膏)，包扎绷带，观察疗效。或用1∶12的升汞乙醇溶液涂于患部，每天1次至皮肤结痂为止，休息7 d可再用药，连用3次。或使用碘酊、乙醚等份溶液1 mL，患部皮下注射，分注2～3点，诱发急性炎症。或用穿刺烧烙疗法促进关节粘连，局部剃毛、消毒、麻醉后，于中央跗骨与第3跗骨之间骨赘明显处向深部穿刺烧烙2～3点(跗关节病时)，用碘仿火棉胶封闭烧烙孔，包扎无菌绷带。此外，需配合进行削蹄、装蹄疗法。蹄踵过低的马、骡，削蹄时应注意保护蹄踵，或在装蹄时加橡胶垫，或装置特殊蹄铁，如用内侧铁支剩缘宽的蹄铁、剩尾长的蹄铁及铁头部不设上弯的蹄铁等。胫前肌腱内支切断术，可消除跛行，效果较好。

7.预防

加强饲养管理、维生素C和钙盐补给。不饲喂霉败饲料，预防骨软病。提高使役技术，改善使役方法，调整使役，如轮换使用辕马等。普及护蹄知识，提高削蹄、装蹄质量。对不正肢势，不正蹄形马、骡，做好矫形装蹄。定期检查护蹄、饲养管理和使役情况，发现问题及时排除。

七、髋部发育不良

髋部发育不良(hip dysplasia)是生长发育阶段的犬出现的一种髋关节病，病犬股骨头与髋臼错位，股骨头活动增多；临床上以髋关节发育不良和不稳定为特征，股骨头从关节窝半脱位到完全脱位，最后引起髋关节变形性关节病。本病不是一种独立的疾病，而是多种病因(遗传和环境应激因素)所致的复合性疾病。本病多发生于大型和快速生长的幼年犬，如德国牧羊犬、圣伯纳犬、纽芬兰犬等。但在小型犬(比格犬、博美犬)和猫也有报道。

(一)病因

目前认为本病是多因子或基因遗传性疾病，表明动物体内存在基因缺陷，当受到环境因素影响时就改变了基因的表现型。主要表现为肌肉和骨骼发育不一致，骨骼生长过快，肌肉不能与骨骼以相似速度发育成熟，致使主要依赖肌肉组织固定关节(如髋关节)不能保持稳定。后者是髋关节发育异常的激发因子。试验表明，任何致使髋关节不稳定的因素，如内收肌张力大、肌肉强度缺乏、骨盆软组织化学松弛作用、关节损伤和关节负荷过度等都可引起本病的发生。在未成年犬，医源性原因也可引起本病。

(二)症状

患犬出生时髋关节发育正常，4～12月龄的病犬常见活动减少、关节疼痛。小犬摇摆、运步不稳，后肢拖地、以前肢负重，后肢抬起困难，运动后病情加重，股骨头外转时疼痛，触摸可见髋关节松弛，负重时出现跛行，髋关节活动范围受限制，可见后肢肌肉萎缩。

X 射线检查，轻度时变化不明显；中度以上时可见髋臼变浅，股骨头半脱位到脱位（是本病的特征），关节间隙消失，骨硬化，股骨头扁平，髋变形，有骨赘。但 X 射线检查所见不一定与临床症候成正相关。

（三）诊断

依据无明显致病因素且表现以上临床症状，可怀疑本病。X 射线摄片检查可发现髋关节发育异常。

目前髋关节发育不良常用的判定标准：OFA 标准。

（1）动物麻醉后采取标准的腹背位（VD）拍摄髋关节正位片。

（2）拍片时正确摆位　腹背位，前肢前拉固定，后肢充分伸展，后拉。两膝关节内旋使股骨平行，髌骨位于滑车沟正上方。将躯干两侧垫住防止身体转动。X 射线束中心指向两髋关节连线中心，投照范围应包括第 6、第 7 腰椎，骨盆，股骨和髌骨。标记左右及日期。

（3）摆位正确后的图像　成像后可见双侧髂骨翼等宽；骨盆口接近圆形，两闭孔大小相等；双侧股骨平行；髌骨位于滑车沟正上方。

（4）OFA 法观察项目　髋臼深度、前缘、前外缘、股骨头形状、股骨颈、关节吻合度、股骨头中心点的位置、Norberg 角（两侧股骨头中心点连一直线，股骨头中心点与同侧髋臼前外缘连一直线，两条线之间的角称为 Norberg 角，如图 18-2 所示）。

（5）Norberg 角的测定方法与判定标准：

①大于或等于 105°为正常；

②100°～105°之间为可疑；

③90°～100°之间为中度；

④小于 90°为严重。

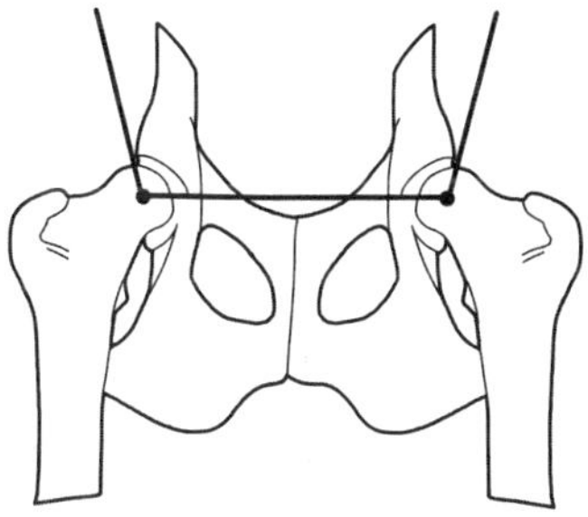

图 18-2　Norberg 角测定

（四）治疗

控制运动，减轻体重，关节变形期，可用强的松龙或乙酰水杨酸等药物。保守疗法不奏效，则可施行手术疗法，一类是矫正骨畸形（骨盆切开术、髋臼固定术、股骨旋转切开术、股骨内翻切开术），一类是髋关节切除术或置换术（股骨头颈切除术、髋关节全置换术），另一类是解除疼痛的手术（耻骨肌切开术和切除术）。限制小犬的生长速度，避免高能量食物是预防本病发生的基础。对遗传性因素所致的患病动物，禁止用于繁殖。

八、股骨头坏死

股骨头坏死又称为累-卡-佩氏病（Legg-Calve-Perthes disease）是以股骨头血液供应中断和骨细胞死亡为特征的综合征。在综合征修复期间，股骨头的一部分可能出现萎缩，引起关节面不相称和变形性关节病。此病最常见于 4～11 月龄小型犬。

1. 病因

病因不清楚。由于关节内压力增加，使骨髓血流减少、骨骺血管脂肪栓塞，细胞毒因素、遗传因素等促使本病发生和发展。

2. 症状

一侧或两侧后肢出现跛行，后肢肌肉可见萎缩。用手做髋关节他动运动时，动物有疼痛反应，并可听到哔啪音。

X 射线检查可见股骨头软骨下面不规则或变平，股骨骨骺和干骺区密度不规整，干骺区股骨颈的宽度明显增加，关节间隙宽度增加。

视频 18-2 犬股骨头切除术

3. 治疗

股骨头尚无解剖畸形的犬，可用窄笼控制饲养 6～12 周。给阿司匹林 10～25 mg/kg，口服，每天 2～3 次，以控制疼痛。股骨头有解剖畸形的犬，或已经出现变性关节的犬，需切除股骨头和股骨颈，术后 72 h，髋部开始被动活动，每次 15～20 min，每天 2 次。缝线拆除后，可开始运动，拉着步行 10～20 min，每天 2 次。（视频 18-2）

九、类风湿关节炎

类风湿关节炎（rheumatoid arthritis）是慢性进行性、侵蚀性和免疫介质多发性关节病。通常侵害成年小型玩赏品种的犬（平均 4 岁）。

1. 病因

确切病因不清楚，但怀疑是免疫性疾病。各种原因引起宿主滑膜免疫球蛋白 G（IgG）改变，形成免疫复合体而致病，而炎症被怀疑是一个原因。

实际上，细菌、支原体和病毒能引起近似类风湿关节炎的关节疾病，但没有一种病原体能从自然发生的类风湿关节炎病例中发现。

2. 症状

开始的征候包括关节液渗出和关节疼痛，而且患肢可轮换。有精神沉郁、发热和厌食等全身性征候。当经过几周到几个月后，患关节（最常在腕关节和跗关节）变得松弛，触摸时有哔啪音。可发生脱位和成角畸形。

放射学摄片变化，早期可见关节周围软组织肿胀，骨质疏松和关节囊、韧带抵止区的骨溶解缺损。后期可见窄的、不规则到萎缩的关节间隙，骨膜增殖，关节囊钙化，骨硬化和关节畸形，有时也有半脱位和脱位。滑液黏液试验通常产生很少的块状物，白细胞数常升高。

3. 治疗

（1）应用强的松或强的松龙　开始 2 d 按 1.5～2.0 mg/kg，口服，每天 2 次；第 3～14 天按 2.0～3.0 mg/kg，口服，每天 1 次，早晨服；以后隔天 1 次，维持在 1.0 mg/kg，口服，无限期服用。

（2）应用环磷酰胺　犬、猫体重小于 10 kg 按 2.5 mg/kg；犬 10～35 kg 按 2.0 mg/kg；体重超过 35 kg 按 1.5 mg/kg。口服，每天 1 次，午前服，每周连续 4 d 用药。治疗 4 个月后，或发生出血性膀胱炎、滑膜炎症后，停药 1 个月。

（3）手术疗法　滑膜切除术和关节固定术。

十、猫慢性进行性多发性关节炎

猫慢性进行性多发性关节炎（feline chronic progressive polyarthritis）是公猫的常见病，通常侵害 1.5～5 岁猫。

1. 病因

不清楚。怀疑是免疫病，与猫的白血病病毒和猫合胞型病毒有关。

2. 症状

发热、跛行、不适，以及全身僵硬。关节周围肿胀、疼痛，骨膜增殖，常发生在跗关节和腕关节。区域淋巴结肿大，体重减轻。

3. 治疗

同类风湿性关节炎。

第三节　肌肉疾病

骨骼肌属横纹肌，由肌纤维组成肌纤维束，集合肌纤维束而成为大束。肌纤维束外被有纤维性肌束膜。肌肉外周被有肌外膜(肌鞘)。该膜厚，由胶原纤维、网状纤维、弹力纤维及多数结缔组织细胞构成，进入肌纤维束之间。肌纤维末端与腱的胶原纤维密切结合。骨骼肌内分布有血管、淋巴和神经。

正常肌肉的生理机能具有严格的规律性。其拮抗作用与协同作用相互调节，同时肌肉与肌纤维的收缩频率、强度和顺序协调有序。如肌肉遭到机械的、温热的和生物学的刺激时，则引起肌肉组织的生物化学和解剖学的变化，致使四肢的动力学规律发生紊乱，表现出临床症状。

动物肌肉疾病，最常见的有肌炎、肌肉断裂和肌肉脱位。

一、肌炎

肌炎(myositis)是肌纤维发生变性、坏死，肌纤维之间的结缔组织、肌束膜和肌外膜也发生病理变化。本病多发生于马，牛、猪和犬也有发生。

(一)分类

根据病因可分为外伤性、风湿性、症候性和感染性肌炎；根据炎症性质可分为急性肌炎、慢性肌炎和化脓性肌炎。

(二)病因

外伤性肌炎，临床上多见，主要因蹴踢、跌落、滑倒、角抵和马具压迫等对肌肉造成直接或间接的损伤所致，或见于马匹及犬平时缺乏锻炼，突然剧烈训练、繁重使役造成所谓外伤性肌炎。护蹄不当、肢势异常、蹄形不正更易诱发外伤性肌炎。马肌红蛋白尿病时的症候性肌炎也多因长期休闲后突然剧烈运动引起。风湿性肌炎的病因尚未完全搞清，一般认为是一种变态反应性疾病。犬有时发生一种多肌炎，也是自身免疫介质引起的非感染性肌炎。

化脓性肌炎是由葡萄球菌、链球菌、大肠杆菌等致病菌感染所致，多因创伤、蜂窝织炎、肌肉内误注强刺激剂(如松节油、氯化钙等)所引起，也可由周围组织炎症蔓延与脓毒病、腺疫等病时经血液转移而发病。在牛、猪、犬有时发生棒状杆菌引起的化脓性肌炎。放线菌、旋毛虫、囊尾蚴、肉孢子虫等也能引起发病。犬患鼠伤害沙门氏杆菌败血症有时可引起肌肉脓肿。

(三)症状

(1)急性肌炎　多为突然发病，在患病肌肉的一定部位有指压痛。患部增温、肿胀的有无因部位而各有差异，但不论症状轻重都有跛行，一般多为悬跛，少数是支跛，悬跛之中有的兼有外展肢势。

(2)慢性肌炎　多来自急性肌炎，抑或致病因素经常反复刺激而引起。患病肌纤维变性、萎缩，逐渐由结缔组织取代。患部脱毛，皮肤肥厚，缺乏热、痛和弹性，肌肉肥厚、变硬。患肢机能障碍。

(3)化脓性肌炎　除深在肌肉外，炎症进行期有明显的热、痛、肿胀和机能障碍。随着脓肿的形成，局部出现软化、波动。深在病灶虽无明显波动，但可见弥散性肿胀，穿刺检查，有时流出灰褐色脓汁。自然溃开时，易形成窦道。

(四)治疗

治疗原则是除去病因,消炎镇痛,防止感染,恢复功能。

(1)急性肌炎　病初停止使役,先冷敷后温敷,控制炎症发展或促进吸收。用青霉素盐酸普鲁卡因封闭,涂刺激剂和软膏。为了镇痛,注射复方氨基比林合剂、2%盐酸普鲁卡因、维生素 B_1 等,也可以使用安乃近、安痛定、水杨酸制剂及糖皮质激素等。

(2)慢性肌炎　可应用针灸、按摩、涂强刺激剂、透热疗法、碘离子透入疗法、石蜡疗法、超短波电疗法和红外线疗法,对猪可向股部注射碘化乳剂(处方:鲜牛乳 5～10 mL、10%碘酊 5～10 滴),同时注射青霉素,每隔 3 d 用药 1 次,注意适当运动。

(3)化脓性肌炎　前期应用抗生素或磺胺疗法,形成脓肿后,适时切开,根据病情注意全身疗法。

对某些病例除药物疗法外,应配合进行装蹄疗法。

二、肌肉断裂

肌肉断裂(rupture of muscles)常发生于肌肉弹力和反弹力小的部位,如肌肉的骨附着点、肌纤维与腱的胶原纤维结合处。肌肉断裂,有时是部分断裂,有时为完全断裂。

(一)病因

损伤性肌肉断裂多发,如牛抵、马踢、冲撞、牵引重车时肌肉过度牵张、后肢踢空、跌倒、跳跃障碍、四肢陷于穴洞内时用力拔出等直接、间接暴力所引起。

症候性肌肉断裂有时发生,如代谢疾病(骨软症、佝偻病)或某些传染病发病过程中,肌纤维组织变性、萎缩、弹性降低,肌肉中结缔组织瘢痕形成,都是发病的原因。

(二)症状

肌肉断裂的功能障碍有轻有重,视断裂部位与程度而异。支撑作用的肌肉断裂时,跛行比较明显;提伸肢的肌肉断裂时,跛行较轻或不明显。局部变化:新患在断裂处凹陷,随炎症发展,局部肿胀,常出现血肿,温热疼痛。临床上常见的肌肉断裂如下:

(1)冈下肌断裂(rupture of the infraspinatus)　常发生于臂骨结节附近的浅腱枝。突然发生重度支跛,肩关节显著外展。常能诱发腱下黏液囊炎。注意与肩胛上神经麻痹鉴别诊断。

(2)臂二头肌断裂(rupture of the biceps brachii)　断裂部位多在腱质的移行部位。全断裂时,患病动物站立状态下肩关节和指关节屈曲,支撑困难。运动时表现混合跛行。肌肉断裂处凹陷,疼痛肿胀,局部温热。应注意与该肌的腱下黏液囊炎鉴别诊断。

(3)臂三头肌断裂(rupture of the triceps brachii)　常发生于肘突附近。站立时患肢负重困难,重度支跛。运动时,患肢关节屈曲拖曳前进。注意与桡神经麻痹做鉴别诊断。

(4)胫骨前肌和第 3 腓骨肌断裂(rupture of the anterior tibialis and peroneus tertius)　断裂部位多在骨的附着点。站立时,患肢膝关节高度屈曲,跗关节伸直,跗关节与趾部构成直线向后方伸展。他动患肢,可无阻力地向后方自由牵拉。由于该肌位于深筋膜下,故不易判定断裂部位。在运动时呈悬跛,患肢股部高度提举,膝关节过度屈曲,跗关节处于反常伸展状态,患病动物基本不能后退。当两后肢的胫骨前肌和第 3 腓骨肌同时断裂时,患病动物站立时将两后肢置于后方,行动困难。

(三)治疗

病初绝对安静,根据部位尽可能进行固定(石膏绷带及其他固定绷带),有利于促进肌肉的再生修复。局部可应用红外线照射、钙离子透入疗法、石蜡疗法和刺激剂。治疗经过 1～2 个月,根据病情，可进行少量的牵遛运动，禁忌在痊愈后立即进行重度使役。注意防止复发。

三、肌肉脱位

肌肉脱位(dislocation of the muscles)常发部位多在腱质部，并常在腱下有黏液囊的部位。

(一)病因

挫伤、急转、滑倒、剧烈运动中的突然急停、后肢蹴踢、跳跃障碍、配种以及在泥泞地里的强度使役等，皆能引起某些肌肉的突然收缩而发生肌肉脱位。长期舍饲缺乏运动(牛)，维生素缺乏症和动物的过度瘦弱，是发生本病的基本因素。

(二)症状

由于肌肉的解剖部位不同，其症状各异。

(1)冈下肌脱位(dislocation of the infraspinatus)　常发于浅支，越臂骨突向后转位。呈支跛，兼外展肢势。在患肢的支撑瞬间，肩关节明显与前躯离开，臂骨近端表现轻度肿胀疼痛。应注意与肩胛上神经麻痹鉴别诊断。

(2)臂二头肌脱位(dislocation of the biceps brachii)　自滑车沟向外转位。运动瞬间出现悬跛，肩关节角度变小。触诊臂骨上端有肿胀和轻度疼痛。

(3)股二头肌脱位(dislocation of the biceps femoris)　多见于牛，常发生于营养不良尻部倾斜牛，或种公牛在配种时后肢过度紧张而发病。该肌缺中部胫骨嵴头，因而不够稳定。该肌的前肢为腱样结构，肌下有黏液囊。股二头肌常向后脱出，转于大转子后方(在马股二头肌转于大转子的前方)，造成髋关节不能屈曲。故患病动物在站立时患肢向前伸直。触诊转子前方出现凹陷，股二头肌前支高度紧张，患肢不能他动的屈曲和伸展。运动时，拖曳患肢前进。有的病例能不借外力自行复位，并反复发作。临床检查应与膝盖骨上方脱位鉴别诊断。

(三)治疗

一般在全身麻醉下进行整复，整复后局部涂刺激剂。如不能整复时，可进行手术疗法。例如，股二头肌脱位时，切断股二头肌前缘和筋膜，即可消除股二头肌的紧张状态，机能恢复正常。

牛的股二头肌切断术：病牛柱栏内站立保定，健肢前方牵引固定，或手术台上侧卧保定，注射肌松剂，局部麻醉。切口部位在股骨大转子下方约 10 cm 处剃毛消毒，由大转子后缘可以触知向前下方行走高度紧张的股二头肌，在股二头肌的前缘进行局部麻醉，皮肤切口长 5～6 cm，切开皮下结缔组织、筋膜，插入手指钝性分离，将隐刃刀由股二头肌前缘，从内前方向后方切断数厘米，切至该肌的紧张缓解为止，股二头肌即可复位。也可以在术部皮肤上用尖刀刺破皮肤、筋膜，插入球头弯刃刀，徐徐切断股二头肌，可达到同样手术目的，优点是创口小，用氧化锌胶布粘贴创口即可。

第四节　腱和腱鞘疾病

腱是由多数胶原纤维束所构成，共分 3 级腱束，相互粘连。每小束胶原纤维是构成腱最基本的 1 级腱束，外被薄层疏松结缔组织性腱内膜，多数 1 级腱束构成 2 级腱束，外被结缔组织束膜，即腱束膜；多数 2 级腱束构成 3 级腱束，外被腱束膜，即腱外膜。腱外膜与腱束膜相连。各级腱束膜中均分布有神经、血管和淋巴管。1 级、2 级腱束膜的结缔组织中有腱细胞，具有再生修补作用。当腱组织受伤时，该细胞开始增殖，并分化形成胶原纤维束，修补损伤的腱组织。

腱的机能是能传导来自肌肉的运动和固定有关的关节。指浅屈肌腱和指深屈肌腱在肌腹之下方各有其副头，固定于前臂和掌部，构成肢体稳定的弹性装置，以加固系骨和系关节的正常位置而支撑体重。腱的活动要比任何组织都大。

腱在通过关节和骨处，具有方便其实现机能活动的黏液囊和腱鞘。腱鞘构成囊状的滑膜鞘包在腱外，它由纤维层与滑膜层构成。在两层滑膜间的滑膜腔中有扁平上皮状结缔组织细胞，能分泌滑液，当腱鞘发病时，滑膜液增多。

四肢较强大的腱：在背侧的有指总伸肌腱和指外侧伸肌腱；在掌侧的有指（趾）浅屈肌腱、指（趾）深屈肌腱和悬韧带。

四肢主要的腱鞘：在腕部的有腕桡侧伸肌腱鞘、腕外侧屈肌腱鞘、指外侧伸肌腱鞘、指总伸肌腱鞘、腕斜伸肌腱鞘、腕桡侧屈肌腱鞘、腕部指浅和指深屈肌腱鞘；在跗部有趾长伸肌腱鞘、趾外侧伸肌腱鞘、跟腱和趾浅屈肌之间的腱鞘、趾深屈肌腱鞘和趾长屈肌腱鞘；在指（趾）部有指（趾）浅和指（趾）深屈肌腱鞘。

动物四肢的腱及腱鞘常发生屈腱炎、腱断裂、屈腱挛缩和腱鞘炎。

一、腱炎和腱鞘炎

（一）腱炎

腱炎（tendinitis）是役用马、骡、驴和牛的常发疾病。腱在马、骡、驴的前肢支持作用比较大，因而前肢发生腱炎也比较多。牛则相反，后肢发病率较高。一般屈腱比伸腱发病多，而在屈腱之中指深屈肌腱多发病。动物在生理负重时，腱虽适当地自然紧张，但因腱有弹性，完全可以适应，如超过其生理范围，则引起病理变化，腱纤维因高度牵张发生炎症，甚至腱纤维的断裂。

1. 病因、分类和病理

装蹄不当（蹄角度过小）、滑倒、使役不当（如役牛在水田或在泥泞路上长途拉运，马、骡长期休息后突然超强度使役）等都能引起腱的剧伸，损伤腱纤维而发病。少数因外伤或局部感染引起腱炎。也有发生于蟠尾丝虫的寄生，引起非化脓性或化脓性腱炎。

非化脓性腱炎主要是发生于机械性损伤，在腱的止点或分叉部位，腱的 1 级腱束或某些 2 级腱束发生断裂，在胶原纤维之间和疏松结缔组织内发生小溢血，局部血管扩张，血管渗透性改变，血管内液体渗出，腱内组织液积聚，胶原纤维发生肿胀，局部水肿。在腱束断裂的部位发生细胞浸润，腱束断裂处出血，析出纤维蛋白构成支架，组织细胞在此处分裂增殖，形成肉芽组织，最后机化形成瘢痕组织。腱炎发病后由于病因犹存，常在原发部位反复发病。因此，在腱内以及在其周围结缔组织中伴发纤维性结缔组织增生，有时可能导致患腱与腱鞘粘连。患腱肥厚硬固，并丧失其固有的弹性。慢性经过时，患部经常增生大量瘢痕组织，由于瘢痕收缩而引起腱短缩，以致发生腱性关节挛缩。个别慢性腱炎时，在纤维性组织中沉积大量的石灰盐或生长出软骨细胞，软骨细胞骨化后引起骨化性腱炎。

化脓性腱炎常来自腱的创伤感染或由于周围组织的化脓性炎症的蔓延，侵入病原微生物，常在腱束膜结缔组织内发生脓性浸润，引起化脓性腱炎，最终导致腱组织坏死。例如，化脓性籽骨黏液囊炎能引起指深屈肌腱炎；马的蹄冠蜂窝织炎、牛的腐蹄病等都能引起化脓性屈腱炎。

侵袭性腱炎很少发生。在蟠尾丝虫侵入部位发生慢性炎症过程，其特征为增生脆弱的肉芽组织，周围高度充血，有的形成小脓肿，有的在虫体外形成纤维素包囊，并在其周围有石灰盐沉积。某些慢性经过的病例，病灶钙化或瘢痕组织增生，最终腱组织肥厚，表面凹凸不平，腱组织弹性降低或丧失。

2. 症状

急性无菌性腱炎，突然发生程度不同的跛行，患部增温，肿胀疼痛。如病因不除或治疗不当，则容易转为慢性炎症。腱变粗而硬固，弹性降低乃至消失，结果出现腱的机械障碍。或因损伤部位的肉芽组织机化形成瘢痕组织，腱短缩，甚至与之有关的关节活动均受限制，此即腱挛缩。腱的挛缩和骨化，常能引起腱性突球。

经常反复的损伤所引起的慢性纤维性腱炎，它的临床特征是患部硬固、疼痛、肿胀。患病动物每当运动开始，表现严重的跛行，随着运动则跛行减轻或消失。休息之后，慢性炎症的患部迅速出现淤血，疼痛反应加剧。故在诊断慢性腱炎之前必须保持患病动物较长时间的安静。

化脓性腱炎，临床症状比无菌性炎症时剧烈，常发部位在腱束间的结缔组织，因而经常并发局限性的蜂窝织炎，最终能引起腱的坏死。

3. 治疗

治疗原则是减少渗出，促进吸收和出血凝固，防止腱束的继续断裂，恢复功能。

急性炎症时，首先使患病动物安静，如出现肢势不正或护蹄、装蹄不当的病例，必须在药物治疗的同时进行矫形装蹄（装厚尾蹄铁或橡胶垫）和削蹄，以防止腱束的继续断裂和炎症发展。急性炎症初期，为控制炎症发展和减少渗出，可用冷疗法。病后 1～2 d 内进行冷疗（利用江、河、池塘水冷浴），也可使用冰囊、雪囊、凉醋、明矾水和醋酸铅溶液冷敷，或用凉醋泥贴敷。急性炎症减轻后，为了消炎和促进吸收，使用乙醇热绷带、乙醇鱼石脂温敷。或涂擦复方醋酸铅加鱼石脂等，或使用中药消炎散（处方：乳香、没药、血竭、大黄、花粉、白芷各 100 g，白及 300 g，碾细加醋调成糊状）贴在患部，包扎绷带，药干时可浇以温醋。

封闭疗法，将盐酸普鲁卡因注射液注于炎症患部，效果较好。

对亚急性和转为慢性经过时间不久的患病动物，应使用热疗法，如电疗、离子透入疗法、石蜡疗法，或试用可的松 3～5 mL 加等量 0.5%盐酸普鲁卡因注射液在患肢两侧皮下进行点注，每点间隔 2～3 cm，每点注入 0.5～1.0 mL，每 4～6 d 一次，3～4 次为 1 个疗程。

对慢性经过时间较久的腱炎，可以涂擦碘汞软膏（处方：水银软膏 30 g、纯碘 4 g）2～3 次，用至患部皮肤出现结痂为止，但在每次涂药后，应包扎厚的绷带。或涂擦强刺激性的红色碘化汞软膏（处方：红色碘化汞 1 g、凡士林 5 g），为了保护系凹部，应在用药同时涂以凡士林，然后包扎保温绷带，用药后注意护理，预防咬舔患部。经过 5～10 d 换绷带（夏季时间短，冬季应长些）。对顽固的病例可使用点状或线状烧烙，在烧烙的同时涂强刺激剂，注意包扎保温绷带，加强护理。借以诱发皮肤及皮下组织出现急性炎症，形成炎性水肿，白细胞增加，在酶的作用下，可以促进腱的病态结缔组织软化。在治疗过程中应保持患病动物的适当运动。

腱挛缩时可进行切腱术。

对化脓性腱炎，应按照外科感染疗法治疗。

（二）腱鞘炎

腱鞘炎（tendovaginitis）是马、骡的常发疾病，拉车的役牛也发生，猪有时发生，屈腱的腱鞘比伸腱多发，腕部、指（趾）部的腱鞘发病率较高，跗部腱鞘有时发病。腱炎和腱鞘炎往往是相互因果，相互影响而发病。

1. 病因

（1）机械性损伤　如挫伤、打击、压迫、刺创，腱的过度牵张，保定不当，挽驮重载在不平或泥泞道路上的疾驰等。

（2）感染性　脓毒症、传染病（腺疫、流感、布氏杆菌病、结核、鼻疽）的并发病，周围组织炎症（蜂窝织炎、脓肿、化脓性黏液囊炎、化脓性关节炎)的蔓延。

(3)寄生虫侵袭性　如蟠尾丝虫病等。

2. 病理

腱鞘受机械性损伤后,腱鞘壁和腱系膜的血管被破坏,在腱鞘腔、腱鞘壁及其周围的软组织内出血,代谢紊乱,以致在腱鞘壁及其周围结缔组织中发生无菌性炎症。被损伤的组织中充满渗出液,腱鞘腔内积聚大量渗出液与滑液,呈黏稠的红黄色,有时血液和渗出液同时进入腱鞘腔内,并有絮状纤维素沉降于腱鞘下部。以后随着炎症的平息,渗出液逐渐被吸收,其中的纤维素可被溶解慢慢吸收,转为慢性过程,一部分渗出液被吸收,另一部分或大部分的纤维素凝块残留在滑膜腔中。有时因纤维素的沉积而导致腱鞘的粘连。腱鞘的纤维层外壁明显肥厚,滑膜层的绒毛形成纤维性增生物,呈肉芽组织样构造,严重时腱鞘各层互相粘连,腱的活动性降低。周围结缔组织高度增殖,有的病例常因腱鞘组织中钙盐沉积,引起腱及腱鞘的骨化。

腱鞘创伤侵入病原菌时,初期为混浊的浆液性炎性渗出物,而后变为脓性。此时滑膜层内皮脱落,腱鞘腔内充满肉芽组织,绒毛肿胀体积增大,常因治疗不及时而最终导致穿孔。化脓性腱鞘炎由急性转为慢性后,常有结缔组织增殖,包于被溶解组织之外,结果必然导致腱与腱鞘的粘连。

3. 症状

腱鞘炎分急性、慢性、化脓性和症候性 4 种类型。

(1)急性腱鞘炎　根据炎性渗出物性质分为浆液性、浆液纤维素性和纤维素性腱鞘炎。

①急性浆液性腱鞘炎较多发,腱鞘内充满浆液性渗出物,有的在皮下肿胀达鸡蛋大乃至苹果大,有的呈索状肿胀,温热疼痛,有波动。有时腱鞘周围出现水肿,患部皮肤肥厚;有时与腱鞘粘连,患肢机能障碍。

②急性浆液纤维素性腱鞘炎,渗出物中有纤维素凝块,因此患部除有波动外,在触诊和他动患肢时,可听到捻发音,患部的温热疼痛和机能障碍都比浆液性严重。有的病例渗出液或纤维素过多,不易迅速吸收,转为慢性经过,常发展为腱鞘积水。

③急性纤维素性腱鞘炎较少见,多为亚急性与慢性经过,局部肿胀较小,而热痛严重,触诊腱鞘壁肥厚,有捻发音。

(2)慢性腱鞘炎　也分为 3 种。

①慢性浆液性腱鞘炎常自急性型转变而来或慢性渐进地发生。滑膜腔膨大充满渗出液,有明显波动,温热疼痛不明显,跛行较轻,仅在使役后出现跛行。

②慢性浆液纤维素性腱鞘炎时腱鞘各层粘连,腱鞘外结缔组织增生肥厚,严重者并发骨化性骨膜炎。患部仅有局限的波动,有明显的温热疼痛和跛行。

③慢性纤维素性腱鞘炎,滑膜腔内渗出多量纤维素,因腱鞘肥厚、硬固而失去活动性,轻度肿胀,温热,疼痛,并有跛行。触诊或他动患肢时,表现明显的捻发音,纤维素越多,声音越明显。病久常引起肢势与蹄形的改变。

(3)化脓性腱鞘炎　分急性经过和亚急性经过。滑膜感染初期为浆液性炎症,患部充血和敏感,如有创伤,流出黏稠含有纤维素的滑液。经 2～3 d 后,则变为化脓性腱鞘炎,患病动物体温升高,疼痛,跛行剧烈。如不及时控制感染,可蔓延到腱鞘纤维层,引起蜂窝织炎,出现严重的全身症状,表现严重的跛行并有剧痛。进而引起周围组织的弥散性蜂窝织炎,甚至继发败血症。有的病例引起腱鞘壁的部分坏死和皮下组织形成多发性脓肿,最终破溃。病后往往遗留下腱和腱鞘的粘连或腱鞘骨化。

(4)症候性腱鞘炎　由结核杆菌引起的牛、猪的结核性腱鞘炎,类似纤维素性炎症,肿胀逐渐增大,周围呈弥散肿胀,硬而疼痛。马骡有时因腺疫、布氏杆菌病以及传染性胸膜肺炎导致多数腱鞘同时或先后发病。

4.治疗

以制止渗出、促进吸收、消除积液、防治感染和粘连为治疗原则。

(1)急性炎症初期,病初1～2 d内应用冷疗,如2%醋酸铅溶液冷敷,硫酸镁或硫酸钠饱和溶液冷敷,同时包扎压迫绷带,以减少炎性渗出,患病动物应当安静休息。急性炎症缓和后可应用温热疗法,如乙醇温敷、复方醋酸铅散用醋调温敷等。如腱鞘腔内渗出液过多不易吸收时,可做穿刺,同时注入1%盐酸普鲁卡因青霉素10～50 mL,注后慢慢运动10～15 min,同时配合热敷2～3 d。如未痊愈,可间隔3 d后,再穿刺1～2次,在穿刺后要包扎压迫绷带。

(2)对亚急性或慢性腱鞘炎可应用鱼石脂、鱼石脂乙醇外敷,涂擦水银软膏、樟脑水银软膏,也可采用热浴、热泥疗法、透热疗法、石蜡疗法、碘离子透入疗法,还可以应用醋酸氢化可的松50～200 mg加青霉素20万～40万IU,注入腱鞘内,每3～5 d注射1次,连用2～4次。如腱鞘腔内纤维凝块过多而不易分解吸收时,可手术切开排除,切开部位应在下方。注意防止局部感染。对慢性患病动物应进行适当运动。

(3)对化脓性腱鞘炎,初期可行穿刺排脓,然后使用盐酸普鲁卡因青霉素溶液冲洗,伤口用0.1%呋喃西林溶液湿敷。手术疗法效果较好,应根据病情,不失时机早期切开,充分排脓,切除坏死组织和瘘管。切口应在患病腱鞘的下方。手术创口可用青霉素、磺胺类制剂、2%氯亚明溶液、1∶500过氧化氢利凡诺溶液。对腐败性腱鞘炎,应使用氧化剂。

二、腱断裂

腱断裂(rupture of the tendons)是腱的连续性被破坏而发生分离。牛、马发病较多,其他动物也偶有发生。临床上常见的腱断裂是屈腱断裂和跟腱断裂,伸腱发生断裂的较少。

(一)分类

腱断裂按病因可分为外伤性腱断裂和症候性腱断裂,而前者又可分为非开放性(皮下)腱断裂和开放性腱断裂;按发生部位可分为腱鞘内腱断裂和腱鞘外腱断裂;按损伤程度可分为部分断裂(少数腱束断裂)、不全断裂(多数腱束断裂)和全断裂,腱的全断裂多发生于肌腱的移行部位或腱的骨附着点。

(二)病因

(1)非开放性腱断裂　多因腱突然受到过度牵引所致。在马、骡常由于剧烈的运动,过重的驮运、挽曳、飞越、疾驰、蹴踢,保定失宜,在牛因拖拉重载、滑倒和跨越沟壕时,使腱组织突然过度牵张而断裂,皮肤仍保持完整性。

(2)开放性腱断裂　发生的较少。由于犁铧、耙齿、镰刀、锹铲、草叉等的切割以及枪弹的损伤等,引起皮肤和腱组织同时发生损伤,且常为鞘外腱断裂。

(3)症候性腱断裂　常见的是由新陈代谢所引起的全身病,如骨软症、佝偻病等。腱及腱鞘的炎症、化脓坏死,蹄骨及籽骨的骨坏疽,切神经术后腱组织代谢失调、弹性降低,抵抗力减弱,以致容易发生腱的断裂。并发于腱鞘炎的腱断裂属渐进发展的鞘内纵断裂。

(三)症状

腱断裂的共同症状是患腱弛缓,断裂部位形成缺损,又因溢血、断端收缩和断端肿胀,断裂部位有温热和疼痛,并有跛行。开放性腱断裂,经常感染化脓,并发化脓性腱鞘炎,预后不良。患肢功能障碍，有的表现异常肢势。症候性腱断裂，伴有原发病的体征。

(四)治疗

治疗原则首要查明病因，是否属于症候性腱断裂，给患病动物以绝对安静，缝合断端，固定制动，防止感染，促进加速愈合。

(1)进行病因调查，患病动物有无骨病的病史、钙和磷的代谢水平等，要考虑对原发病的对症治疗。

(2)患病动物柱栏内吊起保定，加强护理。

(3)装配特殊蹄铁，不论断裂的腱缝合与不缝合，重要的是创造患腱断端接近的条件，配合腱缝合，固定绷带，装着特殊形状的蹄铁。

(4)腱的缝合，为了促进断端加速愈合，特别是鞘内创伤开放性腱断裂更为必要。腱在断裂后因肌肉的强力收缩，引起断端退缩寻找困难。断腱在缝合前要求造成断腱弛缓的体位，全身浅或中度麻醉，或注射肌松剂，并在无菌的条件下进行缝合。须用圆缝针，缝线选用拉力强而不易吸收的麻线、银线、合金线等，或用碳纤维束缝合。

缝合法：①Wilms法；②Lange法；③中村法，先用Lange法做基础缝合，然后用OMS膜(软性可吸收性体内植入膜)或取自自体的筋膜，比包围在基础缝合的全长略长些，将OMS膜与腱进行加强缝合，从而加固缝合的断端；④碳纤维缝合法，碳纤维可诱发腱的再生，因此，使用碳纤维束缝合腱的断端，包扎石膏绷带，腱的再生愈合快速，是近代腱断裂缝合的好方法；⑤断端分束结扎法，用止血钳在距断端3～5 cm处夹住两端一起拉直至两断端固定，用手术刀分别切开两根断腱，使断腱分成4根，每端各取1根搭接，用缝合线扎紧，另两根不予结扎，自然吻合，然后撒一些青霉素，缝合总腱鞘，再撒一些青霉素，缝合肌肉和皮肤，涂擦碘酊，缠上绷带，解除保定，整复手术结束。

(5)固定，一般使用石膏绷带，包扎于患腱处，有助于缝合断端的接近，防止拉断缝合线和撕裂缝合的断端，有保护和促进愈合的作用。

(6)防止感染，开放性腱断裂和腱缝合术，容易污染和感染化脓，应采取抗感染的措施，大量应用抗生素和磺胺类药物。

(7)促进腱的再生与修复，可采用物理疗法，如温热疗法、电疗、红外线照射、低能量激光照射等，有促进局部血液循环、增强免疫机能的作用，从而通过抗感染能力，加速腱的愈合和功能恢复。

三、幼畜屈腱挛缩

1. 病因

幼畜屈腱挛缩(contraction of the flexor tendons in young animals)分先天性与后天性两种。先天性屈腱挛缩的病因主要由于屈腱先天过短，同时伸肌虚弱所造成，亦与胎位姿势长期不正以及钙、磷代谢紊乱和维生素A及维生素D缺乏有关。常发生于马、骡幼驹和犊牛，并常发生在两前肢，而后肢基本不发生。可侵害一个肢，也可侵害两个肢。可侵害一个肢的一个腱，也可侵害两个腱。后天性幼畜屈腱挛缩，主要是幼畜在发育期间完全舍饲、运动不足、全身肌肉不发达、消化障碍、营养不良所引起。风湿性肌炎、佝偻病也能诱发该病。有的腱挛缩继发于腕腱鞘炎、指腱鞘炎以及腱损伤。

2. 症状

幼驹、犊牛的屈腱挛缩根据程度不同，表现形式多样。轻度先天性挛缩，以蹄尖负重，行走时容易猝跌，球节腹屈。重度挛缩病例球节基本不能伸展，球节背面接触地面行走。

后天性屈腱挛缩，初期以蹄尖负重，随着病势的发展，蹄踵逐渐增高，球节向前方突出。球节前面接触地面后，不久便引起创伤，损伤关节，往往并发化脓性关节炎。（视频 18-3）

视频 18-3　马屈腱挛缩

3. 治疗

先天性幼畜屈腱挛缩，可包扎石膏绷带或夹板绷带进行矫正。在打绷带时应将患肢的球节拉开至蹄负面完全着地，用石膏绷带固定。但必须注意预防发生褥疮。后天性挛缩，首先除去病因，可试用石膏绷带固定矫正，也可装铁脐蹄铁。屈腱挛缩较重的幼畜，有必要可行切腱术。术后装特殊蹄铁。

四、腱切断术

腱切断术有治疗屈腱挛缩的指浅屈肌腱切断术（superficial digital flexor tenotomy），治疗指（趾）深屈腱的挛缩而引起指（趾）屈曲变形的深屈肌腱副头切断术（inferior check ligament desmotomy），治疗鸡跛的趾外侧伸肌腱切除术（lateral digital extensor tenotomy），治疗马飞节内肿（跗间和跗跖关节的变性性骨关节炎）的楔状腱切断术（cuneate tenotomy），治疗马、牛膝盖骨上方脱位的膝内侧直韧带切断术（medial patellar desmotomy）。这里主要介绍指浅屈肌腱切断术。

1. 麻醉与保定

采用局部麻醉或全身麻醉，一般采用侧卧保定。

2. 手术通路与术式

可以从皮肤小切口，用切腱刀将腱切断，也可在眼的直视下，用大的皮肤切口进行。大的皮肤切口的术部在掌的中部、浅屈腱和深屈腱之间的界线上，做一 2 cm 的纵向皮肤切口，用止血钳分离皮下组织，暴露屈腱。腱旁的组织用止血钳分离，并将浅和深屈腱分开，再用切腱刀把浅屈腱切断。

皮肤缝合用不吸收缝线，间断缝合。

非直视的切腱技术是一种简单手术，切腱刀从皮肤小切口插入深屈腱和浅屈腱之间，将刀转动 90°，使刀刃对准浅屈腱，将腱切断，小切口做简单缝合。

3. 术后护理

将无菌纱布垫在创口，装上肢绷带。术后 10～12 d 拆线。若指浅屈腱的切断技术不能矫正关节变形，可进行下翼状韧带切断术，以期出现效果。

第五节　黏液囊疾病

在皮肤、筋膜、韧带、腱、肌肉与骨、软骨突起的部位之间，为了减少摩擦常有黏液囊存在。黏液囊有先天性和后天性两种。后天性黏液囊是由于摩擦而使组织分离形成裂隙所成。黏液囊壁分两层，内被一层间皮细胞，外由结缔组织包围。在诸多黏液囊中，只有枕部、鬐甲部、肘部、腕部、坐骨结节部、膝前部、跟结节部的黏液囊易引起炎症。当这些黏液囊发炎时，往往黏液囊内液体增多。其中与关节腔或腱鞘腔相通的黏液囊称为滑液囊。诸如臂二头肌下面的结节间滑液囊、冈下肌腱下面的滑液囊、指（趾）总（长）伸肌滑液囊及舟状骨滑液囊。

一、腕前皮下黏液囊炎

腕前皮下黏液囊炎（subcutaneous bursitis of the anterior surface of the carpal joint）俗名“膝

瘤”或“冠膝(其中包括腕前皮下黏液囊的其他疾患)”。主要发生于牛，马次之。其他动物很少发生。多为一侧性的，有时两侧同时发病。马的腕前皮下黏液囊炎位于第3腕骨及桡骨远端的前面，在指总伸肌腱鞘附近。该囊与腕桡关节腔相通，并通过腕桡关节腔与指屈肌的腕腱鞘相通。

1. 病因

地面坚硬而粗糙，牛床不平，钉头外露，垫草不足或不给垫草，当牛起卧时腕关节前面反复遭受挫伤；马如有牛卧姿的恶习或系缰甚短，腕关节前面易碰撞饲料槽等，均易引起腕前皮下黏液囊炎。使役牛，在不平的硬地上发生猝跌，也可导致腕前皮下黏液囊炎。布氏杆菌病可并发或继发腕前皮下黏液囊炎。

2. 症状

病畜腕关节前面发生局限性、带有波动性的隆起，逐渐增大，无痛无热，时日较久，患病皮肤被毛卷缩，皮下组织肥厚。牛的腕前膨大可增至排球大小，脱毛的皮肤胼胝化，上皮角化，呈鳞片状。肿胀的内容物多为浆液性，混有纤维素小块，有时带有血色。如有化脓菌侵入，则形成化脓性黏液囊炎。

若腕前皮下黏液囊由于炎症积液多而过度增大，运步时出现机械障碍。

3. 诊断

应注意与腕关节滑膜炎和腕桡侧伸肌腱鞘炎做鉴别诊断。本病的肿胀位于腕关节前面略下方；腕关节滑膜炎时，肿大主要位于腕关节的上方及侧方；腕桡侧伸肌腱鞘炎时，呈纵行的分节肿胀；当急性滑膜炎及腱鞘炎时，病肢常跛行显著；而浆液性黏液囊炎时，通常无跛行，或跛行轻微。穿刺检查可判定黏液囊内容物的性质。

4. 预后

治疗及时则预后良好，很少有转为化脓性者。若并发或继发布氏杆菌病，预后要慎重。

5. 治疗

可实行姑息疗法，即穿刺放液后注入适量的复方碘溶液或可的松；局部装置压迫绷带。

对特大的腕前皮下黏液囊炎，应实行手术切开或摘除。在肿大的前面正中略下方，做梭形切口。将黏液囊整体剥离摘除。结节缝合手术创口。对过多的皮肤作数行平行的结节缝合。皮肤皱褶于一侧，装置压迫绷带。以后每5 d拆除一行结节缝合(先从靠近肢体的一行开始)，最后拆除手术创口的结节缝合。同时肌内注射青霉素及链霉素，或投以磺胺类药物。

6. 预防

注意地面、牛床的平整，铺垫干燥而柔软的垫草。要加强饲养管理工作。对布氏杆菌病应定期检查。

二、肘头皮下黏液囊炎

肘头皮下黏液囊炎(olecranon bursitis)是肘头皮下黏液囊发生的炎症，俗称“肘肿”，或称肘结节皮下黏液囊炎。多发生于纯种马或杂种马和体型大的犬。有时一侧发病，但也可能两侧同时发病。其他动物很少发生此病。

1. 病因

局部挫伤可导致急性肘头皮下黏液囊炎。体型大的犬长时间卧于坚硬地面上；肘头皮下黏液囊受到压挤；体弱、缰绳短、畜栏太狭窄、呼吸迫促和困难的马，以胸骨部卧地，屈曲前肢休息，肘的后面恰被蹄踵所冲击；特别是取牛卧姿势的马，蹄铁尾端反复刺激肘头皮下黏液囊部，可引起肘头皮下黏液囊炎。化脓性肘头皮下黏液囊炎主要是由于损伤时感染化脓菌所致。此外，周围组织化脓性炎症的蔓延、某些传染病（腺疫、流感等）的经过中经血源性感染，也可引起。

2. 病理

肘头皮下黏液囊炎的炎症过程常延及周围疏松结缔组织和皮肤。因此可以同时发生肘头皮下黏液囊周围炎，使皮肤、皮下结缔组织增生增厚，甚至骨化。化脓性肘头皮下黏液囊炎，由于黏液囊的化脓、坏死和组织分解，破溃后可形成瘘管，流出大量脓性液体。

3. 症状

常出现的症状是在肘头部有界限明显的肿胀。初期可感温热、似生面团样、微有痛感。后由于渗出液的浸润和黏液囊周围结缔组织的增生，即变得较为坚实。有时黏液囊膨大，并有波动。发炎的黏液囊内积聚含有纤维素凝块的液体，大如人拳。破溃时流出带血的渗出液。黏液囊内含物有时可被吸收，黏液囊周围的炎症也随之消失。过度延伸的皮肤，形成松弛的皱襞。本病一般没有跛行。（视频 18-4）

视频 18-4　黏液囊炎

4. 预后

急性炎症如及时治疗，可以痊愈。如病因不除易变为慢性炎症，不能完全吸收，周围组织硬化和增生肥厚。预后良好，不妨碍使役。

5. 治疗

病初宜用冷疗或囊内注射可的松及 2%～3%的盐酸普鲁卡因注射液。应注意预防局部继续受挫伤。

慢性过程可多次搓擦松节油或四三一合剂等轻刺激剂，促使炎症的消散。若已成为化脓性黏液囊炎，可在外下位切开、排脓，用复方碘溶液涂擦囊内壁。肌内注射抗生素。在黏液囊增大、坚实、肥大的慢性过程，可实行手术摘除。对患病动物进行全身麻醉，局部剃毛消毒，沿肢体长轴在肿大部的外后侧做纵向切口。切开皮肤后，即从周围组织剥离出整个增大的黏液囊。用消毒剂处理创腔，结节缝合手术创口，并做纽扣减张缝合，细胶管引流。注意手术后的护理和治疗。术后将病畜放置于保定栏内后吊起保定 1～2 周，防止术后病畜因起卧而使手术创口裂开，待创口愈合。同时要加强饲养管理。

6. 预防

针对致病的原因采取预防措施，平时应注意铺垫草及合理的饲养管理。动物舍地面应平整。检查骡、马蹄铁的内侧铁尾，装蹄时必须注意铁尾不得过长。

三、跟骨头皮下黏液囊炎

跟骨头皮下黏液囊炎（subcutaneous bursitis of the tubercalcis）是指位于跟骨结节顶端的跟骨头皮下黏液囊的炎症，故又俗称“飞端肿”。本病主要发生于骡、马，牛和犬偶尔也发生。

1. 病因

跟骨头皮下黏液囊炎是蹴踢或与坚硬物体碰撞、滑跌、过度用力造成损伤的结果。厩舍狭窄，跟骨头经常碰到墙壁上；车船运输引起的局部碰伤；车套较短，动物拉车时跟骨头经常与车前横木发生冲击挫伤，都是导致跟骨头皮下黏液囊炎的原因。

2. 症状

跟骨头皮下黏液囊炎，因跟骨头顶端特定部位的肿胀，比较容易诊断。但是仍需注意检查和触诊，若为黏液囊炎则肿胀具有弹性。触诊时，急性跟骨头皮下黏液囊炎局部增温，触之疼痛。如为化脓性炎症，皮下肿胀显著增大。肿胀位于飞节的顶端，有时可达拳头大，乃至小儿头大。单纯的皮肤或黏液囊的损伤，并不发生跛行。甚至有化脓过程时，也很少形成跛行。

3. 预后

单纯性黏液囊炎预后良好，化脓性者要慎重。

4. 治疗

病初可用浸以3%～5%醋酸铅溶液的脱脂棉缠敷局部。陈旧性的跟骨头皮下黏液囊炎可擦四三一合剂。如有波动或积有脓液，可穿刺排除，然后注入适量的复方碘溶液、1%蛋白银溶液或青霉素、盐酸普鲁卡因溶液。包扎绷带。对经久不愈的顽固性病例，可行跟骨头皮下黏液囊摘除术。患病动物患肢在上侧卧保定，轻度全身麻醉，配合局部麻醉。术部剃毛、消毒。在飞端上面及两侧做"U"字形切开，剥离黏液囊及肥厚组织，均予以切除。对手术创口做结节褥式缝合，后下方留排液孔。包扎压迫绷带。术后肌内注射抗生素。

5. 预防

对有蹴踢癖的马、骡要专栏饲养，特别在夜间要装设防踢栅或束以防踢绳套。

第六节 截肢术

1. 适应症

四肢严重损伤继发感染、坏疽、麻痹等不能治愈时，可实施截肢术（amputation of limb）。一般只用于品种好、有良好繁殖力的犬以及濒危野生动物的救治等。

2. 保定和麻醉

横卧保定，全身麻醉。

3. 术式

截肢部位一般在四肢损伤的上部关节处，但臂下端损伤时，可从骨的中段处截肢。

在预定截除部位下方2～3 cm处向下弧形环切皮肤，钝性分离切口上方皮肤；在与皮肤切口对应处切断肌肉达骨，如果截肢部位正好在关节处，可在关节末端切断肌肉；四肢较大的血管多在四肢内侧，切断肌肉时要注意结扎血管，止血一定要彻底；绕骨环形切开骨膜，将切口上方肌肉向上牵拉，剥离骨膜达预定截断处；用骨锯或骨剪断骨，修整断端，用生理盐水冲洗，清除骨渣、血凝块等；向下牵拉骨膜和肌肉，使其覆盖骨断端，并用褥式缝合法缝合肌肉断端；修整皮瓣，使其覆盖断端并紧贴于肌肉上，结节缝合皮肤，绷带包扎。

4. 术后护理

限制活动，静脉补液并配合使用镇静剂和抗生素。

第七节 猫去爪术

1. 适应症

猫去爪术（feline onychectomy）是切除猫第3指（趾）骨和爪壳的一种手术，可使猫主免遭抓伤之苦，也可保护家具、衣被不被抓破。可应猫主人要求，只断除两前肢爪或四肢爪全部去除。

2. 保定和麻醉

全身麻醉，将猫置于手术台上用两手掌保定。

3. 术式

指(趾)部不必剪毛,但须清洗干净,消毒。用乳胶管或纱布条扎在肘或膝关节上方作止血带。术者左手用止血钳夹住爪壳,拉紧并向指枕曲转,使第 2 和第 3 指(趾)间关节处皮肤紧张,右手持手术刀,在背侧爪嵴远端、第 2 和第 3 指(趾)间关节处向下切割,最好一次将所有组织切断(但必须保留指枕)。若由于切割方向不正确,切开背侧软组织后暴露的不是关节,而是第 2 指(趾)骨,这时可用刀尖做先向爪尖、再向下的切割,就可把第 3 指(趾)骨连同爪壳一并取下,皮肤结节缝合 1～2 针。每肢切除完结后,指(趾)部包扎,系上卷轴绷带,直至前臂或小腿中部,最后解除止血带。

4. 术后护理

术后 24 h 解除绷带,1 周内关在房间里不许外出活动,房间内地面要保持清洁。

第八节　神经疾病

一、外周神经损伤

外周神经损伤(injuries of the peripheral nerves)指直接或间接外力作用引起外周神经的震荡、神经纤维或神经束断裂,导致其支配区域功能减弱或丧失。

(一)病因

(1)外力作用　如打击、撞击、挤压、骨折、牵拉、切割、枪伤、刀刺、跌落硬地。

(2)肿瘤压迫　神经干或其周围肿瘤。

(3)医源性损伤　如手术切割、髓内针穿刺、绷带或夹板压迫、刺激性药物注入神经干或其周围。

(二)常见种类

常见的外周神经损伤有以下几种。

1. 肩胛上神经麻痹(paralysis of the suprascapular nerve)

多发生于牛、马,常为一侧性麻痹。本病常由外伤如肩背部被强烈牵拉、打击、冲撞,或侧卧保定时间过长引起。在牛因椎间盘脱出和颈椎骨折引起两侧性神经麻痹。

肩胛上神经完全麻痹时,出现特征性肩外展症状:患病动物站立时肩外展离开胸壁,胸前出现凹陷,肘关节明显向外突出,但无明显免负体重。若提举对侧健肢或做转圈运动(患肢在内)时,肩外展更加明显。病后 7～14 d 冈上肌、冈下肌萎缩,肩胛冈明显露出。在牛除肩关节外展和肌肉萎缩外,还表现患肩比健侧肩关节低,因而有时被疑为脱位。

肩胛上神经不完全麻痹时,症状轻微不易被发现,病久出现肌肉渐进性萎缩。

两侧肩胛上神经麻痹,临床特征与单侧性基本相同。

2. 桡神经麻痹(paralysis of the radial nerve)

多发生于马、牛和犬。本病多因冲撞、挫伤、蹴踢、臂骨骨折、翻车挤压等引起,手术台上或不平的硬地面上长时间的倒卧保定,长期装置石膏绷带压迫也可引起桡神经麻痹。

桡神经麻痹症状取决于神经受损的程度和范围。当分布于指伸肌的桡神经分支麻痹时,其特征症状是患病动物在平坦的地面上缓慢运步时症状不明显,碰到障碍物时蹄不能伸出,出现猝跌。

若桡神经分布于臂三头肌的分支麻痹,特征性症状是蹄向前可伸到正常位置,但由于臂三头肌功能消失，肘关节不能伸展。若人为将腿摆成正常位置，可负体重，但臂三头肌仍弛缓。

桡神经完全麻痹时，驻立视诊可见肩关节开张，腕关节和指关节屈曲，以蹄前壁着地。肘头下垂，似患肢比健肢长。在负重瞬间，患肢除肩关节外的所有关节均屈曲。若人为将腕关节、系关节固定，使患肢垂直，即可负重，若动物重心稍有移动，又回到不负重状态。这可与炎症性疾病相鉴别。运步时因患肢各关节伸展不充分或完全不能伸展，患肢不能充分提举，前伸困难，蹄尖或蹄前壁拖地而行，前方短步，在不平路面上行走易摔倒。触诊臂三头肌及腕、指部的伸肌，可感到肌肉弛缓，刺激皮肤也可见感受性减低，1～2 周后可出现肌肉萎缩。

多数病例可在短期内恢复，病程长时预后不良。

3. 坐骨神经麻痹(paralysis of the sciatic nerve)

常见于马、牛、犬。本病由中枢性和外周性原因引起。外周性损伤可由神经干损伤、压迫和过度牵张引起，如盆骨骨折、血肿或脓肿压迫、注射针损伤或药物刺激、后肢过度牵引，也可见于牛产后瘫痪和分娩。中枢性原因可由脊髓损伤、椎管内压迫性病变、中毒和传染病等引起。

外周性坐骨神经麻痹时，可见胫神经和腓神经麻痹的症状。如两神经同时被侵害时，除胫部前内方、股部外侧上方和髋部外，感觉都消失，后肢处于无力状态。但强制整直后肢后，尚能以后肢支持体重。麻痹的肌肉很快出现萎缩。

中枢性坐骨神经麻痹时，预后不良；外周性坐骨神经麻痹时，预后可疑或不良。

4. 闭孔神经麻痹(obturator paralysis)

常发生于乳牛。闭孔神经在与骨接触的部分易受损伤。闭孔神经常因分娩时胎儿过大或助产时强力牵引，引起神经损伤。此外，耻骨骨折、盆骨骨痂和盆腔内肿瘤压迫、滑倒时叉开两后肢，或由于某种原因后肢强力挣扎等，均可引起闭孔神经损伤。

一侧闭孔神经麻痹时，成年牛站立时患肢外展，运步时步态僵硬和小心。犊牛则在站立和运步时均不会有明显异常(可能是由于犊牛体重比成年牛轻的缘故)。

两侧闭孔神经麻痹时，成年牛不能站，挣扎站立时，可呈现两后肢向后叉开，呈蛙坐姿势。犊牛站立时姿势无异常，运步时可见患肢外展。

闭孔神经麻痹常与一些疾病同时发生，如髋股关节脱位、股骨颈骨折、股骨头韧带断裂、内收肌肌炎、肌肉变性和广泛出血等，使症状变得更为复杂。

无并发症时，经过及时治疗，预后良好。

5. 股神经麻痹(paralysis of the femoral nerve)

多见于马、牛。本病可由直接外力(如骨折片、火器损伤)、间接外力(如后肢剧烈地向后踢和挣扎、跨越障碍物、倒卧和保定不合理)、神经受到压迫(如血肿、脓肿或新生物)引起，也可继发于其他疾病，如肌红蛋白尿病。

患病动物站立时常以蹄尖轻轻着地，膝关节以下各关节常呈现半屈曲状态。动物常试探性以患肢负重，但由于股四头肌弛缓，髌骨不能固定而引起膝关节、跗关节突然屈曲，膝关节明显下沉。运步时患肢向前提举缓慢，且向外画弧，落地负重时膝关节和跗关节突然屈曲。触摸股四头肌时，可发现股四头肌弛缓无力，由于股神经受到损伤后，隐神经不一定受到影响，股、胫、跖部内侧皮肤的感觉不一定消失。

两侧股神经同时麻痹时，动物站立和运步困难，多数卧地不起。

一侧性股神经麻痹时，预后慎重；两侧性麻痹时，预后不良。

6. 胫神经麻痹(paralysis of the tibial nerve)

多见于马、牛、犬，常因损伤、牵引和压迫引起。

胫神经麻痹时其支配区域肌肉弛缓和感觉迟钝。站立时，可见跗关节、球节和冠关节均屈曲，患肢稍伸出于前方，以蹄尖壁着地。由于跟腱还可固定跗关节，股四头肌和股阔筋膜张肌还可固定膝关节，患肢尚能站立和负重。运步时由于髂腰肌的作用，患肢可提举很高，所有关节高度屈曲。胫神经麻痹后，肌肉很快出现萎缩，可见到两侧股部和臀部肌肉明显不对称。

预后慎重，但有报道在 6 周后完全恢复。

7. 腓神经麻痹(paralysis of the peroneal nerve)

多见于马、牛、犬，常因损伤、牵引和压迫引起。

患病动物站立时，跗关节明显处于伸直状态，以第 1 指骨及蹄前壁着地。运步时，动物借助于髂腰肌和股阔筋膜张肌的收缩提举患肢，跗关节在膝关节作用下可被动的屈曲，但趾部不能伸展，以蹄前壁接地而行。若用手固定趾部，患肢可负重，但重心偏移时，又以蹄前壁着地。

本病预后慎重。

8. 面神经麻痹(paralysis of the facial nerve)

常见于马、犬，少见于牛、羊和猪。

面神经麻痹分为外周性和中枢性两种。前者多由于神经干及其分支受到创伤、挫伤、压迫引起，后者多因脑部神经受压(如脑肿瘤、血肿、脓肿、结核病灶、挫伤)、传染病(如马腺疫、流行性感冒、传染性脑炎、李氏杆菌病、马媾疫)和毒草或矿物质中毒等引起。

马一侧性面神经麻痹波及眼、耳支前方时，眼睑反射消失，耳不活动，鼻尖与上唇斜向健康一侧。眼睑裂较宽，用手指在其正前方晃动时，患病动物以眼球转动或闪动瞬膜代替闭眼。病侧臼齿与颊部之间常积有饲料。牛由于鼻镜僵硬，其唇部歪斜不易见到。将手指插入病侧的颊部与臼齿之间，可感到阻力较小，且发现有饲料积于该处。病牛常在反刍时从病侧流出饲料。

两侧性中枢性麻痹，上、下唇均见松弛下垂。吸气时鼻孔萎陷，发生显著的呼吸困难。饮水时，将嘴深埋入水中，吸吮水能力较差。病马嘴唇采食无力，不得不借助于牙齿。

预后视病因而定。有些病例在数天内不加治疗即可恢复。中枢性麻痹治疗困难，预后不良。

(三)症状

由于外周神经损伤的程度不同，其临床表现不一样。神经干震荡时，无肉眼可见的病变，仅呈现一时性神经麻痹，症状很快消失。神经干挫伤，受伤神经干仍保持解剖学上的连续性和神经纤维的完整性，但神经内可发生小溢血和水肿，临床上表现反射机能减弱，该神经干所支配的肌肉机能减退或消失或出现神经过敏。神经干断裂时，神经机能完全丧失，其支配的组织完全麻痹，相应的腱反射消失；同时受损神经感觉完全丧失，但因各种神经的感觉分布互相重叠，故感觉消失或感觉障碍的范围相对小些。由于某些没瘫痪的肌肉过度收缩，可使动物出现一些特殊的姿势。病程长时肌肉逐渐发生萎缩。

(四)诊断

根据病史、运动和感觉障碍所表现临床症状进行诊断。电生理检查(常用肌电图和诱发电位检查)对确定外周神经损伤及其范围有一定作用。

(五)治疗

(1)消除病因　如固定骨折部，切除肿瘤等。

(2)防止瘢痕形成和组织粘连　可在局部应用透明质酸酶、链激酶。透明质酸酶 2～4 mL 或链激酶 10 万 IU(溶于 10～50 mL 灭菌蒸馏水中)，神经鞘外 1 次注射。必要时 20 h 后再注 1 次。

(3)兴奋神经，促进神经功能恢复，防止肌肉萎缩　可应用穴位注射、按摩、刺激剂疗法、针灸或电针疗法或其他物理疗法(如红外线照射、低频脉冲电疗)等，同时配合使用维生素(维生素 B_{12}、维

视频 18-5 金毛巡回犬外周神经麻痹针灸理疗

生素 B_1、维生素 C 等)，促进血液循环，调节神经功能。还可使用硝酸士的宁、氢溴加兰他敏(galanthamini hydrobromidi)药物，兴奋神经肌肉。条件许可时，也可应用胞二磷胆碱和神经节苷脂等药物进行治疗。经常适当运动、患部按摩和温疗等，有助于防止肌肉萎缩，改进肢体功能。(视频 18-5)

(4)手术治疗　保守治疗无效时可施手术疗法。神经损伤后神经元代谢一般在 3 个月内处于高峰，6 个月后逐渐减弱，所以神经断伤后应争取在 3～6 个月内进行修复。神经修复手术包括神经松解术、神经缝接术、神经移植术等。神经松解术用于清除神经干周围、神经束膜间瘢痕组织，切除断端创伤性神经瘤，以解除其对神经组织的压迫。神经缝接术是将神经干断端对接缝合以重建联系。若神经干缺损在其直径的 4 倍以上时，神经断端拉拢后张力明显增大，影响神经内血液循环，此时需采用神经移植术治疗。神经移植术是采用机体其他部位的神经段对神经缺损部进行连接修复的方法。

二、急性多神经根神经炎

急性多神经根神经炎(acute polyradiculoneuritis)主要是犬的多部位脊神经根和脊神经的炎症性疾病，临床表现为急性、弛缓性肢体瘫痪和外周性感觉障碍。其病理变化主要是神经根和神经单核细胞浸润、节段性髓鞘脱落和轴突变性，并出现脑脊液蛋白细胞分离现象(脑脊液中蛋白含量和细胞数目变化不一致)。最初观察到急性多神经根神经炎在猎浣熊猎犬接触浣熊后 7～14 d 发生，所以又称为猎浣熊猎犬麻痹症(coonhound paralysis)。本病与人急性多发性神经根炎极为相似。

1. 病因

目前还不清楚。由于患犬发病前多有接触过浣熊或遭受过病毒(呼吸道或消化道病毒)感染或疫苗接种，脑脊液中免疫球蛋白含量增高，免疫抑制剂有良好的治疗效果，本病推测可能与免疫反应有关。

2. 症状

患犬常先是后肢无力，逐渐加重以至松弛性麻痹，并迅速呈上行性发展。也有少数病例前肢麻痹发生在后肢之前。局部感觉过敏或感觉减弱，脊髓反射下降或消失。脑神经受损不常见，声带、面肌麻痹时可出现声音消失或改变，唇下垂。严重病例四肢瘫痪，躯干肌、肋间肌和膈肌麻痹而致呼吸困难甚至呼吸麻痹。症状常在 4～5 d 发展至高峰。肌肉麻痹时间稍长，则发生肌萎缩。

多数患犬精神良好，能够正常摆尾、排粪和排尿。

3. 预后

多数病例能够完全康复。轻症患犬可在几天内恢复，严重病例可能需几个月时间。

4. 诊断

应根据病史、临床症状做出初步诊断。神经学检查和脑脊液检查有助于确诊。

神经学检查主要采用神经-肌电图检查，以确定外周神经功能。在症状出现后 5～7 d，可出现广泛失神经支配的肌电图。脑脊液检查，蛋白含量可能升高，但细胞数无明显改变。

5. 治疗

使用糖皮质激素如地塞米松或氢化可的松有一定疗效。激素治疗无效时应考虑加用其他免疫抑制剂。

为防止褥疮、继发感染，应采取相应的支持疗法。为促进神经肌肉功能恢复，防止肌肉萎缩，可应用穴位注射、按摩、刺激剂疗法、针灸、电针疗法或其他物理疗法（如红外线照射、低频脉冲电疗）等，同时配合使用维生素（维生素 B_{12}、维生素 B_1、维生素 C 等）治疗。

三、远端失神经支配病

远端失神经支配病（distal denervating disease）是犬运动神经远端轴突的一种变性性神经疾病，症状与多神经根神经炎相似。外周神经的近段和中段不受损害，感觉神经也未受损害，只是远端轴索变性。

1. 病因

病因不清楚。推测可能与中毒性因素有关。

2. 症状

患犬四肢肌肉逐渐麻痹，有的头和颈抬起困难，声音消失。但能咀嚼、吞咽、呼吸、膀胱控制、摇尾，痛觉仍存在。肌肉张力减弱，可发生骨骼肌肉萎缩。电生理学检查，可见腿部、脊旁和咀嚼肌存在中等到明显的纤颤电位和正相电位，运动神经传导速度降低或正常，感觉神经电位正常。

多数犬在症状发作后 4～6 周自动恢复。未见复发病例的报道。

3. 治疗

给予支持性护理。

第九节　其他疾病

一、系部皮炎

系部皮炎（dermatitis of the palmar surface of pastern region）又名系部皲裂，是一个包含各种不同病因和病程的皮肤炎症性疾病。系部皮炎可分为损伤性、药物性、温热性、疣性和坏疽性等，主要发生于系部掌侧面的皮肤。

各种体型的马、骡、驴均可发病。此病最常发生于两前肢或两后肢，有时四肢可同时发病。

（一）病因

表皮的损伤，失去保护能力是系部皮炎的主要原因。例如，小而尖锐的物体（碎玻璃、植物秆的碎块等）附着于距毛下方系凹部横的皮肤皱褶之间，或由于局部污染粪、尿、沙土、烂泥，表皮被浸渍连同真皮脱离。装蹄失宜，造成举踵及起系，系凹部发生多量皱襞，招致不洁物的附着。又如器械提举后肢或放倒动物时，用绳索缠绕系部，引起系部机械性损伤，以及对皮肤护理不良等。随着局部的损伤，病原微生物乘机侵害动物机体。因细菌的种类不同、组织损伤的深度不同、病变部位的组织反应不同，所表现的皮炎症状也不一样。

（二）症状

单纯性的系部皮炎，如果受刺激不重，仅见病部肿胀、潮红以及疼痛，有时疼痛剧烈可致跛行。一旦有病原菌侵入，则病势加重。最初有浆液渗出，被毛部分脱落或互相黏着，甚至分泌黏稠的脓液。局部皮肤肿胀加剧，并在系部后产生明显的皮肤皱褶，随即成为皲裂状。缝隙间露出潮红的真皮，有时溢出血液及分泌脓汁。分泌物干燥后形成痂皮。

疣性皮炎系由脓汁等分泌物长时间刺激，使皮面发生溃疡性缺损，增生肥厚，形成疣性皮炎。

坏疽性皮炎系坏死杆菌侵害的结果，多发生于后肢。系部后面、第 1 趾关节及系部侧面的皮肤有剧烈肿胀的疼痛，肿胀中心有界限明显的坏死灶，呈紫黑色。患病动物呈现高度支跛，出现全身症状。

(三)治疗

系部皮炎的治疗应根据疾病的类型以及机体的全身状况,确定治疗方案。

局部治疗的主要原则是要使用干燥的方法。首先除去病因,用温肥皂水洗涤马的系部,局部剪毛,对擦伤可涂碘酊或3%龙胆紫,或撒布粉剂(磺胺50 g、碘仿25 g、高锰酸钾25 g),包扎绷带。病初不宜使用软膏剂。

对化脓性炎症,宜用3%过氧化氢溶液或0.1%高锰酸钾溶液或0.1%黄色素溶液彻底冲洗,涂敷铋糊剂(次硝酸铋8 g、碘仿16 g、液状石蜡180 mL)或敷以涂有氧化锌软膏的纱布,包扎绷带。同时肌内注射青霉素及链霉素。

疣性皮炎或坏疽性皮炎可将发病组织切除,用0.1%黄色素溶液浸泡系部及蹄部,手术创面撒布水杨酸粉剂,并缠裹绷带。同时肌内注射抗生素。

(四)预防

为了预防皮肤发病,驯养马、骡等家畜的场所应保持干燥、清洁。定时清刷畜体的皮肤。装蹄要适宜,不应造成举踵及起系,但也不应造成低蹄及卧系。装蹄及治疗用的保定绳应柔软光滑,如因保定损伤系部组织,应及时涂以碘酊溶液,早期治疗。

二、母牛爬卧综合征

母牛爬卧综合征(downer cow syndrome)是指母牛产前或产后不能起立的一组疾病。

(一)原因

引起本病的原因很多,除了有意识障碍的乳热、缺镁症、肝昏迷、酮病外,如意识正常,一般健康也正常,除去代谢病的低血钾症、低血磷症和低血钙症,就要考虑是四肢、关节、肌肉和神经受到损伤引起的疾病。如肢的他动运动有异常活动性,并有哔啪音,可能是骨折、荐坐韧带断裂、脱位(特别是髋关节脱位);如肢的他动运动有异常活动性,但无哔啪音,某些肌肉又有疼痛性肿胀,可能是肌肉断裂、变性或坏死;有异常主动和(或)被动活动性,并有局部感觉消失,可能是四肢的某神经麻痹。如意识正常,一般健康异常,可能是由于严重腹病引起不能起立。如有疝痛症候,要怀疑进行性阻塞或非典型性创伤性网胃腹膜炎;如有休克症候,要怀疑穿孔性真胃溃疡、肠破裂;如有中毒症候,要怀疑产褥性子宫内膜炎。关于肾上腺皮质活动变化所导致者,能发现嗜酸性粒细胞减少症、淋巴细胞减少症和中性粒白细胞增多症等血液指标作为参考。肾脏血浆流动率和灌注率降低而同时存在心脏扩张和低血压,是分娩时出现的一种循环危象,会促使瘫痪的发生。

(二)治疗

不能确诊时,应采取诊断性治疗。如确诊时,应针对引起不能起立的原发病进行治疗。

无论确诊与否,都应注意本病的护理,如不加注意会造成许多并发症和继发症,如脱位、骨折、褥疮、缺血性肌肉坏死等。

本章小结

本章对四肢疾病与手术从骨的疾病与手术、关节疾病、肌肉疾病、腱和腱鞘疾病、黏液囊疾病、截肢术、猫去爪术、神经疾病和其他疾病9个方面进行了叙述,需要重点了解和掌握的有:

骨折是由于外力的作用,使骨的完整性或连续性遭受机械破坏。直接暴力、间接暴力和肌肉过度牵引造成外伤性骨折,有骨质疾病的骨容易发生病理性骨折。骨折可分为外伤性骨折、病理性骨折;闭合性骨折、开放性骨折;单纯性骨折、复杂性骨折;骨干骨折、骨骺骨折;不全骨折、全骨折。骨折特有症状是肢体变形、异常活动和骨摩擦音;其他症状是出血与肿胀、疼痛、功能障碍。根据外伤史和局部症状,一般不难诊断,根据需要亦可作X射线检查、直肠检查和骨传导音的检查。骨折愈合可人为地分为血肿机化演进期、原始骨痂形成期和骨痂改造塑型期。影响骨折愈合的因素有全身因素和局部因素(血液供应、固定、骨折断端的接触面、感染)。骨折修复中的并发症有压痛、感染、延迟愈合、畸形愈合、不愈合及其他情况。骨折急救的目的在于用简单有效的方法做现场就地救护。骨折的治疗有闭合性骨折的治疗、开放性骨折的治疗、骨折的药物疗法和物理疗法。治疗的原则是整复、固定和功能锻炼。整复可分为闭合性整复和开放性整复两种。骨折的固定一般包括外固定和内固定。外固定常用夹板绷带、石膏绷带、托马斯架等方法;内固定技术主要有髓内针固定法、骨螺丝固定法、环形结扎和半环形结扎金属丝固定法、张力带金属丝固定法、接骨板固定法、贯穿术固定法、移植骨固定法。也可用内外固定相结合的方法进行治疗。骨折的功能锻炼包括早期按摩、对未固定关节做被动的伸展活动、牵行运动及定量使役等。

关节扭伤指关节在突然受到间接的机械外力作用下,超越了生理活动范围、瞬时间的过度伸展、屈曲或扭转而发生的关节损伤。关节扭伤在临床症状上表现有疼痛、跛行、肿胀、温热和骨质增生。其治疗原则是制止出血和炎症发展,促进吸收,镇痛消炎,预防组织增生,恢复关节机能。

关节创伤指各种不同外界因素作用于关节囊导致关节囊的开放性损伤。根据关节囊的穿透有无可分为关节透创和非透创,临床上注意二者的区别。其治疗原则是防治感染,增强抗病力,及时合理的处理伤口,力争在关节腔未出现感染之前闭合关节囊的伤口。

关节脱位指关节骨端的正常的位置关系,因受力学的、病理的以及某些作用,失去其原来状态。可分为先天性脱位、外伤性脱位、病理性脱位、习惯性脱位;完全脱位、不全脱位、单纯脱位、复杂脱位等。关节变形、异常固定、关节肿胀、肢势改变和机能障碍是其共同症状。其治疗的原则是整复、固定和功能锻炼。常见的关节脱位有髋关节脱位和膝盖骨脱位。髋关节脱位的治疗有闭合性复位和开放性整复固定。膝盖骨内方脱位分为4级。对于犬膝盖骨内方1级脱位采用膝盖骨上方固定的方法即膝关节外侧支持带重叠术。犬膝盖骨内方2级脱位,如滑车沟变浅,可采用滑车再造术。牛膝盖骨上方固定行内直韧带切断术。

骨关节炎与骨关节病是两种不同的慢性经过的骨关节疾病。骨关节炎是关节骨系统的慢性增生性炎症。在关节软骨、骨骺、骨膜及关节韧带发生的慢性破坏性、增生性炎症,最后导致关节变形、关节僵硬与关节粘连。主要临床症状是跛行和关节变形,跛行的特点是随运动而加重,休息后减轻。关节X射线摄像病变为骨赘形成和关节韧带骨化。临床上合理地治疗早期的急性炎症,有利于防止本病发生。发病时应注意动物休息,患部涂刺激性药物,或用离子透入疗法等。骨关节病是四肢关节骨系统的慢性非渗出性退行性变性疾病。其特征是缺乏病理解剖的炎症变化,表现为明显的变性、破坏与反应性修复的慢性病理过程。病变发生于关节软骨、骨骺及关节小骨之间。临床特征为只见跛行,无明显的局部变化。跛行特点是随运动而减轻。有时虽患关节明显变形,但跛行不甚明显。X射线摄像特点是患关节骨间隙比正常的狭窄但不消失,骨的影像改变,骨质增生。早期治疗以镇痛和温热疗法为主,或用封闭疗法。晚期治疗以消除跛行、恢复功能为主。

髋部发育不良是生长发育阶段的犬出现的一种髋关节病,病犬股骨头与髋臼错位,股骨头活动增多;临床上以髋关节发育不良和不稳定为特征,股骨头从关节窝半脱位到完全脱位,最后引起髋关节变性性关节病。本病不是一种独立的疾病,而是多种病因(遗传和环境应激因素)所致的复合性疾病。4～12月龄的病犬常见活动减少、关节疼痛。小犬摇摆、运步不稳,后肢拖地、以前肢负重，后肢抬起困难，运动后病情加重。治疗有保守疗法和手术疗法。

股骨头坏死又称为累-卡-佩氏病，是以股骨头血液供应中断和骨细胞死亡为特征的综合征。一侧或两侧后肢出现跛行，后肢肌肉可见萎缩。用手做髋关节他动运动时，动物有疼痛反应，并可听到哔啪音。可用药物治疗或采用切除股骨头和股骨颈的手术疗法。

类风湿关节炎是慢性进行性、侵蚀性和免疫介质多发性关节病。通常侵害成年小型的和玩赏品种的犬(平均4岁)。治疗可用药物和滑膜切除术和关节固定术。猫慢性进行性多发性关节炎是公猫的常见病，通常侵害1.5～5岁的猫。

肌炎是肌纤维发生变性、坏死，肌纤维之间的结缔组织、肌束膜和肌外膜也发生病理变化。根据病因可分为外伤性、风湿性、症候性和感染性肌炎；根据炎症性质可分为急性肌炎、慢性肌炎和化脓性肌炎。临床症状因类型不同而表现各异。其治疗原则是除去病因，消炎镇痛，防治感染，恢复功能。

腱炎是役用马、骡、驴和役用牛的常发疾病。可分为非化脓性腱炎、化脓性腱炎和侵袭性腱炎。治疗原则是减少渗出，促进吸收和出血凝固，防止腱束的继续断裂，恢复功能。

肘头皮下黏液囊炎是肘头皮下黏液囊发生的炎症。多发生于纯种马或杂种马和大体型犬。有时一侧发病，但也可能两侧同时发病。牛及其他家畜很少发生此病。腕前皮下黏液囊炎主要发生于牛，尤其是奶牛比较常见，马次之。其他家畜很少发生。多为一侧性的，有时两侧同时发病。

截肢术适用于犬四肢严重损伤继发感染、坏疽、麻痹等不能治愈时，可实施截肢术。一般只用于品种好、有良好繁殖力的犬。

猫去爪术是切除猫第3指(趾)骨和爪壳的一种手术，可使猫主免遭抓伤之苦，也可保护家具、衣被不被抓破。可应猫主要求，只断除两前肢爪或者四肢爪全部去除。

外周神经损伤常由外力作用、肿瘤压迫、医源性损伤引起。根据损伤的程度不同可为神经震荡、神经纤维或神经束断裂。外周神经麻痹常见有肩胛上神经麻痹、桡神经麻痹、坐骨神经麻痹、闭孔神经麻痹、股神经麻痹、胫神经麻痹、腓神经麻痹和面神经麻痹等。外周神经损伤的主要症状为感觉和运动机能障碍、局部肌肉萎缩。肌电图和诱发电位检查对确定外周神经损伤及其范围有一定作用。治疗应注意消除病因，防止瘢痕形成和组织粘连，促进神经功能恢复，防止肌肉萎缩。保守治疗困难时可施手术疗法。手术方法包括神经松解术、神经缝接术、神经移植术等。

系部皮炎是一个包含各种不同病因和病程的皮肤炎症性疾病。系部皮炎可分为损伤性、药物性、温热性、疣性和坏疽性等，主要发生于系部掌侧面的皮肤。其治疗方案应根据疾病的类型以及机体的全身状况而确定。

复习思考题

1. 试述骨折的概念、病因、分类、症状、诊断、急救与治疗、影响骨折愈合的因素与骨折修复中的并发症。

2. 试述关节扭伤、关节创伤的概念、症状及其治疗。

3. 试述关节脱位的概念、分类、病因、症状及其治疗。临床上常见的关节脱位有哪些？试述犬膝盖骨内方脱位的症状及其治疗。

4. 试述骨关节炎和骨关节病的概念、病理发生及鉴别要点。

5. 试述肌炎的症状及其治疗。

6. 试述腱炎和腱鞘炎的病因、病理、分类、症状及其治疗。

7. 试述腱断裂、幼畜屈腱挛缩的病因、症状及其治疗。

8. 试述肘头黏液囊炎、腕前皮下黏液囊炎的症状、鉴别诊断及其治疗。

9. 截肢术的适应症有哪些？如何进行操作？

10. 猫去爪术的适应症有哪些？如何进行操作？

11. 外周神经损伤有哪些临床表现？如何诊治？

12. 急性多神经根神经炎有何特征？如何诊治？

13. 远端失神经支配病的病理特征是什么？

14. 试述系部皮炎的症状、治疗及其预防。

15. 试述母牛爬卧综合征的概念、病因。

16. 名词解释

骨折、开放性骨折、闭合性骨折、全骨折、不全骨折、单骨折、复骨折、单纯性骨折、复杂性骨折、粉碎性骨折、横骨折、纵骨折、斜骨折、骨髓炎、关节扭伤（关节捩伤）、关节挫伤、关节创伤、关节透创、关节非透创、关节脱位、关节周围炎、骨关节炎、骨关节病、髋部发育不良、股骨头坏死（累-卡-佩氏病）、肌炎、腱炎、腱鞘炎、屈腱挛缩、黏液囊炎、外周神经麻痹

（罗碧平、沈留红）

第十九章 蹄 病

动物的蹄是指(趾)端着地部分角质化的坚硬皮肤,是动物主要的负重和运动器官,以系骨、冠骨和蹄骨作为其骨质基础。蹄部疾病是牛、马、骡、猪、羊等动物的常见疾病,发病率较高。致病原因主要是卫生不良,饲养、使役、护蹄管理不善,削蹄和装蹄失宜以及运动不足。蹄病直接影响农牧业生产、役用动物影响运输和耕种;奶牛、奶山羊等则严重影响奶产量;肉用动物可降低肥育的增膘率;繁殖动物的繁殖能力下降。因此,为了充分发挥动物的生产性能,必须重视对蹄病的预防、诊断和治疗等工作。

一、蹄部损伤

蹄部损伤是动物蹄病中最常见的疾病之一,包括蹄冠蹑伤(tread of the coronet)、蹄底刺伤(solar penetration)、蹄底挫伤(corns and bruised sole)、钉伤(pricks in shoeing and nail bind)、蹄骨骨折(fractures of the third phalanx)、牛蹄纵裂和横裂等。

(一)蹄冠蹑伤

指蹄冠部和蹄球部的皮肤组织因受蹄的踏蹑引起的损伤。损伤性质常为擦伤、挫创或挫裂创,有时引起严重的并发感染,是马、骡的常发病。

(1)病因 由于马、骡有交突和追突肢势,自身左右蹄的内侧蹄铁支或铁脐互相践踏内侧蹄冠(交突时)、后肢铁头践踏同侧前肢蹄球部(追突时),或被邻马践踏等是发病的主要原因;道路不平或泥泞,或在林区以及雪地上使役,不合理的驾驶,肢势不正,削蹄和装蹄不良等都是本病的诱因。

(2)症状 表在性新鲜擦伤一般不影响运动机能,炎症反应较强时,患部肿胀、疼痛,表现轻微跛行。并发感染较重时,蹄冠角质软化、剥离,可继发化脓感染。

严重挫创常感染化脓,患部肿痛,蹄温高,有时体温升高,表现不同程度跛行。早期治疗不当常并发蹄冠蜂窝织炎、蹄软骨坏死、坏死杆菌病和化脓性蹄关节炎等。

蹄冠创伤经久不愈,常引起肉芽赘生。由于生发层受损害,从而破坏蹄角质的正常生长。出现不正蹄轮、粗糙无光泽的角质,或造成蹄壁缺损、蹄冠裂,甚至继发角壁肿。

(3)治疗 除去病因,如为交突、追突肢势时,应改装交突、追突蹄铁。除去患部污物及坏死组织,剪毛,用肥皂水或煤酚皂溶液洗涤患部,拭干。对新创涂5%碘酊或2%～5%龙胆紫乙醇或5%甲醛乙醇溶液等,包扎绷带。出血较多时,包扎压迫止血绷带。挫创时用3%过氧化氢溶液清洗伤口,除去坏死组织,包扎绷带。

化脓性蹄冠蹑伤,可用抗生素疗法,注意消灭脓窦和切开创囊,去除剥离的角质,薄削角壁,以防压迫创面,影响愈合。

创面肉芽组织过度增殖时,可烧烙,也可应用腐蚀剂,包扎压迫绷带。已形成窦道的可用手术治疗,方法为切除坏死的管道,清除深部的坏死组织,并打蹄绷带。

(4)预防 对交突、追突的马、骡装着交突、追突蹄铁。对步样异常的马、骡,注意冬季的装蹄。

加强马群的管理，预防在密集运动中互相践踏蹄冠部。在不平、泥泞的道路上或森林灌木茂密地带以及冰雪较多地区使役时，应减慢运动速度，不要过劳。在使役前后经常注意检查，做到早发现早治疗。

（二）蹄底刺伤

由尖锐物体刺入马、骡的蹄底、蹄叉或蹄叉中沟及侧沟，在牛则刺入蹄底、指（趾）间及蹄球部，轻则损伤蹄底或蹄叉（马）真皮或蹄球（牛）真皮，重则导致蹄骨、屈腱、籽骨滑膜囊的损伤。蹄底刺伤往往引起化脓感染，也可并发破伤风。

马、骡的蹄底刺创，前蹄比后蹄多发，尤其多发生在蹄叉中沟及侧沟。

（1）病因　蹄角质不良，蹄底、蹄叉过削，蹄底长时间的浸湿，均为刺创发病的原因。

刺入的尖锐物体以蹄钉为最多，多因装蹄场有散落旧蹄钉及废弃的带钉蹄铁所致。另外也有木屑、竹签、玻璃碎片、尖锐石片等引起刺创。如果马在山区、丛林地带作业，由于踩踏灌木树桩、竹茬，田间的高粱、豆茬等亦可致本病。

（2）症状　刺创后患肢突然发生跛行。若为落铁或蹄铁部分脱落，铁唇或蹄钉可刺伤蹄尖部的蹄底或蹄踵部。如果刺伤部位在蹄踵，运步时蹄尖先着地，同时球节下沉不充分。

有时刺伤不出血，或出血不明显，切削后可见刺伤部发生蹄血斑，并有创孔。经过一段时间后，多继发化脓性蹄真皮炎。

从蹄叉体或蹄踵垂直刺入深部的刺创，可使蹄深层发炎、蹄枕化脓、蹄骨的屈腱附着部发炎，继发远籽骨滑液囊及蹄关节的化脓性炎症，患肢出现高度支跛。

蹄叉中、侧沟及其附近发生刺创，不易发现刺入孔，约 2 周后炎症即在蹄底与真皮间扩展，可从蹄球部自溃排脓。

若病变波及的范围不明确或刺入的尖锐物体在组织内折断，可行 X 射线检查。

（3）治疗　除去刺入物体，注意刺入物体的方向和深度，刺入物的顶端有无脓液或血迹附着，并注意刺入物有无折损。如果刺入部位不明确，可进行压诊、打诊，切削患部的蹄底或蹄叉以利于确诊。

对于刺入孔，可用蹄刀或柳叶刀切削成漏斗状，排出内容物，用 3%过氧化氢溶液注洗创内。注入碘酊或青霉素、盐酸普鲁卡因溶液，填塞灭菌纱布块，涂松馏油。然后敷以纱布棉垫，包扎蹄绷带。排脓停止及疼痛消退后，装以铁板蹄铁保护患部。

如并发全身症状，应施行抗生素疗法或磺胺类药物治疗。同时注射破伤风抗毒素。

（4）预防　要注意厩舍、系马场及装蹄场的清洁卫生。合理装蹄，蹄底、蹄叉不宜过削。

（三）蹄底挫伤

由于石子、砖瓦块等钝性物体压迫和撞击蹄底，引起蹄底真皮发生挫伤，有时也伤及更深组织，通常伴有组织溢血，如挫伤的组织发生感染，可引起化脓性过程。

马多发生于前肢，因前肢负重较大，而蹄底的穹隆度又小。大多数蹄底挫伤发生于蹄底后部，如蹄支角。

（1）病因　肢势和指（趾）轴不正，蹄的某部分负担过重；某些变形蹄，如狭蹄、倾蹄、弯蹄、平蹄、丰蹄、芜蹄等，因蹄的负担不均匀，或蹄的穹隆度变小；蹄底过度磨灭，或蹄支角质软、脆、不平、弹性减弱等，都易引起蹄底挫伤。

直接引起蹄底挫伤的原因是装蹄前削蹄失宜，蹄负面削得不均匀、不一致，多削的一侧容易发生挫伤，蹄底多削时，多削的蹄底处变弱，容易受到压迫；装蹄不合理，如蹄铁短而窄，蹄铁过小；护蹄不良，蹄变软或过分干燥；马匹在不平的、硬的（如石子地、山地等）道路上长期使役，蹄底经常受到挫伤，甚至小石子可夹到蹄叉侧沟内或蹄和蹄铁之间，引起挫伤。

(2)症状　轻度挫伤可能不发生跛行，只是在削蹄时，可看到蹄底角质内有溢血痕迹。

挫伤严重时，有不同程度的机能障碍，患肢减负体重，患肢以蹄尖着地，运步时呈典型的支跛，特别是在不平道路上运步时，可见跛行突然有几步加重，这是挫伤部又重新踏在坚硬的石头或硬物上引起疼痛所致。患侧的指(趾)动脉亢进，蹄温可增高，有时在蹄球窝可看到肿胀，以检蹄器压诊，压到挫伤部时，动物非常疼痛。

削蹄检查时，在挫伤部可看到出血斑，这是由于发生挫伤时，常使小血管发生破裂溢血，如为毛细血管破裂时，出血呈点状；如为较大的血管时则呈斑状。由于流出的血液分解，可呈现不同的颜色，如红色、蓝色、褐色或黄色等。重剧的挫伤，有时在挫伤部形成血肿，在蹄底角质下形成小的空洞，其中蓄有凝血块。

挫伤部发生感染时，可形成化脓性过程，脓汁可向其他部位蔓延，致使角质剥离，形成潜洞或潜道。有时顺蹄壁小叶，引起蹄冠蜂窝织炎，并可从蹄冠处破溃。一般局部化脓时，常从原挫伤处破溃，流出污秽灰色脓汁，恶臭。蹄部化脓时，常伴有全身症状。化脓过程蹄冠或蹄底破溃时，跛行可减轻，全身症状可消失。

(3)治疗　治疗原则是除去病因，采取外科治疗措施，实行合理装蹄。

轻度无败性挫伤，除去原因后，使动物休息，停止使役，配合蹄部治疗，一般在 2～3 d 后，炎症可平息。

如果采取上述措施炎症消除不了时，可能已发生化脓过程，应取除蹄铁。机械清蹄后，用消毒液浸泡病蹄，擦干后，在挫伤部将角质切除，使成倒漏斗状，这时脓性渗出物即可从切口流出，充分排除蹄内渗出物和脓汁后，灌注碘酊或碘仿醚到蹄内，外敷松馏油或其他消毒剂浸泡的纱布，外装蹄绷带，或装铁板蹄铁，全身应用抗生素。

如已蔓延到蹄冠，引起蹄冠蜂窝织炎时，应采取相应治疗措施。

(四)钉伤

在装蹄时，应从白线的外缘下钉。如果蹄钉从肉壁下缘、肉底外缘嵌入，损伤蹄真皮，即发生钉伤。蹄钉直接刺入蹄真皮，或蹄钉靠近蹄真皮穿过，持续压迫蹄真皮，均能引起炎症。前者为直接钉伤，后者为间接钉伤(图 19-1)。

(1)病因　倾蹄或高蹄的蹄壁薄而峻立者，蹄壁脆弱而干燥者，过度磨灭的跣蹄，均易引起钉伤。

蹄的过削，蹄壁负面过度锉切，蹄铁过狭，蹄钉的尖端分裂，不良蹄钉、旧蹄钉残留在蹄壁内，向内弯曲的蹄钉等；装蹄技术不熟练，不能合理下钉或反下钉刃：均为发生钉伤的原因。

(2)症状　直接钉伤在下钉时就发现肢蹄有抽动表现，造钉节时再次出现抽动现象。拔出蹄钉时，钉尖有血液附着，或由钉孔溢出血液。装蹄后受钉伤的肢蹄即出现跛行，2～3 d 后跛行加重。

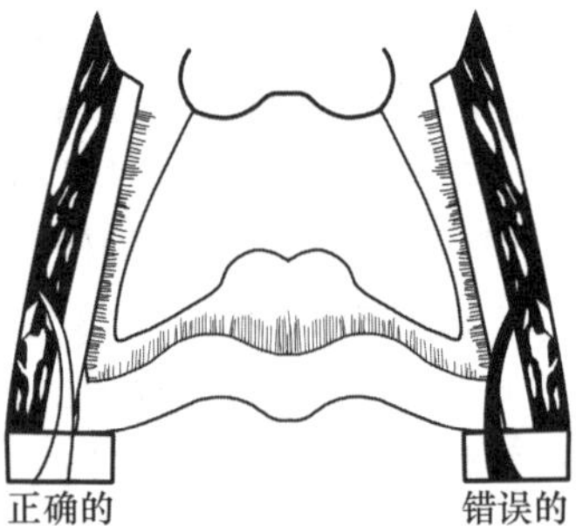

图 19-1　正确的与错误的下蹄钉

间接钉伤是敏感的蹄真皮层受位置不正的蹄钉压挤而发病，在装蹄的当时不见异常表现，多在装蹄后 3～6 d 出现原因不明的跛行。蹄部增温，指(趾)动脉亢进，敲打患部钉节或钳压钉头时，出现疼痛反应，表现有化脓性蹄真皮炎的症候。如耽误治疗，经一段时间后，可从患蹄的蹄冠自溃排脓。

(3)治疗　直接钉伤可在装蹄过程中发现，应立即取下蹄铁，向钉孔内注入碘酊，涂敷松馏油，再用蹄膏(松香与黄蜡等份分别加火融化，混合而成)填塞蹄负面的缺损部。在拔出导致钉伤的蹄钉后，改换钉位装蹄。在装蹄时，患部的蹄负面设凹陷。

如有化脓性蹄真皮炎发生，扩大创孔以利排脓。用3%过氧化氢溶液或0.1%高锰酸钾溶液冲洗创腔，注入碘酊或每毫升溶有1 000 IU的青霉素盐酸普鲁卡因溶液5～10 mL。填塞灭菌纱布块，涂敷松馏油，包扎蹄绷带。每隔3～5 d换药1次，直至化脓停止。如炎症反应强烈，宜同时肌内注射抗生素，防止继发败血症。

(4)预防　按操作规程削蹄、装蹄，不能用质量不良或钉尖分裂的蹄钉。

为了预防破伤风，应注射破伤风抗毒素，尤其是马属动物应特别注意。

(五)蹄骨骨折

本病在马和牛都可发生。

(1)病因　马发生蹄骨骨折，骨软症是发生的因素。蹄直接突然受到外力作用，如撞击、硬地上摔倒、钉伤、蹈创、重载轧压等都易造成蹄骨骨折。蹄嵌顿在洞穴或缝隙中，猛力挣扎，有时也造成蹄骨骨折。

牛蹄骨骨折，氟病是其病因。异物刺伤，突然在硬地上运动，发情牛互相爬跨、交配，运输和变形蹄的延蹄，都可引起骨折。

(2)症状　马多发伸肌突和蹄骨翼以及矢状骨折，其他形式的骨折少见，偶尔也有复杂骨折和蹄骨边缘骨折。

伸肌突骨折主要发生在前肢，一个肢发生，也可两肢同时发生。发生伸肌突骨折后可能不出现跛行，有的表现悬跛，伸肌突骨折后，时间较长时，在蹄关节背侧出现骨刺，该处蹄冠呈现肿大和异常角质增生，出现三角形角质增殖物，这是伸肌突骨折的慢性经过特征。X射线侧位摄片可清楚显示，骨折片从小的圆形断片到伸肌突完全断裂，小的圆形断片可能是先天性骨折，或是分离的骨化中心，这种小圆形骨折往往是两侧性的，通常不出现跛行。

蹄骨翼和矢状骨折，在马为常发的骨折类型，前肢比后肢多发，赛马左前肢更多发生，除蹄骨翼骨折外，立刻出现跛行。而且跛行很剧烈，出汗，颤抖，蹄温增高，指(趾)动脉亢进。检蹄器压诊时，动物表现疼痛，蹄关节他动运动时，动物也非常疼痛。关节内骨折时，关节内可能有溢血，几天后蹄冠部可出现肿胀。当时放射线摄片检查，可能看不到骨折线，几天后由于移位和骨折区脱钙，才能看出骨折线，蹄骨翼骨折片如很小时，症状不明显。

牛蹄骨骨折也是前肢多发，通常是内侧指。发生骨折后将不以患指负重，常卧倒休息。骨折常是通过关节的骨折或横骨折，检查蹄时，可感到蹄温增高，蹄冠部不出现肿胀，打诊和压诊往往得不到结果，他动运动也没有明显反应，以后局部症状也不会出现明显异常，只在运步时有明显跛行。

(3)诊断　根据临床症候和放射学检查可以确诊，牛蹄骨骨折应与蹄叶炎进行鉴别诊断。

(4)治疗　新的伸肌突骨折，骨折片可手术取除，大的骨折片可用骨螺钉固定。手术取除是在全身麻醉下，局部无菌手术准备，肢装驱血带和止血带。沿指总(趾长)伸肌中央腱纤维切开，不损伤蹄冠带，将肢强力伸展，即可看到骨折片，如果很小时，可将骨折片取出，如骨折片较大时，应装皮质骨螺钉固定，缝合腱和皮肤切口装压迫绷带。

蹄骨翼骨折和矢状骨折，可用保守疗法治疗，因为蹄壳具有自然固定作用。将患畜放在松软的马厩内休息，如能装石膏绷带或装连尾蹄铁，可加强蹄壳的固定作用，有助于骨折的恢复。治疗蹄骨骨折时，为了防止过多的骨痂形成，后期(40～45 d)应进行牵遛。

牛蹄骨骨折治疗方法是在健指(趾)下粘一木块，使病指(趾)休息，至少要6周。这样治疗后，乳牛的步态和食欲立刻改善，泌乳量也可上升，刺伤引起的骨折继发骨髓炎时，应截指(趾)。

(六)牛蹄纵裂和横裂

牛蹄纵裂和横裂是指与背侧面平行或与冠缘平行的蹄壁角质裂开。多发于前肢,慢性的比急性的多见。

(1)病因 引起牛蹄裂的主要病因:蹄冠部直接受到损伤,通常是小的裂开;蹄受到剧烈震荡,当奔跑、爬跨、跌倒时发生,通常为不完全裂开。干燥、热性病和营养代谢缺陷也是其病因。

(2)症状 除非完全裂开和暴露出真皮时,不会有跛行。本病跛行发生突然,在裂开的蹄冠部有明显的肿胀,有时形成化脓性过程,深部组织感染时,可扩延到指(趾)关节。许多全裂通常裂线为细而短的,不仔细检查很难判定。当异物、泥土、粪尿等从裂口进入时,可引起感染和跛行,引起深部组织的压迫和坏死。裂缘之间有肉芽组织长入时,或裂开的角质尚与真皮小叶相连时,以及运动时动物可感到非常疼痛。奶牛蹄裂见彩图 19-1。

横裂的另一种形式是角质从蹄冠分开,当新角质从老角质层下形成时,则缺损逐步向下退。

(3)治疗 患蹄彻底清洗消毒后,用防腐剂绷带包扎。如有跛行,将蹄角质泡软,在麻醉下用手术方法去除部分离断角质,能使疼痛减轻,因这时减少了松动壁的活动。蹄冠处有急性病变,并在裂开处脓肿形成时,为了使病变不蔓延到关节,可在麻醉下,从蹄冠真皮脓肿部位去除一块三角形角质,三角形底部接皮肤,而三角形顶点延伸到裂口最远处。手术时病变内严禁搔刮,清洁处理后用防腐剂绷带包扎,如不包扎,肉芽组织可过度生长。治疗时动物要限制活动,以免感染蔓延到关节。

二、蹄冠蜂窝织炎

蹄冠蜂窝织炎(phlegmon of the coronary band)是发生在蹄冠皮下、真皮和蹄缘真皮以及蹄匣上方相邻被毛皮肤的真皮化脓性或化脓坏疽性炎症,统称为蹄冠蜂窝织炎。该病是较重的局部外科感染,动物易继发败血病。

1. 病因

主要原因是病原菌侵入蹄冠部的皮下组织。往往因蹄冠蹍伤未能及时合理处理,以致引起严重化脓而继发蜂窝织炎。也可由于附近组织化脓、坏死转移所致。道路不良或经常在阴雨天作业,畜舍不卫生,蹄冠部长时间遭受粪尿浸渍,也会发生本病。

2. 症状

在蹄冠形成圆枕形时有热、痛的肿胀。蹄冠缘往往发生剥离,患肢有重度支跛。重病患畜体温升高,精神沉郁。以后可形成一个或数个小脓肿,在脓肿破溃之后,动物的全身情况有所好转,跛行减轻,蹄冠部的急性炎症平息(图 19-2)。

如炎症剧烈,未及时治疗,或治疗不当,蹄冠蜂窝织炎可以并发附近的韧带、腱、蹄软骨坏死,蹄关节化脓性炎症,转移性肺炎和脓毒血症。

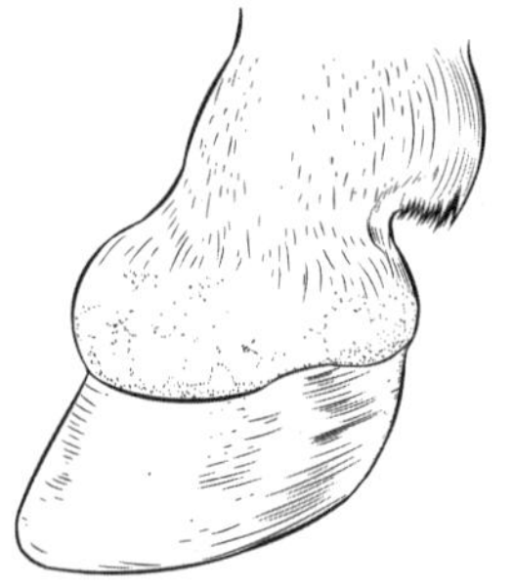

图 19-2 蹄冠蜂窝织炎

3. 预后

本病预后极为慎重,尤其并发蹄关节病时更应注意。严重病例可造成蹄匣脱落。

4. 治疗

早期大量应用抗生素或磺胺制剂,直至肿胀消退。对引起感染的创伤要彻底处理。局部剪毛,用碘化乙醇(1∶1 000 或 1∶2 000)处理蹄冠皮肤。用蹄刀切除其已剥离的部分。病初的几天,在蹄冠部使用 10%樟脑乙醇湿绷带。不宜用温热疗法及刺激性软膏。全身采用抗生素疗法或口服磺胺类制剂。如病情未见好转,肿胀继续增大,为减少组织内的压力和预防组织坏死,可在蹄冠上做多个长 2～3 cm，深 1.0～1.5 cm 的垂直切口。术后包扎浸以 10%高渗氯化钠溶液的绷带。以后按常规进行创伤治疗。同时根据全身状况，配合全身综合治疗，如消炎、镇痛、强心和补液等。

5. 预防

主要包括蹄冠创伤的预防，及时外科处理并注意蹄部感染创的治疗。

三、蹄叉腐烂

蹄叉腐烂(thrush)是蹄叉角质腐烂和崩坏的疾病，是马属动物的常发蹄病。常见于舍饲马、骡。多为一蹄发病，有时二、三蹄，甚至四蹄同时发病，多发生在后蹄。

1. 病因

蹄叉角质不良是本病的因素。

蹄踵壁过削、蹄叉多削、蹄铁过高、长期连用铁脐蹄铁、坚硬道路上服重役等，均对蹄部机能有妨碍而易导致蹄叉腐烂。总之，削蹄、装蹄失宜是蹄叉腐烂致病的主要原因。

管理不良，例如不注意蹄的卫生、运动不足、饲养于粪尿堆积不洁的厩舍，均为本病的诱发因素。

2. 症状

病畜蹄叉角质渐进性萎缩，然后沿蹄叉侧沟和中沟开始腐烂和崩坏。腐败、崩坏的角质变为污秽、灰白色、带有恶臭的分解物。这种病变逐渐向深部和周围扩展，形成大小不等的空洞，充满灰褐色恶臭的不洁物，最后全蹄叉崩溃而出现跛行。

轻症还可看到蹄叉；重症则蹄叉角质消失，露出肉叉。患肢出现支跛。病变可扩展至蹄球或蹄冠，因此可能继发化脓性蹄真皮炎，以致发生不正常蹄轮。蹄叉的崩坏和萎缩，可妨碍蹄部机能。

3. 预后

轻症预后良好，重症病期较长。陈旧性的蹄叉腐烂，病变向周围蔓延，蹄形已有改变者，则治疗困难。

4. 治疗

蹄叉腐烂的主要原因是削蹄、装蹄失宜，蹄的管理不良而引起发病。故在药物治疗之前，首先应除去病因，改善蹄的卫生，消除坏死蹄叉角质。要适应肢势、蹄形合理地削蹄、矫形装蹄，装着连尾蹄铁和人工蹄铁等，还可装松馏油麻丝垫的铁板连尾蹄铁，以促进恢复。

对于病变的局部，应清洗患部，除去腐败和崩坏的角质，用 0.1%高锰酸钾溶液清洗，注入碘酊，用灭菌纱布块浸以 2%甲醛溶液填塞病部，除去蹄铁，病部塞以浸松馏油的麻丝，包扎蹄绷带。当暴露肉叉时，注意防腐，为促进角质增生，可用 CO_2 激光气化，包扎松馏油绷带，待治愈后再装蹄。

5. 预防

装蹄、削蹄时，蹄叉不宜过削。这样，蹄在运步时有利于蹄机(指蹄在负重时蹄受压扩张，而在免负体重时蹄部回缩，如此往复，改善血液循环和代谢，多指马牛，其他动物也有此机能)。定期装蹄、削蹄，适当切削蹄负缘，装铁板蹄铁及橡胶蹄枕，或连尾蹄铁并装橡胶踵，要让蹄叉在运步时负担一部分体重。多铺清洁垫草，做适度运动，常清刷蹄部。

四、蹄叶炎

蹄叶炎(laminitis)或蹄真皮炎，是指蹄真皮的弥散性、无败性炎症。常发生于马、骡，牛、羊、猪也有发生。主要发生于马、骡的两前蹄，也发生在所有四蹄，偶尔发生于两后蹄或单独一蹄。牛多发于两后肢内侧趾。骟马蹄叶炎发病率比母马和公马低。

(一)分类与病因

可广义地分为急性、亚急性或慢性蹄叶炎。

致病原因尚不能确切肯定,可能为多因素的。

广蹄、低蹄、倾蹄等蹄的构造上有缺陷,躯体过大使蹄部负担过重,均为蹄叶炎发生的因素。

蹄底或蹄叉过削、削蹄不均、延迟改装期、蹄铁面过狭、铁脐过高等,均能使蹄部陷入过度劳累,诱发蹄叶炎。

导致本病的原因有:运动不足,又多给难以消化的饲料;偷吃大量精料,分娩、流产后多喂精饲料引起消化不良;同时肠道吸收毒素,使血液循环发生紊乱。

长途运输时,在坚硬的地面上长期站立,有一肢发生严重疾患,对侧肢行代偿,长时期、持续性担负体重而过劳,马体骤感寒冷使体力消耗等,均能诱发本病。

蹄叶炎有时为传染性胸膜肺炎、流行性感冒、肺炎、疝痛等的并发病或继发病。

由有毒产物或炎性产物引起机体变态反应,导致蹄真皮发炎,有学者认为毒素和内毒素造成的血液循环障碍或紊乱是引起本病的重要原因。

(二)症状

患急性蹄叶炎的家畜,精神沉郁,食欲减少,不愿站立和运动。因避免患蹄负重,常出现典型肢势的改变。如果两前蹄患病时,病马后肢伸至腹下,前肢向前伸出,后肢置于躯体之下,以蹄踵着地,以蹄踵承担体重。两后蹄患病时,前肢向后屈于腹下。如果四蹄均发病,站立姿势与两前蹄发病类似,体重尽可能落在蹄踵上。如强迫运步,病畜运步缓慢、步样紧张、肌肉震颤。(视频 19-1)

视频 19-1 马四肢蹄叶炎:缓慢短步

触诊病蹄可感到增温,特别是靠近蹄冠处。指(趾)动脉亢进。叩诊或压诊时,局部敏感。可视黏膜常充血,体温升高(40～41 ℃),脉搏频数(80～120 次/min),呼吸变快(50～60 次/min)。

亚急性病例可见上述症状,但程度较轻。常限于姿势稍有变化,不愿运动。蹄温或指(趾)动脉亢进不明显。急性和亚急性蹄叶炎如治疗不及时,可发展为慢性。

慢性蹄叶炎常有蹄形改变。蹄轮不规则,蹄前壁蹄轮较近,而在蹄踵壁的则增宽。慢性蹄叶炎最后可形成芜蹄,蹄匣本身变得狭长,蹄踵壁几乎垂直,蹄尖壁近乎水平。站立时,健侧蹄与患蹄持续不断地交替负重。X 射线摄影检查,有时可发现蹄骨转位以及骨质疏松。蹄骨尖被迫向下,并压挤至蹄底角质。严重的病例,蹄骨尖端可穿透蹄底。

(三)病理

蹄叶炎的发病机理尚没有确定,许多学者从各方面进行了研究。有人用放射酶法检查了患蹄叶炎病马的血浆,证明血浆中组织胺水平明显升高,说明组织胺与本病发生有关。体内组织胺聚积导致血液供应失调,末梢血管充血,通透性升高,蹄内真皮层渗出增多,形成急性炎症。

更多的学者认为血液循环障碍或紊乱是引起本病的重要因素。许多学者观察真皮微血管形成栓塞与马蹄叶炎的发生有直接关系。多种诱因引起蹄真皮层充血,末梢微循环紊乱,小静脉痉挛,动、静脉间形成吻合支回路,蹄匣内淤血、缺氧而导致发炎。有人从血小板数、血小板存活时间、血小板在血管壁的黏性、凝血时间和全血再钙化时间而确定患蹄叶炎马的凝血机理发生改变。

有人用放射性同位素闪烁图研究、组织学检查和反向动脉造影,证实马蹄叶炎时蹄壁真皮血管有血栓形成。

(四)预后

马、骡蹄叶炎的预后与病的程度、患蹄数目和恢复的速度有关。

几天内恢复的预后良好，多于7～10 d的病例，虽然临床仍有恢复的可能，但几乎可以肯定会有不可逆转的病变遗留。已证实蹄骨有移位的病例，预后应慎重。蹄骨尖已穿破蹄底的，预后不良。

(五)治疗

(1)急性和亚急性蹄叶炎治疗原则　除去致病或促发因素、解除疼痛、改善循环、防止蹄骨转位。尽早采取治疗措施，形成永久性病变后则治疗效果不佳。

如是起因于饲料营养性的急性蹄叶炎，可减少精料，喂大量粗饲料和青草，不喂麦类和豆科饲料。加强护理，限制患畜活动。

(2)急性蹄叶炎治疗　为减少炎性渗出，促进血管收缩，病初2～3 d内对蹄进行冷浴；以后改用温浴疗法，每天1～3次，以改善局部血液循环，促进炎性产物的消散吸收。整个疗程5～7 d。放血也是改善循环的方法之一，可减少血管容量，排出血中有毒物质。放血是指放蹄头血或静脉血(马、牛约500 mL)，应在病后36～48 h内进行。

镇痛消炎，可应用镇痛剂消炎痛、消炎灵等；还可用普鲁卡因对掌(趾)神经封闭，每天或隔天一次。乙酰丙嗪有降压止痛作用，马、牛、猪的用量为每千克体重0.01 mg。

对中毒性、营养性蹄叶炎可应用激素疗法，如地塞米松。脱敏疗法可在病初试用抗组胺药物，内服盐酸苯海拉明0.5～1.0 g，或肌注扑尔敏30～40 mg，每天1～2次。体温过高或为了预防二次感染，可全身应用抗生素疗法。

为改善蹄的代谢机能，增加角质生成所需的蛋氨酸物质，大动物的剂量每天按500 kg体重10 g，连服4 d后剂量减半，10 d为一疗程。

(3)慢性蹄叶炎的治疗　应着重于护蹄，并预防急性或亚急性蹄叶炎的再发，如限制饲料、控制运动等。首先，应注意清理蹄部腐烂的角质以预防感染。刷洗蹄部后，在硫酸镁溶液中连续温浴，同时可选择性应用急性蹄叶炎的一些治疗措施。蹄骨微有转位的病例(如蹄骨尖移动少于1 cm而蹄底白线只稍微加宽)，即简单地每月削短蹄尖并削低蹄踵是有效方法，防止形成严重芜蹄。削蹄后装着矫形蹄铁(如铁板蹄铁)、连尾蹄铁及半月状蹄铁，可逐渐矫正蹄骨的位置。如蹄骨已有明显的转位，就更需要施以根治的措施，即在蹄踵和蹄壁广泛地削除角质，否则蹄骨不能回到正常的位置。

五、指(趾)间皮炎

指(趾)间皮炎(interdigital dermatitis)是指没有扩延到深层组织的指(趾)间皮肤的炎症。是牛的常发疾病，往往多肢发病。特征是皮肤不裂开，皮肤呈湿疹性皮炎的症状，有腐败气味。犬、猫等小动物也可发生。(视频19-2)

视频19-2　犬趾间皮炎

1. 病因

环境潮湿不卫生是其主要病因，条件性致病菌感染为其诱因。曾从病变部位分离到结节状杆菌和螺旋体。

2. 症状

病变局限在指(趾)间表皮，表皮增厚和稍充血，在指(趾)间隙有一些渗出物，有时形成伪膜或痂皮。本病不引起急性跛行，但可见动物运步不自然，蹄表现非常敏感。

本病常已到第二阶段才被发现。在球部出现角质分离(通常在两后肢)，在这以前，与球部相邻的皮肤可发生肿胀，并有轻度跛行。到第二阶段时，跛行明显，在角质和下面的真皮之间，很快进入泥土、粪便和褥草等异物，使角质和真皮进一步分离。如果不发展成潜道，病变可平静进而转为慢性。本病常常发展成慢性坏死性蹄皮炎（蹄糜烂）和局限性蹄皮炎（蹄底溃疡）。（视频 19-3）

视频 19-3 奶牛趾间皮炎与蹄底溃疡

3. 治疗

首先保持蹄的干燥和清洁，其次局部应用防腐和收敛剂，一天两次，连用 3 d；患病动物也可进行浴蹄。轻症渗出性皮炎可很快治愈。如角质分离应将其剥离清除，每天撒布硫酸铜，或涂碘酊等消毒液。

六、蹄变形

蹄变形（foot change）或变形蹄，是牛特别是乳牛肢蹄病中最为常见且发病率最高的疾病，有的地方发病率高达 50%以上，严重危害乳牛健康、生产性能和利用年限。

（一）病因

蹄变形原因比较复杂，可归纳为以下几个方面：

（1）营养代谢病　主要是钙磷代谢障碍所致的骨营养不良。患骨营养不良的牛，绝大多数有不同程度的肢蹄病，尤以后肢为甚。有的先发生肢变形，有的骨未变形而蹄先变形。

（2）牛舍地面和运动场地面不平整　有的乳牛牛舍和运动场全为水泥地面，有的尽管有运动场，但地面不平整时加速蹄的磨损，导致跛行和蹄变形。

（3）缺乏定期修蹄和护蹄制度　未及时修蹄从而导致蹄变形。

（4）肢势不正，槽位过低　由于槽位低，牛采食时，头颈前伸，两前肢叉开，全身大部分的重量移向前肢内蹄，使内蹄负重过大，逐渐使远轴侧壁代替负面，甚至向轴侧上翘翻卷。如不能及时矫正，则随时间推移，逐渐加重，发展为螺旋蹄。

另外，有些蹄变形与某些公牛的遗传因素有关。在它的后裔中蹄变形的发病率高。

（二）症状

后蹄发病多于前蹄。其特征性症状为跛行和蹄部形态异常，往往和肢变形相伴发，因而常称其为肢蹄病。

蹄变形的形态多种多样。包括：长蹄，即蹄尖伸长向上翻，有的蹄前壁凹弯，尖端上翘呈镰刀状，也称过长蹄（彩图 19-2）；低蹄，即蹄前壁的角度小，蹄尖和蹄踵之比约为（3～4）：1；高蹄，即蹄前壁的角度大，蹄尖和蹄踵壁高度之比为 5：4；宽蹄，即蹄大而宽，蹄角质松软，蹄裂明显（彩图 19-1）；还有剪蹄、蟹蹄等。

蹄变形易于受损伤而感染坏死杆菌和化脓杆菌，发生腐蹄病。

（三）防治

对蹄变形在统一修蹄护理的基础上，主要针对不同的病因进行预防。

（1）加强饲养管理，平衡日粮　特别注意钙磷以及与钙磷代谢有关的元素如镁、锌、铜、锰的平衡。如能防止骨营养不良，蹄变形就会明显降低。

（2）牛舍地面要平整　如有可能应对牛床垫以橡皮垫。运动场要定期补垫不含石子和其他异物、杂质的细沙子，并保持干燥和清洁卫生。

（3）品种选育　育种上必须注意肢蹄的选育。

（4）合理调节舍槽的高低　根据所养牛的品种大小，适当的调节舍槽的高低，尽量减缓牛采食时前蹄的压力，预防蹄变形。

七、腐蹄病

腐蹄病(foot rot)又称指(趾)间蜂窝织炎、指(趾)间坏死杆菌病，是偶蹄动物的指(趾)间皮肤及其皮下组织发生炎症，特征是间质皮肤充血、肿大及溃烂，并有恶臭分泌物排出。常包括指(趾)皮肤、蹄冠、系部和球节的肿胀，有明显跛行，并有体温反应。奶牛患本病后可导致产奶量严重下降，并有明显的全身症状。

(一)病因

目前，普遍认为腐蹄病的主要病原体是节瘤拟杆菌和坏死杆菌，此外还有其他化脓坏死微生物区系——产气荚膜梭菌、金黄色葡萄球菌和化脓棒状杆菌等并发感染，其中节瘤拟杆菌是引起本病的首要致病菌。

饲养管理不善，环境因素的影响，也是引发该病的诱因。如牛只体弱，日粮中钙、磷比例不当，或钙、磷供应缺乏、不足，造成蹄角质层疏松；运动场泥泞潮湿，有小石子、铁屑、煤渣、粗而硬的草根、坚硬的冻土、冰等造成蹄部的损伤，引起发炎；牛舍潮湿，牛床太短，不及时排除粪、尿，造成牛蹄经常被粪、尿浸泡，使蹄底软化，一旦有尖硬的物体，可引起蹄底损伤；不定期修蹄，使部分牛出现蹄变形，负重不均，极易挫伤，细菌侵入而引起感染。

(二)流行病学

节瘤拟杆菌是绵羊、山羊和牛蹄部的严格寄生菌，离开动物组织以后，不能在自然界长期生存。已经证实落入草地的节瘤拟杆菌，即使草地湿度很大，也只能保持数天的毒力。并且可以被消毒剂和许多抗生素杀死，在气候温和的地区和降雨量丰富(>500 mm)时期最为严重。腐蹄病病愈动物，蹄大部分可恢复正常，伤害性不大，此菌可在粪中保持活力数月，这是腐蹄病难以消灭的一个原因。

牛、羊、鹿、猪等偶蹄兽均可发病。发生于各种年龄的牛，但以 2～4 岁的牛多发，其中幼畜发病率低，并且很多是发生在产后 50 d 内。当营养、动物舍和动物体况发生变化时均可诱发该病。本病多发生于夏、秋季，雨季是发病高峰期，当然根据不同地区、不同气候的变化，其发病率在各季节中也不相同。

(三)症状

牛腐蹄病一般可分为急性、慢性两种，多数为慢性。病牛喜趴卧，站立时患肢负重不实或各肢交替负重，行走时跛行。急性病牛，在病变发展后几个小时内，可见到一肢或数肢有轻度跛行，系部和球节屈曲，患肢以蹄尖轻轻负重，约 75%的病例发生在后肢。18～36 h 之后，指(趾)间隙和冠部出现肿胀，皮肤上有小的裂口，有难闻的恶臭气味，表面有伪膜形成。36～72 h 后，病变变得更显著，指(趾)明显分开，指(趾)部甚至球节出现明显肿胀，此时有剧烈疼痛，严重跛行，病肢常企图提起，多喜卧不愿站立。体温升高，精神沉郁，食欲减退，瘤胃蠕动减弱，泌乳量明显下降，在短时间内消瘦。再过 1～2 d，指(趾)间组织可完全剥脱。如急性炎症未能及时治愈，则转为慢性。病程较长，较深部组织化脓性感染，形成有坏死组织的脓肿或窦道。蹄间质、蹄底发生溃疡、化脓和坏死并有恶臭分泌物排出，坏死组织呈微黄色或灰白色，周围有化脓性炎症区域。坏死组织与健康组织之间界限分明。严重的可侵及腱、指(趾)间韧带、冠关节或蹄关节，后者形成腐败性关节炎，甚至在蹄底形成空洞，蹄壳脱落或继发脓毒败血症等而被迫淘汰。

绵羊和山羊常群发，具有流行性，羊群发病率可达 80%以上。一般分初期型、轻型和重型 3 种症型。初期型：指(趾)间裂皮出现化脓性炎症，表面糜烂，有灰色黏液且恶臭。轻型：蹄后跟(有时蹄底的角质)一层层脱落。重型：蹄大面积腐败性坏死，蹄间裂的皮肤与角质完全脱离，并在脱落的蹄角质下出现灰淡黄色恶臭分泌物。病羊表现剧痛、跛行甚至难以运动、脱毛，严重的体温升高(40～40.5 ℃)，冠部形成溃疡、瘘管或坏死，生下的羔羊也无生命力。

(四)诊断

根据腐蹄病的临床症状和病理变化[如指(趾)间皮肤或皮下组织化脓、坏死、发出恶臭气味等]可以做出初步诊断，实验室检查、损伤组织的直接涂片可观察到末端肿胀的矮粗杆菌。但应注意与下述疾病的鉴别：蹄炎、蹄底脓肿、蹄底溃疡、真皮疣、泥土热等。

(五)治疗

根据病情的严重程度，可施行局部治疗、全身治疗或二者相结合。

早期小的病灶通过清洗(0.1%高锰酸钾溶液或2%来苏儿溶液)，去除指(趾)间的坏死组织，使用抗感染及抗生素可收到疗效。在较轻的病例，硫酸铜溶液和磺胺粉(1∶4)及在局部应用多种抗生素均有效。严重病例，全身应用青霉素、磺胺嘧啶钠、磺胺吡啶或磺胺溴二甲嘧啶 1～3 d 收到疗效。蹄部清创、保护及保持环境干燥可加速痊愈。还可应用蹄穴位[蹄头(前后)、缠腕(前后)、涌泉、滴水等穴位]注射抗生素的方法治疗。

一般性病例可用血竭松香桐油膏(1∶1∶3)填充。每天清洗换药 1 次，后延至 2～3 d 换 1 次；慢性顽固性病例可用血竭粉直接填塞创口或瘘管内，然后用烙铁烙化封口，蹄裂严重的用乌金膏(血竭粉 30 g、松香 45 g、黄蜡 15 g、人发烧炭 15 g 熔化成膏状)填充后用消毒纱布 8～10 层包扎，3 d 换药 1 次。3 次为 1 个疗程。

慢性病例，感染有侵及深部软组织引起脓毒性指(趾)间关节炎的危险，可进行截指(趾)术。因此，当病史及临床指征表明为慢性病例时，应进行积极的全身治疗和局部治疗，如用湿热的硫酸镁溶液浸蹄。在浸蹄的间隔期，应该用轻型绷带保护蹄部，以防发生进一步的外源性感染。口服硫酸锌，可取得满意效果(视频 19-4)。也可应用中草药黄连解毒汤(药方：黄连 30 g、黄柏 60 g、栀子 30 g、金银花 60 g、地丁 30 g、生地 30 g、麦冬 24 g、石斛 24 g)内服，散剂可开水冲服，也可煎汁后灌服。

视频 19-4 奶牛腐蹄病的治疗

(六)预防

首先是增强机体对腐蹄病的全身抵抗力和强化蹄角质，禁喂发霉干草，减喂精料，补喂钙和磷并保持钙磷平衡，补喂维生素 D、硫酸锌等矿物质和蛋氨酸等。其次是防止动物接近泥泞的运动场、沼泽和污浊的池塘，因为这些地方存在着潜在感染因素。除去牧场上各种致伤因素，保证牛舍和运动场干燥和清洁。定期用消毒剂浴蹄是有效的。将 2%～5%甲醛或 10%硫酸铜溶液置于牛舍或挤奶厅的出入口可达到浴蹄的目的。建议每浴 500～1 000 头乳牛后应更换药液。在澳大利亚和比利时，用坏死杆菌甲醛疫苗接种已获得成功。1999 年王克坚等成功研制出 E 型节瘤拟杆菌基因工程苗，2002 年苗利光等研制出 C 型节瘤拟杆菌基因工程苗，这些基因工程苗经过对家兔和绵羊的免疫保护性试验，证明有较好的免疫效果和免疫原性。(视频 19-5)

视频 19-5 奶牛浴蹄

八、指(趾)间皮肤增殖

指(趾)间皮肤增殖(interdigital skin hyperplasia)是指(趾)间皮肤和(或)皮下组织的增殖性反应。在文献上曾有不同名称，如指(趾)间瘤、指(趾)间结节、指(趾)间赘生物、指(趾)间纤维瘤、慢性指(趾)间皮炎、指(趾)间穹隆部组织增殖等。

各种品种的牛都可发生，荷兰牛和海福特牛发生率较高。中国荷斯坦乳牛发生也很普遍。

本病的特征是指(趾)间皮肤或(及)皮下组织生成增殖物,引起轻度或中度跛行。增殖物具有皮肤组织的各层结构,但都增厚十几倍甚至几十倍,皮下组织也增生肥厚。

(一)病因

确切原因尚不清楚。最常见于肥胖、体重大的公牛或成年母牛。一般认为与遗传有关,但仍有争论。两指(趾)向外过度扩张(开蹄),引起指(趾)间皮肤紧张和剧伸,或某些变形蹄,从而引起泥浆、粪尿等异物对指(趾)间皮肤的经常刺激,都易引起本病。有人观察认为指(趾)骨有外生骨瘤与本病发生有关,也有人观察缺锌时可引起本病。运动场为沙质土壤,蹄部比较清洁的牛群,发病率明显降低。

(二)症状

本病多发生在后肢,可以是单侧,也可以是双侧。

从指(趾)间隙一侧开始增殖的小病变不引起跛行,因而容易被忽略。增大时,可见指(趾)间隙前面的皮肤红肿、脱毛,有时可看到破溃面。指(趾)穹隆部皮肤进一步增殖时,形成"舌状"突起,此突起随着病程发展,不断增大增厚,在指(趾)间向地面伸出,其表面可由于压迫发生坏死,或受伤发生破溃,引起感染,可见有渗出物,气味恶臭。根据病变大小、位置、感染程度和落到患指(趾)的压力,出现不同程度的跛行。

在指(趾)间隙前端皮肤,有时增殖成草莓样突起,由于破溃后发生感染,患畜驻立时非常小心,因为局部碰到物体或受两指(趾)压迫时,患畜可感到剧烈疼痛。增殖的突起后期可角化。有跛行时,泌乳量可明显降低,体重下降。由于指(趾)间有增殖物,可造成指(趾)间隙扩大或出现变形蹄(图 19-3)。

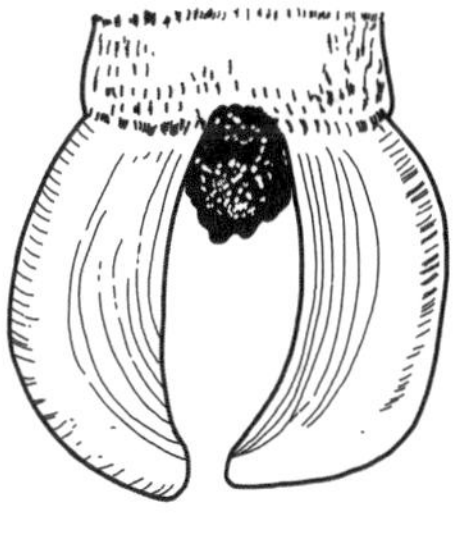

图 19-3　指(趾)间皮肤增殖

(三)治疗

炎症期间,清蹄后用防腐剂包扎,可暂时缓解炎症和疼痛,但不能根治。对小的增殖物,可用腐蚀办法进行治疗,常不能根治。根治的办法是手术切除,手术方法是将患畜侧卧保定,注射化学保定剂或电针麻醉,配合用神经传导麻醉,常规局部消毒后,沿增殖物周围将其彻底切除。手术中应避免损伤大血管,一般出血不多,压迫止血后,可缝合,也可不缝合。切除增殖物后脱出的脂肪不要过多的切除,以免影响将来指(趾)间皮肤愈合。最后,将两蹄尖处钻洞,用金属丝将两蹄固定于一起并用绷带包扎,外装防水蹄套。如软组织有炎症或切除物较大,可全身应用抗生素。

九、白线裂和"白线"病

(一)白线裂

白线裂(separation of the wall and laminar corium of the toe)系白线部角质的崩坏以及变性腐败,导致蹄底与蹄壁发生分离,多发生于马、骡的前蹄蹄侧壁或蹄踵壁。

(1)病因　广蹄、弱踵蹄、平蹄等蹄壁倾斜,还有白线角质脆弱,均为发病的原因。

装蹄时过度烧烙、白线切削过多、蹄部不清洁、环境卫生不好、干湿骤变、地面潮湿、钉伤、白线部的踏创,均为发生白线裂的诱因。对广蹄、平蹄、丰蹄等装着铁支狭窄及斜面少的蹄铁,蹄钉过粗也是引起白线裂的原因。

(2)症状　通常多在白线部充满粪、土、泥、沙。跣蹄马举肢检查,易于发现病灶;装蹄马必须取下蹄铁进行检查,多在装蹄、削蹄时发现白线裂的所在部位。

白线裂只涉及蹄角质层,是为浅裂,不出现跛行(图 19-4);若裂开已达肉壁下缘,称为深裂,往往诱发蹄真皮炎,引起疼痛而发生跛行。

并发病与继发病：由于白线裂可引起蹄底下沉，易形成平蹄、丰蹄。

如果白线裂向深部伸展，可转变为空壁，并可以引起化脓性蹄真皮炎。此时病灶对蹄壁真皮比蹄底真皮的影响更大，感染可向上方深部蔓延，引起蹄冠脓肿、远籽骨滑膜囊炎和化脓性蹄关节炎，有的病例侵害到腱和腱鞘。

陈旧性的白线裂可使患部蹄壁向外发生凸弯。

(3)治疗　白线已经分裂即难以愈合，所以对本病的治疗主要是防止裂缝的加大和促进白线部角质的新生。

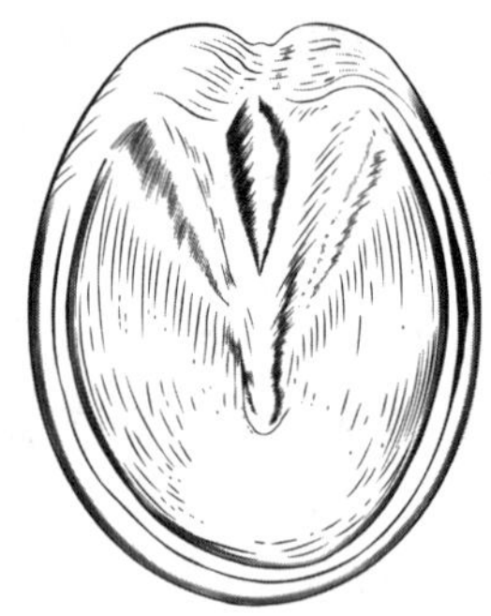

图 19-4　蹄白线裂

要求合理削蹄，不能过削白线。注意蹄部的清洁卫生，清除蹄底的污物，对患部涂以松馏油。蹄壁向外部扩展者，即在该蹄铁部位设侧铁唇。蹄壁薄弱者使用幅广连尾蹄铁，以使蹄叉及蹄底外缘分担体重。

如继发化脓性蹄真皮炎，应清理创部，涂碘酊、塞浸有松馏油的麻丝，包扎蹄绷带或垫入橡胶片。经几次换药，感染完全控制，炎症解除时，也可用黏合剂或黄蜡封闭裂口。

(二)"白线"病

"白线"病(white line disease)是牛等偶蹄动物连接蹄底和蹄壁的软角质分离，常常由一些尖锐异物刺伤所致，刺伤后导致真皮感染形成脓肿。壁小叶比底小叶受感染更明显，也更容易，结果可在蹄冠处形成脓肿，并破溃形成窦道。通常远轴侧"白线"易遭损伤，公牛蹄尖部"白线"更多发病。

(1)病因　正常运动时，远轴侧"白线"常承受最大的牵张，特别是硬地上运步或爬跨时，更加重对"白线"的牵张。变形蹄，如卷蹄、延蹄、芜蹄，"白线"处易遭受刺伤，特别是牛舍和运动场潮湿、角质变软时，更易发病。长期站立或采食、挤奶时间过长致真皮损伤；瘤胃酸中毒引起生物素合成减少，使白线角质营养不良；因地面过度潮湿引起蹄角质变软；产犊期间角质生长不足使蹄低变薄等，均可引起蹄底真皮损伤，继而导致白线病。

(2)症状　通常侵害后肢的外侧趾。"白线"分离后，泥土、粪尿等异物易进入，将裂开的间隙堵塞，也将使"白线"更大的扩张，并易引起感染。感染可向蹄冠、向深部蔓延，引起蹄冠部脓肿，引起深部组织的化脓性过程。

两后肢同时发病时，可掩盖跛行，直到一个蹄出现并发症时，才被诊断出来。早期病例，很难诊断，因病变小易被忽略，必须仔细削切，并清除松散的脏物才能看到黑色污迹。进一步检查，可发现较深处的泥沙和渗出物混合的污物。开始跛行的表现不同，但一旦形成脓肿，跛行表现剧烈，特别向深部组织侵害时，蹄可见发热，球部肿胀，常在蹄冠部出现窦道，此时牛体重明显减轻，泌乳量明显下降。

(3)治疗　用蹄刀从负面将裂口扩开，尽可能清除碎屑杂物和脓汁，但常常不可能到达深部。尽可能扩大伤口，使脓汁排出，灌注碘酊后用麻丝浸松馏油填塞。蹄冠有窦道开口时，打通，冲洗，包扎。深部感染时，采取相应措施，扩大伤口进行治疗。全身应用抗生素。

十、蹄糜烂

蹄糜烂(erosion of the hoof)是蹄底和球负面糜烂，又称慢性坏死性蹄皮炎，是奶牛常发蹄病。

1.病因

过长蹄、芜蹄及牛舍和运动场潮湿、不洁是本病的病因。指(趾)间皮炎与发生在球部的糜烂有直接关系，结节状杆菌是引起糜烂的微生物。一些导致蹄皮炎、指(趾)间皮炎的病因也可导致蹄糜烂，或蹄糜烂进而发展成蹄皮炎。

2. 症状

本病进展很慢，除非有并发症，很少引起跛行。轻病例只在底部、球部、轴侧沟有小的深色坑。进行性病例，坑融合到一起，有时形成沟状，坑内呈黑色，外观很破碎，最后，在糜烂的深部暴露出真皮。

糜烂可发展成潜道，偶尔在球部发展成严重的糜烂，长出恶性肉芽，引起剧烈跛行。

3. 治疗

整个蹄应彻底清洁，消除不正常的角质，扩开所有的潜道，应用硫酸铜和松馏油绷带包扎。治疗期间，保持病牛环境清洁、干燥。

十一、蹄深部组织化脓性炎症

蹄深部组织化脓性炎症(purulent inflammation of deep structures of the digit)包括化脓性蹄关节炎、化脓性腱炎、化脓性远籽骨滑膜囊炎和关节后脓肿。

1. 病因

常继发于蹄底和指(趾)间隙的化脓性疾病。

2. 症状

蹄关节、指(趾)部屈腱系统、远籽骨滑膜囊在结构上非常密接，发生感染时，常互相蔓延，临床中很难分清楚。蹄深部有化脓性过程时，共同的症状是蹄冠部出现肿胀，重者肿胀可延伸到球节，呈一致性肿胀，关节僵直，蹄部发热，指(趾)动脉亢进，有重度跛行。一肢的两个指(趾)很少同时发病。脓汁可从形成的窦道或临近感染的进入部位排出，但有时这些开口被肉芽组织闭合，脓汁排不出，则顺组织向上蔓延，向周围扩散。这时可出现全身性症候。单纯远籽骨滑膜囊炎时，环绕冠部和球部后一半有发热和肿胀，压迫时疼痛。滑膜囊在感染后短时间内即破裂，感染可局限在中间指(趾)节骨和深屈腱之间，形成直径超过 5 cm 的关节后脓肿，在球部后上方有明显的局限性肿胀。化脓性腱炎时，常常在腱筒内蓄脓，在球节后上方可出现波动性肿胀，屈腱坏死溶解断裂时，蹄尖出现上翘。化脓性蹄关节炎时，首先看到整个蹄冠带和邻近的皮肤高度肿胀，组织压力很大，呈蓝紫色。以后蹄缘角质和皮肤分离，有剧烈疼痛。

3. 治疗

保守疗法无效时，采用手术法引流、搔刮和固定。注意治疗原发病。必要时进行断指(趾)术。术后 1～2 周全身应用抗生素及止痛剂，每 5～7 d 更换一次包扎绷带，直至创口痊愈。奶牛后肢外侧趾截除后，留下的内侧趾易发生损伤和跛行。

十二、犬爪周炎

犬爪周炎(paronychia)是犬爪周围组织的急性或慢性炎症，一般多为慢性经过。

1. 病因

爪周围组织受伤后，细菌或真菌感染。

2. 症状

爪周围皮肤呈赤紫色，肿胀，压迫时疼痛，爪松动甚至脱落(彩图 19-3)。有的局部被毛脱落，有结痂形成。

3. 治疗

外科清洗消毒后，将松动的爪拔除，排脓。局部按一般外伤处理，必要时全身应用抗生素。真菌感染时，将第三指（趾）节切除。碘酊对真菌性感染效果较好。若为蠕形螨感染，需应用伊维菌素、多拉菌素等。

十三、犬指（趾）部新生物

犬指（趾）部新生物（digital neoplasms）最常见的为鳞状细胞癌，常发于爪床和指（趾）枕。黑毛大型犬多发，小型犬也有发生的报告，发生倾向于纯种犬。发病后可出现不同程度的跛行。治疗用断指（趾）术将病变连同指（趾）节骨一起切除。

十四、护蹄

首先要求对动物实行科学的饲养管理。

无论过度潮湿或干燥，均对蹄角质的坚固性和弹性有不良的影响。为了保持蹄角质的正常湿度和弹性，应将动物饲养在清洁、干燥的地面上，马蹄和牛蹄定时用清水刷洗干净，或在每次修整时都用湿润的布擦拭。羊、猪的蹄角质干燥和脆弱时，可早晨放牧到有露水的草场，或赶到小溪里半小时。为了预防蹄角质的浸渍，不应利用潮湿、多沼泽的牧场；还要将地面打扫清洁，清除动物舍的积粪和积尿。

视频 19-6 奶牛护蹄修蹄

必须经常、定时检查动物蹄部，并对动物蹄进行有计划的和合理的修整。牛、绵羊、山羊和猪，一年不少于 1～2 次（最好在未放牧之前）切削过长的角质，并对蹄底进行清理。种牛以每年 4 次削蹄为好。役用的马和牛，必须有计划地每经过 4～6 周改装一次蹄铁。装蹄、削蹄要求有熟练的技术和合理的切削与装蹄。（视频 19-6）

马厩、牛栏、猪舍、羊圈的地面必须平整。要清除牧场上的垃圾和易发生损伤的物体，例如铁丝、碎木片、金属块、石块等。对于马、骡来说，要建立健全使用、管理制度。有交突和追突的马，要装交突蹄铁或追突蹄铁。

集约化饲养场，奶牛常年舍饲，运动不足，蹄部的血液循环不良，蹄角质的质量下降；若合并饲料营养不全或不足，奶牛极易发生蹄病。

挽用马、骡在通过铁路、石路、板桥、丛林或裂缝地段时，常容易嵌夹马蹄或蹄铁，引起蹄铁松动、脱落或蹄角质的崩损，遇到这类情况应对蹄部进行详细检查，发现问题及时处理。连日阴雨或长期在泥泞道路和水田作业时，蹄角质易遭浸泡变软，蹄铁也易松动脱落，须及时紧钉或加钉。在冰雪地带作业，应装冰上蹄铁，并注意检查铁脐的磨灭情况，如有松动或折断应及时更换。

装蹄的基本原则是保护蹄部，同时尽可能少地伤害蹄的结构和生理机能。对兽医人员和装蹄员有计划地加强技术训练，提高削蹄、装蹄技术水平。建立健全各项管理制度，做好蹄病的预防工作。

本章小结

蹄部疾病是牛、马、骡、猪、羊等动物的常见疾病，发病率较高。致病原因主要是卫生不良，饲养、使役、护蹄管理不善，削蹄和装蹄失宜以及运动不足。

蹄部损伤是动物蹄病中最常见的疾病之一，其中包括蹄冠蹍伤、蹄底刺伤、蹄底挫伤、钉伤、蹄骨骨折、牛蹄纵裂和横裂。蹄冠蹍伤是指蹄冠部和蹄球部的皮肤组织因受蹄的踏蹍引起的损伤。损伤性质常为擦伤、挫创或挫裂创。蹄底刺伤是由于尖锐物刺入马、骡的蹄底、蹄叉或蹄叉中沟及侧沟,在牛则刺入蹄底、指(趾)间及蹄球部,轻则损伤蹄底或蹄叉(马)真皮或蹄球(牛)真皮,重则导致蹄骨、屈腱、籽骨滑膜囊的损伤。蹄底挫伤是由于石子、砖瓦块等钝性物体压迫和撞击蹄底,引起蹄底真皮发生挫伤。蹄钉直接刺入蹄真皮,或蹄钉靠近蹄真皮穿过,持续压迫蹄真皮,均能引起炎症。前者为直接钉伤,后者为间接钉伤。马发生蹄骨骨折,骨软症是发生的因素。牛蹄骨骨折,氟病是其原因。马多发伸肌突和蹄骨翼以及矢状骨折,牛蹄骨骨折也是前肢多发,通常是内侧指。牛蹄纵裂和横裂是指与背侧面平行或冠缘平行的蹄壁角质裂开。治疗原则是除去病因,采取外科治疗措施,实行合理装蹄。

蹄冠蜂窝织炎是发生在蹄冠皮下、真皮和蹄缘真皮以及蹄匣上方相邻被毛皮肤的真皮化脓性或化脓坏疽性炎症。往往因蹄冠蹑伤未能及时进行外科处理,以致引起严重化脓而继发蜂窝织炎。蹄叉腐烂是蹄叉角质腐烂和崩坏的疾病,削蹄、装蹄失宜是蹄叉腐烂的主要原因。这些疾病的防治原则和措施主要包括:除去病因、蹄部清洗消毒、蹄部清创、切开引流及填塞药物、蹄部包扎及改善蹄机。

蹄叶炎或蹄真皮炎,是指蹄真皮的弥散性、无败性炎症。常发生于马、骡,牛、羊、猪也有发生。以马、骡的两前蹄多发,牛多发于两后肢内侧趾。临床表现为急性[蹄部增温、指(趾)动脉亢进、体温升高]、亚急性和慢性蹄叶炎(蹄形变化)。其发病机理尚未确定。血液循环障碍或紊乱是引起本病的重要因素;血浆中组织胺水平明显升高与本病发生有关。治疗急性和亚急性蹄叶炎原则是:除去致病或促发的因素、解除疼痛、改善循环、防止蹄骨转位。具体措施包括:早期冷疗、中后期热疗、掌(趾)神经封闭、改善代谢等。慢性蹄叶炎的治疗应着重于护蹄(削蹄后装矫形蹄铁等),并预防急性或亚急性蹄叶炎的再发,如限制饲料、控制运动等。

指(趾)间皮炎是指没有扩延到深层组织的指(趾)间皮肤的炎症,是牛的常发疾病,往往多肢发病。特征是皮肤不裂开,有腐败气味。环境潮湿不卫生是其主要病因,条件性致病菌感染为其诱因。蹄变形或变形蹄,是牛特别是乳牛肢蹄病中最为常见且发病率最高的疾病。蹄变形原因有:饲养管理及营养代谢病、牛舍地面和运动场地面不平整、缺乏定期修蹄和护蹄制度。后蹄发生蹄变形多于前蹄,其特征性症状为跛行和蹄形态异常(长蹄、低蹄、高蹄、宽蹄、剪蹄、蟹蹄)。蹄变形易于受损伤而感染坏死杆菌和化脓杆菌,发生腐蹄病。对蹄变形在统一修蹄护理的基础上,主要针对不同的病因进行预防。

腐蹄病又称指(趾)间蜂窝织炎、指(趾)间坏死杆菌病,是偶蹄动物的指(趾)间皮肤及其皮下组织的炎症,牛、羊、鹿、猪等偶蹄兽均可发病。特征是间质皮肤充血、肿大及溃烂,并有恶臭分泌物排出。常常包括指(趾)皮肤、蹄冠、系部和球节的肿胀,有明显跛行,并有体温反应。目前普遍认为腐蹄病的主要病原体是节瘤拟杆菌和坏死杆菌,此外还有其他化脓坏死微生物区系——产气荚膜梭菌、金黄色葡萄球菌和化脓棒状杆菌等并发感染,其中节瘤拟杆菌是引起本病的首要致病菌。饲养管理不善,环境因素的影响,也是引发该病的诱因。预防的主要方法首先是增强机体对腐蹄病的全身抵抗力和强化蹄角质,禁喂发霉干草,减喂精料,补喂钙和磷并保持钙磷平衡,补喂维生素 D、硫酸锌等矿物质和蛋氨酸等。其次是除去各种致伤的因素,保证牛舍和运动场干燥和清洁。用消毒剂浴蹄是有效的。治疗措施包括:除去病因;局部清洗、药物浴脚;彻底清创、排脓及引流;撒布或填塞药物;蹄部包扎等。

指(趾)间皮肤增殖是指(趾)间皮肤和(或)皮下组织的增殖性反应。各种品种的牛都可发生,发生率比较高的有荷兰牛和海福特牛。中国荷斯坦乳牛发生也很普遍。白线裂系白线部角质的崩坏以及变性腐败,导致蹄底与蹄壁发生分离,多发生于马、骡的前蹄蹄侧壁或蹄踵壁。“白线”病是牛等偶蹄兽连接蹄底和蹄壁的软角质分离,常常由一些尖锐的异物刺伤所致,刺伤后导致真皮感染形成脓肿。蹄糜烂是蹄底和球负面糜烂，又名慢性坏死性蹄皮炎，是奶牛常发的蹄病。蹄深部组织化脓性炎症包括化脓性蹄关节炎、化脓性腱炎、化脓性远籽骨滑膜囊炎和关节后脓肿。

犬常见的蹄病有犬爪周炎和犬指(趾)部新生物。犬爪周炎是爪周围组织的急性和慢性炎症，一般多为慢性经过。犬指(趾)部新生物最常见的为鳞状细胞癌，常发于爪床和指(趾)枕。

要预防动物蹄病的发生，首先要求对动物实行科学的饲养管理，其次还必须经常、定期检查动物的蹄部，并对动物蹄进行有计划的和合理的修整。保持动物厩舍及运动场的平整、干燥和清洁；装蹄、削蹄要求有熟练的技术和合理的切削与装蹄。装蹄的基本原则是保护蹄部，同时，应尽可能少地伤害蹄的结构和生理机能。对兽医人员和装蹄员有计划地加强技术训练，提高削蹄、装蹄技术水平。

复习思考题

1. 蹄部损伤包括哪些内容？
2. 简述蹄冠蜂窝织炎的症状及治疗方法。
3. 蹄叶炎有哪些发病原因？简述急性和亚急性蹄叶炎的症状及其治疗原则与方法。
4. 简述乳牛变形蹄的发病原因、症状及防治方法。
5. 腐蹄病的病原及诱因有哪些？
6. 简述腐蹄病的症状及治疗方法。
7. 白线裂和“白线”病有什么不同？
8. 简述蹄深部组织化脓性炎症的症状及治疗方法。
9. 简述护蹄的原则及方法。
10. 名词解释

直接钉伤、间接钉伤、蹄部创伤、蹄底挫伤、蹄冠蹑伤、蹄冠蜂窝织炎、蹄叉腐烂、蹄叶炎、指(趾)间皮炎、蹄变形、腐蹄病、指(趾)间皮肤增殖、白线裂、“白线”病、蹄糜烂、犬爪周炎

(陈金山、沈留红)

参考文献

[1]林德贵. 兽医外科手术学. 5 版. 北京：中国农业出版社，2011.
[2]陈孝平. 外科学. 9 版. 北京：人民卫生出版社，2018.
[3]王洪斌. 兽医外科学. 5 版. 北京：中国农业出版社，2012.
[4]林德贵. 狗病防治手册. 北京：金盾出版社，2015.
[5]陈新谦，等. 新编药物学. 18 版. 北京：人民卫生出版社，2018.
[6]侯加法. 小动物疾病学. 2 版. 北京：中国农业出版社，2015.
[7]何英，叶俊华. 宠物医生手册. 2 版. 沈阳：辽宁科学技术出版社，2009.
[8]石田卓夫. 动物医院临床检查技术指南. 北京：中国农业科技出版社，2014.
[9]弗雷德·安东尼·曼，等. 小动物外科基础训练. 北京：中国农业出版社，2013.
[10]李建基，王亨. 兽医临床外科诊疗技术及图解(上册，家畜疾病). 北京：化学工业出版社，2013.
[11]李建基，王亨. 兽医临床外科诊疗技术及图解(下册，宠物疾病). 北京：化学工业出版社，2013.
[12]丁明星. 兽医外科学. 2 版. 北京：科学出版社，2019.
[13]马玉忠. 兽医外科学. 北京：中国林业出版社，2017.
[14]李建基，刘云. 动物外科手术实用技术. 北京：中国农业出版社，2011.
[15]张翊华. 兽医外科手术学实验指导. 北京：中国农业出版社，2012.
[16]金艺鹏. 兽医外科手术学实验教程. 北京：中国农业大学出版社，2010.
[17]王洪斌. 现代兽医麻醉学. 北京：中国农业出版社，2010.
[18]高利，范宏刚，李金龙. 小动物疾病学. 北京：科学出版社，2016.
[19]José R G. 小动物骨盆部手术. 丁明星，丁一，译. 北京：中国农业出版社，2015.
[20]段龙川. 动物外科与产科实训教程. 北京：中国农业科学技术出版社，2015.
[21]陈玉库，孙维平. 宠物疾病防治. 北京：中国农业大学出版社，2015.
[22]林立中，陈金泉. 犬猫常见肿瘤诊疗. 辽宁：辽宁科技出版社，2014.
[23]邢玉娟，张磊. 宠物疾病诊疗技术. 辽宁：辽宁大学出版社，2015.
[24]Broom D M，Fraser A F. 家畜行为与福利. 4 版. 魏荣，葛林，李卫华，等译. 北京：中国农业出版社，2015.
[25]王福军. 宠物外产科疾病. 北京：中国轻工业出版社，2013.
[26]贺生中，卓国荣. 犬病临床诊疗实例解析. 北京：中国农业出版社，2012.
[27]塔特，等. 小动物牙科技术图谱. 北京：中国农业出版社，2012.
[28]章炘炎. 宠物急症救治与护理. 陕西：西北农林科技大学出版社，2011.
[29]史兴山. 宠物外科手术技术. 北京：中国轻工业出版社，2014.

[30]李芬.宠物疾病诊疗技术.重庆:重庆大学出版社，2011.

[31]张红超，陈龙如.宠物常见病病例分析.北京:金盾出版社，2009.

[32]刘俊栋，张庆山.牛羊病防治.北京:中国农业科学技术出版社，2012.

[33]赛务加甫,哈力木别克·胡斯曼.牛羊健康养殖及常见病防治.新疆:伊犁人民出版社，2014.

[34]刘永明，赵四喜.牛病临床诊疗技术与典型医案.北京:化学工业出版社，2016.

[35]苏乙拉.犬猫疾病诊治.内蒙古:内蒙古大学出版社，2012.

[36]韩博.犬猫疾病学.北京:中国农业大学出版社，2011.

[37]郭铁.家畜外科手术学.3版.北京:中国农业出版社,1999.

[38]林德贵.兽医外科手术学.4版.北京:中国农业出版社,2004.

[39]李铁拴.兽医学.北京:中国农业科技出版社,2001.

[40]吴在德,吴肇汉.外科学.6版.北京:人民卫生出版社,2003.

[41]陈孝平.外科学.北京:人民卫生出版社,2002.

[42]彭宏泽.动物实验外科手术学.北京:中国农业出版社,1992.

[43]赵俊.新编麻醉学.北京:人民军医出版社,2000.

[44]杨藻宸.药理学和药物治疗学.北京:人民卫生出版社,2000.

[45]陈慈麟.中国农业百科全书(中兽医卷).北京:中国农业出版社,1990.

[46]石美鑫,张延龄.现代外科学.上海:复旦大学出版社,2002.

[47]中国农业大学.家畜外科手术学.3版.北京:中国农业大学出版社,1999.

[48]中国畜牧兽医学会兽医外科研究会.兽医外科学.北京:农业出版社,1992.

[49]黄志强,金锡御.外科手术学.3版.北京:人民卫生出版社,2006.

[50]石美鑫.实用外科学(上册).2版.北京:人民卫生出版社,2002.

[51]王洪斌.家畜外科学.4版.北京:中国农业出版社,2002.

[52]彭广能.兽医外科学.成都:科学技术出版社,2004.

[53]张幼成,等.兽医外科学.南京:江苏科学技术出版社,1983.

[54]黄家驷、吴阶平,裘法祖.外科学(上册).6版.北京:人民卫生出版社,2000.

[55]汪世昌.兽医临床治疗学.哈尔滨:黑龙江科学技术出版社,1990.

[56]黎沾良.外科感染的抗菌药物治疗.中华外科杂志,1998,36(增刊):4-5.

[57]上海市卫生局,中华医学会上海分会.外科诊疗常规.上海:上海科学技术出版社,1999.

[58]陈新谦,等.新编药物学.15版.北京:人民卫生出版社,2003.

[59]Morgan R V. 小动物临床手册.4版. 施振声,译. 北京:中国农业出版社,2004.

[60]刘霞,高峰,谷振勇.创伤愈合的分子机制研究进展.医学综述,2005(11),3:199-202.

[61]汪世昌,陈家璞.家畜外科学.3版.北京:中国农业出版社,1997.

[62]白景煌,朱文波,罗毅,等.养犬与犬病.北京:科学出版社,2001.

[63]侯加法.小动物外科学.北京:中国农业出版社,1996.

[64]项大实.实用兽医手册.北京:北京出版社,1990.

[65]张幼成,郑保纹,陈家璞.兽医外科学.南京:江苏科学技术出版社,1983.

[66]凌育燊.鸟类疾病防治手册.广州:暨南大学出版社,1993.

[67]陈孝平,陈义发.外科手术基本操作.北京:人民卫生出版社,2002.
[68]苏启明.眼耳鼻喉口腔科学.4版.北京:人民卫生出版社,2002.
[69]赵德明,郭勇,何诚.养牛与牛病防治.北京:中国农业大学出版社,2000.
[70]惠延年.眼科学.北京:人民卫生出版社,2004.
[71]安铁洙,谭建华,韦旭斌.犬解剖学.吉林:吉林科学技术出版社,2003.
[72]汪世昌.兽医临床治疗学.哈尔滨:黑龙江科学技术出版社,1990.
[73]侯加法.小动物外科学.北京:中国农业出版社,2000.
[74]侯加法.小动物疾病学.北京:中国农业出版社,2002.
[75]何英,叶俊华.宠物医生手册.沈阳:辽宁科学技术出版社,2006.
[76]中国农业大学.家畜外科手术学.3版.北京:中国农业大学出版社,1999.
[77]Theresa W F,et al.小动物外科学.2版.张海彬,夏兆飞,林德贵,译.北京:中国农业大学出版社,2008.
[78]王春璈.奶牛疾病防控治疗学.北京:中国农业出版社,2013.

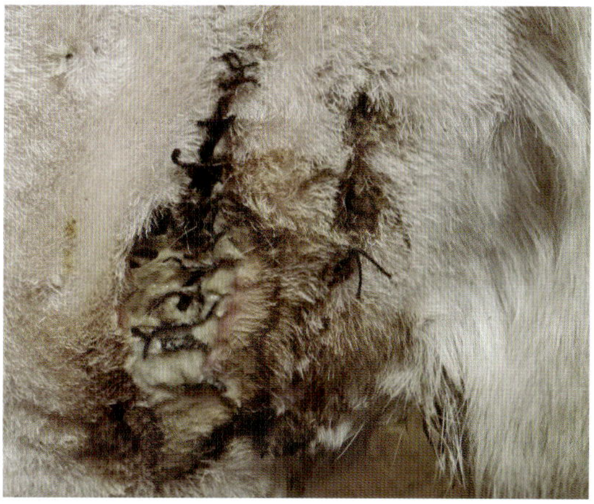

彩图 8-1　羊术后感染

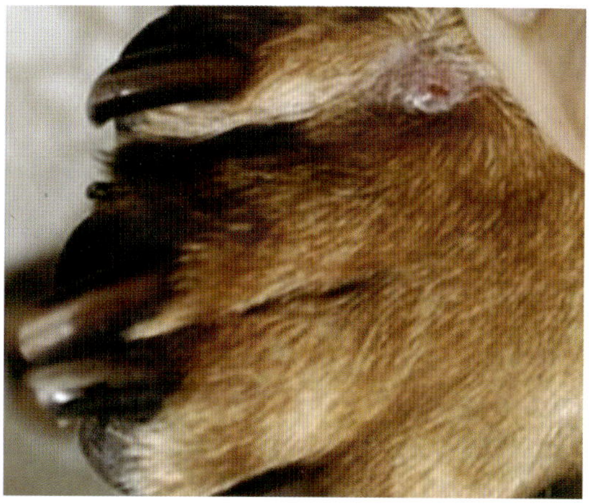

彩图 8-2　犬趾部发生的疖

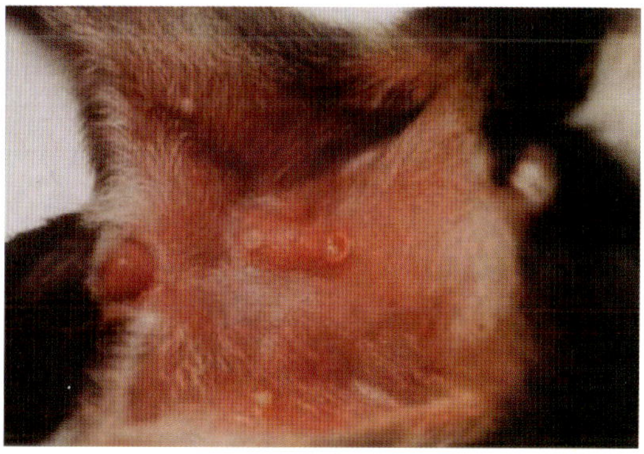

彩图 8-3　幼犬脓皮病，呈现大脓包

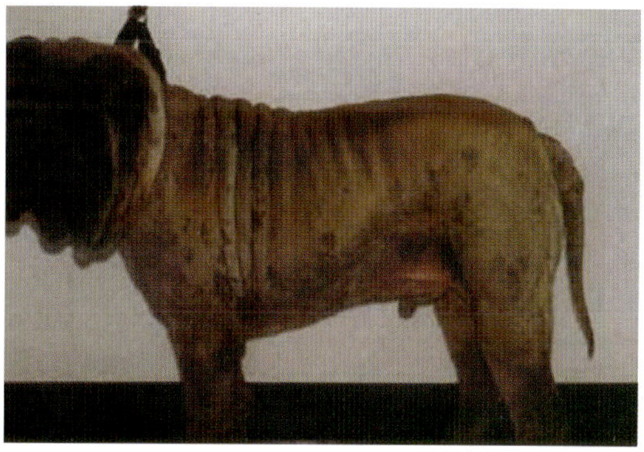

彩图 8-4　沙皮犬浅表脓皮症，引发体表脱毛

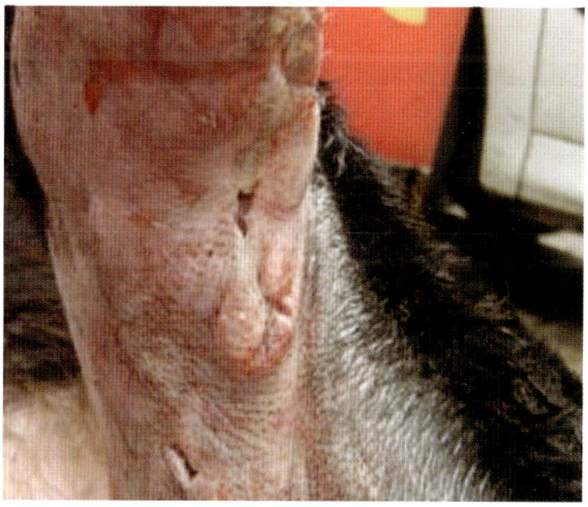

彩图 8-5　筋膜下蜂窝织炎

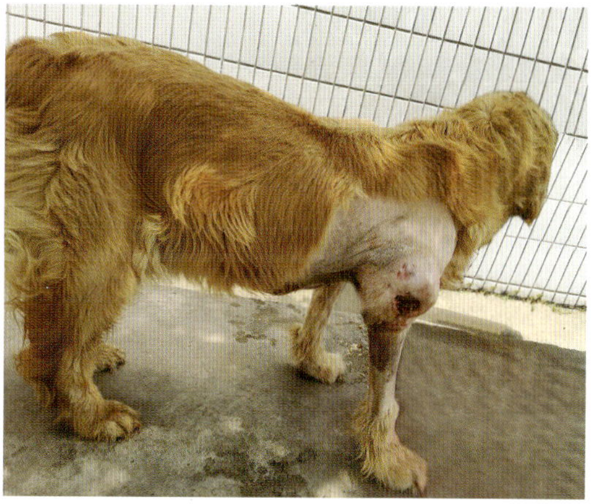

彩图 8-6　犬前肢化脓感染

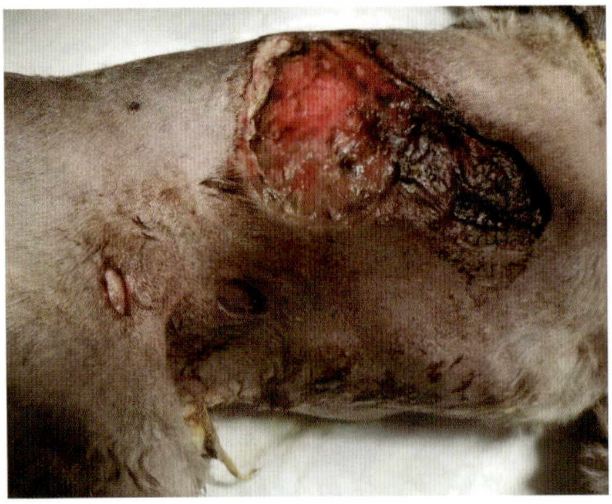

彩图 9-1　犬陈旧性感染创，出现肉芽组织

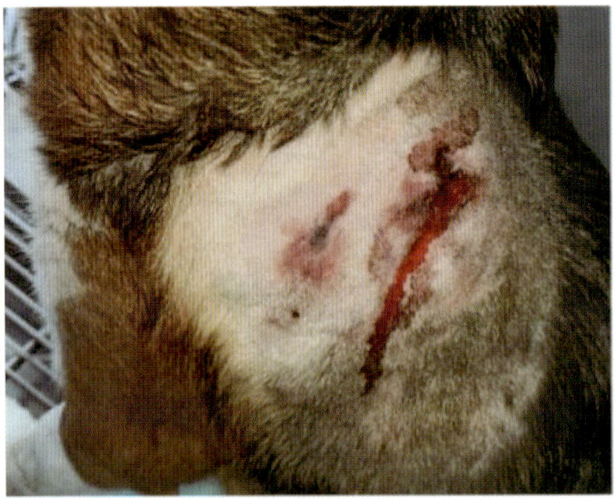

彩图 9-2　比格犬咬伤，左肩胛处有一管状创和一近似裂创

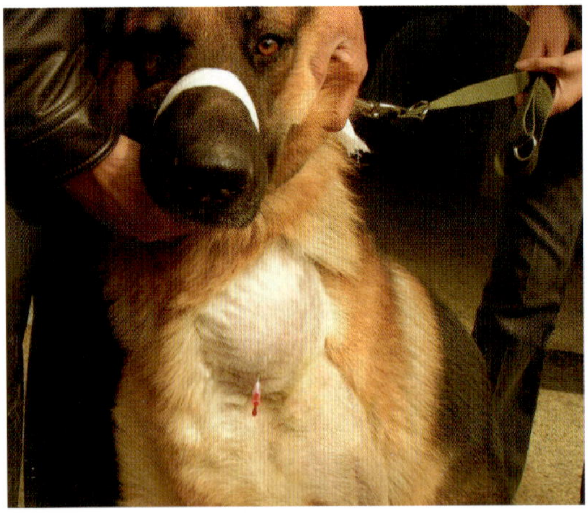

彩图 9-3　犬肩前血肿

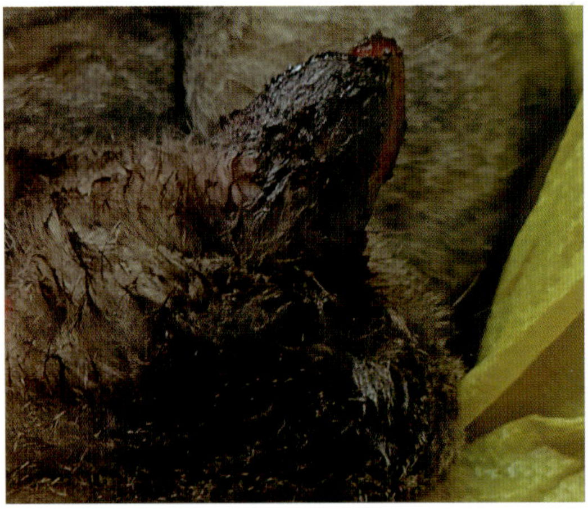

彩图 9-4　猫的烫伤

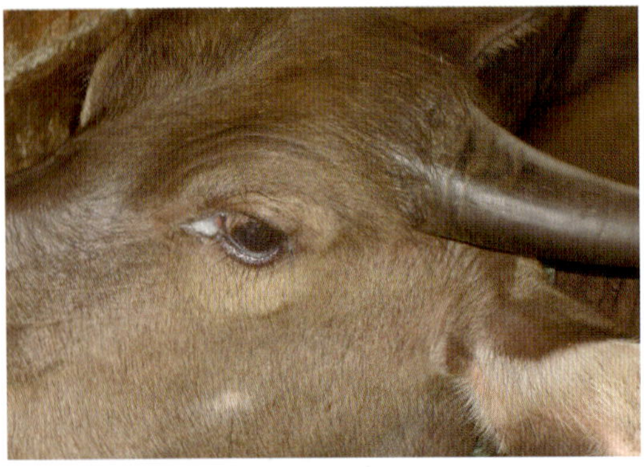

彩图 12-1　牛结膜炎，可见内眼角内有脓性黏液

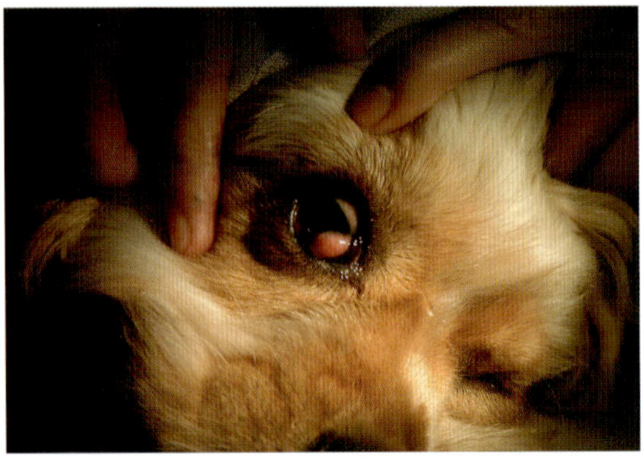

彩图 12-2　犬瞬膜腺突出

彩图 12-3　犬白内障

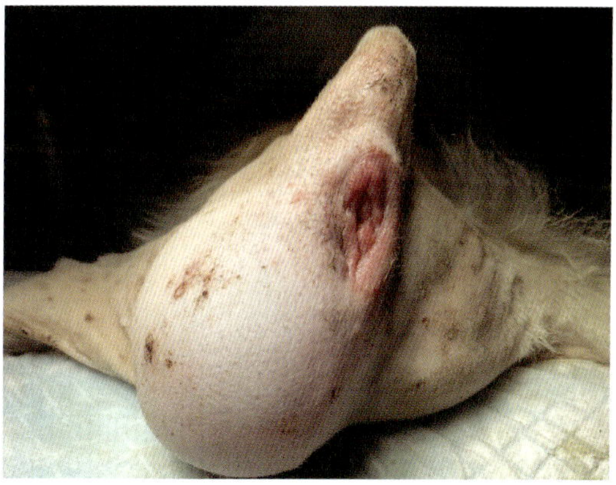
彩图 15-1　犬会阴疝

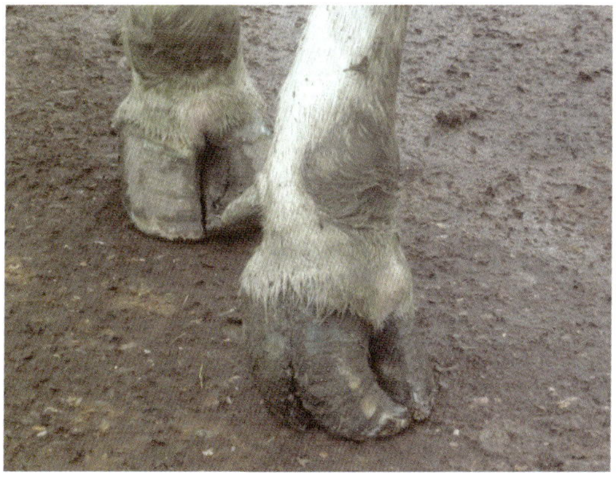
彩图 19-1　奶牛蹄裂

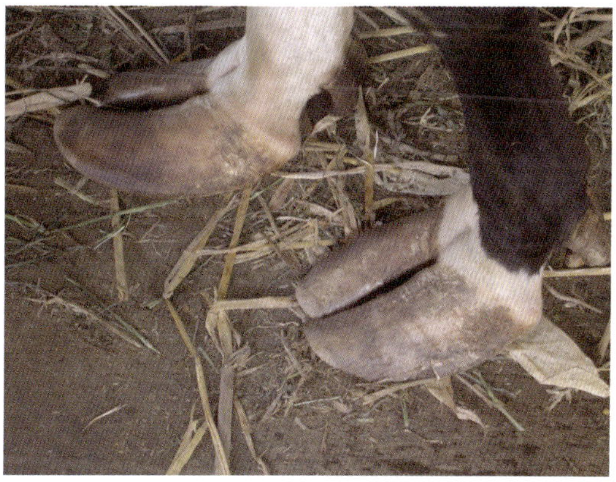
彩图 19-2　奶牛过长蹄

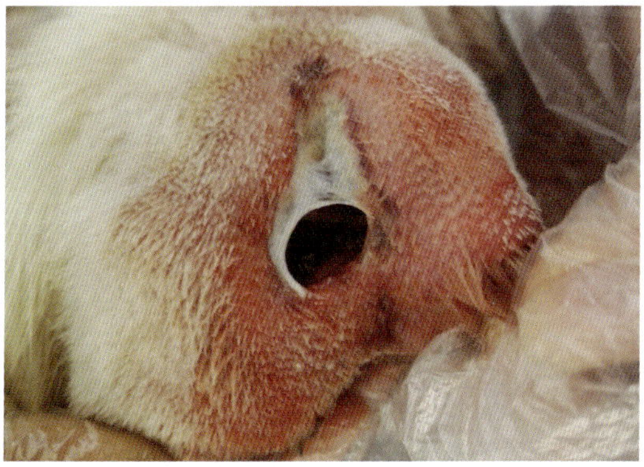
彩图 19-3　犬爪周炎